오토데스크 퓨전

박나래 저

다락원

박나래

現) 쓰리디알리스 대표
       3D프린터운용기능사 전문강사
       오토데스크 퓨전(Autodesk Fusion) ACU 국제 자격증 강사
       스팀도서관 AI·아두이노 강사
       3D프린터개발산업기사
       제품 디자이너

前) BH조형학원 강사

저서 『우아한 틴커캐드』 (쓰리디알리스)

3D프린터운용기능사 필기 실기

지은이 박나래
펴낸이 정규도
펴낸곳 (주)다락원

1판 1쇄 발행 2026년 3월 30일

기획 권혁주, 김태광
편집장 이후춘
편집 전수민, 박소영

디자인 최예원, 황미연

다락원 경기도 파주시 문발로 211
내용문의 : (02)736-2031 내선 291~296
구입문의 : (02)736-2031 내선 250~252
Fax : (02)732-2037
출판등록 1977년 9월 16일 제406-2008-000007호

ISBN 978-89-277-7579-9 13580

● 원큐패스 카페(http://cafe.naver.com/1qpass)를 방문하시면 각종 시험에 관한 최신 정보와 자료를 얻을 수 있습니다.

머리말

안녕하세요. 저자 박나래입니다.

3D프린터운용기능사 시험을 준비하시는 수험생 여러분께 이 책을 소개하게 되어 기쁘게 생각합니다.

3D프린팅 산업은 지금 이 순간에도 빠르게 발전하고 있으며, 제조업을 비롯해 AI, 우주항공, 의료, 문화 콘텐츠 등 다양한 분야에서 그 활용 범위가 점점 확대되고 있습니다. 이러한 흐름에서 3D프린팅 기술을 이해하고 장비를 운용할 수 있는 전문 인력의 중요성 또한 커지고 있습니다. 3D프린터운용기능사 시험은 이러한 산업적 요구에 맞추어 3D프린팅 기술의 기초 이론과 실제 장비 운용 능력을 함께 평가하는 국가기술자격 시험입니다.

이 시험은 먼저 CBT 방식의 필기 시험을 통해 3D프린팅 전반에 대한 이론적 이해를 평가하고, 실기 시험에서는 약 3시간에 걸쳐 실제 작업 능력을 평가하는 구조로 이루어져 있습니다. 실기 시험은 크게 3D모델링 과목과 3D프린팅 과목으로 구성되는데, 3D모델링 과목에서는 도면을 읽고 해석하여 프로그램으로 도면과 동일한 형상의 디지털 데이터를 제작하게 됩니다. 3D프린팅 과목에서는 재료 장착, 토출 테스트, 수평 조정, 출력 진행 등 실제 프린터를 안정적으로 운용하는 능력이 평가됩니다. 출력 과정에서 발생할 수 있는 문제에 대한 대응 능력과 장비 사용 시 안전 수칙을 준수하는 것도 중요한 평가 요소입니다.

그동안 여러 강의를 진행하면서 느낀 점은, 충분한 실력을 갖추고도 사소한 실수로 인해 시험에서 탈락하는 경우가 적지 않다는 것입니다. 시험 문제를 해결하는 능력도 중요하지만, 시험의 진행 방식과 작업 흐름을 정확히 이해하는 것 역시 합격을 위해 매우 중요한 요소입니다.

이 책은 이러한 점을 고려하여 시험에 꼭 필요한 핵심 이론과 실전 대비 내용을 중심으로 구성하였습니다. 특히 모델링 학습은 많은 수험생들이 쉽게 접근할 수 있도록 오토데스크 퓨전(Autodesk Fusion)을 중심으로 설명하였으며, 기초 사용법부터 공개 문제 해설, 모델링 실습, 출력 준비 과정까지 단계적으로 학습할 수 있도록 구성하였습니다. 또한 인벤터 프로그램을 사용하는 수험생들을 위한 별도의 풀이 PDF도 제공하여 합격을 위한 모든 것을 한 권에 모두 담았습니다.

3D프린터운용기능사 시험은 준비 과정에 많은 시간과 노력이 필요한 시험입니다. 이 책이 여러분의 시행착오를 줄이고 보다 효율적으로 시험을 준비하는 데 도움이 되는 길잡이가 되기를 바랍니다. 단계별로 학습을 따라가다 보면 여러분이 목표로 하는 합격에 한 걸음 더 가까워질 수 있을 것입니다.

수험생 여러분의 합격을 진심으로 응원합니다.

감사합니다.

저자 박나래

시험 안내

3D프린터운용기능사 자격시험

● 개요

기존의 subtractive manufacturing의 한계를 벗어난 additive manufacturing을 대표하는 3D프린터 산업에서 창의직인 아이디어를 실현하기 위해 시장조사, 제품스캐닝, 니자인 및 3D모델링, 적층 시뮬레이션, 3D프린터 설정, 제품 출력, 후가공 등의 기능 업무를 수행할 숙련 기능인력 양성을 위한 자격으로 제정되었다.

● 수행직무

DfAM(Design for Additive Manufacturing)을 이해하고 창의적인 제품을 설계하며, 3D프린터를 기반으로 아이디어를 실현하기 위해 시장조사, 제품스캐닝, 디자인 및 3D모델링, 출력용 데이터 확정, 3D프린터 SW 설정, 3D프린터 HW설정, 제품 출력, 후가공, 장비 관리 및 작업자 안전사항 등의 직무를 수행할 수 있다.

● 진로 및 전망

글로벌 3D프린터 산업은 해마다 지속적인 성장률을 보이고 있으며, 특히 제품 및 서비스 시장은 그 변화 폭이 크다고 할 수 있다. 최근 4차 산업혁명 관련 SW 대기업 및 제조업체의 3D프린터 시장 진출로 항공우주, 자동차, 의공, 패션 등 다양한 분야에서 시장이 변화하고 있는 추세이므로 3D프린터 운용 직무에 관한 지식과 숙련기능을 갖춘 전문인력에 대한 수요가 증가할 전망이다.

● **자격시험**

- 필기 : 객관식 4지 택일형 60문항(1시간)
- 실기 : 작업형(3시간)

● **응시료**

필기 14,500원 / 실기 27,000원

● **합격 기준**

100점을 만점으로 하여 60점 이상

● **시험 일정**

구분	필기원서접수 (휴일제외)	필기시험	필기합격 (예정자)발표	실기원서접수 (휴일제외)	실기시험	최종합격자 발표일
2026년 정기 기능사 1회	2026.01.06 ~ 2026.01.09	2026.01.20 ~ 2026.01.24	2026.01.30	2026.02.02 ~ 2026.02.05	2026.03.14 ~ 2026.04.05	2026.04.10
2026년 정기 기능사 2회	2026.03.16 ~ 2026.03.20	2026.04.04 ~ 2026.04.09	2026.04.22	2026.04.27 ~ 2026.04.30	2026.05.30 ~ 2026.06.14	2026.06.26
2026년 정기 기능사	산업수요 맞춤형 고등학교 및 특성화 고등학교 필기시험 면제자 검정 ※ 일반인 필기시험 면제자 응시 불가			2026.05.11 ~ 2026.05.14	2026.06.13 ~ 2026.06.24	2026.07.10
2026년 정기 기능사 3회	2026.06.08 ~ 2026.06.11	2026.06.27 ~ 2026.07.02	2026.07.15	2026.07.27 ~ 2026.07.30	2026.08.29 ~ 2026.09.16	2026.10.02
2026년 정기 기능사 4회	2026.08.24 ~ 2026.08.27	2026.09.16 ~ 2026.09.21	2026.10.07	2026.10.12 ~ 2026.10.15	2026.11.14 ~ 2026.12.02	2026.12.11

※ 원서접수시간은 원서접수 첫날 10:00부터 마지막날 18:00까지임

※ 시험 일정은 종목별, 지역별로 상이할 수 있으므로 자세한 일정은 한국산업인력공단 Q-net(www.q-net.or.kr)에서 확인

● **합격률**

- 2024년 : 필기 50.6% / 실기 69.8%
- 2023년 : 필기 59.3% / 실기 72.7%
- 2022년 : 필기 67% / 실기 73.5%

필기 출제기준

● **필기 과목명** : 데이터 생성, 3D프린터 설정, 제품 출력 및 안전 관리

1. 제품 스캐닝	
스캐닝 방식	3D스캐닝 방식 결정, 획득 데이터의 유형 및 특징
스캔데이터	스캔데이터 변환 및 보정

2. 3D모델링	
도면분석 및 2D 스케치	설계사양서 및 관련 도면 파악, 투상도법, 조립도 및 부품도 파악, 스케치 요소 간의 구속 조건, 설계 및 제도법
객체 형성	형상 설계 조건, 형상 입체화, 형상물 편집
객체 조립	파트 배치, 파트 조립
출력용 설계 수정	파트 수정, 파트 분할

3. 3D프린터 SW 설정	
문제점 파악 및 수정	출력용 파일의 오류 종류, 출력용 파일의 오류 검사, 출력용 파일의 오류 수정
출력보조물	출력보조물의 필요성 판별, 출력보조물 설정
슬라이싱	제품의 형상 분석, 최적의 적층값 설정, 슬라이싱
G코드	G코드 생성, G코드 분석 및 수정

4. 3D프린터 HW 설정	
소재 준비	소재 선정, 소재 적용, 소재 정상출력 파악
장비출력 설정	데이터 출력준비, 출력 방식 파악, 출력 조건 및 설정 확인

5. 제품출력	
출력 확인 및 오류 대처	출력 상태 확인, 출력오류 파악, 출력오류 수정, 장비 교정 및 개선
출력물 회수	소재별 출력물 회수 방법, 소재별 출력물 회수 절차 수립
출력물 후가공	후가공 준비, 후가공 실행

6. 3D프린팅 안전관리	
안전수칙 확인	작업 안전수칙 준수, 안전보호구 취급, 응급처치 수행, 장비의 위험·위해 요소, 소재의 위험·위해 요소
예방점검 실시	3D프린터 유지관리, 작업환경 관리, 관련 설비 점검

실기 출제기준

● **실기 과목명** : 3D프린팅 운용 실무

● **3D모델링작업 요구사항**

- 지급된 재료 및 시설을 사용하여 아래 작업을 완성하시오.
- 작업 순서는 3D모델링 → 어셈블리 → 슬라이싱 순서로 작업하시오.

1. 3D모델링작업	
3D모델링	• 주어진 도면의 부품①, 부품②를 1:1척도로 3D모델링 하시오. • 상호 움직임이 발생하는 부위의 치수 A, B는 수험자가 결정하시오. (단, 해당 부위의 기준치수와 차이를 ±1mm 이하로 한다.) • 도면과 같이 지정된 위치에 부여받은 비번호를 모델링에 음각으로 각인하시오. (단, 글자체, 글자 크기, 글자 깊이 등은 별도의 정보가 없으므로 도면과 유사한 모양 및 크기로 작업하시오. 예 비번호 2번을 부여받은 경우 2 또는 02와 같이 각인한다.)

어셈블리	• 각 부품을 도면과 같이 1:1척도 및 조립된 상태로 어셈블리 하시오. (단, 도면과 같이 지정된 위치에 부여받은 비번호가 각인되어 있어야 한다.)
	• 어셈블리 파일은 하나의 조립된 형태로 다음과 같이 저장하시오.
	  – '수험자가 사용하는 소프트웨어의 기본 확장자' 및 'STP(STEP) 확장자' 2가지로 저장한다. (단, STP 확장자 저장 시 버전이 여러 가지일 경우 상위 버전으로 저장한다.)
	  – 슬라이싱 작업을 위하여 STL 확장자로 저장한다. (단, 어셈블리 형상의 움직이는 부분은 출력을 고려하여 움직임 범위 내에서 임의로 이동시킬 수 있다.)
	  – 파일명은 부여받은 비번호로 저장한다.

슬라이싱	• 어셈블리 형상을 1:1척도 및 조립된 상태로 출력할 수 있도록 슬라이싱 하시오.
	• 작업 전 반드시 수험자가 직접 출력할 3D프린터 기종을 확인한 후 슬라이서 소프트웨어의 설정값을 수험자가 결정하여 작업하시오. (단, 3D프린터의 사양을 고려하여 슬라이서 소프트웨어에서 3D프린팅 출력시간이 1시간 20분 이내가 되도록 설정값을 결정한다.)
	• 슬라이싱 작업 파일은 다음과 같이 저장하시오.
	  – 시험장의 3D프린터로 출력이 가능한 확장자로 저장한다.
	  – 파일명은 부여받은 비번호로 저장한다.

● **3D모델링작업 최종 제출파일 목록**

구분	작업명	파일명 (비번호 02인 경우)	비고
1	어셈블리	02.***	확장자: 수험자 사용 소프트웨어 규격 (※ 1개의 파트 파일에 어셈블리 가능)
2		02.STP	채점용 (※ 비번호 각인 확인)
3		02.STL	슬라이서 소프트웨어 작업용
4	슬라이싱	02.***	3D프린터 출력용 확장자: 수험자 사용 소프트웨어 규격

- 슬라이서 소프트웨어 상 출력예상시간을 시험감독위원에게 확인받고, 최종 제출파일을 지급된 저장매체 (USB 또는 SD-card)에 저장하여 제출하시오.
- 모델링 채점 시 STP확장자 파일을 기준으로 평가하오니, 이를 유의하여 변환하시오. (단, 시험감독위원 이 정확한 평가를 위해 최종 제출파일 목록 외의 수험자가 작업한 다른 파일을 요구할 수 있다.)

● **3D프린팅작업 요구사항**
- 지급된 재료 및 시설을 사용하여 아래 작업을 완성하시오.
- 작업 순서는 3D프린터 세팅 → 3D프린팅 → 후처리 순서로 작업시간의 구분 없이 작업하시오.

2. 3D프린팅작업	
3D프린터 세팅	• 노즐, 베드 등에 이물질을 제거하여 출력 시 방해요소가 없도록 세팅하시오. • PLA 필라멘트 장착 여부 등 소재의 이상여부를 점검하고 정상 작동하도록 세팅하시오. • 베드 레벨링 기능 등을 활용하여 베드 위치를 세팅하시오. ※ 별도의 샘플 프로그램을 작성하여 출력테스트를 할 수 없다.
3D프린팅	• 출력용 파일을 3D프린터로 수험자가 직접 입력하시오. (단, 무선 네트워크를 이용한 데이터 전송 기능은 사용할 수 없다.) • 3D프린터의 장비 설정값을 수험자가 결정하시오. • 설정작업이 완료되면 3D모델링 형상을 도면치수와 같이 1:1척도 및 조립된 상태로 출력하시오.
후처리	• 출력을 완료한 후 서포트 및 거스러미를 제거하여 제출하시오. • 출력 후 노즐 및 베드 등 사용한 3D프린터를 시험 전 상태와 같이 정리하고 시험감독위원에게 확인받으시오.

실기시험 수험자 유의사항

● 수험자 지참 준비물 목록

번호	재료명	규격	단위	수량	비고
1	PC(노트북)	비고란 참고	대	1	필요시 지참
2	니퍼			1	서포트 제거용
3	롱노우즈플라이어			1	서포트 제거용
4	방진 마스크			1	
5	보호장갑			1	
6	칼 혹은 가위	소형	EA	1	서포트 제거용
7	테이프/시트	베드 안착용	개	1	탈부착이 용이한 것
8	헤라	플라스틱 등	개	1	출력물 회수용

※ 시험장의 소프트웨어 사용이 어려운 경우, 개인 PC를 지참하여 시험에 응시 가능하다. (단, PC포맷 및 정품 소프트웨어 설치 여부 등을 감독위원 확인 후 사용 가능하며 시험에서 요구하는 소프트웨어 기능이 모두 포함되어야 한다.)

※ 시험장에서는 시험 전, 후를 포함하여 시험 중 인터넷 사용이 불가능하니 온라인 인증이 필요한 소프트웨어 사용 시 반드시 사전에 인증을 완료해야 한다. (시험 전 인증 불가 등의 문제로 소프트웨어 사용이 어려울 경우, 불이익은 수험자 개인 책임이다.)

● 개인 PC 지참 시 확인 사항

① PC 검사 시 적발
- 포맷하고 윈도우 설치를 한 일자가 시험 당일 이전 일주일 이내이어야 함
- PDF viewer 이외에는 모두 삭제 요청. 3D프린터운용기능사 시험은 viewer도 필요 없음
- 오피스, 한글 프로그램 등도 모두 삭제
- 퇴실 최소화를 위한 조치로 감독관이 미리 확인 후 삭제 조치하고 PC 검사
- 당일에도 PC 검사 전 본인이 미리 확인 삭제 가능

② Data 파일 발견
- 사용 프로그램의 기본 폴더에 들어 있는 파일은 인정
- 그러나 임의로 생성된 파일이 있는 경우는 퇴실 조치(부정 행위)

③ 접수 시 PC 검사에 응한다는 항목을 체크해야 개인 PC 사용 가능

④ 마우스, 키보드 개인 물품 사용은 가능하나 호환이 안 되는 등의 문제가 생겼을 경우 수험자 본인의 책임

⑤ 마음이 바뀌어 시험장의 PC 사용 가능
- 단, 개인 PC 검사 전에 결정해야 함
- 개인 PC 검사 적발 후 시험장 PC 사용을 요구할 수 없음

● 수험자 유의사항

3D
모델링
작업
	• 시험 시작 전 장비 이상유무를 확인합니다.
	• 시험 시작 전 시험감독위원이 지정한 위치에 본인 비번호로 폴더를 생성 후 작업내용을 저장하고, 파일 제출 및 시험 종료 후 저장한 작업내용을 삭제합니다.
	• 인터넷 등 네트워크가 차단된 환경에서 작업합니다.
	• 정전 또는 기계고장을 대비하여 수시로 저장하시기 바랍니다. (단, 이러한 문제 발생 시 "작업정지시간 + 5분"의 추가시간을 부여합니다.)
	• 시험 중에는 반드시 시험감독위원의 지시에 따라야 합니다.
	• 다음 사항은 실격에 해당하여 채점 대상에서 제외됩니다.
	  – 수험자 본인이 수험 도중 시험에 대한 기권 의사를 표현하는 경우
	  – 실기시험 과정 중 1개 과정이라도 불참한 경우
	  – 시설·장비의 조작 또는 재료의 취급이 미숙하여 위해를 일으킬 것으로 시험감독위원 전원이 합의하여 판단한 경우
	  – 시험 중 봉인을 훼손하거나 저장매체를 주고받는 행위를 할 경우
	  – 시험 중 휴대폰을 소지/사용하거나 인터넷 및 네트워크 환경을 이용할 경우
	  – 3D프린터운용기능사 실기시험 3D모델링작업, 3D프린팅작업 중 하나라도 0점인 과제가 있는 경우
	  – 시험감독위원의 정당한 지시에 불응한 경우
	  – 시험시간 내에 작품을 제출하지 못한 경우
	  – 요구사항의 최종 제출파일 목록(어셈블리, 슬라이싱)을 1가지라도 제출하지 않은 경우
	  – 슬라이싱 소프트웨어 설정 상 출력 예상시간이 1시간 20분을 초과하는 경우
	  – 어셈블리 STP파일에 비번호 각인을 누락하거나 다른 비번호를 각인한 경우
	  – 어셈블리 STP파일에 비번호 각인을 지정된 위치에 하지 않거나 음각으로 각인하지 않은 경우
	  – 채점용 어셈블리 형상을 1:1척도로 제출하지 않은 경우
	  – 채점용 어셈블리 형상을 조립된 상태로 제출하지 않은 경우
	  – 모델링 형상 치수가 1개소라도 ±2 mm를 초과하도록 작업한 경우

<table>
<tr><td rowspan="2">3D
프린팅
작업</td><td>

- 시험 시작 전 장비 이상유무를 확인합니다.
- 출력용 파일은 1회 이상 출력이 가능하나, 시험시간 내에 작품을 제출해야 합니다.
- 정전 또는 기계고장을 대비하여 수시로 체크하시기 바랍니다. (단, 이러한 문제 발생 시 "작업정지시간 + 5분"의 추가시간을 부여합니다.) (단, 작업 중간부터 재시작이 불가능하다고 시험감독위원이 판단할 경우 3D프린팅작업을 처음부터 다시 시작합니다.)
- 시험 중 장비에 손상을 가할 수 있으므로 공구 및 재료는 사용 전 관리위원에게 확인을 받으시기 바랍니다.
- 시험 중에는 반드시 시험감독위원의 지시에 따라야 합니다.
- 시험 중 날이 있는 공구, 고온의 노즐 등으로부터 위험 방지를 위해 보호장갑을 착용하여야 하며, 미착용 시 채점상의 불이익을 받을 수 있습니다.
- 3D프린터 출력 중에는 유해가스 차단을 위해 방진마스크를 반드시 착용하여야 하며, 미착용 시 채점상의 불이익을 받을 수 있습니다.
- 3D프린터 작업은 창문개방, 환풍기 가동 등을 통해 충분한 환기상태를 유지하며 수행하시기 바랍니다.
- 다음 사항은 실격에 해당하여 채점 대상에서 제외됩니다.
  - 수험자 본인이 수험 도중 시험에 대한 기권 의사를 표현하는 경우
  - 실기시험 과정 중 1개 과정이라도 불참한 경우
  - 시설·장비의 조작 또는 재료의 취급이 미숙하여 위해를 일으킬 것으로 시험감독위원 전원이 합의하여 판단한 경우
  - 시험 중 봉인을 훼손하거나 저장매체를 주고받는 행위를 할 경우
  - 시험 중 휴대폰을 소지/사용하거나 인터넷 및 네트워크 환경을 이용할 경우
  - 수험자가 직접 3D프린터 세팅을 하지 못하는 경우
  - 수험자의 확인 미숙으로 3D프린터 설정조건 및 프로그램으로 3D프린팅이 되지 않는 경우
  - 서포트를 제거하지 않고 제출한 경우
  - 3D프린터운용기능사 실기시험 3D모델링작업, 3D프린팅작업 중 하나라도 0점인 과제가 있는 경우
  - 시험감독위원의 정당한 지시에 불응한 경우
  - 시험시간 내에 작품을 제출하지 못한 경우
  - 도면에 제시된 동작범위를 100% 만족하지 못하거나, 제시된 동작범위를 초과하여 움직이는 경우
  - 일부 형상이 누락되었거나, 없는 형상이 포함되어 도면과 상이한 작품
  - 형상이 불완전하여 시험감독위원이 합의하여 채점 대상에서 제외된 작품
  - 서포트 제거 등 후처리 과정에서 파손된 작품
  - 3D모델링 어셈블리 형상을 1:1척도 및 조립된 상태로 출력하지 않은 작품
  - 출력물에 비번호 각인을 누락하거나 다른 비번호를 각인한 작품

</td></tr>
</table>

이 책의 구성

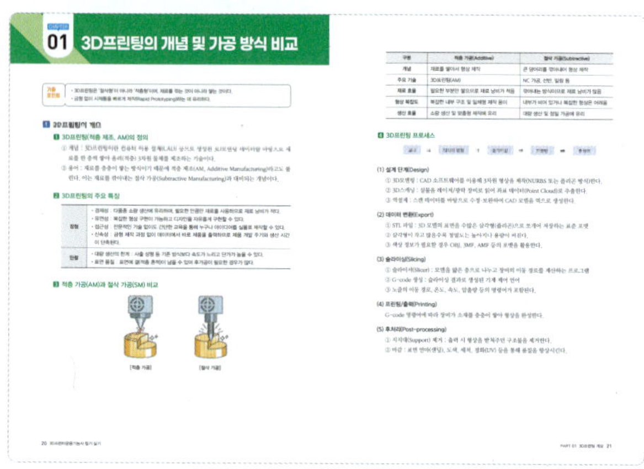

◀ 과목별 핵심 이론

핵심만 정리한 이론으로 빠르게 학습할 수 있으며, 기출 포인트를 함께 확인하며 중요한 내용을 효율적으로 이해할 수 있습니다.

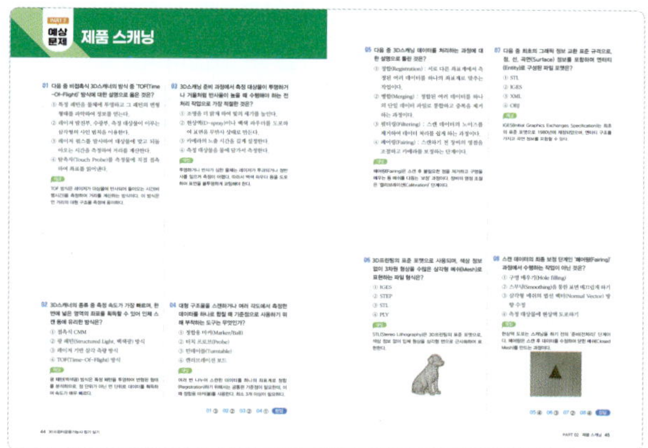

▶ 파트별 예상문제

이론 학습 후 예상문제를 풀어보며 출제 유형을 익히고 이해도를 점검할 수 있습니다.

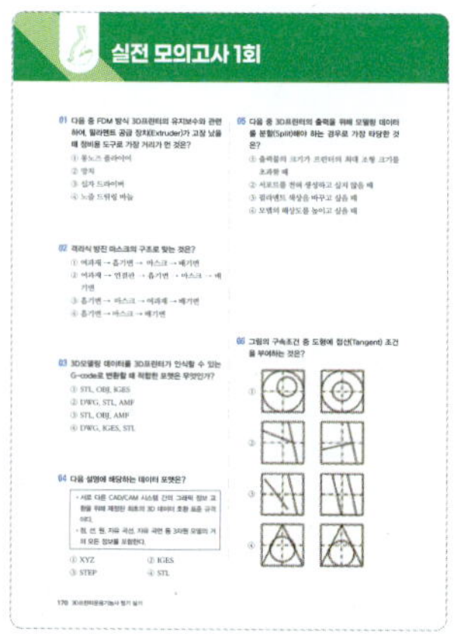

CBT 모의고사 3회

◀ 실전 모의고사 3회

실전 모의고사 3회를 통해 자신의 실력을 점검할 수 있습니다. CBT 모의고사까지 함께 풀어보며 필기 시험을 더욱 완벽하게 대비할 수 있습니다.

▶ 실전 모의고사 해설 영상

QR코드를 통해 저자의 해설 영상을 시청할 수 있습니다. 문제 풀이 과정을 자세하게 확인할 수 있습니다.

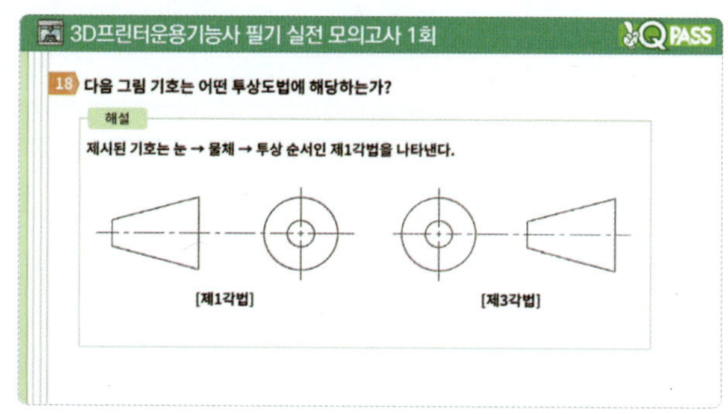

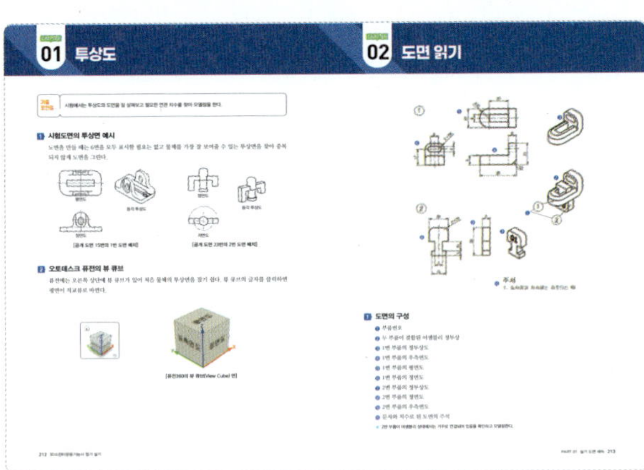

▶ 공개 도면 27

27개의 공개 도면을 오토데스크 퓨전(Autodesk Fusion) 중심으로 학습할 수 있도록 구성했습니다. QR코드를 통해 제공되는 저자의 무료 직강으로 모델링 과정을 단계별로 자세하게 확인할 수 있습니다.

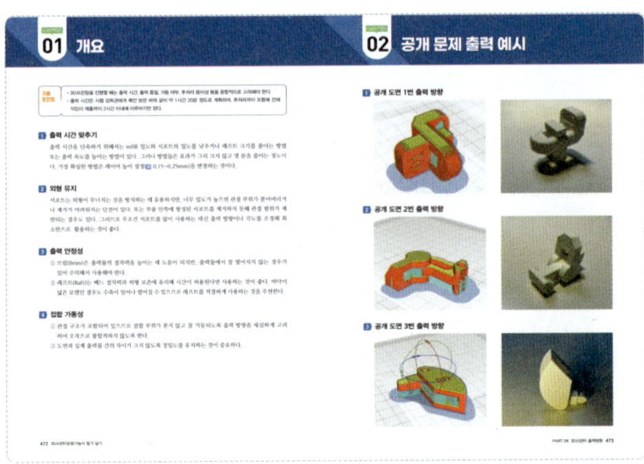

▶ 인벤터 해설 PDF

인벤터를 사용하는 수험자를 위해 다락원 홈페이지 자료실에서 인벤터 해설 PDF를 제공합니다.

◀ 과목별 핵심 이론

실기 시험 대비를 위해 반드시 알아야 할 핵심 이론을 간결하게 정리했습니다.

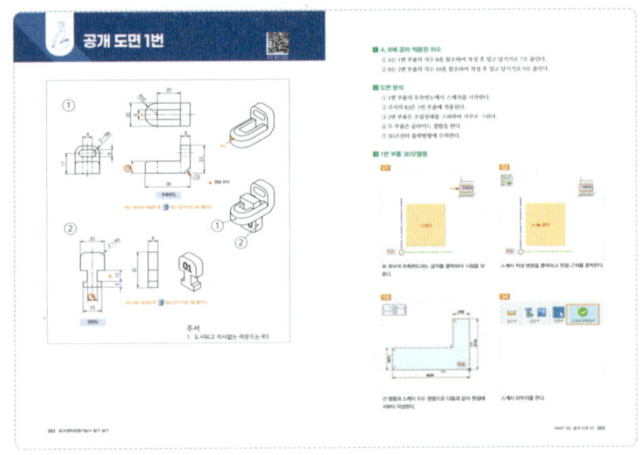

◀ 실전 출력 설정 가이드

실기 시험에 필요한 슬라이서 설정 요소와 추천 출력 방향을 정리했습니다. 실전에서 바로 활용할 수 있는 정보를 함께 제공합니다.

홈페이지 자료실

목차

머리말 3

시험 안내 4

이 책의 구성 12

목차 14

필기편

PART 01 3D프린팅 개요

01 3D프린팅의 개념 및 가공 방식 비교 20

02 3D프린팅 기술 방식의 분류 22

03 소재의 종류와 특성 27

04 출력 방식에 따른 적용 분야 28

PART 02 제품 스캐닝

01 스캐너 결정 32

02 대상물 스캔 37

03 데이터 보정 40

PART 03 3D모델링

01 3D모델링의 개요 및 방식 48

02 도면 분석 54

03 2D 스케치 63

04 3D 형상 생성(피처 명령) 68

05 객체 조립(Assembly) 72

06 출력용 데이터 변환 및 저장 75

07 3D프린팅 출력을 위한 모델링 수정 77

PART 04 SW 설정

01 3D모델링 데이터의 이해와 오류 검증 82

02 3D프린팅 소프트웨어 88

03 슬라이싱(Slicing) 90

04 G코드 102

PART 05 HW 설정

01 3D모델링 데이터의 이해와 오류 검증 110

02 데이터 준비 및 업로드 118

03 장비 출력 설정 119

04 정밀도 보정(FDM) 127

PART 06 제품 출력

01 출력 방식과 지지대 132

02 출력 오류 대처 135

03 출력물 회수 143

PART 07 3D프린팅 안전관리

01 안전수칙 확인 148

02 예방 점검 실시하기 164

03 안전사고 사후 대책 수립하기 166

PART 08 실전 모의고사

실전 모의고사 1회 170

실전 모의고사 2회 179

실전 모의고사 3회 186

실전 모의고사 정답과 해설 193

실기편

PART 01 실기 도면 해독

01 투상도 212
02 도면 읽기 213
03 도면의 주서 214
04 도면의 공차 215

PART 02 오토데스크 퓨전

01 오토데스크 퓨전 218
02 퓨전 파일 관리 224
03 2D 스케치와 구속조건 227
04 퓨전의 솔리드 생성 명령 240
05 타임라인으로 피쳐 편집 246
06 퓨전의 솔리드 수정 명령 247
07 조립 252
08 퓨전의 유용한 검사 도구 256
09 3D프린팅을 위한 메쉬로 저장하기 259

PART 03 공개 도면 27

공개 도면 1~27 261

PART 04 3D프린터 출력 방향

01 개요 472
02 공개 문제 출력 예시 473

PART 05 주요 슬라이서

01 슬라이서 484
02 큐라 485
03 3DWOX 데스크탑 488
04 큐비크리에이터 491
05 메이커봇 프린트 495

필 | 기 | 편

3D프린팅 개요

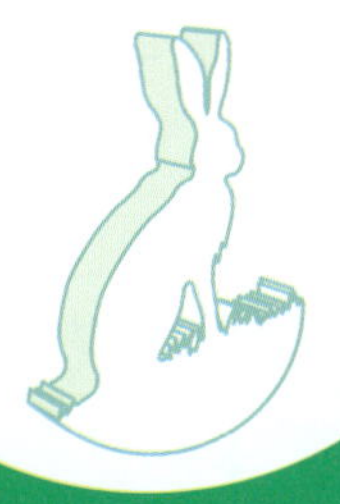

01 3D프린팅의 개념 및 가공 방식 비교
02 3D프린팅 기술 방식의 분류
03 소재의 종류와 특성
04 출력 방식에 따른 적용 분야

> **기출 포인트**
> - 3D프린팅은 '절삭형'이 아니라 '적층형'이며, 재료를 깎는 것이 아니라 쌓는 것이다.
> - 금형 없이 시제품을 빠르게 제작(Rapid Prototyping)하는 데 유리하다.

1 3D프린팅의 개요

1 3D프린팅(적층 제조, AM)의 정의

① 개념 : 3D프린팅이란 컴퓨터 이용 설계(CAD) 능으로 생성된 3D모델링 데이터를 바탕으로 재료를 한 층씩 쌓아 올려(적층) 3차원 물체를 제조하는 기술이다.

② 용어 : 재료를 층층이 쌓는 방식이기 때문에 적층 제조(AM, Additive Manufacturing)라고도 불린다. 이는 재료를 깎아내는 절삭 가공(Subtractive Manufacturing)과 대비되는 개념이다.

2 3D프린팅의 주요 특징

장점	• 경제성 : 다품종 소량 생산에 유리하며, 필요한 만큼만 재료를 사용하므로 재료 낭비가 적다. • 유연성 : 복잡한 형상 구현이 가능하고 디자인을 자유롭게 구현할 수 있다. • 접근성 : 전문적인 기술 없이도 간단한 교육을 통해 누구나 아이디어를 실물로 제작할 수 있다. • 신속성 : 금형 제작 과정 없이 데이터에서 바로 제품을 출력하므로 제품 개발 주기와 생산 시간이 단축된다.
단점	• 대량 생산의 한계 : 사출 성형 등 기존 방식보다 속도가 느리고 단가가 높을 수 있다. • 표면 품질 : 표면에 결(적층 흔적)이 남을 수 있어 후가공이 필요한 경우가 많다.

3 적층 가공(AM)과 절삭 가공(SM) 비교

[적층 가공]

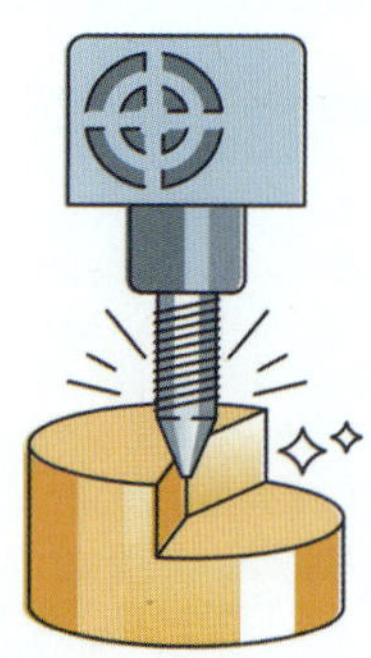

[절삭 가공]

구분	적층 가공(Additive)	절삭 가공(Subtractive)
개념	재료를 쌓아서 형상 제작	큰 덩어리를 깎아내어 형상 제작
주요 기술	3D프린팅(AM)	NC 가공, 선반, 밀링 등
재료 효율	필요한 부분만 쌓으므로 재료 낭비가 적음	깎아내는 방식이므로 재료 낭비가 많음
형상 복잡도	복잡한 내부 구조 및 일체형 제작 용이	내부가 비어 있거나 복잡한 형상은 어려움
생산 효율	소량 생산 및 맞춤형 제작에 유리	대량 생산 및 정밀 가공에 유리

4 3D프린팅 프로세스

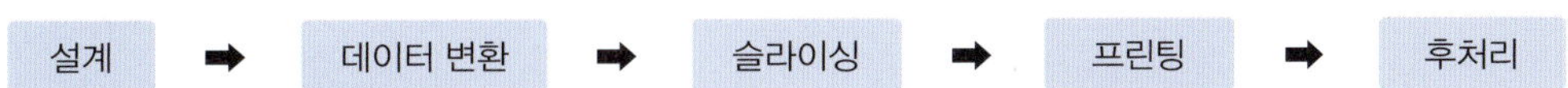

(1) 설계 단계(Design)

① 3D모델링 : CAD 소프트웨어를 이용해 3차원 형상을 제작(NURBS 또는 폴리곤 방식)한다.

② 3D스캐닝 : 실물을 레이저/광학 장비로 읽어 좌표 데이터(Point Cloud)로 추출한다.

③ 역설계 : 스캔 데이터를 바탕으로 수정·보완하여 CAD 모델을 역으로 생성한다.

(2) 데이터 변환(Export)

① STL 파일 : 3D 모델의 표면을 수많은 삼각형(폴리곤)으로 쪼개어 저장하는 표준 포맷

② 삼각형이 작고 많을수록 정밀도는 높아지나 용량이 커진다.

③ 색상 정보가 필요할 경우 OBJ, 3MF, AMF 등의 포맷을 활용한다.

(3) 슬라이싱(Slicing)

① 슬라이서(Slicer) : 모델을 얇은 층으로 나누고 장비의 이동 경로를 계산하는 프로그램

② G-code 생성 : 슬라이싱 결과로 생성된 기계 제어 언어

③ 노즐의 이동 경로, 온도, 속도, 압출량 등의 명령어가 포함된다.

(4) 프린팅/출력(Printing)

G-code 명령어에 따라 장비가 소재를 층층이 쌓아 형상을 완성한다.

(5) 후처리(Post-processing)

① 지지대(Support) 제거 : 출력 시 형상을 받쳐주던 구조물을 제거한다.

② 마감 : 표면 연마(샌딩), 도색, 세척, 경화(UV) 등을 통해 품질을 향상시킨다.

FDM 주요 특징
- 장점 : 장비와 재료 가격이 저렴하고 대중화되어 있으며 유지보수가 쉽고 강도가 비교적 높다.
- 단점 : 적층 결(Layer line)이 뚜렷하여 표면 품질이 거칠고, 정밀도가 다른 방식에 비해 낮고 출력 속도가 느리다.

3D프린팅 기술은 사용하는 소재의 형태와 적층 방식에 따라 분류된다.

1 소재의 형태에 따른 분류

1 고체 : 재료 압출 방식(FDM)

① 원리 : 고체 필라멘트(플라스틱) 재료를 고온의 노즐에서 녹여 압출하며 한 층씩 쌓아 올리는 방식이다.

※ FFF는 FDM과 같은 의미로 상표권 분쟁을 피하기 위해 사용하는 용어이다.

② 특징 : 장비와 재료 가격이 저렴하고 사용이 간편하여 보급형으로 가장 많이 쓰인다. 강도가 높고 내열성이 좋은 재료(ABS 등)를 사용할 수 있으나, 정밀도와 표면조도가 다른 방식에 비해 낮아 적층 결이 보인다.

③ 구조 : 헤드와 베드가 움직이는 기계적 구조(축 이동 방식)에 따라 분류한다. 멘델 방식(베드가 Z축 이동), 카르테시안 방식, 델타 방식 등이 있다.

- 카르테시안(Cartesian) 방식 : 가장 흔한 형태로 X, Y, Z축이 서로 직각 방향으로 이동한다. 구조가 직관적이어서 수리나 조립이 쉽다.(예 멘델, i3 방식)

- 델타(Delta) 방식 : 세 개의 수직 기둥에 달린 팔이 움직이며 노즐 위치를 설정한다. 베드는 고정되어 있고 헤드 이동이 매우 빨라 고속 출력에 유리하다.

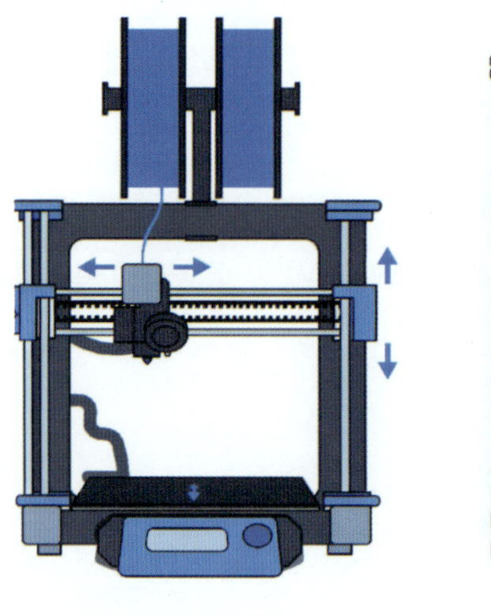
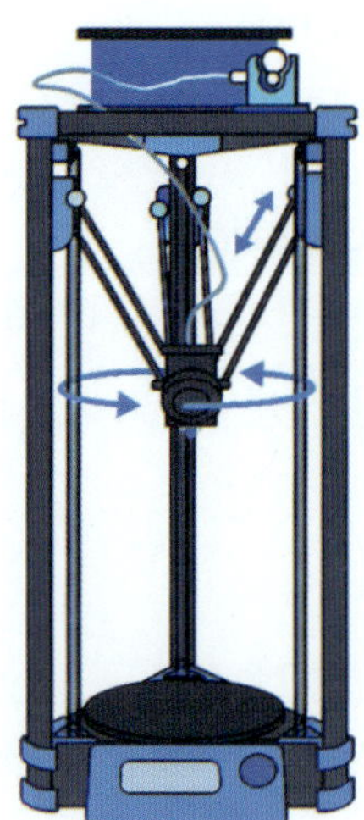

[카르테시안 방식]　　　　[델타 방식]

④ 주요 부품 및 용어

익스트루더 (Extruder)	• 필라멘트를 압출하는 장치로, 필라멘트를 밀어 넣는 모터와 기어 부품을 말한다. • 모터가 헛돌거나 필라멘트가 갈리면 압출 불량이 발생한다.
노즐 (Nozzle)	• 재료가 녹아 나오는 구멍이다. • 노즐 직경(0.4mm 등)보다 적층 높이(Layer height)를 낮게 설정해야 한다.
히팅 베드 (Heating Bed)	• 출력물이 바닥에 잘 붙어있게 하고 수축을 방지하기 위해 열을 가하는 판이다. • ABS 사용 시 필수이다.

⑤ 대표 소재 : PLA, ABS, TPU, PETG 등 열가소성 플라스틱

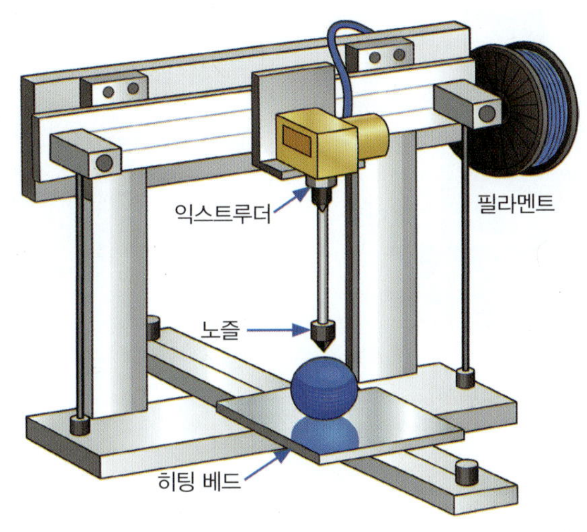

[FDM 방식의 원리]

② 액체 : 광중합 방식(SLA/DLP/PolyJet)

① 원리 : 액체 상태의 광경화성 수지(레진)에 빛(자외선, 레이저)을 쏘아 굳히는 방식이다.

② 구조
- SLA(Stereo Lithography Apparatus) : 레이저를 수조(Vat)에 담긴 레진에 점 단위로 주사하여 경화시킨다. 표면이 매우 매끄럽고 정밀도가 높다.
- DLP(Digital Light Processing) : 빔 프로젝터나 DMD 칩을 이용해 한 층의 단면 전체에 빛을 쏘아(면 단위) 한 번에 경화시킨다. SLA보다 출력 속도가 빠르다.
- PolyJet(Material Jetting) : 잉크젯 프린터처럼 헤드에서 액상 수지를 분사하고 자외선으로 즉시 경화시킨다. 미세 형상 구현이 가능하고 고무, 투명 등과 같은 다양한 색상과 재질을 동시에 사용할 수 있다.

③ 특징 : 정밀도가 우수하지만, 출력 후 세척 및 자외선 경화(Curing) 과정이 필수적이며 소재 관리에 주의가 필요하다.

3 분말 : 분말 융접 방식(SLS/PBF)

① SLS 방식의 원리 : 분말(Powder) 형태의 재료(플라스틱, 금속 등)에 고출력 레이저를 쏘아 재료를 녹이거나 소결(Sintering)시켜 굳히는 방식이다.

② 특징

- 주변의 굳지 않은 분말이 지지대 역할을 하기 때문에 별도의 지지대가 필요 없다.
- 강도가 높은 부품 제작이 가능하지만 장비가 비싸고 예열 및 냉각 시간이 필요하다.

③ 소재 : 나일론(Polyamide), 금속 분말, 세라믹 등

※ 금속 소재의 경우 냉각 시 뒤틀림 방지를 위해 지지대가 필요하다.

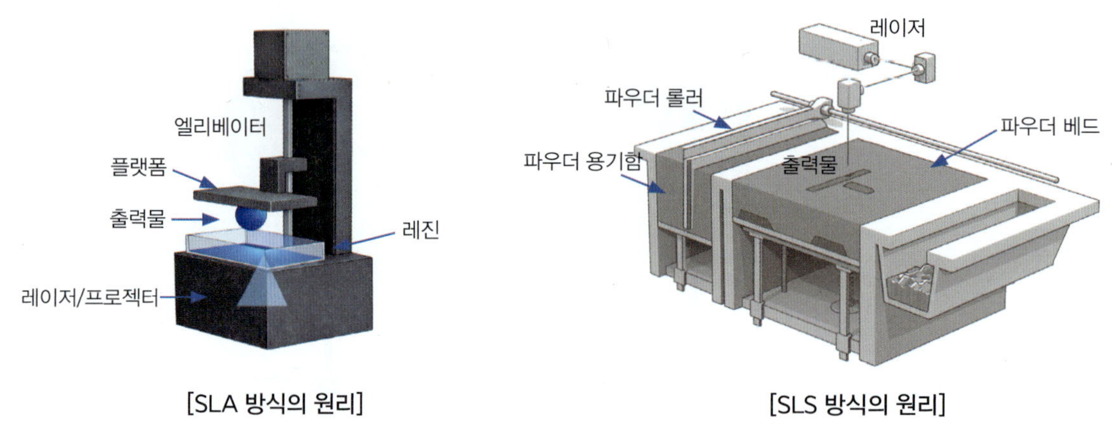

[SLA 방식의 원리]   [SLS 방식의 원리]

2 적층 제조의 7가지 분류

3D프린팅 기술의 더 상세한 분류는 미국 재료 시험학회(ASTM)와 국제표준화기구(ISO)가 제정한 표준(ISO/ASTM 52900)에 따른 7가지 분류이다.

분류(약어)/기술 명칭	작동 원리 및 정의	대표 방식	주요 소재	특징
MEX 재료 압출 방식 (Material Extrusion)	고온으로 가열된 노즐을 통해 재료를 밀어내어(압출) 층층이 쌓는 방식	FDM, FFF	고체(필라멘트) : PLA, ABS	• 가장 대중적이며 장비 구조가 단순함 • 정밀도는 낮으나 강도가 우수함 • 서포트 필요
VPP 광중합 방식 (Vat Photopolymerization)	수조(Vat)에 담긴 액체 수지에 빛(레이저, UV)을 쏘아 경화시키는 방식	SLA, DLP, LCD	액체 (광경화성 수지/레진)	• 표면조도가 매우 우수하고 정밀함 • 별도의 경화 및 세척 과정 필수 • 서포트 필요
PBF 분말 베드 융접 방식 (Powder Bed Fusion)	평평하게 깔린 분말 위에 고에너지(레이저)를 조사하여 선택적으로 녹여(소결/융용) 결합하는 방식	SLS, DMLS, SLM, EBM	분말(파우더) : 나일론, 금속	• 주변 분말이 지지하여 별도의 서포트가 필요 없음 • 강도가 우수하나 표면이 거침 • 금속 부품 제작 가능

분류(약어)/기술 명칭	작동 원리 및 정의	대표 방식	주요 소재	특징
MJT(MJ) 재료 분사 방식 (Material Jetting)	잉크젯 헤드에서 재료를 미세하게 분사(Jetting)하고 자외선으로 즉시 경화시키는 방식	PolyJet, MJM, MJP	액체 (광경화성 수지, 왁스)	• 다양한 색상(Full Color)과 재료 혼합 가능 • 정밀도가 매우 높음 • 서포트는 왁스 등을 사용하여 쉽게 제거 가능
BJT(BJ) 접착제 분사 방식 (Binder Jetting)	분말 층 위에 액체 형태의 접착제(Binder)를 뿌려 가루를 결합하는 방식	3DP, CJP	분말 (석고, 모래, 금속)	• 서포트가 필요 없음 • 컬러 구현이 용이함(CJP) • 강도가 약해 후처리(함침 등) 필요
SHL(SL) 시트 적층 방식 (Sheet Lamination)	종이나 필름 형태의 얇은 판재를 접착제로 붙이고 칼이나 레이저로 자르는 방식	LOM, UAM	시트 (종이, 필름, 금속판)	• 제작 속도가 빠르고 저렴함 • 재료 낭비(잘라낸 부분)가 많음 • '종이 3D프린터'로 불림
DED 직접 에너지 적층 방식 (Direct Energy Deposition)	재료(분말/와이어)를 공급하는 동시에 고에너지(레이저)로 녹여 부착시키는 방식(용접과 유사)	LMD, DMT	금속 (분말, 와이어)	• 기존 제품의 수리/보수에 유리함 • 대형 금속 구조물 제작 가능 • 가공면이 거칠어 후가공 필요

[ISO/ASTM 52900 기준 3D프린팅 7대 기술 분류]

1 MEX 재료 압출 방식(Material Extrusion)

FDM(Fused Deposition Modeling)은 고체 필라멘트를 고온의 노즐로 녹여 압출하며 층층이 쌓는 가장 보편적인 방식이다.

2 VPP 광중합 방식(Vat Photopolymerization)

① SLA(Stereo Lithography Apparatus) : 액체 상태의 광경화성 수지에 레이저를 점 단위로 쏘아 경화시키는 방식이다.

② DLP(Digital Light Processing) : 빔 프로젝터로 단면 이미지를 투사하여 액체 수지를 면 단위로 한 번에 경화시키는 방식이다.

③ LCD(Liquid Crystal Display) : LCD 패널을 마스크로 이용하여 빛을 차단/투과시켜 면 단위로 수지를 굳히는 방식이다.

3 PBF 분말 베드 융접 방식(Powder Bed Fusion)

① SLS(Selective Laser Sintering) : 분말(플라스틱, 나일론 등)에 레이저를 쏘아 소결(Sintering)하여 굳히는 방식으로 서포트가 필요 없다.

② DMLS(Direct Metal Laser Sintering) : 금속 분말을 레이저로 소결하여 합금 형태의 금속 부품을 만드는 방식이다.

③ SLM(Selective Laser Melting) : 금속 분말을 고출력 레이저로 완전히 녹여(Melting) 고밀도 금속 부품을 만드는 방식이다.

④ EBM(Electron Beam Melting) : 금속 분말에 전자빔(Electron Beam)을 조사하여 완전히 녹여 고밀도 금속 부품을 만드는 방식이다.

4 MJT 재료 분사 방식(Material Jetting)

① Polyjet(Photopolymer Jetting) : 잉크젯 헤드에서 액상 수지를 분사하고 자외선(UV)으로 즉시 경화시키는 방식이다.

② MJM(Multi-Jet Modeling) : 수백 개의 미세 노즐에서 광경화성 수지와 왁스(서포트)를 분사하여 조형하는 방식이다.

③ MJP(Multi-Jet Printing) : 잉크젯과 유사하게 아크릴 수지나 왁스 재료를 분사하여 경화시키는 방식이다.

5 BJT 접착제 분사 방식(Binder Jetting)

① 3DP(3Dimensional Printing) : 분말(석고 등) 위에 액체 접착제(Binder)를 뿌려 굳히는 방식으로, 컬러 구현이 가능하다.

② CJP(Color-Jet Printing) : 석고 분말에 컬러 잉크가 포함된 접착제를 분사하여 풀 컬러 모형을 제작하는 방식이다.

6 SHL(SL) 시트 적층 방식(Sheet Lamination)

① LOM(Laminated Object Manufacturing) : 종이나 필름 시트를 접착제로 붙이고 칼이나 레이저로 외곽을 잘라 적층하는 방식이다.

② UAM(Ultrasonic Additive Manufacturing) : 금속 박판을 초음파 진동을 이용해 용접하고 형상을 깎아내는 방식이다.

7 DED 직접 에너지 적층 방식(Direct Energy Deposition)

① LMD(Laser Metal Deposition) : 금속 분말이나 와이어를 공급하면서 레이저로 녹여 기존 물체 위에 증착시키는 방식이다.

② DMT(Direct Metal Tooling) : 고출력 레이저 빔으로 금속 분말을 녹여 금속 표면에 실시간으로 접합하는 기술이다.

1 필라멘트(FDM용 고체 소재)

① PLA(Poly Lactic Acid) : 옥수수 전분 등으로 만든 친환경 소재이다. 수축이 적어 출력이 쉽고 인체에 덜 유해하지만, 후가공(사포질, 도색)이 어렵고 열에 약하다.

※ 약 60℃에서 변형된다.

② ABS(Acrylonitrile Butadiene Styrene) : 내구성과 내열성이 좋고 후가공(사포질, 아세톤 훈증)이 용이하다. 단, 수축이 심해 휨 현상이 발생하기 쉬워 히팅 베드가 필수이며, 출력 시 유해 가스가 발생하므로 환기가 필요하다.

③ TPU(Thermoplastic Polyurethane) : 고무처럼 탄성이 있는 소재로, 신발 밑창이나 스마트폰 케이스 등에 사용된다.

④ PVA(Polyvinyl Alcohol) : 물에 녹는 수용성 소재로, 주로 FDM 방식에서 듀얼 노즐을 사용할 때 서포트(지지대) 전용 재료로 사용된다.

⑤ HIPS(High-Impact Polystyrene) : ABS와 짝을 이루는 서포트(지지대) 재료로, 리모넨에 녹는다.

2 레진(SLA/DLP용 액체 소재)

① 광경화성 수지 : 빛(자외선)을 받으면 굳는 성질을 가지고 있다. 정밀도가 높고 표면이 매끄럽지만, 강도가 약할 수 있고 출력 후 알코올 세척 및 경화 과정이 필수이다.

② 주의사항 : 피부에 닿으면 유해할 수 있어 반드시 장갑을 착용해야 하며, 빛이 차단된 용기에 보관해야 한다.

3 파우더(SLS용 분말 소재)

① 플라스틱 분말 : 나일론 등을 사용하여 내구성이 좋아 실제 부품 제작에 쓰인다.

② 금속 분말 : 알루미늄, 티타늄 등을 사용하여 자동차, 항공 부품을 제작한다. 미세 분말이므로 방진 마스크 착용이 필수이다.

[필라멘트]

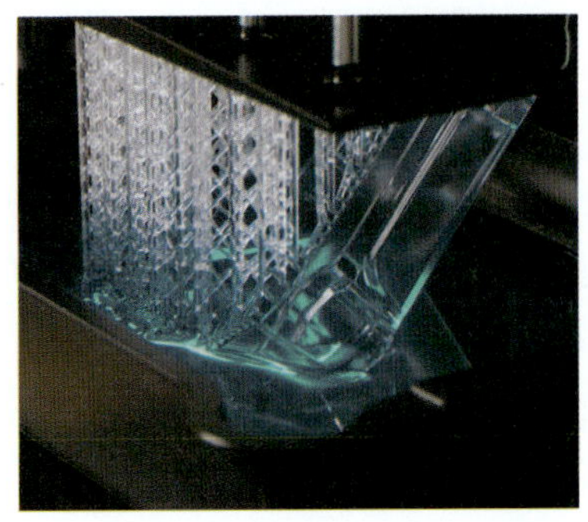

[레진]

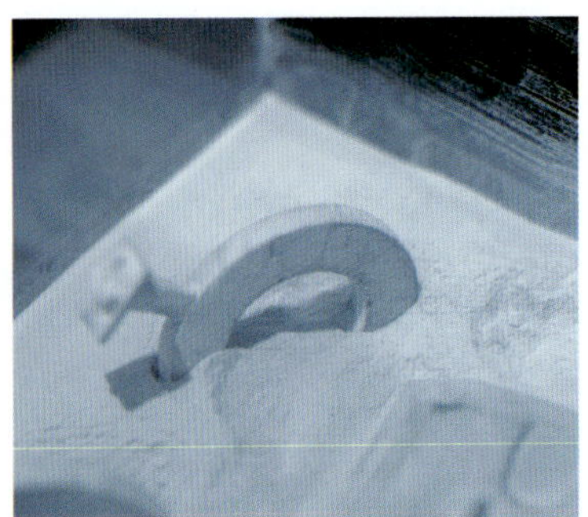

[파우더]

1 의료 및 치과 분야

① 적용 : 환자 맞춤형 보청기, 투명 교정기, 수술 가이드, 인공 관절, 두개골 임플란트 등
② 주요 방식
- SLA/DLP : 정밀도가 높고 표면이 매끄러워 치아 모형, 보청기 쉘 제작에 주로 사용된다.
- PBF(SLS/DMLS) : 생체 적합성 금속(티타늄) 분말을 사용하여 인공 뼈, 임플란트 등 직접 이식되는 부품을 제작한다.

2 자동차 및 항공우주 분야

① 적용 : 시제품(Prototyping), 기능성 부품, 경량화 부품, 복잡한 덕트, 지그(Jig) 및 고정구 등
② 주요 방식
- FDM : 초기 디자인 검토용 시제품이나 제조 현장의 지그/고정구 제작에 활용된다.
- PBF(SLS/DMLS) : 금속 분말(티타늄, 인코넬 등)을 사용한 엔진 노즐, 열교환기 등 내열성과 강도가 필요한 금속 부품을 일체형으로 제작하여 경량화한다.
- LOM : 디자인 검토용 목업(Mock-up) 제작에 사용된다.

3 소비재 및 피규어/예술

① 적용 : 스마트폰 케이스, 안경테, 신발, 장난감, 캐릭터 피규어, 장신구 등
② 주요 방식
- SLA/DLP : 표면 디테일이 중요한 피규어, 정밀한 반지, 목걸이 등 주얼리 원형(Casting 패턴) 제작에 적합하다.
- FDM : 교육용, 취미용, 저가형 시제품 제작에 가장 널리 쓰인다.
- PolyJet : 다색(Full Color) 출력 가능, 복합 재료(고무+플라스틱) 동시 출력이 가능하다.
- CJP : 석고 분말 위에 컬러 접착제를 뿌린다. 컬러 출력이 가능하고, 서포트가 불필요하며, 강도가 약하다. 건축 모형에 주로 사용된다.

4 건축 및 건설

① 적용 : 건축 모형, 비정형 건축물 구조 등
② 주요 방식
- BJ(Binder Jetting) : 석고 분말을 이용해 컬러 건축 모형을 빠르게 제작한다.
- 재료 압출(대형 FDM) : 콘크리트 등을 압출하여 건설에 사용한다. 실제 건물의 벽체나 구조물을 짓는 데 사용된다.

[건축용 대형 FDM]

3D프린팅 개요

01 3D프린팅 기술(적층 제조, AM)과 절삭 가공(SM) 방식을 비교한 설명으로 옳지 않은 것은?

① 절삭 가공(SM)은 재료를 깎아내기 때문에 재료의 손실이 많은 편이다.

② 3D프린팅(AM)은 재료를 한 층씩 쌓아 올리는 방식으로 복잡한 형상 제작에 유리하다.

③ 절삭 가공(SM)은 3D프린팅에 비해 표면 거칠기가 우수하고 정밀도가 높은 편이다.

④ 3D프린팅(AM)은 금형을 사용하여 똑같은 제품을 대량으로 생산할 때 시간과 비용 면에서 가장 효율적이다.

해설

3D프린팅은 다품종 소량 생산에 적합하며, 대량 생산 시에는 금형을 이용한 사출 성형이나 절삭 가공 방식이 시간과 비용 면에서 더 효율적이다.

02 3D모델링 데이터를 3D프린터가 인식할 수 있는 얇은 층(Layer)의 단면 데이터로 변환하고, 노즐의 이동 경로(Tool Path) 등을 생성하는 과정은?

① 슬라이싱(Slicing)

② 3D스캐닝(3D Scanning)

③ 역설계(Reverse Engineering)

④ 후가공(Post-processing)

해설

슬라이싱은 3D모델링 파일(STL 등)을 불러와 적층 두께, 내부 채움, 서포트 등을 설정하여 프린터가 이해할 수 있는 G-code로 변환하는 과정이다.

03 다음 중 액체 상태의 광경화성 수지(Photopolymer)가 담긴 수조(Vat)에 레이저(Laser)를 조사하여 한 층씩 경화시켜 적층하는 방식은?

① FDM(Fused Deposition Modeling)

② SLA(Stereo Lithography Apparatus)

③ SLS(Selective Laser Sintering)

④ LOM(Laminated Object Manufacturing)

해설

SLA 방식은 액체 상태의 광경화성 수지에 레이저를 쏘아 굳히는 방식으로, 표면 조도가 우수하고 정밀도가 높다. FDM은 고체 필라멘트, SLS는 분말, LOM은 시트(종이 등)를 사용한다.

04 3차원 모델링 데이터를 3D프린팅을 위해 변환할 때 가장 널리 사용되는 표준 파일 형식으로, 입체 형상을 무수히 많은 작은 삼각형 면(Mesh)으로 구성하여 표현하는 것은?

① DWG

② STEP

③ STL

④ IGES

해설

STL 파일은 3D Systems사가 개발한 형식으로, 색상이나 질감 정보 없이 3차원 형상 정보를 삼각형의 집합(Polygon Mesh)으로 표현하여 3D프린팅의 표준 포맷으로 사용된다.

정답 01 ④ 02 ① 03 ② 04 ③

제품 스캐닝

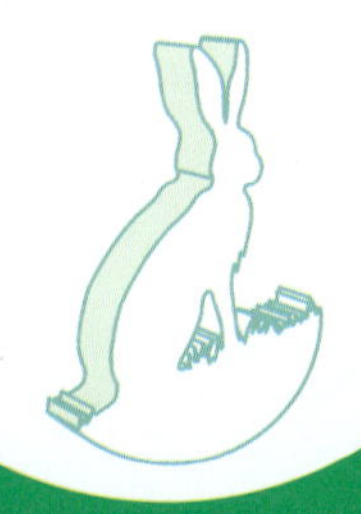

01 스캐너 결정
02 대상물 스캔
03 데이터 보정

비접촉식 스캐너의 세부 방식인 TOF, 삼각 측량, 광 패턴 방식을 구분하는 문제가 자주 출제된다.

1 3D스캐닝과 역설계의 이해

1 3D스캐닝

① 정의 : 대상 물체의 형상 정보를 측정하여 3차원 좌푯값(X, Y, Z)을 획득하고, 이를 컴퓨터가 인식할 수 있는 디지털 정보(점군, Point Cloud)로 전환하는 일련의 과정을 말한다.

② 목적 : 측정 대상의 표면 정보를 얻는 것이 주 목적이다.

③ 과정 : 측정 준비 → 3차원 좌표 추출 및 점군(Point Cloud) 생성 → 3차원 모델 재구성

2 기본 원리

① 대부분의 광학식 스캐너는 삼각 측량법(Triangulation)을 기반으로 한다. 레이저 발신부, 카메라(수신부), 그리고 대상 물체 표면의 점이 이루는 삼각형의 기하학적 구조를 이용한다.

② 원리 : 두 점(발신부와 수신부) 사이의 거리와 각도를 알고 있을 때, 사인 법칙을 이용하여 대상 물체까지의 거리를 계산한다.

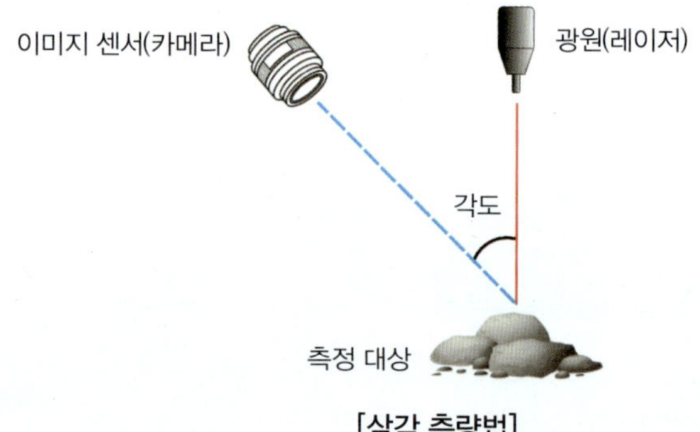

[삼각 측량법]

3 역설계(Reverse Engineering, RE)

① 정의 : 도면(3D CAD Data)이 존재하지 않는 실물 형상을 스캐닝하여 형상 정보를 얻고, 이를 기반으로 3D CAD 데이터를 생성하는 기술이다.

② 필요성 : 경쟁사 제품 벤치마킹, 금형 복원, 문화재 복원, 치과용 의료 분야(임플란트 등)에 활용된다.

③ 특징 : 제품만 있고 설계 데이터가 없을 때 사용하며, '리버스 엔지니어링'이라고도 불린다.

2 3D스캐너의 분류

1 접촉식 스캐너(CMM 등)

① 특징 : 탐촉자(Probe)가 물체의 표면에 직접 닿아 좌표를 읽어내는 방식이다.

② 장점 : 정밀도가 매우 높고 투명하거나 반사가 심한 물체(거울 등)도 측정할 수 있다.

③ 단점 : 측정 속도가 느리고, 부드럽거나 연한 재질(고무 등)은 접촉 시 변형되어 측정하기 어렵다. 또한 탐촉자의 크기에 따라 측정 반경에 제한이 있다.

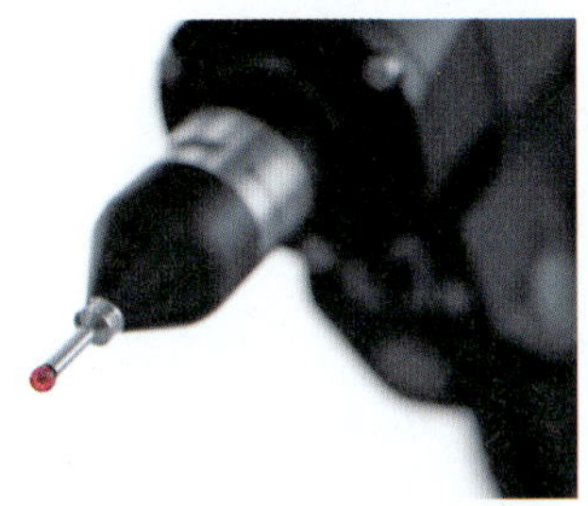

[터치 프로브(Touch Probe)]

2 비접촉식 스캐너

레이저나 빛(광 패턴)을 이용하여 대상물에 닿지 않고 측정한다. 속도가 빠르고, 변형되기 쉬운 물체도 측정이 가능하지만, 투명하거나 반사가 심한 물체는 전처리(코팅)가 필요하다.

① 특징 : 레이저나 빛(패턴)을 투사하여 반사되는 정보를 읽어내는 방식이다.

② 장점 : 측정 속도가 빠르고 물체에 변형을 주지 않는다.

③ 단점 : 투명하거나 반사가 심한 재질은 측정이 어려워 전처리가 필요하다.

3 대표적인 비접촉식 3D스캐너

1 TOF(Time-Of-Flight, 비행시간 측정) 방식

① 원리 : 레이저 펄스를 발사하여 물체에 맞고 되돌아오는 시간(비행시간)을 측정하여 거리를 계산하는 방식이다.

$$거리 = \frac{빛의\ 속도 \times 왕복\ 시간}{2}$$

② 장점 : 측정 거리가 수십 미터 이상으로 매우 길어 먼 거리의 대형 구조물(건물, 토목, 지형 등), 문화재 스캔에 적합하다.

③ 단점 : 근거리 정밀 측정에는 부적합하며, 미세한 형상 구현 능력은 삼각 측량 방식보다 떨어진다.

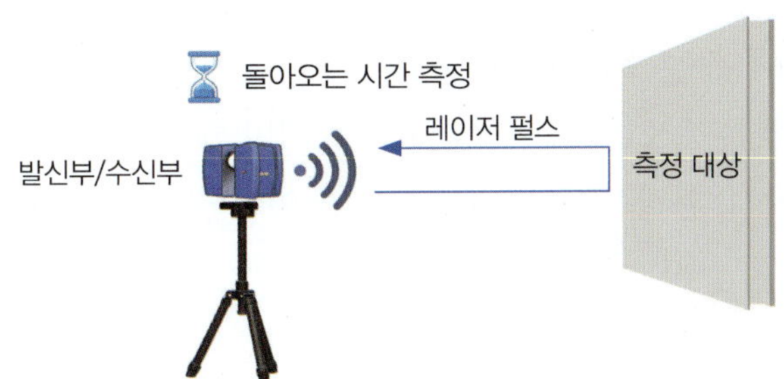

[비행시간 측정법(TOF)]

2 레이저 기반 삼각 측량법(Triangulation)

① 원리 : 레이저 발진부, 수광부(카메라), 측정 대상물이 삼각형을 이루는 원리를 이용한다. 삼각 측량법(사인 법칙)을 이용하여 거리를 계산한다.

② 특징

- 주로 라인(Line) 형태의 레이저를 사용한다.
- 근거리 정밀 측정에 유리하며, 전면을 스캔하기 위해 턴테이블(Turntable)을 사용하여 대상물을 회전시키며 측정하는 경우가 많다.
- 거울이나 유리처럼 반사가 심하거나 투명한 물체는 측정이 어려워 현상액(코팅제)을 뿌리는 전처리가 필요하다.

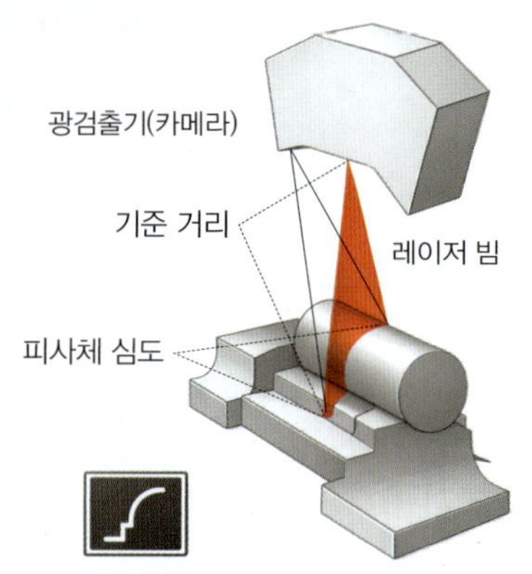

[레이저 기반 삼각 측량법]

3 광 패턴(Structured Light, 구조광) 방식 스캐너

① 원리 : 특정 패턴(그리드, 줄무늬 등)을 물체 표면에 투사하고, 물체의 굴곡에 의해 변형된 패턴의 형태를 카메라로 분석하여 3차원 좌표를 얻는 방식이다.

② 장점 : 한 번에 넓은 영역을 촬영(스캔)하므로 스캐닝 속도가 매우 빠르며, 인체 스캔이나 움직임이 있는 대상에 유리하다. 휴대용(Handheld)으로 개발하기 용이하고 사진을 찍듯이 전체 영역의 좌표를 한 번에 얻어낼 수 있다.

③ 단점 : 야외나 조명이 강한 곳에서는 패턴 인식이 어려울 수 있으며, 레이저 방식에 비해 정밀도가 다소 낮을 수 있다.

④ 광원 : 주로 백색광(White Light)이나 청색광(Blue Light)을 사용한다.

4 변조광 방식 스캐너

① 원리 : 특정한 주기를 가진 레이저(변조광)를 발사한 후, 물체에 맞고 돌아오는 레이저 파형의 위상 차이(Phase Shift)를 분석하여 거리를 계산한다.

② 장점 : 높은 정밀도, 빠른 속도(초당 수십만에서 수백만 개의 점 취득), 고해상도

③ 단점 : 측정 거리의 한계, 환경 영향(빛에 데이터 노이즈 발생, 큰 데이터 용량)

[광 패턴(백색광) 방식 스캐너]   [변조광 방식 스캐너]

4 기준에 따른 스캐너 분류

1 접촉 여부에 따른 분류

구분	명칭	특징 및 원리	장점	단점
접촉식	CMM (Coordinate Measuring Machine) 다관절 로봇	• 터치 프로브(Touch Probe)를 대상물 표면에 직접 접촉시켜 좌표(X, Y, Z)를 획득함 • CMM이 대표적이며 오랜 역사를 가짐	• 측정 정확도와 정밀도가 매우 우수함 • 대상물의 색상, 투명도, 반사율(난반사 등)에 영향을 받지 않음	• 측정 속도가 매우 느림 • 접촉 시 물체에 변형이나 손상을 줄 수 있음 • 복잡한 형상이나 미세한 부분 측정 불가
비접촉식	레이저/광학식 (Active/Passive)	• 레이저나 빛(패턴)을 대상물에 투사하고 반사된 빛을 카메라 센서(CCD/CMOS)로 받아 거리 계산 • 3D프린팅 분야에서 주로 사용됨	• 측정 속도 빠름(초당 수만~수백만 점 취득) • 대상물에 손상을 주지 않음(비접촉) • 복잡한 형상 측정이 용이함	• 투명하거나 반사(거울) 재질, 검은색 표면 측정 시 전처리(코팅)가 필요함 • 일반적으로 CMM 대비 정밀도가 상대적으로 낮음

2 비접촉식 스캐너의 측정 원리에 따른 분류

비접촉 방식 중 레이저나 빛을 이용하는 방식은 거리를 계산하는 수학적/물리적 원리에 따라 다음과 같이 세분화할 수 있다.

구분	측정 원리	내용	적용 분야
광 삼각 측량법 (Triangulation)	레이저 기반	• 레이저 발진부, 수광부(카메라), 대상물이 이루는 삼각형의 각도와 거리를 이용(사인 법칙)하여 좌표 계산 • 라인(Line) 형태의 레이저를 주로 사용	• 근거리 정밀 측정 • 역설계, 품질 검사 • 가장 보편적인 방식
광 패턴 (Structured Light, 백색광) 방식	이미지 기반	• 특정 패턴(줄무늬, 그리드 등)을 프로젝터로 투사하고, 대상물 굴곡에 의해 왜곡된 패턴의 형태를 분석하여 좌표 계산 • 한 번에 넓은 영역(면 단위)을 촬영하므로 속도가 매우 빠름	• 인체 스캐닝, 피규어 • 빠른 속도가 필요한 경우 • 10~30m 중거리 영역

구분	측정 원리	내용	적용 분야
TOF 방식 (Time of Flight)	비행시간 측정	• 레이저 펄스를 쏘고 반사되어 돌아오는 시간을 측정하여 거리 계산 • 정밀도는 낮으나 측정 거리가 매우 긺	• 대형 구조물(건물, 다리) • 토목, 지형 측정 • 문화재 실측
변조광 방식 (Modulated Light)	주파수 차이	• 지속적으로 주파수가 다른 빛을 쏘고 반사된 빛의 주파수 차이(위상차)를 검출하여 거리 계산 • TOF 방식보다 고속 스캔이 가능하고 노이즈 감쇄에 유리함	• 10~30m 중거리 영역 • 중간 정도의 정밀도

3 기계적 구성 및 등급에 따른 분류

스캐너의 설치 형태(고정/이동)와 가격대, 특수 목적에 따라 다음과 같이 분류할 수 있다.

대분류	세부 분류	내용	주요 용도 및 장단점
고정식 (Fixed)	저가형 (보급형)	• 주로 턴테이블을 이용하여 대상물을 회전시키며 측정 • 카메라와 레이저가 고정되어 있음 • 측정 정밀도 : 약 $50\mu m$(0.05mm) 수준	• 3D프린팅용, 취미, 교육용 • 정밀도가 낮고 데이터 병합 시 오차 발생 가능
	고가형 (산업용)	• 고정밀 라인 레이저나 고해상도 패턴 사용 • 정밀도 : 수 μm(0.001mm 단위) 수준 • 정반(Base), 고정밀 이송 장치, 정합용 마커/볼 사용	• 역설계, 정밀 치수 검사 (Inspection) • 가격이 매우 비쌈
이동식 (Mobile)	핸드헬드 (Handheld)	• 작업자가 스캐너를 손에 들고 이동하며 측정 • 스캐너의 위치를 파악하기 위해 가속도계나 마커 등을 활용 • 대형 물체나 스캐너를 고정하기 힘든 경우 사용	• 자유로운 이동성, 현장 측정 용이 • 고정식보다 정밀도는 다소 떨어짐 • 실시간 스캔 결과 확인 가능
	암(Arm)	• 다관절 로봇 팔 끝에 스캐너를 부착하여 이동하며 측정 • 이동형 CMM이라고도 불림	• 복잡한 형상의 국소 부위 정밀 측정
사진측량 (Photogrammetry)	다중 카메라	• 여러 각도에서 찍은 2개 이상의 사진 이미지를 분석하여 3차원 좌표 계산 • 비접촉식 수동형 스캐너로 분류됨	• 텍스처, 색상 추출이 우수함 • 순간 촬영 : 움직이는 대상(예 동물, 아기) 측정 가능
CT 스캐너	컴퓨터 단층촬영	• X-선이나 초음파를 이용하여 물체의 내부 단면을 촬영하고 3차원으로 재구성	• 의료용(인체 내부), 산업용 (비파괴 검사) • 겉모양뿐만 아니라 내부 구조까지 스캔 가능

1 스캐너 선정 및 스캐닝 준비

1 스캐너 선정 기준

① 대상물의 크기 : 소형 정밀 부품은 고정식 광학/레이저 스캐너, 대형 구조물은 핸드헬드 레이저 또는 TOF 방식을 선택한다.

② 요구 정밀도 : 역설계나 치수 검사 등 높은 정밀도가 필요한 경우 고가의 산업용 스캐너를 사용한다. 단순 형상 획득이나 3D프린팅용은 보급형 스캐너도 가능하다.

③ 적용 분야 : 문화재 보존, 품질 검사(QC), 의료용 등 목적에 따라 적합한 장비를 선정한다.

④ 내부 형상 측정 : CT(컴퓨터 단층촬영) 스캐너를 사용한다.

2 스캐닝 환경 설정

① 조도 : 너무 밝거나 어두운 환경은 피하고, 직사광선을 차단하여 스캐너의 광원 간섭을 줄인다.
- 주변이 너무 밝으면(직사광선 등) 스캐너의 레이저나 패턴광과 간섭이 발생한다.
- 너무 어두우면 카메라에 들어오는 광량이 부족하다. 별도의 조명을 사용하거나 카메라의 노출 시간을 조절한다.

② 고정 : 대상물이 움직이지 않도록 고정하고, 진동이 없는 테이블을 사용한다.

③ 스캐너 보정(Calibration) : 스캐닝 시작 전, 주변 온도나 조도에 따른 카메라 센서 오차를 줄이고 이송 장치의 원점을 설정하기 위해 보정 작업을 수행한다.

2 대상물 전처리

1 스캐닝이 어려운 표면

광학식/레이저 스캐너는 빛의 반사를 이용하므로 다음과 같은 표면은 데이터 획득이 어렵다.

① 투명한 물체(유리, 아크릴) : 빛이 투과되어 반사되지 않는다.

② 반사가 심한 물체(거울, 금속) : 정반사 또는 전반사가 일어나 센서가 빛을 인식하지 못한다.

③ 검은색 물체 : 빛을 흡수하여 반사량이 부족하다.

① 백탁액 도포 : 스캐닝 전, 물체 표면에 미세한 입자의 현상액 또는 백색 스프레이를 뿌려 표면을 불투명하고 무반사(Matte) 상태인 백색으로 코팅한다. 이는 난반사를 유도하여 스캐너가 형상을 잘 인식하게 한다.

② 코팅재 조건 : 두꺼우면 치수 오차가 발생하므로 매우 미세한 입자여야 하며, 측정 후 쉽게 제거되어야 한다.

[반사가 심한 물체에 뿌리는 현상액]

3 정합용 마커(Marker)

1 정합용 마커 및 고정구 준비

① 사용 이유 : 대형 물체나 특징이 적은 평면 물체를 여러 각도에서 스캔해 하나로 합칠 때 마커가 필수적으로 사용된다.

② 마커의 역할 : 서로 다른 위치에서 찍은 데이터를 하나의 좌표계로 합치는 정합(Registration)의 기준점이 된다.

③ 마커 설치 원칙

개수	서로 이어 붙일 데이터 사이에는 공통된 마커(볼)가 최소 3개 이상 보여야 정확한 위치를 잡을 수 있다.
형태	치수 정밀도가 우수한 구(Ball) 형태나 스티커 형태의 점 마커를 사용한다.
적용	피측정물에 직접 부착하거나, 마커가 부착된 고정구(Fixture) 위에 물체를 올려두고 측정한다.

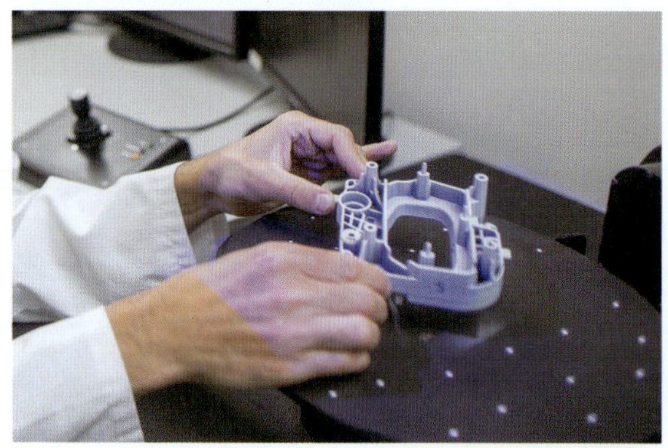

[마커가 부착된 표면과 마커가 부착된 턴테이블]

4 스캐닝 실행

1 스캐닝 실시

① 대상물을 여러 각도에서 촬영(스캔)하여 사각지대 없는 데이터를 확보한다.

② 복잡한 형상은 턴테이블을 이용하거나 스캐너를 이동시키며 다각도로 측정한다.

2 측정 범위 설정

① 목적 : 측정 시간을 단축하고 정밀도를 높이기 위해 미리 영역과 경로를 설정한다.

② 단차가 큰 경우 : 카메라의 초점 심도(Depth of Field)를 고려하여 시작/끝점 및 경로를 설정해야 한다.

③ 장비별 특성 : 저가형(턴테이블 방식)은 회전축을 기준으로 영역을 나누며, 휴대용(이동식) 스캐너는 별도 영역 지정 없이 이동 속도에 맞춰 측정한다.

3 스캐닝 간격(Resolution)

① 정의 : 연속된 두 레이저 빔 라인 사이의 간격을 의미한다.

② 단순한 형상 : 간격을 넓게 설정하여 효율성을 높인다.

③ 복잡한 형상 : 간격을 좁게 설정하여 많은 점 데이터를 확보해야 원래 형상을 제대로 복원할 수 있다.

④ 턴테이블 : 회전량을 조절하여 간격을 제어한다.

4 스캐닝 속도

① 원리 : 스캐닝 점의 개수를 줄여 속도를 조절하며, 외관의 복잡도에 따라 상대적으로 설정한다.

② 라인 스캐너 : 정지 상태에서 측정하거나 연속 이동하며 측정할 수 있다.

③ 주의사항 : 일반적으로 연속적으로 빠르게 측정할수록 측정 정밀도는 떨어지는 경향이 있다.

1 스캔 데이터의 획득 및 유형

1 점군(Point Cloud, 점 데이터)

① 정의 : 스캐너가 피측정물의 표면에서 획득한 수많은 점들의 집합이다. 각 점은 3차원 좌표(X, Y, Z) 값을 가진다.

② 특징

- 측정된 점들 사이에는 위상 관계(순서나 연결 정보) 없이 무작위로 존재한다.
- 노이즈(Noise)를 포함하고 있어 필터링 및 보정 과정이 필요하다.
- 점의 밀도가 높을수록 표면이 세밀하게 표현된다.
- 데이터 활용 : 점군 데이터를 이용하여 3차원 곡면 형상을 생성하거나 STL 파일을 생성한다.

2 폴리라인(Polyline)

① 정의 : 라인 레이저 방식에서 주로 생성되며, 점들이 선으로 연결된 형태이다.

② 특징 : 하나의 폴리라인 안에서는 점들 간의 순서(위상 관계)가 존재한다. 이를 이용해 자유 곡면을 생성할 수 있다.

3 삼각형 메쉬(Triangle Mesh)

① 정의 : 점군이나 폴리라인의 이웃하는 세 점을 연결하여 삼각형 면을 만든 형태이다.

② 특징 : 3D프린팅을 위한 표준 포맷인 STL 파일의 기본 구조이다. 메쉬 생성 시 구멍(Hole)이나 중첩 오류가 발생할 수 있어 보정(Fairing)이 필요하다.

[점군 데이터에서 메쉬 데이터 생성]

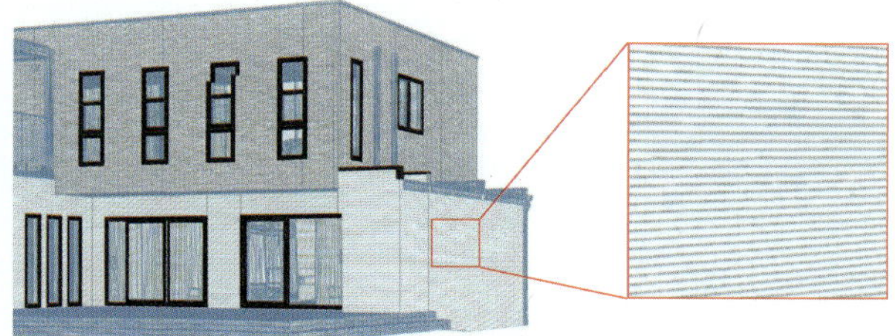

[폴리라인 스캔 데이터]

점군 획득 (Scanning) → 점군 보정 (Filtering) → 정합 (Registration) → 병합 (Merging) → 페어링 (Fairing/Mesh 생성) → 3D모델링/ 출력

1 데이터 클리닝(Cleaning) 및 필터링(Filtering)

① 목적 : 측정 환경이나 대상물의 표면 상태로 인해 발생한 노이즈(불필요한 점)를 제거하는 과정이다.

② 방법 : 소프트웨어의 자동 필터링 기능을 사용하거나, 'Crop(자르기)' 및 'Brush(브러쉬)' 툴을 이용해 수동으로 제거한다.

2 정합(Registration)

① 정의 : 여러 위치와 각도에서 나누어 찍은 스캔 데이터(점군)들을 하나의 좌표계를 기준으로 위치를 맞추는(정렬하는) 작업이다.

② 특징

형상 기반 정합	데이터 간의 겹치는(중첩) 형상 특징을 이용해 소프트웨어가 자동으로 정렬한다.
마커 기반 정합	• 부착해둔 마커나 정합 볼(최소 3개)의 위치를 일치시켜 정렬한다. • 정밀도가 더 높고 대형 물체나 특징이 적은 평면 물체 스캔 시 유리하다.

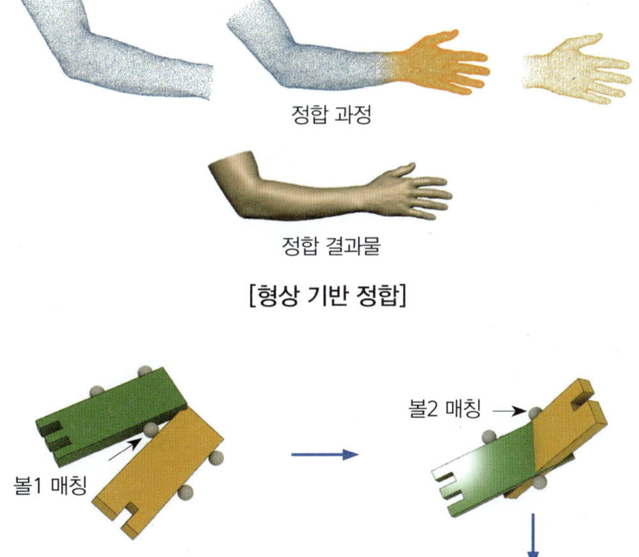

[형상 기반 정합]

[마커 기반 정합]

③ 병합(Merging)

① 정의 : 정합을 통해 위치가 정렬된 여러 개의 데이터들을 하나의 단일 데이터(Mesh)로 합치는 과정이다.

② 특징

- 중복된 데이터 부분은 제거하거나 평균화하여 하나의 껍데기로 만든다.
- 이 과정 후에는 수정이 어렵거나 데이터 용량이 줄어들 수 있다.

④ 페어링(Fairing) 및 메쉬 보정

① 정의 : 최종적으로 3D프린팅을 하기 위해 메쉬의 오류(구멍, 겹침 등)를 수정하고 매끄럽게 다듬는 과정이다.

② 오류 수정 항목 : 구멍 메우기(Hole filling), 중첩된 삼각형 제거, 법선 벡터(Normal Vector) 방향 수정 등

③ 삼각형 메쉬 생성 법칙(Vertex-to-vertex rule) : 삼각형들은 꼭짓점을 항상 공유해야 하며, 서로 교차하거나 중첩되지 않아야 한다.

표준 작업 용어 정리

Cleaning(노이즈 제거) : 큰 쓰레기 데이터(바닥, 고정구 등)를 수동/자동으로 삭제

⬇

Filtering(필터링) : 점(Point)들의 밀도를 조절하거나 미세한 오차 제거

⬇

Registration(정렬) : 여러 각도의 데이터를 하나로 맞춤

⬇

Merging(병합) : 데이터들을 하나의 메쉬(Mesh)로 합침

⬇

Smoothing(스무딩) : 거친 표면을 매끄럽게 처리

⬇

Hole Filling(구멍 메우기) & Fairing(페어링) : 빈 공간을 메워 삼각형 메쉬 완성

---

③ 스캔 데이터의 표준 파일 포맷

파일 포맷	핵심 키워드
STL	3D프린팅 표준 포맷, 삼각형 메쉬, 색상 정보 없음, Vertex-to-vertex 법칙
IGES	최초의 표준 규격(1980), 곡면/색상 정보 포함, 5개 섹션 구조, 엔터티로 구성
STEP	ISO 국제 표준, 제품 수명 주기(Life Cycle) 데이터, CAD 호환성 우수
AMF	XML 기반, STL 단점 보완(색상, 재질 정보 포함), 압축 효율 높음
G-code	슬라이싱 결과물, 프린터 제어 언어

1 STL(Stereo Lithography) 포맷

① 개념 : 3D Systems사에서 개발한 3D프린팅의 표준 포맷이다.

② 특징

- 모델의 표면을 수많은 작은 삼각형(Mesh)으로 쪼개어 표현한다.
- 오직 형상 정보만 가지며, 색상 및 질감 정보가 없다.
- 곡면을 평면 삼각형으로 근사화하여 표현하므로, 정밀도를 높이면 파일 용량이 커진다.
- 삼각형 메쉬 생성 법칙 : 삼각형의 꼭짓점은 인접한 삼각형의 꼭짓점과 공유되어야 한다.

③ 오일러 공식 : 닫힌 매니폴드 형상에서 점, 선, 면의 관계는 다음과 같다.

$$\text{꼭짓점 수(Vertex)} \approx (\text{삼각형 면의 수} \times 0.5) + 2$$

2 IGES(Initial Graphics Exchanges Specification)

① 개념 : 1980년에 제정된 최초의 표준 포맷으로, 미국 상무부 국가표준국에서 제정했다.

② 특징

- 엔터티(Entity)로 구성되어 있고, 곡면 정보를 포함한다.
- 점(Point)뿐만 아니라 선, 원, 자유 곡선, 자유 곡면(Surface), 색상 등의 정보를 포함할 수 있다.
- 파일 구조(5가지 섹션) : Start, Global, Directory, Parameter, Terminate 섹션으로 구성된다.

3 STEP(Standard for the Exchange of Product Data)

① 개념 : ISO(국제표준화기구)에서 1994년에 제정한 제품 데이터 교환 표준(ISO 10303)이다.

② 특징

- IGES의 단점을 극복하고, 제품의 설계부터 생산(Life Cycle)에 이르는 모든 데이터를 포함하기 위해 개발되었다.
- 대부분의 상용 CAD/CAM 소프트웨어에서 호환성이 가장 좋다.

4 AMF(Additive Manufacturing File)

① 개념 : STL의 단점(색상, 재질 정보 부재)을 개선하기 위해 개발된 XML 기반의 3D프린팅용 포맷이다.

② 특징 : 색상(Color), 재질(Material), 텍스처, 격자 구조(Lattice) 등의 정보를 포함할 수 있으며 용량이 STL보다 작다.

5 기타 포맷

① XYZ : 가장 단순하며 각 점의 좌푯값(X, Y, Z)만 텍스트로 나열한 방식이다.

② OBJ : 3D 그래픽에서 널리 쓰이며 곡면과 텍스처 정보를 포함한다.

③ PLY : 스캔 데이터(점군) 저장에 많이 쓰이며 색상 정보를 포함할 수 있다.

01 다음 중 비접촉식 3D스캐너의 방식 중 'TOF(Time-Of-Flight)' 방식에 대한 설명으로 옳은 것은?

① 특정 패턴을 물체에 투영하고 그 패턴의 변형 형태를 파악하여 정보를 얻는다.

② 레이저 발진부, 수광부, 측정 대상물이 이루는 삼각형의 사인 법칙을 이용한다.

③ 레이저 펄스를 발사하여 대상물에 맞고 되돌아오는 시간을 측정하여 거리를 계산한다.

④ 탐촉자(Touch Probe)를 측정물에 직접 접촉하여 좌표를 읽어낸다.

해설

TOF 방식은 레이저가 대상물에 반사되어 돌아오는 시간(비행시간)을 측정하여 거리를 계산하는 방식이다. 이 방식은 먼 거리의 대형 구조물 측정에 용이하다.

02 3D스캐너의 종류 중 측정 속도가 가장 빠르며, 한 번에 넓은 영역의 좌표를 획득할 수 있어 인체 스캔 등에 유리한 방식은?

① 접촉식 CMM

② 광 패턴(Structured Light, 백색광) 방식

③ 레이저 기반 삼각 측량 방식

④ TOF(Time-Of-Flight) 방식

해설

광 패턴(백색광) 방식은 특정 패턴을 투영하여 변형된 형태를 분석하므로, 점 단위가 아닌 면 단위로 데이터를 획득하여 속도가 매우 빠르다.

03 3D스캐닝 준비 과정에서 측정 대상물이 투명하거나 거울처럼 반사율이 높을 때 수행해야 하는 전처리 작업으로 가장 적절한 것은?

① 조명을 더 밝게 하여 빛의 세기를 높인다.

② 현상액(D-spray)이나 백색 파우더를 도포하여 표면을 무반사 상태로 만든다.

③ 카메라의 노출 시간을 길게 설정한다.

④ 측정 대상물을 물에 담가서 측정한다.

해설

투명하거나 반사가 심한 물체는 레이저가 투과되거나 정반사를 일으켜 측정이 어렵다. 따라서 백색 파우더 등을 도포하여 표면을 불투명하게 코팅해야 한다.

04 대형 구조물을 스캔하거나 여러 각도에서 측정한 데이터를 하나로 합칠 때 기준점으로 사용하기 위해 부착하는 도구는 무엇인가?

① 정합용 마커(Marker/Ball)

② 터치 프로브(Probe)

③ 턴테이블(Turntable)

④ 캘리브레이션 보드

해설

여러 번 나누어 스캔한 데이터를 하나의 좌표계로 정합(Registration)하기 위해서는 공통된 기준점이 필요한데, 이때 정합용 마커(볼)를 사용한다. 최소 3개 이상이 필요하다.

01 ③ **02** ② **03** ② **04** ① **정답**

05 다음 중 3D스캐닝 데이터를 처리하는 과정에 대한 설명으로 틀린 것은?

① 정합(Registration) : 서로 다른 좌표계에서 측정된 여러 데이터를 하나의 좌표계로 맞추는 작업이다.

② 병합(Merging) : 정합된 여러 데이터를 하나의 단일 데이터 파일로 통합하고 중복을 제거하는 과정이다.

③ 필터링(Filtering) : 스캔 데이터의 노이즈를 제거하여 데이터 처리를 쉽게 하는 과정이다.

④ 페어링(Fairing) : 스캔하기 전 장비의 영점을 조절하고 카메라를 보정하는 단계이다.

> **해설**
>
> 페어링(Fairing)은 스캔 후 불필요한 점을 제거하고 구멍을 메우는 등 메쉬를 다듬는 '보정' 과정이다. 장비의 영점 조절은 '캘리브레이션(Calibration)' 단계이다.

06 3D프린팅의 표준 포맷으로 사용되며, 색상 정보 없이 3차원 형상을 수많은 삼각형 메쉬(Mesh)로 표현하는 파일 형식은?

① IGES

② STEP

③ STL

④ PLY

> **해설**
>
> STL(Stereo Lithography)은 3D프린팅의 표준 포맷으로, 색상 정보 없이 입체 형상을 삼각형 면으로 근사화하여 표현한다.

07 다음 중 최초의 그래픽 정보 교환 표준 규격으로, 점, 선, 곡면(Surface) 정보를 포함하며 엔터티(Entity)로 구성된 파일 포맷은?

① STL

② IGES

③ XML

④ OBJ

> **해설**
>
> IGES(Initial Graphics Exchanges Specification)는 최초의 표준 포맷으로 1980년에 제정되었으며, 엔터티 구조를 가지고 곡면 정보를 포함할 수 있다.

08 스캔 데이터의 최종 보정 단계인 '페어링(Fairing)' 과정에서 수행하는 작업이 아닌 것은?

① 구멍 메우기(Hole filling)

② 스무딩(Smoothing)을 통한 표면 매끄럽게 하기

③ 삼각형 메쉬의 법선 벡터(Normal Vector) 방향 수정

④ 측정 대상물에 현상액 도포하기

> **해설**
>
> 현상액 도포는 스캐닝을 하기 전의 '준비(전처리)' 단계이다. 페어링은 스캔 후 데이터를 수정하여 닫힌 메쉬(Closed Mesh)를 만드는 과정이다.

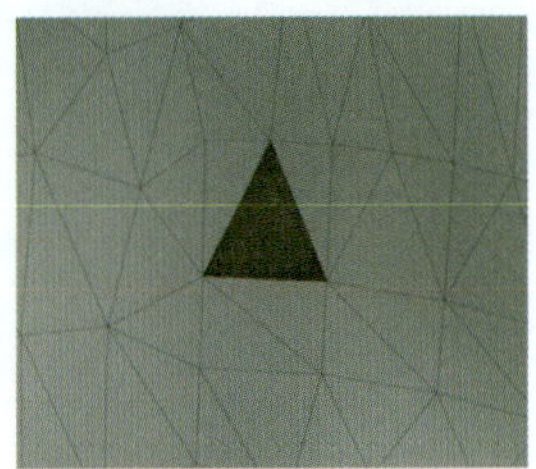

05 ④　**06** ③　**07** ②　**08** ④　**정답**

3D모델링

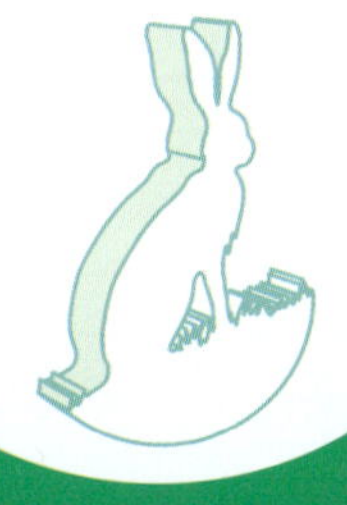

01 3D모델링의 개요 및 방식
02 도면 분석
03 2D 스케치
04 3D 형상 생성(피처 명령)
05 객체 조립(Assembly)
06 출력용 데이터 변환 및 저장
07 3D프린팅 출력을 위한 모델링 수정

> **기출 포인트** 모델링 방식의 특징 비교(넙스 vs 폴리곤), 데이터 표현 방식(와이어프레임 vs 솔리드), 그리고 좌표계 및 모델링 생성 원리(CSG 등)에 집중되어 있다.

1 3D모델링의 개념

3D모델링은 컴퓨터 그래픽스 기술을 사용하여 가상의 3차원 공간에 물체를 표현하는 과정이다. 점(Vertex), 신(Edge), 면(Face)을 이용하여 물체의 형상을 정의하며, 이를 통해 만들어신 결과물을 모델(Model) 또는 지오메트리(Geometry)라고 한다.

2 3D 데이터 표현 방식에 따른 분류

1 와이어프레임 모델링(Wireframe Modeling)

정의	물체의 외곽선을 선으로만 표현하는 방식이다.
특징	• 장점 : 데이터 구조가 단순하고 처리 속도가 빠르다. • 단점 : 면이나 부피 정보가 없어 물리적 성질(부피, 질량 등)을 계산할 수 없고, 은선 제거(Hidden line removal)가 불가능하고 물체가 투명하게 보여 형상이 모호할 수 있다.

2 서피스 모델링(Surface Modeling)

정의	와이어프레임 위에 면을 입혀 껍데기를 표현한 방식이다.
특징	• 장점 : 복잡한 곡면(자동차 외관, 캐릭터 등) 표현에 유리하며, NC 가공 데이터 생성에 활용된다. • 단점 : 물리적인 성질(무게, 부피, 무게중심)을 계산할 수 없으며, 단면도를 만들 수 없다.

3 솔리드 모델링(Solid Modeling)

정의	물체의 외부뿐만 아니라 내부 정보(부피)까지 완벽하게 정의한다.
특징	• 장점 : 부피, 무게, 관성 모멘트 등 물리적 성질 계산이 가능하고 간섭 체크가 용이하며, 현대 CAD 시스템의 주류이다. • 단점 : 데이터량이 가장 많고 연산 속도가 상대적으로 느릴 수 있다.

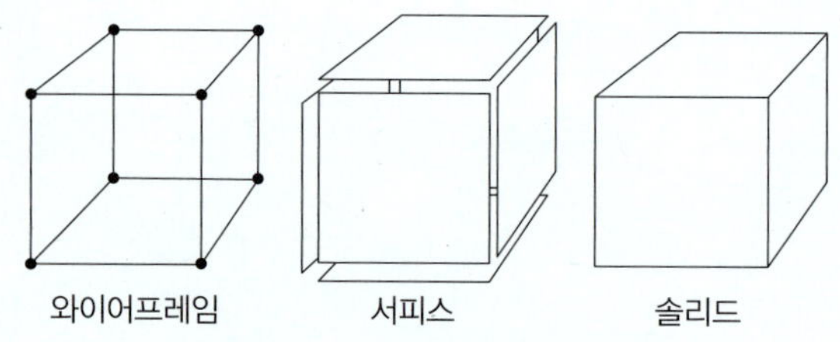

[데이터 표현 방식에 따른 분류]

3 수학적 구현 방식에 의한 분류

1 폴리곤 모델링(Polygon Modeling)

정의	다각형(주로 삼각형, 사각형)의 면을 기본 단위로 하여 메쉬를 구성하는 방식이다.
구조	점, 선, 면(Face/Polygon)으로 구성된다.
특징	• 계단 현상(Aliasing) : 곡선을 표현할 때 확대하면 가장자리가 각져 보이는 계단 현상이 발생한다. 부드러운 곡면을 만들기 위해서는 폴리곤 수를 늘려야 한다(High Polygon). • 장점 : 데이터 처리가 빠르고 직관적이며 렌더링 속도가 빨라 게임, 애니메이션, 영화 분야에서 주로 사용된다. • 단점 : 정밀한 치수 제어가 넙스보다 어렵다.

2 넙스 모델링(NURBS; Non-Uniform Rational B-Spline Modeling)

정의	수학적 수식을 기반으로 점들을 연결하여 곡선과 곡면을 생성하는 방식이다.
특징	• 정밀도 : 아주 복잡한 유선형의 곡면이나 솔리드까지 매우 정확하게 표현할 수 있어 정밀 설계에 유리하다. • 파일 변환 : 서로 다른 CAD 프로그램 호환을 위해 IGES, STEP 등의 포맷을 주로 사용한다. • 장점 : 확대해도 표면이 깨지지 않고 부드러우며, 치수 제어가 정확하여 제품 디자인, 자동차, 항공기 설계에 필수적이다. • 단점 : 폴리곤 방식에 비해 계산이 많이 필요하며, 모델링 과정이 다소 까다롭다.

3 서브디비전 모델링(Subdivision Modeling)

정의	거친 다각형 메쉬를 분할하고 다듬어 매끄러운 곡면으로 만드는 기법이다.
특징	• 단순한 기본 형태(제어 메쉬)를 단계적으로 쪼개어 고해상도 형상을 구현한다. • 장점 : 적은 수의 점으로도 유기적이고 복잡한 곡면을 자유롭고 빠르게 수정할 수 있다. • 단점 : 수치 기반의 정밀 설계가 어렵고, 면의 흐름이 나쁘면 표면 왜곡이 발생한다.

4 스컬핑 모델링(Sculpting Modeling)

정의	디지털 점토를 빚듯이 마우스나 태블릿을 이용해 밀고 당기며 직관적으로 형상을 만드는 방식이다.
특징	• 정밀한 치수보다는 예술적인 감각이 중요하며, 캐릭터, 피규어, 유기체 등 비정형 형상 제작에 매우 유리하다. • 후처리 : 기본적으로 데이터가 무거운 하이 폴리곤 상태이므로, 게임 등에 사용하려면 리토폴로지(면 정리) 과정이 필요할 수 있다.

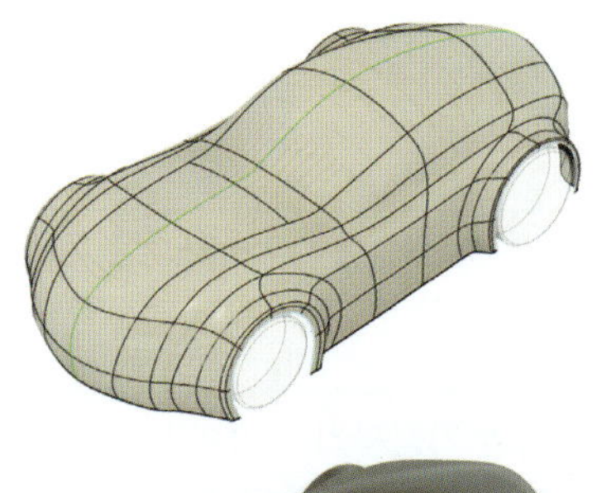
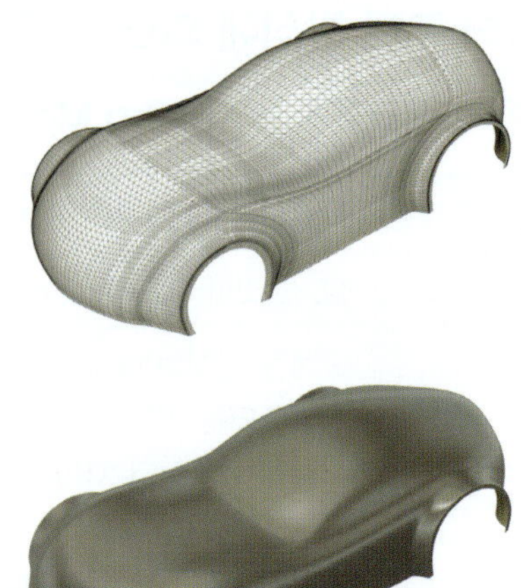

[넙스 모델링과 폴리곤 모델링]

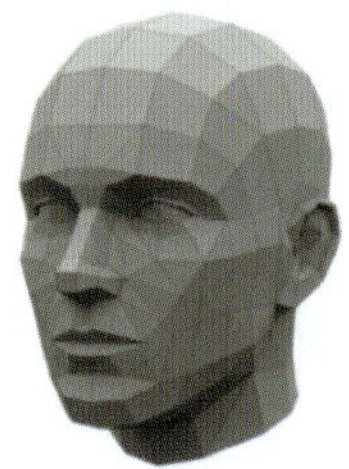
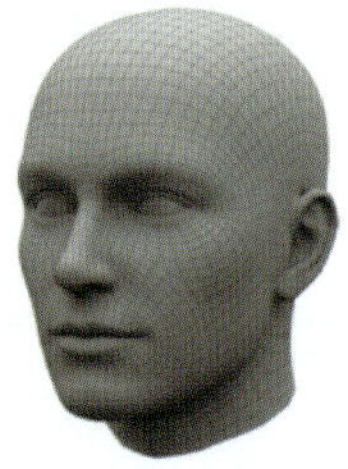
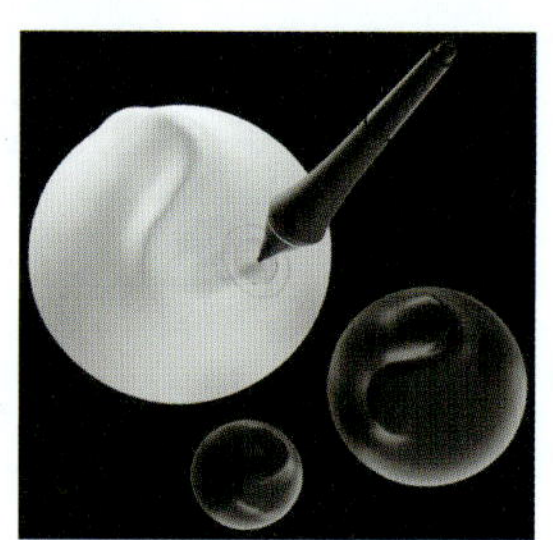

[서브디비전 모델링]   [스컬핑 모델링]

5 넙스와 폴리곤 비교

구분	넙스(NURBS) 모델링	폴리곤(Polygon) 모델링
정의	Non-Uniform Rational B-Spline의 약자로, 수학적 함수 곡선을 이용하여 형상을 정의함	다각형(삼각형, 사각형)의 집합(Mesh)으로 형상을 표현함
특징	• 정밀한 곡면 표현이 가능하고, 확대해도 깨지지 않고 매끄러움 • 치수 제어가 정확함	다각형이 모여 면을 구성하므로 곡면 표현 시 거칠게(각지게) 표현되거나 많은 수의 폴리곤이 필요함
장점	• 데이터 용량이 비교적 작으면서도 곡선을 정확하게 표현 가능함 • 설계 수정이 용이함	모델링 방식이 직관적이며, 자유로운 형태 변형이 용이함
단점	모델링 구조가 복잡하고 텍스처 매핑이 어려움	정밀도가 떨어지며, 곡면을 부드럽게 하려면 데이터 용량이 급격히 커짐
주요 분야	자동차, 항공기, 제품 디자인, 기계 설계(CAD/CAM)	게임, 영화, 애니메이션, 캐릭터 디자인
파일 포맷	IGES, STEP 등	STL, OBJ, AMF, 3MF 등

4 솔리드 모델링의 방식

1 CSG(Constructive Solid Geometry, 조립)

① 원리 : 구, 상자, 원기둥 같은 기본 도형(Primitive)들을 합치고(Union), 빼고(Difference), 교차
(Intersection)시키는 불리언 연산(Boolean Operation)을 통해 모델을 만든다.

② 특징 : 모델링 과정 자체가 데이터로 저장되므로 관리가 직관적이지만, 화면에 보여주기 위해서
는 매번 연산 과정을 거쳐야 하므로 무거운 모델일수록 계산량이 많아진다.

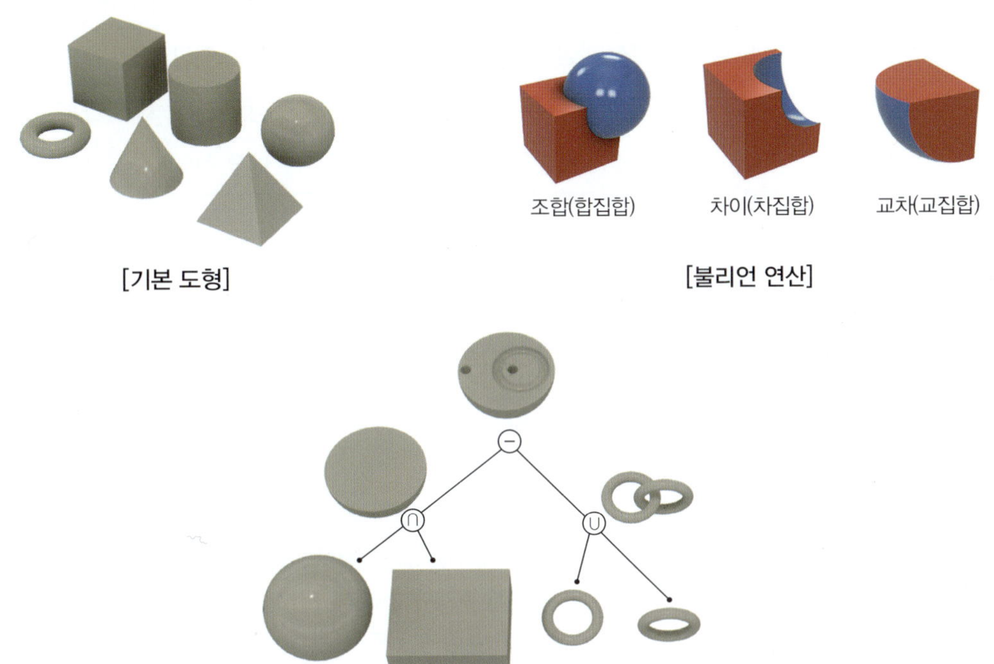

[기본 도형]　　　　　[불리언 연산]

[불리언 연산에 의한 CSG 모델링]

2 B-rep(Boundary Representation, 경계 표현)

① 원리 : 물체의 표면을 이루는 점, 선, 면의 정보를 모두 기록한다. '이 면은 어떤 선들로 둘러싸여
있는가'를 정의하여 입체를 만든다.

② 특징

• 현대 CAD(SolidWorks, CATIA 등)에서 가장 많이 쓰이는 방식이다.

• 데이터는 복잡하지만, 이미 계산된 결과값이 저장되어 있어 화면 표시가 빠르고 CAM 가공 등
에 바로 활용하기 좋다.

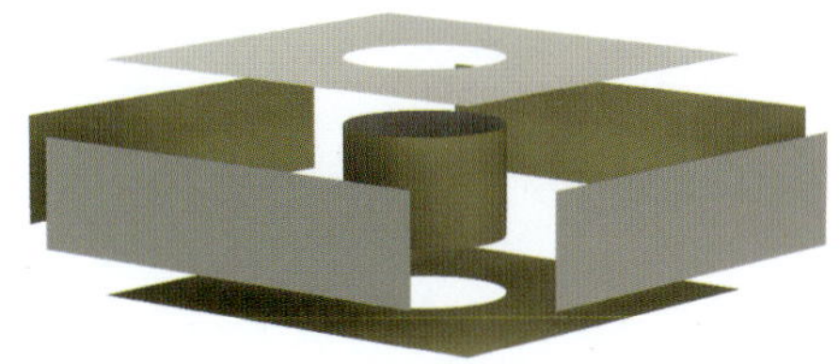

[B-rep 모델링]

③ CSG와 B-Rep 비교

구분	CSG(Constructive Solid Geometry)	B-Rep(Boundary Representation)
정의	기본 도형들의 조합(연산 과정)으로 정의	물체의 겉껍질(경계면) 정보를 직접 정의
데이터 구조	이진 트리(Tree) 구조(도형 + 연산자)	정점, 모서리, 면의 위상(Topology) 구조
표현 방식	절차적(Procedural) – 어떻게 만드는가	명시적(Explicit) – 어떻게 생겼는가
수정 용이성	매우 쉬움(수치나 연산만 바꾸면 됨)	어려움(면과 선을 직접 수정해야 함)
렌더링 속도	느림(매번 연산 과정을 계산해야 함)	빠름(이미 계산된 면 정보만 보여줌)
주요 용도	초기 개념 설계, 기계 부품 설계	상세 설계, 제조(CNC), 복잡한 곡면 모델링
정밀도	기본 도형 위주라 복잡한 형상은 한계	매우 정밀히고 복잡한 형상 구현 가능

⑤ 파라메트릭 모델링과 다이렉트 모델링

① 파라메트릭 모델링(Parametric Modeling)

정의	치수(Dimension)와 구속조건(Constraints), 매개변수(Parameter)를 이용하여 형상을 제어하는 방식이다.
특징	• 수치나 변수를 변경하면 모델의 형상이 자동으로 수정되므로 설계 변경이 매우 용이하다. • 정확한 치수가 필요한 기계 부품 설계에 주로 사용된다. • 장점 : 설계 의도가 보존되어 수치 변경만으로 유사한 변형 모델을 만들기에 매우 유리하다. • 단점 : 모델링 구조가 복잡해지면 수정 시 예기치 못한 연산 오류(에러)가 발생할 확률이 높다.

② 다이렉트 모델링(Direct Modeling)

정의	설계 이력에 구애받지 않고 면이나 모서리를 직접 밀고 당기며 형상을 만드는 방식이다.
특징	• '진흙점토'를 만지듯 직관적이며, 데이터의 과거 생성 기록을 따지지 않는다. • 장점 : 복잡한 히스토리를 이해할 필요가 없어 수정 속도가 매우 빠르고 자유롭다. • 단점 : 모델링 과정이 기록되지 않아 특정 수치 간의 연동이나 정밀한 설계 의도 파악이 어렵다.

6 좌표계(Coordinate Systems)

정의	3D 공간에서 위치를 정의하는 방식이다.
종류	• 직교 좌표계(Cartesian Coordinate System) : X, Y, Z 세 축이 서로 직각을 이루는 좌표계 • 원통 좌표계(Cylindrical Coordinate System) : 거리(r), 각도(θ), 높이(z)를 사용하는 좌표계 • 구면 좌표계(Spherical Coordinate System) : 거리(r)와 두 개의 각도(θ, φ)를 사용하는 좌표계
절대 좌표와 상대 좌표(증분 좌표)	원점을 기준으로 하는지(절대), 현재 위치를 기준으로 하는지(상대/증분)에 따른 구분을 말한다.

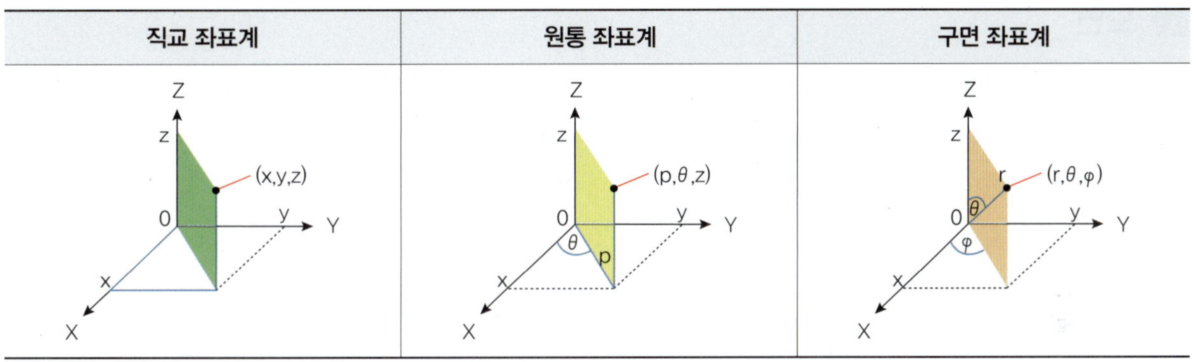

[좌표계의 종류]

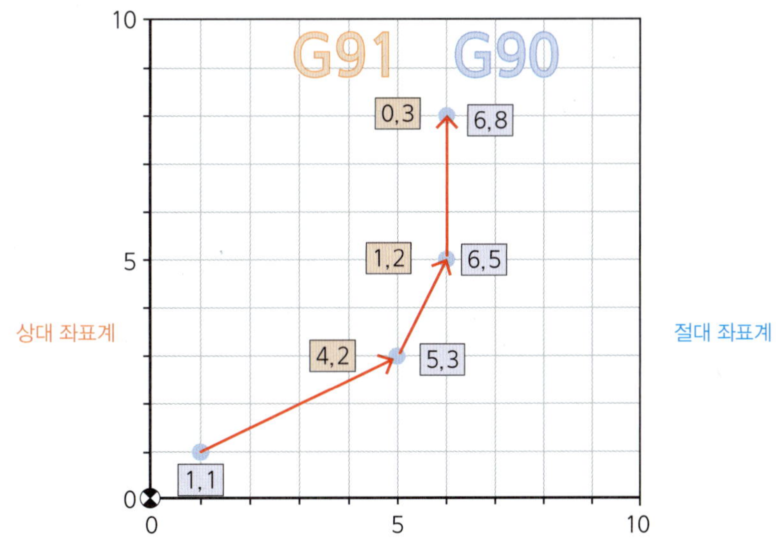

[(1, 1) 좌표를 기준으로 두 가지 방식으로 좌표를 표현]

1 도면

1 도면의 정의

설계자의 의도를 제작자에게 정확하고 명확하게 전달하기 위해 약속된 규칙(KS 규격 등)에 따라 작성된 문서이다.

① 정의 : 물체의 모양, 크기, 구조, 재료, 가공법 등을 일정한 규칙(점, 선, 문자, 부호)에 따라 제도 용지나 컴퓨터 화면에 나타낸 것을 말한다.

② 기능 : 정보의 전달(설계자 → 제작자), 정보의 보존(기술 축적), 정보의 작성(아이디어 창출) 등 의 기능을 수행한다.

③ 템플릿 : 도면의 양식을 미리 정해놓고 필요할 때 불러서 사용하는 것을 템플릿(Template)이라 고 한다.

2 도면의 크기(용지 규격)

도면의 크기는 A열 사이즈(A0~A4)를 기준으로 하며, 각 용지 사이의 비율과 치수가 정해진다. 용지의 세로와 가로 비율은 $1:\sqrt{2}$이다.

※ A0 용지 넓이는 약 $1m^2$(841×1189mm)이다.

구분	용지 치수(mm)
A0	841×1189
A1	594×841
A2	420×594 (A3의 2배)
A3	297×420
A4	210×297 (가장 작은 기본 복사 용지 크기)

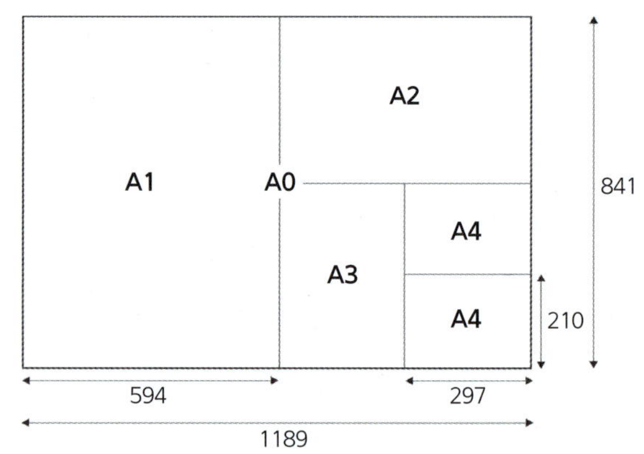

2 투상

1 투상법(Projection)

눈으로 보는 삼차원의 물체나 장면을 평면상의 종이에 그릴 때 입체감이 보이게 그리는 작업을 투상이라고 한다.

투상도(Projection drawing)	평면상의 종이에 그려진 결과물
투상면(Projection Plane)	평면상에 그려진 대상체의 면

2 정투상법(Orthographic Projection, 직교투영)

엔지니어링 및 기술 도면에서 2차원 표면에 3차원 물체를 정확하게 묘사하는 데 사용되는 기본적인 그래픽 표현 방법이다. 이 투영 시스템에서 물체는 도면 평면에 수직인 평행선을 따라 보이므로 물체의 치수와 비율이 왜곡 없이 유지된다. 이 접근 방식을 사용하면 물체의 각 면을 실제 모양과 크기로 표시할 수 있으므로 정투상은 정확한 기하학적 및 치수 정보를 전달하는 데 적합하다.

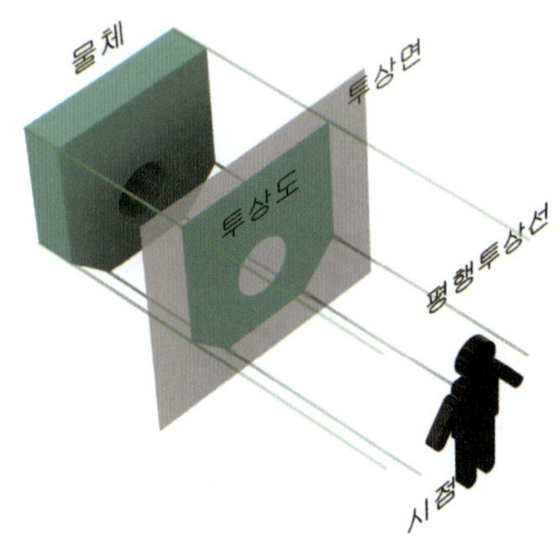

3 3각법

(1) 제3각법(Third Angle Projection)

① 원리 : 눈(시점) → 투상면(화면) → 물체의 순서로 놓고 투상하는 방법으로, 투상면이 물체 앞쪽에 있다.

※ 어항 안에 있는 물체를 본다고 생각하면 된다.

② 배치 : 정면도를 기준으로 평면도는 위, 우측면도는 오른쪽, 좌측면도는 왼쪽, 저면도는 아래에 배치한다.

③ 기호 : 정투상도 기호(원과 사다리꼴)는 동심원이 왼쪽에 있고 사다리꼴의 작은 쪽이 동심원 쪽을 향하는 형태이다.

(2) 제1각법(First Angle Projection)

① 원리 : 눈 → 물체 → 투상면의 순서로, 물체를 제1면각 공간에 놓고 투상한다.

② 배치 : 제3각법과 반대로 평면도가 정면도 아래에, 우측면도가 정면도 왼쪽에 배치된다.

③ 기호 : 정투상도 기호(원과 사다리꼴)에서 동심원이 오른쪽, 사다리꼴이 왼쪽이다.

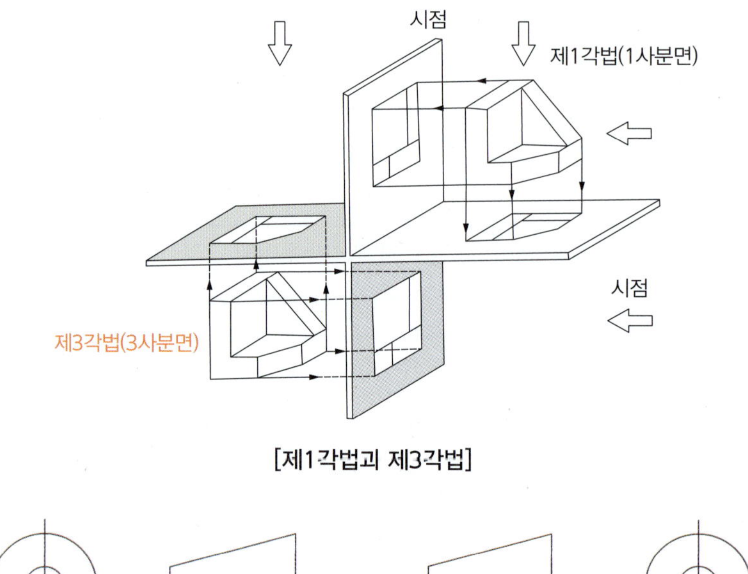

[제1각법과 제3각법]

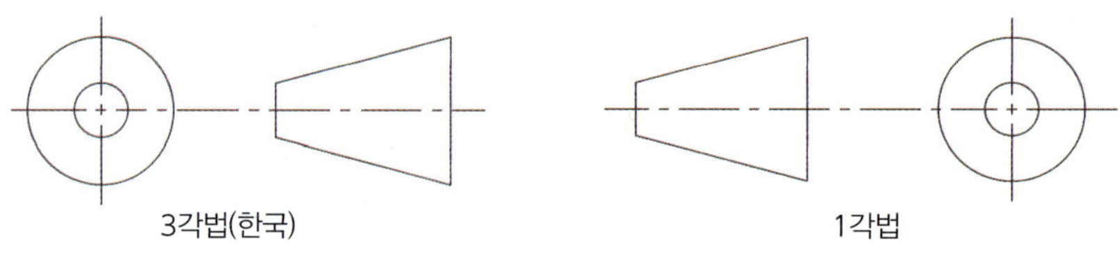

[제3각법과 제1각법 기호]

3 투상도의 종류

1 정투상도

KS 규격에서 기계 제도의 원칙으로 채택하고 있는 가장 기본적인 투상법이다. 물체를 투상면에 나란하게 놓고, 시점이 물체로부터 무한대의 거리에 있다고 가정하여 평행 광선으로 투영하는 방식이다.

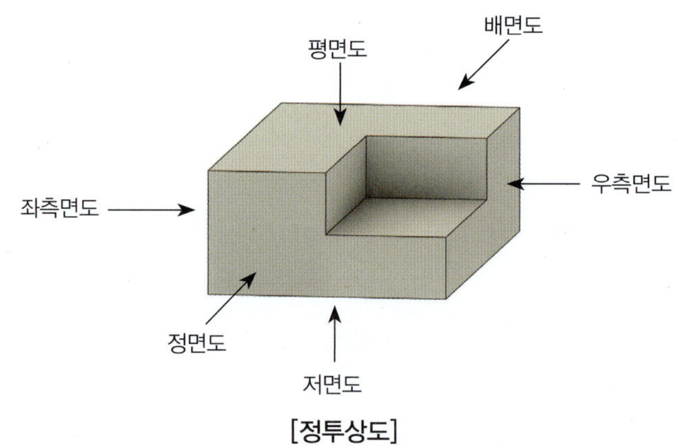

[정투상도]

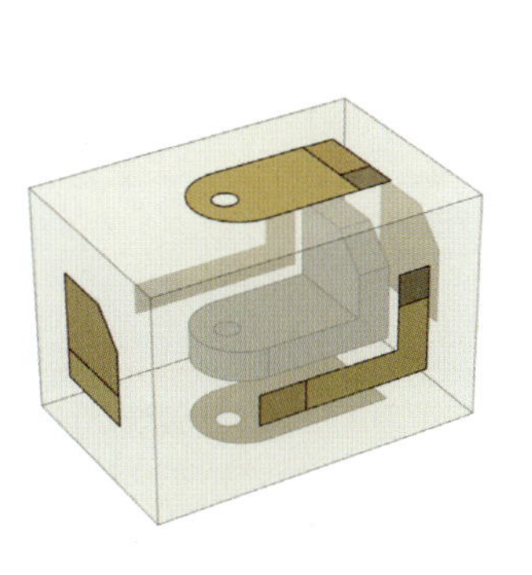

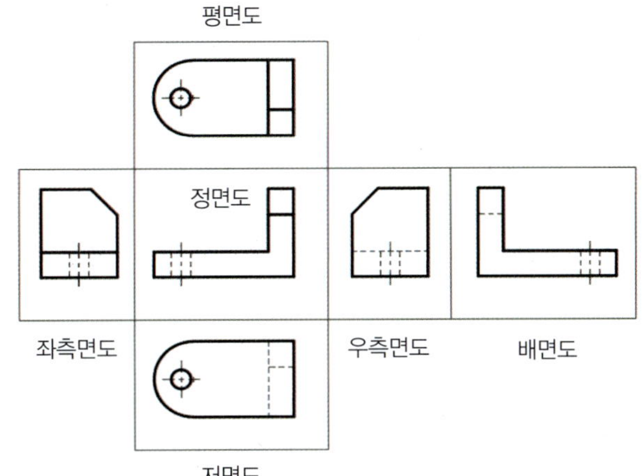

[제3각법: 유리상자에 든 물체와 투상면]　　　　[투상면을 펼쳐 배치한 모양]

② 등각 투상도(Isometric Projection)

입체감을 주기 위해 하나의 그림으로 물체의 윗면, 정면, 측면을 동시에 볼 수 있도록 표현하는 방식이다.

① 특징 : X, Y, Z 세 축이 서로 120°의 각도를 이루도록 투상한다.

② 용도 : 물체의 모양을 한눈에 알아보기 쉽게 표현할 때 사용하며, 3면을 같은 비율로 볼 수 있다.

③ 투시 투상도(Perspective Projection)

물체가 시점에서 멀어질수록 작게 보이는 원근감을 표현하는 방식이다.

① 특징 : 시선이 한 점(소점, VP)에 모이도록 그리며, 1소점, 2소점, 3소점 투시도가 있다.

② 용도 : 건축, 토목, 디자인 등에서 완성된 모양을 사실적으로 표현할 때 주로 사용한다.

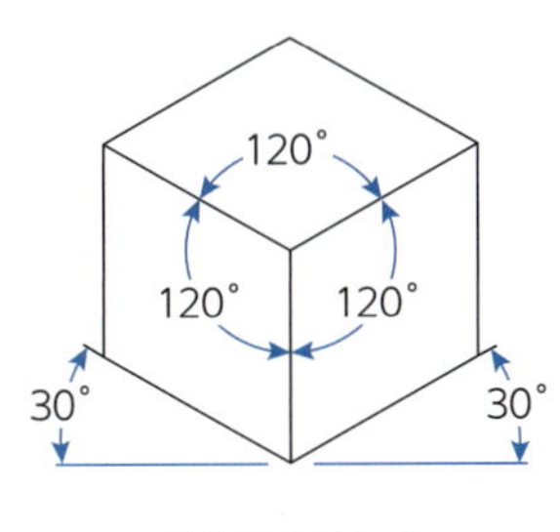

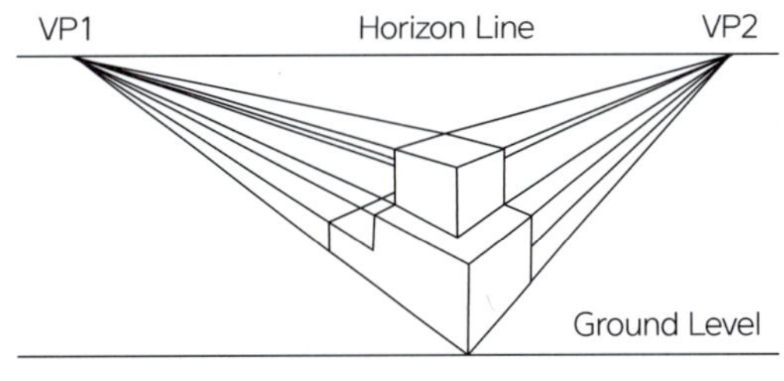

[등각 투상도]　　　　[투시 투상도(2소점)]

④ 사투상도(Oblique Projection)

물체의 정면을 투상면에 평행하게 놓고, 깊이 방향(안쪽 길이)의 축을 수평선과 일정한 각도(주로 30°, 45°, 60°)로 경사지게 그려 입체감을 나타내는 방식이다.

① 특징 : 정면은 실제 모양 그대로 정투상도로 그리고, 나머지 면은 입체감 있게 표현한다.

② 종류

- 카발리에도(Cavalier): 경사각 45°, 안쪽 길이를 실척(1:1)으로 그림
- 캐비닛도(Cabinet): 안쪽 길이를 1/2로 줄여서 그림

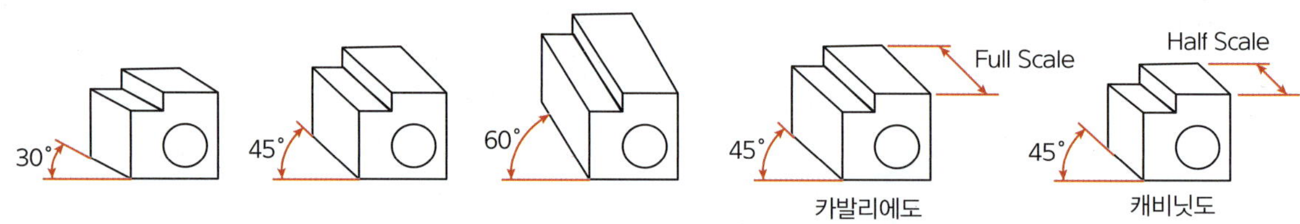

[사투상도]

5 기타 특수 투상도

물체의 형상이 복잡하거나 특정 부분을 명확히 표현해야 할 때 사용하는 투상도이다.

보조 투상도 (Auxiliary View)	경사면이 있는 물체의 경우, 정투상도로는 실제 모양(진형)을 나타낼 수 없으므로 경사면에 평행한 보조 투상면을 설정하여 실제 모양을 보여주는 투상도이다.
회전 투상도	핸들, 바퀴의 암, 리브, 축 등과 같이 투상면이 어느 정도 각도를 가지고 있어 실제 모양이 나타나지 않을 때, 그 부분을 회전하여 투상하는 방법이다.
부분 투상도	• 그림의 일부를 도시하는 것으로 충분할 때, 필요한 부분만을 나타내는 투상도이다. • 생략된 부분의 경계는 파단선으로 나타낸다.
국부 투상도	• 대상물의 구멍, 홈 등 특수한 일부분만의 모양을 도시하는 것으로 충분할 때 사용한다. • 주로 중심선, 기준선, 치수 보조선 등으로 위치를 나타낸다.
부분 확대도 (Detail View)	도형의 일부분이 너무 작아 치수 기입이나 형상 표현이 곤란할 때, 해당 부분을 확대하여 그리는 방식이다.

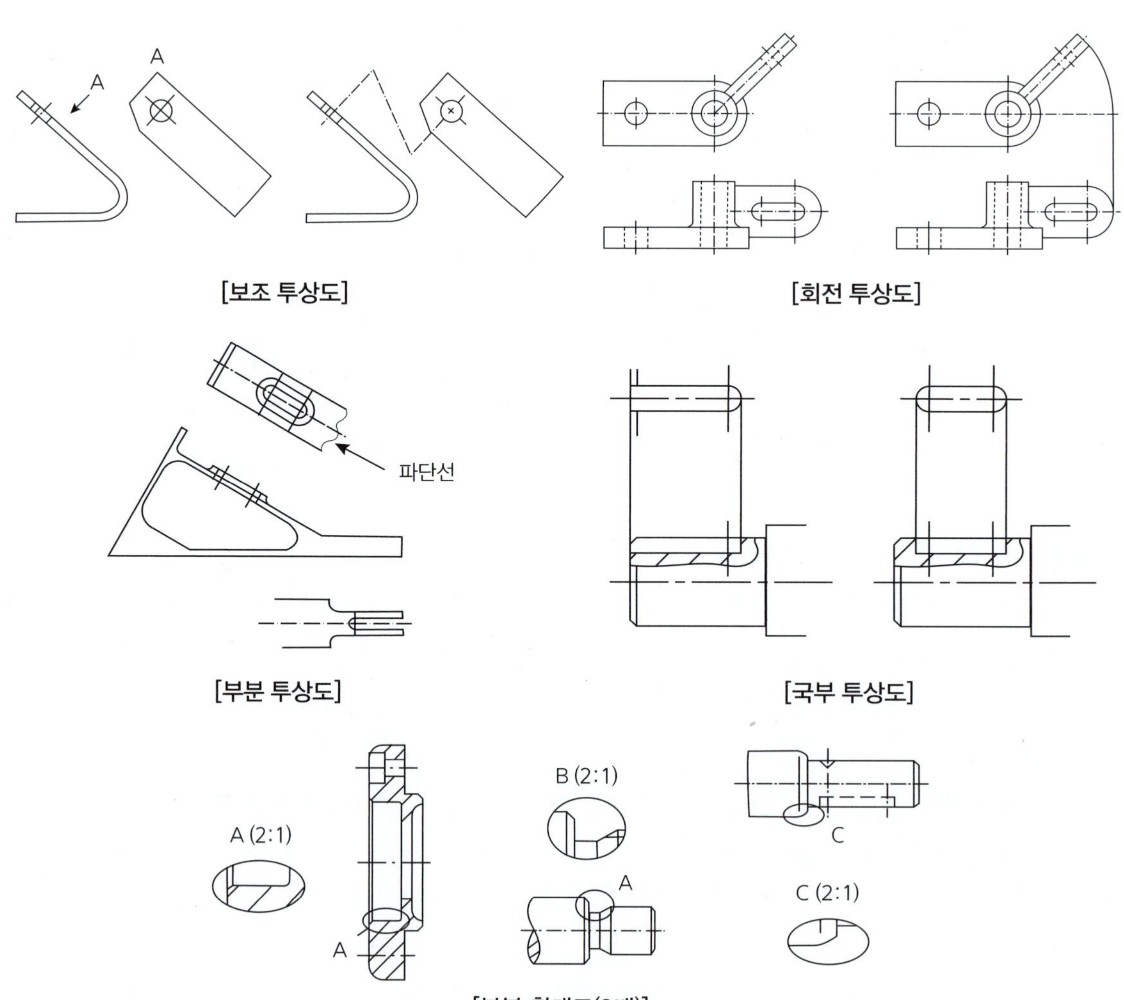

4 단면도(Section Views)

물체의 내부 구조를 명확히 보여주기 위해 가상으로 잘라낸 모습을 표현하는 방법이다.

온 단면도(전 단면도)	물체의 중심선에서 반으로 잘라내어 내부 구조 전체를 보여준다.
한쪽 단면도(반 단면도)	상하 또는 좌우 대칭인 물체의 1/4을 잘라내어, 반은 외형도로 나머지 반은 단면도로 표시한다.
회전 도시 단면도	핸들, 바퀴의 암, 리브, 축 등 구조물의 부재를 90° 회전하여 그 사이에 단면을 그린다.
부분 단면도	필요한 일부분만 파단선으로 경계를 짓고 단면으로 표시한다.

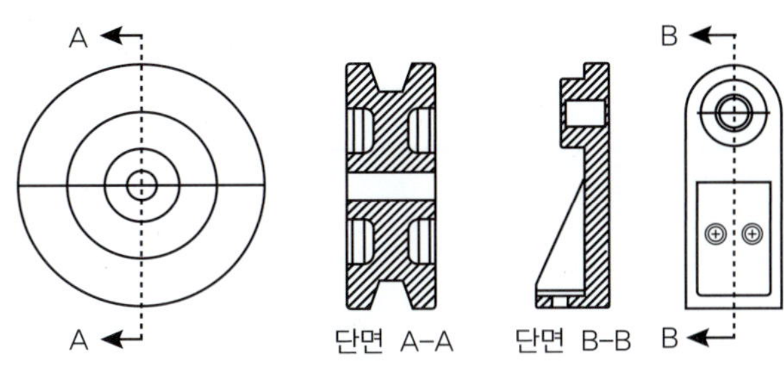

[온 단면도(전 단면도)]

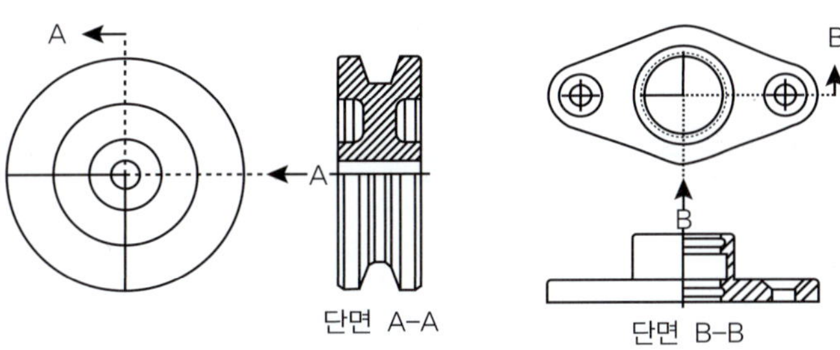

[한쪽 단면도(반 단면도)]

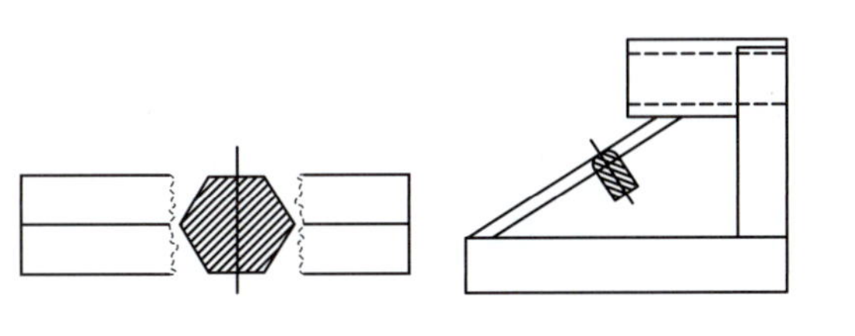

[회전 도시 단면도]

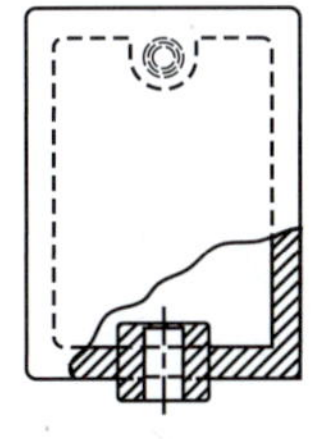

[부분 단면도]

5 선의 종류와 용도

① 굵은 실선(외형선) : 물체의 보이는 부분의 모양을 나타낸다.

② 숨은선(파선/점선) : 물체의 보이지 않는 부분의 모양을 나타낸다.

③ 가는 1점 쇄선(중심선) : 도형의 중심이나 대칭의 중심을 나타낸다.

④ 가는 2점 쇄선(가상선) : 인접한 부분, 가공 전후의 모양, 이동 중인 물체의 궤적 등을 가상으로 나타 낼 때 사용한다.

⑤ 파단선(가는 실선) : 물체의 일부를 파단한 경계 또는 일부를 떼어낸 경계를 표시한다.

⑥ 해칭선(가는 실선) : 단면도의 절단면을 나타내기 위해 45° 각도로 빗금을 긋는다.

⑦ 겹칠 때 선의 우선순위 : 외형선(실선) 〉 숨은선 〉 절단선 〉 중심선 〉 무게 중심선 〉 치수 보조선 순 서로 우선하여 그린다.

선의 종류		명칭/용도
———————————	굵은 실선	외형선
- - - - - - - - - - - -	파선	숨은선
—·—·—·—·—·— +	1점 쇄선과 중심 표시	중심선과 중심 표시
—··—··—··—··—	2점 쇄선	가상선
지그재그 모양의 선	지그재그 모양의 선	파단선 : 부분생략, 부분단면의 경계 표시
1점 쇄선과 화살표 표시	1점 쇄선과 화살표 표시	절단선 : 단면도의 절단 위치 표시
가는 실선	가는 실선	치수선, 치수 보조선, 지시선 등
해칭	가는 실선으로 45° 사선	해칭선

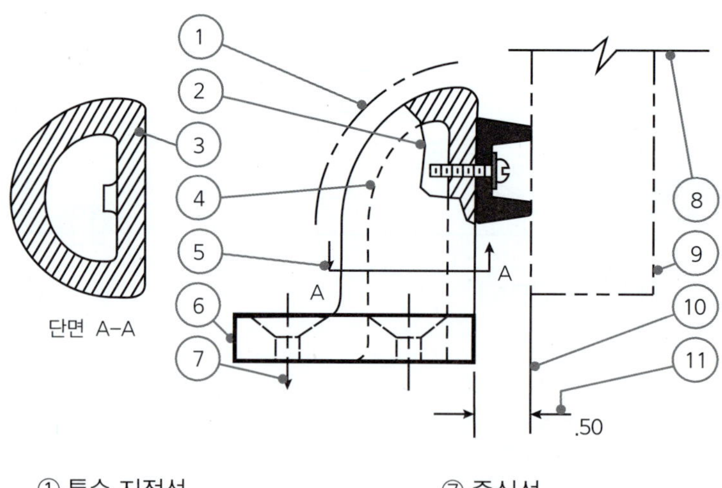

① 특수 지정선   ⑦ 중심선
② 파단선(짧은)   ⑧ 파단선(긴)
③ 해칭선   ⑨ 가상선
④ 숨은선   ⑩ 치수 보조선
⑤ 절단선   ⑪ 치수선
⑥ 외형선

 # 치수 보조 기호 및 기입 방법

구분	기호	호칭	사용 방법	적용 예시
지름	Ø	파이(Pi)	치수 보조 기호는 치수문자 앞에 붙이고 치수문자와 같은 크기로 쓴다.	Ø5
반지름	R	알		R5
구(Sphere)지름	SØ	에스파이		SØ5
구(Sphere)반지름	SR	에스알		SR5
정사각형의 변	□	사각		□5
관 또는 판의 두께	t	티		t5
45° 모따기	C	씨		C5
원호의 길이	⌒	원호	치수문자 위에 원호를 붙인다.	⌒20
이론적으로 정확한 치수	▭	테두리	치수문자를 직사각형으로 둘러싼다.	20
참고치수	( )	괄호	치수문자를 괄호 기호로 둘러싼다.	(20)

7 기하 공차(Geometric Tolerance)

물체의 모양, 자세, 위치 등의 정밀도를 규제하는 기호이다.
① 모양 공차 : 진직도(—), 평면도(□), 진원도(○), 원통도(/○/)
② 자세 공차 : 평행도(‖), 직각도(⊥), 경사도(∠)
③ 위치 공차 : 위치도(⊕), 동심도(◎), 대칭도(≡)
④ 흔들림 공차 : 원주 흔들림(↗), 온 흔들림(↗↗)

구분	특성 명칭	기호	정의
모양 공차	진직도	—	직선이 얼마나 곧은가
	평면도	□	면이 얼마나 평평한가
	진원도	○	원이 얼마나 정확한 원인가
	원통도	/○/	원통이 얼마나 정밀한 원통인가
자세 공차	평행도	‖	기준면에 대해 얼마나 평행한가
	직각도	⊥	기준면에 대해 얼마나 직각인가
	경사도	∠	기준면에 대해 지정된 각도를 유지하는가
위치 공차	위치도	⊕	점, 선, 면이 지정된 위치에 있는가
	동심도/동축도	◎	축심이 기준축과 일치하는가
	대칭도	≡	기준 중심면에 대해 대칭인가
흔들림 공차	원주 흔들림	↗	회전 시 한 지점의 흔들림 정도
	온 흔들림	↗↗	회전 시 표면 전체의 흔들림 정도
윤곽도	선의 윤곽도	⌒	곡선이 설계된 윤곽과 일치하는가
	면의 윤곽도	⌓	곡면이 설계된 윤곽과 일치하는가

8 작업 지시서

1 정의

작업 지시서란 제품 제작 시 반영해야 할 정보를 정리한 문서로, 제품(디자인)의 요구사항, 영역, 길이, 각도, 공차, 제작 수량 등에 대한 정보가 포함되어야 한다. 이는 생산자가 제품을 불량 없이 생산할 수 있도록 돕는 지침서 역할을 한다.

2 주요 구성 항목

(1) 제작 개요

제품 제작을 위해 간결하게 추려낸 주요 내용

(2) 포함 항목

제작 물품명, 제작 방법, 제작 기간, 제작 수량

(3) 디자인(제품) 요구사항

모델링 방법에 대한 상세 설명, 제작 시 주의사항, 출력할 3D프린터의 스펙 및 출력 가능 범위 체크 등

(4) 정보 도출

전체 영역과 부분의 영역, 각 부분의 길이, 두께, 각도에 대한 정보 도출

(5) 도면 그리기

제3각법 방식(Top, Front, Right view) 및 입체도(Perspective view)를 그리고 정확한 치수(영역, 길이, 두께, 각도 등) 표기

1 3D모델링을 위한 2D 스케치 기초

1 작업 평면(Plane)의 선정

(1) 개요

3D모델링은 허공에 그리는 것이 아니라, 원점 평면(XY, YZ, ZX)이나 사용자가 생성한 기준 평면 (Datum Plane) 위에 2D 스케치를 작성하는 것으로 시작한다.

(2) 핵심 내용

물체의 특징이 가장 잘 나타나는 면을 정면도로 선정하여 스케치를 시작한다. 3D 엔지니어링 프로그램은 기본적으로 정면(Front), 윗면(Top), 우측면(Right)의 3개 기준 평면을 제공한다.

① 원점 평면(Origin Plane) : 원점(오리진)을 포함한 세 평면으로 XY 평면, XZ 평면, YZ 평면

② 도형의 평면(Planar Faces) : 형상의 평평한 면

③ 작업 평면(Work Plane) : 사용자가 만든 평면

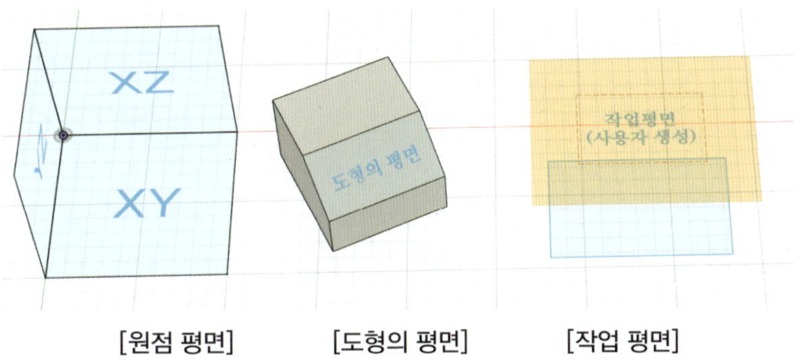

[원점 평면]　　　[도형의 평면]　　　[작업 평면]

2 주요 스케치 도구(Drawing Tools)

※ 자세한 사항은 실기의 퓨전 스케치 항목을 참고해 주세요.

① 선(Line) 및 폴리선 : 직선과 호를 연속적으로 작성한다.

② 원(Circle) 및 호(Arc) : 중심점, 3점, 접선 등을 이용하여 원형 객체를 생성한다.

③ 직사각형(Rectangle) 및 다각형(Polygon) : 2점, 3점, 중심점 방식을 이용해 사각형을 그리거나 내접/외접 다각형을 그린다.

④ 슬롯(Slot) : 기계 부품에서 자주 사용되는 장공(긴 구멍) 형태를 그린다.

⑤ 문자 입력(Text) : 직사각형 프레임 내부 또는 경로를 따르는 문자를 작성한다.

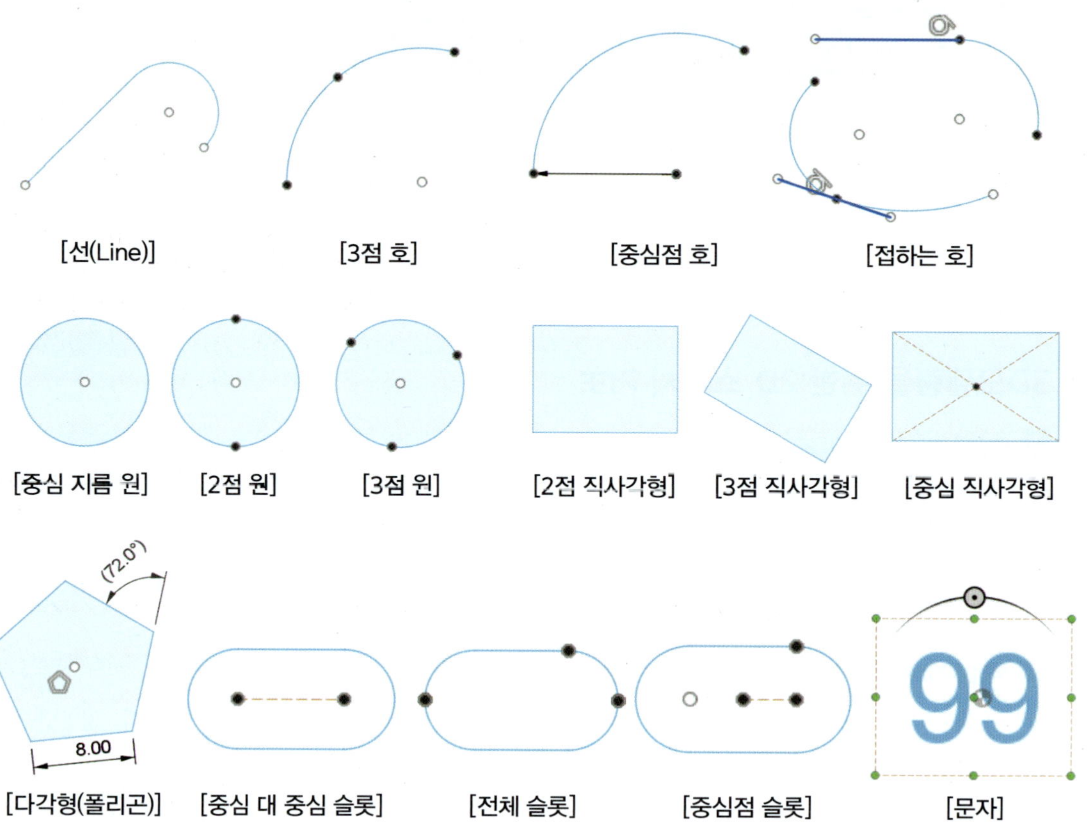

2 스케치 편집 및 수정

작성된 스케치를 수정하거나 불필요한 부분을 정리하는 기능이다.

※ 자세한 사항은 실기의 퓨전 스케치 편집 항목을 참고해 주세요.

① 자르기(Trim) : 교차하는 선을 기준으로 불필요한 부분을 잘라낸다. 가위 모양 아이콘으로 자주 표현된다.

② 연장하기(Extend) : 선을 다른 선까지 닿도록 길게 늘린다.

③ 간격 띄우기(Offset) : 선택한 객체를 일정 거리만큼 평행하게 복사한다. 두께를 줄 때 사용한다.

④ 대칭(Mirror) : 중심선을 기준으로 객체를 반대편에 대칭 복사한다.

⑤ 패턴(Pattern/Array) : 객체를 일정한 간격으로 직사각형(선형) 또는 원형으로 배열한다.

⑥ 모깎기(Fillet) : 모서리를 둥글게 처리한다.

　※ 안쪽은 살이 차고, 바깥쪽은 깎인다.

⑦ 모따기(Chamfer) : 모서리를 빗면으로 깎아낸다.

⑧ 이동/복사 : 스케치 구성요소를 이동하거나 회전한다.

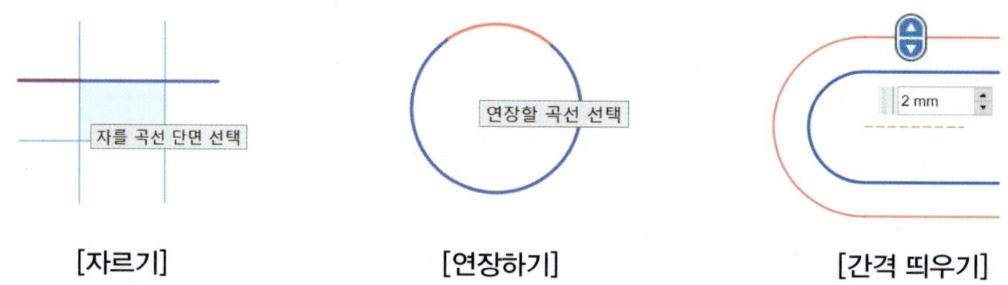

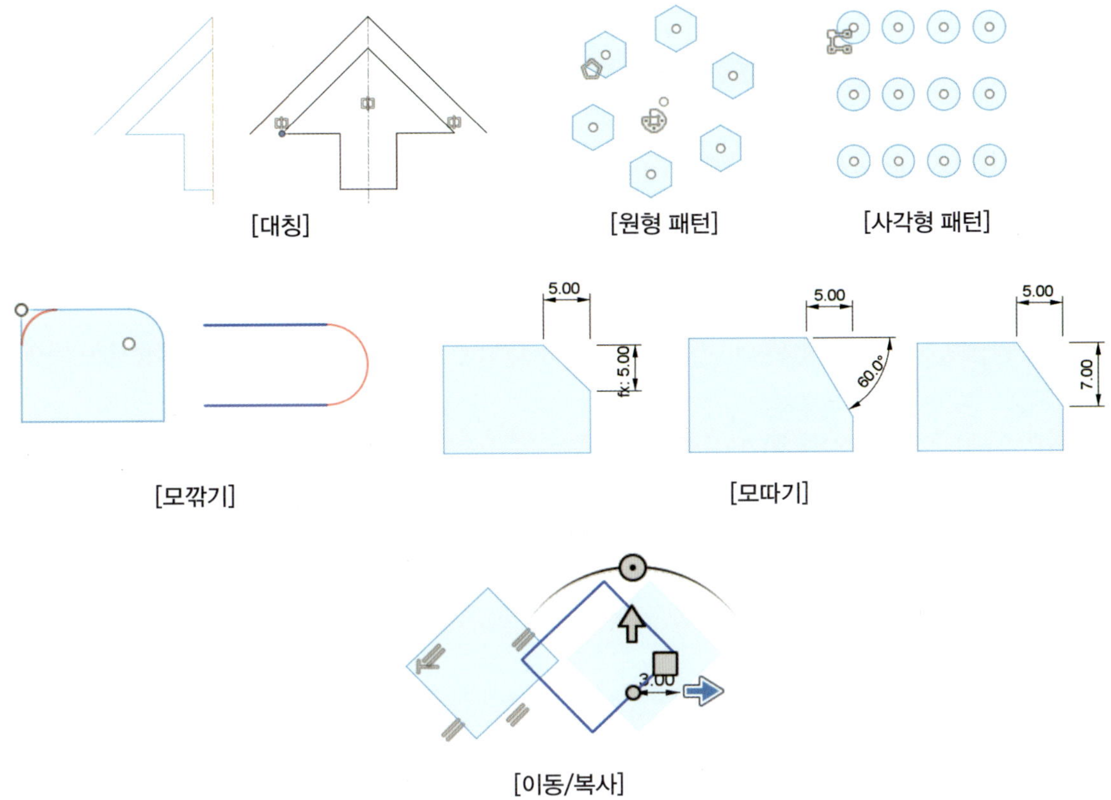

3 구속조건(Constraints)

스케치 요소들이 설계자의 의도대로 형태와 위치를 유지하도록 강제하는 조건이다.

※ 자세한 사항은 실기의 퓨전 구속조건 항목을 참고해 주세요.

1 형상 구속(Geometric Constraints)

형상의 자세나 위치 관계를 제어한다.

① 수직/수평(Vertical/Horizontal) : 선을 X축(수평)이나 Y축(수직)과 나란하게 만든다.

② 일치(Coincident) : 두 점이나, 점과 선을 딱 붙여서 떨어지지 않게 한다.

③ 접선(Tangent) : 선과 원, 또는 두 원이 한 점에서 부드럽게 만나도록 한다.

④ 동일(Equal) : 두 선의 길이나 두 원의 반지름을 같게 만든다.

⑤ 평행(Parallel) : 두 선이 서로 나란하게 유지되도록 한다.

⑥ 직각(Perpendicular) : 두 선이 90°로 만나도록 한다.

⑦ 동심(Concentric) : 두 원이나 호의 중심점을 일치시킨다.

⑧ 동일선상(Collinear) : 두 개 이상의 직선이 연장했을 때 공통선이 되도록 구속한다.

⑨ 대칭(Symmetry) : 두 개 이상의 객체가 대칭선(중심선)을 기준으로 위치와 크기가 거울상이 되
도록 구속한다.

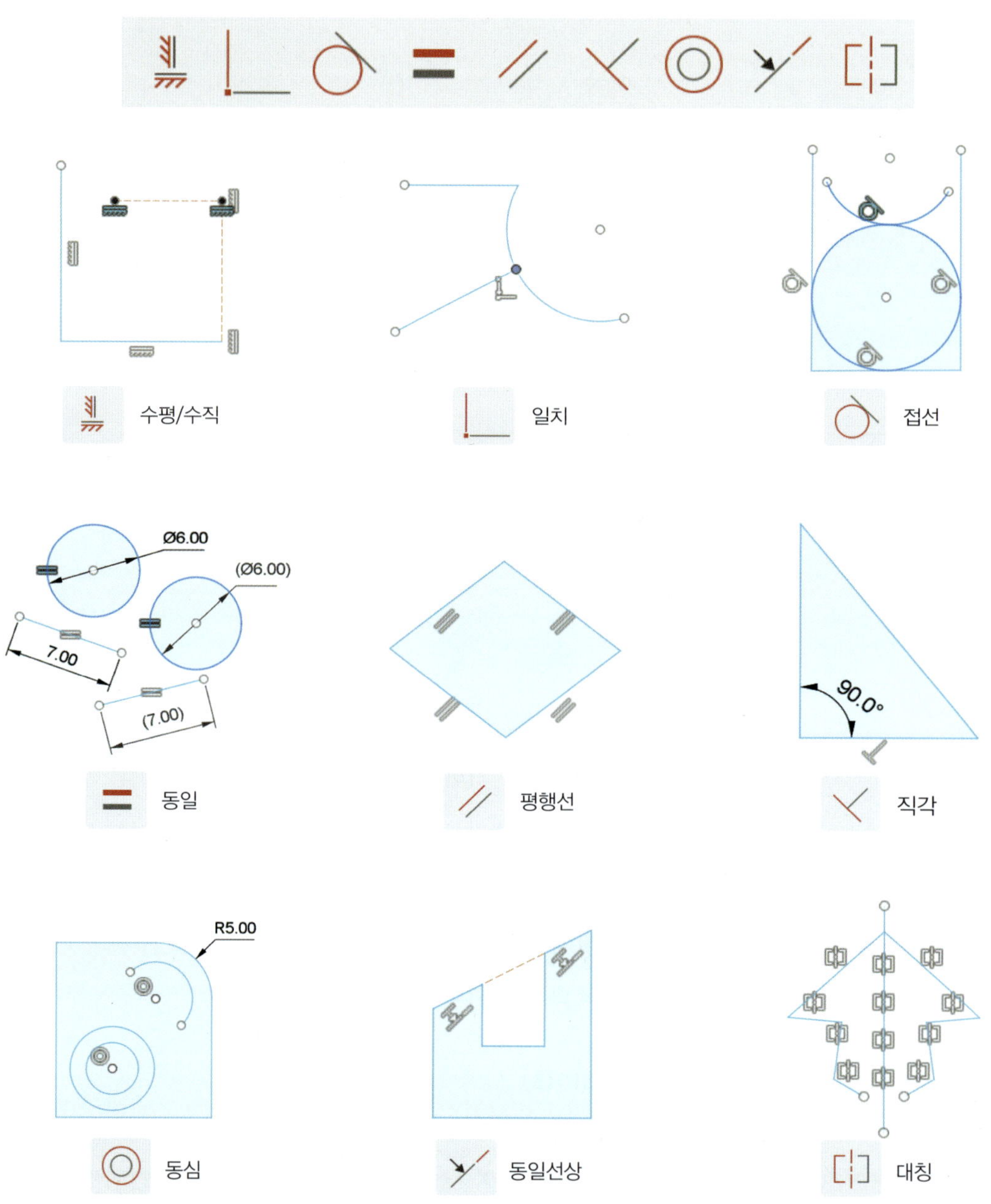

Ø6.00
(Ø6.00)
7.00
(7.00)
90.0°
R5.00
수평/수직
일치
접선
동일
평행선
직각
동심
동일선상
대칭

② 치수 구속(Dimensional Constraints)

스케치의 크기(길이, 반경, 각도)나 위치(거리)를 수치로 지정하여 형태를 고정한다.

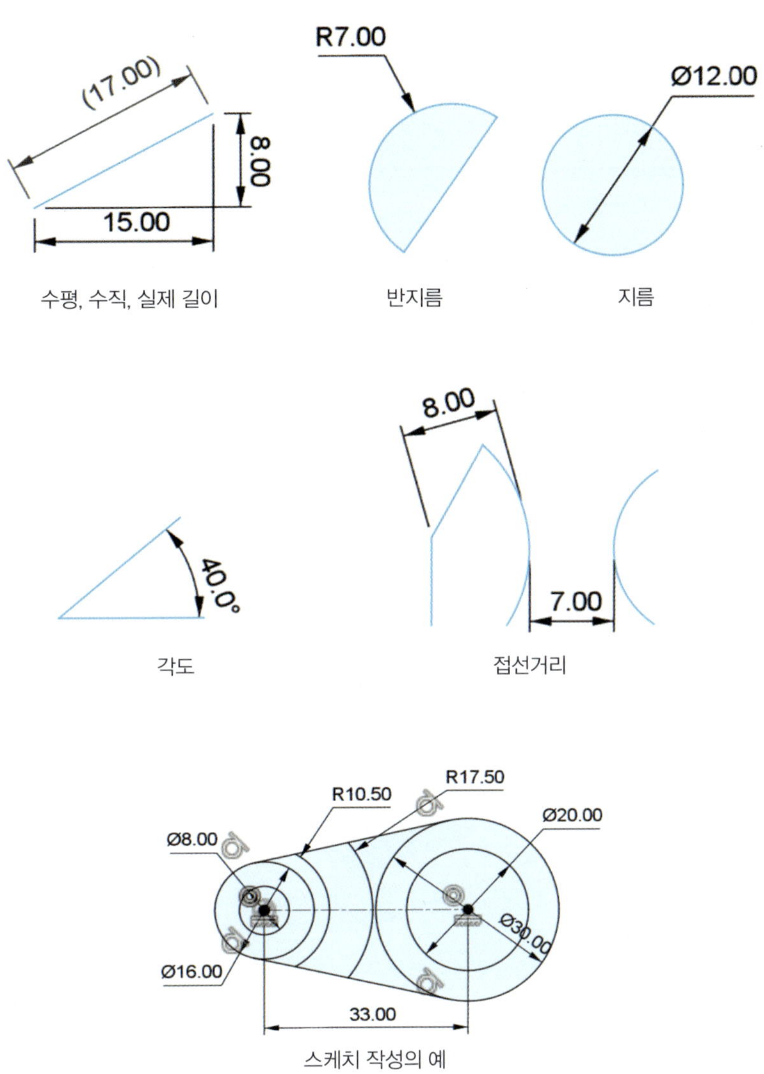

3D 형상 생성(피처 명령)

주로 '어떤 형상을 만들 때 어떤 명령어를 써야 하는가?'를 묻거나, 특정 명령어의 정의를 묻는 문제가 반복해서 출제된다.

1 주요 형상 생성 명령어

1 돌출(Extrude)

① 정의 : 2D 스케치(단면)에 두께(높이) 값을 부여하여 수직 방향으로 면을 밀어내어 입체를 만드는 가장 기본적인 기능이다.

② 특징 : 육면체, 원기둥 등 단면이 일정한 기둥 형태를 만들 때 사용된다.

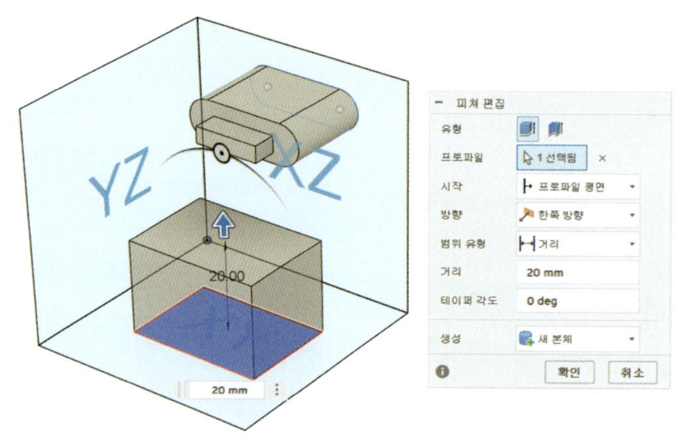

[돌출]

2 회전(Revolve)

① 정의 : 작성된 단면(프로파일)을 지정한 중심축(Axis)을 기준으로 회전시켜 형상을 완성하는 기능이다.

② 특징 : 구, 원기둥, 도넛(토러스), 컵, 축(Shaft)과 같이 중심축을 가진 회전체 형상을 만들 때 사용된다.

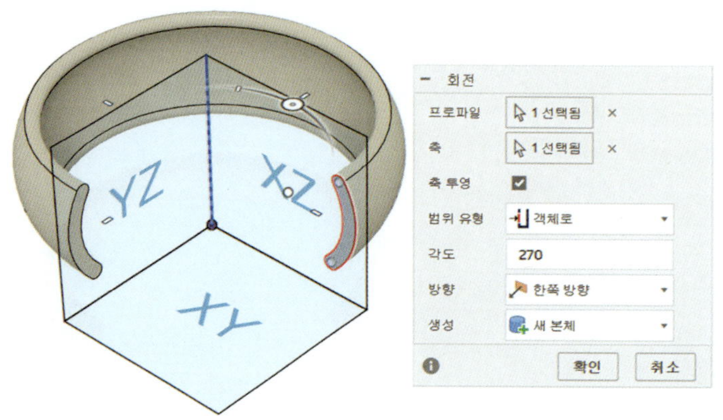

[회전]

❸ 스윕(Sweep)

① 정의 : 단면(Profile)이 지정된 경로(Path/Guide curve)를 따라 이동하면서 입체를 생성하는 기능이다.

② 필요조건 : 닫힌 단면 스케치 1개 + 경로 스케치 1개(총 2개의 스케치가 필요)

③ 특징 : 파이프, 스프링(코일), 구부러진 튜브 등 돌출이나 회전으로 만들기 힘든 자유 곡선 형태를 만들 때 사용된다.

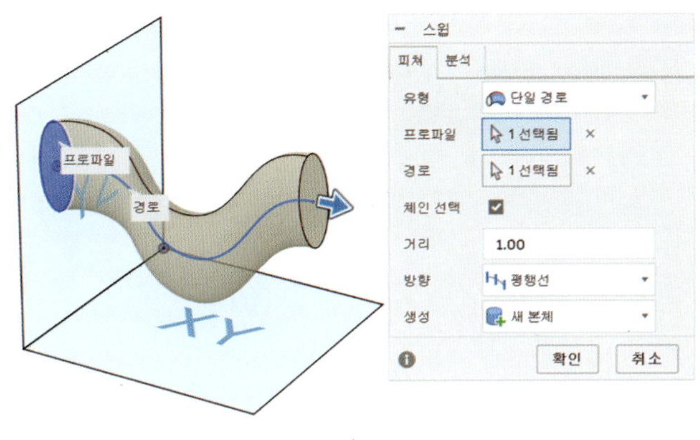

[스윕]

❹ 로프트(Loft)

① 정의 : 서로 다른 평면에 있는 2개 이상의 단면(프로파일)을 부드럽게 연결하여 입체를 생성하는 기능이다.

② 특징 : 사각형에서 원형으로 변하는 기둥, 비행기 동체, 선박의 선체 등 복잡하고 유기적인 곡면 형상을 만들 때 사용된다.

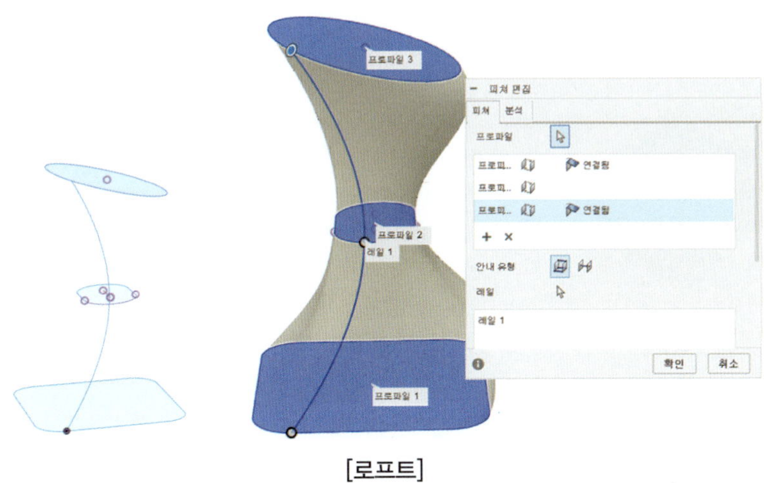

[로프트]

2 형상 수정 및 편집 명령어

생성된 3D 형상을 다듬거나 변형하는 명령어이다.

1 쉘(Shell)

① 정의 : 물체의 내부를 파내어 일정한 두께(Wall thickness)를 가진 껍데기(용기) 형태를 만드는 기능이다.

② 특징 : 컵, 헬멧, 플라스틱 케이스 등 속이 빈 제품을 만들 때 사용된다.

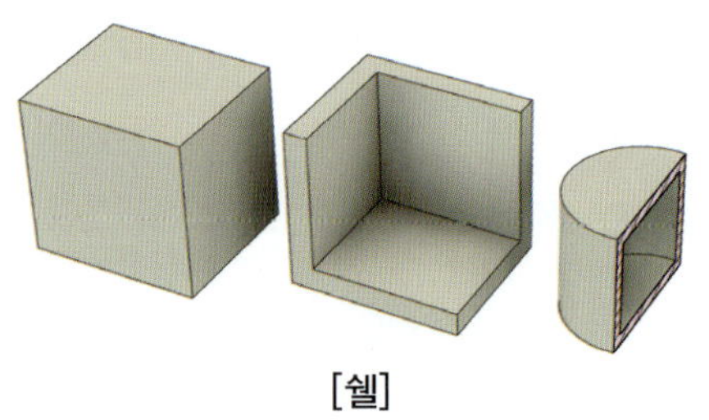

[쉘]

2 모깎기/모따기

(1) 모깎기(Fillet)

① 기능 : 모서리를 둥글게(Round) 처리하는 기능으로, 안쪽 모서리는 강도 보강, 바깥쪽 모서리는 안전 및 디자인을 위해 사용된다.

② 도면의 치수 보조 기호 : R(Radius/Fillet)

(2) 모따기(Chamfer)

① 기능 : 모서리를 각지게(빗면) 깎아내는 기능으로, 조립성 향상이나 날카로운 부분 제거를 위해 사용된다.

② 도면의 치수 보조 기호 : C(Chamfer)

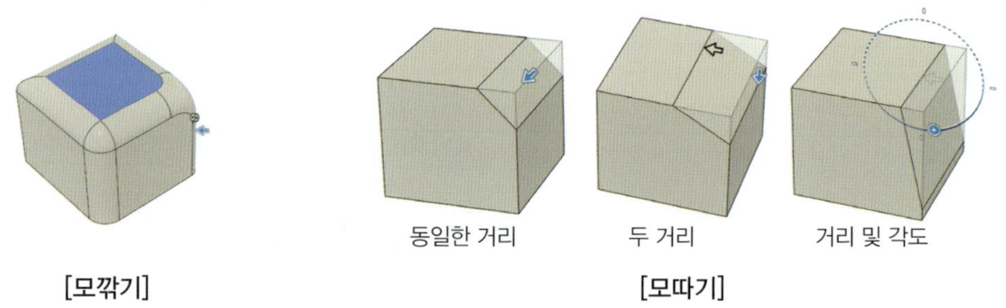

[모깎기]   [모따기]

3 불리언 연산(Boolean Operation)

① 정의 : 두 개 이상의 입체를 합치거나 빼서 새로운 형상을 만드는 방식(CSG 방식)이다.

② 종류

- 합집합(Union/Join) : 두 물체를 하나로 합침
- 차집합(Subtract/Cut) : 한 물체에서 다른 물체 영역을 제거함(예 구멍 뚫기 등)
- 교집합(Intersect) : 두 물체의 공통된 부분만 남김

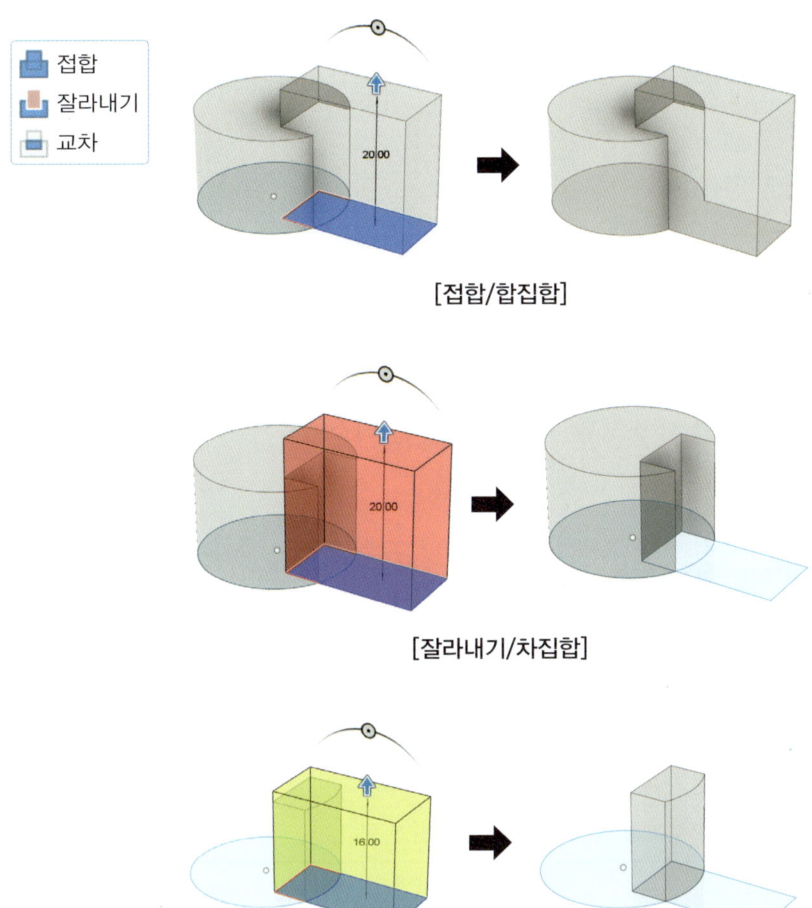

객체 조립(Assembly)

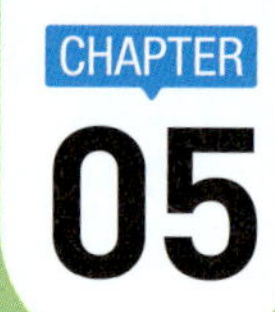

> **기출 포인트**
> • 조립 방식(상향식/하향식), 조립 구속조건(제약조건), 그리고 간섭 분석을 중심으로 문제가 출제된다.
> • 상황에 맞는 구속조건을 고르는 문제가 출제된다.

1 조립(Assembly)의 개요

1 정의

모델링된 각각의 단품(Part)을 하나의 조립품으로 구성하기 위해 가상의 공간에서 결합하는 과정을 말한다.

2 조립의 목적

단품 설계의 정확도를 검증하고, 부품 간의 간섭(충돌)이나 조립 가능 여부, 동작 및 해석 시뮬레이션을 수행하여 실제 제작 시 발생할 수 있는 오류를 최소화하기 위함이다.

3 조립 방식

(1) 상향식 조립(Bottom-up Assembly)

개념	가장 일반적인 방식으로, 개별 부품(Part)을 먼저 모델링하여 저장해 둔 뒤, 조립 공간(Assembly file)으로 하나씩 불러와서(Import/Place) 구속조건을 부여해 조립하는 방식이다.
특징	• 이미 설계된 표준 부품(라이브러리)이나 기존 부품을 재사용하기 좋다. • 레고 블록을 조립하는 과정과 유사하다.
장점	부품의 독립성이 보장되며, 데이터 관리가 쉽다.

(2) 하향식 조립(Top-down Assembly)

개념	조립품 파일 내에서 전체적인 레이아웃이나 규격을 먼저 잡고, 이를 기준으로 각 부품을 새롭게 모델링해 나가는 방식이다.
특징	부품 간의 연관 설계가 가능하여, 하나의 치수가 변경되면 관련된 다른 부품의 치수도 함께 변경되도록 설정(파라메트릭 모델링)하기 용이하다.
장점	초기 콘셉트 설계나 부품 간의 형상이 유기적으로 연결된 제품 설계에 유리하다.

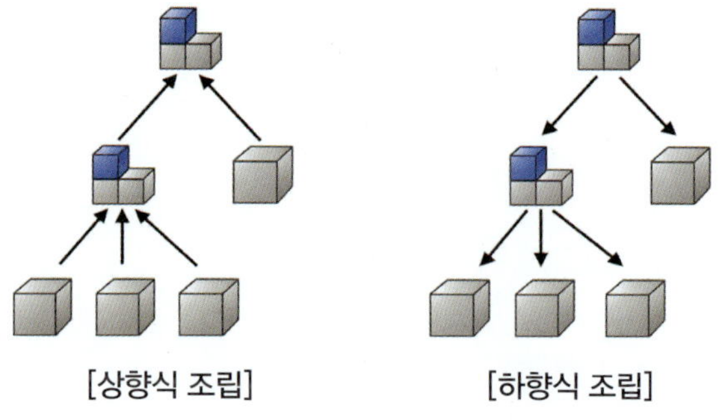

[상향식 조립]　　　　　[하향식 조립]

2 부품 배치 및 고정

1 기준 부품 배치

조립의 기준이 되는 첫 번째 부품(Base Part)을 불러오면, 움직이지 않도록 고정(Grounded/Fix) 상태로 배치해야 한다. 이는 다른 부품들이 기준 부품을 중심으로 조립되기 위함이다.

2 자유도(DOF)

고정되지 않은 부품은 3차원 공간에서 6개의 자유도(X, Y, Z축 이동 및 회전)를 가지며, 구속조건을 부여하여 이 자유도를 제거함으로써 조립을 완료한다.

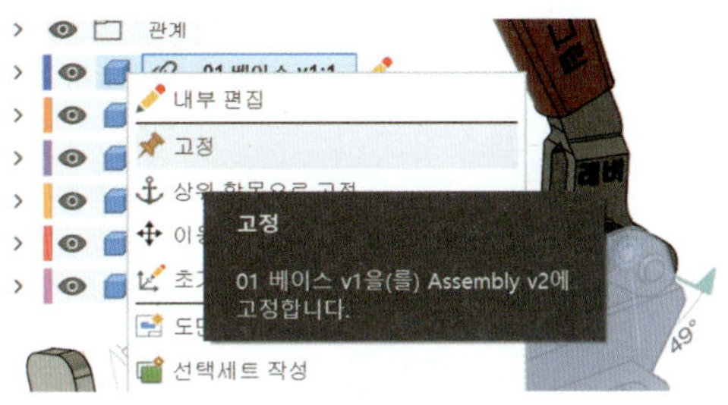

[기준 부품 배치 고정(Pin)]

3 조립 구속조건(Constraint/Mating Conditions)

부품과 부품의 면, 선, 점 등을 서로 맞추어 위치를 고정하는 기능이다.

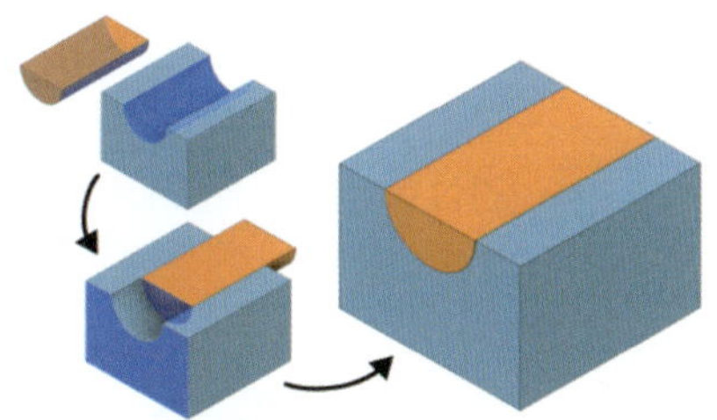

명칭	설명 및 기능	적용 예시
일치/메이트 (Mate)	두 부품의 면(Face)을 서로 마주 보게 하거나, 축(Axis)을 동일 선상에 위치시킨다.	볼트를 너트 구멍에 끼울 때(축 정렬), 두 판을 맞붙일 때
면 맞춤/플러시 (Flush)	• 두 부품의 면이 같은 방향을 바라보도록 높이를 맞춘다. • 일치 조건의 옵션으로 포함되기도 한다.	계단처럼 면의 높이를 나란히 맞출 때
각도(Angle)	두 면이나 선 사이에 특정 각도를 주어 고정한다.	경첩이 열린 상태로 고정할 때, 회전 부품의 위치를 잡을 때
접선/접촉 (Tangent)	원통면이나 구면이 평면 또는 다른 곡면과 접하게 한다.	캠(Cam)과 팔로워의 접촉, 바퀴가 바닥에 닿는 상태
삽입(Insert)	축과 면의 일치를 한 번에 수행하는 기능으로, 볼트/너트 조립에 주로 사용된다.	볼트를 구멍에 끼우고 머리 부분을 면에 밀착시킬 때
오프셋(Offset)	면과 면 사이에 일정한 간격(거리)을 띄워서 조립한다.	부품 사이에 틈을 주거나 특정 거리만큼 떨어뜨릴 때

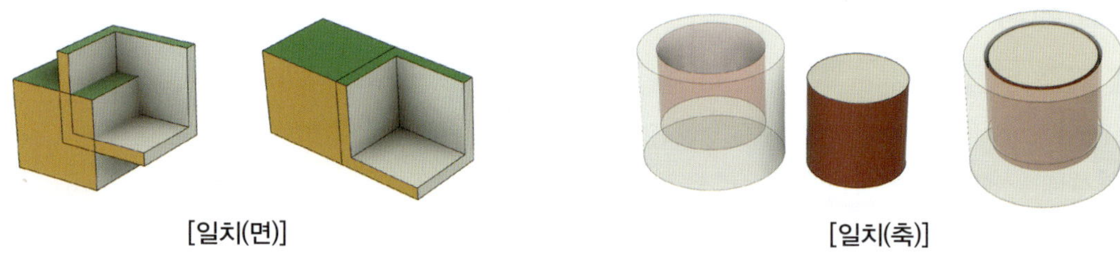

[일치(면)]   [일치(축)]

4 조립품 검토 및 간섭 분석

1 간섭 분석(Interference Check)

조립된 부품끼리 서로 겹치는 부분(솔리드 겹치는 부분)이 있는지 확인하는 기능이다. 실제 제작 시 조립 불량을 방지하기 위해 필수적이다.

2 공차 검토

3D프린팅 출력 시 수축/팽창을 고려하여 조립 부위에 적절한 여유 간격(공차)이 있는지 확인한다. 보통 0.2~0.5mm 정도의 유격이 필요하다.

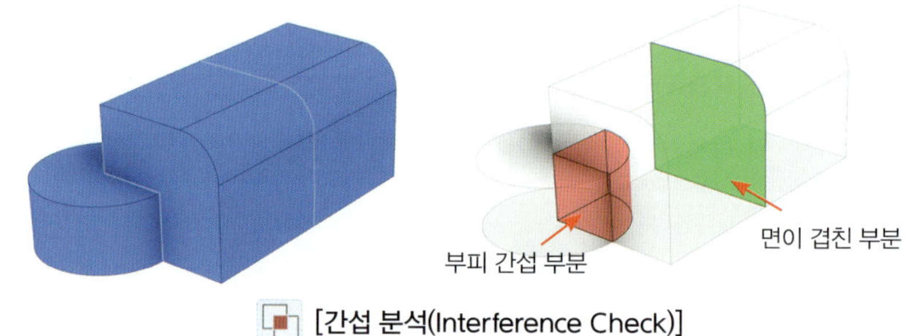

[간섭 분석(Interference Check)]

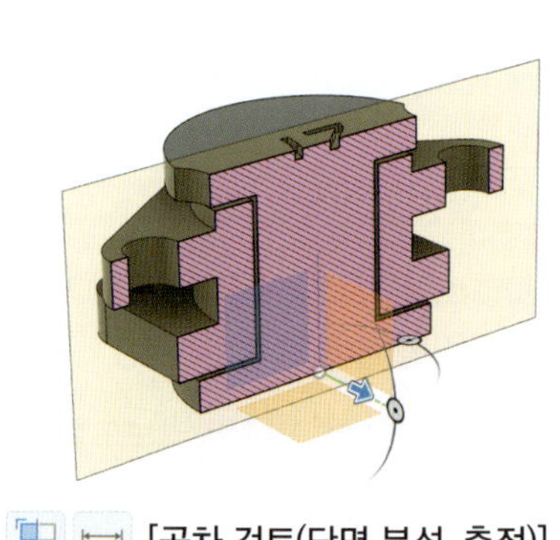

[공차 검토(단면 분석, 측정)]

출력용 데이터 변환 및 저장

기출 포인트 파일 포맷의 종류와 특징, STL 파일의 저장 옵션 및 오류 유형(Non-manifold), 그리고 슬라이싱을 위한 데이터 변환 과정이 집중적으로 출제된다.

1 3D프린팅용 파일 포맷

3D모델링 프로그램의 고유 포맷(Native format)은 3D프린터에서 바로 읽을 수 없으므로, 공용 포맷으로 변환해야 한다.

※ 자세한 사항은 [Part 4 SW 설정]을 참고해 주세요.

1 STL(StereoLithography)

① 특징 : 3차원 데이터를 표현하는 국제 표준 형식으로, 3D프린팅에서 가장 널리 사용된다.

② 구조

- 모델의 표면을 무수히 많은 삼각형(Polygon mesh)으로 쪼개서 저장한다.
- 색상, 질감, 내부 구조 정보는 포함하지 않고 오직 형상 정보만 가진다.

③ 단점

- 곡면을 미세한 삼각형으로 근사하여 표현하므로, 확대하면 각져 보일 수 있다.
- 정밀도를 높이면 삼각형 개수가 많아져 파일 용량이 커진다.

2 OBJ(Object File)

① 특징 : 3D 그래픽 소프트웨어 간 데이터 교환에 주로 사용된다.

② 구조 : 기하학적 정점, 텍스처 좌표 등을 포함하며, 색상과 질감 정보를 표현할 수 있다.

3 AMF(Additive Manufacturing File)

① 특징 : STL의 단점을 보완하기 위해 개발된 XML 기반의 포맷이다.

② 장점

- 곡면을 더 정밀하게 표현할 수 있으며, 색상, 재질(Material), 텍스처 정보를 하나의 파일에 포함할 수 있다.
- 압축률이 좋아 STL보다 용량이 작다.

4 3MF(3D Manufacturing Format)

마이크로소프트 주도로 STL 포맷을 대체하기 위해 만든 것으로, 모델링 데이터뿐만 아니라 재질, 색상, 기타 정보를 하나의 패키지로 압축하여 저장한다.

스탠포드 그래픽 연구소에서 개발한 것으로 색상, 질감, 재료 속성과 같은 추가 데이터도 저장할 수 있다. 주로 3D스캐닝 분야, 특히 치과용 스캐너 등에서 많이 활용된다.

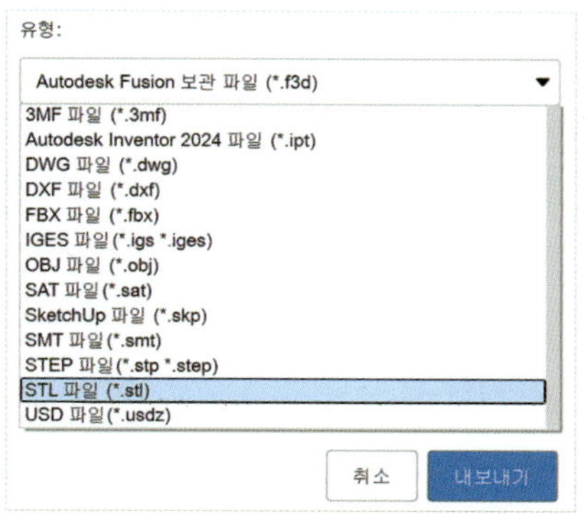

[출력용 데이터 포맷으로 저장하기]

2 STL 파일 변환 및 저장 옵션

모델링 데이터를 STL로 저장할 때 설정해야 하는 옵션과 그에 따른 결과물의 변화를 이해해야 한다.

1 STL 변환 형식

Binary(이진)	용량이 작아 저장 및 처리에 효율적이며, 일반적으로 권장된다.
ASCII	텍스트 기반이라 용량이 매우 커진다.

2 해상도(Resolution) 및 편차(Deviation) 설정

해상도와 편차 설정	• '거침(Coarse)', '중간', '미세(Fine/High)' 등으로 설정한다. • 해상도가 높을수록(미세할수록) 곡면이 부드럽게 표현되지만, 삼각형의 개수가 급증하여 파일 용량이 커지고 슬라이싱 시간이 오래 걸린다. • 편차 값이 작을수록 삼각형을 더 잘게 쪼개어 실제 곡면에 가깝게 만든다.
주의사항	해상도를 높인다고 해서 3D프린터의 출력 속도가 달라지는 것은 아니다.

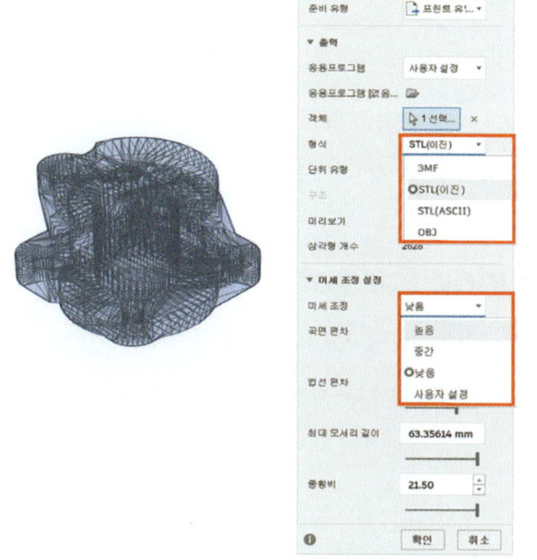

[STL로 내보내기]

3D프린팅 출력을 위한 모델링 수정

1 3D프린터 특성에 따른 형상 데이터 수정

1 출력 해상도와 최소 크기 고려

(1) 해상도 한계

3D프린터의 노즐 구경이나 적층 높이보다 작은 형상은 제대로 출력되지 않거나 뭉개질 수 있다. 모델링의 가장 작은 부분이 최소 0.4mm 이상이 되도록 수정해야 한다.

(2) 벽 두께(Wall Thickness) 설정

① 면(Surface)으로만 된 데이터는 두께가 없어 출력이 불가능하므로 반드시 두께를 부여하여 솔리드(Solid)로 만들어야 한다.

② FDM 방식의 경우 안정적인 출력을 위해 최소 1mm 이상의 두께를 권장한다. 너무 얇은 벽은 출력 중 무너지거나 채움(Infill)이 생성되지 않아 강도가 약해진다.

2 분할 출력(Splitting)

(1) 최대 출력 범위 고려

모델링 데이터가 3D프린터의 최대 조형 크기(Build Volume)를 벗어날 경우, 스케일(Scale)을 조정하거나 파트를 분할하여 출력해야 한다.

(2) 분할 출력의 이점

서포트 생성을 최소화하거나, 출력 시간을 단축하고, 대형 출력물을 제작할 수 있다. 분할된 면은 접착제나 커넥터(Pin)를 이용해 조립한다.

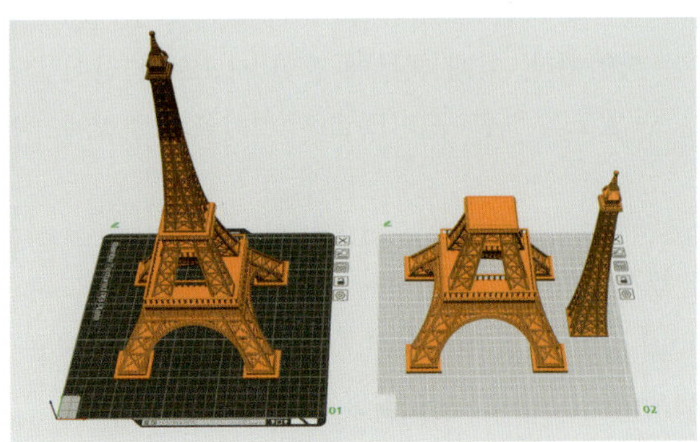

[분할 출력]

1 수축과 팽창의 고려

FDM 방식(ABS, PLA 등)은 소재를 녹여 쌓은 뒤 식으면서 수축 현상이 발생한다. 이로 인해 구멍은 설계 치수보다 작아지고, 축은 커지는 경향이 있어 조립이 안 될 수 있다. ABS 소재 사용 시 수축률을 고려해 모델링을 수정해야 한다.

2 출력 공차(Clearance) 부여

조립되는 부품(구멍과 축) 사이에는 반드시 유격(Gap)을 주어야 한다.

① 일반적인 공차 : FDM 프린터의 경우 평균적으로 0.2~0.3mm 정도의 공차를 부여하며, 움직이는 부품이나 형상 사이의 간격은 최소 0.5mm 이상 떨어뜨려야 서로 붙지 않고 출력된다.

② 구멍(Hole) : 모델링 치수보다 조금 더 크게 설계한다.

③ 축(Shaft) : 모델링 치수보다 조금 더 작게 설계한다.

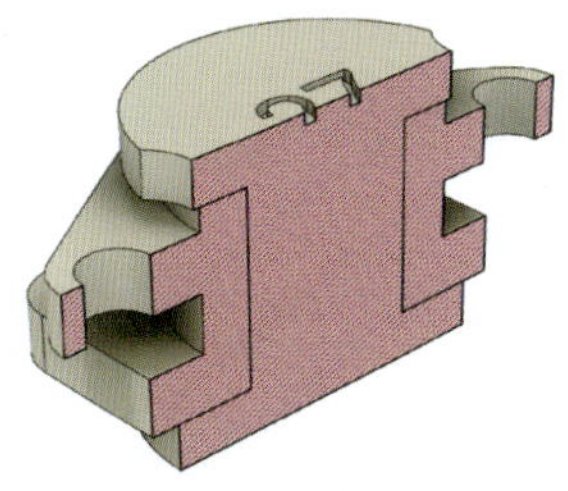

[공차 적용 전]

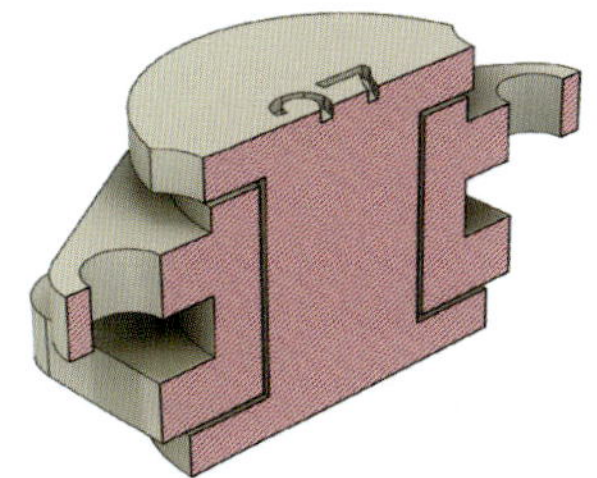

[공차 적용 후(0.5mm)]

3 출력 효율성을 위한 형상 수정

1 내부 채움과 비움(Hollowing/Shell)

재료 절약과 출력 시간 단축을 위해 속이 꽉 찬 모델을 껍데기만 남기고 비우는 작업이다. 이때 내부에 갇힌 서포트나 잔여 수지가 빠져나올 수 있도록 배출 구멍(Drain hole)을 모델링에 추가해야 한다.

[내부 비움]

2 서포트 최소화 설계

오버행(Overhang) 각도를 고려하여 서포트가 필요 없도록 모델의 형상을 수정하거나(Chamfer 적용 등), 출력 방향을 회전시켜 서포트 생성 면적을 줄인다.

3D모델링

01 다음 중 두 개의 원이나 호가 중심점을 공유하도록 설정하는 구속조건의 기호(아이콘)로 가장 적절한 것은?

① ✕ – 직각(Perpendicular)

② ◯ – 접선(Tangent)

③ ◎ – 동심(Concentric)

④ ━ – 동일(Equal)

해설

동심 구속조건은 두 개 이상의 원이나 호의 중심을 하나의 점으로 일치시키는 기능이다.

02 다음 그림과 같이 하나의 단면(프로파일)이 지정된 경로(Path)를 따라 이동하면서 파이프나 스프링 같은 형상을 만드는 모델링 기능은 무엇인가?

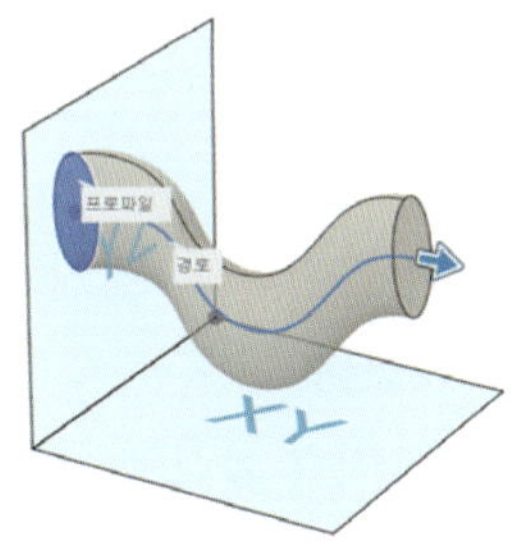

① 돌출(Extrude)

② 회전(Revolve)

③ 로프트(Loft)

④ 스윕(Sweep)

해설

스윕은 단면 스케치와 경로 스케치, 총 2개의 스케치를 이용하여 경로를 따라 단면 형상을 만드는 기능이다. 로프트는 2개 이상의 서로 다른 단면을 연결하는 기능이므로 다르다.

03 다음 중 3D모델링의 불리언 연산(Boolean Operation)에서, 기존의 형상(본체)에서 겹치는 다른 형상의 부피만큼을 제거하여 구멍을 뚫거나 홈을 파는 연산 방식은?

① 합집합(Union/Join)

② 차집합(Subtract/Cut)

③ 교집합(Intersect)

④ 새 본체(New Body)

해설

차집합은 두 형상이 겹쳐진 부분만큼을 기준 형상에서 빼내는 연산으로, 키보드의 홈을 파거나 구멍을 뚫을 때 주로 사용된다.

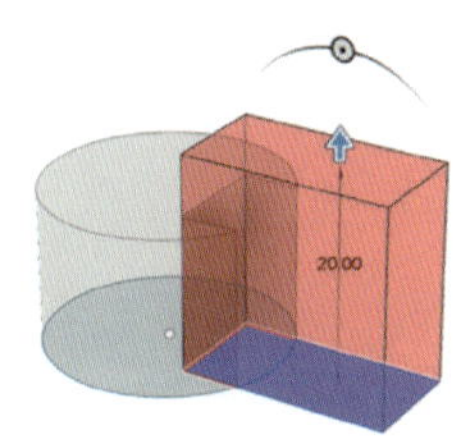

04 기계 제도 도면을 작성할 때, 두 종류 이상의 선이 같은 장소에서 중복(겹침)될 경우 가장 우선하여 그려야 하는 선부터 순서대로 올바르게 나열한 것은?

① 외형선 → 숨은선 → 중심선

② 중심선 → 외형선 → 숨은선

③ 숨은선 → 외형선 → 중심선

④ 치수선 → 숨은선 → 외형선

해설

KS 규격 및 제도 통칙에 따라 도면에서 선이 겹칠 때는 중요한 정보를 담고 있는 선을 우선하여 나타내야 한다. 외형선 〉 숨은선 〉 절단선 〉 중심선 〉 무게 중심선 〉 치수 보조선 순이므로 외형선 → 숨은선 → 중심선 순이다.

01 ③　**02** ④　**03** ②　**04** ① **정답**

05 다음 중 자동차나 항공기 디자인과 같이 정밀하고 부드러운 곡면을 표현하기에 가장 적합하며, 수학적 함수를 기반으로 곡선을 생성하는 모델링 방식은?

① 폴리곤(Polygon) 모델링
② 넙스(NURBS) 모델링
③ 와이어프레임(Wireframe) 모델링
④ 솔리드(Solid) 모델링

넙스 모델링은 수학적 수식을 이용해 곡선과 곡면을 생성하므로, 폴리곤 방식보다 훨씬 매끄럽고 정밀한 곡면 표현이 가능하여 제품 디자인에 주로 사용된다.

06 3D모델링 프로그램에서 두 개의 부품을 조립할 때, 두 부품의 면(Face)과 면 사이를 일정 거리(예 10mm)만큼 떨어뜨려서 고정하려고 한다. 이때 가장 적합한 제약조건은?

① 일치(Mate)
② 접선(Tangent)
③ 오프셋(Offset)
④ 각도(Angle)

오프셋 제약조건은 두 요소 사이에 특정한 거리 값을 주어 간격을 띄울 때 사용한다. 일치는 딱 붙이는 것, 접선은 스치듯 만나는 것, 각도는 회전 각을 주는 것이다.

07 3D CAD 프로그램의 스케치 환경에서 특정 형상(프로파일)을 선택한 후, 행(Row)과 열(Column)의 개수 및 간격을 지정하여 아래 그림과 같이 격자 모양으로 중복해서 배열하고자 할 때 사용하는 기능으로 옳은 것은?

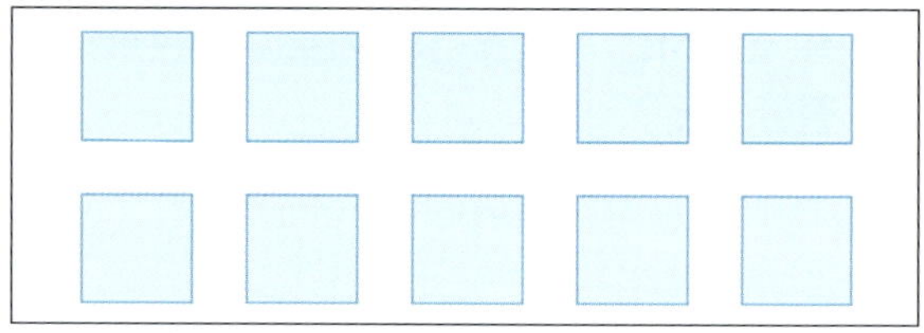

① 원형 패턴(Circular Pattern)
② 직사각형 패턴(Rectangular Pattern)
③ 경로 패턴(Path Pattern)
④ 미러(Mirror)

직사각형 패턴은 중복해서 작성해야 하는 객체를 행 및 열로 정렬하는 기능이다.
① 원형 패턴 : 객체를 호나 원형으로 회전하여 배열할 때
③ 경로 패턴 : 객체를 지정된 경로(선, 곡선 등)를 따라 배열할 때
④ 미러 : 평면이나 선을 기준으로 대칭 복사할 때

08 KS 규격 및 3D프린터운용기능사 실기 도면에서 주로 사용하는 제3각법의 투상도 배치 원칙으로 옳은 것은?

① 정면도 위에 평면도, 정면도 오른쪽에 우측면도를 배치한다.
② 정면도 아래에 평면도, 정면도 왼쪽에 우측면도를 배치한다.
③ 평면도 위에 정면도, 평면도 오른쪽에 우측면도를 배치한다.
④ 물체를 제1면각 공간에 두고 투상한다.

제3각법은 눈 → 투상면 → 물체 순서로 투상하며, 도면 배치 시 정면도를 기준으로 위쪽에 평면도, 오른쪽에 우측면도를 배치한다.

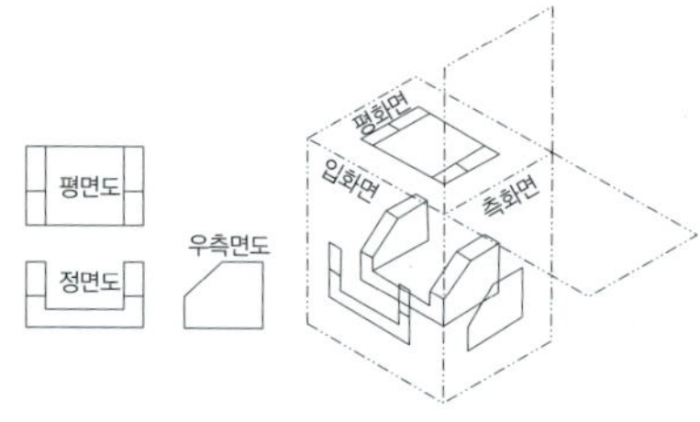

05 ②　06 ③　07 ②　08 ① **정답**

SW 설정

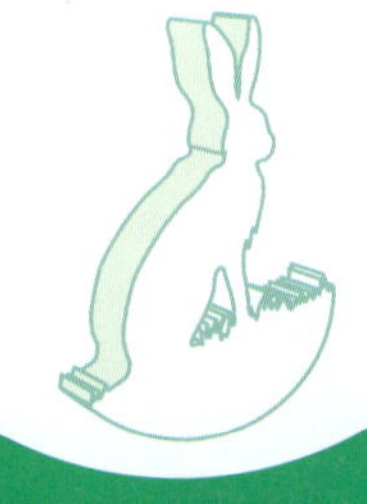

01 3D모델링 데이터의 이해와 오류 검증
02 3D프린팅 소프트웨어
03 슬라이싱(Slicing)
04 G코드

1 3D프린팅을 위한 데이터 포맷

3D프린팅을 위해서는 모델링 데이터가 '수밀(Watertight)'한 상태 즉, 모델 내외부가 완벽하게 구분되어 닫힌 구조여야 한다.

1 STL(Stereo Lithography) 파일

(1) 특징

① 형상 표현 : 입체 모형의 표면을 작은 삼각형 메쉬들로 쪼개어 표현한다. 곡면을 표현할 때 삼각형의 개수가 많아질수록 정밀도는 높아지지만, 파일 용량이 커지고 슬라이싱 시간이 길어진다.

② 정보의 한계 : 색상, 질감, 재료 물성 정보는 포함하지 않으며, 오직 3차원 형상 정보(기하학적 정보)만 가진다.

③ 형식 : 아스키(ASCII) 코드 형식과 바이너리(Binary) 코드 형식이 있다.

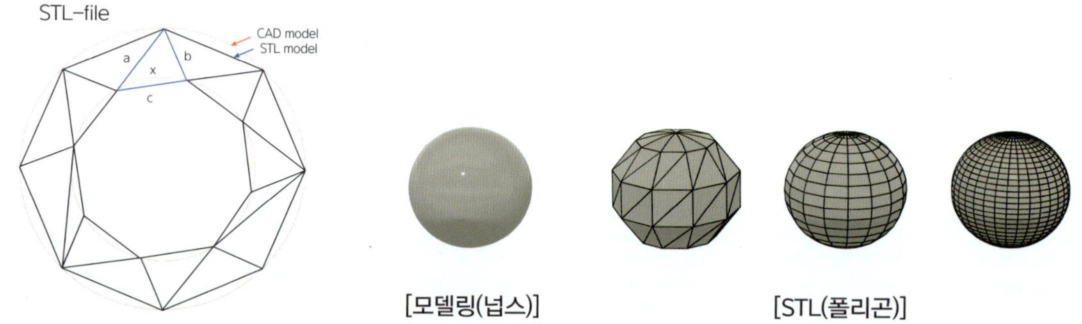

(2) 작성 규칙

① 오른손 법칙(Right-hand rule) : 삼각형 면의 법선 벡터(Normal Vector)는 오른손 법칙에 따라 반시계 방향으로 꼭짓점이 나열되어야 하며, 벡터는 바깥쪽을 향해야 한다. 이것이 뒤집히면 '면 반전(Flipped Normal)' 오류가 발생한다.

② 꼭짓점 법칙(Vertex-to-vertex rule) : 각 삼각형의 꼭짓점은 인접한 다른 삼각형의 꼭짓점과 공유되어야 한다. 즉, T-junction과 같이 삼각형의 변 중간에 다른 꼭짓점이 위치하면 안 된다.

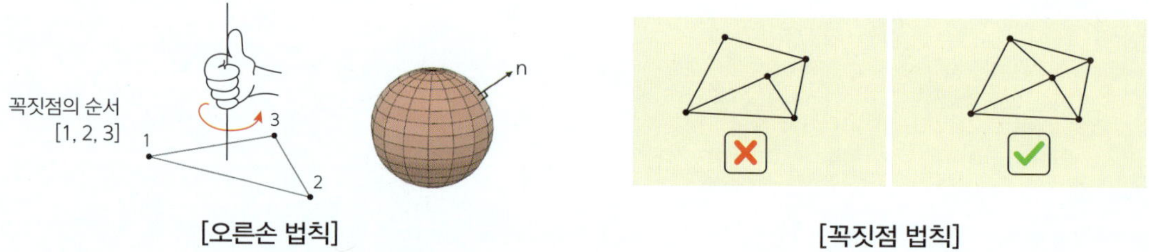

(3) 파일의 오류 계산 공식

완벽하게 닫힌 STL 메쉬 구조에서 꼭짓점, 모서리, 면의 개수는 다음과 같은 관계를 가진다.

① 오일러 지표(Euler characteristic) : $V-E+F=2$
- V : 꼭짓점(Vertex)의 수
- E : 모서리(Edge)의 수
- F : 면(Face)의 수

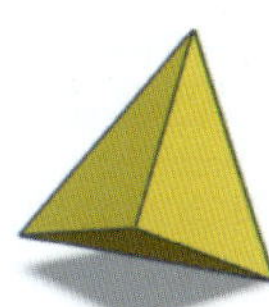 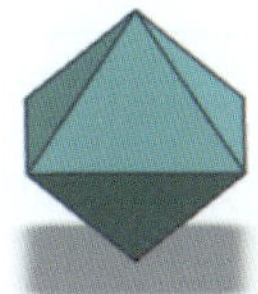 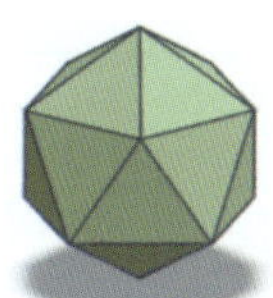

$$꼭짓점\ 수 \approx \frac{총\ 삼각형의\ 수}{2}+2 \qquad 모서리\ 수 = \frac{총\ 삼각형의\ 수 \times 3}{2}$$

② 실제 시험용 공식(오일러 공식 응용) : 모서리 수 = (꼭짓점 수 × 3) − 6

> 예 꼭짓점이 220개일 때 모서리 수 = (220 × 3) − 6 = 654개

2 AMF(Additive Manufacturing File)

STL의 단점을 보완하기 위해 ASTM(미국시험재료학회)에서 제정한 표준 포맷이다.

① 특징 : 색상(Color), 재질(Material), 질감(Texture), 래티스 구조 등의 정보를 하나의 파일에 담을 수 있다.

② 장점 : 곡면을 표현할 때 STL보다 용량이 작고 효율적이다.

3 OBJ(Object File)

① 특징 : 3D 그래픽 소프트웨어 간 데이터 교환에 주로 사용된다.

② 구조 : 색상과 질감 정보를 표현할 수 있다.

4 3MF(3D Manufacturing Format)

① 특징 : 2015년 마이크로소프트의 주도로 개발한 XML 기반의 포맷이다.

② 장점 : AMF와 유사한 장점을 지니며 호환성과 확장성이 더 좋다.

5 PLY(Polygon File Format)

① 특징 : 색상, 질감, 재료 속성과 같은 추가 데이터도 저장할 수 있다.

② 장점
- 메쉬뿐 아니라 포인트 클라우드도 지원한다.
- 주로 3D스캐닝 분야, 특히 치과용 스캐너 등에서 많이 활용된다.

1 주요 오류 종류

(1) 비매니폴드 형상(Non-Manifold Geometry)

① 현실 세계에 존재할 수 없는 기하학적 형상을 의미한다. 3D프린팅, 불리언 연산(합치기/빼기), 유체 분석 등이 불가능하다.

② 종류

점이나 선의 공유	두 개 이상의 육면체가 하나의 모서리나 꼭짓점만 공유하고 있는 경우
면의 공유	하나의 모서리를 3개 이상의 면이 공유하는 경우(정상적인 매니폴드는 정확히 2개의 면이 공유)
두께가 없는 면	닫히지 않은 얇은 면이나 벽 두께가 0인 경우

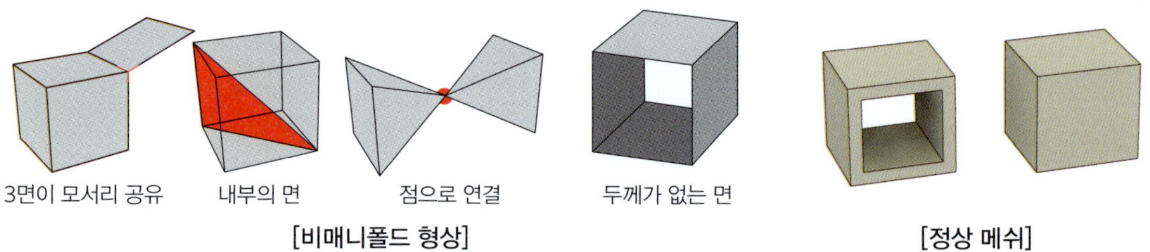

[비매니폴드 형상]　　　　[정상 메쉬]

(2) 오픈 메쉬(Open Mesh)/구멍(Hole)

① 개념 : 메쉬가 닫혀 있지 않아 내외부의 구분이 없는 상태이다. '열린 메쉬'라고도 하며, 물이 샐 수 있는 구조이다.

② 특징 : 슬라이싱 시 오류가 발생하거나, 프로그램이 강제로 구멍을 메워 원치 않는 결과물이 출력될 수 있다.

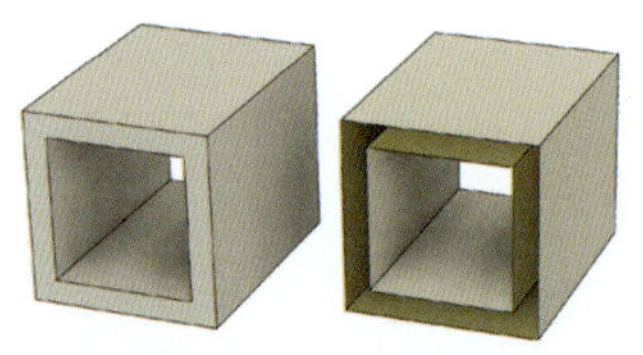

[닫혀 있지 않은 면]

(3) 반전 면(Inverted Normals/Reverse Face)

① 개념 : 면의 안쪽과 바깥쪽을 지시하는 법선 벡터(Normal Vector)가 뒤집힌 상태이다.

② 원인 : 오른손 법칙에 위배되어 삼각형 꼭짓점 순서가 반시계 방향이 아닌 시계 방향 등으로 입력될 때 발생한다.

③ 현상 : 3D프린터는 반전된 면을 인식하지 못하거나 구멍 뚫린 곳으로 인식하여 출력 불량이 발생한다.

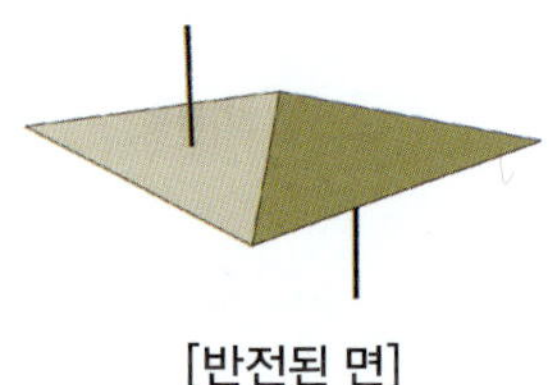

[반전된 면]

(4) 단절된 메쉬(Separated Shells)/떨어져 있는 메쉬

① 개념 : 육안으로는 붙어 있는 것처럼 보이지만, 실제로는 미세하게 떨어져 있어 결합되지 않은 상태이다.

② 해결 : 거리가 매우 가까운 경우 'Weld(용접)' 기능을, 떨어진 면을 연결할 때는 'Bridge(다리)' 기능을 사용한다.

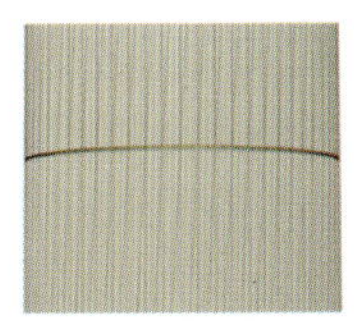

[붙어 있는 메쉬]　　　[떨어져 있는 메쉬]

2 오류 검출 및 수정 프로그램

(1) 넷팹(Netfabb)

3D프린팅을 위한 고급 STL 파일 복구 기능을 제공하는 전문 소프트웨어로, 구멍 메우기, 면 뒤집힘, 겹치는 면 등 3D 모델의 오류를 자동으로 감지하고 수정하며, 수동으로 세밀한 수정도 가능한 강력한 도구들을 갖추고 있다.

① 주요 기능

- 자동 복구 : 'Automatic repair' 기능을 통해 일반적인 메쉬(mesh) 오류를 신속하게 해결한다.
- 정밀 수동 수정 : 자동 수정 후에도 남는 복잡한 문제들은 다양한 수동 도구로 정교하게 수정할 수 있다.
- 메쉬 분석 : 모델의 크기, 두께, 볼륨 등을 분석하여 오류를 파악한다.

② 오류 수정

- 구멍(Holes) : 모델의 빈 공간(구멍)을 채운다.
- 잘못된 방향(Invalid Orientation) : 면의 앞뒤가 뒤집힌(법선이 반전된) 부분을 수정한다.
- 겹치는 면(Overlapping Faces) : 서로 겹쳐진 면을 정리한다.

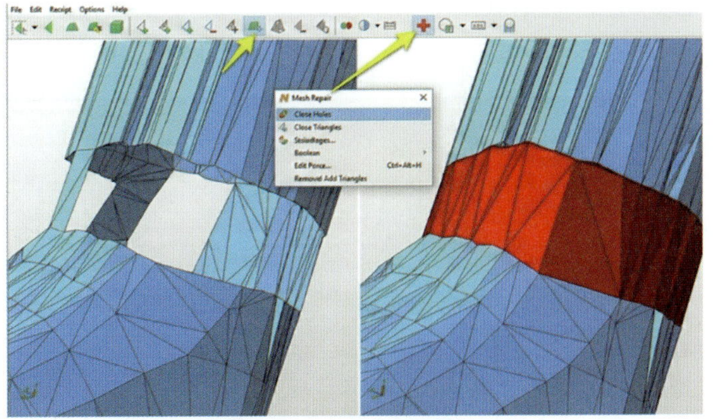

[넷팹에서 손상된 메쉬를 복구]

(2) 메쉬믹서(Meshmixer)

모델링 수정, 서포트 생성, 오류 검사(Inspector) 기능이 있는 무료 툴이다. Analysis 메뉴 아래의 Inspector 도구는 모델의 잠재적인 오류를 자동으로 식별하고 시각화한다.

① 오류 수정

Inspector (분석 도구)	• 자동 수리 : Auto Repair All 메뉴를 클릭한다. • 수동 수리 : 각 오류 지점을 클릭하거나, 구멍 채우기 방법을 선택할 수 있다.
Make Solid (솔리드화 기능)	• Edit 메뉴의 Make Solid 기능은 내부 및 외부 메쉬 문제를 재계산하여 하나의 견고한 (solid) 객체로 만든다. • 심각한 오류가 있는 파일에 특히 유용하다.
수동 구멍 채우기 및 브리징	• Erase and Fill : 구멍 주변 영역을 선택한 후 Edit 〉 Erase and Fill로 구멍을 채운다. • Bridge(브리지) : 구멍의 경계선을 선택한 후 브리지 도구로 두 경계 부분을 연결한다. • 리메쉬 및 메쉬 단순화 : 모델의 삼각형 수를 줄이거나(decimation) 재구성하여 파일 크기를 관리하기 쉽게 만들면서도 시각적 품질을 유지할 수 있다.

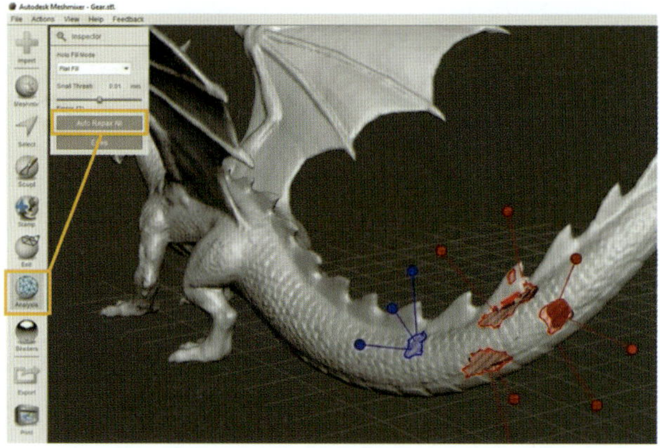

[메쉬믹서의 Inspector 메뉴를 통한 복구]

(3) 메쉬랩(MeshLab)

오픈소스 기반으로 메쉬의 편집, 검사, 렌더링을 지원한다.

① 메쉬 오류 검출 및 시각화

② 구멍 및 간격(Holes/Gaps) 처리

③ 교차하는 면(Self-Intersections) 수정

④ 수동 편집 및 면 조작 등

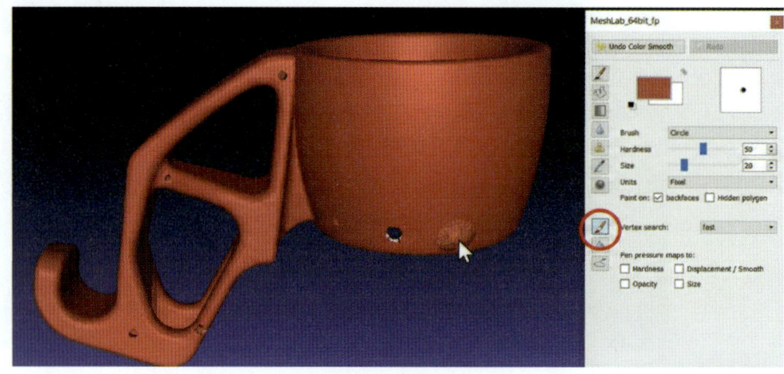

[메쉬랩에서 복구]

(4) 블렌더(Blender)

3D모델링 도구이지만 기본 제공 애드온인 '3D Print Toolbox'를 포함하여 다양한 메쉬 편집 도구를 갖추고 있다.

(5) 매직스(Materialise Magics)

STL 파일을 포함한 다양한 3D 모델의 오류를 수정하고 편집하는 강력한 고급 STL 수리 기능이 있다.

3 문제점 리스트 작성 및 수정 절차

1 발생하는 문제점

① 제작 크기를 넘어가는 크기
② 너무 작아서 조형이 불가능한 부분 발견
③ 모양에 따른 지지대와 바닥 부착물 필요
④ 강도에 따른 내부 채움 정도 확인
⑤ 가동 기능에 따른 공차 필요 확인
⑥ 재료 수축에 따른 공차 필요 확인

2 오류 수정 알고리즘

자동 수정 → 수동 수정의 순서로 진행한다.
① 출력용 데이터 저장 : 모델링 완료 후 STL 파일로 저장
② 오류 검사 : 검출 프로그램으로 오류 확인
③ 치명적 오류/결합 부위 오류
　• 1차 : 자동 오류 수정 기능 실행
　• 2차 : 남은 오류가 있다면 수동 오류 수정 진행
　• 3차 : 그래도 해결되지 않으면 모델링 소프트웨어로 돌아가 원본 수정
④ 최종 확인 및 저장 : 오류가 없으면 최종 출력용 파일로 저장

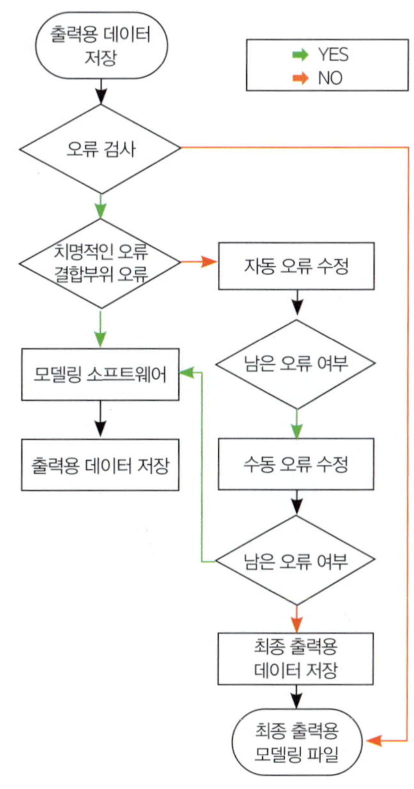

[오류 수정 알고리즘]

3D프린팅 소프트웨어

1 3D프린팅 소프트웨어의 종류

1 모델링 소프트웨어

가상의 3차원 공간에서 수학적 데이터를 이용해 물체의 표면을 점, 선, 면으로 구성된 입체적인 모델로 만든다. 이 데이터를 제조를 위한 폴리곤 파일로 저장할 수 있다. 팅커캐드(Tinkercad), 퓨전(Autodesk Fusion), 인벤터(Inventor), 솔리드웍스(SolidWorks), 라이노(Rhino), 카티아(CATIA) 등 여러 가지가 있다.

2 3D프린팅 데이터 파일 수정 소프트웨어

넷팹(Netfabb), 메쉬믹서(Meshmixer), 메쉬랩(MeshLab) 등이 있다.

3 3D프린터 호스트 프로그램

호스트 프로그램은 3D프린터 하드웨어와 사용자 컴퓨터 간의 인터페이스 역할을 하는 소프트웨어이다.

(1) 기능

사용자가 생성된 G코드를 프린터로 전송하고, 인쇄 과정을 실시간으로 모니터링하며 제어할 수 있게 해준다. 프린터 연결(USB 또는 네트워크), 온도 설정, 축 이동, 인쇄 시작/중지 및 웹캠 모니터링 같은 기능을 제공한다.

(2) 종류

OctoPrint(웹 기반), Pronterface, Repetier-Host 등이 있다.

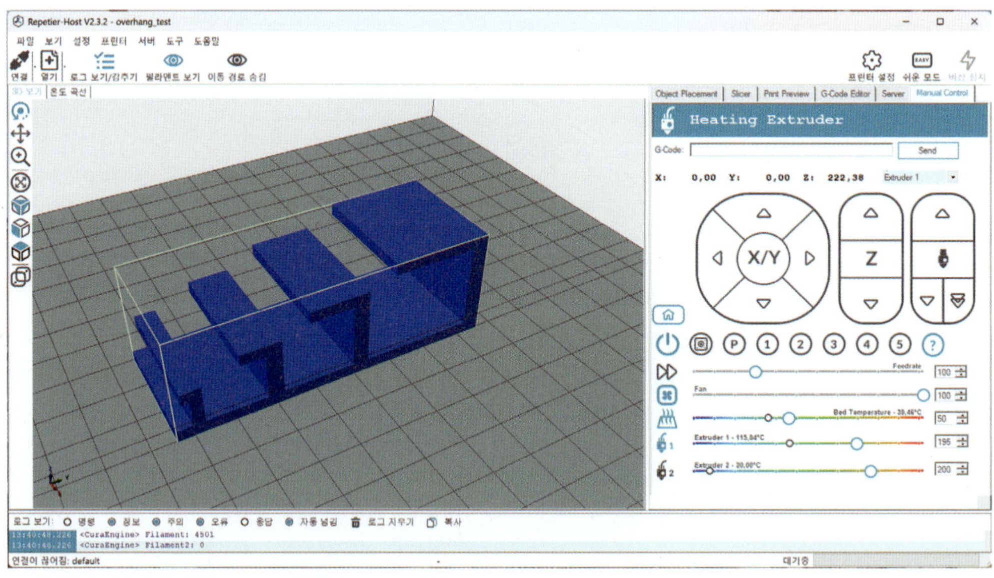

[Repetier-Host]

4 **3D프린터 펌웨어**

3D프린터 펌웨어는 프린터의 하드웨어를 제어하는 내장 소프트웨어로, 프린터의 움직임, 온도 조절, 사용자 입력 처리 등을 담당한다. Marlin, Klipper, Repetier 등이 있다.

5 **슬라이서**

3D프린터 슬라이서(Slicer)는 3D 모델 파일(STL, OBJ 등)을 3D프린터가 이해할 수 있는 명령문인 G-code로 변환해주는 소프트웨어이다. 인공지능(AI) 기반 최적화와 고속 출력을 지원하는 차세대 슬라이서들이 시장을 주도하고 있다. 큐라(Ultimaker Cura), 심플리파이3D(Simplify3D), 3DWOX 데스크탑, 큐비크리에이터(Cubicreator), 메이커봇 프린트(Makerbot Print) 등이 있다.

슬라이싱(Slicing)

> **기출 포인트** 적층 높이(Layer Height), 내부 채움(Infill), 리트랙션(Retraction), 바닥 보조물(Adhesion) 설정이 중점적으로 출제된다.

1 슬라이싱의 개요

1 슬라이싱(Slicing)의 개념

① 슬라이싱이란 3D모델링 프로그램으로 제작된 3차원 데이터를 3D프린터가 인식할 수 있는 기계어 코드로 변환하는 과정을 말한다.

② 일반적으로 3D모델링 파일(STL, OBJ 등)을 슬라이서(Slicer) 프로그램으로 불러와 얇은 2차원 단면(Layer)으로 잘게 쪼갠다.

③ 노즐의 이동 경로, 속도, 온도 등을 설정하여 G코드(G-code) 파일을 생성하는 단계이다.

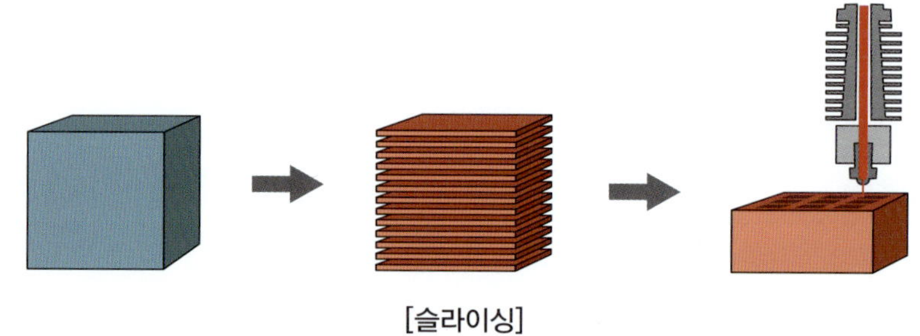

[슬라이싱]

2 슬라이서의 역할

(1) 모델의 층 분할(Slicing)

① 3D 모델을 설정한 레이어 높이에 맞춰 수평으로 수백, 수천 개의 얇은 단면으로 자른다.

② 레이어가 얇을수록(예 0.1mm) 표면은 매끄러워지지만 출력 시간이 대폭 늘어난다.

(2) 레이어 해치 및 인필(Infill) 생성

① 썰어낸 단면의 내부를 어떤 모양과 밀도로 채울지 결정한다.

② 인필 밀도(0~100%)와 패턴(Grid, Gyroid, Honeycomb 등)을 결정한다.

③ 모델의 무게, 강도, 재료 사용량을 결정한다.

(3) 서포트(Support) 구조 자동 생성

① 오버행이 있는 모델은 이를 감지해 임시 지지대를 자동으로 설계한다.

② 격자형 서포트, 트리(Tree) 서포트 등 출력 후 제거하기 쉬운 구조로 만든다.

(4) 이동 경로(Toolpath)와 속도 최적화

① 노즐이 어디서 시작해서 어디로 끝날지, 최단 거리는 어디인지를 계산한다.

② 벽(Wall)은 천천히 그려서 품질을 높이고, 안쪽 해치(Infill)는 빠르게 채워 시간을 단축한다.

(5) 물리적 환경 설정과 G-code 생성

노즐 및 베드 온도, 압출량(Flow), 냉각 팬 속도, 리트랙션(거미줄 방지) 등 이 모든 정보를 담은 G-code 파일을 생성하여 USB나 네트워크로 프린터에 전달한다.

3 주요 슬라이서

(1) Ultimaker Cura

UltiMaker사에서 개발한 슬라이서 큐라(Cura)는 가장 널리 사용되고 있는 오픈 소스 3D프린팅 소프트웨어이다. 큐라는 STL, OBJ 또는 3MF 형식의 3D 모델을 3D프린터가 인식할 수 있는 형식인 G코드로 변환한다. 파일명에 붙는 확장자는 .gcode이다.

(2) 3DWOX 데스크탑

국내에서 많이 사용하는 신도 3D프린터의 전용 슬라이싱 프로그램이다. 자체 개발한 프로그램으로, 한글을 지원하며 3차원 모델링을 불러와 G코드를 만들어 준다. 확장자는 .gcode이다.

(3) 큐비크리에이터(Cubicreator)

큐비콘(Cubicon)사의 Style NEO, Style Plus, Single Plus 계열의 기기에 사용하는 슬라이서이다.

(4) 메이커봇 프린트

메이커봇의 메쏘드, 레플리케이터, 스케치 계열의 기기로 출력을 하기 위한 슬라이서이다.

[주요 슬라이서 실행 아이콘]

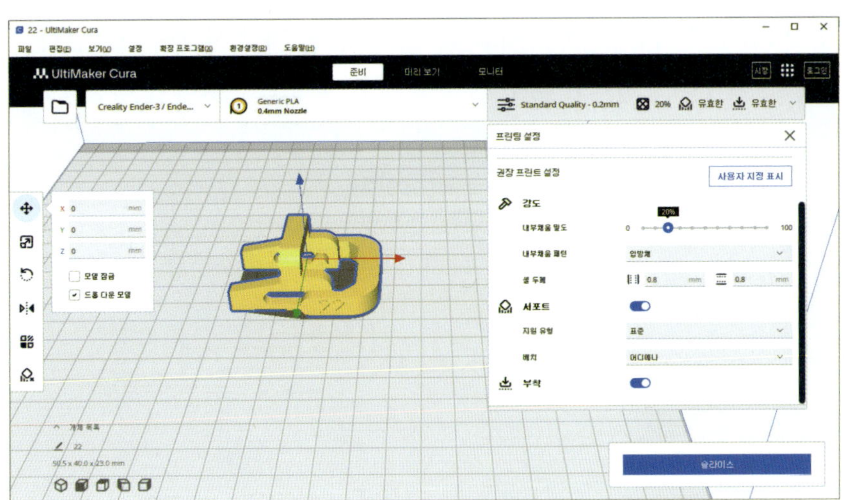

[큐라(CURA) 슬라이서]

2 슬라이싱 방법과 설정

1 슬라이싱 과정

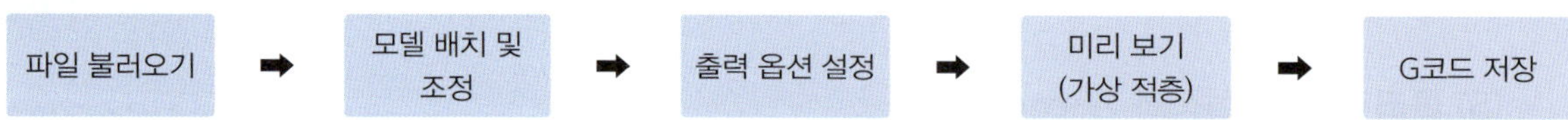

2 슬라이서의 주요 메뉴

① 모델 불러오기 : 파일 〉 파일 열기 또는 폴더 아이콘을 클릭한다.

② 모델 조정하기 : 모델 이동, 스케일, 회전, 대칭 등을 적용한다.

③ 프린팅 설정 : 레이어 높이, 내부 채움, 서포트, 바닥 부착을 설정한다.

④ 슬라이스 실행 : 슬라이스 버튼을 눌러 실행한다.

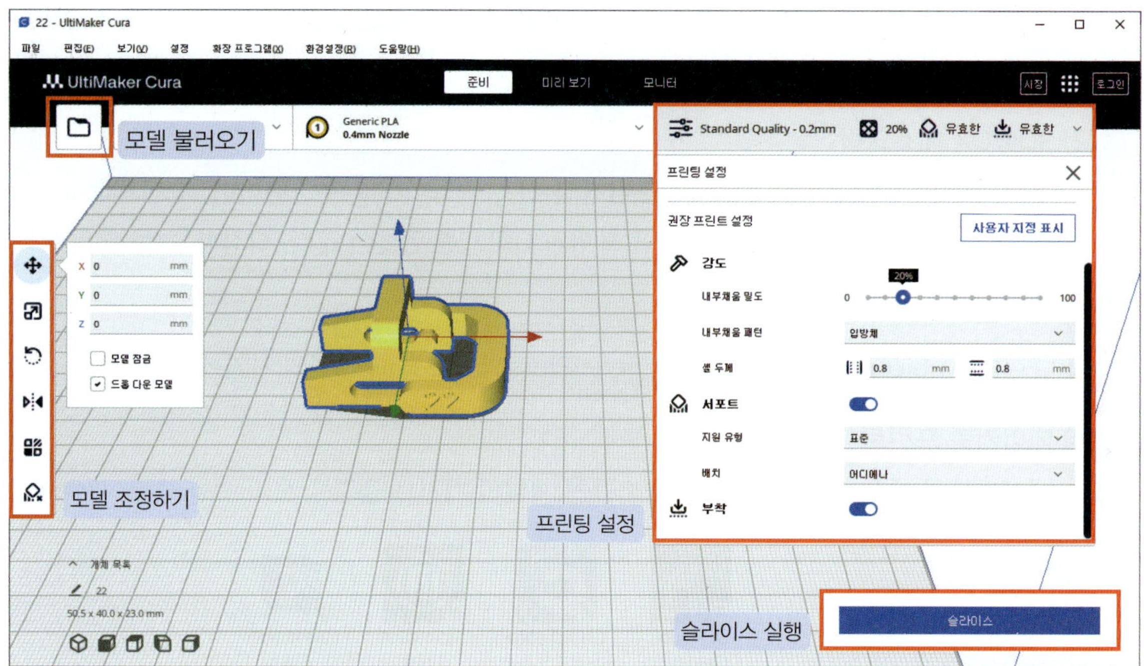

⑤ 미리 보기 : 슬라이싱으로 만들어진 라인 유형을 살펴본다. 레이어별로 서포트 위치와 바닥 부착 상태를 살펴볼 수 있다.

⑥ 예상 시간 : 슬라이싱 후 예상 재료 소비량과 출력 예상 시간이 나타난다.

⑦ 프린팅 설정 수정 : 필요한 경우 사용자 지정 표시로 변경하여 해상도, 내부채움, 속도, 바닥 부착을 조정한다. 출력 시간을 줄일 수 있다.

⑧ 저장 : 버튼을 눌러 G-code 파일을 저장한다.

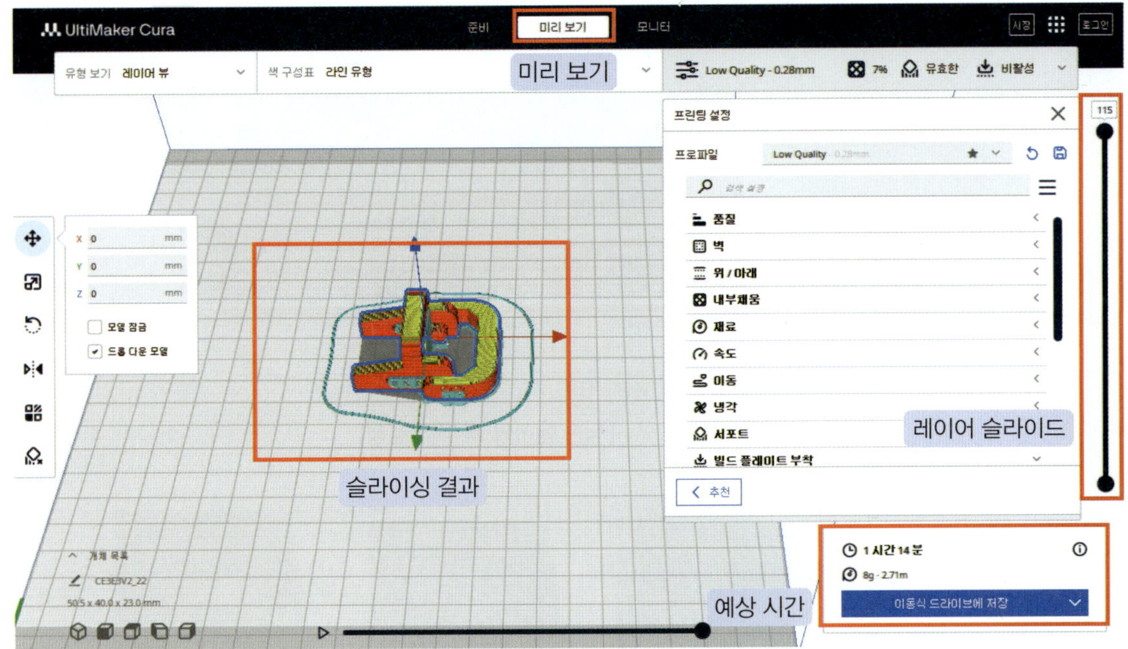

❸ 주요 설정값과 기능

설정값들은 출력물의 품질(Quality), 시간(Time), 강도(Strength)를 결정하는 핵심 요소이다.

(1) 품질(Quality) 및 레이어 설정

가장 기초적이면서 출력 결과물에 지대한 영향을 미치는 설정이다.

① 적층 높이(Layer Height)

개념	한 층의 높이를 의미하며, Z축 해상도를 결정한다.
특징	• 품질과 시간의 반비례 : 높이를 낮게(예 0.1mm) 설정하면 표면이 매끄러워지고 품질이 향상되지만, 적층 횟수가 늘어나 출력 시간이 오래 걸린다. • 설정 범위 : 보통 노즐 직경의 25~75% 수준으로 설정하며, 0.4mm 노즐 기준 0.1~0.3mm 사이를 주로 사용한다.
적층 레이어 수 계산	전체 레이어(Layer) 수 = $\dfrac{\text{모델의 높이}}{\text{레이어 높이(Layer Height)}}$ 예 높이 50mm 모델을 0.25mm로 적층 시 레이어 수 = $\dfrac{50}{0.25}$ = 200층

② 벽 두께(Shell Thickness/Wall Thickness)

개념	출력물 외벽(껍데기)의 두께를 설정한다.
특징	• 내부 채움(Infill)이 적더라도 벽 두께를 두껍게 설정하면 출력물의 강도가 크게 향상된다. • 노즐 직경의 배수로 설정하는 것이 좋다. 　　예 0.4mm 노즐 사용 시 0.8mm, 1.2mm 등

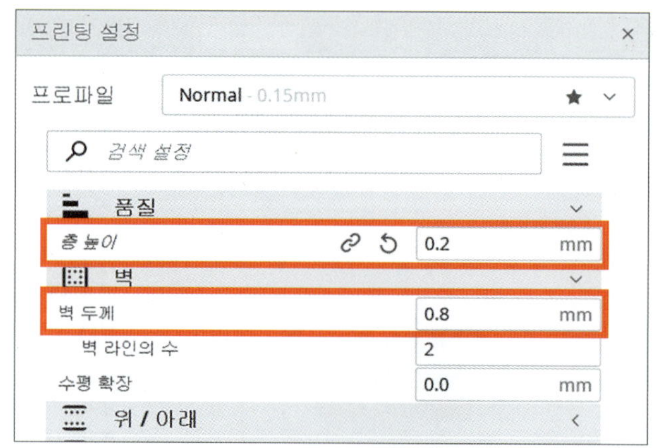

[적층 높이와 벽 두께 설정]

[적층 높이에 따른 표면의 품질]

(2) 리트랙션(Retraction)

출력 품질(특히 표면)을 결정짓는 중요한 기능이다.

개념	노즐이 출력을 하지 않고 이동(Travel)할 때, 녹은 필라멘트가 흘러내리지 않도록 필라멘트를 뒤로 잡아당기는 기능이다.
목적	출력물 사이에 거미줄처럼 얇은 실이 생기는 '거미줄 현상(Stringing)'이나 표면에 뭉침(Blob)이 생기는 것을 방지한다.
주요 변수	리트랙션 거리(Distance)와 속도(Speed)를 조절하여 최적값을 찾는다.

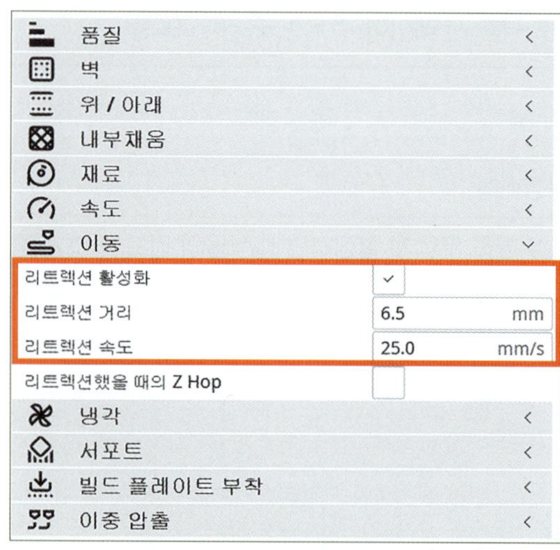

[리트랙션 설정]

[스트링 현상]

(3) 내부 채움(Infill)

출력물의 내부를 어떻게 채울지 결정하여 재료 소모량과 강도를 조절한다.

① 채움 밀도(Fill Density)

개념	내부를 채우는 비율을 %로 설정(0%는 텅 빔, 100%는 꽉 채움)한다.
특징	• 밀도가 높을수록 강도는 강해지지만 재료 소모가 많고 출력 시간이 길어진다. • 일반적인 출력물은 15~20% 정도가 적당하며, 강도가 필요한 부품은 50% 이상 설정한다.

② 채움 패턴(Infill Pattern)

종류	격자(Grid), 선(Line), 삼각형(Triangle), 벌집(Honeycomb/Hexagon) 등
특징	벌집형(Honeycomb)이나 3D 벌집형은 강도가 우수하여 경량 강화 구조에 적합하다.

[내부채움 설정]

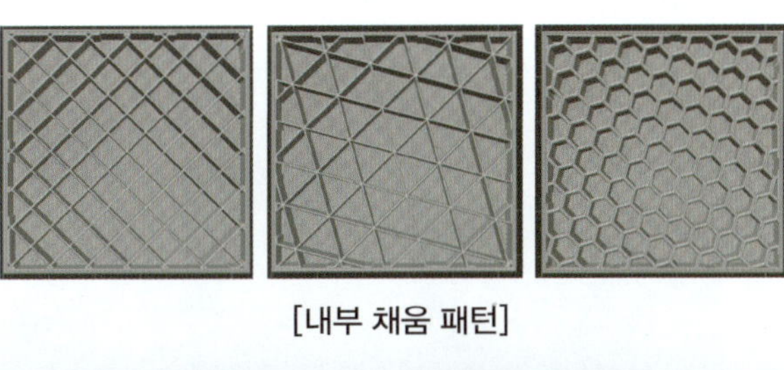

[내부 채움 패턴]

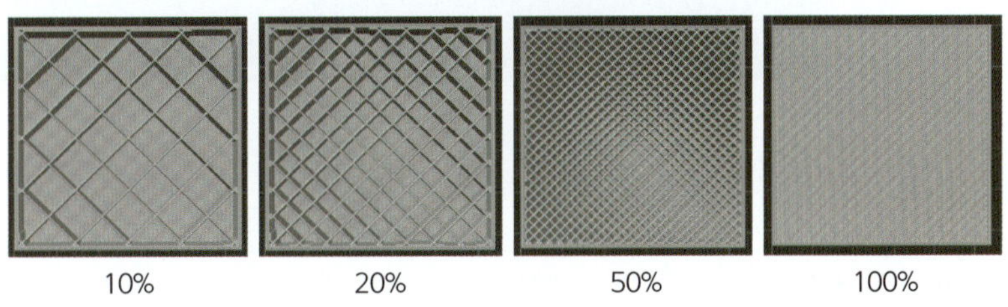

| 10% | 20% | 50% | 100% |

[내부 채움 밀도]

(4) 속도 및 온도(Speed & Temperature)

재료의 특성과 기계적 한계를 고려하여 설정해야 한다.

① 출력 속도(Print Speed)

- 개념 : 노즐이 이동하며 재료를 압출하는 속도(mm/s)를 말한다.
- 특징 : 속도가 빠르면 시간은 단축되지만, 품질이 저하되고 탈조(Step loss)나 진동이 발생할 수 있다. 일반적으로 40~60mm/s가 권장된다.
- 첫 번째 레이어 속도 : 바닥 안착(Adhesion)을 위해 초기 레이어 속도는 느리게 설정하는 것이 좋다.

② 온도 설정(Temperature)
- 노즐 온도 : 재료의 녹는점에 맞춰 설정(PLA: 180~220℃, ABS: 230~260℃)한다.
- 온도가 너무 높으면 거미줄 현상이, 낮으면 압출 불량이 발생한다.
- 베드 온도 : 수축 방지 및 안착을 위한 설정(PLA: 20~60℃, ABS: 80~110℃)이다.

(5) 노즐 종류와 필라멘트 굵기 설정

대부분의 FDM 3D프린터는 기본적으로 0.4mm 노즐을 사용한다. 0.2mm, 0.4mm, 0.6mm, 0.8mm로 변경한다.

※ 시중에서 판매되는 3D프린터 필라멘트는 주로 1.75mm 또는 2.85mm(혹은 3mm) 두 가지 굵기 중 하나이다.

3 지지대

1 지지대(Support)

3D프린팅(특히 FDM 방식)에서 공중에 떠 있는 형상이나 급격한 경사를 가진 부분을 출력할 때는 무너지지 않도록 받쳐주는 임시 구조물이 필요한데, 이를 지지대(Support)라고 한다.

① 중력에 의한 처짐 방지 : 녹은 재료가 식기 전에 중력에 의해 아래로 처지는 현상인 '새깅(Sagging)'을 방지한다.

② 형상 유지 : 허공에 떠 있는 부분(Island)이나 다리 형태(Bridge)를 출력할 때 필수적이다.

③ 오버행(Overhang) : 벽면이 수직이 아니라 바깥쪽으로 기울어진 형상일 때, 통상 45도 이상 기울어지면 지지대가 필요하다.

2 지지대의 종류

오버행(Overhang, 돌출부)	새로 생성되는 층이 아래층에 의해 받쳐지지 않아 휘게 되는 형상을 말한다.
실링(Ceiling, 천장)	기둥과 기둥 사이를 연결하는 다리(Bridge) 구간처럼, 양단은 지지되지만 가운데 부분이 처질 수 있는 형상을 말한다.
아일랜드(Island, 섬)	이전 레이어와 연결되지 않고 공중에 고립되어 새로 시작되는 단면을 말한다. 지지대가 없으면 허공에 재료를 뿌리게 된다.
언스테이블(Unstable, 불안정)	특별히 지지대가 필요한 면은 없으나, 형상이 가늘고 길거나 무게 중심이 불안정하여 출력 도중 자체 무게나 진동에 의해 쓰러질 위험이 있는 형상을 말한다.

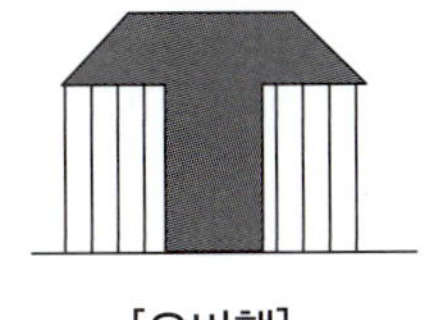

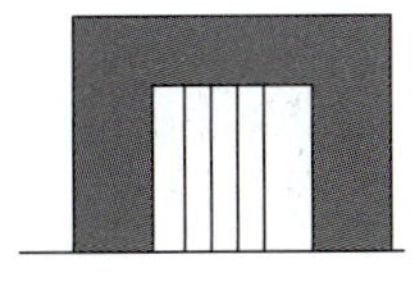

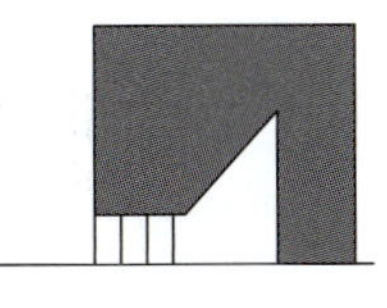

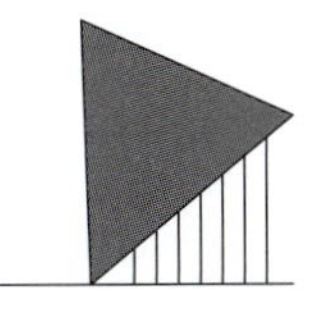

3 슬라이서에서의 지지대 설정

(1) 전체(Everywhere)

① 특징 : 출력판(Bed) 위뿐만 아니라 모델의 표면 위에도 지지대를 생성한다.

② 장점 : 복잡한 형상이나 모든 오버행 구간을 안정적으로 지지한다.

③ 단점 : 모델 표면에 지지대가 붙으므로 표면 거칠기가 나빠지고 후가공 시간이 길어진다.

(2) 터칭 빌드플레이트(Touching Buildplate/부분 서포트)

① 특징 : 출력판(Build plate)에서 시작되는 지지대만 생성한다. 모델 위에서 시작해야 하는 구간
은 지지대를 만들지 않는다.

② 장점 : 모델 표면 손상을 최소화하고, 재료 소모와 출력 시간을 줄일 수 있다.

③ 단점 : 모델 자체에 가려져 바닥과 닿지 않는 공중 부양 부분은 지지할 수 없다.

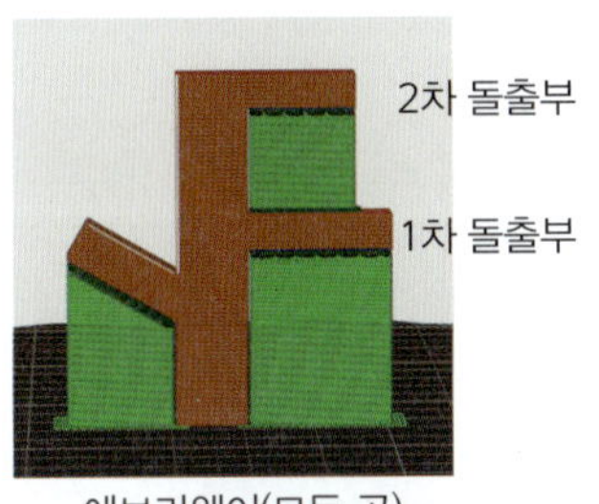

[지지대 설정]

4 바닥 보조물(Platform Adhesion)

1 바닥 보조물

FDM(FFF) 방식 3D프린팅에서 첫 번째 레이어가 베드에 잘 고정되어야 한다. 바닥 보조물은 출력
물이 베드에서 떨어지거나(이탈), 재료가 식으면서 수축하여 모서리가 들뜨는 현상(Warping)을 방
지하기 위해 설정한다.

2 바닥 보조물의 종류

(1) 스커트(Skirt)

① 정의 : 출력물 바깥쪽으로 일정 거리를 두고 테두리를 그리는 방식이다.

② 노즐 초기화(Priming) : 본격적인 출력 전, 노즐 내부에 남아있는 이물질을 제거하고 필라멘트
가 원활하게 나오는지 확인한다.

③ 영역 확인 : 출력물이 베드 내에 안전하게 위치하는지 미리 확인할 수 있다.

④ 특징 : 출력물의 바닥 접착력(안착)을 직접적으로 높여주지는 않는다. 단순히 노즐 상태 확인용
이다.

(2) 브림(Brim)

① 정의 : 출력물의 첫 번째 레이어 외곽선에 붙여서 바닥 면적을 넓게 펴주는 방식이다. 마치 '모자
챙(Brim)'과 같다고 하여 붙여진 이름이다.

② 특징

- 수축 및 휨 방지(Warping) : 바닥 면적을 넓혀 접착력을 높이므로, 냉각 시 모서리가 말려 올
라가는 현상을 억제한다.
- 안착 보조 : 접지면적이 좁은 출력물이 쓰러지지 않게 잡아준다.
- 출력물과 붙어 있으므로 출력 후 칼이나 니퍼로 제거(후가공)해야 한다. 래프트보다 출력 시간
이 짧고 재료 소모가 적다.

(3) 래프트(Raft)

① 정의 : 출력물 아래에 두꺼운 격자 모양의 기초(바닥판)를 먼저 깔고, 그 위에 출력물을 적층하
는 방식이다. '뗏목(Raft)' 위에 물건을 싣는 것과 유사하다.

② 특징

- 베드 수평 보정 : 베드의 평탄도(Leveling)가 좋지 않아도 래프트가 이를 상쇄하여 출력을 안
정화한다.
- 강력한 안착 : 바닥 안착이 매우 어려운 형상이나, 수축이 심한 재료(ABS 등)를 사용할 때 효
과적이다.
- 출력 후 래프트를 떼어낼 때 바닥 면이 거칠어질 수 있다.
- 재료 소모량이 많고 출력 시간이 가장 오래 걸린다.

[바닥 보조물]

5 프린팅 방식에 따른 지지대 생성과 제거

1 FDM(압출 적층 방식)

가장 대중적인 방식으로, 뜨거운 노즐이 필라멘트를 녹여 층층이 쌓는다.

① 생성 : 주로 45° 이상의 오버행이나 공중에 뜬 아일랜드 구역에 생성되며, 격자(Grid)나 나무
(Tree) 모양이 일반적이다.

② 제거

- 본체와 같은 재료로 출력하여 펜치나 손으로 떼어낸다.
- 접촉면에 자국이 남을 수 있다.
- 노즐이 두 개인 프린터에서 PVA(물에 녹음)나 HIPS(리모넨에 녹음) 재료로 지지대를 만들어
액체에 녹인다.

2 VPP(광중합 방식 – SLA, DLP 등)

액체 수지(Resin)가 담긴 수조에 레이저나 빛을 쏘아 굳히는 방식이다.

① 생성 : 모델이 수조 바닥에서 떨어지지 않게 고정하고, 무거운 부분을 지탱하기 위해 얇은 핀(Pin)이나 기둥 형태의 지지대를 촘촘히 만든다.

② 제거 : 출력 직후에는 반경화 상태이므로 니퍼나 헤라로 비교적 쉽게 잘라낼 수 있다. 이후 지지대 자국을 없애기 위한 사포질과 최종 경화 과정이 필수이다.

3 MJT(PolyJet 등)

잉크젯 프린터처럼 수천 개의 노즐이 미세한 방울을 분사하고 UV광으로 즉시 경화시킨다.

① 생성 : 모델 주위를 젤 형태의 전용 지지대 재료가 감싸는 방식으로 생성된다. 복잡한 내부 형상도 완벽하게 지원한다.

② 제거 : 손으로 큰 덩어리를 떼어낸 후, 고압 세척기(WaterJet)로 씻어내거나 전용 세정액에 담가 녹인다.

4 SLS(선택적 레이저 소결 방식)

분말(Powder) 베드 위에 레이저를 쏘아 가루를 녹여 붙이는 방식이다.

① 생성 : 별도의 지지대 구조물이 필요 없다. 굳지 않은 주변의 파우더가 지지대 역할을 한다.

② 제거 : 출력이 끝나고 식은 후 가루통에서 모델을 꺼낸 뒤, 브러시나 진공청소기, 샌드블라스트로 주변 가루를 털어낸다.

5 BJT(바인더 제팅 방식)

분말 위에 액체 결합제(Binder)를 뿌려 형태를 만드는 방식이다.

① 생성 : SLS와 마찬가지로 파우더 베드 자체가 지지대 역할을 한다.

② 제거 : 가루 속에서 모델을 발굴(Excavation)하여 털어낸다. 다만, 이 단계에서는 파손에 극도로 주의해야 하며, 이후 경화나 소결(Sintering) 공정을 거쳐야 단단해진다.

[SLA 서포트]

6 가상 적층

이 단계는 슬라이싱 설정이 완료된 후, 실제로 3D프린터가 어떻게 움직이며 출력물을 쌓아 올릴지 소프트웨어상에서 미리 검증하고(Simulation), 이상이 없을 경우 기계어인 G-code로 저장하는 최종 절차이다.

1 가상 적층(Preview/Layer View)

(1) 개요

실제 출력하기 전에 슬라이서 프로그램을 통해 출력 과정을 층(Layer)별로 미리 확인하는 기능이다. 이를 통해 출력 실패 확률을 줄이고 재료 낭비를 막을 수 있다.

(2) 주요 확인 사항

① 경로(Path) 확인
- 헤드(노즐)가 움직이는 경로를 확인한다.
- 이송 구간(Travel moves)이 적절한지, 불필요한 이동은 없는지 파악한다.
- 보통 파란색 선으로 표시된다.

② 출력 보조물 생성 여부 : 설정한 지지대(Support)가 오버행 구간에 올바르게 생성되었는지, 바닥 보조물(Brim, Raft, Skirt)이 설정대로 배치되었는지 확인한다.

③ 벽 두께 및 채움 : 모델의 벽(Shell)이 너무 얇아 출력이 불가능한 부분은 없는지, 내부 채움(Infill) 패턴이 적절한지 확인한다.

④ 레이어 슬라이더 : 화면 우측이나 하단의 슬라이더(스크롤 바)를 움직여 1층부터 최상층까지 적층되는 과정을 순차적으로 시뮬레이션해본다.

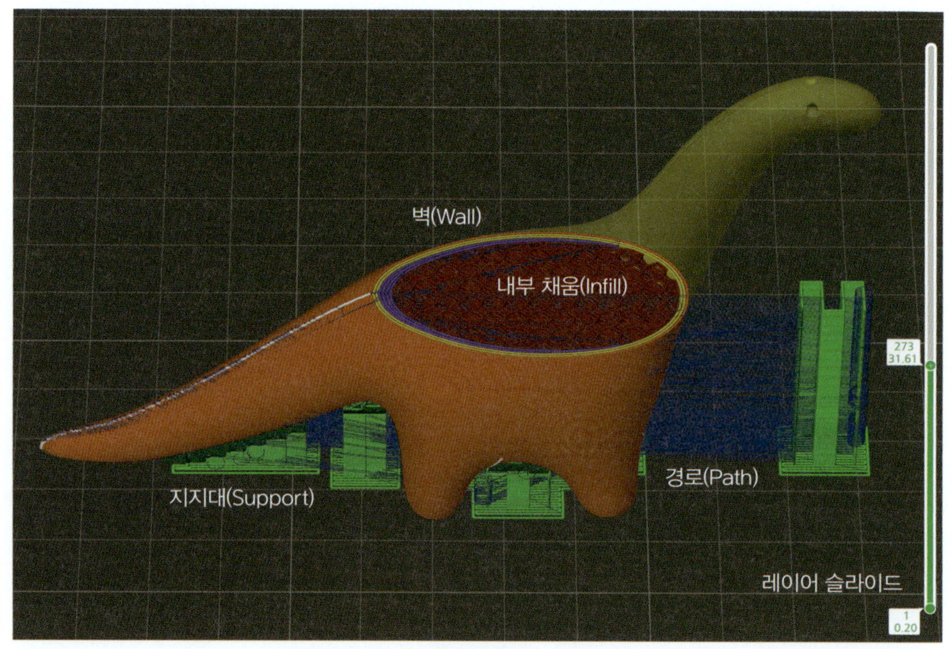

[가상 적층]

② 최종 데이터 저장(G-code Generation)

(1) 데이터 변환

가상 적층 확인이 끝나면, 슬라이서 프로그램은 사용자가 설정한 값(온도, 속도, 적층 높이 등)을 바탕으로 모델 형상을 G-code(G코드)로 변환한다.

(2) 파일 저장

① 저장 매체 : 변환된 G-code 파일은 주로 SD카드나 USB 메모리 등 이동식 저장소에 저장하여 3D프린터로 옮기거나, PC와 프린터가 연결된 경우 직접 전송한다.

② 확장자 : 범용적으로 *.gcode를 사용하지만, 제조사에 따라 *.x3g, *.hvs, *.ufp 등의 전용 확장자를 사용하기도 한다.

(3) 최종 점검(정보 창)

저장 전 슬라이서 프로그램이 계산한 예상 출력 시간과 예상 소모 재료량(길이 및 무게)을 확인하여, 장비에 남은 필라멘트 양이 충분한지 점검해야 한다.

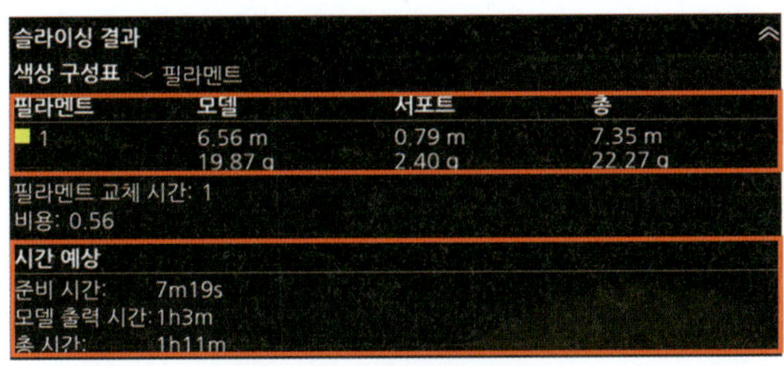

[출력 시간과 재료 소모량]

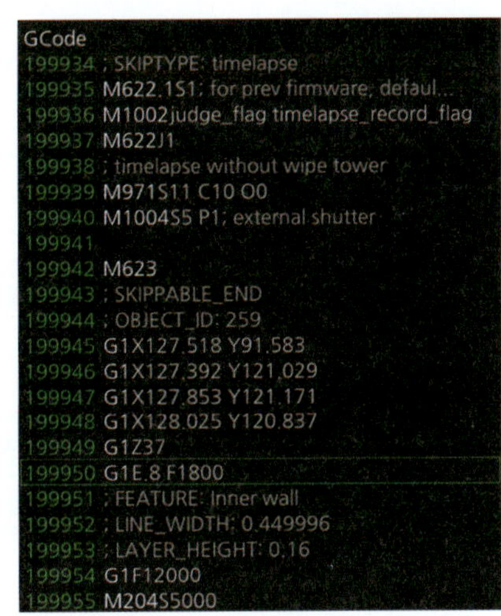

[G-code]

1 G코드의 개요

1 G코드

G코드는 컴퓨터 수치 제어(CNC) 공작기계나 3D프린터의 움직임을 제어하기 위해 사용하는 프로
그래밍 언어이다. 슬라이서 프로그램(Slicer)은 3D모델링 데이터(STL)를 해석하여 프린터가 이해
할 수 있는 G코드 파일(*.gcode)로 변환한다.

2 G코드의 사용

① 3D프린터(Additive) : 적층 가공, 노즐과 베드 온도 조절, 압출량 제어, 주로 XYZ 3축 작동
② 공작기계(CNC) : 절삭 가공, 공구 회전 속도, 절삭유 조절, 3축에서 5축까지 제어, 공구 종류
교체

3 3D프린팅에서의 기능 및 생성 과정

① 모델링 : 3D 디자인 프로그램으로 제작
② 데이터 변환 : 삼각형 메쉬 형태의 STL 폴리곤으로 저장
③ 슬라이싱 : 슬라이싱 프로그램에서 G코드를 자동 생성하며, 레이어 높이, 지지대 등 결정
④ 실행 : 생성된 G코드 파일을 프린터에 전송하면, 헤드가 명령어에 따라 움직이며 출력 시작

4 G코드의 좌표계

G코드는 X, Y, Z축을 이용한 직교좌표계를 이용한다.(X:10 Y:100 Z:35)

(1) 기계 좌표계(Machine Coordinate System)

기계 자체가 가지고 있는 고유한 좌표계를 말한다.
① 기준점 : 하드웨어적으로 설정한 곳을 0점으로 한다.
② 특징 : 사용자가 임의로 바꿀 수 없다.

(2) 공작물 좌표계(Workpiece Coordinate System)

출력물이나 가공품을 기준으로 설정하는 좌표계를 말한다.
① 기준점 : 공작물의 모서리나 중심 등 작업자가 프로그램하기 편한 지점을 0점으로 한다.
② 특징 : 공작물 좌표계만 변경하면 같은 G코드로 베드의 다른 곳에 같은 물체를 출력할 수 있다.

(3) 로컬 좌표계(Local Coordinate System)

① 기준점 : 공작물의 특정 기능(구멍, 돌출부)이 시작되는 지점을 0점으로 한다.

② 특징 : 복잡한 형상을 반복 작업할 때 계산의 단순화를 위해 사용한다.

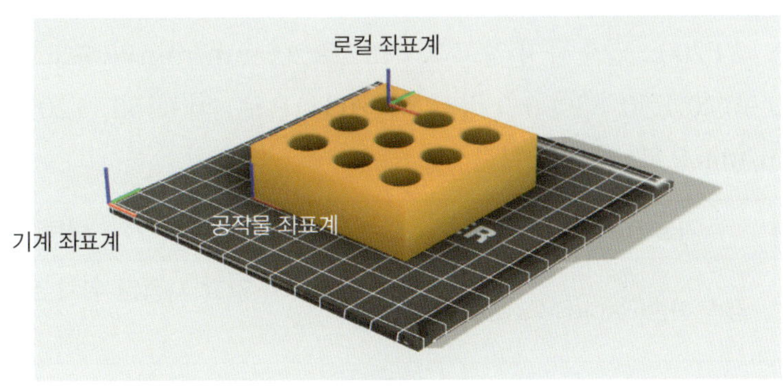

[좌표계]

2 G코드의 구조

1 G코드 구성 형식

어드레스와 데이터의 조합으로 이루어진 단어(Word)들이 모여 하나의 블록(Block)을 구성한다.

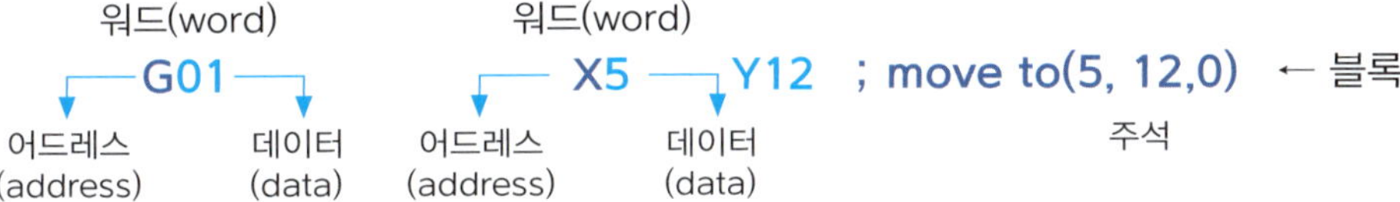

(1) 어드레스(주소)

명령어의 의미를 나타내는 영문자이다.

G	M	X, Y, Z	E(Extruder)	F(Feedrate)	S(Speed/ Temperature)	T(Tool)
준비 기능 (이동 형태, 좌표 설정 등)	보조 기능 (기계의 ON/ OFF, 온도 제어 등)	이동할 좌푯값	필라멘트 압출량(길이)	이송 속도 (mm/min 또는 mm/s)	주축 회전수 또는 온도 설정	공구(노즐) 번호 선택

(2) 데이터

주소 뒤에 따라오는 수치값을 말한다. (예 X10.5에서 10.5)

(3) 워드

주소와 데이터가 합쳐진 최소 단위를 말한다. (예 G01 X100)

(4) 블록

여러 개의 워드가 모여 구성된 한 줄의 명령 행을 말한다. (예 G1 X10 Y20 E5)

각 블록은 EOB(End Of Block)로 구분된다.

(5) 주석

세미콜론(;) 뒤에 오는 내용은 기계가 실행하지 않는 설명문이다.

(6) 예시

① G0 X5 Y12 F200 : 압출하지 않고 X5 Y12로 200mm/min의 속도로 급속 이동

② G1 X50 Y120 E50 F3000 : 직선 이동(G1)으로, 좌표(50, 120)으로, 압출량 50만큼, 속도 3000mm/min으로 이동 및 압출

G코드	기능(Function)	내용
G0(G00)	급속 이송(Rapid Move)	재료를 압출하지 않고 지정된 위치로 가장 빠르게 이동(비절삭 이동)한다.
G1(G01)	직선 보간(Linear Move)	• 재료를 압출하면서 지정된 속도(F)로 직선 이동한다. • 3D프린팅의 실제 조형 과정에서 가장 많이 쓰인다.
G2(G02)	원호 보간(CW)	시계 방향(Clockwise)으로 원호(곡선)를 그리며 이동한다.
G3(G03)	원호 보간(CCW)	반시계 방향(Counter-Clockwise)으로 원호(곡선)를 그리며 이동한다.
G4	일시 정지(Dwell)	지정된 시간(P: 밀리초, X: 초) 동안 기계의 동작을 멈춘다.
G10	헤드 오프셋	시스템의 원점 좌표나 공구 보정값을 설정한다.
G17	XY 평면 지정	XY 평면을 작업 평면으로 설정한다. (기본값)
G18	XZ 평면 지정	XZ 평면을 작업 평면으로 설정한다.
G19	YZ 평면 지정	YZ 평면을 작업 평면으로 설정한다.
G20	인치 단위	단위를 인치(Inch)로 설정한다.
G21	밀리미터 단위	단위를 밀리미터(mm)로 설정한다. (3D프린터 표준)
G28	자동 원점 복귀 (Auto Home)	X, Y, Z축을 기계 원점(Endstop)으로 이동시켜 좌표를 초기화한다.
G90	절대 좌표 설정(Absolute)	이동 좌표를 기계 원점(0,0,0)을 기준으로 계산한다.
G91	상대 좌표 설정(Relative)	이동 좌표를 현재 노즐이 있는 위치를 기준으로 계산한다.(증분 지령)
G92	좌표 재설정 (Set Position)	현재 위치를 특정 좌푯값(주로 E0: 압출량 초기화)으로 재설정한다.

[주요 G코드]

2 좌표 지령 방식

좌표를 이동할 때 기준점을 어떻게 잡느냐에 따라 두 가지 방식으로 나뉜다.

(1) G90(절대 좌표/Absolute)

① 기준 : 설정된 원점(0, 0, 0)이 기준이다.

② 특징
- 어디에 있든 좌푯값 X10 Y10을 입력하면 무조건 원점에서 10만큼 떨어진 위치로 이동한다.
- 3D프린팅의 출력 과정 대부분은 G90 모드에서 이루어진다.

(2) G91(증분 좌표/Incremental)

① 기준 : 현재 도구(노즐)가 위치한 지점이 기준이다.

② 특징

- 현재 위치에서 X10을 입력하면 지금 위치를 기준으로 10만큼 더 이동한다.
- '상대적인 이동량'을 의미한다. (예 현재 X10에서 X10만큼 더 가라 → 실제 X20 위치로 이동)
- 필라멘트를 교체하거나, 출력 시작 전 헤드를 살짝 들어 올리는 등 특정 거리만큼만 움직여야 할 때 주로 쓰인다.

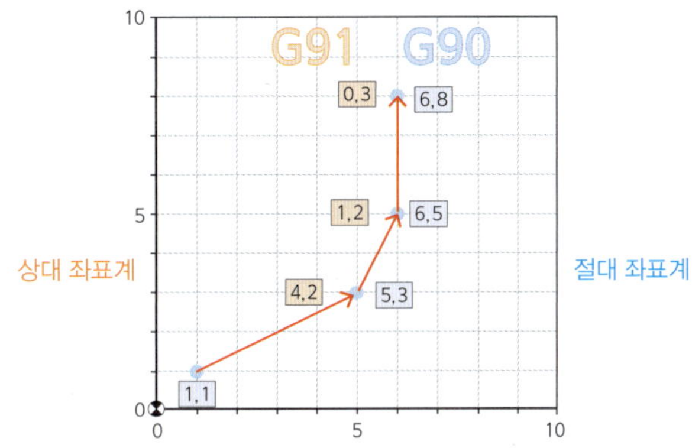

[(1, 1) 좌표를 기준으로 두 가지 방식으로 좌표를 표현]

대문자	의미(Full Name)	내용	예시
G	Geometry/ Preparatory	• 이동 및 준비 기능 • 노즐의 이동 방식이나 좌표계 설정을 담당한다.	G1 (직선 이동)
M	Miscellaneous	• 보조 기능 • 온도, 팬, 전원 등 기계 장치를 제어한다.	M104 (온도 설정)
T	Tool	• 도구(노즐) 선택 • 멀티 노즐 프린터에서 몇 번 노즐을 쓸지 정한다.	T0, T1
S	Setting/Parameter	• 설정값 • 주로 온도, 팬 속도, 레이저 강도 등의 수치를 지정한다.	S200 (200도)
F	Feedrate	• 이송 속도 • 노즐이 움직이는 속도를 정한다. ※ 단위 : mm/min	F3000
X/Y/Z	X/Y/Z Axis	• 좌표 • 가로(X), 세로(Y), 높이(Z)의 위치를 나타낸다.	X10.5
E	Extruder	• 압출량 • 필라멘트를 얼마나 밀어 넣을지 결정한다.	E0.5
N	Number	• 줄 번호 • 코드의 몇 번째 줄인지 나타내는 순번이다.	N123
P	Parameter/Pause	• 매개변수 • 대기 시간(ms)이나 특정 설정의 하위 옵션으로 쓰인다.	G4 P500 (0.5초 대기)
R	Radius/Retract	• 반지름/복귀 • 원형 이동 시 반지름이나 복귀 위치를 지정한다.	R10

[3D프린팅 G코드 주요 알파벳(어드레스) 정리]

3 필수 보조 기능

1 M코드

기계의 보조 장치(온도, 팬, 모터 등)를 제어하는 명령어이다.

코드	기능(Function)	내용
M0	프로그램 정지	3D프린터의 동작을 일시 정지한다.
M1	선택적 정지	조건부로 프로그램을 정지한다.
M17	모터 전원 공급	스테핑 모터에 전원을 공급하여 활성화한다.
M18	모터 전원 차단	스테핑 모터의 전원을 차단하여 비활성화한다. (M84와 유사)
M73	진행률 표시	LCD 화면 등에 제작 진행 정도(%)를 표시한다.
M84	모터 정지	유휴 상태일 때 스테핑 모터의 전원을 끈다.
M104	노즐 온도 설정(대기 X)	노즐(압출기) 온도를 설정하고 기다리지 않고 바로 다음 명령을 수행한다.
M106	팬 켜기(Fan On)	냉각 팬을 켠다. 속도(S값, 0~255)를 지정할 수 있다.
M107	팬 끄기(Fan Off)	냉각 팬을 끈다.
M109	노즐 온도 설정(대기 O)	노즐 온도를 설정하고, 목표 온도에 도달할 때까지 기다린다.
M113	PWM 값 설정	익스트루더의 모터 전력을 퍼센트(%)로 설정하는 명령이다.
M117	메시지 표시	LCD 화면상에 메시지를 표시한다.
M135	PID 온도 제어	헤드 온도 조작을 위한 PID 제어의 설정을 담당한다.
M140	베드 온도 설정(대기 X)	히팅 베드(플랫폼) 온도를 설정하고 기다리지 않고 다음 명령을 수행한다.
M190	베드 온도 설정(대기 O)	히팅 베드 온도를 설정하고, 목표 온도에 도달할 때까지 기다린다.
M300	소리 재생	비프음(BEEP) 등 소리를 재생하여 알림을 준다.

01 슬라이싱 설정 중 적층 높이(Layer Height)에 대한 설명으로 옳은 것은?

① 적층 높이를 낮게 설정할수록 출력 시간이 단축된다.

② 적층 높이를 높게 설정할수록 표면 조도(품질)가 좋아진다.

③ 적층 높이는 노즐의 직경보다 크게 설정해야 한다.

④ 적층 높이를 낮게 설정하면 표면 품질은 향상되지만 출력 시간은 증가한다.

해설

적층 높이는 출력물의 품질과 시간에 가장 큰 영향을 미치는 요소이다. 높이를 낮게(얇게) 설정하면 층무늬가 촘촘해져 표면 품질은 좋아지지만, 쌓아야 할 층수가 늘어나 출력 시간이 오래 걸린다. 반대로 높게 설정하면 시간은 줄지만 표면이 거칠어진다. 적층 높이는 반드시 노즐 직경보다 작아야 한다.

02 FDM 방식 3D프린터 출력 시, 출력물의 바닥 면적을 넓혀 수축(Warping)을 방지하고 안착을 돕기 위해 출력물 테두리에 모자 챙처럼 얇은 막을 생성하는 기능은?

① 스커트(Skirt)

② 브림(Brim)

③ 래프트(Raft)

④ 서포트(Support)

해설

② 브림 : 출력물 바닥 테두리를 넓게 출력하여 바닥과의 접착력을 높이고 모서리가 들리는 수축 현상을 방지한다.

① 스커트 : 출력물과 떨어져 주변에 테두리만 그리며 노즐 상태를 확인하는 용도이다.

③ 래프트 : 출력물 아래에 두꺼운 판을 먼저 깔고 그 위에 출력하는 방식이다.

03 3D프린터 출력 중 노즐이 출력하지 않고 이동(Travel)할 때, 필라멘트가 흘러내려 거미줄 같은 실이 생기는 현상을 방지하기 위한 설정은?

① 리트랙션(Retraction)

② 인필 밀도(Infill Density)

③ 쉘 두께(Shell Thickness)

④ 팬 속도(Fan Speed)

해설

리트랙션(되감기)은 노즐이 이동할 때 필라멘트를 뒤로 살짝 잡아당겨 압력을 낮춤으로써, 녹은 재료가 의도치 않게 흘러나오는(Oozing) 현상이나 거미줄 현상(Stringing)을 방지하는 기능이다.

04 G코드 명령어 중 절대 좌표계(Absolute Positioning)를 설정하는 코드는 무엇인가?

① G28

② G90

③ G91

④ G92

해설

② G90 : 프로그램 원점(0, 0, 0)을 기준으로 좌표를 인식하는 절대 좌표 설정

③ G91 : 현재 노즐의 위치를 기준으로 이동량을 지령하는 상대(증분) 좌표 설정

① G28 : 자동 원점 복귀 명령어

④ G92 : 현재 위치의 좌푯값을 재설정하는 명령어

01 ④　**02** ②　**03** ①　**04** ②　**정답**

HW 설정

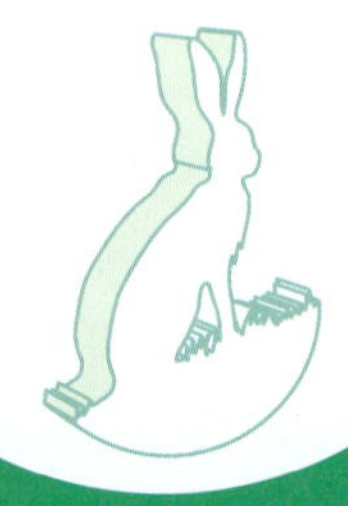

01 3D모델링 데이터의 이해와 오류 검증
02 데이터 준비 및 업로드
03 장비 출력 설정
04 정밀도 보정(FDM)

기출 포인트 노즐 및 히팅 베드 온도 설정, 노즐 막힘 및 압출 불량과 해결 방식이 자주 출제된다.

1 FDM(FFF) 방식

고체 필라멘트를 고온의 노즐로 녹여 압출하는 방식이다. 가장 대중적이며 다양한 플라스틱 소재가 사용된다.

1 PLA(Poly Lactic Acid)

① 옥수수 전분 등 친환경 원료로 제작되어 무독성이며 생분해된다.

② 수축이 적어 히팅 베드 없이도 출력할 수 있다.

③ 경도가 강해서 후가공(사포질 등)이 어렵고 60℃ 이상의 열에 약하다.

2 ABS(Acrylonitrile Butadiene Styrene)

① 석유 추출물로 내구성과 내열성이 강하다.

② 일상적인 제품으로 많이 사용하는 재료이다.

③ 후가공(아세톤 훈증, 사포질)이 용이하나, 출력 시 수축이 심해 히팅 베드(80℃ 이상)가 필수이다.

④ 유해 가스가 발생하여 냄새가 심하고 환기가 필요하다.

3 PETG(Polyethylene Terephthalate Glycol–modified)

① PLA보다 질기고 충격에 강하며, 쉽게 부러지지 않고 약간의 탄성이 있다.

② 내열성이 좋고 수축이 적다.

③ 점도가 높아 거미줄 현상이 자주 생기고 공기 중의 수분을 잘 흡수하므로 밀봉 보관해야 한다.

④ 사포질이 잘 안 되고 서포트를 떼어낸 자리에 자국이 남는다.

[PLA 필라멘트]

4 **Nylon**

① 내마모성과 유연성이 뛰어나 기계 부품에 적합하다.

② 내열성이 있고 화학물질에도 강하다.

③ 움직임이 많은 부품에 적합하여 실제 산업용 부품의 프로토타입에 쓰인다.

④ 공기 중의 수분을 흡수하므로 보관에 주의해야 한다.

5 **PC(Polycarbonate)**

① 내충격성과 내열성이 매우 뛰어난 엔지니어링 플라스틱이다.

② 절연성이 좋고 순간적인 충격에 강하다.

6 **TPU(Thermoplastic Polyurethane)**

① 고무와 같은 탄성을 가진 소재로 휘어지는 부품에 사용된다.

② 층간접착력이 좋아 층분리 현상이 적어 결과물이 튼튼하다.

③ 말랑거리는 물성으로 인해 출력이 느리고 까다롭다.

7 **PVA(Polyvinyl Alcohol)**

① PLA와 함께 사용되어 물에 녹는 서포트 소재로 사용한다.

② 습기를 먹으면 노즐 안에서 쉽게 타서 노즐을 막히게 하므로 밀봉 보관해야 한다.

8 **HIPS(High Impact Polystyrene)**

① 충격에 강한 폴리스티렌 소재로 HIPS는 고온에서도 안정적이므로 ABS의 서포트 소재로 사용한다.

② D-리모넨이라는 용액에 녹는다.

③ 전용 용매를 사용해야 하므로 비용이 든다.

[PVA 서포트]

[HIPS 서포트와 리모넨 용액]

9 **기타 재료**

① 황동과 같은 실제 금속 분말을 섞어 사용하며, 연마 성분 때문에 강철 노즐을 사용해야 한다. 출력 후 연마하면 실제 금속 같은 광택이 난다.

② 목질 성분이 들어있는 필라멘트는 후가공이 잘 되고 그을린 효과를 낼 수 있으나 나무 가루로 자주 노즐이 막힌다.

③ 돌가루나 시멘트는 거친 석재 느낌을 낼 수 있고 대형 건축용 소재로도 사용한다.

④ 푸드프린터는 곱게 갈거나 반죽한 식재료를 노즐을 통해 쌓아서 모양을 만든다.

⑤ 바이오프린터는 생물의 세포를 소재로 사용한다.

[황동 필라멘트]

[목재 필라멘트]

[시멘트 건축용 소재]

[푸드 소재]

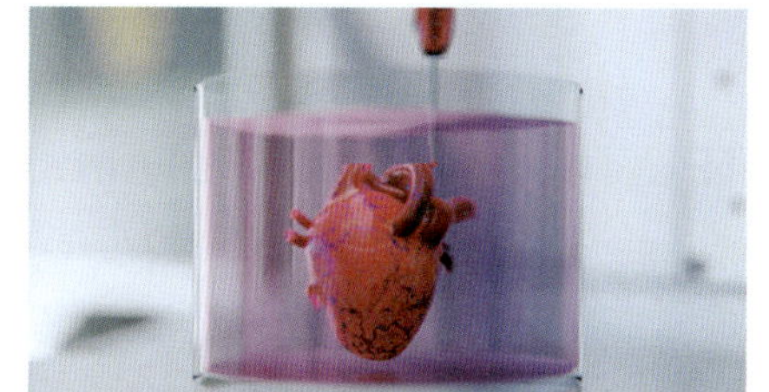

[바이오 소재]

소재명	노즐 온도	베드 온도	특징
PLA	190~220°C	0~60°C	수축이 적고 출력하기 가장 쉬운 소재
ABS	230~260°C	90~110°C	챔버(Enclosure) 필수, 수축과 냄새가 심함
PETG	220~250°C	70~90°C	PLA와 ABS의 장점을 합친 범용 소재
TPU	210~240°C	0~60°C	출력 속도를 매우 느리게(20~30mm/s) 설정
Nylon	240~270°C	70~100°C	습기에 매우 취약하여 건조 작업 필수
PVA	180~200°C	45~60°C	수용성 서포트, 노즐 온도가 너무 높으면 탄화됨
HIPS	230~250°C	90~110°C	ABS용 용해성 서포트, ABS와 온도 궁합이 좋음

[FDM 방식 소재별 녹는 온도]

2 SLA 방식

액체 상태의 광경화성 수지(레진)에 UV 레이저를 쏘아 경화시키는 방식이다.

1 기계의 광학적 분류

레이저를 점 단위로 이동시키는 주사 방식과 단면을 한 번에 쏘는 전사 방식(DLP 등)으로 나뉜다. 빛을 조사하여 액체 수지를 굳히는 방식과 광원이 기준이다.

(1) SLA(Stereolithography Apparatus)

① 레이저 빔을 사용한다.

② 점(Point) 형태의 레이저가 거울(Galvanometer)을 통해 빠르게 움직이며 선을 그리고 면을 만든다.

③ 가장 정밀하지만 속도가 상대적으로 느리다.

(2) DLP(Digital Light Processing)

① 프로젝터를 사용한다.

② 한 층의 면(Layer) 전체를 한 번에 빛으로 쏘아 굳힌다.

③ 속도가 빠르고 일정하다.

(3) LCD(MSLA)

① LCD 패널을 마스크처럼 사용한다.

② UV LED 빛이 LCD의 픽셀을 통과하거나 차단하며 층을 형성한다.

③ 저렴하고 대중적이다.

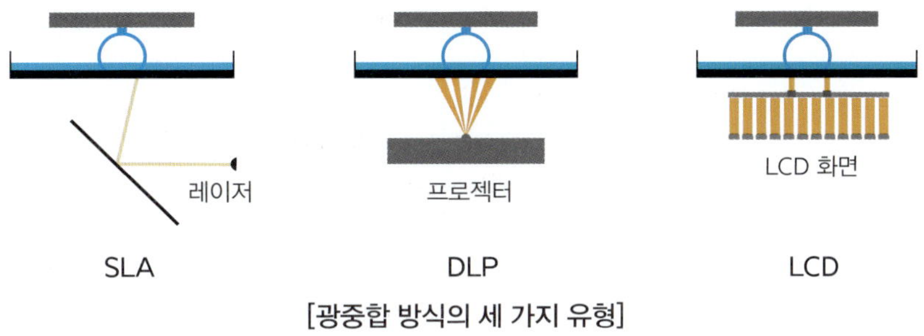

[광중합 방식의 세 가지 유형]

2 기계의 구조적 분류

수지 표면의 상태와 적층 방향(Build Orientation)이 기준이다.

(1) 자유 액면 방식(Free Surface/Top-down)

① 방식 : 빛이 위에서 아래로 조사되며, 수조의 맨 윗부분(공기와 맞닿은 면)이 굳으면서 아래로 잠기는 방식이다.

② 특징 : 수지 표면이 공기 중에 자유롭게 노출되어 있다.

③ 장점 : 출력물이 수조 바닥과 붙지 않아 이탈(Peeling) 공정이 필요 없고, 대형 출력에 유리하다.

④ 단점 : 수지를 수조 가득 채워야 하므로 초기 비용이 많이 들고, 산소와 접촉하여 경화 효율이 떨어질 수 있다.

(2) 규제 액면 방식(Constrained Surface/Bottom-up)

① 방식 : 빛이 아래에서 위로 투명한 수조 바닥(FEP 필름 등)을 통과하여 조사되는 방식이다.

② 특징 : 수지가 베드와 수조 바닥 사이에 꽉 눌려(규제되어) 얇은 층을 형성한 상태에서 굳는다.

③ 장점 : 적은 양의 수지로도 출력이 가능하며 장비 크기를 줄일 수 있어 가정용/데스크탑 프린터의 90% 이상이 규제 액면 방식이다.

④ 단점 : 매 층마다 수조 바닥에서 출력물을 떼어내는 '이탈력'이 발생하여 출력물에 무리가 가거나 실패할 확률이 있다.

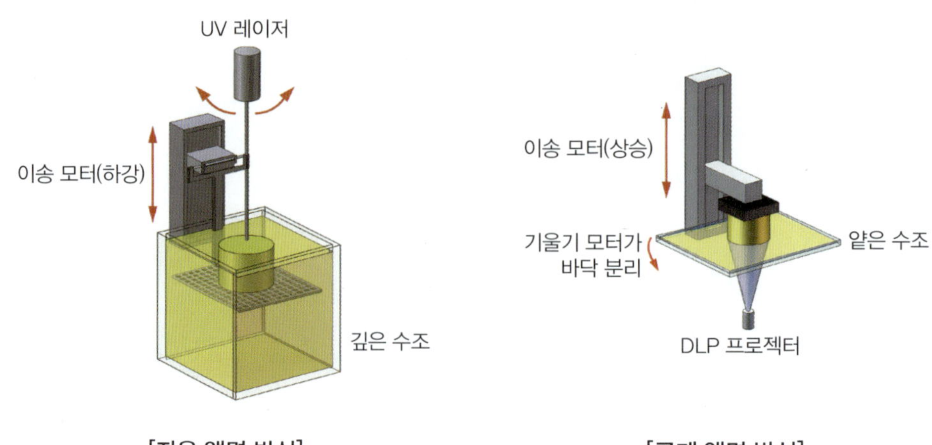

3 레진

(1) 레진의 특성

① 빛에 반응하는 광경화성 수지(Liquid Photopolymer)를 사용한다.

② 주의사항 : 빛을 차단하는 용기에 보관해야 하며, 피부에 닿지 않도록 주의해야 한다.

③ 장점 : FDM 대비 정밀도가 매우 높고 표면이 매끄럽다.

④ 단점 : 재료비가 비싸고, 출력 후 세척(알코올) 및 후경화(UV Curing) 과정이 필수적이다. 지지대 제거가 까다로울 수 있다.

(2) 레진의 종류

일반용 레진 (Standard Resin)	• 가장 기본이 되는 레진으로, 가격이 저렴하고 출력 성공률이 높지만, 충격에 약해 유리처럼 잘 깨지는 성질이 있다. • 피규어, 전시용 모델, 단순 디자인 확인용 시제품을 제작한다.
고강도/기능성 레진 (Tough & ABS-like Resin)	• 일반 레진의 최대 단점인 '취성(Brittle, 깨지는 성질)'을 보완한 재료이다. • 약간의 탄성이 있어 충격을 흡수하고, 구멍을 뚫거나 나사산을 내는 등의 기계적 가공이 가능하다. • 조립용 부품, 케이스, 기능성 시제품을 제작한다.
유연/탄성 레진 (Flexible & Elastic Resin)	• 고무나 실리콘 같은 성질을 가진다. • 누르면 들어갔다가 다시 복원되는 성질이 있어 신발 밑창이나 그립(Grip) 등을 만드는 데 쓰인다. • 웨어러블 소품, 충격 방지 패드, 실러(Sealer)를 제작한다.
고온 내열 레진 (High-Temperature Resin)	• 열 변형 온도가 매우 높아 뜨거운 열이 발생하는 환경에서도 형태를 유지한다. • 보통 200~300°C 정도의 열을 견딜 수 있다. • 금형 몰드 제작, 열풍이 닿는 부품, 하우징 테스트를 제작한다.
주조용 레진 (Castable Resin)	• 금속 공예에서 '왁스' 역할을 대신하는 레진이다. • 출력을 한 뒤 이를 석고 틀에 넣고 녹여내면, 레진이 찌꺼기 없이 깨끗하게 타 버리고 그 빈 공간에 금속을 부어 제품을 만든다. • 반지·목걸이 같은 주얼리, 정밀 금속 부품을 제작한다.
치과용/의료용 레진 (Dental & Bio-compatible Resin)	• 입안에 직접 들어가거나 인체에 닿아도 안전하도록 승인된 특수 레진이다. • 정밀도가 극도로 높고 인체 무해성이 검증되었다. • 투명 교정기, 치과용 가이드, 보청기 쉘을 제작한다.

[광경화성 레진]

4 경화기

(1) 필요성

기계적 강도 완성, 표면 끈적임 제거, 안전성 확보

(2) 구조

① UV LED 바 : 대부분의 레진이 반응하는 405nm 파장의 자외선을 뿜어낸다.

② 회전판 : 출력물이 골고루 빛을 받을 수 있도록 천천히 회전한다.

③ 반사판 : 내부 벽면이 거울이나 은박 재질로 되어 있어, 빛이 닿지 않는 사각지대까지 반사시켜 준다.

④ 타이머 : 너무 오래 경화하면 출력물이 깨지거나 황변이 올 수 있어 시간을 정밀하게 조절한다.

(3) 주의사항

① 백화 현상을 막기 위해 세척액 완전 건조 후 경화해야 한다.

② 너무 오래 굳히면 누렇게 되거나 너무 딱딱해져 깨질 수 있다.

③ 서포터는 경화 전에 떼어내는 것이 좋으나 정교한 부품은 나중에 떼어낸다.

④ 투명한 레진은 물속에 넣은 채로 경화하면 투명도가 좋아진다.

[UV 경화기]

3 SLS 방식

분말(파우더) 형태의 재료에 레이저를 쏘아 소결(Sintering)하여 결합하는 방식이다. 금속 재료를 제외하고는 별도의 서포터가 필요 없다. 폭발 위험과 가루 흡입에 주의해야 하며, 소재를 재활용하므로 오래된 가루를 관리해야 한다.

1 플라스틱 분말

① 입자가 고운 고분자 가루를 사용한다.

② 나일론(Polyamide), 탄성 소재(TPU/TPE), 유리 섬유, 탄소 섬유, 알루미늄 가루의 복합 소재를 사용한다.

③ 어느 방향으로 힘을 받아도 잘 버티는 등방성이 있어 강도가 높다.

④ 가루의 후처리가 어렵고 표면에 미세 구멍이 있어 별도의 코팅이 필요한 경우가 많다.

2 금속 분말

① 미세한 금속 가루를 레이저로 완전히 녹이거나(Melting) 표면만 살짝 녹여(Sintering) 붙인다.

② 스테인리스 강, 티타늄 합금, 마레이징강, 코발트, 크롬, 금 등을 사용한다.

③ 절삭 가공으로 불가능한 형태를 만들 수 있다.

④ 시제품이 아닌 실제 부품으로 사용할 수 있다.

⑤ 열 분산과 뒤틀림 방지를 위해 서포터가 반드시 필요하다.

3 세라믹 분말

① 녹는점이 높고 열충격에 약하기 때문에 간접 소결 방식을 많이 사용한다.

② 산화물 세라믹, 유리, 복합 분말 등이 있다.

③ 내열성과 화학적 안정성이 뛰어나다.

④ 출력 후 가마에 굽는 과정이 필요하다.

[SLS 분말 재료]

4 MJ(Material Jetting) 방식

잉크젯 프린터처럼 노즐에서 재료를 분사하고 UV로 즉시 경화시키는 방식이다. 다양한 색상과 재료(연질, 경질)를 동시에 분사하여 복합 재질 출력이 가능하다. 온도와 습도에 매우 민감하여 항온항습(20~25℃, 습도 50% 이하) 관리가 필수적이다.

1 광경화성 수지(Photopolymers)

MJ 방식의 가장 큰 장점은 여러 가지 수지를 섞어 출력(Multi-material)할 수 있다는 점이다.

강성 수지 (Rigid Resins)	• 불투명하고 단단하며 상세 표현이 우수하다. • ABS나 고성능 플라스틱의 질감을 재현한다.

고무 유사 수지 (Rubber-like/Flexible)	• 고무처럼 말랑말랑한 성질을 가진다. • 경도를 조절해 실제 고무나 실리콘 같은 느낌을 낼 수 있다.
투명 수지 (Transparent Resins)	내부 구조를 확인해야 하는 시제품이나 광학 부품용으로 사용된다.
풀 컬러 소재	수억 가지 색상을 조합해 실제 제품과 거의 똑같은 외관의 모형을 만들 수 있다.

2 왁스(Waxes)

주로 주얼리나 치과용 정밀 부품을 만들 때 사용되며, 금속을 부어 만드는 '정밀 주조(Investment Casting)'에 사용한다.

3 서포트 소재(Support Materials)

MJ 방식은 복잡한 형상을 지지하기 위해 전용 서포트 소재를 함께 분사한다. 물에 녹거나, 열을 가하면 녹는 소재를 사용한다.

[재료 분사 프린터의 헤드]　　　　　[MJ 프린팅 출력물]

5 SHL(LOM) 방식

① 종이, 플라스틱 필름, 금속 박판(Foil) 등 시트(Sheet) 형태의 재료를 칼이나 레이저로 자르고 접착제로 적층하는 방식이다.
② 출력 후 질감이 나무와 비슷해 샌딩(Sanding)이나 드릴링 같은 목공 작업이 가능하다. 다만 습기에 약하므로 출력 후 페인트나 니스로 표면을 코팅하는 후처리가 필수적이다.
③ 최근에는 컬러 잉크를 분사하여 CJP 등 풀 컬러 방식이나 종이 적층 방식으로 언급되며, 절삭과 적층이 혼합된 형태로 보기도 한다.

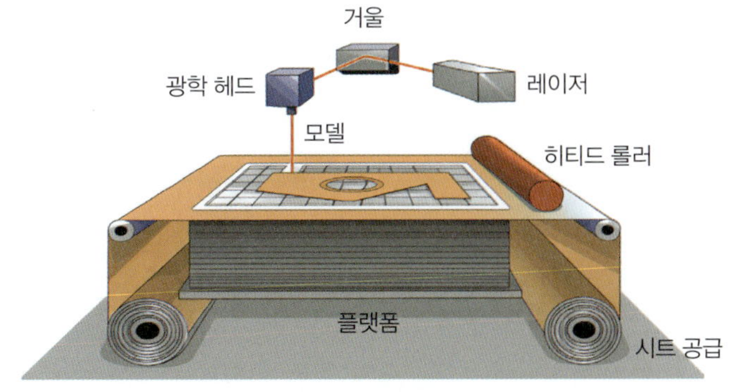

[시트 적층 방식]

3D프린팅을 수행하기 위해서는 모델링 된 3차원 데이터를 프린터가 인식할 수 있는 기계어(G-code)로 변환하고, 이를 장비에 올바르게 전송하는 과정이 필요하다.

1 데이터 업로드 방식

1 직접 연결(USB 케이블)

컴퓨터와 3D프린터를 USB 케이블로 직접 연결하여 호스트웨어(Hostware) 프로그램을 통해 제어하고 출력한다. 실시간 제어가 가능하지만 컴퓨터가 켜져 있어야 한다.

2 이동식 저장매체(SD 카드/USB 메모리)

가장 안정적이고 보편적인 방식이다. 슬라이싱 된 G-code 파일을 SD 카드에 저장하여 프린터의 슬롯에 삽입하고, 프린터 자체 LCD 패널을 통해 파일을 선택하여 출력한다.

3 무선 통신(WiFi/Bluetooth)

최근 장비들에서 지원하며 원격으로 데이터를 전송한다.

2 업로드 확인 및 출력 전 점검

데이터를 업로드한 후 LCD 화면을 통해 다음 사항을 최종 확인한다.
① 온도 확인 : 노즐과 히팅 베드가 설정된 온도(**예** PLA 210℃, 베드 60℃)까지 도달했는지 확인한다.
② 위치 확인 : Auto Home을 통해 노즐이 정위치에 있는지 확인한다.
③ 파일 인식 : SD 카드의 G-code 파일명이 한글이나 특수문자일 경우 인식이 안 될 수 있으므로 영문 사용을 권장한다.

1 FDM 방식

가장 대중적인 방식으로 필라멘트를 녹여 쌓는 방식이다.

1 이송 시스템

X, Y, Z축으로 구성되며, 스테핑 모터와 타이밍 벨트, 풀리 등을 이용해 헤드나 베드를 정밀하게 이동시킨다.

① 스테핑 모터 : 전기 신호를 보낼 때마다 정해진 각도(스텝)만큼만 정확하게 회전하는 모터이다.

② 타이밍 벨트(Timing Belt) : 스테핑 모터의 회전력을 X축이나 Y축의 직선 운동으로 전달하는 고무띠를 말한다. 벨트 안쪽에 일정한 간격의 홈(이빨)이 있다.

③ 풀리(Pulley) : 스테핑 모터의 회전축에 장착되는 톱니바퀴 모양의 부품이다. 타이밍 벨트의 홈과 풀리의 톱니가 맞물려 돌아가며 동력을 전달한다.

④ G-code : G0(급속 이동), G1(직선 가공 이동) 등 명령어로 제어한다.

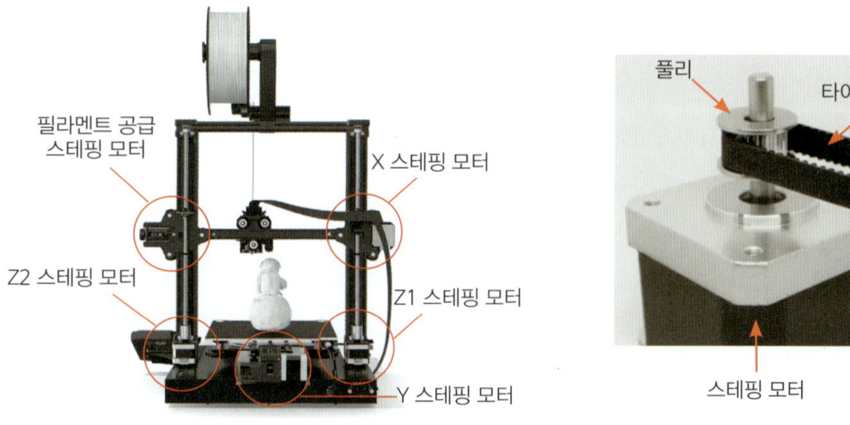

2 압출기(Extruder)

스테핑 모터의 회전으로 톱니(기어)가 필라멘트를 밀어 넣으면, 히터 블록에서 가열된 노즐을 통해 재료가 용융 압출된다.

(1) 압출 모터의 위치에 따른 구분

① 다이렉트 방식(Direct Drive)

- 필라멘트를 직접 제어하므로 압출이 매우 정밀하므로 TPU(유연 소재)를 출력할 때 유리하다.
- 헤드가 무거워서 출력 속도에 한계가 있다.

② 보우덴 방식(Bowden)

- 테프론 튜브를 통해 필라멘트가 핫 엔드까지 연결된다.
- 헤드가 가벼워서 진동이 적고 안정적이다.
- TPU 필라멘트가 테프론 튜브 안에서 구겨질 수 있이 출력에는 불리하다.

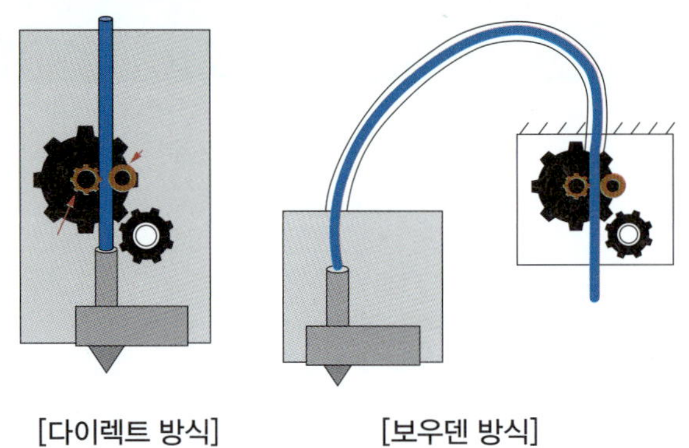

[다이렉트 방식]   [보우덴 방식]

(2) 콜드 엔드

필라멘트 이송을 담당한다.

① 스테핑 모터(Stepper Motor) : 메인보드로부터 신호를 받아 아주 미세한 각도로 회전하며 동력을 발생시킨다.

② 드라이브 기어(Drive Gear, 티쓰 기어)
- 모터 축에 직접 연결되어 있다.
- 표면에 뾰족한 톱니가 있어 필라멘트를 꽉 움켜잡는다. 이 기어가 물린 필라멘트를 아래(핫 엔드)로 강제로 밀어 넣는다.

③ 아이들러 베어링(Idler Bearing) : 드라이브 기어의 반대편에서 필라멘트를 기어 쪽으로 꾹 눌러주는 보조 바퀴이다.

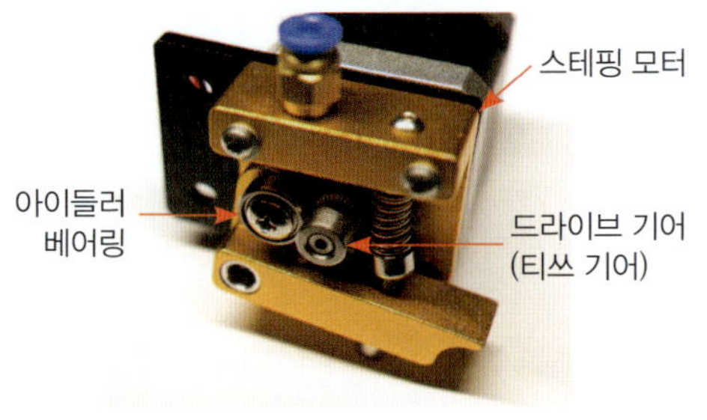

[콜드 엔드]

(3) 핫 엔드

재료 용융을 담당한다.

① 히터 블록(Heater Block) : 보통 알루미늄이나 구리 합금으로 만들며, 히터 카트리지(열원)에서 발생한 열을 노즐과 온도 센서로 전달한다.

② 노즐(Nozzle)
- 녹은 필라멘트가 나오는 최종 출구이다.
- 표준 사이즈는 0.4mm이다.
- 황동(Brass)은 열전도가 좋아 가장 흔히 쓰이지만, 강한 소재(황동 가루 함유 등)를 쓰면 금방 마모된다.
- 강화강(Hardened Steel)은 마모에 강해 특수 필라멘트용으로 쓰이지만, 열전도는 황동보다 떨어진다.

③ 온도 센서/서미스터(Thermistor)
- 핫 엔드의 온도를 실시간으로 감시하는 센서이다.
- 현재 온도를 메인보드에 알리며, 고장 나면 화재가 나거나 출력이 중단된다.

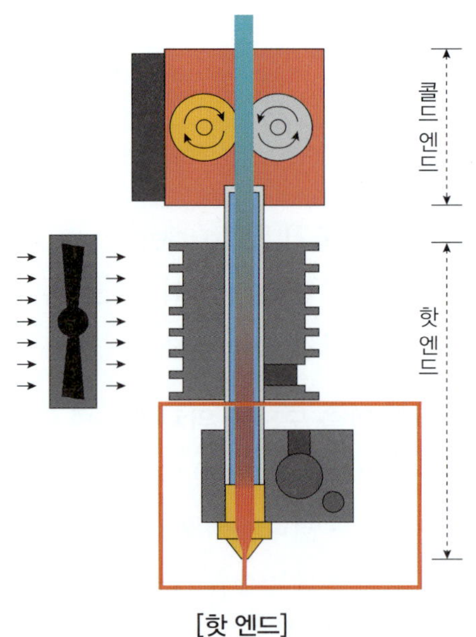

[핫 엔드]

3 출력 전 설정과 문제 해결

(1) 베드 레벨링(Bed Leveling)

① 노즐과 베드 사이의 간격을 명함 한 장(약 0.1~0.2mm) 정도가 긁히는 느낌으로 조정한다.

② 노즐과 베드 간격이 너무 멀면 필라멘트가 베드에 붙지 않고 붕 뜨거나 뭉쳐 안착 불량이 되어 출력을 망치게 된다.

③ 노즐과 베드 간격이 너무 가까우면 필라멘트가 납작하게 눌리거나 압출이 막혀 '틱틱' 소리가 난다.

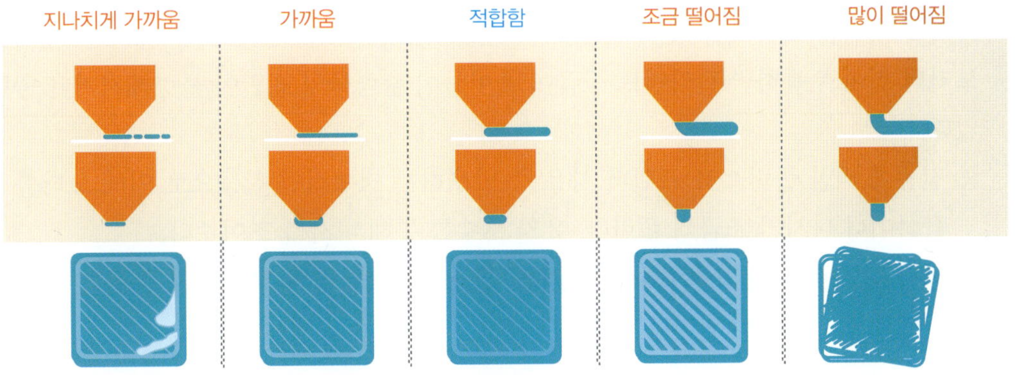

[베드와 노즐 간 거리에 따른 출력 결과]

(2) 노즐 막힘(Clogging)

① 탄화된 필라멘트 찌꺼기, 너무 낮은 노즐 온도, 쿨링 팬 고장 등으로 발생한다.

② Preheat로 온도를 소재가 녹는 온도보다 더 높여 밀어낸다.

③ 얇은 바늘이나 도구로 드릴링하여 물리적으로 뚫는다.

④ ABS는 아세톤에 담가 녹이거나 토치로 가열하여 잔여물을 태운다.

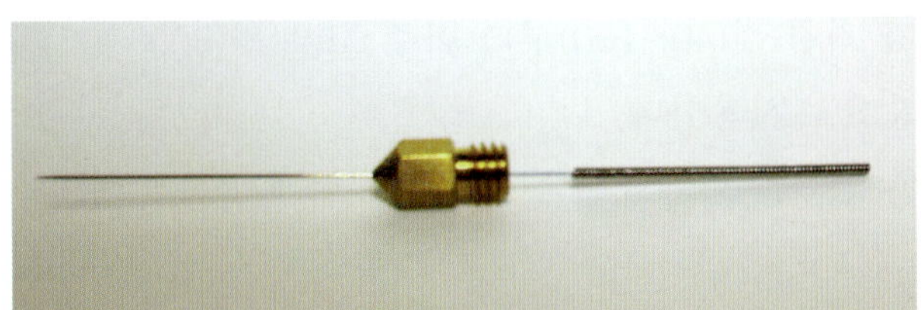

[바늘로 드릴링하기]

(3) 출력 품질 문제

① 탈조(Layer Shift) : 모터 과열, 벨트 장력 느슨함, 출력 속도 과다 등으로 층이 어긋나는 현상이다.

② 수축(Warping) : 재료가 식으면서 수축하여 모서리가 들뜨는 현상으로 히팅 베드 사용(ABS 80℃ 이상), 브림(Brim)/래프트(Raft) 설정으로 해결한다.

③ 스트링(Stringing, 거미줄): 노즐 이동 시 재료가 흘러내려 거미줄처럼 생기는 현상으로 리트랙션(Retraction, 되감기) 기능을 활성화하여 해결하거나 용융 온도를 낮춰 흐르는 것을 막는다.

[탈조]

[수축]

[스트링]

(4) 스테핑 모터의 압력이 부족한 이유와 그 해결법

모터의 힘이 부족하면 필라멘트 공급이 줄어들어 출력물의 표면이 불량해지거나 출력이 실패할 수 있다.

① 진동에 의한 풀림 : 3D프린터 사용 중 발생하는 지속적인 진동으로 인해 모터를 고정하고 있는 블록이나 나사가 조금씩 풀린다. 유지 보수를 통해 나사를 조여준다.

② 모터 축에 부착된 기어 톱니와 유격을 결정하는 베어링의 위치가 너무 좁거나 넓으면 원활한 필라멘트 이송이 어려워진다. 톱니가 마모된 경우에는 교체해야 한다.

4 후가공

(1) 서포터 제거

니퍼 등을 이용해 물리적으로 제거하거나, 녹는 서포터는 용매에 녹여서 제거한다.

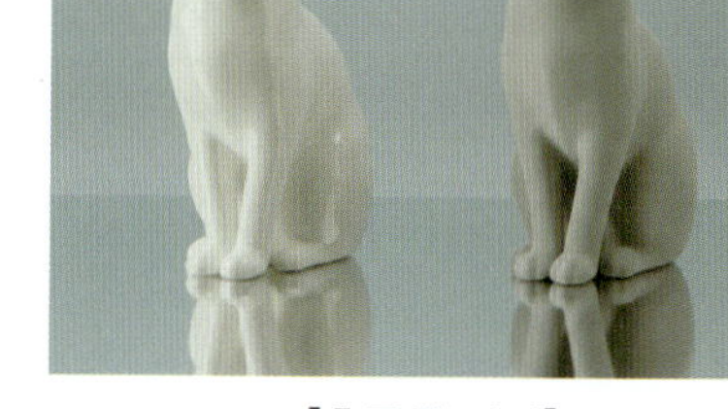

[훈증한 결과]

(2) 표면 처리

① 사포질, 퍼티, 도색을 한다.

② 사포는 입자가 거친 것(40~100)부터 아주 고운 것(800~1,000 이상) 순으로 사용한다.

③ ABS는 아세톤 훈증을 통해 표면을 녹여 매끄럽게 만들 수 있다.

2 SLA(Stereo Lithography Apparatus) 방식

액체 레진을 레이저로 경화시키는 방식이다.

1 기계 구조적 설명

UV 레이저가 반사 거울(Galvano mirror)을 통해 수조(Vat)에 있는 광경화성 수지에 조사되어 한 층씩 굳힌다.

레이저 소스(Laser Source)	주로 UV(자외선) 파장의 강력한 레이저가 닿는 지점의 액체 레진이 광경화 반응을 일으켜 즉시 딱딱하게 굳는다.
스캐닝 미러(Scanning Mirror/Galvanometer)	아주 미세하게 각도를 조절하는 거울(갈바노미터)로 레이저 소스에서 나온 빛을 반사시켜 레진 표면의 정확한 좌표(X, Y축)로 빠르게 이동시키며 단면 모양을 그린다.

VAT(수조)	레진을 담아 놓은 통으로, 바닥면이 투명하거나 특수 처리가 되어 있어 레이저가 통과할 수 있다.
빌드 플랫폼(Build Platform)	출력물이 달라붙어 있는 베드로, 한 층(Layer)이 굳을 때마다 정해진 층 두께(Z축)만큼 위나 아래로 이동한다.
스위퍼(Sweeper/Recoater)	새로운 층을 쌓기 위해 빌드 플랫폼이 이동하면, 그 위에 액체 레진이 고르게 퍼지도록 정리하고 지나간다.

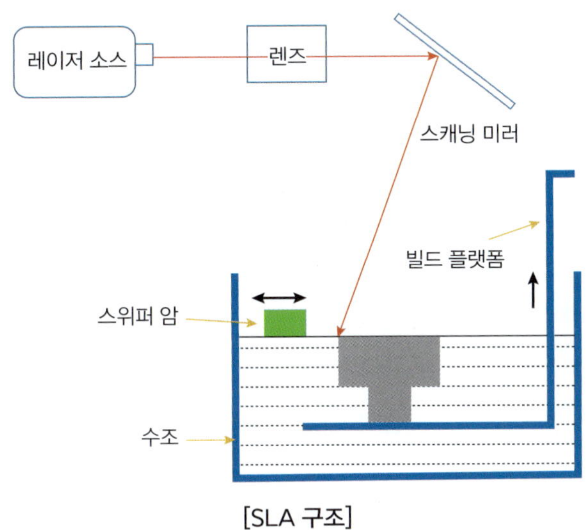

[SLA 구조]

2 출력 전 설정과 문제 해결

(1) 빛샘 현상(Light Bleeding)

경화시키려는 레이어 뒤쪽까지 빛이 새어 나가 원치 않는 부분까지 굳어버리는 현상을 말한다. 레진의 투명도가 높거나 광량이 과할 때 발생한다.

(2) 오리엔테이션(배치)

전사 방식(DLP)이나 SLA는 한 층의 단면적이 클 경우 베드에서 떼어낼 때 부하가 걸리므로 기울여서 배치하는 것이 유리하다.

3 후가공

① 출력물 표면에 묻은 미경화 레진을 이소프로필 알코올(IPA) 등으로 세척한다.
② UV 경화기나 햇빛에 노출시켜 완전 경화(Post-curing)를 해야 최종 강도가 나온다.
③ 급격한 온도 차로 인해 결과물이 휘어지는 현상(Warping)을 막아준다.

3 SLS(Selective Laser Sintering) 방식

분말을 레이저로 소결하는 방식으로, 서포터가 필요 없다.

1 기계 구조적 설명

파우더 베드에 롤러가 분말을 얇게 펴 바르면, CO_2 레이저가 단면 형상만큼 분말을 소결 (Sintering)하여 결합한다.

레이저 (Laser)	• 가루를 녹여 붙이는 에너지원이다. • 고출력 빔을 쏘아 파우더 입자들을 서로 엉겨 붙게(소결) 하거나 완전히 녹여서(용융) 고체로 만든다.
스캐너 (Scanner)	• 레이저 빔의 경로를 제어한다. • 내부에 움직이는 거울(Galvano Mirror)이 들어 있어, 레이저를 필요한 좌표(도면 모양)대로 아주 빠르고 정확하게 굴절시켜 파우더 표면에 쏜다.
파우더 공급 챔버 (Powder Supply Chamber)	• 재료가 되는 가루를 담아두는 창고이다. • 한 층이 끝날 때마다 바닥면(엘리베이터)이 위로 솟아올라, 새로운 가루 층을 공급할 준비를 한다.
빌드 챔버 (Build Chamber)	• 실제 제품이 만들어지는 작업대이다. • 한 층이 레이저로 굳어지면 바닥면이 아래로 한 층 두께만큼 내려가며 제품이 쌓일 공간을 확보한다.
롤러 (Recoater/Roller)	• 가루를 평평하게 펴주는 역할이다. • 리코팅(Recoating) : 공급 챔버에서 올라온 가루를 빌드 챔버 쪽으로 밀고 가며 아주 얇고 고르게 펴 주는 과정
히터 (Heater)	• 챔버 내부를 뜨겁게 유지한다. • 파우더를 녹는점 바로 직전까지 예열하여 레이저 에너지를 조금만 써도 금방 녹고, 급격한 온도 차로 인해 결과물이 휘어지는 현상(Warping)을 막아준다.

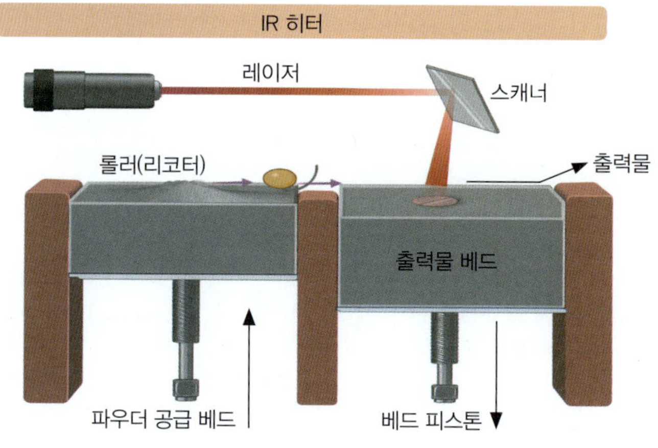

[SLS 구조]

2 출력 전 설정과 문제 해결

(1) 온도 제어

분말이 잘 녹도록 챔버 내부를 재료의 녹는점 바로 아래까지 예열해야 한다. 온도가 너무 높으면 분말이 뭉치거나 타버린다.

(2) 서포터

플라스틱 분말(PA) 사용 시 주변의 안 굳은 분말이 서포터 역할을 하므로 별도의 서포터가 필요 없다. 단, 금속 분말은 열 변형 방지를 위해 서포터가 필요하다.

3 후가공

(1) 분말 제거

출력 후 덩어리(Cake)에서 부품을 꺼내고, 에어브러시 등으로 가루를 털어낸다.

(2) 표면 처리

표면이 거칠기 때문에 샌드블라스팅(Sand blasting)이나 텀블링(통 안에서 굴려서 연마) 처리를 한다.

4 MJ(Material Jetting) 방식

잉크젯처럼 재료를 분사하고 UV로 굳히는 방식이다.

1 기계 구조적 설명

헤드의 노즐 (Multi-nozzle Print Head)	• 수백, 수천 개의 미세한 구멍(노즐)에서 액체 상태의 광경화성 레진을 아주 미세한 방울(Droplets) 형태로 빌드 플랫폼 위에 직접 분사한다. • 노즐이 많기 때문에 한 번 지나갈 때 넓은 면적을 출력할 수 있고, 입자가 매우 작아 표면이 아주 매끄럽고 정밀도가 높다.
헤드에 장착된 UV 램프 (Integrated UV Lamp)	• 출력 헤드 바로 양옆이나 뒤쪽에 자외선(UV) 빛을 내는 램프가 달려 있다. • 노즐에서 레진 방울이 뿌려지자마자, 바로 뒤따라오는 UV 램프가 빛을 쏘아 광경화한다. • 별도로 기다리거나 전체를 한꺼번에 굳힐 필요 없이, 뿌리는 즉시 층(Layer)이 완성되기 때문에 작업 속도가 매우 효율적이다.

2 출력 전 설정과 문제 해결

(1) 환경 관리

온도와 습도에 매우 민감하여 보통 20~25℃ 온도와 50% 이하 습도를 유지해야 노즐 막힘이나 경화 불량을 막을 수 있다.

(2) 노즐 관리

노즐이 매우 미세하므로 막힘에 주의해야 하며, 전용 세척액으로 자동/수동 세척(Purge) 과정을 거친다.

① 젤 형태나 왁스 형태의 서포터가 사용되며, 워터젯(고압 물줄기)으로 쏘거나 따뜻한 용액에 녹여서 제거한다.

② 표면 조도가 매우 우수하여 사포질이 거의 필요 없다.

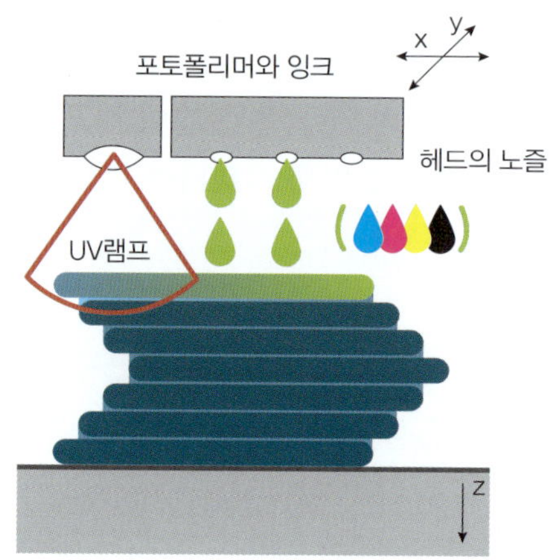

[MJ 구조]

5 LOM(Laminated Object Manufacturing) 방식

종이나 필름을 적층하고 칼로 자르는 방식이다.

1 기계 구조

종이, 플라스틱 필름 등의 시트(Sheet)를 공급하고, 열 롤러(Heated Roller)로 접착시킨 뒤, 레이저나 칼날로 외곽선을 절단한다.

2 출력 전 설정과 문제 해결

칼날/레이저 설정 시 시트 두께에 맞춰 절단 깊이를 정확히 설정해야 아래층까지 잘리지 않는다.

3 후가공

(1) Decubing(잘라놓은 서포트 제거)

① 불필요한 격자 부분을 제거하는 과정이 필요하다.

② 나무 조각칼 등을 이용해 떼어내는데, 내부 형상이 복잡하면 제거가 매우 어렵다.

③ 표면이 나무 질감과 비슷하여 사포질 및 도색이 용이하다.

[서포트 제거]

1 개요

3D프린터로 출력한 결과물의 치수가 설계 치수와 다를 때, 기계적으로 모터가 이동해야 할 거리 값을 수정하여 정밀도를 높이는 과정이다. 펌웨어의 Steps per Unit 값을 조정하여 보정한다.

2 Steps per Unit(M92) 설정

1 개념 및 필요성

1mm를 이동하기 위해 모터가 몇 스텝(Step)을 회전해야 하는지 정의한 값이 Steps per Unit이다. 기계적인 오차나 조립 상태에 따라 기본 설정값으로 출력해도 실제 이동 거리가 달라질 수 있다. 예를 들어 20mm 이동을 명령했는데 실제로는 22mm가 출력되는 경우, 이 값을 수정해야 정확한 치수의 제품을 얻을 수 있다.

① 실측 〉 목표 : 모터가 너무 많이 돈 것이므로 스텝 값을 줄여야 한다.

② 실측 〈 목표 : 모터가 덜 돈 것이므로 스텝 값을 늘려야 한다.

2 보정 공식

출력물의 치수 오차 발생 시, 다음 공식을 사용하여 펌웨어에 입력할 새로운 스텝 값을 계산한다.

$$\text{변경할 스텝 값} = \frac{\text{목표치수}}{\text{실제측정지수}} \times \text{현재 스텝 값}$$

- 목표 치수(Target Dimension) : 설계 도면상의 원래 치수(G-code 상의 이동 거리)
- 실제 측정 치수(Actual Dimension) : 캘리퍼스 등으로 실제 출력물을 측정한 치수
- 현재 스텝 값(Current Steps) : 현재 기기에 설정되어 있는 Steps per Unit 값

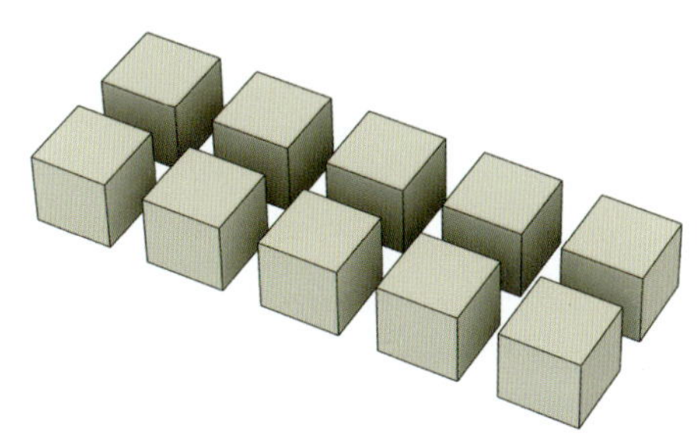

[각 변의 길이가 10mm인 정육면체 조각 모델링]

1	2	3	4	5	6	7	8	9	10	평균	오차 평균
10.22	10.18	10.20	10.20	10.24	10.19	10.24	10.23	10.16	10.21	10.21	0.207

[10개의 출력물의 수평 길이 측정값과 평균값]

$$\text{현재 스텝값} = 100.00$$
$$\text{변경할 스텝 값} = \frac{10.00}{10.21} \times 100$$
$$\text{계산값} = 97.94$$

3 적용 명령어(M-code)

① M92는 각 축(X, Y, Z) 및 압출기(E)의 Steps per Unit 값을 설정하는 명령어이다.

  예 M92 X97.94(X축의 스텝 값을 97.94로 설정)

② 설정 후에는 M500 명령어로 펌웨어에 저장(Save to EEPROM)해야 전원을 껐다 켜도 값이 유지된다.

```
M92 X97.94 ; 1. X축의 스텝 값을 97.94로 설정
M500        ; 2. 이 값을 EEPROM에 영구 저장(Save settings)
M501        ; 3.(선택사항) 저장된 값을 다시 불러와서 적용 확인
```

HW 설정

01 FDM 3D프린터에서 ABS 소재를 사용하여 출력할 때, 수축 및 변형을 방지하기 위한 히팅 베드의 적정 온도는?

① 20~30℃
② 40~50℃
③ 50~60℃
④ 80~110℃

> **해설**
>
> ABS 소재는 열 수축이 심하여 출력물이 베드에서 떨어지거나 휘는 현상이 발생하기 쉽다. 이를 방지하기 위해 히팅 베드의 온도를 80℃ 이상(보통 100~110℃)으로 설정하여 보온해야 한다. 반면 PLA는 히팅 베드가 없어도 출력이 가능하거나 50~60℃ 정도로 설정한다.

02 FDM 3D프린터의 노즐과 히팅 베드 사이의 간격이 너무 멀 때 발생하는 현상으로 옳은 것은?

① 필라멘트가 납작하게 눌려서 출력된다.
② 노즐이 막혀서 '틱틱'거리는 소리가 난다.
③ 첫 번째 레이어가 베드에 안착되지 않고 붕 뜨거나 실처럼 뭉친다.
④ 출력물의 바닥면이 코끼리 발처럼 퍼지는 현상이 발생한다.

> **해설**
>
> 노즐과 베드의 간격이 너무 멀면 압출된 재료가 베드에 붙지 못하고 공중에서 굳거나 뭉쳐서 안착 불량이 발생한다. 반대로 너무 가까우면 재료가 나오지 못해 노즐이 막히거나 납작하게 눌린다.

[노즐과 베드의 간격이 넓을 때]

03 다음 G-code 명령어 중 '직선 가공 이동(Linear Move)'을 의미하며, 재료를 압출하면서 이동할 때 주로 사용되는 코드는?

① G0
② G1
③ G28
④ G90

> **해설**
>
> ② 지정된 좌표로 직선 이동하며, E값(압출량)과 함께 사용하여 재료를 압출하며 이동
> ① 급속 이동(압출 없이 위치만 이동)
> ③ 원점 복귀(Auto Home)
> ④ 절대 좌표 설정

04 3D프린터의 제어 명령어 중 노즐(압출기)의 온도를 설정하고, 목표 온도에 도달할 때까지 대기하지 않고 바로 다음 명령을 수행하는 M코드는?

① M104
② M109
③ M140
④ M106

> **해설**
>
> ① 노즐 온도를 설정하고 즉시 다음 명령어로 넘어간다.
> ② 노즐 온도를 설정하고 도달할 때까지 대기한다.
> ③ 히팅 베드 온도를 설정한다.
> ④ 냉각 팬을 켠다.

정답 01 ④ 02 ③ 03 ② 04 ①

05 SLA(광경화성 수지 조형) 방식 3D프린터 운용 중, 광경화성 수지의 투명도가 높거나 광량이 과다하여 의도하지 않은 부분까지 빛이 새어 나가 굳어버리는 현상은?

① 와핑 현상(Warping)

② 백래시 현상(Backlash)

③ 빛샘 현상(Light Bleeding)

④ 훈증(Fumigation)

③ SLA 방식에서 빛이 투명한 수지를 통과해 산란되거나, 설정된 레이어 두께보다 더 깊게 침투하여 원하지 않는 부위까지 경화되는 현상을 말한다. 이를 방지하기 위해 레진의 특성에 맞춰 광원의 세기나 노출 시간과 같은 HW 설정을 조절하거나, 안료가 포함된 불투명한 수지를 사용해야 한다.
① 수축으로 인해 휘어지는 현상(주로 FDM)
② 기어 맞물림의 유격 오차
④ ABS 표면 처리를 위한 후가공 기법

06 SLS 방식 3D프린터에서 파우더 베드 위에 분말을 얇고 평평하게 펴 주는 역할을 하는 장치는?

① 레이저 소스(Laser Source)

② 스캐닝 미러(Scanning Mirror)

③ 리코터/롤러(Recoater/Roller)

④ 빌드 플랫폼(Build Platform)

SLS 방식은 분말을 한 층씩 쌓아 올리는 방식이다. 저장소의 분말을 작업 공간으로 옮기고 평평하게 펴 주는 장치를 롤러(Roller) 또는 블레이드, 리코터라고 한다.

07 3D프린터의 노즐이 막혔을 때 해결 방법으로 적절하지 않은 것은?

① 노즐 온도를 소재의 녹는점 이상으로 가열하여 밀어낸다.

② ABS 소재의 경우 노즐을 분리하여 아세톤 용액에 담가둔다.

③ 가는 드릴이나 침을 이용하여 노즐 구멍 내부의 이물질을 제거한다.

④ 노즐을 차갑게 식힌 상태에서 억지로 필라멘트를 잡아당겨 뽑아낸다.

노즐이 차가운 상태에서 필라멘트를 억지로 잡아당기면 내부에서 굳은 재료가 부러지거나 노즐 목(Throat)이 손상될 수 있다. 반드시 가열(Preheat)하여 재료를 녹인 후 제거하거나, 화학적(아세톤 등) 또는 물리적(드릴링) 방법을 사용해야 한다.

08 출력물의 치수 정밀도가 맞지 않아 교정하려 한다. 설계 치수가 100mm인데 실제 출력 치수가 90mm로 측정되었다. 현재 X축의 Steps per Unit 값이 80일 때, 보정하여 입력해야 할 새로운 값은? (소수점 반올림)

① 72

② 80

③ 89

④ 100

정밀도 보정 공식 = (목표 치수 ÷ 실제 측정 치수) × 현재 스텝 값
$(100 \div 90) \times 80 = 1.111\cdots \times 80 \fallingdotseq 88.88\cdots$
반올림하면 약 89가 된다. 실제 출력물이 작게 나왔으므로 모터를 더 많이 회전시켜야 하므로 스텝 값을 늘려야 한다.

05 ③　06 ③　07 ④　08 ③　정답

제품 출력

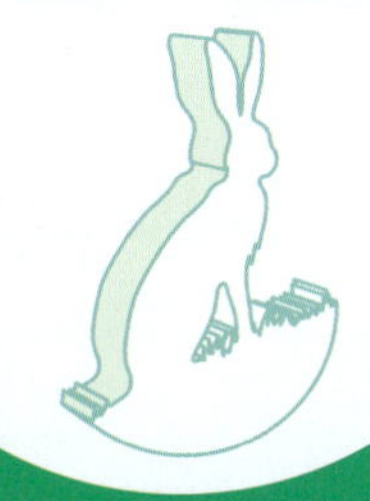

01 출력 방식과 지지대
02 출력 오류 대처
03 출력물 회수

출력 방식과 지지대

1 출력 과정 확인

1 적층 제조 방식에서 플랫폼(Bed) 부착이 중요한 이유

① 출력 성공의 전제 조건 : 3D프린팅은 재료를 한 층씩 쌓아 올리는 방식이므로, 첫 번째 층(Layer)이 플랫폼에 견고하게 부착되어 있어야 그 위에 후속 층들이 안정적으로 성형될 수 있다.

② 출력 오류 방지 : 재료가 플랫폼에 제대로 붙지 않으면 출력 도중 바닥이 들뜨는 수축 현상(Warping)이 발생하거나, 출력물이 아예 플랫폼에서 떨어져 나가 출력 실패로 이어진다.

③ 정밀도 유지 : 출력 도중 재료가 견고하게 부착되어 있어야 흔들림 없이 정해진 위치에 재료가 적층되어 정밀한 형상을 만들 수 있다.

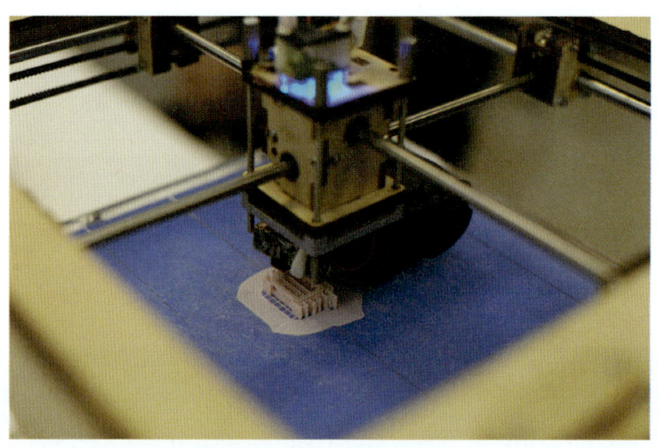

[접착 시트를 붙인 출력물 베드]

2 지지대(Support) 형성이 중요한 이유

① 형상 붕괴 방지(중력 대응) : 공중에 떠 있는 형상이나 아래가 비어 있는 오버행(Overhang) 구조물의 경우, 중력에 의해 재료가 아래로 처지거나 무너져 내리는 것을 막기 위해 지지대가 필수적이다.

② 안정적인 고정 : 출력물이 플랫폼에 닿는 면적이 좁아 출력 도중 쓰러질 위험이 있는 경우, 지지대를 통해 바닥 면적을 넓혀 출력물을 안정적으로 고정하는 역할을 한다.

③ 정확한 출력 : 형상의 뒤틀림이나 처짐을 방지하여 설계된 데이터대로 정확한 출력물을 얻기 위해 필요하다.

[지지대 형성]

3 공정 원리와 공정별 출력 방향과 지지대 형식

(1) MEX(Material Extrusion, 재료 압출 방식)

① 공정 원리 : 고체의 열가소성 재료(필라멘트 등)를 노즐 안에서 가열하여 녹인 후, 압력을 이용하여 노즐을 통해 연속적으로 밀어내어(압출) 지정된 경로에 적층하는 방식(FDM/FFF)이다.

② 출력 방향 : 제품이 아래에서 위로 적층 성형된다.

③ 지지대 형식 : 오버행 등을 지지하기 위해 필요하다. 출력물과 같은 재료를 사용하거나(떼어내기), 물이나 용액에 녹는 다른 재료(이중 압출)를 사용하여 제작한다.

(2) VPP(Vat Photopolymerization, 광중합 방식)

① 공정 원리 : 용기(Vat) 안에 담긴 액체 상태의 광경화성 수지(Photopolymer)에 빛(레이저, 프로젝터 등)을 조사하여 선택적으로 경화시켜 형상을 만드는 방식(SLA, DLP)이다.

② 출력 방향 : 빛은 위 또는 아래에서 조사될 수 있다. 주로 플랫폼이 위로 올라가면서 거꾸로 매달려 성형되는 방식(규제액면)과 플랫폼이 아래로 내려가는 방식(자유액면)이 있다.

③ 지지대 형식 : 출력물과 동일한 재료를 사용하며, 제거가 용이하도록 가늘게(팁) 형성된다.

(3) PBF(Powder Bed Fusion, 분말 베드 융접 방식)

① 공정 원리 : 평평하게 놓인 분말(파우더) 위에 열에너지원(레이저, 전자빔)을 조사하여 선택적으로 소결(Sintering)하거나 용융시켜 접합하는 방식(SLS, DMLS, EBM)이다.

② 출력 방향 : 출력물은 플랫폼이 아래로 내려가면서 성형된다.

③ 지지대 형식 : 대부분의 경우 굳지 않은 주변 분말이 지지대 역할을 하므로 별도의 지지대가 필요 없다. 단, 금속 분말의 경우 열 변형 방지와 열 배출을 위해 지지대가 필요하기도 하다.

(4) MJT(Material Jetting, 재료 분사 방식)

① 공정 원리 : 광경화성 수지나 왁스 등의 액체 재료를 잉크젯 프린터 헤드처럼 수백 개의 노즐을 통해 미세한 방울(Droplet)로 분사하고, 자외선(UV) 등으로 즉시 경화시켜 적층하는 방식이다.

② 출력 방향 : 출력물은 아래에서 위로 쌓인다. 플랫폼은 아래로 이송되면서 성형된다.

③ 지지대 형식 : 물에 녹거나 가열하면 녹는 젤/왁스 형태의 별도의 재료를 사용하여 손쉽게 제거가 가능하다.

(5) BJT(Binder Jetting, 접착제 분사 방식)

① 공정 원리 : 베드 위에 놓인 분말 재료 위에 액체 형태의 접착제(Binder)를 선택적으로 분사하여 분말들을 결합시켜 단면을 만든다(3DP, CJP).

② 출력 방향 : 플랫폼 위에 분말이 도포되고, 점점 위로 쌓인다. 플랫폼이 아래로 내려가며 성형된다.

③ 지지대 형식 : PBF 방식과 마찬가지로 성형되지 않은 주변 분말이 지지대 역할을 하므로 별도의 지지대가 필요 없다.

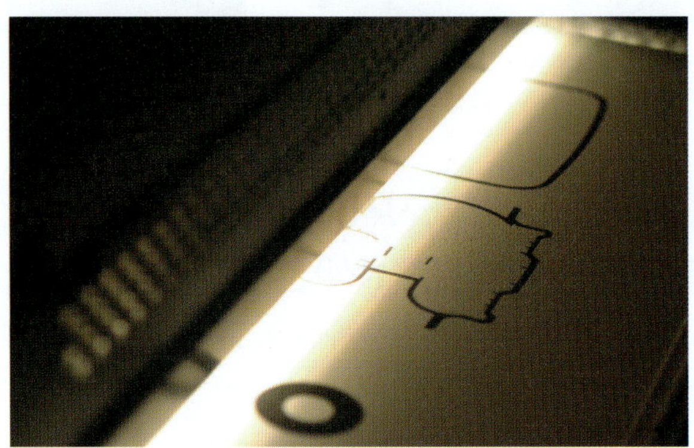

[모래를 소재로 한 BJT 방식]

(6) DED(Directed Energy Deposition, 직접 에너지 침착 방식)

① 공정 원리 : 고에너지원(레이저, 전자빔, 플라즈마 아크)을 재료(금속 분말, 와이어)가 공급되는 부위에 직접 조사하여 재료를 녹여가며 용접시키는 방식이다.

② 출력 방향 : 대부분 플랫폼 위에 성형되며, 아래에서 위쪽 방향으로 만들어진다. 다축(5축 등)을 사용하여 다양한 방향으로 적층이 가능하다.

③ 지지대 형식 : 일반적인 3축이 아닌 다축을 사용하거나 기존 형상 위에 덧붙이는 방식이 많아, 대부분의 경우 지지대가 필요하지 않다.

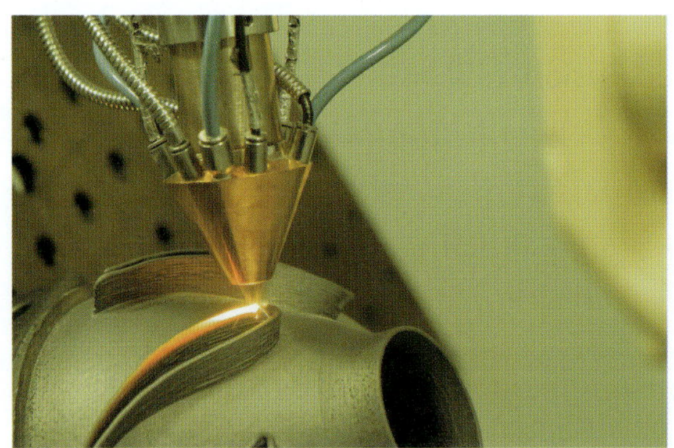

[용접과 유사한 DED 방식]

(7) SHL(Sheet Lamination, 시트 적층 방식)

① 공정 원리 : 얇은 필름 형태(종이, 금속 박판, 플라스틱 등)의 재료를 칼이나 레이저로 자른 후, 열이나 접착제 등을 이용해 한 층씩 붙여 형상을 만든다(LOM).

② 출력 방향 : 플랫폼 위에 시트가 공급되고 아래에서 위쪽 방향으로 적층 성형된다.

③ 지지대 형식 : 출력물 형상이 되지 않은 나머지 판재 부분(테두리)이 지지대 역할을 한다. 이때 지지대 제거를 용이하게 하기 위해 나머지 부분을 격자 모양으로 잘라(Cross-hatch)준다.

1 FDM 출력 오류 원인과 해결

FDM 방식의 3D프린팅 중 발생하는 오류는 크게 압출 불량, 안착 불량, 형상 불량으로 나눌 수 있다. 각 현상별 원인과 대책은 다음과 같다.

출력 오류의 형태	내용
처음부터 재료가 압출되지 않음	3D프린터를 동작시켰으나, 처음부터 플라스틱 재료를 압출하지 않는 경우
출력 도중에 재료가 압출되지 않음	출력물이 출력되다가 더는 재료가 압출 노즐을 통해서 압출되지 않는 경우
재료가 플랫폼에 부착되지 않음	첫 번째 층의 성형을 위해서 압출된 재료가 플랫폼에 견고히 부착되어야 하나, 그렇지 않은 경우
재료의 압출량이 적음	압출 노즐에서 충분한 양의 플라스틱 재료가 압출되지 않아서 출력된 면에 공간이 생기는 경우
재료가 과다하게 압출됨	압출 노즐에서 너무 많은 재료가 압출되어 출력물의 모양이 지저분하게 된 경우
바닥이 말려 올라감	출력물의 바닥이 플랫폼에 부착되어 있지 않고 위쪽으로 말려 올라가는 경우
출력 도중에 단면이 밀려서 성형됨	출력물의 각 층의 수직 방향 정렬이 맞지 않고 밀려서 성형되는 경우
일부 층이 만들어지지 않음	몇 개의 층이 성형되지 않거나 혹은 층의 일부만 성형되어 출력물의 일부 층이 만들어지지 않은 경우
갈라짐	주로 높이가 높은 출력물에서 옆면의 중간이 갈라지는 경우
얇은 선이 생김	많은 머리카락처럼 얇은 선들이 출력물들 사이에 만들어지는 경우
윗부분에 구멍이 생김	출력물의 윗부분 형상에 구멍이 생기거나 일부 형상이 만들어지지 않은 경우

[11가지 FDM 출력 오류]

1 처음부터 재료가 압출되지 않음(Not Extruding at Start)

출력을 시작했으나 노즐에서 재료가 나오지 않는 현상이다.

원인	• 압출기 내부 공백 : 가열된 상태로 대기 시 노즐 내부의 재료가 흘러내려(Oozing) 빈 공간이 생긴 경우 • 노즐 높이 : 노즐과 플랫폼 사이가 너무 가까워 재료가 나올 공간이 막힌 경우 • 필라멘트 갈림 : 기어 이빨이 필라멘트를 갉아먹어 밀어내지 못하는 경우(재료가 얇아짐) • 노즐 막힘 : 이물질이나 탄화된 재료로 인해 노즐 구멍이 막힌 경우
해결	• 스커트(Skirt) 설정 : 본 출력 전 스커트를 여러 번 돌려 노즐 내부의 빈 공간을 채우고 압출을 안정화한다. • 레벨링/Z오프셋 조절 : 베드 레벨링을 다시 하거나 Z축 오프셋(Z-offset)을 조절하여 노즐과 베드 간격을 확보한다. • 리트랙션/속도 조절 : 필라멘트가 갈리지 않도록 리트랙션 속도를 줄이거나 출력 속도를 낮춘다. • 노즐 청소 : 온도를 높여 손으로 밀어내거나, 얇은 철사/바늘로 뚫거나, 노즐을 교체한다.

[베드에 재료가 압출되지 않음]

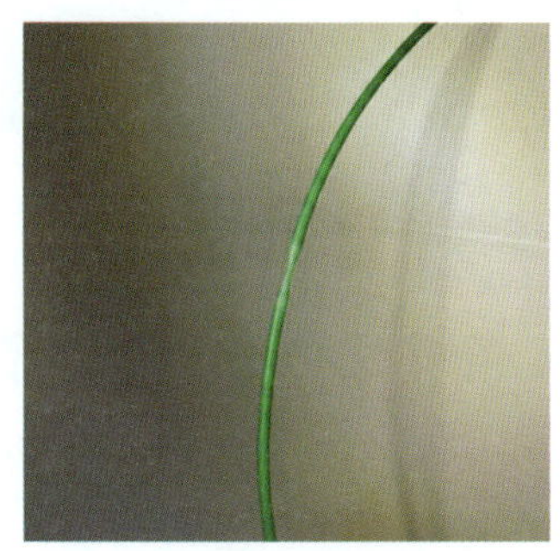
[필라멘트 갈림]

② 출력 도중에 재료가 압출되지 않음(Stops Extruding Mid Print)

잘 나오다가 중간에 끊기는 현상이다.

원인	• 스풀에 필라멘트가 소진되었을 때 • 중간에 필라멘트가 꼬이거나 갈려서 기어가 헛돌 때 • 출력 중 노즐이 막혔을 때 • 모터 과열 : 압출 모터 드라이버가 과열되어 작동을 멈춘 경우
해결	• 필라멘트 잔량을 확인하고 교체한다. • 모터나 드라이버가 과열된 경우 프린터를 식힌 후 다시 작동하거나 쿨링을 보강한다.

[출력 도중에 재료가 압출되지 않음]

[방열판을 붙인 모터 드라이버]

③ 재료가 플랫폼에 부착되지 않음(Not Sticking to Bed/안착 불량)

첫 번째 레이어가 베드에 붙지 않고 끌려다니는 현상이다.

원인	• 플랫폼의 수평(레벨링)이 맞지 않을 때 • 노즐과 플랫폼 간격이 너무 멀 때 • 첫 번째 층의 출력 속도가 너무 빠를 때 • 베드 온도가 낮거나 재료 특성에 맞지 않을 때
해결	• 레벨링 : A4 용지 등을 이용해 노즐과 베드 간격을 조정한다. • 속도 조절 : 첫 레이어 속도를 10~20mm/s 정도로 느리게 설정한다. • 온도/냉각 : 베드 온도를 높이고(PLA 60℃, ABS 110℃ 등), 첫 레이어에서는 냉각 팬을 끈다. • 표면 처리 : 마스킹 테이프, 캡톤 테이프, 딱풀 등을 사용하거나 플랫폼을 청소한다.

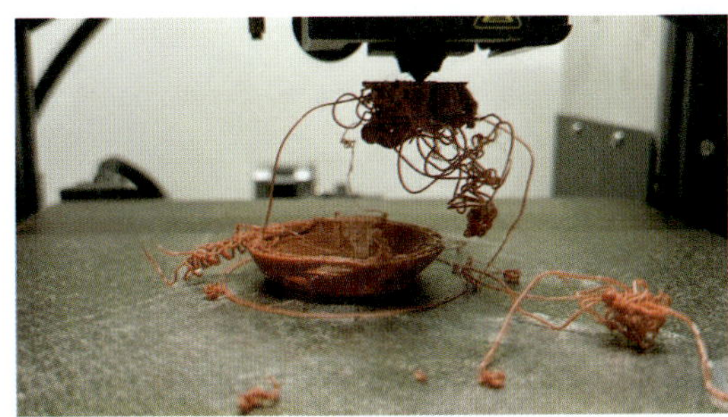
[안착 불량]

[캡톤 테이프 부착한 베드]

④ 재료의 압출량이 적음(Under-Extrusion/과소 압출)

출력물 표면에 틈이 생기거나 채움이 부실한 현상이다.

원인	• 슬라이서의 필라멘트 직경 설정 오류(예 1.75mm를 2.85mm로 설정 시 압출량 부족) • 흐름(Flow/압출량) 비율 설정이 낮을 때
해결	• 사용하는 필라멘트 직경(Diameter)이 슬라이서 설정과 일치하는지 확인한다. • 압출량(Flow rate)을 100% 이상으로 조절해본다.

[과소 압출]

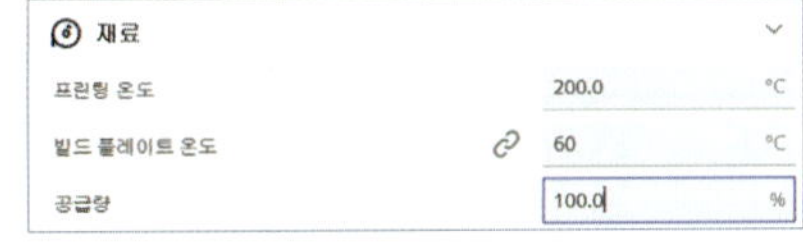
[재료 항목의 압출량(Flow/공급량) 조정]

⑤ 재료가 과다하게 압출됨(Over-Extrusion/과대 압출)

출력물 표면이 지저분하고 치수가 커지는 현상이다.

원인	압출량(Flow) 설정이 너무 높거나 필라멘트 직경 설정 오류
해결	압출량(Flow) 비율을 줄여서 조정한다.

[과대 압출]

6 바닥이 말려 올라감(Warping/수축)

출력물 모서리가 베드에서 떨어져 위로 휘어지는 현상이다. 주로 ABS에서 발생한다.

원인	• 소재의 수축(냉각되면서 부피가 줄어듦) • 출력물 크기가 크거나 바닥 면적이 좁을 때
해결	• 히팅 베드 : 베드 온도를 소재에 맞게 충분히 가열한다. • 밀폐 : 챔버형 프린터를 사용하거나 문을 닫아 내부 온도를 유지하고 외풍을 차단한다. • 보조물 : 브림(Brim)이나 래프트(Raft)를 사용하여 바닥 고정력을 높인다. • 냉각 팬 : 초기 레이어에서 냉각 팬을 끈다.

7 출력 도중에 단면이 밀려서 성형됨(Layer Shifting/탈조)

층이 계단처럼 어긋나서 출력되는 현상이다.

원인	• 헤드 이동 속도가 너무 빠를 때 • 타이밍 벨트 : 벨트가 늘어났거나 장력이 너무 느슨할 때 • 풀리 : 모터 축에 고정된 풀리가 헐거워졌을 때 • 모터 드라이버 과열 또는 전류 부족
해결	• 출력 속도를 낮춘다. • 타이밍 벨트의 장력을 팽팽하게 조절하고, 풀리 나사를 조인다. • 모터 드라이버의 방열 상태를 점검한다.

[수축]

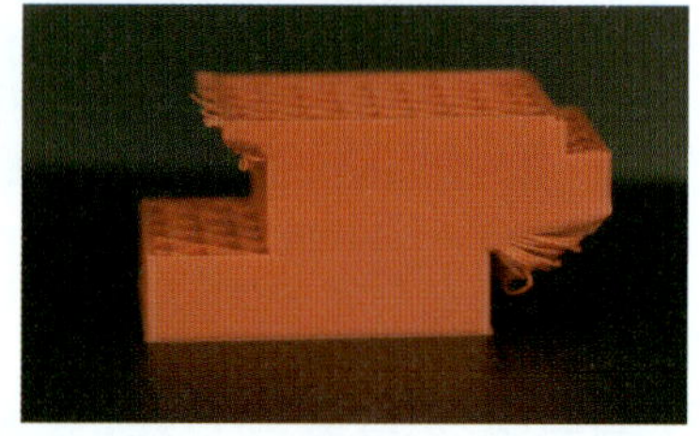

[탈조]

8 일부 층이 만들어지지 않음(Missing Layers)

특정 구간의 층이 누락되거나 빈약하게 출력되는 현상이다.

원인	• 일시적인 재료 공급 불량(필라멘트 꼬임 등) • Z축 리드스크류나 연마봉에 이물질이 있거나 휘어져서 Z축 이동이 원활하지 않을 때
해결	• 필라멘트 스풀의 꼬임을 확인한다. • Z축 구동부(스크류, 로드)를 청소하고 윤활유를 도포하거나 부품을 교체한다.

9 갈라짐(Cracking)

출력물 중간이 가로로 쪼개지거나 벌어지는 현상이다.

원인	• 층 높이 : 레이어 높이(Layer Height)가 노즐 직경에 비해 너무 높을 때(접착면적 부족) • 온도 : 노즐 온도가 너무 낮아 층간 결합력이 약할 때
해결	• 층 높이를 노즐 직경의 80% 이하로 설정(예 0.4mm 노즐 시 0.3mm 이하)한다. • 노즐 온도를 5~10℃ 정도 높여서 재료의 결합력을 높인다.

🔟 얇은 선이 생김(Stringing/거미줄 현상)

이동 구간에 거미줄 같은 실이 생기는 현상이다.

원인	• 리트랙션(Retraction) : 설정이 꺼져 있거나 거리/속도 값이 부적절할 때 • 노즐 온도가 너무 높아 재료가 흘러내릴 때
해결	• 리트랙션 활성화 : 리트랙션 거리와 속도를 증가시켜 이동 중 흘러내림을 방지한다. • 노즐 온도를 낮춘다. • 이동 속도(Travel speed)를 높여 빠르게 이동하게 한다.

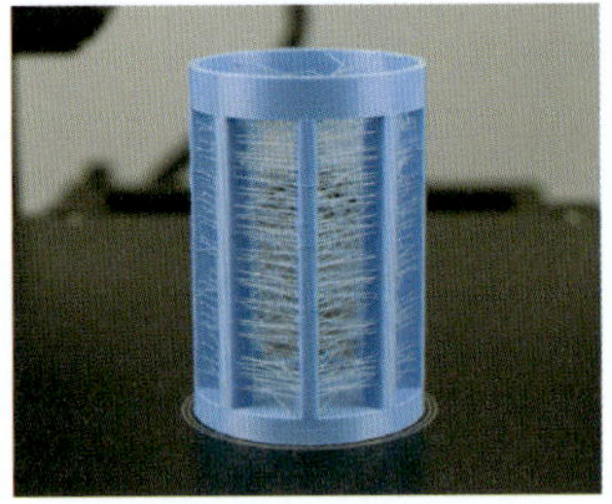

[스트링]

[갈라짐]

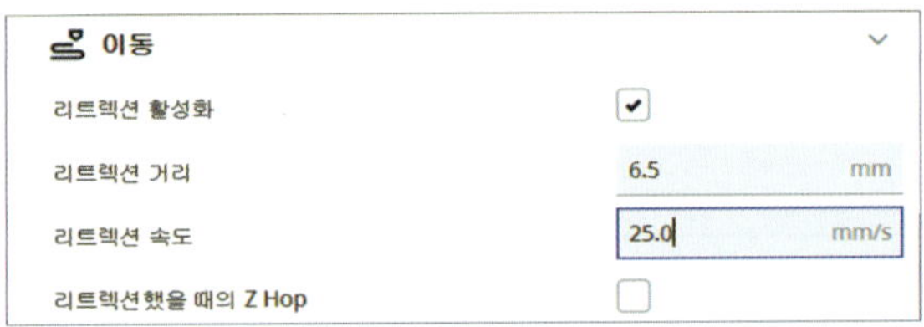

[리트랙션 설정]

1️⃣1️⃣ 윗부분에 구멍이 생김(Pillowing)

출력물 상단(Top)이 매끄럽지 않고 구멍이 뚫리거나 무너지는 현상이다.

원인	• 내부 채움(Infill) 밀도가 너무 낮아 윗면을 지지하지 못할 때 • 윗면 두께(Top thickness) 또는 윗면 레이어 수(Top layers)가 부족할 때 • 냉각이 부족할 때
해결	• 내부 채움(Infill)을 늘려준다. • 윗면 레이어 수를 6개 이상(또는 두께를 충분히)으로 늘려준다. • 쿨링 팬 속도를 높여 재료가 빨리 굳도록 한다.

[윗부분에 구멍이 생김]

2 SLA 방식에서 출력 오류의 발생 원인과 대책

SLA 방식은 빛(레이저/UV)을 이용하여 액체 수지를 경화시키는 방식이므로, 주로 수지의 온도, 레이저의 세기/속도, 플랫폼의 상태와 밀접한 관련이 있다.

1 아무것도 출력되지 않음

원인	액상 수지 온도 저하 : 광경화성 수지(레진)는 온도가 너무 낮으면 경화될 가능성이 낮아지거나 불규칙하게 경화되어, 출력물이 플랫폼에 제대로 부착되지 않을 수 있다.
해결	액상 레진의 온도가 지나치게 떨어지지 않도록 주변 온도를 25~30℃ 정도로 유지한다.

2 경화 불량(출력 속도 및 레이저 설정)

(1) 출력 속도가 너무 빠름

원인	• 광경화성 수지는 중합(경화)이 일어나기 위해 적절한 양의 자외선 광선에 노출되어야 한다. • 레이저의 이동 속도가 너무 빠르면 노출 시간이 짧아져 정상적으로 경화되기 어렵다.
해결	재료 종류에 따른 레이저 속도, 노광 시간 가이드라인을 참고하여 슬라이서에서 적절하게 설정한다.

(2) 저출력 레이저 사용

원인	수지를 충분히 경화시키기 위해서는 레이저로부터 충분한 에너지가 필요하다.
해결	문제 발생 시 레이저의 출력을 조금씩 증가시키면서 최적의 값을 찾아 설정에 적용한다.

3 일부가 출력되지 않음(기울거나 분리됨)

원인	플랫폼과 수조의 수평이 맞지 않거나, 플랫폼 표면이 너무 매끄러워 안착이 어려운 경우 발생한다.
해결	• 레벨링 : 플랫폼을 수조까지 내려 맞물린 상태에서 플랫폼을 고정하여 베드 레벨링을 수행한다. • 표면 처리 : 플랫폼 질감이 너무 미세하여 안착이 안 될 경우, 중간 크기의 사포로 표면을 부드럽게 갈아주면 효과가 있다. • 기타 : FDM 방식처럼 빌드 서피스(Build Surface) 제품을 활용하거나, 수조의 온도를 적정하게 유지하고 오래된 수지는 잘 저어서 섞은 후 사용한다.

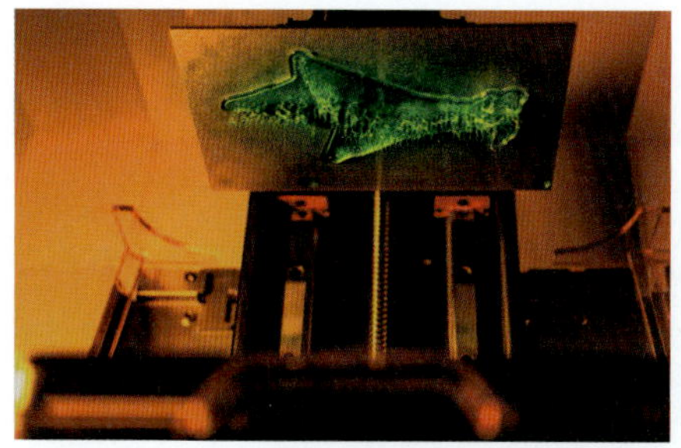

[플랫폼 부착 불량]

[사포로 처리한 표면]

❹ 지지대(Support)의 분리 또는 이탈

원인	• 출력물과 지지대의 배치가 올바르지 않은 경우 발생한다. • 출력물이 너무 무거우면 플랫폼이 움직이면서(SLA는 보통 위로 당겨 올림) 출력물이 떨어질 수 있다.
해결	• 무게 줄이기 : 출력물 내부를 비우는 작업(Hollowing)을 하거나 배출 구멍을 만들어 무게를 줄인다. • 지지대 보강 : 지지대를 좀 더 강력하고 많이 추가한다. • 각도 조절 : 출력물을 수평으로 놓기보다 30˚ 정도 기울여 배치하면 지지대의 양과 부착 범위가 증가하여 분리·이탈 현상을 줄일 수 있다.

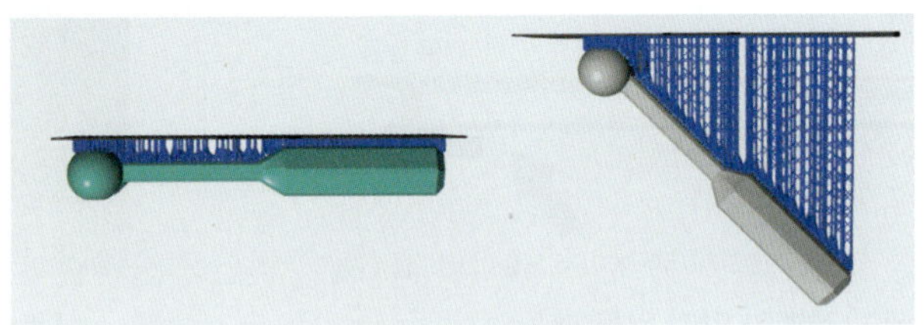

[기울여서 출력하기]

❺ 빛샘 현상(Light Bleeding)

원인	• 경화를 원하지 않는 부분까지 빛이 새어 나가 경화되는 현상이다. • 광경화성 수지가 어느 정도의 투명도를 가지면 발생하기 쉽다. • 투명 액상 레진을 사용하는 경우, 특정 영역에 주사된 빛이 새어 나가 주변까지 굳게 만든다.
해결	레진 구성요소와 경화 시간을 적절히 맞추거나 불투명한 재료를 사용하는 등을 고려해야 한다.

❸ FDM과 SLA의 베드 레벨링(Bed Leveling)

베드 레벨링은 출력물이 만들어지는 바닥면(플랫폼/베드)의 수평을 맞추고, 노즐과 바닥 사이의 간격을 일정하게 유지하는 작업으로, 출력의 성공 여부를 결정짓는 가장 기초적이면서도 중요한 단계이다.

❶ FDM(재료 압출) 방식의 레벨링

FDM 방식에서 레벨링은 노즐과 플랫폼 사이의 간격을 조절하여 첫 번째 레이어가 잘 안착되도록 하는 것이 핵심이다.

(1) 중요성

플랫폼의 수평이 맞지 않으면 한쪽은 노즐과 너무 가깝고 다른 쪽은 멀어지게 된다. 노즐이 너무 가까우면 재료가 압출되지 않거나 막히고, 너무 멀면 재료가 바닥에 붙지 않고 떨어지게 된다.

(2) 수동 레벨링 방법

① 준비 : 노즐과 베드 사이의 간격은 보통 0.1mm(A4 용지 한 장 두께) 정도로 맞춘다.

② 조절 : 플랫폼 하단에 있는 스크류(나사)나 다이얼을 돌려 높낮이를 미세하게 조절한다.

③ 확인 : 플랫폼의 네 모서리와 중앙을 이동하며 종이가 약간 긁히는 느낌이 들 정도로 간격을 맞춘다.

(3) 소프트웨어적 보정(Z-Offset)

물리적인 수평 조절 후에도 미세한 오차가 있거나 수평 조절이 어려운 경우, G코드를 수정하거나
프린터 설정에서 Z축 오프셋(Z-offset) 값을 조절하여 노즐의 시작 높이를 보정할 수 있다.

(4) 오류 증상

① 간격이 너무 좁음 : 첫 레이어가 아주 얇게 눌려 나오거나 아예 나오지 않으며, 노즐이 막힐 수
   있다.
② 간격이 너무 넓음 : 재료가 허공에 뿌려지거나 바닥에 붙지 않고 끌려다닌다.

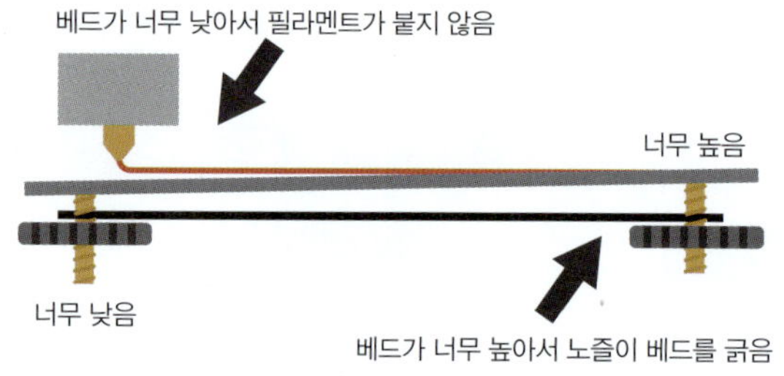

[베드 레벨이 맞지 않을 때]

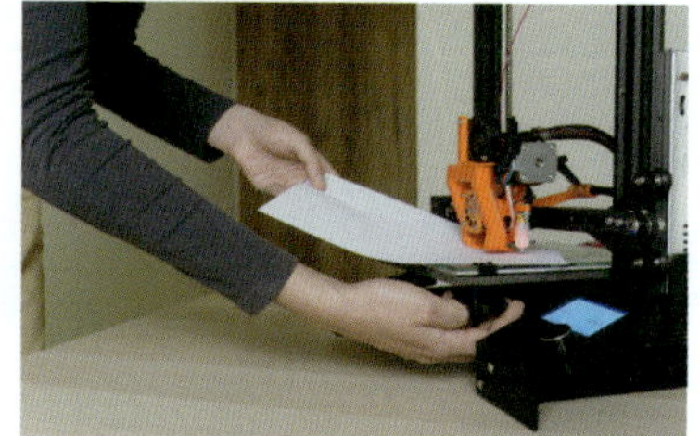
[종이를 이용한 수동 레벨링]

2 SLA(광중합) 방식의 레벨링

SLA나 DLP 같은 액체 방식은 FDM에 비해 레벨링 과정이 상대적으로 간단하지만, 플랫폼과 수조
(Vat) 바닥의 평행을 맞추는 것이 필수적이다.

(1) 원리

플랫폼이 수조 바닥(필름면)에 완전히 밀착되었을 때, 전체 면이 균일하게 닿도록 설정한다.

(2) 레벨링 방법

① 플랫폼을 고정하는 나사(스크류)를 약간 풀어 움직일 수 있게 한다.
② 플랫폼을 수조 바닥(또는 레벨링 페이퍼 위)까지 완전히 내린다.
③ 플랫폼이 바닥에 평평하게 맞물린 상태에서 고정 나사를 단단히 조여 고정한다.

(3) 안착 불량 대처

레벨링을 했음에도 출력물이 플랫폼에 붙지 않고 수조 바닥에 남는 경우, 플랫폼 표면이 너무 매끄
러워서일 수 있다. 이때는 중간 크기의 사포로 플랫폼 표면을 부드럽게 갈아주면 안착력을 높일 수
있다.

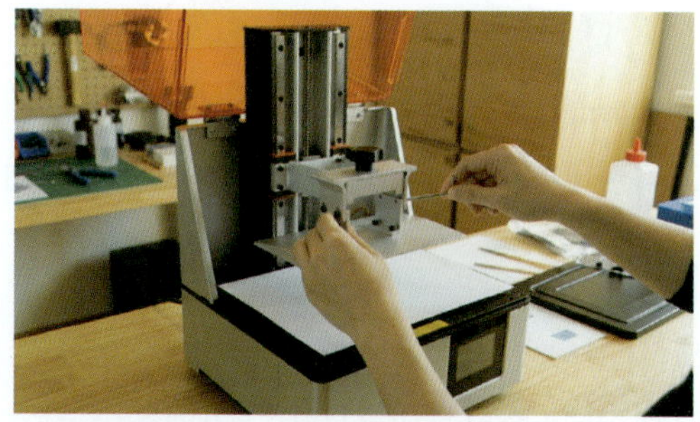
[A4 용지를 끼우고 플랫폼이 균일하게 닿도록 조정]

모든 방식에서 공통적으로 마스크, 장갑, 보안경 등의 보호 장구를 착용하여 이물질이 튀거나 상처를 입지 않도록 해야 하며, 장비가 완전히 동작을 멈춘 것을 확인한 후 작업을 진행해야 한다.

1 출력 방식에 따른 출력물 회수

1 고체 방식(FDM/FFF)

① 보호구 착용 : 마스크, 장갑, 보안경을 착용한다.

② 동작 확인 및 개방 : 프린터 동작이 멈추고 노즐과 베드가 충분히 식었는지 확인한 후 문을 연다.

③ 플랫폼 분리 : 플랫폼이 분리되는 모델은 3D프린터에서 플랫폼을 꺼내어 작업한다.

④ 출력물 제거

- 스크래퍼(헤라) 등 전용 공구를 사용하여 플랫폼과 출력물 사이를 밀어 넣어 분리한다.
- 무리한 힘을 주면 출력물이 파손되거나 3D프린터의 구동부(모터 등)가 손상을 입을 수 있고, 플랫폼의 수평(레벨링)이 틀어질 수 있으므로 주의한다.

⑤ 재설치 및 대기 : 플랫폼 표면의 이물질을 제거하고 다시 장착한 뒤, 장비를 대기 상태(Standby)로 설정한다.

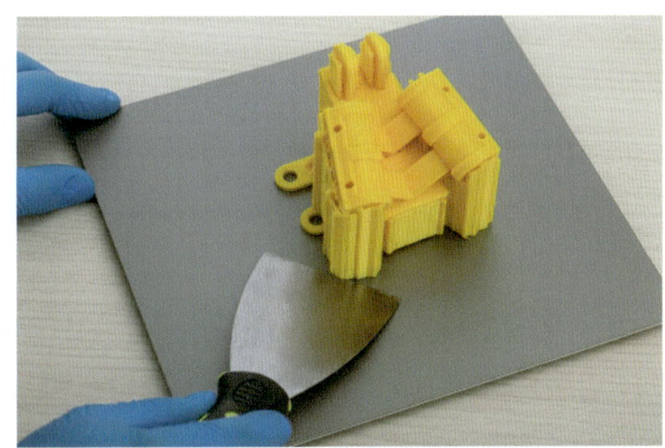

[플랫폼을 분리한 후 도구로 회수]

2 액체 방식(SLA/DLP)

광경화성 수지(레진)는 피부에 유해할 수 있으므로 화학적 보호에 각별히 유의해야 한다.

① 보호구 착용 : 광경화성 수지가 피부에 닿지 않도록 내화학성 장갑(니트릴 장갑)을 착용하고, 긴 소매 옷, 마스크, 보안경을 갖춘다.

② 플랫폼 분리 : 출력물이 플랫폼에 거꾸로 매달려 있는 경우가 많으므로, 고정 나사를 풀고 플랫폼을 분리한다. 이때 수지가 수조 밖으로 떨어지지 않도록 주의한다.

③ 출력물 분리 : 전용 공구(스크래퍼)를 사용하여 플랫폼 표면이 긁히지 않도록 조심하며 출력물을 떼어낸다.

④ 세척(Cleaning) : 출력물 표면에 묻은 미경화 수지를 제거하기 위해 이소프로필알코올(IPA)이나 에틸알코올이 담긴 용기에 담가 세척하거나 분무기로 뿌려 닦아낸다.

⑤ 후경화(Post-Curing) : 세척 후에도 내부에 미경화 수지가 남아 변형될 수 있으므로, 자외선 (UV) 경화기에 넣어 완전히 굳힌다.

[레진 출력물 회수]

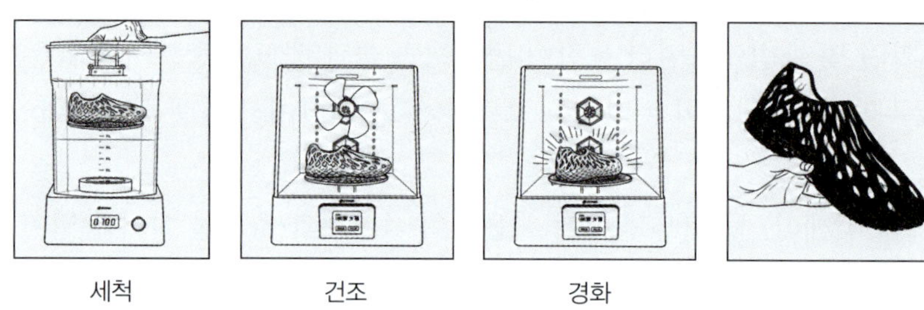

세척   건조   경화

[세척, 건조, 경화 과정을 거쳐 회수]

❸ 분말 방식(SLS/CJP)

미세한 분말 가루가 날리므로 호흡기 보호가 필수적이며, 출력 직후의 취급에 주의해야 한다.

① 보호구 착용 : 분진 흡입 방지를 위해 방진 마스크와 보안경, 장갑을 반드시 착용한다.

② 건조(Drying/Cooling) : 출력이 끝나도 바로 꺼내지 않고 프린터 내부에서 충분한 시간(예 1시 간 30분) 동안 건조 및 냉각시켜야 한다. 건조되지 않은 상태로 꺼내면 출력물이 부서질 위험이 있다.

③ 분말 제거(1차) : 문을 열고 진공 흡입기(Vacuum)를 사용하여 출력물 주변의 굳지 않은 분말을 제거하며 출력물을 발굴한다. 이때 회수된 분말은 재사용이 가능하다.

④ 출력물 회수 및 세척 : 플랫폼에서 출력물을 꺼낸 후, 별도의 세척 공간(세척실)으로 이동하여 에어 건이나 붓을 이용해 표면에 남은 가루를 완전히 제거한다.

[SLS 방식의 출력물 회수]

제품 출력

01 FDM(재료 압출) 방식에서 출력 도중 바닥 모서리 부분이 베드에서 떨어져 위로 말려 올라가는 수축 현상(Warping)을 방지하기 위한 방법으로 옳지 않은 것은?

① 출력물이 안착되는 플랫폼의 온도를 높여준다.

② 챔버를 닫아 외부의 찬 공기가 유입되는 것을 차단한다.

③ 브림(Brim)이나 래프트(Raft) 설정을 통해 안착 면적을 넓힌다.

④ 첫 번째 레이어가 출력될 때 냉각 팬의 속도를 최대로 설정한다.

해설

수축을 방지하려면 재료가 서서히 식도록 해야 한다. 첫 번째 레이어 출력 시 냉각 팬이 강하게 돌면 재료가 급격히 수축하여 안착력이 떨어지므로, 보통 첫 레이어에서는 팬을 끄거나 최소화해야 한다.

02 분말 방식(SLS 또는 Binder Jetting) 3D프린터에서 조형이 완료된 후, 출력물을 바로 꺼내지 않고 장비 내부에서 'DRYING(건조)' 시간을 가져야 하는 가장 큰 이유는?

① 분말의 색상을 더 선명하게 만들기 위해서이다.

② 출력물이 충분히 냉각 및 경화되지 않은 상태에서 꺼낼 경우 부서질 위험이 있기 때문이다.

③ 남은 분말의 재사용률을 높이기 위해서이다.

④ 레이저의 강도를 사후에 측정하기 위해서이다.

해설

분말 방식은 고온의 환경에서 조형되거나 접착제로 결합된 상태이므로, 출력 직후에는 구조적으로 매우 약하다. 따라서 충분한 냉각 및 건조 시간을 거쳐야만 파손 없이 회수할 수 있다.

03 FDM 3D프린터로 출력하는 도중 출력물의 단면이 밀려서 계단 모양으로 성형되는 '탈조(Layer Shifting)' 현상의 원인으로 볼 수 없는 것은?

① 타이밍 벨트가 장시간 사용으로 인해 늘어난 경우

② 스테핑 모터의 축에 고정된 타이밍 풀리가 헐거워진 경우

③ 모터 드라이버가 과열되어 일시적으로 모터 구동이 멈춘 경우

④ 필라멘트 재료의 직경이 설정값보다 약간 얇은 경우

해설

탈조는 헤드의 위치 제어에 실패하는 기계적/전자적 문제가 주원인이다. 필라멘트가 얇은 것은 압출량 부족(과소 압출)의 원인은 될 수 있으나, 단면 전체가 밀리는 현상과는 거리가 멀다.

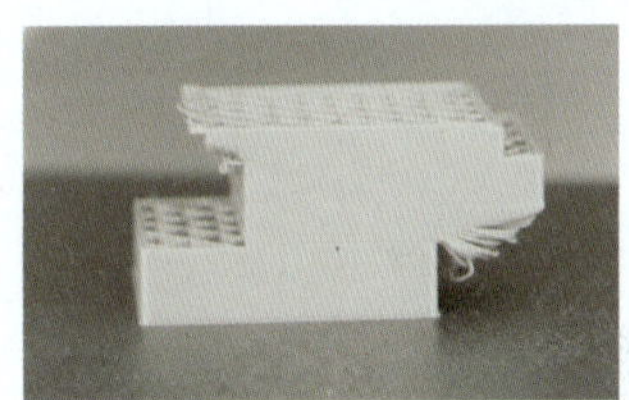

04 SLA(광중합) 방식 3D프린터에서 출력물 회수 후 잔류 수지를 제거하고 강도를 높이기 위해 수행하는 후가공 절차로 가장 적절한 것은?

① 아세톤 훈증 → 표면 연마 → 지지대 제거

② 알코올(IPA) 세척 → 지지대 제거 → 후경화

③ 물 세척 → 자외선 차단 → 표면 도색

④ 래프트 제거 → 알코올 세척 → 상온 건조

해설

SLA 방식은 출력 직후 표면에 끈적이는 미경화 수지가 묻어 있으므로 이소프로필알코올(IPA) 등으로 먼저 세척해야 한다. 이후 지지대를 제거하고, 남아있는 미경화 수지를 완전히 굳혀 변형을 방지하기 위해 자외선(UV) 경화기 처리를 한다.

01 ④   02 ②   03 ④   04 ②   정답

PART

07

3D프린팅 안전관리

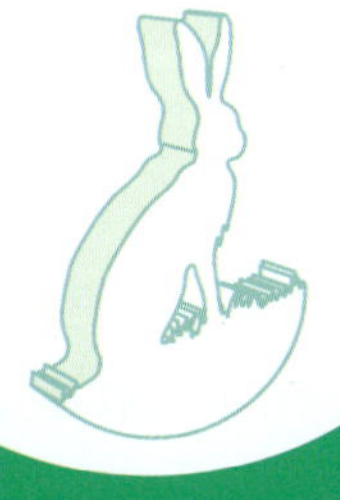

01 안전수칙 확인
02 예방 점검 실시하기
03 안전사고 사후 대책 수립하기

1 안전사고

1 안전사고의 개념

안전사고란 고의성 없는 부주의나 시설 결함 등으로 인해 발생하는 예기치 못한 사고로, 인명 피해나 재산상의 손실을 초래하는 모든 불행한 사건을 말한다.

2 사고 연쇄성 이론

(1) 하인리히 법칙(1:29:300 법칙)

대형 사고가 발생하기 전에는 반드시 경미한 사고와 징후가 선행된다는 법칙이다. 300번의 사소한 징후와 29번의 작은 사고를 미리 찾아내 예방한다면, 최종적인 1번의 대형 재난을 막을 수 있다.

> 1건의 중상해(사망) 사고 : 29건의 경상해 사고 : 300건의 무상해 사고(잠재적 징후)

(2) 하인리히의 도미노 법칙(사고 연쇄 이론)

① 1단계 : 사회적 환경 및 유전적 요소(개인의 성격, 자라온 환경 등)
② 2단계 : 개인적 결함(안전 수칙 무시, 주의력 결핍 등)
③ 3단계 : 불안전한 행동 및 불안전한 상태(직접 원인)
④ 4단계 : 사고(실제 충돌, 추락 등의 사건 발생)
⑤ 5단계 : 재해(인명 피해나 재산 손실)

3단계인 '불안전한 행동과 상태'를 제거하면 사고를 예방할 수 있다는 이론이다.

② 안전보건 표지 및 색도 기준

대한민국 산업안전보건법 기준이다.

① 금지 표지

① 출입금지, 화기금지 등 특정한 행위를 엄격히 제한하여 산업 재해를 미연에 방지한다.

② 구성 : 흰색 바탕, 빨간색 원 및 45도 사선, 검은색 그림

※ 단, 바탕은 표지 면적의 50% 이상이다.

번호	표지	표지 명칭	금지 표시 의미 및 내용	설치 및 사용 장소 예시
101		출입 금지	허가 없이 해당 구역에 들어가는 것 금지	위험 물질 저장소, 고전압 구역, 공사장 입구
102		보행 금지	사람이 걸어 다니는 것 금지	장비 주행로, 낙하물 위험 구역, 컨베이어 주변
103		차량통행 금지	지게차, 차량 등의 통행 금지	보행자 전용 통로, 하중 제한 구역
104		사용 금지	수리 중이거나 고장 난 장비의 조작 금지	점검 중인 3D프린터, 고장 난 승강기
105		탑승 금지	사람이 올라타는 행위 금지	화물용 엘리베이터, 컨베이어 벨트, 지게차 포크
106		흡연 금지	해당 구역 내에서의 흡연 행위 금지	공장 내부, 화학 물질 취급 구역, 실내 작업장
107		화기 금지	불꽃을 일으키는 행위(라이터, 용접 등) 금지	인화성 액체(IPA 등) 보관소, 가스 저장소
–		물기 엄금	물을 사용하거나 물을 끼얹는 행위 금지	전기 설비 구역, 물과 반응하는 화학 물질 보관소
–		접촉 금지	손을 대거나 만지는 행위 금지	고온 가열 부품(노즐), 회전체, 정밀 센서

2 경고 표지

① 인화성 물질, 급성 독성 물질 경고 등 잠재적인 위험을 미리 알려 사고를 예방한다.
② 구성
  • 노란색 바탕, 검은색 테두리와 그림
  • 일부는 흰색 바탕에 빨간 테두리

번호	표지	표지 명칭	경고 표시 의미 및 내용	설치 및 사용 장소 예시
201		인화성물질 경고	불이 붙기 쉬운 액체/기체 주의	주유소, 가스 저장소, 페인트 보관창고
202		산화성물질 경고	연소를 돕는 강산류/화학물질 주의	실험실 시약장, 표백제 제조 공정, 산소 탱크 주변
203		폭발성물질 경고	충격/가열 시 폭발 위험 주의	화약고, 가스 충전소, 압력 용기 취급소
204		급성독성물질 경고	중독을 일으키는 유해 물질 주의	농약 창고, 유독가스 발생 구역, 폐기물 처리장
205		부식성물질 경고	피부나 금속을 부식시키는 물질 주의	배터리 충전실(황산), 도금 공장, 세척액 탱크
206		방사성물질 경고	방사능 노출 위험 주의	병원 방사선실(X-ray), 원자력 발전소, 비파괴 검사실
207		고압전기 경고	감전 및 전기 사고 위험 주의	변전실, 배전반(분전함), 전신주, 변압기 주변

번호	표지	표지 명칭	경고 표시 의미 및 내용	설치 및 사용 장소 예시
208		매달린 물체 경고	크레인 등으로 이동 중인 물체 주의	건설 현장 타워크레인 하부, 하역장, 공장 천장 크레인
209		낙하물 경고	위에서 물체가 떨어질 위험 주의	공사장 비계 주변, 고층 자재 선반 창고
210		고온 경고	뜨거운 열에 의한 화상 주의	보일러실, 가열로, 스팀 배관, 대형 조리시설 국솥
211		저온 경고	극저온에 의한 동상 주의	냉동 창고, 액체질소 보관소, 드라이아이스 취급소
212		몸균형 상실 경고	미끄러짐이나 넘어짐 위험 주의	물청소 중인 바닥, 경사로, 동절기 빙판길 주의 구역
213		레이저 광선 경고	레이저에 의한 시력/피부 손상 주의	산업용 3D프린터실, 레이저 가공실, 정밀 측정실, 의료 장비
214		발암성·변이원성·생식독성·전신독성·호흡기 과민성 물질 경고	암 유발, 유전적 결함 유발, 태아나 생식 기능에 악영향, 특정 장기 손상, 알레르기나 천식 유발	화학 물질 합성 공장, 특수 유기용제 취급소, 실험실 내 유독 물질 보관함, 석면 취급 구역
215		위험장소 경고	기타 명시되지 않은 위험 요소 주의	기계 가동 구역, 맨홀 주변, 수리 중인 통로

3 지시 표지

① 특정 보호구 착용이나 조치를 강제하는 표지이다.

② 구성 : 파란색 원형 바탕에 흰색 그림

번호	표지	표지 명칭	경고 표시 의미 및 내용	설치 및 사용 장소 예시
301		보안경 착용	파편, 액체 비산으로부터 눈 보호	그라인더 작업, 화학 시약 취급소
302		방독마스크 착용	유해가스, 증기로부터 호흡기 보호	도장 작업장, 유기용제 사용 구역
303		방진마스크 착용	분진, 입자로부터 호흡기 보호	건설 현장, 연마(샌딩) 작업장
304		보안면 착용	안면 전체를 불꽃, 파편으로부터 보호	용접 작업, 고온 액체 취급 공정
305		안전모 착용	낙하, 추락 위험으로부터 머리 보호	건축 및 토목 현장, 고소 작업 구역
306		귀마개 착용	소음으로부터 청력 보호(귀덮개 포함)	기계실, 엔진 시험장, 소음 발생 공장
307		안전화 착용	낙하물, 찔림으로부터 발 보호	물류 센터, 공사 현장, 중량물 취급소
308		안전장갑 착용	화상, 베임, 감전으로부터 손 보호	기계 정비, 전기 작업, 금속 가공업
309		안전복 착용	화학물질, 열로부터 신체 전체 보호	특수 실험실, 화재 위험 공정, 화학 공장

4 안내 표지

① 비상구, 응급구호 표지 등 사고 시 대피로와 구호 설비를 안내한다.

② 구성 : 녹색 바탕, 흰색 그림과 글씨

번호	표지	표지 명칭	금지 표시 의미 및 내용	설치 및 사용 장소 예시
401		녹십자	안전 의식을 고취하고 '안전 제일'을 상징	작업장 입구, 안전 게시판, 공사장 입구
402		응급구호표지	부상자 발생 시 응급 처치 설비 및 장소 안내	구급함 위치, 보건실, 응급 처치실
403		들것	부상자 이송용 들것이 보관된 위치 안내	현장 내 주요 통로, 소방 장비 보관함 주변
404		세안장치	화학 물질이 눈에 튀었을 때 씻어낼 설비 안내	화학 실험실, 레진 취급 구역, 배터리실
405		비상용 기구	비상시 사용하는 기구(방독면, 구조 로프 등) 안내	안전 장비함, 지하 대피소, 특수 작업장 입구
406		비상구	화재 등 비상시 탈출할 수 있는 출입구 표시	계단 입구, 건물 외벽 출입문 상단
407		좌측 비상구	왼쪽 방향에 비상구가 있음을 알림	복도 및 통로(왼쪽 지시용)
408		우측 비상구	오른쪽 방향에 비상구가 있음을 알림	복도 및 통로(오른쪽 지시용)

산업안전보건법 시행규칙으로 색도 기준(먼셀 기호)이 엄격하게 정해져 있다.

색채	색도 기준 (먼셀 기호)	의미 및 용도	해당 표지 종류
빨간색	7.5R 4/14	금지, 경고, 화기위험이나 정지 상태를 강력하게 알림	
노란색	5Y 8.5/12	경고, 주의, 잠재적 위험을 알리고 주의를 환기함	
파란색	2.5PB 4/10	지시, 특정 행동을 강제하거나 의무를 부여함	
녹색	2.5G 4/10	안내, 피난, 위생, 안전한 상태나 대피 경로를 안내함	
흰색	N9.5	바탕 및 심볼, 다른 색과의 대비를 높이기 위해 사용	
검은색	N0.5	문자 및 심볼, 정보 전달의 명확성을 위해 사용	

3 개인 보호구

1 호흡용 보호구(마스크)

(1) 방진 마스크(Dust Mask)

3D프린팅 후처리(샌딩, 연마) 시 발생하는 분진, 미스트, 흄으로부터 호흡기를 보호한다.

① 구조

격리식	여과재 → 연결관 → 흡기밸브 → 마스크 → 배기밸브의 호흡 순서로 구성되어 있다.
직결식	여과재 → 흡기밸브 → 마스크 → 배기밸브 순으로 마스크에 직접 연결되어 있다.
안면부 여과식	마스크 자체가 필터 역할을 하며, 부품 교환이 없다.

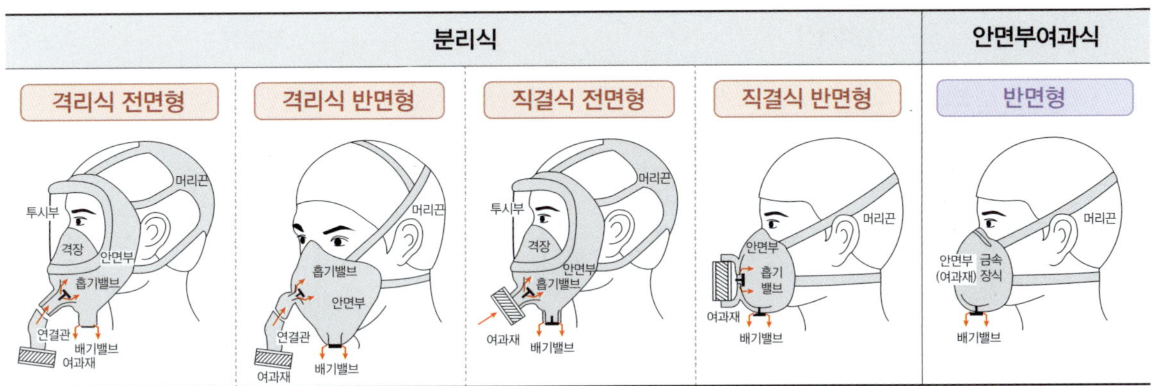

[방진 마스크의 형태 및 구조]

② 방진 마스크 등급 및 포집 효율

등급	분진 포집효율	누설율	차단 물질 및 용도(Target Substances)
특급	99.95% 이상(99.0% 이상)	5% 이하	• 베릴륨 등 독성이 강한 분진 • 석면 취급 장소 • 발암성 물질 등
1급	94.0% 이상	11% 이하	• 금속 흄(Fume) • 기계적 분진 등 열적으로 생기는 분진 • 금속을 녹이는 과정에서 발생하는 연기
2급	80.0% 이상	25% 이하	• 일반적인 분진(그 밖의 분진) • 연마, 절단, 샌딩 작업 시 발생하는 일반 먼지

(2) 방독 마스크(Gas Mask)

유기용제(IPA 등), 산, 알칼리성 가스 및 증기로부터 호흡기를 보호한다. 공기를 정화하느냐, 아니면 직접 공급받느냐에 따라 구분한다.

① 구조

전면형 (Full-face)	• 눈, 코, 입을 포함한 얼굴 전체를 덮는 형태이다. • 독성이 강해 눈 점막까지 보호해야 하거나 고농도 오염 지역에서 사용한다.
반면형 (Half-face)	• 코와 입만 덮는 형태이다. • 시야 확보가 좋고 가벼워 일반적인 작업 현장에서 가장 많이 사용된다.

② 방식

여과식 (정화통식)	• 필터(정화통)를 통해 오염된 공기를 정화하여 흡입한다. • 산소 농도 18% 이상인 장소에서 사용한다.
공급식 (송기식/자급식)	• 외부의 깨끗한 공기를 호스나 산소통으로 직접 공급한다. • 산소 부족(18% 미만)이나 고농도 오염 지역에서 사용한다.

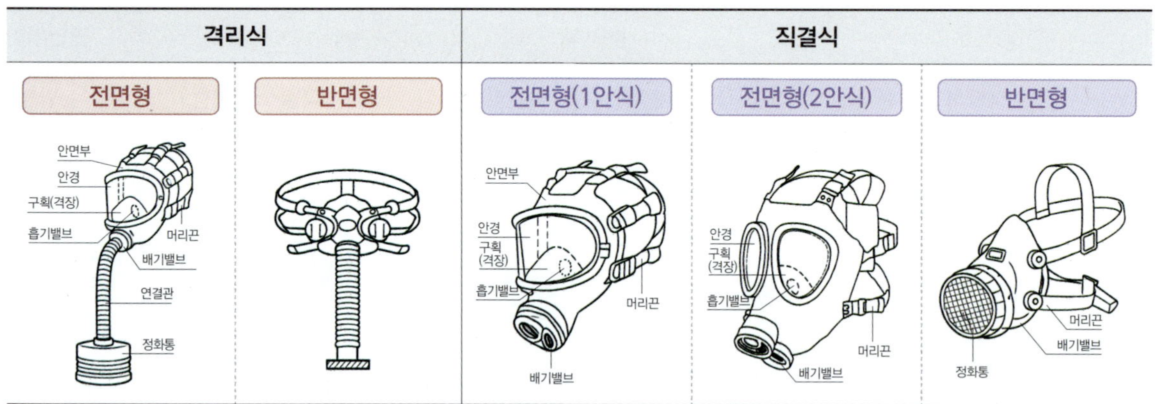

[방독 마스크의 형태 및 구조]

(3) 송기 마스크(Air Supplied Respirator)

오염되지 않은 외부의 깨끗한 공기를 호스(Hose)를 통해 직접 공급해 주는 호흡용 보호구이다. 산소 농도가 18% 미만인 산소 결핍 장소나, 유해 물질 농도가 2%(암모니아 3%) 이상 존재하는 밀폐 공간(맨홀, 탱크 등)에서는 반드시 송기 마스크를 착용해야 한다.

① 구조

공기 공급원 (Air Source)	깨끗한 공기를 만들어내는 장치이다. 예 공기 압축기, 송풍기, 고압 공기 용기
송기 호스 (Supply Hose)	• 공기 공급원과 작업자를 연결하는 긴 관이다. • 보통 내압성과 유연성이 강한 소재를 사용한다.
압력 조절기 (Regulator/Valve)	작업자가 숨쉬기 편하도록 공기의 압력과 양을 조절하는 장치이다.
안면부 (Facepiece)	작업자의 얼굴에 밀착되는 마스크 부분으로, 전면형(얼굴 전체) 또는 반면형(코와 입)이 있다.

호스 마스크

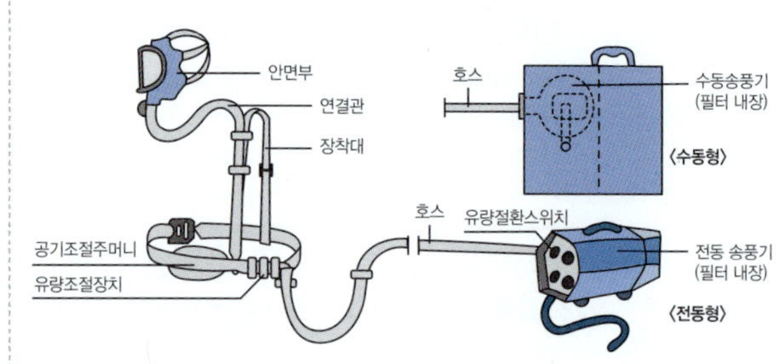

호스의 끝을 신선한 공기 중에 고정하고 호스, 안면부 등을 통하여 사용자의 폐력으로 공기를 흡입

송풍기(전동, 수동)를 신선한 공기 중에 고정시키고 호스, 안면부 등을 통하여 송기(유량조절장치 및 필터 구비)

[송기 마스크의 형태 및 구조]

2 손 및 신체 보호구

(1) 전기용 안전장갑(Insulating Gloves)

① 등급 분류

- 사용하는 전압에 따라 00등급부터 4등급까지 분류된다.
- 숫자가 클수록 절연 성능이 높고, 두께가 두껍다.

전기용 안전장갑 등급			
등급	색상	최대 사용 전압(교류, AC)	최대 사용 전압(직류, DC)
00	갈색	500V	750V
0	빨간색	1,000V	1,500V
1	흰색	7,500V	11,250V
2	노란색	17,000V	25,500V
3	녹색	26,500V	39,750V
4	등색(주황)	36,000V	54,000V

② 관리 및 점검

- 사용 전 점검 : 반드시 공기를 불어 넣어 구멍(핀홀), 찢어짐 여부를 확인한다.
- 보관 방법 : 고무 재질은 열과 빛에 의해 노화되므로 직사광선을 피해 서늘한 곳에 보관한다.
- 정기 점검 : 6개월마다 1회씩 규정된 방법으로 절연 성능을 점검하고 기록한다.
- 보호 조치 : 전기용 안전장갑이 작업 시 찢어지지 않도록 외측에 가죽 장갑을 덧대어 착용한다.

(2) 내화학성 장갑 및 기타 보호구

내화학성 장갑	• SLA 방식의 레진이나 세척용 알코올(IPA) 등 유기용제를 다룰 때는 니트릴 장갑 등 불투명하고 내화학성이 있는 장갑을 착용한다. • 면장갑은 약품이 스며들 수 있어 부적합하다.
보안경	후처리 작업 시 파편이 눈에 튀거나, 레이저 광선으로부터 눈을 보호하기 위해 착용한다.
방열복	• 고온의 복사열과 화염으로부터 신체를 보호하기 위해 표면을 알루미늄 등으로 코팅하여 열을 반사하는 특수 의복이다. • 주로 용광로 작업이나 화재 진압 현장처럼 극심한 고열이 발생하는 곳에서 화상과 열사병을 방지하기 위해 착용한다.
화학용 보호복	• 유해한 화학물질이 피부에 직접 닿거나 체내로 흡수되는 것을 막기 위해 내화학성 소재로 제작된 보호복이다. • 취급하는 물질의 상태(액체, 기체, 분진)와 위험도에 따라 1형식부터 6형식까지 등급이 나뉘며 상황에 맞는 선택이 필수이다.

3 화재 예방 및 소화기

(1) 화재의 종류

① A급(일반화재) : 나무, 종이, 섬유 등 타고 나서 재가 남는 화재
② B급(유류화재) : 인화성 액체(알코올, 오일 등) 화재

③ C급(전기화재) : 전기가 흐르는 장비에서 발생한 화재

④ D급(금속화재) : 마그네슘, 알루미늄 등 금속 분말(SLS 방식 등)에 의한 화재

※ 금속화재 시에는 물을 사용하면 폭발 위험이 있으므로, 마른 모래(건조사)나 금속화재 전용 소화기를 사용해야 한다.

(2) 소화기

① 주요 소화기 종류별 특징

- ABC 분말 소화기 : 가장 흔히 볼 수 있는 빨간색 소화기로, A, B, C급 화재 모두에 사용 가능하다.
- 이산화탄소 소화기 : B, C급 화재에 적합하며, 소화 후 잔여물이 남지 않아 정밀 기기가 있는 곳에 좋다. A급 화재에는 효과가 적다.
- D급 소화기 : 일반 소화기를 금속화재에 쓰면 폭발 위험이 있어, 반드시 전용 소화제(팽창 질석 등)를 사용해야 한다.
- K급 소화기 : 식용유 화재는 온도를 낮추지 않으면 재발화하기 쉽다. K급 소화기는 식용유 표면에 막을 형성하고 냉각 효과를 주어 주방화재에 필수적이다.

② 소화기 사용법 : 안전핀을 뽑고 호스를 불 쪽으로 향하고 손잡이를 움켜쥐고 빗자루 쓸듯 분사한다.

소화기의 등급	진압 가능한 화재 종류	화재 원인 물질
A	일반화재	나무/천/종이
B	유류화재	페인트/기름, 가연성 물질
C	전기화재	전기제품; 큰 전기 사용 제품
D	금속화재	금속
K	주방화재	식용유, 조리용 기름

4 작업 환경

1 환기 및 환경 관리

(1) 환기

3D프린팅 중 발생하는 VOCs(휘발성 유기화합물) 및 미세먼지 배출을 위해 국소 배기 장치 또는 전체 환기를 실시해야 한다.

(2) 온/습도

재료의 변형 방지와 정전기 예방(습도 유지)을 위해 적절한 온·습도를 유지해야 한다. 일반적으로 겨울철 습도 40%, 여름철 60% 정도를 권장한다.

2 정리 정돈

통로에 물건을 적재하지 않고, 비상구를 확보해야 한다.

❸ 3D프린터를 설치한 공간의 환기효과에 따른 환기방법

① 국소배기장치(포위식, 후드형 등)를 사용한다.

② 환풍기, 공조장치를 사용한다.

③ 외부로 통하는 창문을 활용하여 자연환기한다.

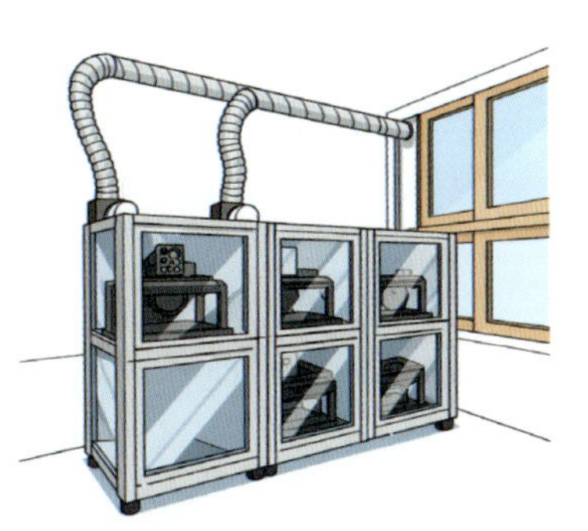

[포위식 국소배기장치]

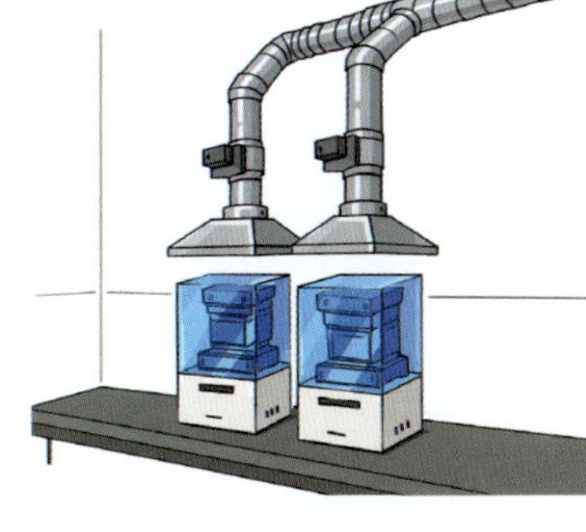

[후드형(상방형) 국소배기장치]

[3D프린팅 작업실의 환풍기, 공조기 시설과 자연환기]

❹ 3D프린터 선택

(1) 재료 압출방식(MEX)

① 개방형보다 밀폐형이 유해물질이 적게 발생한다.

② 필터가 장착된 3D프린터가 유해물질이 적게 발생한다.

(2) 액조광중합방식(VPP)

휘발성 유기 화합물의 흡착과 탈취를 위해 카본 필터와 헤파 필터 장착을 권장한다.

구분	헤파필터	카본(활성탄) 필터
주요 기능	미세입자 제거	가스 및 냄새 흡착
제거 대상	먼지, 꽃가루, 곰팡이, 바이러스 등	악취, VOCs, 유독가스
작동 원리	물리적 여과	화학적 흡착
효과	알레르기 예방, 공기 정화	냄새 제거, 화학물질 제거

5 3D프린팅 공정별 위험 요인

1 고체 적층 방식(FDM/FFF) 안전관리

(1) 고온 화상 위험

① FDM 방식은 노즐(약 180~250℃)과 히팅 베드(약 50~100℃)를 고온으로 가열하여 필라멘트를 녹인다.

② 출력 도중이나 직후에 맨손으로 만지면 심각한 화상을 입을 수 있으므로 장갑을 착용하고 온도가 내려간 후 작업해야 한다.

(2) 구동부 끼임

모터와 벨트 등 구동부에 손이나 옷가지가 끼이지 않도록 주의해야 한다.

(3) 감전

전기 부품들의 외부 노출·수리 시 전원을 끈 상태에서 진행해야 한다.

(4) 3D프린팅 주요 유해 물질 개요

① FDM 방식에서 필라멘트(특히 ABS)가 고온에 녹을 때 스티렌(Styrene) 같은 휘발성 유기화합물(VOCs)과 나노입자(초미세먼지)가 발생할 수 있다.

② 반드시 환기 시설이 갖춰진 곳에서 작업하고, 방진 마스크를 착용해야 한다.

FDM 방식 소재	함유 물질	배출 유해 물질	비고
ABS	• 아크릴로니트릴 • 1,3-부타디엔 • 스티렌	• 초미세먼지 • 방향성 VOCs(스티렌 등) • 카본 모노사이드(일산화탄소) • 하이드로젠 샤나이드(시안화수소)	• 유해성 높음 • 가열 시 매캐한 냄새 발생 • 환기 필수
PLA	락티드(옥수수 전분 등)	• 초미세먼지 • 알데하이드 • 카본 모노사이드 • 메틸 메타크릴레이트	• 비교적 친환경적 • 냄새가 적으나 유해물질은 배출됨 • 환기 권장
Nylon	• 록탐 • 산/아민	• 초미세먼지 • 카프로락탐 • 니트릴, 방향성 VOCs • 암모니아	–
Polycarbonate	비스페놀A	• 초미세먼지 • 비스페놀A(환경호르몬) • 알데하이드	–

② 액체 적층 방식(SLA/DLP) 안전관리

(1) 광경화성 수지(Resin) 유해성

① 액상 수지는 피부 자극을 유발하고 알레르기 반응을 일으킬 수 있다.

② 피부에 묻었을 경우 즉시 다량의 비누와 물로 씻어내야 하며, 피부에 흡수를 촉진할 수 있으므로 절대 유기용제로 닦으면 안 된다.

(2) 세척액(IPA) 화재 위험

① 출력물 세척에 사용되는 이소프로필알코올(IPA)은 인화성이 매우 높다.

② 화기 엄금 및 환기가 필수적이다.

(3) UV 레이저 시력 손상

① SLA 방식의 UV 레이저는 직접 보면 시력에 치명적이다.

② 반드시 전용 보안경을 착용하거나 커버를 닫고 작업해야 한다.

③ 분말 적층 방식(SLS) 안전관리

(1) 분진 폭발 및 화재

① 미세한 금속 또는 플라스틱 분말은 공기 중에 퍼져 특정 농도가 되면 스파크 등에 의해 폭발(분진 폭발)할 수 있다.

② 전용 소화기(D급 금속화재용 등)를 비치해야 한다.

(2) 호흡기 흡입 위험

$10 \sim 100\,\mu m$ 크기의 미세 분말은 폐 깊숙이 침투할 수 있으므로 반드시 방진 마스크를 착용해야 한다.

(3) 질식 위험

산화를 방지하기 위해 사용하는 불활성 가스(질소, 아르곤)가 누출될 경우 밀폐 공간에서 산소 농도가 떨어져 질식 사고가 발생할 수 있다.

① 공정 방식별 기타 유해 요인

공정 방식	주요 유해 요인	세부 내용 및 위험성
SLA/DLP (액체 레진)	유해 가스 및 화학물질	• 광경화성 수지 자체의 유해 화학물질 증기 흡입 위험 • 세척제(IPA, 이소프로필알코올) 사용 시 휘발성 유기화합물 발생 및 화재 위험 • 피부 접촉 시 알레르기 및 화상 위험
SLS (분말 소결)	분진(Dust) 및 질식	• 미세 금속/플라스틱 분말(10~70㎛)이 호흡기로 흡입될 위험(방진 마스크 필수) • 분진 폭발 위험(D급 화재) • 산화 방지를 위해 사용하는 불활성 가스(질소, 아르곤) 누출 시 산소 결핍으로 인한 질식 위험

② 레이저 등급별 특징 및 위험성

등급	레이저 특징 및 위험성
1등급	• 정상 작동 시 안전함 • 장기간 직접 보아도 안전하거나, 밀폐된 시스템 내부에 있어 빔이 외부로 노출되지 않음 • CD/DVD 플레이어, 레이저 프린터(내부) • 밀폐형 3D프린터의 외부 케이스가 닫힌 상태
1M등급	• 정상 작동 시 육안으로는 안전함 • 단, 광학기기(망원경, 확대경 등)를 통해 빔을 관찰할 경우 눈에 손상을 줄 수 있음 ※ M = Magnification • 광통신 장비 등
2등급	• 가시광선 영역(400~700nm) • 순간적인 노출은 눈의 깜빡임 반사(0.25초 이내)로 보호되어 보통 안전함 • 고의로 장시간 응시하면 위험함 • 바코드 스캐너, 레이저 포인터(저출력)
2M등급	• Class 2와 유사하게 짧은 노출은 안전함 • 단, 광학기기를 통해 보면 눈 손상 위험이 있음 • 특수 계측 장비 등
3R등급	• 직접 빔을 보거나 정반사된 빔을 볼 경우 위험할 수 있음(위험도가 3B보다는 낮음) • 'Restricted'의 약자로 보통 5mW 미만의 출력 • 레이저 포인터, 레이저 수평계
3B등급	• 직접 빔 또는 정반사(거울 등)된 빔에 노출 시 눈에 즉각적인 손상 위험 • 확산 반사(벽면 등)는 일반적으로 안전함 • 보안경 착용 필수 • SLA/DLP 방식 3D프린터 • 산업용/연구용 레이저 • 피부 노출 시 경미한 화상 위험
4등급	• 가장 위험한 등급 • 직접 빔, 반사 빔뿐만 아니라 확산 반사광만으로도 눈과 피부에 치명적 손상 • 고출력으로 인해 화재 발생 위험 있음 • SLS 방식 3D프린터(분말 소결용) • 레이저 절단기, 용접기, 의료용 수술 장비 • 반드시 격리된 공간 사용 및 전용 보안경 필수

6 물질안전보건자료(MSDS) 및 법적 준수사항

1 MSDS(Material Safety Data Sheets)

화학물질의 명칭, 유해성·위험성, 응급조치 요령, 취급 방법 등 16가지 항목을 기록한 자료이다.

2 비치 및 숙지 의무

산업안전보건법에 따라 사업주는 작업장 내 근로자가 쉽게 볼 수 있는 장소에 MSDS를 게시하거나 비치해야 하며, 작업자는 이를 숙지하고 작업해야 한다.

MSDS 16가지 주요 구성 항목		
번호	항목	주요 구성 내용
1	화학제품과 회사에 관한 정보	제품명, 제품의 권고 용도와 사용상의 제한, 공급자 정보(회사명, 주소, 긴급전화번호) 등
2	유해성·위험성	유해성·위험성 분류, 예방조치 문구를 포함한 경고 표지 항목, 분류 기준에 포함되지 않는 기타 유해성
3	구성성분의 명칭 및 함유량	화학물질명, 관용명 및 이명(다른 이름), CAS 번호 또는 식별번호, 함유량(%)
4	응급조치 요령	눈·피부에 들어갔거나 접촉했을 때, 흡입하거나 먹었을 때의 응급처치 방법 및 기타 의사의 주의사항
5	폭발·화재 시 대처방법	적절한(및 부적절한) 소화제, 연소 시 발생 유해물질, 화재 진압 시 착용할 보호구 및 예방조치
6	누출 사고 시 대처방법	인체 및 환경을 보호하기 위해 필요한 조치사항, 오염 확산 방지 및 정화·제거 방법
7	취급 및 저장 방법	안전한 취급 요령, 안전한 저장 방법(피해야 할 조건 포함)
8	노출방지 및 개인보호구	화학물질의 노출기준(허용 농도), 적절한 공학적 관리, 호흡기·눈·손 등 신체 보호구 착용 안내
9	물리·화학적 특성	외관(색, 성상), 냄새, pH, 녹는점/어는점, 끓는점, 인화점, 증기압, 용해도 등 물리적 성질
10	안정성 및 반응성	화학적 안정성, 피해야 할 조건(정전기, 충격 등) 및 물질, 분해 시 생성되는 유해물질 정보
11	독성에 관한 정보	가능성이 높은 노출 경로, 급성 및 만성 독성 정보, 건강 유해성 정보(피부 부식성, 자극성 등)
12	환경에 미치는 영향	생태독성, 잔류성 및 분해성, 생물 농축성, 토양 이동성 등 환경적 영향
13	폐기 시 주의사항	폐기 방법, 폐기 시 주의사항(오염된 용기 및 포장의 폐기 방법 포함)
14	운송에 필요한 정보	유엔 번호(UN No.), 적정 선적명, 운송에서의 위험성 등급, 용기 등급
15	법적 규제 현황	산업안전보건법, 화학물질관리법 등 국내 및 외국 법규에 의한 규제 정보
16	그 밖의 참고사항	자료의 출처, 최초 작성일자, 개정 횟수 및 최종 개정일자

1 안전점검의 종류 및 시기

1 일상점검(Daily Inspection)

① 시기 : 작업 전, 작업 중, 작업 종료 후 매일 실시한다.

② 내용 : 기계 기구 및 설비의 이상 유무를 확인하고, 주변 정리 정돈 상태를 점검한다.

2 정기점검(Periodic Inspection)

① 시기 : 일정한 기간(주간, 월간 등)을 정하여 실시한다.

② 내용 : 해당 기계 기구 및 설비의 피로, 마모, 손상, 부식 등 일상점검보다 깊이 있는 점검을 수행한다.

3 특별점검(Special Inspection)

① 시기 : 기계 기구 및 설비를 신설, 변경, 수리하거나, 천재지변(태풍, 폭우) 발생 후, 또는 중대 재해가 발생했을 때 실시한다.

② 목적 : 기계 설비의 안전성 확보 및 재해 예방

4 임시점검

기계 설비의 갑작스러운 이상 발견 시 실시한다.

2 안전점검의 순서

① 실태 파악 : 생산라인의 전반적인 관찰을 통해 일정한 리듬과 상태를 파악한다.

② 결함 발견 : 불안전한 상태와 행동을 예측하고 찾아낸다.

③ 대책 결정 : 발견된 결함을 시정하기 위한 최적의 대책을 결정한다.

④ 대책 실시 : 원인을 분석하고 근원적인 조치를 강구한다.

3 장비 유지보수 및 트러블 슈팅

1 전원 공급 장치(SMPS) 고장 및 정전 시 대처

프린터 출력 중 전원이 나가거나 파워 서플라이가 고장 나면, 가장 먼저 전원 스위치를 끄고(OFF) 플러그를 뽑아야 한다. 전원이 다시 들어올 때 과전류로 인한 2차 손상을 막기 위함이다.

2 전기 안전 및 화재 예방

① 콘센트나 접지형 플러그는 바닥에 방치하지 않아야 한다.

② 습기나 먼지로 인한 누전 및 화재 위험이 있다.

③ 전기 설비 화재(C급 화재) 시에는 절대 물을 사용해서는 안 되며, 전기 화재용 소화기를 사용해야 한다.

❸ 노즐 및 압출기 관리

① 노즐 막힘 : 필라멘트 찌꺼기가 남지 않도록 사용 후 관리하며, 막혔을 경우 노즐 온도를 녹는점 이상으로 올려 뚫거나 교체한다.
② 필라멘트 교체 : 기존 재료가 굳어 있다면 노즐을 예열하여 기존 재료를 제거한 후 새로운 재료를 삽입한다.

4 작업 환경 점검

❶ 적정 온·습도

3D프린팅 소재(특히 흡습성이 강한 소재)와 장비 보호를 위해 적절한 온·습도를 유지해야 한다.
① 겨울철 : 18~21℃ / 습도 40%
② 여름철 : 24~27℃ / 습도 60%

❷ 환기

3D프린터 가동 중에는 환기 장치를 항상 가동하고, 작업 종료 후에도 최소 1시간 이상 환기를 유지하여 미세먼지와 유해 가스를 배출해야 한다.

안전사고 사후 대책 수립하기

1 응급처치

1 응급처치 행동 요령 및 원칙

① 현장 안전 확인 : 구조자 자신의 안전을 먼저 확보한 후 접근한다.

② 환자 상태 파악 : 의식을 확인(어깨 두드리기)하고, 호흡 및 맥박을 확인한다.

③ 도움 요청 : 주변에 특정인을 지목하여 119 신고 및 AED(자동심장충격기)를 요청한다.

④ 동의 구하기 : 의식이 있는 환자에게는 동의를 구하고, 의식이 없으면 동의한 것으로 간주한다.

2 심폐소생술(CPR) 및 심정지 대처

① 골든타임(4분) : 심정지 후 4분 이내에 심폐소생술을 실시해야 생존율이 높으며, 뇌 손상을 막을 수 있다. 1분이 지날 때마다 생존율은 7~10%씩 감소한다.

② CPR 순서(C-A-B) : 가슴 압박(Compressions) → 기도 개방(Airway) → 인공호흡(Breathing)

③ 상세 절차 : 반응 확인 → 119 신고 → 호흡 확인 → 가슴 압박 30회 → 인공호흡 2회 반복

④ 가슴 압박 방법 : 가슴 중앙(흉골 아래 1/2 지점)을 약 5~6cm 깊이로, 분당 100~120회의 속도로 강하고 빠르게 압박한다.

3 감전사고 대처 및 전류의 영향

(1) 대처 방법

① 감전된 사람을 발견하면 즉시 전원을 차단하는 것이 최우선이다.

② 전원 차단이 불가능할 경우 절연체(예 고무, 마른 나무 등)를 이용하여 환자를 전선에서 떼어내야 한다.

③ 맨손으로 직접 접촉해서는 안 된다.

(2) 가수전류(Let-go Current/이탈 전류)

① 사람이 전류를 감지하고 스스로 근육을 제어하여 전선에서 손을 뗄 수 있는 한계 전류를 말한다.

② 교류 60Hz 기준 성인 남자는 약 10~15mA 정도이며, 이 이상 흐르면 근육이 수축되어 스스로 탈출할 수 없게 된다.

(3) 불수전류(Freezing Current/교착 전류)

가수전류 이상의 전류가 흐르면 근육이 마비되어, 스스로 전원에서 이탈하는 것이 불가능해지는 전류를 말한다.

(4) 심실세동 전류

100mA 정도에서 일어나며 심장이 불규칙하게 박동하여 혈액 공급이 중단되는 치명적인 상태를 유발하는 전류치를 말한다.

4 화상 및 기타 사고 대처

(1) 화상

① 3D프린터 노즐(200℃ 이상)이나 히팅 베드에 의한 화상 시, 흐르는 찬물에 20~40분 정도 식혀 화기를 뺀다.

② 물집은 터뜨리지 않으며, 옷이 피부에 달라붙었을 때는 억지로 떼지 말고 가위로 잘라낸다.

(2) 약품 묻음

레진이나 용제가 피부에 묻으면 즉시 다량의 비누와 물로 씻어낸다.

5 사후 대책 및 보고서 작성

(1) 사고 보고

사고 발생 시 5W1H(육하원칙)에 따라 사고 경위, 피해 상황, 조치 내용을 기록한 보고서를 작성한다.

(2) 재발 방지

사고 원인을 분석(불안전한 행동/상태 제거)하고, 안전 교육 및 설비 보완 등 재발 방지 대책을 수립한다.

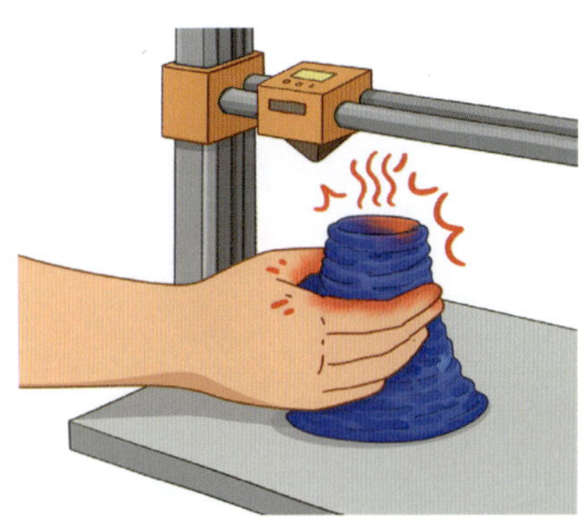

[노즐에 의한 화상 위험]

01 다음 중 산업안전보건법에 따른 안전보건 표지의 색채와 사용례가 바르게 연결되지 않은 것은?

① 빨간색 - 금지 : 정지신호, 소화설비 장소, 유해행위 금지
② 노란색 - 경고 : 화학물질 취급 장소에서의 유해·위험 경고 외의 위험 경고
③ 파란색 - 안내 : 비상구 및 피난소, 사람 또는 차량의 통행 표지
④ 흰색 - 보조색 : 파란색 또는 녹색에 대한 보조색

해설

파란색은 '지시'를 의미하며 특정 행위의 지시(예 보안경 착용) 및 사실의 고지에 사용된다. 비상구 및 피난소 등을 나타내는 '안내' 표지는 녹색을 사용해야 한다.

02 3D프린팅 작업 환경에서 산소 농도가 18% 미만인 산소 결핍 장소나 유해 가스 농도가 높은 밀폐 공간에서 작업할 때 반드시 착용해야 하는 호흡 보호구는?

① 방진 마스크
② 방독 마스크
③ 송기 마스크
④ 안면부 여과식 마스크

해설

산소 농도가 18% 미만인 장소에서는 산소 공급 기능이 없는 방진 또는 방독 마스크를 사용해서는 안 되며, 외부로부터 신선한 공기를 호스로 공급받는 송기 마스크를 반드시 착용해야 한다.

03 3D프린터의 전원부 점검이나 수리 시 착용하는 전기용 안전장갑의 관리 및 사용 방법으로 옳지 않은 것은?

① 사용 전 반드시 공기를 불어 넣어 구멍(핀 홀)이나 찢어짐이 있는지 확인해야 한다.
② 고무 재질이므로 열이나 직사광선을 피해 서늘한 곳에 보관해야 한다.
③ 절연 성능 유지를 위해 6개월마다 1회씩 정기 점검을 실시하고 기록해야 한다.
④ 내전압용 절연장갑은 00등급부터 4등급까지 있으며 숫자가 작을수록 절연 성능이 높다.

해설

내전압용 절연장갑은 등급 숫자가 클수록 절연 성능이 높고 견딜 수 있는 전압의 범위가 넓어진다. 00등급이 가장 낮은 전압(교류 500V)용이고, 4등급이 가장 높은 전압(교류 36,000V)용이다.

04 SLA(광경화성 수지 조형) 방식의 3D프린터를 운용할 때의 안전 수칙으로 가장 옳은 것은?

① 액체 상태의 레진 취급 시 약품이 스며들 수 있는 면장갑을 착용한다.
② 자외선(UV) 레이저는 눈에 직접 조사되어도 시력에 큰 영향을 주지 않는다.
③ 레진이 피부에 묻었을 경우 즉시 다량의 비누와 물로 씻어내야 한다.
④ 작업 공간의 환기는 출력 완료 후에만 짧게 실시하면 충분하다.

해설

SLA 방식에서 사용하는 광경화성 수지는 피부 자극을 유발할 수 있으므로 피부 접촉 시 즉시 비누와 물로 세척해야 한다. 액체 레진 취급 시에는 면장갑이 아닌 니트릴 장갑 등 불투과성 장갑을 착용해야 하며, 레이저(Class 3B) 노출 시 눈 손상 위험이 크므로 전용 보안경을 착용해야 한다.

정답 01 ③　02 ③　03 ④　04 ③

PART 08

실전 모의고사

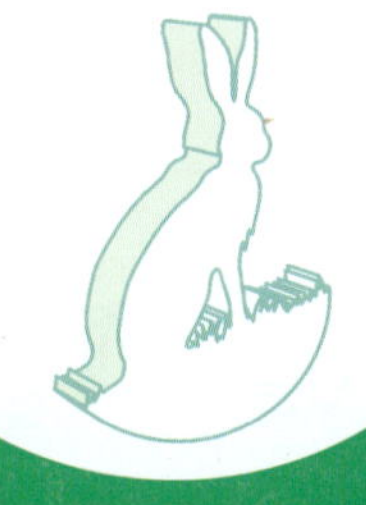

실전 모의고사 1회

실전 모의고사 2회

실전 모의고사 3회

실전 모의고사 정답과 해설

01 다음 중 FDM 방식 3D프린터의 유지보수와 관련하여, 필라멘트 공급 장치(Extruder)가 고장 났을 때 정비용 도구로 가장 거리가 먼 것은?

① 롱노즈 플라이어
② 망치
③ 십자 드라이버
④ 노즐 드릴링 바늘

02 격리식 방진 마스크의 구조로 맞는 것은?

① 여과재 → 흡기변 → 마스크 → 배기변
② 여과재 → 연결관 → 흡기변 → 마스크 → 배기변
③ 흡기변 → 마스크 → 여과재 → 배기변
④ 흡기변 → 마스크 → 배기변

03 3D모델링 데이터를 3D프린터가 인식할 수 있는 G-code로 변환할 때 적합한 포맷은 무엇인가?

① STL, OBJ, IGES
② DWG, STL, AMF
③ STL, OBJ, AMF
④ DWG, IGES, STL

04 다음 설명에 해당하는 데이터 포맷은?

> • 서로 다른 CAD/CAM 시스템 간의 그래픽 정보 교환을 위해 제정된 최초의 3D 데이터 호환 표준 규격이다.
> • 점, 선, 원, 자유 곡선, 자유 곡면 등 3차원 모델의 거의 모든 정보를 포함한다.

① XYZ
② IGES
③ STEP
④ STL

05 다음 중 3D프린터의 출력을 위해 모델링 데이터를 분할(Split)해야 하는 경우로 가장 타당한 것은?

① 출력물의 크기가 프린터의 최대 조형 크기를 초과할 때
② 서포트를 전혀 생성하고 싶지 않을 때
③ 필라멘트 색상을 바꾸고 싶을 때
④ 모델의 해상도를 높이고 싶을 때

06 그림의 구속조건 중 도형에 접선(Tangent) 조건을 부여하는 것은?

① 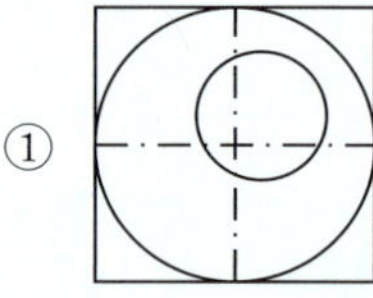 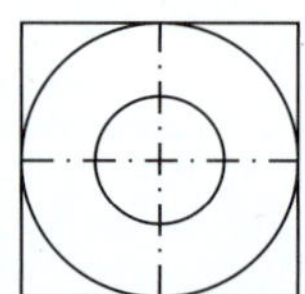

② 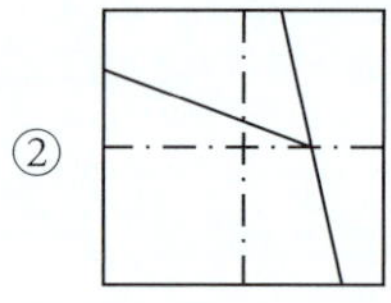 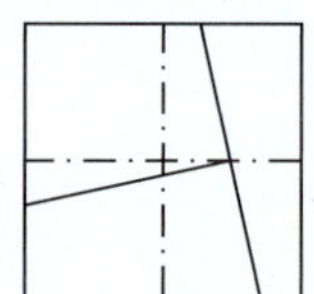

③ 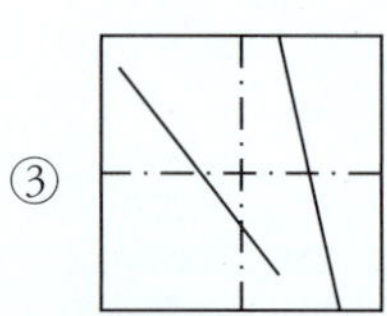 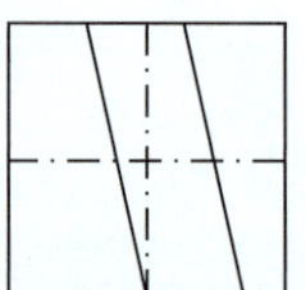

④ 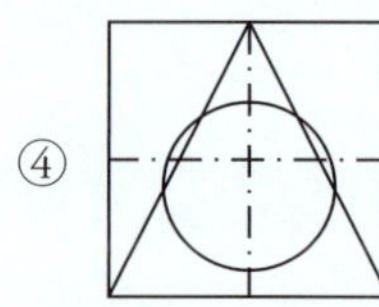 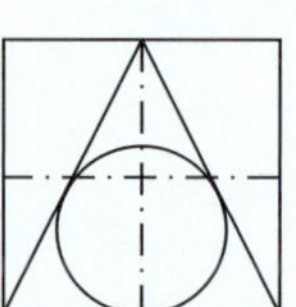

07 처음부터 재료가 압출되지 않는 경우의 원인으로 거리가 먼 것은?

① 압출을 담당하는 스텝 모터의 전력이 약한 경우

② 압출기 내부에 재료가 채워져 있지 않을 경우

③ 가열된 플라스틱 재료가 녹는점에 도달하지 못해 굳어 있는 경우

④ 재료를 절약하기 위해 infill을 매우 작게 설정할 경우

08 3D프린팅 출력 완료 후, 표면에 묻은 잔여물을 알코올 등의 세척제로 씻어내고 별도의 자외선(UV) 경화기를 사용하여 단단하게 굳히는 후처리 과정이 필수적인 방식은?

① FDM

② SLA

③ SLS

④ LOM

09 모델을 생성하는 데 있어 다음과 같은 특성을 갖는 모델링은?

- 단면과 경로의 두 개의 필수 스케치 요소
- 단면은 일정하지만 경로가 휘어있는 형상을 모델링
- 기본 경로와 안내 레일을 참조하여 복잡한 비대칭 모델 작성

① 돌출(Extrude) 모델링

② 필렛(Fillet) 모델링

③ 쉘(Shell) 모델링

④ 스윕(Sweep) 모델링

10 다음은 3D프린팅 출력용 데이터의 문제점 리스트를 작성하고 오류를 수정하여 저장하는 절차를 나타낸 흐름도이다. 흐름도의 빈칸에 들어갈 과정으로 올바르게 짝지어진 것은?

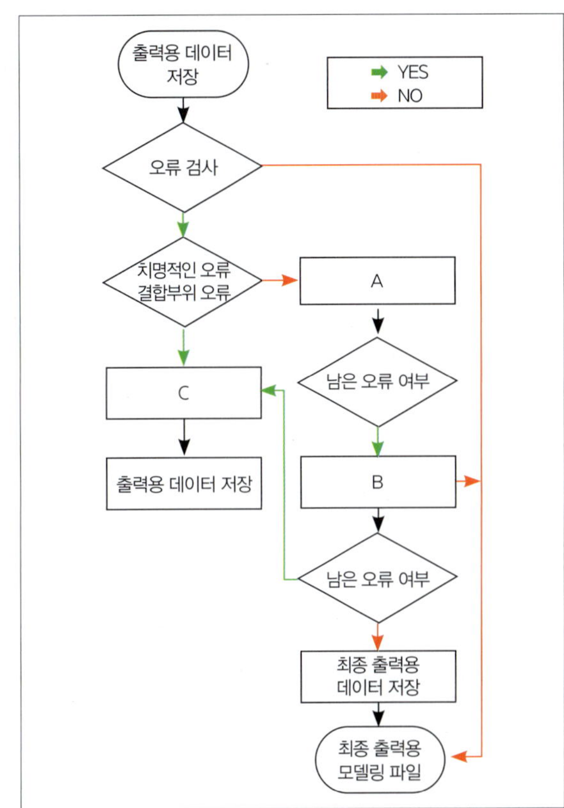

ㄱ. 수동 오류 수정　　　　ㄴ. 자동 오류 수정
ㄷ. 모델링 소프트웨어 수정

① A : ㄱ, B : ㄴ, C : ㄷ

② A : ㄴ, B : ㄱ, C : ㄷ

③ A : ㄴ, B : ㄷ, C : ㄱ

④ A : ㄱ, B : ㄴ, C : ㄷ

11 슬라이서 소프트웨어 설정 중 출력물의 바닥 접착과 관련된 용어는?

① Infill

② Raft

③ Supporter

④ Resolution

12 ABS 필라멘트를 사용하여 3D프린팅 작업을 진행할 때, 소재의 특성을 고려한 작업 주의사항으로 가장 적절한 것은?

① 옥수수 전분 등 친환경 생분해성 소재이므로, 밀폐된 공간에서 작업해도 무방하다.

② 특유의 냄새와 유해 가스가 발생할 수 있으므로 환기 시설이 갖춰진 곳에서 작업한다.

③ 수용성 성질을 가지고 있어 보관 시 공기 중의 수분에 노출되지 않도록 각별히 주의한다.

④ 수축 현상이 거의 없으므로, 히팅 베드의 온도를 상온으로 설정하거나 끄고 작업한다.

13 노즐에서 재료(필라멘트)를 5mm 토출하며 가로 100, 세로 200 위치로 직선 이동하는 G코드는?

① G1 X100 Y200 E5

② G0 X100 Y200 E5

③ G1 X100 Y200 F5

④ G2 X100 Y200 E5

14 다음에서 설명하는 3D스캐너 타입은 무엇인가?

> 물체 표면에 지속적으로 주파수가 다른 빛(또는 세기가 주기적으로 변하는 빛)을 쏘고, 반사되어 돌아오는 빛을 받을 때 발생하는 주파수의 차이를 검출하여 거리 값을 계산하는 방식의 스캐너

① 핸드헬드 스캐너

② 변조광 방식의 3D스캐너

③ 백색광 방식의 3D스캐너

④ 광 삼각법 3D 레이저 스캐너

15 3D CAD 엔지니어링 모델링에서 '상향식(Bottom-Up) 설계 방식'에 대한 설명으로 가장 거리가 먼 것은?

① 개별 부품을 먼저 모델링하여 완성한 후, 조립 공간으로 불러와 결합하는 방식이다.

② 볼트, 너트와 같이 기존에 만들어진 단품 파일을 불러와 배치할 수 있다.

③ 기존 제품 등을 측정하여 얻은 데이터를 참고하여 설계를 진행하는 방식이다.

④ 각 부품 간의 조립 구속조건을 고려하여 위치를 잡고 조립품을 완성한다.

16 3D모델링 데이터 중 현실 공간에서 물리적으로 생성될 수 없는 기하학적 위상 구조를 가지고 있어, 3D프린팅이나 부울 연산 시 오류를 유발하는 형상은?

① 반전 면

② 오픈 메쉬

③ 클로즈 메쉬

④ 비매니폴드 형상

17 FDM 방식 3D프린팅의 '레이어 높이(Layer Height)'에 대한 설명으로 적절하지 않은 것은?

① 레이어 높이는 출력물의 표면 품질의 가장 중요한 요소 중 하나이다.

② 레이어 높이 값을 절반으로 줄이면, 출력 시간은 대략 2배로 증가한다.

③ 적층 두께가 얇을수록 측면의 결이 좋아지고, 곡면이나 경사면의 계단 현상이 줄어든다.

④ 출력물이 베드에 잘 고정되는 것과 첫 번째 레이어의 높이는 관계가 없다.

18 다음 그림 기호는 어떤 투상도법에 해당하는가?

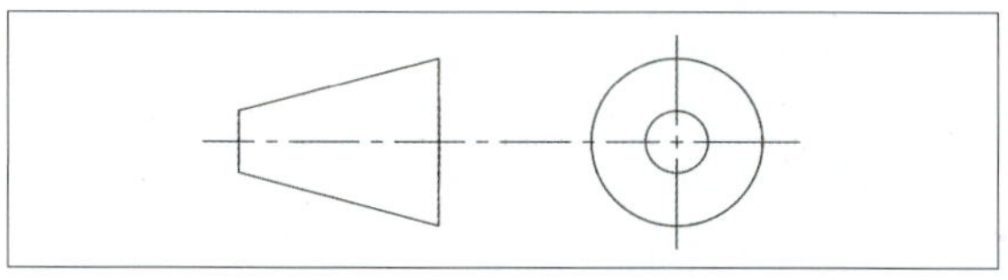

① 제1각법   ② 제2각법

③ 제3각법   ④ 제4각법

19 도면을 작성할 때 사용되는 치수 보조 기호와 의미가 잘못 연결된 것은?

① 지름 : Ø10
② 참고 치수 : (30)
③ 모따기 : C4
④ 판의 두께 : □4

20 3D프린팅 시 생성되는 출력 보조물인 '지지대(Support)'의 역할과 특징에 대한 설명으로 가장 적절하지 않은 것은?

① 출력 과정 중 진동이나 외부 충격으로 출력물이 이동하거나 붕괴되는 것을 막아준다.
② 지지대를 많이 생성할수록 출력 후 제거 작업이 쉬워져 전체적인 후가공 시간이 단축된다.
③ 허공에 떠 있는 부분이나 불안정한 구조를 받쳐 형상의 처짐을 막고 출력 오차를 줄여준다.
④ 수축으로 인해 출력물이 뒤틀리거나 변형되는 것을 물리적으로 방지한다.

21 3D프린터 종류와 해당 방식에서 주로 사용되는 소재의 연결이 올바르지 않은 것은?

① FDM – 고체 형태의 필라멘트
② SLA – 액체 상태의 광경화성 수지
③ SLS – 미세한 입자의 분말
④ DLP – 고체 상태의 열가소성 분말

22 3D프린터의 헤드와 플랫폼의 현재 위치를 인식시키기 위해 X, Y, Z축을 엔드 스탑(End stop)이 있는 '기계 원점' 위치로 복귀시키는 명령어는?

① G28　　　　② G92
③ M106　　　④ M190

23 3D모델링 기법 중 '넙스(NURBS)' 방식의 특징에 대한 설명으로 가장 올바른 것은?

① 형상의 기본 단위는 삼각형(Polygon) 또는 사각형 메쉬(Mesh)이다.
② 수학적 함수를 이용해 곡선을 생성하므로 폴리곤 방식보다 많은 계산이 필요하다.
③ 실시간 렌더링이 필요한 게임 그래픽 분야에 주로 쓰인다.
④ 물체의 외형을 선(Wire)으로만 표현하여 데이터 구조가 가장 단순하다.

24 FDM 방식 3D프린터로 출력을 진행하기 전, 사전 준비 및 점검 사항으로 적절하지 않은 것은?

① 장비의 올바른 사용을 위해 매뉴얼을 충분히 숙지한다.
② 장비의 정상 작동 여부를 확인하기 위해 테스트 모델을 출력해 본다.
③ 출력물이 바닥에 잘 안착되도록 베드의 수평 상태를 확인하고 조정한다.
④ 진동을 줄이기 위해 프린터가 푹신한 매트 위에 설치되어 있는지 확인한다.

25 FDM 방식 3D프린팅 공정에서 첫 번째 레이어(Layer)의 안착은 출력 성공에 매우 중요한 요소이다. 다음 중 출력물을 베드에 견고하게 고정시키기 위한 방법으로 가장 거리가 먼 것은?

① 노즐의 압출 상태 확인을 위해 출력물 외곽 주변에 일정한 간격을 두고 스커트 라인을 생성한다.
② 열 수축 현상이 많은 재료로 출력하거나 출력물의 바닥이 평평하지 않을 때 Raft를 설정하여 출력한다.
③ 출력물이 플랫폼과 잘 붙도록 출력물의 바닥 주변에 Brim을 설정한다.
④ 소재에 따라 Bed를 적절한 온도로 가열하여 출력물의 바닥이 수축되지 않도록 한다.

26 3D프린팅 시 발생하는 출력 공차를 고려한 파트 수정을 바르게 설명한 것은?

① 조립하는 부분은 출력 후 원활한 결합을 위해 공차를 감안하여 형상을 설계하거나 수정해야 한다.

② 서로 맞물리는 조립 부품을 수정할 때는 반드시 두 개의 부품 모두에 공차를 적용하여 수정해야 한다.

③ 출력 공차를 고려할 때, 사용하는 3D프린터 노즐의 직경(크기)은 고려하지 않아도 된다.

④ 공차 적용 시 소재의 수축률, 장비의 기계적 오차, 필라멘트의 색상 등을 고려한다.

27 3D프린팅을 위한 오브젝트 수정 및 슬라이서 소프트웨어 설정에 대한 설명으로 적절하지 않은 것은?

① 불러온 출력용 STL 파일의 크기는 슬라이서 프로그램 내에서 확대하거나 축소하여 조정할 수 있다.

② 출력물의 방향이나 배치를 변경하기 위해 반드시 모델링 소프트웨어로 돌아가 수정할 필요는 없다.

③ 동일한 형상의 모델을 여러 개 출력하려면 반드시 모델링 프로그램에서 미리 개수를 늘려서 저장해야 한다.

④ 슬라이서 프로그램 기능을 통해 오브젝트를 회전시키거나 좌우 반전하여 위치를 잡을 수 있다.

28 3D모델링의 스케치 환경에서 두 개의 원을 선택했을 때, 적용할 수 없는 기하학적 구속조건은?

① 두 원의 중심을 일치시키는 동심(Concentric)

② 두 원의 반지름 크기를 같게 만드는 동일(Equal)

③ 두 원이 한 점에서 부드럽게 만나게 하는 접선(Tangent)

④ 두 원이 서로 나란히 위치하도록 하는 평행(Parallel)

29 3D프린팅 출력물의 외부 충격에 대한 저항력을 높이기 위해 가장 우선적으로 고려해야 할 슬라이싱 설정값은?

① Raft

② Brim

③ Print speed

④ Number of Shells

30 다음 보기의 특징을 모두 만족하는 3D프린터용 필라멘트 소재는?

> • 높은 전기 절연성과 치수 안정성을 가지고 있어 전기·전자 부품 제작에 매우 적합하다.
> • 내충격성이 뛰어나지만, 지속적인 부하가 걸리는 부품보다는 순간적으로 강한 충격을 받는 제품 제작에 주로 사용된다.
> • 대표적인 엔지니어링 플라스틱 중 하나이다.

① ABS   ② PLA

③ Nylon   ④ PC

31 3D프린팅을 위해 3D모델링 데이터를 검토하거나 수정할 때, 고려해야 할 사항이 아닌 것은?

① 출력 장비의 최대 조형 가능 크기

② 형상에 따라 발생할 수 있는 서포트(Support)의 필요성

③ 사용하려는 필라멘트 소재의 수축률 및 변형 특성

④ 슬라이싱 단계에서 설정할 레이어(Layer)의 적층 높이

32 다음 중 탄성과 내구성을 지녀 내마모성이 우수하고 충격 흡수가 필요한 휴대폰 케이스나 타이어, 신발 등의 제작에 가장 적합한 3D프린팅 소재는?

① TPU   ② ABS

③ PVA   ④ PLA

33 3D프린팅을 위해 원본 모델링 데이터를 수정하거나 편집해야 하는 이유가 아닌 것은?

① 모델링 형상 중에 3D프린터가 표현할 수 있는 최소 해상도보다 더 작은 형상이 포함된 경우

② 모델링 데이터의 전체 크기가 3D프린터의 최대 조형 범위 내에 충분히 들어가는 경우

③ 복잡한 형상의 조립성 향상이나 효율적인 출력을 위해 여러 개로 분할해야 하는 경우

④ 출력 품질 저하를 막고 후가공 시간을 줄이기 위해 서포트 생성을 최소화하는 경우

34 2D 도면 작성 시 가는 실선으로 작성하지 않는 것은?

① 치수선
② 외형선
③ 해칭선
④ 치수 보조선

35 물체의 내부 형상을 명확히 보여주기 위해 단면도를 작성할 때, 단면임을 표시하기 위하여 45° 각도로 일정한 간격의 가는 실선을 긋는 기법은?

① 해칭
② 스머징
③ 커팅
④ 트리밍

36 최대 조형 높이가 258mm인 델타 방식 FDM 3D프린터가 오토 홈(Auto Home) 기능을 수행하여 기계 원점으로 이동했을 때, 이때의 좌푯값으로 옳은 것은?

① (258, 0, 0)
② (0, 258, 0)
③ (0, 0, 258)
④ (0, 0, 0)

37 3D프린터로 가로 길이가 20mm인 정육면체를 출력한 후, 실제 길이를 10회 측정한 결과가 아래와 같다. 이때 측정값의 평균값(A)과 기준값(20mm)에 대한 오차 평균값(B)으로 옳은 것은?

출력 회차	1	2	3	4	5
측정값	20.12	19.98	20.25	20.05	20.10
출력 회차	6	7	8	9	10
측정값	20.15	20.02	20.22	19.96	20.05

① A : 20.05, B : 0.05
② A : 20.09, B : 0.09
③ A : 20.12, B : 0.12
④ A : 19.98, B : −0.02

38 3D모델링 데이터를 3D프린터 슬라이싱(Slicing) 프로그램에서 불러오기 위해 변환해야 할 파일 형식으로 적절하지 않은 것은?

① STL
② OBJ
③ MPEG
④ AMF

39 3D프린팅 공정별 출력물의 성형 방향 및 지지대에 대한 설명으로 옳지 않은 것은?

① 오버행(Overhang)과 같은 형상은 지지대 생성을 설정한다.

② 출력물이 플랫폼(Bed)에 닿는 면적이 좁은 경우, 래프트(Raft)나 브림(Brim)을 추가로 설정한다.

③ 3D프린팅 기술 방식(FDM, SLA, SLS 등)에 관계없이 바닥면의 위치와 생성되는 지지대의 형태는 항상 동일하다.

④ 3D프린팅 방식에 따라 출력물이 성형되는 방향과 지지대의 재질 및 제거 방식은 서로 다르다.

40 SLA 방식 3D프린터 및 재료를 취급할 때 준수해야 할 안전 수칙으로 적절하지 않은 것은?

① 장비 가동 시 UV 레이저가 방출되므로, 시력 보호를 위해 반드시 전용 보안경을 착용한다.

② 액상 수지는 유해 물질과 악취를 포함하고 있으므로, 밀폐된 공간보다는 환기 장치가 갖춰진 곳에서 운용한다.

③ 광경화성 수지는 자외선에 반응하여 굳는 성질이 있으므로, 사용 편의를 위해 햇빛이 잘 드는 창가나 투명한 용기에 보관한다.

④ 출력물 표면에 묻은 잔여 레진은 피부 알레르기를 유발할 수 있으므로, 맨손 접촉을 피하고 니트릴 장갑과 방독 마스크를 착용한다.

41 FDM 방식 3D프린팅을 수행하기 위해 슬라이싱 소프트웨어가 생성한 G-code(G코드) 파일 내부에 직접적인 명령어로 포함되지 않는 정보는?

① 헤드 이송 속도
② 헤드 동작 시간
③ 헤드 온도
④ 헤드 좌표

42 3D프린팅은 3D 모델의 형상을 분석하여 모델의 이상 유무와 형상을 고려하여 배치한다. 다음 그림과 같은 형태로 출력할 때 출력 시간이 가장 긴 것은?

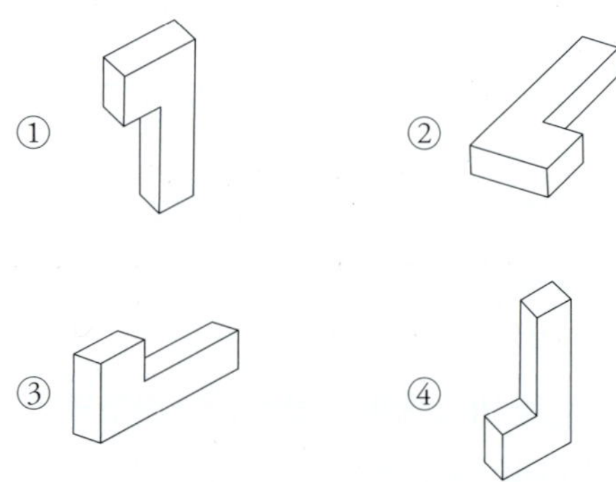

43 3D모델링을 다음 그림과 같이 배치하여 출력할 때 안정적인 출력을 위해 가장 기본적으로 필요한 것은? (단, FDM 방식 3D프린터에서 출력한다고 가정한다.)

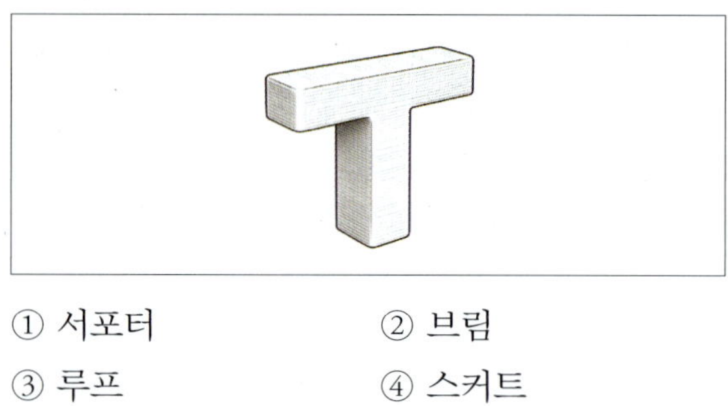

① 서포터　　② 브림
③ 루프　　④ 스커트

44 3D프린팅 기술의 일반적인 특징에 대한 설명으로 가장 거리가 먼 것은?

① 디지털 모델링 데이터를 기반으로 컴퓨터 제어를 통해 복잡하고 다양한 형상을 자유롭게 구현할 수 있다.

② 재료를 깎아내는 절삭 가공 방식을 주된 원리로 하므로 제작 속도가 매우 빠르고 별도의 후가공 없이도 표면이 매끄럽다.

③ 소재를 단면(Layer) 단위로 한 층씩 쌓아 올리며 3차원 입체물을 만드는 적층 제조 기술이다.

④ 잉크젯 프린터의 적층 원리를 응용하여 입체 형상을 제작하는 방식도 존재한다.

45 다음 도면에서 치수가 이미 명시되어 있다. 이때, 치수의 중복 기입을 피하면서 A 구간의 길이를 표현하고자 할 때 가장 적절한 표기법은? (단, 도면 전체에 치수편차 ±0.1을 적용한다.)

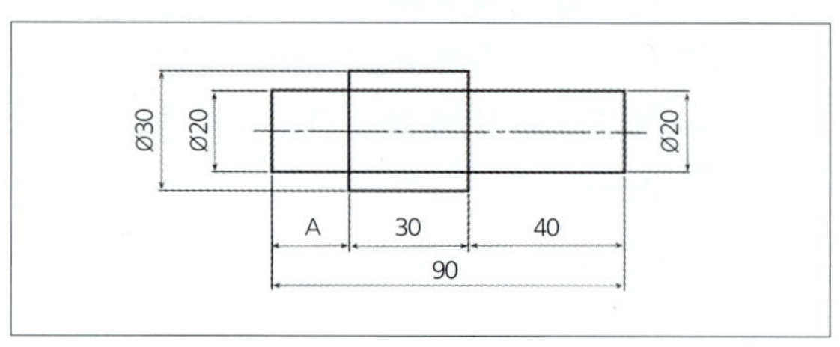

① □20　　② (20)
③ 20　　④ SR20

46 다양한 3D프린팅 기술 방식의 특징에 대한 설명으로 적절하지 않은 것은?

① DLP 방식은 분말 재료에 고출력 레이저를 선택적으로 조사하여 재료를 녹여 결합하는 방식이다.
② SLS 방식은 파우더 형태의 재료 위에 레이저를 스캐닝하여 소결(Sintering)하거나 용접하는 방식이다.
③ FDM 방식은 필라멘트 형태의 열가소성 소재를 가열된 노즐로 공급하여 반고체 상태로 녹인 후 압출하는 방식이다.
④ SLA 방식은 수조에 담긴 액체 광경화성 수지에 특정 파장의 레이저 빛을 주사하여 선택적으로 굳히는 방식이다.

47 3D모델링 과정에서 솔리드 객체에 프로파일 형상을 이용하여 홈을 파내거나 구멍을 뚫는 등, 기존 형상에서 겹치는 부분을 제거하고자 할 때 사용하는 불리언(Boolean) 연산 기능은?

① 합치기(Union)
② 교차하기(Intersect)
③ 빼기(Subtract/Cut)
④ 생성하기(New Body)

48 3D프린터나 공작기계의 프로그래밍에서 기계의 동작을 보조하거나 흐름을 제어하기 위해 사용되는 코드로, 쿨링 팬 작동, 온도 설정, 프로그램 정지 등 기계 장치의 ON/OFF를 담당하는 '보조 기능' 코드는 무엇인가?

① G코드
② M코드
③ C코드
④ QR코드

49 3D모델링 데이터를 슬라이싱 소프트웨어로 불러와 출력 조건을 설정한 뒤, 3D프린터가 실행할 수 있도록 변환하여 생성하는 기계 제어 코드는?

① Z코드
② D코드
③ G코드
④ C코드

50 분말 베드 융접(Powder Bed Fusion) 방식의 3D프린팅 공정에서, 도포된 분말 입자에 고열을 가하여 선택적으로 결합(소결 또는 용융)시키기 위해 주로 사용되는 에너지원은?

① 레이저
② 황산
③ 산소
④ 접착제

51 3D스캐닝 프로세스 중, 대상물의 표면 코팅을 수행하거나, 대상물의 크기 및 형상을 고려하여 적합한 스캐닝 장비를 선정하는 등 실제 측정에 앞서 수행하는 단계는?

① 역설계
② 스캐닝 보정
③ 스캐닝 준비
④ 스캔 데이터 정합

52 FDM(FFF) 방식 3D프린터에서 필라멘트를 교체하거나 제거할 때 준수해야 할 올바른 절차는?

① 출력 시간이 부족할 경우 프린터가 조형 동작을 수행하는 도중에 강제로 교체한다.
② 필라멘트가 완전히 소진되어 노즐에서 더 이상 나오지 않을 때까지 기다렸다가 교체한다.
③ 안전을 위해 프린터의 작동을 멈추고 노즐이 상온으로 완전히 식은 상태에서 교체한다.
④ 프린터의 조형 동작을 멈춘 상태에서, 익스트루더의 온도를 해당 소재의 녹는 온도로 설정 및 유지한 후 교체한다.

53 FDM 3D프린팅 공정 중, 첫 번째 레이어가 플랫폼(Bed)에 제대로 고정되지 않는 '안착 불량'의 원인으로 가장 거리가 먼 것은?

① 노즐 및 히팅 베드의 온도 설정이 소재의 적정 온도보다 낮거나 맞지 않는 경우
② 플랫폼 표면에 이물질이 있거나 레벨링 상태가 불량한 경우
③ 초기 레이어의 출력 속도가 너무 빠르게 설정된 경우
④ 출력물 바닥면과 플랫폼이 접촉하는 면적이 충분히 넓은 경우

54 높이가 50mm인 모델링 형상을 FDM 3D프린터로 출력하고자 한다. 슬라이싱 프로그램에서 적층 높이(Layer Height)를 0.2mm로 설정했을 때, 생성되는 전체 층수는?

① 100층 ② 200층

③ 250층 ④ 500층

55 3D프린팅 공정 중, 출력 과정에서 굳지 않은 분말 재료가 자연스럽게 모델을 지지해주어 별도의 지지대 생성이 필요 없는 방식은?

① 재료 분사

② 재료 압출

③ 분말 적층 용융(PBF)

④ 액조 광중합

56 3D프린터로 X축 방향 길이가 25mm인 정육면체 모델을 출력한 결과, 실측 치수가 26.9mm로 측정되었다. 현재 펌웨어에 설정된 X축 모터의 스텝 값(Steps per unit)이 '85'일 때, 정확한 치수 보정을 위해 수정해야 할 스텝 값은? (단, 소수점 첫째 자리에서 반올림한다.)

① 79 ② 92

③ 113 ④ 162

57 오픈소스 기반의 FDM(FFF) 방식 3D프린터를 학교에서 사용할 때, 학생들의 안전을 위한 운영 방침으로 가장 적절하지 않은 것은?

① 분진 및 유해 가스 배출을 최소화하기 위해 필터가 장착된 장비를 사용하고, 필터의 교체 주기를 철저히 관리한다.

② 학생들의 호기심 충족과 교육 효과를 높이기 위해, 장비 내부의 구동 과정을 직접 만져보며 관찰할 수 있는 개방형 장비를 도입한다.

③ 화상 위험이 있는 히팅 베드 대신 비가열 방식을 권장하며, 출력물을 쉽게 뗄 수 있는 플렉시블 베드 장비를 활용한다.

④ 가열 시 유해 물질과 냄새가 심한 ABS 소재보다는, 식물성 전분을 원료로 하여 비교적 인체 유해성이 적은 친환경 PLA 소재를 사용한다.

58 FDM(FFF) 방식 3D프린터의 노즐이 이동하는 구간에 거미줄처럼 얇은 실이 생기는 '스트링(Stringing) 현상'을 방지하기 위한 대책으로 적절하지 않은 것은?

① 노즐의 온도를 낮추거나 소재에 맞는 적정 온도로 변경한다.

② 리트랙션(Retraction) 거리를 조절한다.

③ 리트랙션(Retraction) 속도를 조절한다.

④ 압출 헤드가 이동하는 거리를 최대한 길게 설정한다.

59 3D스캐닝 공정에서 측정 대상물이 크거나 형상이 복잡하여 여러 방향에서 나누어 촬영했을 때, 취득된 개별 점군(Point Cloud) 데이터의 '정합(Registration)' 과정에 사용되는 기준 도구는?

① 정합용 마커

② 정합용 스캐너

③ 정합용 광원

④ 정합용 레이저

60 바닥 보조물인 '래프트(Raft)'의 구조와 형상을 제어하기 위한 설정 항목으로 분류되지 않는 것은?

① Base line width : 래프트의 가장 아랫부분인 베이스 층을 출력할 때 라인의 폭을 설정한다.

② Line spacing : 래프트 베이스 층의 라인과 라인 사이의 간격을 설정한다.

③ Surface layers : 출력물이 안착될 래프트의 최상단 표면층을 몇 겹으로 적층할지 설정한다.

④ Infill speed : 출력물 본체의 내부를 채울 때 헤드가 움직이는 속도를 설정한다.

실전 모의고사 2회

01 3D프린팅 기술의 특징으로 옳지 않은 것은?

① 모델링 데이터를 STL 포맷으로 변환하여 재료를 제거하는 것이 아니라 단면 데이터로 생성하여 한 층씩 쌓아 제품을 만든다.

② 복잡한 형상이나 다품종 소량 생산에 적합하다.

③ 규격화된 제품을 대량으로 생산할 때 사출 성형보다 속도가 빠르다.

④ 제품을 클램프(Clamp), 지그(Jig)나 고정구(Fixture) 없이도 입체 형상을 구현할 수 있다.

02 광경화성 수지를 사용하여 정밀도가 매우 높고 표면 품질이 우수하며 액세서리 및 의료, 치기공, 전자제품 등 정밀한 형상을 제작하는 데 적합한 3D프린팅 재료 방식은?

① 고체 기반형

② 액체 기반형

③ 분말 기반형

④ 기체 기반형

03 3D모델링한 것을 하나의 단면으로 만들어 3D로 프린트할 수 있게 만든 파일은?

① DXF

② STL

③ IGES

④ STEP

04 3D프린터 출력 파일의 높이가 15.2mm일 때, 다음과 같이 설정하면 총 레이어 수는 몇 개인가?

```
Layer height : 0.15mm
Bottom/Top Thickness : 1
Shell Thickness : 0.8
Initial Layer Thickness : 0.2
Filament Diameter : 1.75
Nozzle Size : 0.4
```

① 100개

② 101개

③ 102개

④ 103개

05 3D스캐너의 목적에 대한 설명으로 가장 적절한 것은?

① 대상물의 색상 데이터를 수집하여 렌더링을 돕는다.

② 물체의 표면으로부터 기하 정보가 샘플링된 점군(Point Cloud)을 형성한다.

③ 3D 모델의 치수를 강제로 구속하여 설계를 완성한다.

④ 슬라이싱 소프트웨어에서 G-code를 생성하기 위한 전 단계이다.

06 비접촉식 3차원 스캐너의 특징으로 틀린 것은?

① 측정력이 발생하지 않아 피측정물에 흠집을 내지 않는다.

② 온도나 진동과 같은 외부 환경에 매우 둔감하여 야외 측정에 유리하다.

③ 렌즈 배율에 따라 초소형 물체도 측정이 가능하다.

④ 접촉에 의한 변형이 없으므로 무르고 연한 재질의 제품도 측정이 가능하다.

07 여러 번의 스캔을 통해 얻어진 여러 장의 점군 데이터를 하나의 좌표계로 합치는 작업은?

① 필터링(Filtering)

② 정합(Registration)

③ 페어링(Fairing)

④ 메쉬(Mesh) 형성

08 산업용 고정밀 라인 레이저 스캐닝 방식에서 기준점으로 사용하는 치수 정밀도가 매우 우수한 볼 형태의 도구는?

① 정합용 게이지

② 정합용 마커

③ 병합용 게이지

④ 고정용 지그

09 점군 혹은 폴리라인 데이터를 가장 쉽게 3차원화하여 STL 파일로 변환하기 위해 세 점을 연결하는 공정은 무엇인가?

① 서페이스 형성
② 폴리라인 생성
③ 삼각형 메쉬(Triangulation Mesh) 형성
④ 노이즈 필터링

10 그림과 같이 대상물이 너무 길어 중간 부분을 생략하여 도시할 때 사용하는 선은?

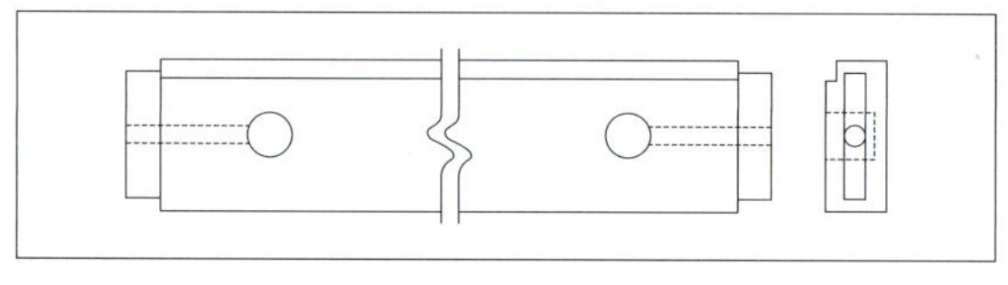

① 가상선
③ 파단선
② 해칭선
④ 숨은선

11 도면의 제도 방법 중 가는 실선을 사용하는 곳이 아닌 것은?

① 치수선 및 치수 보조선
② 지시선
③ 외형선
④ 가상선

12 우리나라 제도 통칙(KS 규격)에서 가장 우선적으로 적용하는 표준 규격은?

① ISO
③ KS
② ANSI
④ JIS

13 아래 도면에서 A 자리에 넣을 적합한 치수 기입법은?

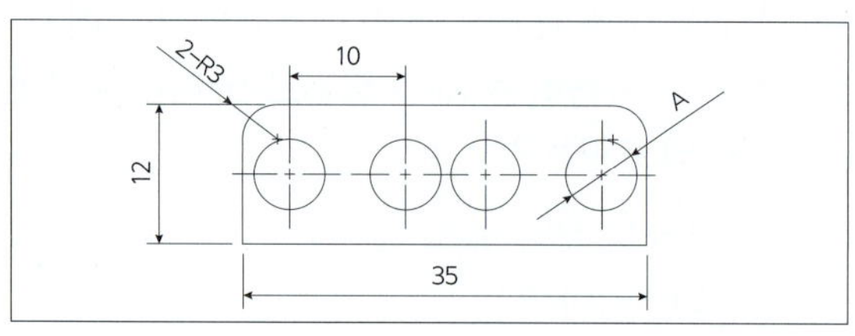

① 4x Ø6
③ C6
② 4 - R6
④ 4x C6

14 3D모델링에서 스케치의 선이나 객체를 일정한 간격으로 띄워 복사하는 명령은?

① Trim
③ Extend
② Offset
④ Mirror

15 3D 엔지니어링 모델링 소프트웨어에서 3차원 형상의 표면뿐만 아니라 내부의 질량이나 체적, 부피 등 여러 가지 정보를 담고 있는 모델링 방식은?

① 폴리곤 모델링
② 솔리드 모델링
③ 서피스 모델링
④ 하이브리드 모델링

16 그림과 같은 모양의 입체를 만들 때 적합한 명령어는?

① Extrude
③ Sweep
② Revolve
④ Loft

17 반지름이 5cm이고 높이가 10cm인 원기둥의 부피는 얼마인가? (단, 원주율은 3.14로 계산한다.)

① $78.5cm^3$
③ $7,850cm^3$
② $785cm^3$
④ $1,570cm^3$

18 그림과 같이 3D모델링에서 모서리 부분을 반지름 값에 따라 둥글게 처리하는 기능은?

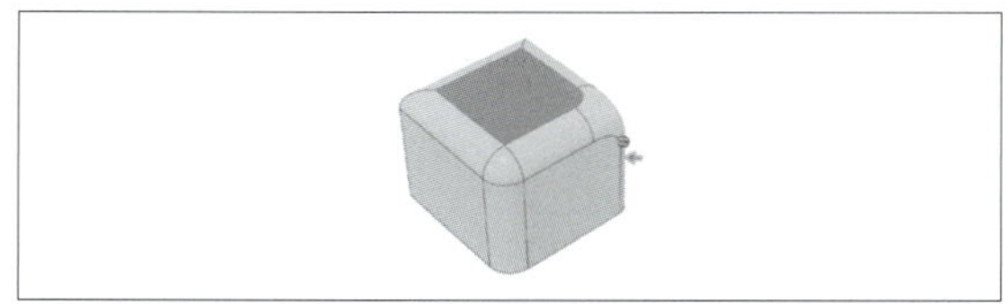

① Chamfer ② Fillet
③ Shell ④ Offset

19 조립품 모델링 시 개별 부품을 먼저 설계하고 이를 불러와 조립하는 방식은?

① 하향식 설계
② 상향식 설계
③ 역설계
④ 귀납적 설계

20 도면에서 구의 지름을 나타내는 치수 보조 기호는?

① ∅ ② R
③ S∅ ④ SR

21 G-code 명령어 중 기계 원점으로 모든 축을 동시에 복귀시키는 코드는?

① G1 ② G90
③ G28 ④ G92

22 슬라이싱 설정 중 노즐 이동 시 필라멘트를 뒤로 당겨 거미줄 현상을 방지하는 기능은?

① Brim ② Raft
③ Retraction ④ Infill

23 출력물의 첫 번째 레이어가 베드에 잘 안착되도록 모델 주위에 테두리를 두르는 설정은?

① Skirt ② Brim
③ Raft ④ Infill

24 출력물의 내부를 채우는 밀도를 0%로 설정했을 때 나타나는 현상은?

① 내부가 촘촘하게 채워진다.
② 내부가 완전히 비어 있는 껍데기만 출력된다.
③ 출력이 아예 되지 않는다.
④ 출력물의 강도가 극대화된다.

25 FDM 방식 3D프린터 출력 중 타이밍 벨트가 늘어나 장력이 부족하거나, 타이밍 풀리가 모터 축에 느슨하게 고정되었을 때 발생할 수 있는 현상으로 가장 적절한 것은?

① 재료가 압출되지 않아 빈 공간이 생긴다.
② 출력물의 바닥이 베드에서 떨어져 말려 올라간다.
③ 출력물의 단면이 한쪽으로 밀려서 적층되는 탈조 현상이 발생한다.
④ 노즐 온도가 낮아져 필라멘트가 녹지 않는다.

26 M-code 중 히팅 베드의 온도를 설정하는 명령어는?

① M140 ② M104
③ M106 ④ M107

27 STL 파일 오류 중 하나의 모서리가 3개 이상의 면에 공유되는 기하학적 오류는?

① 반전 면(Reverse Face)
② 오픈 메쉬(Open Mesh)
③ 비매니폴드(Non-manifold)
④ 클로즈 메쉬

28 3D모델링의 실제 크기가 100mm인데 출력물이 80mm로 나왔다. M92(Steps per unit) 값이 현재 100일 때 수정해야 할 값은?

① 80 ② 120
③ 125 ④ 150

29 슬라이싱 미리 보기에서 확인할 수 없는 정보는?

① 예상 출력 시간
② 서포터 생성 위치
③ 재료의 화학적 성분
④ 레이어별 노즐 경로

30 3D프린터의 노즐 온도를 210도로 설정하고자 할 때 적절한 M코드는?

① M140 S210
② M104 S210
③ M106 S210
④ M107 S210

31 FDM 방식 3D프린터에서 필라멘트 원료를 공급해주는 핵심 부품은?

① 히터
② 익스트루더
③ 엔드 스탑
④ 서미스터

32 3D프린터의 가열된 노즐이나 베드의 온도를 감지하는 센서는?

① 엔드 스탑
② 서미스터
③ 스테핑 모터
④ 리미트 스위치

33 옥수수 전분에서 추출한 친환경 소재로 수축이 적고 무독성인 필라멘트는?

① ABS ② PLA
③ 나일론 ④ PVA

34 물에 녹는 성질이 있어 FDM 방식의 수용성 서포터 재료로 주로 사용되는 소재는?

① PVA ② ABS
③ TPU ④ PC

35 그림과 같이 출력 중 하중에 의해 아래로 처지는 현상은?

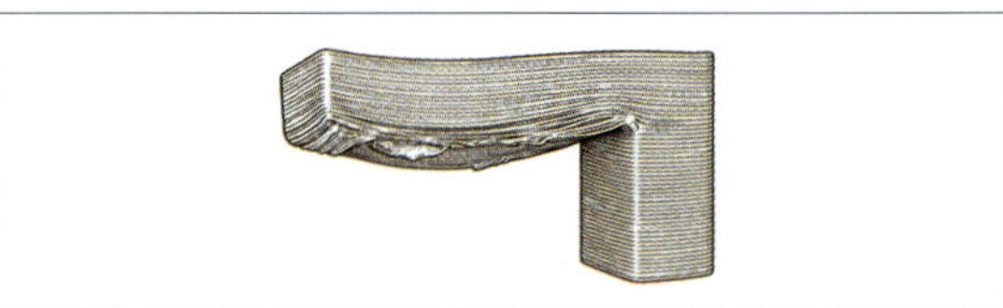

① Warping ② Sagging
③ Twisting ④ Curling

36 슬라이싱 과정에서 내부 채움(Infill) 밀도를 20%에서 100%로 변경했을 때 나타나는 현상으로 옳은 것은?

① 출력 속도가 빨라진다.
② 재료 소모량이 증가한다.
③ 출력물의 무게가 감소한다.
④ 서포트의 생성 위치가 줄어든다.

37 ABS 소재 출력 시 수축을 방지하기 위해 가장 중요하게 설정해야 하는 하드웨어 조건은?

① 노즐 냉각 팬 속도 최대화
② 히팅 베드 온도 유지
③ 서보 모터의 전압 상승
④ 챔버 문 개방

38 SLA 방식 출력 후 미경화 레진을 제거하고 강도를 높이기 위해 반드시 거쳐야 하는 후처리 공정은?

① 아세톤 훈증
② UV 후경화
③ 샌딩 작업
④ 도색 작업

39 노즐 끝이 막혔을 때 해결 방법으로 적절하지 않은 것은?

① 노즐 청소 바늘로 뚫어준다.
② 노즐을 가열하여 내부 재료를 녹여낸다.
③ 가열된 노즐을 즉시 찬물에 담가 급냉시킨다.
④ 노즐을 분해하여 전용 용제에 담가 둔다.

40 3D프린터 출력 시 첫 번째 레이어가 베드에 제대로 달라붙지 않는 원인이 아닌 것은?

① 노즐과 베드 사이의 간격이 너무 멀 때
② 첫 번째 레이어의 출력 속도가 너무 느릴 때
③ 베드 레벨링(수평)이 맞지 않을 때
④ 베드의 온도가 설정값보다 너무 낮을 때

41 화학물질의 성분, 유해성, 응급처치 요령 등이 기재된 16가지 항목의 문서는?

① NC 코드
② MSDS(물질안전보건자료)
③ STL 가이드라인
④ 장비 매뉴얼

42 3D프린팅 작업실 내 비치해야 할 소화기 중 전기 화재에 적합한 등급은?

① A급 소화기
② B급 소화기
③ C급 소화기
④ K급 소화기

43 3D프린터 운용 중 기계부의 전선이 끊어진 경우, 우선 취해야 할 조치는 무엇인가?

① 소화기를 분사한다.
② 재해자를 맨손으로 잡아당긴다.
③ 장비의 전원을 차단한다.
④ 인공호흡을 즉시 실시한다.

44 인체 통전 전류가 15∼50mA일 때 나타나는 반응은?

① 전기를 약간 느끼는 정도
② 근육 경련으로 인해 전원으로부터 스스로 이탈 불능
③ 심실세동 발생
④ 즉사 위험

45 다음 중 3D프린터 소재 중 유해 요소를 가장 적게 함유한 소재는?

① PLA
② ABS
③ TPU
④ HIPS

46 수용성 서포트 재료인 PVA를 제거하는 가장 효과적인 방법은?

① 니퍼로 하나씩 떼어낸다.
② 출력물을 일정 시간 물에 담가 둔다.
③ 아세톤 용액에 담가 녹인다.
④ UV 경화기에 넣어 분해한다.

47 3D프린터 출력물 후가공 시 사포의 번호(Grit)에 대한 설명으로 옳은 것은?

① 번호가 낮을수록 입자가 고와서 표면이 매끄럽게 다듬어진다.
② 번호가 높을수록 입자가 고와서 표면이 매끄럽게 다듬어진다.
③ 사포의 번호는 출력 시간에 비례한다.
④ 번호와 상관없이 입자의 크기는 동일하다.

48 3D프린터 장비 유지보수 항목 중 1개월 주기로 점검해야 하는 작업은?

① 제어 보드 먼지 제거
② 축 정렬 및 벨트 장력 확인
③ 연마봉 및 베어링 교체
④ 전원 공급 장치 팬 교체

49 G-code 명령어 중 현재 노즐의 위치를 강제로 지정된 좌푯값으로 재설정(원점 지정 등)하는 코드는?

① G28 　② G90
③ G91 　④ G92

50 3D프린터 출력 과정에서 하나의 레이어를 출력하는 시간이 너무 짧을 때 개선 조치는?

① 노즐 온도를 낮춘다.
② 베드 온도를 높인다.
③ 출력 속도를 2배로 높인다.
④ Minimal Layer time을 큰 숫자로 변경한다.

51 3D프린터의 G코드에서 'F1200'이 의미하는 것은?

① 노즐 온도를 1,200℃로 설정
② 이송 속도를 1,200mm/min으로 설정
③ 필라멘트 압출량을 1,200mm로 설정
④ 냉각 팬 속도를 1,200RPM으로 설정

52 SLA 방식에서 자외선 레이저가 수조 안의 레진을 한 점씩 굳히며 이동하는 방식은?

① 전사 방식
② 주사 방식
③ 투사 방식
④ 압출 방식

53 3D스캔 데이터의 보정 과정 중 불필요한 노이즈 점들을 제거하는 작업은?

① 필터링(Filtering)
② 스무딩(Smoothing)
③ 정합(Registration)
④ 병합(Merging)

54 3D모델링의 형상 입체화 명령 중 '구멍(Hole)' 기능에 대한 설명으로 가장 옳은 것은?

① 구멍을 뚫기 위해서는 반드시 제거할 부위에 원형의 2D 스케치가 미리 작성되어 있어야 한다.
② 별도의 스케치 작업 없이 3차원 형상의 면에 직접 카운터 보어, 카운터 싱크 등의 규격 구멍을 생성할 수 있다.
③ 돌출(Extrude) 명령의 차집합 기능과 완전히 동일하며, 나사산이나 규격 정보는 입력할 수 없다.
④ 한 번 생성된 구멍은 위치나 지름을 변경할 수 없는 고정된 피처로 생성된다.

55 3D모델링에서 특정 경로(Path)를 따라 단면(Profile)을 돌출시켜 형상을 만드는 명령어는?

① Revolve
② Extrude
③ Sweep
④ Loft

56 3D프린터 출력 시 베드 안착력을 높이기 위해 베드 표면에 부착하는 내열 테이프는?

① 마스킹 테이프
② 캡톤 테이프
③ 양면 테이프
④ 절연 테이프

57 다음 중 송기 마스크(Air supplied respirator)를 반드시 착용해야 하는 작업 환경으로 가장 적절한 것은?

① 산소 농도가 18% 이상이며, 저농도의 유해 가스가 발생하는 장소
② 단순한 먼지나 칩(Chip)이 발생하는 3D프린터 출력물 후가공 연마 작업 장소
③ 지하 맨홀, 탱크 내부 등 산소 농도가 18% 미만으로 결핍된 장소
④ 유해 광선이 발생하여 눈을 보호해야 하는 레이저 커팅 작업 장소

58 3D모델링의 종류 중 넙스(NURBS) 방식에 대한 설명으로 가장 옳은 것은?

① 삼각형(Polygon)을 기본 단위로 하여 그물망(Mesh) 구조로 형상을 표현한다.
② 수학적 함수를 이용하여 곡선을 생성하므로 정밀한 치수 제어와 부드러운 곡면 표현이 가능하다.
③ 게임이나 영화의 캐릭터 제작 등 겉모습이 중요하고 데이터 처리가 빨라야 하는 분야에서 주로 사용된다.
④ 폴리곤 방식에 비해 계산이 단순하여 컴퓨터의 연산 부하가 적다.

59 다음 G코드 구문에 대한 설명으로 가장 옳은 것은?

> G1 X90 Y20 E15 F1200

① G1 : 재료를 압출하지 않고 장비의 최대 속도로 급속 이송하는 명령이다.
② X90 Y20 : 노즐의 온도를 90℃, 베드의 온도를 20℃로 설정하라는 의미이다.
③ E15 : 이동하는 동안 압출할 필라멘트의 길이가 15mm임을 의미한다.
④ F1200 : 헤드의 이동 속도가 1,200mm/sec(초당 1,200mm)임을 의미한다.

60 ABS 소재를 사용하여 출력할 때 발생하는 유해가스로부터 작업자를 보호하기 위해 가장 권장되는 환경은?

① 조명이 밝은 개방된 장소
② 밀폐형 챔버와 필터가 장착된 환기 시스템
③ 습도가 높은 지하실
④ 진동이 전혀 없는 연구실

실전 모의고사 3회

01 3D프린팅 기술 중 'PBF(Powder Bed Fusion)' 방식에 대한 설명으로 옳은 것은?

① 액체 수조에 레이저를 조사하여 경화시킨다.

② 금속 또는 플라스틱 분말에 고에너지 레이저를 조사하여 소결시킨다.

③ 노즐을 통해 고체 필라멘트를 녹여 압출한다.

④ 종이 시트를 레이저로 잘라 층층이 접착한다.

02 광학식 3D스캐너를 사용하여 반사가 심한 금속 제품을 스캐닝할 때 가장 적절한 전처리 방법은?

① 제품을 차가운 물에 담근다.

② 표면에 현상액을 살포한다.

③ 스캐닝 속도를 최대한 늦춘다.

④ 조명을 최대한 밝게 설정한다.

03 3D스캐닝을 통해 획득한 점군(Point Cloud) 데이터의 이웃하는 점들을 서로 연결하여 3차원 입체 형상의 표면(Surface) 데이터로 변환하는 과정을 무엇이라 하는가?

① 정합(Registration)

② 필터링(Filtering)

③ 삼각형 메쉬(Triangulation Mesh) 생성

④ 병합(Merging)

04 3D스캔 데이터 보정 과정 중, 주변 점들과 비교하여 불규칙하게 튀어 나온 점(노이즈)을 제거하여 매끄럽게 만드는 기능은?

① 정합(Registration)

② 스무딩(Smoothing)

③ 리메싱(Remeshing)

④ 병합(Merging)

05 비접촉식 3D스캐너 중 측정 속도가 가장 빠르며, 전체 촬영 영역의 좌표를 한 번에 얻을 수 있는 방식은?

① 레이저 삼각 측량 방식

② 백색광(White Light) 방식

③ TOF(Time Of Flight) 방식

④ CMM 접촉식 방식

06 스캔 데이터의 용량을 줄이기 위해 중첩된 점의 개수를 최적화하는 과정을 무엇이라 하는가?

① 필터링(Filtering)

② 정합(Registration)

③ 리버싱(Reversing)

④ 렌더링(Rendering)

07 대형 조형물이나 건축물을 스캐닝할 때 주로 사용되는, 레이저의 비행시간을 측정하는 방식은?

① 광 패턴 방식

② TOF 방식

③ 핸드헬드 방식

④ 변조광 방식

08 다음 중 고정밀 산업용 스캐닝 시 여러 방향의 데이터를 하나로 합치기 위해 대상물에 부착하는 도구는?

① 고정용 지그

② 정합용 마커

③ 광학 렌즈

④ 턴테이블

09 FDM 방식의 3D프린터 중 베드가 X, Y축으로 움직이고 노즐이 Z축으로 움직이는 방식의 명칭은?

① 카르테시안(Cartesian) 방식

② 델타(Delta) 방식

③ 폴라(Polar) 방식

④ 스카라(SCARA) 방식

10 3D 스캔 후 획득한 STL 파일의 삼각형 개수가 1,000개일 때, 이 파일이 가진 모서리(Edge)의 총 개수는?

① 1,000개 　　② 1,500개

③ 2,000개 　　④ 3,000개

11 수조에 담긴 액체 광경화성 수지에 빔 프로젝터의 면 단위 광원을 조사하여 조형하는 방식은?

① SLA 　　② DLP

③ MJ 　　④ SLS

12 분말 방식(SLS) 3D프린터의 특징으로 틀린 것은?

① 서포터가 필요하지 않다.

② 금속, 플라스틱 등 다양한 재료를 사용할 수 있다.

③ 조형 후 냉각 과정 없이 즉시 제품을 꺼낼 수 있다.

④ 조형 속도가 비교적 빠르다.

13 FDM 방식 3D프린터에서 수용성 서포터 재료로 가장 많이 사용되는 소재는?

① ABS 　　② PLA

③ PVA 　　④ TPU

14 3D모델링 데이터를 프린터가 인식할 수 있는 G-code로 변환하는 소프트웨어는?

① CAD

② 슬라이서

③ 스캐너 소프트웨어

④ 뷰어

15 광경화성 수지를 사용하는 방식(SLA, DLP)에서 미경화 레진을 제거하기 위해 사용하는 세척액은?

① 아세톤

② 이소프로필 알코올(IPA)

③ 물

④ 연마유

16 다음 중 제3각법에 의한 투상도 배치에서 정면도의 바로 위에 위치하는 도면은?

① 우측면도 　　② 좌측면도

③ 평면도 　　④ 저면도

17 그림과 같이 불규칙한 단면 형상을 회전축을 중심으로 한 바퀴 돌려 입체를 만드는 명령은?

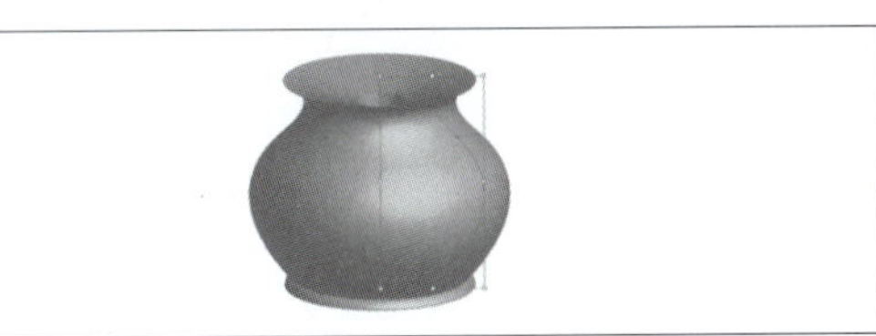

① Extrude(돌출)

② Revolve(회전)

③ Sweep(스윕)

④ Loft(로프트)

18 3D모델링에서 '두 개 이상의 서로 다른 단면(Profile)'을 부드럽게 연결하여 입체를 생성하는 기법은?

① 돌출 　　② 스윕

③ 로프트 　　④ 필렛

19 도면에서 반지름을 나타내기 위해 치수 수치 앞에 붙이는 보조 기호는?

① ∅ ② R
③ S∅ ④ SR

20 실제 크기가 가로 100mm인 물체를 1:2의 척도로 도면에 그렸을 때, 도면상에 표기되는 치수의 값은?

① 50mm
② 100mm
③ 200mm
④ 25mm

21 2D 스케치 시 두 원의 중심을 일치시키는 구속 조건은?

① 일치(Coincident)
② 동심(Concentric)
③ 탄젠트(Tangent)
④ 동일(Equal)

22 그림과 같이 물체의 내부를 보여주기 위해 정중앙을 절단하여 표현하는 단면법은?

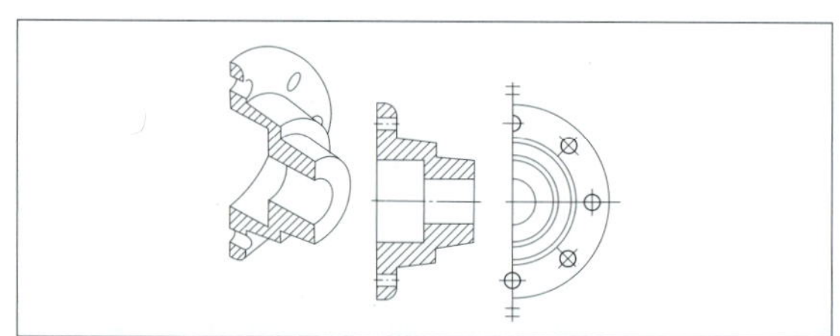

① 온 단면도(전 단면도)
② 한쪽 단면도(반 단면도)
③ 부분 단면도
④ 회전 단면도

23 다음은 3각법으로 그린 정투상도이다. 입체도로 옳은 것은?

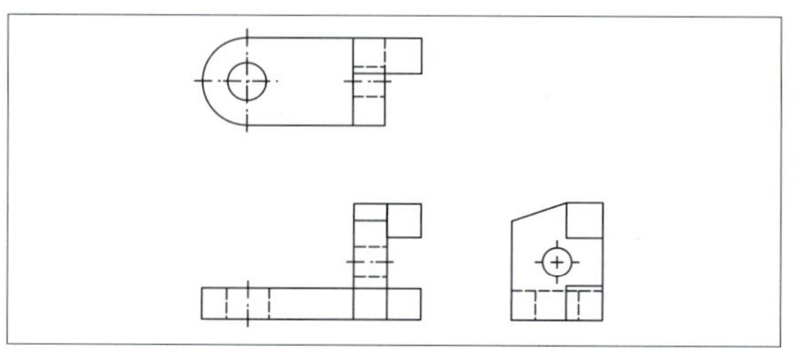

① 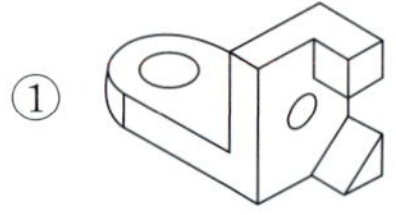　② 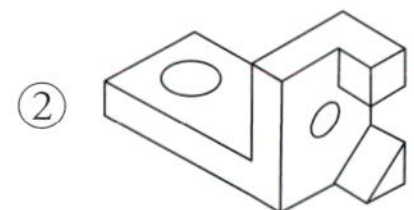

③ 　④ 

24 파트 조립(Assembly) 시 선택한 두 면 사이의 거리를 일정하게 띄워서 구속하는 조건은?

① 일치(Coincident)
② 오프셋(Offset)
③ 접촉(Contact)
④ 각도(Angle)

25 다음 중 기하 공차 기호와 명칭의 연결이 틀린 것은?

① // : 평행도 공차
② ⊥ : 직각도 공차
③ ⊕ : 동심도 공차
④ ∠ : 경사도 공차

26 3D모델링에서 얇은 판재 형상을 만들기 위해 일정한 두께를 남기고 내부를 비우는 명령은?

① 쉘(Shell)
② 필렛(Fillet)
③ 모따기(Chamfer)
④ 돌출(Extrude)

27 서로 다른 CAD 프로그램 간의 데이터 호환을 위해 가장 최근에 개발된 국제 표준 포맷은?

① IGES 　　② STL
③ STEP 　　④ DXF

28 도면 작성 시 물체의 보이지 않는 부분을 나타내는 선의 종류는?

① 외형선 　　② 숨은선
③ 중심선 　　④ 가상선

29 스케치 평면에서 필요 없는 선을 잘라내는 명령은?

① Extend 　　② Trim
③ Mirror 　　④ Scale

30 조립품 설계 방식 중 부품을 하나씩 먼저 모델링한 후 조립 환경으로 불러들이는 방식은?

① 하향식(Top-down)
② 상향식(Bottom-up)
③ 하이브리드 방식
④ 역설계 방식

31 G-code 명령어 중 노즐을 현재 위치에서 지정된 좌표까지 '직선 이송'하며 출력하는 코드는?

① G0 　　② G1
③ G28 　　④ G90

32 출력물이 베드에 잘 안착되도록 첫 번째 레이어의 면적을 모델보다 넓게 확장하여 깔아주는 설정은?

① 스커트(Skirt)
② 브림(Brim)
③ 래프트(Raft)
④ 인필(Infill)

33 출력물의 내부를 채우는 밀도(Infill)가 100%일 때의 특징으로 옳은 것은?

① 출력 속도가 빨라진다.
② 재료가 절약된다.
③ 구조적 강도가 가장 높다.
④ 출력물의 무게가 가벼워진다.

34 노즐 직경이 0.4mm이고 벽 두께(Wall Thickness)를 1.2mm로 설정했다면, 노즐은 벽을 만들기 위해 몇 번 외곽선을 도는가?

① 2번 　　② 3번
③ 4번 　　④ 5번

35 다음 G코드 명령 G1 X50 Y50 E10 F1200에 대한 설명으로 가장 옳은 것은?

① 급속 이송(Rapid Move)으로 X50, Y50 위치까지 빠르게 이동한다.
② 직선 경로로 이동하며, 이때 이동 속도는 분당 1,200mm이다.
③ 이동 중에 필라멘트를 10cm만큼 압출한다.
④ F1200은 노즐의 온도를 1,200℃로 설정하라는 의미이다.

36 그림과 같이 지지대 없이 출력할 때 아래로 처지는 현상을 방지하는 구조물은?

① 인필
② 서포터
③ 브림
④ 스커트

37 슬라이싱 설정 중 '리트랙션(Retraction)'이 발생하는 시점은?

① 첫 레이어를 출력할 때
② 내부 채움(Infill)을 할 때
③ 출력 없이 노즐이 이동할 때
④ 서포터를 생성할 때

38 M-code 중 압출기(노즐)의 온도를 설정하는 명령은?

① M140
② M104
③ M106
④ M107

39 출력물의 높이가 30mm이고 레이어 높이가 0.2mm, 첫 레이어 높이가 0.3mm일 때 총 레이어 수는?

① 148개
② 149개
③ 150개
④ 151개

40 STL 파일 오류 중 인접한 삼각형 면들의 방향(Normal Vector)이 서로 반대로 되어 있는 현상은?

① 오픈 메쉬
② 반전 면
③ 비매니폴드
④ 중첩 메쉬

41 3D프린터의 좌표계 중 'G91' 코드를 사용하여 현재 위치를 기준으로 이동하는 방식은?

① 절대 좌표계
② 상대 좌표계
③ 기계 좌표계
④ 공작물 좌표계

42 슬라이싱 미리 보기 기능으로 확인할 수 없는 것은?

① 레이어별 노즐 경로
② 예상 출력 시간
③ 서포터 생성 형태
④ 출력 후 실제 수축률

43 델타(Delta) 방식 3D프린터의 G28(원점 복귀) 시 헤드의 위치는?

① 베드 중앙 바닥(0, 0, 0)
② 베드 상단 끝(0, 0, Max Z)
③ 베드 왼쪽 모서리
④ 베드 오른쪽 모서리

44 다음 중 3D프린터 출력용 파일 확장자가 아닌 것은?

① STL
② OBJ
③ AMF
④ JPG

45 슬라이서에서 'Overhang Angle' 설정을 변경하면 영향을 받는 것은?

① 출력 속도
② 서포터 생성 범위
③ 노즐 온도
④ 레이어 두께

46 FDM 방식 3D프린터에서 필라멘트를 노즐로 밀어 넣어주는 역할을 하는 모터는?

① X축 모터
② Z축 모터
③ 익스트루더 모터
④ 냉각 팬 모터

47 노즐과 베드 사이의 간격이 너무 멀 때 발생하는 현상은?

① 노즐이 베드를 긁는다.
② 첫 번째 레이어가 베드에 안착되지 않는다.
③ 필라멘트가 타버린다.
④ 압출량이 너무 많아진다.

48 ABS 소재 출력 시 수축(Warping)을 방지하기 위해 필수적인 장치는?

① 쿨링 팬
② 히팅 베드(Heating Bed)
③ 엔드 스탑
④ 서미스터

49 그림과 같이 조형물 하단부가 열에 의해 주저앉는 현상의 명칭은?

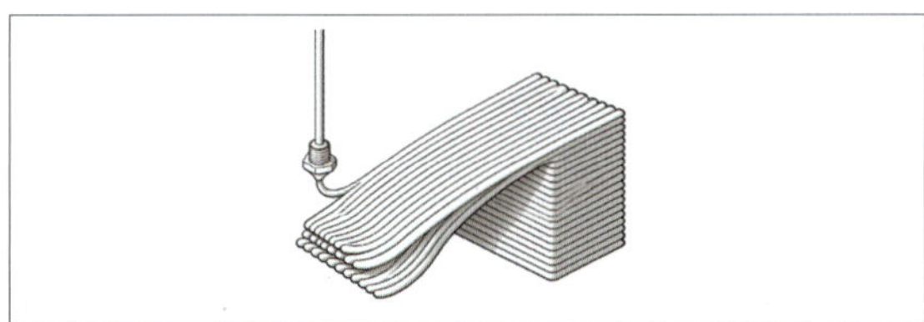

① 와핑(Warping)
② 새깅(Sagging)
③ 컬링(Curling)
④ 필로잉(Pillowing)

50 3D프린터의 가열된 부품 온도를 측정하여 메인보드에 전달하는 센서는?

① 서미스터(Thermistor)
② 엔드 스탑
③ 스테핑 모터
④ 리미트 스위치

51 필라멘트 공급 기어의 이빨이 필라멘트를 갉아먹는(Shaving) 현상의 원인이 아닌 것은?

① 노즐 온도가 너무 낮을 때
② 출력 속도가 너무 빠를 때
③ 노즐이 막혀 있을 때
④ 베드 레벨링이 완벽할 때

52 출력물 표면의 층간 결을 제거하기 위해 ABS 출력물을 화학 용제 증기에 노출시키는 후가공법은?

① 샌딩　　　　　② 아세톤 훈증
③ 퍼티 작업　　　④ UV 경화

53 SLA 방식에서 출력물이 완료된 후 끈적임을 없애고 강도를 높이기 위해 수행하는 필수 공정은?

① 물 세척　　　　② UV 후경화
③ 가열 건조　　　④ 알코올 침전

54 1.75mm 직경의 필라멘트 100mm를 압출했을 때의 부피와 가장 가까운 값은? (단, 원주율은 3.14로 계산한다.)

① 약 120cm³　　　② 약 240cm³
③ 약 480cm³　　　④ 약 700cm³

55 3D프린터의 이송 축이 정해진 범위를 벗어나지 않도록 제한하거나 원점을 감지하는 부품은?

① 엔드 스탑(리미트) 스위치
② 서미스터
③ 가열 블록
④ 타이밍 벨트

56 화학물질의 유해성, 위험성, 응급처치 요령 등이 상세히 기재된 안내서는?

① NC 코드

② MSDS(물질안전보건자료)

③ STL 가이드라인

④ 품질 보증서

57 3D프린팅 작업실의 안전 화재 대책 중 '전기화재' 발생 시 사용해야 할 소화기 등급은?

① A급 소화기

② B급 소화기

③ C급 소화기

④ K급 소화기

58 작업 중 감전 사고가 발생했을 때 가장 먼저 취해야 할 조치는?

① 재해자를 맨손으로 끌어당긴다.

② 소화기를 분사한다.

③ 장비의 전원을 차단한다.

④ 인공호흡을 실시한다.

59 ABS 필라멘트 사용 시 발생하는 유해가스(스티렌 등)를 대처하는 가장 좋은 방법은?

① 작업장 조명을 밝게 한다.

② 밀폐형 챔버 장비를 사용하고 국소 배기 장치를 가동한다.

③ 노즐 온도를 더 높인다.

④ 출력 속도를 늦춘다.

60 FDM 방식의 3D프린터에서 PLA 수지를 재료로 사용할 경우 노즐의 온도는?

① 120℃　　　　② 190℃

③ 240℃　　　　④ 270℃

01 ②

필라멘트 공급 장치(Extruder)가 고장 났을 때 정비용 도구로 롱노즈 플라이어, 육각 렌치, +, − 드라이버, 핀셋, 노즐 관리 핀 등을 사용한다. 익스트루더 부품은 정밀하므로 큰 충격을 주는 망치는 사용하지 않는다.

02 ②

정화통과 마스크가 호스로 연결된 형태는 격리식 방진 마스크이다. 여과재가 없는 방진 마스크는 보호 효과가 떨어진다.

03 ③

3D프린터용 슬라이서 프로그램에서는 일반적으로 STL, OBJ, AMF, PLY, 3MF 형식을 지원한다.

04 ②

① XYZ : 가장 단순하며, 각 점에 대한 좌푯값인 X, Y, Z값을 포함하고 있다.

② IGES : 1980년대 제정된 최초의 3D 데이터 교환 표준 규격이다. 형상 데이터를 나타내는 엔터티로 이루어져 있으며, 점뿐만 아니라 선, 원, 자유 곡면, 색상, 글자 등 CAD/CAM 소프트웨어에서 3차원 모델의 거의 모든 정보를 포함할 수 있다.

③ STEP : IGES의 단점을 극복하고 제품 설계부터 생산에 이르는 모든 데이터를 포함하기 위해서 가장 최근에 개발된 표준이다.

④ STL : 3차원 물체의 표면 데이터를 저장하는 가장 기본적인 파일로 복잡한 3D 모델의 표면을 수많은 삼각형으로 나누어 표현한다.

05 ①

3D모델링 데이터 분할은 출력 범위나 서포터 생성과 관련이 있다.

06 ④

①은 동심, ②는 직각, ③은 평행, ④는 접선이다.

07 ④

재료를 절약하기 위해 빈 공간을 설정하는 것은 압출 불량의 직접적인 원인이 아니다.

08 ②

액체 수지 방식인 SLA는 알코올 세척 후 자외선 경화기로 추가 경화 과정이 필요하다.

09 ④

① 돌출(Extrude) 모델링 : 2D 단면에 높이 값을 주어 면을 돌출시키는 방식이다.

② 필렛(Fillet) 모델링 : 두 곡면이 만나는 날카로운 부위를 곡면으로 대치하여 만드는 방식이다.

③ 쉘(Shell) 모델링 : 생성된 3차원 객체의 면 일부분을 제거한 후, 남아 있는 면에 일정한 두께를 부여하여 속을 만드는 기능이다.

④ 스윕(Sweep) 모델링 : 모델링 경로를 따라 단면을 이동시켜 형상을 만드는 방식이다. 경로(Path)와 안내 레일(Guide rail) 또는 안내 서피스(Guide surface)를 이용하여 복잡한 모델링을 할 수 있다.

10 ②

오류 검출 결과가 정상이면 최종 출력용 데이터로 저장한다.

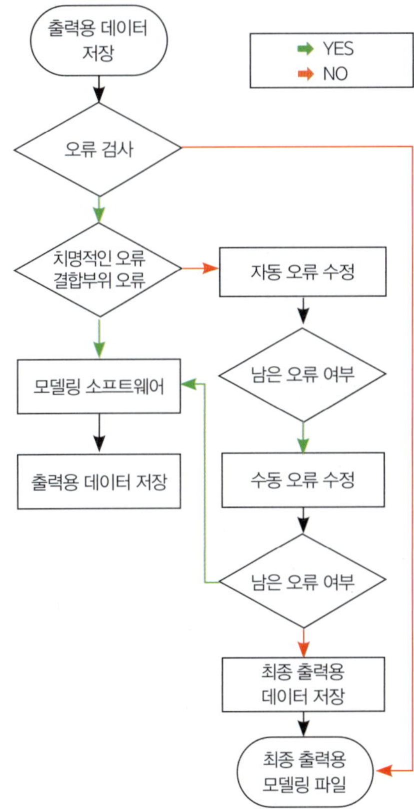

11 ②

① Infill : 출력물의 내부를 얼마나 채울지 결정하는 설정값이다.

② Raft : 출력물 아래에 베드 면을 깔아주는 옵션으로 출력 후 떼어낼 수 있게 되어 있다.

③ Supporter : Support type과 Platform adhesion type이 있다.

12 ②

ABS는 유독 가스를 제거한 석유 추출물을 이용해 만든 재료로 가열할 때 냄새가 심하므로 환기 시설을 필수로 운영해야 한다.

13 ①

G1은 지정된 좌표로 직선 이동하며 압출을 수행하는 명령이다. 5mm 토출은 E5이다.

14 ②

① 핸드헬드 스캐너 : 광 삼각법을 주로 이용한다. 점 또는 선 타입의 레이저를 피사체에 투사하며 사용자가 직접 손에 들고 움직이며 스캔한다. 크기가 크거나 고정된 물체도 장소 제약 없이 자유롭게 측정 가능하다.

② 변조광 방식의 3D스캐너 : 빛의 세기를 주기적으로 조절(변조)하여 쏜 뒤, 반사되어 돌아오는 빛의 위상차를 계산해 정밀하게 거리를 측정한다.

③ 백색광 방식의 3D스캐너 : 특정 격자 무늬 패턴을 투사하고, 물체 표면의 굴곡에 따라 왜곡된 패턴의 형태를 카메라로 찍어 분석한다.

④ 광 삼각법 3D 레이저 : 레이저를 쏘고 반사된 빛을 센서가 받아, '레이저–물체–센서'가 이루는 삼각형의 각도와 거리를 계산해 좌표를 얻는다.

15 ③

① 상향식 설계(Bottom-up) : 먼저 부품을 하나씩 모델링하여 어셈블리하는 방식이다.

② 부품에서 조립으로 나아가는 상향식 설계의 전형적인 특징이다.

③ 기존 제품을 참고하여 작업한다는 것은 실물을 측정해 모델링하는 역설계에 해당한다.

④ 불러온 부품들은 서로의 조립 관계(일치, 접촉, 오프셋 등)를 고려하여 배치 및 조립해야 한다.

16 ④

비매니폴드 형상은 3차원 공간에서 수치적으로는 표현될 수 있지만, 실제로는 존재할 수 없는 구조를 의미한다. 이로 인해 3D프린팅, 불리언 작업 등에서 오류가 발생한다.

17 ④

맨 처음 적층되는 레이어는 베드에 잘 부착이 되도록 가능한 너무 얇지 않도록 조정이 필요하다. 레이어 두께가 얇을수록 품질은 좋아지지만 출력 시간은 늘어난다.

18 ①

제시된 기호는 눈 → 물체 → 투상 순서인 제1각법을 나타낸다.

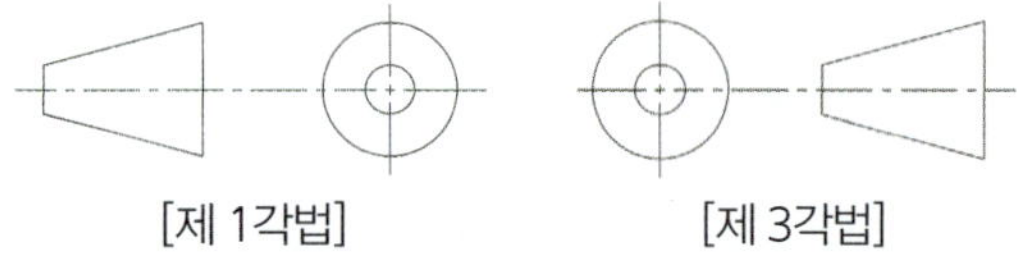

[제 1각법]　　　　　[제 3각법]

19 ④

판의 두께는 소문자 t를 사용하여 't=4'와 같이 표현한다.

20 ②

지지대를 많이 사용하면 후가공 시간이 오히려 늘어난다.

21 ④

DLP 방식은 액체 상태의 광경화성 수지를 사용하며, 분말은 사용하지 않는다.

22 ①

① G28 : 모든 축을 기계 원점 위치로 복귀시키는 명령어이다.

② G92 : 좌표계를 설정하는 명령어이다.

③ M106 : 팬 전원을 켜는 명령어이다.

④ M190 : 히팅 베드의 온도를 설정하고, 해당 온도에 도달할 때까지 대기하는 명령어이다.

23 ②

① 메쉬로 표현하는 것은 폴리곤 모델링이다.

③ 넙스보다 상대적으로 연산이 가볍고 직관적인 방식은 폴리곤 모델링이다.

④ 와이어프레임(Wireframe) 모델링에 대한 설명이다.

넙스(NURBS)

폴리곤 방식에 비해 많은 계산이 필요하지만 부드러운 곡선을 이용한 모델링에 많이 사용된다. 폴리곤 방식보다 정확한 모델링이 가능하며, 자동차나 비행기의 표면과 같은 부드러운 곡면을 설계할 때 효과적이다.

24 ④

프린터를 연질 매트 위에 설치하면 진동으로 인해 흔들림이 더 생길 수 있다. 플랫폼의 균형을 맞추어 히팅 베드와 노즐 사이의 간격을 조정하고 플랫폼(히팅 베드)의 레벨 접점 균형을 맞추고 청소를 한다.

25 ①

스커트 라인은 출력 시작 시 출력할 오브젝트 주변에 라인을 형성하는 것으로 출력물의 바닥 고정과는 관계가 없다. 출력을 시작하기 전 노즐 안의 필라멘트가 제대로 압출되는지 확인하거나, 베드의 수평 상태(레벨링)를 점검하는 용도이다.

26 ①

① 조립되는 부분은 출력 후 서로 붙지 않도록 출력 공차를 고려하여 모델링 단계에서 수정해야 한다.

② 조립 부품을 수정할 때에는 한 개의 부품만 수정한다.

③ 출력 공차를 고려할 때는 출력 노즐의 크기도 함께 반영해야 한다.

④ 도료 색상은 고려할 사항이 아니다.

27 ③

큐라(Cura)나 메이커봇 데스크톱 등 대부분의 슬라이서 프로그램은 모델 복사 기능을 지원한다. 슬라이서 내에서 원하는 수량만큼 복사하여 배치할 수 있다.

28 ④

평행 구속은 직선에만 적용되며, 원에는 동심, 동일, 탄젠트 등을 적용한다.

29 ④

벽 두께(Number of Shells)가 많을수록 출력물의 외부 강도가 높아진다.

30 ④

PC(폴리카보네이트)는 전기 절연성과 치수 안정성이 우수하고 내충격성도 뛰어나 전기 부품 제작에 많이 사용되는 재료이다.

31 ④

1회 적층 높이는 모델링 단계가 아닌 슬라이싱(출력 설정) 단계에서 결정한다.

32 ①

① TPU : TPU는 탄성이 뛰어나 휴대폰 케이스나 타이어 출력에 사용된다.
② ABS : 유독 가스를 제거한 석유 추출물을 이용해 만든 재료로 강하고 오래가면서 상대적으로 열에도 강하다.
③ PVA : 고분자 화합물로 폴리아세트산비닐을 가수 분해하여 얻어지는 무색 가루로 물에 녹고 일반 유기용제에는 녹지 않는다.
④ PLA : 옥수수 전분을 이용해 만든 재료로서 무독성 친환경 재료로 변형에 의한 수축이 적어 다른 FDM 방식 재료에 비해 정밀한 출력이 가능하다.

33 ②

모델링 제품이 프린터의 최대 출력 사이즈보다 작은 경우에는 별도의 수정이나 분할이 필요 없다.

34 ②

물체의 보이는 부분을 나타내는 외형선은 굵은 실선을 사용한다.

35 ①

단면부 면적에 45°의 가는 실선을 일정한 간격으로 긋는 것은 해칭(Hatching)이다.

36 ③

델타 방식은 헤드가 상단에 위치할 때를 원점으로 하므로 좌푯값은 X, Y, Z(0, 0, 258)이다.

37 ②

평균값 = 출력 회차를 모두 더한 값 ÷ 회차 수
평균값(A) 계산
=20.12+19.98+20.25+20.05+20.10+20.15+20.02+
 20.22+19.96+20.05
=200.90(mm)
평균값(A)=200.90÷10=20.09(mm)
오차값(B)=평균값−기준값=20.09−20.00=0.09(mm)

38 ③

MPEG은 비디오 압축 표준 파일로, 3D 출력용 데이터가 아니다.

39 ③

3D프린팅의 기술과 공정 방식에 따라 출력물이 성형되는 바닥면의 위치와 지지대의 형태는 달라진다.

40 ③

SLA 방식의 광경화성 수지는 빛의 파장과 빛의 세기, 노출 시간에 따라 구조물의 제작이 달라지므로 빛에 굳지 않도록 햇빛이 잘 드는 곳을 피하여 보관해야 한다.

41 ②

헤드 동작 시간은 코드 실행의 결과물이지 명령어 내에 직접 포함되지 않는다.

42 ①

서포터 생성이 가장 많은 자세로 배치할 때 출력 시간이 가장 길어진다.

43 ①

공중에 떠 있는 부분의 처짐을 방지하기 위해 서포터가 반드시 필요하다.

44 ②

① 3D프린팅은 금형이 없어도 컴퓨터 설계를 통해 복잡한 형상이나 내부가 비어 있는 구조 등을 다양하게 만들 수 있다는 장점이 있다.
② 3D프린팅은 재료를 깎아내는 절삭 가공(Subtractive Manufacturing)이 아니라, 재료를 쌓아 올리는 적층 가공 방식이다. 절삭 가공에 비해 표면 조도가 거칠어 후가공이 필요한 경우가 많으며, 대량 생산 시 제작 속도가 느린 편이다.
③ 3D프린팅의 정의는 3차원 모델 데이터를 기반으로 재료를 한 층씩 적층하여 제품을 제조하는 기술이다.
④ MJ, CJP 방식처럼 기존 2D 잉크젯 프린터 헤드 기술을 응용하여 액체 수지나 접착제를 분사해 적층하는 방식도 널리 사용된다.

45 ②

참고용 치수는 치수 값에 괄호를 쳐서 표시한다.

46 ①

DLP 방식은 액체 상태의 광경화성 수지에 빔 프로젝터의 빛을 이용해 마스크 단위로 투사하여 경화시킨다.

47 ③

겹치는 부분만큼 빼내어 형상을 변형시키는 차집합(빼기) 명령이다.

48 ②

M코드는 'Miscellaneous Function'의 약자로, 기계를 제어하고 조정하는 보조 기능을 수행한다.

49 ③

슬라이싱 완료 후 프린터가 실행할 수 있는 G코드가 생성된다.

50 ①

레이저나 전자빔을 열원으로 사용하여 분말을 녹여 접합한다.

51 ③

스캐닝 방식 및 대상물의 크기 등을 고려하는 단계는 스캐
닝 준비 단계이다.

52 ④

FDM 방식 3D프린터에서 재료를 교체하는 방식은 프린터
가 정지한 상태에서 익스트루더의 온도를 소재별 적정 온도
로 유지한 상태에서 교체해야 한다.

53 ④

출력물 아랫부분의 부착 면적이 넓으면 베드에 더 견고하게
고정된다.

54 ③

전체 층수 구하는 법
전체 높이÷적층 높이=50÷0.2
=250

55 ③

PBF(SLS) 방식은 굳지 않은 분말 가루가 모델을 지지하므
로 서포터가 필요 없다.

56 ①

비례식을 이용하여 목표치와 실측치의 비율로 스텝 수를 보
정한다.
$25:26.9=x:85$
$26.9x=2,125$
$x=78.99$이므로 반올림하면 스텝 값은 79이다.

57 ②

내부 동작을 만질 수 있는 오픈형 장비는 화상이나 끼임 사
고의 위험이 크다.

58 ④

리트랙션(Retraction) 거리와 속도를 조절하여 노즐 이동 시
재료 누출을 방지한다. 스트링 현상을 막기 위해서는 압출
헤드가 긴 거리를 이송하지 않도록 해야 한다.

59 ①

여러 방향에서 스캔한 점군 데이터를 합치기 위해 정합용
마커를 사용한다.

60 ④

Infill speed는 내부 채움 속도로, 바닥 보조물인 래프트 설
정과는 무관하다.

01 ③

3D프린팅은 재료를 한 층씩 쌓아 올리는 적층 방식으로 제작 속도가 비교적 느리기 때문에, 규격화된 제품을 대량으로 생산할 때는 금형을 이용하는 사출 성형 방식이 속도와 효율성 면에서 훨씬 유리하다.

02 ②

액체 기반형(SLA, DLP 등)은 빛을 받으면 굳는 광경화성 수지를 사용하여 층을 쌓기 때문에 정밀도가 매우 높고 표면이 매끄러워 액세서리나 치기공 등 정밀한 형상 제작에 적합하다.

03 ②

구분	내용
DXF	• Auto CAD에서 만들어지는 2D CAD 파일 포맷이다. • 주로 2차원 도면 데이터로 사용된다.
STL	• 3D모델링한 것을 하나의 단면으로 만들어 3D로 프린트할 수 있게 만든 파일이다. • 3차원 형상의 표면을 무수히 많은 삼각형(Polygon)으로 구성하여 표현한다.
IGES	• 최초의 3D 호환 표준 포맷이다. • 형상 데이터를 나타내는 엔터티(Entity)로 이루어져 있어 점, 선, 면, 곡면 등 모델의 거의 모든 정보를 포함할 수 있다.
STEP	• ISO에서 개발한 국제 표준 포맷이다. • IGES의 단점을 극복하고 제품의 설계부터 생산에 이르는 전 주기의 데이터를 포함하기 위해 만들어진 규격이다.

04 ②

레이어 수를 구하는 방법
{(전체 높이 − 초기 레이어 두께)÷(레이어 높이)}+(첫 번째 초기 레이어)
={(15.2−0.2)÷0.15}+1
=(15÷0.15)+1
=100+1
=101
※ 초기 레이어 두께가 별도로 주어지지 않았을 때에는 '전체 높이÷레이어 높이'로 계산한다.

05 ②

3차원 스캐너의 목적은 물체의 표면으로부터 기하 정보(주로 X, Y, Z)가 샘플링된 점군을 형성하는 것이다.

06 ②

비접촉식 스캐너(특히 광학식)는 주변의 빛(조도) 환경에 민감하기 때문에 너무 밝은 빛이나 직사광선이 있는 야외에서는 측정이 어렵거나 데이터 품질이 떨어질 수 있다. 온도 및 진동에 민감한 것은 접촉식(CMM) 스캐너이다.

07 ②

3차원 프린팅이 가능한 STL 파일의 생성 순서는 측정 데이터(점군) → 필터링 → 보정 → 정합 → 병합 → STL 파일의 생성 순이다.

08 ②

정합용 마커(볼)는 측정대상물에 정합용 마커 또는 볼을 부착한 후 스캔을 실시하고, 정합 시 마커와 볼을 기준으로 결합시키는 부품이다.

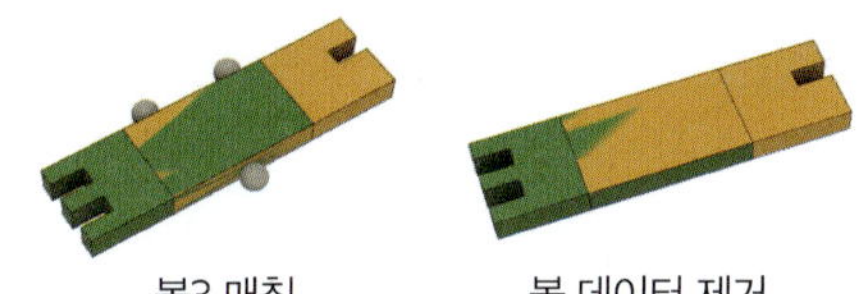

볼3 매칭   볼 데이터 제거

09 ③

점군(Point Cloud)이나 폴리라인 데이터를 가장 쉽게 3차원화하는 방법은 가까운 세 점을 연결하여 무수히 많은 삼각형 면을 만드는 삼각형 메쉬(Triangulation Mesh)를 형성하는 것이다. 이를 통해 3D프린팅용 표준 파일인 STL을 생성할 수 있다.

10 ③

선의 종류

선의 종류		명칭/용도
———————	굵은 실선	외형선
- - - - - - -	파선	숨은선
— - — - — +	1점 쇄선과 중심 표시	중심선과 중심 표시
— - - — - - —	2점 쇄선	가상선
∿	지그재그 모양의 선	파단선 : 부분생략, 부분단면의 경계 표시
⌐- - - -⌐	1점 쇄선과 화살표 표시	절단선 : 단면도의 절단 위치 표시
→ ← ←	가는 실선	치수선, 치수 보조선, 지시선 등
▨	가는 실선으로 45° 사선	해칭선

11 ③

외형선은 물체의 보이는 부분의 모양을 나타내는 선으로 굵은 실선을 사용한다.

12 ③

① ISO : 국제표준화기구(International Organization for Standardization)의 규격으로, KS 규격에 정의되지 않은 경우에 따라야 하는 국제 표준이다.

② ANSI : 미국 규격(American National Standards Institute)으로, 미국의 국가 표준 협회에서 제정한 표준 규격이다.

③ KS : 한국산업표준(Korean Industrial Standards)으로, 우리나라 도면 표기법 및 제도 통칙에서 가장 우선적으로 적용해야 하는 표준 규격이다.

④ JIS : 일본 공업 규격(Japanese Industrial Standards)으로, 일본에서 제정한 국가 표준 규격이다.

13 ①

원의 직경은 Ø로 표기하며 같은 치수가 4개일 경우는 4x로 표현한다. 도면에는 같은 크기의 원이 4개가 있고 원은 Ø로 표시하기 때문에 4x Ø6이다.

14 ②

①은 지우기, ③은 연장, ④는 대칭을 의미하는 명령어이다.

15 ②

솔리드 모델링은 물체의 부피와 질량 정보를 완벽히 포함하여 설계 오류를 방지하고, 3D프린팅에 즉시 사용 가능한 정밀한 데이터를 생성할 수 있다.

16 ②

단면의 축을 중심으로 회전시켜 입체를 만드는 명령어는 Revolve(회전)이다.

17 ②

원기둥의 부피$=\pi r^2 h=3.14\times5\times5\times10=785\,\text{cm}^3$

18 ②

① Chamfer(모따기) : 각진 모서리 부분을 비스듬하게 깎아내어 사면(직선 경사면)으로 만드는 기능이다.

② Fillet(모깎기) : 각진 모서리 부분을 지정된 반지름(Radius) 값에 따라 둥글게 라운드 처리하여 부드럽게 만드는 기능이다.

③ Shell(쉘) : 3차원 객체의 내부를 비워내고 외벽에 일정한 두께를 부여하여 속이 빈 형상을 만드는 기능이다.

④ Offset(오프셋, 간격 띄우기) : 기존의 스케치 선이나 객체의 면을 일정 간격만큼 띄워서 확장하거나 축소하여 생성하는 기능이다.

19 ②

① 조립도(Assembly) 상태에서 전체적인 레이아웃을 잡고 부품을 만들어가며 모델링하거나, 이미 조립된 다른 부품의 형상을 참조하여 연관 설계하는 방식이다.

② 가장 일반적인 조립 방식이다. 개별 부품(Part)을 먼저 모델링하여 완성한 뒤 조립 공간으로 불러와(Import) 조립품을 구성하는 방식이다.

③ 설계 데이터가 없는 실물 제품을 3D스캐너 등으로 측정 및 분석하여 역으로 3차원 모델링 데이터를 생성해내는 기술이다.

20 ③

① Ø은 원의 지름, ② R은 원의 반지름, ④ SR은 구의 반지름을 나타낸다.

21 ③

① G1 : 지정된 좌표까지 직선으로 이동하며 재료를 압출하는 제어된 이동(직선 보간) 명령이다.

② G90 : 이동 종점의 좌푯값을 정해진 원점으로부터의 거리로 나타내는 절대 좌표 설정 명령이다.

③ G28 : 급속 이송을 통해 X, Y, Z축을 기계 원점 위치로 자동 복귀시키는 명령이다.

④ G92 : 현재 헤드가 위치한 곳의 좌푯값을 지정된 데이터로 재설정(공작물 좌표계 설정)하는 명령이다.

22 ③

Retraction(되감기)은 속도와 거리를 조정하여 거미줄 현상을 방지하는 기능을 한다.

23 ②

Brim(브림)은 출력물의 첫 번째 레이어에 붙여서 넓은 테두리를 형성함으로써 베드와의 접착 면적을 늘려 출력물이 잘 안착되도록 돕는 설정이다.

24 ②

내부 채움(Infill) 비율을 0%로 설정하면 출력물 내부를 채우는 재료 없이 속을 완전히 비우게 되므로 외벽(Shell)만 있는 껍데기 형태로 출력된다.

25 ③

타이밍 벨트가 늘어나거나 풀리가 모터 축에 꽉 물리지 않으면, 모터가 회전해도 헤드가 정확한 위치로 이동하지 못한다. 이로 인해 좌푯값이 틀어지면서 층이 어긋나거나 밀려서 출력되는 탈조(Layer Shifting) 현상이 발생한다.

26 ①

① M140 : 3D프린터의 플랫폼(히팅 베드) 온도를 지정된 값으로 설정하는 명령어이다.

② M104 : 압출기(노즐 헤드)의 온도를 지정된 값으로 설정하는 명령어이다.

③ M106 : 냉각 팬(Cooling Fan)의 전원을 켜거나 회전 속도를 설정하는 명령어이다.

④ M107 : 냉각 팬(Cooling Fan)의 전원을 끄는 명령어이다.

27 ③

비매니폴드 형상은 현실 세계에 존재할 수 없는 기하학적 형상을 의미한다.

- 점이나 선의 공유 : 두 개 이상의 육면체가 하나의 모서리나 꼭짓점만 공유하고 있는 경우
- 면의 공유 : 하나의 모서리를 3개 이상의 면이 공유하는 경우
- 두께가 없는 면 : 닫히지 않은 얇은 면이나 벽 두께가 0인 경우

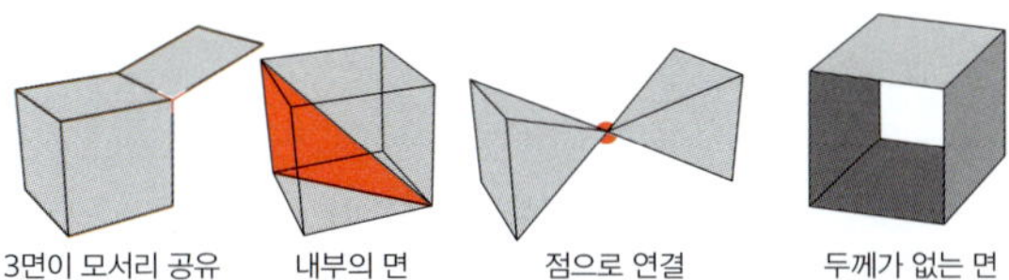

28 ③

(기존 값×목표치)÷실측치
=100×100÷80
=125
※ M92×125 ; X축 스텝 값을 125로 설정한다.

29 ③

① 예상 출력 시간 : 슬라이싱 프로그램은 적층 높이, 속도 등의 설정을 바탕으로 출력을 완료하는 데 걸리는 예상 소요 시간을 계산하여 보여준다.

② 서포터 생성 위치 : 가상 적층(미리 보기) 화면을 통해 무너지지 않도록 받쳐주는 서포터(지지대)가 적절한 위치에 생성되었는지 눈으로 확인할 수 있다.

④ 레이어별 노즐 경로 : 3D프린터의 헤드(노즐)가 모델 외부에서 들어와 어떻게 이동하며 재료를 쌓는지 이동 경로(Tool Path)를 시뮬레이션으로 확인할 수 있다.

30 ②

① M140 S210 : 3D프린터의 플랫폼(히팅 베드) 온도를 210℃로 설정하는 명령어이다.

② M104 S210 : 3D프린터 압출기(노즐 헤드)의 온도를 210℃로 설정하는 명령어이다.

③ M106 S210 : 냉각 팬(Cooling Fan)의 전원을 켜고 회전 속도를 PWM 값 210(0~255 범위)으로 설정하는 명령어이다.

④ M107 : 냉각 팬(Cooling Fan)의 전원을 끄는 명령어이다.

31 ②

② 익스트루더 : 고체 상태의 필라멘트 재료를 이송시켜 가열된 노즐 내부로 밀어 넣어 압출(토출)되도록 하는 구동 장치이다.

① 히터 : 전기 신호를 열에너지로 바꾸어 노즐을 가열해 필라멘트를 녹이거나, 출력 품질을 위해 히팅 베드의 온도를 높여주는 발열 부품이다.

③ 엔드 스탑 : 3D프린터 헤드나 플랫폼이 각 축의 끝부분(기계적 한계점)이나 원점 위치에 도달했음을 감지하여 멈추게 하는 스위치 센서이다.

④ 서미스터 : 온도 변화에 따라 저항값이 변하는 성질을 이용하여 노즐이나 히팅 베드의 현재 온도를 측정하는 온도 센서이다.

32 ②

③ 스테핑 모터 : 전기 펄스 신호에 따라 일정한 각도로 회전하며, 3D프린터의 헤드나 베드를 정밀하게 이동시키거나 필라멘트를 압출기로 밀어 넣는 역할을 하는 구동 장치이다.

④ 리미트 스위치 : 엔드 스탑이라고도 하며, 축(X, Y, Z)이 움직일 수 있는 물리적 한계점에 도달했음을 감지하여 모터의 작동을 멈추고 기준점을 잡게 해 준다.

33 ②

옥수수 전분에서 추출한 친환경 필라멘트는 PLA이다.

34 ①

① PVA(Polyvinyl Alcohol) : 물에 잘 녹는 수용성 성질을 가지고 있어 주로 듀얼 노즐 방식 3D프린터의 서포터(지지대) 용도로 사용되는 소재이다.

② ABS(Acrylonitrile Butadiene Styrene) : 내열성과 내구성이 뛰어나지만, 출력 시 수축(휨) 현상이 심하고 유해 가스가 발생하여 환기가 필수적인 소재이다.

③ TPU(Thermoplastic Polyurethane) : 고무와 플라스틱의 특징을 모두 갖추어 탄성과 유연성이 매우 뛰어나며, 마모에 강해 휘어짐이 필요한 부품 제작에 사용된다.

④ PC(Polycarbonate) : 내충격성, 내열성, 전기 절연성이 매우 우수하여 전기 부품이나 강한 충격을 견뎌야 하는 제품 제작에 주로 사용되는 엔지니어링 플라스틱이다.

35 ②

① Warping(워핑) : 소재가 냉각 및 경화되면서 발생하는 수축으로 인해 출력물의 형상이 뒤틀리거나 휘어지는 현상이다.

② Sagging(새깅) : 출력 중 중력(하중)의 영향을 받아 지지되지 않는 부분이 아래로 늘어지거나 처지는 현상이다.

③ Twisting(트위스팅/뒤틀림) : 주로 SLA 방식에서 빛의 세기 불균형으로 한쪽이 빨리 경화되거나 과경화되어 출력물이 비틀리는 현상이다.

④ Curling(컬링) : 출력물의 모서리나 바닥 부분이 수축 응력을 이기지 못하고 베드에서 떨어져 위쪽으로 말려 올라가는 현상이다.

36 ②

내부 채움(Infill) 밀도를 높이면(100% 설정) 출력물의 속을 재료로 꽉 채우게 되어 강도는 높아지나 그만큼 재료 소모량이 늘어나고 출력 시간이 오래 걸리며 출력물의 무게 또한 무거워진다.

37 ②

① 노즐 냉각 팬 속도 최대화 : ABS는 급격히 식으면 수축과 갈라짐이 발생하므로, 냉각 팬을 끄거나 속도를 최소화하여 서서히 식도록 해야 한다.

② 히팅 베드 온도 유지 : ABS는 온도 변화에 따른 수축이 심해 휨(Warping) 현상이 잘 발생하므로, 히팅 베드 온도를 고온(보통 80~110℃)으로 유지하여 바닥 안착을 도와야 한다.

③ 서보 모터의 전압 상승 : 모터 전압은 필라멘트 이송 힘(토크)이나 발열과 관련이 있으며, 재료의 수축을 직접적으로 방지하는 조건은 아니다.

④ 챔버 문 개방 : 문을 열면 외부의 찬 공기가 유입되어 급격한 온도 변화를 일으키므로, 수축을 막기 위해서는 챔버를 밀폐하여 내부 온도를 일정하게 유지해야 한다.

38 ②

UV 후경화는 자외선으로 1차 경화된 출력물 내부에 미세하게 남아있는 덜 굳은 수지를 자외선(UV) 경화기 등을 이용해 완전히 굳혀 변형을 막고 강도를 높이는 작업이다.

39 ③

① 노즐 온도를 올린 후 얇은 철사나 전용 노즐 청소 바늘 등을 노즐 내부로 밀어 넣어 물리적으로 막힌 부분을 뚫어주는 방법이다.

② 노즐 온도를 평소 사용 온도보다 조금 더 높게 설정하여 내부에 굳어 있는 재료를 완전히 녹여 흘러내리게 하거나 밀어내는 방법이다.

③ 가열된 노즐을 급격하게 냉각시키면 금속 변형이나 손상이 발생할 수 있어 적절하지 않다. 토치 등으로 내부 잔여물을 태운 경우에는 물이 아닌 공업용 아세톤과 같은 용제에 담가 남은 찌꺼기를 녹여내야 한다.

④ 노즐을 헤드에서 분리한 뒤, 내부에 눌어붙은 필라멘트가 녹을 수 있도록 아세톤(ABS의 경우) 등의 전용 용제에 장시간 담가 두는 방법이다.

40 ②

레이어가 베드에 안착되지 않는 주요 원인
- 노즐과 베드 사이의 간격 문제(레벨링 불량)
- 부적절한 온도 설정 및 급격한 냉각
- 첫 번째 레이어의 출력 속도 과다
- 베드 표면 상태 및 이물질
- 압출량 부족
- 출력물 바닥 면적 부족

41 ②

화학물질을 안전하게 사용하고 관리하기 위해 성분, 성질, 취급 주의사항, 위급 시 대처 방법 등 필요한 정보를 기재한 문서는 MSDS(물질안전보건자료)이다.

42 ③

소화기 분류
- A급 : 일반
- B급 : 유류
- C급 : 전기
- D급 : 금속
- E급 : 가스
- K급 : 주방

43 ③

전선 단선 시 안전 조치 사항
- 즉시 전원 차단 : 3D프린터 수리 시 최대 220V 전기에 노출되어 감전될 수 있으므로, 반드시 전원을 끄고 플러그를 뽑아야 한다.
- 동작 정지 : 비정상적인 작동이나 오류가 발견되면 즉시 3D프린터의 동작을 멈춰야 한다.
- 장비 냉각 후 점검 : 발열 부위(노즐, 히팅 베드 등) 근처의 전선일 경우 화상 위험이 있으므로, 전원을 끈 상태에서 충분히 냉각시킨 후 점검한다.
- 합선 및 발화 방지 : 노출된 전선의 피복이 서로 닿거나 금속 부품에 닿아 합선이나 화재가 발생하지 않도록 주의하며 주변 인화물질을 확인한다.

44 ②

통전 전류

구분	내용
최소 감지 전류 (1mA)	전류가 흐르는 것을 약간 느낄 수 있을 정도의 미세한 전류이다.
고통 한계 전류 (7~8mA)	경련을 유발하며, 전류의 흐름에 따라 고통을 느끼기 시작하는 단계이다.
이탈 전류 (마비 한계 전류, 10~15mA)	통증이 유발되며 신경이 마비되어 운동의 자유를 잃게 되는 단계이다.
강렬한 경련 (호흡 곤란, 20~50mA)	스스로 전원으로부터 떨어질 수 없는 이탈 불능 전류(불수 전류) 상태가 지속된다.
심실세동 전류 (사망, 50~100mA)	심실세동을 일으킨다.

45 ①

① PLA(Poly Lactic Acid) : 친환경 무독성 소재이다. 다른 소재에 비해 출력 시 냄새와 유해 물질 배출이 가장 적다.

② ABS(Acrylonitrile Butadiene Styrene) : 출력 시 스티렌과 같은 유해 가스와 심한 냄새가 발생하여 반드시 환기가 필요하다.

③ TPU(Thermoplastic Polyurethane) : 고무의 탄성과 플라스틱의 내구성을 가진 열가소성 폴리우레탄 소재이다. PLA처럼 천연 원료 기반의 친환경 소재가 아니다.

④ HIPS(High Impact Polystyrene) : 내충격성이 좋은 폴리스티렌 소재이다. 주로 서포터용으로 사용되지만, ABS와 유사하게 출력 시 특유의 냄새와 유해 증기가 발생하여 환기가 필요하다.

46 ②

PVA (Polyvinyl Alcohol)는 물에 잘 녹는 성질을 가지고 있어 주로 듀얼 노즐 FDM 방식의 서포터 재료로 사용된다. 출력 후 물에 담가 녹여내는 방식으로 제거가 용이하다.

47 ②

사포의 거칠기는 입도(Grit)로 표기한다. 번호가 낮을수록(작을수록) 입자의 크기가 커 표면이 매우 거칠고 연마력이 강하다. 번호가 높을수록(클수록) 단위 면적당 입자의 수가 많아 표면이 곱고 부드럽게 연마된다.

48 ②

1개월 주기로 점검해야 하는 작업은 벨트 장력 확인, 각 축의 정렬 상태 점검, 연마봉(로드) 및 스크루 관리, 프레임 및 구동장치 고정 점검, 핫엔드 점검이다.

49 ④

① G28 : 급속 이송을 통해 X, Y, Z축을 기계 원점 위치로 자동 복귀시키는 명령이다.
② G90 : 이동 종점의 좌푯값을 정해진 원점으로부터의 거리로 나타내는 절대 좌표 설정 명령이다.
③ G91 : 이동 종점의 좌푯값을 정해진 현재 위치부터의 거리로 나타내는 상대 좌표 설정 명령이다.

50 ④

출력물의 좁은 부위나 뾰족한 부분이 열에 의해 녹거나 뭉개지는 현상이 발생한다면, Minimal Layer Time 값을 더 큰 숫자로 늘려주어 출력 속도를 더 늦추고 충분한 냉각 시간을 주어야 한다.

51 ②

① S1200 : 1,200˚C
② F1200 : F는 분당 이송 속도 1,200mm/min
③ E1200 : 필라멘트 압출량 1,200mm
④ S1200 : 냉각 팬 속도 1,200RPM

52 ②

주사 방식은 일정한 빛을 한 점에 집광시켜 구동기가 움직이며 구조물을 제작하는 방식으로, 가공성이 용이하지만 속도가 느리다는 단점이 있다.

53 ①

구분	내용
필터링 (Filtering)	측정 데이터에 포함된 불필요한 잡음(노이즈)을 제거하거나, 데이터 처리를 쉽게 하기 위해 중첩된 점의 개수를 줄이는 작업
스무딩 (Smoothing)	측정 오류로 인해 주변 점들에 비해 불규칙하게 형성된 점들을 매끄럽게 다듬어 표면 품질을 높이는 작업
정합 (Registration)	여러 번 나누어 측정한 데이터를 하나의 좌표계를 기준으로 위치와 방향을 일치(정렬)시키는 작업
병합 (Merging)	정합 과정을 통해 정렬된 여러 개의 측정 데이터를 하나의 파일이나 메쉬 데이터로 합치는 작업

54 ②

① 구멍(Hole) 명령은 돌출(Extrude)과 달리 별도의 스케치를 작성하지 않고 생성된 3차원 형상에 직접 작업을 수행할 수 있다.
② 구멍 기능은 규격에 따른 구멍 생성을 목적으로 하며, 파라메트릭 드릴, 카운터 보어(Counterbore), 카운터 싱크(Countersink) 등 단순 구멍 외의 다양한 형태를 스케치 없이 생성할 수 있다,
③ 돌출의 차집합과 달리 구멍 기능은 드릴, 탭 등의 규격 정보를 포함할 수 있다.
④ 3D모델링의 구멍 기능은 파라메트릭 특성을 가지므로 생성 후에도 위치, 크기, 유형 등을 수정할 수 있다.

55 ③

Sweep(스윕)은 작성된 2차원 단면(Profile) 형상이 사용자가 지정한 경로(Path/Guide curve)를 따라 이동하면서 3차원 입체(솔리드 또는 곡면)를 생성하는 모델링 기법이다.

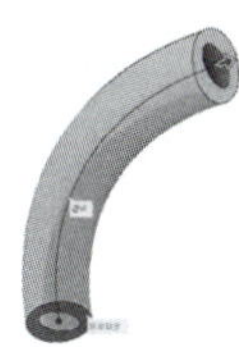

56 ②

캡톤(Kapton) 테이프는 3D프린터 출력 시 출력물이 플랫폼에서 떨어지지 않고 잘 고정되도록 접착력을 높이기 위해 베드 바닥면에 부착하여 사용하는 내열 테이프이다.

57 ③

① 산소 농도가 18% 이상인 장소에서는 방독 마스크를 착용한다.

② 분진이나 미세먼지가 발생하는 연마 작업 시에는 방진 마스크를 착용한다,

③ 송기 마스크는 산소 농도가 18% 미만이거나, 유해 물질의 농도가 높아(예 암모니아 3% 이상) 방독 마스크로는 안전을 보장할 수 없는 장소에서 외부의 신선한 공기를 공급받아 호흡하기 위해 사용한다.

④ 유해 광선으로부터 눈을 보호하기 위해서는 보안경(레이저용 보안경 등)을 착용해야 한다.

58 ②

① 폴리곤은 점, 선, 면의 집합으로 메쉬를 제작하는 방식이며, 최소 단위는 삼각형이다.

② 넙스는 수학적 공식을 이용해 만들어진 곡선을 의미한다. 매우 정교하고 높은 품질의 곡면체를 만들 수 있어 정밀한 제품 디자인이나 자동차, 항공기 설계 등에 주로 쓰인다.

③ 게임 그래픽이나 애니메이션 등 실시간 렌더링이 중요하거나 겉으로 보이는 형상이 중요한 분야에서는 주로 폴리곤 방식이나 서브디비전(Subdivision) 방식이 사용된다. 넙스는 렌더링 시 하이 폴리곤으로 전환되어야 하므로 게임 등에는 잘 쓰이지 않는다.

④ 넙스 모델링은 수학적 계산을 통해 곡선을 구현하므로 폴리곤 방식에 비해 계산이 복잡하다.

59 ③

① G1은 직선 보간(Linear Interpolation) 또는 제어된 이동을 의미하며, 지정된 속도로 재료를 압출하며 직선으로 이동할 때 사용한다. 급속 이동 명령은 G0이다.

② X, Y는 이동하고자 하는 좌푯값을 나타낸다. 온도 설정 명령은 M104, M140이다.

④ F는 피드레이트(Feedrate), 즉 이송 속도를 의미하며 mm/min(분당 이동 거리)를 사용한다.

60 ②

ABS(Acrylonitrile Butadiene Styrene) 소재는 출력 시 가열되면서 스티렌(Styrene)과 같은 유해 가스와 미세 먼지(초미세 입자)를 배출한다. 따라서 유해 물질이 외부로 직접 방출되는 것을 막기 위해 밀폐형 챔버(Chamber) 구조를 가진 3D프린터를 사용하거나, 필터(헤파 필터, 카본 필터 등)가 장착된 장비를 사용하는 것이 가장 권장된다.

01 ②

① 액체 상태의 광경화성 수지가 담긴 수조(Vat)에 자외선 레이저를 조사하여 경화시키는 방식은 SLA(Stereo Lithography Apparatus) 또는 광중합 방식(VPP)에 해당한다.

② PBF(Powder Bed Fusion) 방식은 금속, 플라스틱 등의 분말(Powder) 재료를 고에너지원(레이저, 전자빔 등)을 조사하여 선택적으로 소결(Sintering)하거나 용융시켜 결합하는 방식이다.

③ 고체 필라멘트 형태의 열가소성 소재를 가열된 노즐을 통해 녹여 압출하며 쌓는 방식은 FDM(Fused Deposition Modeling) 또는 재료 압출 방식(MEX)에 해당한다.

④ 종이, 플라스틱 필름 등의 시트(Sheet) 형태 재료를 레이저나 칼로 자르고 접착제나 열을 가해 층층이 붙이는 방식은 LOM(Laminated Object Manufacturing) 또는 시트 적층 방식(SHL)에 해당한다.

02 ②

대상물 전처리 중 스캔 데이터 획득이 어려운 경우 백탁액을 도포한다. 투명한 물체, 반사가 심한 물체, 검은색 물체인 경우에 사용한다.

03 ③

① 정합(Registration) : 여러 번 나누어 측정한 데이터들을 회전 및 이동시켜 하나의 좌표계를 기준으로 위치와 방향을 일치시키는 작업이다.

② 필터링(Filtering) : 측정 데이터에 포함된 불필요한 노이즈를 제거하거나 데이터 처리를 쉽게 하기 위해 점의 개수를 줄이는 작업이다.

③ 삼각형 메쉬(Triangulation Mesh) 생성 : 가까운 세 점을 연결하여 삼각형 면을 만듦으로써 3D프린터가 인식할 수 있는 기본 데이터(STL 등)를 생성하는 과정이다.

④ 병합(Merging) : 정합 과정을 통해 정렬된 여러 개의 측정 데이터를 하나의 파일로 합치는 작업이다.

04 ②

② 스무딩(Smoothing) : 측정 오류로 인해 주변 점들에 비해 불규칙하게 형성된 점들을 수정하여 표면을 매끄럽게 다듬는 작업이다.

③ 리메싱(Remeshing) : 데이터의 배열이 맞지 않을 때, 오와 열의 배열이 가지런한 형태의 곡면 입력점을 새로 구하여 메쉬 구조를 재구성하는 절차이다.

05 ②

① 레이저 삼각 측량 방식 : 라인 형태의 레이저를 대상물에 조사하여 반사된 빛을 카메라(CCD/CMOS)가 감지하고, 레이저 발진부와 수광부, 대상물로 이루어진 삼각형의 기하학적 원리를 이용해 거리를 계산하는 방식이다.

② 백색광(White Light) 방식 : 특정 패턴(그리드, 줄무늬 등)을 물체에 투영하고 대상물의 굴곡에 의해 변형된 패턴의 형태를 카메라로 분석하여 3차원 정보를 획득하는 방식이다.

③ TOF(Time Of Flight) 방식 : 레이저 펄스가 스캐너를 출발하여 대상물에 맞고 반사되어 돌아오는 비행시간을 측정함으로써 거리를 계산하는 방식이다. 주로 원거리의 대형 구조물 측정에 유리하다.

④ CMM 접촉식 방식 : 터치 프로브(Touch Probe)라는 센서를 측정 대상물 표면에 직접 물리적으로 접촉시켜 3차원 좌푯값을 읽어내는 방식으로, 정밀도가 매우 높으나 측정 속도가 느리다.

06 ①

① 필터링 : 3D스캐닝을 통해 획득한 점군(Point Cloud) 데이터에서 불필요한 노이즈(잡음)를 제거하거나, 중첩된 점의 개수를 줄여 데이터 처리를 용이하게 만드는 작업이다.

② 정합 : 여러 번 나누어 측정한 데이터를 회전 및 이동시켜 위치와 방향을 일치시키는 작업이다.

④ 렌더링 : 컴퓨터 내부에서 제작된 3차원 모델에 색상, 재질(질감), 그림자, 조명 효과 등을 부여하여 사실감 있는 2차원 이미지(화상)로 생성하는 계산 과정이다.

07 ②

레이저 펄스가 스캐너를 출발하여 대상물에 맞고 반사되어 돌아오는 비행시간을 측정함으로써 거리를 계산하는 방식으로, 주로 원거리의 대형 구조물 측정에 유리하다.

08 ②

3D스캐닝 시 한 번에 물체의 모든 면을 나누어 촬영하게 된다. 여러 개의 측정 데이터를 하나의 좌표계를 기준으로 정확한 위치에 이어 붙이는 작업(정합, Registration)을 돕기 위해 사용하는 도구는 정합용 마커이다.

09 ①

① 카르테시안(Cartesian) : X, Y, Z 세 축이 서로 직교하는 직선 운동을 통해 노즐의 위치를 제어하는 가장 대중적이고 구조가 안정적인 방식이다.

② 델타(Delta) : 세 개의 수직 기둥에 연결된 팔들이 위아래로 움직이며 노즐을 이동시켜, 출력 헤드가 가볍고 속도가 매우 빠른 것이 특징이다.

③ 폴라(Polar) : 출력 베드가 회전(회전 좌표)하고 노즐이 중심에서 안팎(반지름 좌표)으로 움직이며 출력하는 원통형 좌표계 방식이다.

④ 스카라(Scara) : 두 개의 수평 관절을 가진 로봇 암이 사람의 팔처럼 휘어지며 XY 평면을 제어하고, Z축은 별도의 수직 축으로 움직인다.

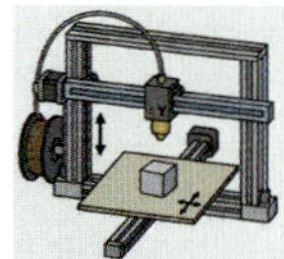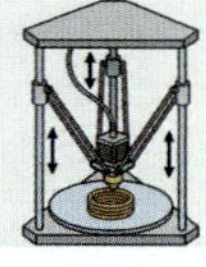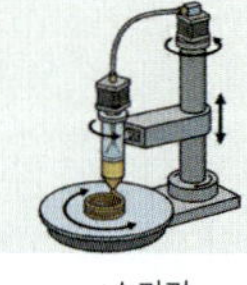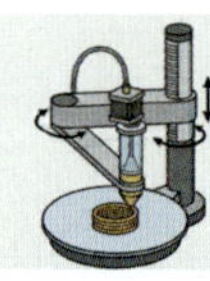

10 ②

모서리의 총 개수
＝(폴리곤 수×3)÷2
＝(1,000×3)÷2
＝1,500

11 ②

DLP 방식은 빔프로젝터에서 나오는 빛을 면 단위로 비추면 그 모양에 따라 레진이 굳게 되는 방식이다.

12 ③

SLS 방식 – PBF(Powder Bed Fusion)의 특징
- 별도의 서포터(지지대)가 불필요하다.
- 우수한 강도와 내구성으로 나일론, 금속 등을 사용하여 실제 사용 가능한 부품 제작이 가능하다.
- 플라스틱, 금속, 세라믹, 유리 등 다양한 소재 사용이 가능하다.
- 분말 입자의 영향으로 다소 거친 표면 품질이므로 후가공이 필요하다.
- 고가의 장비와 유지 비용이 필요하다.
- 예열 및 냉각 시간이 필요하다.

13 ③

PVA(Polyvinyl Alcohol)는 수용성 플라스틱 소재로, 주로 듀얼 노즐을 갖춘 FDM 방식 3D프린터에서 서포터 전용 재료로 사용된다. 출력 후 물에 담가두면 별도의 공구 없이도 제거가 가능하며, 복잡한 형상의 출력물 표면을 손상시키지 않고 깔끔하게 후처리할 수 있다는 장점이 있다.

14 ②

① CAD : 카티아, 퓨전, 오토캐드, 인벤터 등의 모델링 프로그램이다.
② 슬라이서 : 컴퓨터로 디자인된 3D모델링 파일(STL, OBJ 등)을 3D프린터가 이해하고 움직일 수 있는 기계어인 G-code(G코드)로 변환해 주는 소프트웨어이다.

15 ②

SLA나 DLP 같은 광경화성 수지 용액을 사용하는 3D프린팅 방식에서 출력물 표면에 묻어 있는 굳지 않은 잔여 레진(미경화 수지)을 녹여서 씻어내는 세척제이다.
※ (미경화 레진 제거 시) 세척 효과를 높이기 위해 주로 90% 이상의 고농도 알코올을 사용한다.
※ 아세톤 훈증은 밀폐된 용기 안에 출력물을 넣고 공업용 아세톤을 기화시켜, 그 증기가 출력물의 표면을 살짝 녹이게 함으로써 표면을 매끄럽게 만드는 후가공 기법이다.

16 ③

정면도를 기준으로 각 투상도는 보는 방향 그대로 위치한다.
- 평면도(Top View) : 정면도의 바로 위에 위치한다.
- 저면도(Bottom View) : 정면도의 바로 아래에 위치한다.
- 우측면도(Right Side View) : 정면도의 오른쪽에 위치한다.
- 좌측면도(Left Side View) : 정면도의 왼쪽에 위치한다.
- 배면도(Rear View) : 주로 우측면도의 오른쪽이나 좌측면도의 왼쪽 등 가장 바깥쪽에 위치한다.

17 ②

회전(Revolve) : 2D 단면(Profile)을 특정 중심축을 기준으로 회전시켜 컵과 항아리 같은 회전 대칭형 입체 형상을 만드는 기능이다.

18 ③

③ 로프트(Loft) : 서로 떨어져 있는 2개 이상의 단면(프로파일)을 연결하여 부드러운 곡면이나 복잡한 입체 형상을 만드는 기능이다.
④ 필렛(Fillet) : 객체의 날카로운 모서리나 꼭짓점 부분을 둥글게 깎아내어 부드러운 라운드 형상으로 처리하는 기능이다.

19 ②

① Ø는 원의 지름, ③ SØ은 구의 지름, ④ SR은 구의 반지름을 나타내는 보조 기호이다.

20 ②

척도에 상관없이 도면의 치수 숫자는 항상 실물 치수를 기입한다.

21 ②

① 일치(Coincident) : 서로 떨어져 있는 두 점을 한 점으로 모으거나, 특정 점을 다른 선이나 곡선 위에 정확히 위치시키는 구속조건이다.
② 동심(Concentric) : 두 개 이상의 원, 호, 또는 타원이 동일한 중심점을 공유하도록(중심이 같도록) 설정하는 구속조건이다.
③ 탄젠트(Tangent) : 직선과 원호, 또는 두 곡선이 접점에서 만나 서로 부드럽게 연결되도록(접하도록) 설정하는 구속조건이다.
④ 동일(Equal) : 선택된 여러 선의 길이를 같게 하거나, 원과 호의 반지름(크기)을 서로 똑같이 맞추는 구속조건이다.

22 ①

① 온 단면도(전 단면도) : 물체의 기본 형상을 잘 나타내기 위해 중심선에서 반(1/2)을 절단하여 내부 구조 전체를 보여주는 단면도이다.
② 한쪽 단면도(반 단면도) : 상하 또는 좌우 대칭인 물체를 1/4 절단하여 중심선을 경계로 절반은 외형, 나머지 절반은 단면으로 동시에 표현하는 방식이다.

③ 부분 단면도 : 물체 전체가 아닌 필요한 일부분만을 절단하여 내부를 보여주는 방식이다. 절단 경계는 파단선(가는 실선)으로 구분한다.
④ 회전 단면도 : 바퀴의 암, 리브, 축, 훅 등 일반 투상법으로 표현하기 어려운 물체의 단면을 수직으로 절단한 후 90도 회전시켜 나타내는 방식이다.

23 ③

우측면도의 윗부분이 사선이고 아래 부분의 돌출이 사각형인 ③이 옳다.

24 ②

① 일치(Coincident) : 조립하고자 하는 부품의 면, 선, 축 등을 선택하여 서로 정확히 일치시키는 제약 조건이다.
② 오프셋(Offset) : 선택한 면과 면, 또는 선과 선 사이에 일정한 간격을 두어 떨어뜨리는 제약 조건이다.
③ 접촉(Contact) : 선택한 면이나 선이 서로 접하도록 설정하는 제약 조건이다.
④ 각도(Angle) : 부품의 면과 면, 또는 선과 선 사이의 각도를 지정하여 회전 자유도를 구속하는 조건이다.

25 ③

① 평행도 공차(Parallelism) : 자세 공차에 속하며 기호는 //이다.
② 직각도 공차(Perpendicularity) : 자세 공차에 속하며 기호는 ⊥이다.
③ 동심도 공차(Concentricity) : 위치 공차에 속하며 기호는 ◎이다.
④ 경사도 공차(Angularity) : 자세 공차에 속하며 기호는 ∠이다.
※ ⊕는 위치도 공차(Position Tolerance)를 나타내는 기호이다.

26 ①

쉘(Shell)은 생성된 3차원 객체의 면 일부분을 제거한 후, 남아 있는 면에 일정한 두께를 부여하여 속이 빈 형태를 만드는 기능이다.

27 ③

① IGES(Initial Graphics Exchanges Specification) : 그래픽 정보 교환을 위해 제정된 최초의 3D 표준 포맷이다. 점·선·곡면 등의 형상 데이터를 엔티티(Entity)로 정의하여 서로 다른 CAD 시스템 간의 데이터 호환을 위해 사용된다.
② STL(STereoLithography) : 3D프린팅의 표준 파일 형식이다. 3차원 모델의 표면을 무수히 많은 삼각형(Polygon)들의 집합으로 근사화하여 표현한 포맷이다.
③ STEP(Standard for the Exchange of Product model data) : IGES의 단점을 보완하여 개발된 ISO 국제 표준 규격이다. 제품의 설계부터 생산에 이르는 전 과정의 데이터를 포함하며 솔리드 정보를 정확히 전달할 수 있다.

④ DXF(Drawing Exchange Format) : 오토캐드(AutoCAD)에서 개발한 파일 형식이다. 서로 다른 소프트웨어 간에 주로 2D 도면 데이터나 3차원 형상 정보를 교환할 때 사용된다.

28 ②

① 외형선 : 물체의 눈에 보이는 부분의 겉모양을 표시하는 데 사용하는 굵은 실선이다.
② 숨은선 : 물체 내부나 뒷면 등 보이지 않는 부분의 모양을 표시할 때 사용하는 파선(점선)이다.
③ 중심선 : 도형의 중심이나 대칭의 기준, 또는 중심이 이동한 궤적을 나타낼 때 사용하는 가는 1점 쇄선이다.
④ 가상선 : 인접한 부분이나 공구의 위치를 참고로 나타내거나, 움직이는 물체의 이동 후 위치 등을 가상으로 표현할 때 사용하는 가는 2점 쇄선이다.

29 ②

① Extend(연장하기) : 선이나 곡선을 가장 가까운 교차 곡선이나 지정한 경계선까지 늘려서 연결하는 기능이다.
② Trim(자르기) : 교차하는 선이나 경계선을 기준으로 선의 불필요한 부분을 잘라내는 기능이다.
③ Mirror(대칭) : 중심선이나 평면을 기준으로 객체를 거울에 비친 것처럼 대칭 이동하거나 복사하는 기능이다.
④ Scale(축척) : 객체의 형상은 유지하면서 크기를 일정한 비율로 확대하거나 축소하는 기능이다.

30 ②

① 하향식(Top-down) : 조립품(Assembly) 환경 내에서 부품을 새롭게 생성하거나 수정하면서 모델링하는 방식이다. 이미 조립된 다른 부품의 형상 정보를 참조하여 연관 설계를 할 때 유리하다.
② 상향식(Bottom-up) : 개별 부품(Part)을 먼저 각각 모델링하여 저장해 둔 뒤, 조립품 공간으로 불러와서 하나씩 조립하여 완성품을 만드는 가장 일반적인 방식이다.

31 ②

① G0(급속 이송) : 재료의 토출 없이 헤드나 플랫폼을 지정된 좌표 위치로 가장 빠르게 이동하는 명령어이다.
② G1(직선 보간) : 설정된 이송 속도(F)에 따라 재료를 압출하면서 지정된 좌표까지 직선으로 이동하는 명령어이다.
③ G28(자동 원점 복귀) : 프린터의 X, Y, Z축을 기계 원점(Home) 또는 엔드 스탑 위치로 자동 복귀하는 명령어이다.
④ G90(절대 좌표 설정) : 지정된 원점(0,0,0)을 기준으로 목표 지점의 절대적인 위칫값을 사용하는 명령어이다.

32 ②

① 스커트(Skirt) : 출력하기 전에 점검하는 용도로 제품의 바깥쪽 주변에 일정 간격을 두고 테두리를 그리는 기능이다.
② 브림(Brim) : 첫 번째 레이어(바닥면) 테두리를 넓게 확장하여 출력하는 방식이다.

③ 래프트(Raft) : 출력물 아래에 별도의 바닥 보조물(기초 구조물)을 먼저 두껍게 생성하고, 그 위에 실제 제품을 출력하는 기능이다.

④ 인필(Infill) : 3D모델링의 내부 속을 채우는 정도와 패턴이다.

33 ③

내부 채움 밀도가 100%일 때의 특징
- 강도와 내구성이 향상된다.
- 출력 시간이 늘어난다.
- 재료 소모량 및 무게가 증가한다.
- 열변형 발생 위험이 있다.

34 ②

벽 두께(Shell Thickness)는 '노즐 직경×외곽선 수'이므로 1.2mm 두께를 만들기 위해 0.4mm 노즐은 3번 이동해야 한다.
1.2÷0.4＝3(번)

35 ②

현재 위치에서 X50, Y50 좌표까지 직선으로 이동하라는 의미이다. 이때 이동 속도는 1,200mm/min이며, 이동하는 동안 필라멘트를 10mm 압출하라는 명령이다.

36 ②

서포터는 3D프린팅이 적층 방식이기 때문에 발생하는 문제점 해결을 위한 요소이다. 허공에 떠 있는 부분(오버행)이나 기울기가 급한 형상이 중력에 의해 아래로 처지거나 무너지지 않도록 받쳐주는 임시 지지 구조물이다.

37 ③

리트랙션이 일어나는 경우
- 출력(압출)을 하지 않고 이동하는 구간(Travel Move)
- 레이어를 변경할 때(Layer Change)
- 최소 이동 거리(Minimum Travel) 조건을 충족할 때

38 ②

① M140 : 플랫폼(히팅 베드) 온도를 설정하는 명령어이다.
② M104 : 노즐 온도를 설정하는 명령어이다.
③ M106 : 냉각 팬(쿨링 팬)의 전원을 켜거나 회전 속도를 설정하는 명령어이다.
④ M107 : 작동 중인 냉각 팬의 전원을 끄는 명령어이다.

39 ③

총 레이어 수를 구하는 방법
(출력물의 높이 − 첫 레이어 높이)÷(레이어 높이)
＝(30−0.3)÷0.2
＝148.5
148.5 → 149개＋첫 레이어 1개＝150개

40 ②

① 오픈 메쉬 : 3D모델링의 표면(Surface)이 완전히 닫히지 않아 구멍이 뚫려 있거나, 면의 모서리가 다른 면과 연결되지 않고 끊어져 있는 상태이다.

② 반전 면(Reverse Face) : 3D 모델을 구성하는 삼각형 면의 법선 벡터(Normal Vector) 방향이 잘못되어, 면의 안쪽과 바깥쪽이 뒤집힌 상태이다.

③ 비매니폴드 : 컴퓨터상의 수치(기하학적 위상)로는 존재하지만 실제 현실 세계에서는 존재할 수 없는 구조를 의미한다.

④ 중첩 메쉬 : 모델링 과정의 오류로 인해 삼각형 면들이 서로 겹쳐 있거나, 동일한 위치에 여러 개의 면이 중복되어 존재하는 상태이다.

41 ②

① 절대 좌표계 : G90 코드를 사용한다.
② 상대(증분) 좌표계 : G91 코드를 사용한다.
③ 기계 좌표계 : G53 코드를 사용한다.
④ 공작물 좌표계 : G92 코드를 사용한다.

42 ④

슬라이싱 미리 보기 기능으로 확인할 수 있는 내용
- 서포터(지지대)를 확인할 수 있다.
- 바닥 보조물을 확인할 수 있다.
- 헤드 이동 경로(툴 패스)를 확인할 수 있다.
- 세부 출력 상태를 점검할 수 있다.

43 ②

일반적인 카르테시안(멘델) 방식은 베드의 모서리 바닥인 (0, 0, 0)을 원점으로 잡는다. 반면, 델타 방식은 기구학적 특성상 3개의 축이 만나는 최상단 중심점을 기계 원점으로 잡는다. 최대 높이가 258mm인 델타 프린터의 경우 원점 좌표는 (0, 0, 258)이 된다.

44 ④

3D프린터 출력용 파일 확장자에는 STL, OBJ, AMF, 3MF, PLY 등이 있다.

45 ②

오버행 각도를 조정하였을 때 영향을 받는 것
- 지지대(Support)의 생성 범위와 양
- 출력 성공 여부 및 품질
- 출력 시간 및 재료 소모량

46 ③

익스트루더 모터는 스텝 모터로 필라멘트를 일정한 속도와 힘으로 밀어 넣어 노즐을 통해 재료가 정확하게 압출되도록 제어하는 동력 장치이다.

47 ②

노즐과 베드 간격이 넓을 경우 발생하는 현상
- 필라멘트 안착 불량
- 압출 형상의 문제(눌리지 않음)
- 노즐이 이동할 때 출력물이 함께 끌려 다니는 현상

48 ②

수축 방지 방법
- 히팅 베드(Heating Bed)의 적극적인 활용

- 냉각 팬(Cooling Fan) 작동 중지
- 밀폐된 출력 환경 조성(챔버 사용)
- 바닥 보조물(Brim, Raft) 사용

49 ②

새깅(Sagging)은 3D프린팅 과정에서 제작 중인 출력물이 자체 하중(무게)을 이기지 못하고 아래로 처지는 현상을 말한다.

50 ①

서미스터는 히팅 블록으로 얼마나 가열이 되었는지 실시간으로 온도를 측정하여 메인보드에 전달하는 기능을 한다.

51 ④

리트랙션(Retraction) 설정의 문제, 압출 노즐의 온도가 너무 낮을 때, 출력 속도가 너무 빠를 때 필라멘트가 갈려 가늘어지게 된다.

52 ②

아세톤 훈증은 밀폐된 용기 안에 출력물을 넣고 공업용 아세톤을 기화시켜, 그 증기가 출력물의 표면을 살짝 녹이게 함으로써 표면을 매끄럽게 만드는 후가공 기법이다.

53 ②

UV 후경화는 SLA나 DLP 같은 광경화 방식의 3D프린팅 출력 후, 아직 완전히 굳지 않은 상태의 출력물에 자외선(UV)을 쪼여 단단하게 만드는 과정이다.

54 ②

원통의 부피
$=\pi r^2 h$
$=$반지름$\times$반지름$\times 3.14\times$높이(압출 길이)
$=0.875\times0.875\times3.14\times100$
$=240cm^3$

55 ①

③ 가열 블록 : FDM 방식 3D프린터의 압출기(Extruder) 중 핫 엔드(Hot End)를 구성하는 부품이다. 필라멘트를 녹이기 위해 노즐 부위에 열을 전달하는 역할을 한다.
④ 타이밍 벨트 : 스테핑 모터의 회전 동력을 전달받아 3D프린터의 헤드나 베드(플랫폼)를 X축 또는 Y축 방향으로 직선 이동시키는 고무 재질의 구동 벨트이다.

56 ②

화학물질을 안전하게 사용하고 관리하기 위해 필요한 정보를 기재한 문서이다. 화학물질의 성분, 성질, 유해성, 취급 시 주의사항, 사고 시 응급처치 방법 등 화학물질에 대한 취급 설명서와 같은 역할을 한다.

57 ③

① A급 소화기 : 일반화재
② B급 소화기 : 유류화재
③ C급 소화기 : 전기화재
④ K급 소화기 : 주방화재
※ D급 소화기는 금속 화재 발생 시 사용해야 하는 소화기 등급이다.

58 ③

감전 사고 발생 시 행동 요령
1. 전원 차단 및 위험 요소 제거
2. 의식 및 호흡 확인
3. 구조 요청(119 신고)
4. 심폐소생술(CPR) 실시
5. 체온 유지 및 안정(후속 조치)

59 ②

밀폐형 챔버로 ABS의 온도 유지뿐만 아니라 유해가스가 사방으로 퍼지는 것을 막고, 국소 배기 장치로 창문에 덕트를 연결하여 내부 공기를 밖으로 강제 배출한다.

60 ②

소재 종류에 따른 노즐 온도

소재	노즐 온도
PLA	180~230℃
ABS	215~250℃
나일론	235~260℃
PC	250~305℃

실 | 기 | 편

실기 도면 해독

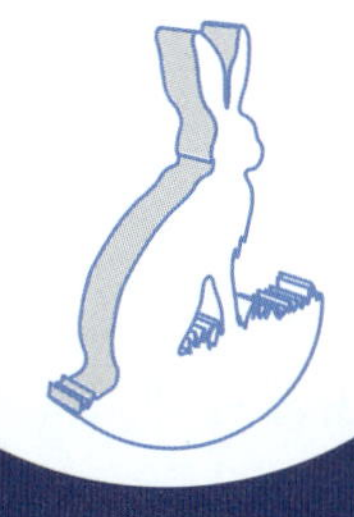

01 투상도
02 도면 읽기
03 도면의 주서
04 도면의 공차

1 시험도면의 투상면 예시

도면을 만들 때는 6면을 모두 표시할 필요는 없고 물체를 가장 잘 보여줄 수 있는 투상면을 찾아 중복되지 않게 도면을 그린다.

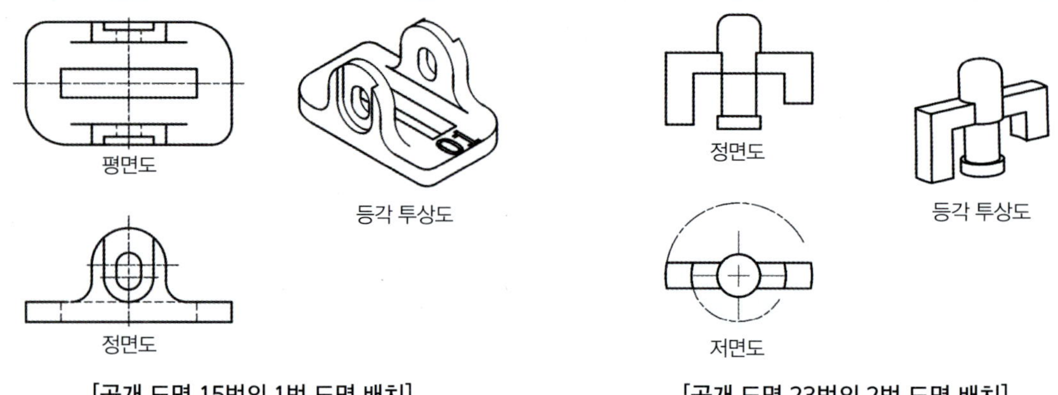

[공개 도면 15번의 1번 도면 배치]   [공개 도면 23번의 2번 도면 배치]

2 오토데스크 퓨전의 뷰 큐브

퓨전에는 오른쪽 상단에 뷰 큐브가 있어 처음 물체의 투상면을 잡기 쉽다. 뷰 큐브의 글자를 클릭하면 평면이 직교뷰로 바뀐다.

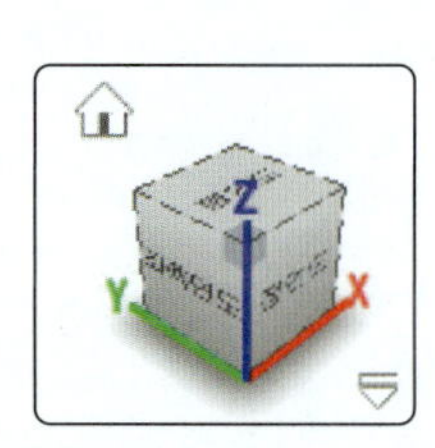

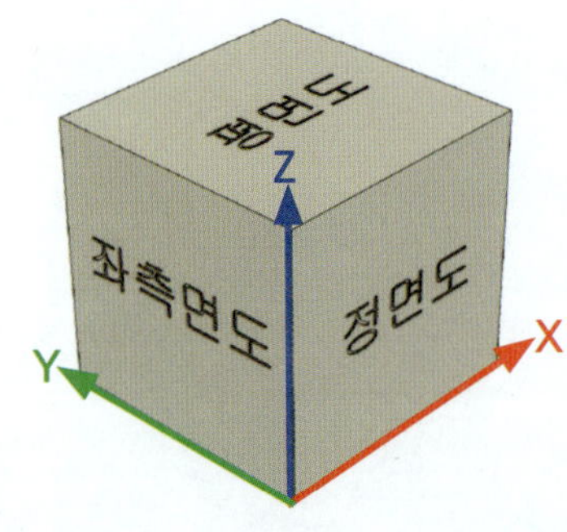

[퓨전360의 뷰 큐브(View Cube) 면]

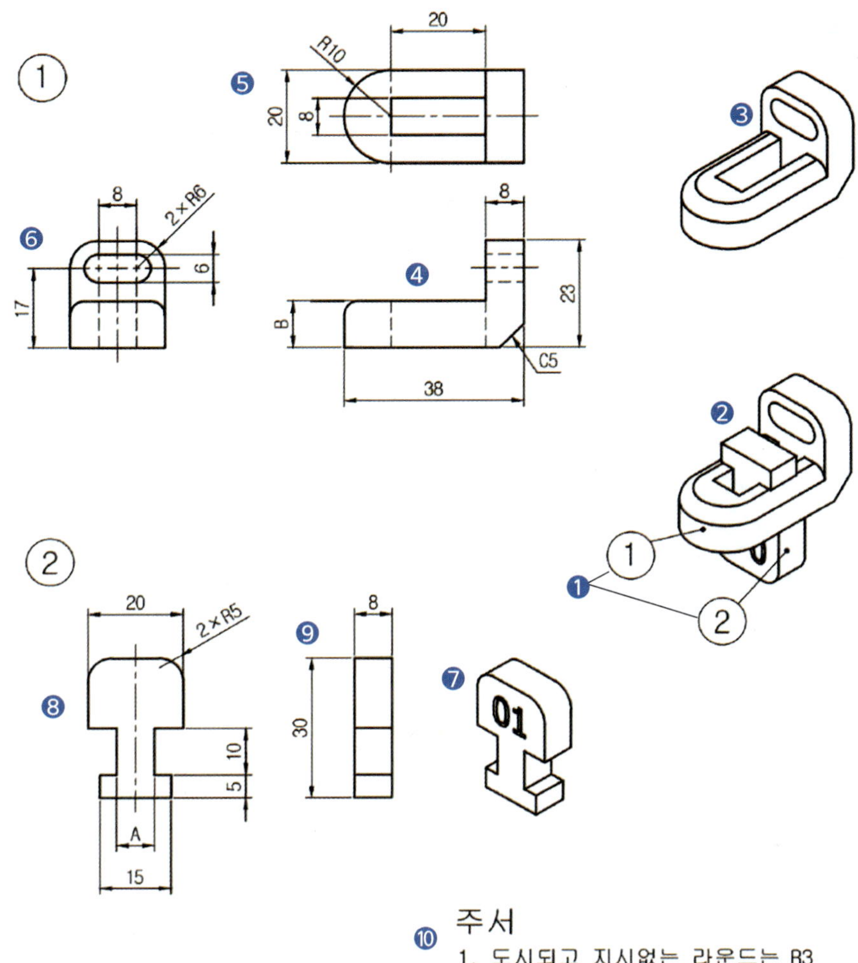

1 도면의 구성

❶ 부품번호

❷ 두 부품이 결합된 어셈블리 정투상

❸ 1번 부품의 정투상도

❹ 1번 부품의 우측면도

❺ 1번 부품의 평면도

❻ 1번 부품의 정면도

❼ 2번 부품의 정투상도

❽ 2번 부품의 정면도

❾ 2번 부품의 우측면도

❿ 문자와 치수로 된 도면의 주석

※ 2번 부품이 어셈블리 상태에서는 거꾸로 연결되어 있음을 확인하고 모델링한다.

도면의 주서

1 주서의 예시 및 내용

주서의 내용은 모따기(모떼기)와 라운드이다.

주서 예시	1. 도시되고 지시없는 모떼기는 C2, 라운드는 R1
내용	• 모떼기나 라운드 치수들 중 값이 여러 곳에 중복되면 도면이 복잡하게만 보인다. • C2와 R1에 해당되는 치수들은 굳이 도면에 기입하지 않아도 되고, 모델링할 때 주서를 참조하면 된다. • 등각 투상도를 반드시 확인해야 한다.

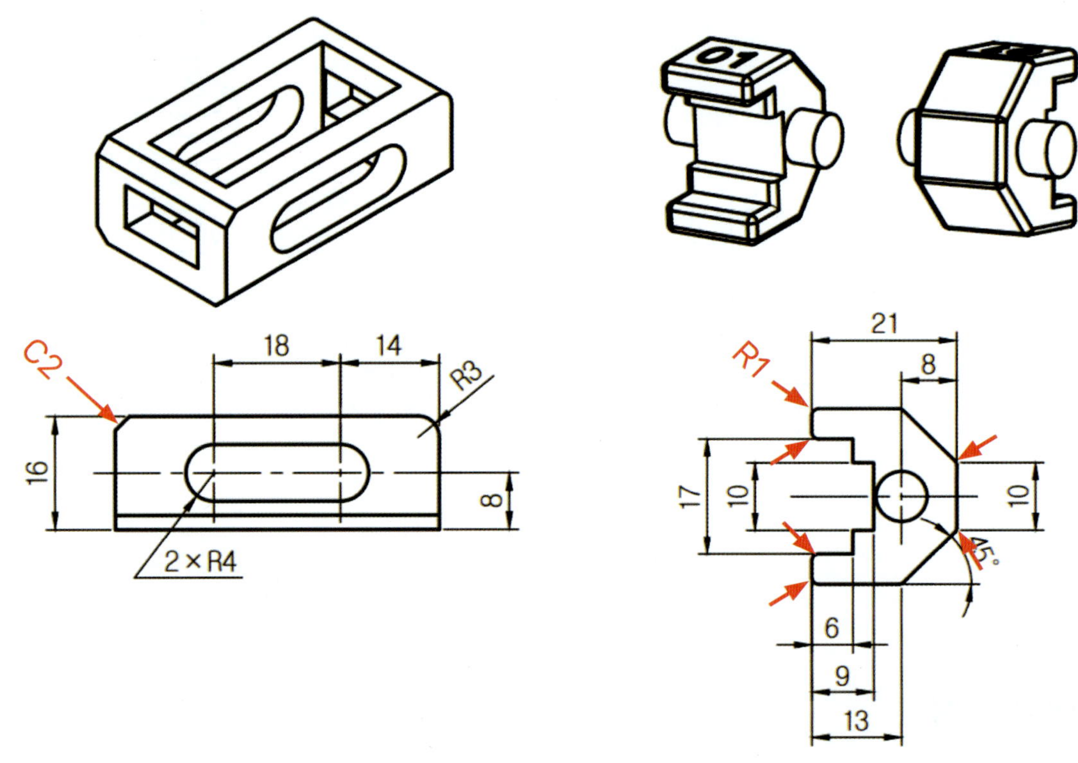

[모떼기, 모깎기 부분을 찾아 적용하기]

1 도면의 공차 부분 A, B

공차는 설계자가 도면에 표기하는 값으로, 공식적으로 인정되는 오차를 말한다. 부품의 기능성을 고려하여 일부러 조금 크게, 조금 작게 가공하게 된다.

3D프린터운용기능사 시험 도면에 A, B와 같이 영문 알파벳 대문자로 표시하는 치수가 있다. 이는 상호 움직임이 발생하는 부위의 치수이다. 기준치수를 찾아 유추하여 A, B의 치수를 정해야 한다.

시험지에서는 해당 부위의 기준치수와 차이를 ±1mm 이하로 하도록 안내하고 있다.

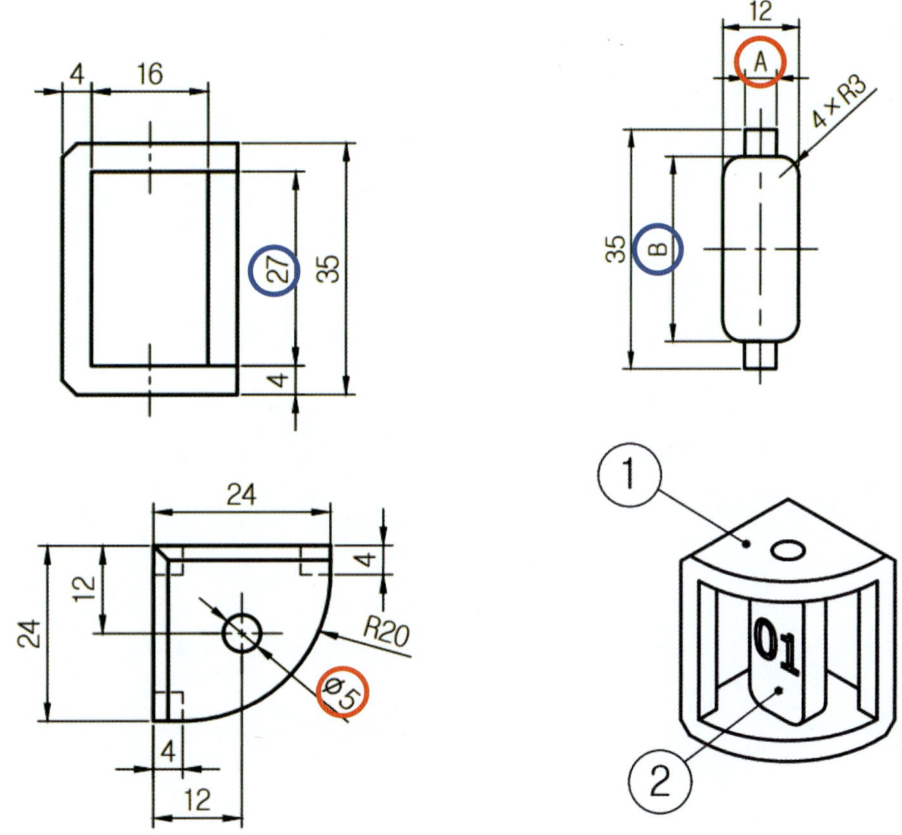

[공차 적용 치수 A, B 정하기의 예]

A = Ø5를 최소 Ø4 이상

B = 27 최소 26 이상

오토데스크 퓨전

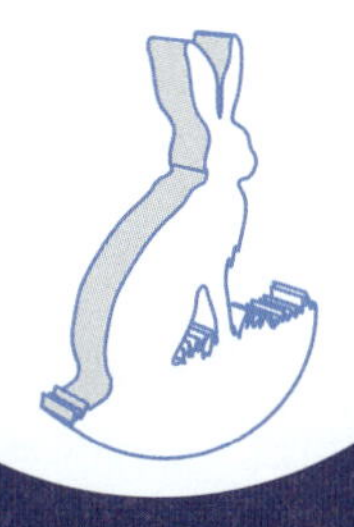

01 오토데스크 퓨전

02 퓨전 파일 관리

03 2D 스케치와 구속조건

04 퓨전의 솔리드 생성 명령

05 타임라인으로 피쳐 편집

06 퓨전의 솔리드 수정 명령

07 조립

08 퓨전의 유용한 검사 도구

09 3D프린팅을 위한 메쉬로 저장하기

1 오토데스크 퓨전의 개념

퓨전(Fusion)은 오토데스크(Autodesk)사의 3D모델링 프로그램이다. 클라우드 기반의 CAD/CAM/CAE 도구로 협업을 통한 생산 개발에 적합하다. 유기적 모델링과 솔리드 모델링을 쉽고 빠르게 결합하여 제품 디자인을 돕는다.

2 퓨전의 특징

1 클라우드 기반

저장, 공유, 렌더링, 제너레이티브 디자인, 협업에 오토데스크사의 서버를 사용한다.

2 올인원 프로그램

CAD, CAM, CAE 기능을 갖추고 있다.

3 하이브리드 CAD

솔리드, 서피스, T스플라인, 메쉬 디자인을 로딩 없이 전환하며 디자인한다.

4 좋은 확장성

① 아마추어부터 전문가 수준까지 커버 가능하여 교육 기관에서의 활용도가 높다.

② 개인용, 교육용, 상업용 등 다양한 방식으로 라이센스를 이용할 수 있다. 다양한 라이센스 가운데 적절한 것을 선택하여 사용하면 된다.

③ 자동화된 도면, AI 생성형 설계도 가능하도록 기능을 확장하고 있다.

④ 퓨전의 작업 파일은 오토데스크사의 클라우드에 저장되는 것이 기본이다.

⑤ 계정을 생성한 후 30일간 Free Trial로 사용할 수 있다.

③ 퓨전의 설치 방법과 계정 생성

1 설치 파일 다운로드

① 구글에서 "Fusion"으로 검색하여 오토데스크 사이트로 이동한다.

② 상단에서 Free Trial(30일 무료 체험판)을 누른다.

③ 요청하는 정보 칸을 채우고 설치 시작 파일을 다운로드 받는다.

④ 설치를 시작한다. 온라인 상태에서 다운로드를 받으면 설치할 수 있다.

2 오토데스크 계정 만들기

① 퓨전을 실행하려면 먼저 계정을 만들어야 하므로 Autodesk 프로그램을 사용할 ID를 새로 만든다. 실제로 사용하는 E-mail을 ID로 사용한다.

② 자신에게 오토데스크사에서 발송한 이메일이 도착했는지 확인하고 인증 버튼을 누른다.

③ 무료 체험판을 설치한 후 다양한 라이센스로 변경하는 것을 추천한다.

3 작업 상태 전환

① 프로그램을 실행할 때는 온라인 상태에서 1회의 로그인이 필요하다. 이후에는 오프라인으로도 작업이 가능하다.

② 캐시 메모리에 저장되어 있던 자료는 온라인 상태가 되면 클라우드에 업로드된다.

④ 퓨전의 사용자 화면

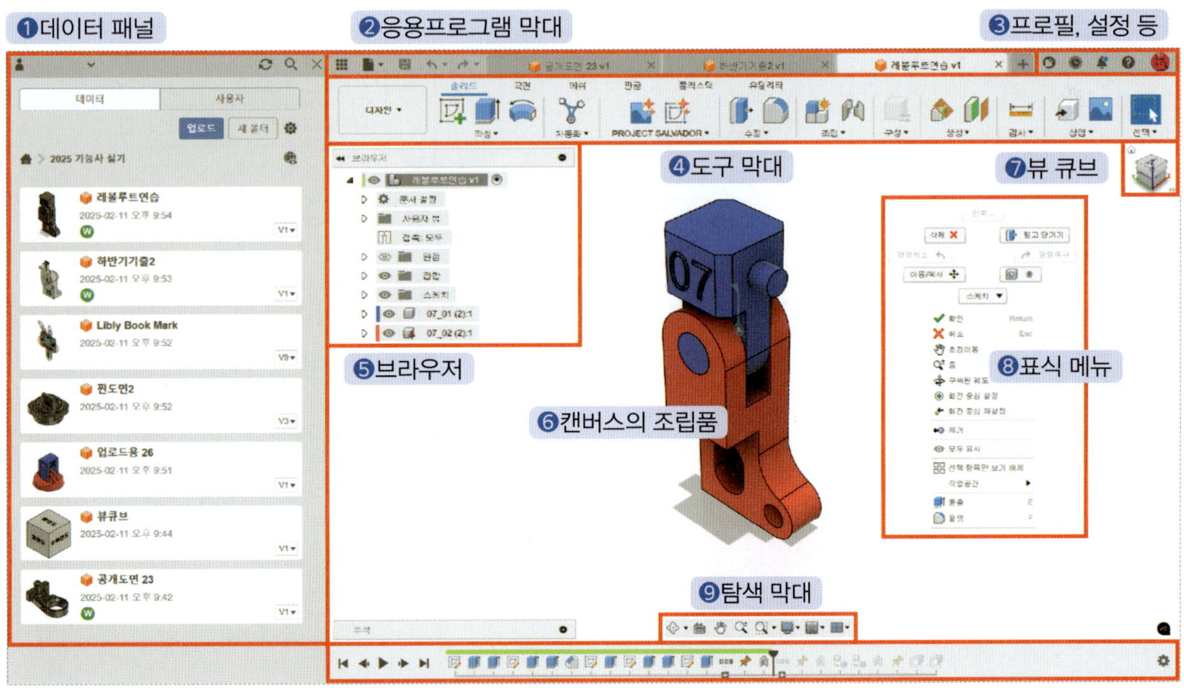

❶ 데이터 패널

내가 만든 디자인 파일, 팀, 프로젝트를 관리하고 다른 사람들과의 협업에 연결할 수 있다.

❷ **응용프로그램 막대**

① ▦ 데이터 패널 : 데이터 패널 영역을 열고 닫는다.

② 파일 메뉴 : 디자인을 작성, 열기, 업로드, 저장, 내보내기, 복구, 3D 인쇄 및 공유할 수 있다.

③ 저장 : 제목 없는 디자인 파일을 저장하거나 디자인 변경 사항을 저장한다.

④ ↶ ▾ ↷ 명령 취소/재실행 : 30단계까지 수행 가능하다.

⑤ ✚ 새 디자인 : 클릭하여 새 디자인을 작성한다.

❸ **프로필, 설정 등**

① 익스텐션 : 퓨전 익스텐션에 접근하는 메뉴이다.

② 작업 상태 : 작업 상태, 퓨전 업데이트 상태와 온라인/오프라인을 확인하고 변경한다.

③ 알림 센터 : 버전 업데이트, 저장 작업 완료 등을 알려준다.

④ 도움말 : 학습 내용, 설명, 빠른 설정, 커뮤니티 리소스, 기술 지원, 진단 도구, 새로운 기능, 설치에 대한 정보를 제공한다.

⑤ 프로필 : 이름을 클릭하여 추가적인 메뉴를 사용할 수 있다.

- Autodesk 계정에 접속
- 퓨전 기본 설정 조정
- 프로필을 보거나 편집
- 로그 아웃

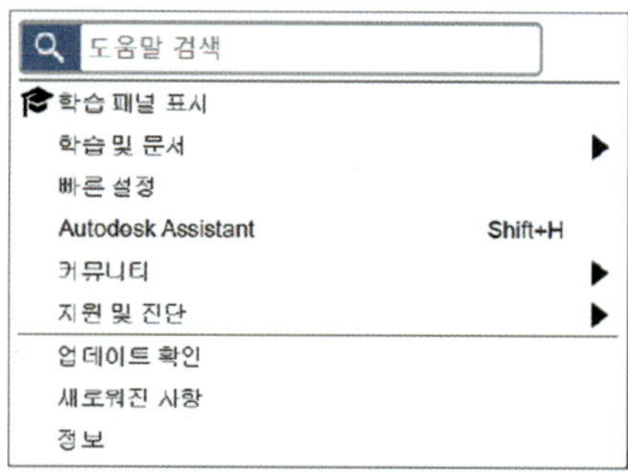

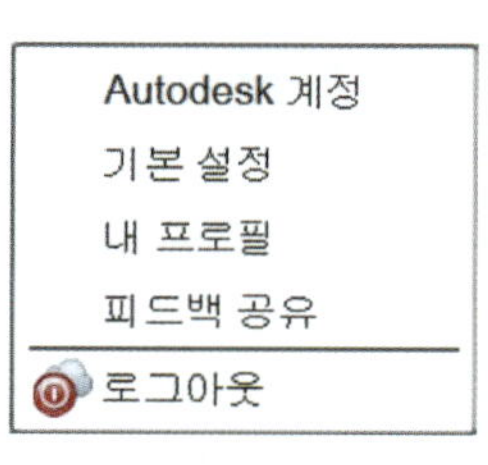

❹ **도구 막대**

도구 막대에서 목적에 맞는 작업 공간(Workspace)를 선택한다. 도구 막대의 명령 구성은 작업 공간마다 다르다. 자유형(Form) 등의 명령은 상황에 맞을 때에 도구 막대에 표시된다.

※ 도구 = 툴 = 명령, 워크스페이스 = 작업 공간

① 작업 공간 : Fusion은 작업 공간에 따라 사용 가능한 명령과 생성하는 데이터 종류가 달라진다.

② 작업 공간 선택 : 현재 작업 공간의 이름을 누르면 변경 가능한 목록이 나타난다.

- 디자인 : 2D 스케치, 솔리드, 곡면, 메쉬, 판금, 플라스틱, 관리, 유틸리티
- 제너러티브 디자인
- 애니메이션
- 제조
- 전자 제품
- 렌더링
- 시뮬레이션
- 도면

③ 탭

- 도구 막대에는 상단 탭이 있으며 그곳에 도구들이 논리적으로 분류되어 있다.
- 상황별 탭 : 도구 막대 상단에 나타난다. 일부 명령은 스케치와 같은 상황별 탭을 활성화한다.

솔리드	곡면	메쉬	판금	플라스틱	유틸리티	스케치

❺ 브라우저

브라우저는 디자인 객체를 목록으로 표시한다. 디자인 객체는 구성 평면, 스케치, 파트, 캔버스, 어셈블리 등이다. 폴더와 같은 개념으로 정리되며 ◉ 눈 모양의 아이콘으로 가시성을 조정할 수 있다.

❻ 캔버스의 조립품

넓은 작업 영역인 캔버스에 작업한 조립품의 객체를 클릭하여 선택할 수 있다.

❼ 뷰 큐브

뷰 큐브를 사용하여 화면을 회전하거나 다른 위치에서 볼 수 있다.

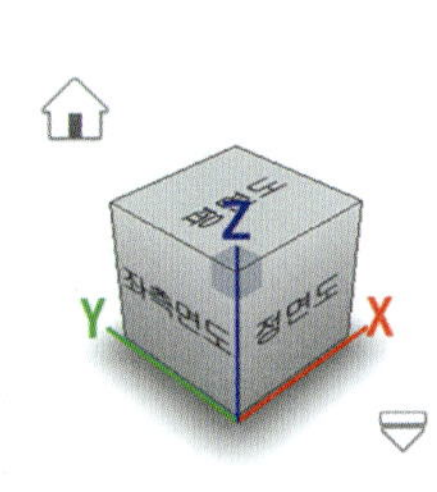
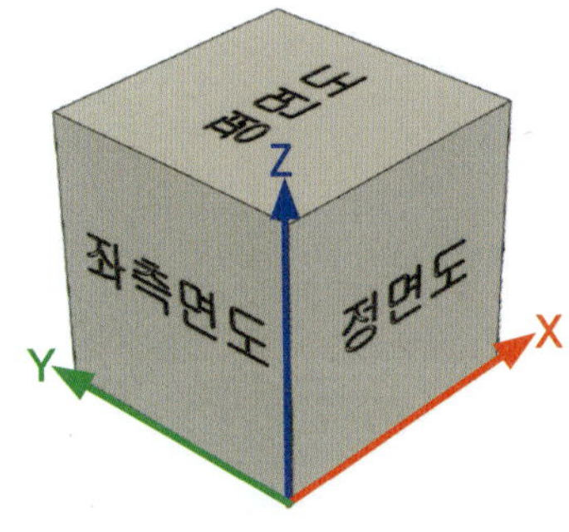

[퓨전의 뷰 큐브(View Cube) 면]

❽ 표식 메뉴

캔버스에서 마우스 오른쪽 버튼을 클릭했을 때 나타나는 메뉴로, 상황에 맞는 떠있는 메뉴가 나타난다.

❾ 탐색 막대

① 탐색 막대 : 화면과 디자인 객체를 보는 방법에 관한 명령이 있다.
② 화면 표시 설정 : 인터페이스와 디자인 객체가 표시되는 방법을 설정할 수 있다.

❿ 타임 라인

진행한 작업이 순서대로 나열된다. 마우스 오른쪽 버튼을 클릭하여 설정을 바꾸거나 명령 아이콘을 끌어다가 작업 순서를 바꿀 수 있다.

기능	내용
화면 이동(Pan)	• 탐색 막대의 손바닥 모양 아이콘(Esc 키로 해제) • 마우스 스크롤 버튼을 누른 채로 드래그
줌(Zoom)	• 탐색 막대의 돋보기 모양 아이콘(Esc 키로 해제) • 마우스 스크롤 버튼 굴림
화면 회전(Orbit)	• 탐색 막대의 Orbit 아이콘(Esc 키로 해제) • Shift + 마우스 스크롤 버튼을 누른 채로 드래그
뷰 큐브(View Cube) 이용	• 화면 회전(Orbit) : 뷰 큐브를 마우스 왼쪽 버튼 클릭한 상태에서 드래그 • 등각(Isometric) 뷰 : 꼭짓점, 모서리, 평면을 클릭하면 정해진 등각 뷰로 카메라 회전 • 직교(Orthographic) 뷰 : 면의 이름을 클릭하면 직교 뷰로 카메라 회전 • 홈(Home) 뷰 : 홈 아이콘을 누르면 홈 뷰로 카메라 회전 • 틸트 : 작은 삼각형과 화살표 아이콘 클릭으로 직교 뷰에서 90°씩 카메라 회전

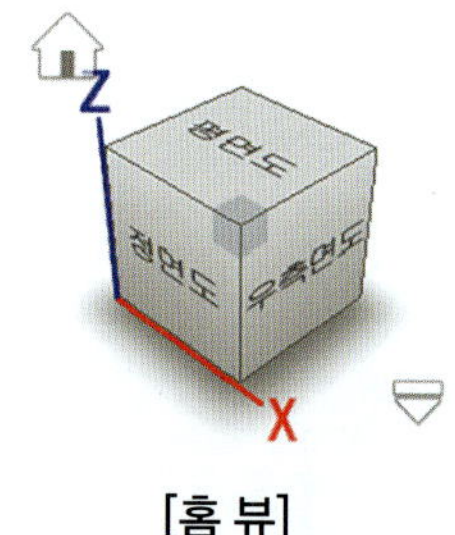

[홈 뷰]

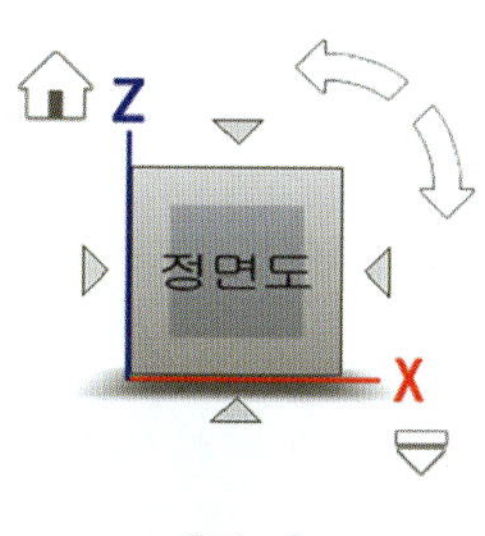

[틸트]

6 쉬운 모델링을 위한 추천 설정

탐색 막대	회전 〉 구속된 궤도 선택
화면 표시 설정	비주얼 스타일 〉 가시적 모서리로만 음영 처리 선택
효과	• 지면 그림자 체크 해제 • 객체 그림자 체크 해제
카메라	직교면이 있는 원근 선택
그리드와 스냅	• 그리드로 스냅 체크 해제 • 증분 이동 체크 해제

 기본 설정 주의 항목

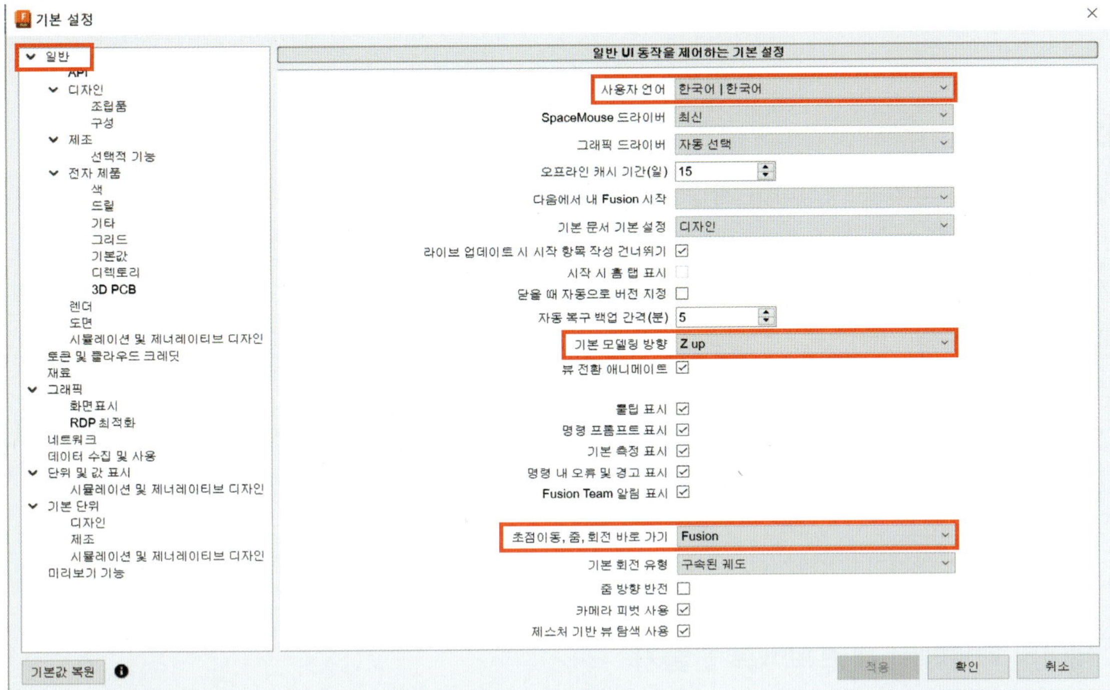

1 사용자 언어

기본 설정 〉 일반 〉 사용자 언어에서 한국어 선택

※ 시험장 PC 사용의 경우 익숙한 언어 설정으로 변경해서 사용할 수 있다.

2 Z up 설정

기본 설정 〉 일반 〉 기본 모델링 방향에서 Z up 선택

※ 3D프린터에서 사용할 모델링의 경우 높이를 Z축으로 설정하는 것이 편리하다.

3 마우스 조작 설정

기본 설정 〉 일반 〉 초점 이동, 줌, 회전 바로 가기에서 Fusion

※ 기존에 사용하던 프로그램이 있으면 익숙한 방식을 선택할 수 있다.

4 솔리드 생성 명령 후 스케치가 사라지는 현상 해제

기본 설정 〉 디자인 〉 피쳐 작성 시 스케치 자동 숨기기 체크 해제

※ 피쳐를 작성한 다음 스케치가 숨어서 불편했던 부분을 해제할 수 있다.

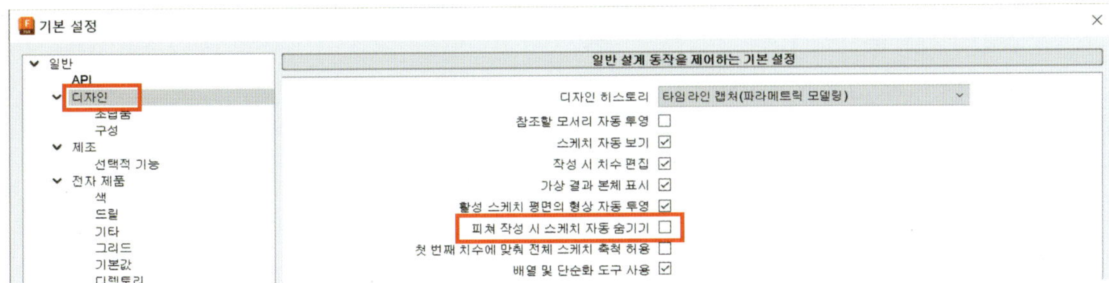

1 개요

퓨전에서 새로운 파일을 생성하고 저장하며, 다른 포맷으로 내보낼 수 있다. F3D, STEP, STL 형식 등으로 저장할 수 있으며, 클라우드 저장뿐만 아니라 로컬 컴퓨터에도 저장할 수 있다. 3D프린터운용기능사 시험에서 제출 가능한 파일 형식은 다음과 같다.

① F3D : 퓨전 포맷

② STEP : 표준 3D 포맷

③ STL : 메쉬 포맷

④ G-code : 3D프린터용 포맷

2 새 프로젝트 시작하기

1 데이터 패널에서 새 프로젝트 만들기

최상위 저장 위치인 🏠 홈에서 프로젝트 폴더를 만든다.

① 🔳 데이터 패널 아이콘을 눌러 데이터 패널을 연다.

② 새 프로젝트 를 클릭한다.

③ 프로젝트 이름을 입력한다.(예 3D프린터운용기능사)

④ 만들어진 프로젝트 배너를 더블 클릭하여 연다.

2 데이터 패널에서 새 폴더 만들기

① 데이터 패널 안의 프로젝트 폴더를 더블 클릭하여 연다.

② 상단의 새 폴더 를 누른다.

③ 새로 생긴 폴더의 이름 영역에 새 이름을 입력한다.(예 2026년)

④ 만들어진 폴더를 더블 클릭하여 연다.

⑤ 새 설계를 저장할 때도 폴더를 새로 만들 수 있다.

3 새 설계 시작하기, 저장하기

1 새 파일 만들기

① 응용프로그램 막대 〉 📄 파일 〉 새 설계(Ctrl + N)

② 💾 저장을 클릭한다.

③ 팝업의 이름 영역에 이름을 입력한다.

④ 위치 영역에서 프로젝트를 선택한다.

⑤ 저장 을 클릭하여 저장한다.

 새 설계를 저장할 때 새 프로젝트 만들기

① 응용프로그램 막대 〉 파일 〉 저장(다른 이름으로 저장)을 클릭한다.

② 이름 영역에 파일 이름을 입력한다.(예 스케치 연습)

③ 위치 영역의 ▼ 화살표를 클릭한다.

④ 프로젝트 이름을 입력한다.

⑤ 새 프로젝트를 선택한다.

⑥ 저장 을 클릭하여 저장한다.

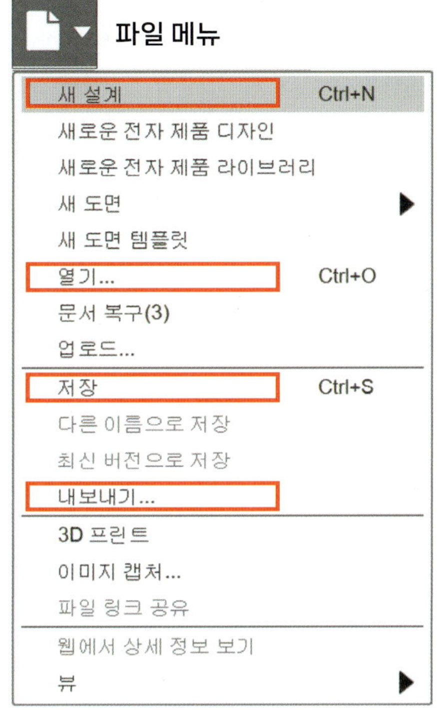

4 **파일 내보내기**

1 STEP 파일과 stl 파일을 내 컴퓨터에 저장하기

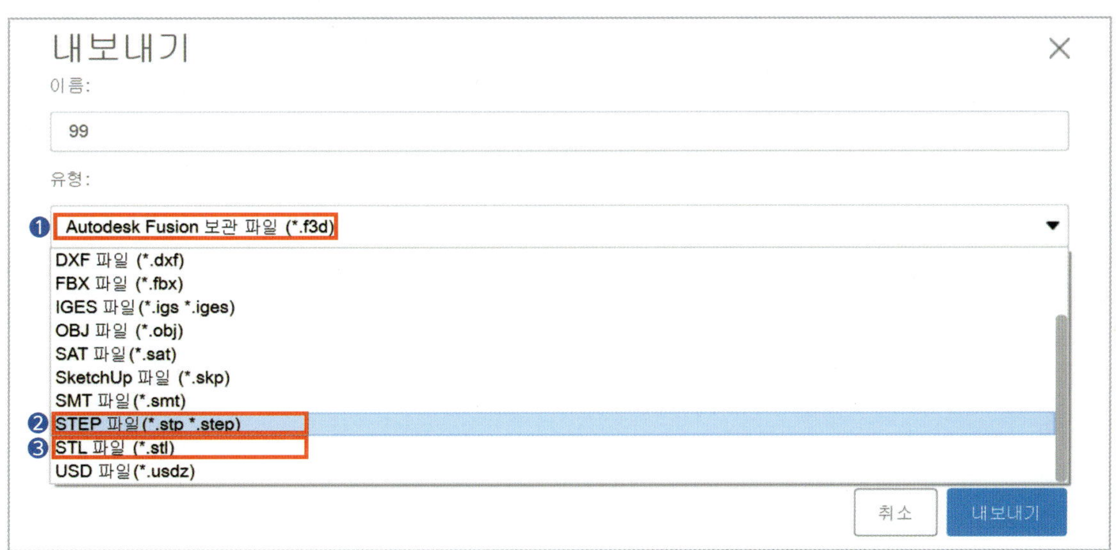

① 응용프로그램 막대 〉 ▣ 파일 〉 내보내기를 클릭한다.

② 이름 영역에 파일 이름을 입력한다.(예 스케치 연습)

③ 유형에서 원하는 포맷을 선택한다.

    ❶ Autodesk Fusion 보관 파일(*.f3d)

    ❷ STEP 파일(*.stp, *.step)

    ❸ STL 파일(*.stl)

④ 위치 영역의 ⋯ 점 세 개 아이콘을 클릭하고 경로를 지정한다.

⑤ 내보내기 를 클릭한다.

2 브라우저에서 파일 내보내기

① 브라우저의 ▣▣ 구성요소 아이콘을 마우스 오른쪽 클릭한다.

② 명령 팝업 리스트에서 내보내기를 클릭한다.

③ 이름을 입력하고 ☑ 내 컴퓨터로 내보내기를 선택한 후 경로를 지정하여 내보내기 한다.

5 내 컴퓨터에 저장된 파일 열기

1 내 컴퓨터에 저장된 파일 퓨전으로 열기

① 응용프로그램 막대 〉 파일 〉 열기

② 내 컴퓨터에서 열기 를 누른다.

③ 파일 탐색기에서 위치를 찾아 파일을 선택하고 열기 를 클릭한다.

6 외부 파일을 내 프로젝트 안으로 업로드

1 내 컴퓨터에 저장된 파일을 퓨전 클라우드로 업로드

① 데이터 패널 안의 프로젝트 폴더를 더블 클릭하여 연다.

② 상단의 업로드 를 누른다.

③ 팝업에서 파일 선택 을 클릭하거나 파일을 드래그&드롭 영역으로 던져넣는다.

④ 업로드 를 클릭한다.

2D 스케치와 구속조건

1 2D 스케치 개요

1 퓨전의 스케치

① 2D 스케치를 사용하여 3D 피처를 생성한다.

② 도면 평면의 원점을 중심으로 작업하는 것을 권장한다.

③ 동일 스케치를 재사용하여 다른 피처를 만들 수 있다.

2 스케치를 할 수 있는 곳

① 원점 평면(Origin Plane) : 원점(오리진)을 포함한 세 평면으로 XY 평면, XZ 평면, YZ 평면이다.

② 작업 평면(Work Plane) : 사용자가 만든 평면이다.

③ 도형의 평면(Planar Faces) : 형상의 평평한 면이다.

2 스케치 하기

1 스케치 활성 상태

① 상황별 탭에서 스케치 탭이 생성된 것을 확인한다.

② 도구 막대의 끝에 스케치 마무리 버튼이 보이면 지금은 스케치 상태이다.

2 스케치 작성

① 디자인 작업 공간의 솔리드 탭에서 스케치 작성을 선택하고 평면을 선택한다.

② 개체의 평면을 마우스 오른쪽 클릭하고 표식 메뉴에서 스케치 작성 명령을 클릭한다.

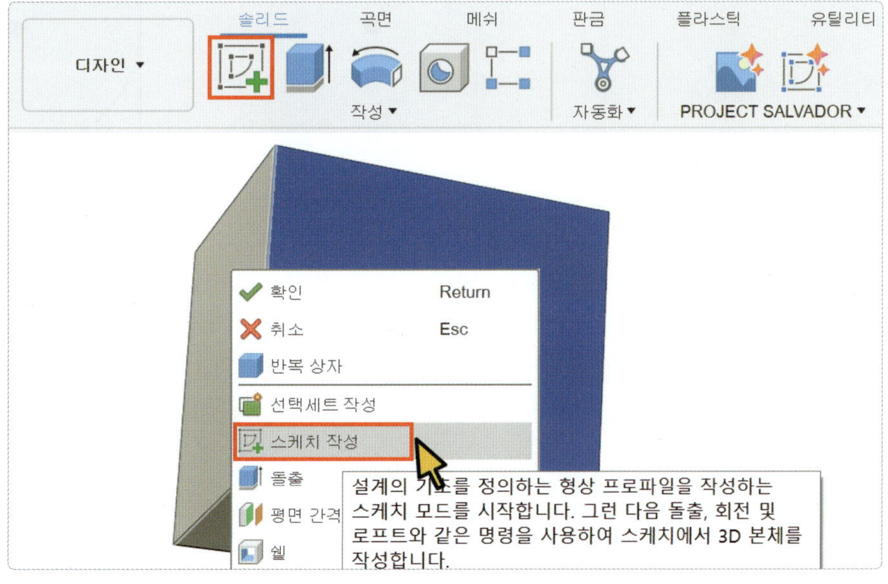

다 마쳤으면 도구 막대 끝의 스케치 마무리 버튼을 눌러서 스케치 상태를 종료한다. 또는 스케치 팔레트 하단의 스케치 마무리를 클릭한다.

3 스케치 형상 유형

① 일반적인 스케치 선 : 구속되지 않은 경우 파란색 실선으로 표시된다.

② 생성선 : 참조로 사용되는 선 종류이다. 보통 오렌지색 점선이다.

③ 중심선 : 스케치를 회전하거나 대칭 정의할 때 사용한다. 오렌지색 일점쇄선이다.

④ 투영선 : 2D나 3D 형상을 스케치 면에 투영하여 작성할 때 나타난다. 자주색이다.

⑤ 고정선 : 구속조건에서 자물쇠 모양의 고정/고정해제로 잠그면 나타난다. 초록색이다.

⑥ 구속된 선 : 치수 기입과 구속조건으로 위치가 고정된 선이다. 검은색이다.

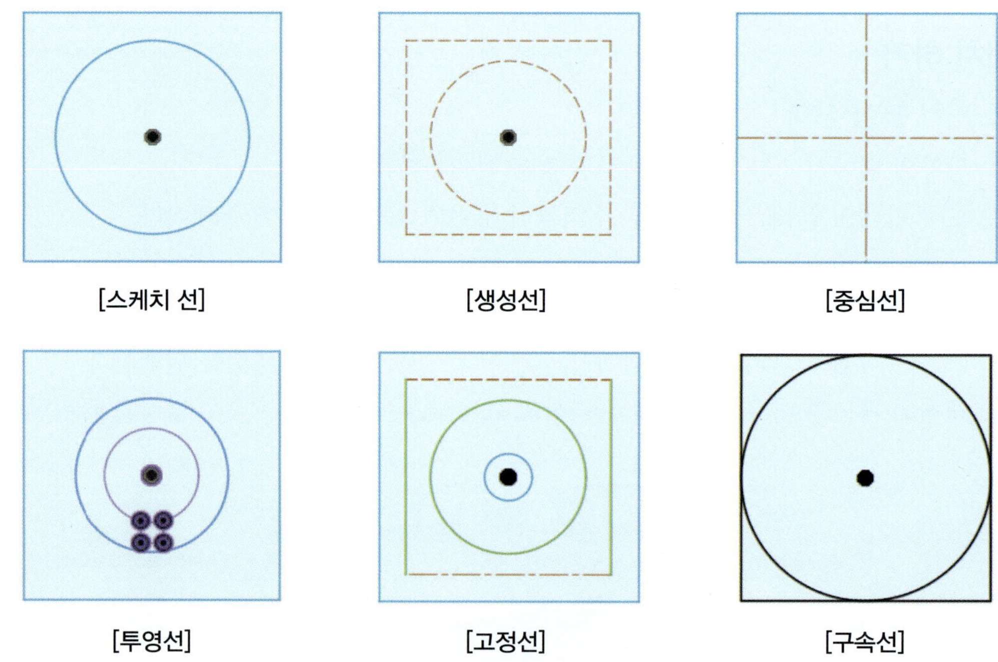

[스케치 선] [생성선] [중심선]

[투영선] [고정선] [구속선]

4 완전 구속

스케치 선은 구속되지 않거나 완전 구속된 선으로 작성할 수 있다.

① 완전 구속 : 원점에 대하여 상대적인 위치와 치수가 확정된 상태를 말한다.

② 완전 구속은 캔버스에서 끌려고 하면 움직이지 않는다.

③ 정확한 디자인을 위해 사용한다.

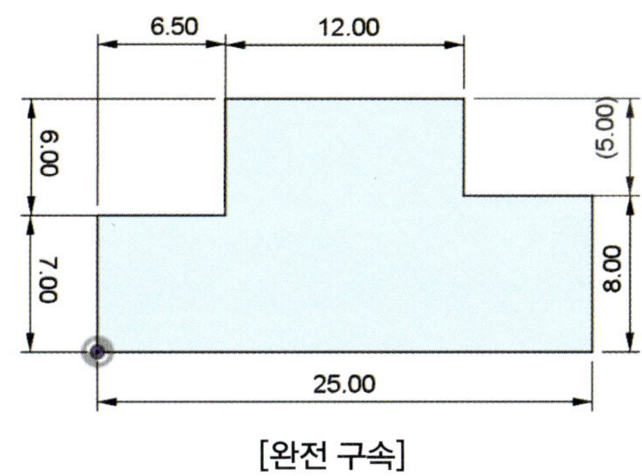

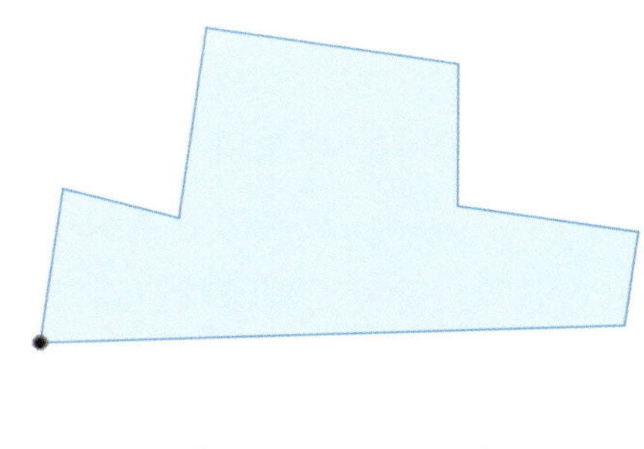

[완전 구속]   [구속되지 않은 상태]

5 2D 스케치의 기본 도형 만들기 명령

스케치 도형은 연속해서 그릴 수 있으며, 각 스케치 명령은 다음과 같은 방법으로 끝낼 수 있다.

① Esc 키로 그리기를 종료한다.

② 선 그리기의 경우 캔버스 위의 ✅ 확인 버튼으로 완료한다.

③ 마우스 오른쪽 버튼을 클릭하여 표식 메뉴를 표시한 다음 확인을 누른다.

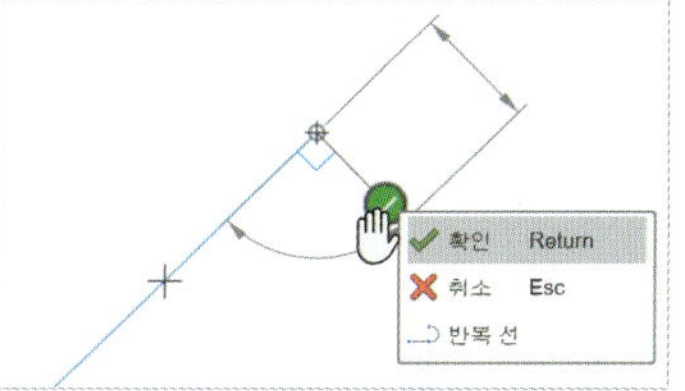

6 스케치 명령 살펴보기

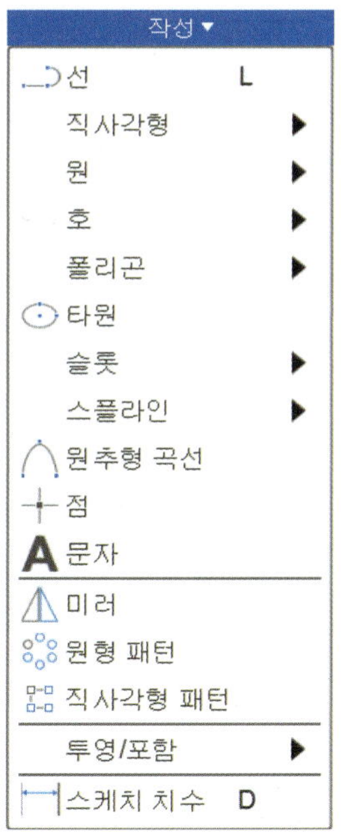

1 선 그리기

디자인 〉 스케치 〉 작성 〉 선 : 선 그리기 + 호 그리기

직선을 접선으로 호 이어그리기 : 마우스 왼쪽 버튼을 꾹 누른 채로 마우스를 이동한다.

디자인 〉 스케치 〉 작성 〉 직사각형

① 2점 직사각형 : 수평의 직사각형을 작성한다.

② 3점 직사각형 : 기울어진 직사각형을 작성할 수 있다.

③ 중심 직사각형 : 태극기 그리기처럼 중심점과 대각선을 보조선으로 하는 수평 직사각형을 작성한다.

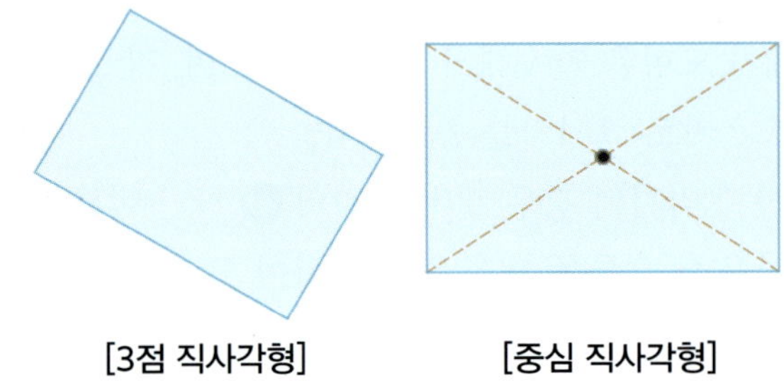

[선(Line)]　　　　[2점 직사각형]　　　　[3점 직사각형]　　　　[중심 직사각형]

3 원 그리기

디자인 〉 스케치 〉 작성 〉 원 : 원 그리기

① 중심 지름 원 : 중심점과 반지름 거리의 점으로 원을 작성한다.

② 2점 원 : 지름을 이루는 두 끝점으로 작성한다.

③ 3점 원 : 세 개의 점이 원주 위에 있는 원을 작성한다.

④ 2개체 접선 원 : 두 개의 직선을 접선으로 하는 원을 작성한다.

⑤ 3개체 접선 원 : 세 개의 직선을 접선으로 하는 원을 작성한다.

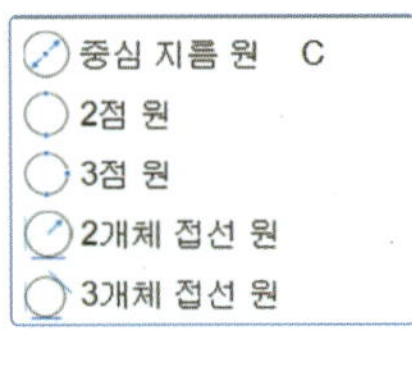

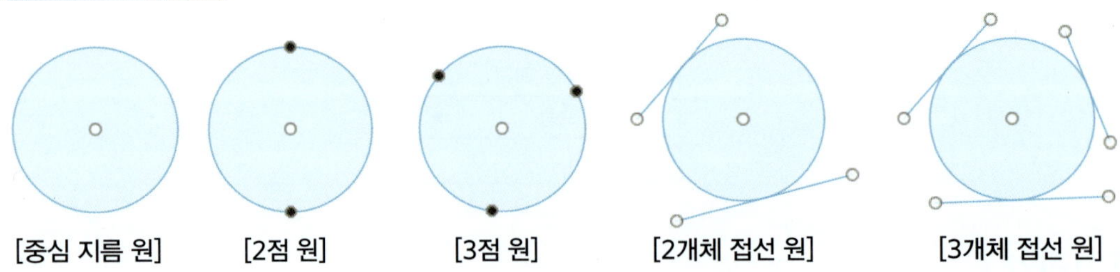

[중심 지름 원]　　　[2점 원]　　　[3점 원]　　　[2개체 접선 원]　　　[3개체 접선 원]

4 호 그리기

디자인 〉 스케치 〉 작성 〉 호 : 호 그리기

① 3점 호 : 시작점, 끝점, 높이의 순서로 작성한다.

② 중심점 호 : 중심점, 시작점, 끝점의 순서로 작성한다.

③ 접하는 호 : 직선을 접선으로 삼아 끝에서 시작하는 연결된 호를 작성한다.

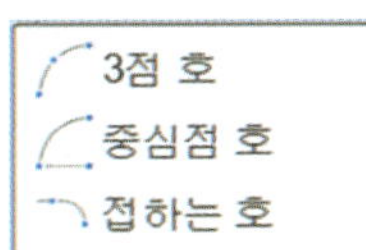

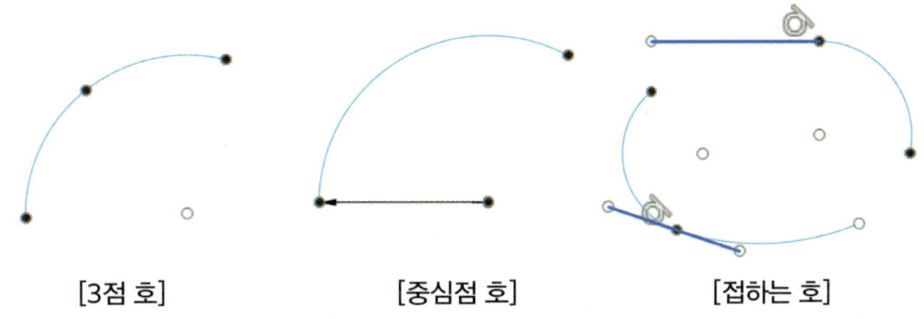

[3점 호]　　　　[중심점 호]　　　　[접하는 호]

5 슬롯 그리기

디자인 〉 스케치 〉 작성 〉 슬롯 : 슬롯(장공) 그리기

① 중심 대 중심 슬롯 : 양쪽 호의 중심으로 선형 슬롯을 작성한다.

② 전체 슬롯 : 양쪽 호의 중간점으로 선형 슬롯을 작성한다.

③ 중심점 슬롯 : 중심점과 호의 중심점으로 선형 슬롯을 작성한다.

④ 3점 호 슬롯 : 3점 호에서 거리를 주어 호 슬롯을 작성한다.

⑤ 중심점 호 슬롯 : 중심점 호에서 거리를 주어 호 슬롯을 작성한다.

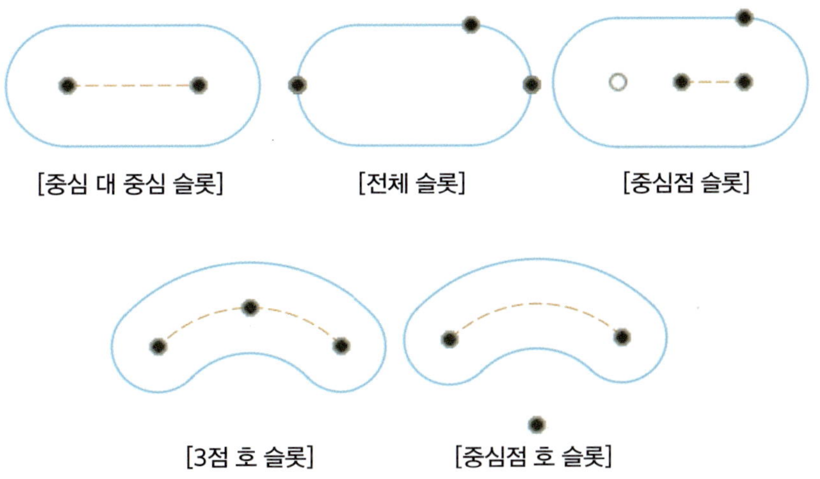

[중심 대 중심 슬롯]　　　[전체 슬롯]　　　[중심점 슬롯]

[3점 호 슬롯]　　　[중심점 호 슬롯]

6 점 그리기

디자인 〉 스케치 〉 작성 〉 점 : 점 그리기

① 참조를 위한 점을 찍는다.

② 기존 형상 위에 스냅되면 미리 보기로 X가 표시된다.

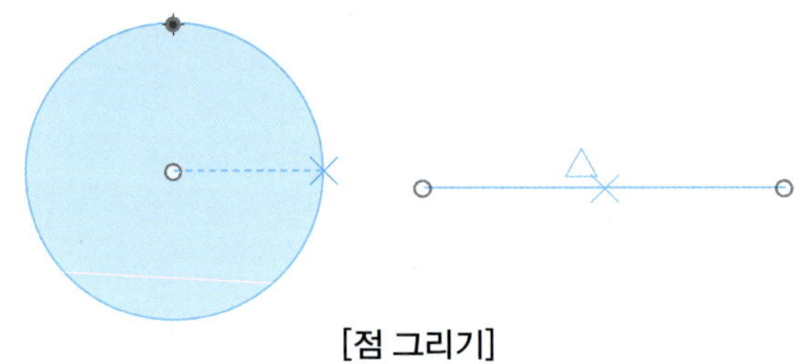

[점 그리기]

7 문자 입력

디자인 〉 스케치 〉 작성 〉 문자 : 문자 입력

직사각형 프레임 내부 또는 경로를 따르는 문자를 작성할 때 나타나는 팝업이다.

작성하려는 문자

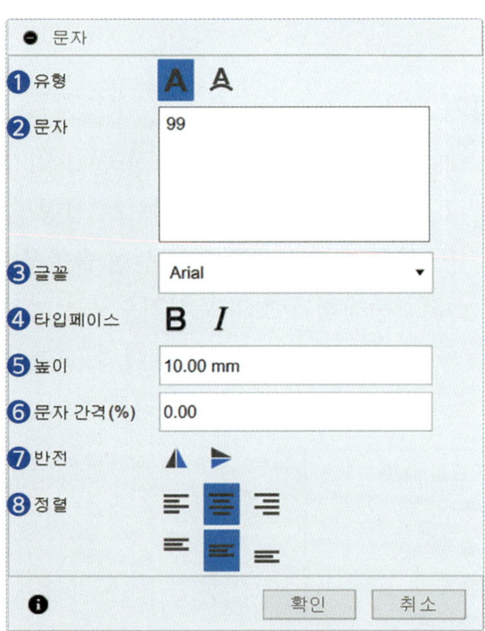

❶ **유형** : 직사각형 내부에 작성하는 문자인지 경로를 따르는 문자인지 선택한다.

❷ **문자** : 문자 행을 추가한다.

❸ **글꼴** : 리스트에서 글꼴을 선택한다.

❹ **타입페이스** : 굵게 강조, 기울임꼴 강조를 설정한다.

❺ **높이** : 문자 높이를 단위로 설정한다.

❻ **문자 간격** : 자간을 %로 설정한다.

❼ **반전** : 문자를 수평 수직으로 반전한다.

❽ **정렬** : 수평, 수직, 가운데 정렬을 한다.

8 미러

① 하나의 스케치 직선을 기준으로 선택한 스케치 요소를 대칭으로 작성한다.

② 객체 : 미러할 스케치 형상을 선택한다.

③ 미러 선 : 캔버스에서 미러(대칭 복사)할 선 또는 축을 선택한다.

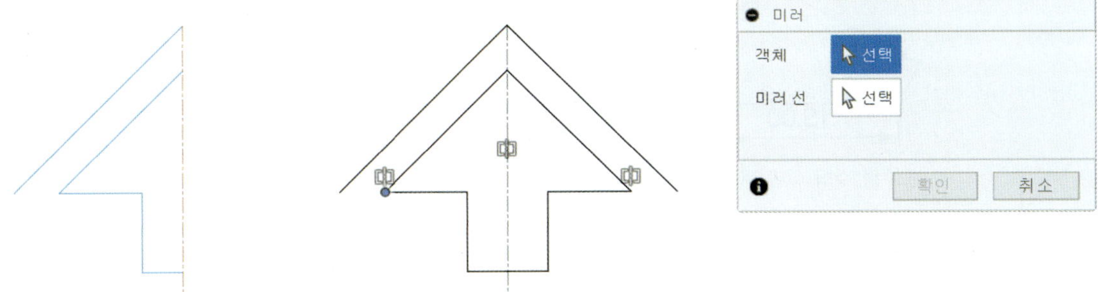

9 스케치 투영

디자인 〉 스케치 〉 작성 〉 투영/포함 : 형상 투영으로 스케치 요소 작성하기

① 형상 투영 : 본체 윤곽, 모서리, 작업 형상 및 스케치 곡선을 현재 스케치 면에 투영한다.

② 형상 : 스케치 평면에 형상 투영할 본체, 면, 모서리, 점을 선택한다.

③ 선택 필터 : 지정된 도면요소는 면, 모서리, 점을 선택할 수 있고 본체는 본체만 선택할 수 있다.

④ 투영 링크 : 선택한 객체와 연관되어, 객체 모양이 업데이트되면 투영한 스케치도 업데이트된다.

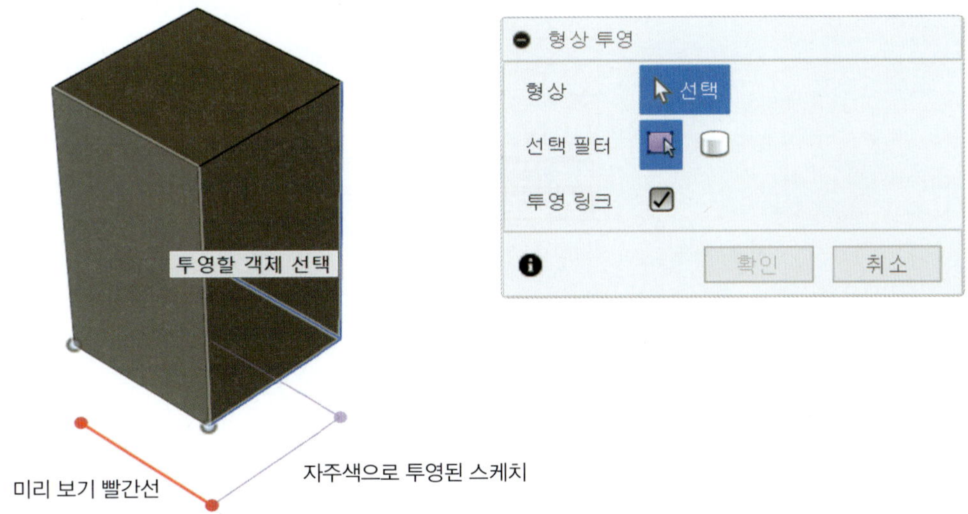

① 디자인 〉 스케치 〉 작성 〉 스케치 치수 : 치수 입력하기

　스케치 객체의 크기와 위치를 제어한다.

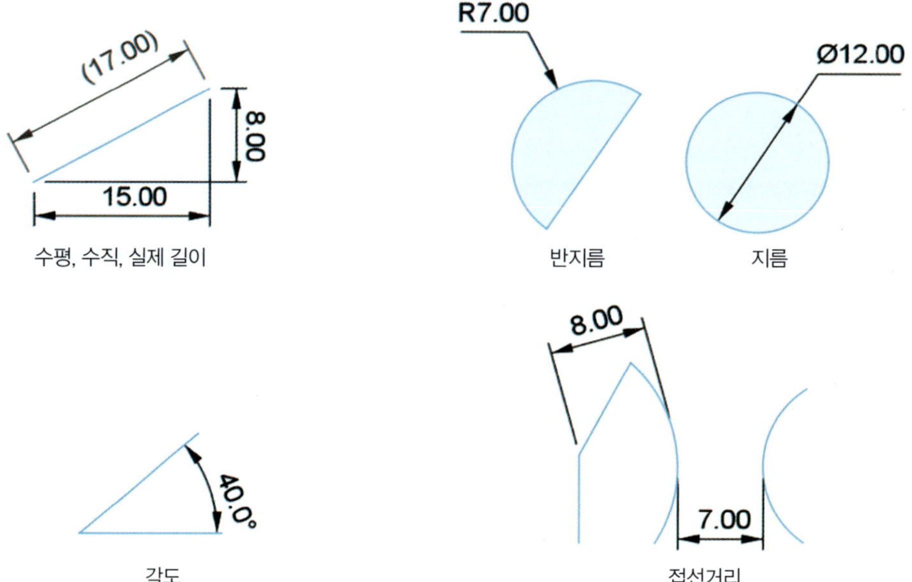

② 디자인 〉 스케치 〉 작성 〉 스케치 치수 〉 표식 메뉴 〉 원/호 중심 선택

　원/호의 중심에서부터의 거리를 설정한다.

③ 디자인 〉 스케치 〉 작성 〉 스케치 치수 〉 표식 메뉴 〉 원/호 접선 선택

　원/호의 접선 간의 거리를 설정한다.

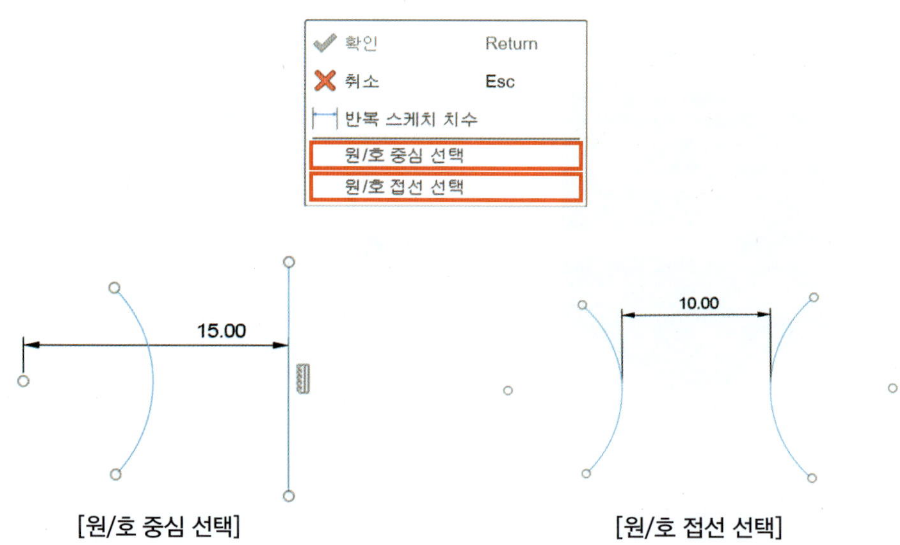

7 스케치 편집

디자인 〉 스케치 〉 수정 패널의 도구로 스케치 형상을 수정할 수 있다.

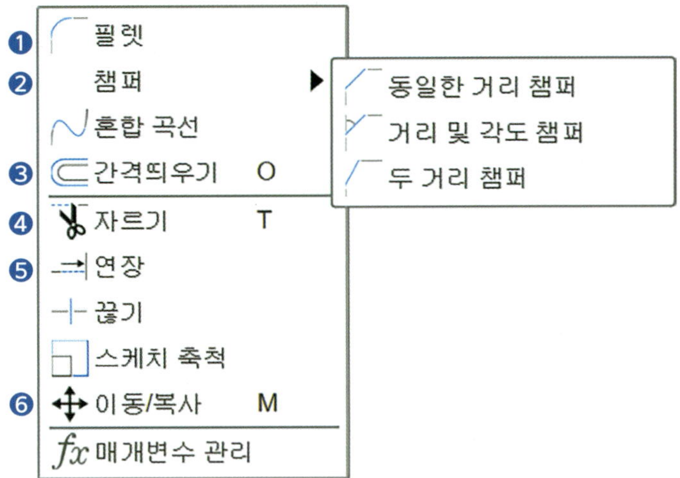

❶ 필렛(Fillet, 모깎기) : 디자인 〉 스케치 〉 수정 〉 필렛

두 선 또는 호가 교차하는 지점에 호를 배치한다. 빨간 선이 만들어지는 호이다.

❷ 챔퍼(Chamfer, 모따기/모떼기) : 디자인 〉 스케치 〉 수정 〉 챔퍼

평행하지 않은 두 선의 모서리에 경사진 선을 배치한다.

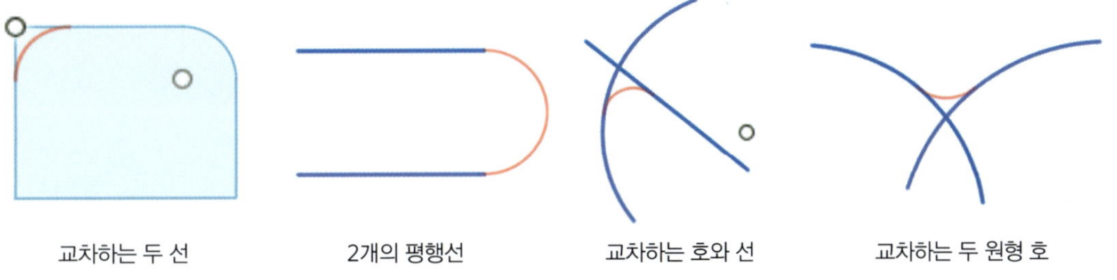

❸ 간격 띄우기 : 디자인 〉 스케치 〉 수정 〉 간격 띄우기

원래 형상으로부터 지정된 거리만큼 떨어진 곳에
스케치 형상을 복사한다.

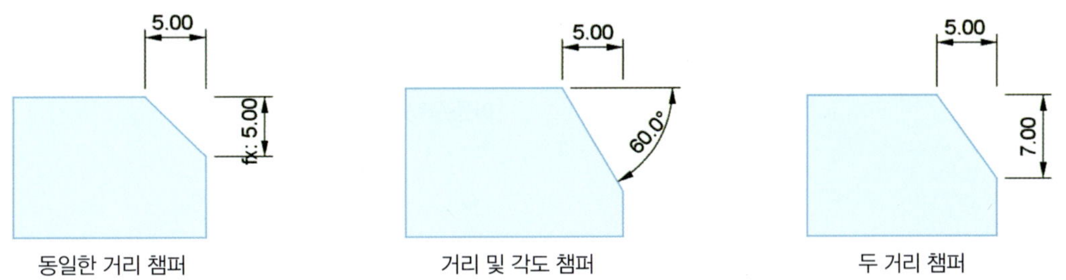

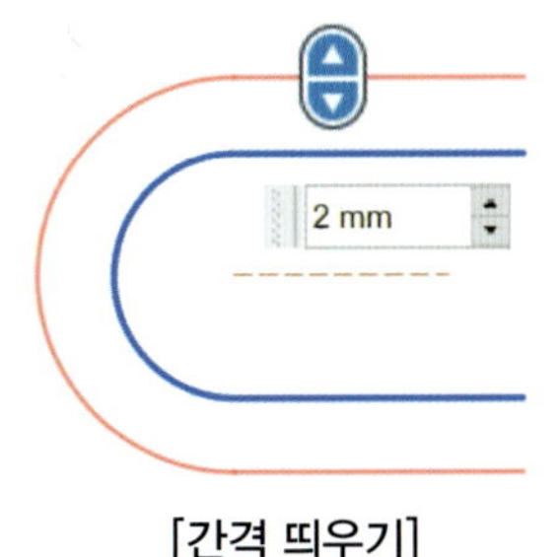

[간격 띄우기]

❹ 자르기 : 디자인 〉 스케치 〉 수정 〉 자르기

스케치의 다른 형상과 가장 가까운 연장된 교차점까지 스케치 형상을 자른다.

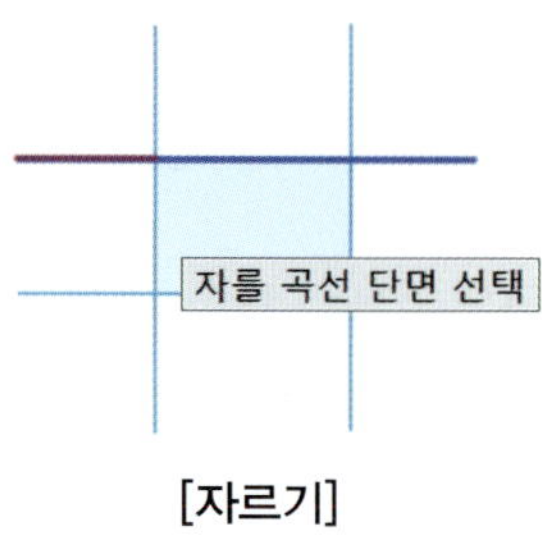

[자르기]

❺ 연장 : 디자인 〉 스케치 〉 수정 〉 연장

스케치의 다른 형상과 가장 가까운 연장된 교차점까지 스케치 형상을 연장한다.

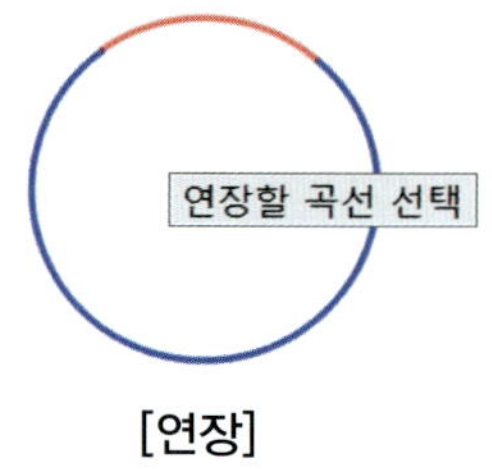

[연장]

❻ 이동/복사 : 디자인 〉 스케치 〉 수정 〉 이동/복사

선택한 스케치를 이동한다. 사본 복사 상자에 체크하면 복사된다. 피벗 설정을 클릭하면 조작기 중심을 재배치할 수 있다. 복사는 ctrl+c/ctrl+v로도 실행된다.

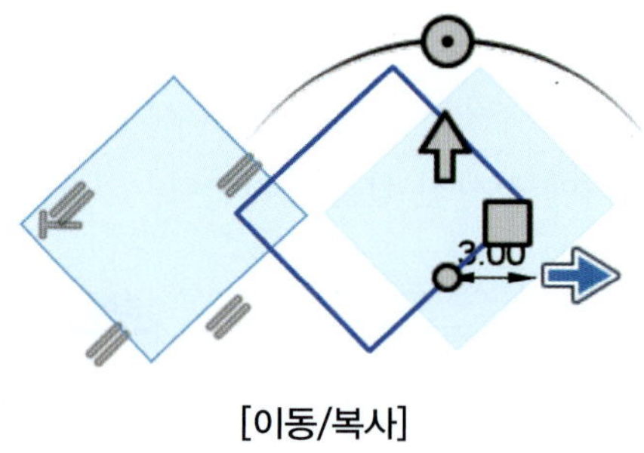

[이동/복사]

8 스케치 팔레트

스케치 작성 중일 때 항상 보이는 메뉴로, 아이콘이나 체크 박스를 눌러 선택한 스케치 선에 적용한다.

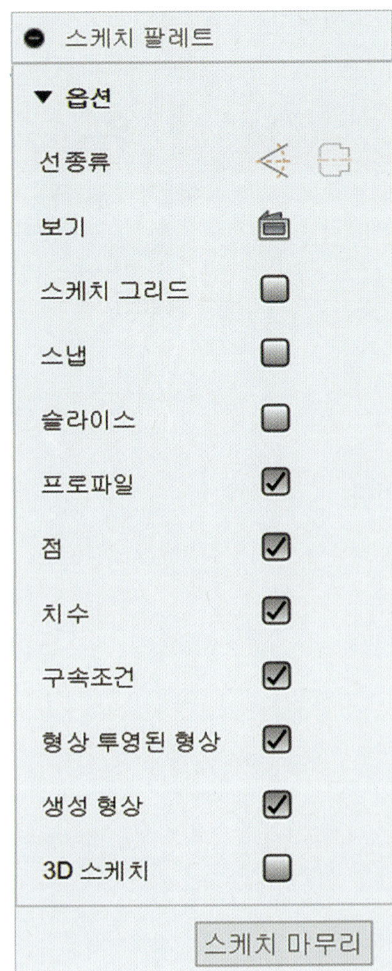

① 선종류 : 생성과 중심선 형상을 작성한다. 스케치 선을 클릭하여 적용한다.
② 보기 : 스케치 평면이 바로 보이도록 카메라를 정렬한다.
③ 스케치 그리드 : 캔버스에서 스케치 그리드를 표시하거나 숨긴다.
④ 스냅 : 스케치 그리드에 스냅 기능을 사용하거나 사용하지 않도록 설정한다.
⑤ 슬라이스 : 스케치 평면과 교차하는 본체를 일시적으로 절단한다.
⑥ 프로파일 표시 : 닫힌 스케치 프로파일에 파란색 음영을 표시하거나 숨긴다.
⑦ 점 표시 : 스케치 점을 표시하거나 숨긴다.
⑧ 치수 표시 : 치수를 표시하거나 숨긴다.
⑨ 구속조건 표시 : 스케치 구속조건을 표시하거나 숨긴다.
⑩ 형상 투영된 형상 표시 : 형상 투영된 형상을 표시하거나 숨긴다.
⑪ 생성 형상 : 생성 형상을 표시하거나 숨긴다.
⑫ 3D 스케치 : 입체 스케치 기능을 사용하거나 해제하도록 설정한다.
⑬ 스케치 마무리 : 스케치 작성 상태를 종료하는 버튼이다.

9 구속조건

디자인 〉 스케치 〉 구속조건 패널의 도구로 스케치 형상의 상대적 위치를 정하는 구속을 적용한다. 원점을 기준으로 적용하면 완전 구속을 쉽게 작성하게 된다.

1 수평/수직

디자인 〉 스케치 〉 구속조건 〉 수평/수직

직선이 수평 또는 수직이 되도록 정렬하고 두 점이 수평수직으로 같은 위상에 있도록 한다.

2 일치

디자인 〉 스케치 〉 구속조건 〉 일치

두 점이 서로 붙거나 한 점이 다른 선(직선과 곡선) 위에 구속되게 한다. 갖다 붙이기로 이해하면 된다. 일치 위치를 클릭하기 전까지는 글리프(도형 기호)가 보이지 않는다.

3 접선

디자인 〉 스케치 〉 구속조건 〉 ⬡ 접선

곡선과 다른 객체가 한 지점에서 접촉하지만 교차하지 않도록 구속한다.

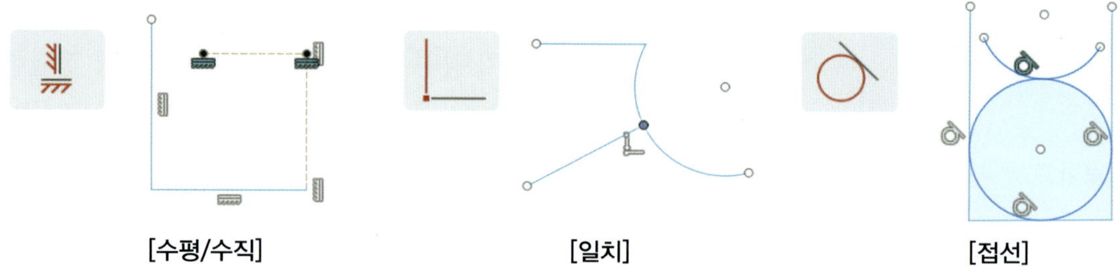

[수평/수직] [일치] [접선]

4 동일

디자인 〉 스케치 〉 구속조건 〉 = 동일

객체의 크기(길이, 지름)가 서로 같게 설정된다. 위치는 관계없다.

5 평행선

디자인 〉 스케치 〉 구속조건 〉 // 평행선

두 직선이 동일한 방향으로 연장되고 서로 만나지 않는다.

6 직각

디자인 〉 스케치 〉 구속조건 〉 ✕ 직각

두 직선이 서로 직각을 이룬다.

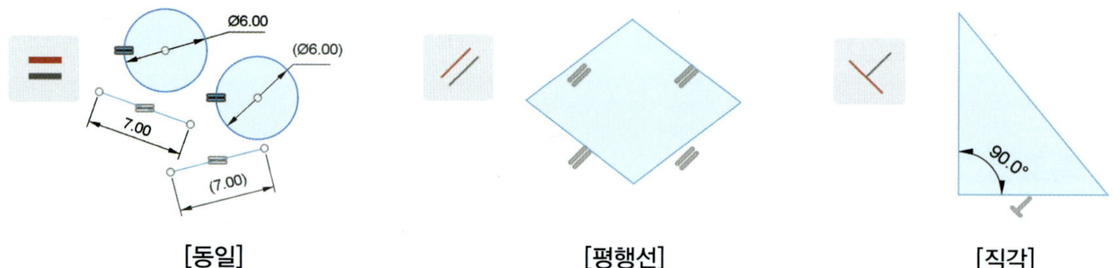

[동일] [평행선] [직각]

7 고정/고정해제

디자인 〉 스케치 〉 구속조건 〉 🔒 고정/고정해제

점 또는 객체의 크기와 위치를 잠글 수 있고, 다시 누르면 해제된다.

8 중간점

디자인 〉 스케치 〉 구속조건 〉 △ 중간점

점 또는 선의 길이 1/2인 중간점에 구속한다.

9 동심

두 개 이상의 호, 원, 타원을 동일한 중심을 공유하도록 구속한다.

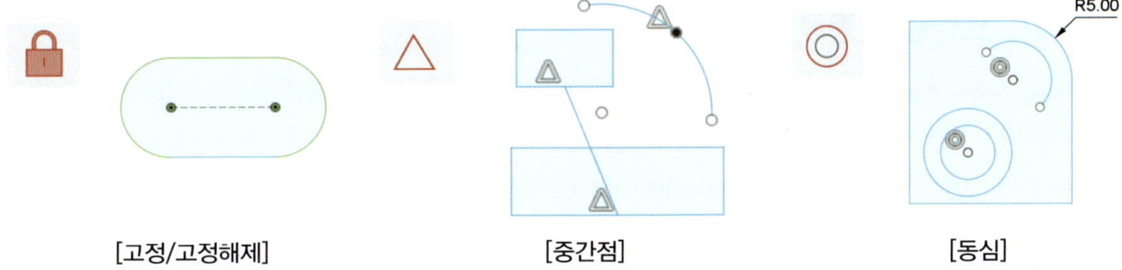

[고정/고정해제]　　　　　[중간점]　　　　　[동심]

10 동일선상

두 개 이상의 직선이 연장했을 때 공통선이 되도록 구속한다.

11 대칭

두 개 이상의 객체가 대칭선(중심선)을 기준으로 위치와 크기가 거울상이 되도록 구속한다.

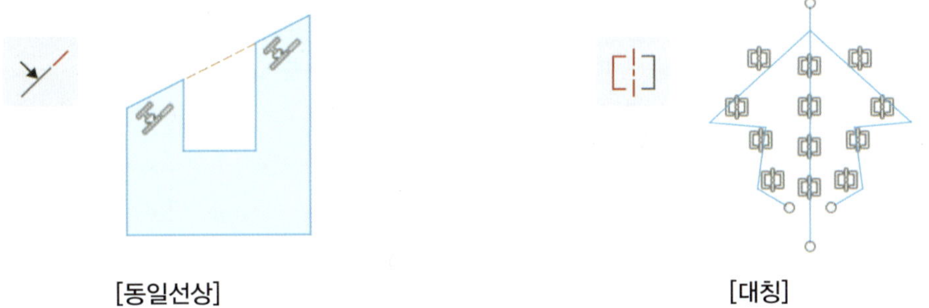

[동일선상]　　　　　[대칭]

12 곡률

스플라인과 다른 스케치 곡선을 부드럽고 연속된 G2 연속성 곡률로 구속한다.

13 폴리곤

변의 길이가 같고 각도가 같은 닫힌 스케치 프로파일을 일반 다각형으로 구속한다.

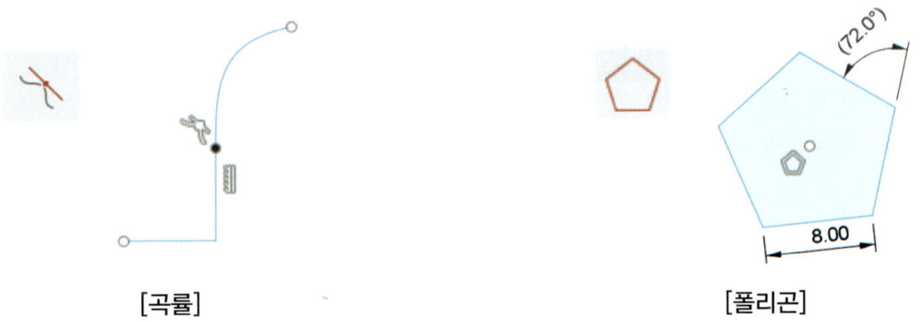

[곡률]　　　　　[폴리곤]

퓨전의 솔리드 생성 명령

1 솔리드 모델링의 종류

① 본체 : 본체(Body), 하나의 객체(Object)이다. 면으로 둘러싸여 빈틈이 없으며, 속이 차있는 상태이다. 아이콘은 흰 원통 모양이다.

② 구성요소 : 구성요소(Component)는 본체의 상위 개념으로, 구성요소로 전환하면 아이콘이 흰 육면체로 바뀐다.

③ 구성요소 : 내부 구성요소를 포함하는 경우, 육면체 두 개로 이루어진 아이콘이 표시된다.

2 퓨전의 구성요소

① 퓨전의 구성요소(Component)는 스케치, 구성 형상, 본체, 접합, 원점 및 기타 구성요소 등의 디자인 요소에 대한 컨테이너이다.

② 브라우저 상단 노드는 모든 디자인에 있는 기본 구성요소이다.

③ 솔리드의 본체를 구성요소로 변환한다. 솔리드를 작성할 때 처음부터 구성요소로 만들 수도 있다.

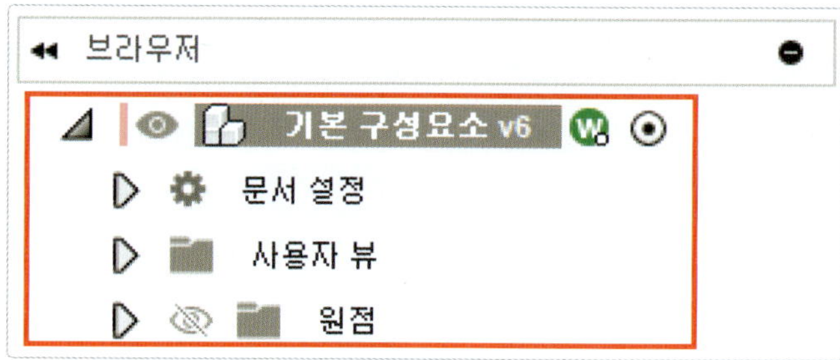

3 모델링의 활성 단위 변경

① 브라우저 〉 문서 설정 〉 활성 단위 변경 아이콘으로 크기 단위를 변경한다.

② 3D 피처를 만드는 디자인에서는 기본적으로 mm를 사용한다.

③ inch를 비롯한 다른 단위로 전환할 때는 단위 유형 메뉴를 사용한다.

④ 모델링 전에 사용 중인 퓨전의 단위 설정을 한번 확인하는 것이 좋다.

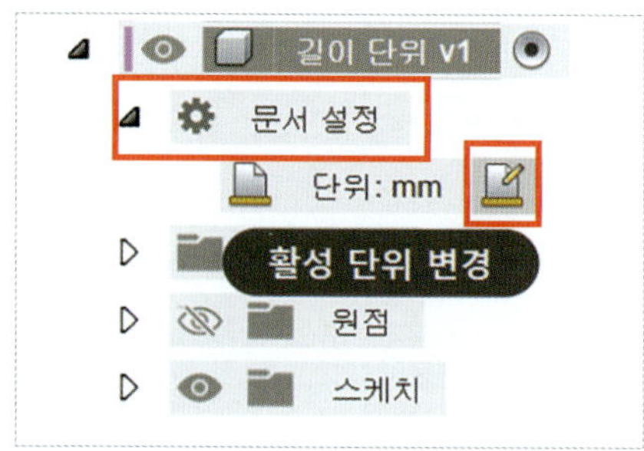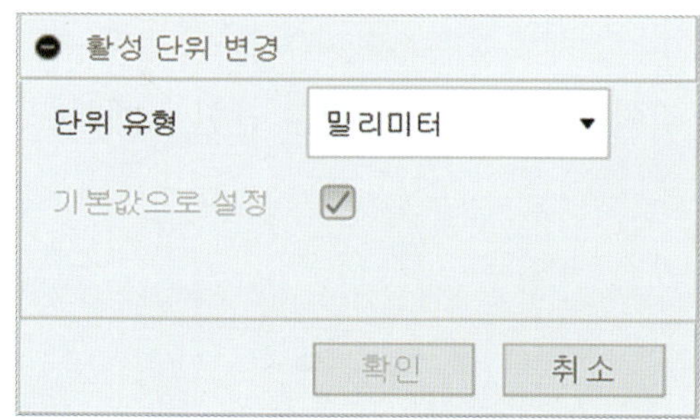

4 모델링 생성 방법

- 접합
- 잘라내기
- 교차
- 새 본체
- 새 구성요소

① 접합(Join) : 다른 객체와 겹치는 부분이 있을 때 하나의 본체로 합친다.

② 잘라내기(Cut) : 겹쳐 있을 때 선택된 솔리드의 모양대로 잘라낸다. 잘라내는 부분이 빨간색으로 표시된다.

③ 교차(Intersect) : 겹쳐진 부분의 교집합 부분을 남긴다. 노란색으로 표시된다.

④ 새 본체(New body) : 새 본체를 생성한다.

⑤ 새 구성요소(New component) : 새 구성요소를 만들고 솔리드는 구성요소의 본체로 들어간다.

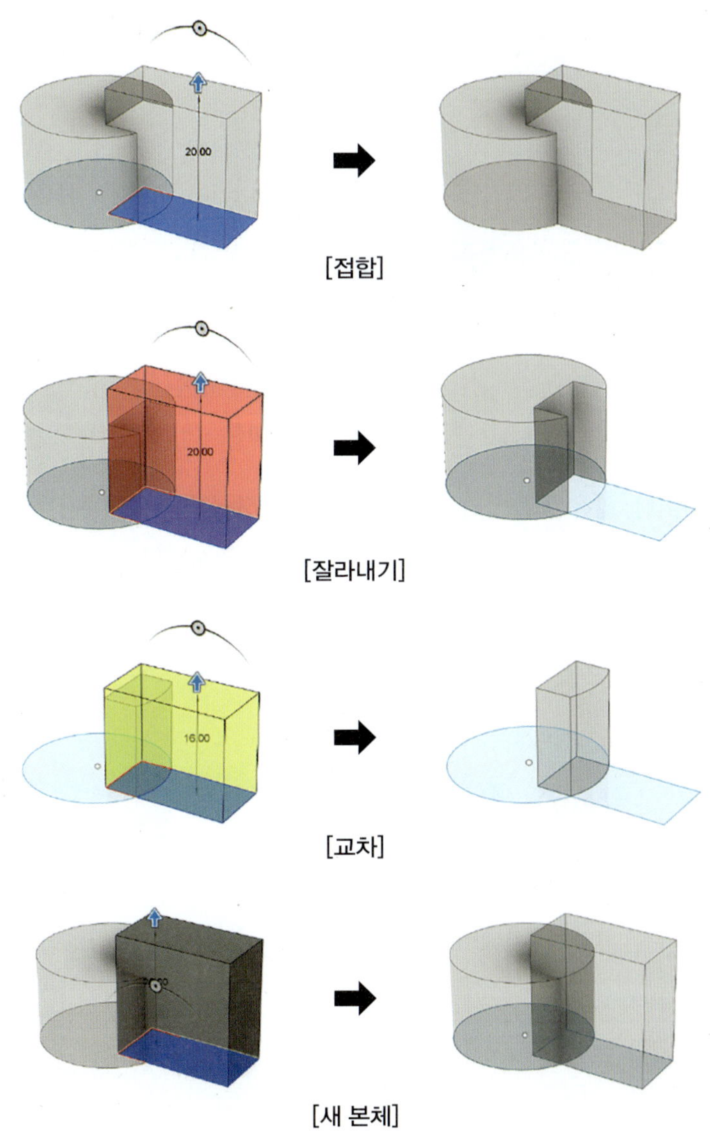

[접합]

[잘라내기]

[교차]

[새 본체]

디자인 〉 솔리드 〉 작성 〉 돌출(Extrude)

돌출은 스케치 프로파일(스케치 폐곡선으로 만들어지는 면)에서 수직으로 형성되는 솔리드 객체이다.

1 돌출 명령의 대화 상자

돌출 명령은 많이 사용되는 만큼 다양한 옵션을 지원한다. 유형 선택을 변경했을 때 나타나는 추가적인 항목은 캔버스에 화살표를 당겨서 눈으로 확인하며 사용하는 것을 권장한다.

[돌출 명령 대화창]

❶ **유형** : 돌출의 유형이다. 얇은 돌출이라는 벽을 만드는 옵션이 추가되었다.

　① **돌출** : 선택한 닫힌 프로파일 내에서 전체 면적을 돌출시킨다.

　② **얇은 돌출** : 선택한 열린 프로파일이나 닫힌 프로파일을 따라 얇은 벽을 돌출시킨다.

❷ **프로파일** : 돌출에 사용할 스케치나 면의 선택 개수가 나타난다.

❸ **시작** : 돌출의 시작 지점이다.

　① **프로파일 평면** : 프로파일 평면에서 돌출을 시작한다.

　② **간격띄우기** : 프로파일 평면에서 지정된 간격띄우기 거리만큼 돌출을 시작한다. 간격띄우기 거리를 입력하는 창이 나타난다.

　③ **객체** : 선택한 면 또는 평면에서 돌출을 시작한다. 선택한 면 또는 평면을 지정하는 버튼이 나타난다.

❹ **방향** : 돌출의 생성 방향으로, 화살표를 클릭하여 당겨보며 방향을 확인한다.

　① **한쪽 방향** : 프로파일 평면의 한쪽 방향에 돌출을 작성한다.

　② **두 방향** : 프로파일 평면의 양쪽으로 돌출하며 돌출 길이를 각각 지정할 수 있다.

　③ **대칭** : 프로파일 평면에서 대칭의 모양으로 양쪽으로 돌출한다.

　④ **측정값** : ・대칭을 선택했을 때 나오는 옵션이다.

　　・**절반 길이** : 절반의 값을 입력하면 반대쪽 돌출도 자동으로 같은 값을 돌출한다.

　　・**전체 길이** : 대칭으로 만들어지는 전체 길이를 입력하면 1/2씩 양쪽으로 돌출한다.

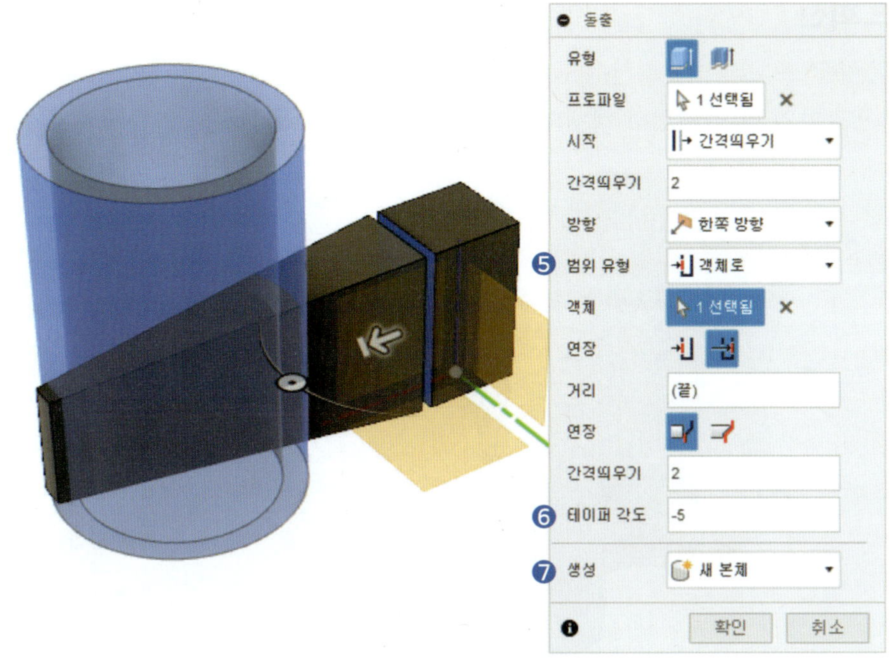

[돌출 명령 대화창 추가 옵션]

❺ **범위 유형** : 어디까지 돌출할지 정한다.

  ① ⊢⊣ 거리 : 돌출할 거리를 입력한다.

  ② 객체로 : 선택한 본체, 면, 평면까지 돌출시킨다.

    • 돌출할 본체, 면, 구성 객체를 선택한다.

    • 연장 : 돌출이 선택한 객체의 가장 가까운 면까지 연장하거나, 선택한 객체를 통과하여 끝까지 연장하는지 설정한다.

      – 선택한 면까지 : 선택한 면까지만 돌출시킨다.

      – 인접한 면으로 : 선택한 면과 인접한 면까지 돌출시킨다.

      – 본체로 : 선택한 본체의 면까지 돌출시킨다.

      – 본체 통과 : 선택한 본체를 통과해서 완전히 돌출시킨다.

    • 선택한 객체의 면을 기준으로 하여 돌출을 간격띄우기 할 거리를 지정한다.

  ③ 모두 : 보이는 모든 본체를 관통하여 돌출시킨다.

❻ **테이퍼 각도** : 각도를 입력하여 점점 넓게 또는 점점 좁게 돌출한다.

❼ **생성** : 앞에서 설명한 솔리드 생성 방법이다.

디자인 〉 솔리드 〉 작성 〉 회전(Revolve)

회전은 프로파일 면(스케치나 객체의 평면)을 중심축으로 회전시켜 만들어지는 솔리드 모델링이다.

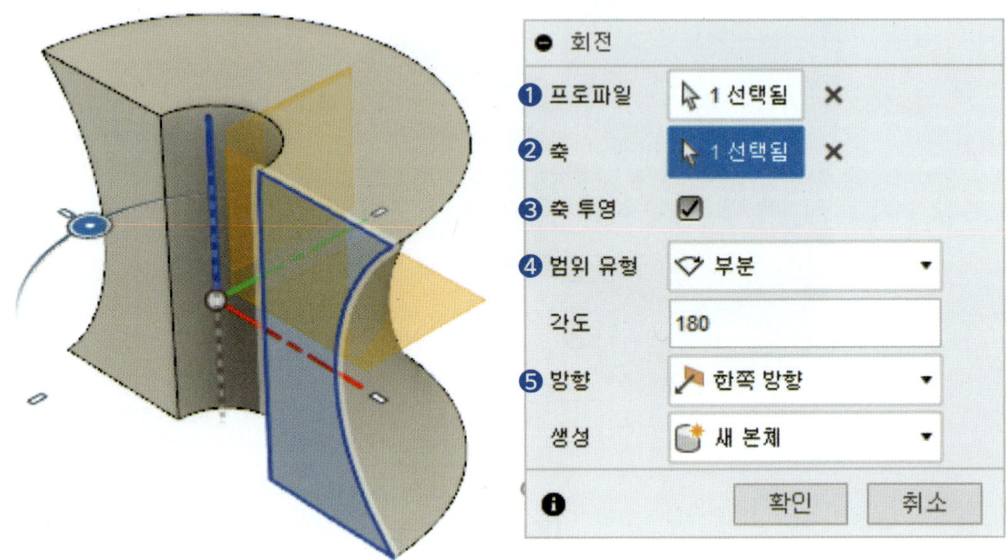

❶ **프로파일** : 회전에 사용할 동일 평면상의 스케치나 면의 개수가 나타난다.

❷ **축** : 회전의 기준이 될 선형 스케치 곡선, 모서리, 원통형 면, 축을 선택한다.

❸ **축 투영** : 프로파일을 포함하는 면에 축을 투영하여 회전의 중심축으로 삼는다.

❹ **범위 유형** : 얼마나 회전할지 각도나 객체면을 기준으로 정한다.

　① ◇ 부분 : 입력한 각도만큼만 회전하여 생성한다.

　② 객체로 : 지정한 객체의 요소인 본체, 면, 꼭짓점을 선택하여 각도만큼 회전한다.

　③ 전체 : 프로파일을 축을 중심으로 360° 회전한다.

❺ **방향**

　① 한쪽 방향 : 프로파일 평면의 한 쪽에서 프로파일을 회전한다.

　② 두 방향 : 프로파일 평면의 양 측면에서 프로파일을 회전한다. 회전 각도를 다르게 한다.

　③ 대칭 : 프로파일 평면의 양 측면에서 프로파일을 대칭으로 회전한다.

7 **솔리드 기본체 원통**

디자인 〉 솔리드 〉 작성 〉 원통(Cylinder)

① 기본체(Primitive) 원통은 선택한 면에 바닥을 붙여 만드는 원기둥 솔리드 모델링이다.

② 기본체 원통은 스케치가 필요하지 않다.

③ 먼저 평면을 선택하고 중심점 원을 작성하는 방식으로 원통의 바닥을 만든 후 높이를 주어 완성한다.

④ 원의 중심점을 작성할 때 스냅 기능을 사용하면 쉽게 동심원인 원기둥을 만들 수 있다.

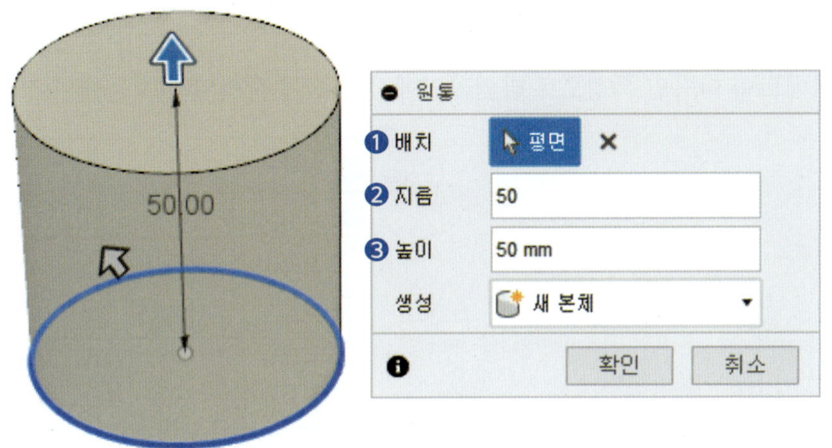

❶ **배치** : 원통을 배치할 바닥면을 선택한다. 평면 혹은 객체의 면이 된다.

❷ **지름** : 원통의 지름으로, 평면에 중심점을 찍고 반지름 위치를 지정하여 원을 만든다.

❸ **높이** : 원의 높이를 입력한다. 또는 조작기 화살표를 당겨 크기를 정할 수 있다.

① 타임라인의 피쳐 아이콘을 더블 클릭하면 대화창이 다시 나온다.

② 혹은 타임라인의 피쳐 아이콘을 마우스 오른쪽 클릭하면 나오는 보조 명령의 목록에서 피쳐 편집 명령을 클릭한다.

③ 스케치도 마찬가지로 편집할 수 있으며 브라우저의 스케치 목록에서 아이콘을 더블 클릭해도 된다.

④ 퓨전의 파라메트릭 디자인 특성으로 타임라인에서 이후에 작성된 피쳐들에 수정사항이 반영된다.

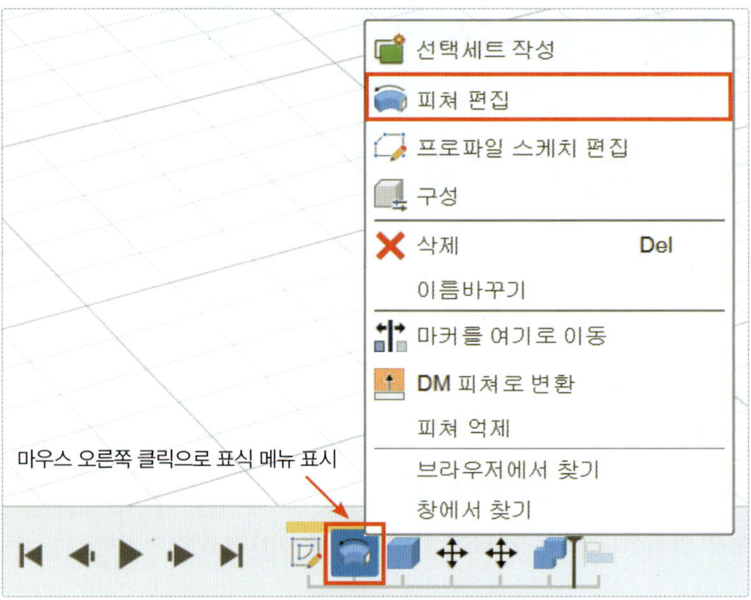

[회전 명령으로 만든 피쳐를 수정하려고 할 때]

1 주요 솔리드 수정 명령

밀고 당기기	필렛	챔퍼	결합	이동/복사	정렬

2 밀고 당기기

디자인 〉 솔리드 〉 수정 〉 밀고 당기기(Press Pull)

① 다이렉트 모델링 특성을 이용한 직관적인 명령이다. 적용 부위에 따라 3가지 명령이 가능하다.

② 대화 상자에서 스케치 프로파일, 모서리 또는 면을 선택한다.

1 스케치 프로파일

새 솔리드 본체를 돌출한다. 돌출 대화상자가 표시된다.

2 모서리

솔리드 본체의 모서리에 필렛을 적용한다. 필렛 대화상자가 표시된다.

3 면

선택한 면의 양의 방향, 음의 방향으로 밀고 당겨 솔리드 본체 체적을 줄이거나 늘린다. 면 간격띄우기 대화상자가 표시된다.

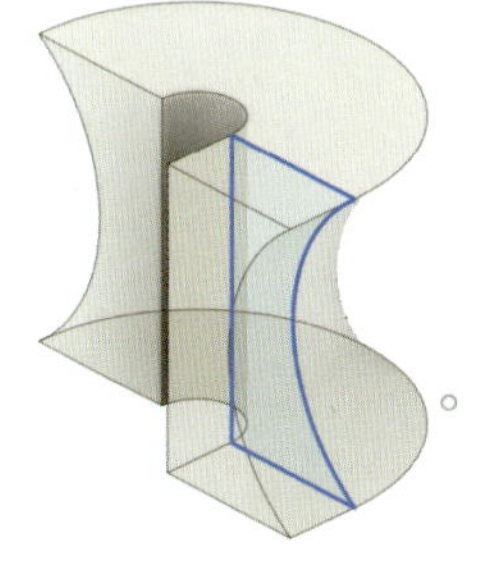

[스케치 프로파일로 돌출]

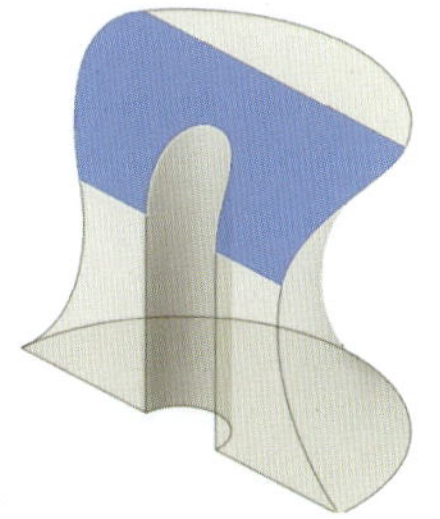

[모서리 필렛]

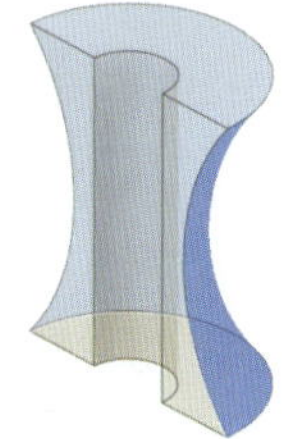

[면 간격띄우기]

3 필렛

디자인 〉 솔리드 〉 수정 〉 필렛(Fillet)

① 필렛은 모깎기 명령으로 외부 모서리에서 재질을 제거하거나 내부 모서리에 재질을 추가하여 솔리드 본체 모서리를 둥글게 한다.

② ＋버튼으로 선택 세트(적용할 모서리)를 추가한다.

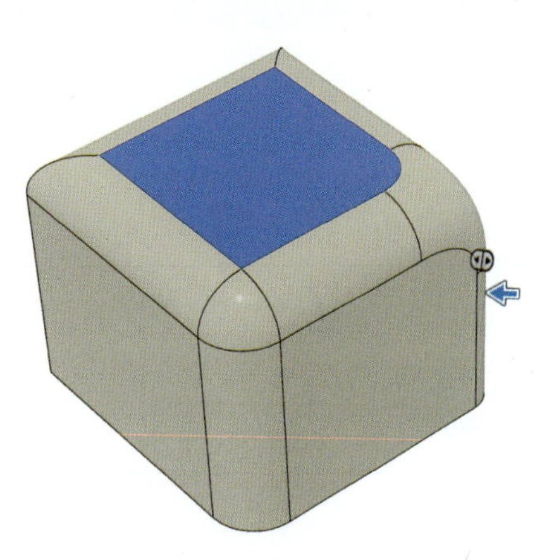

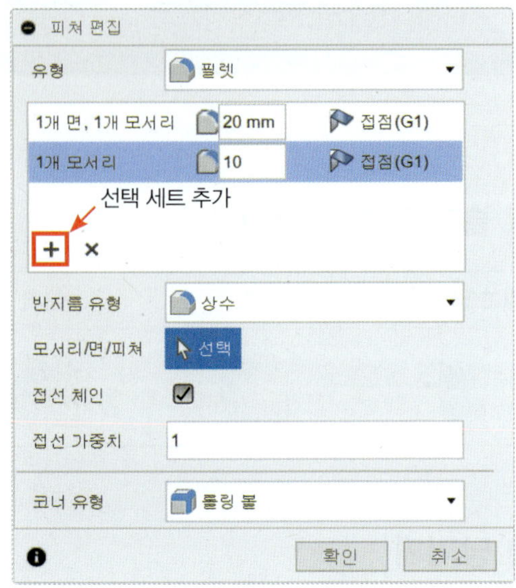

4 챔퍼

디자인 〉 솔리드 〉 수정 〉 챔퍼(Chamfer)

① 챔퍼는 모따기(모떼기) 명령으로 외부 모서리에서 재질을 제거하거나 내부 모서리에 재질을 추가하여 솔리드 본체 모서리를 면으로 만든다.

② 챔퍼의 유형은 2D 스케치의 챔퍼와 유사하다.

1 유형

① 동일한 거리 : 각 측면에 대한 동일한 거리를 기준으로 하는 베벨 모서리이다. C5(Chamfer 5) 등으로 표현할 때, 동일한 거리 챔퍼이다.

② 두 거리 : 각 측면에 대한 다른 거리를 적용한 베벨 모서리이다.

③ 거리 및 각도 : 한 면의 깎인 거리와 기울기 각도를 입력하여 만드는 베벨 모서리이다.

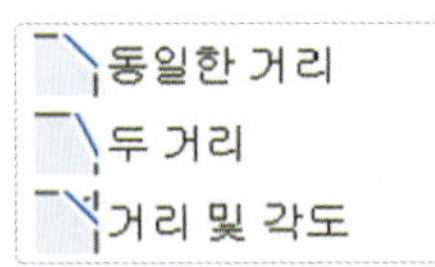

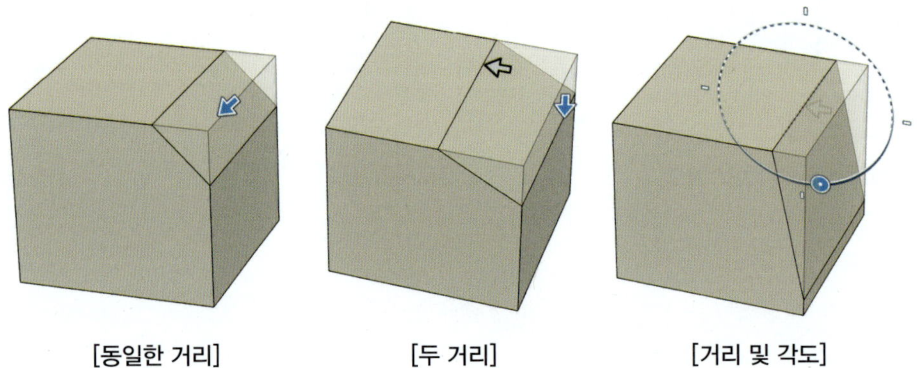

[동일한 거리] [두 거리] [거리 및 각도]

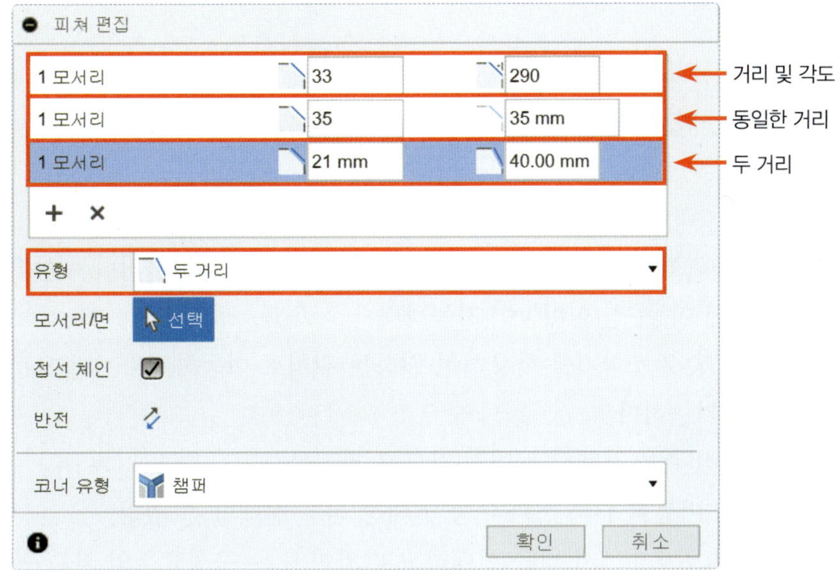

5 결합

디자인 〉 솔리드 〉 수정 〉 결합(Combine)

결합은 선택한 본체를 접합, 잘라내기 또는 교차한다. 생성과 같다.

1 대상 본체(Target Body)

결합 명령이 최종적으로 적용되는 본체이다.

2 공구 본체(Tool Body)

더하거나 잘라내는 부분의 본체를 선택한다.

3 공구 유지(Keep Tool)

결합 명령을 실행한 후 도구에 해당하는 본체를 남긴다.

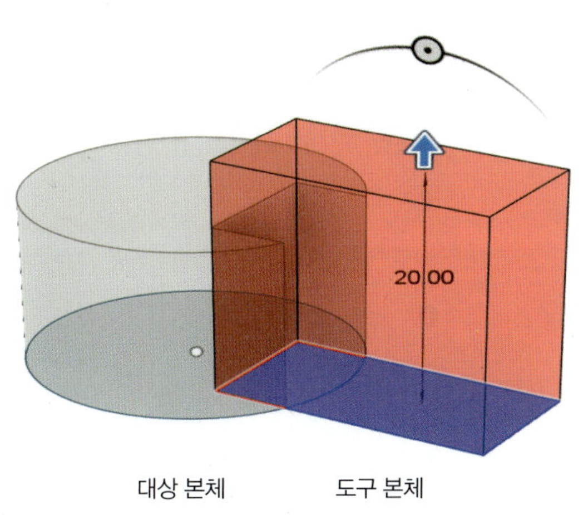

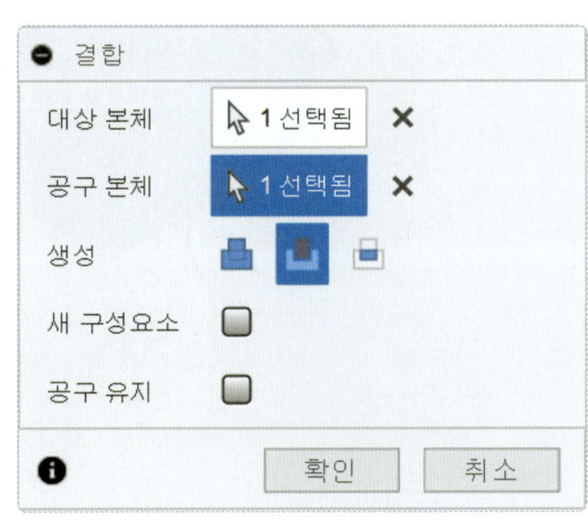

디자인 〉 수정 〉 이동/복사(Move/Copy)

퓨전의 스케치 객체, 면, 본체, 구성요소를 이동하거나 복사한다.

1 이동 유형

① 자유 이동 : 캔버스에서 조작기를 사용하여 객체를 이동하거나 수동으로 값을 입력할 수 있다. 회전, 직선 이동, 평면 이동이 가능하다.

② 변환 : X, Y, Z 조작기를 사용하여 원하는 위치로 이동하거나 수동으로 값을 입력할 수 있다. 직선 이동이 가능하다.

③ 회전 : 회전 축을 선택하고 회전 각도를 지정한다.

④ 점 대 점 : 이동할 원본 점과 이동할 대상 점을 선택할 수 있다.

⑤ 점 대 위치 : 모형에서 점을 선택하고 디자인 또는 구성요소의 좌표 공간을 기준으로 지정된 위치로 이동할 수 있다.

2 위치 재설정

점 대 위치 명령에서 나타난다. 원래 위치로 돌려놓는다.

3 사본 작성

체크하면 원본은 원래 위치에 있고 이동한 위치에 사본을 생성한다.

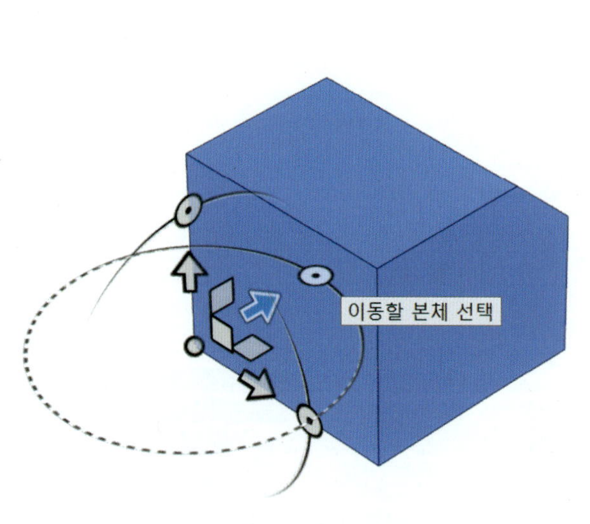

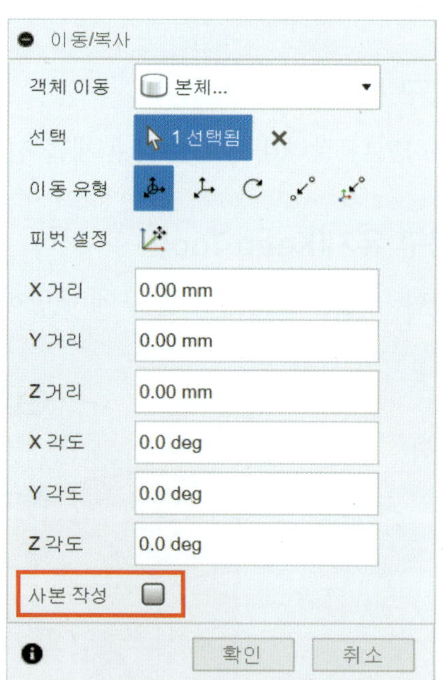

7 정렬

디자인 〉 수정 〉 정렬(Align)

정렬은 선택한 객체를 다른 객체의 선택된 위치로 스냅한다. 구성요소, 본체 및 스케치 곡선을 정렬할 수 있으며, 스냅 위치에 붙는다.

1 반전

첫 번째 선택한 객체가 반대 방향으로 붙는다.

2 각도

스냅 위치를 기준으로 90° 간격으로 회전한다.

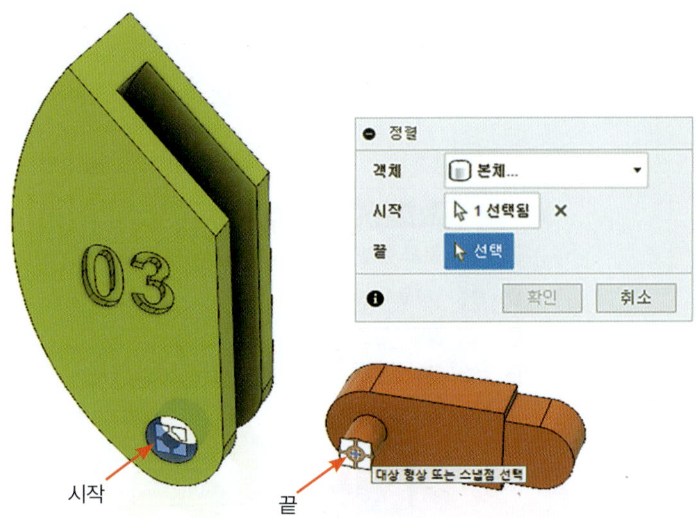

[스냅 위치 차례로 지정]

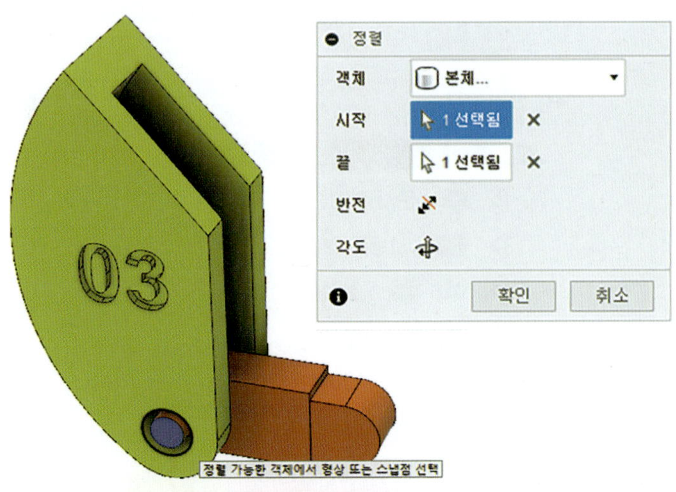

[스냅 위치로 정렬]

1 개요

1 조립(Assembly)

① 조립은 하나 이상의 객체를 결합하여 작동하게 만들며, 조립을 위해서는 각 객체가 구성요소가 되어야 한다.

② 퓨전의 다양한 접합 방식을 이용하면 두 구성요소가 쉽게 동작한다.

③ 조립 영역에서는 접합(Joint)과 현재 위치에서 접합(As-Built Joint) 기능을 사용한다.

2 본체를 구성요소로 전환하기

접합은 브라우저에서 본체를 마우스 오른쪽 클릭하여 본체에서 구성요소 작성 명령을 실행한다.

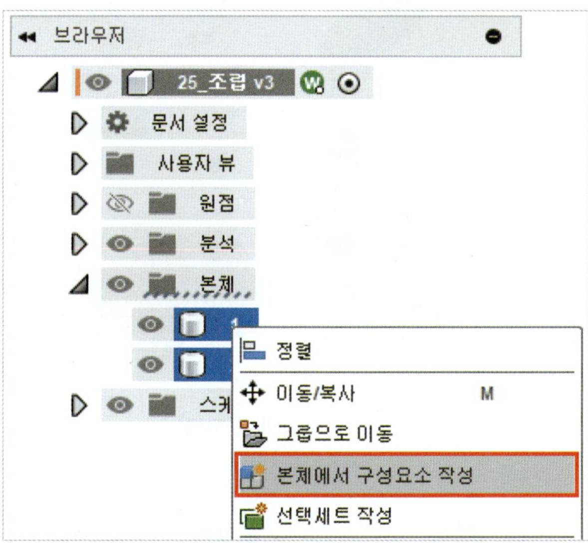

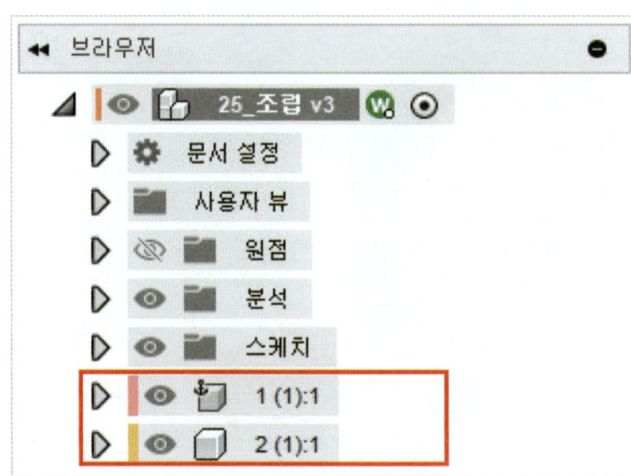

[브라우저에서 구성요소로 전환]

2 주요 접합 명령

접합	현재 위치에서 접합

3 접합

디자인 〉 조립 〉 접합(Joints)

접합은 아직 배치되지 않아 서로 떨어져 있는 구성요소 간에 동작을 설정하여 조립하게 된다.

1 접합 종류

① 강체 : 구성요소를 함께 잠그고 모든 자유도를 제거한다.

② 회전 : 접합 원점을 중심으로 회전할 수 있다.

③ 슬라이더 : 단일 축을 따라 구성요소를 왕복 이동한다.

④ 원통형 : 단일 축을 중심으로 회전하고 왕복 이동할 수 있다.

⑤ 핀-슬롯 : 한 축을 중심으로 회전하고 다른 축을 따라 이동할 수 있다.

⑥ 평면형 : 두 축을 따라 이동하고 단일 축을 중심으로 회전할 수 있다.

⑦ 볼 : 짐벌 시스템으로 구성요소가 3개 축 주위를 회전할 수 있다.

2 원점 모드

① 단순 : 스냅 점을 선택하여 접합 원점을 배치한다.

② 두 면 사이 : 평면 1과 평면 2를 선택하여 접합 원점을 그 사이의 중심에 배치한 다음 스냅 점을 선택한다.

③ 두 모서리 교차 : 모서리 1과 평행하지 않은 모서리 2를 선택하여 연장된 교차점에서 접합 원점을 찾는다.

3 접합 작성 하기

① 고정을 사용하여 조립품을 제자리에 유지하기 위해 구성요소 하나를 고정한다.

② 위치 탭에서 구성요소 1에 대한 모드를 선택한다.

③ 구성요소 2에 대해 모드 선택을 반복한다.

④ 동작 탭에서 접합 유형을 선택한다.

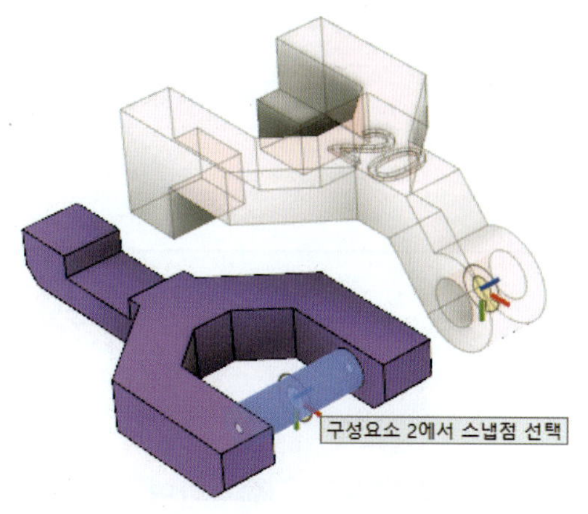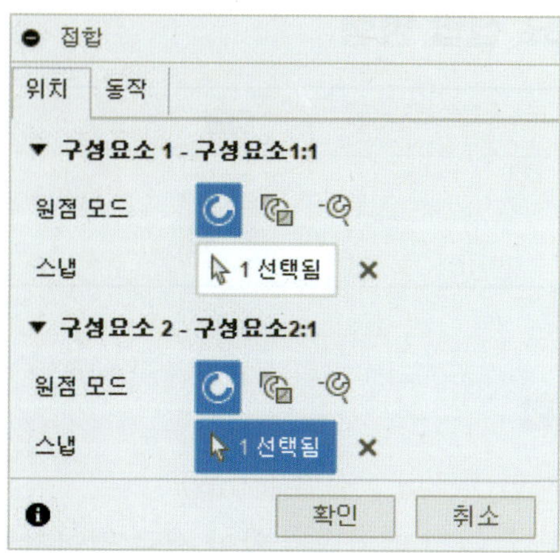

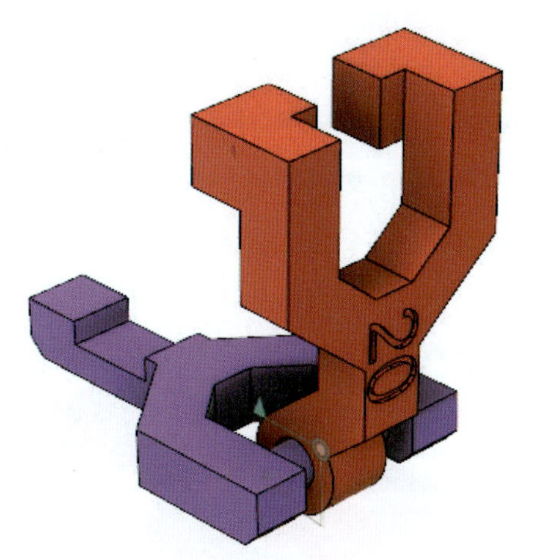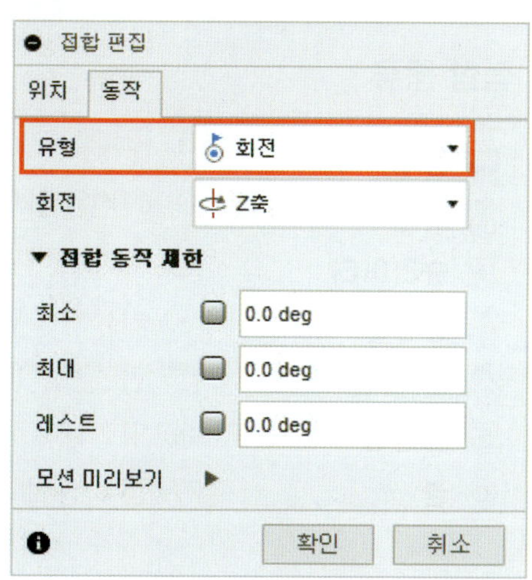

4 현재 위치에서 접합

디자인 〉 조립 〉 현재 위치에서 접합(As-built joints)

현재 위치에서 접합은 이미 배치된 구성요소 간에 접합을 작성하는 방법이다. 결합한 형태로 모델링한 경우 동작이 일어나는 공통의 스냅 점을 찾아서 동작 유형을 선택하면 된다.

1 접합 작성하기

① 고정을 사용하여 조립품을 제자리에 유지하기 위해 구성요소 하나를 고정한다.

② 두 개의 구성요소를 선택한다.

③ 원점 모드를 선택하고 스냅 점을 선택한다.

④ 접합 유형을 선택한다.

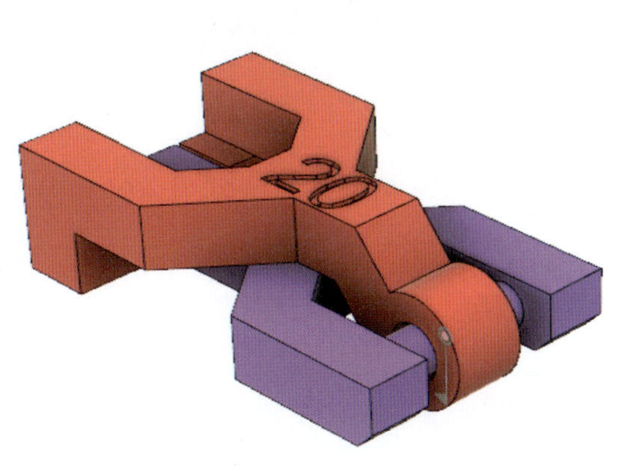

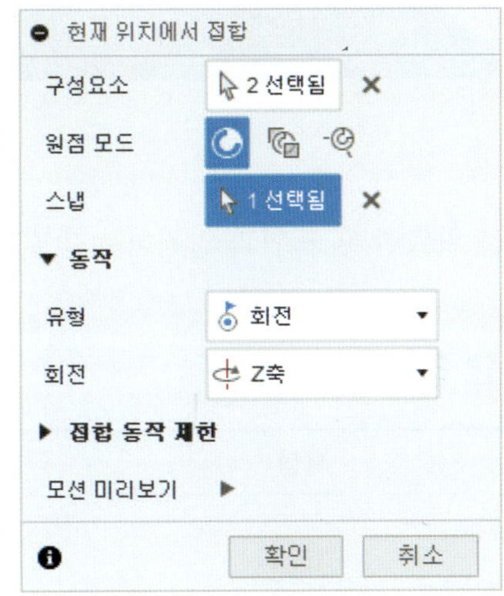

5 회전과 슬라이더

현재 공개 도면에서 가장 많이 사용되는 결합이다.

① 회전 : 기준이 되는 축을 선택하면 두 구성요소가 축을 중심으로 회전한다.

② 슬라이더 : 이동할 단일 축을 선택하면 두 구성요소가 축을 따라 왕복 운동을 한다.

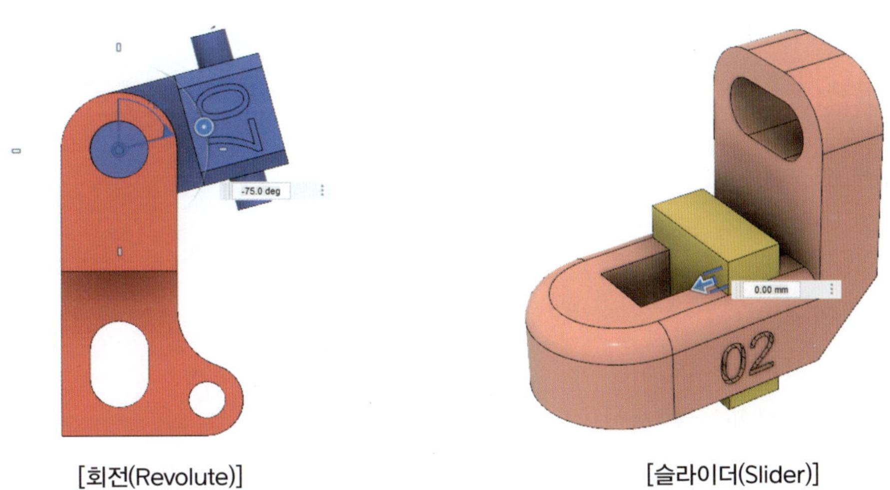

[회전(Revolute)]   [슬라이더(Slider)]

모델링을 완료한 후 도면과 일치하는지 길이를 측정하고, 두 개 이상의 부품이 겹쳐있지 않은지 체크한다.

1 주요 검사 명령

측정	간섭	단면 분석

2 측정

디자인 〉 검사 〉 측정(Measure)

측정 도구를 사용하여 선택한 객체의 또는 선택한 객체 간의 길이, 거리, 면적 및 각도를 측정한다.

1 한 개의 객체 안의 정보

① 모서리의 길이

② 면의 면적

③ 면의 루프 길이

④ 원형 모서리의 지름 또는 반지름

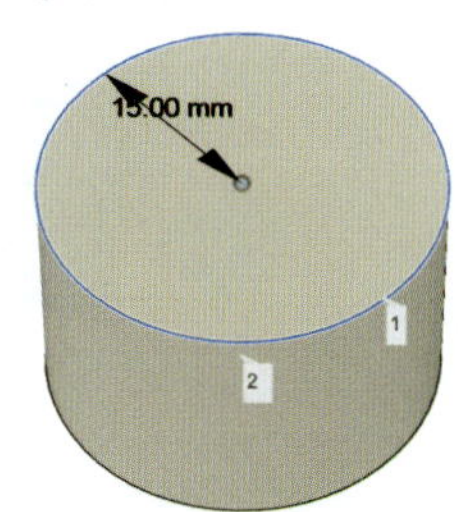

2 두 객체 간의 정보

① 두 평행 면 사이의 거리

② 두 개의 각진 선 또는 면 사이의 각도

③ 원형 객체의 중심점 간 거리와, 지름을 기준으로 한 최소 및 최대 거리

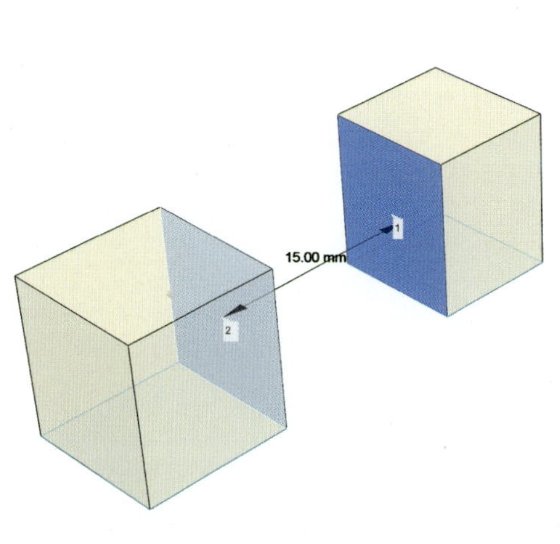

3 간섭

디자인 〉 검사 〉 간섭(Interference)

간섭 및 일치하는 면을 감지한다.

1 간섭 체크 방법

① 간섭 체크할 객체를 선택한다.

② 일치 면 포함 : 일치 면 포함을 선택하여 본체 간의 일치 면을 탐지한다.

③ 계산 아이콘을 클릭한다.

2 간섭 결과 해석

① 간섭이 있는 경우 겹치는 빨간 부분의 체적을 표로 보여준다.

② 두 본체 간의 일치 면이 있으면 연두색으로 나타난다.

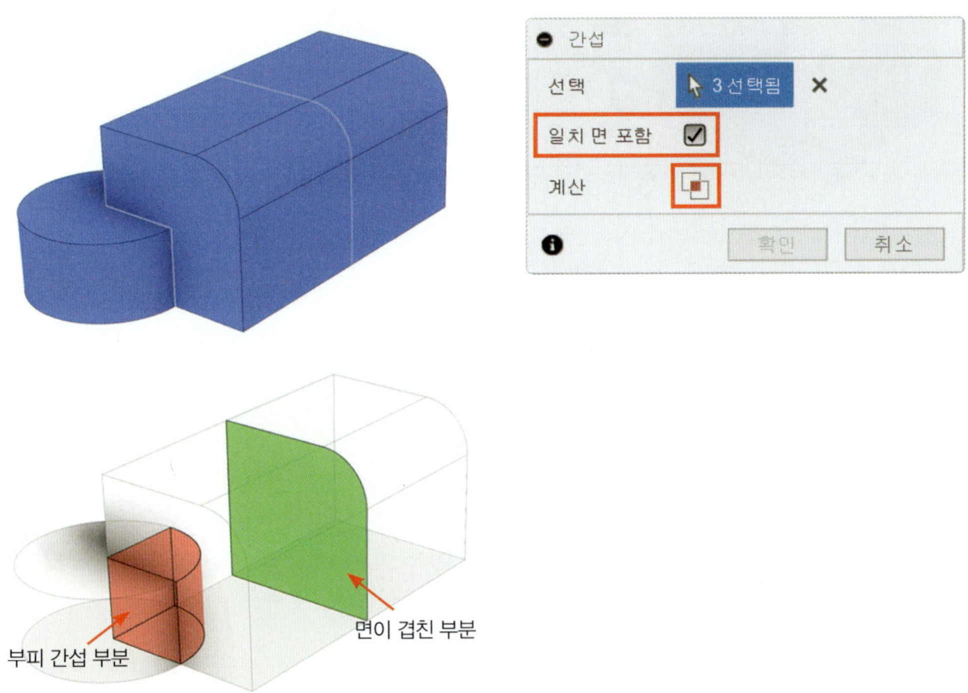

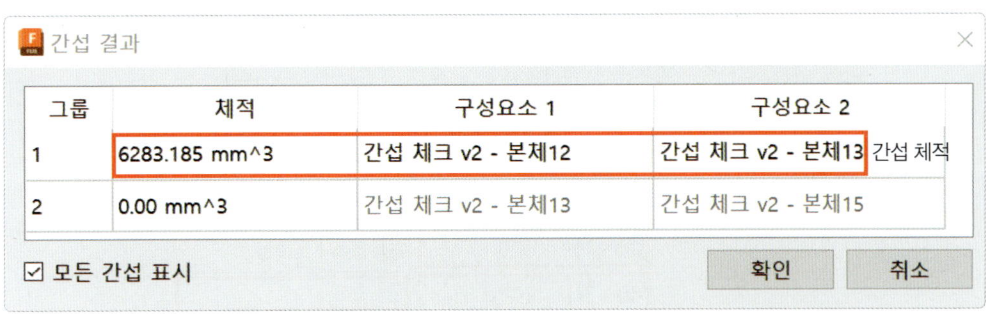

그룹	체적	구성요소 1	구성요소 2
1	6283.185 mm^3	간섭 체크 v2 - 본체12	간섭 체크 v2 - 본체13
2	0.00 mm^3	간섭 체크 v2 - 본체13	간섭 체크 v2 - 본체15

4 단면 분석

디자인 〉 검사 〉 단면 분석(Section Analysis)

디자인의 모든 가시적 객체를 절단하여 퓨전 디자인에서 내부 상세 정보 및 가려진 피쳐를 표시한다.

1 단면 분석 작성

① 단면을 보려면 절단 평면으로 사용할 평면을 선택해야 한다.

② 거리 및 각도 조작기 핸들을 조정하여 절단 평면의 방향을 지정하거나 특정 값을 입력한다.

③ 조작기의 화살표를 움직여서 원하는 부분을 확인한다.

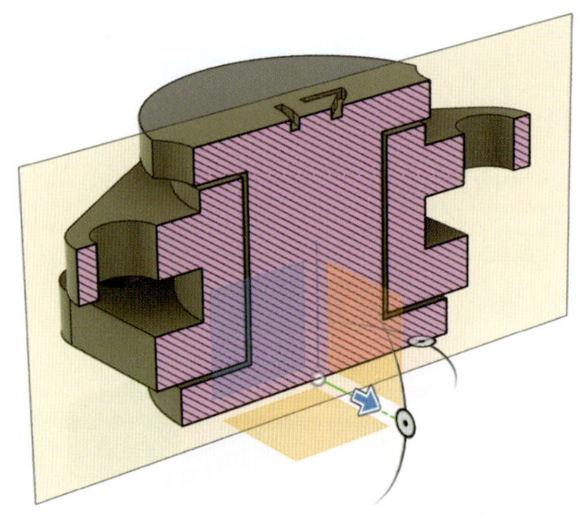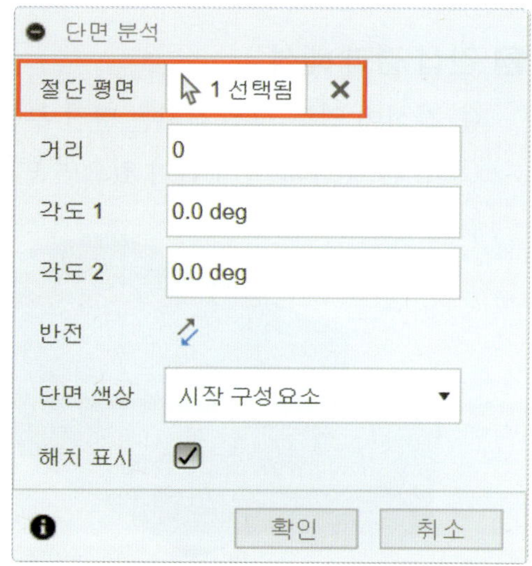

2 브라우저의 분석 폴더

① 브라우저에서 분석 폴더를 확장한다.

② 분석 옆의 눈 모양 👁 가시성 아이콘을 클릭한다. 해당 단면 분석을 숨기거나 나타낼 수 있다.

③ 단면 분석을 편집하려면 브라우저의 단면 분석을 오른쪽 버튼으로 클릭하고 편집을 누른다.

④ 단면 분석 삭제도 분석 폴더에서 실행한다.

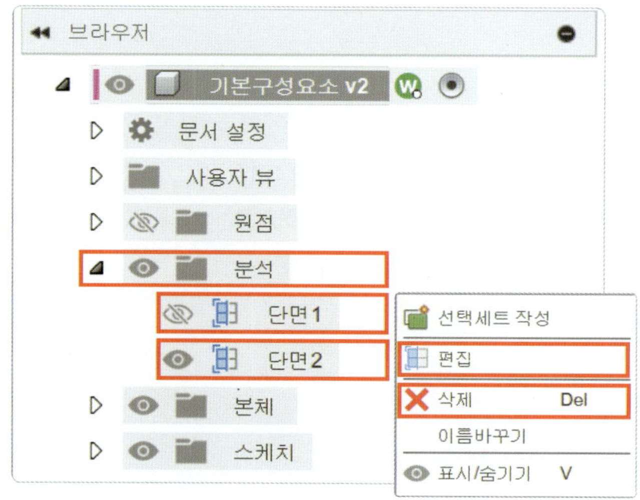

파일 〉 내보내기 명령 이외에 손쉽게 stl 파일로 저장하는 방법이다.

1 메쉬로 저장

디자인 〉 브라우저 〉 기본구성요소 마우스 오른쪽 메뉴 〉 메쉬로 저장

stl로 내보내기 저장을 하거나 연결된 3D프린터로 바로 전송한다.

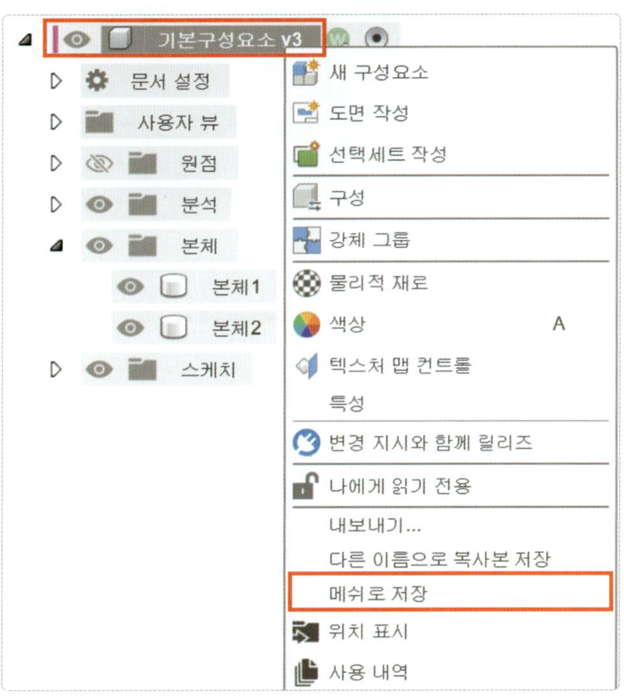

※ 개별 본체를 각각 stl로 내보낼 수 있다. 본체를 마우스 오른쪽 클릭 메뉴에서 메쉬로 저장을 선택한다.

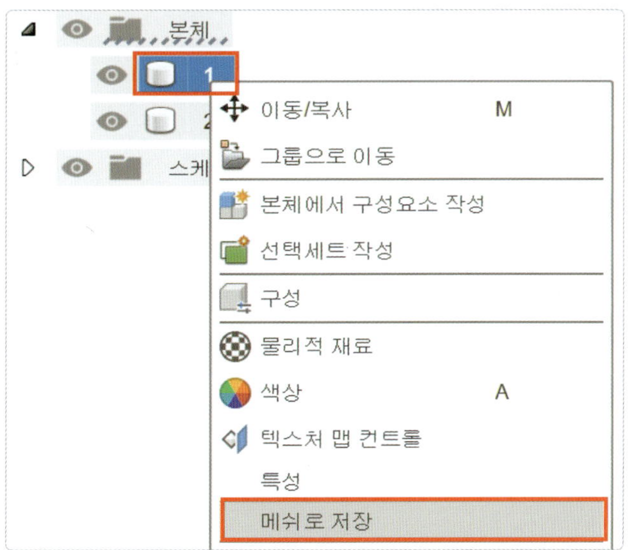

2 **대화 상자 설정**

디자인 〉 브라우저 〉 기본구성요소 마우스 오른쪽 메뉴 〉 메쉬로 저장

① 준비 유형 : 내보내기

② 형식 : STL(이진)

③ 단위 유형 : 밀리미터

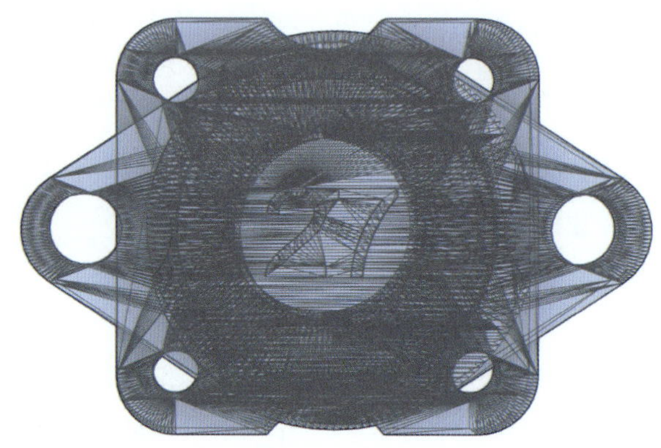

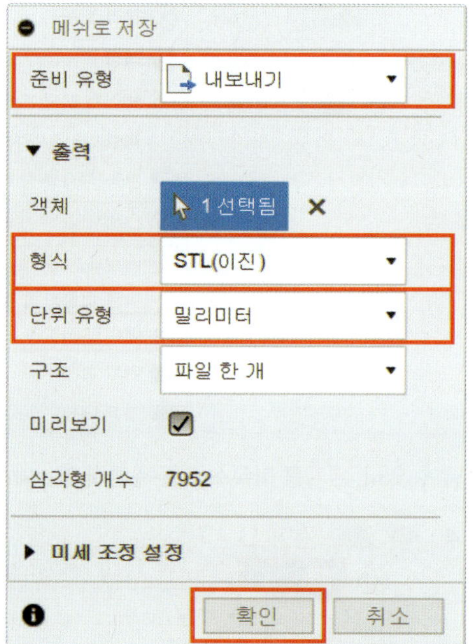

공개 도면 27

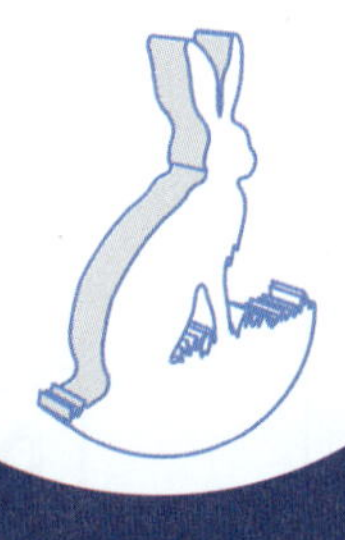

공개 도면 1번

주서
1. 도시되고 지시없는 라운드는 R3

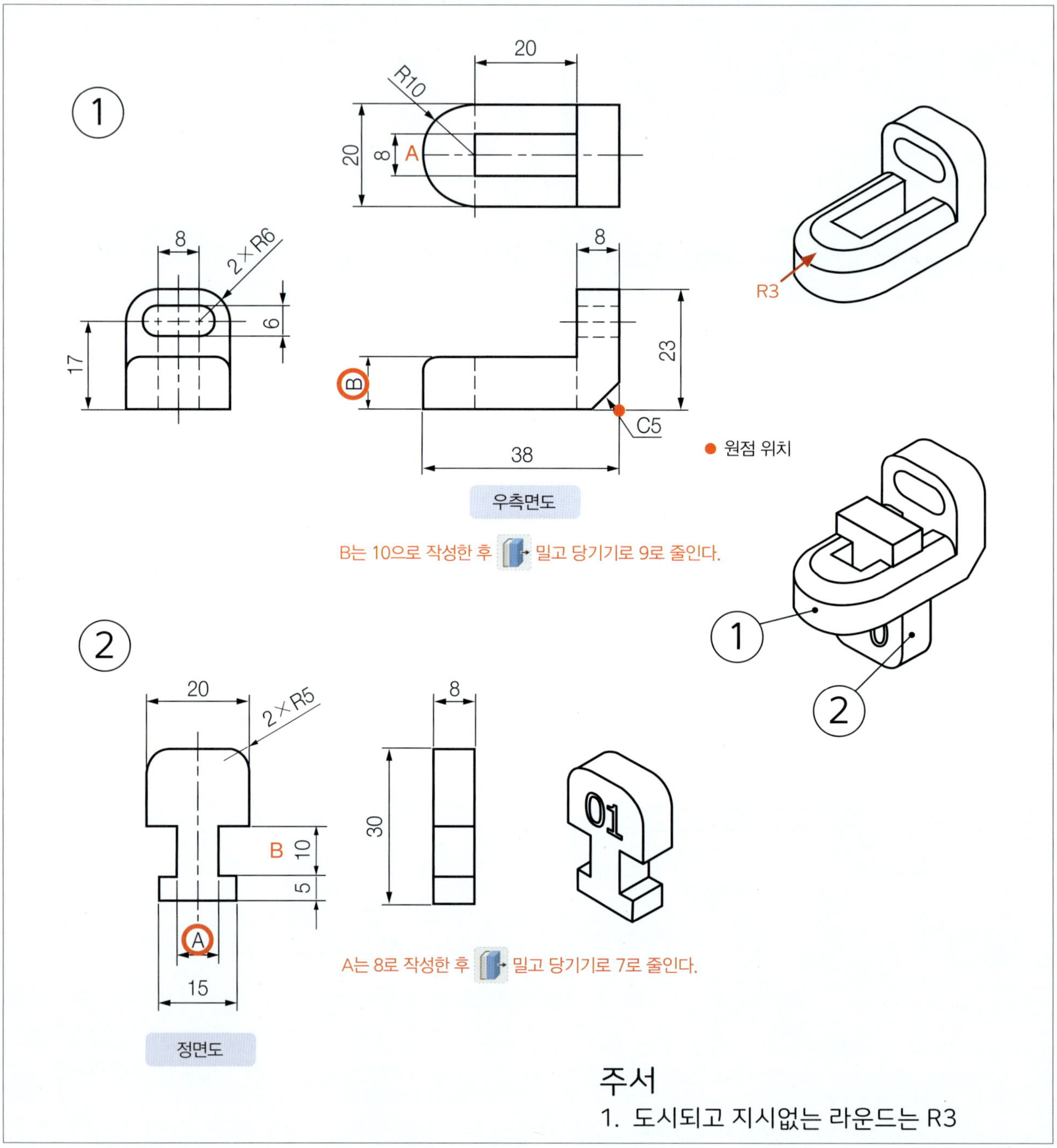

1 A, B에 공차 적용된 치수

① A는 1번 부품의 치수 8을 참조하여 작성 후 밀고 당기기로 7로 줄인다.

② B는 2번 부품의 치수 10을 참조하여 작성 후 밀고 당기기로 9로 줄인다.

2 도면 분석

① 1번 부품의 우측면도에서 스케치를 시작한다.

② 주서의 R3은 1번 부품에 적용된다.

③ 2번 부품은 조립상태를 고려하여 거꾸로 그린다.

④ 두 부품은 슬라이드 결합을 한다.

⑤ 3D프린터 출력방향에 주의한다.

3 1번 부품 3D모델링

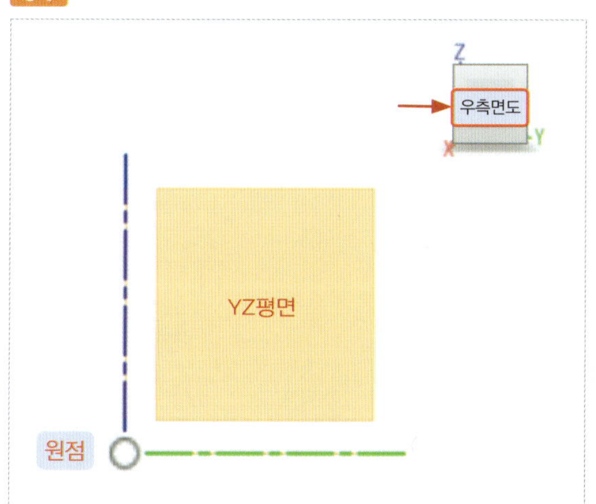

뷰 큐브의 우측면도라는 글자를 클릭하여 시점을 맞춘다.

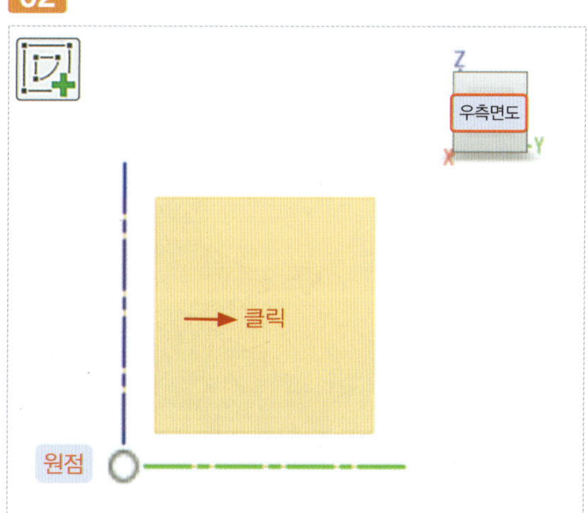

스케치 작성 명령을 클릭하고 원점 근처를 클릭한다.

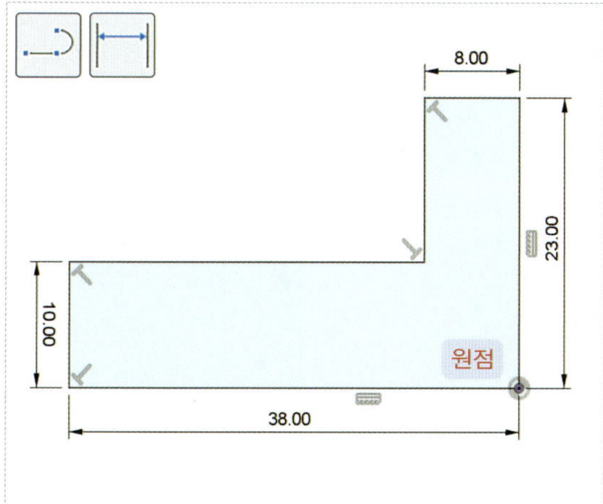

선 명령과 스케치 치수 명령으로 다음과 같이 원점에서부터 작성한다.

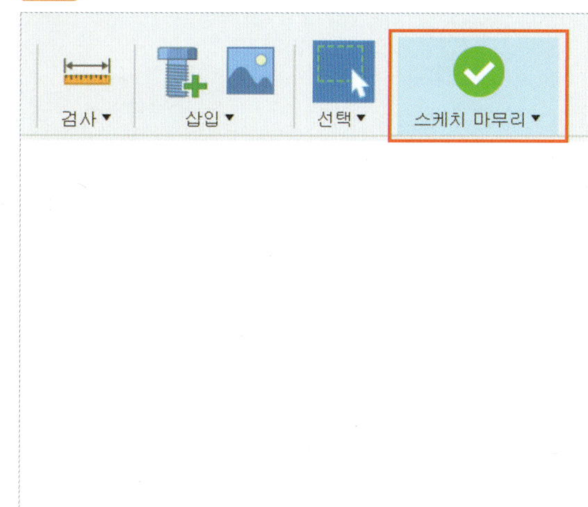

스케치 마무리를 한다.

05

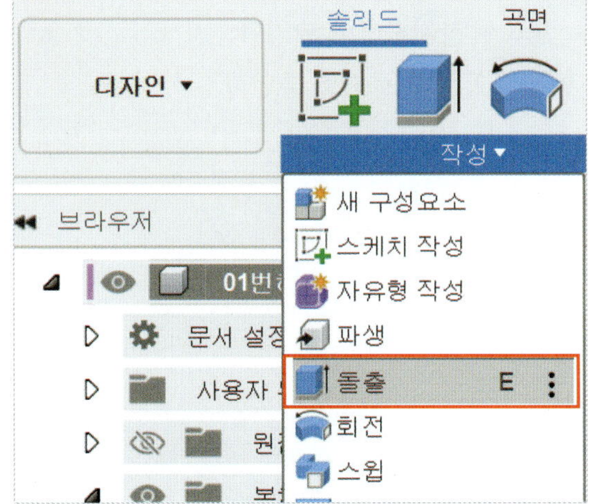

솔리드 〉 작성 〉 돌출 명령을 클릭한다.

06

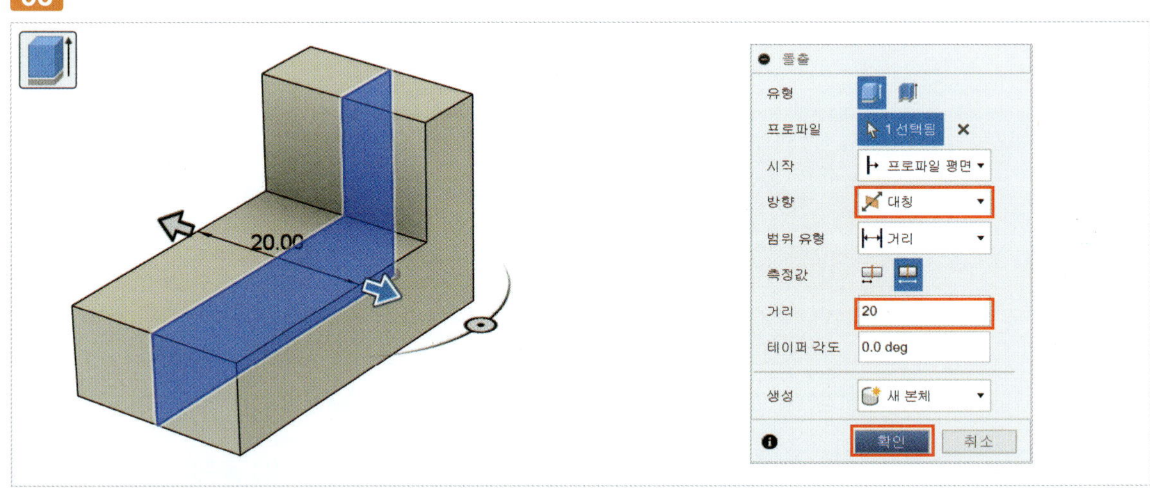

옵션 창의 내용을 다음과 같이 설정한다.

07

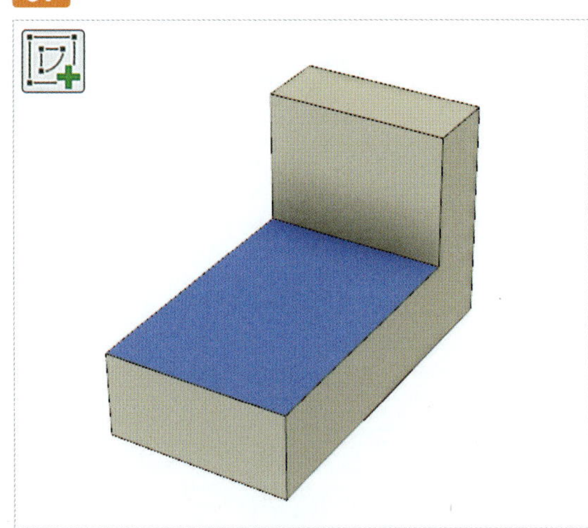

다음의 면을 선택하고 스케치 작성을 클릭한다.

08

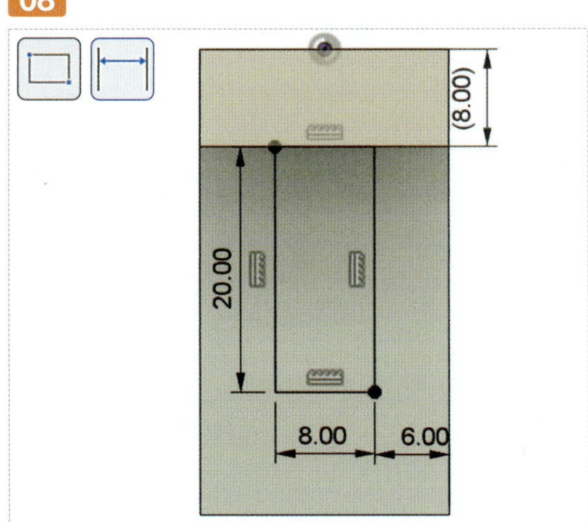

다음과 같이 2점 직사각형을 그리고 치수를 입력한다.

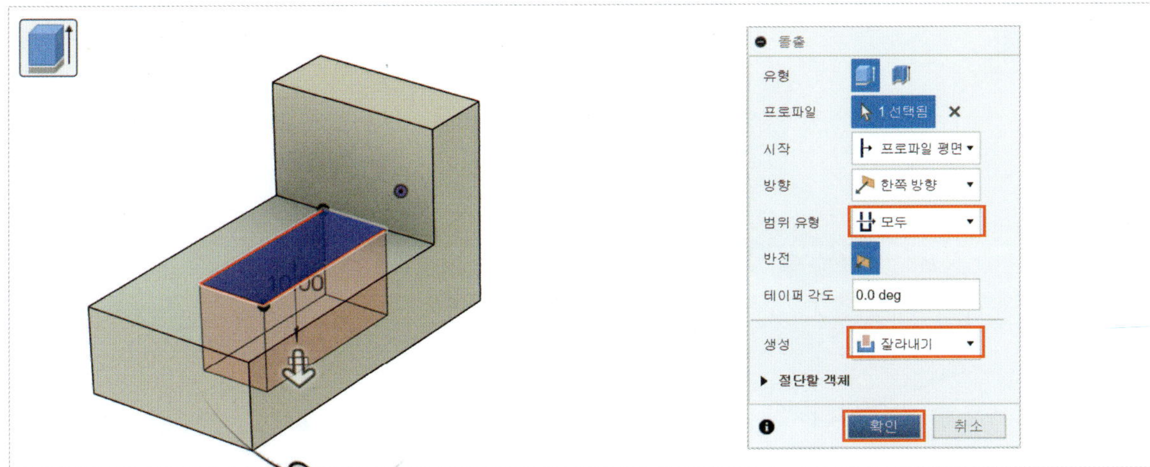

스케치 마무리를 하고 다음과 같이 돌출하여 뚫어준다.

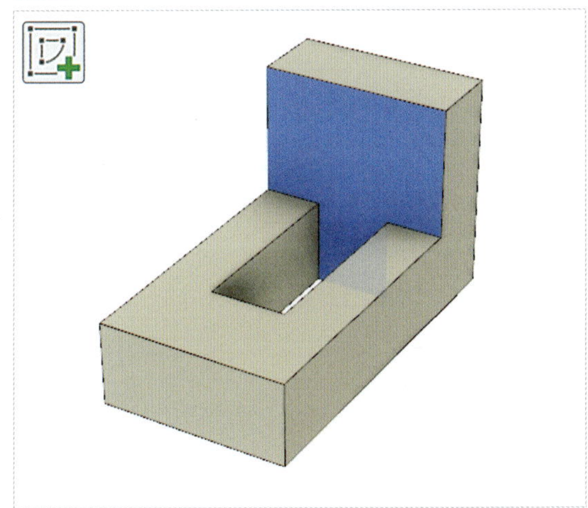

다음의 면을 선택하고 스케치 작성을 클릭한다.

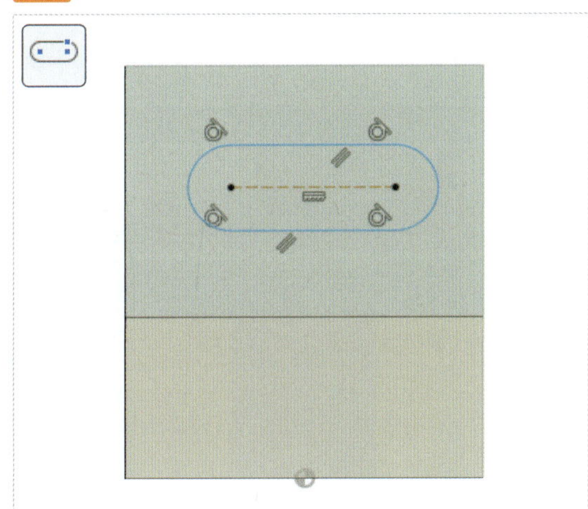

중심 대 중심 슬롯을 대강 그린다.

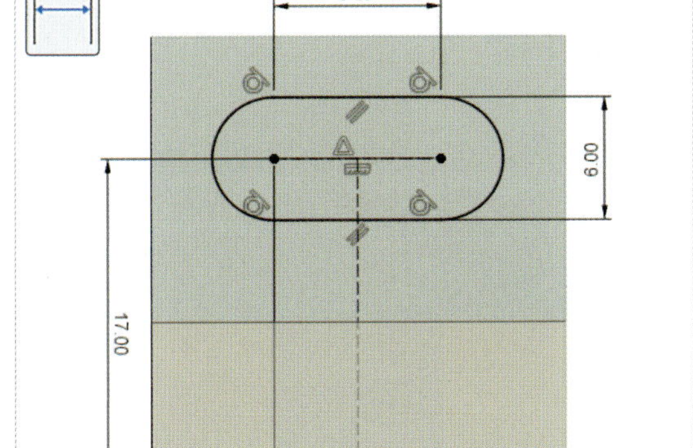

치수 명령으로 다음과 같이 작성한다.

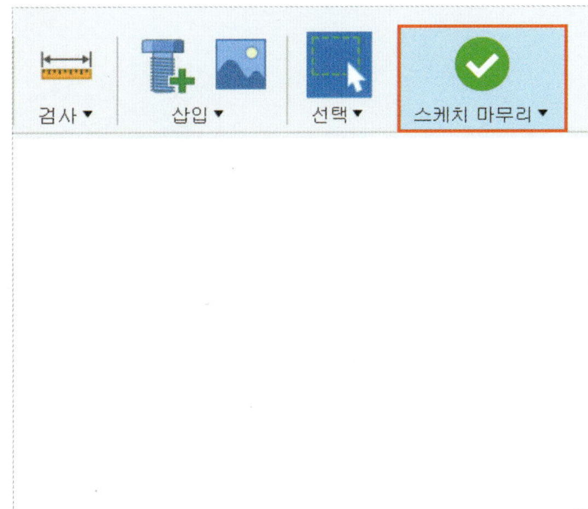

스케치 마무리를 한다.

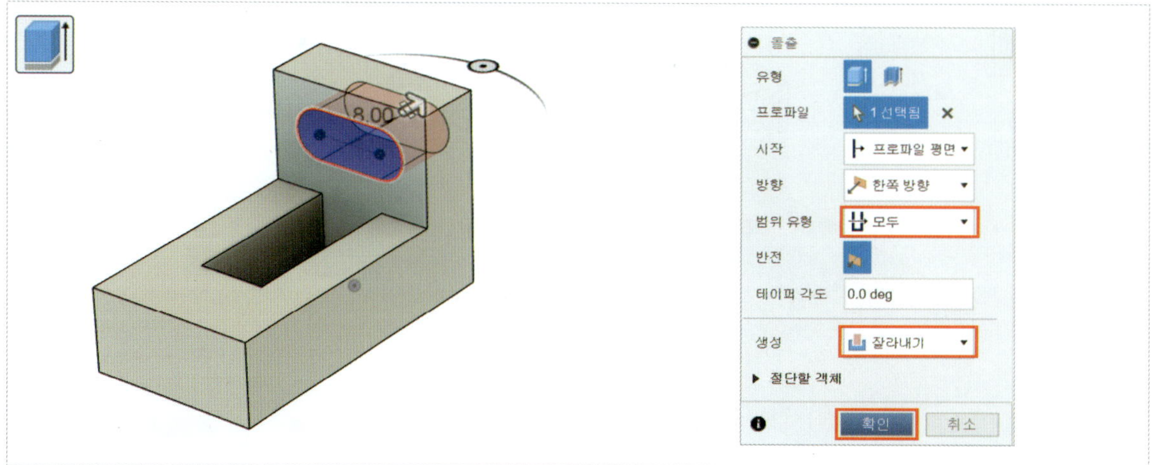

솔리드 〉 작성 〉 돌출 명령을 클릭한다.

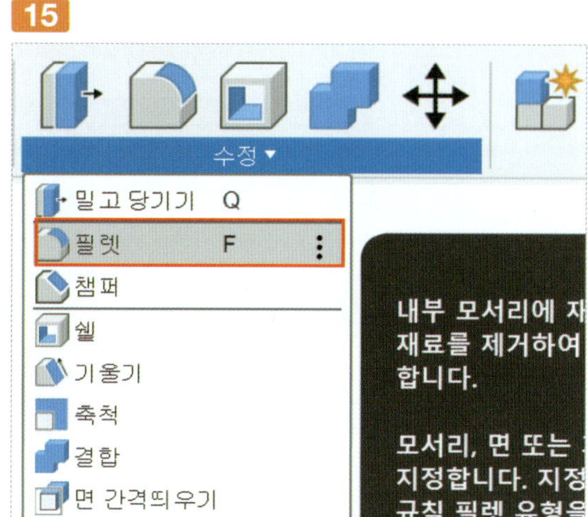

솔리드 〉 수정 〉 필렛 명령을 클릭한다.

두 모서리에 필렛(모깎기)을 적용한다.

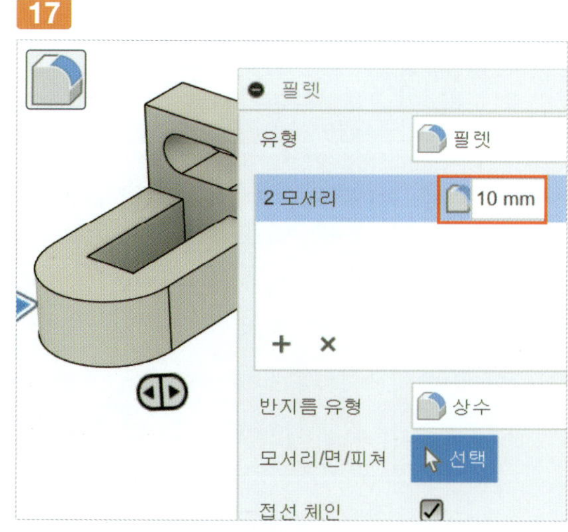

10mm를 입력하고 확인을 누른다.

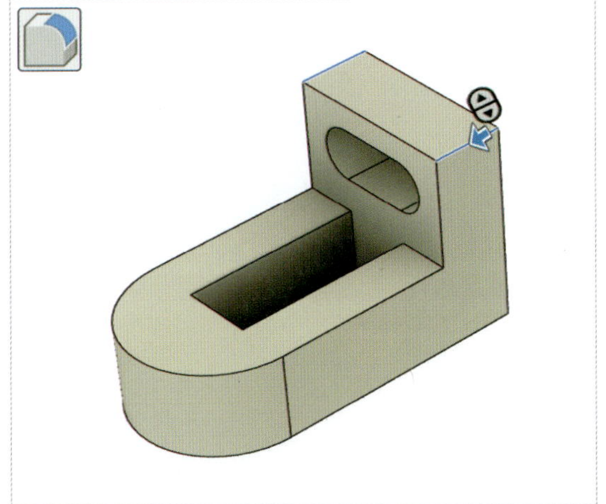

18

두 모서리에 필렛을 적용한다.

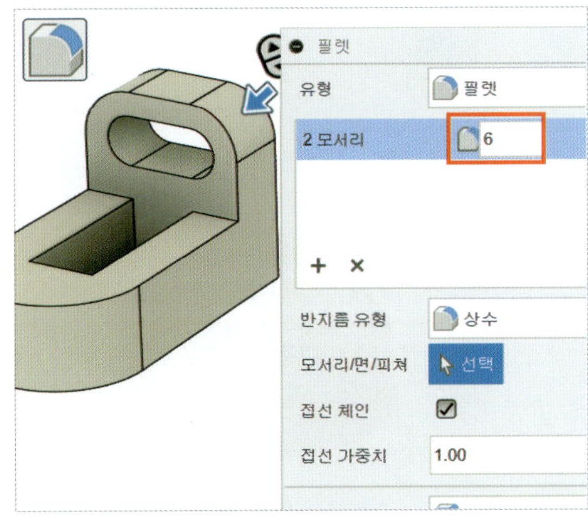

6mm를 입력하고 확인을 누른다.

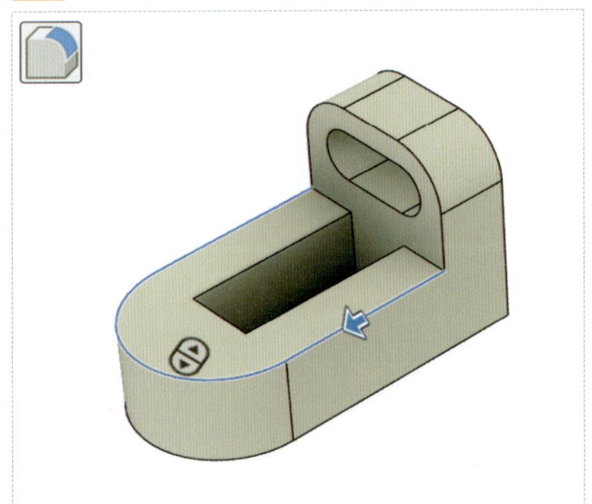

모서리에 주서의 필렛 R3을 적용한다.

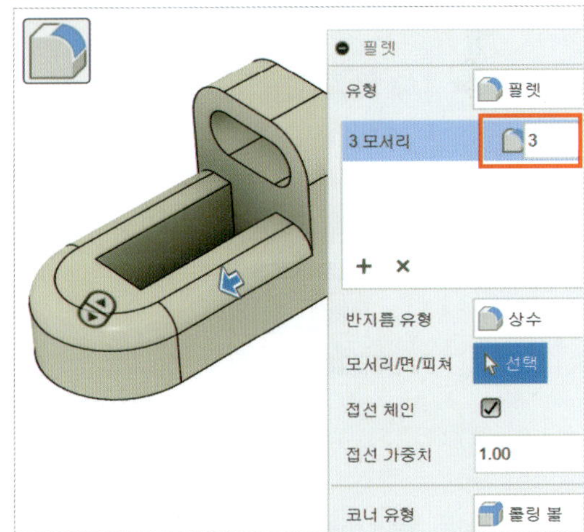

21

3mm를 입력하고 확인을 누른다.

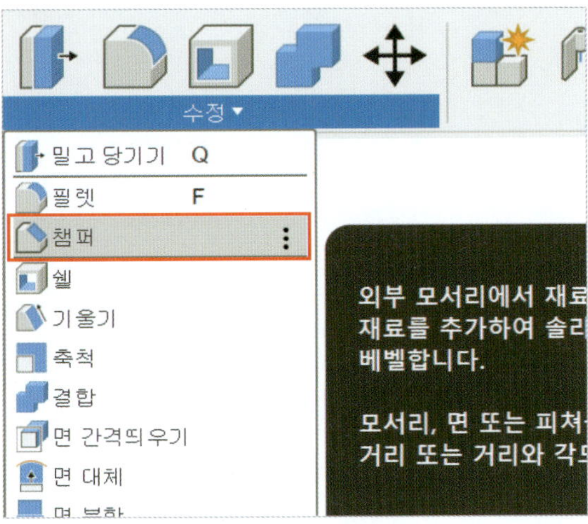

솔리드 〉 수정 〉 챔퍼 명령을 클릭한다.

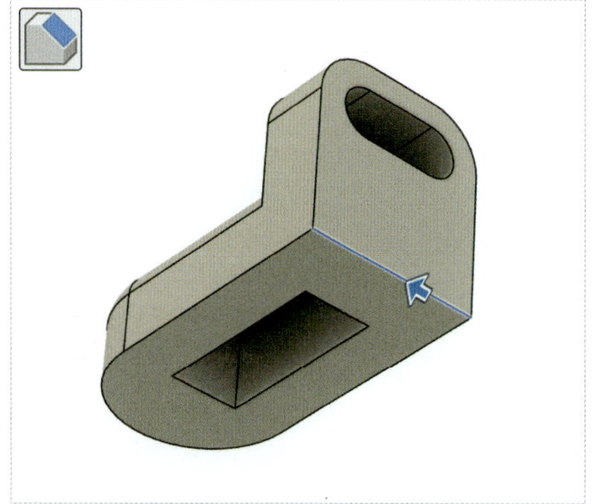

모서리에 챔퍼(모따기)를 적용한다.

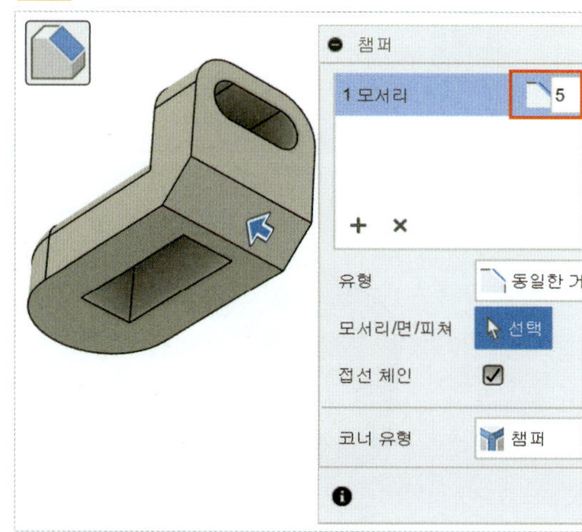

5mm를 입력하고 확인을 누른다.

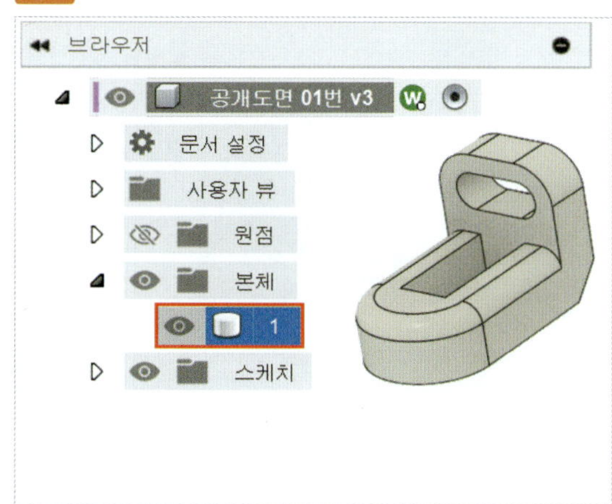

완성된 본체 이름을 1로 바꾼다.

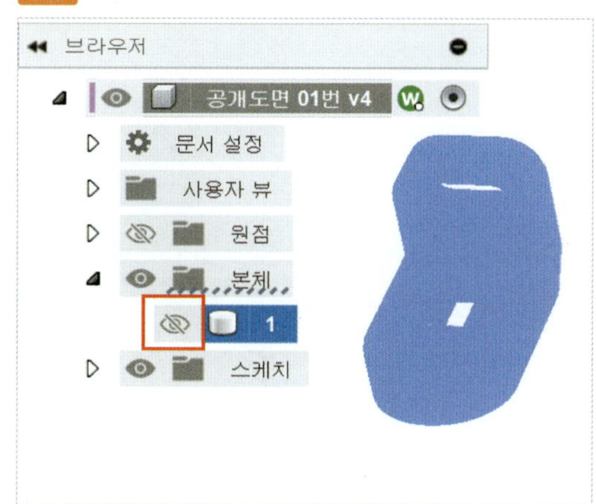

눈 아이콘(가시성)을 눌러 1번 부품을 잠시 숨긴다.

4 2번 부품 3D모델링

01

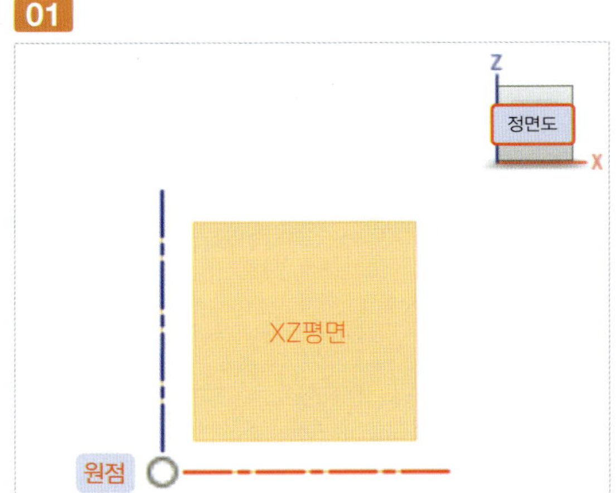

뷰 큐브의 정면도라는 글자를 클릭하여 시점을 맞춘
다.

02

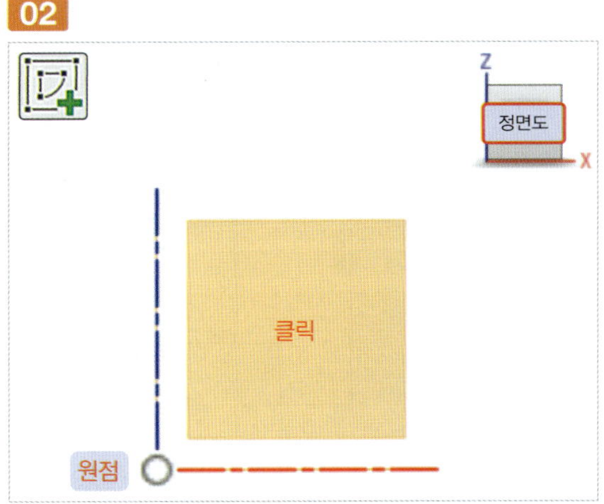

스케치 작성 명령을 클릭하고 원점 근처를 클릭한다.

03

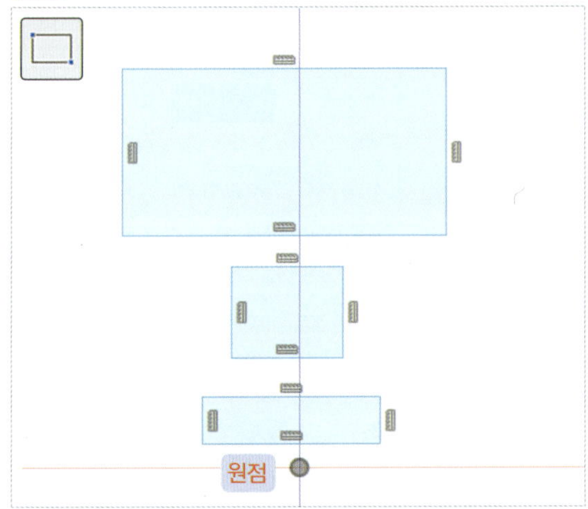

2점 직사각형을 세 개 그린다.

04

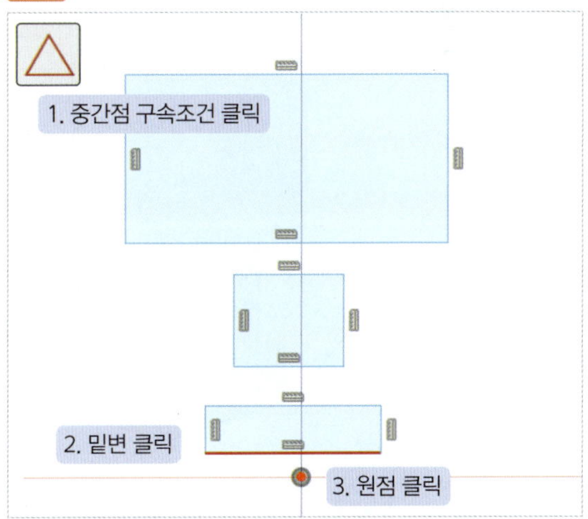

중간점 구속조건을 사각형의 아랫변과 원점을 차례
대로 클릭하여 적용한다.

05

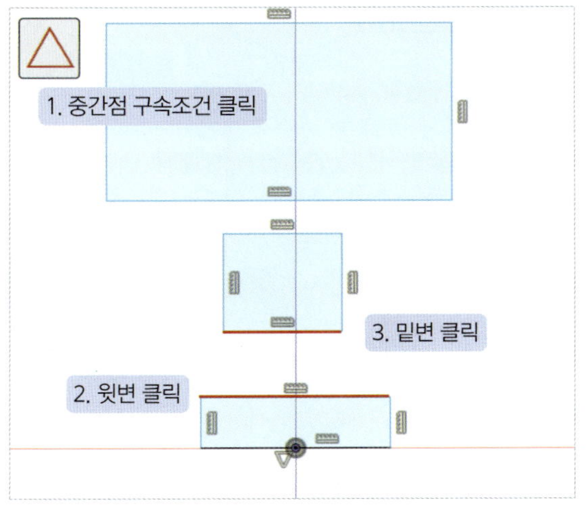

중간점 구속조건을 두 직사각형에 적용한다.

06

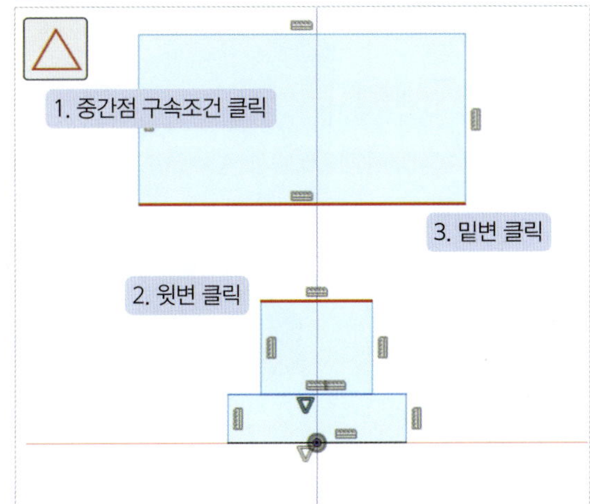

중간점 구속조건을 두 직사각형에 적용한다.

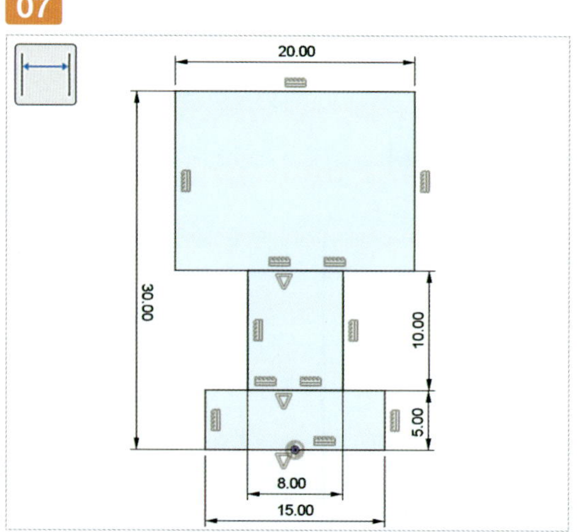

다음과 같이 치수를 입력한다.

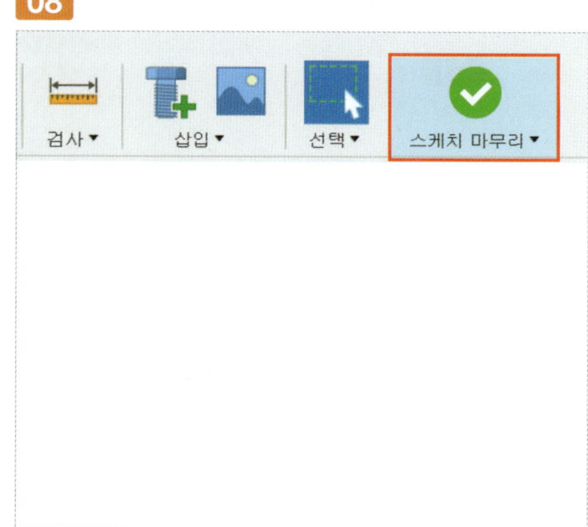

스케치 마무리를 한다.

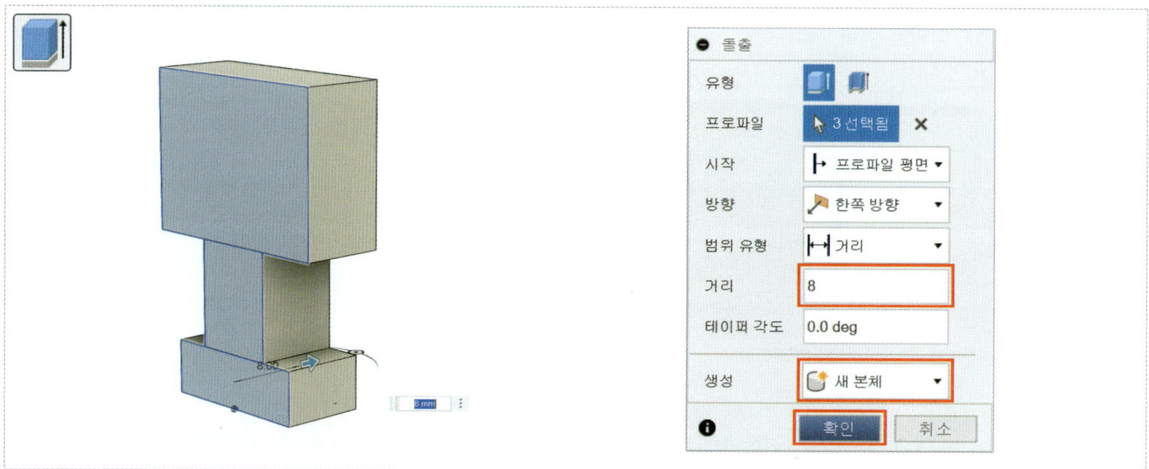

솔리드 〉작성 〉돌출 명령을 클릭한다.

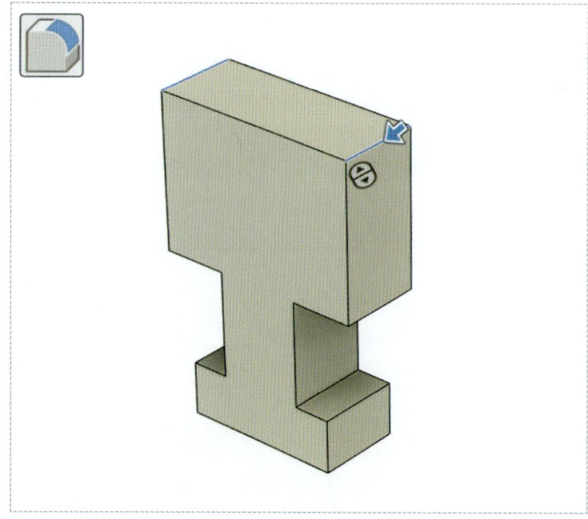

두 모서리에 필렛을 적용한다.

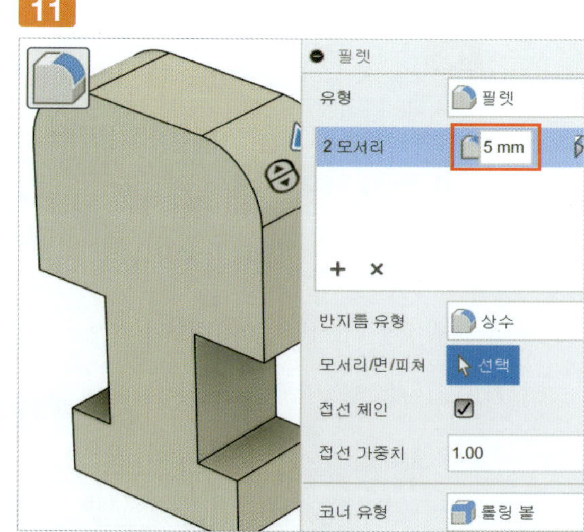

5mm를 입력하고 확인을 누른다.

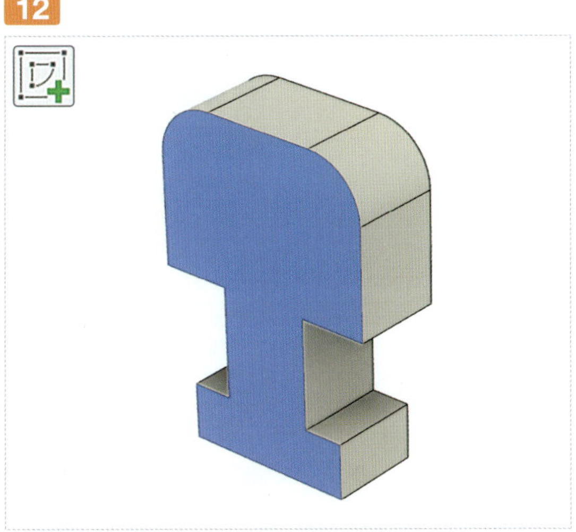

12

다음의 면을 선택하고 스케치 작성을 클릭한다.

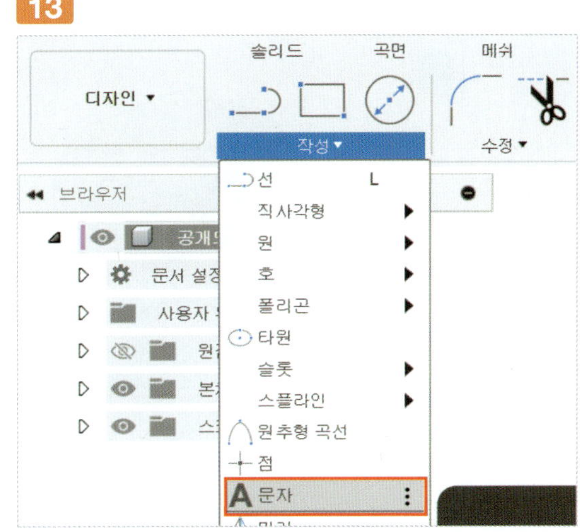

13

스케치 〉 작성 〉 문자 명령을 클릭한다.

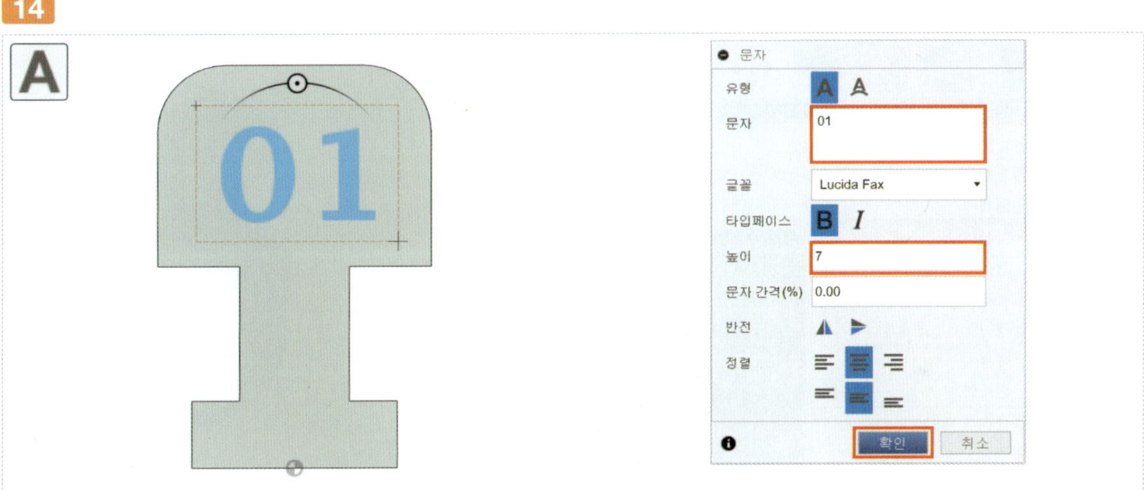

14

비번호를 입력하고 문자창의 옵션을 다음과 같이 설정한다.

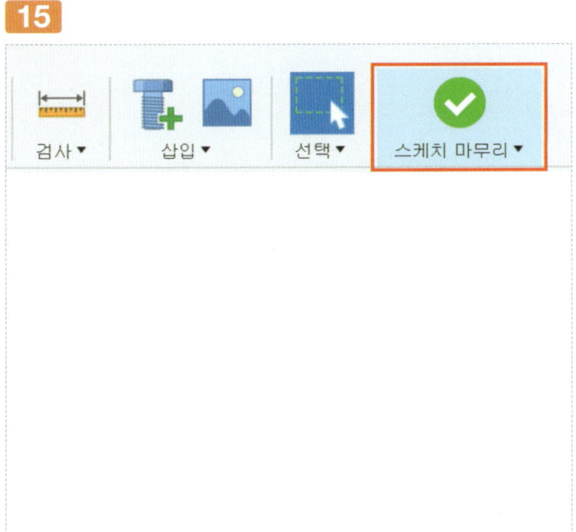

15

스케치 마무리를 한다.

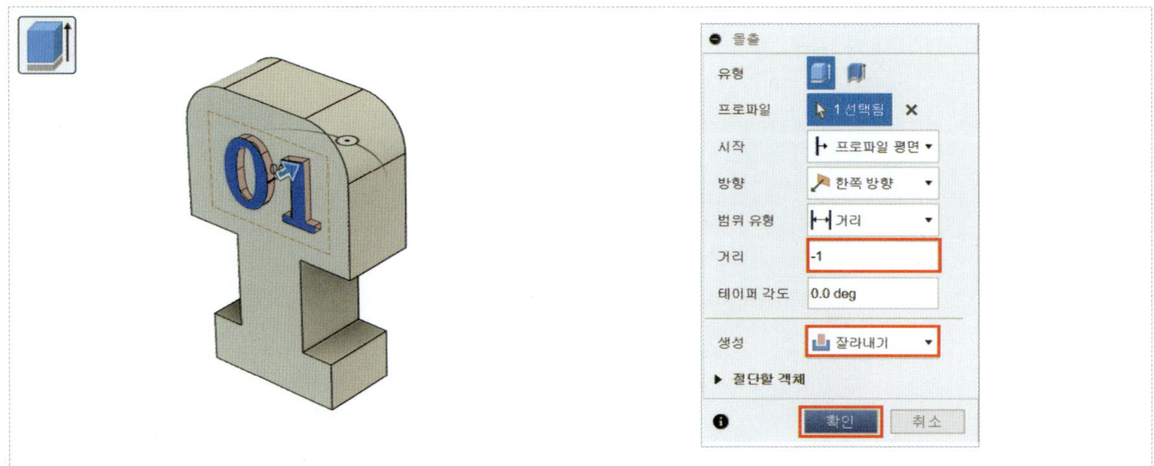

솔리드 〉작성 〉돌출 명령을 클릭한다.

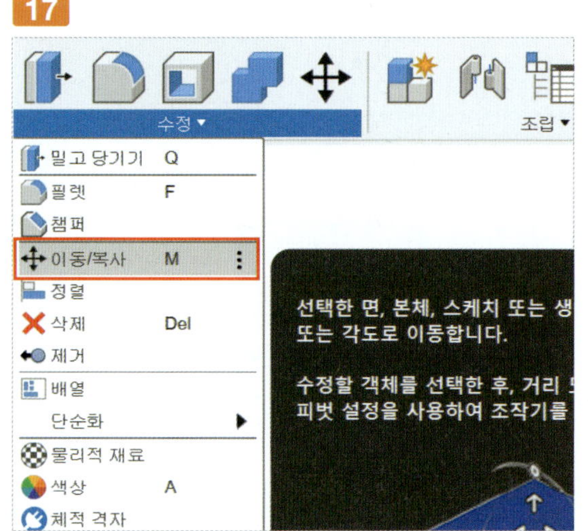

솔리드 〉수정 〉이동/복사 명령을 클릭한다.

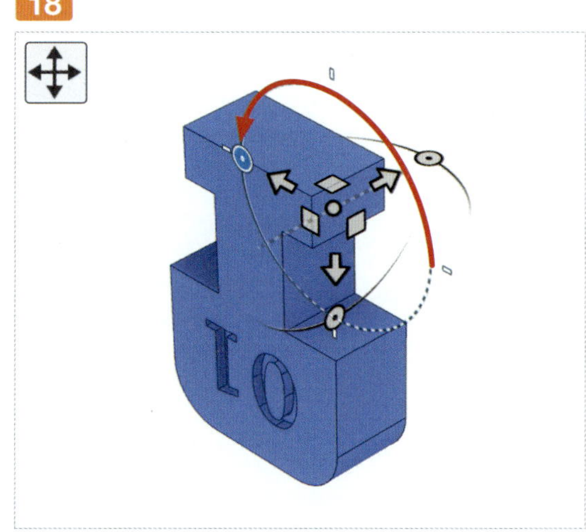

180° 회전한다.

01

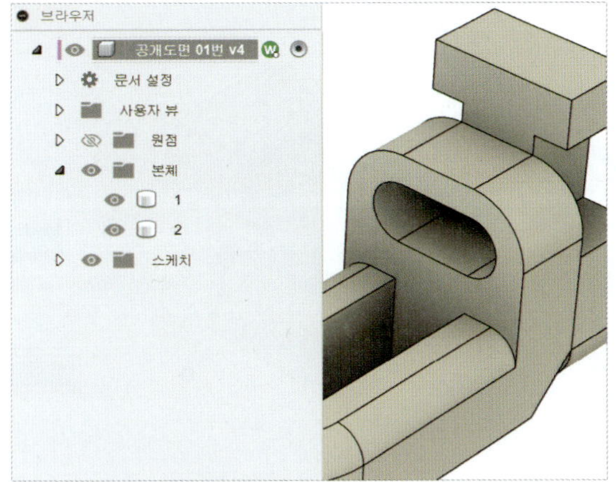

1번 부품의 가시성을 켠다.

02

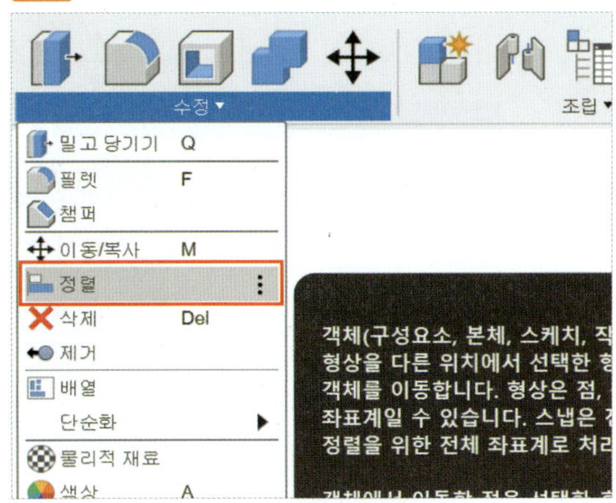

솔리드 〉 수정 〉 정렬 명령을 클릭한다.

03

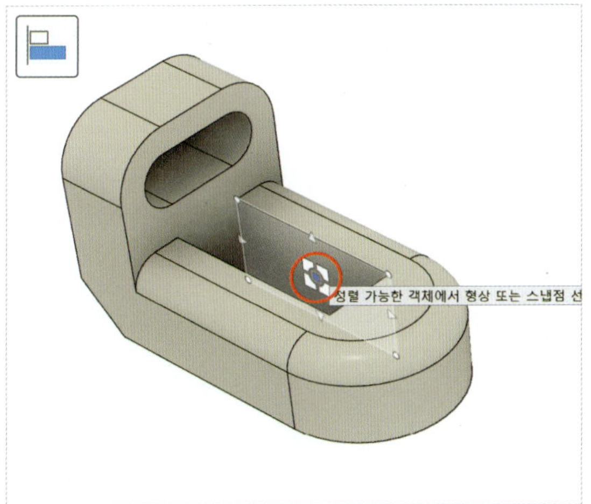

1번 부품의 안쪽 옆면의 중심을 클릭한다.

04

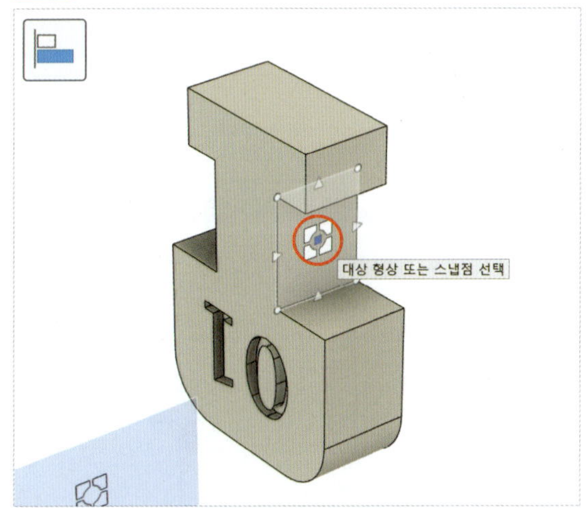

2번 부품의 옆면의 중심을 클릭한다.

05

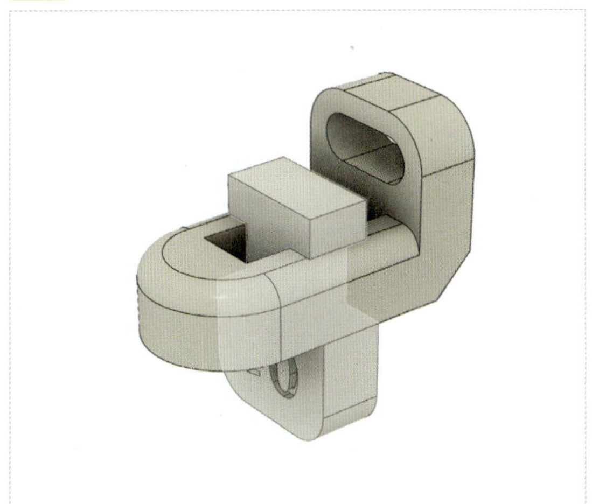

조립 상태를 확인한다.

01

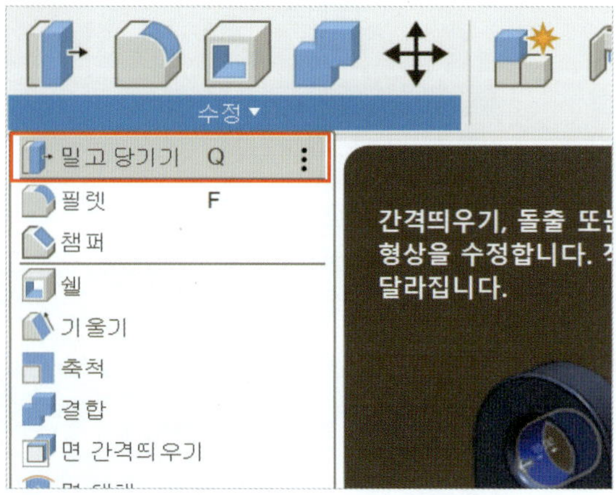

솔리드 〉 수정 〉 밀고 당기기 명령을 클릭한다.

02

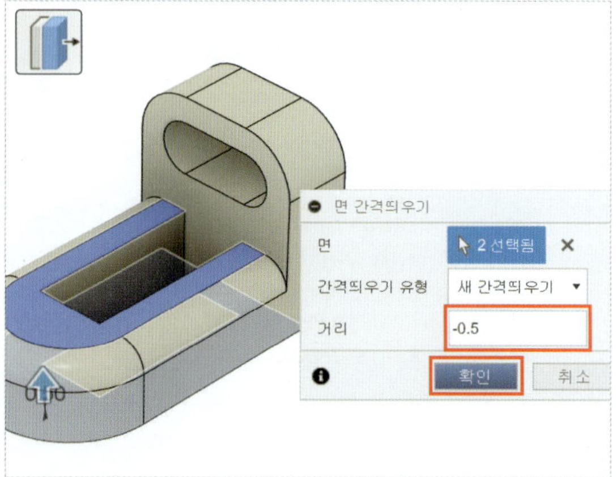

1번 부품의 위아래, 두 면을 선택하여 −0.5mm를 입력한다.

03

2번 부품의 두 면을 선택하여 −0.5mm를 입력한다.

04

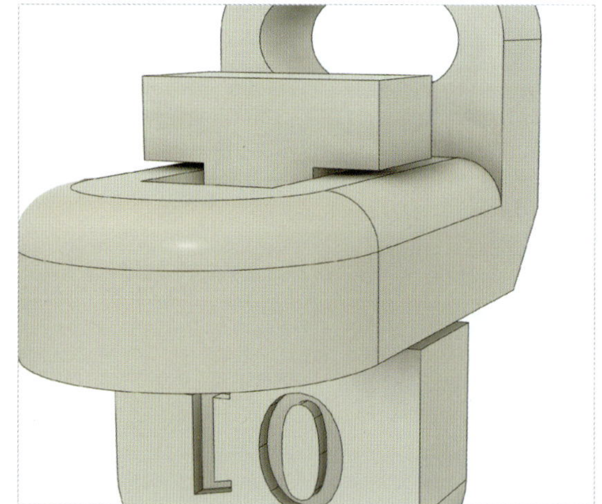

공차가 적용된 모습

05

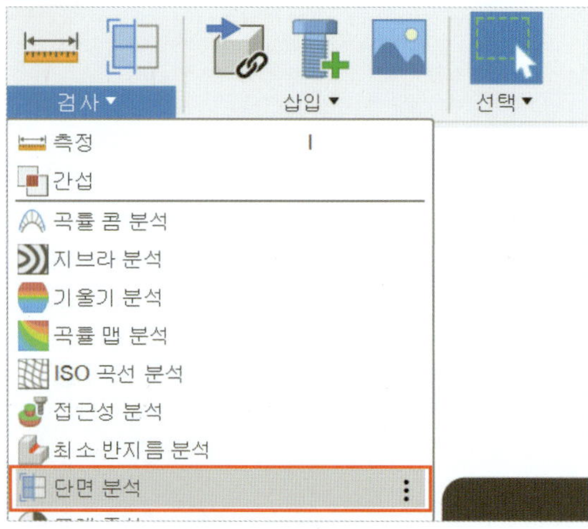

솔리드 〉 검사 〉 단면 분석을 클릭한다.

06

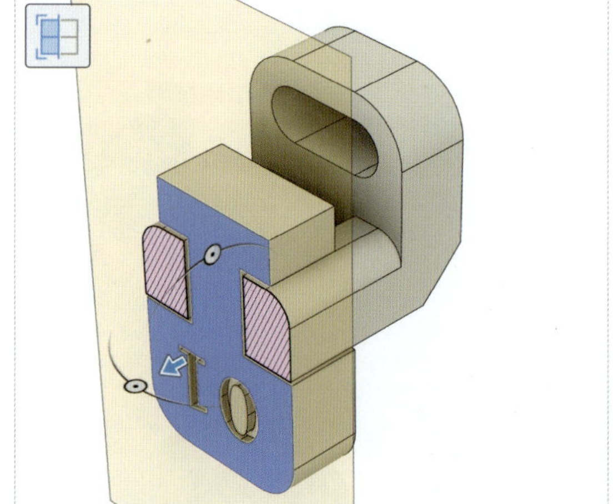

해당 면을 클릭한다.

 07

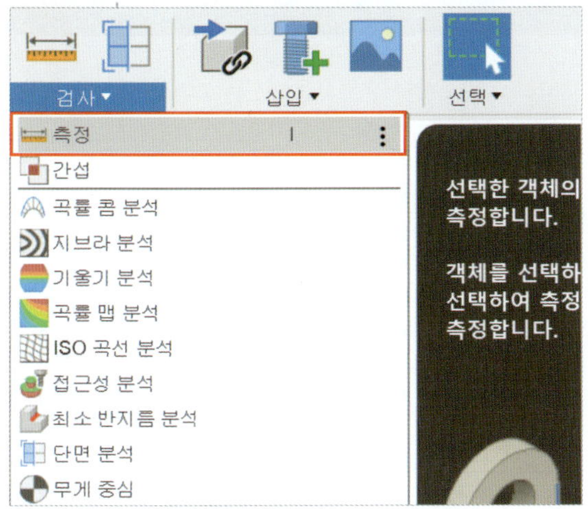

솔리드 〉 검사 〉 측정을 클릭한다.

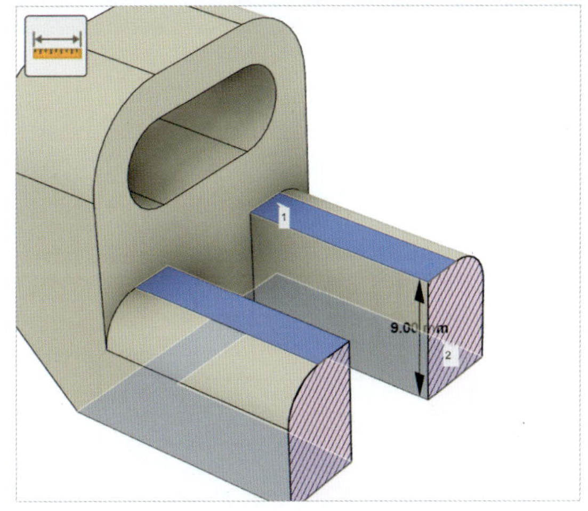

B의 길이(두 면 사이 거리)를 측정한다.

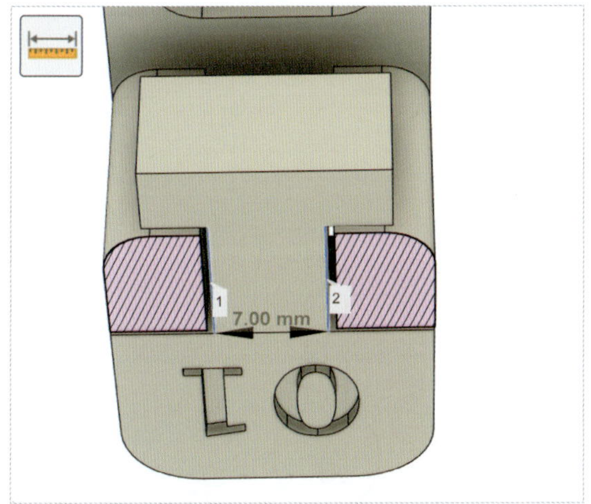

A의 길이를 측정한다.

모델링을 완료하고 비번호로 저장한다.

우측면도

● 원점 위치

A는 6으로 작성한 후 밀고 당기기로 5로 줄인다.

B는 6으로 작성한 후 밀고 당기기로 7로 늘린다.

우측면도

● 원점 위치

주서
1. 도시되고 지시없는 모떼기는 C5, 라운드는 R3

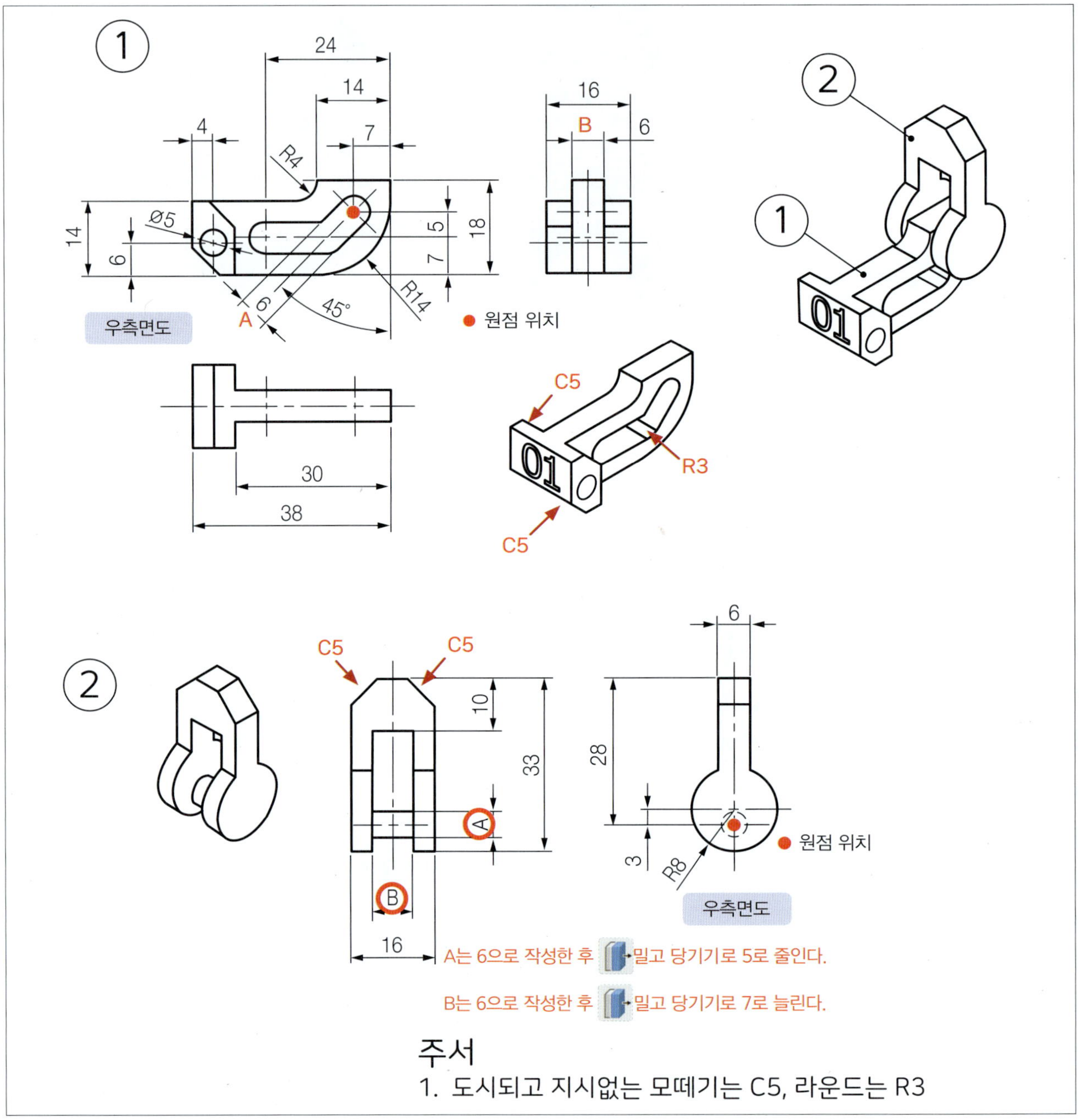

1 A, B에 공차 적용된 치수

① A는 1번 부품의 치수 6을 참조하여 작성 후 밀고 당기기로 5로 줄인다.

② B는 1번 부품의 치수 6을 참조하여 작성 후 밀고 당기기로 7로 늘린다.

2 도면 분석

① 1번, 2번 부품의 우측면도에서 스케치를 시작한다.

② 주서의 C5와 R3은 1번 부품에 적용된다.

③ 두 부품은 원점 기준으로 모델링하여 별도의 조립을 하지 않는다.

01

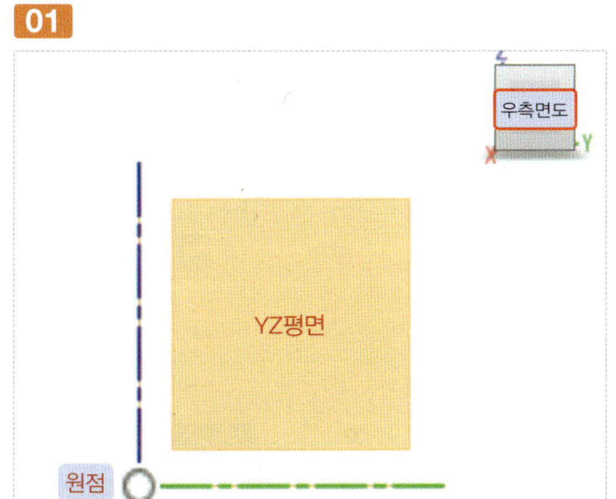

뷰 큐브의 우측면도라는 글자를 클릭하여 시점을 맞춘다.

02

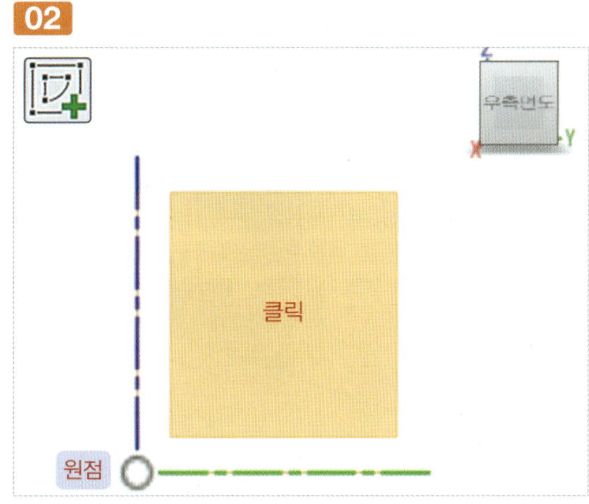

스케치 작성 명령을 클릭하고 원점 근처를 클릭한다.

03

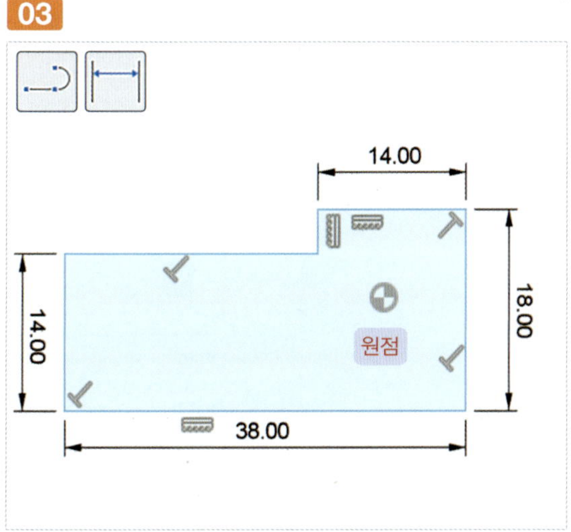

선 명령과 스케치 치수 명령으로 다음과 같이 작성한다.

04

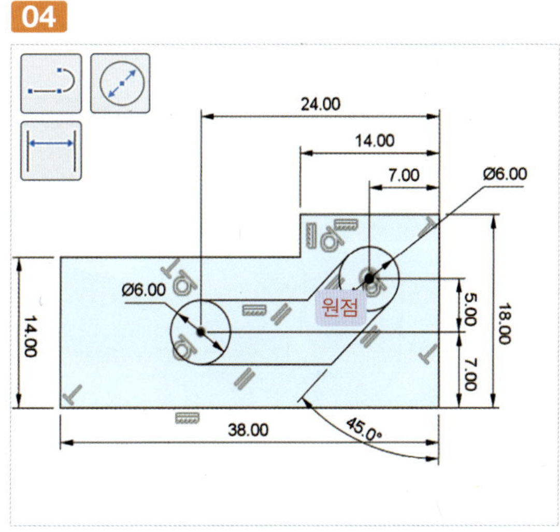

안쪽의 도형을 원점을 기준으로 그린다.

05

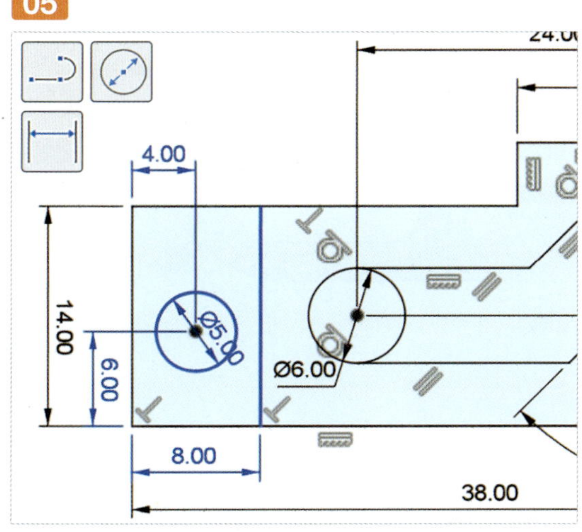

왼쪽의 스케치를 추가한다.

06

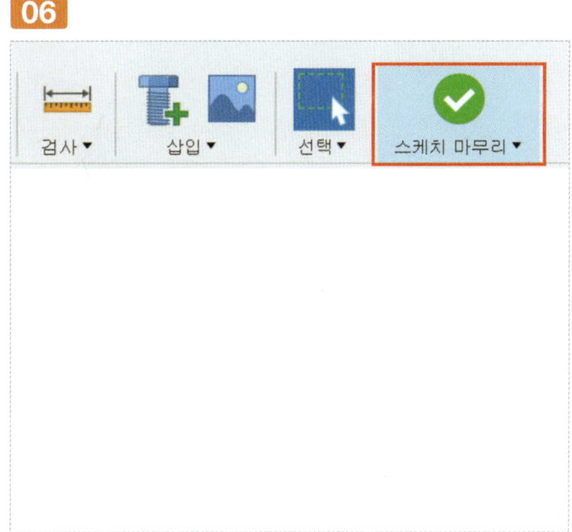

스케치 마무리를 한다.

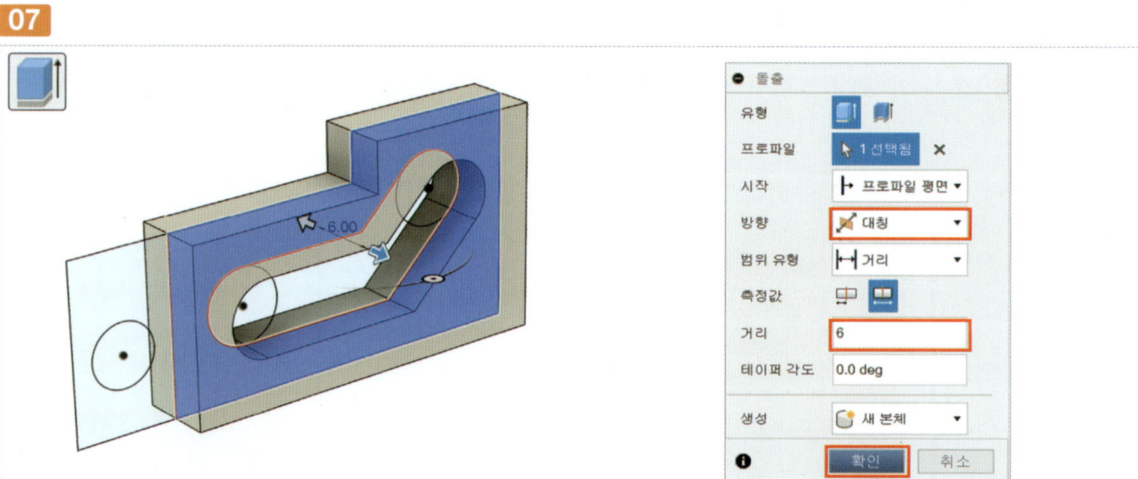

스케치에 대칭 돌출을 적용한다.

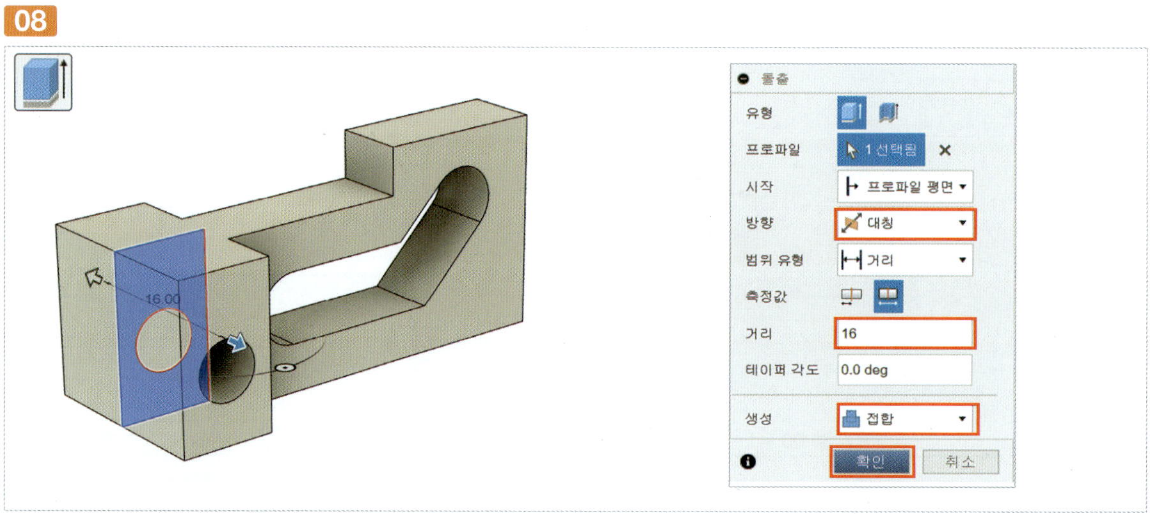

앞쪽에 대칭 돌출을 적용한다.

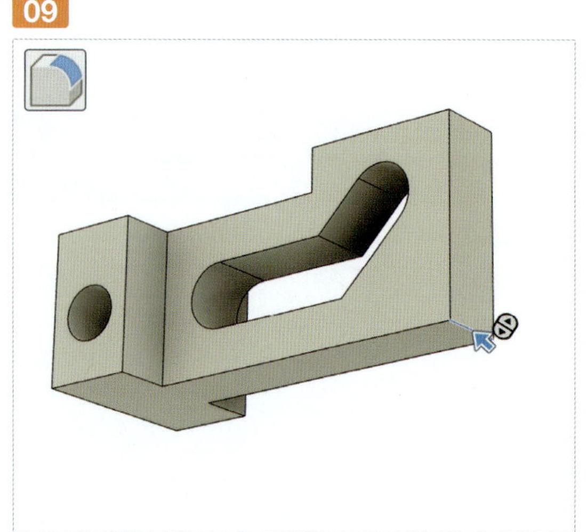

모서리에 필렛(모깎기)을 적용한다.

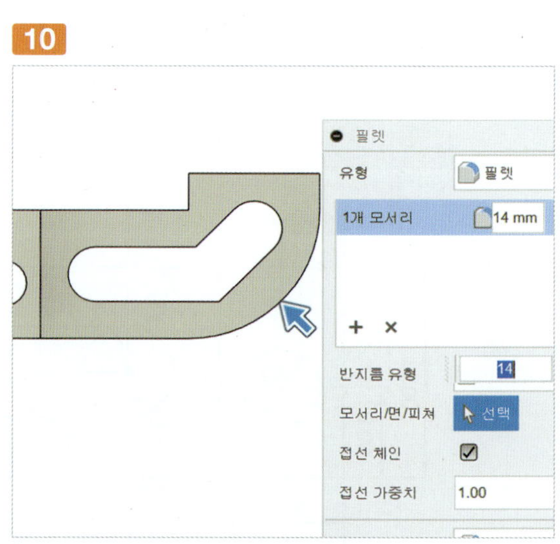

14mm를 입력하고 확인을 누른다.

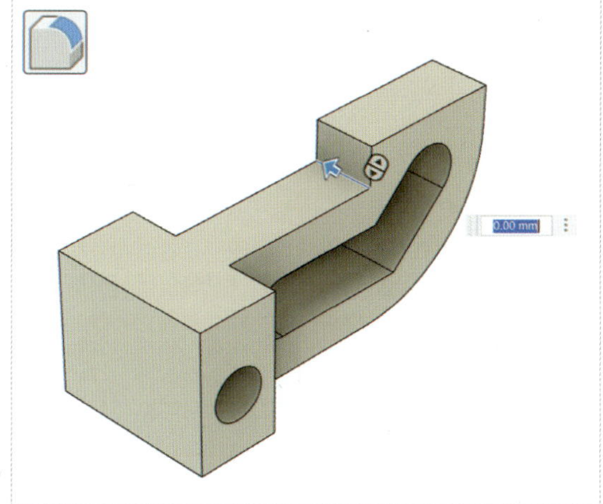

모서리에 필렛(모깎기)을 적용한다.

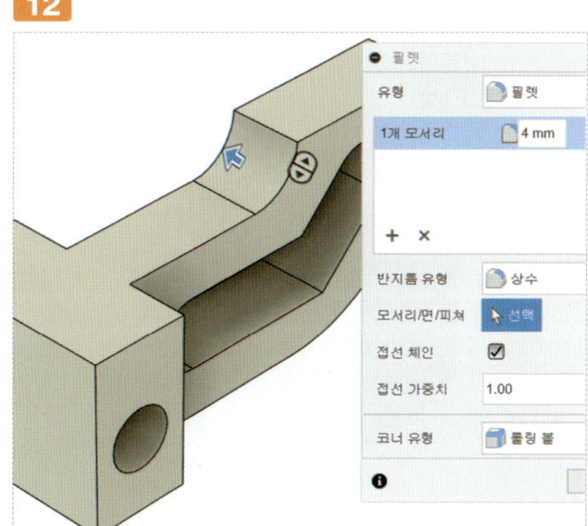

4mm를 입력하고 확인을 누른다.

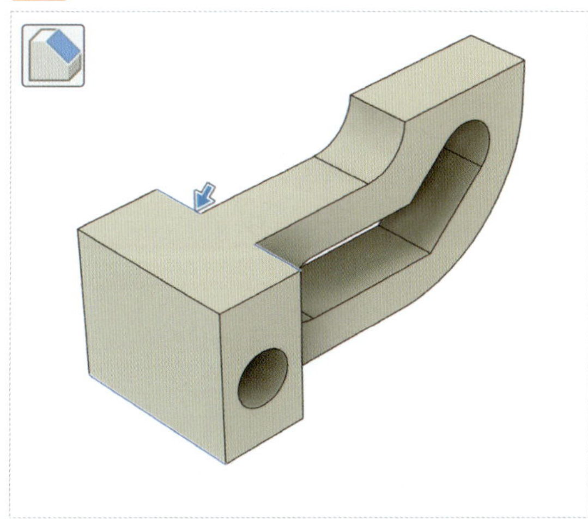

세 모서리에 챔퍼(모따기)를 적용한다.

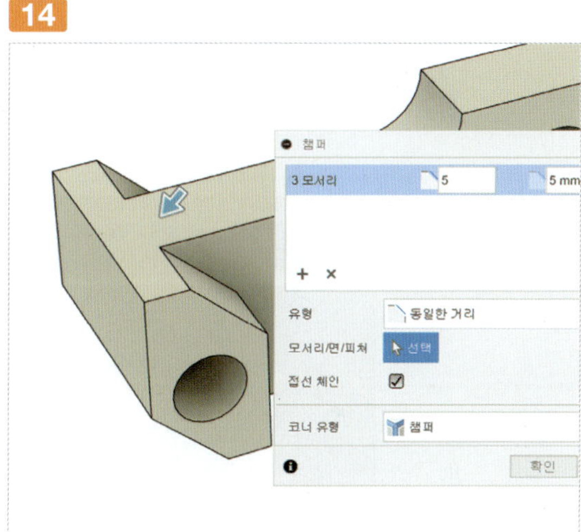

5mm를 입력하고 확인을 누른다.

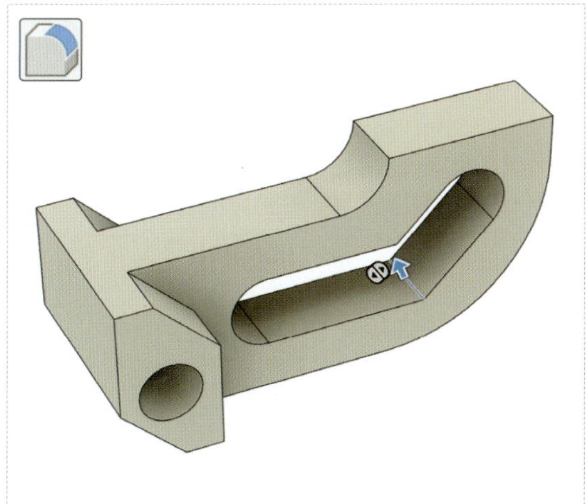

모서리에 필렛(모깎기)을 적용한다.

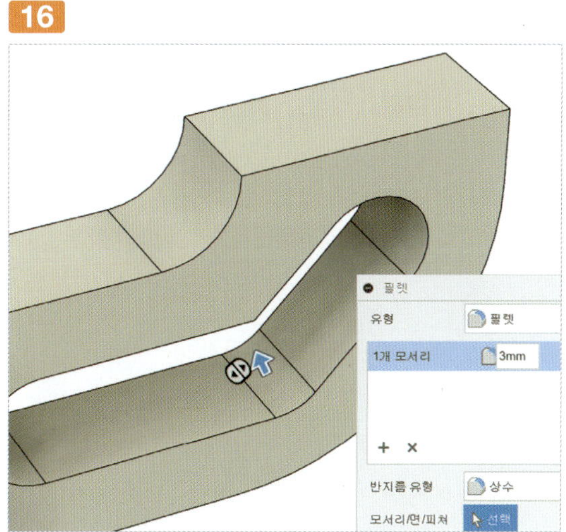

3mm를 입력하고 확인을 누른다.

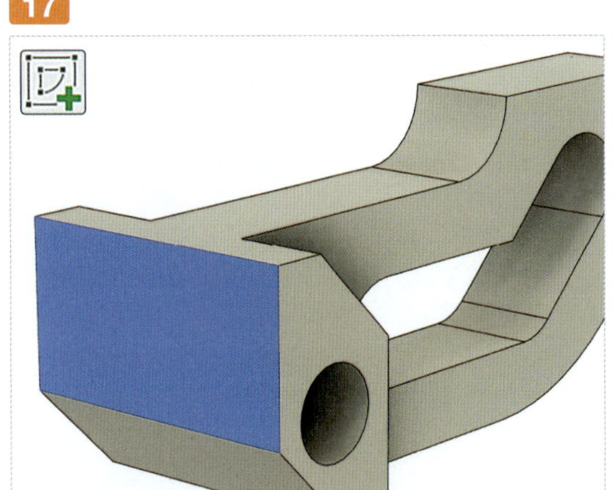

다음의 면을 선택하고 스케치 작성을 클릭한다.

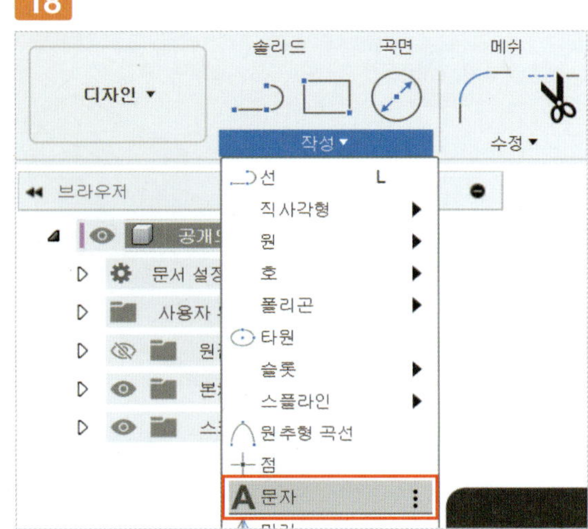

스케치 〉작성 〉문자 명령을 클릭한다.

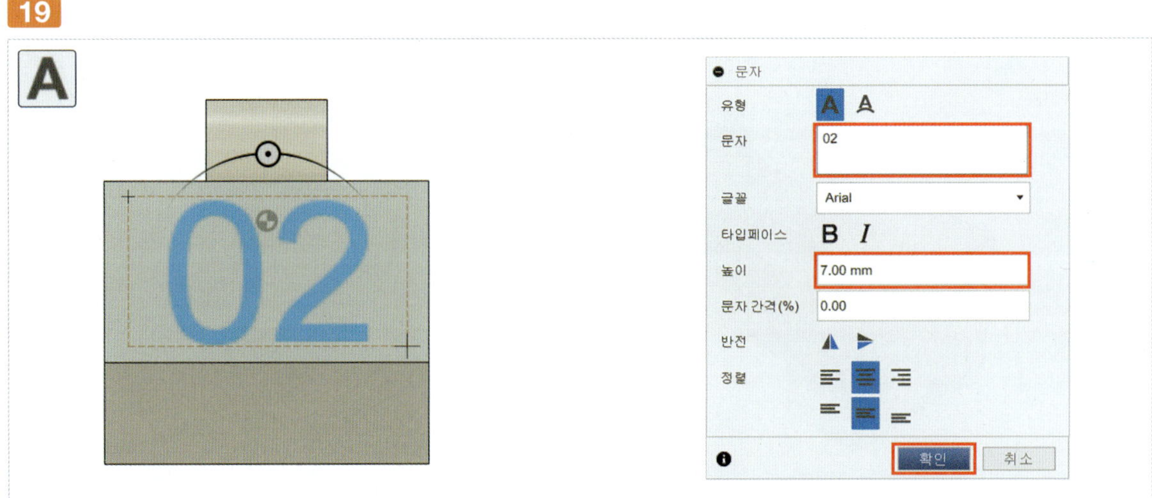

비번호를 입력하고 문자창의 옵션을 다음과 같이 설정한다.

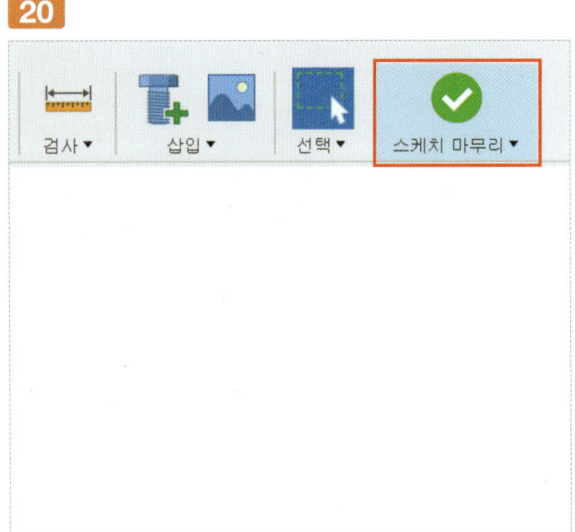

스케치 마무리를 한다.

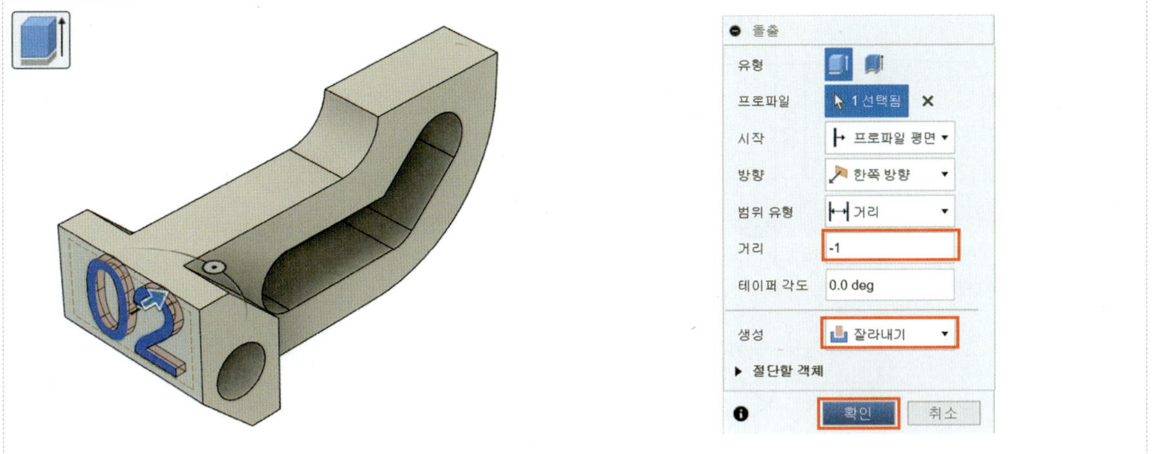

솔리드 〉 작성 〉 돌출 명령을 클릭한다.

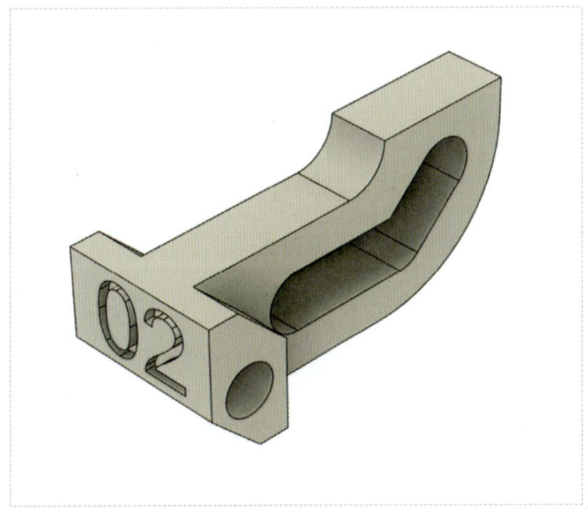

1번 부품의 완성 모습

④ 2번 부품 3D모델링

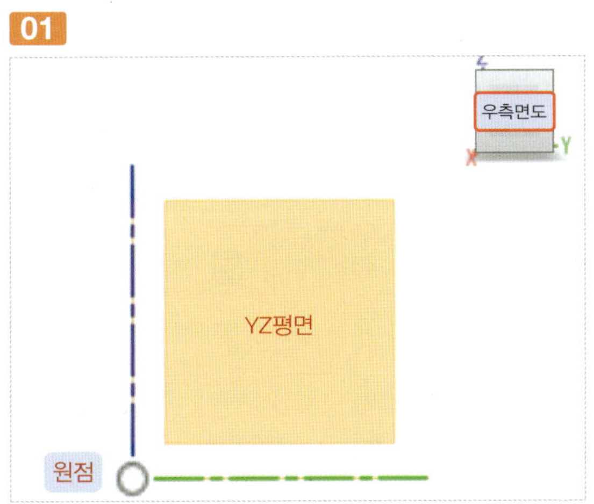

뷰 큐브의 우측면도라는 글자를 클릭하여 시점을 맞춘다.

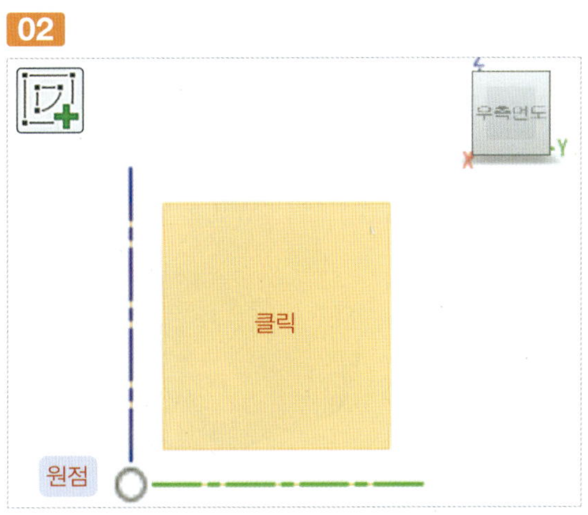

스케치 작성 명령을 클릭하고 원점 근처를 클릭한다.

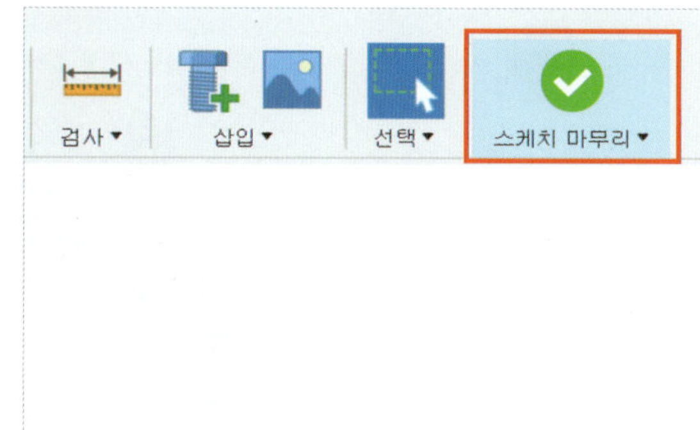

03

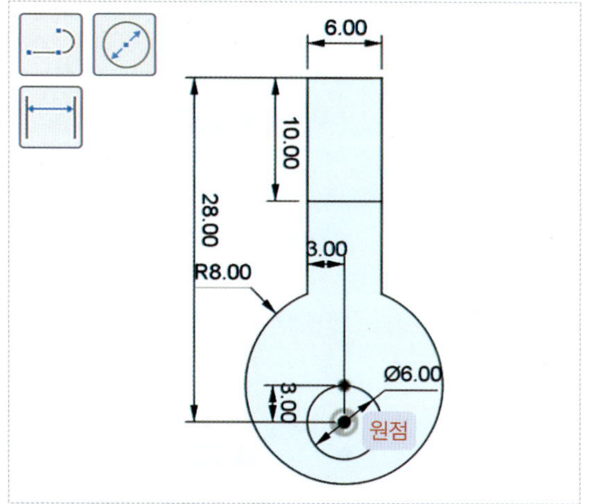

선 명령과 스케치 치수 명령으로 다음과 같이 작성
한다.

04

스케치 마무리를 한다.

05

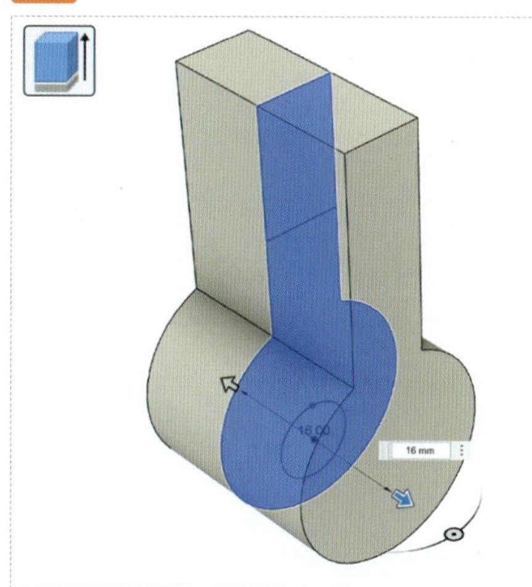

스케치에 대칭 돌출 16mm를 적용한다.

06

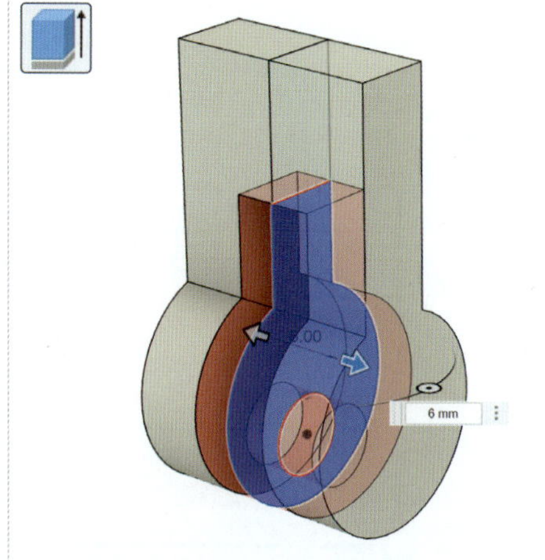

스케치에 대칭 돌출 6mm를 적용한다.

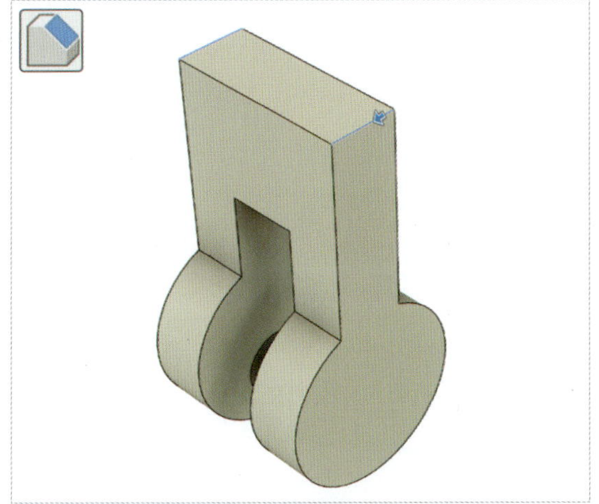

세 모서리에 챔퍼(모따기)를 적용한다.

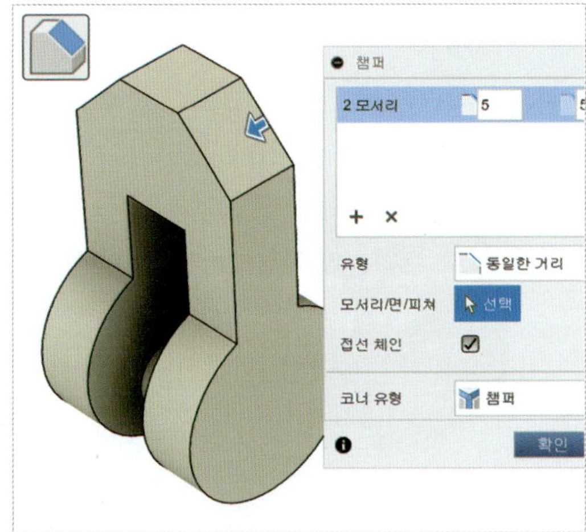

5mm를 입력하고 확인을 누른다.

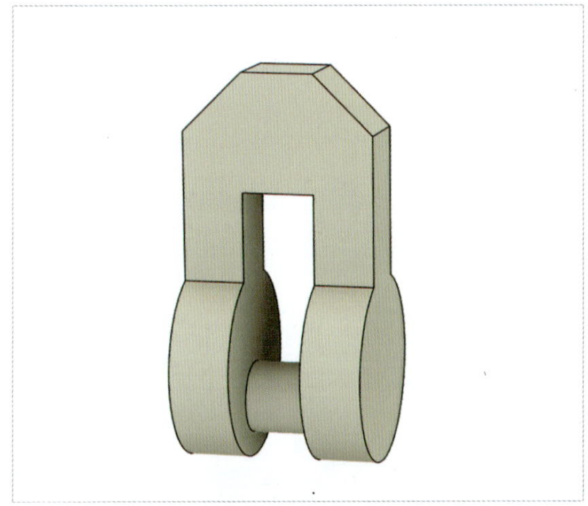

2번 부품의 완성 모습

5 부품 조립

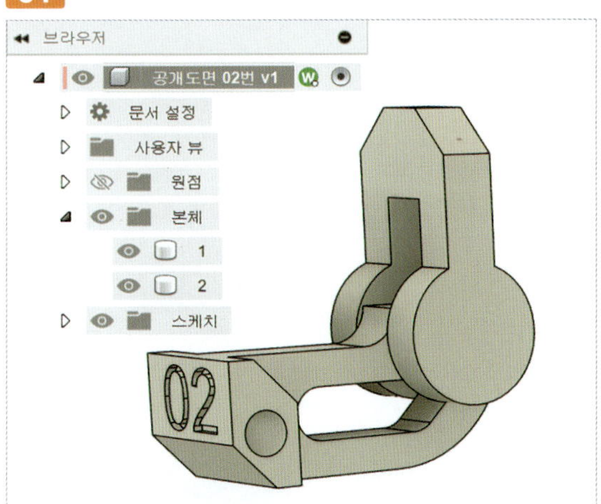

1번 부품의 가시성을 켠다.

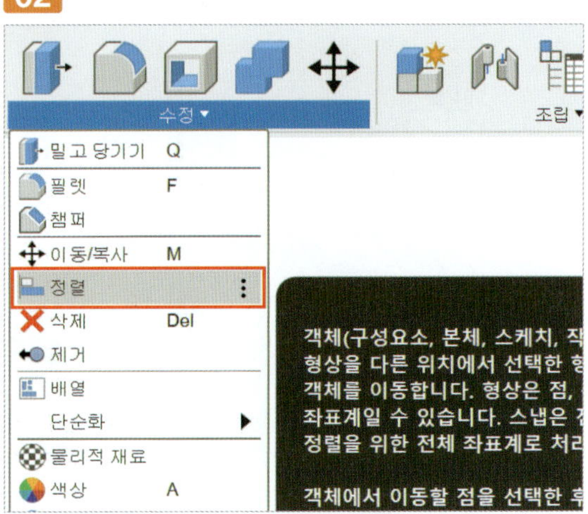

솔리드 〉 수정 〉 정렬 명령을 클릭한다.

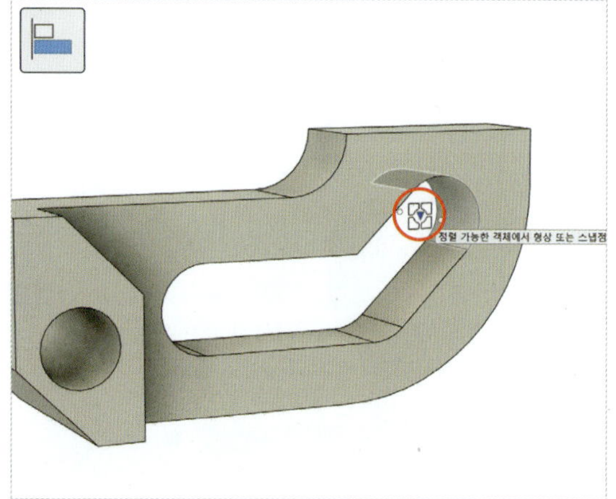

1번 부품의 원통 중심을 클릭한다. 삼각형은 Ctrl 키를 함께 누르면 선택할 수 있다.

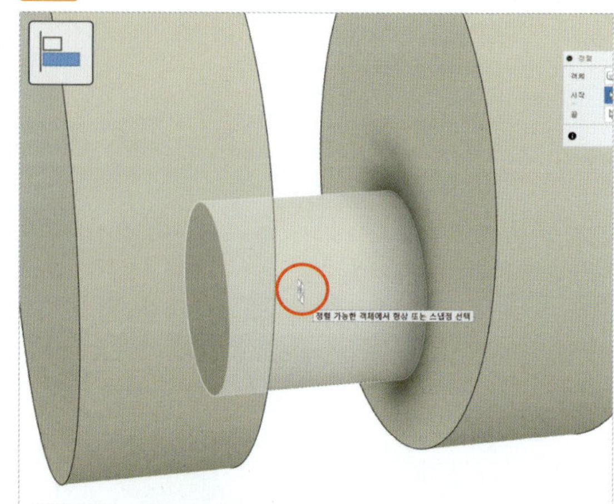

2번 부품의 원통 중심을 클릭한다.

6 공차 적용

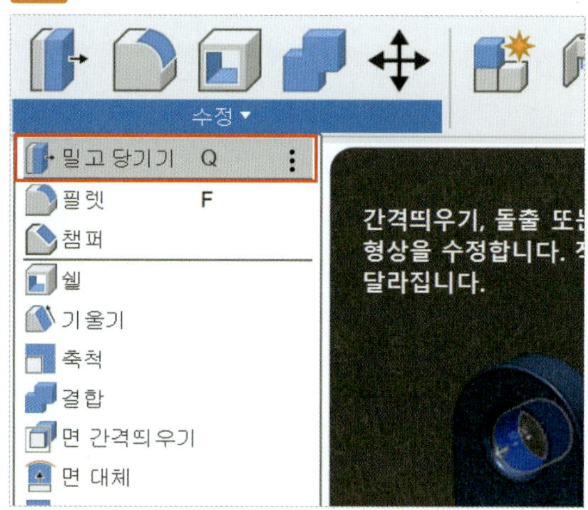

솔리드 〉 수정 〉 밀고 당기기 명령을 클릭한다.

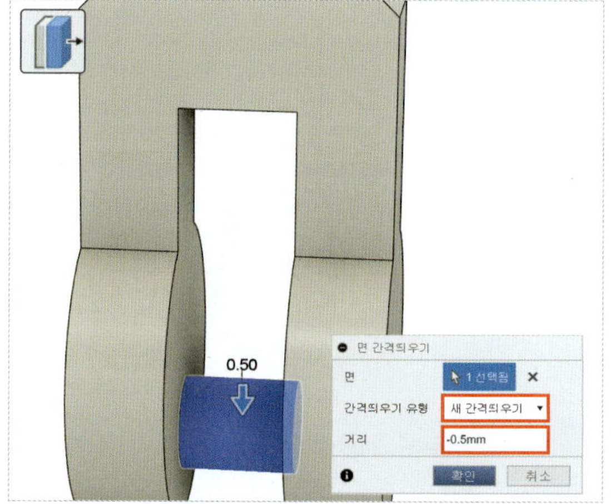

2번 부품의 원통 면을 −0.5mm 줄인다.

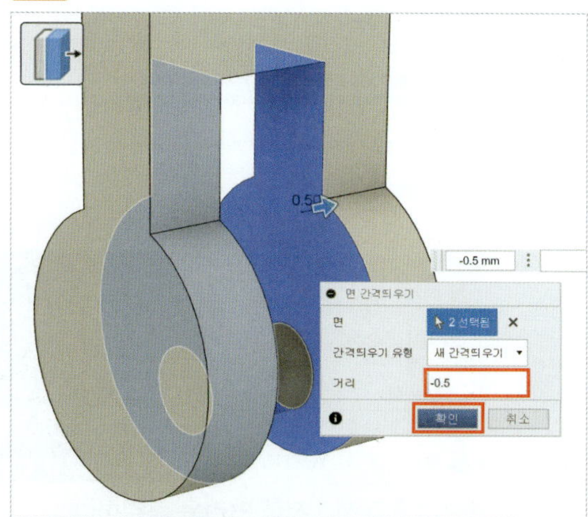

두 면을 선택하여 −0.5mm를 줄인다.

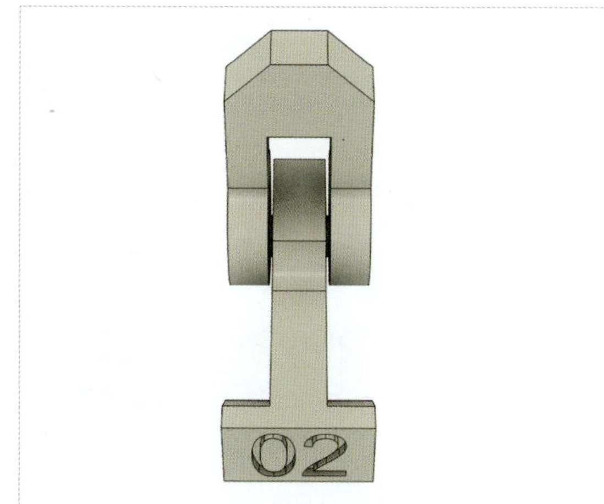

공차가 적용된 모습

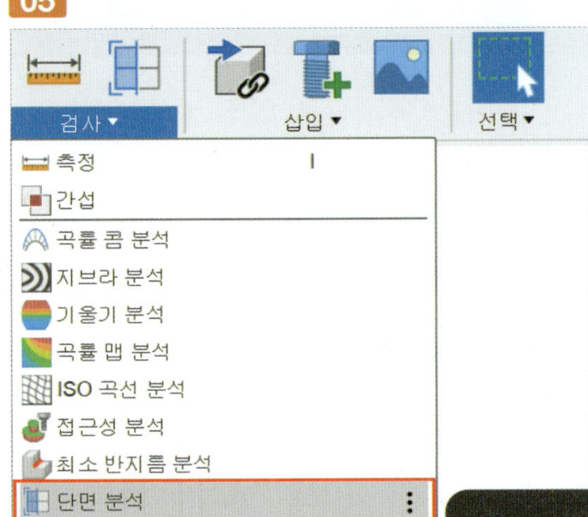

솔리드 〉 검사 〉 단면 분석을 클릭한다.

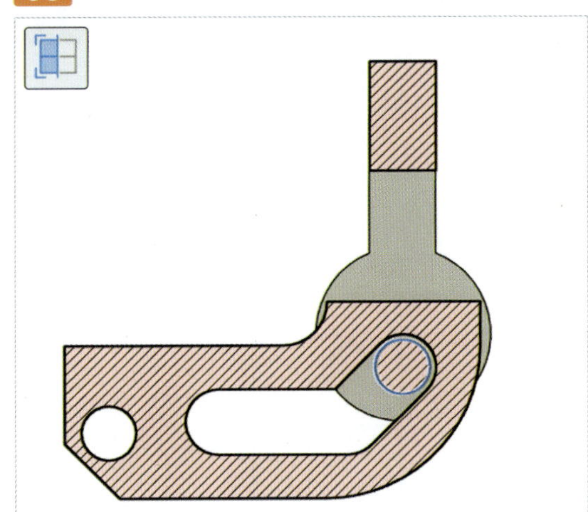

YZ면을 클릭한다.

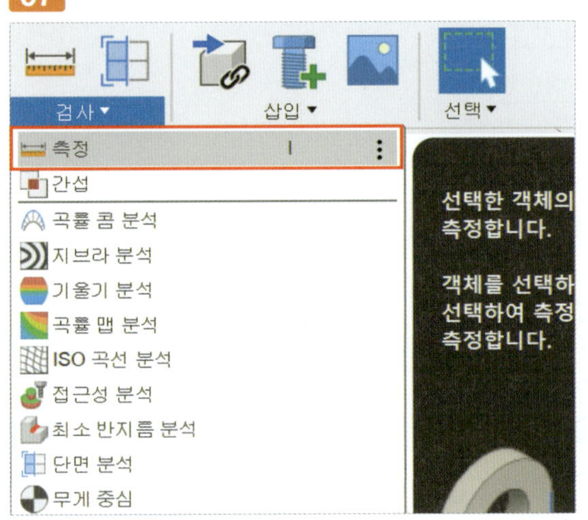

솔리드 〉 검사 〉 측정을 클릭한다.

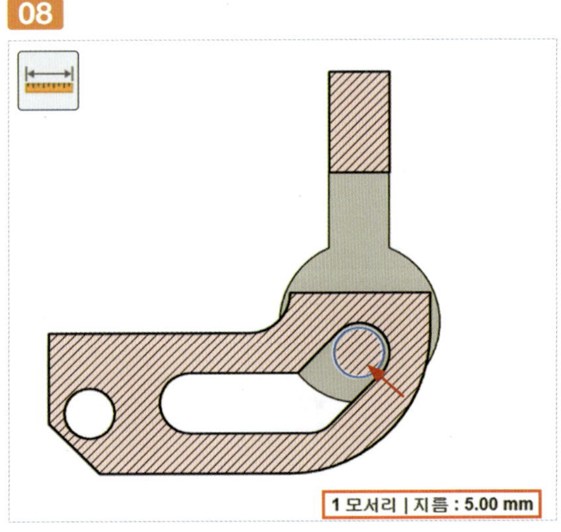

A의 지름을 살펴본다.

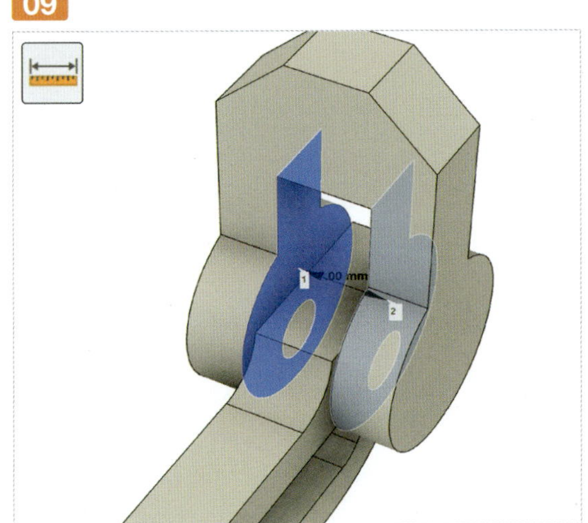

B의 길이를 측정한다.

모델링을 완료하고 비번호로 저장한다.

공개 도면 3번

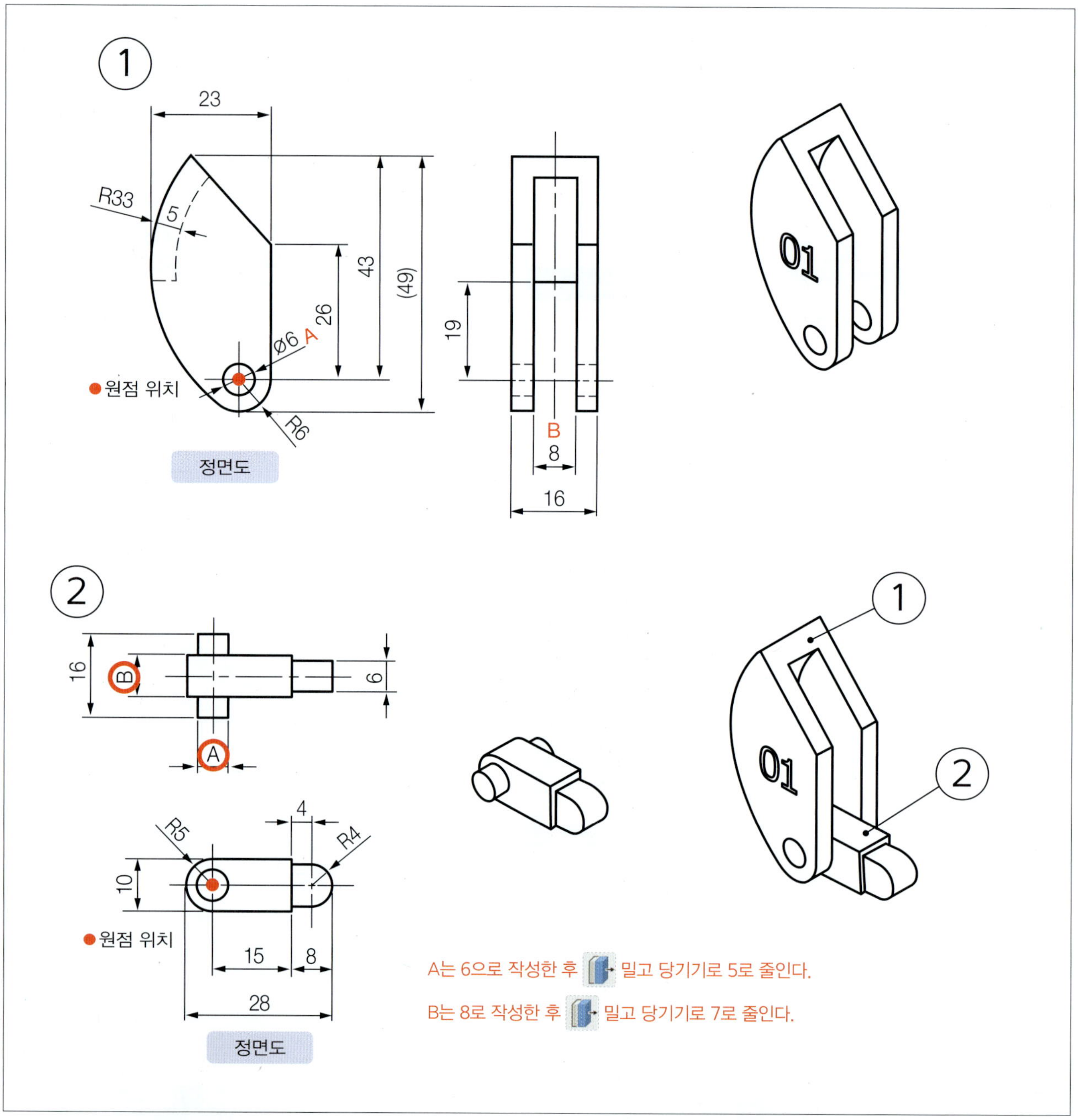

1 A, B에 공차 적용된 치수

① A는 1번 부품의 치수 6을 참조하여 작성 후 밀고 당기기로 5로 줄인다.
② B는 1번 부품의 치수 8을 참조하여 작성 후 밀고 당기기로 7로 줄인다.

2 도면 분석

① 1번 부품의 정면도에서 원점을 시작으로 스케치한다.
② 2번 부품의 정면도에서 원점을 시작으로 스케치한다.
③ 두 부품은 회전 결합을 한다.

01

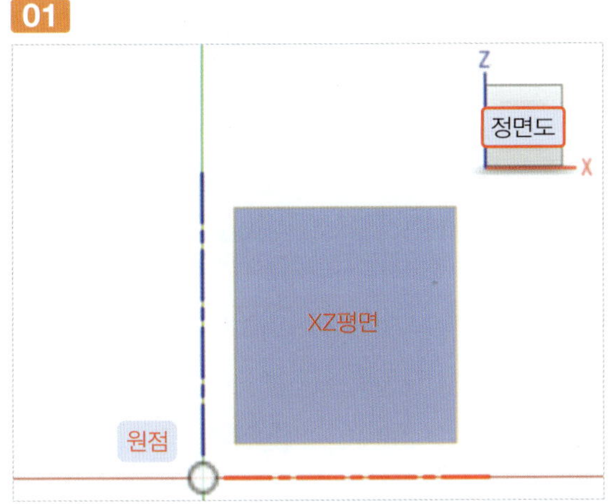

뷰 큐브의 정면도라는 글자를 클릭하여 시점을 맞춘다.

02

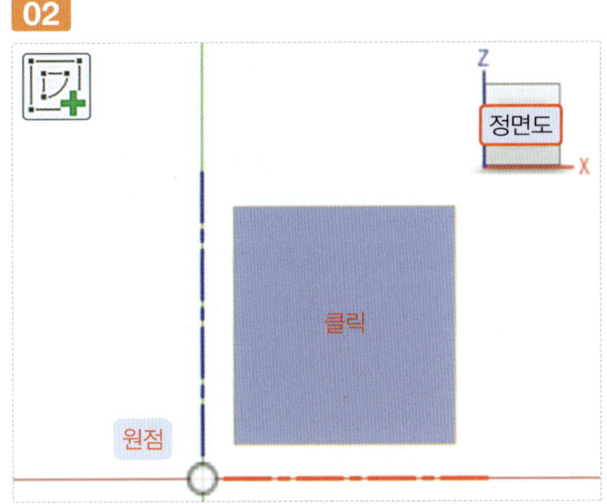

스케치 작성 명령을 클릭하고 원점 근처를 클릭한다.

03

1번 부품의 정면도를 대강 그리고 3점 호를 크게 그린다. 이때 접선 처리에 주의한다.

04

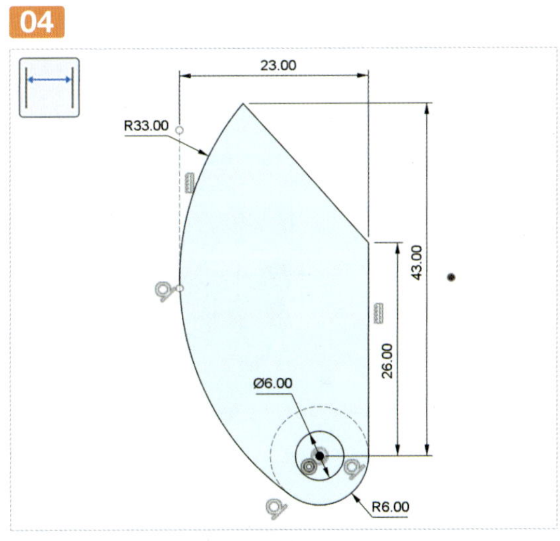

다음과 같이 치수를 적용한다.

05

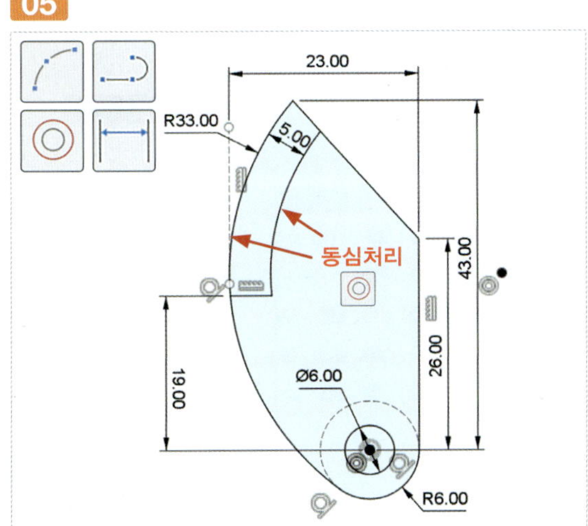

왼쪽에 3점 호를 추가하고 동심처리 한다.

06

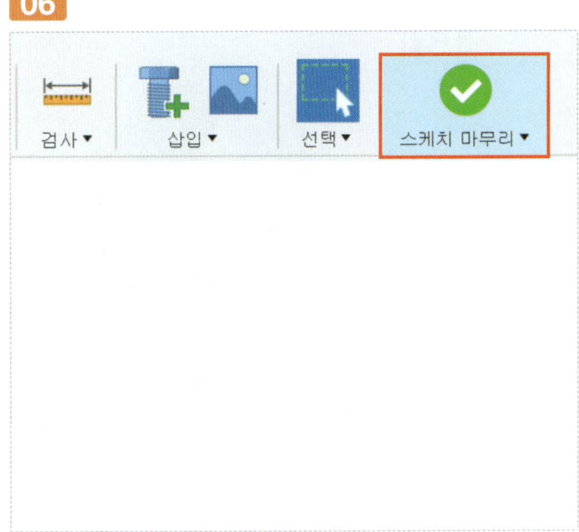

스케치 마무리를 한다.

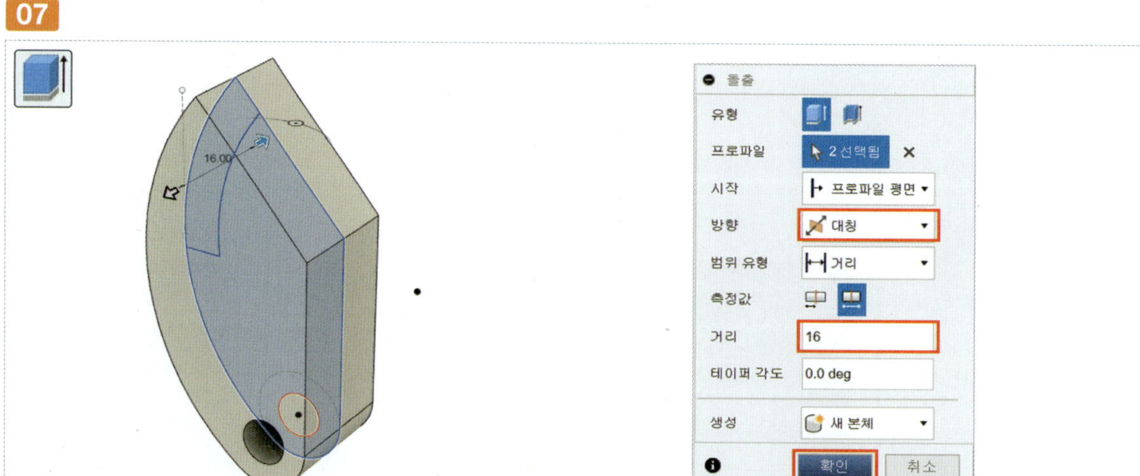

대칭 돌출을 다음과 같이 설정한다.

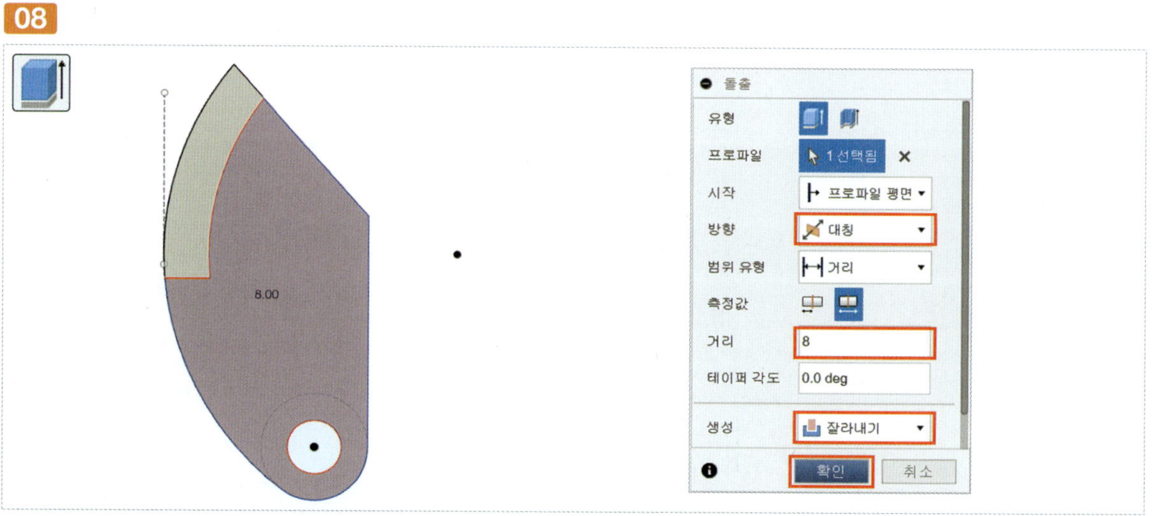

다음의 스케치 부분에 대칭 돌출을 적용한다.

다음의 면을 선택하고 스케치 작성을 클릭한다.

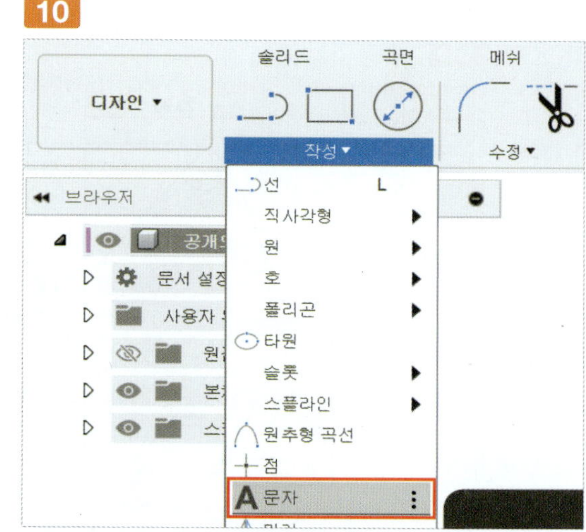

스케치 〉 작성 〉 문자 명령을 클릭한다.

11

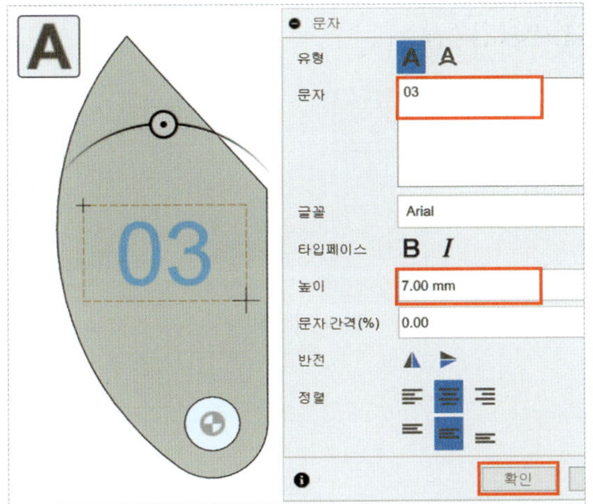

비번호를 입력하고 문자창의 옵션을 다음과 같이 설
정한다.

12

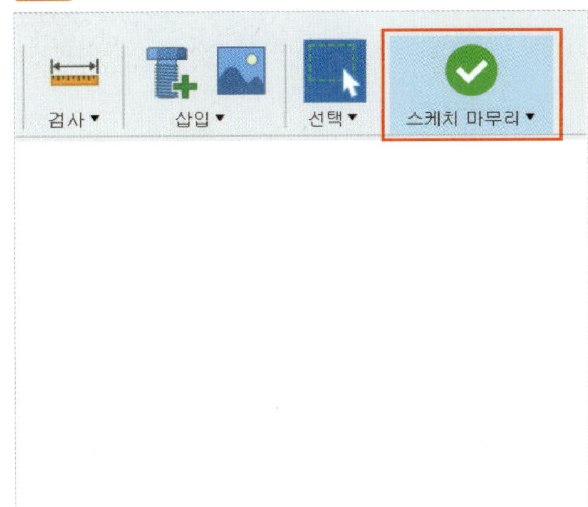

스케치 마무리를 한다.

13

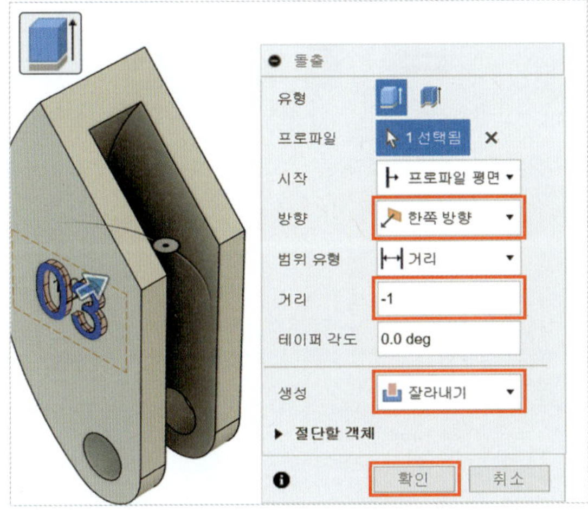

솔리드 〉 작성 〉 돌출 명령을 클릭한다.

14

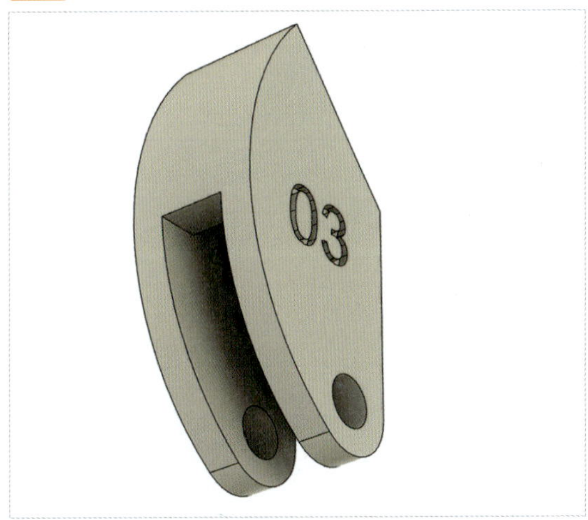

1번 부품의 완성 모습

01

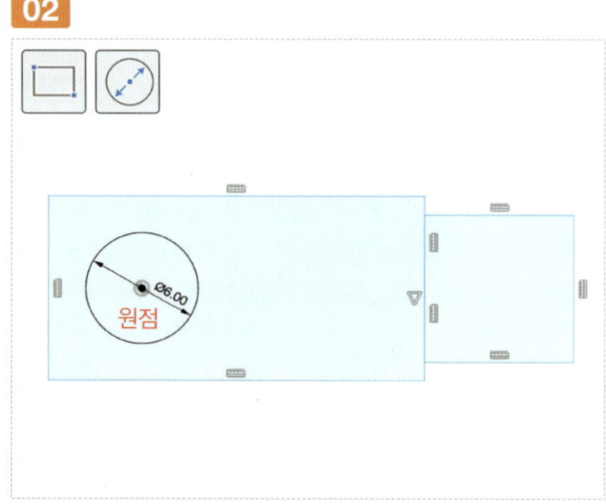

정면도로 시점을 맞추고 스케치를 시작한다.

02

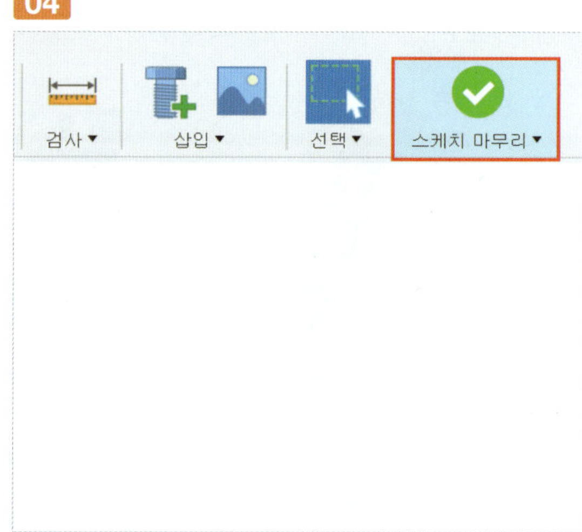

원과 직사각형을 2개 그린다.

03

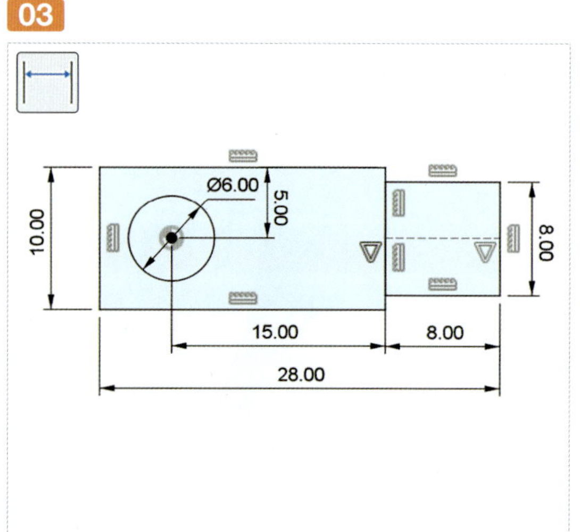

다음과 같이 치수를 입력한다.

04

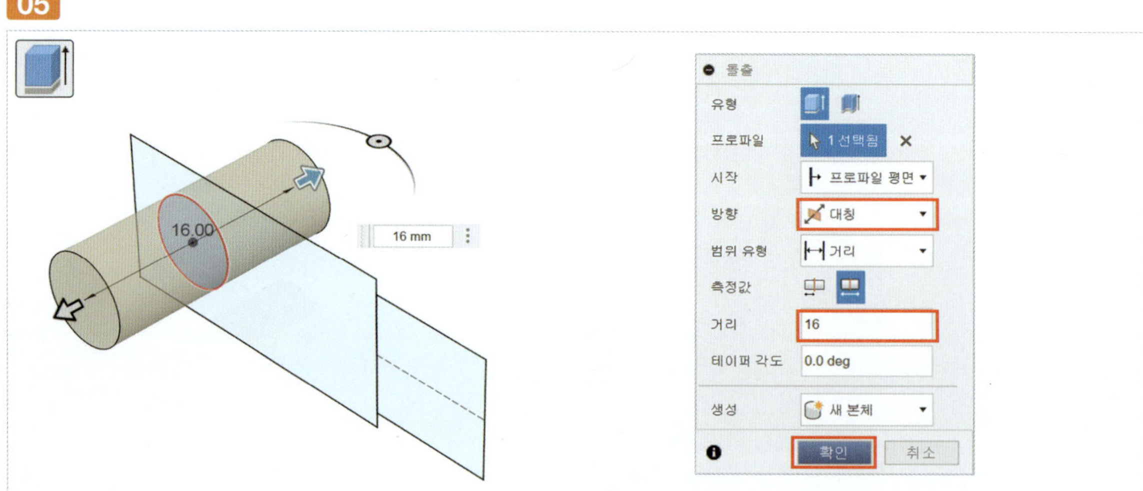

스케치 마무리를 한다.

05

돌출 옵션을 다음과 같이 설정한다.

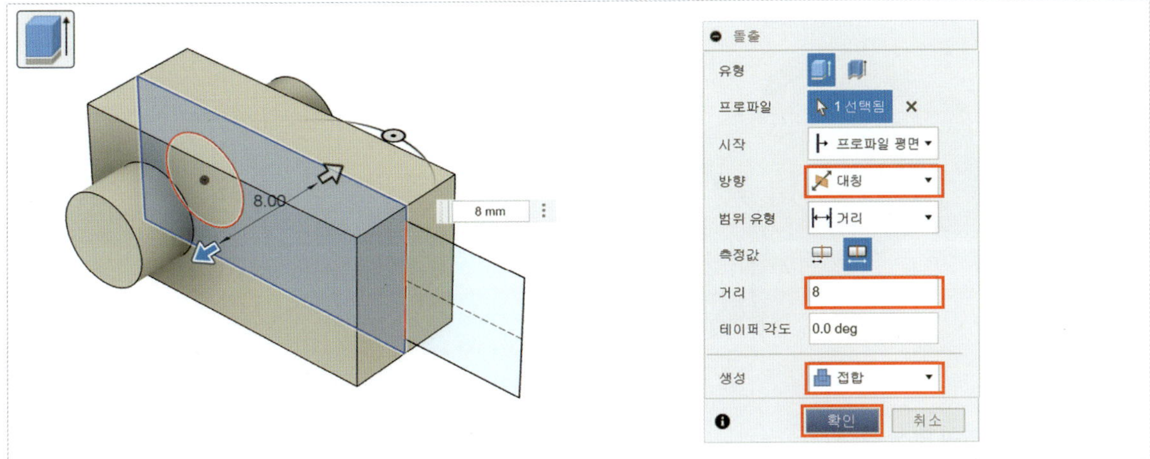

돌출 옵션을 다음과 같이 설정한다.

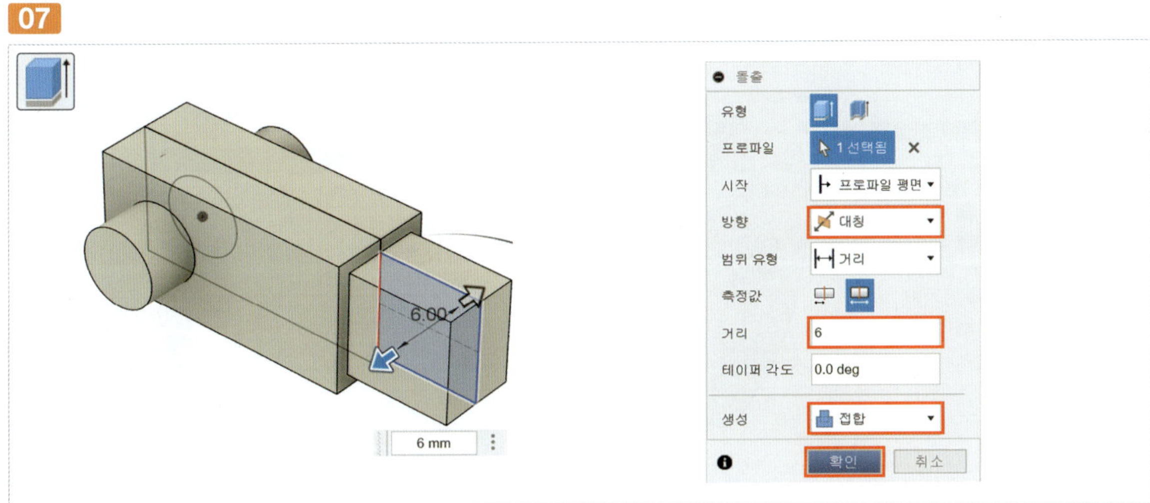

돌출 옵션을 다음과 같이 설정한다.

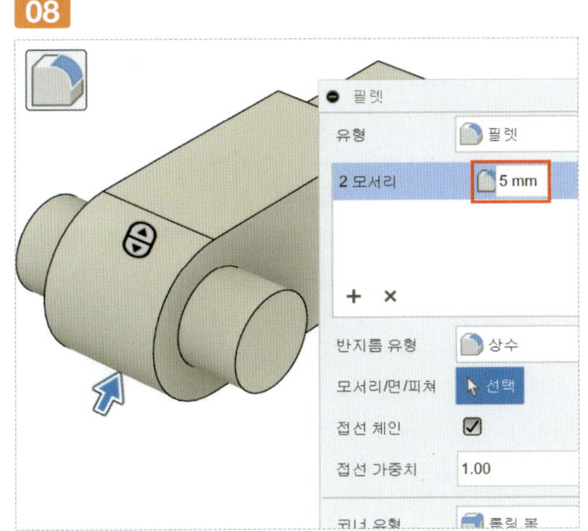

필렛(모깎기) 5mm를 적용한다.

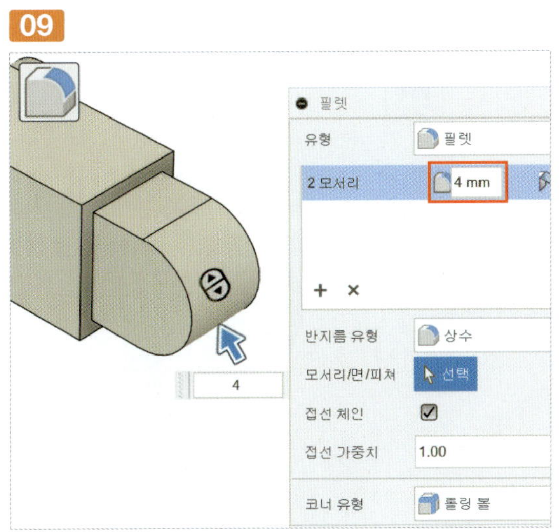

필렛(모깎기) 4mm를 적용한다.

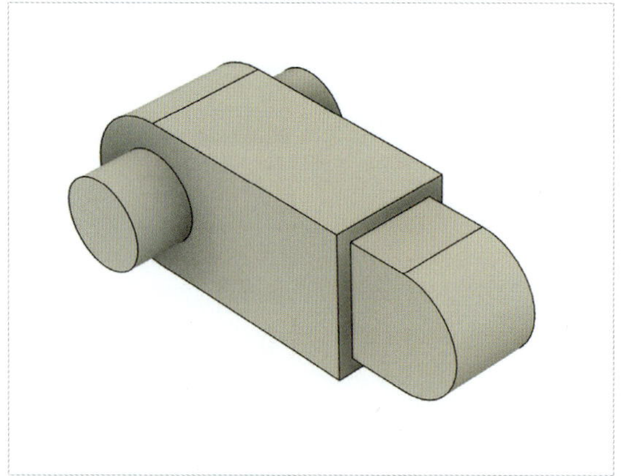

2번 부품의 완성 모습

5 부품 조립

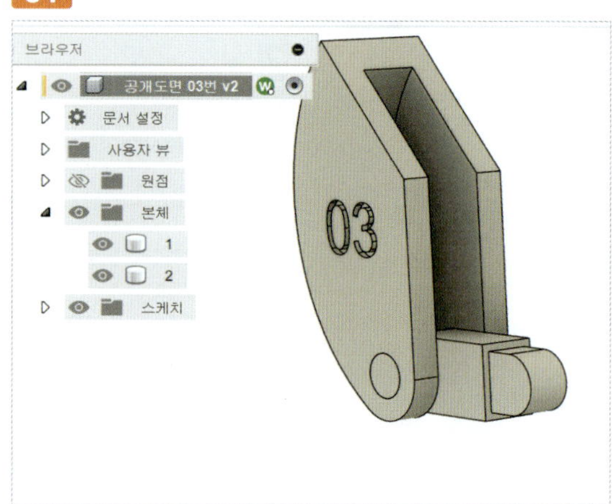

1번 부품의 가시성을 켠다.

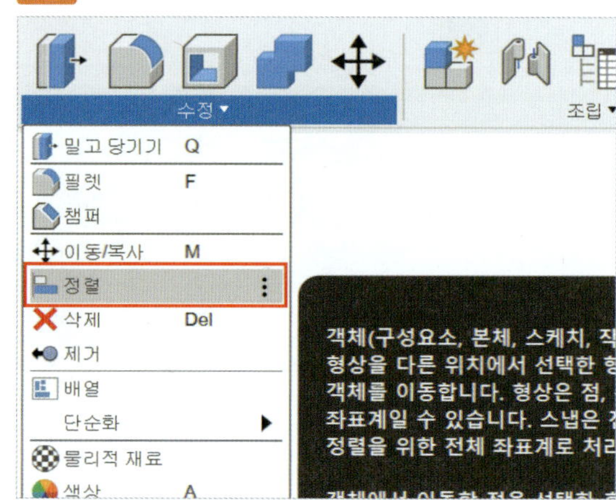

솔리드 〉 수정 〉 정렬 명령을 클릭한다.

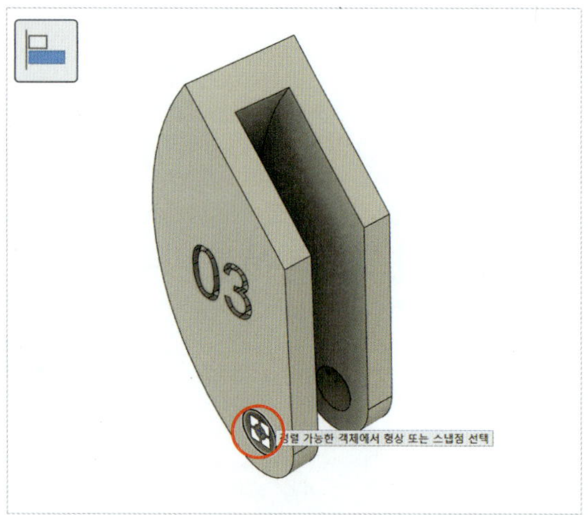

1번 부품의 구멍의 원주를 클릭한다.

2번 부품의 원통 부분 원주를 클릭한다.

조립 상태를 확인한다.

6 공차 적용

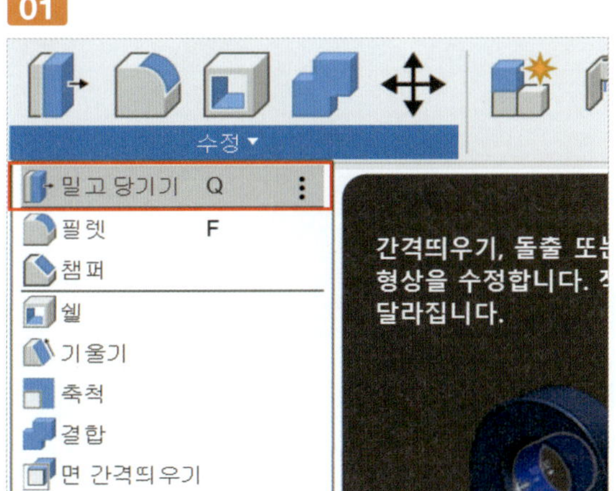

솔리드 〉 수정 〉 밀고 당기기 명령을 클릭한다.

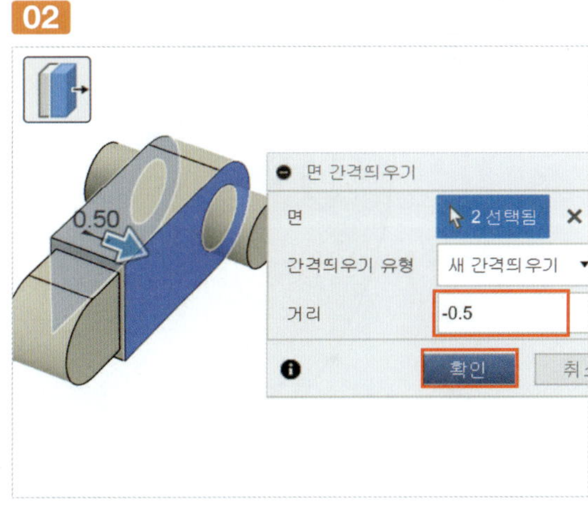

2번 부품의 두 면을 선택하여 −0.5mm를 입력한다.

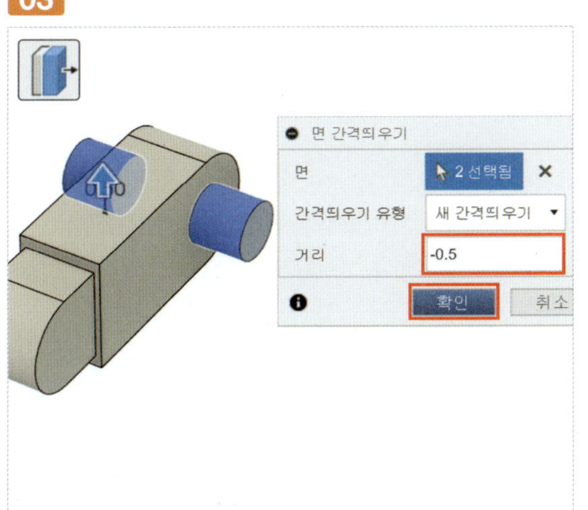

2번 부품의 원통 두 면을 선택하여 −0.5mm를 입력한다.

공차가 적용된 모습

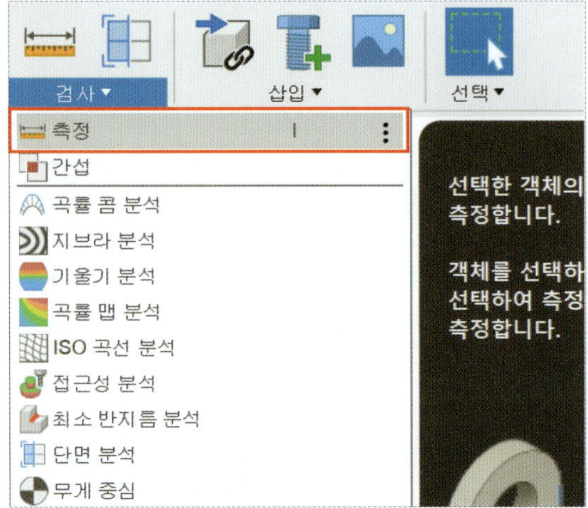

솔리드 〉 검사 〉 측정을 클릭한다.

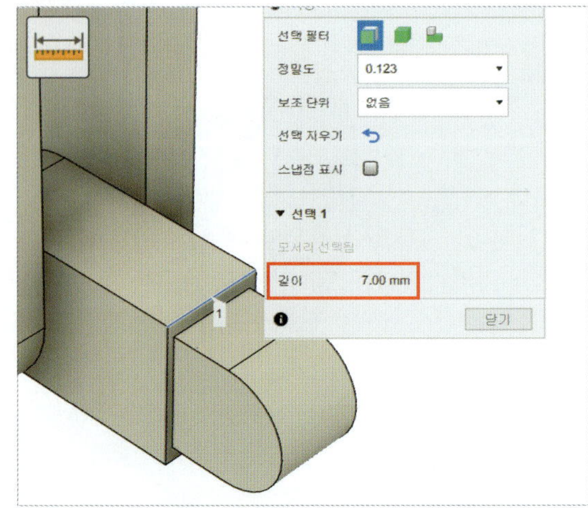

B의 길이를 측정한다.

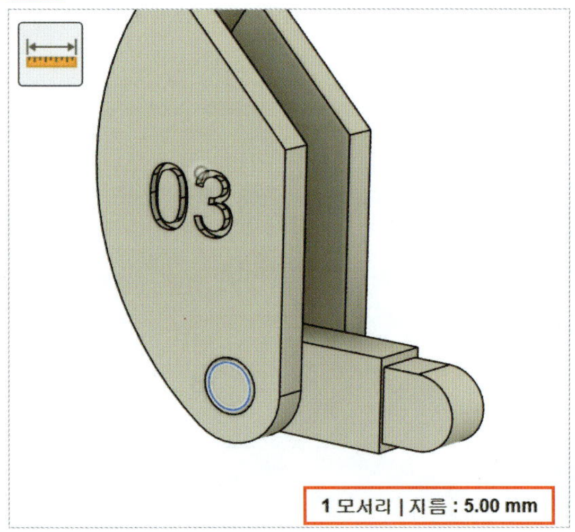

A를 측정한다.

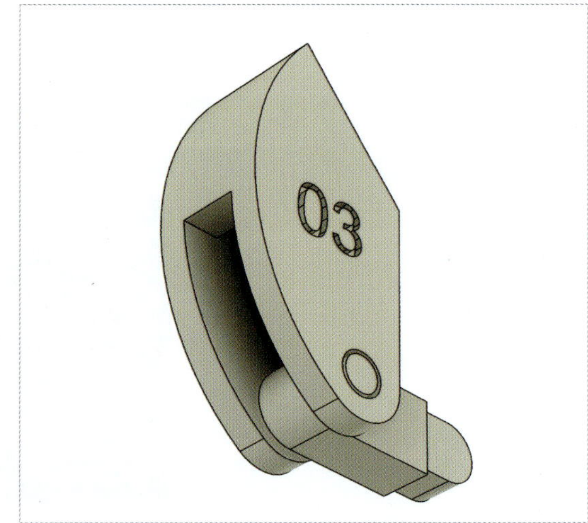

모델링을 완료하고 비번호로 저장한다.

공개 도면 4번

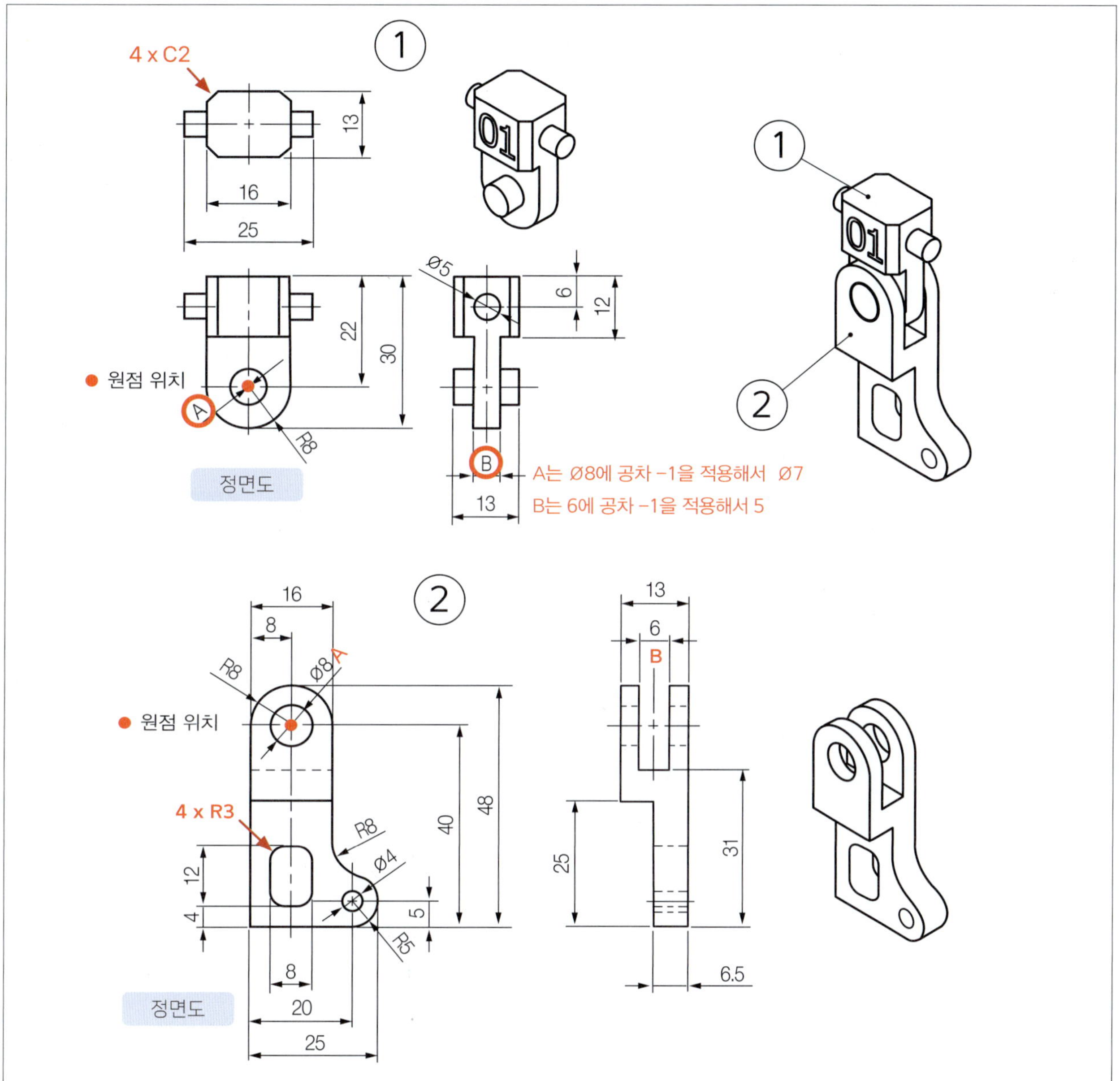

주서
1. 도시되고 지시없는 모떼기는 C2, 라운드는 R3

❶ A, B에 공차 적용된 치수

① A는 2번 부품의 치수 Ø8에 공차 −1을 적용해서 Ø7로 작성한다.

② B는 2번 부품의 치수 6에 공차 −1을 적용해서 5로 작성한다.

❷ 도면 분석

① 1번, 2번 부품의 정면도에서 원점을 시작으로 스케치를 시작한다.

② 공차를 미리 적용한 치수로 작성한다.

③ 두 부품은 회전 결합을 한다.

3 1번 부품 3D모델링

01

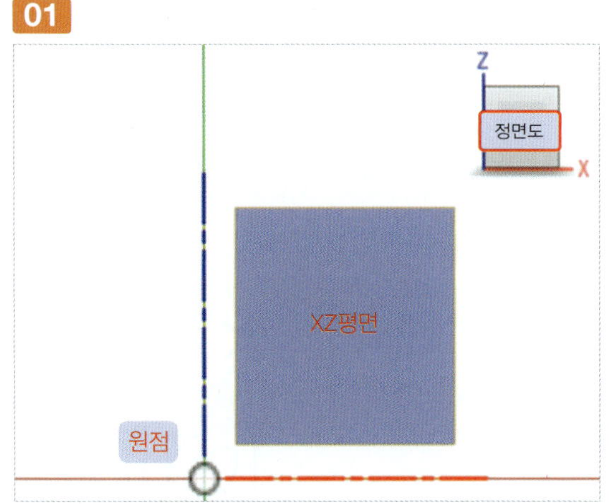

뷰 큐브의 정면도라는 글자를 클릭하여 시점을 맞춘다.

02

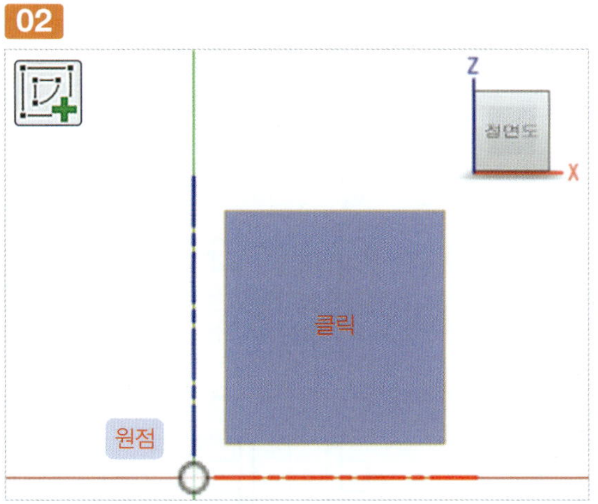

스케치 작성 명령을 클릭하고 원점 근처를 클릭한다.

03

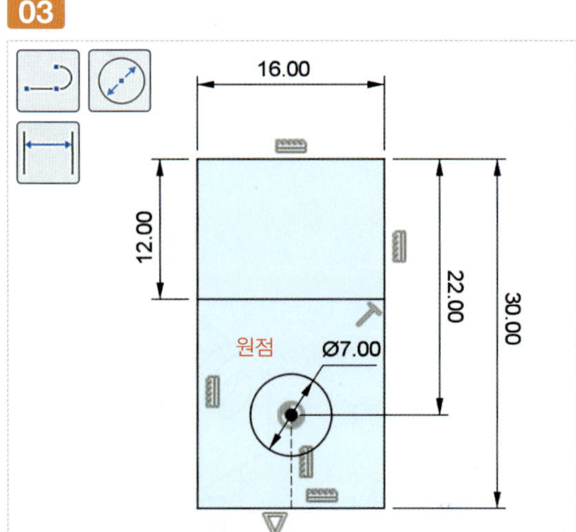

1번 부품의 정면도를 그린다.

04

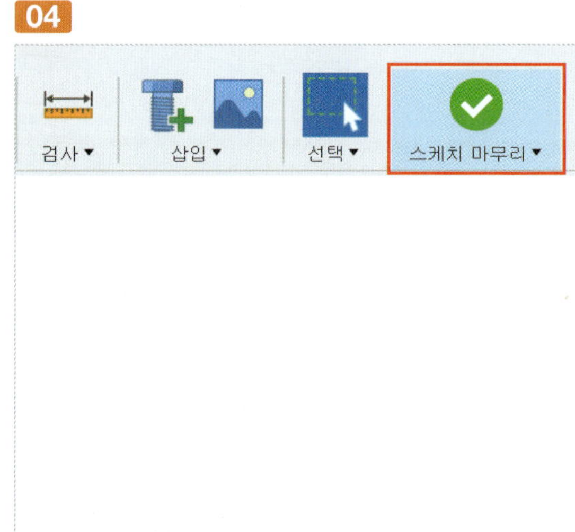

스케치 마무리를 한다.

05

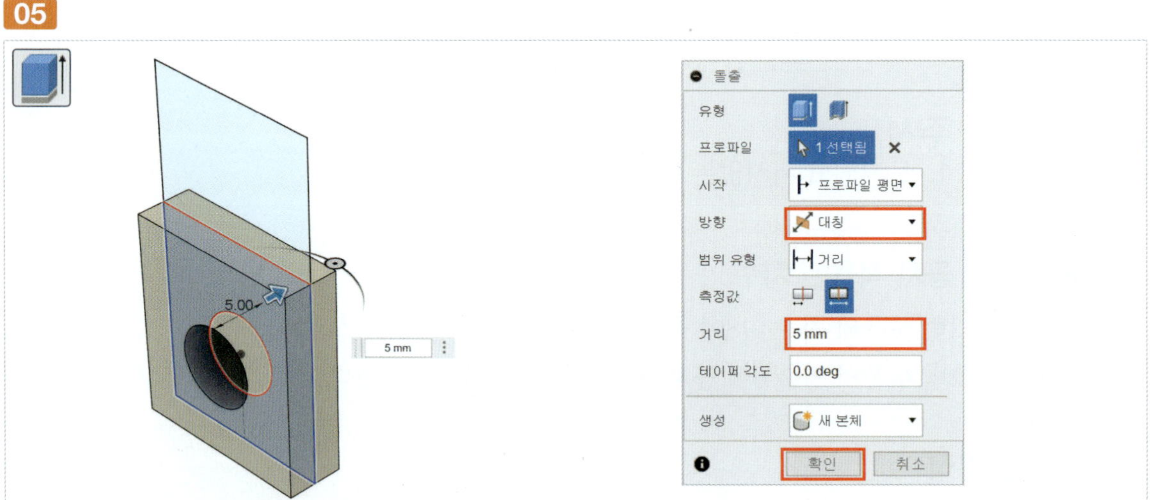

돌출 옵션 창의 내용을 다음과 같이 설정한다.

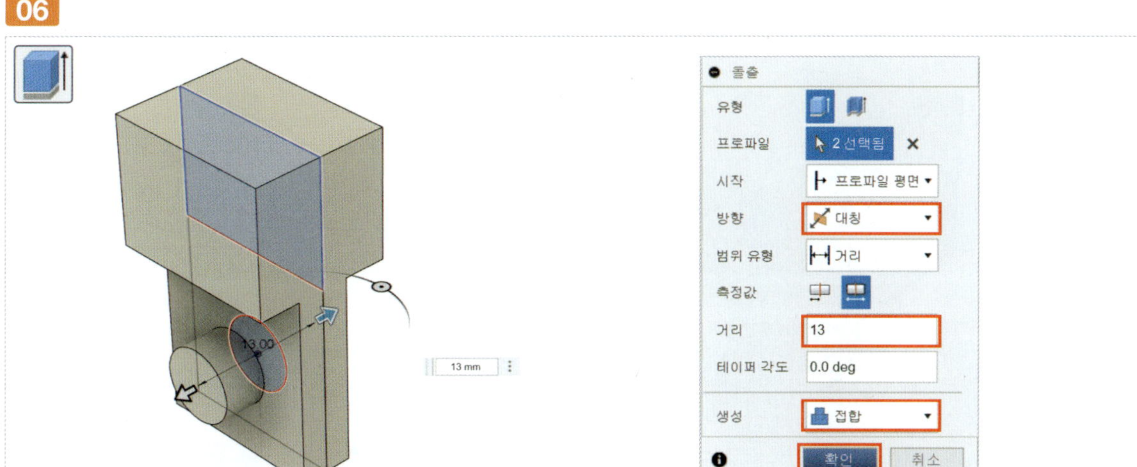

다음 스케치의 돌출 옵션 창의 내용을 다음과 같이 설정한다.

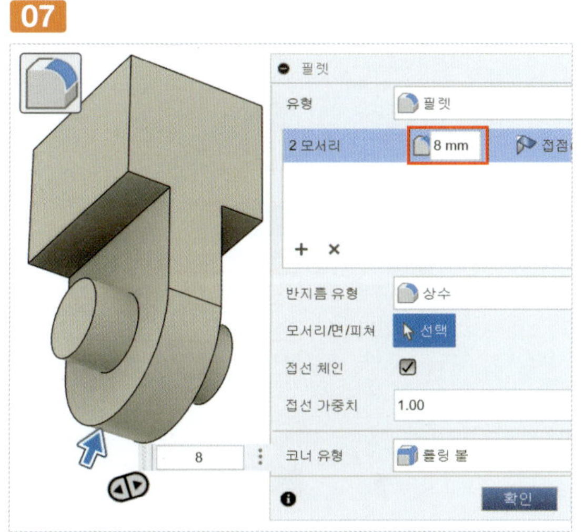

아래쪽에 필렛(모깎기) 8mm를 적용한다.

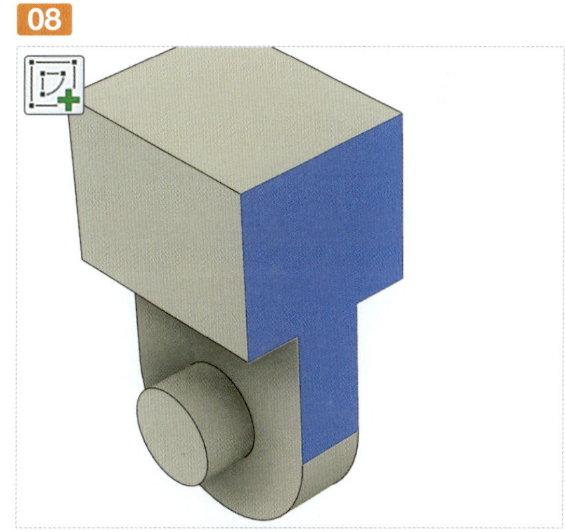

다음의 면을 선택하고 스케치 작성을 클릭한다.

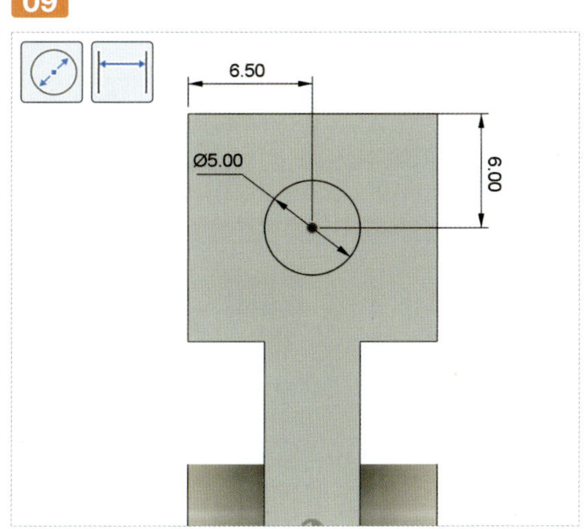

다음과 같이 중심점 원을 그리고 치수를 입력한다.

스케치 마무리를 한다.

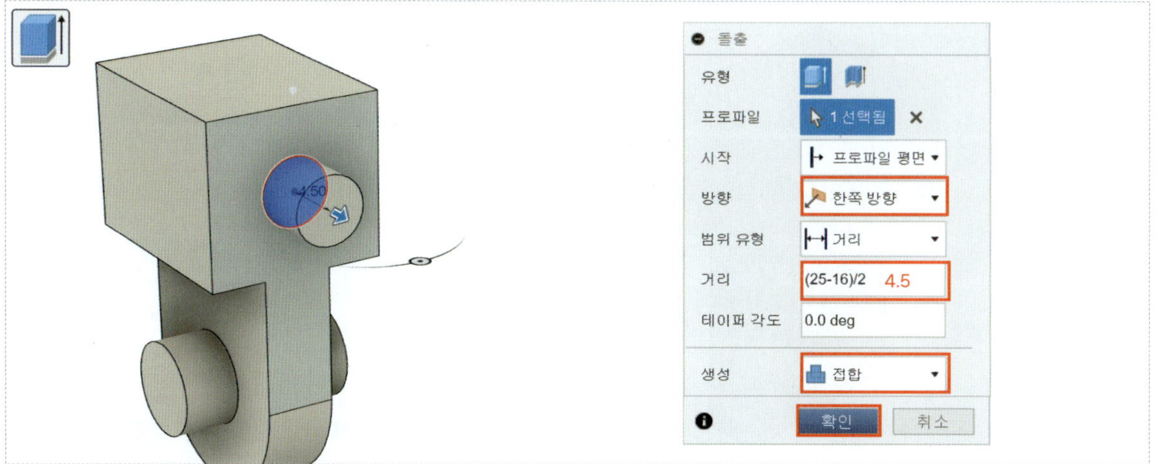

돌출 옵션 창의 내용을 다음과 같이 설정한다.

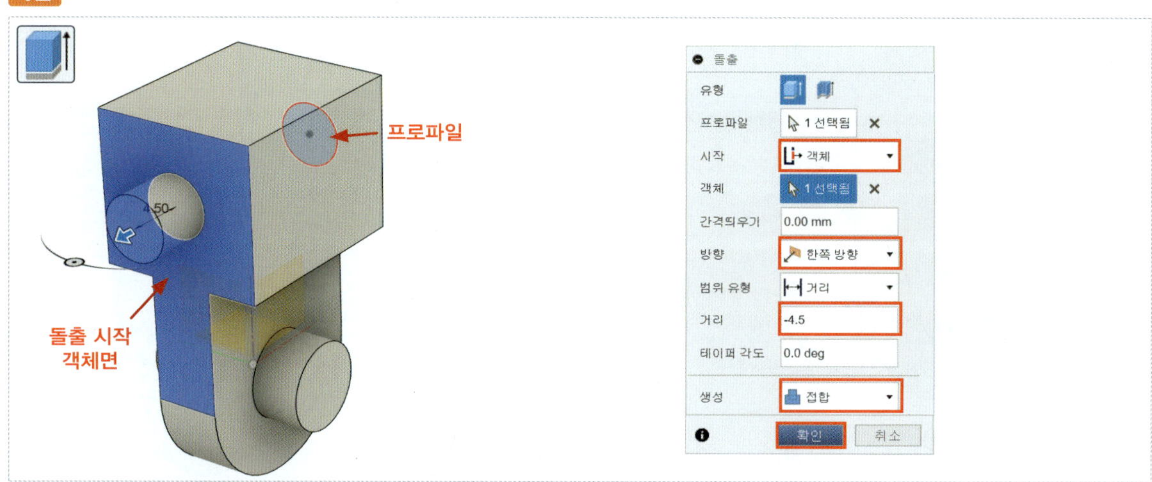

12

돌출 옵션 창의 내용을 다음과 같이 설정한다.

네 모서리에 챔퍼(모따기)를 적용한다.

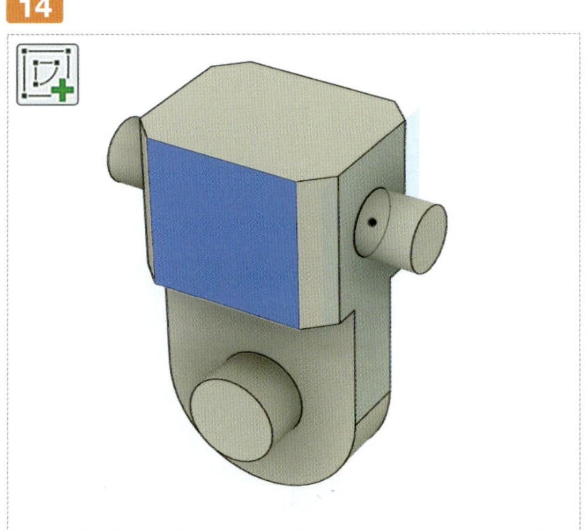

14

다음의 면을 선택하고 스케치 작성을 클릭한다.

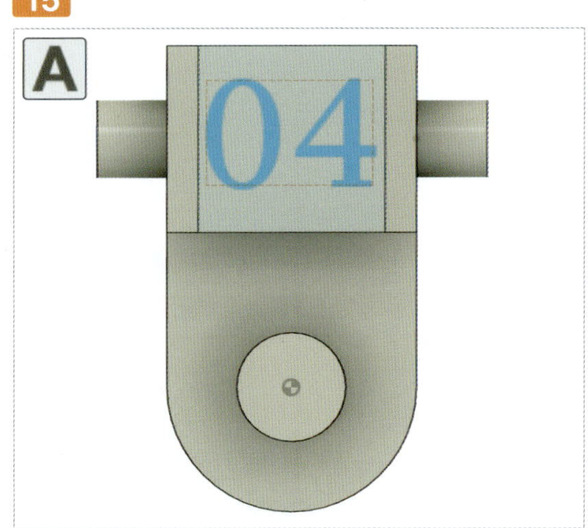

15

비번호를 입력한다.

※ 문자 명령은 공개 도면 1번 문제의 해설을 참조하세요.

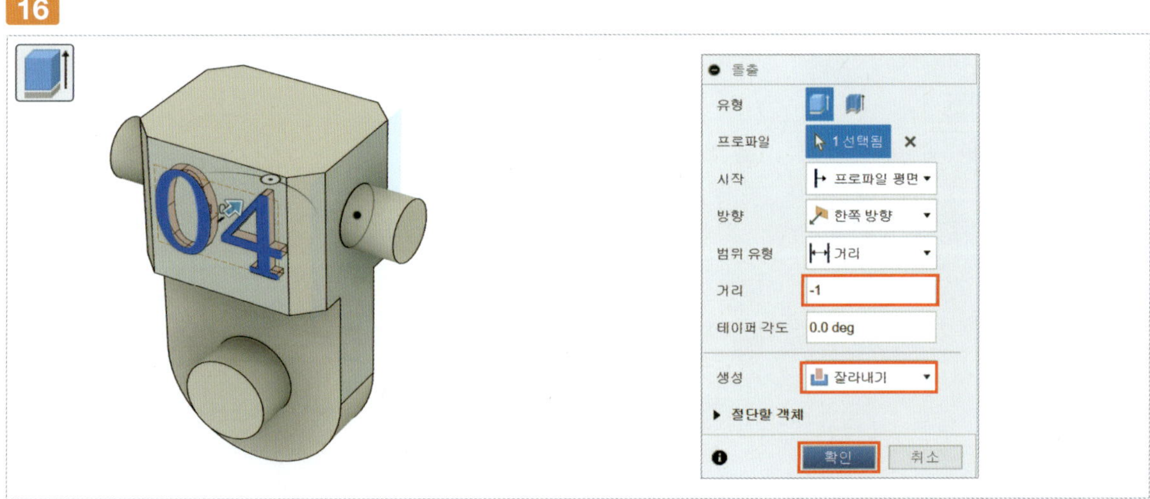

16

돌출 옵션 창의 내용을 다음과 같이 설정한다.

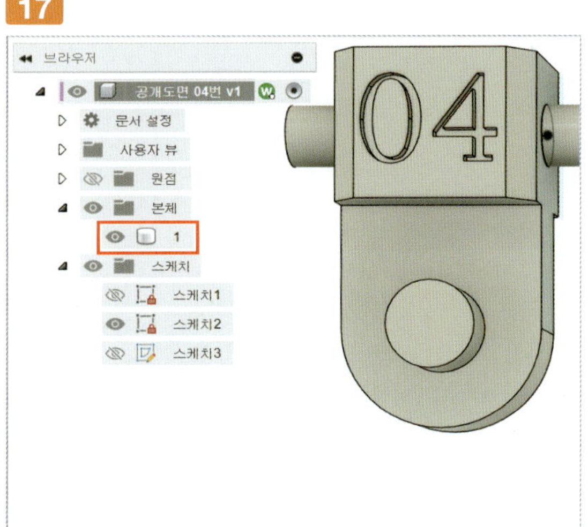

17

완성된 본체 이름을 1로 바꾸고 2번 부품 제작을 위해 가시성을 끈다.

4 2번 부품 3D모델링

01

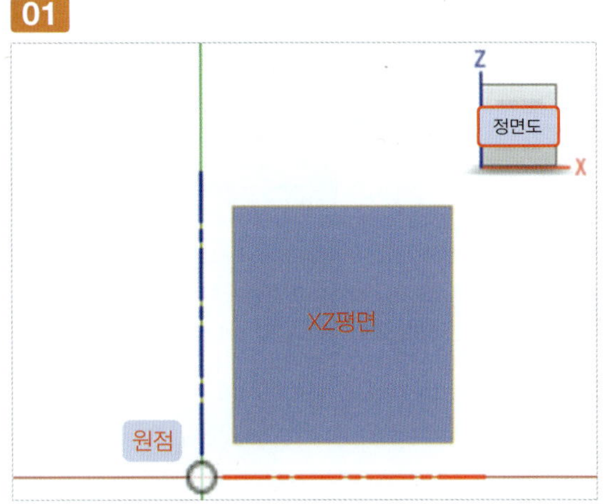

뷰 큐브의 정면도라는 글자를 클릭하여 시점을 맞춘다.

02

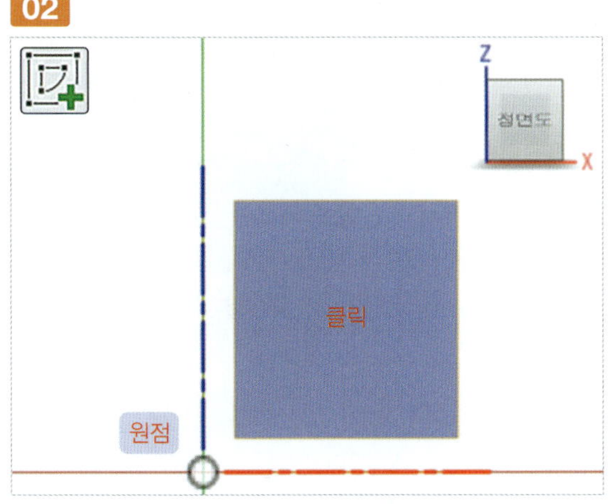

스케치 작성 명령을 클릭하고 원점 근처를 클릭한다.

03

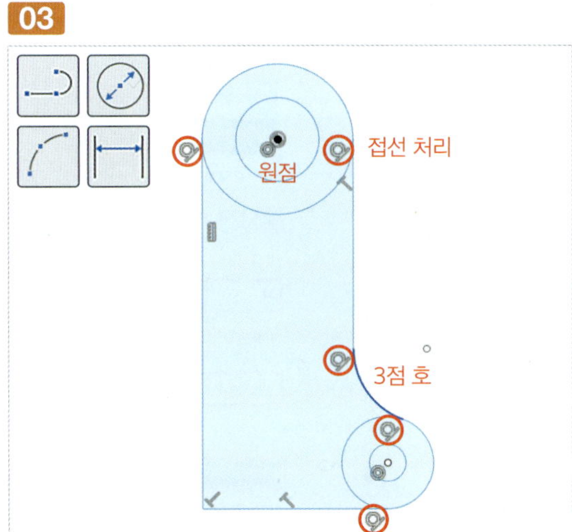

2번 부품의 정면도를 대강 그린다.

04

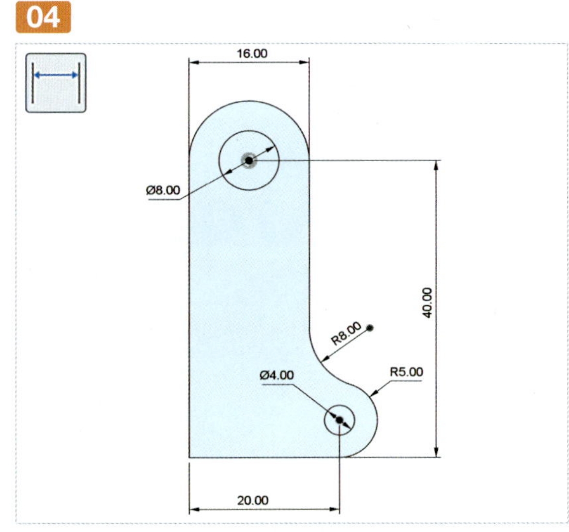

치수를 입력한다.

05

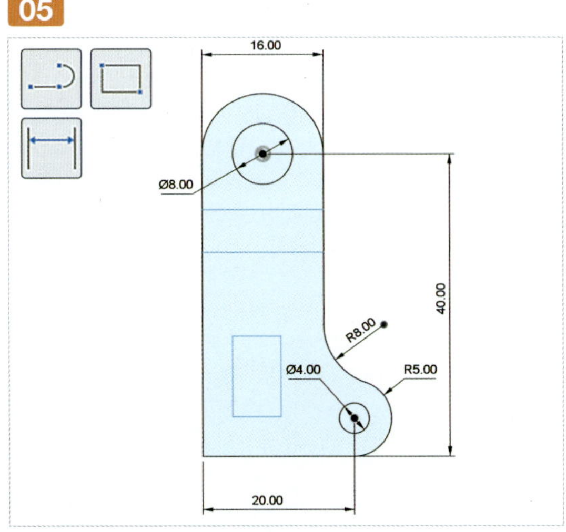

2번 부품의 추가적인 스케치를 한다.

06

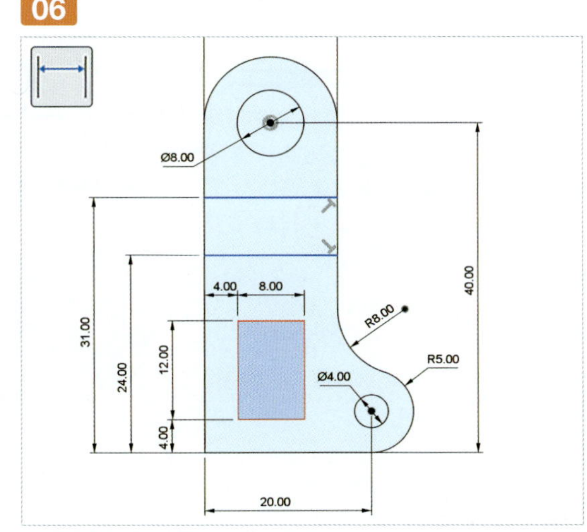

치수를 입력한다.

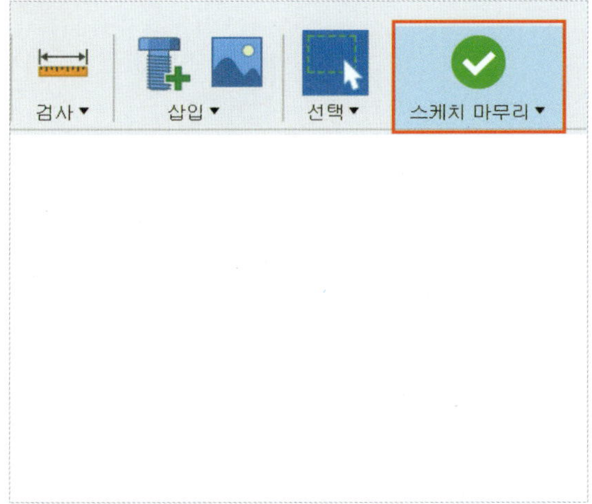

스케치 마무리를 한다.

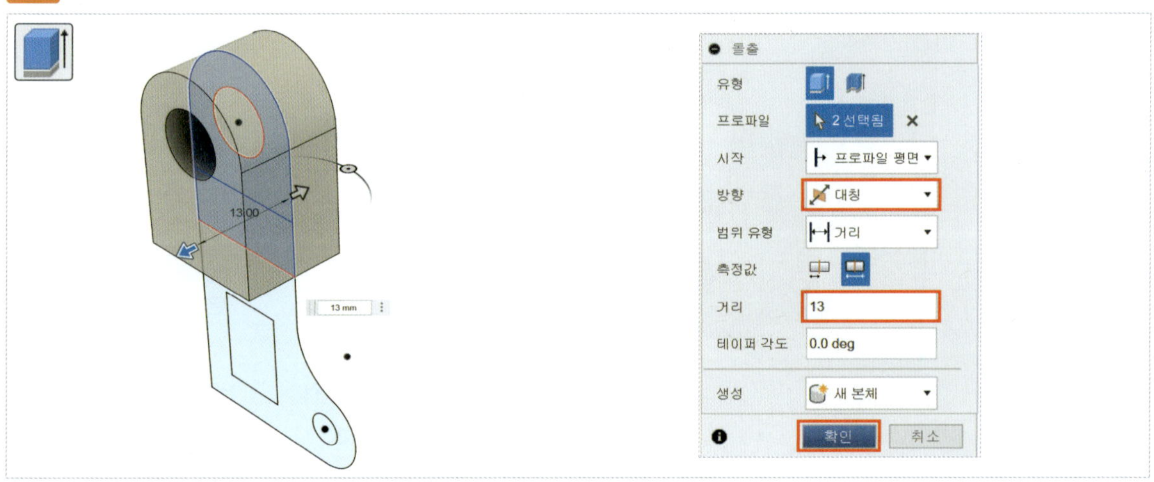

돌출 옵션 창의 내용을 다음과 같이 설정한다.

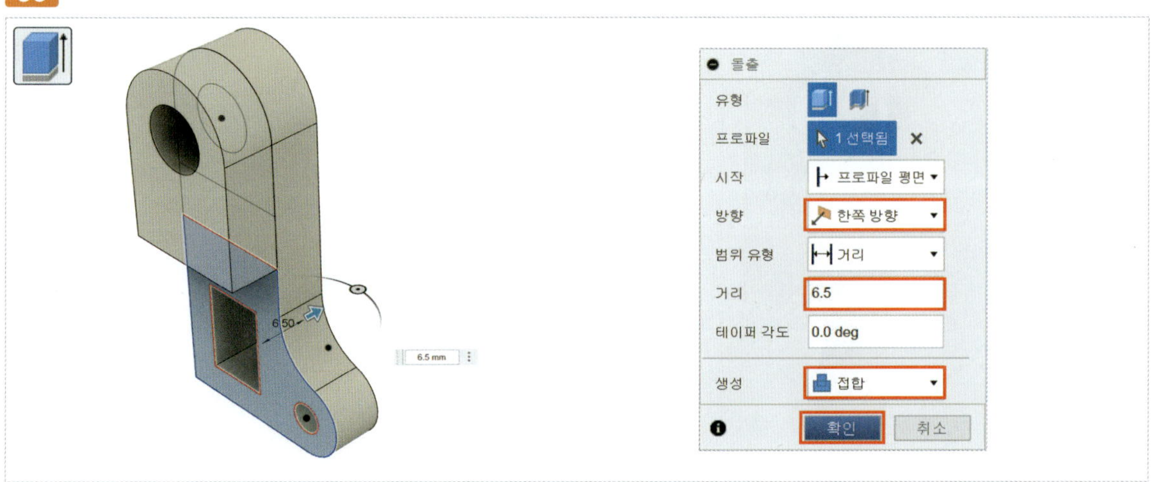

돌출 옵션 창의 내용을 다음과 같이 설정한다.

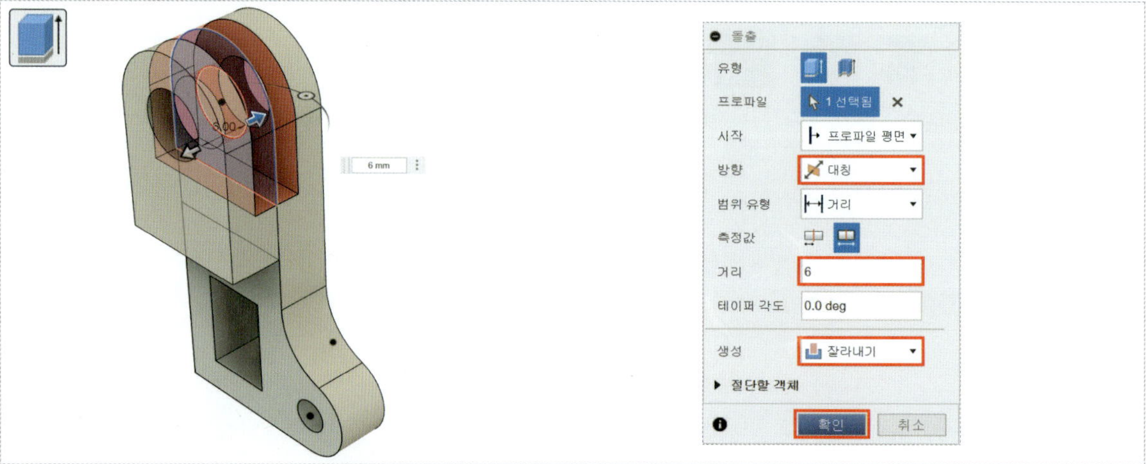

돌출 옵션 창의 내용을 다음과 같이 설정한다.

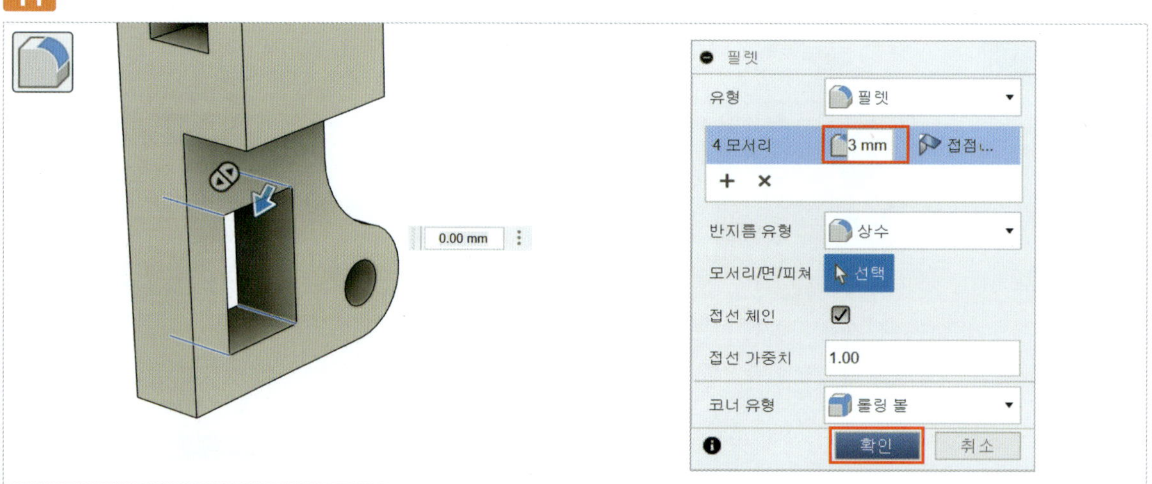

네 모서리에 필렛(모깎기)을 적용한다.

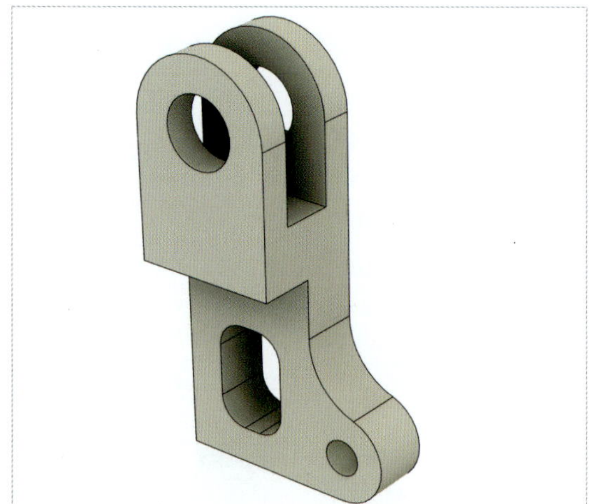

2번 부품의 완성 모습

13

솔리드 〉 검사 〉 단면 분석을 클릭한다.

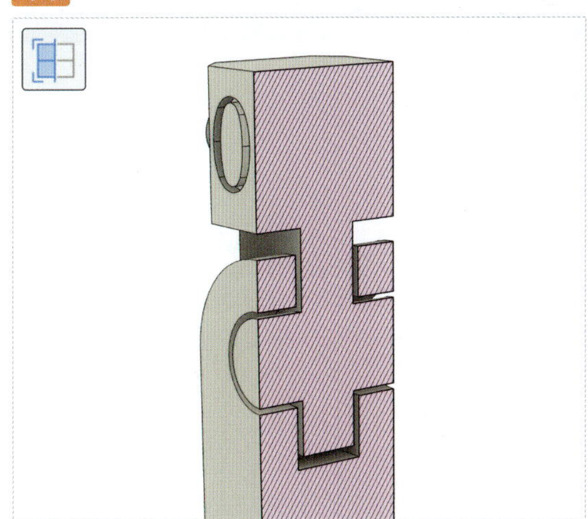

14

YZ 평면을 클릭하여 공차 적용된 부분을 확인한다.

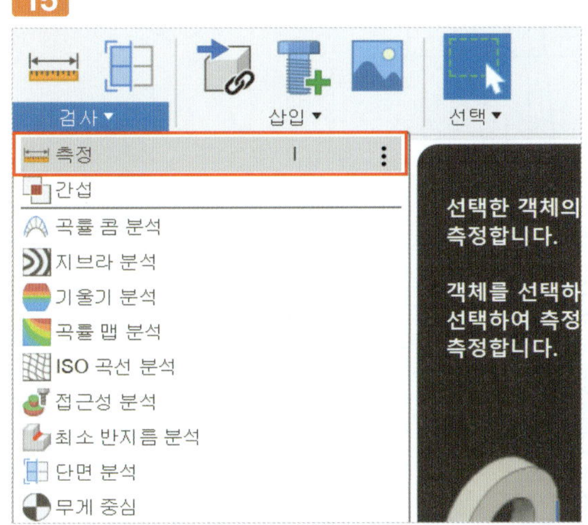

15

솔리드 〉 검사 〉 측정을 클릭한다.

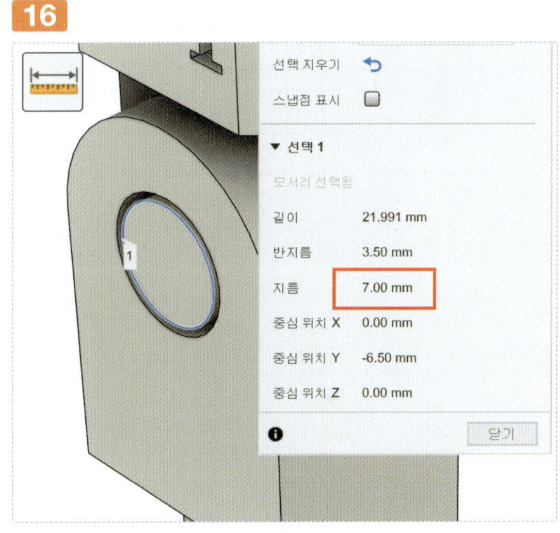

16

A를 측정한다.

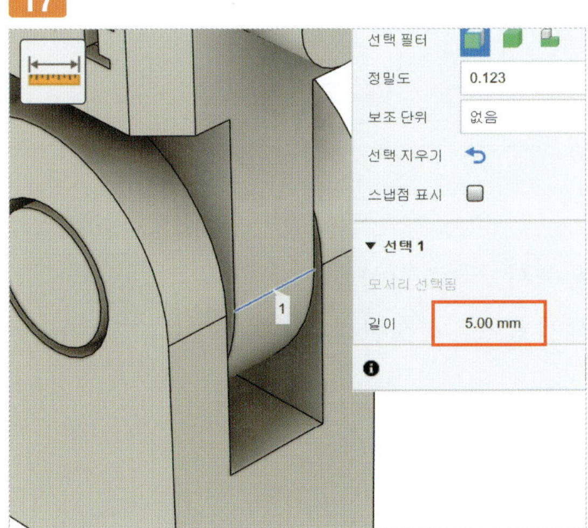

17

B의 길이를 측정한다.

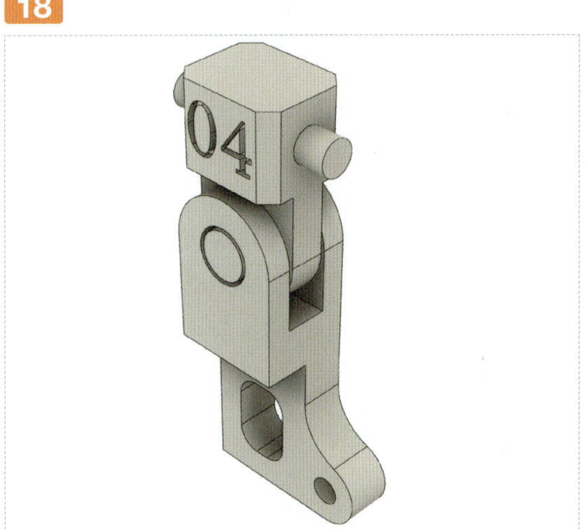

18

모델링을 완료하고 비번호로 저장한다.

주서

1. 도시되고 지시없는 모떼기는 C2

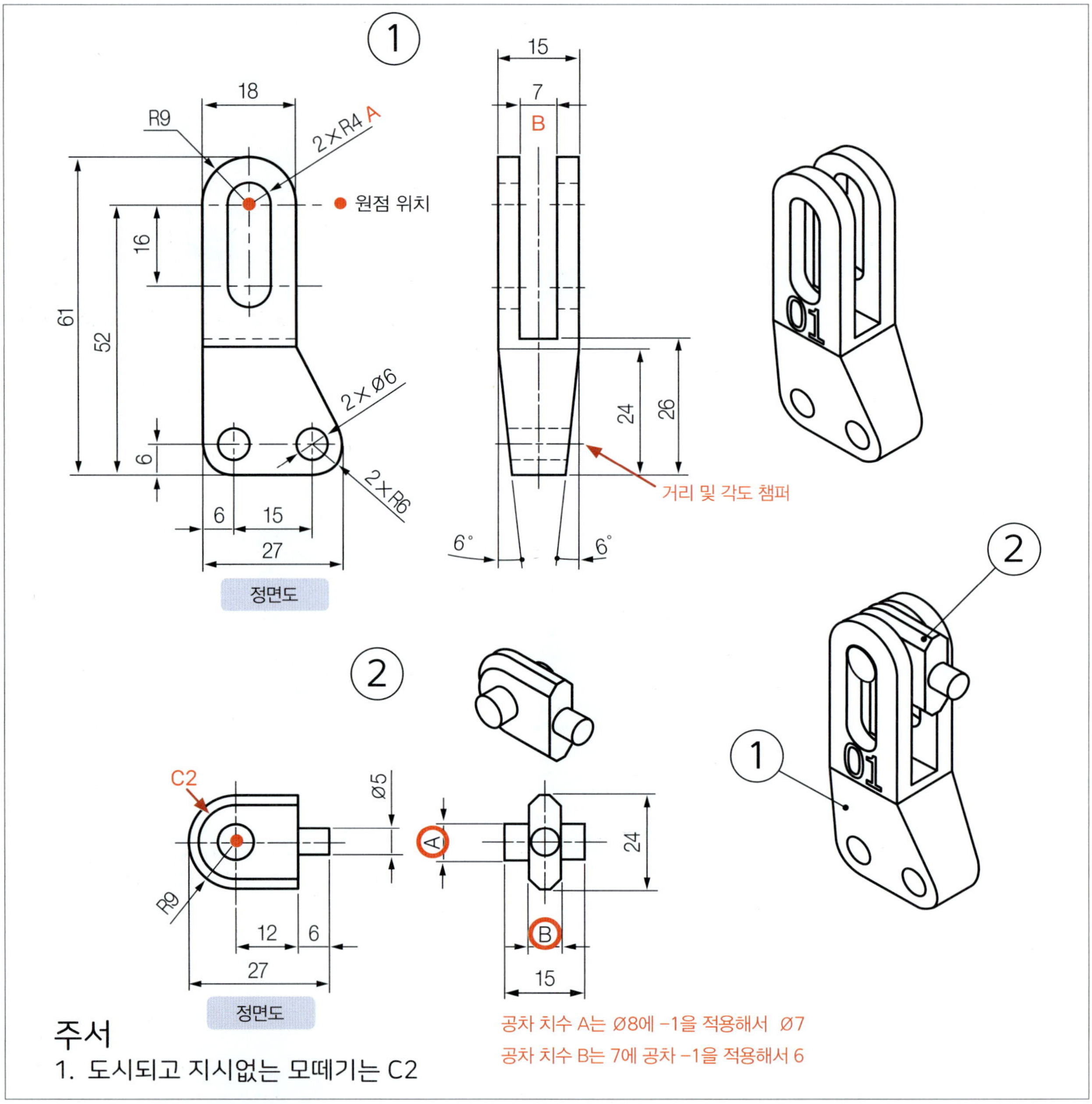

■1■ A, B에 공차 적용된 치수

① A는 1번 부품의 치수 Ø8에 공차 −1을 적용해서 Ø7로 작성한다.

② B는 1번 부품의 치수 7에 공차 −1을 적용해서 6으로 작성한다.

■2■ 도면 분석

① 1번, 2번 부품의 정면도에서 원점을 시작으로 스케치를 한다.

② 공차를 미리 적용한 치수로 작성한다.

③ 1번 부품의 하단 챔퍼는 거리 및 각도 챔퍼 기능으로 만든다.

④ 접촉면을 줄여 출력하기 위해 2번 부품을 슬롯의 가운데로 내린다.

01

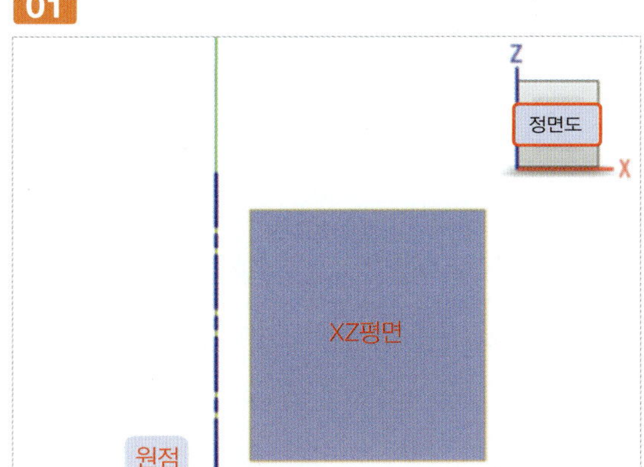

뷰 큐브의 정면도라는 글자를 클릭하여 시점을 맞춘다.

02

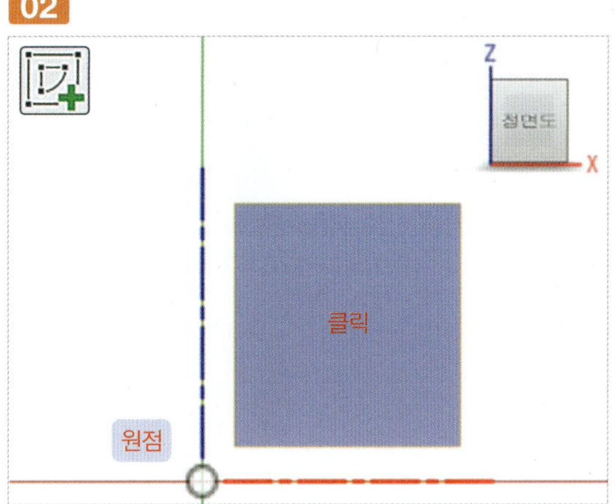

스케치 작성 명령을 클릭하고 원점 근처를 클릭한다.

03

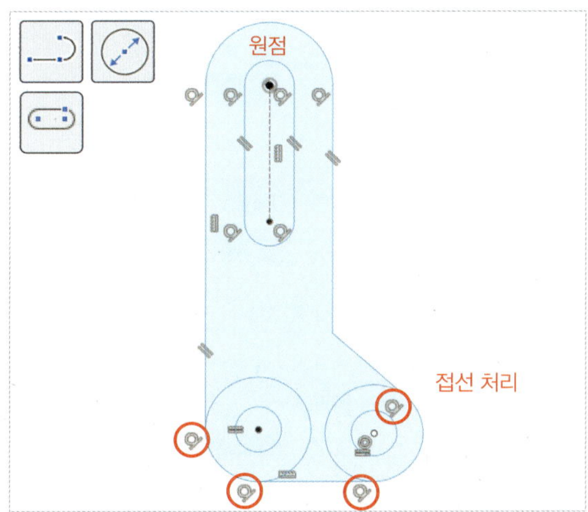

1번 부품의 정면도를 대강 그린다.

04

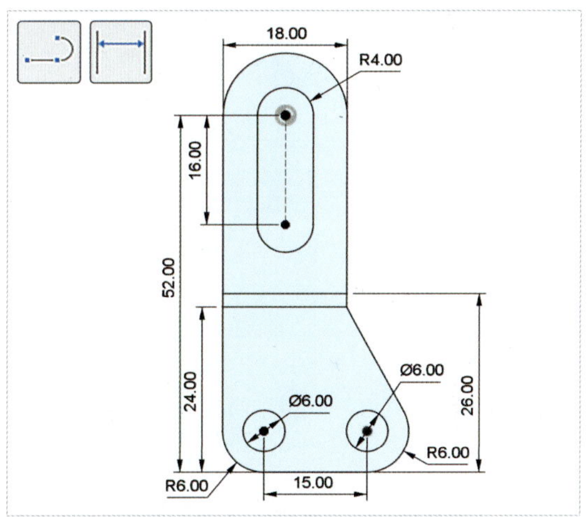

자르기로 선을 지우고 다음과 같이 치수를 적용한다.

05

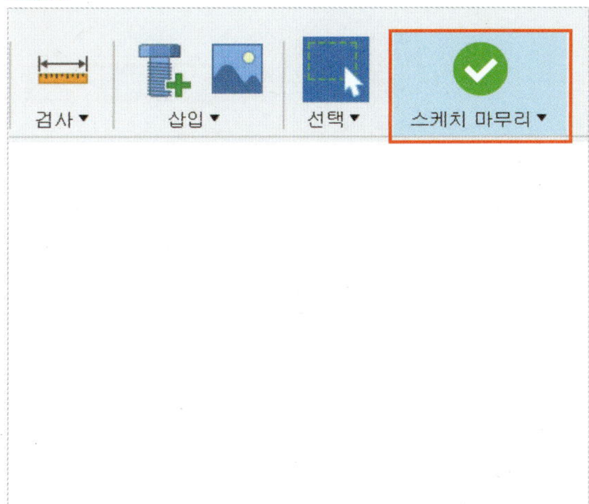

스케치 마무리를 한다.

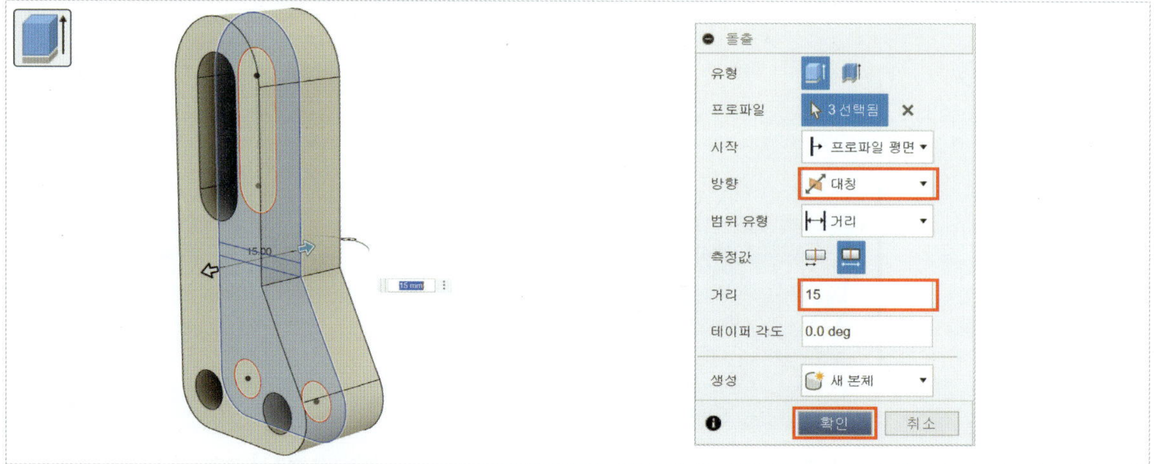

1번 부품의 돌출 옵션을 다음과 같이 설정한다.

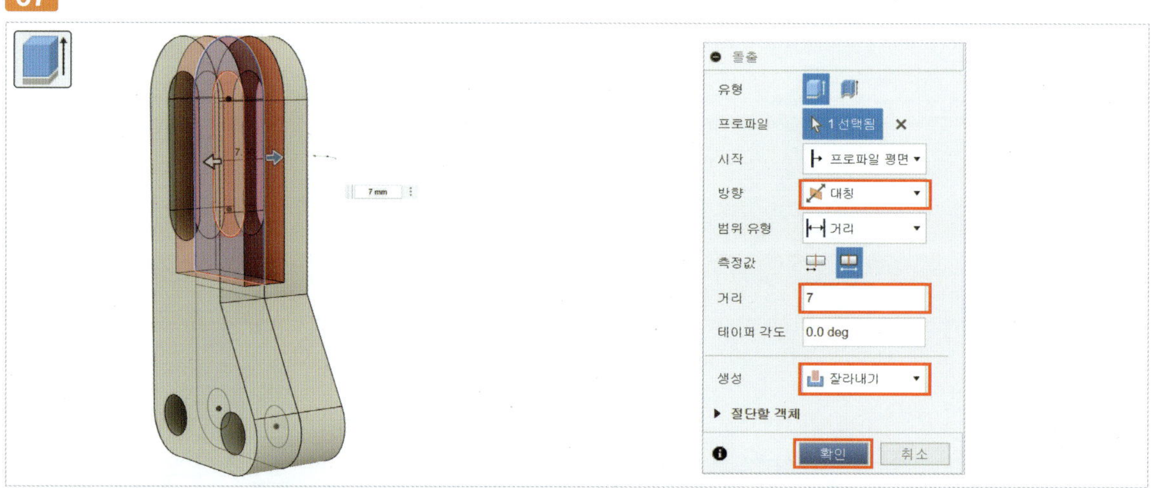

돌출 옵션을 다음과 같이 설정한다.

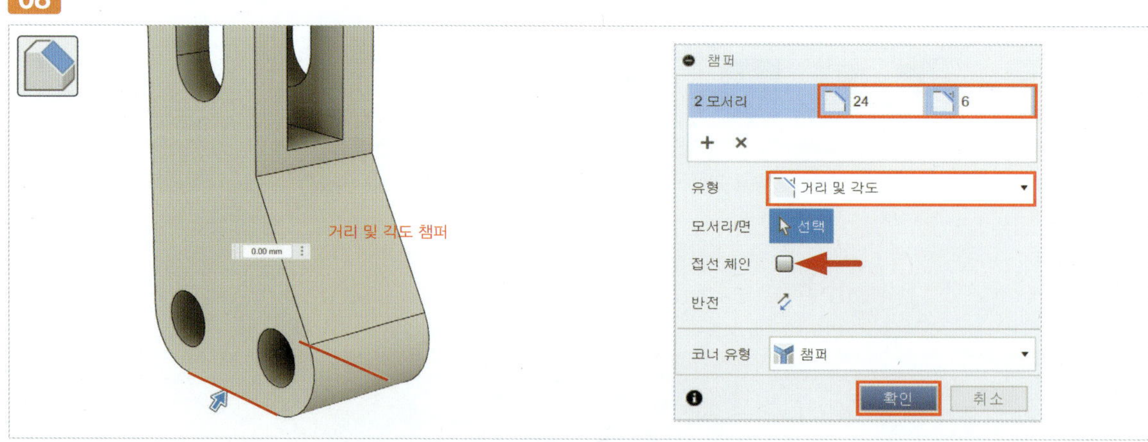

두 모서리에 챔퍼(모따기)를 적용한다. 이때 접선 체인을 해제한다.

챔퍼가 적용된 모습

다음의 면을 선택하고 스케치 작성을 클릭한다.

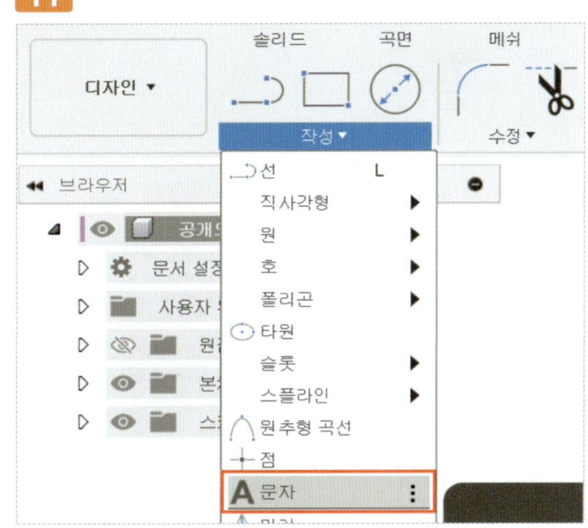

스케치 〉 작성 〉 문자 명령을 클릭한다.

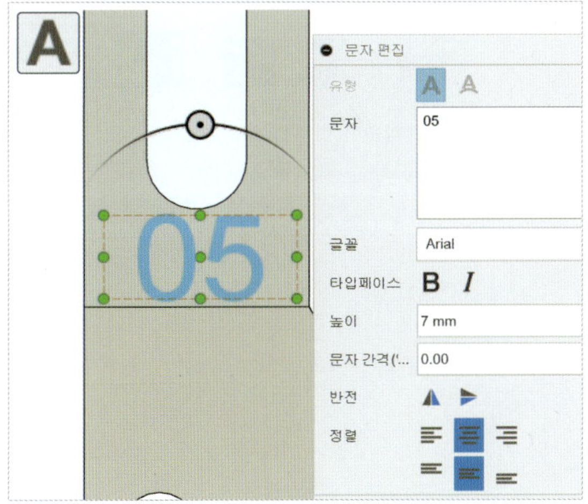

비번호를 입력하고 옵션 창을 설정한다.

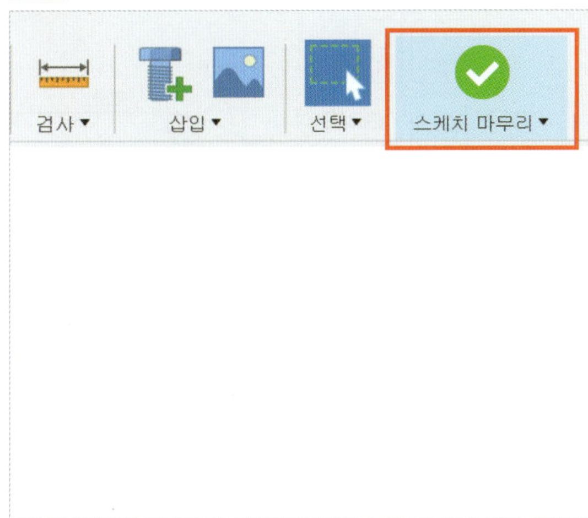

스케치 마무리를 한다.

솔리드 〉 작성 〉 돌출 명령을 클릭한다.

4 2번 부품 3D모델링

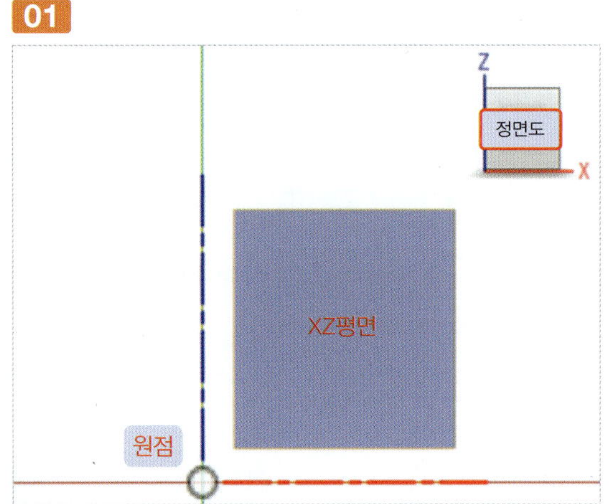

뷰 큐브의 정면도라는 글자를 클릭하여 시점을 맞춘다.

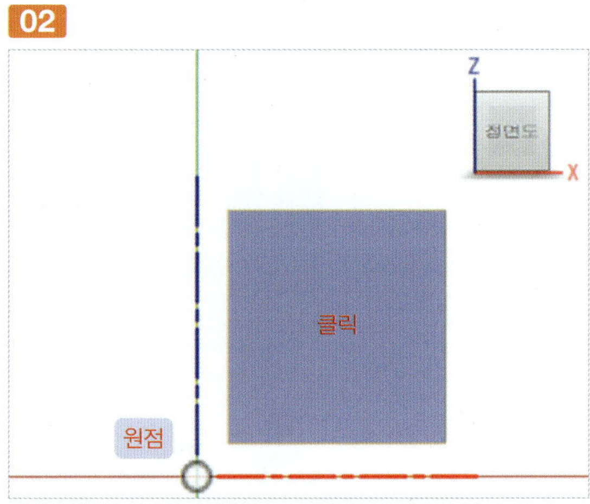

스케치 작성 명령을 클릭하고 원점 근처를 클릭한다.

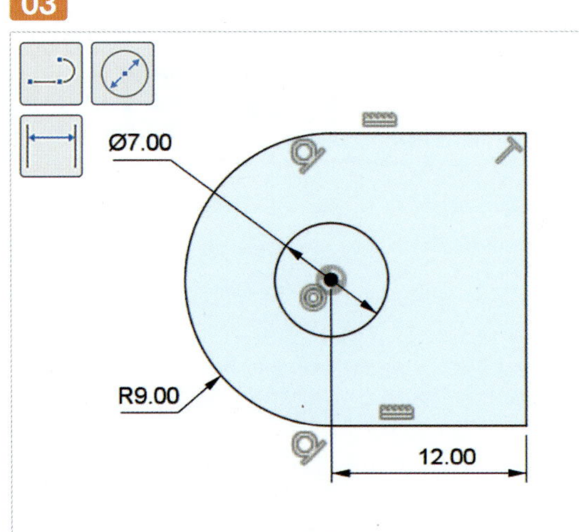

2번 부품의 정면도를 스케치한다.

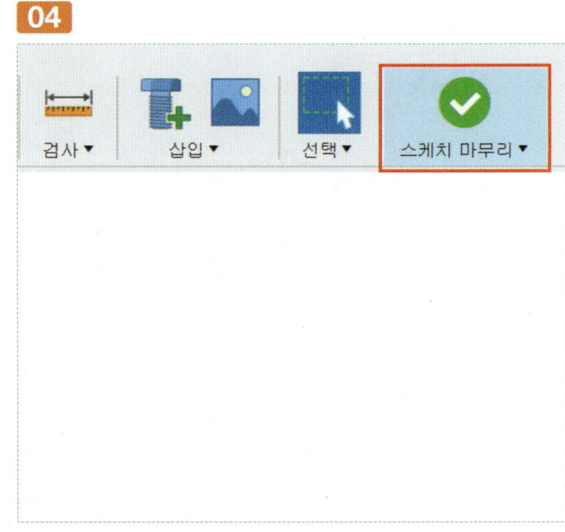

스케치 마무리를 한다.

돌출 옵션을 다음과 같이 설정한다.

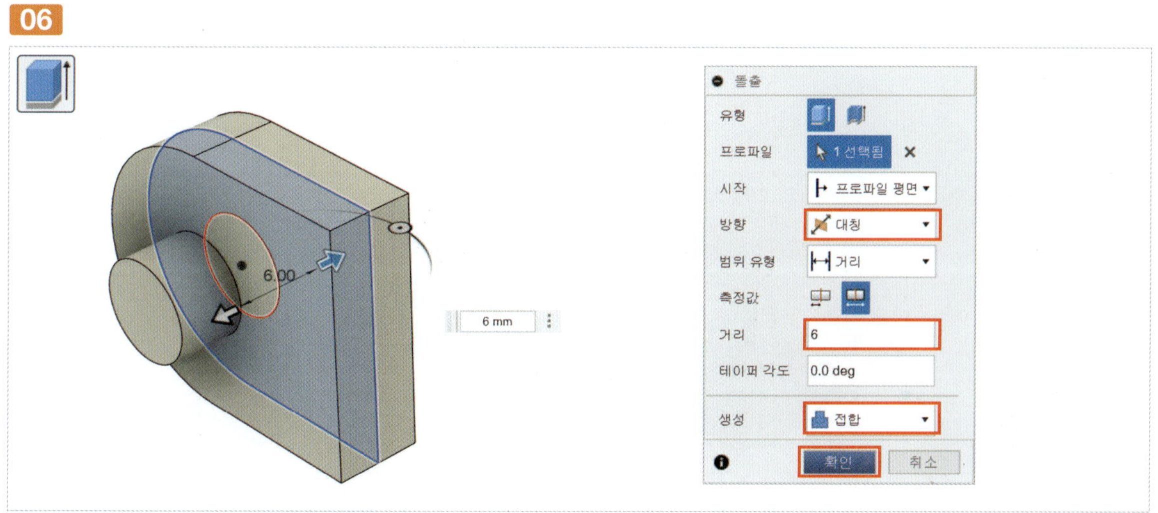

돌출 옵션을 다음과 같이 설정한다.

원통을 돌출시킬 면을 선택한다.

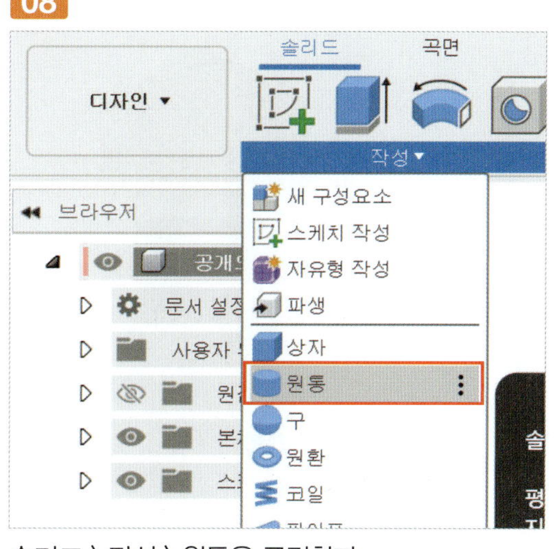

솔리드 〉 작성 〉 원통을 클릭한다.

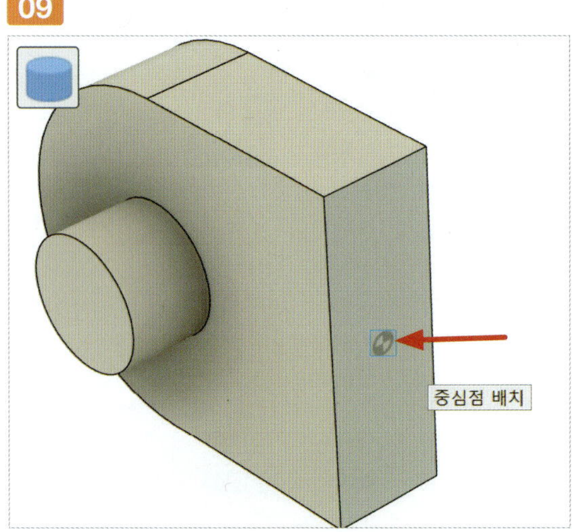

원의 중심점을 스냅 위치에 배치한다.

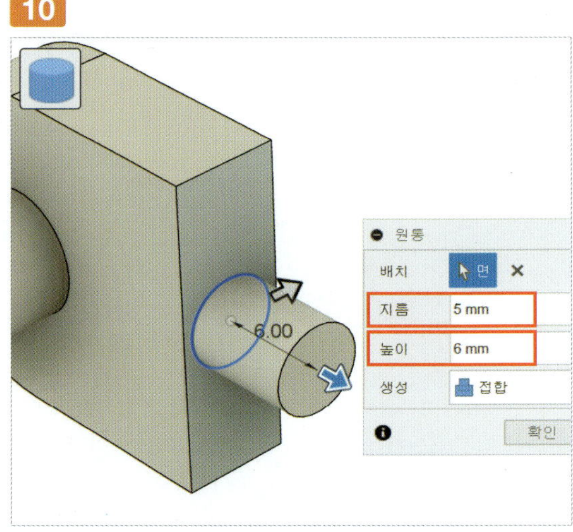

지름 5mm, 높이 6mm인 원통을 작성한다.

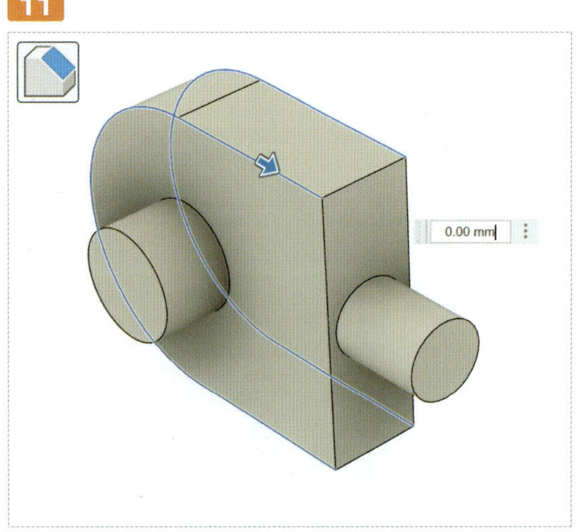

두 모서리를 모따기한다.

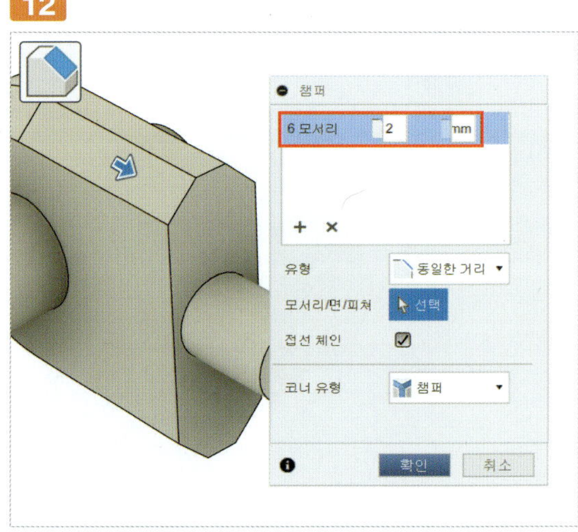

모따기 C2를 다음과 같이 설정한다.

1번 부품의 가시성을 켠다.

두 부품 간에 공차가 적용된 모습

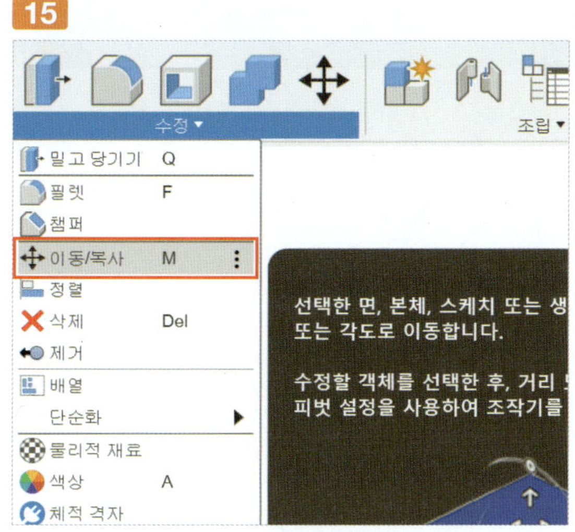

솔리드 〉 수정 〉 이동/복사 명령을 클릭한다.

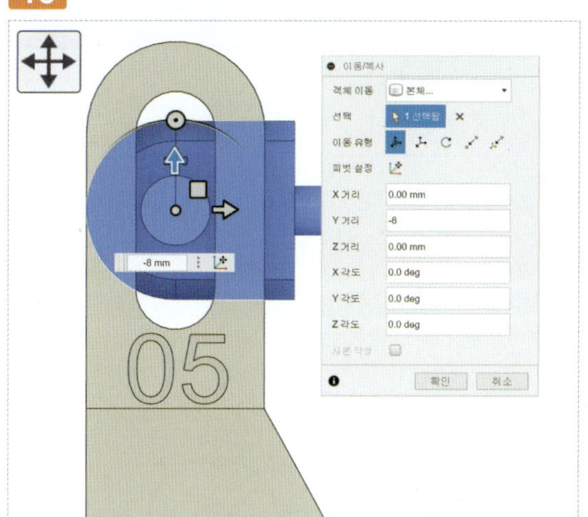

180° 회전하고, Y축을 −8mm 이동한다.

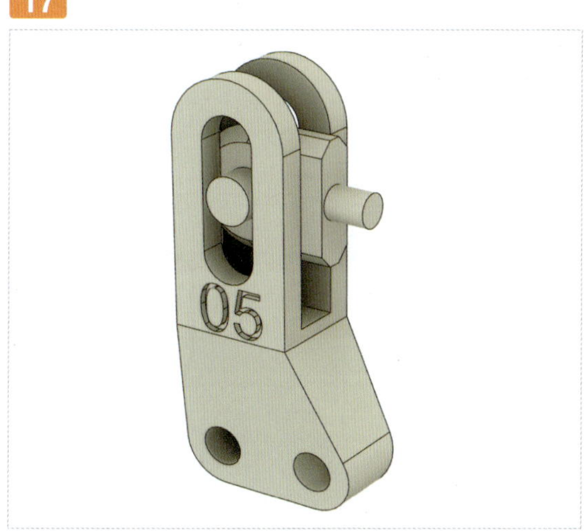

모델링을 완료하고 비번호로 저장한다.

공차 치수 A는 Ø6에 −1을 적용해서 Ø5
공차 치수 B는 10에 공차 +1을 적용해서 11

주서
1. 도시되고 지시없는 모떼기는 R2

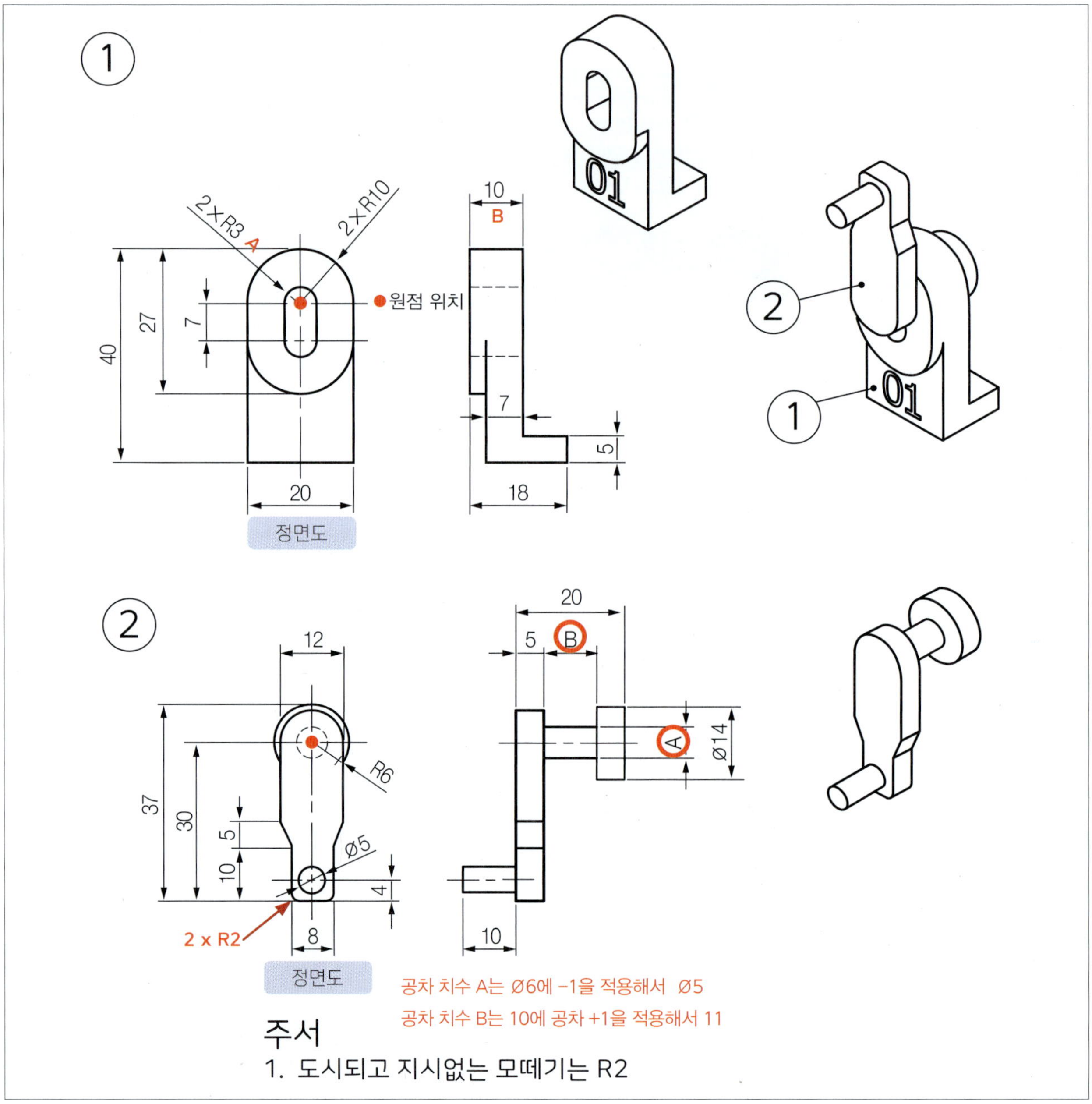

1 A, B에 공차 적용된 치수

① A는 1번 부품의 치수 Ø6에 공차 −1을 적용해서 Ø5로 작성한다.

② B는 1번 부품의 치수 10에 공차 +1을 적용해서 11로 작성한다.

2 도면 분석

① 1번, 2번 부품의 정면도에서 스케치를 시작한다.

② 공차를 미리 적용한 치수로 작성한다.

③ 출력을 위해 2번 부품을 회전하고 슬롯의 가운데로 내린다.

 1번 부품 3D모델링

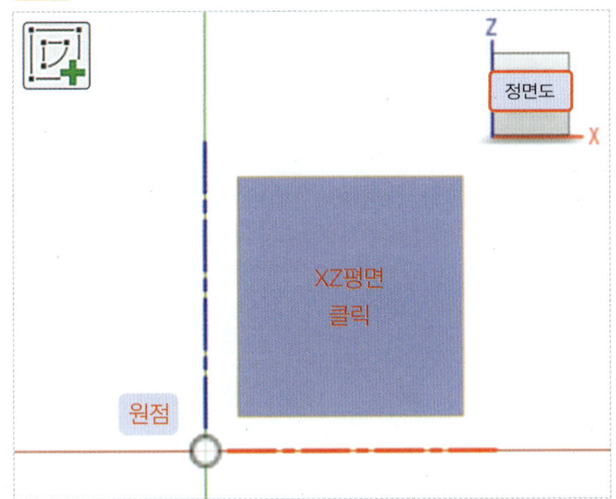

뷰 큐브의 정면도라는 글자를 클릭하여 시점을 맞추고 스케치 작성 명령을 클릭한다.

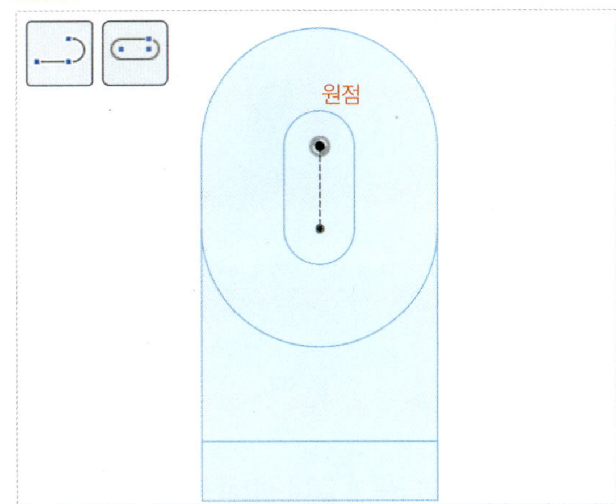

1번 부품의 정면도를 대강 그린다.

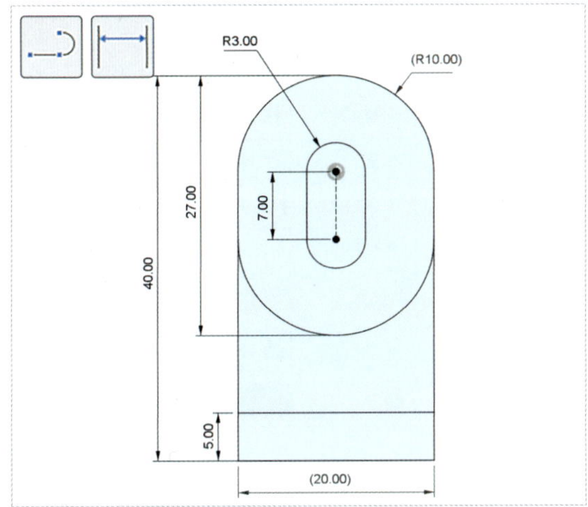

다음과 같이 치수를 적용한다.

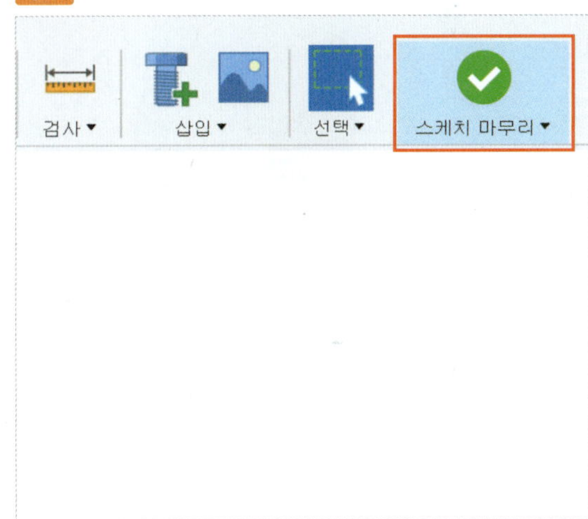

스케치 마무리를 한다.

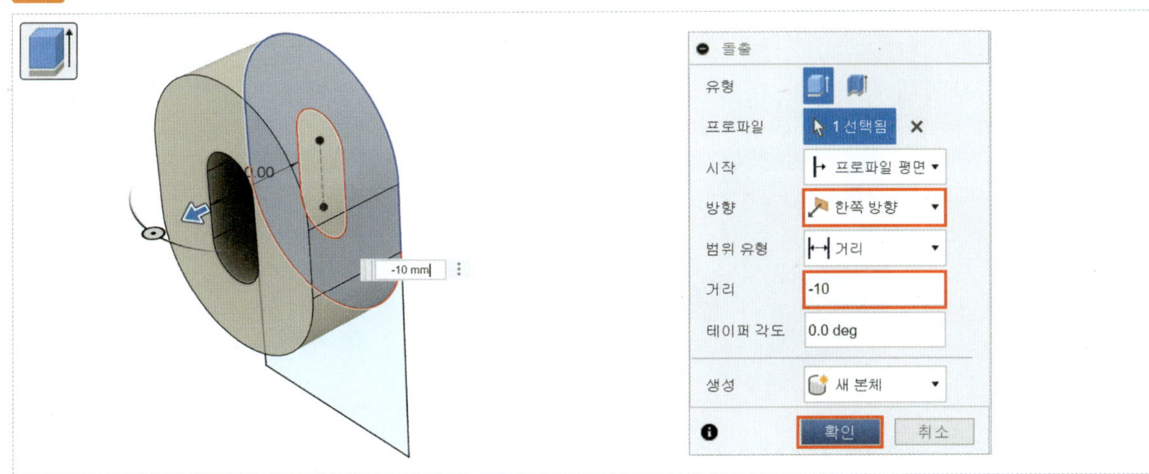

돌출을 다음과 같이 설정한다.

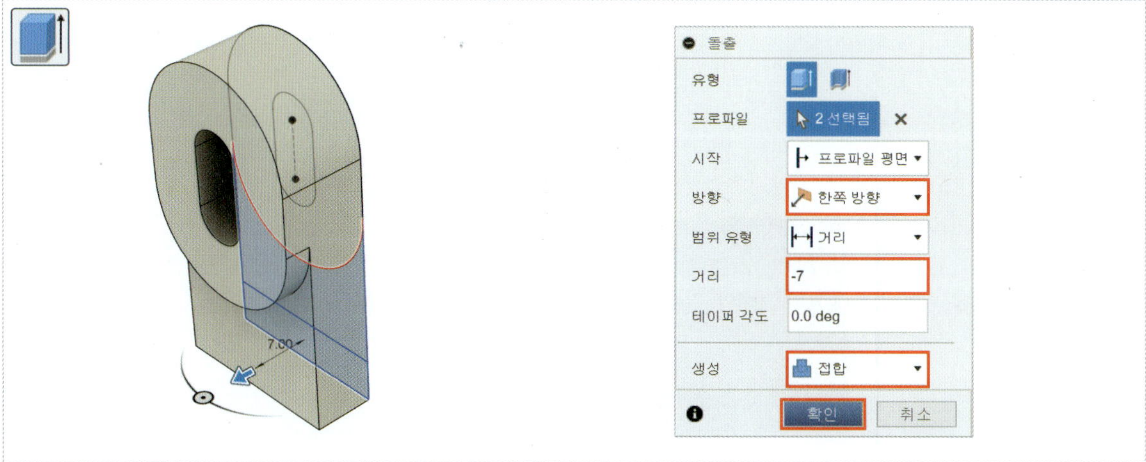

돌출을 다음과 같이 설정한다.

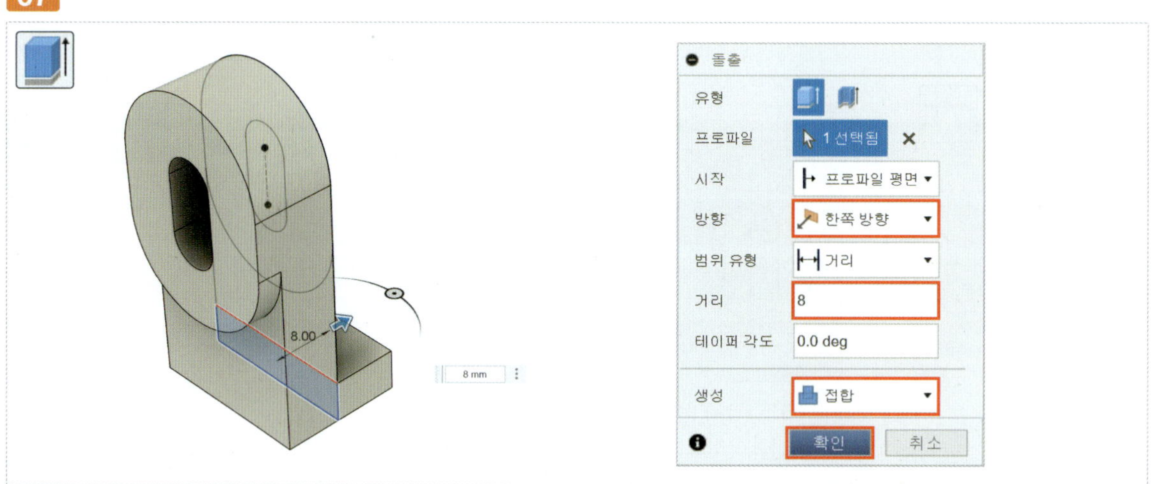

돌출을 다음과 같이 설정한다.

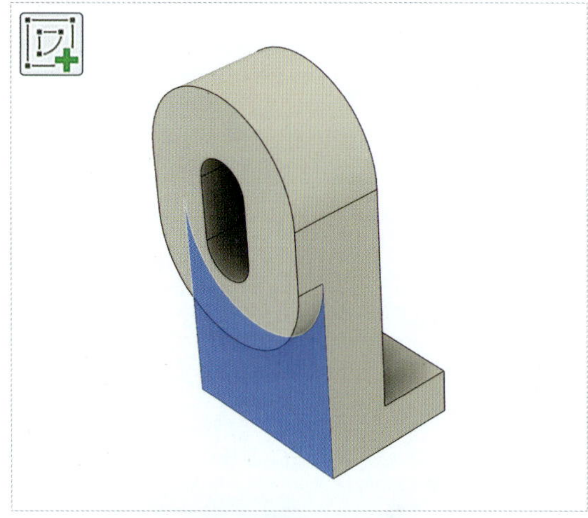

다음의 면을 선택하고 스케치 작성을 클릭한다.

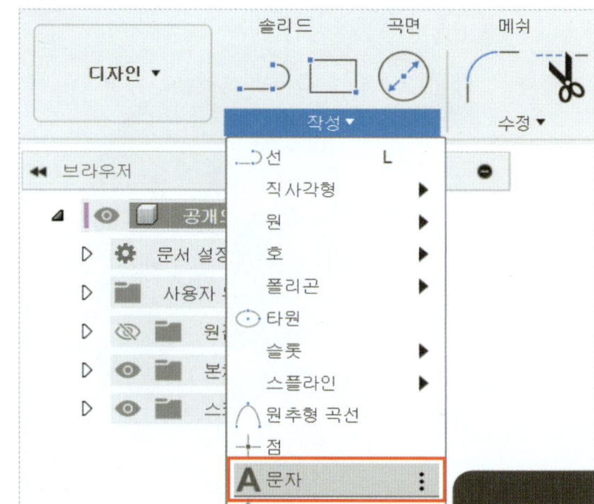

스케치 〉 작성 〉 문자 명령을 클릭한다.

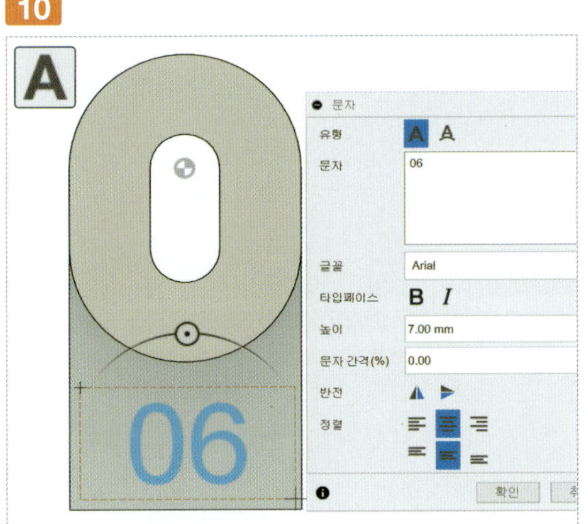

비번호를 입력하고 문자창의 옵션을 다음과 같이 설정한다.

스케치 마무리를 한다.

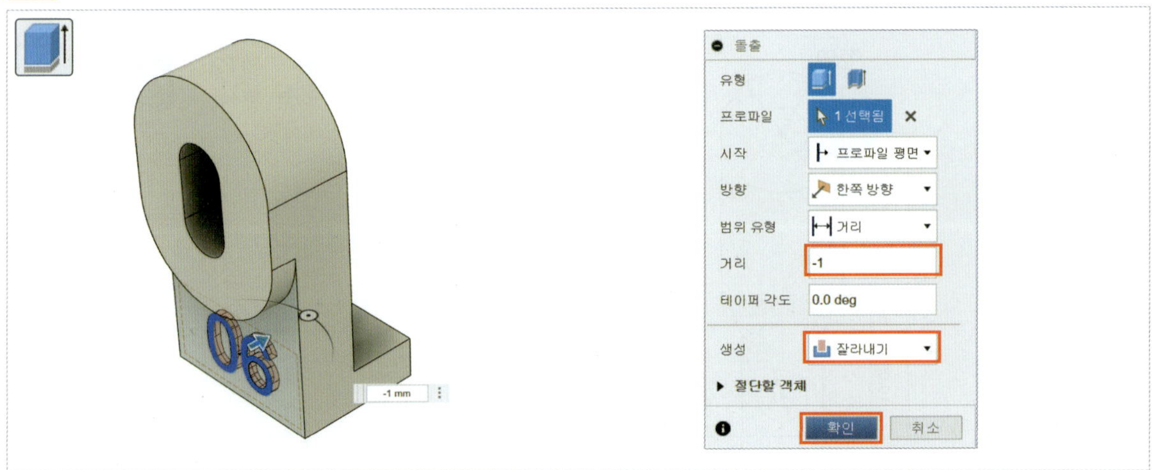

솔리드 〉 작성 〉 돌출 명령을 클릭한다.

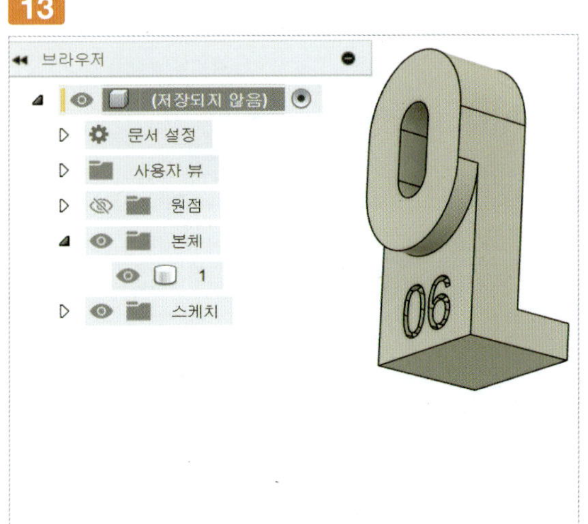

1번 부품 완성 후 가시성을 끈다.

4 2번 부품 3D모델링

정면도로 시점을 맞추고 스케치를 시작한다.

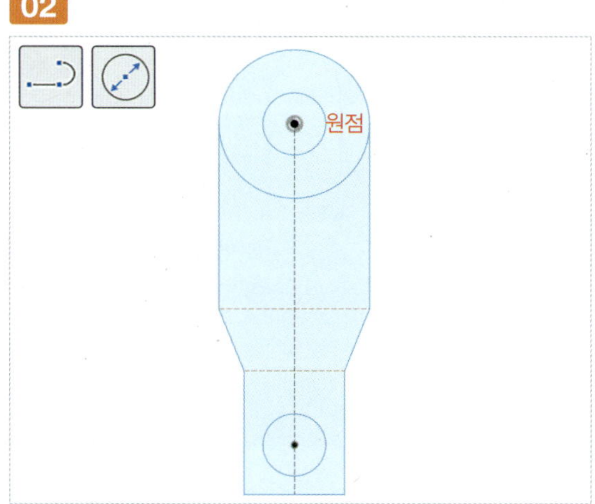

정면도를 그린다.

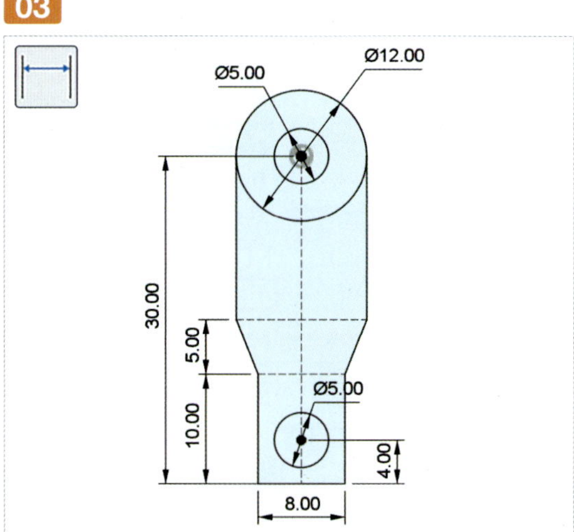

다음과 같이 치수를 입력한다.

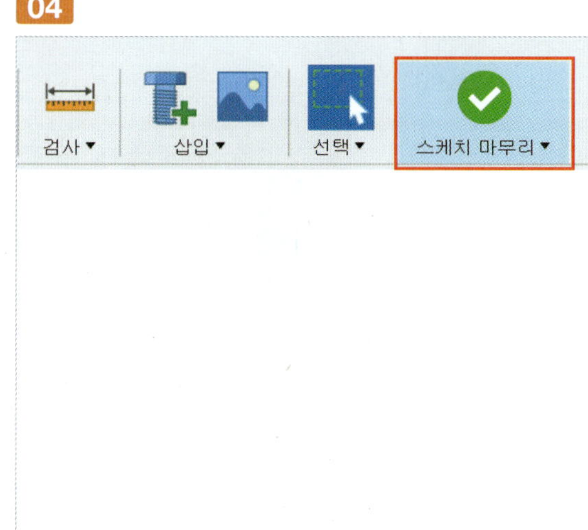

스케치 마무리를 한다.

돌출 옵션을 다음과 같이 설정한다.

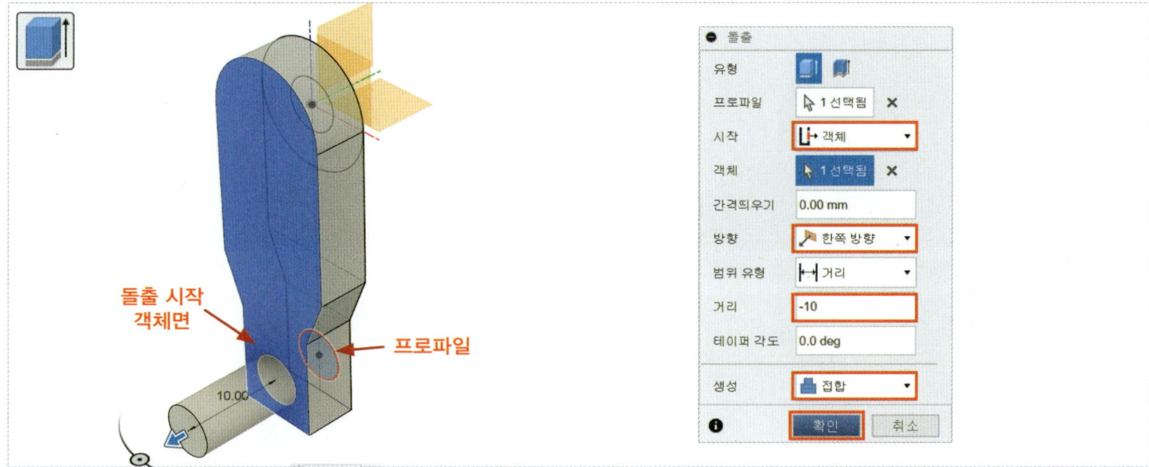

돌출 옵션을 다음과 같이 설정한다.

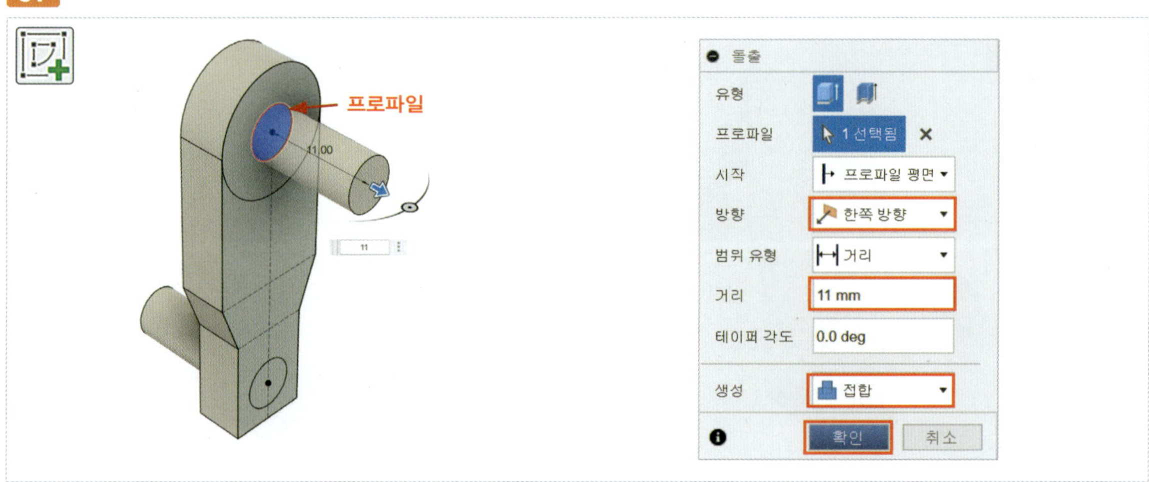

돌출 옵션을 다음과 같이 설정한다.

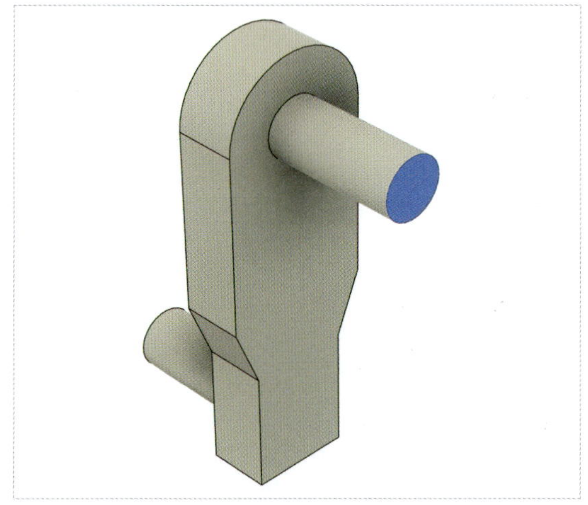

원통을 돌출시킬 면을 선택한다.

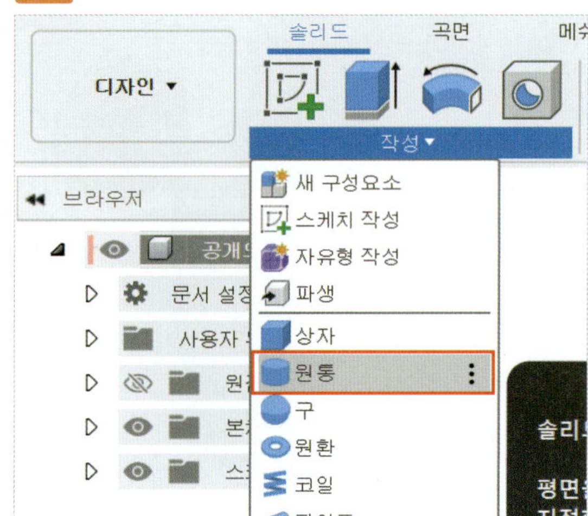

솔리드 〉 작성 〉 원통을 클릭한다.

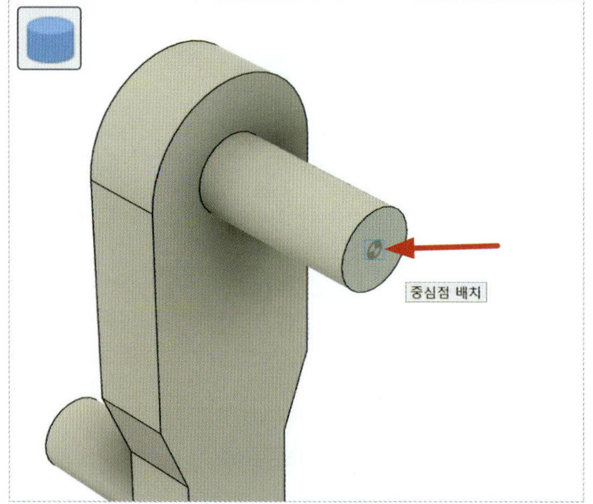

원의 중심점을 스냅 위치에 배치한다.

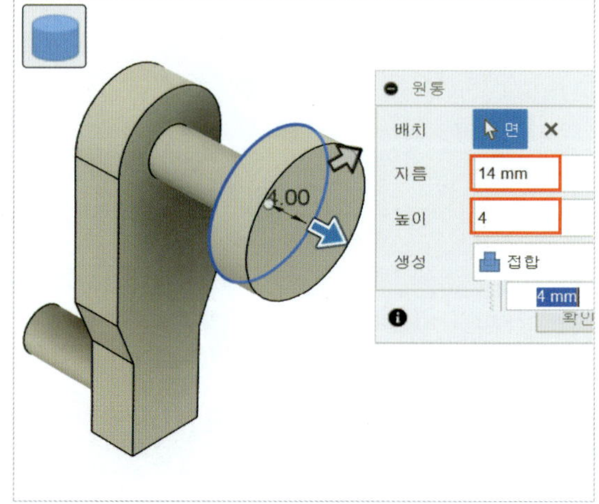

직경 14mm, 높이 4mm인 원통을 작성한다.

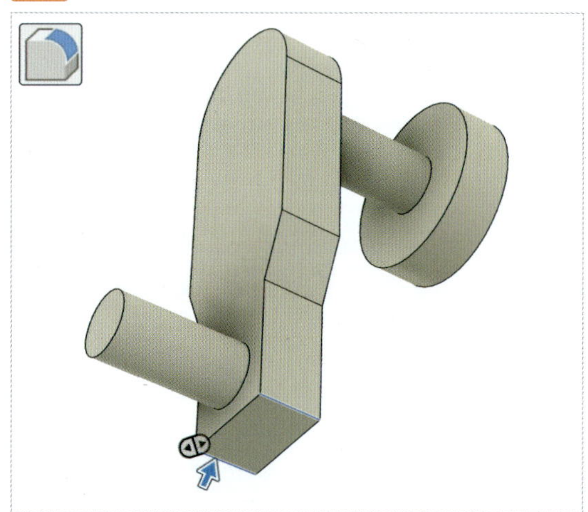

모서리에 필렛(모깎기)을 적용한다.

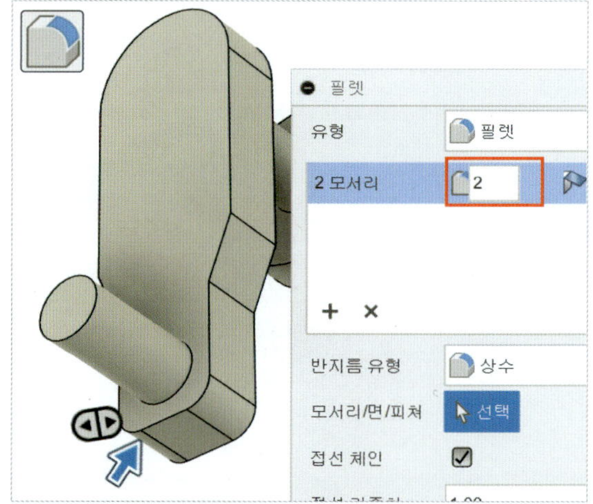

2mm를 입력하고 확인을 누른다.

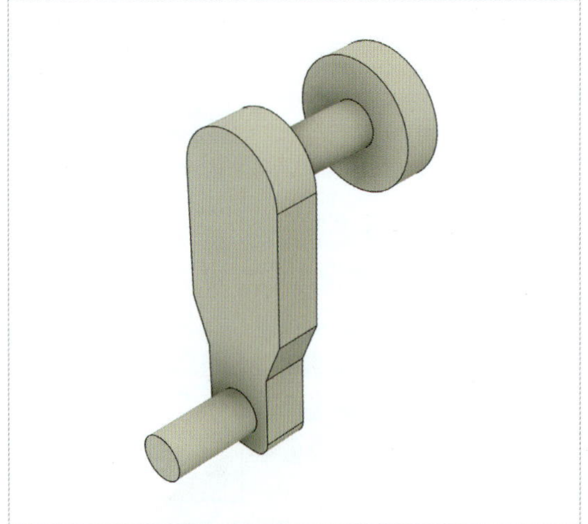

2번 부품의 완성 모습

5 부품 조립

01

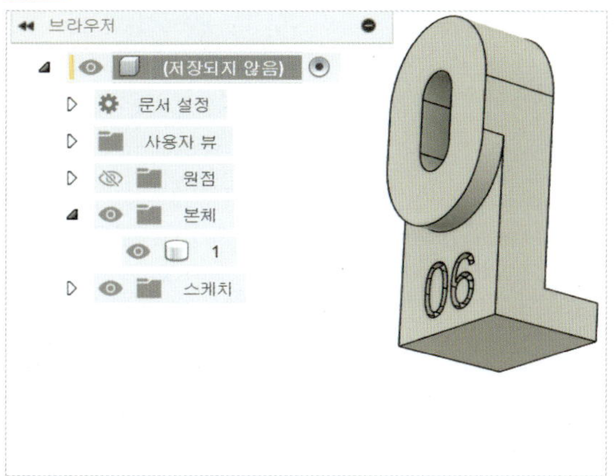

1번 부품의 가시성을 켠다.

02

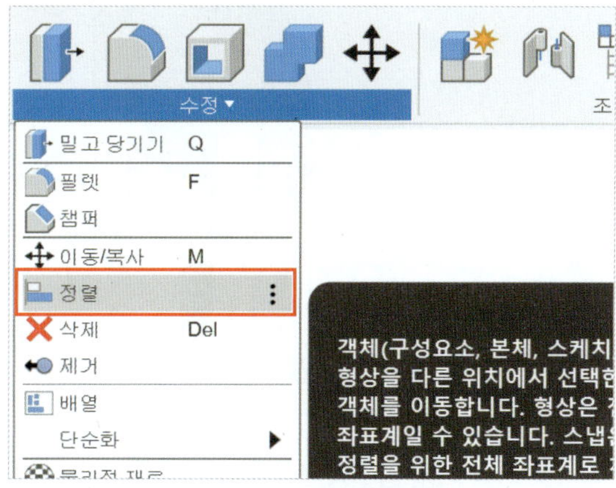

솔리드 〉수정 〉정렬 명령을 클릭한다.

03

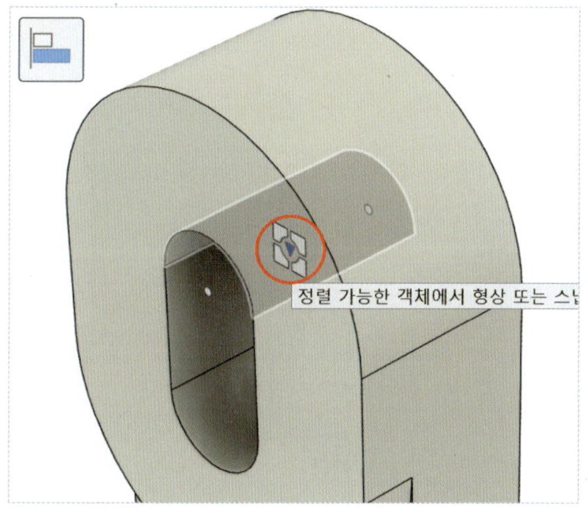

1번 부품의 위쪽 원통면의 중심을 클릭한다. 삼각형을 선택하려면 Ctrl 키를 함께 누른다.

04

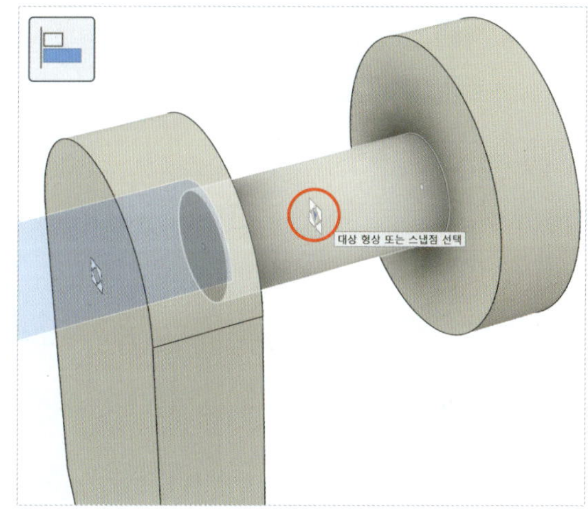

2번 부품의 연결 원통 중심을 클릭한다.

05

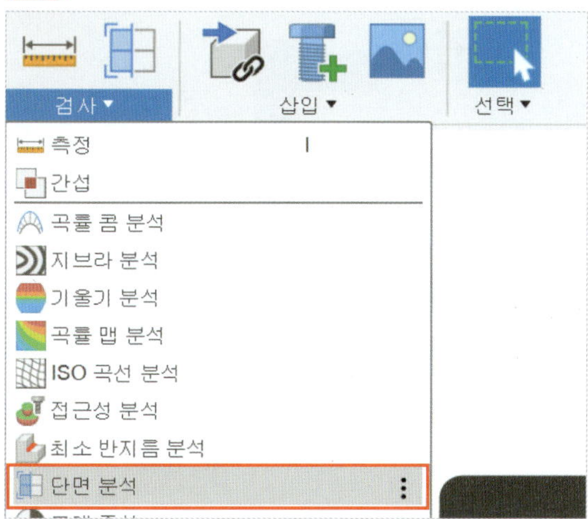

솔리드 〉검사 〉단면 분석을 클릭한다.

06

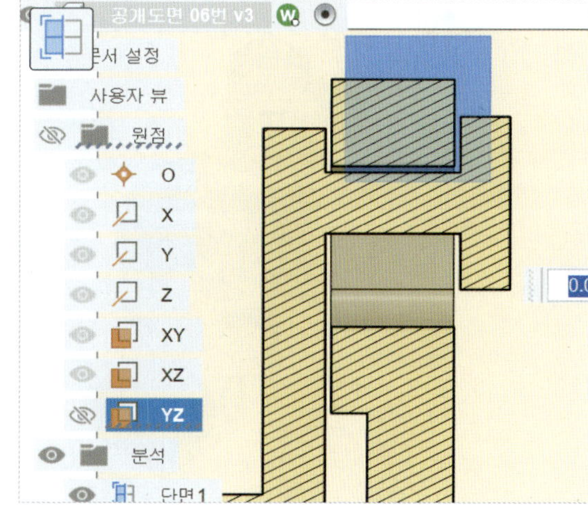

YZ면을 클릭한다.

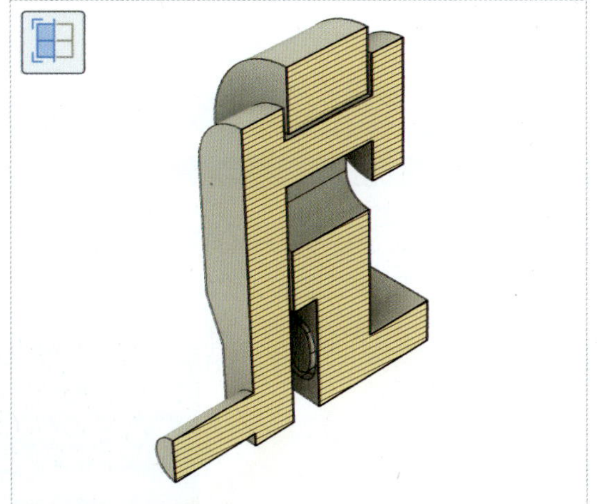

YZ 단면 분석으로 조립 상태를 확인한다.

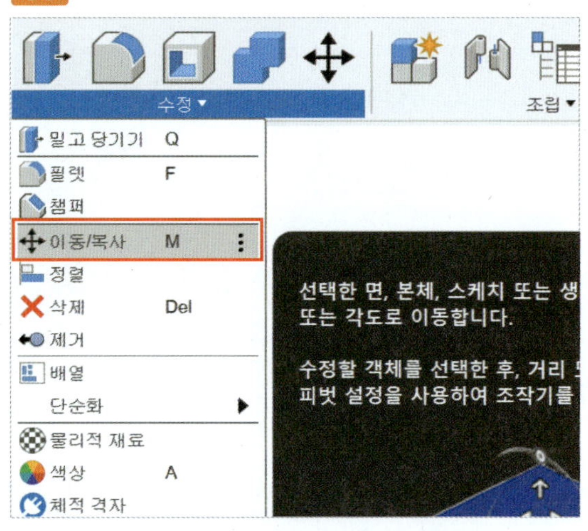

솔리드 〉수정 〉이동/복사 명령을 클릭한다.

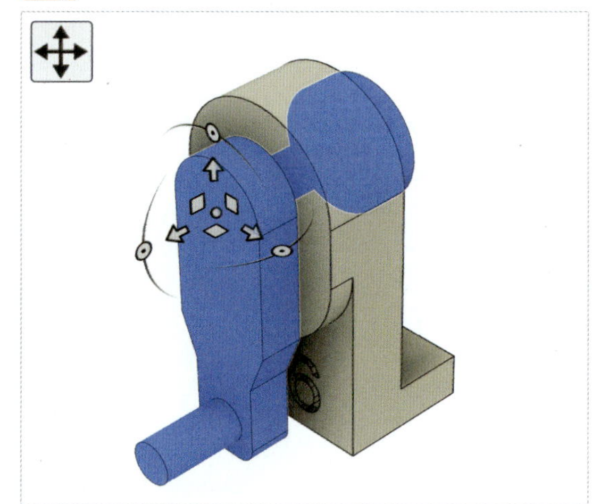

회전 중심에 붙인다.

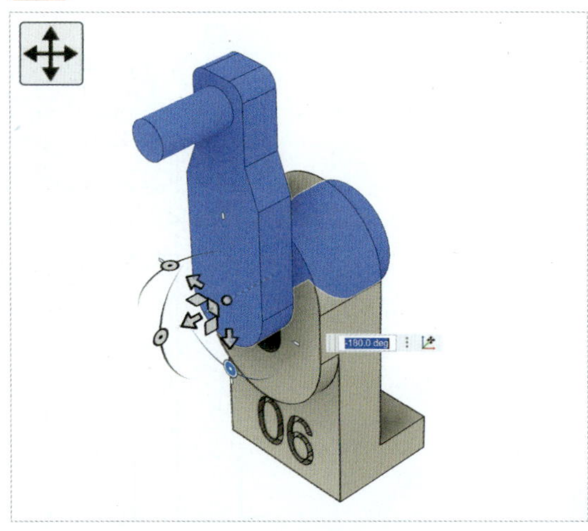

180° 회전한다.

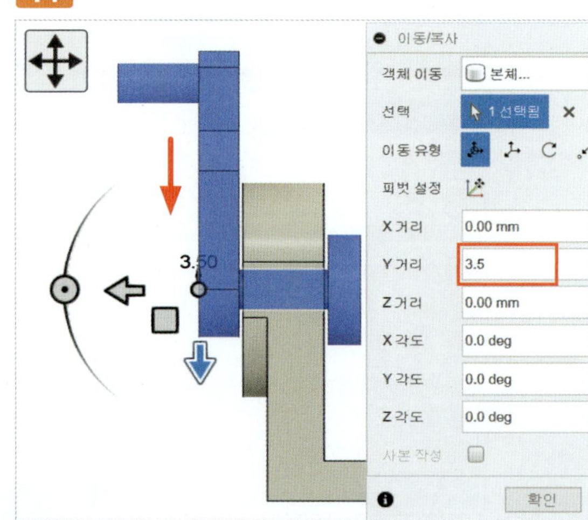

Y로 3.5mm 이동하여 면을 떨어뜨린다.

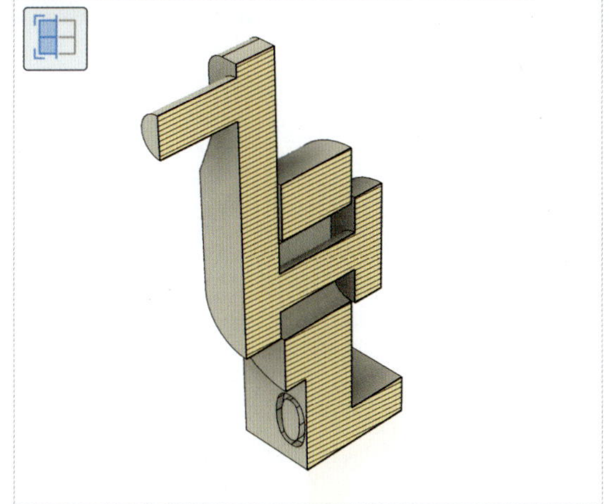

YZ 단면 분석으로 공차와 조립 상태를 확인한다.

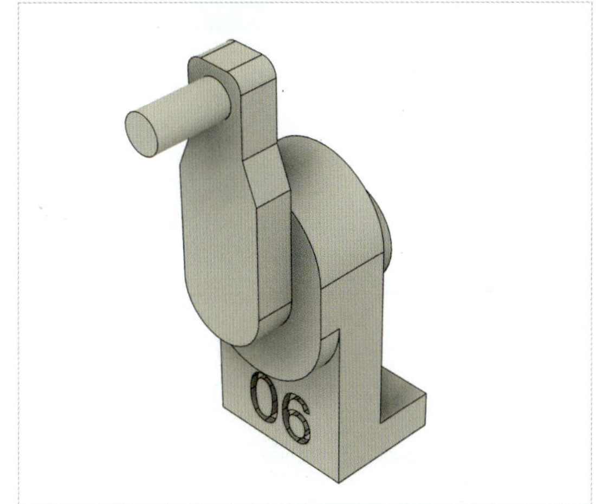

모델링을 완료하고 비번호로 저장한다.

공개 도면 7번

① 정면도

② 정면도

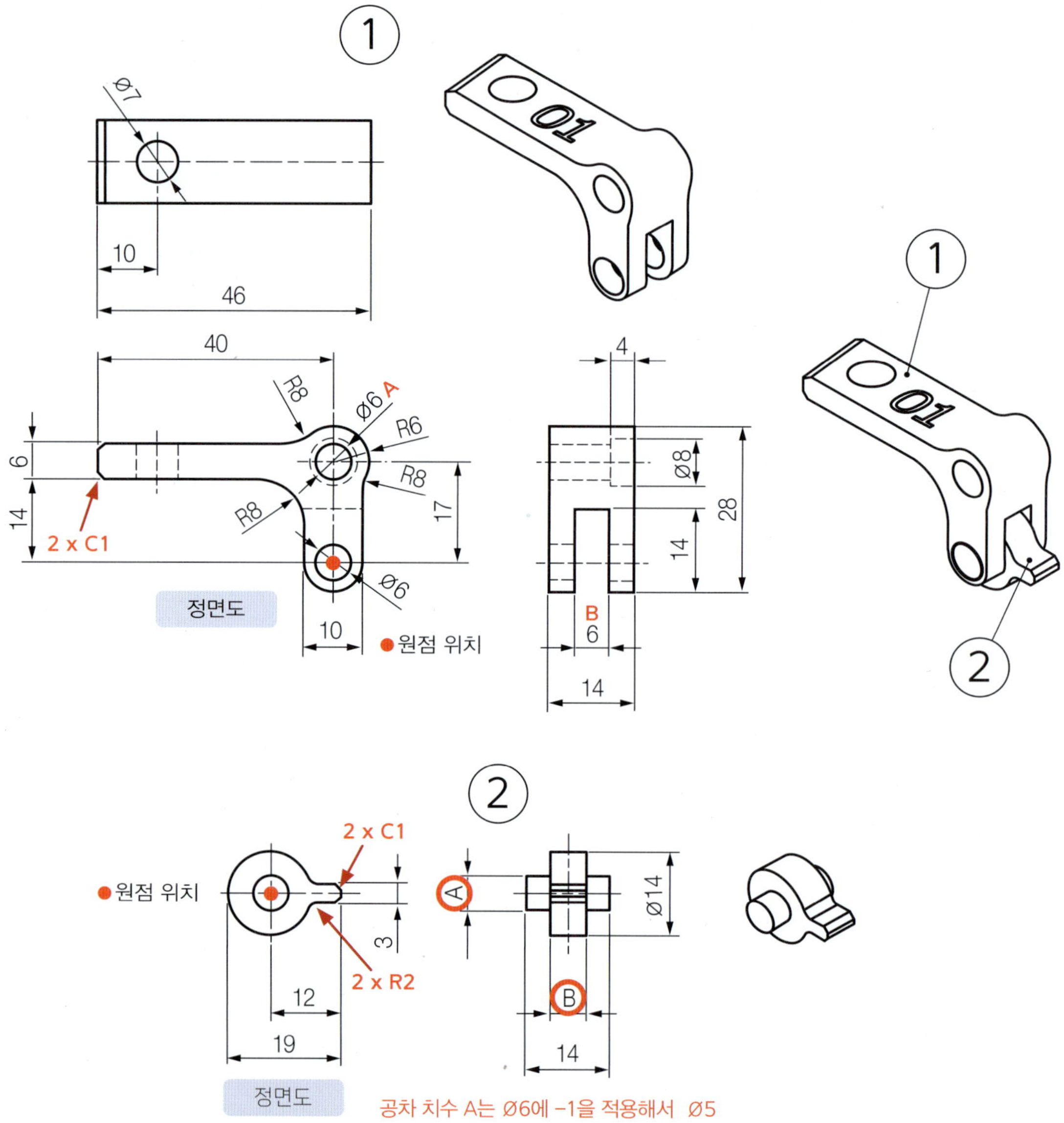

주서
1. 도시되고 지시없는 모떼기는 C1, 라운드는 R2

공차 치수 A는 Ø6에 −1을 적용해서 Ø5
공차 치수 B는 6에 공차 −1을 적용해서 5

■ A, B에 공차 적용된 치수

① A는 1번 부품의 치수 Ø6에 공차 −1을 적용해서 Ø5로 작성한다.

② B는 1번 부품의 치수 6에 공차 −1을 적용해서 5로 작성한다.

■ 도면 분석

① 1번, 2번 부품의 정면도에서 스케치를 시작한다.

② 공차를 미리 적용한 치수로 작성한다.

3 1번 부품 3D모델링

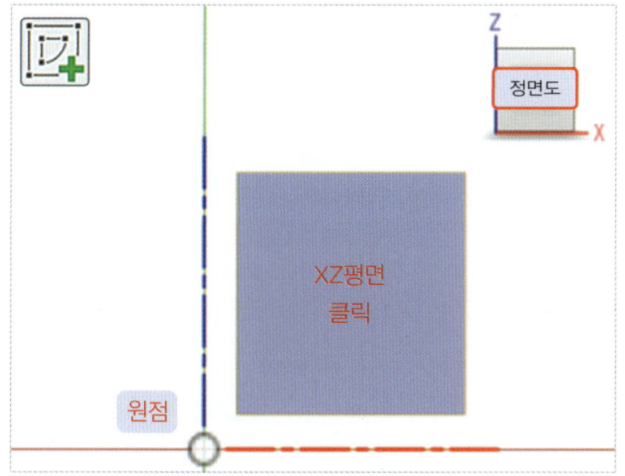

01

뷰 큐브의 정면도라는 글자를 클릭하여 시점을 맞추고 스케치 작성 명령을 클릭한다.

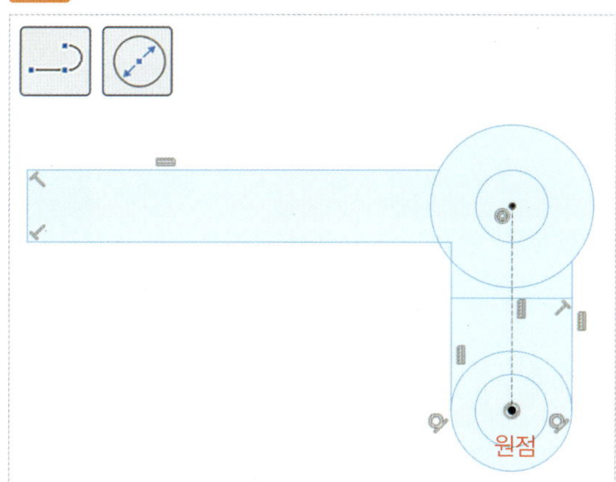

02

1번 부품의 정면도를 대강 그린다.

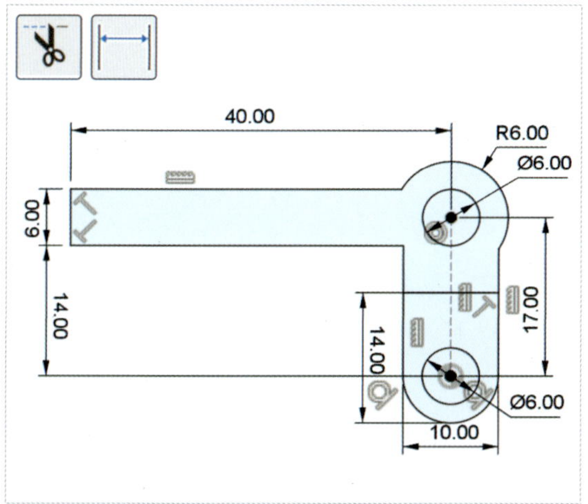

03

다음과 같이 자르기 한 후 치수를 적용한다.

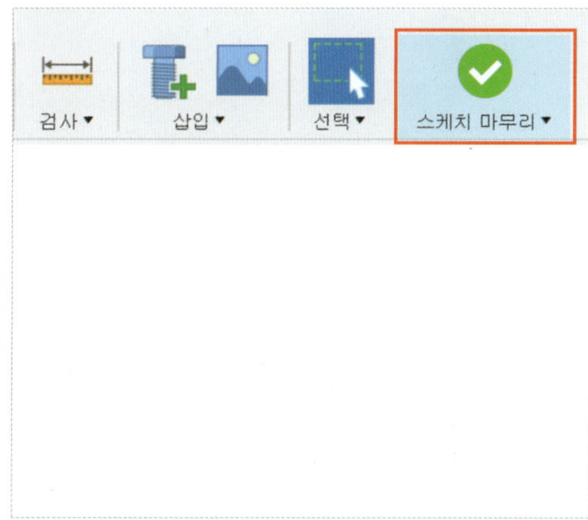

04

스케치 마무리를 한다.

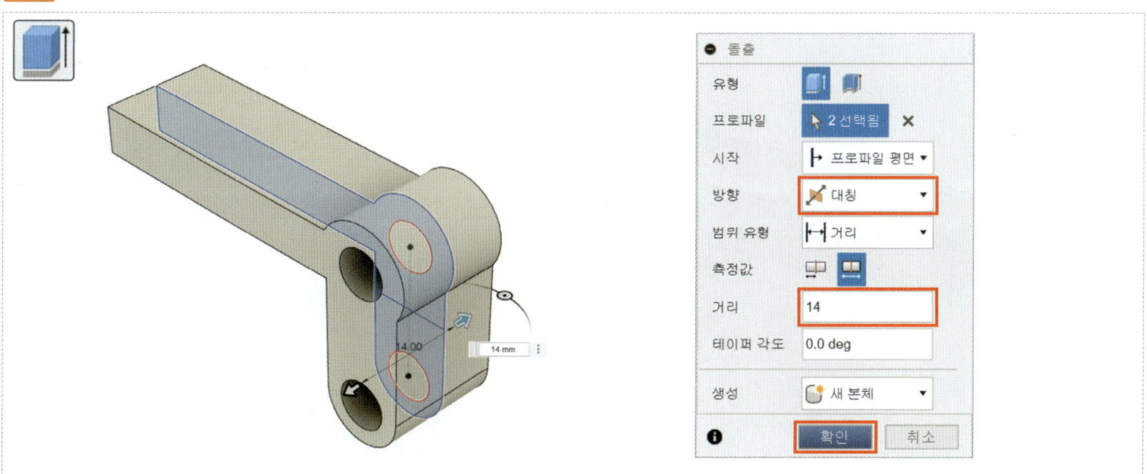

05

돌출을 다음과 같이 설정한다.

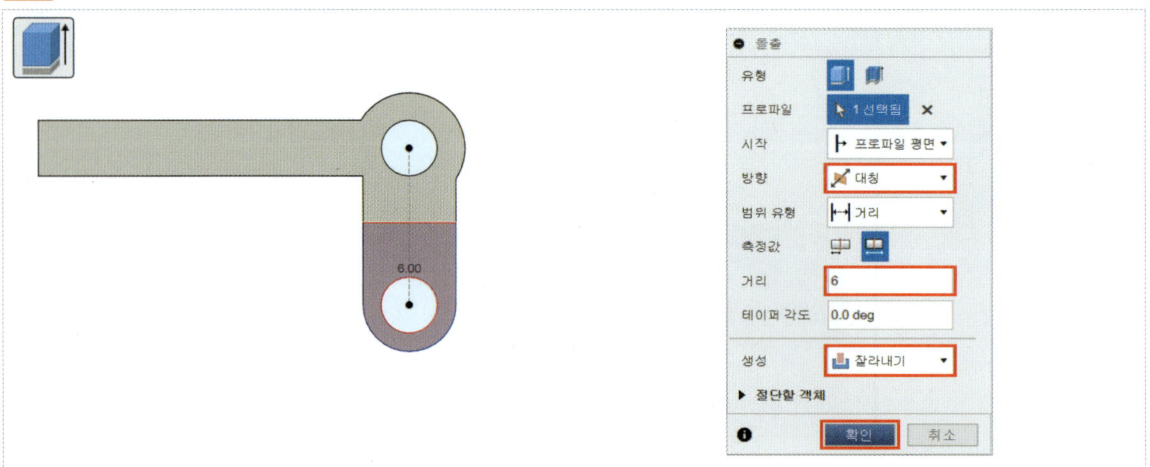

아래쪽을 대칭 돌출로 잘라내기 한다.

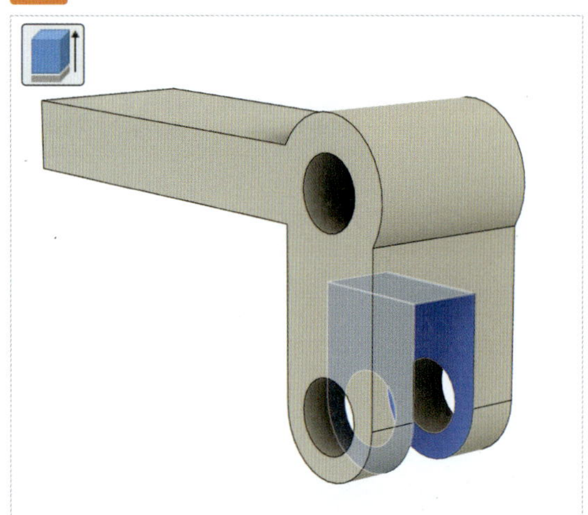

대칭 돌출한 결과

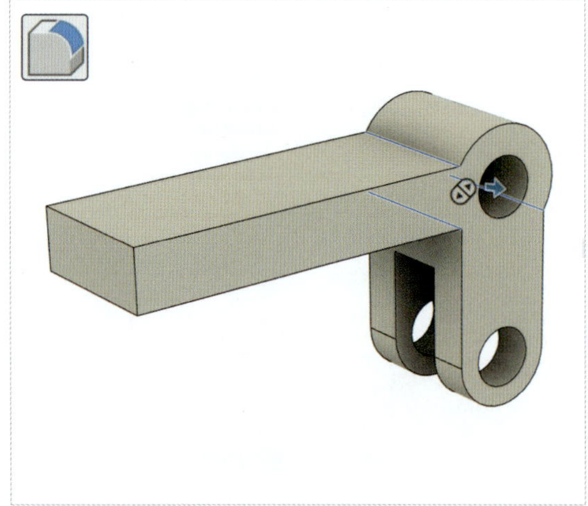

세 모서리에 필렛(모깎기)을 적용한다.

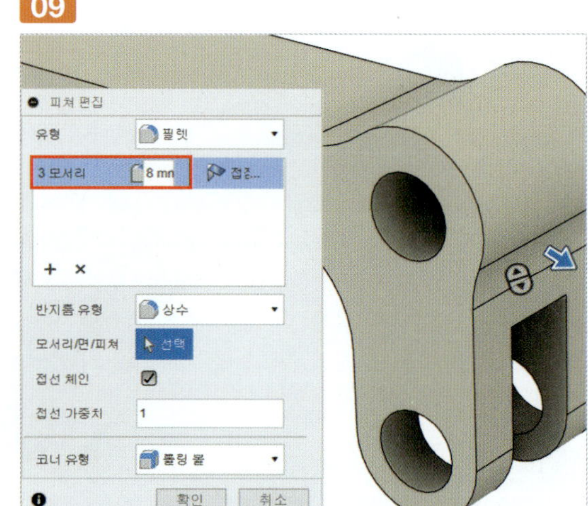

8mm를 입력하고 확인을 누른다.

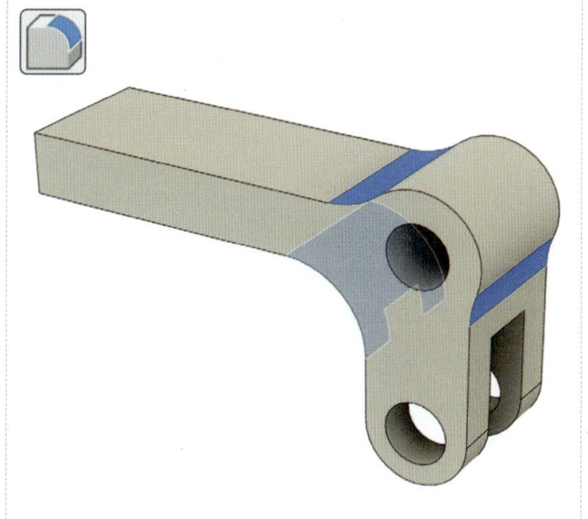

세 모서리에 필렛을 적용한 모습

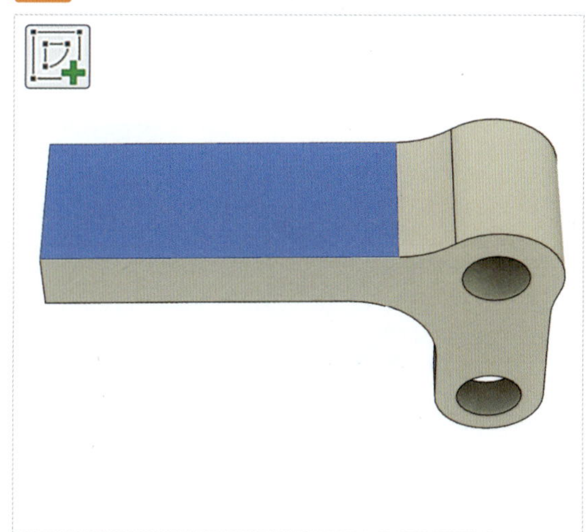

다음의 면을 선택하고 스케치 작성을 클릭한다.

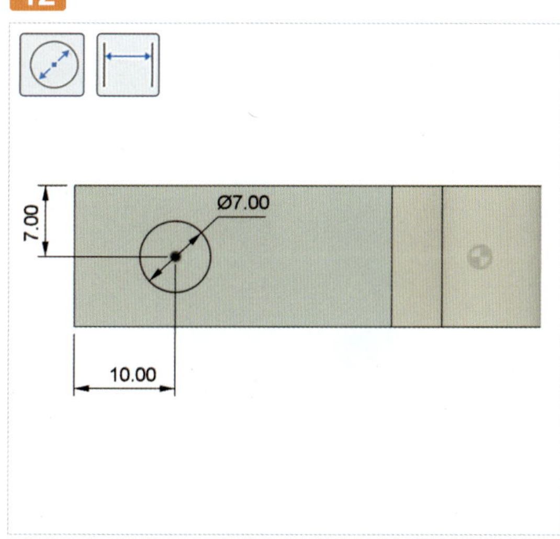

다음과 같이 스케치한다.

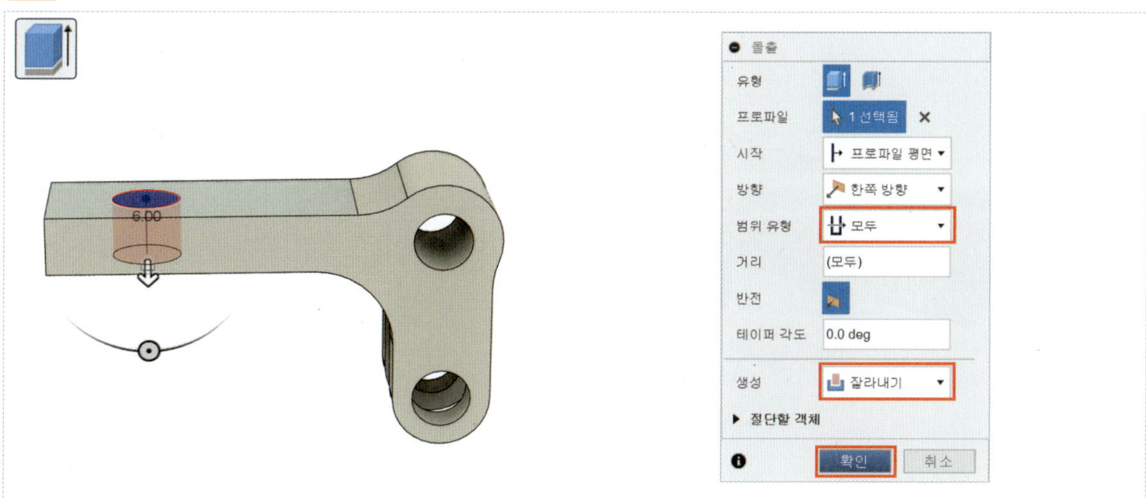

돌출을 다음과 같이 설정한다.

스케치 없이 원통으로 잘라내기를 하기 위해 원통을 돌출시킬 면을 선택한다.

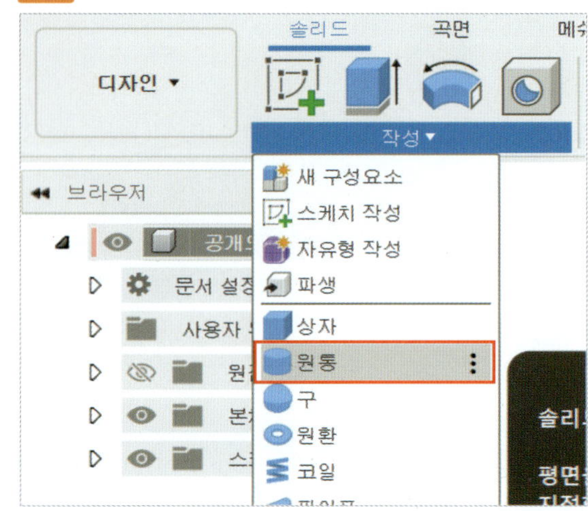

솔리드 〉 작성 〉 원통을 클릭한다.

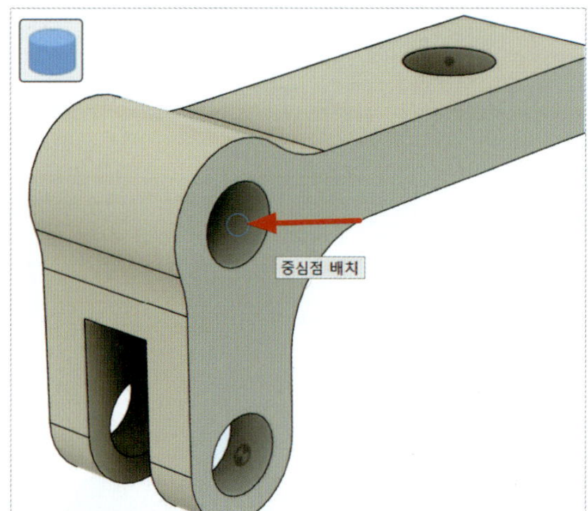

원의 중심점을 스냅 위치에 배치한다.

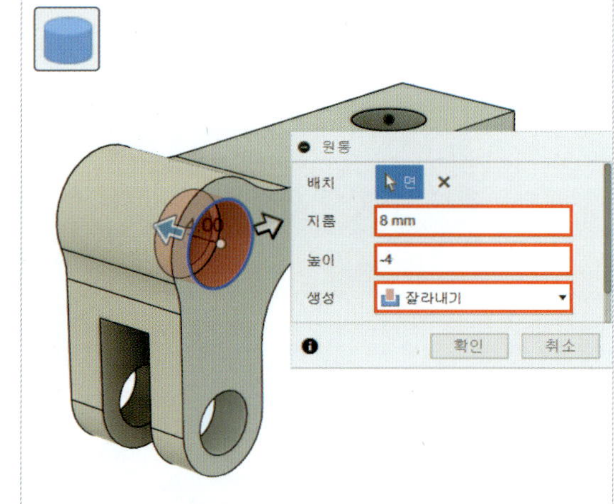

직경 8mm, 높이 4mm인 원통을 잘라내기 생성한다.

두 모서리에 챔퍼(모따기)를 적용한다.

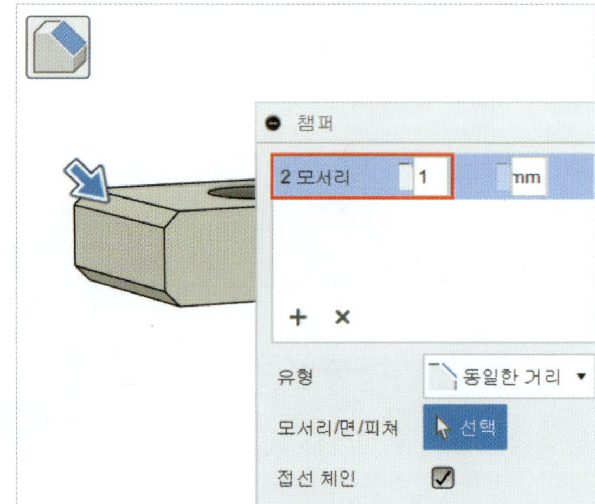

1mm를 입력하고 확인을 누른다.

20

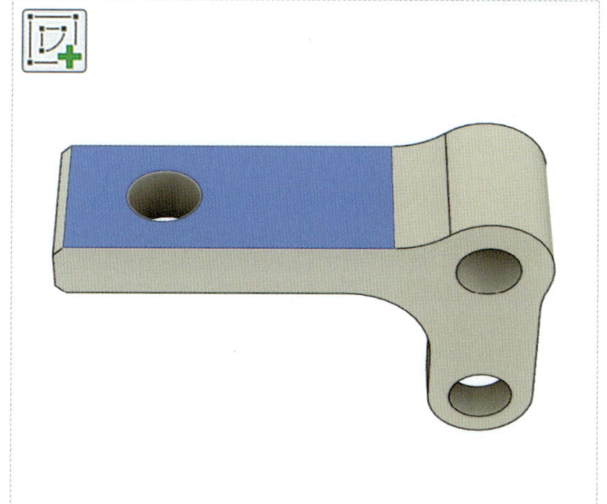

다음의 면을 선택하고 스케치 작성을 클릭한다.

21

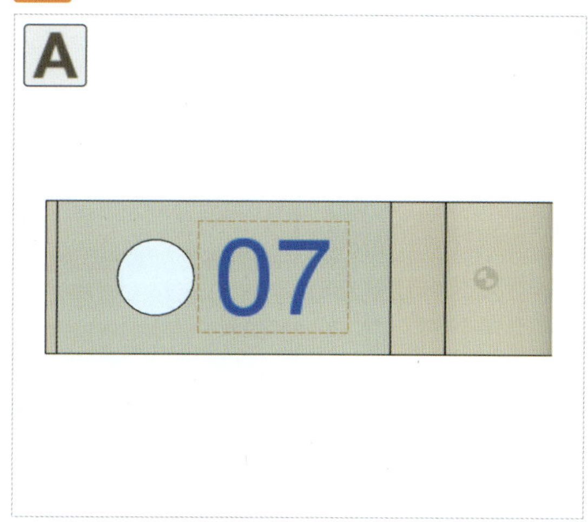

다음과 같이 스케치한다.

22

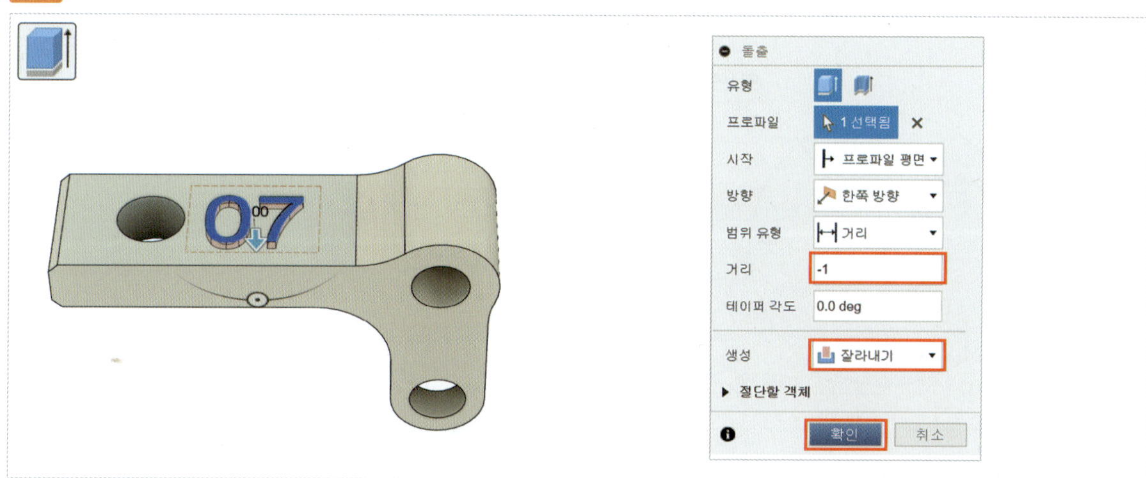

솔리드 〉 작성 〉 돌출 명령을 클릭한다.

23

1번 부품의 완성 모습

24

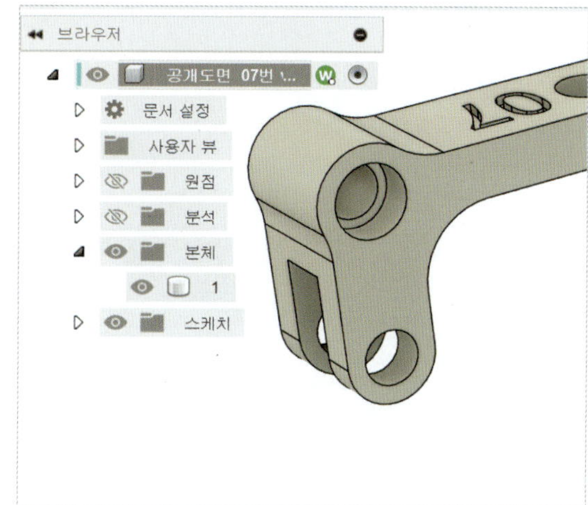

1번 부품의 반대쪽을 확인하고 가시성을 끈다.

4 2번 부품 3D모델링

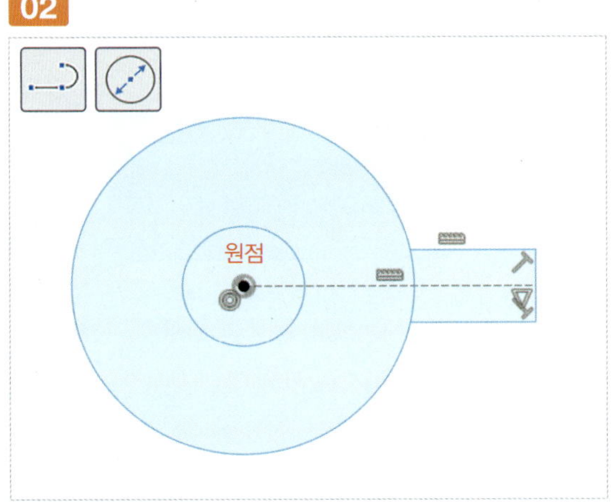

정면도로 시점을 맞추고 스케치를 시작한다.

정면도를 그린다.

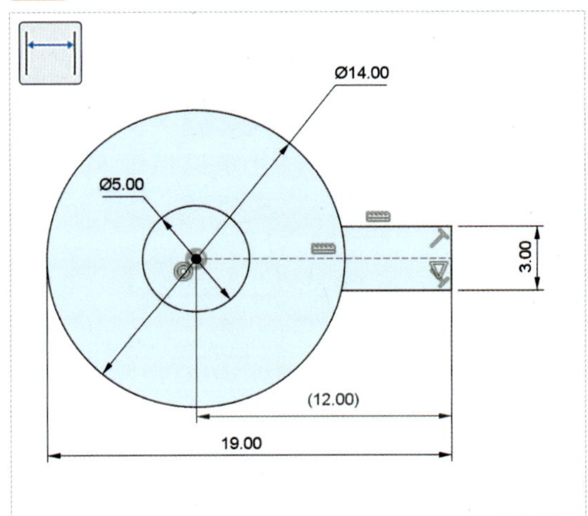

다음과 같이 치수를 입력한다.

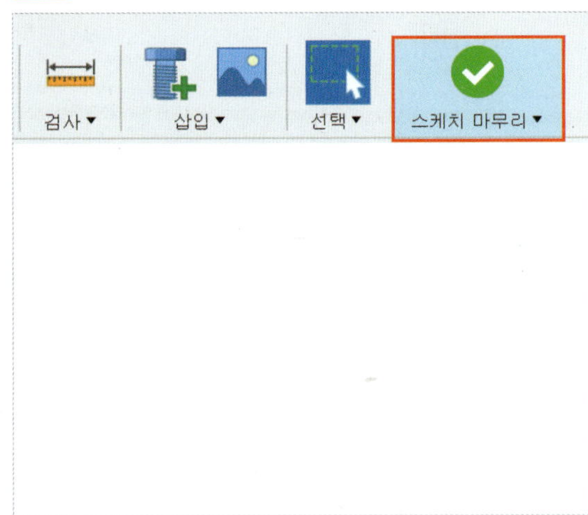

스케치 마무리를 한다.

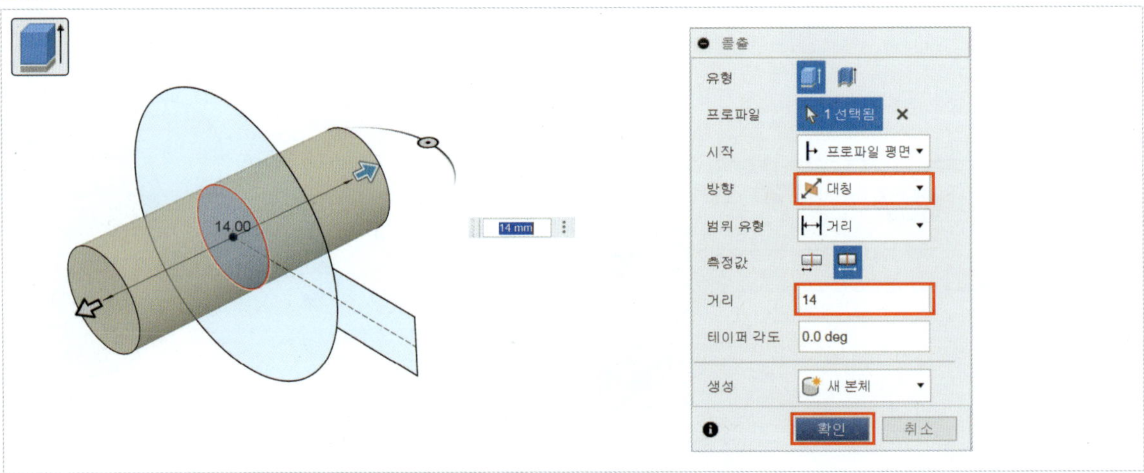

스케치에 대칭 돌출 14mm를 적용한다.

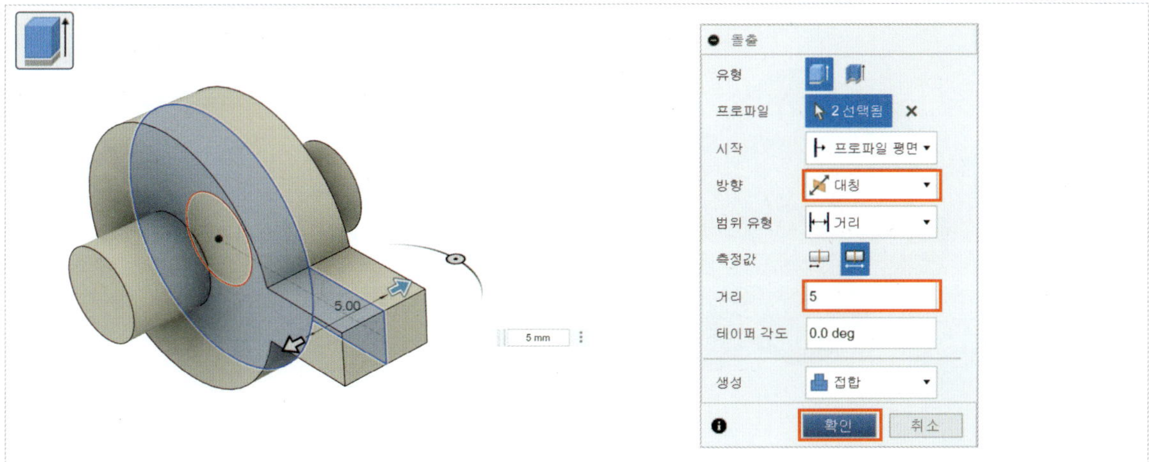

스케치에 대칭 돌출 5mm를 적용한다.

두 모서리에 챔퍼(모따기)를 적용한다.

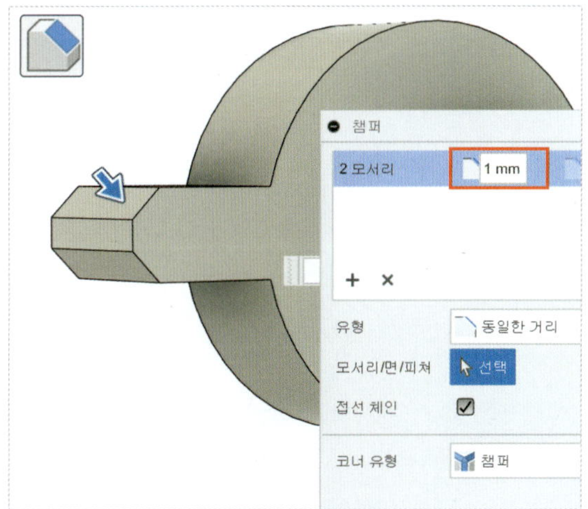

1mm를 입력하고 확인을 누른다.

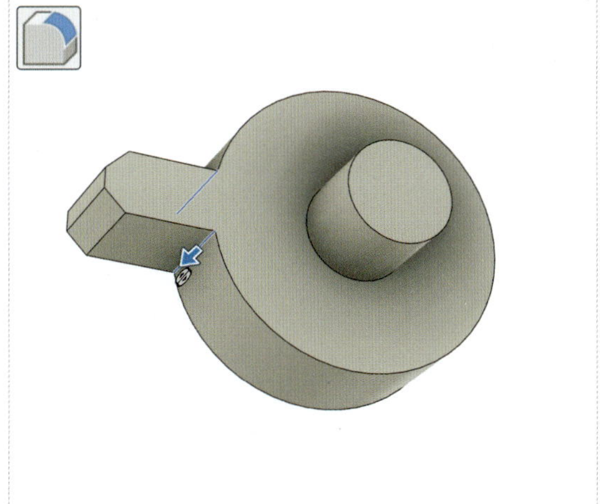

두 모서리에 필렛(모깎기)을 적용한다.

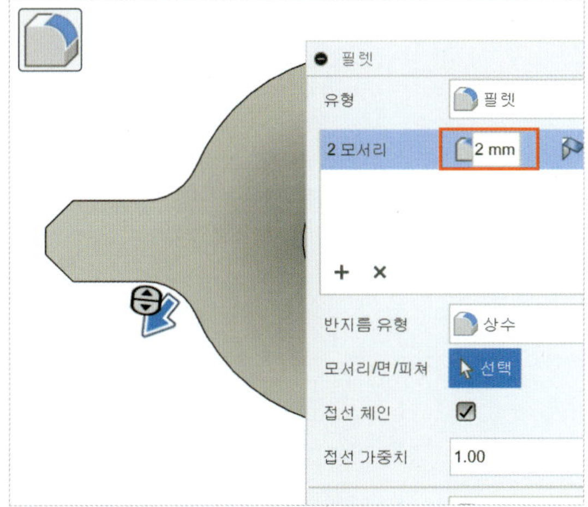

2mm를 입력하고 확인을 누른다.

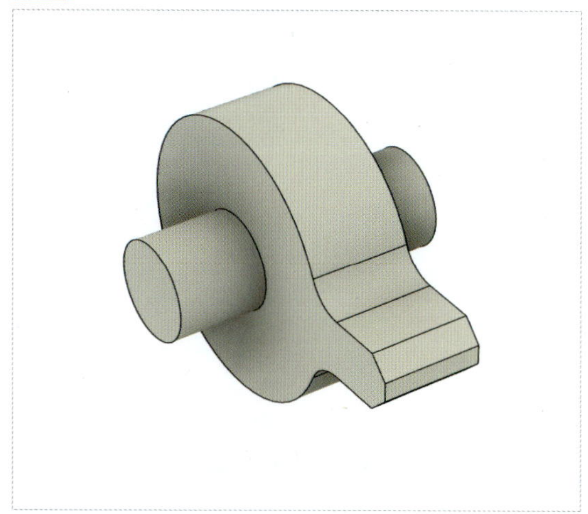

2번 부품의 완성 모습

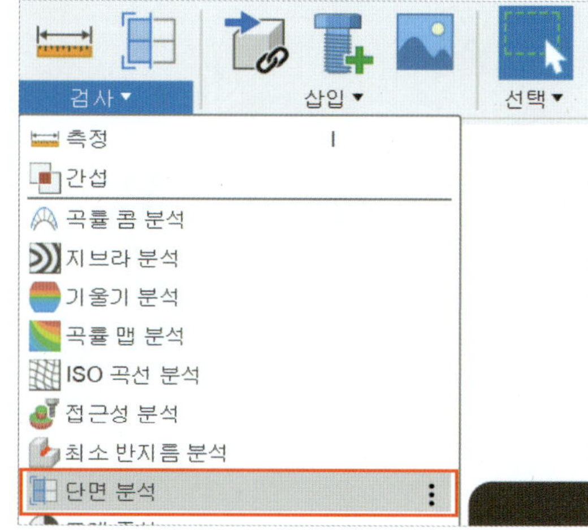

솔리드 〉 검사 〉 단면 분석을 클릭한다.

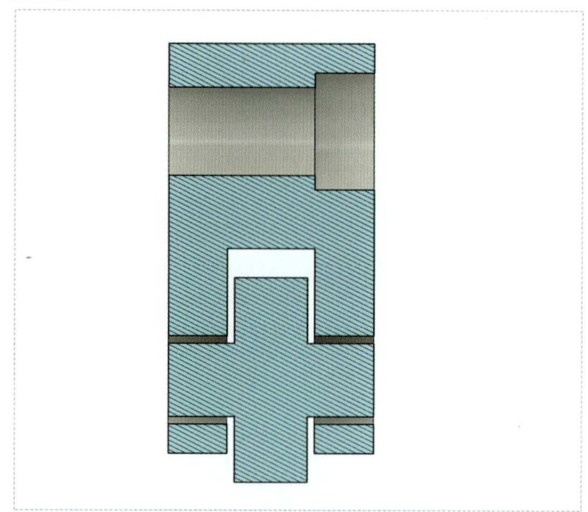

YZ면을 클릭하여 공차를 확인한다.

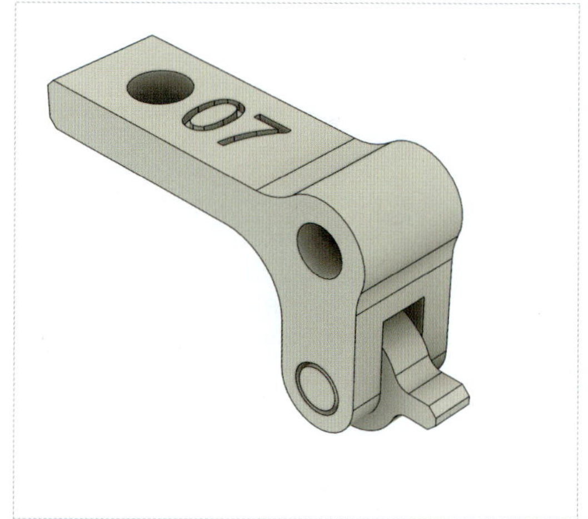

모델링을 완료하고 비번호로 저장한다.

공개 도면 8번

공차 치수 A는 Ø5에 +1을 적용해서 Ø6
공차 치수 B는 6에 공차 +1을 적용해서 7

주서
1. 도시되고 지시없는 모떼기는 C2, 라운드는 R3

◪ A, B에 공차 적용된 치수

① A는 1번 부품의 치수 Ø5에 공차 +1을 적용해서 Ø6으로 작성한다.

② B는 1번 부품의 치수 6에 공차 +1을 적용해서 7로 작성한다.

◪ 도면 분석

① 1번, 2번 부품의 정면도에서 스케치를 시작한다.

② 공차를 미리 적용한 치수로 작성한다.

③ 출력을 위해 2번 부품을 회전하여 겹치는 부분을 줄인다.

01

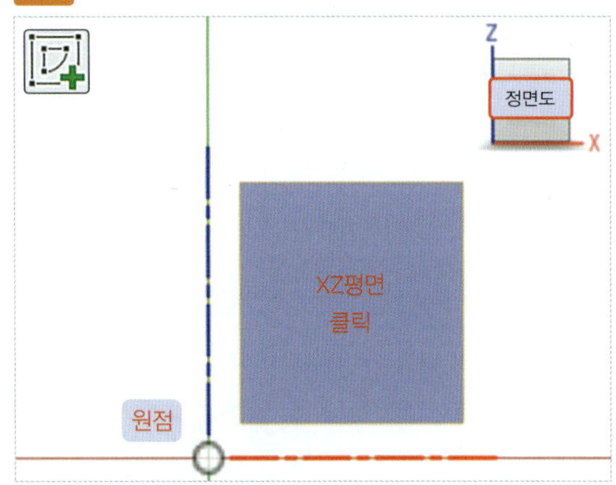

뷰 큐브의 정면도라는 글자를 클릭하여 시점을 맞추고 스케치 작성 명령을 클릭한다.

02

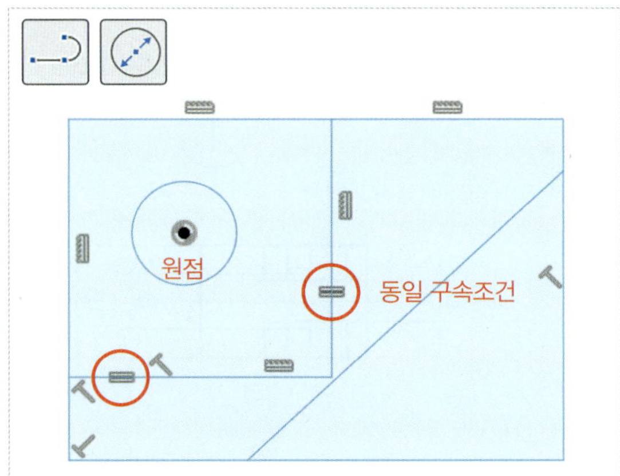

1번 부품의 정면도를 대강 그린다.

03

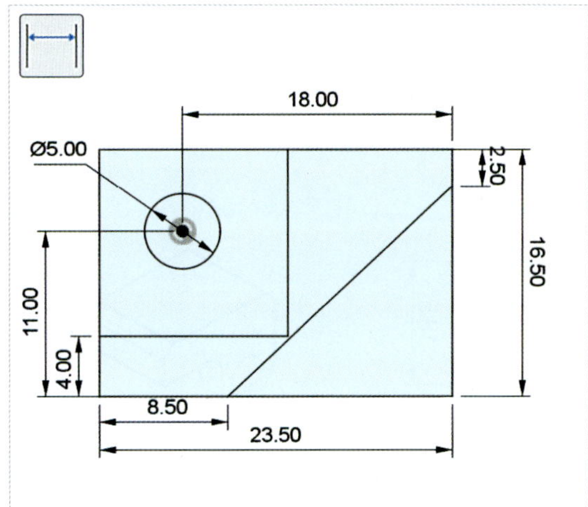

다음과 같이 치수를 적용한다.

04

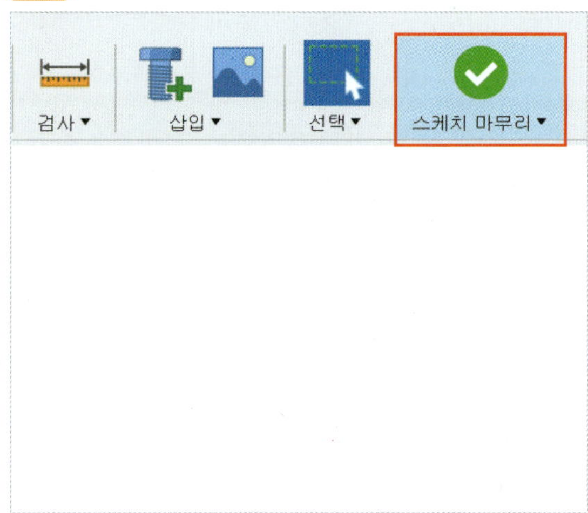

스케치 마무리를 한다.

05

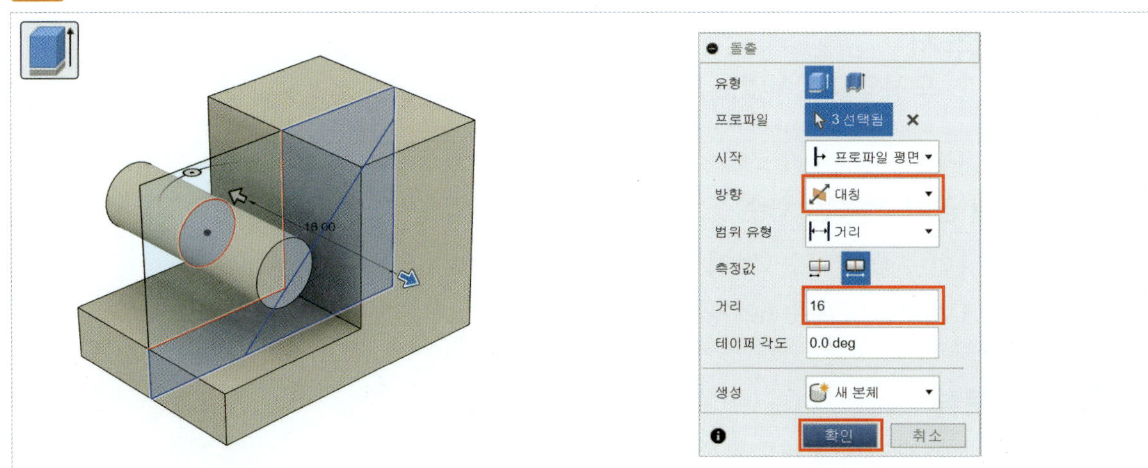

대칭 돌출 16mm를 설정한다.

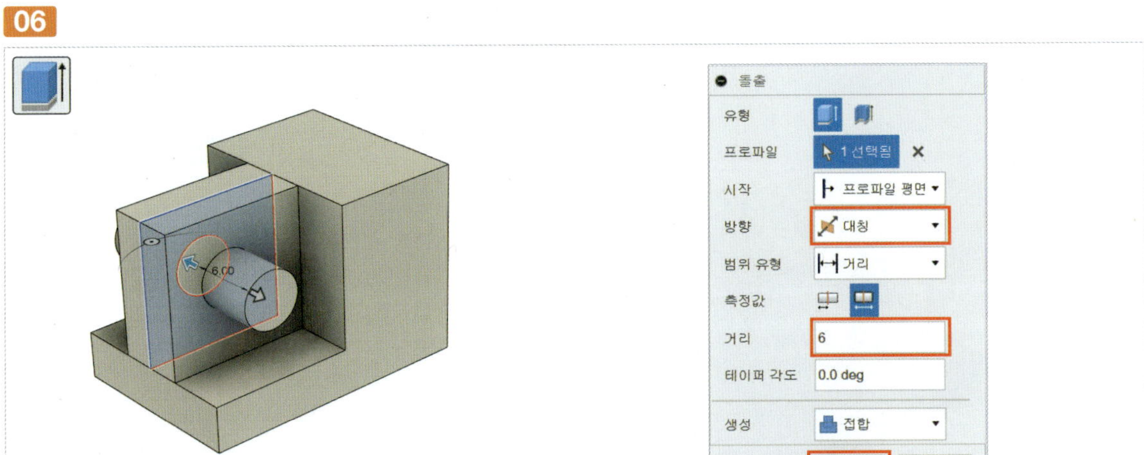

돌출을 다음과 같이 6mm로 설정한다.

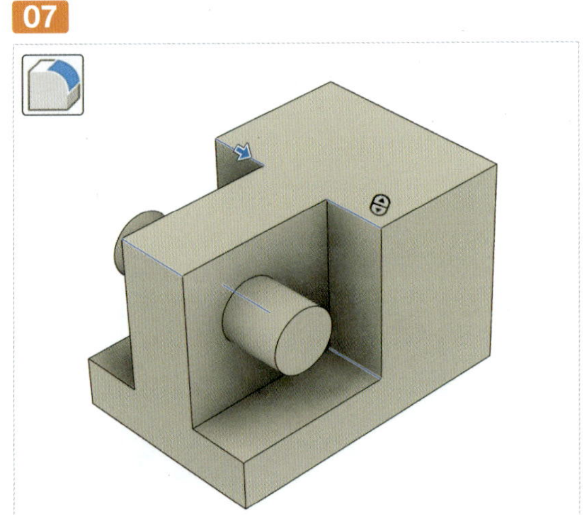

모서리에 필렛(모깎기)을 적용한다.

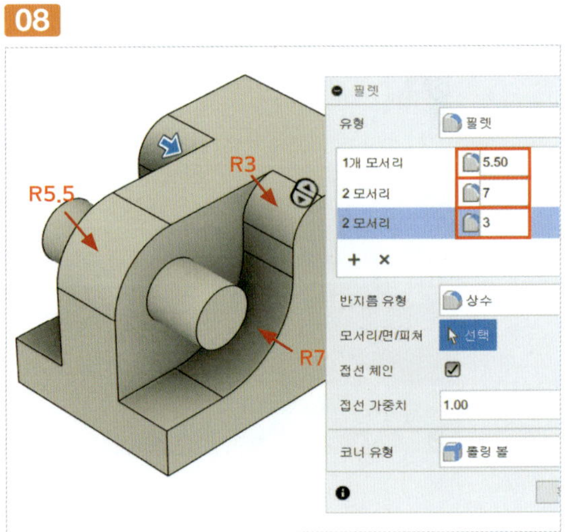

값을 입력하고 확인을 누른다.

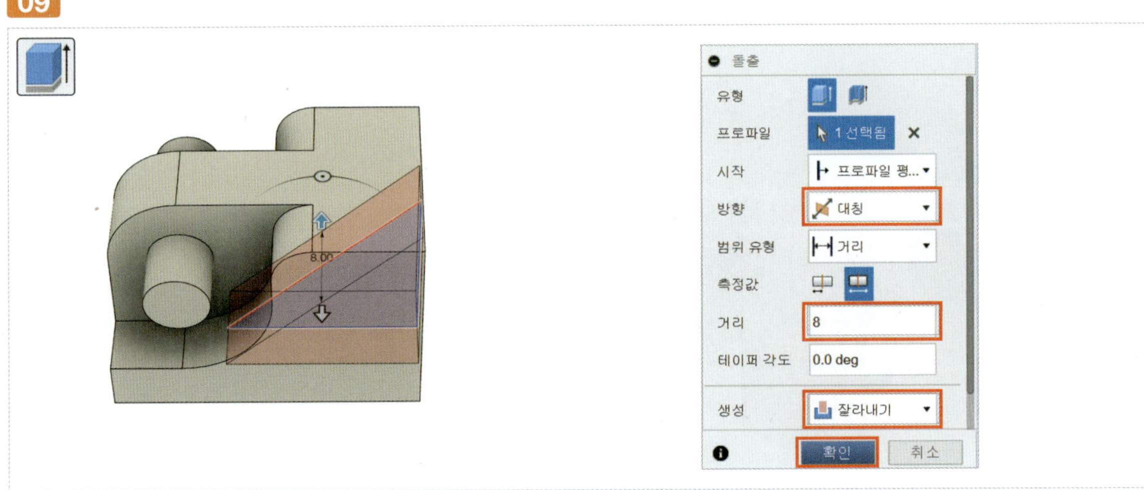

다음의 스케치 부분에 대칭 돌출을 적용한다.

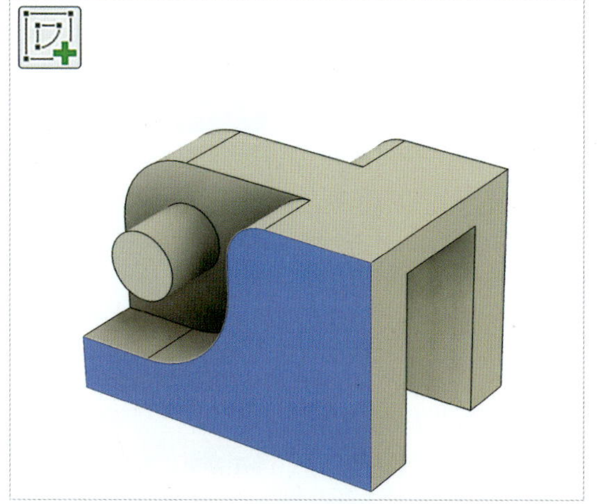

다음의 면을 선택하고 스케치 작성을 클릭한다.

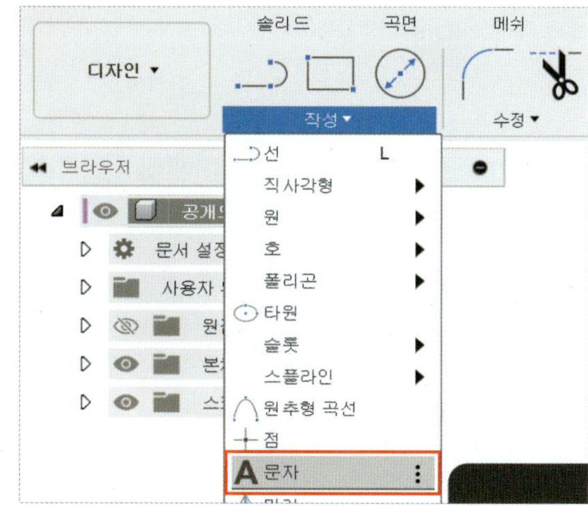

스케치 〉작성 〉문자 명령을 클릭한다.

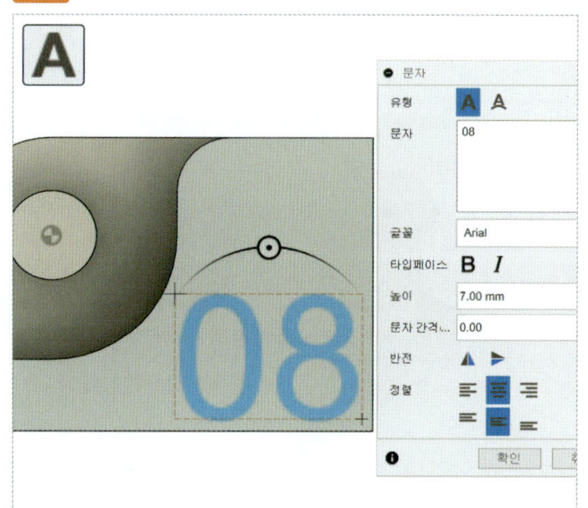

비번호를 입력하고 문자창의 옵션을 다음과 같이 설정한다.

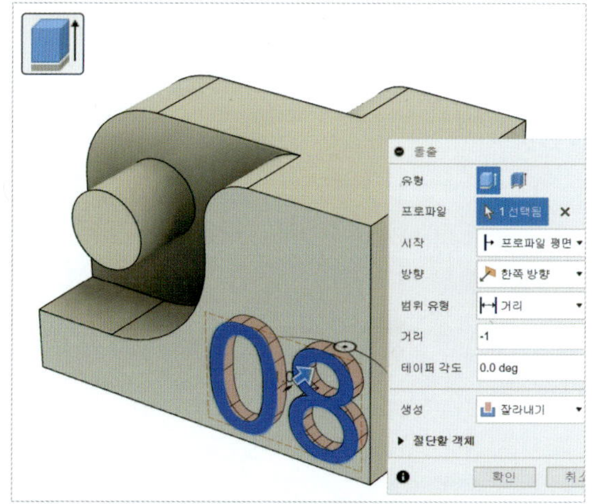

솔리드 〉작성 〉돌출 명령을 클릭한다.

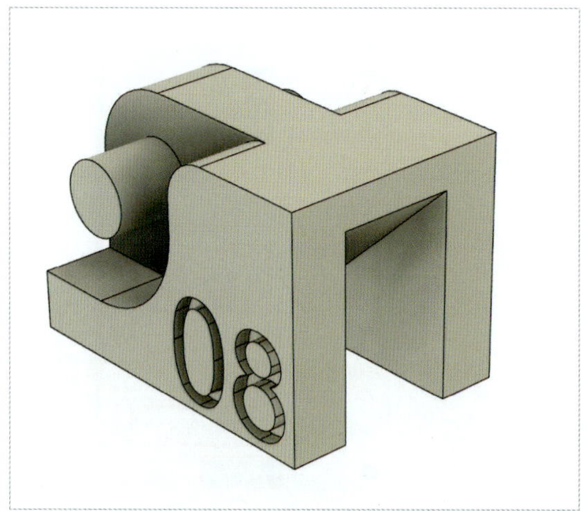

1번 부품의 완성 모습

4 2번 부품 3D모델링

01

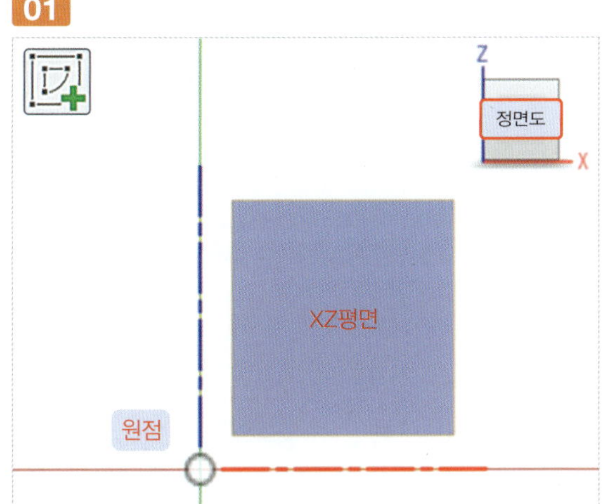

정면도로 시점을 맞추고 스케치를 시작한다.

02

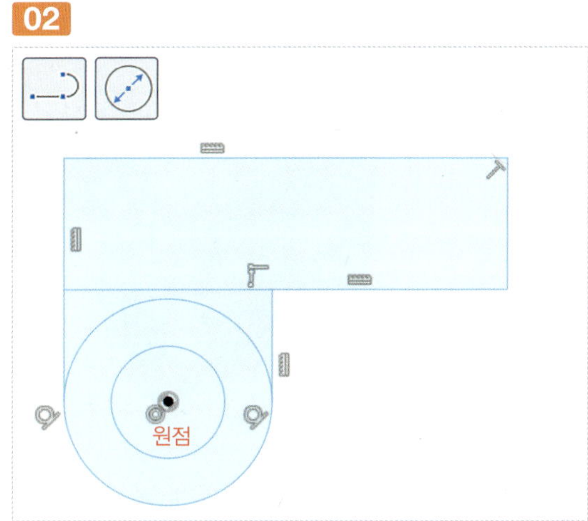

2번 부품의 정면도를 그린다.

03

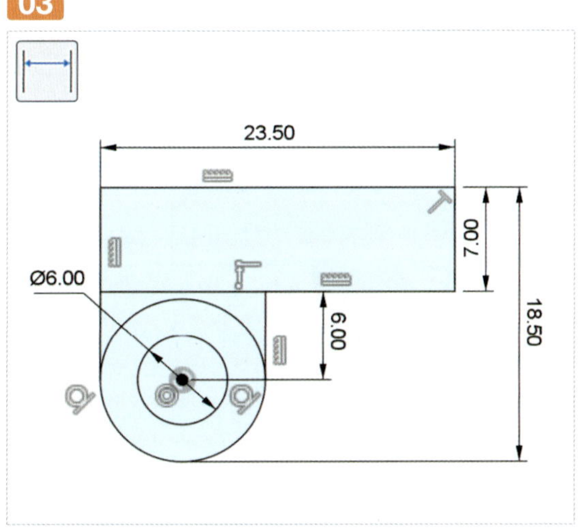

다음과 같이 치수를 입력한다.

04

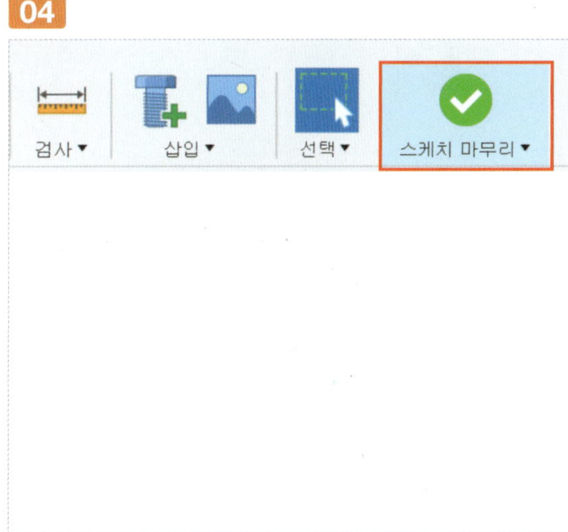

스케치 마무리를 한다.

05

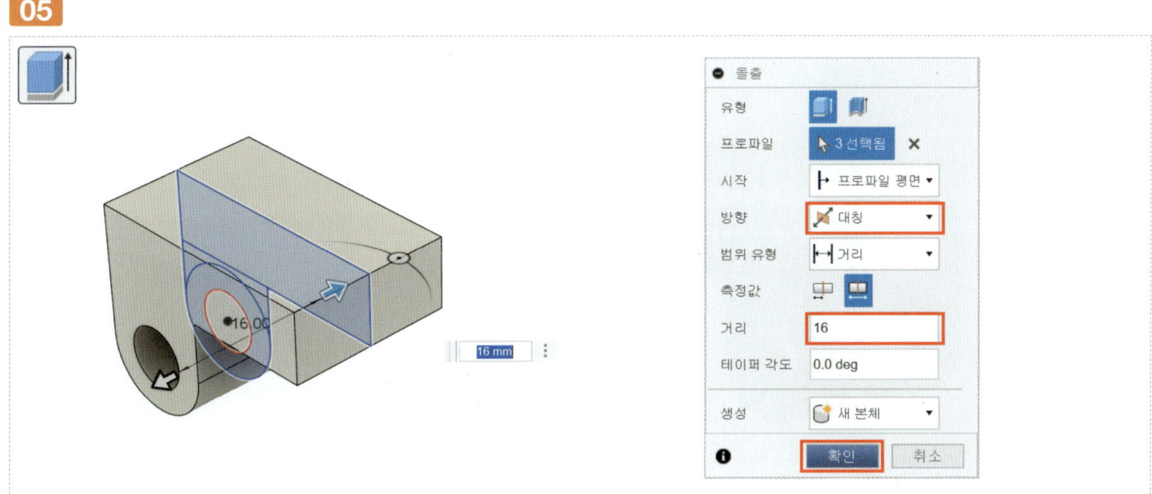

돌출 옵션을 다음과 같이 설정한다.

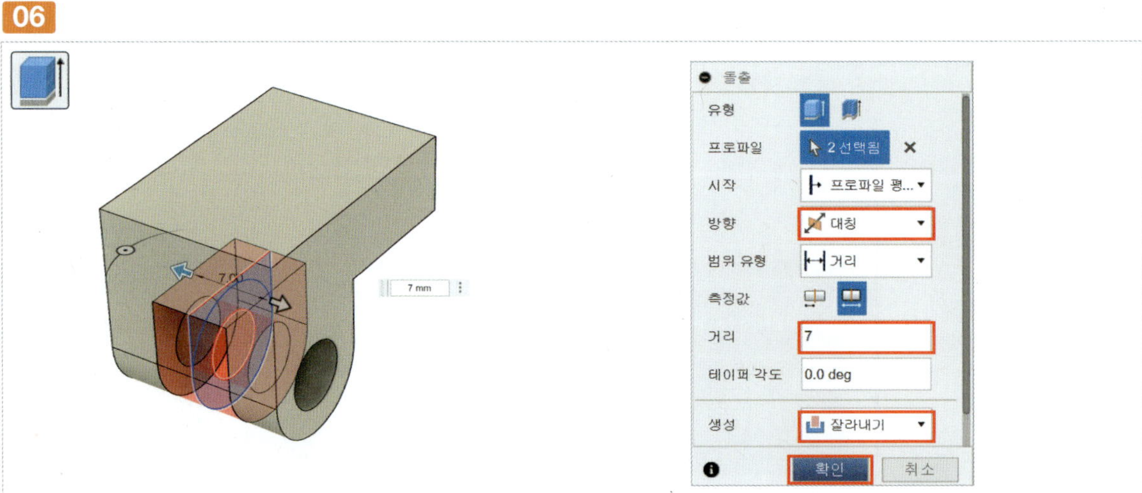

다음의 스케치 부분에 대칭 돌출을 적용한다.

두 모서리에 챔퍼(모따기)를 적용한다.

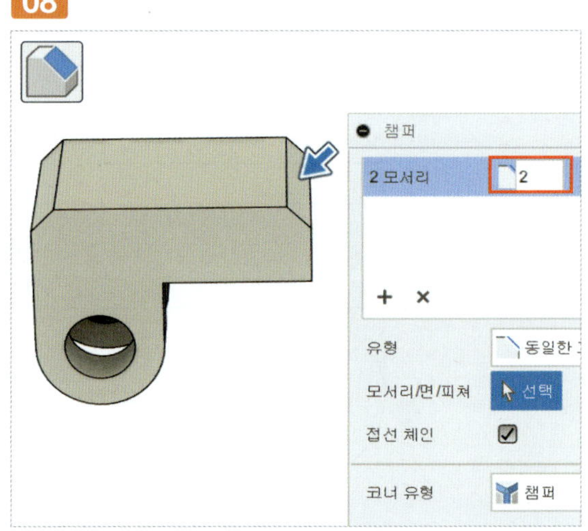

2mm를 입력하고 확인을 누른다.

모서리에 필렛(모깎기) 3mm를 적용한다.

2번 부품의 완성 모습

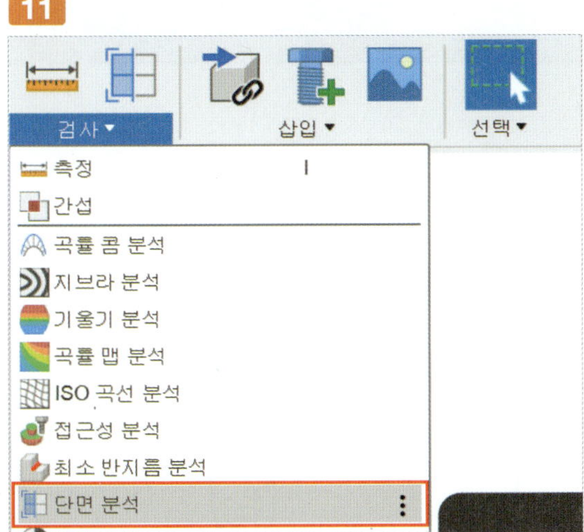

솔리드 〉 검사 〉 단면 분석을 클릭한다.

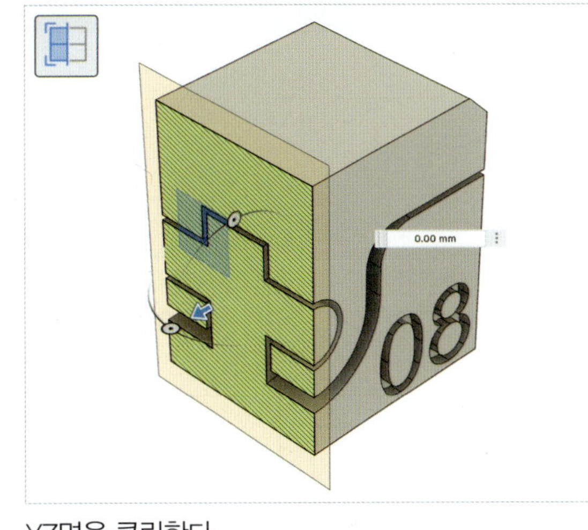

YZ면을 클릭한다.

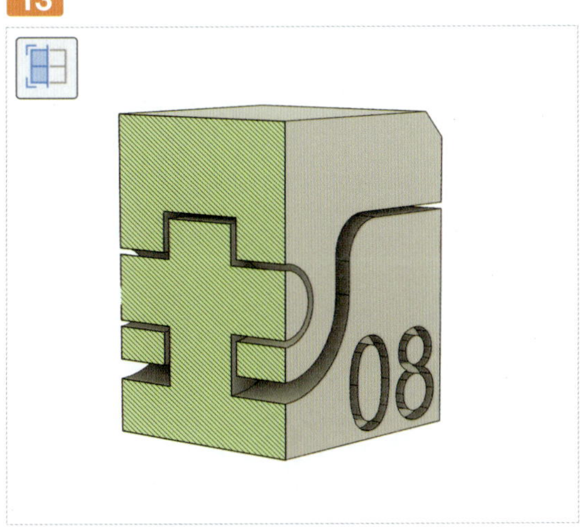

YZ 단면에서 공차 적용을 확인한다.

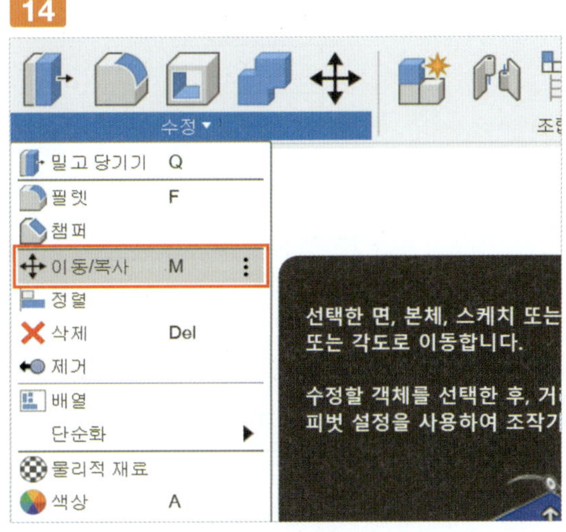

솔리드 〉 수정 〉 이동/복사 명령을 클릭한다.

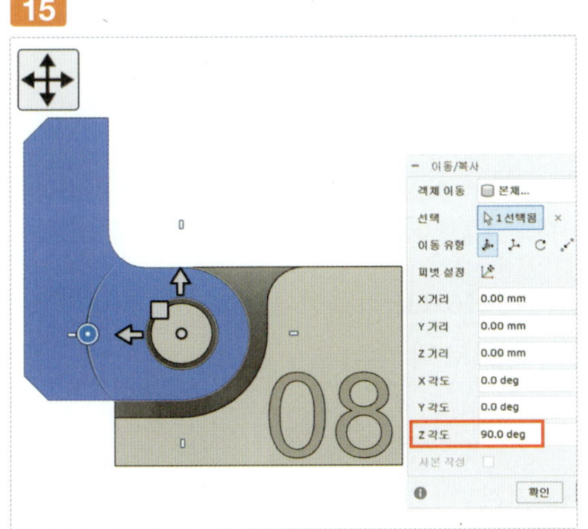

90° 회전한다.

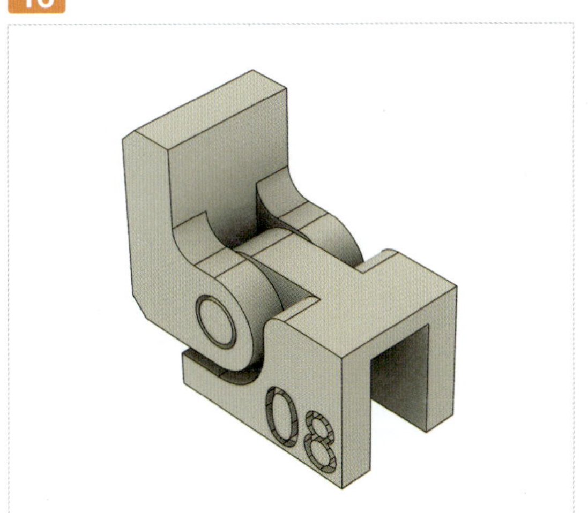

모델링을 완료하고 비번호로 저장한다.

주서
1. 도시되고 지시없는 라운드는 R2
2. 해당도면은 좌우대칭임

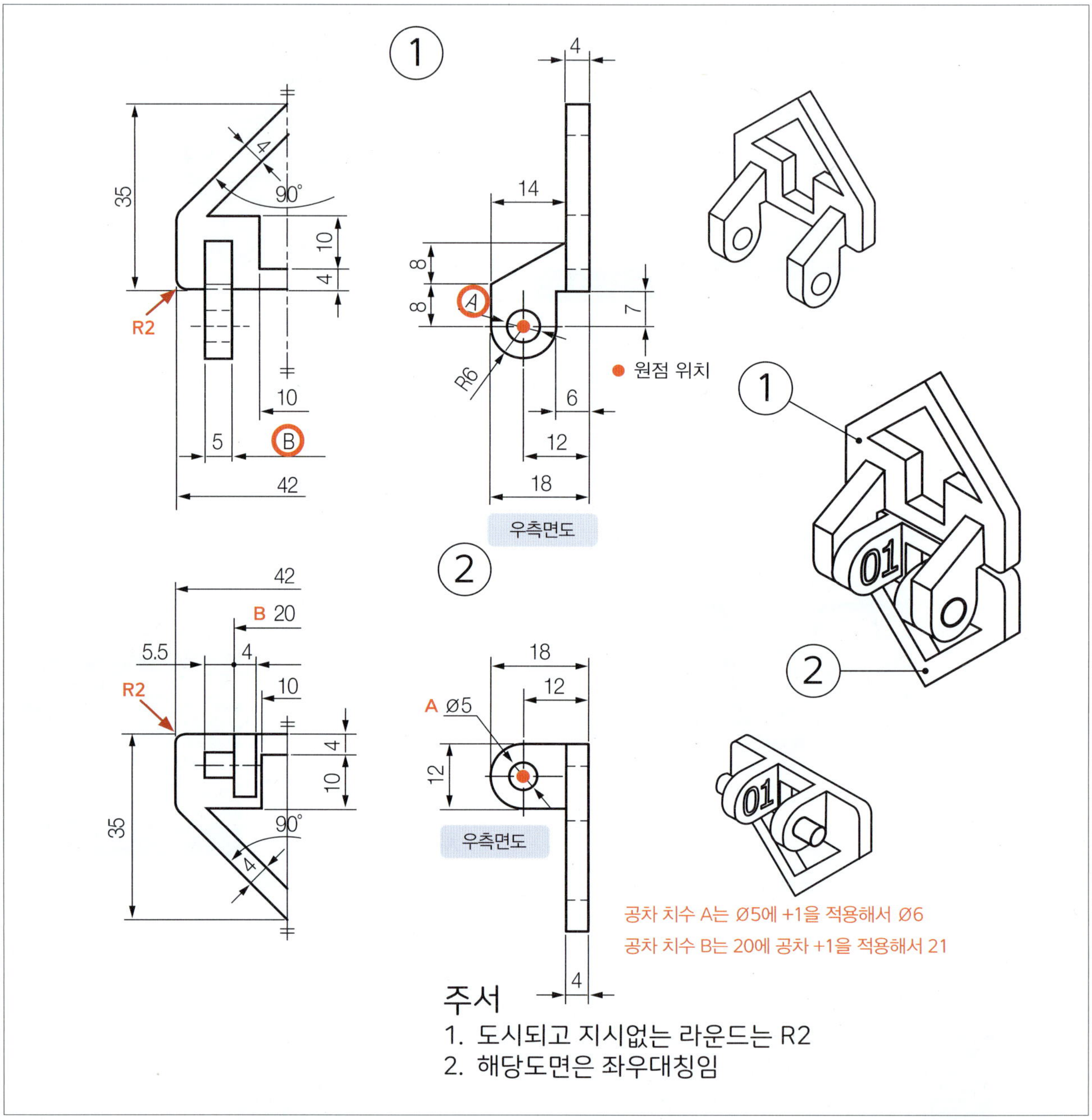

1 A, B에 공차 적용된 치수

① A는 1번 부품의 치수 Ø5에 공차 +1을 적용해서 Ø6으로 작성한다.

② B는 1번 부품의 치수 20에 공차 +1을 적용해서 21로 작성한다.

2 도면 분석

① 1번, 2번 부품의 우측면도에서 스케치를 시작한다.

② 공차를 미리 적용한 치수로 작성한다.

3 1번 부품 3D모델링

01

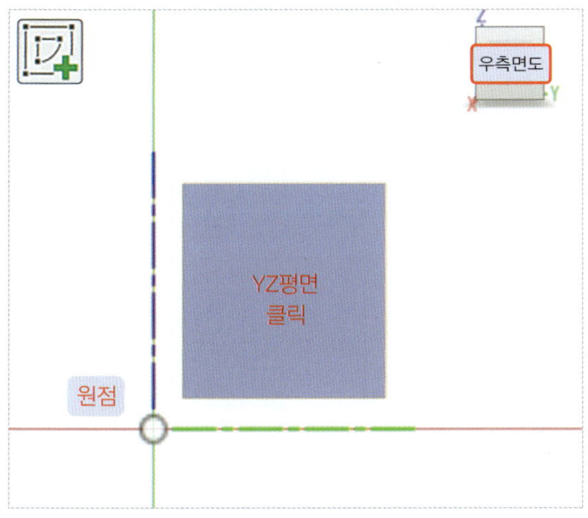

뷰 큐브의 우측면도라는 글자를 클릭하여 시점을 맞추고 스케치 작성 명령을 클릭한다.

02

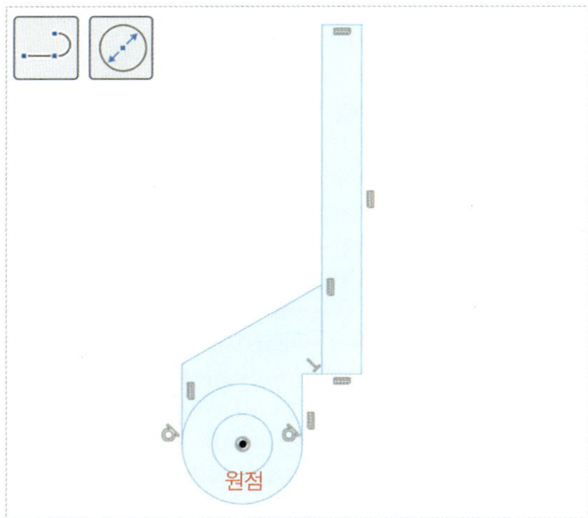

1번 부품의 우측면도를 대강 그린다.

03

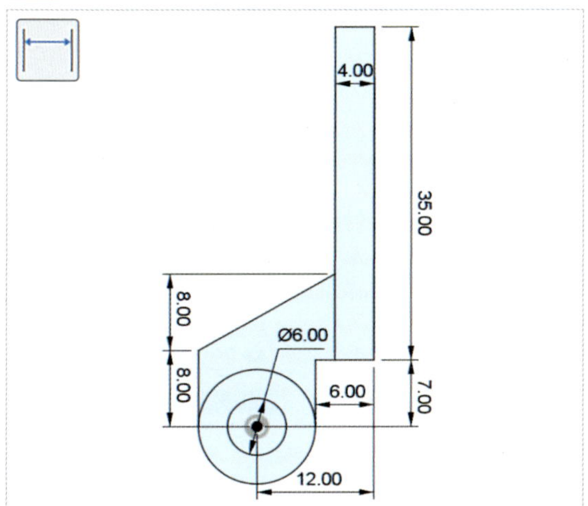

다음과 같이 치수를 적용한다.

04

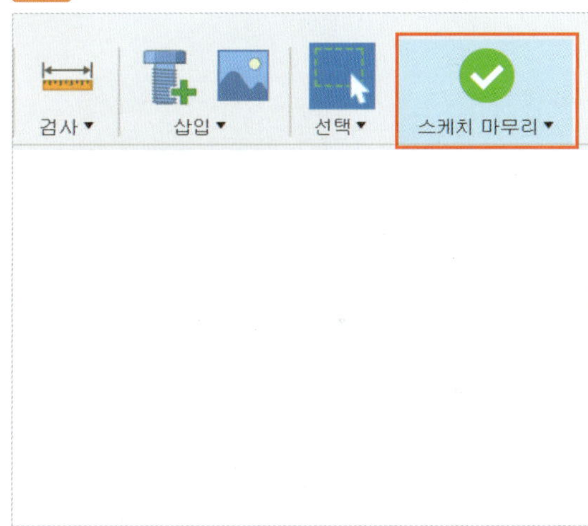

스케치 마무리를 한다.

05

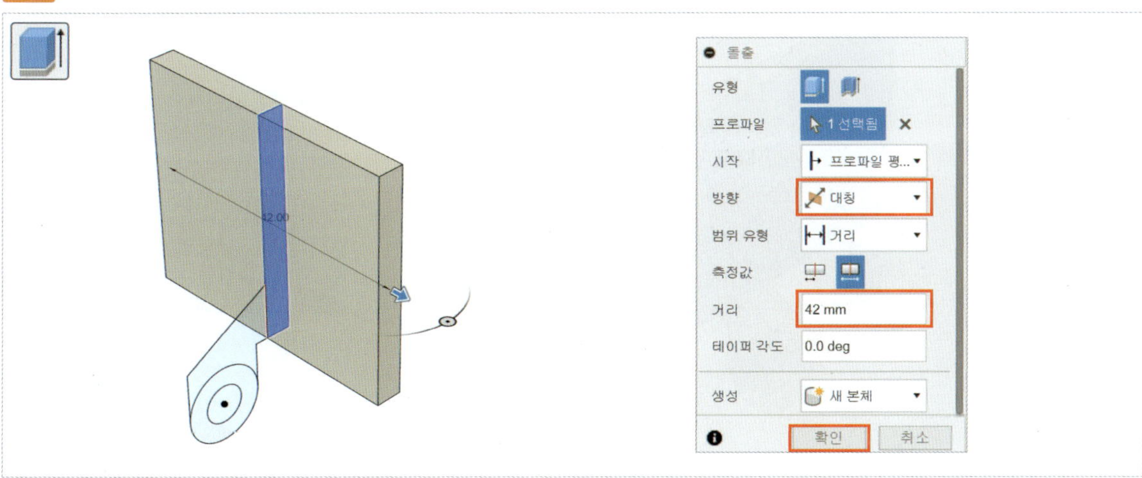

돌출을 다음과 같이 설정한다.

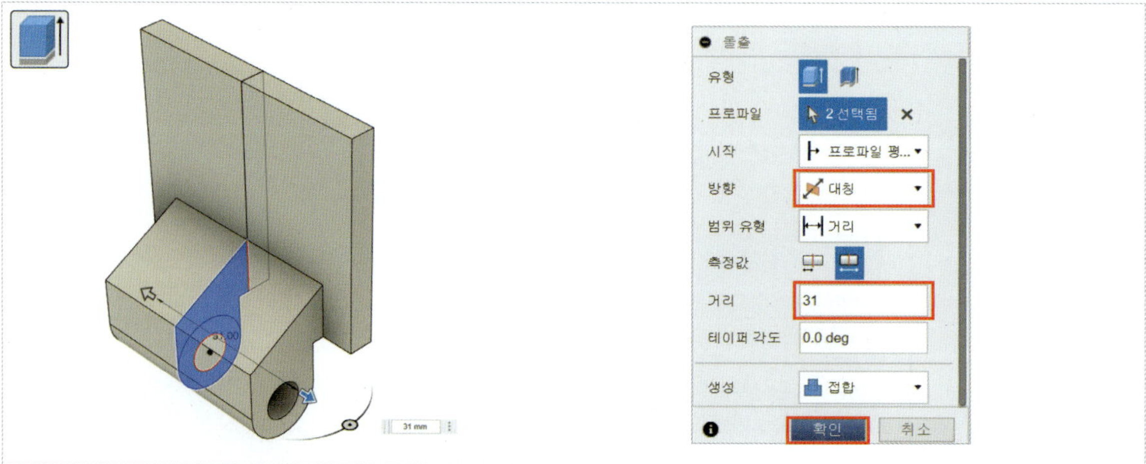

돌출을 다음과 같이 설정한다.

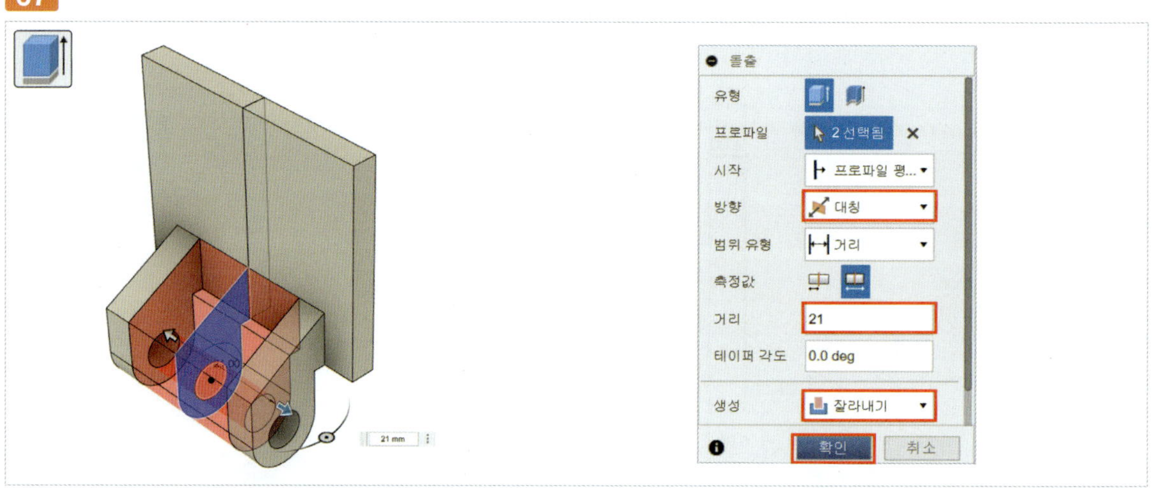

돌출을 다음과 같이 잘라내기로 설정한다.

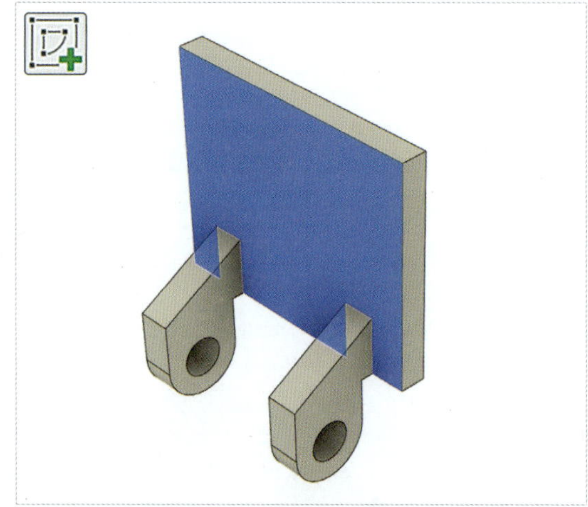

다음의 면을 선택하고 스케치 작성을 클릭한다.

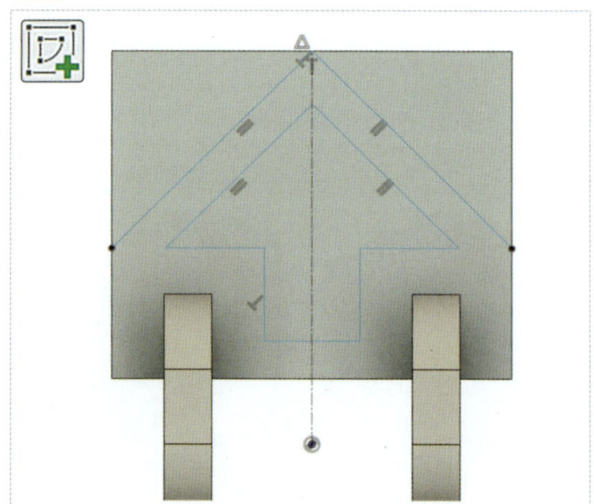

사선을 평행하게 그리고, 대칭선에 중간점 구속조건
을 적용한다.

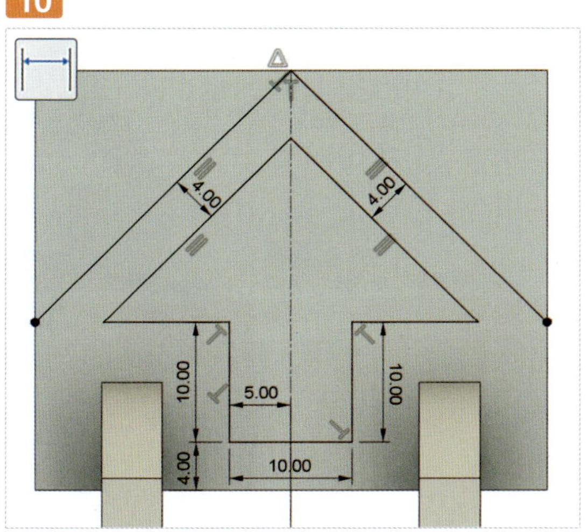

다음과 같이 치수를 입력한다.

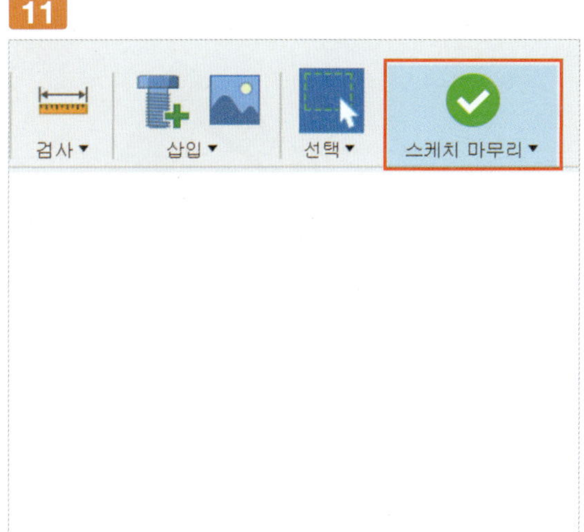

스케치 마무리를 한다.

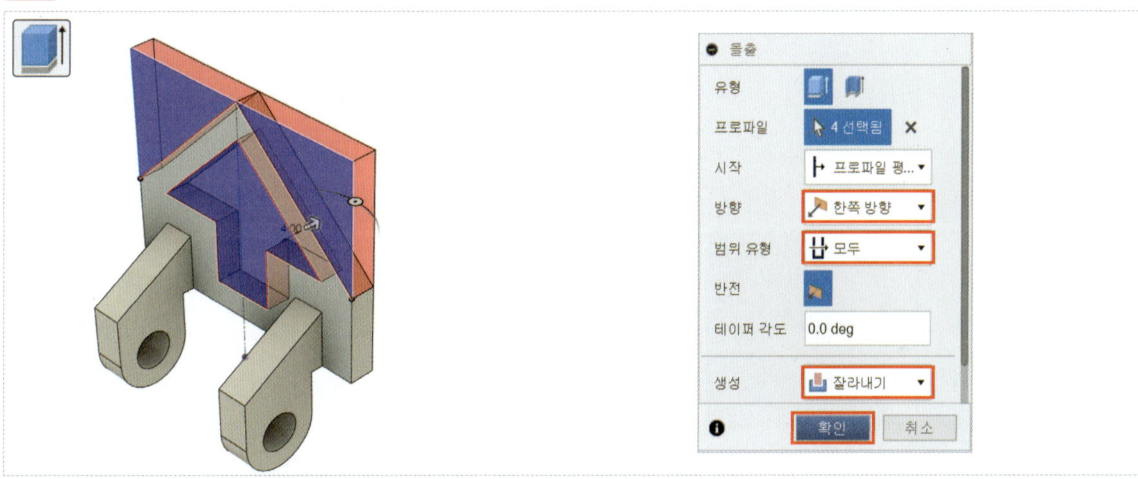

돌출 옵션을 다음과 같이 설정한다.

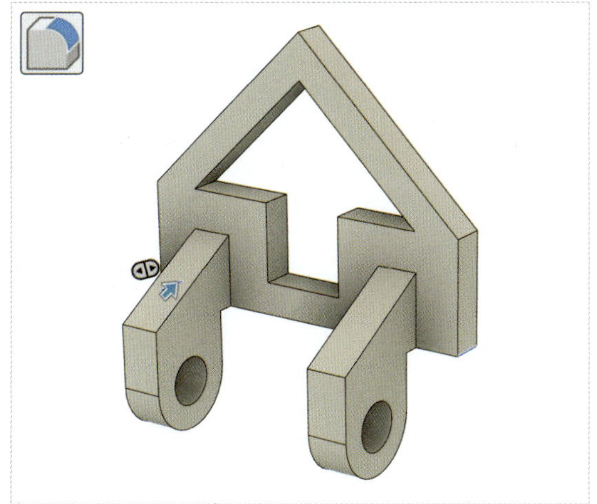

아래쪽에 필렛(모깎기)을 적용한다.

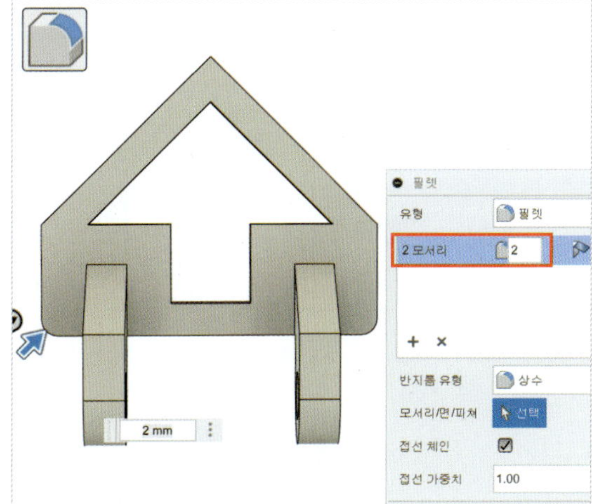

2mm를 입력하고 확인을 누른다.

1번 부품의 완성 모습

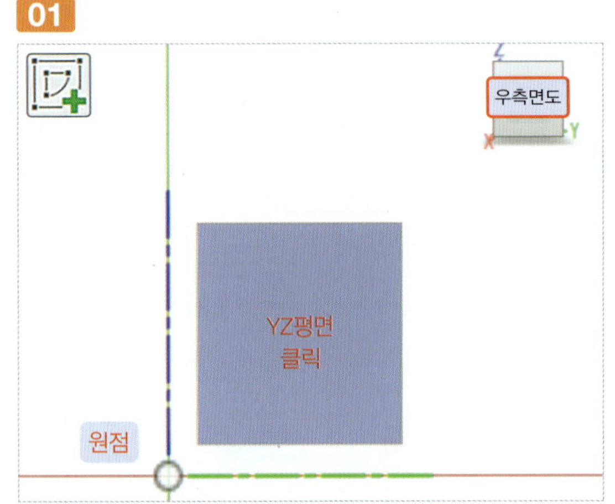

1번 부품의 가시성을 잠시 끈다.

④ 2번 부품 3D모델링

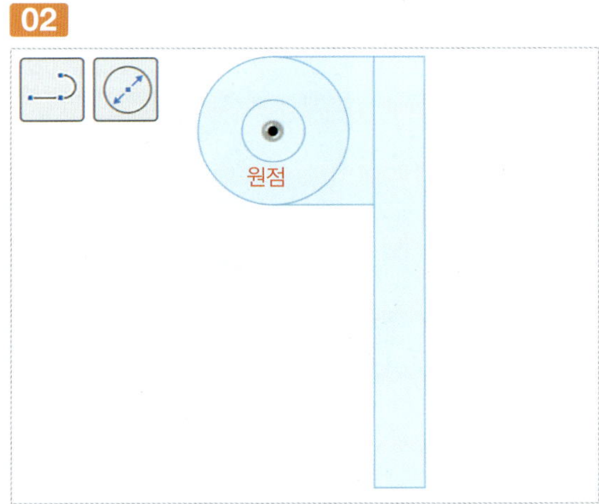

뷰 큐브의 우측면도라는 글자를 클릭하여 시점을 맞추고 스케치 작성 명령을 클릭한다.

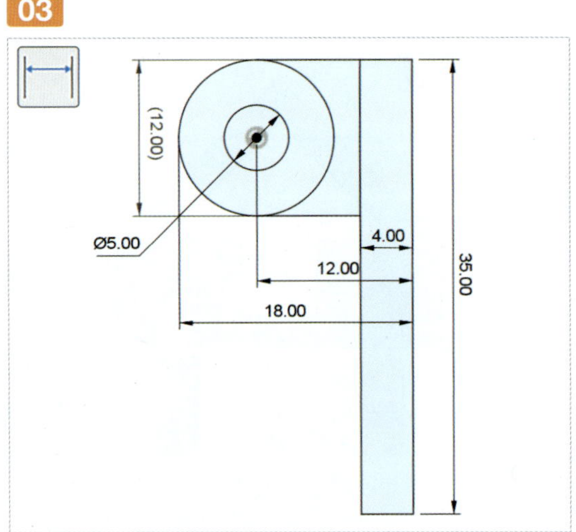

2번 부품의 우측면도를 대강 그린다.

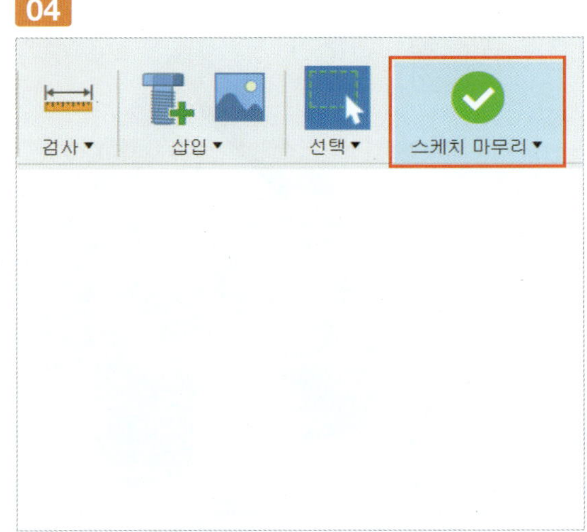

다음과 같이 치수를 적용한다.

스케치 마무리를 한다.

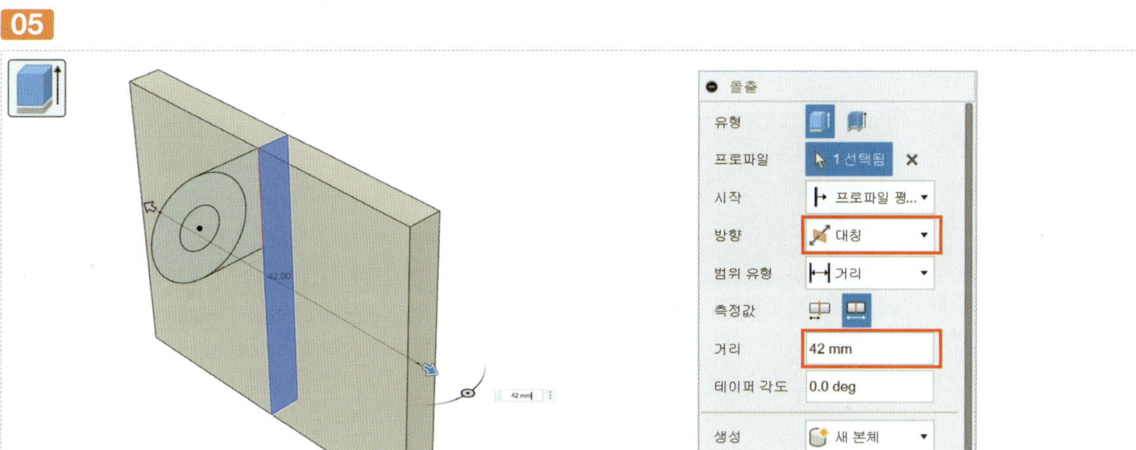

돌출을 다음과 같이 설정한다.

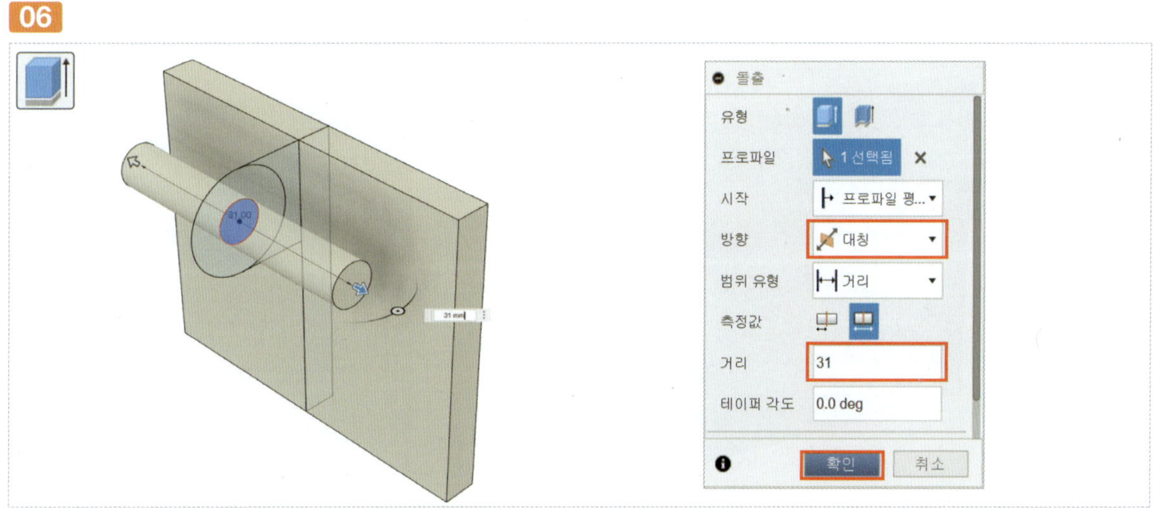

돌출을 다음과 같이 설정한다.

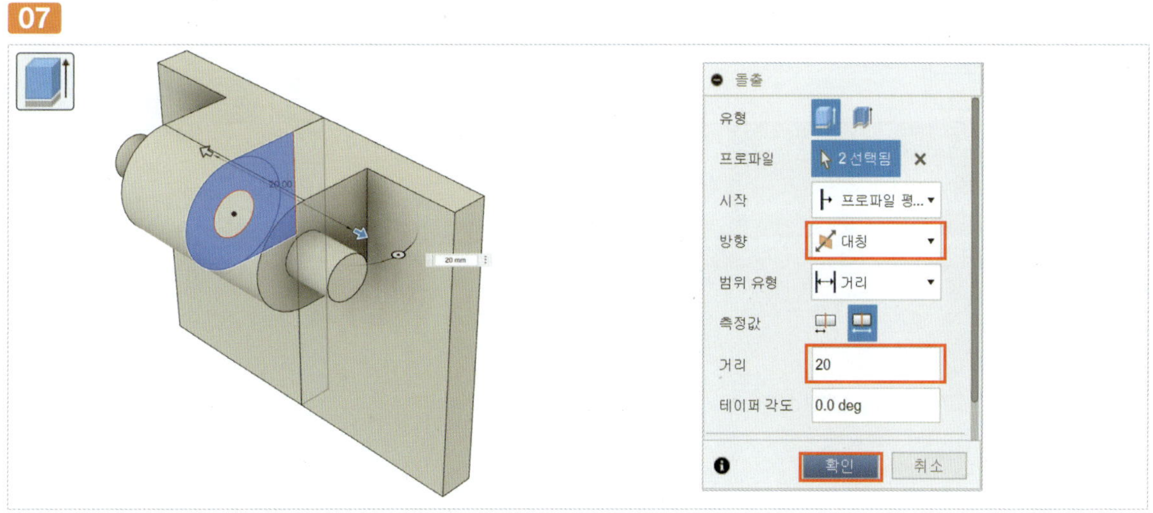

돌출을 다음과 같이 설정한다.

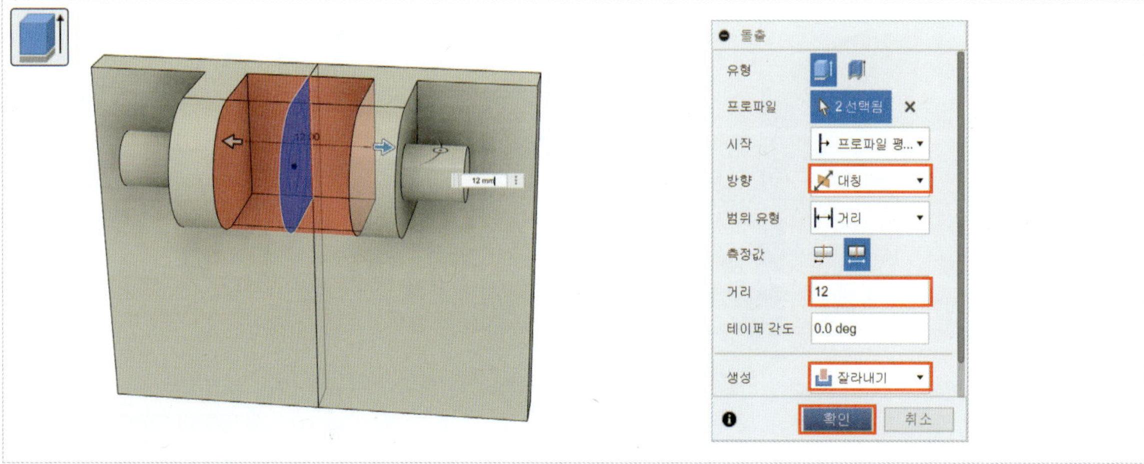

돌출을 다음과 같이 잘라내기로 설정한다.

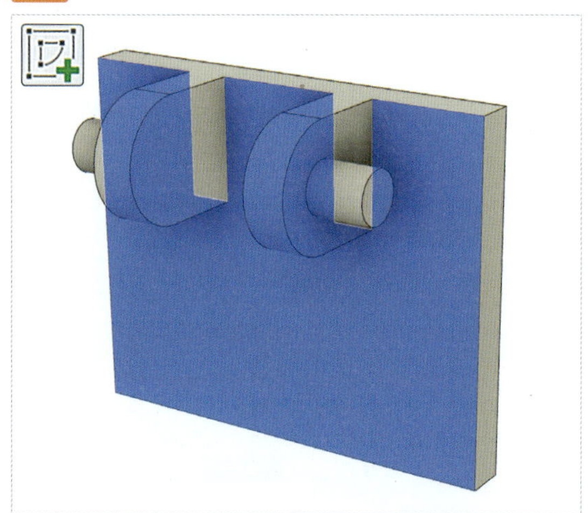

다음의 면을 선택하고 스케치 작성을 클릭한다.

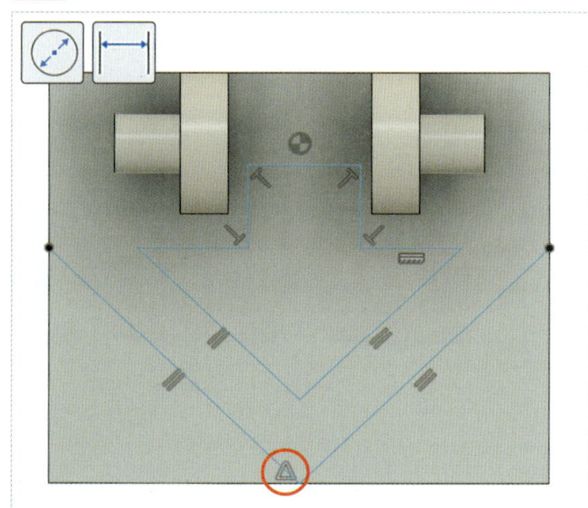

다음과 같이 평행한 사선을 그린다.

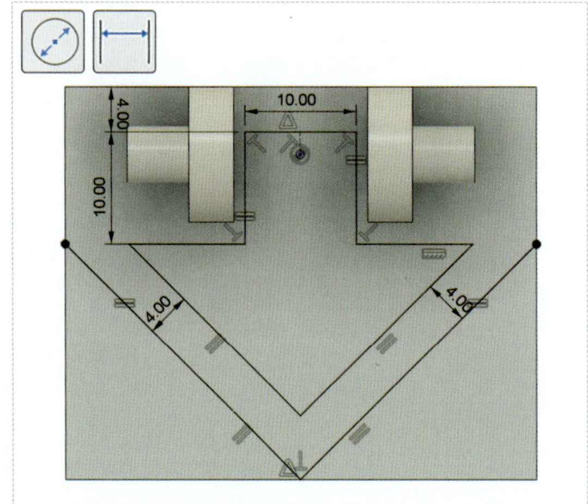

다음과 같이 치수를 입력한다.

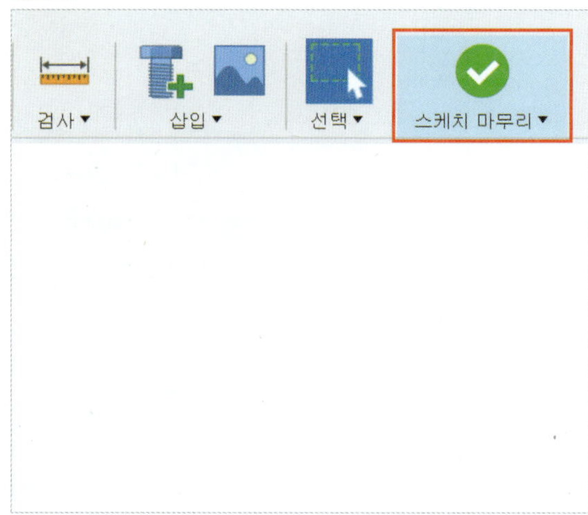

스케치 마무리를 한다.

13

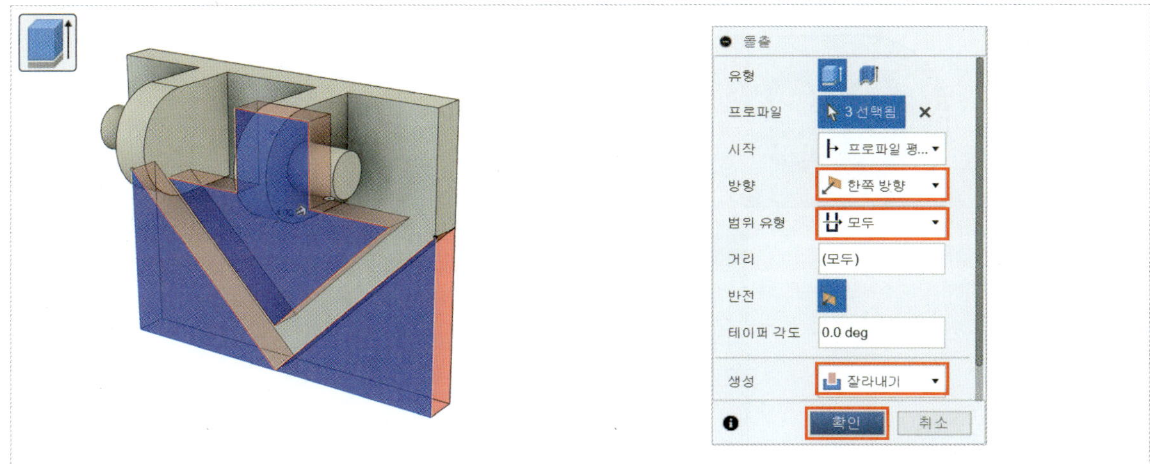

돌출 옵션을 다음과 같이 설정한다.

14

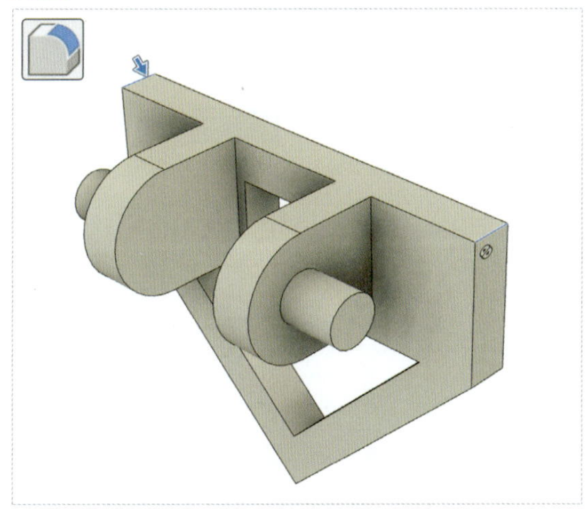

모서리에 필렛(모깎기)을 적용한다.

15

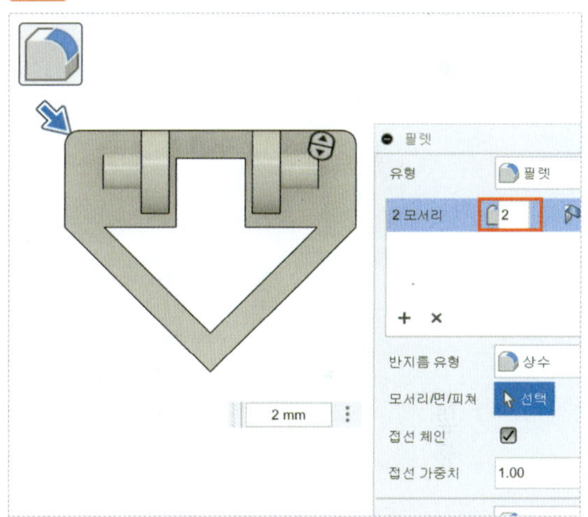

2mm를 입력하고 확인을 누른다.

16

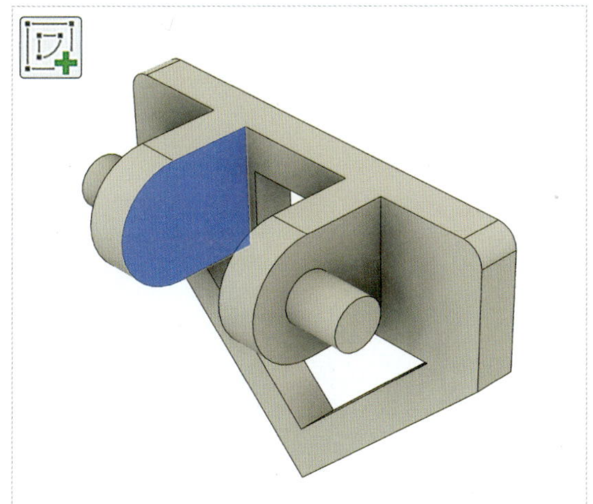

다음의 면을 선택하고 스케치 작성을 클릭한다.

17

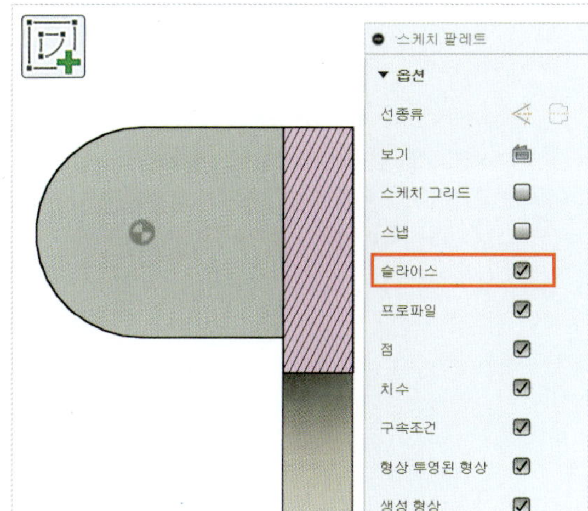

스케치 팔레트에서 슬라이스를 클릭한다.

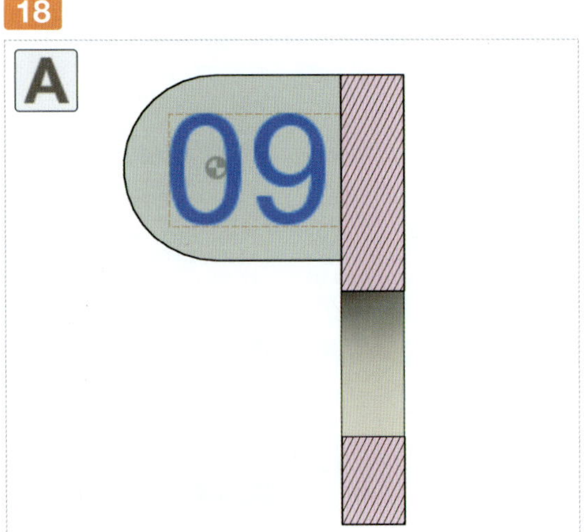

비번호를 입력한다.

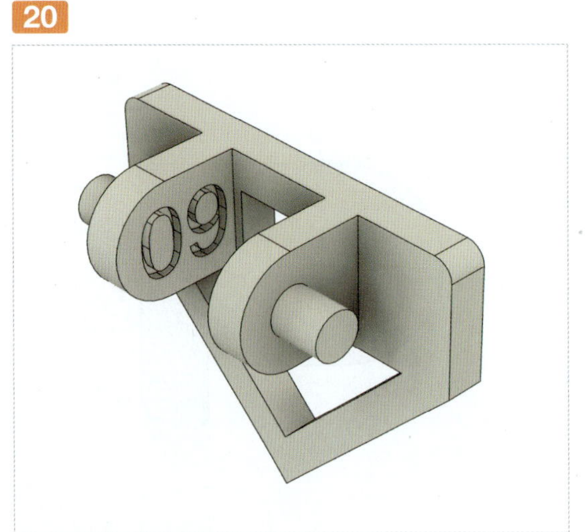

다음과 같이 돌출을 적용한다.

2번 부품의 완성 모습

1번 부품의 가시성을 켠다.

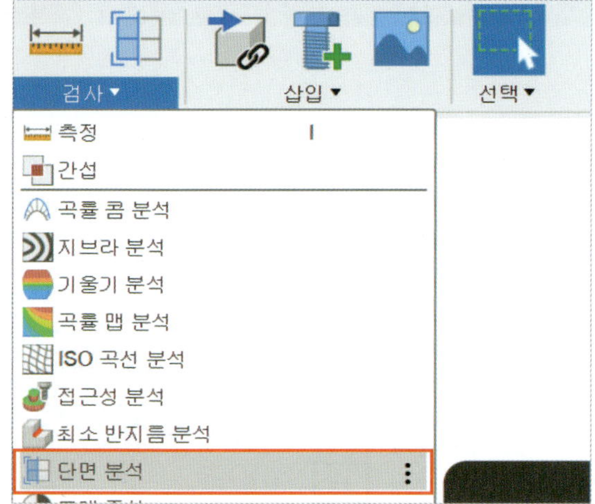

솔리드 〉 검사 〉 단면 분석을 클릭한다.

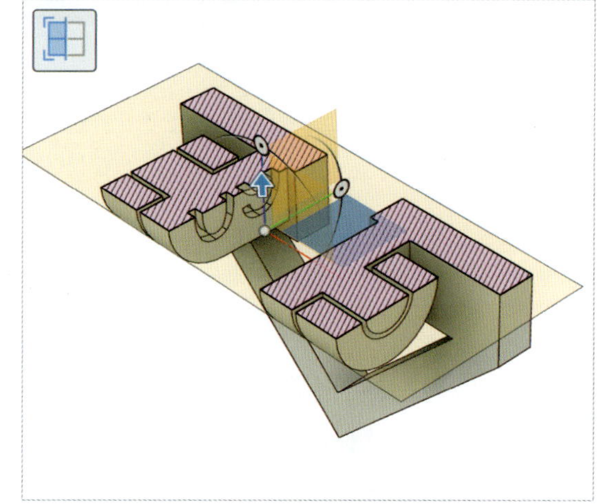

XY 평면을 클릭하여 단면 분석을 한다.

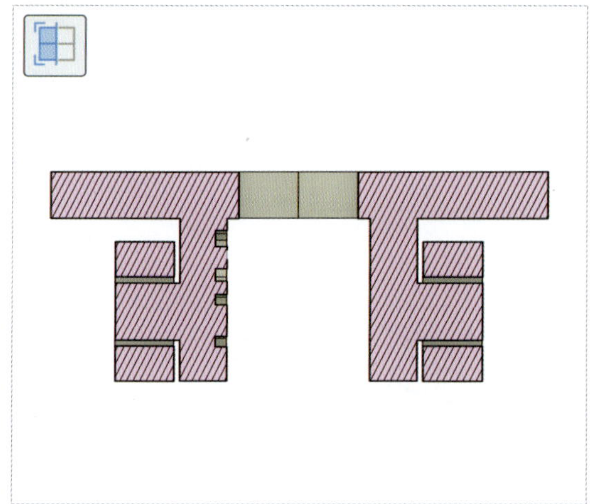

공차 적용된 부분을 확인한다.

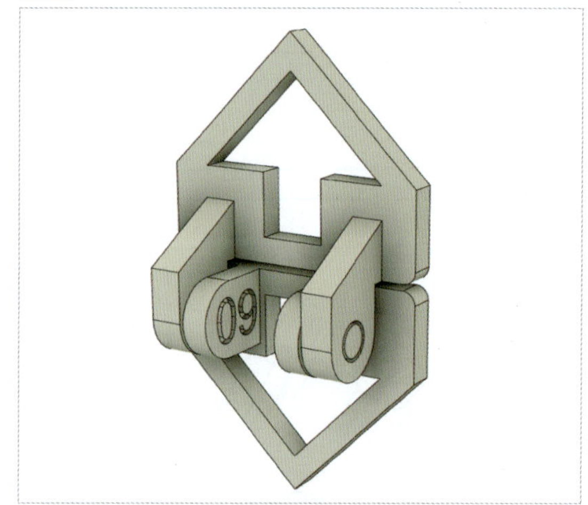

모델링을 완료하고 비번호로 저장한다.

공개 도면 10번

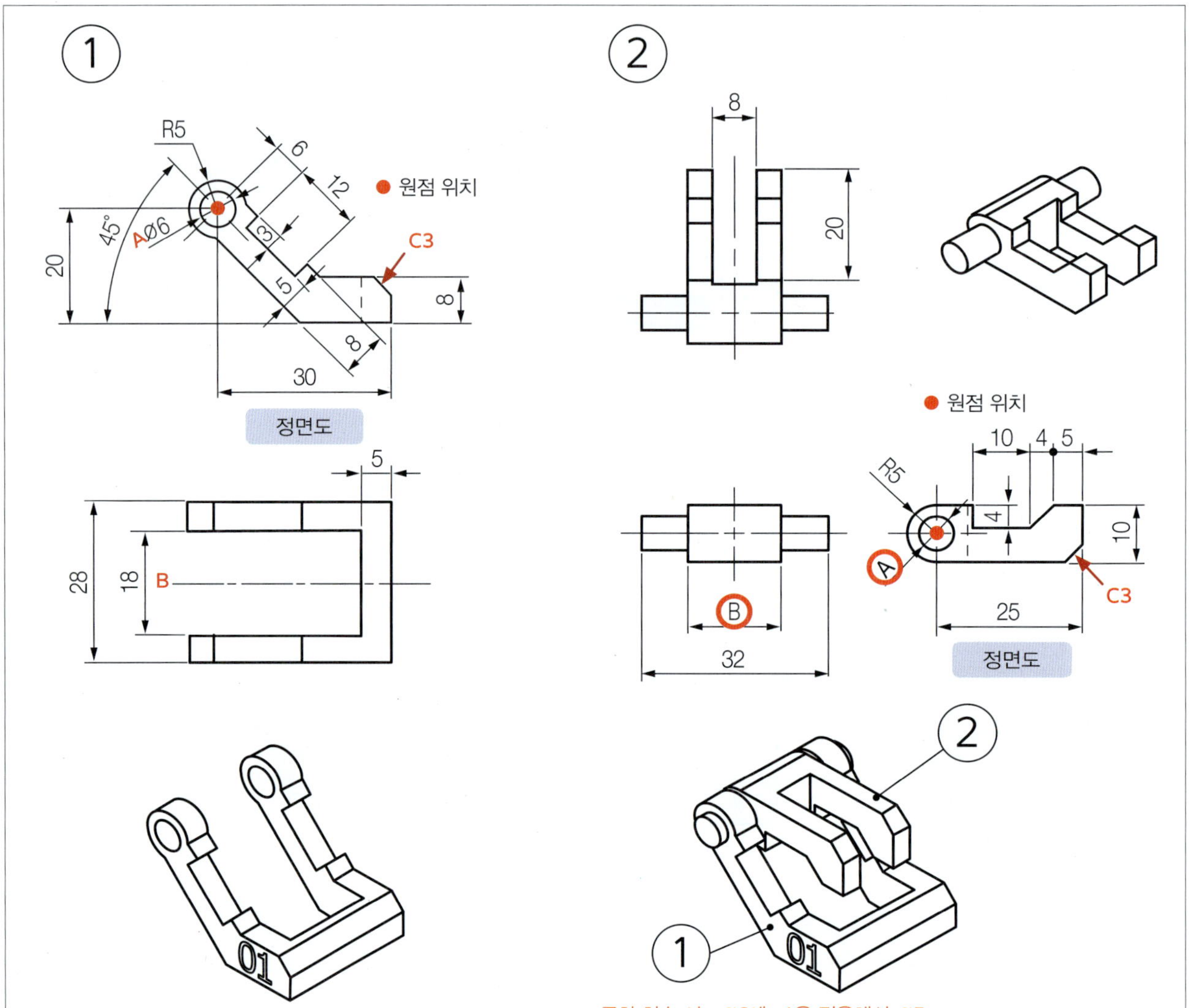

도면 풀이 영상

주서
1. 도시되고 지시없는 모떼기는 C3

정면도

원점 위치

공차 치수 A는 Ø6에 −1을 적용해서 Ø5
공차 치수 B는 18에 공차 −1을 적용해서 17

1 A, B에 공차 적용된 치수

① A는 1번 부품의 치수 Ø6에 공차 −1을 적용해서 Ø5로 작성한다.

② B는 1번 부품의 치수 18에 공차 −1을 적용해서 17로 작성한다.

2 도면 분석

① 1번, 2번 부품의 정면도에서 스케치를 시작한다.

② 공차를 미리 적용한 치수로 작성한다.

③ 2번 부품을 X축으로 180° 회전하여 뒤집는다.

3 1번 부품 3D모델링

01

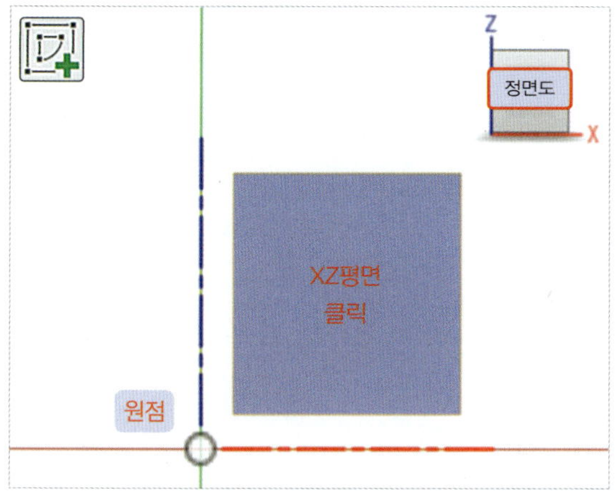

뷰 큐브의 정면도라는 글자를 클릭하여 시점을 맞추고 스케치 작성 명령을 클릭한다.

02

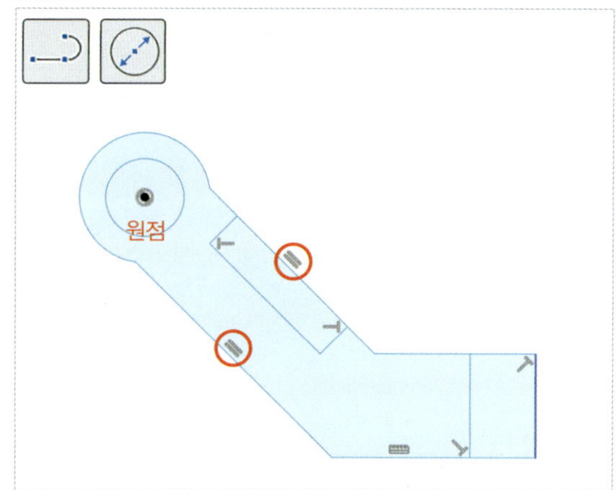

1번 부품의 정면도를 대강 그린다.

03

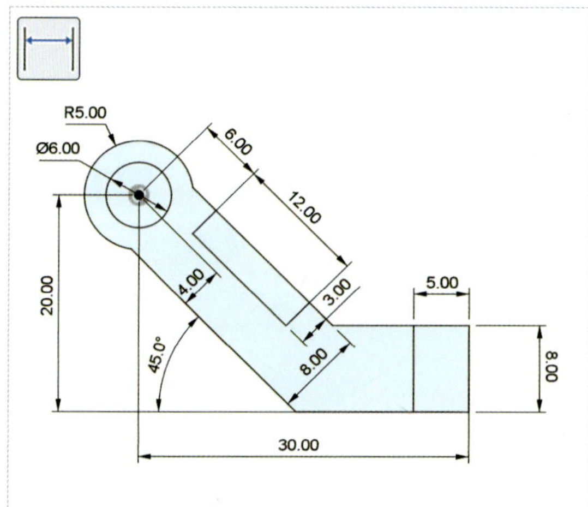

다음과 같이 치수를 적용한다.

04

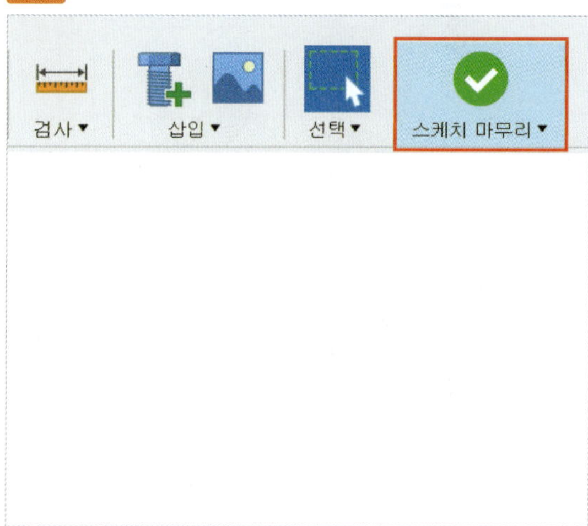

스케치 마무리를 한다.

05

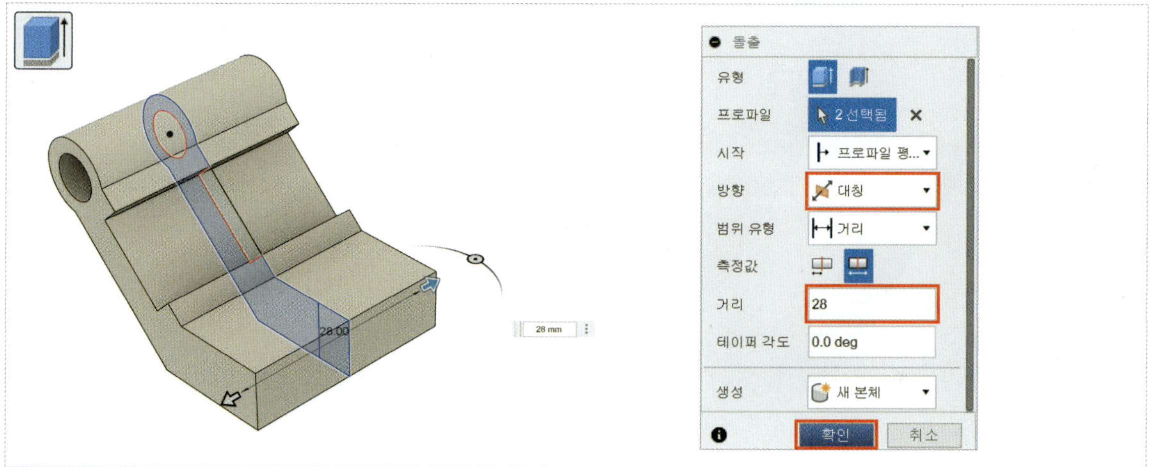

돌출을 다음과 같이 설정한다.

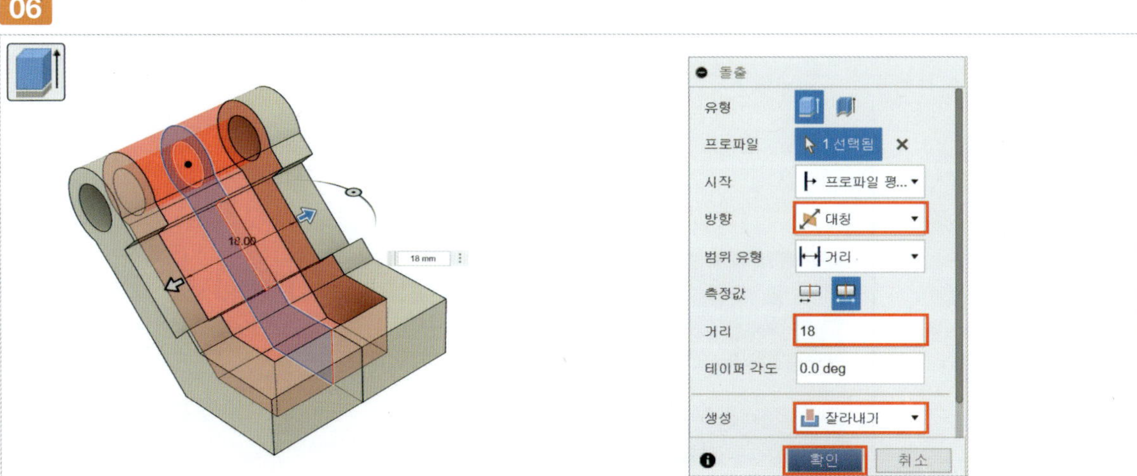

다음의 스케치 부분에 대칭 돌출을 적용한다.

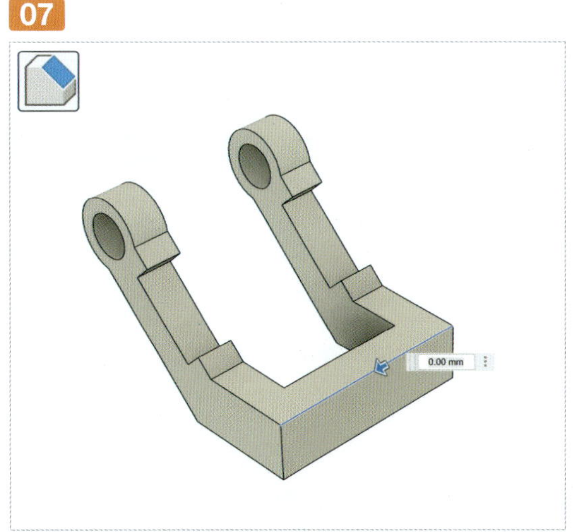

모서리에 챔퍼(모따기)를 적용한다.

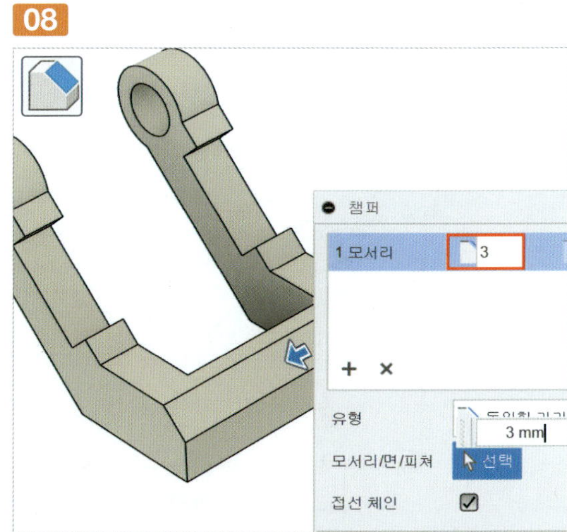

3mm를 입력하고 확인을 누른다.

다음의 면을 선택하고 스케치 작성을 클릭한다.

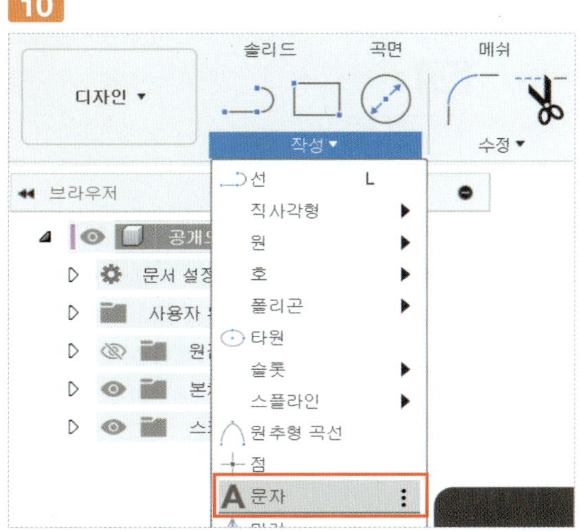

스케치 〉 작성 〉 문자 명령을 클릭한다.

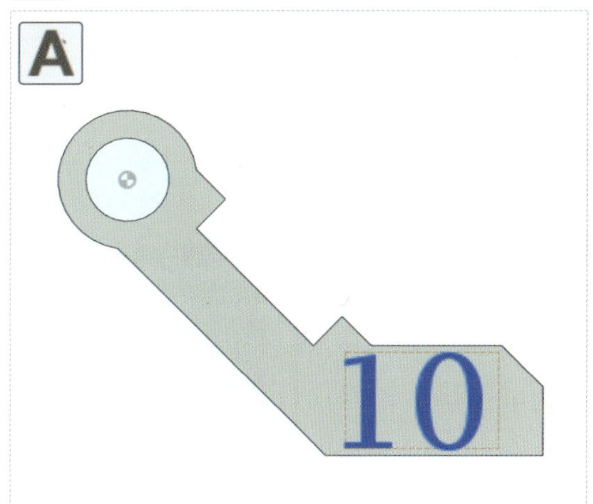

비번호를 입력한다.

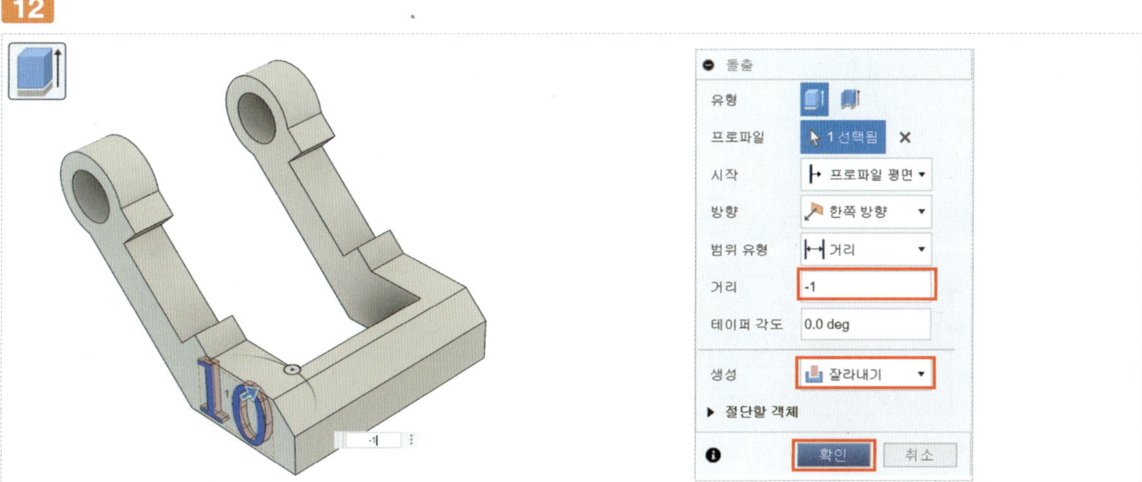

솔리드 〉 작성 〉 돌출 명령을 클릭한다.

1번 부품의 완성 모습

4 2번 부품 3D모델링

01

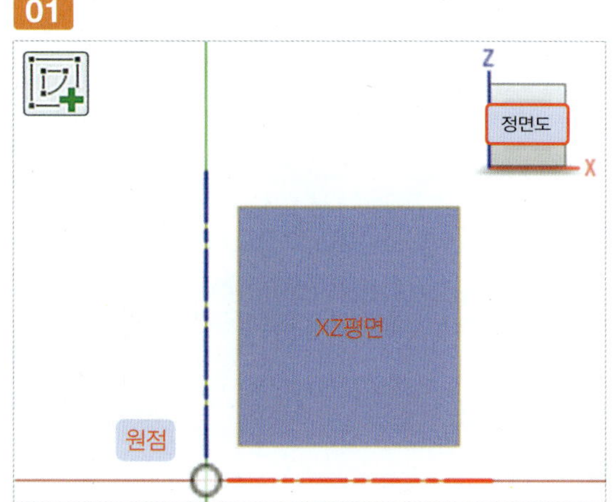

정면도로 시점을 맞추고 스케치를 시작한다.

02

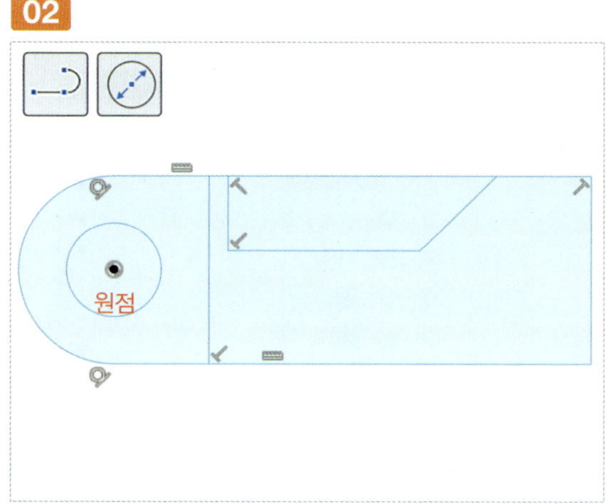

정면도를 그린다.

03

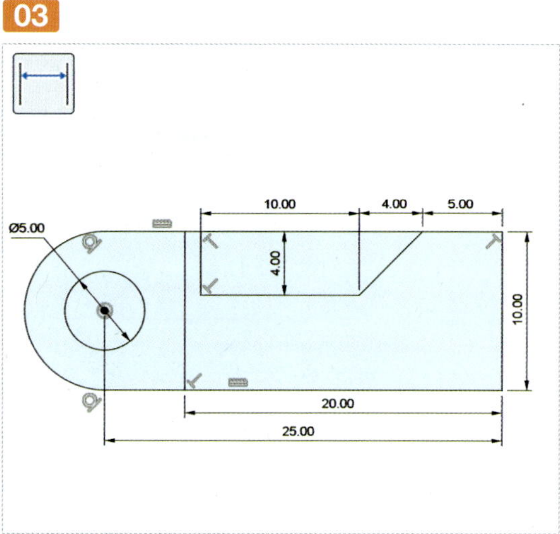

다음과 같이 치수를 입력한다.

04

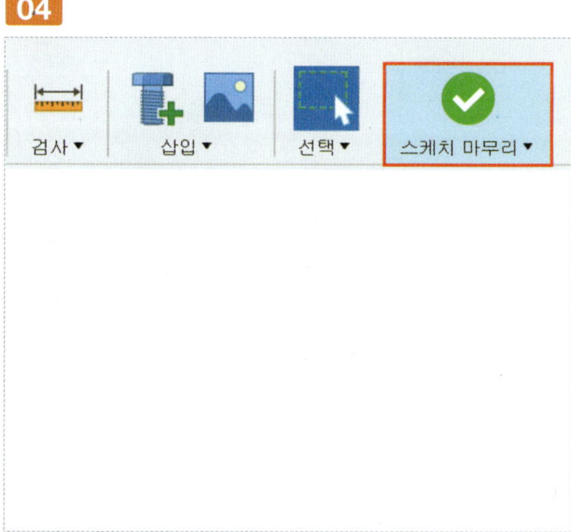

스케치 마무리를 한다.

05

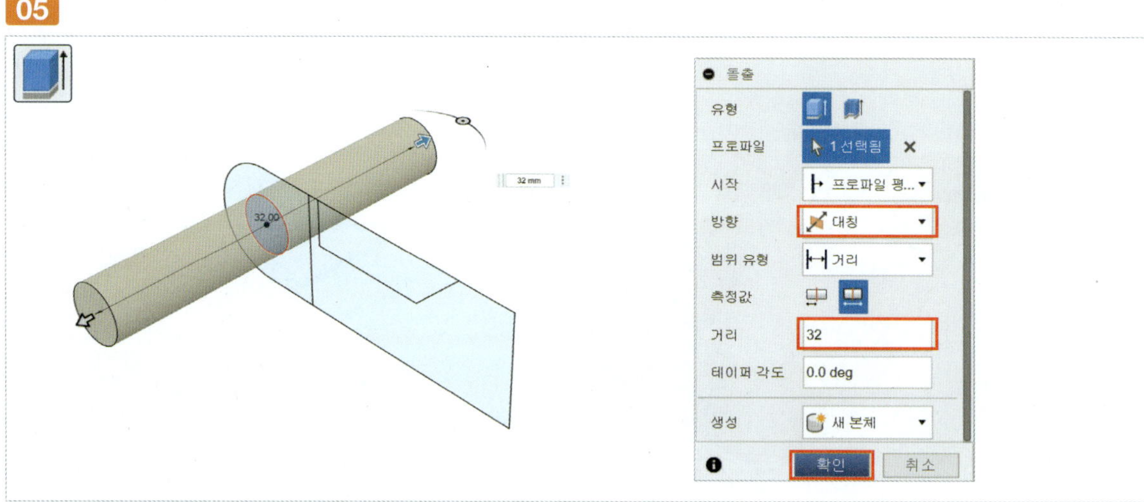

스케치에 대칭 돌출 32mm를 적용한다.

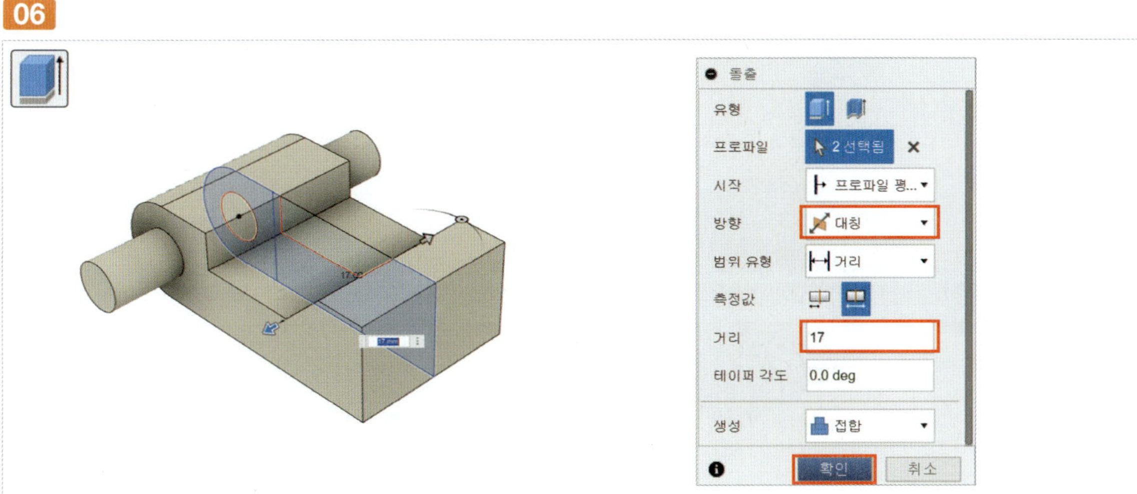

스케치에 대칭 돌출 17mm를 적용한다.

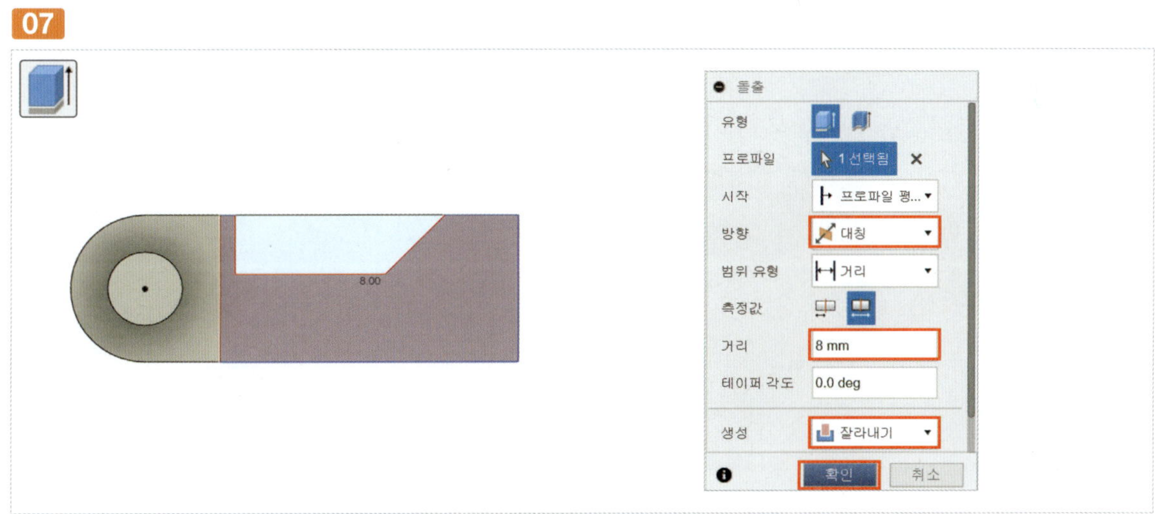

다음의 스케치 부분에 대칭 돌출을 적용한다.

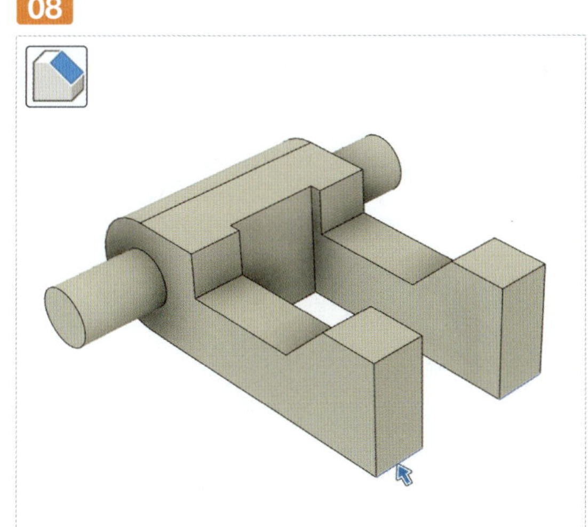

두 모서리에 챔퍼(모따기)를 적용한다.

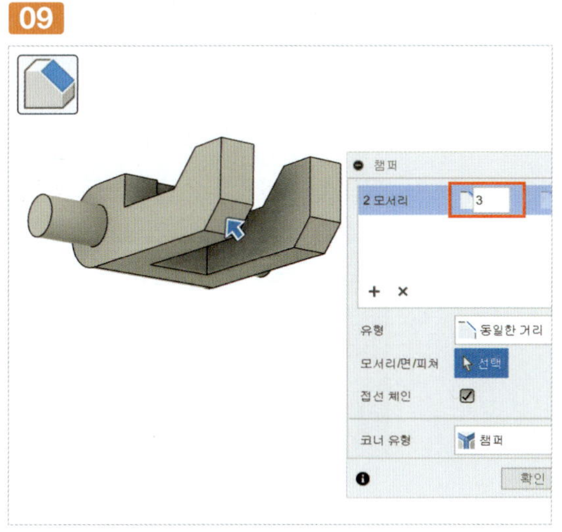

3mm를 입력하고 확인을 누른다.

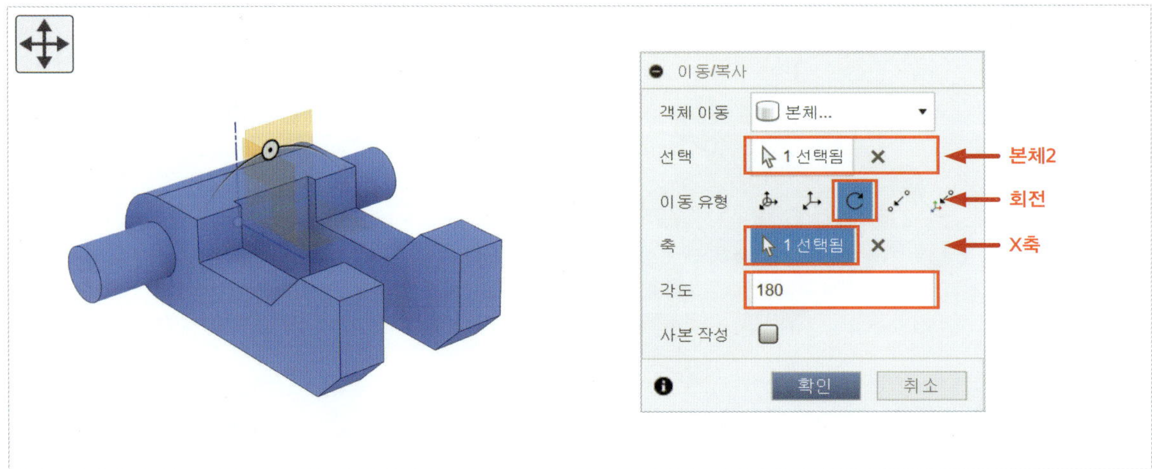

2번 본체를 회전한다.

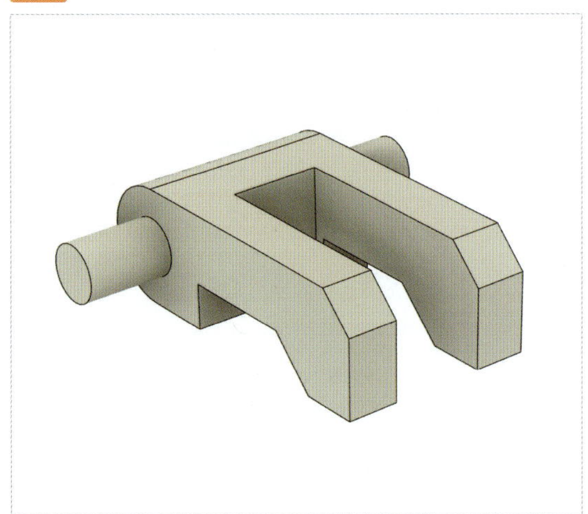

2번 부품의 완성 모습

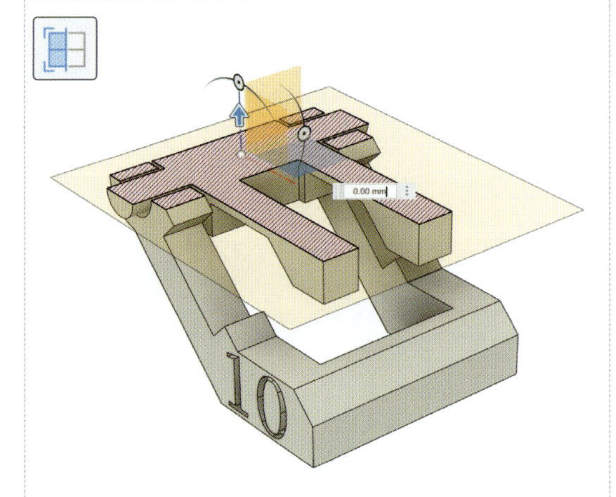

XY 평면으로 단면 분석을 한다.

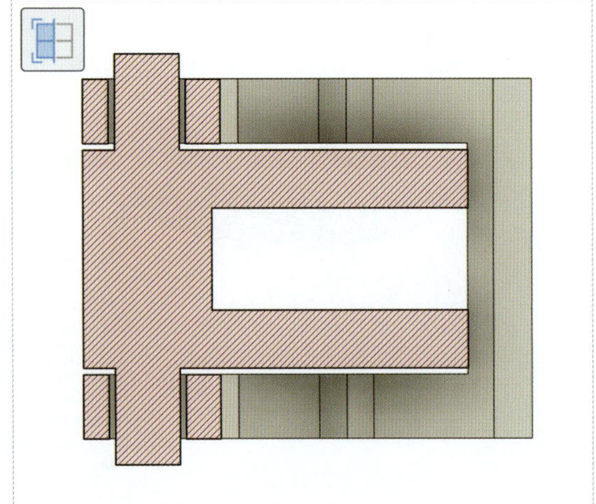

공차가 적용된 것을 확인한다.

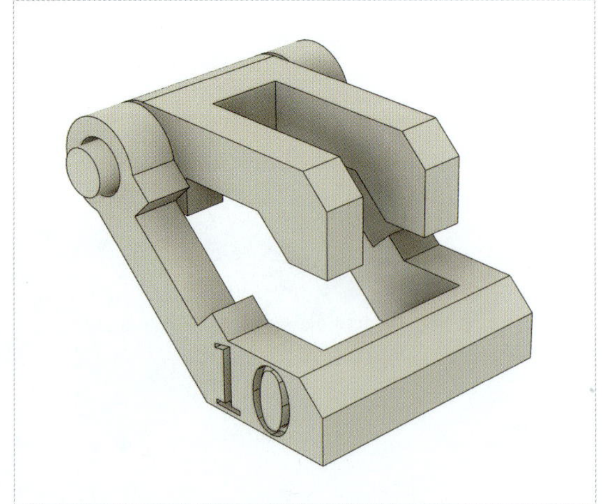

모델링을 완료하고 비번호로 저장한다.

공개 도면 11번

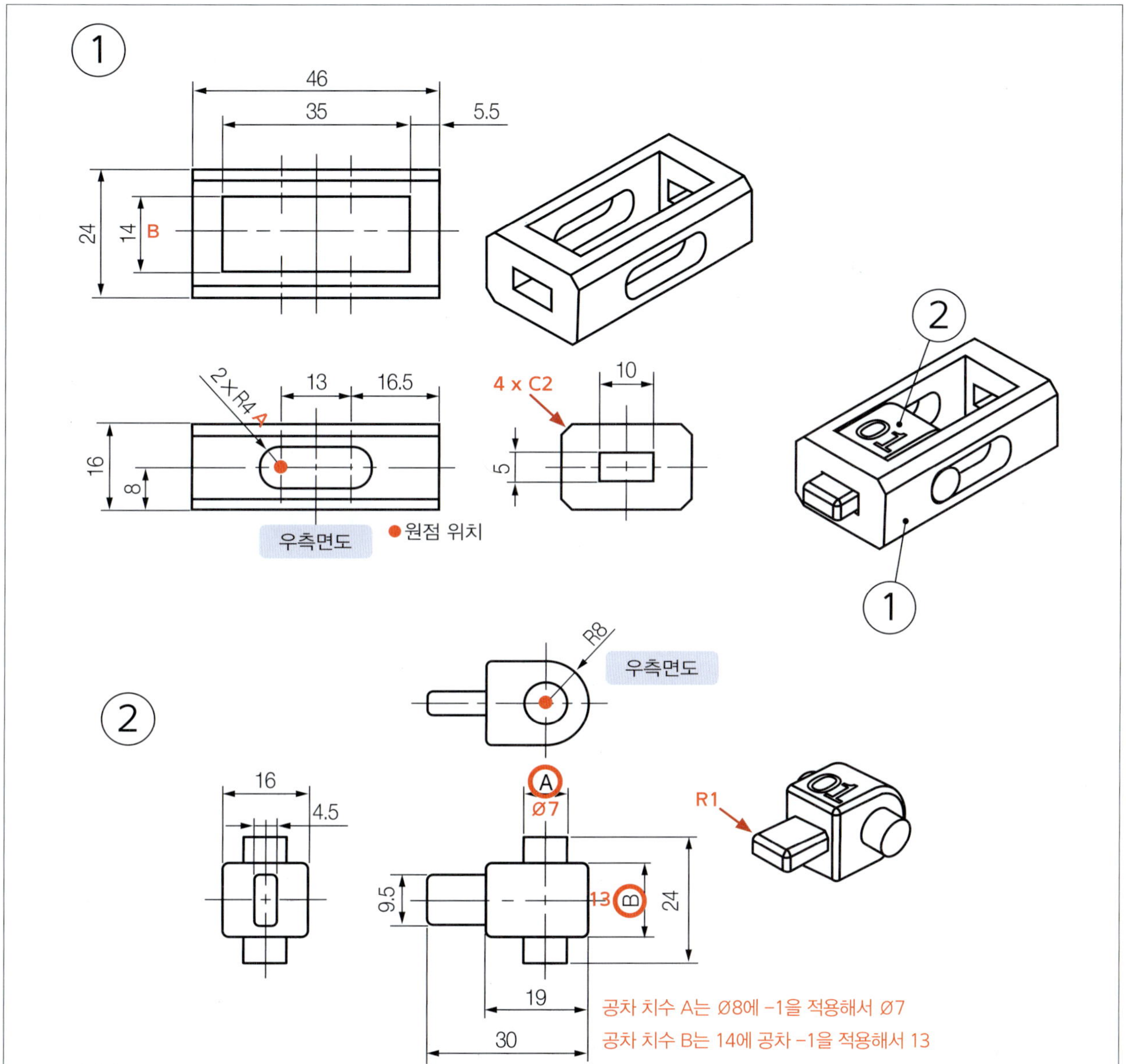

주서
1. 도시되고 지시없는 모떼기는 C2, 라운드는 R1

1 A, B에 공차 적용된 치수

① A는 1번 부품의 치수 Ø8에 공차 −1을 적용해서 Ø7로 작성한다.

② B는 1번 부품의 치수 14에 공차 −1을 적용해서 13으로 작성한다.

2 도면 분석

① 1번, 2번 부품의 우측면도에서 스케치를 시작한다.

② 공차를 미리 적용한 치수로 작성한다.

③ 2번 부품을 이동하고 회전하여 출력이 쉽도록 한다.

❸ 1번 부품 3D모델링

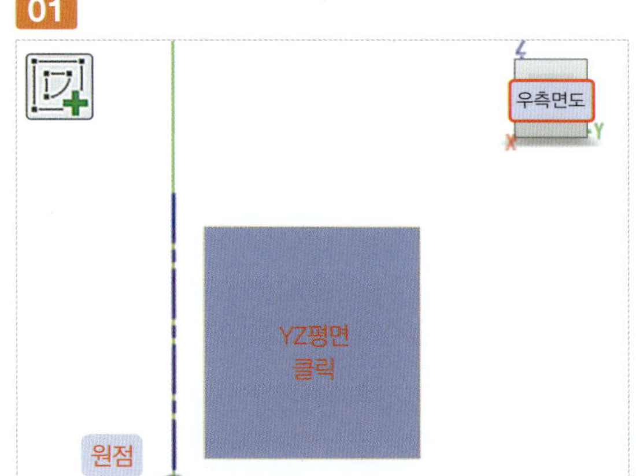

뷰 큐브의 우측면도라는 글자를 클릭하여 시점을 맞추고 스케치 작성 명령을 클릭한다.

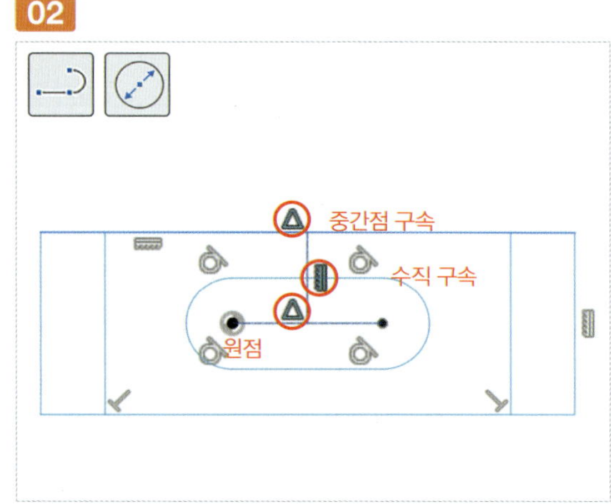

1번 부품의 우측면도를 대강 그린다.

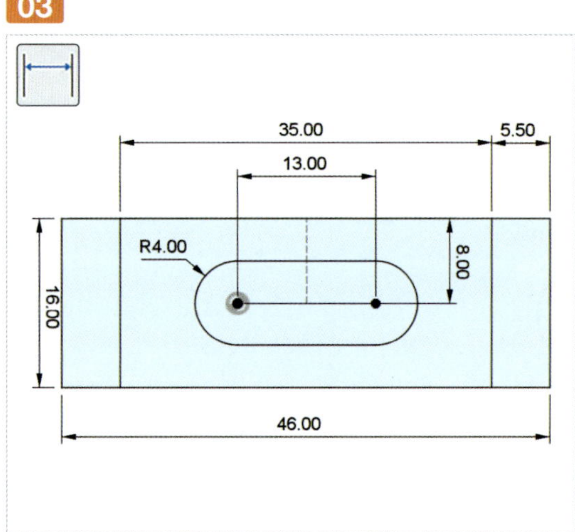

다음과 같이 치수를 적용한다.

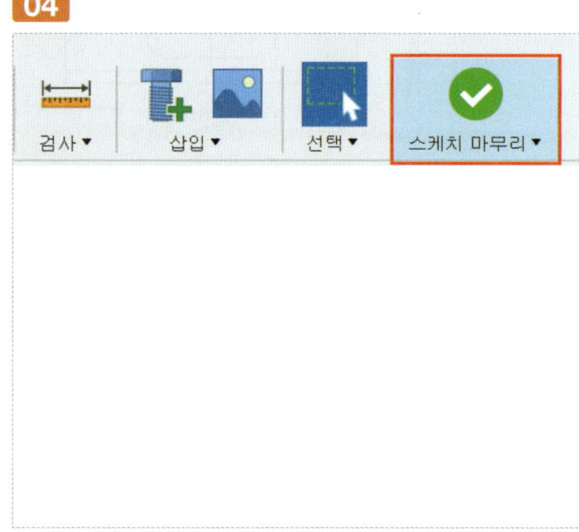

스케치 마무리를 한다.

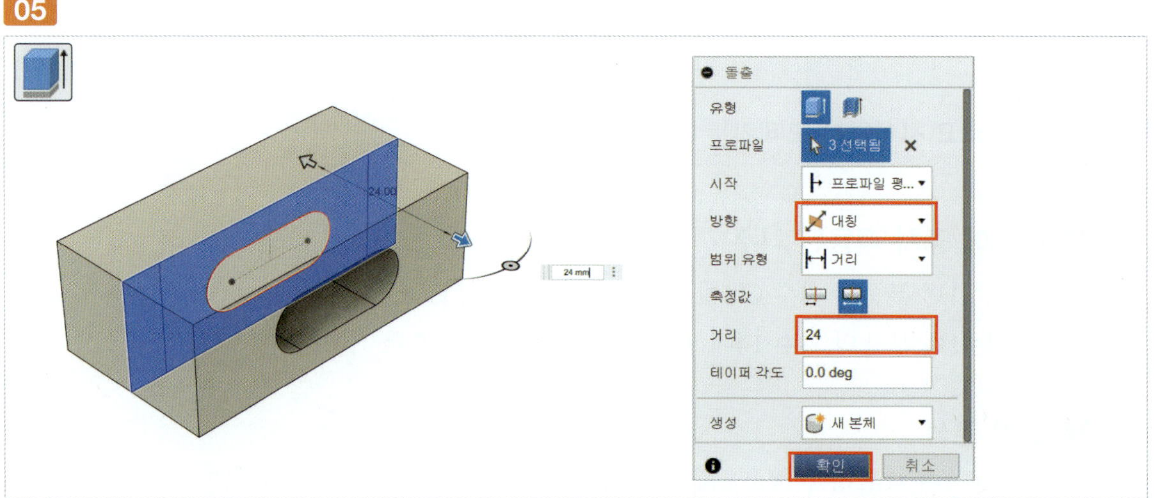

돌출을 다음과 같이 설정한다.

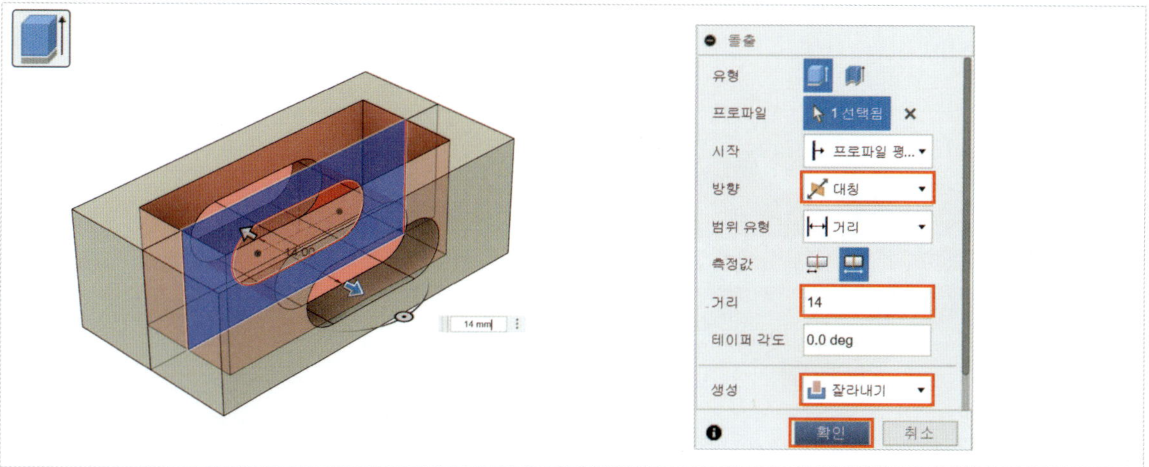

다음의 스케치 부분에 대칭 돌출을 적용한다.

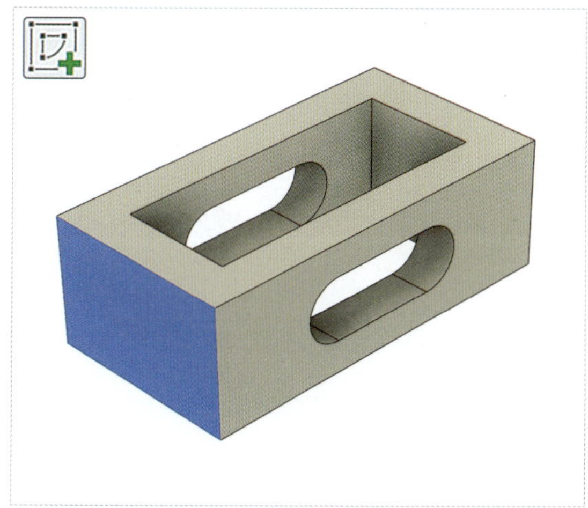

다음의 면을 선택하고 스케치 작성을 클릭한다.

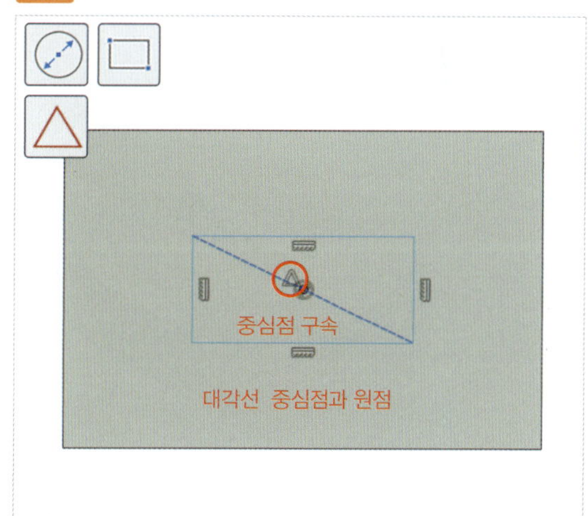

직사각형과 대각선으로 중심을 맞춘다.

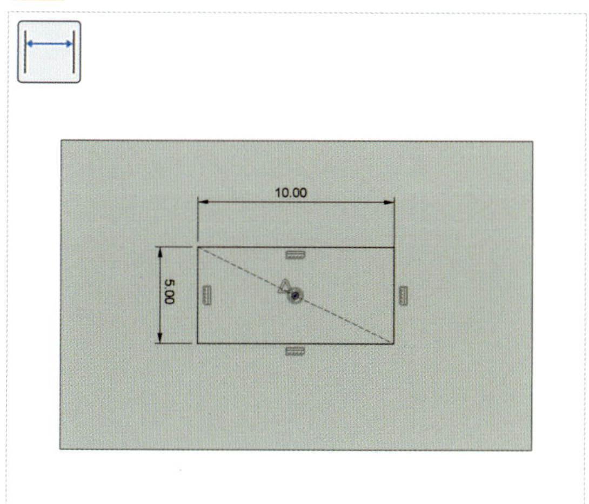

다음과 같이 치수를 적용한다.

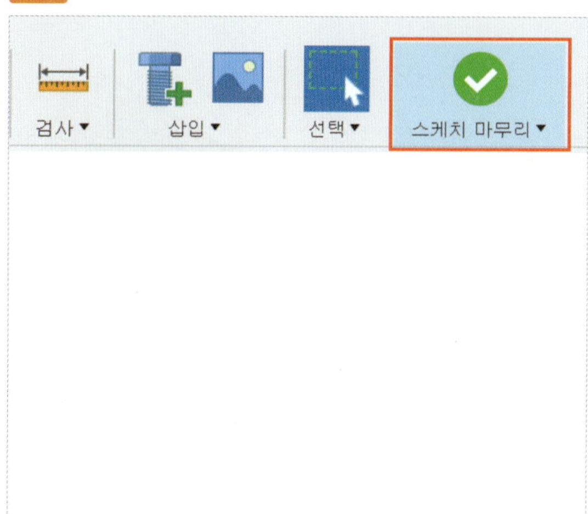

스케치 마무리를 한다.

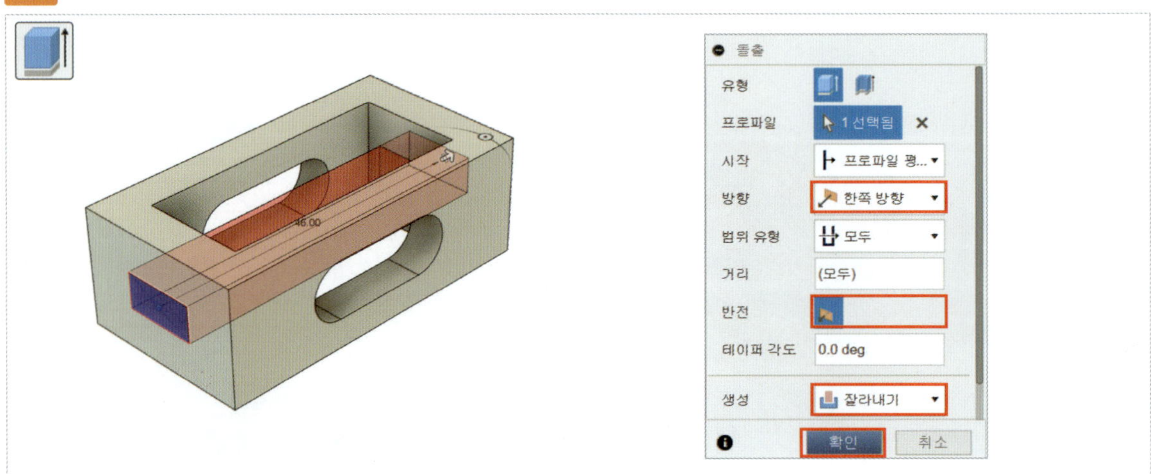

11

돌출을 다음과 같이 잘라내기로 설정한다.

12

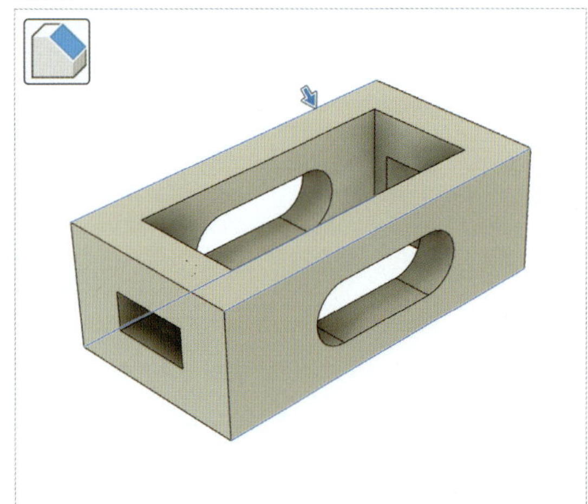

네 모서리에 챔퍼(모따기)를 적용한다.

13

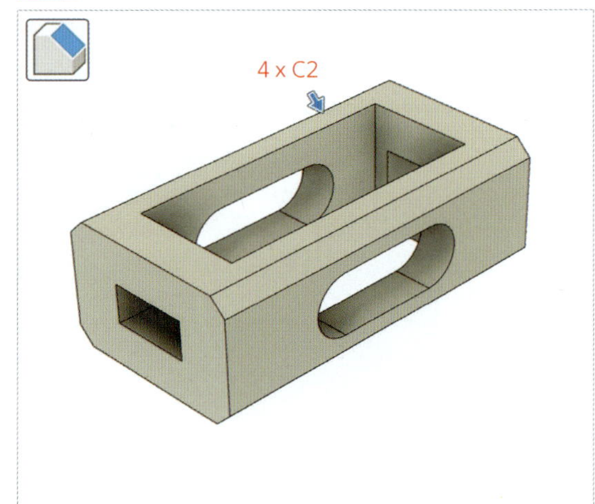

2mm를 입력하고 확인을 누른다.

14

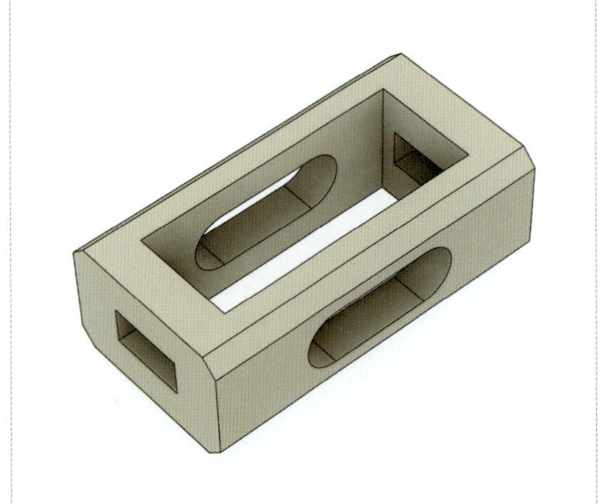

1번 부품의 완성 모습

4 2번 부품 3D모델링

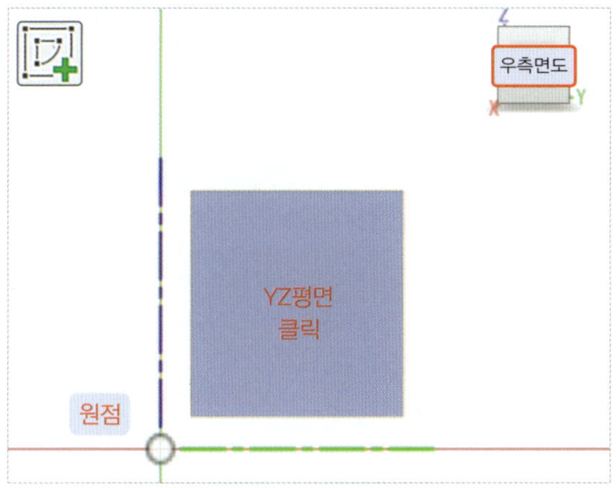

01

뷰 큐브의 우측면도라는 글자를 클릭하여 시점을 맞추고 스케치 작성 명령을 클릭한다.

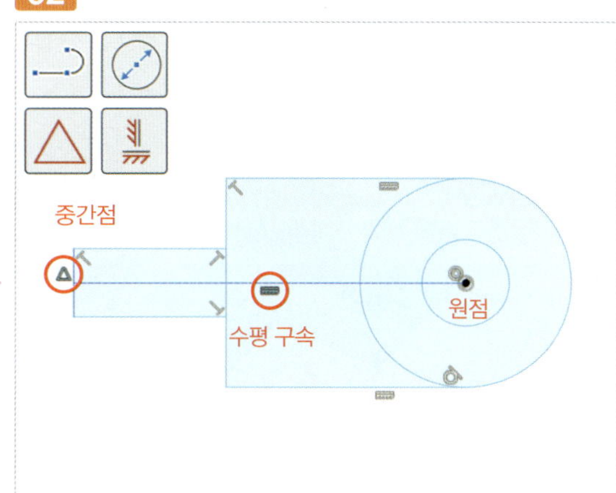

02

1번 부품의 우측면도를 대강 그린다.

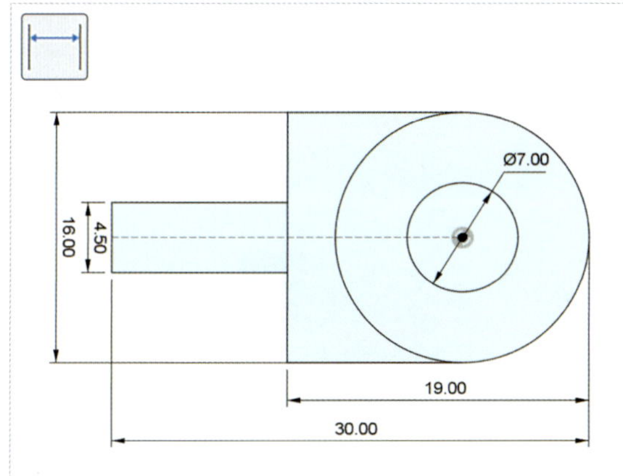

03

다음과 같이 치수를 적용한다.

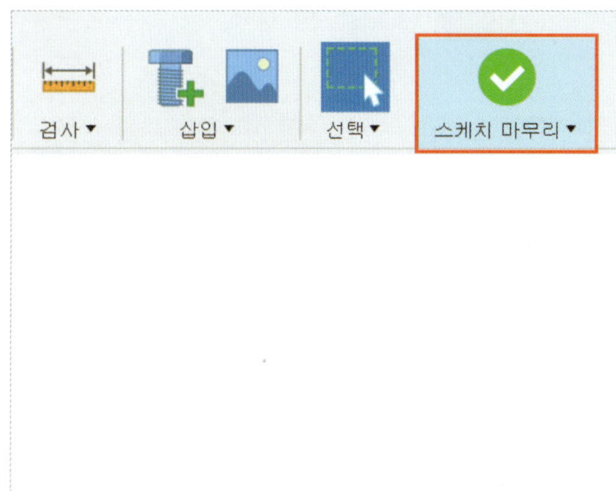

04

스케치 마무리를 한다.

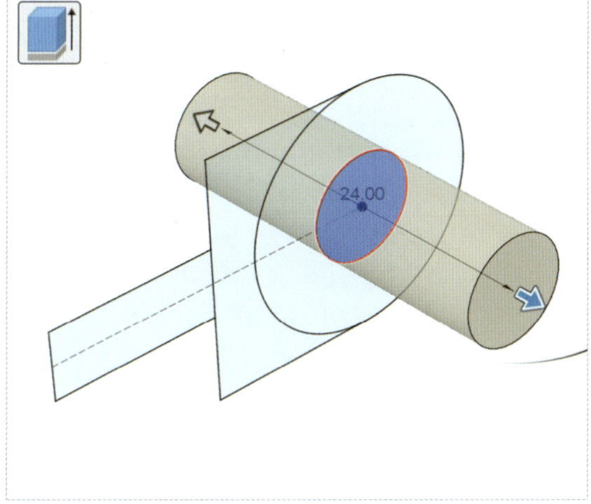

05

24mm 대칭 돌출한다.

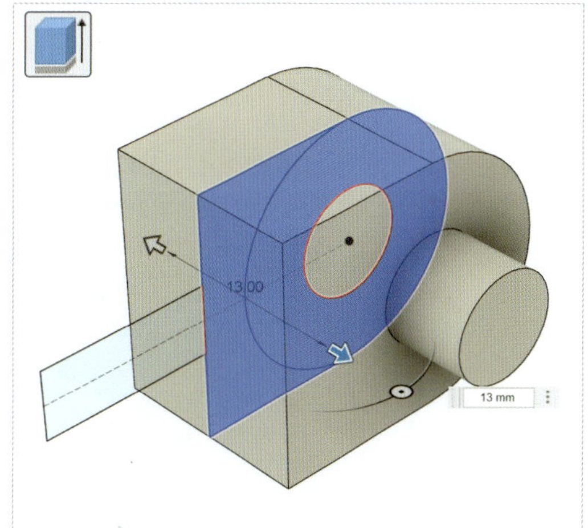

06

13mm 대칭 돌출한다.

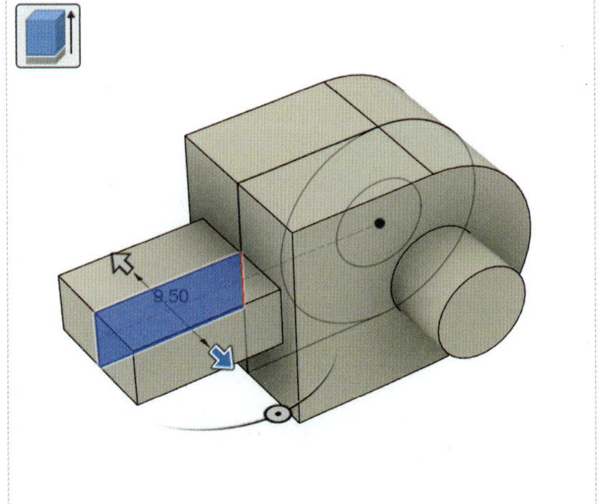

9.5mm 대칭 돌출한다.

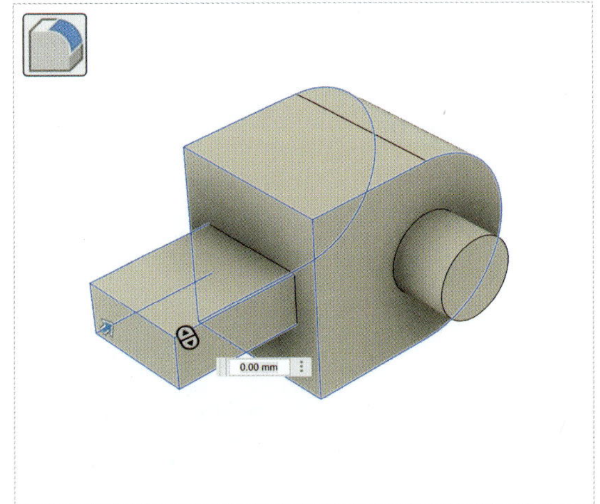

모서리에 필렛(모깎기)을 적용한다.

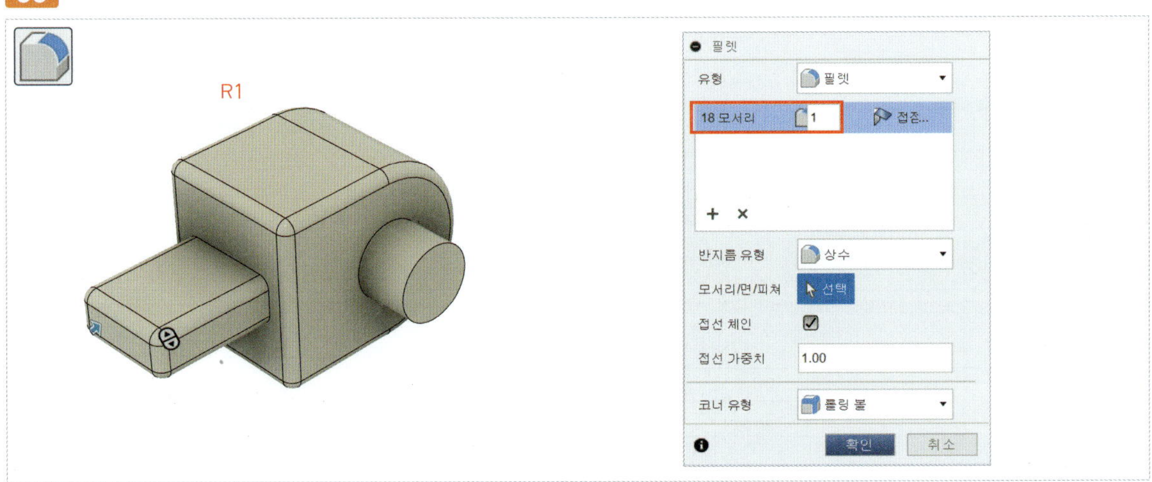

1mm를 입력하고 확인을 누른다.

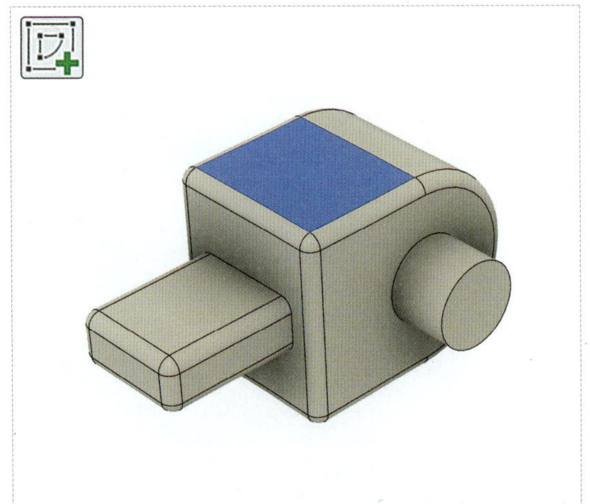

다음의 면을 선택하고 스케치 작성을 클릭한다.

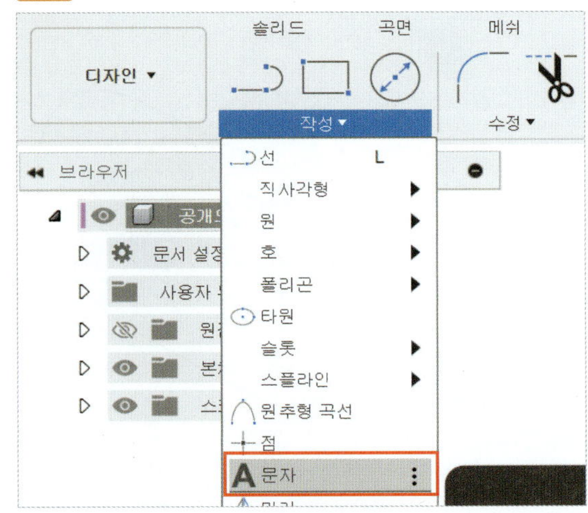

스케치 〉 작성 〉 문자 명령을 클릭한다.

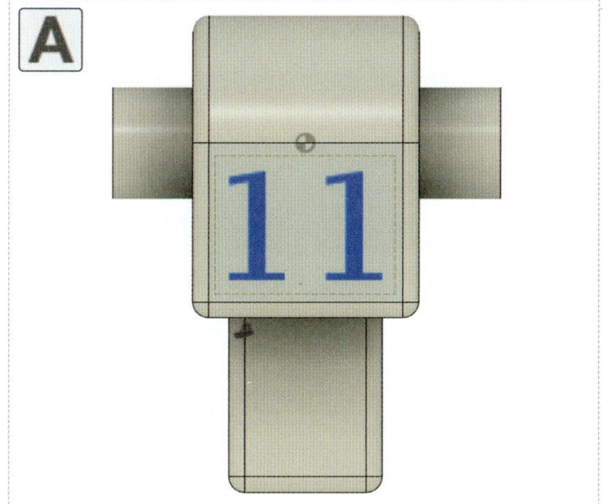

비번호를 입력한다.

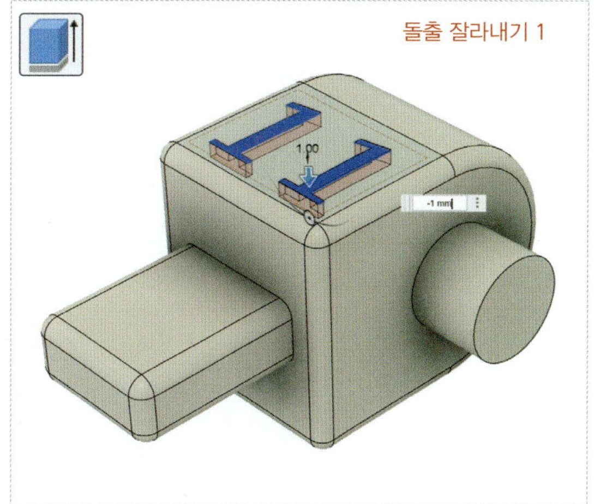

솔리드 〉 작성 〉 돌출 명령을 클릭한다.

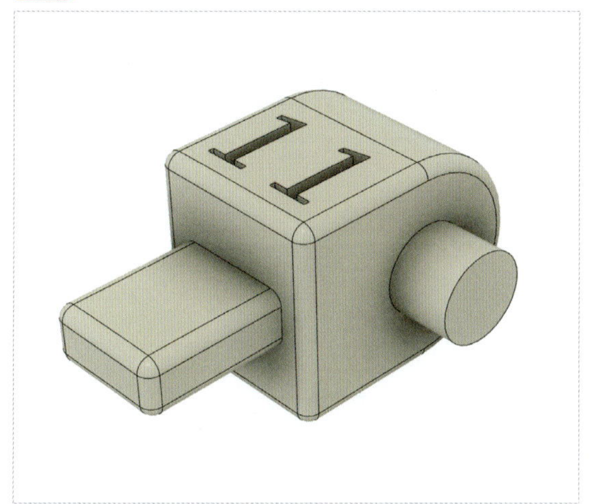

1번 부품의 완성 모습

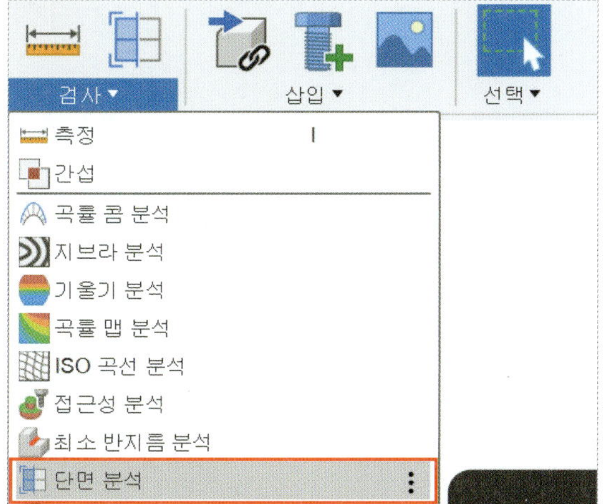

솔리드 〉 검사 〉 단면 분석을 클릭한다.

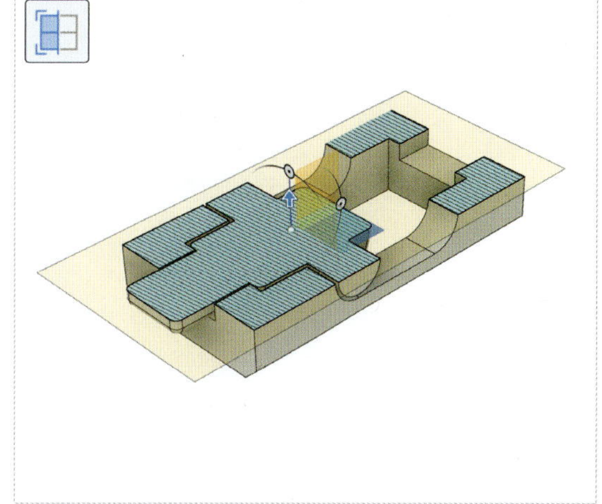

XY면을 클릭한다.

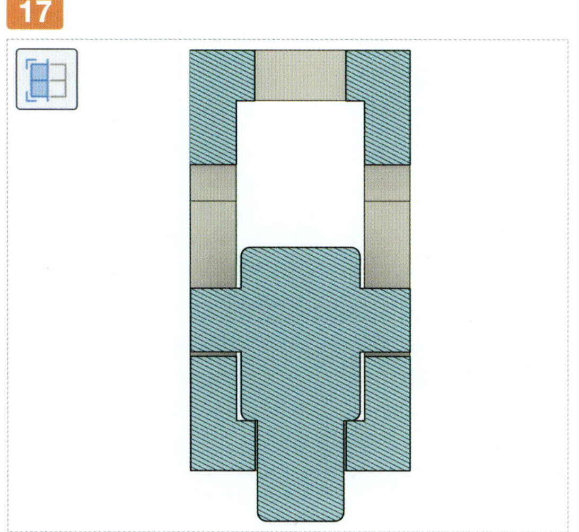

단면으로 공차를 확인한다.

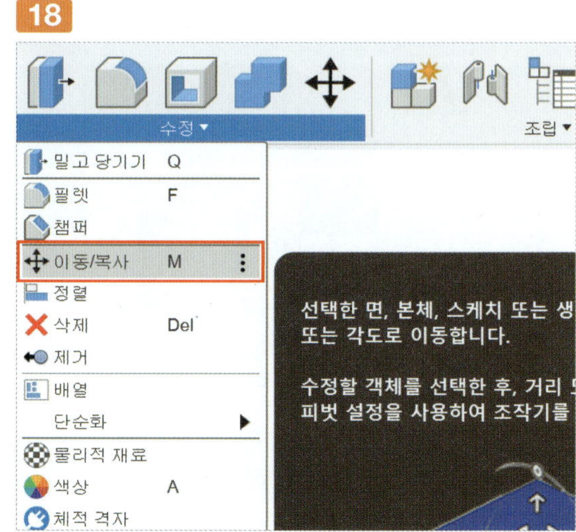

솔리드 〉 수정 〉 이동/복사 명령을 클릭한다.

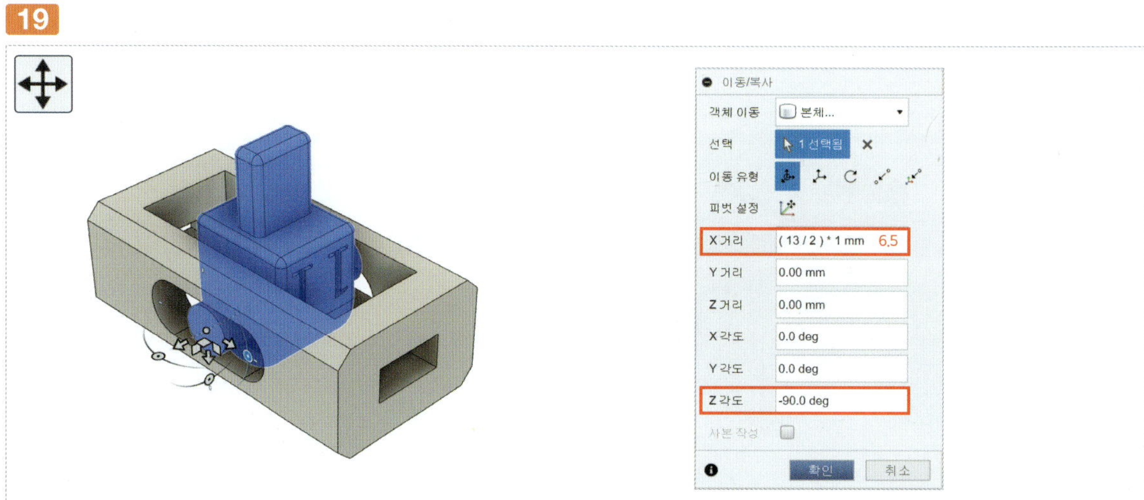

90° 회전하고 X로 6.5mm 이동한다.

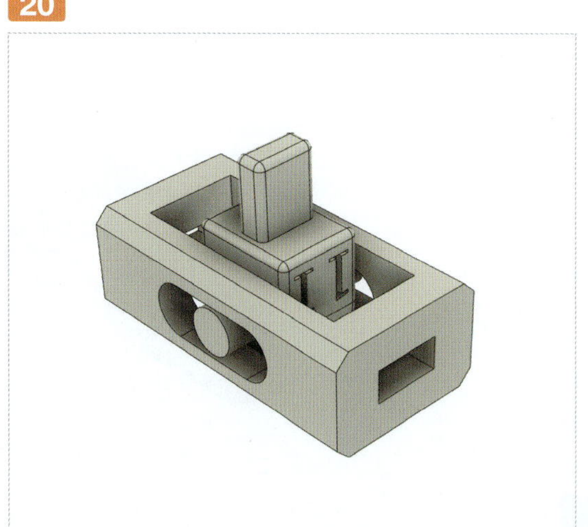

모델링을 완료하고 비번호로 저장한다.

공개 도면 12번

주서
1. 도시되고 지시없는 모떼기는 C2, 라운드는 R1

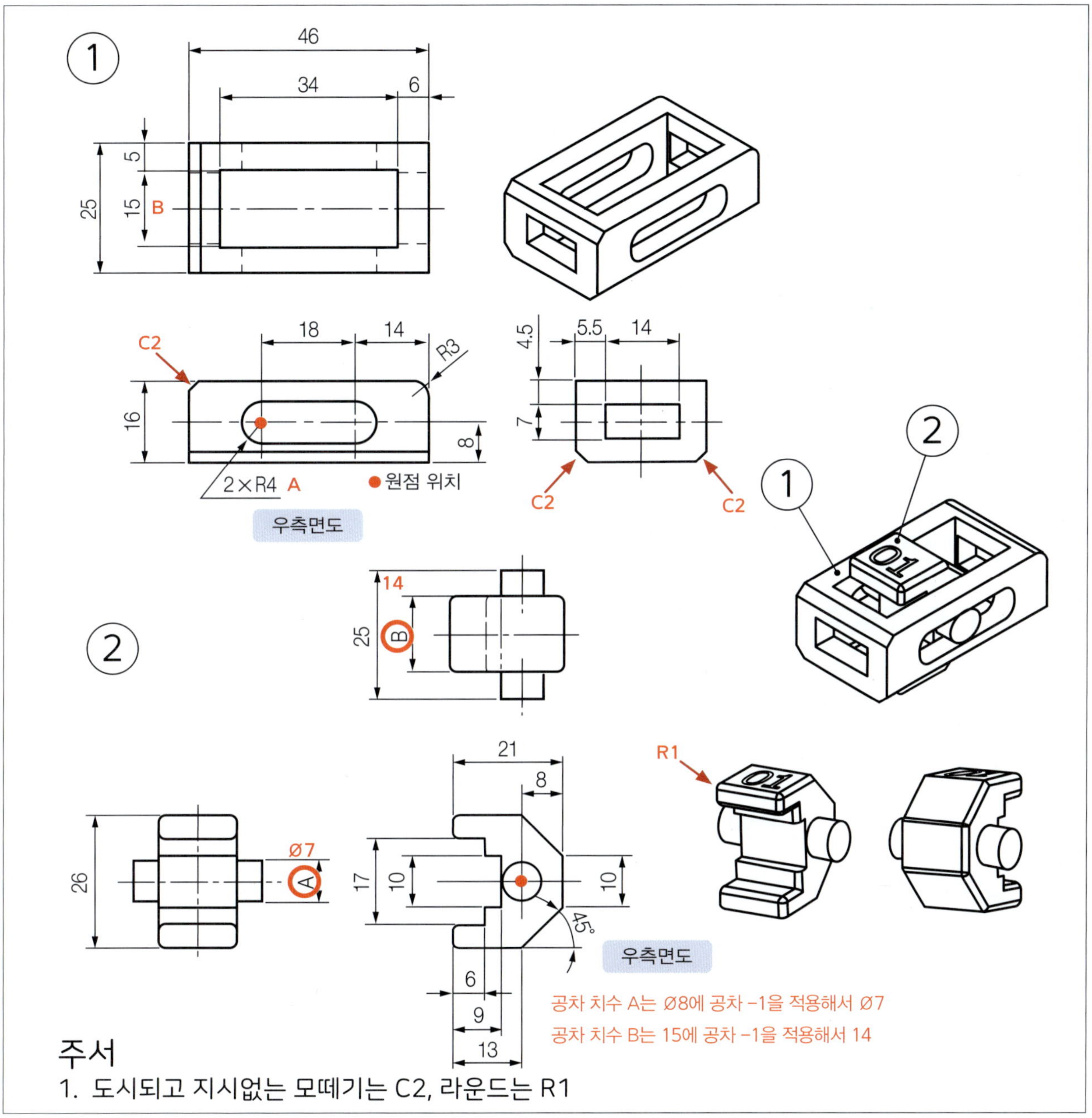

1 A, B에 공차 적용된 치수

① A는 1번 부품의 치수 Ø8에 공차 −1을 적용해서 Ø7로 작성한다.

② B는 1번 부품의 치수 15에 공차 −1을 적용해서 14로 작성한다.

2 도면 분석

① 1번, 2번 부품의 우측면도에서 스케치를 시작한다.

② 공차를 미리 적용한 치수로 작성한다.

③ 2번 부품을 이동하고 회전하여 출력이 쉽도록 한다.

④ 도면에서 2번 부품의 모깎기 R1 부분을 자세히 살피고 적용한다.

01

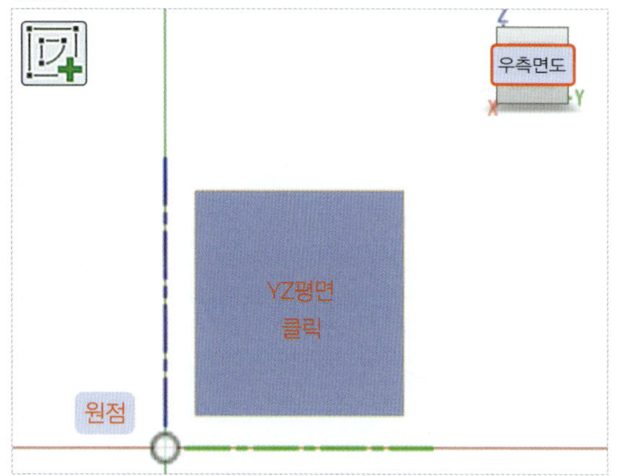

뷰 큐브의 우측면도라는 글자를 클릭하여 시점을 맞추고 스케치 작성 명령을 클릭한다.

02

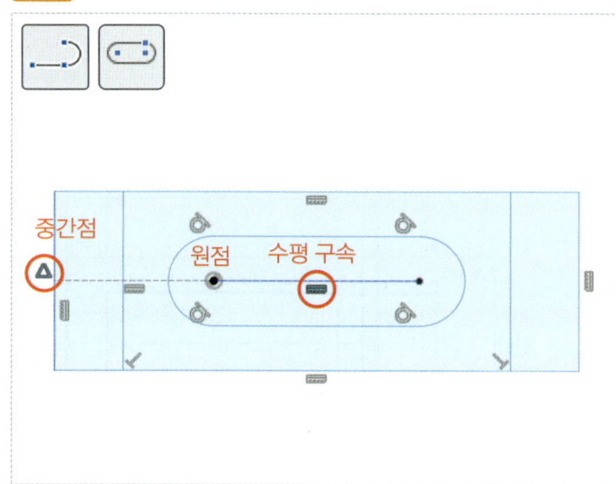

1번 부품의 우측면도를 대강 그린다.

03

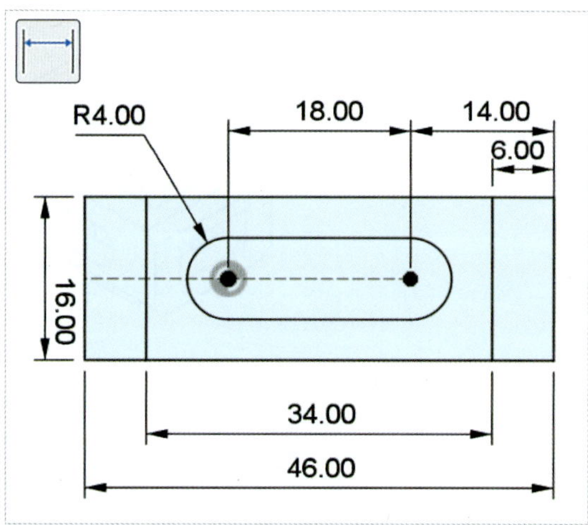

다음과 같이 치수를 적용한다.

04

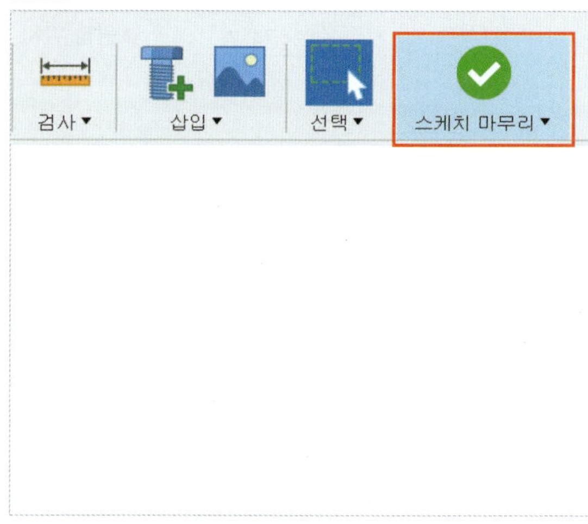

스케치 마무리를 한다.

05

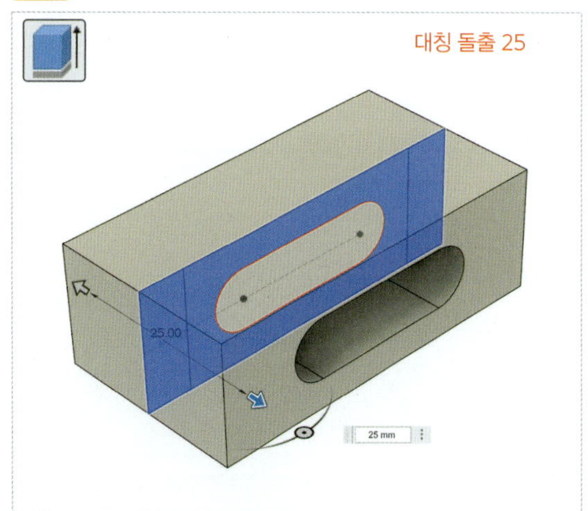

돌출을 다음과 같이 설정한다.

06

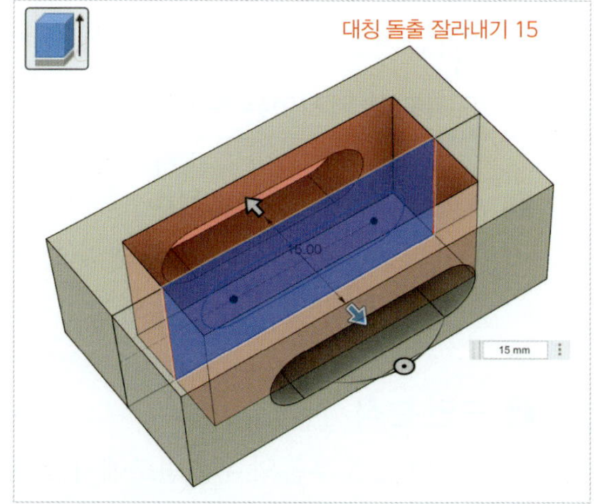

돌출을 다음과 같이 설정한다.

07

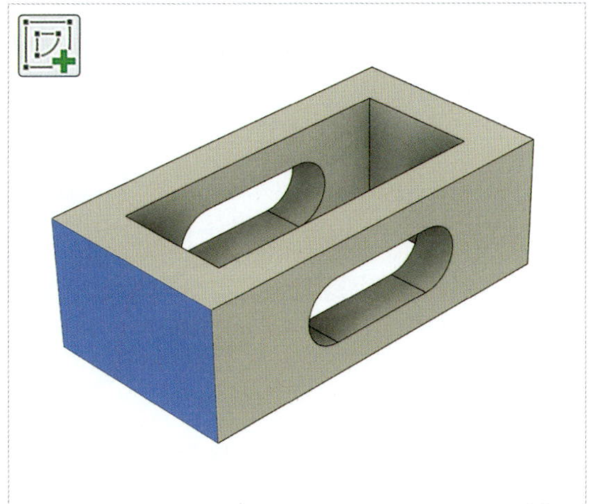

다음의 면을 선택하고 스케치 작성을 클릭한다.

08

직사각형과 대각선으로 중심을 맞춘다.

09

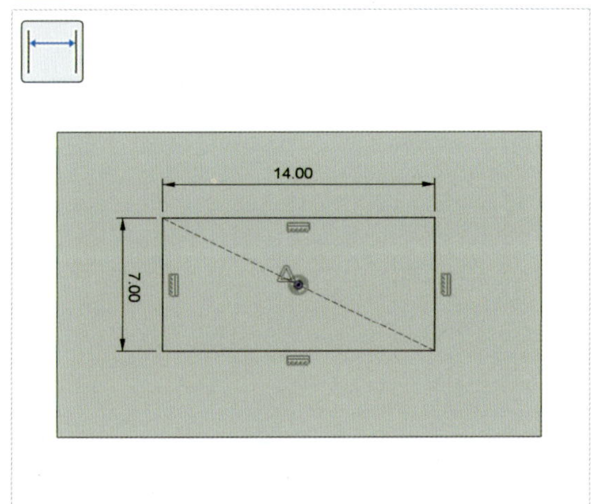

다음과 같이 치수를 입력한다.

10

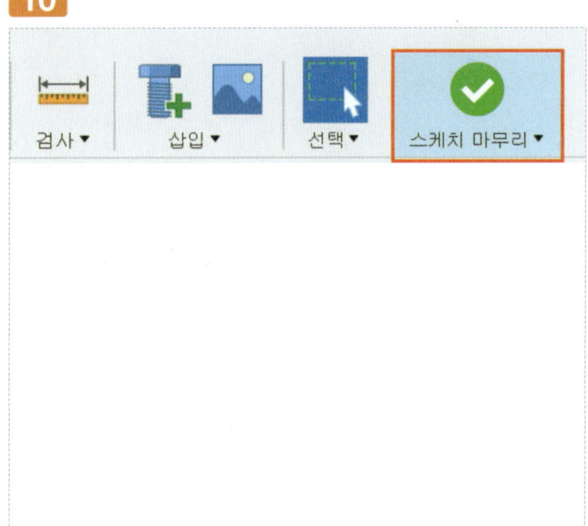

스케치 마무리를 한다.

11

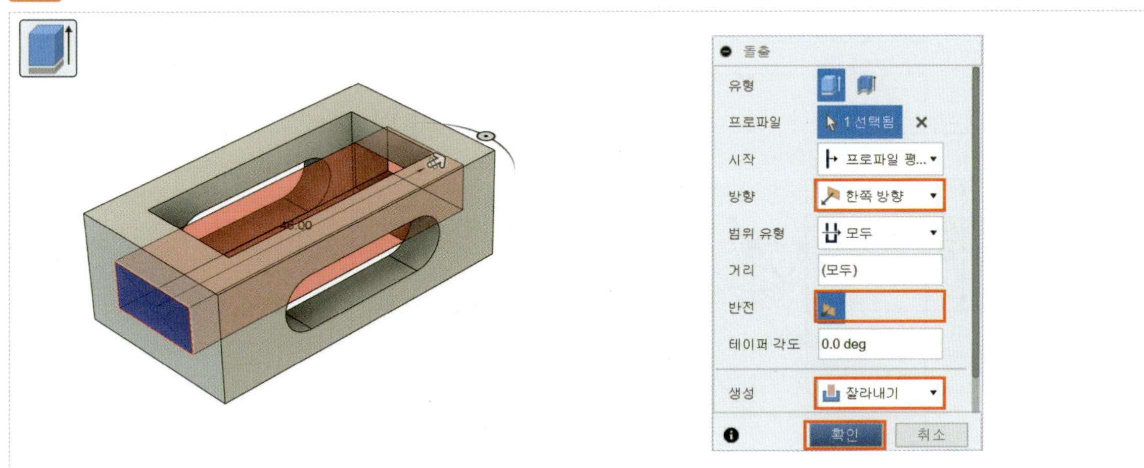

돌출을 다음과 같이 설정한다.

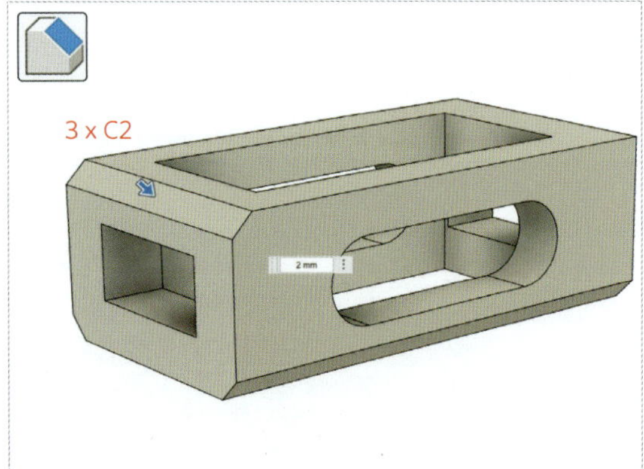

모서리에 챔퍼(모따기)를 적용한다.

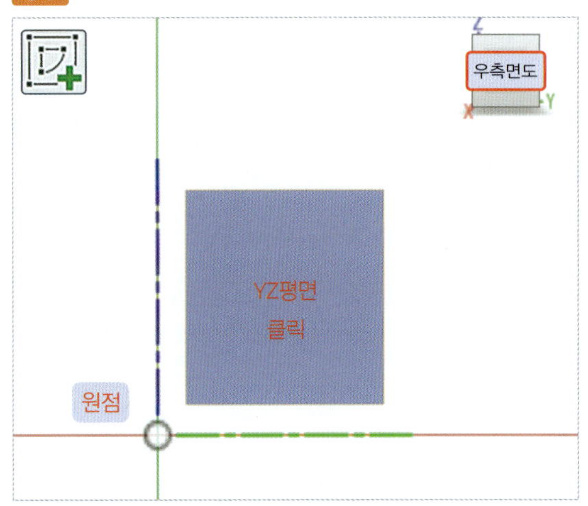

모서리에 필렛(모깎기)을 적용한다.

4 2번 부품 3D모델링

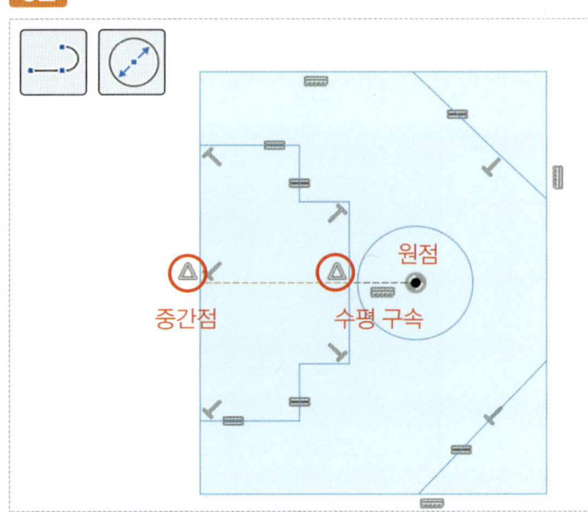

뷰 큐브의 우측면도라는 글자를 클릭하여 시점을 맞추고 스케치 작성 명령을 클릭한다.

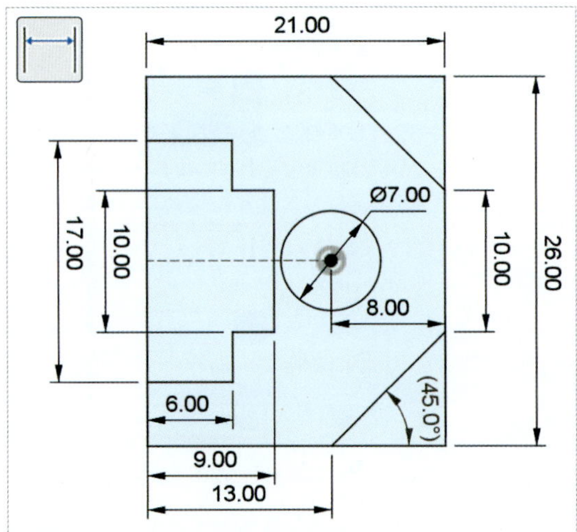

1번 부품의 우측면도를 대강 그린다.

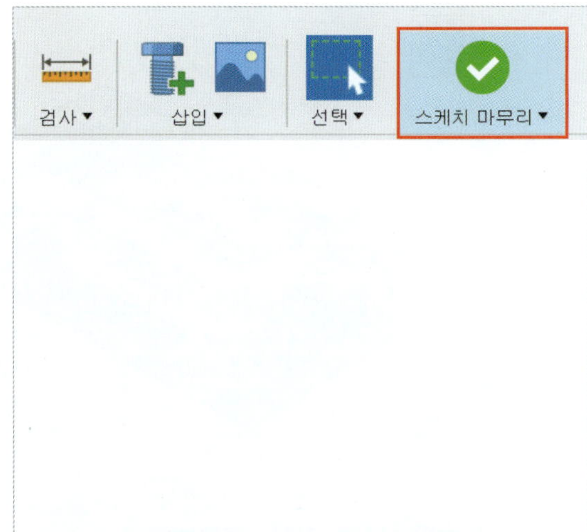

다음과 같이 치수를 적용한다.

스케치 마무리를 한다.

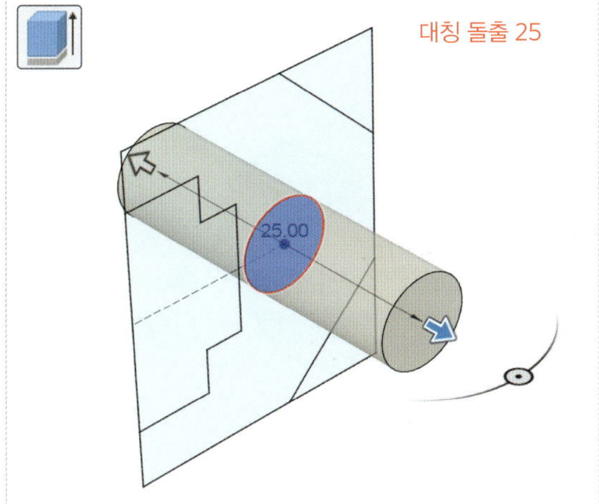

돌출을 다음과 같이 설정한다.

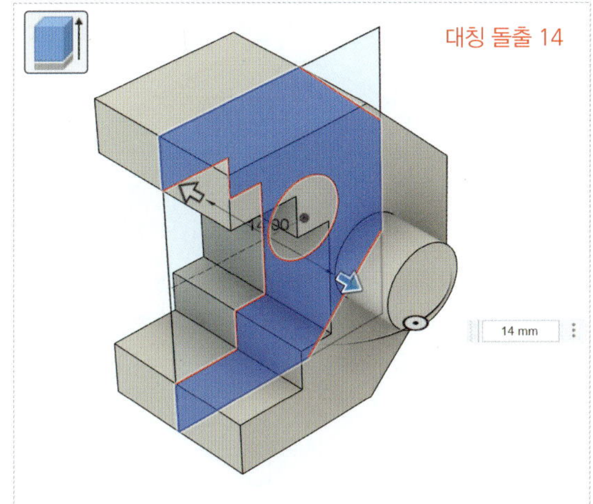

돌출을 다음과 같이 설정한다.

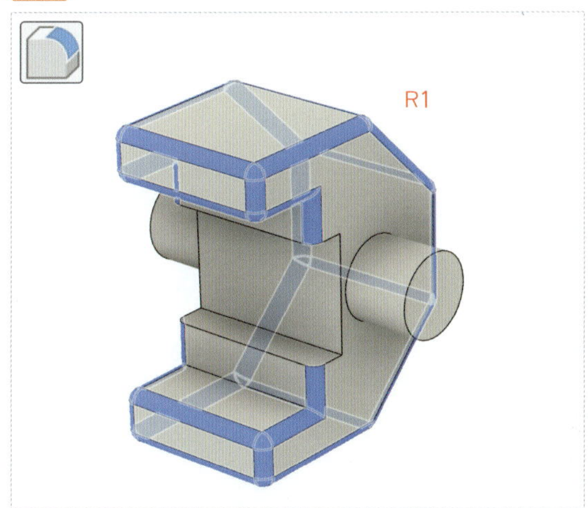

필렛 옵션에 1mm를 적용하고 확인을 누른다.

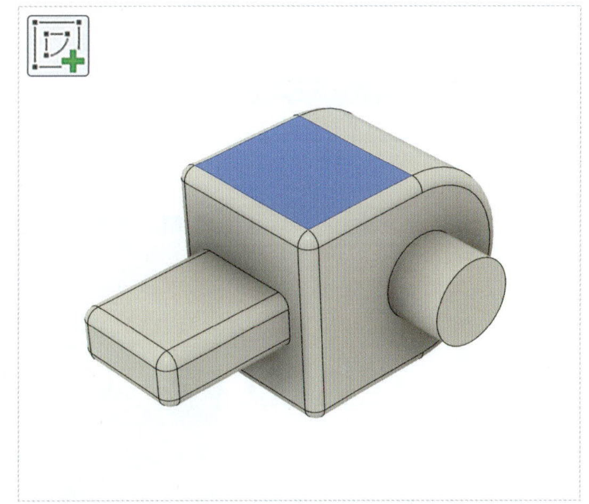

다음의 면을 선택하고 스케치 작성을 클릭한다.

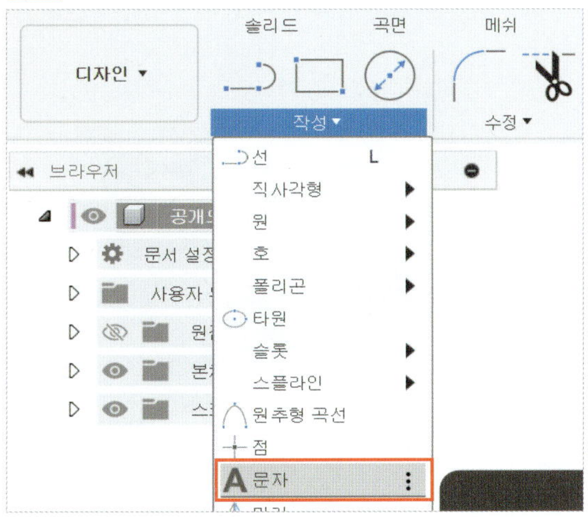

스케치 〉작성 〉문자 명령을 클릭한다.

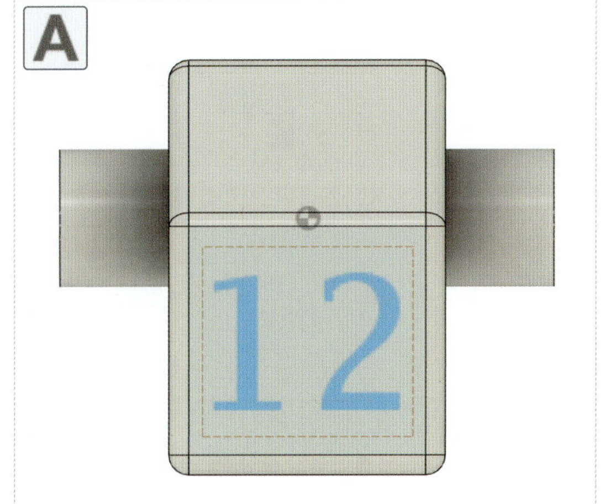

비번호를 입력한다.

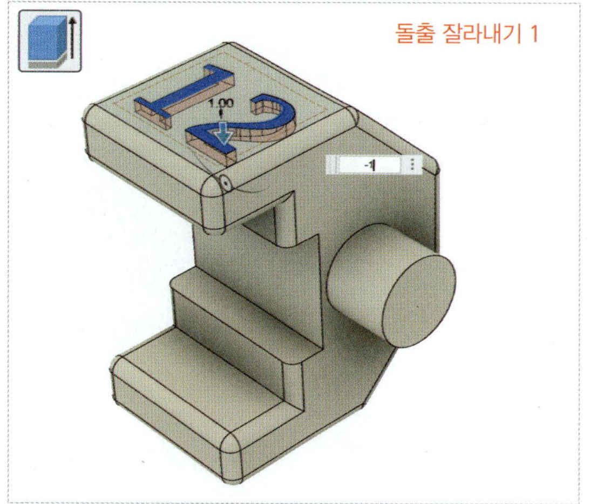

솔리드 〉 작성 〉 돌출 명령을 적용한다.

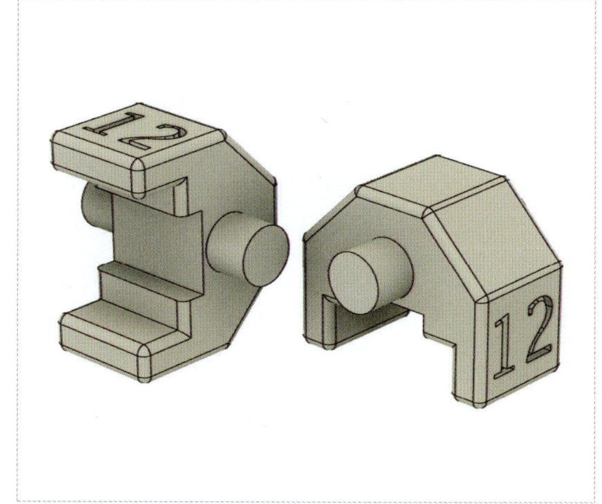

2번 부품의 완성 모습

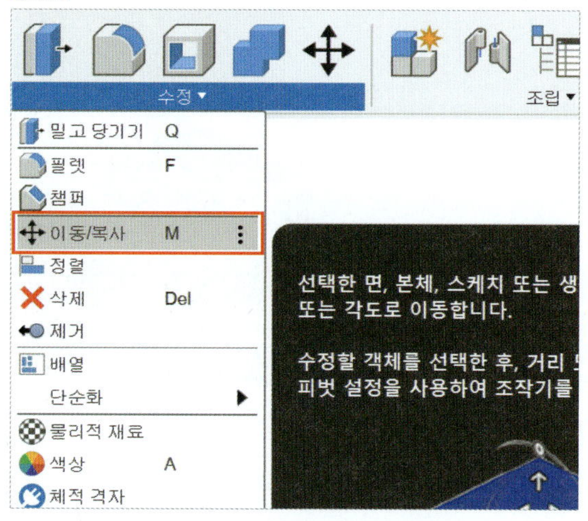

솔리드 〉 수정 〉 이동/복사 명령을 클릭한다.

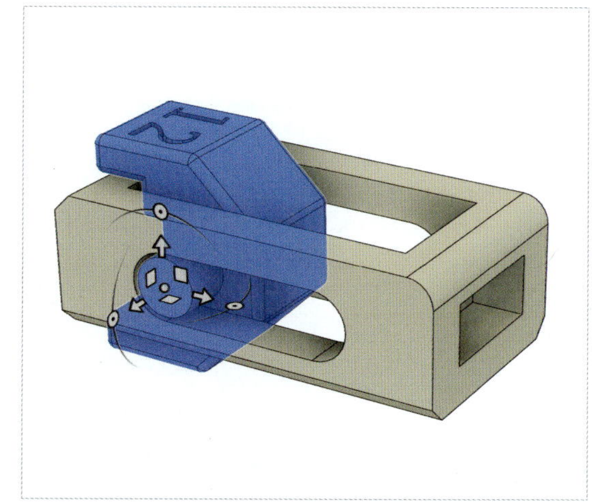

1번 부품을 90° 회전하고 X축으로 9mm 이동한다.

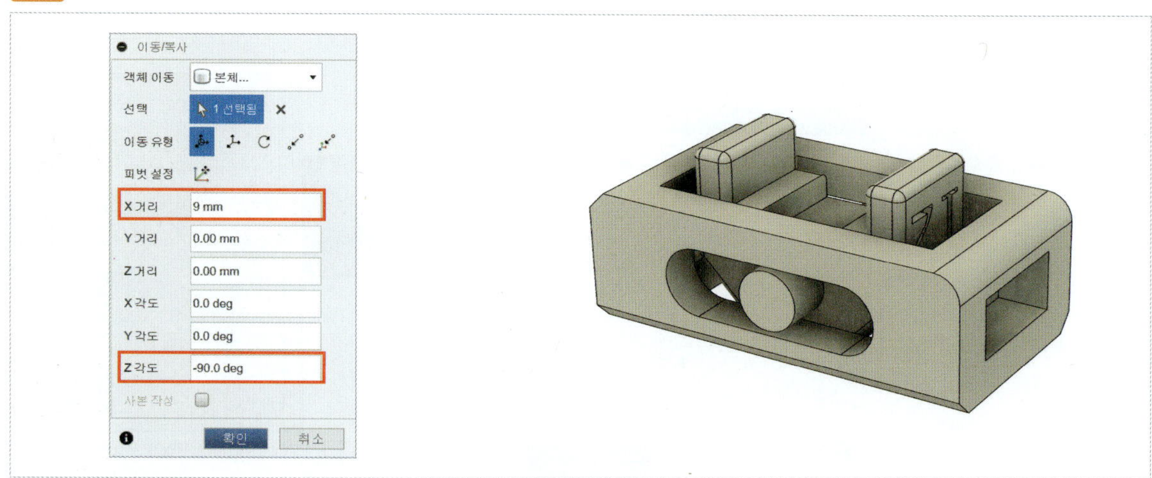

출력을 위해 이동한 모습

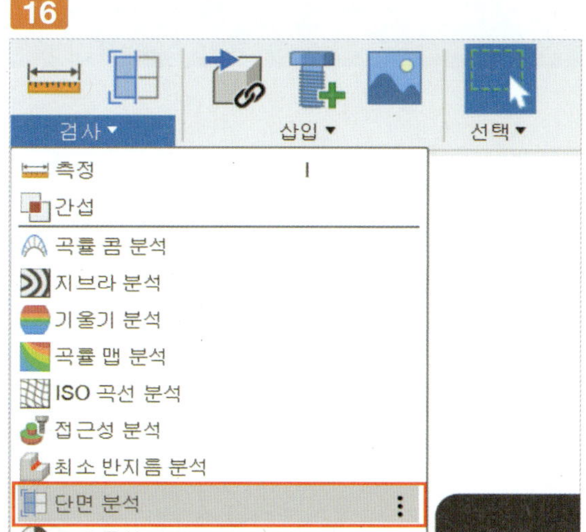

솔리드 〉검사 〉단면 분석을 클릭한다.

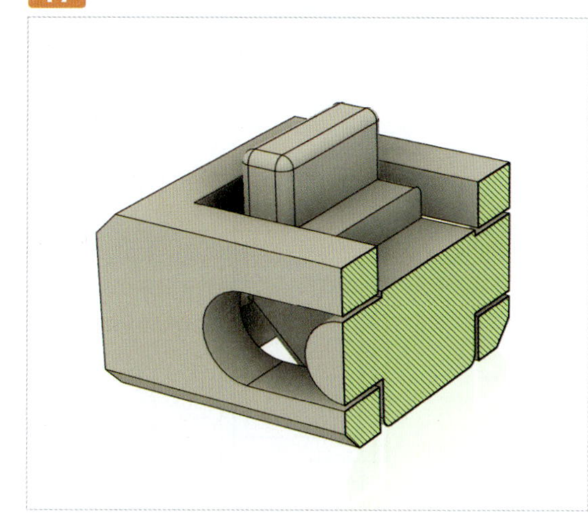

XZ 단면으로 결합 상태를 확인한다.

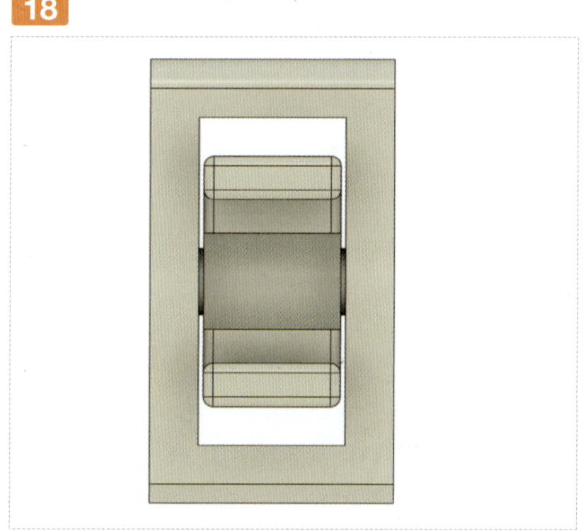

공차가 적용된 것을 확인한다.

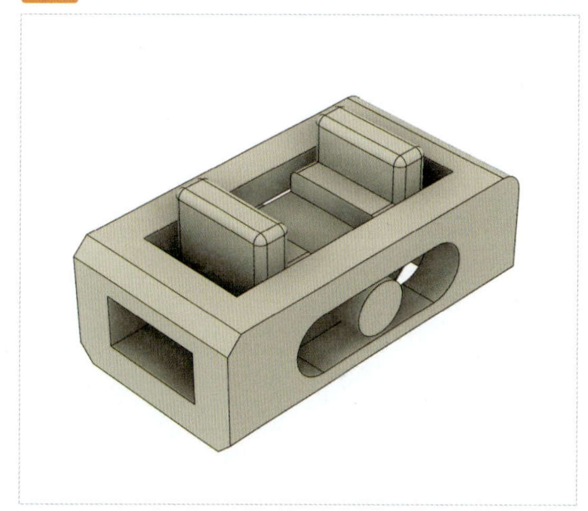

모델링을 완료하고 비번호로 저장한다.

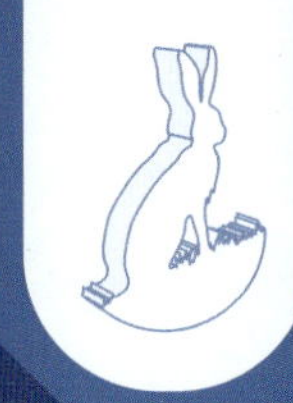# 공개 도면 13번

▣ A, B에 공차 적용된 치수

① A는 1번 부품의 치수 18에 공차 −1을 적용해서 17로 작성한다.

② B는 1번 부품의 치수 10에 공차 −1을 적용해서 9로 작성한다.

▣ 도면 분석

① 1번, 2번 부품의 정면도에서 스케치를 시작한다.

② 공차를 미리 적용한 치수로 작성한다.

③ 도면에서 2번 부품의 모깎기 C1 부분을 자세히 살피고 적용한다.

01

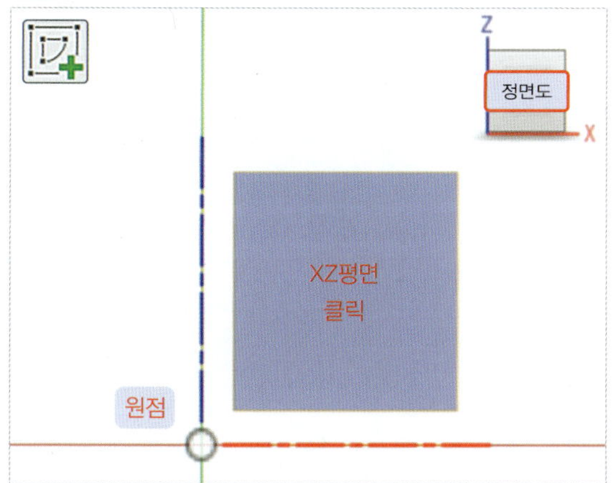

뷰 큐브의 정면도라는 글자를 클릭하여 시점을 맞추고 스케치 작성 명령을 클릭한다.

02

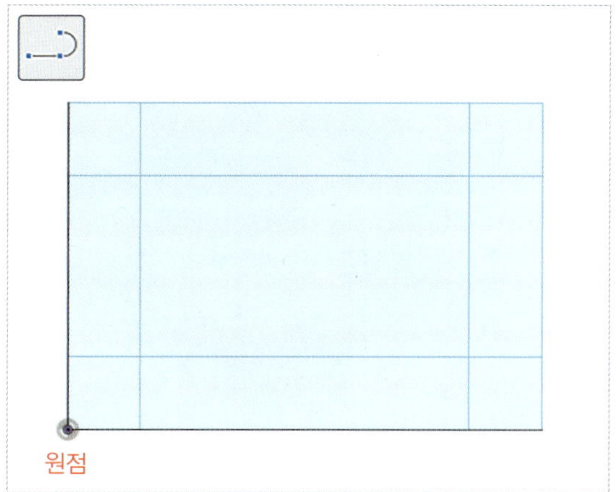

1번 부품의 정면도를 대강 그린다.

03

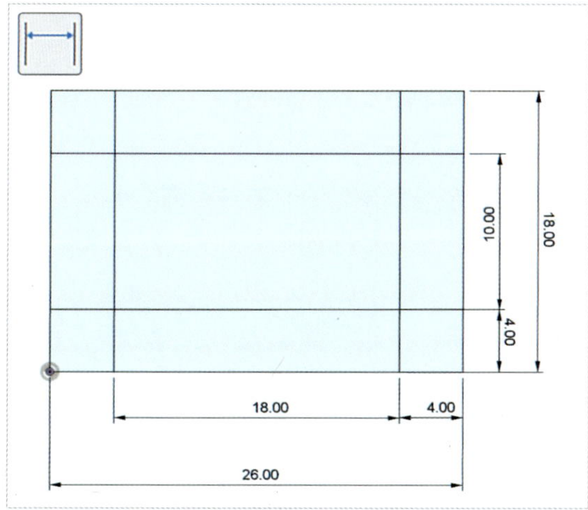

다음과 같이 치수를 적용한다.

04

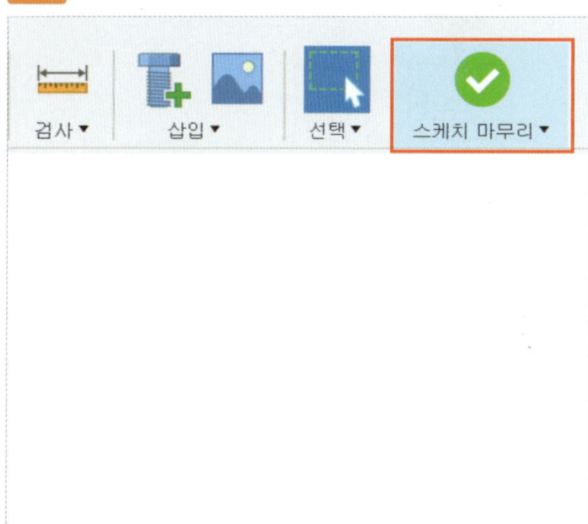

스케치 마무리를 한다.

05

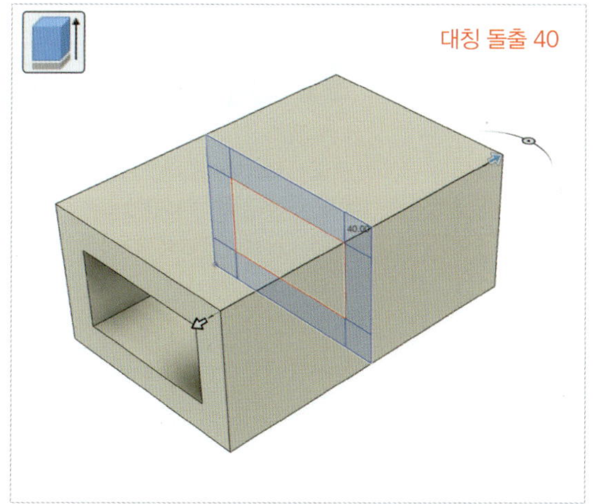

돌출을 다음과 같이 설정한다.

06

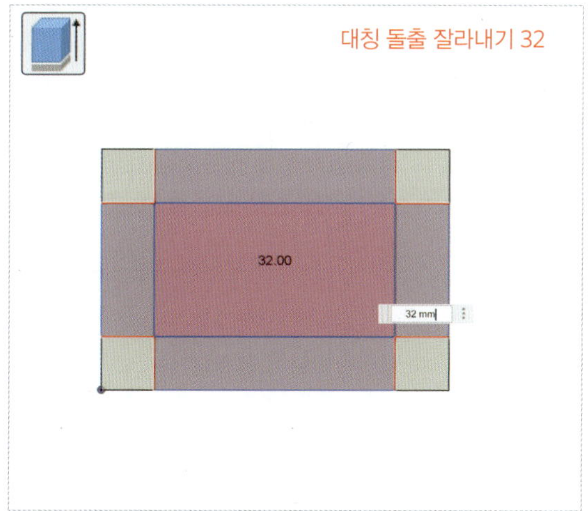

잘라내기 돌출을 위해 다음의 프로파일을 선택한다.

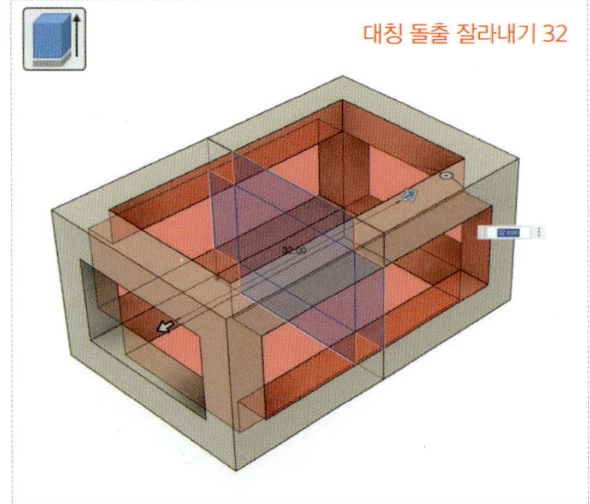

돌출을 다음과 같이 설정한다.

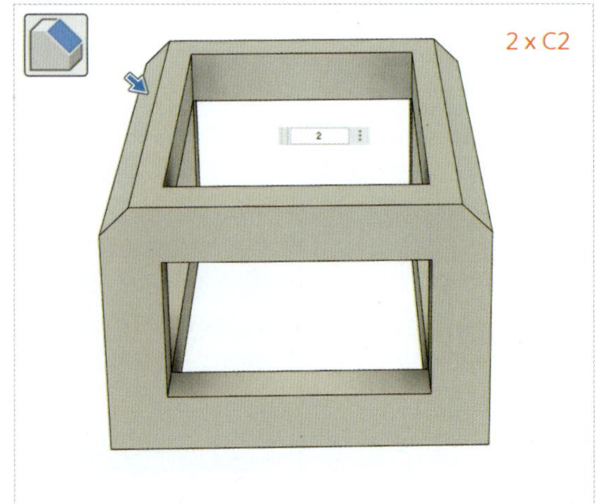

두 모서리에 챔퍼(모따기)를 적용한다.

4 2번 부품 3D모델링

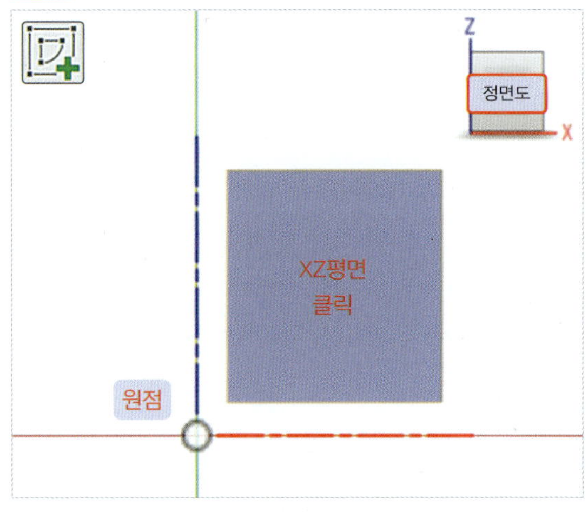

뷰 큐브의 정면도라는 글자를 클릭하여 시점을 맞추고 스케치 작성 명령을 클릭한다.

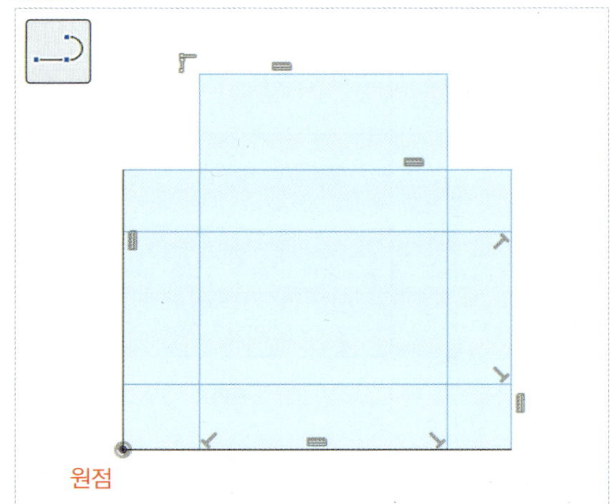

2번 부품의 정면도를 대강 그린다.

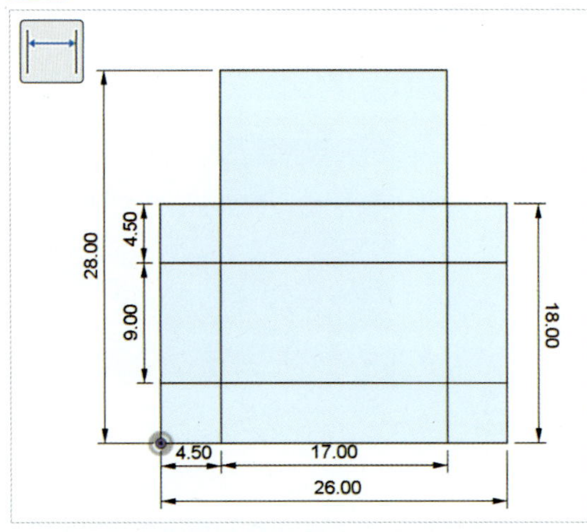

다음과 같이 치수를 적용한다.

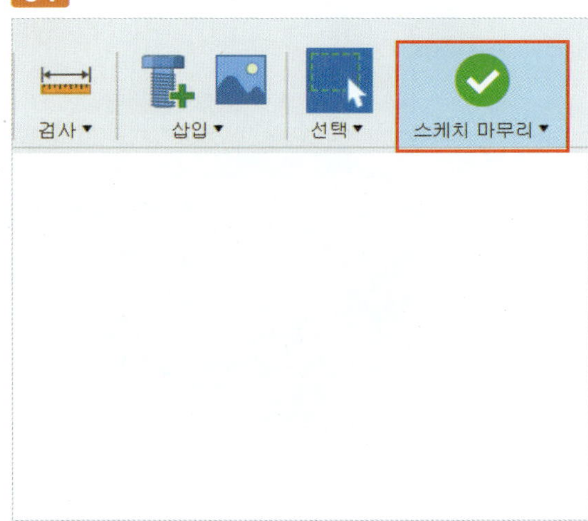

스케치 마무리를 한다.

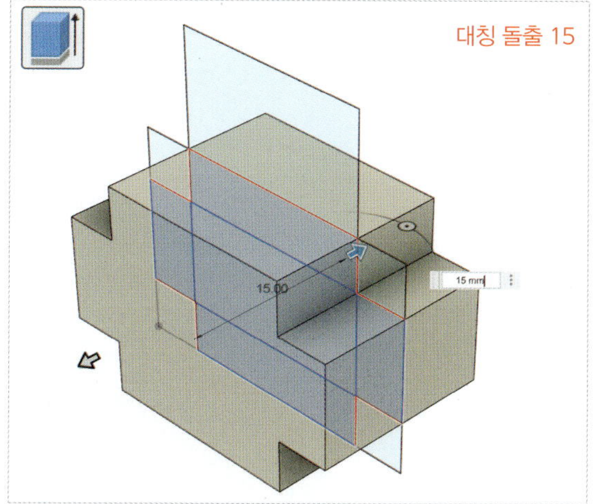

대칭 돌출을 15mm로 설정한다.

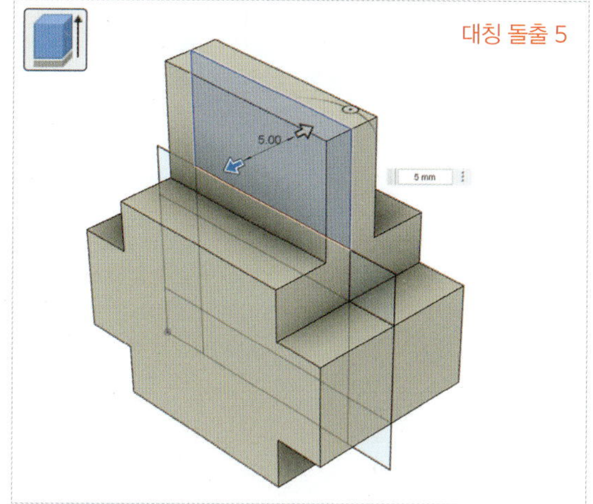

돌출을 위쪽에 대칭으로 5mm로 설정한다.

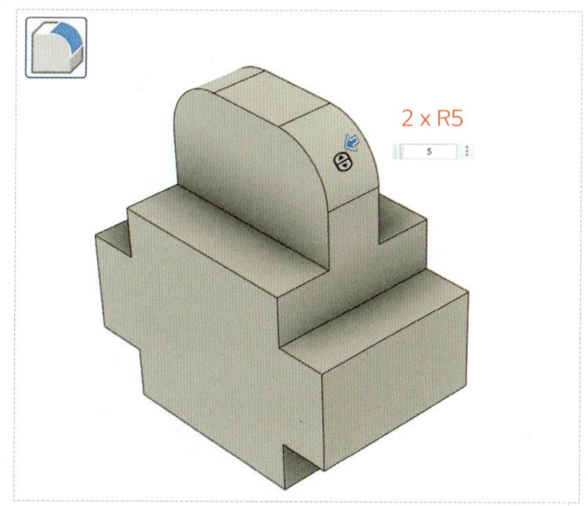

두 모서리에 R5를 적용한다.

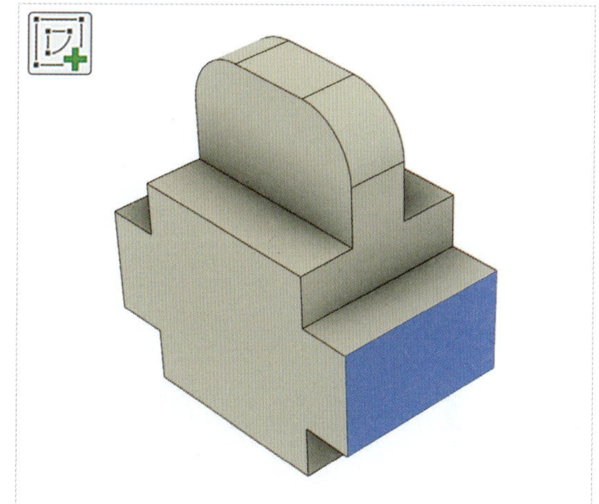

다음의 면을 선택하고 스케치 작성을 클릭한다.

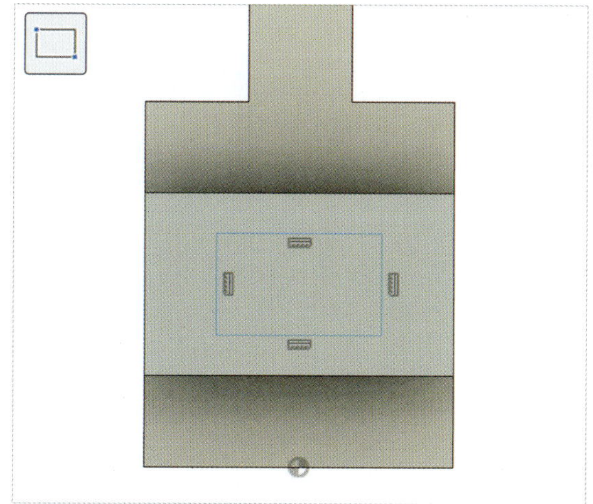

가운데에 2점 직사각형을 그린다.

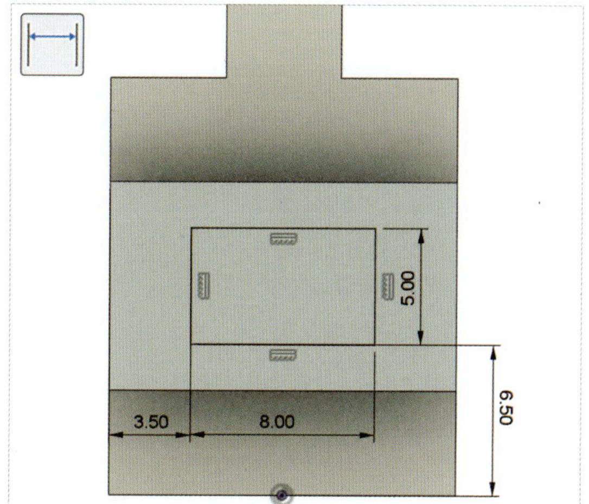

다음과 같이 치수를 입력한다.

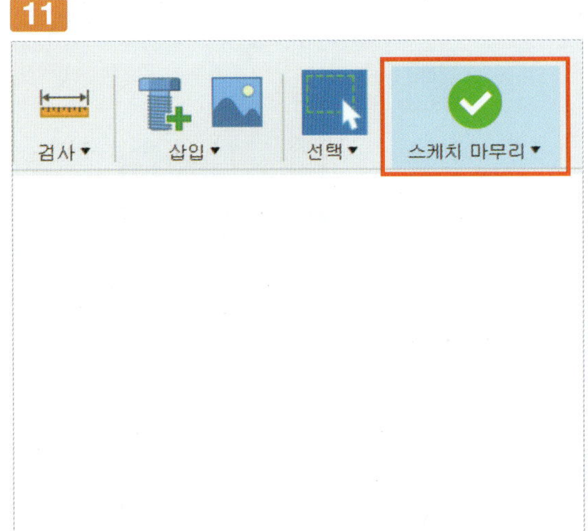

11

스케치 마무리를 한다.

12

돌출로 전체를 뚫어준다.

13

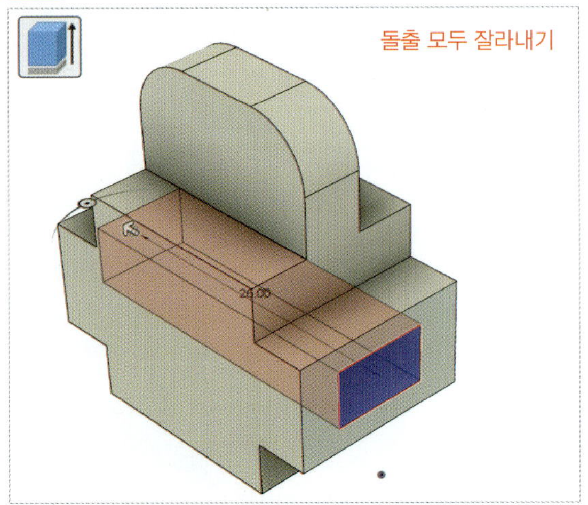

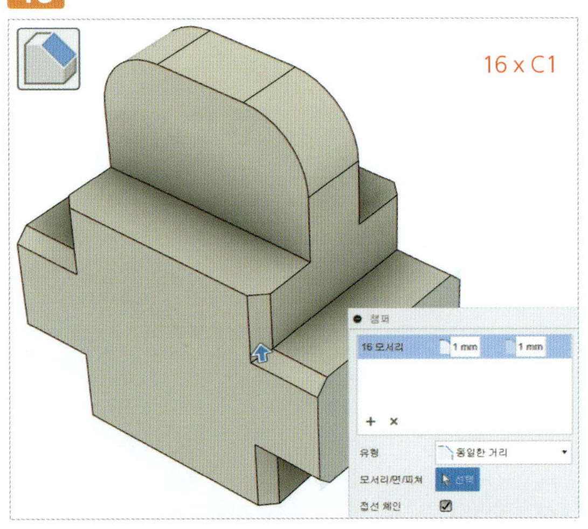

도면에서 적용 부분을 확인하고 C1 모따기를 한다.

14

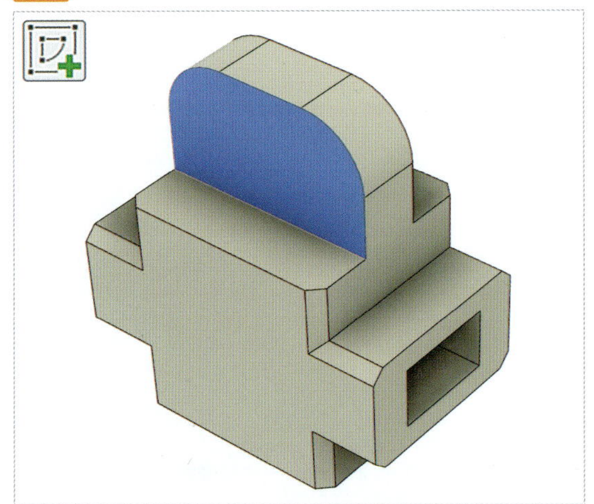

다음의 면을 선택하고 스케치 작성을 클릭한다.

15

스케치 〉 작성 〉 문자 명령을 클릭한다.

16

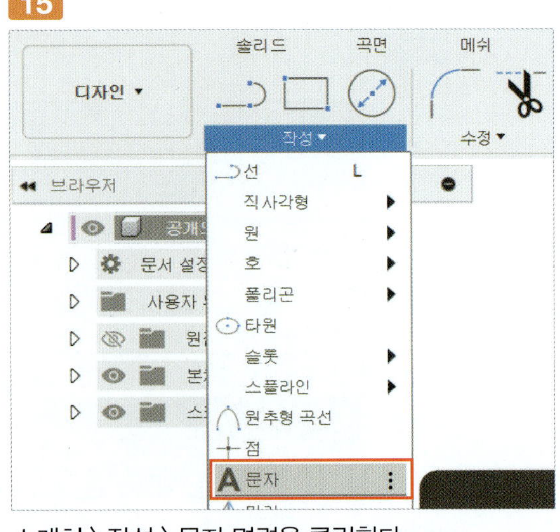

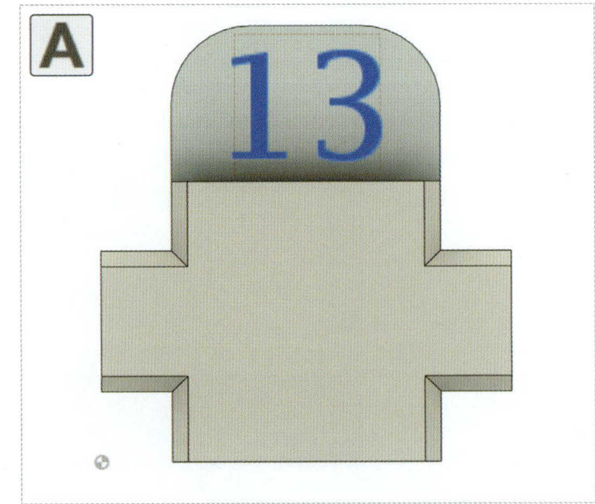

비번호를 문자 입력한다.

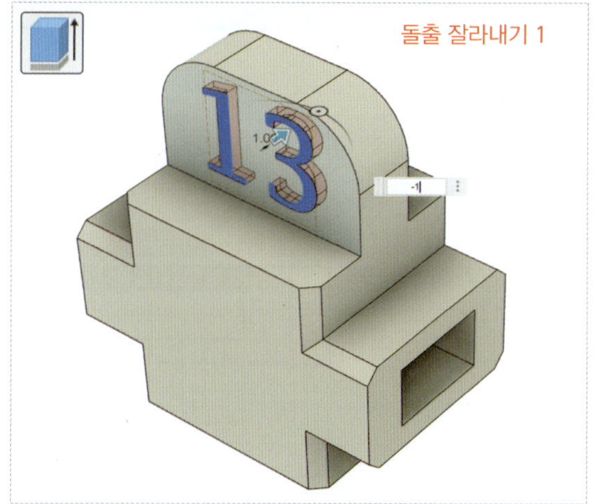

솔리드 〉 작성 〉 돌출 명령을 클릭한다.

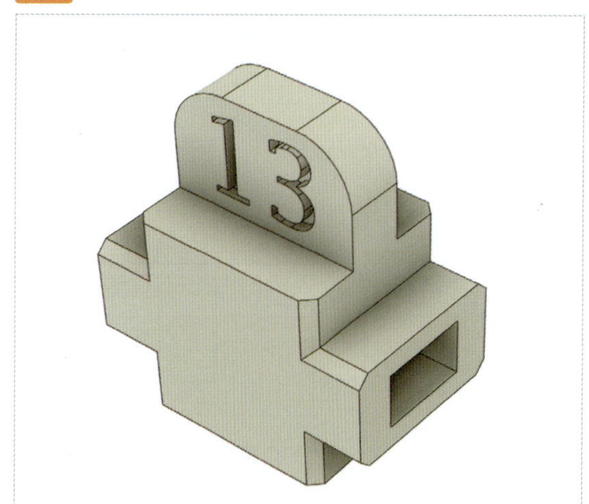

2번 부품의 완성 모습

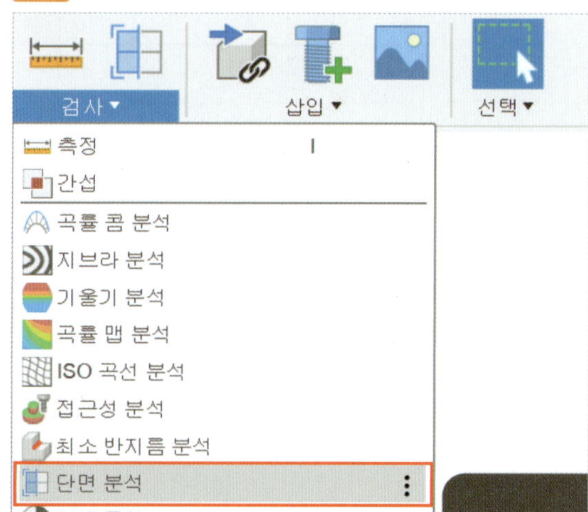

솔리드 〉 검사 〉 단면 분석을 클릭한다.

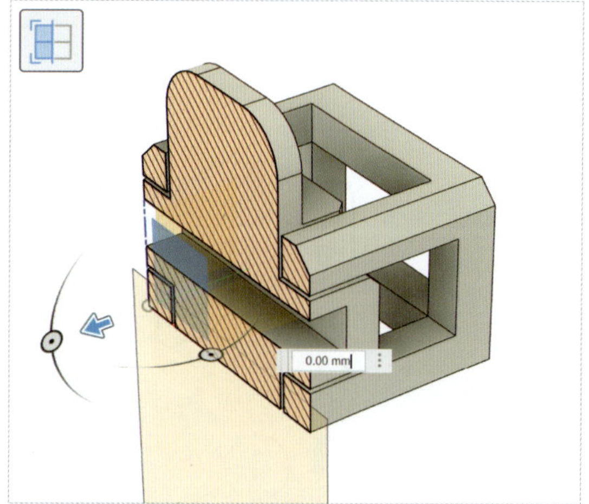

XZ면을 클릭한다.

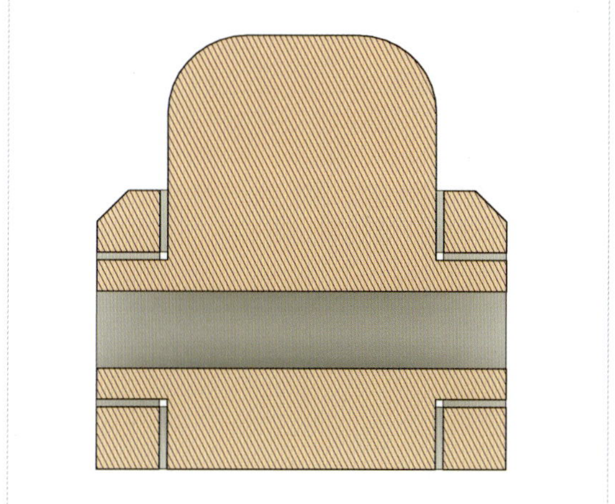

공차가 적용된 것을 확인한다.

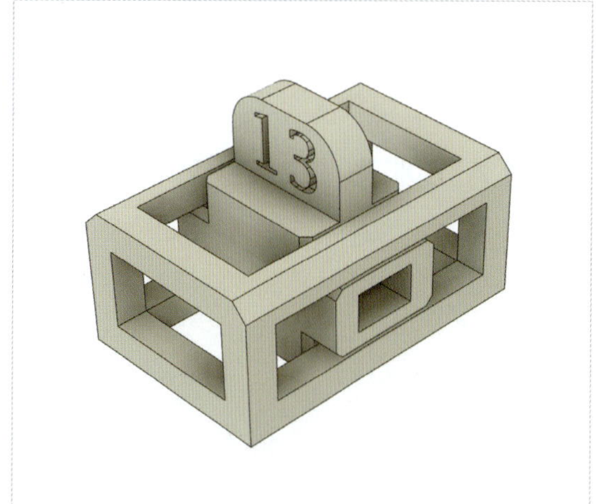

모델링을 완료하고 비번호로 저장한다.

③ 1번 부품 3D모델링

01

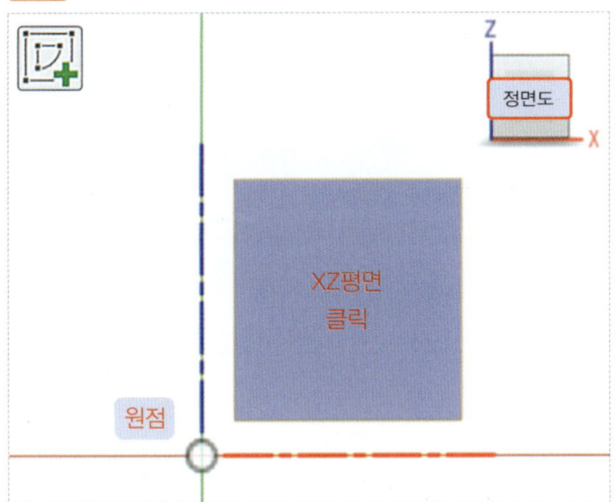

뷰 큐브의 정면도라는 글자를 클릭하여 시점을 맞추고 스케치 작성 명령을 클릭한다.

02

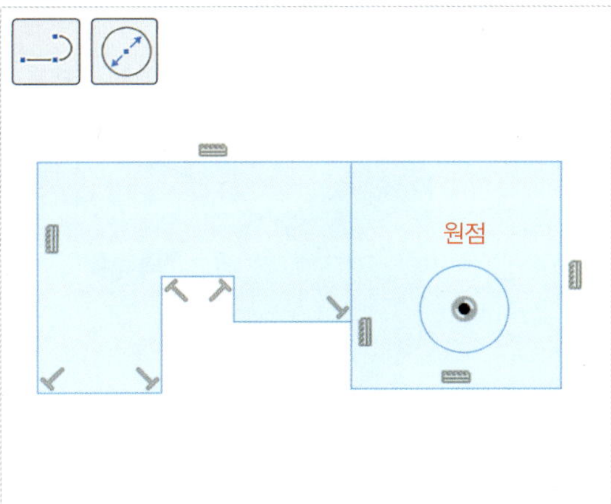

1번 부품의 정면도를 대강 그린다.

03

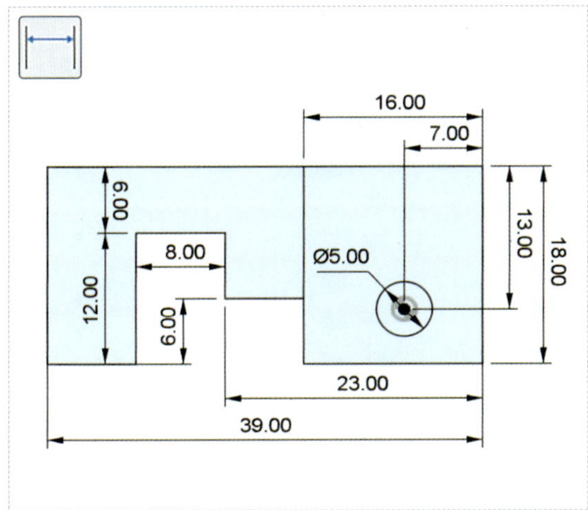

다음과 같이 치수를 적용한다.

04

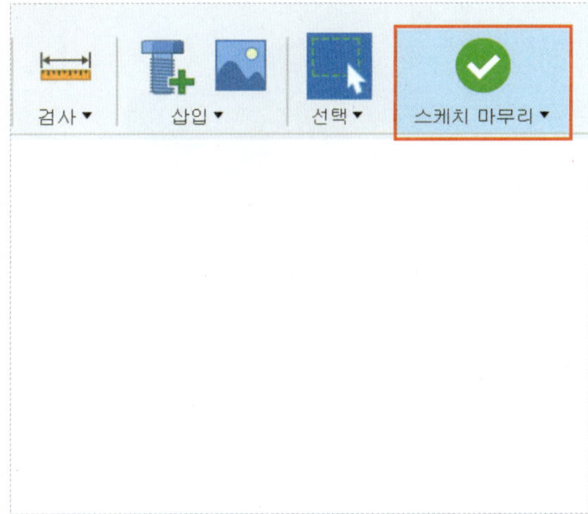

스케치 마무리를 한다.

05

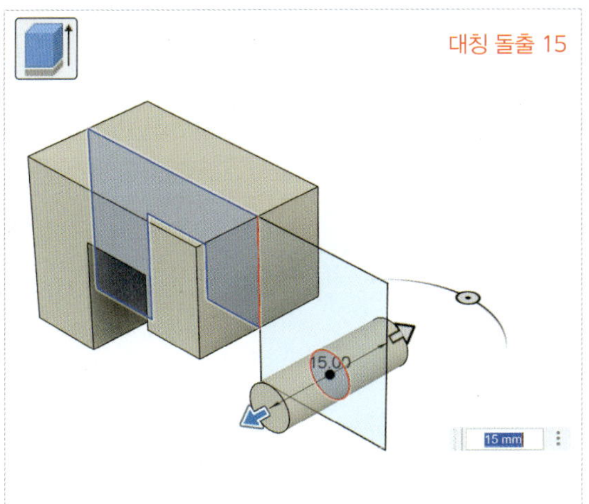

돌출을 다음과 같이 설정한다.

06

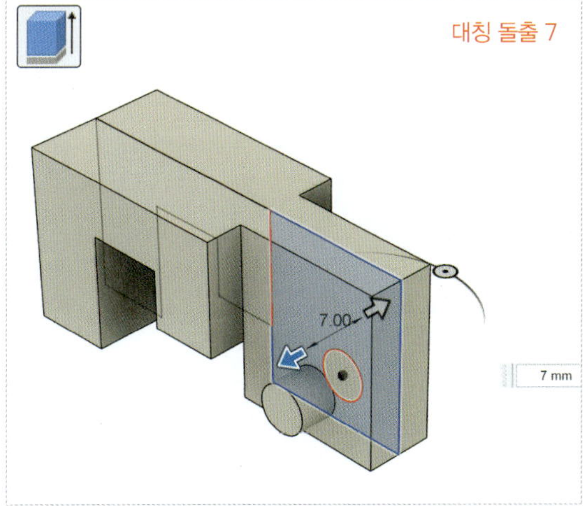

돌출을 다음과 같이 설정한다.

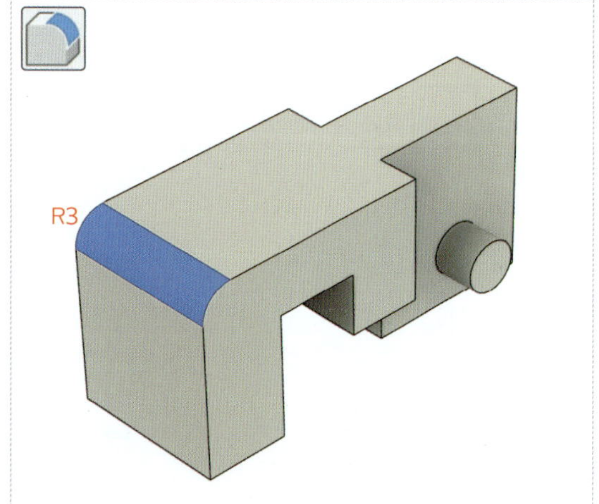

모서리에 필렛(모깎기)을 적용한다.

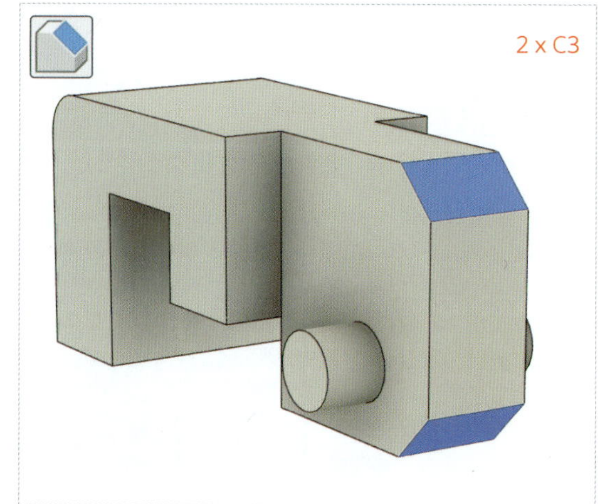

두 모서리에 챔퍼(모따기)를 적용한다.

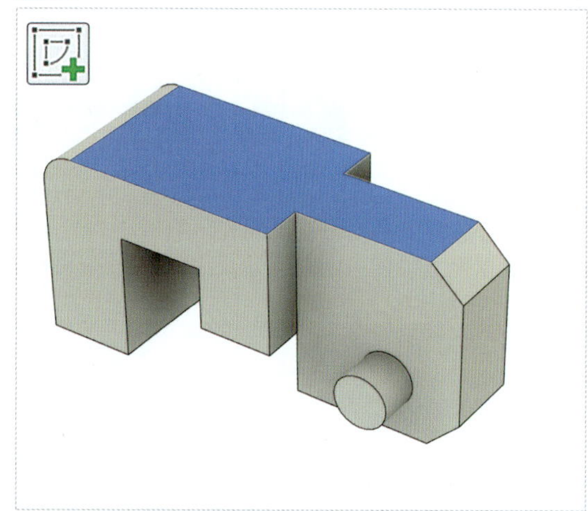

다음의 면을 선택하고 스케치 작성을 클릭한다.

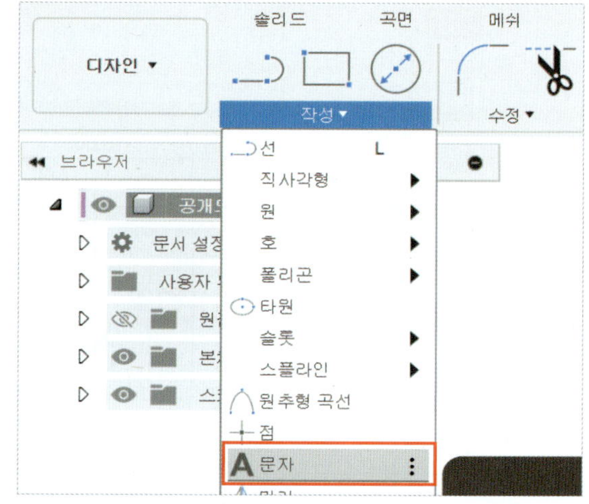

스케치 〉 작성 〉 문자 명령을 클릭한다.

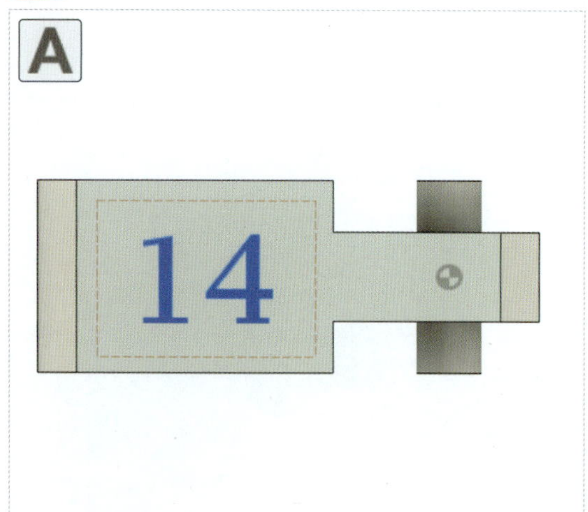

비번호를 입력한다.

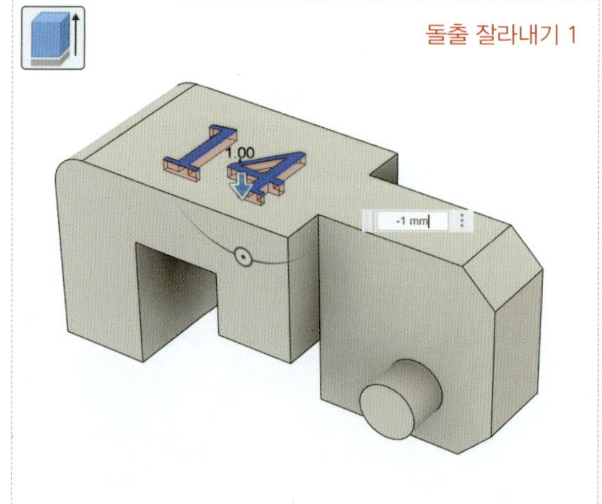

솔리드 〉 작성 〉 돌출 명령을 클릭한다.

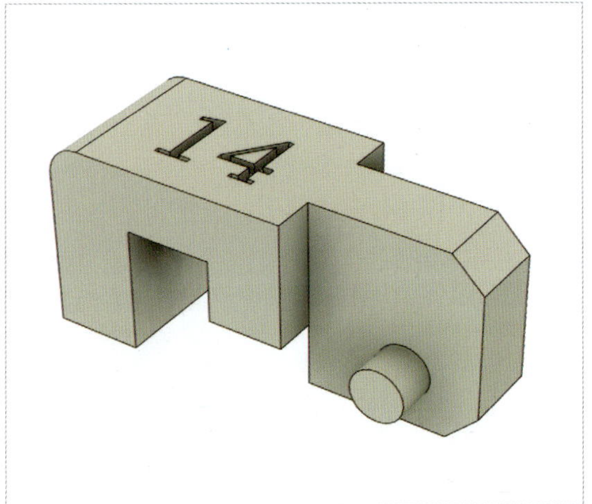

1번 부품의 완성 모습

4 2번 부품 3D모델링

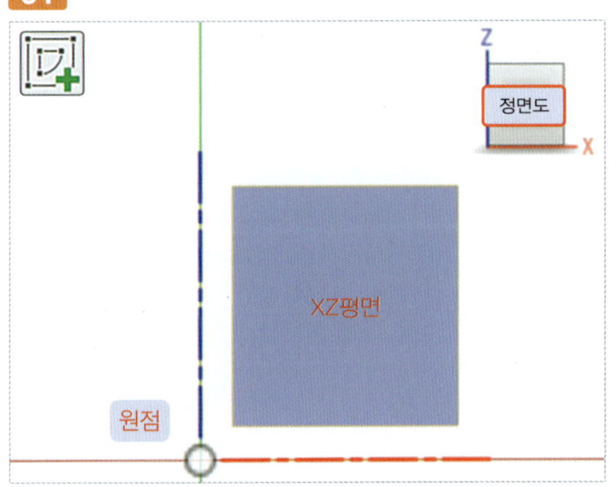

정면도로 시점을 맞추고 스케치를 시작한다.

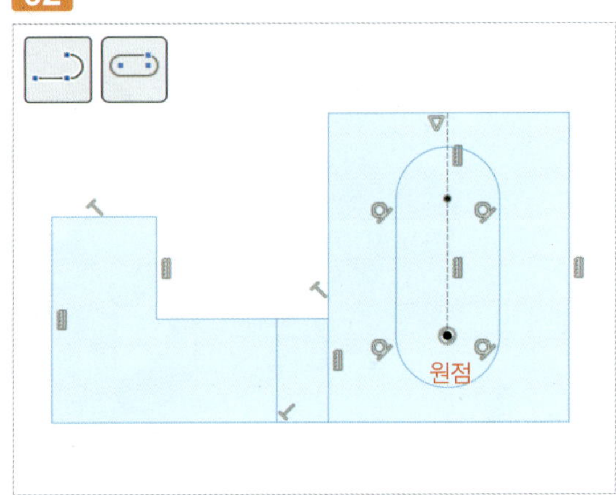

정면도를 그린다.

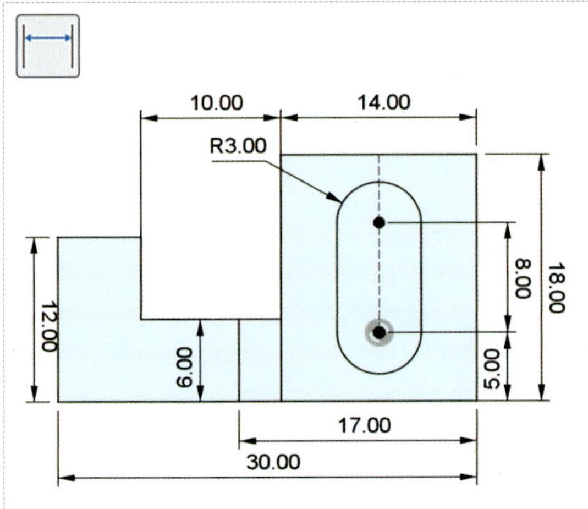

다음과 같이 치수를 입력한다.

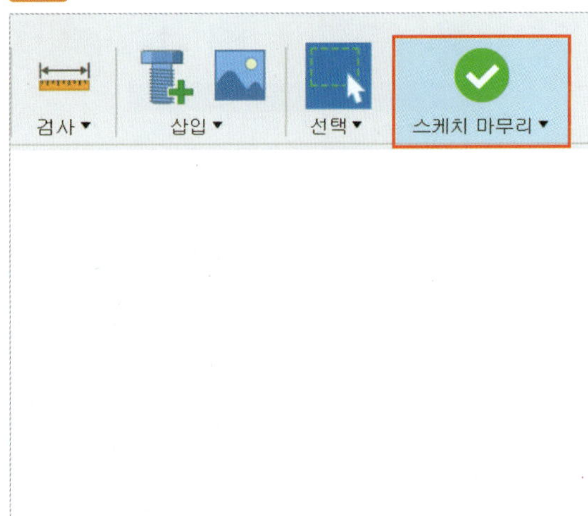

스케치 마무리를 한다.

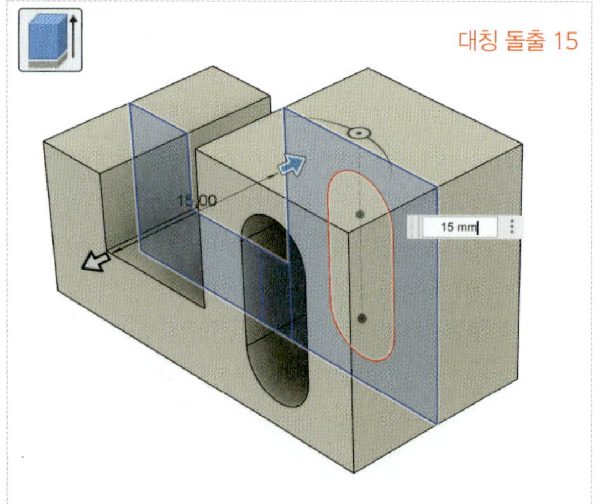

돌출을 다음과 같이 설정한다.

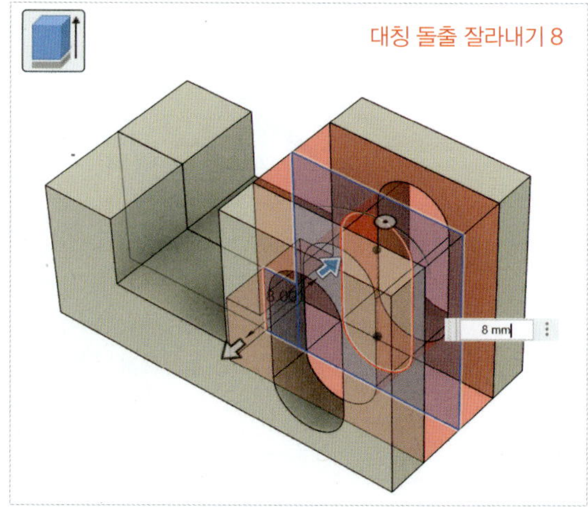

돌출을 다음과 같이 설정한다.

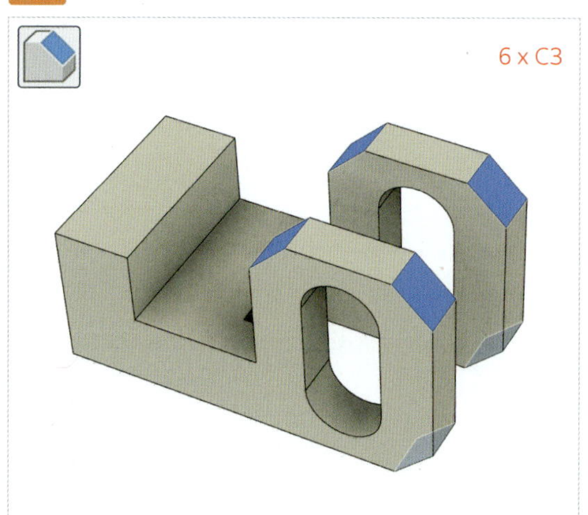

모서리에 챔퍼(모따기)를 적용한다.

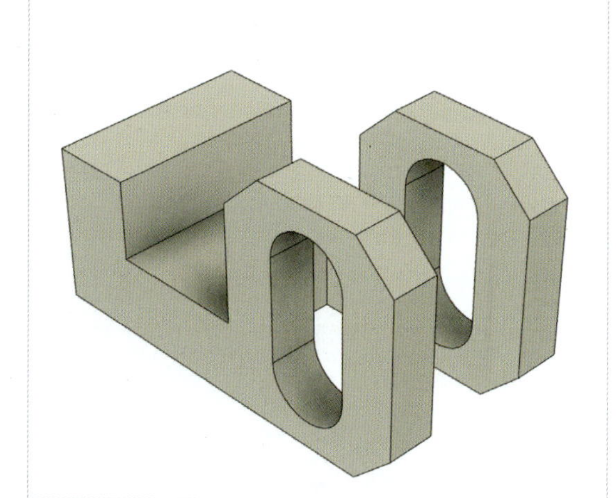

2번 부품의 완성 모습

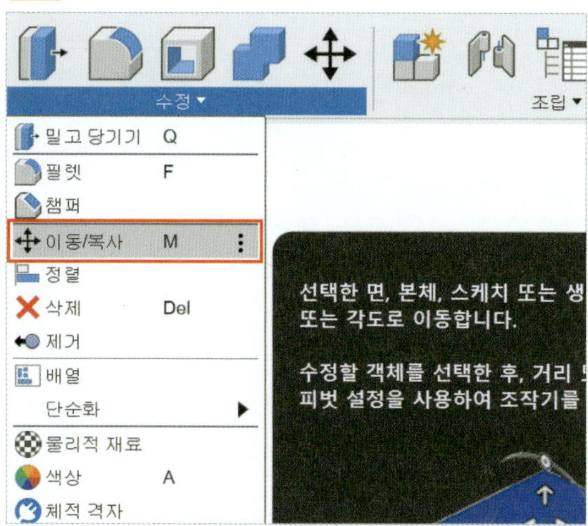

솔리드 〉 수정 〉 이동/복사 명령을 클릭한다.

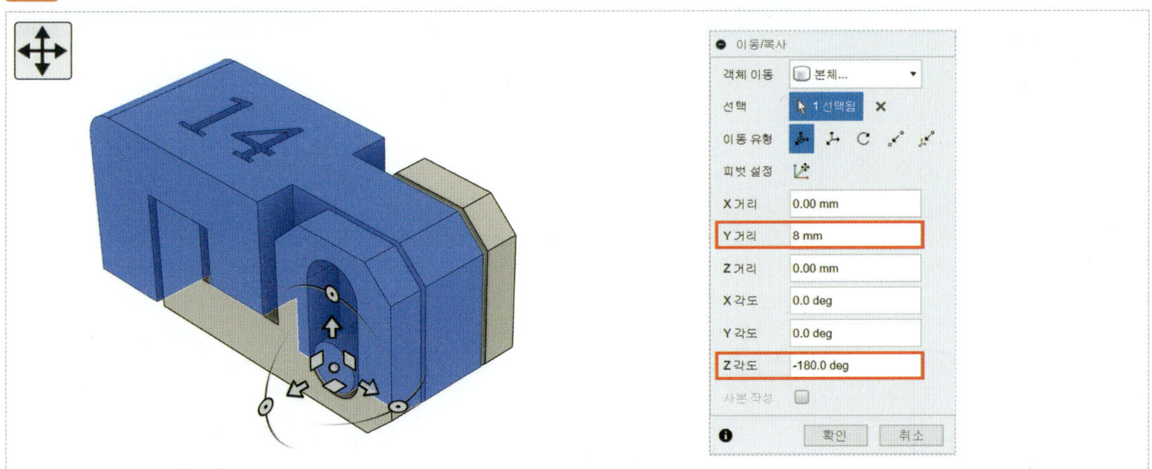

180˚ 회전하고 Y로 8mm 이동한다.

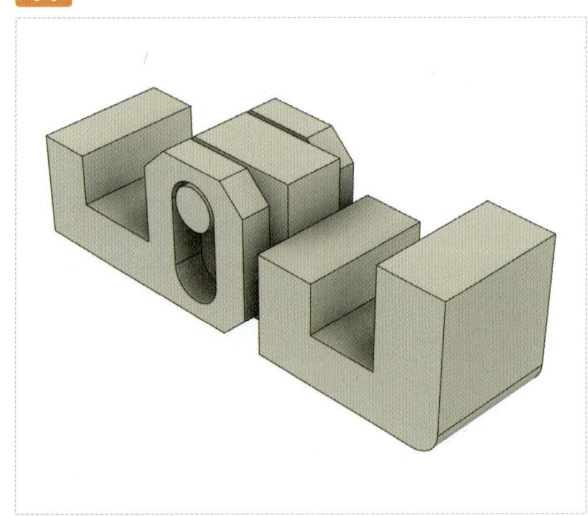

부품을 펼친 모습

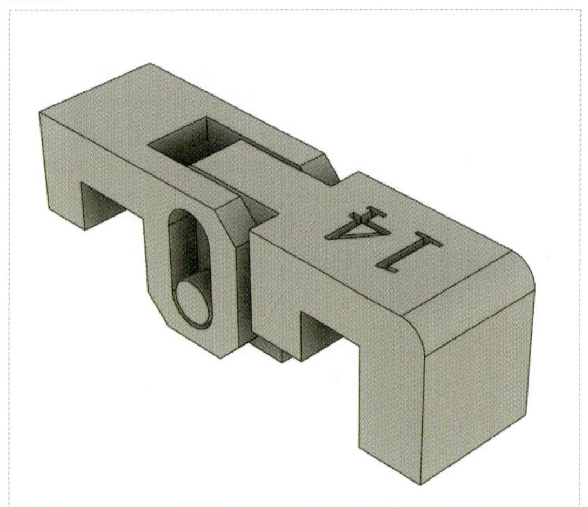

모델링을 완료하고 비번호로 저장한다.

공개 도면 15번

① 2×R5 33 8.5 2 7 20 30 B 2×R10 2

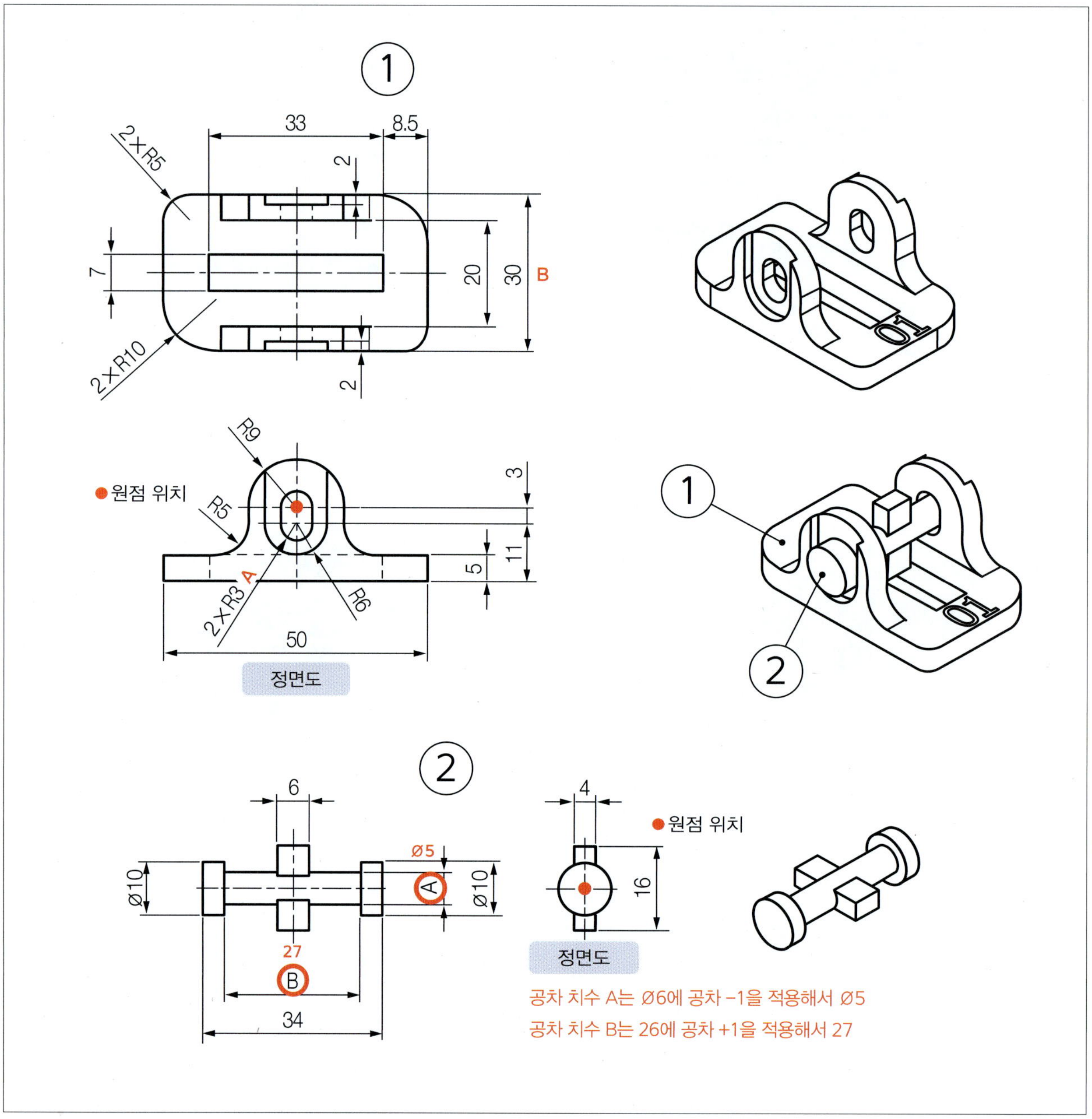

R9 ● 원점 위치 R5 3 2×R3 A 5 11 R6 50
정면도

①
②

② 6 Ø5 Ø10 A Ø10 27 B 34

4 ● 원점 위치 16
정면도

공차 치수 A는 Ø6에 공차 −1을 적용해서 Ø5
공차 치수 B는 26에 공차 +1을 적용해서 27

▮ A, B에 공차 적용된 치수

① A는 1번 부품의 치수 Ø6에 공차 −1을 적용해서 Ø5로 작성한다.

② B는 1번 부품의 치수 26에 공차 +1을 적용해서 27로 작성한다.

▮ 도면 분석

① 1번, 2번 부품의 정면도에서 스케치를 시작한다.

② 공차를 미리 적용한 치수로 작성한다.

③ 도면에서 1번 부품 도면의 두 슬롯 형태는 중심을 공유하여 작성한다.

3 1번 부품 3D모델링

01

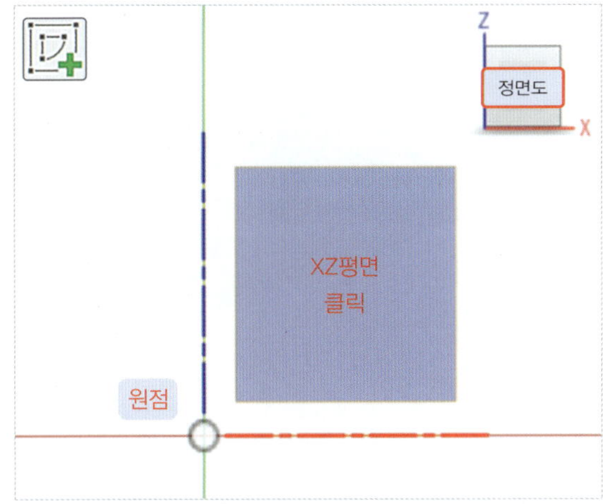

뷰 큐브의 정면도라는 글자를 클릭하여 시점을 맞추고 스케치 작성 명령을 클릭한다.

02

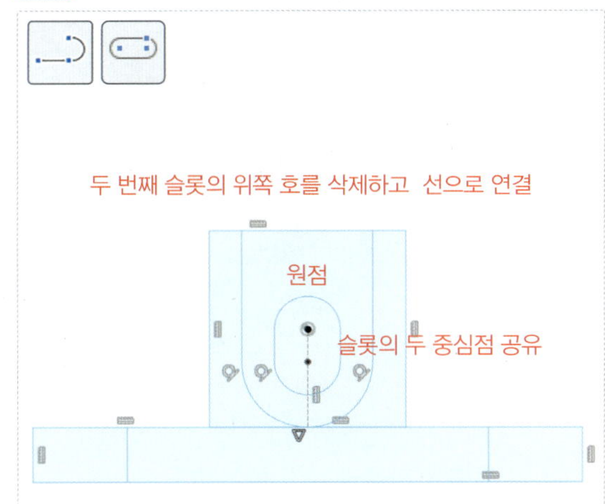

1번 부품의 정면도를 대강 그린다.

03

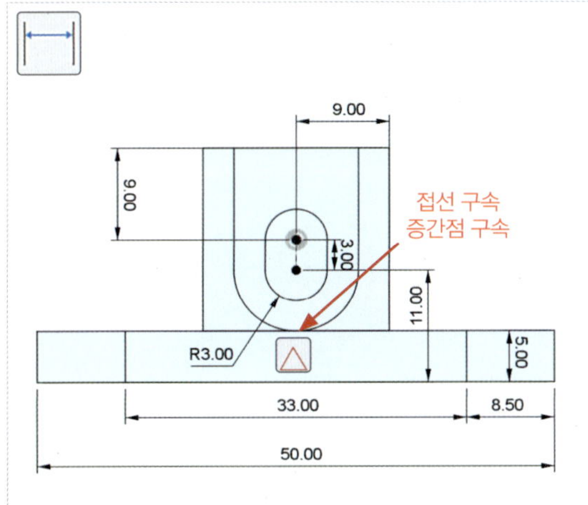

다음과 같이 치수를 적용한다.

04

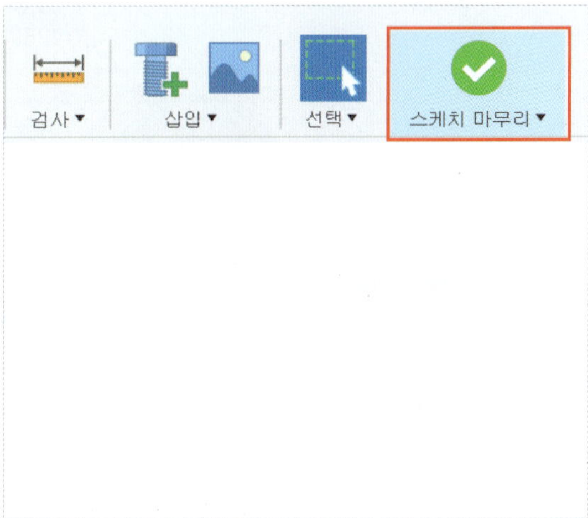

스케치 마무리를 한다.

05

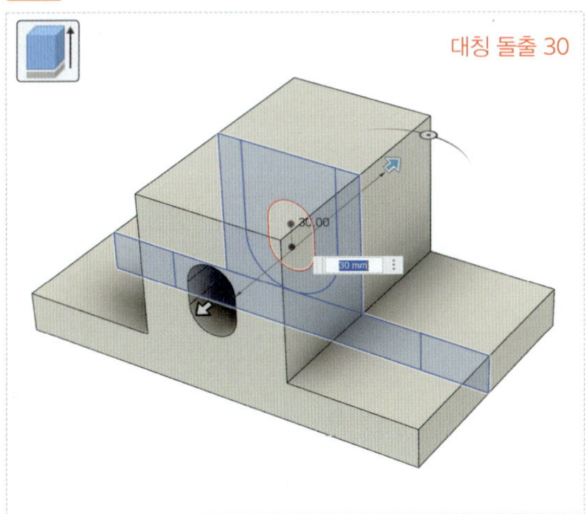

돌출을 다음과 같이 설정한다.

06

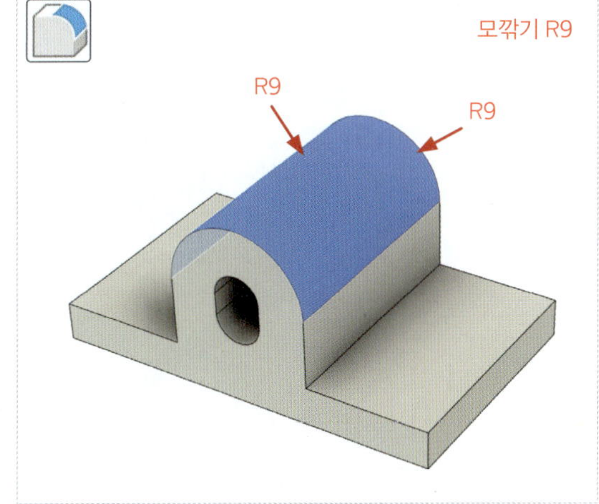

모깎기 R9를 다음과 같이 설정한다.

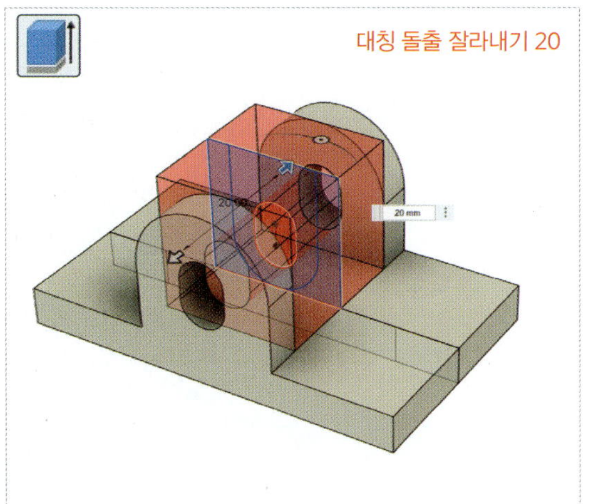

돌출을 다음과 같이 설정한다.

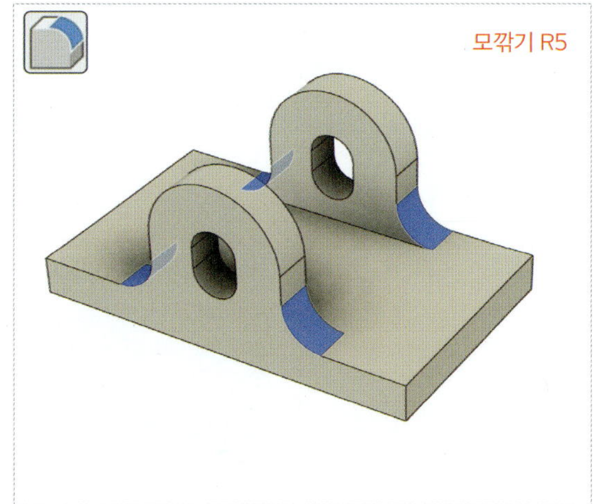

모깎기 R5를 다음과 같이 설정한다.

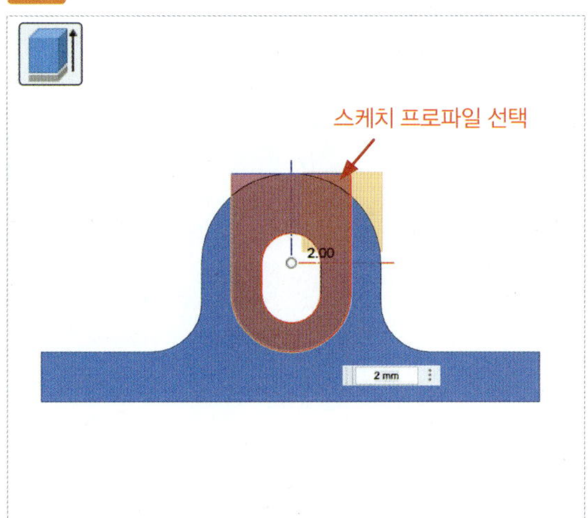

돌출을 위한 스케치를 선택한다.

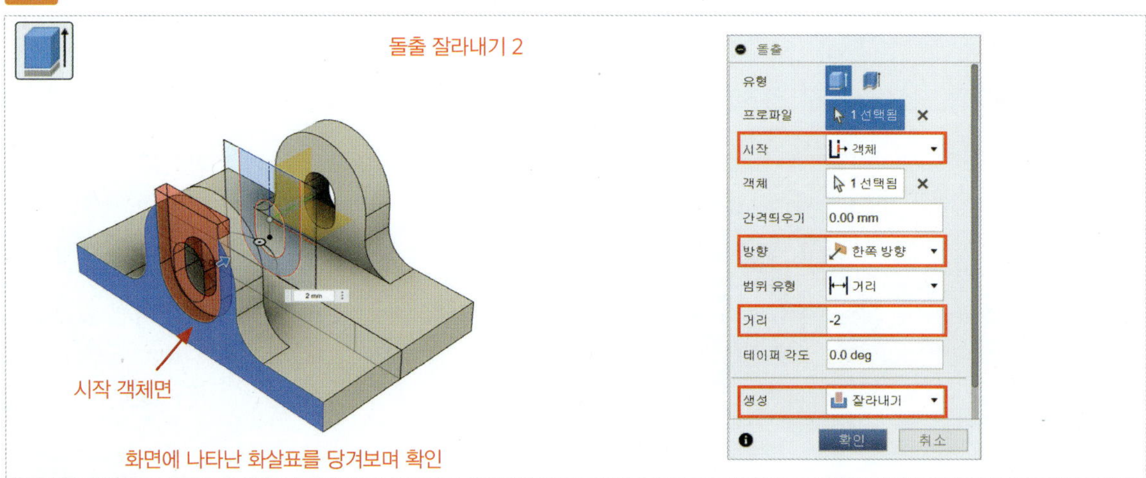

돌출을 다음과 같이 설정한다.

공차 치수 A는 Ø6에 공차 −1을 적용해서 Ø5
공차 치수 B는 8에 공차 −1을 적용해서 7

주서
1. 도시되고 지시없는 모떼기는 C3

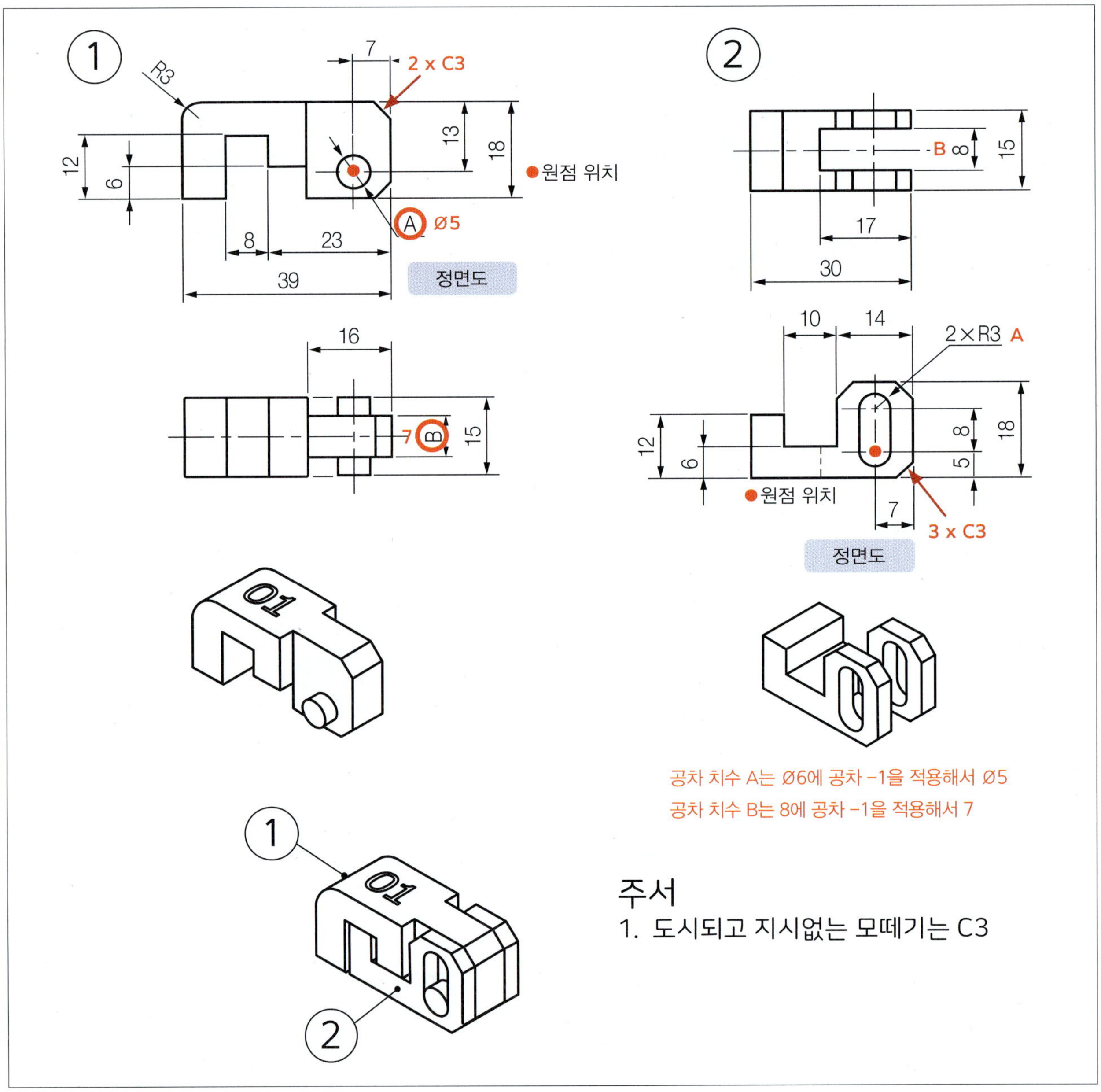

1 A, B에 공차 적용된 치수

① A는 2번 부품의 치수 Ø6에 공차 −1을 적용해서 Ø5로 작성한다.

② B는 2번 부품의 치수 8에 공차 −1을 적용해서 7로 작성한다.

2 도면 분석

① 1번, 2번 부품의 정면도에서 스케치를 시작한다.

② 공차를 미리 적용한 치수로 작성한다.

③ 2번 부품을 회전하고 이동하여 출력할 때 서로 붙지 않도록 한다.

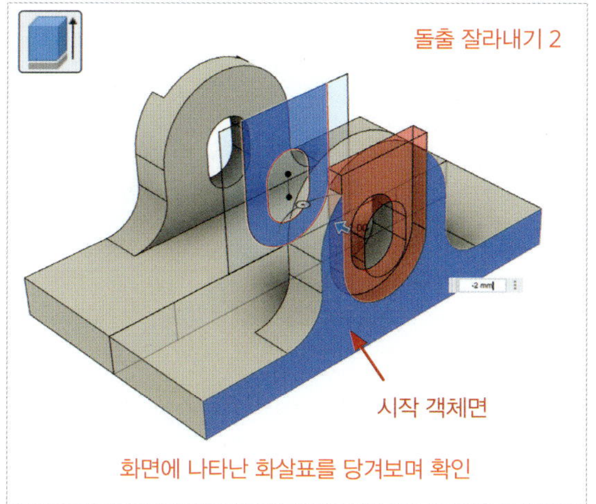

반대쪽에도 똑같이 적용한다.

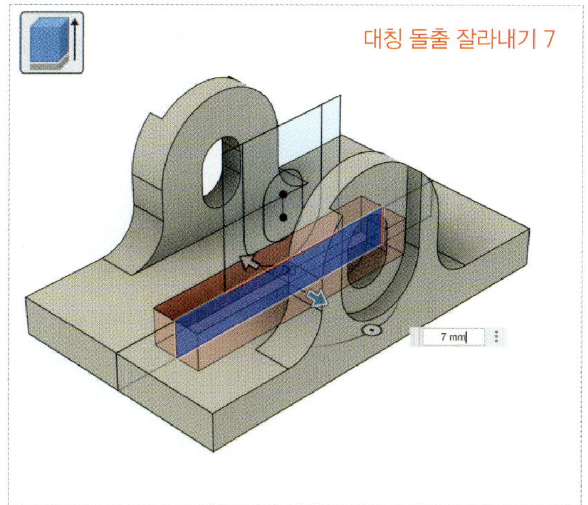

돌출을 다음과 같이 설정한다.

모깎기 R10을 다음과 같이 설정한다.

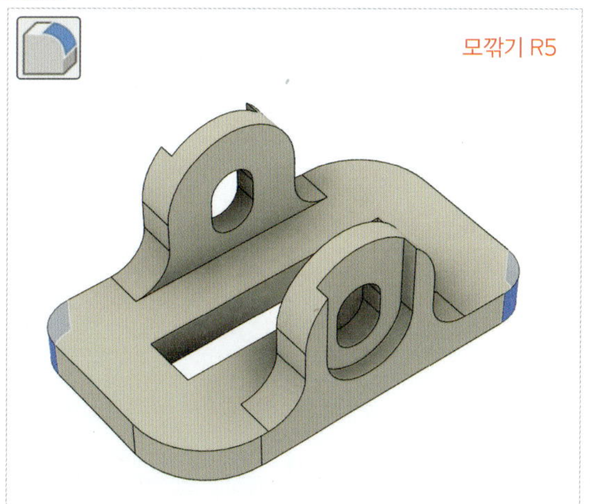

모깎기 R5를 다음과 같이 설정한다.

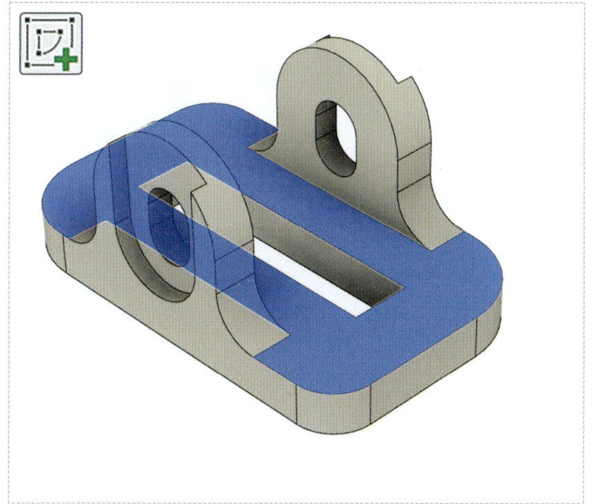

다음의 면을 선택하고 스케치 작성을 클릭한다.

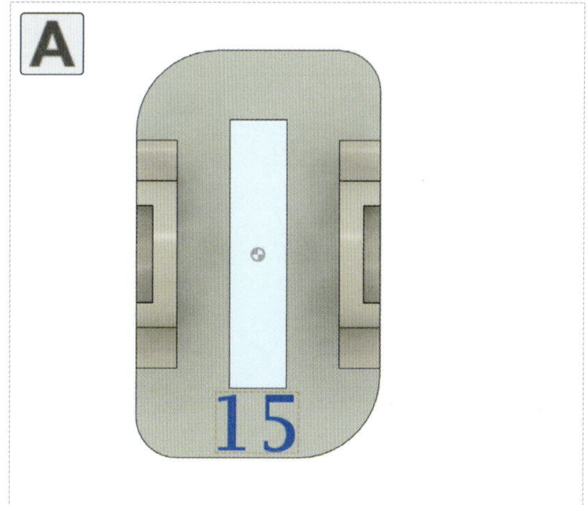

다음과 같이 비번호를 스케치한다.

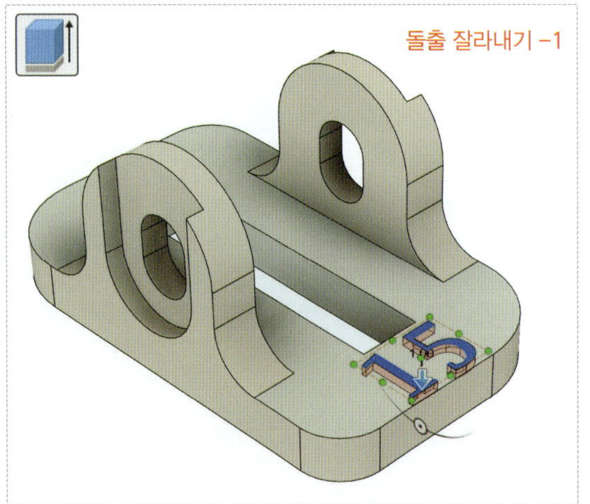

돌출 작업으로 비번호를 작성한다.

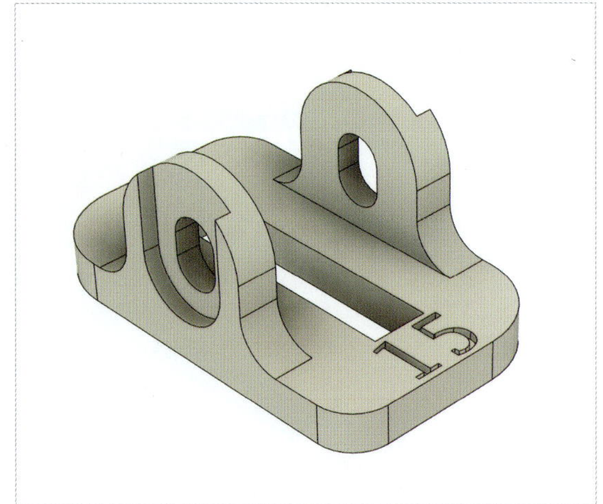

1번 부품의 완성 모습

4 2번 부품 3D모델링

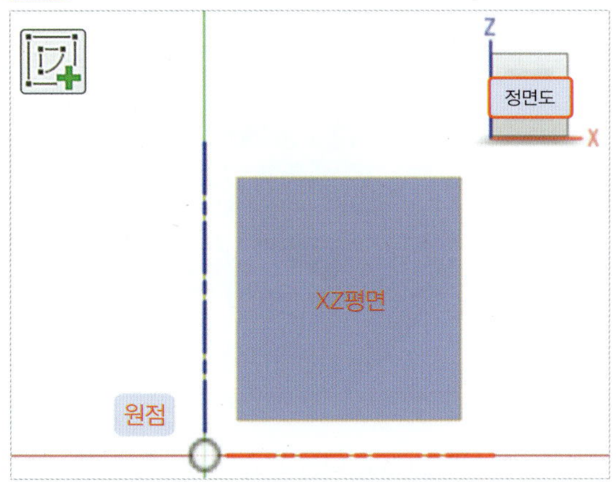

정면도로 시점을 맞추고 스케치를 시작한다.

정면도를 그린다.

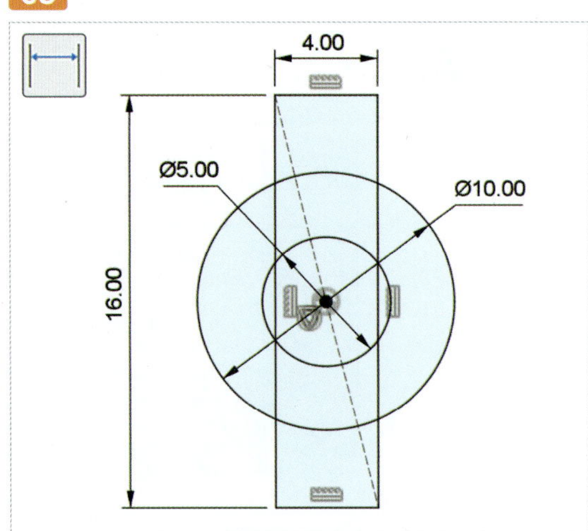

다음과 같이 치수를 입력한다.

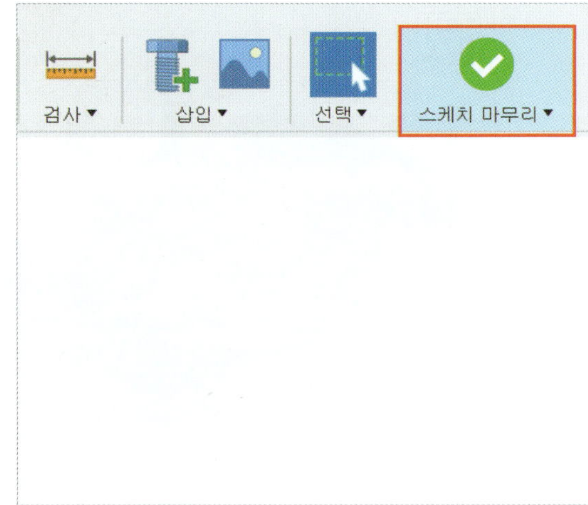

스케치 마무리를 한다.

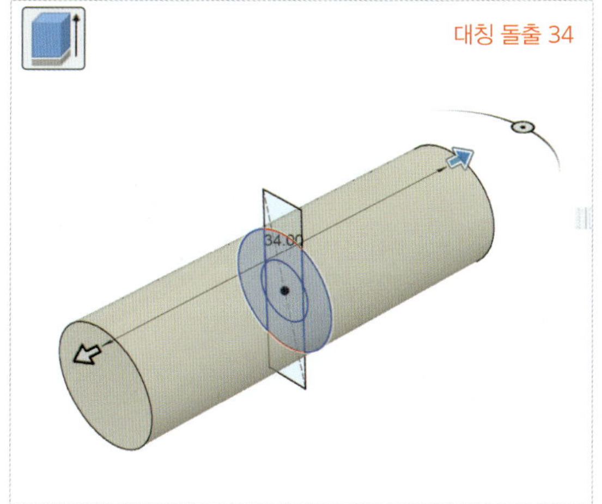

스케치에 대칭 돌출 34mm를 적용한다.

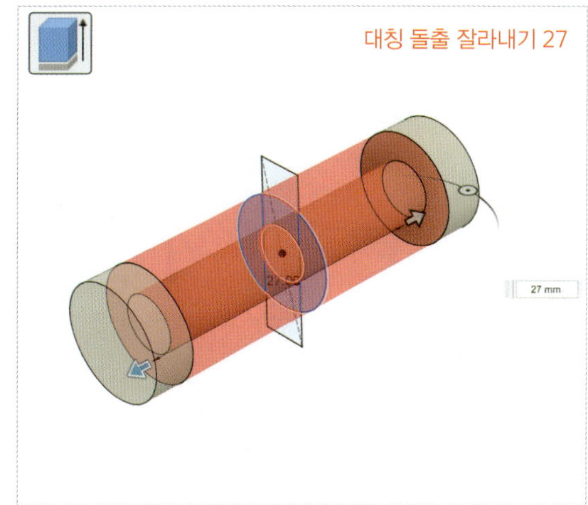

돌출을 대칭으로 27mm 잘라내기 설정한다.

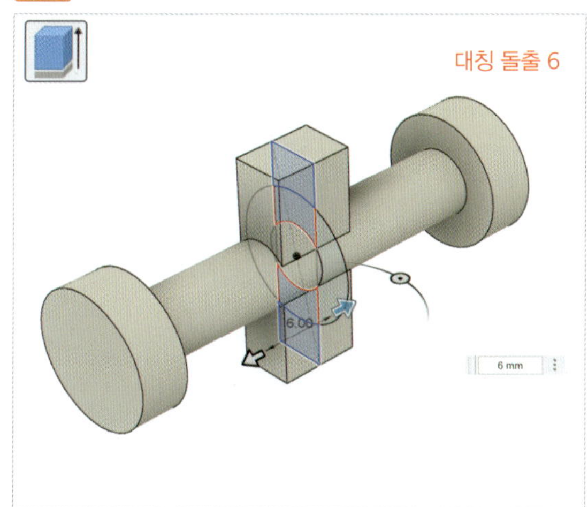

스케치에 대칭 돌출 6mm를 적용한다.

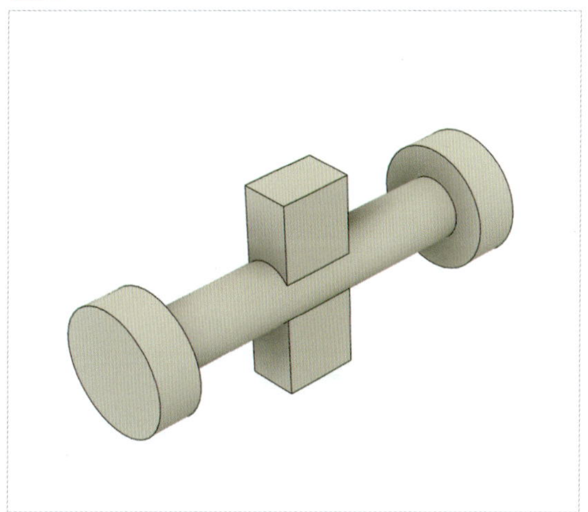

2번 부품의 완성 모습

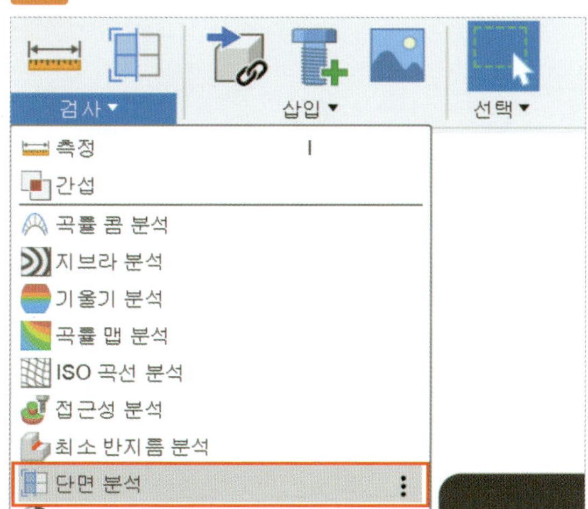

솔리드 〉 검사 〉 단면 분석을 클릭한다.

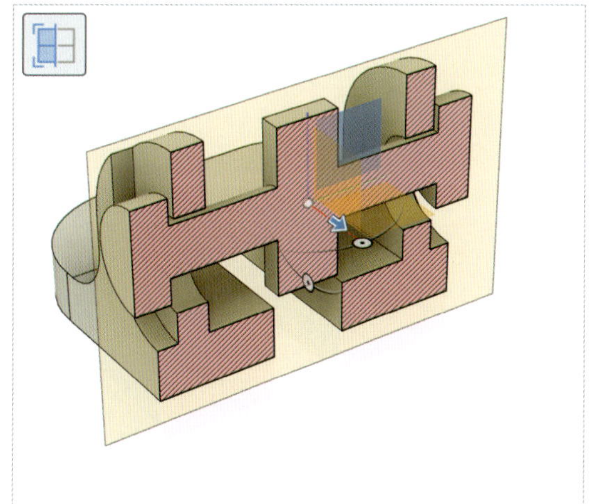

XZ면을 클릭하여 단면을 분석한다.

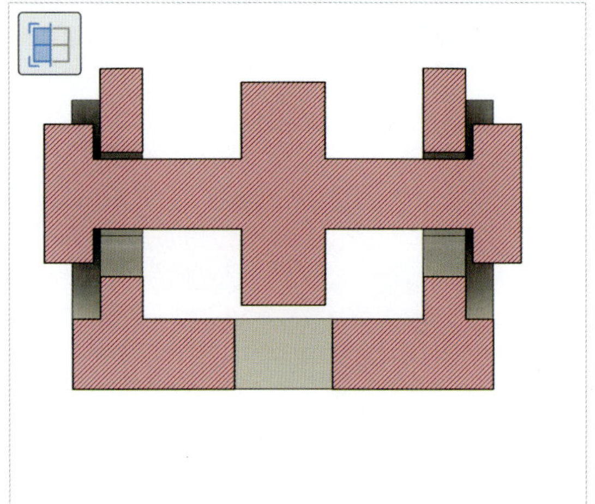

XZ면에서 공차를 확인한다.

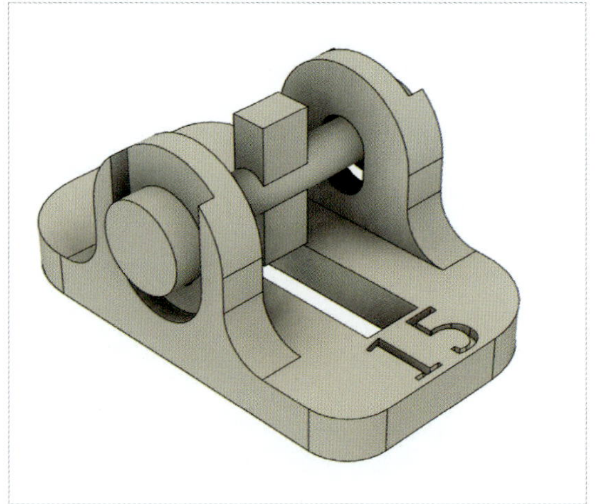

모델링을 완료하고 비번호로 저장한다.

주서
1. 도시되고 지시없는 모떼기는 C2

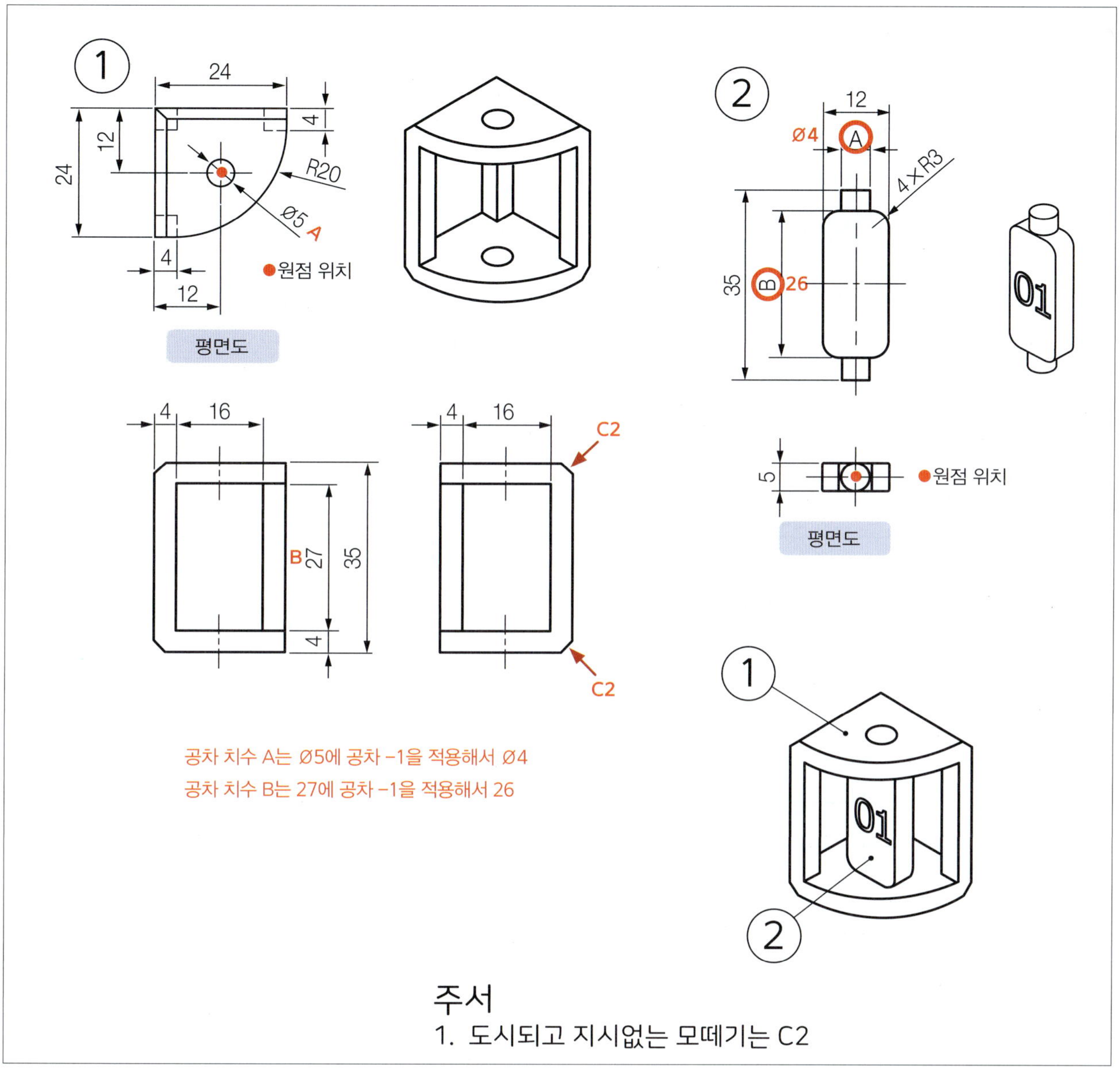

1 A, B에 공차 적용된 치수

① A는 1번 부품의 치수 Ø5에 공차 −1을 적용해서 Ø4로 작성한다.

② B는 1번 부품의 치수 27에 공차 −1을 적용해서 26으로 작성한다.

2 도면 분석

① 1번, 2번 부품의 평면도에서 스케치를 시작한다.

② 공차를 미리 적용한 치수로 작성한다.

③ 도면에서 1번 부품의 모깎기 C2 부분을 자세히 살피고 적용한다.

01

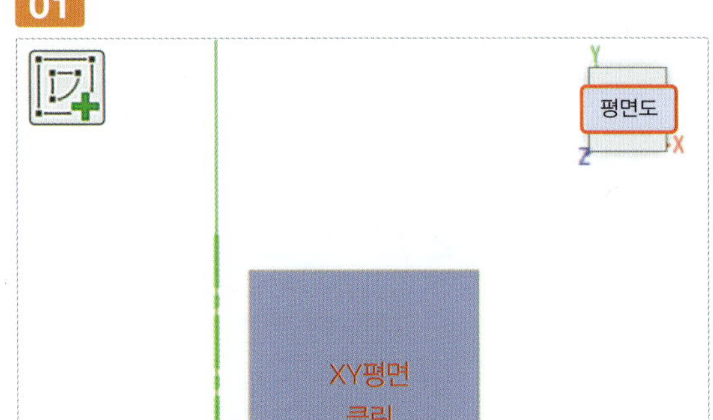

뷰 큐브의 평면도라는 글자를 클릭하여 시점을 맞추고 스케치 작성 명령을 클릭한다.

02

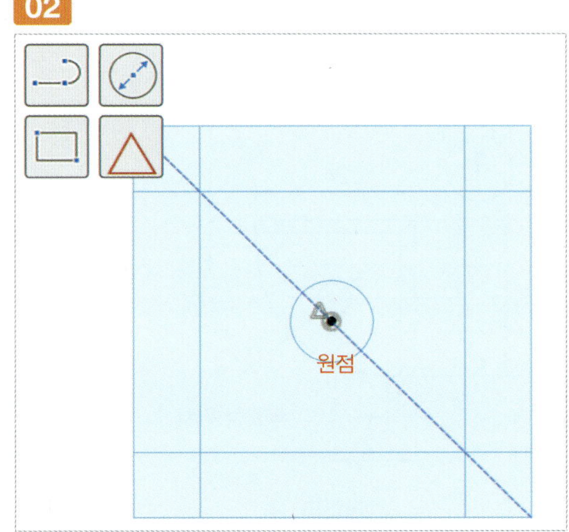

1번 부품의 평면도를 대강 그린다.

03

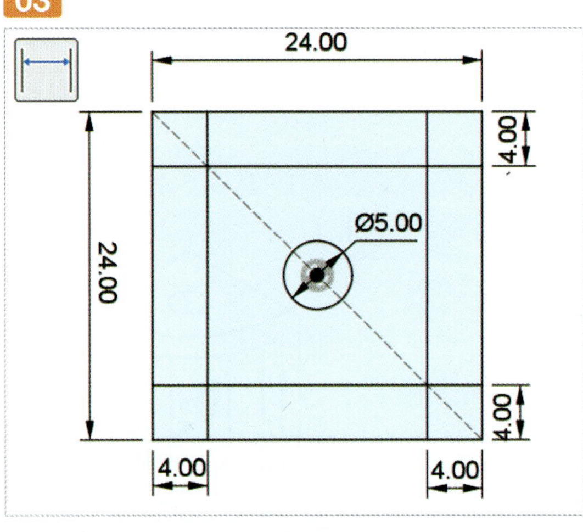

다음과 같이 치수를 적용한다.

04

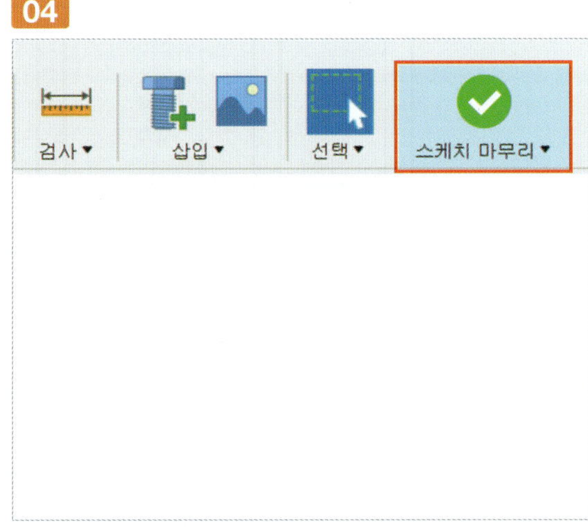

스케치 마무리를 한다.

05

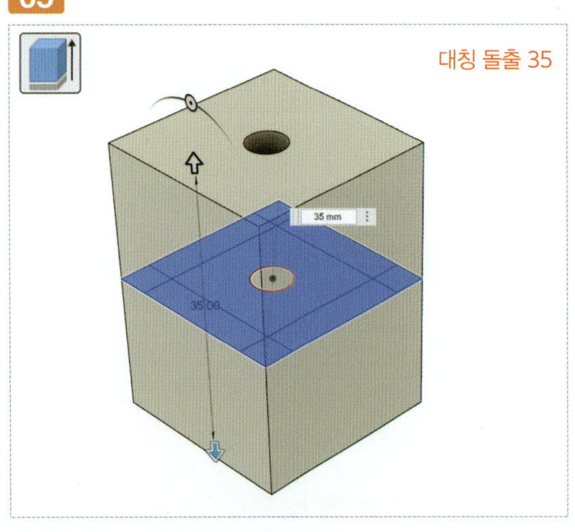

돌출을 다음과 같이 설정한다.

06

모깎기를 다음과 같이 설정한다.

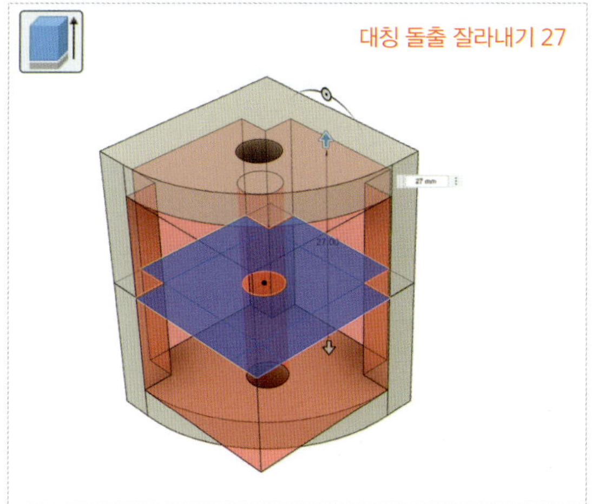

돌출을 다음과 같이 설정한다.

네 모서리에 챔퍼(모따기)를 적용한다.

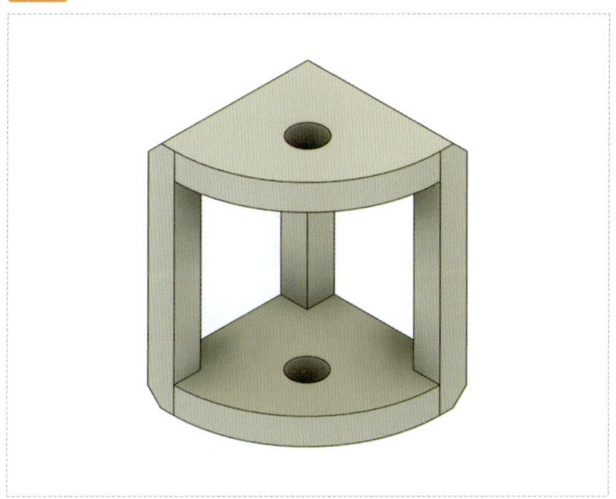

1번 부품의 완성 모습

4 2번 부품 3D모델링

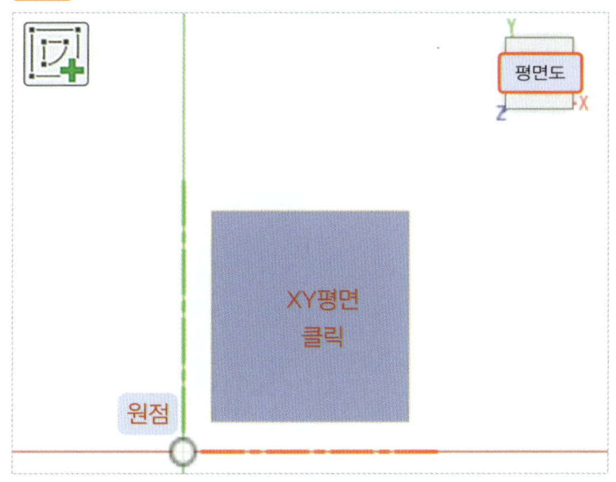

뷰 큐브의 평면도라는 글자를 클릭하여 시점을 맞추고 스케치 작성 명령을 클릭한다.

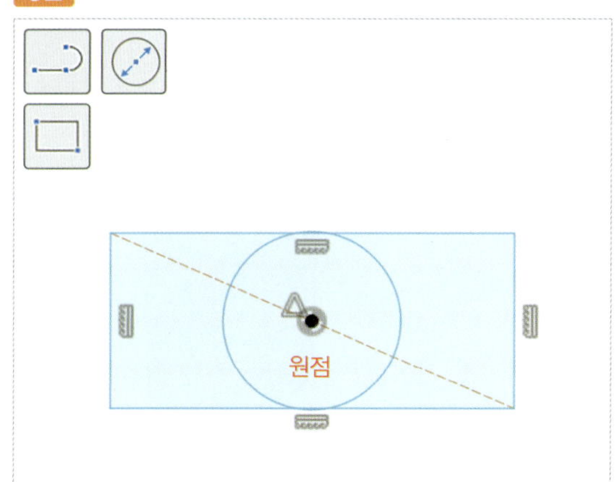

1번 부품의 평면도를 대강 그린다.

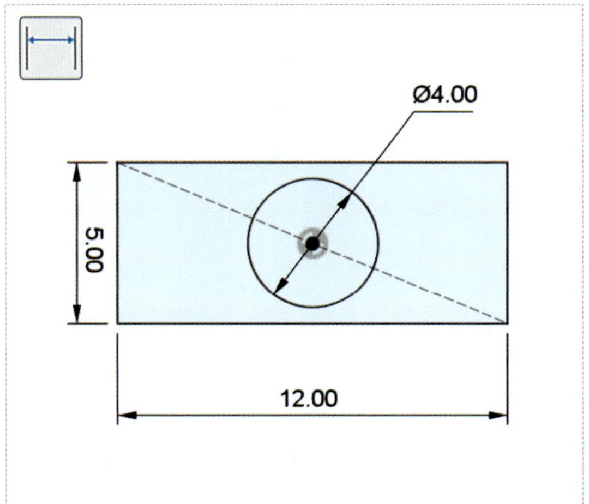

다음과 같이 치수를 입력한다.

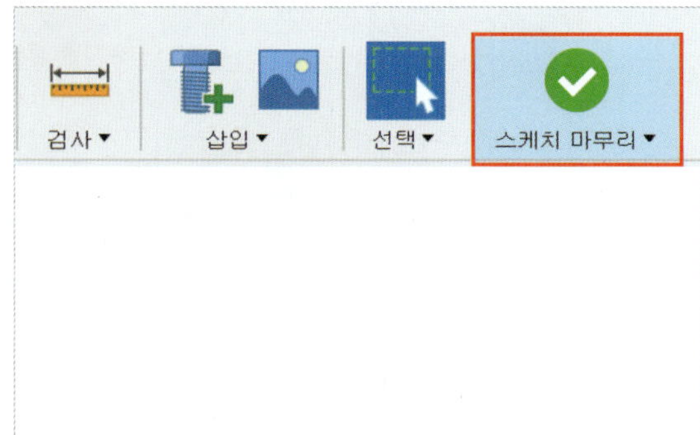

스케치 마무리를 한다.

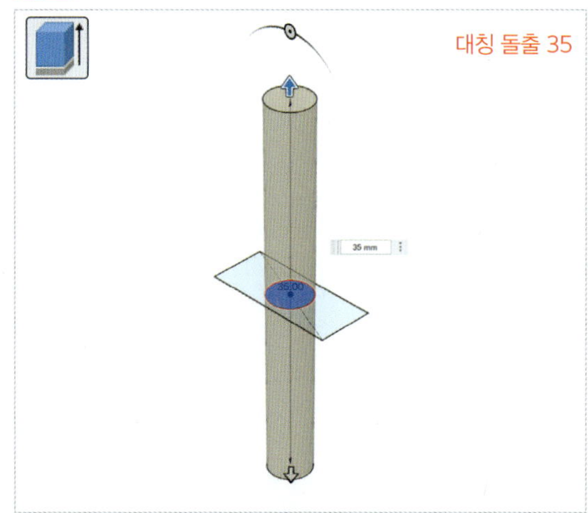

돌출을 다음과 같이 설정한다.

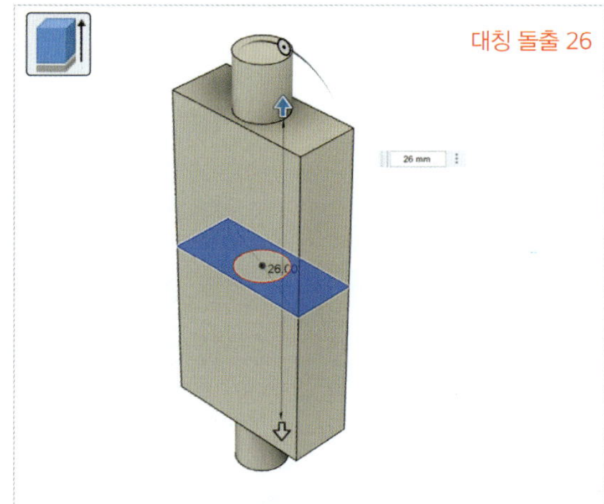

돌출을 다음과 같이 설정한다.

모깎기를 다음과 같이 설정한다.

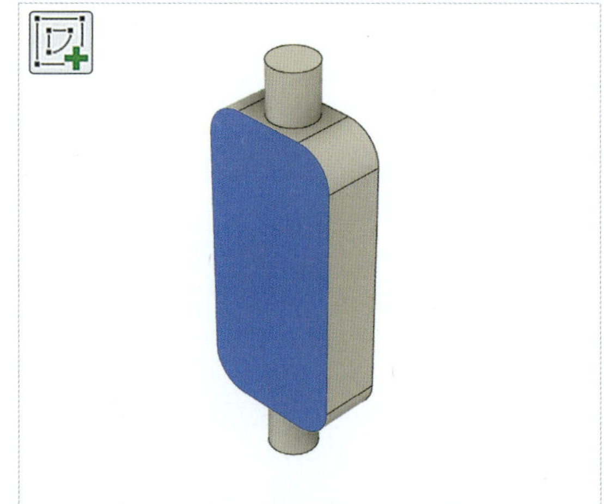

다음의 면을 선택하고 스케치 작성을 클릭한다.

09

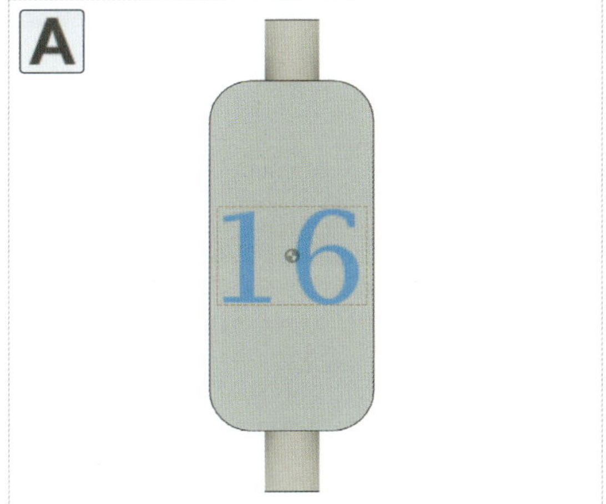

비번호를 스케치한다.

10

돌출 1mm를 잘라내기 한다.

11

1번 부품의 완성 모습

12

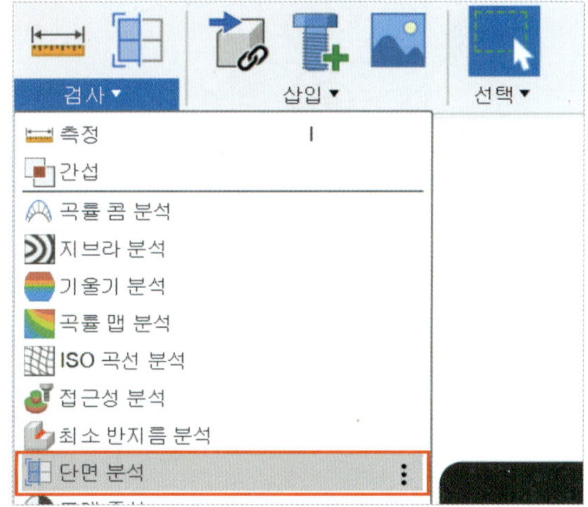

솔리드 〉검사 〉단면 분석을 클릭한다.

13

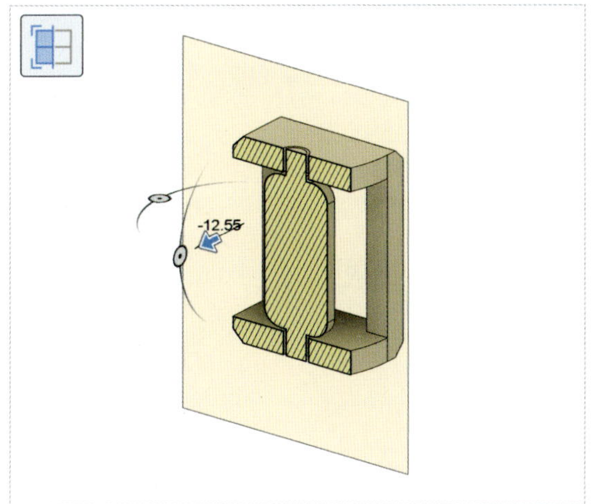

XZ면을 클릭하여 공차 적용을 확인한다.

14

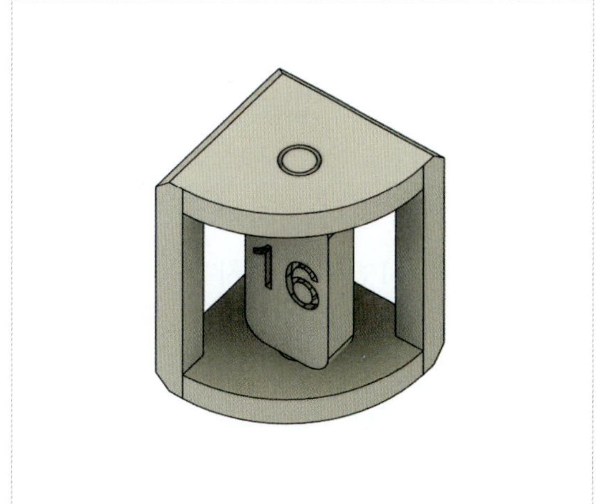

모델링을 완료하고 비번호로 저장한다.

공개 도면 17번

도면 풀이 영상

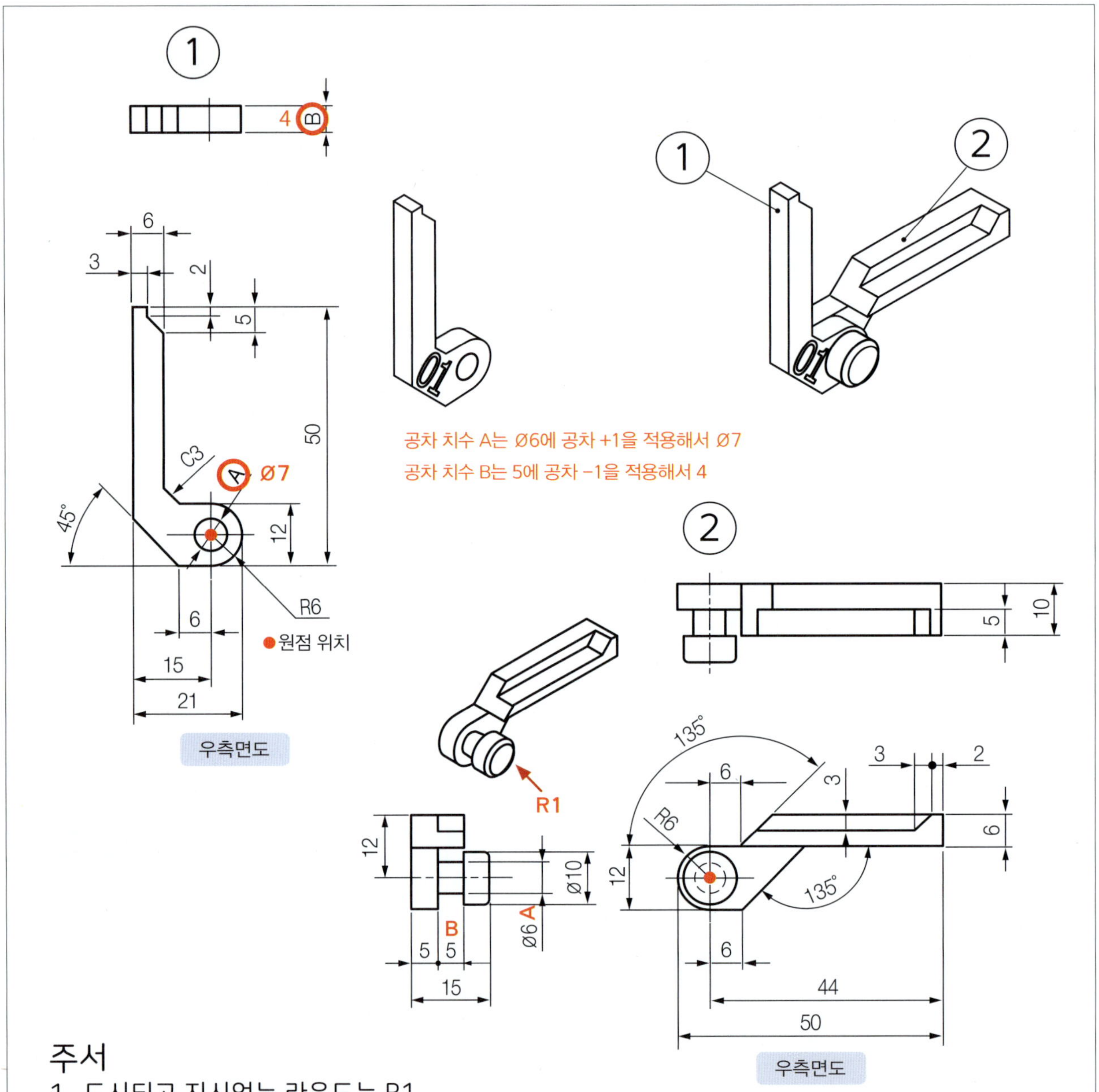

주서
1. 도시되고 지시없는 라운드는 R1

1 A, B에 공차 적용된 치수

① A는 1번 부품의 치수 Ø6에 공차 +1을 적용해서 Ø7로 작성한다.

② B는 1번 부품의 치수 5에 공차 −1을 적용해서 4로 작성한다.

2 도면 분석

① 1번, 2번 부품의 우측면도에서 스케치를 시작한다.

② 공차를 미리 적용한 치수로 작성한다.

③ 조립 접합으로 결합하기 위해 문서 설정에서 디자인 유형을 조립품으로 변경한다.

01

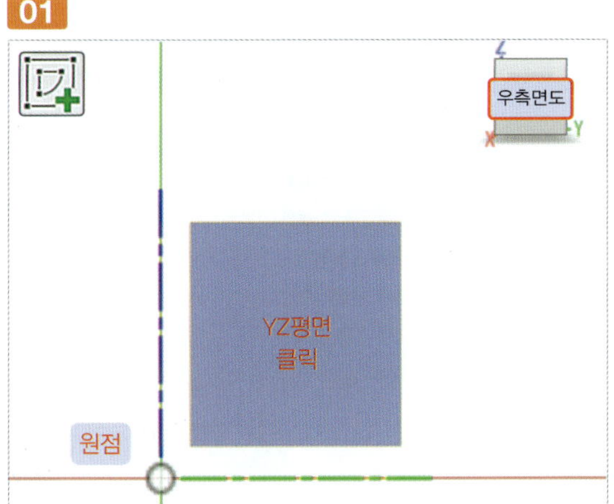

뷰 큐브의 우측면도라는 글자를 클릭하여 시점을 맞추고 스케치 작성 명령을 클릭한다.

02

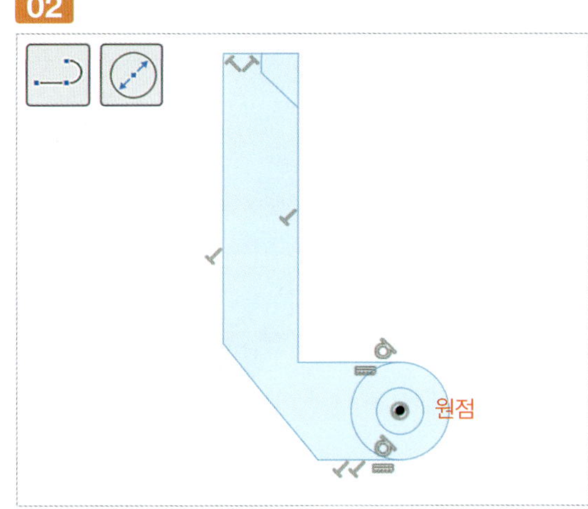

1번 부품의 우측면도를 대강 그린다.

03

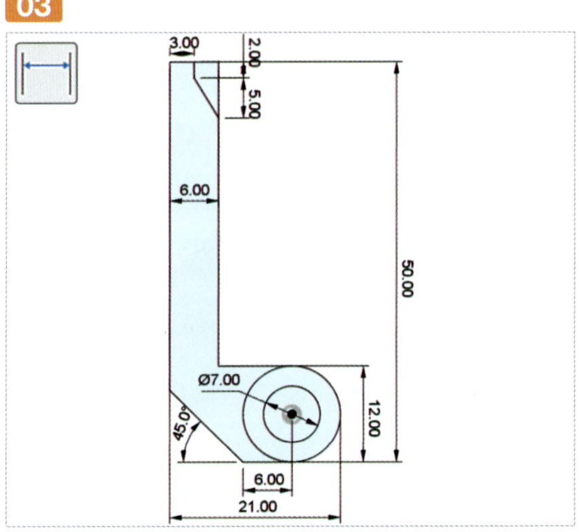

다음과 같이 치수를 적용한다.

04

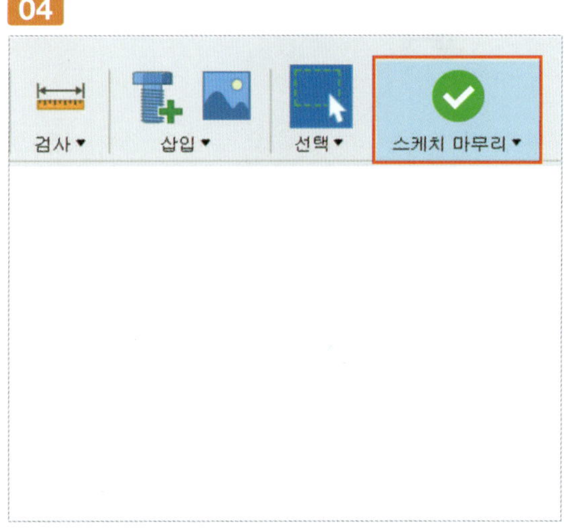

스케치 마무리를 한다.

05

돌출을 다음과 같이 설정한다.

06

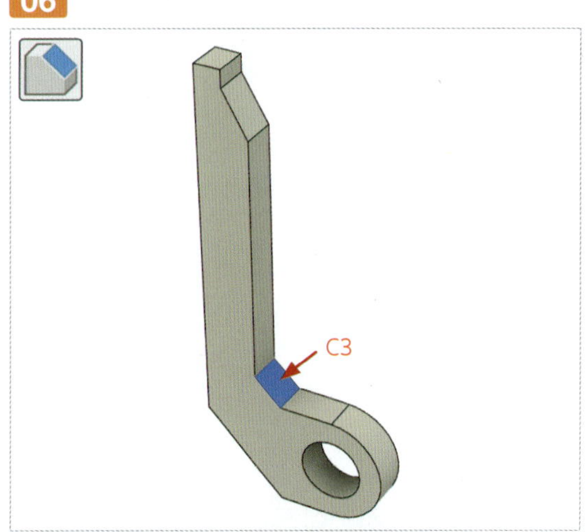

모서리에 챔퍼(모따기)를 적용한다.

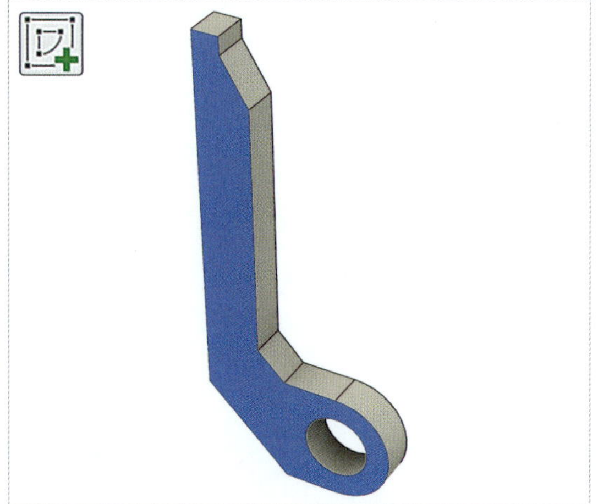

다음의 면을 선택하고 스케치 작성을 클릭한다.

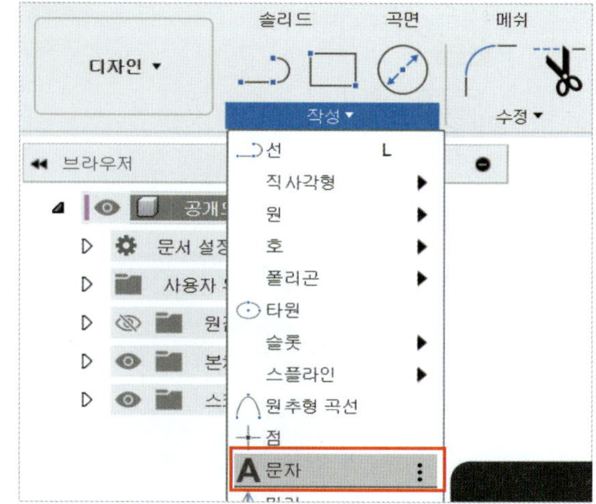

스케치 〉 작성 〉 문자 명령을 클릭한다.

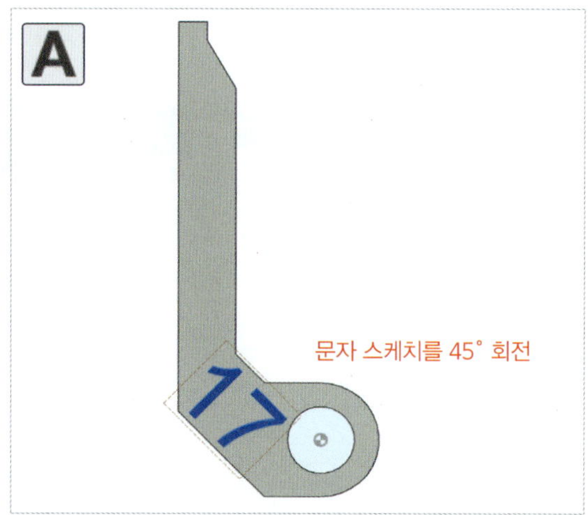

비번호를 입력하고 사선에 맞게 45˚ 회전한다.

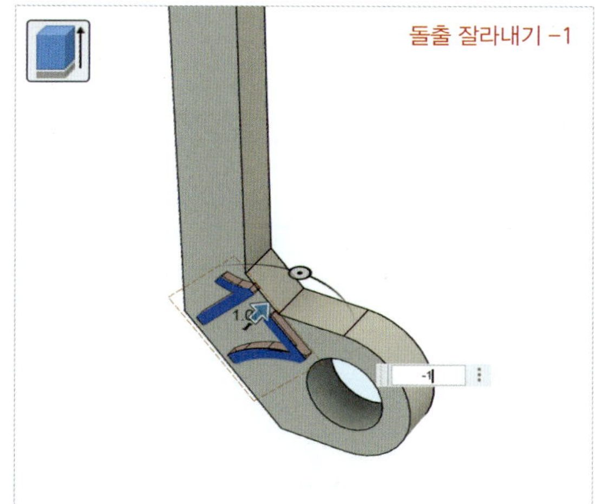

솔리드 〉 작성 〉 돌출 명령을 적용한다.

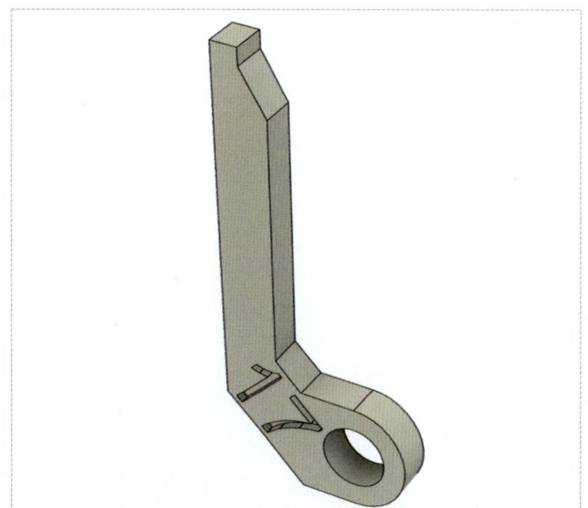

1번 부품의 완성 모습

 4 **2번 부품 3D모델링**

01

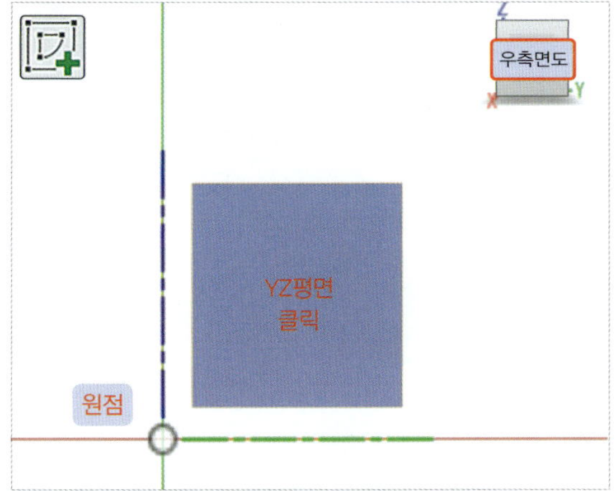

뷰 큐브의 우측면도라는 글자를 클릭하여 시점을 맞추고 스케치 작성 명령을 클릭한다.

02

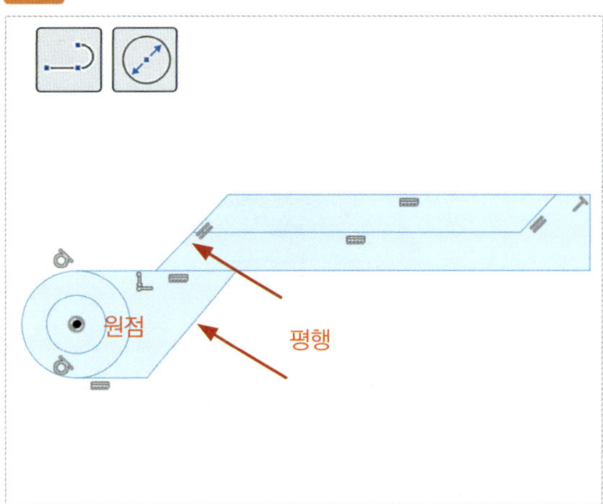

1번 부품의 우측면도를 대강 그린다.

03

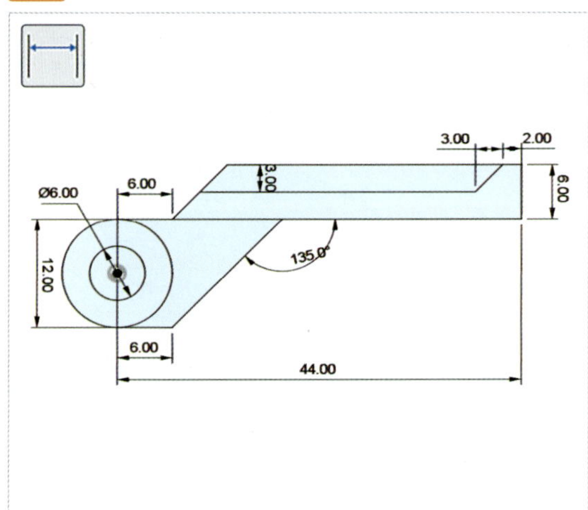

다음과 같이 치수를 입력한다.

04

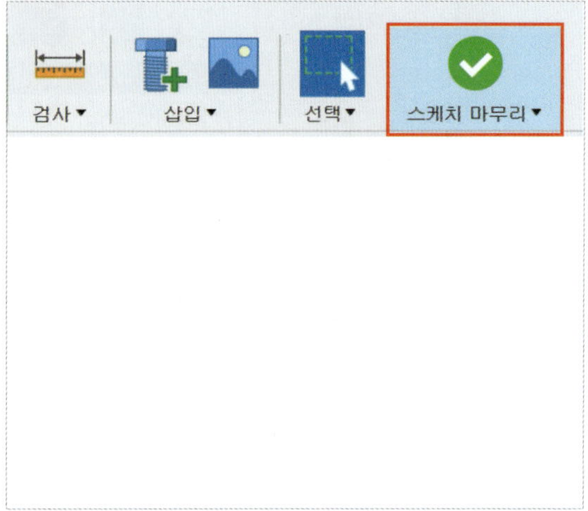

스케치 마무리를 한다.

05

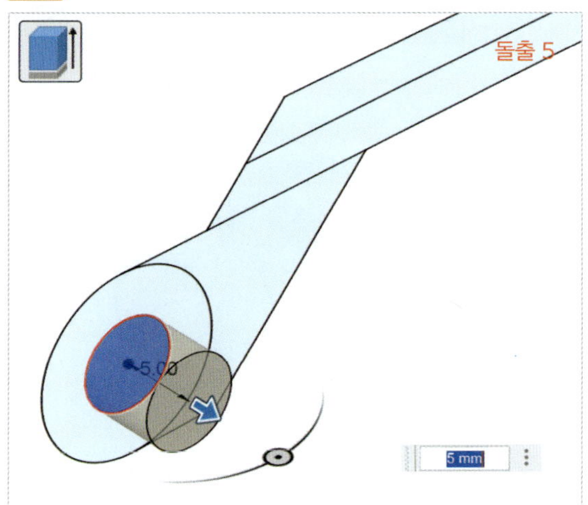

돌출을 다음과 같이 설정한다.

06

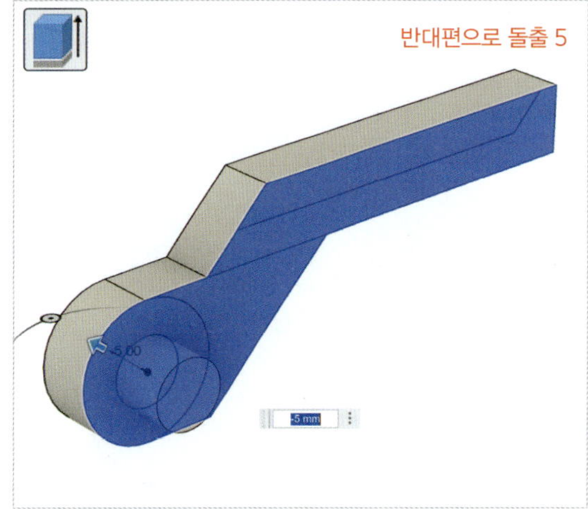

한쪽 돌출을 다음과 같이 설정한다.

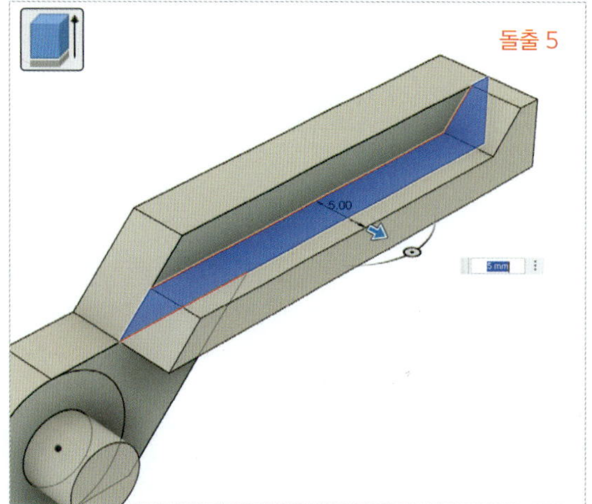

돌출을 다음과 같이 설정한다.

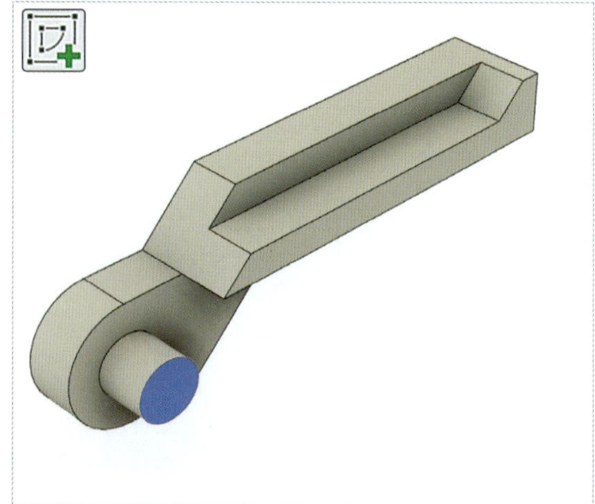

원통을 돌출시킬 면을 선택한다.

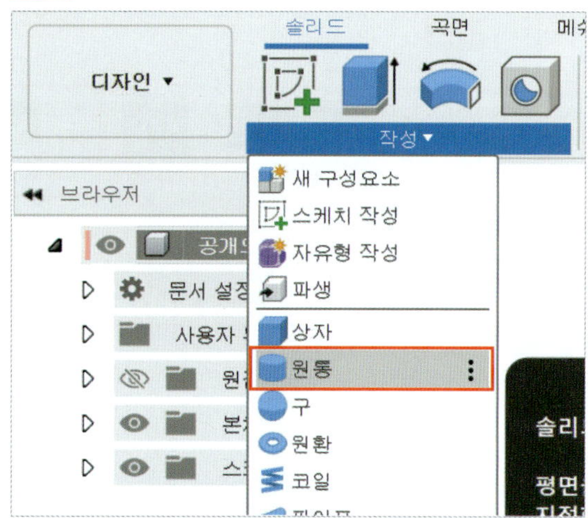

솔리드 〉작성 〉원통을 클릭한다.

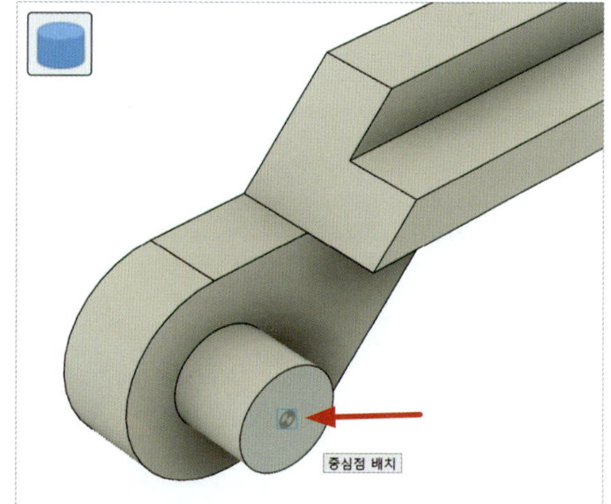

원의 중심점을 스냅 위치에 배치한다.

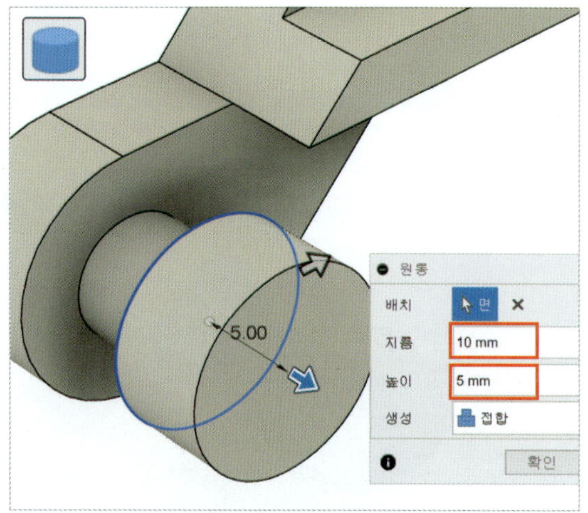

직경 10mm, 높이 5mm인 원통을 작성한다.

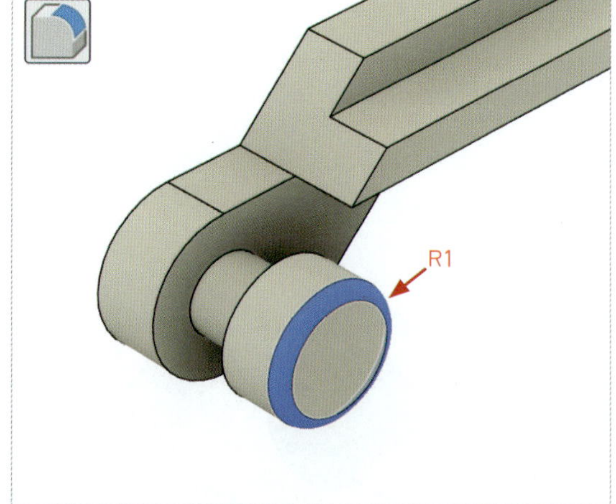

모서리에 필렛(모깎기)을 적용한다.

01

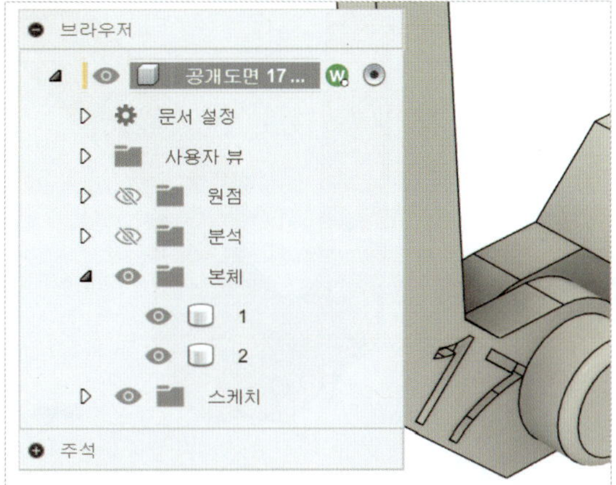

1번 부품의 가시성을 켠다.

02

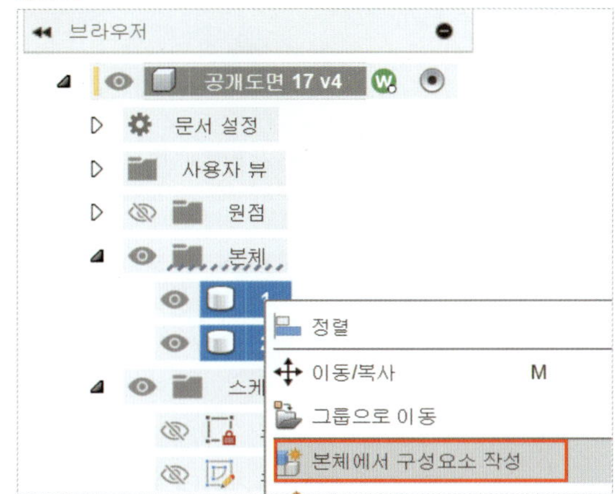

솔리드 〉 작성 〉 본체에서 구성요소 작성 명령을 클릭한다.

03

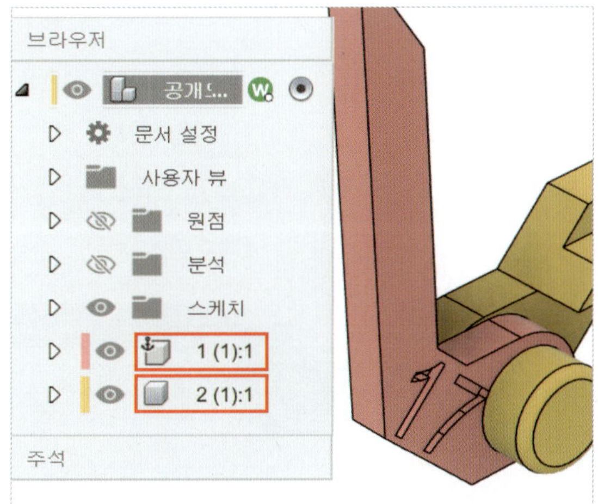

구성요소로 변경된 모습

04

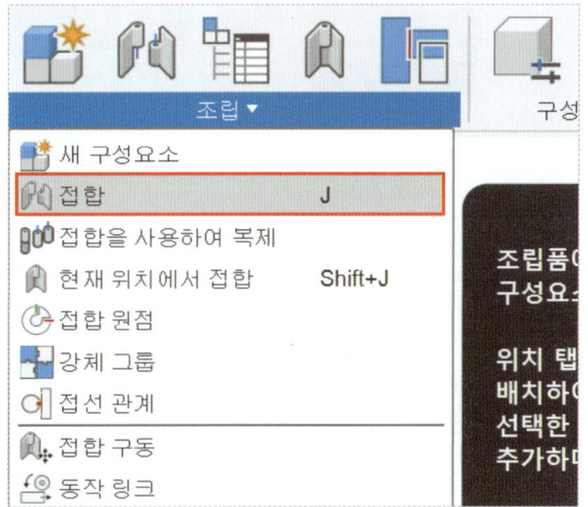

솔리드 〉 조립 〉 접합 명령을 클릭한다.

05

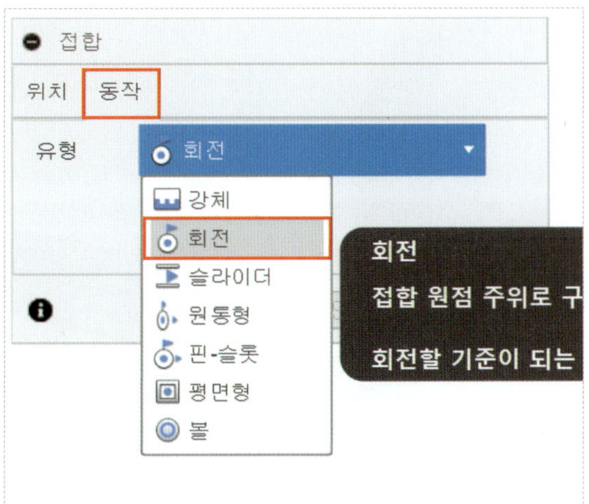

접합의 동작 탭에서 회전을 클릭한다.

06

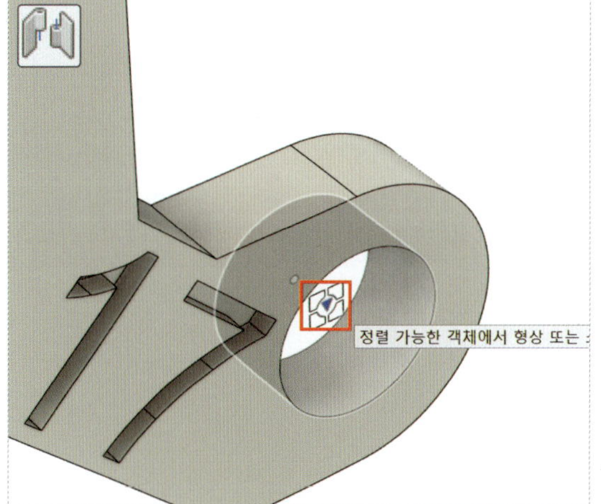

첫 번째 스냅 위치로 안쪽 원통 면의 중심을 클릭한다.

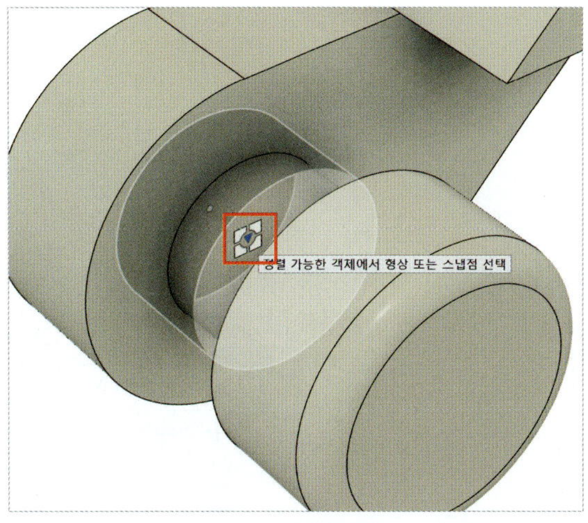

두 번째 스냅 위치로 가운데 원통의 중심을 클릭한다.

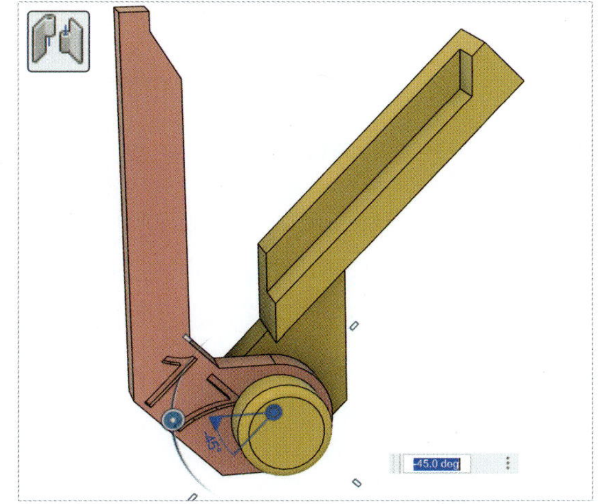

스냅 되면 공통된 축으로 회전 조립 운동을 한다.

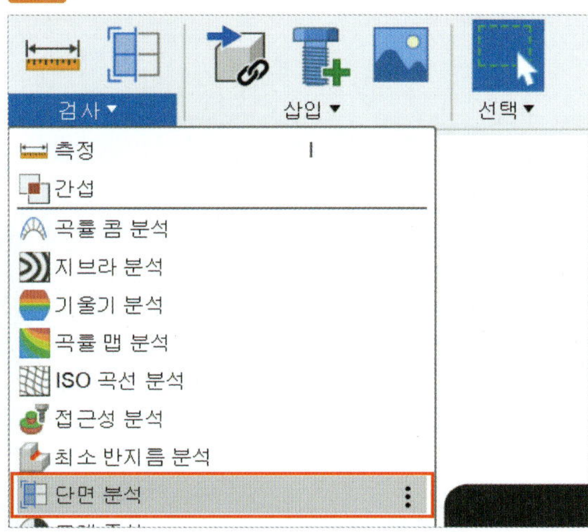

솔리드 〉 검사 〉 단면 분석을 클릭한다.

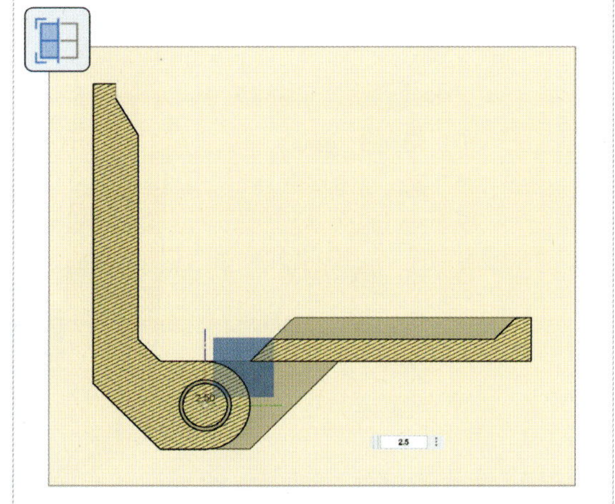

YZ 평면을 클릭하여 공차 적용된 부분을 확인한다.

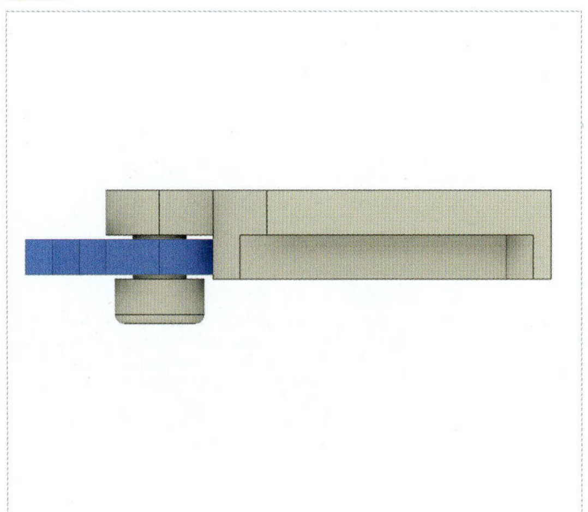

평면도 뷰에서 공차를 확인한다.

모델링을 완료하고 비번호로 저장한다.

① 원점 위치
2 × R3
R30
정면도
B
01

② 원점 위치
정면도
01
A Ø5

공차 치수 A는 Ø6에 공차 −1을 적용해서 Ø5
공차 치수 B는 14에 공차 −1을 적용해서 13

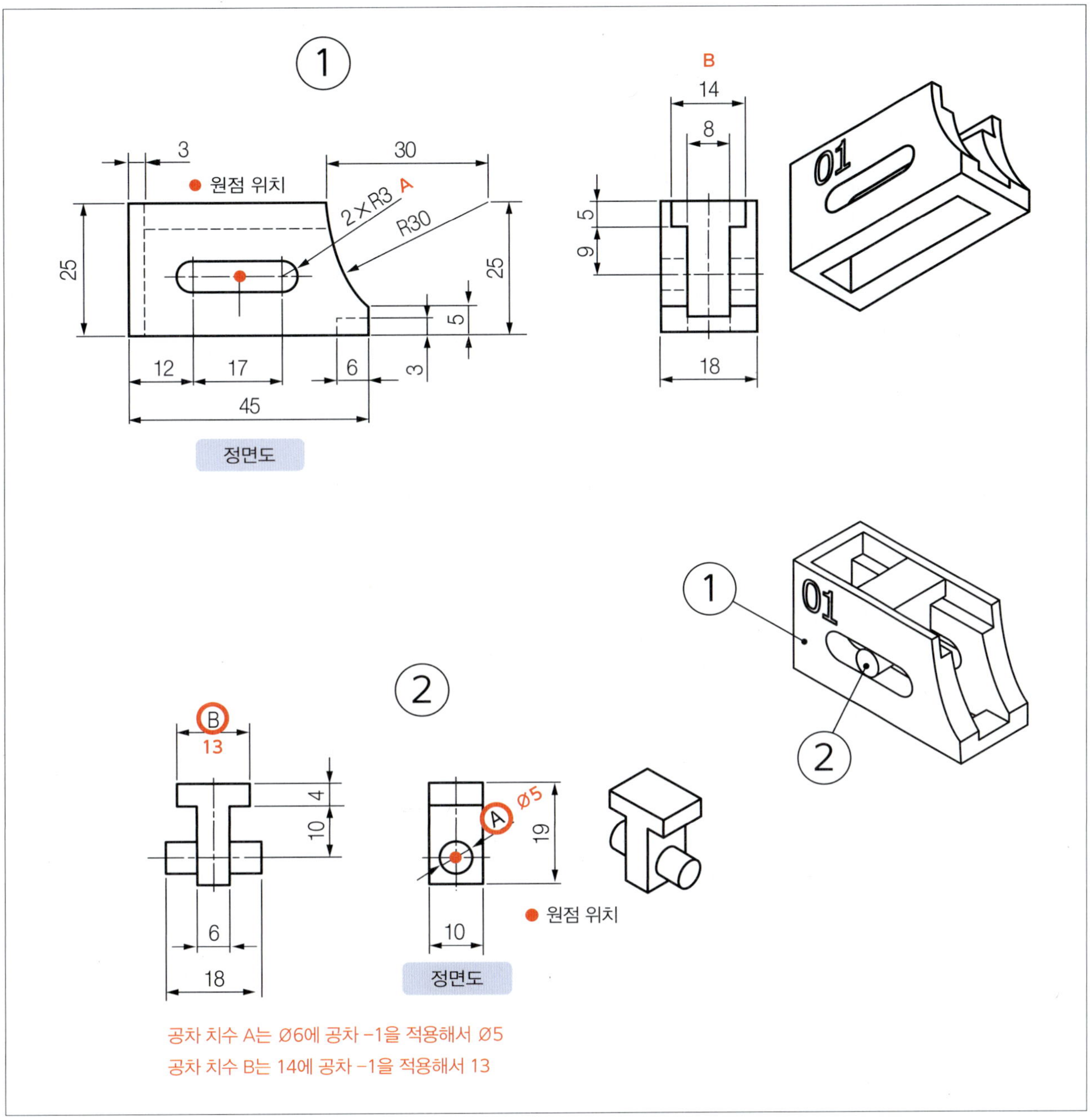

1 A, B에 공차 적용된 치수

① A는 1번 부품의 치수 Ø6에 공차 −1을 적용해서 Ø5로 작성한다.

② B는 1번 부품의 치수 14에 공차 −1을 적용해서 13으로 작성한다.

2 도면 분석

① 1번, 2번 부품의 정면도에서 스케치를 시작한다.

② 공차를 미리 적용한 치수로 작성한다.

③ 스케치에서 중심점 슬롯을 사용한다.

01

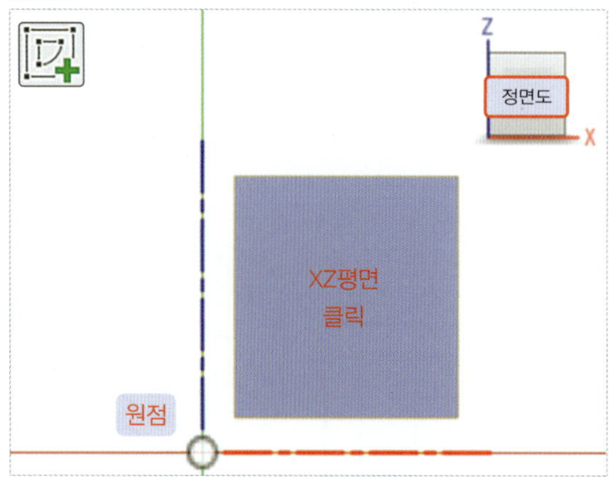

뷰 큐브의 정면도라는 글자를 클릭하여 시점을 맞추고 스케치 작성 명령을 클릭한다.

02

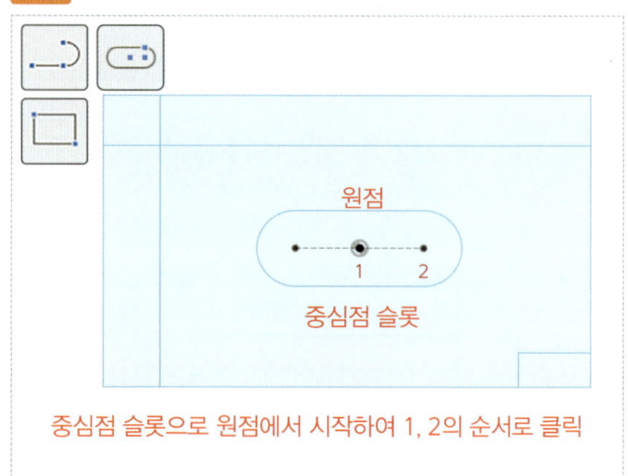

1번 부품의 정면도를 대강 그린다.

03

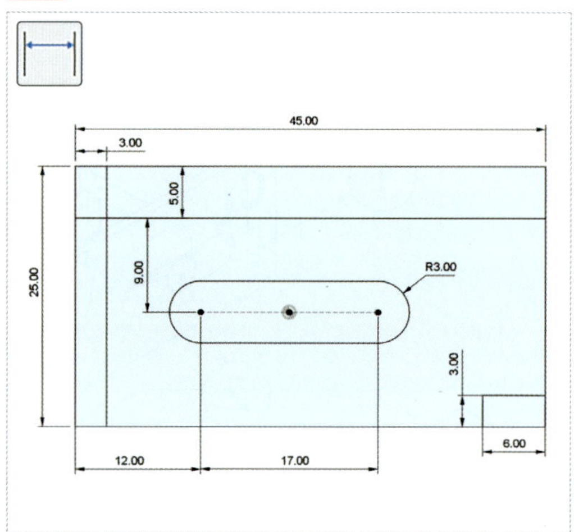

다음과 같이 치수를 적용한다.

04

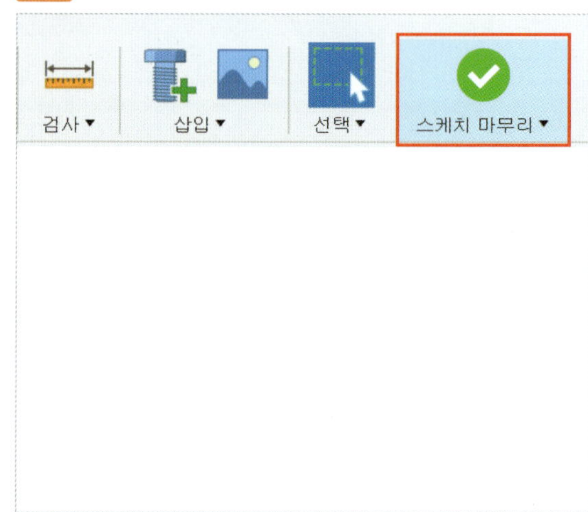

스케치 마무리를 한다.

05

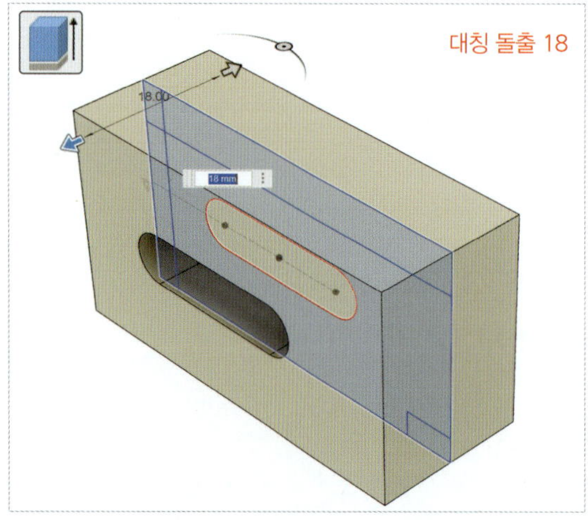

돌출을 다음과 같이 설정한다.

06

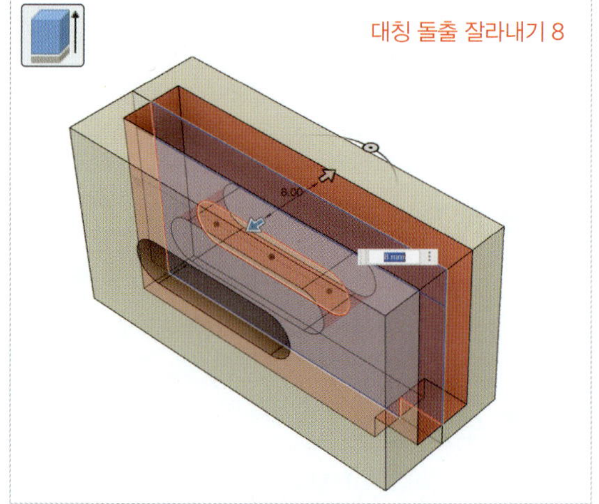

돌출을 다음과 같이 설정한다.

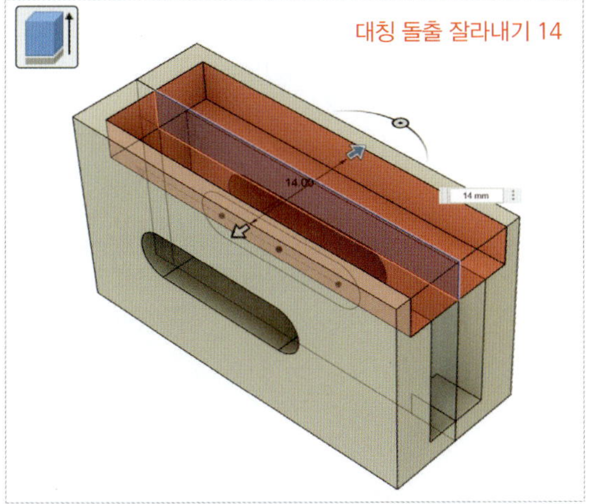

돌출을 다음과 같이 설정한다.

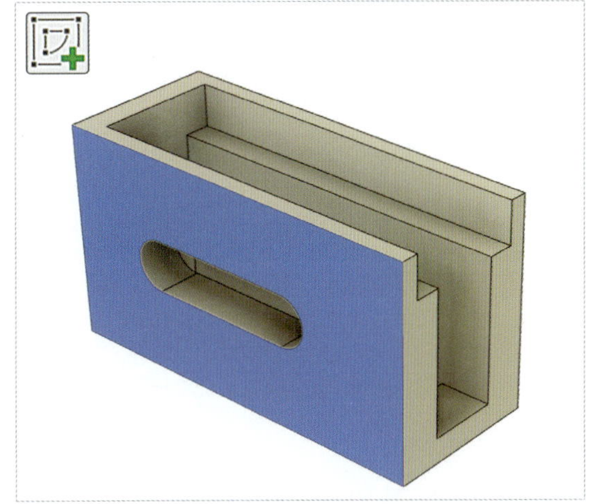

다음의 면을 선택하고 스케치 작성을 클릭한다.

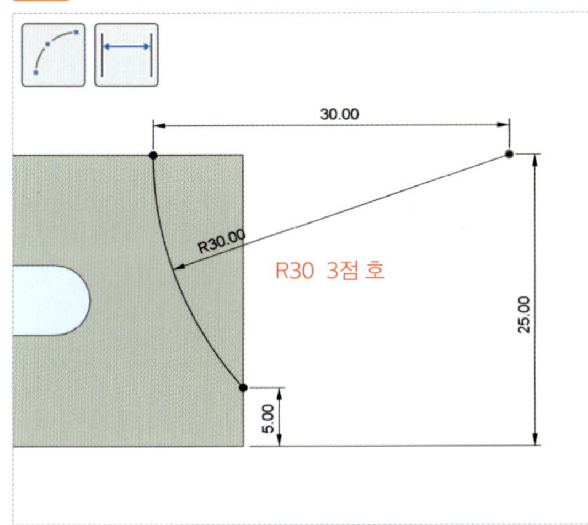

1번 부품의 정면도를 대강 그린다.

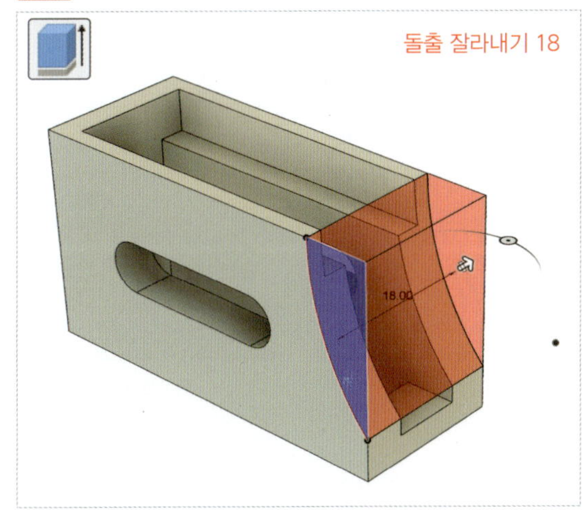

돌출을 다음과 같이 설정한다.

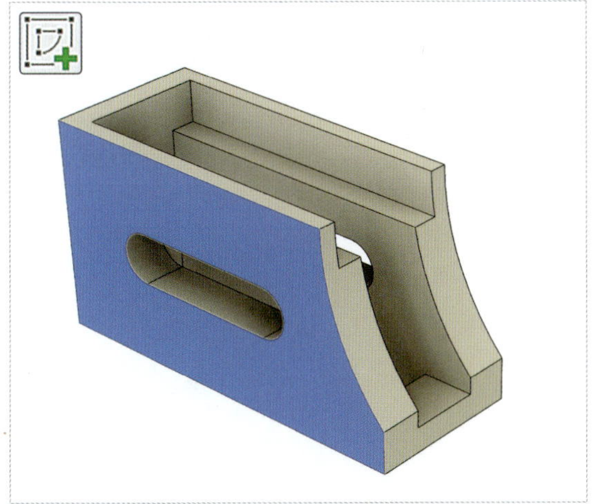

다음의 면을 선택하고 스케치 작성을 클릭한다.

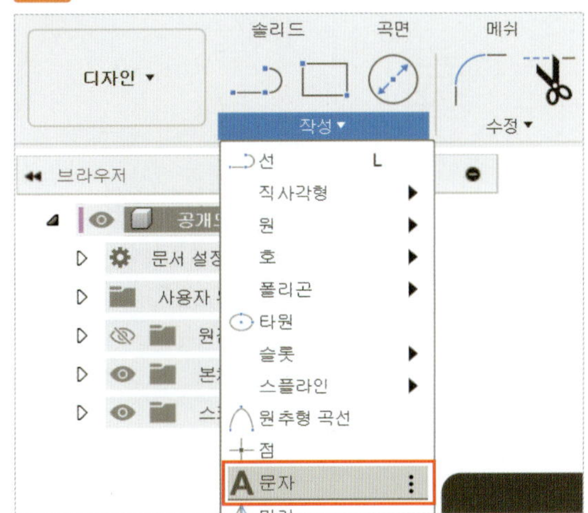

스케치 〉 작성 〉 문자 명령을 클릭한다.

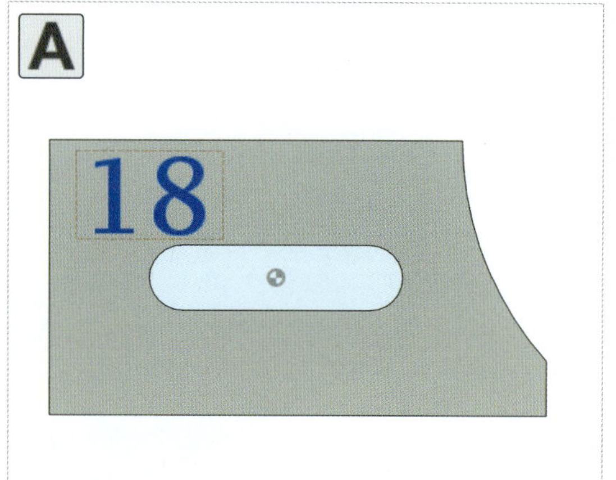

비번호를 입력하고 문자창의 옵션을 다음과 같이 설정한다.

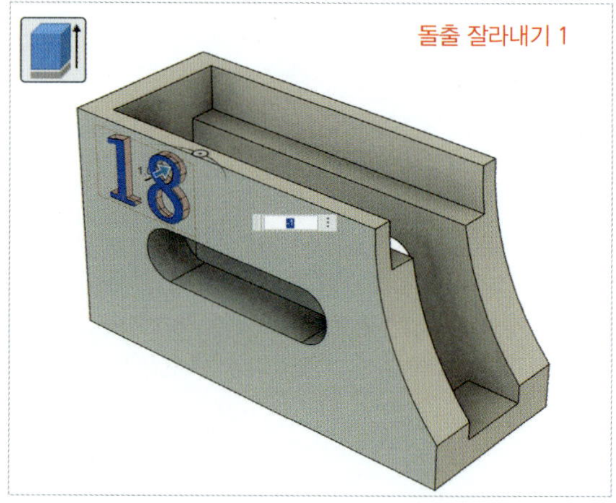

솔리드 〉 작성 〉 돌출 명령을 클릭한다.

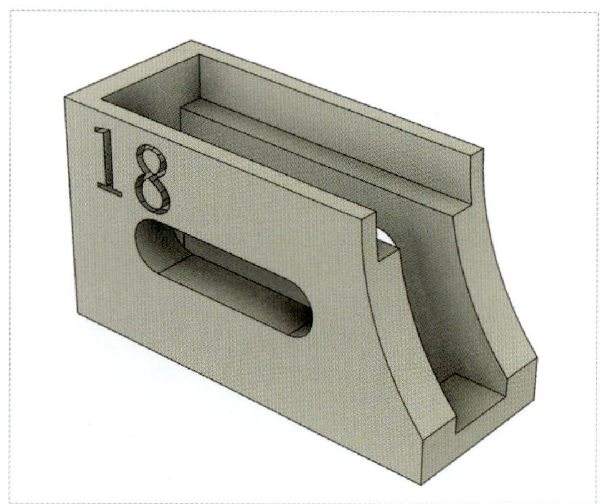

1번 부품의 완성 모습

4 2번 부품 3D모델링

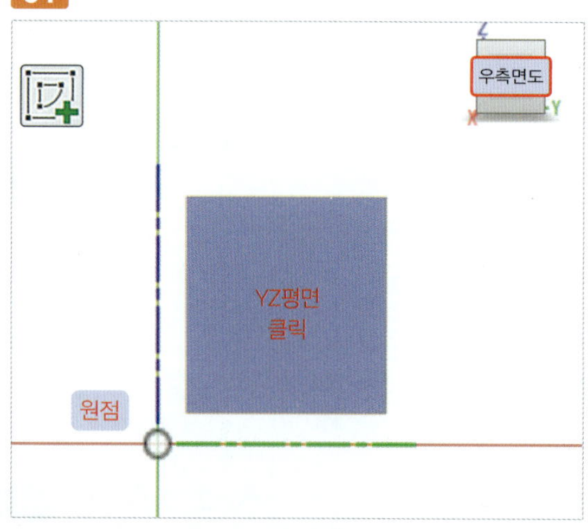

뷰 큐브의 우측면도라는 글자를 클릭하여 시점을 맞추고 스케치 작성 명령을 클릭한다.

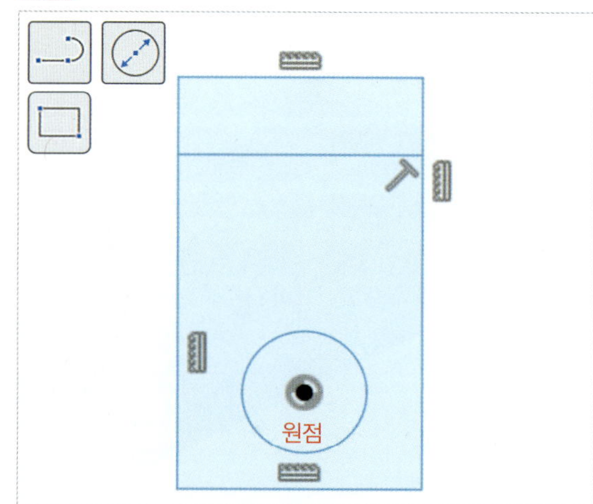

1번 부품의 우측면도를 대강 그린다.

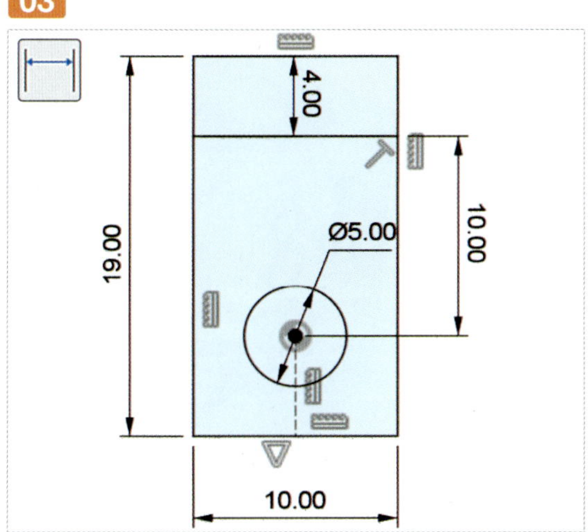

다음과 같이 치수를 적용한다.

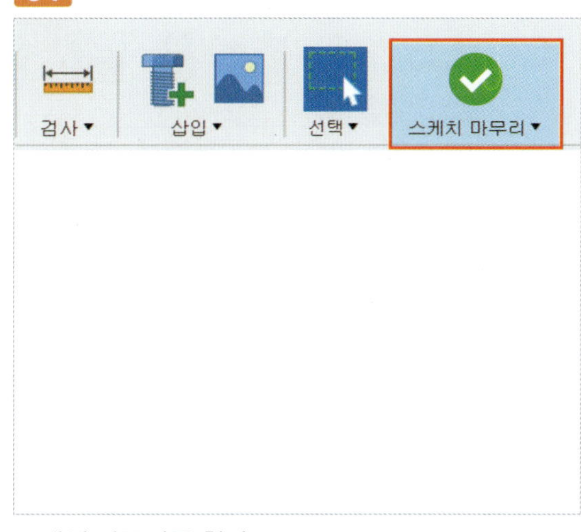

스케치 마무리를 한다.

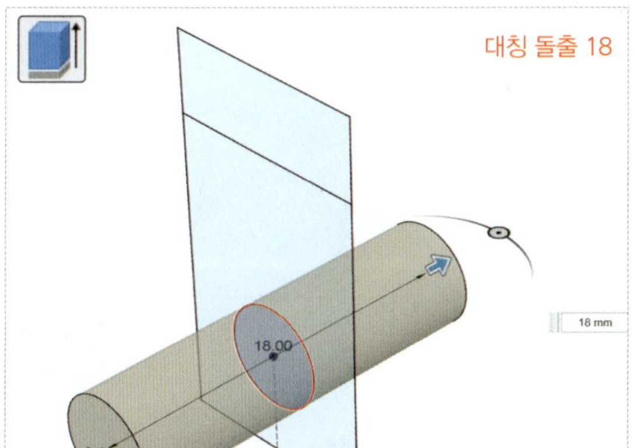

돌출을 다음과 같이 설정한다.

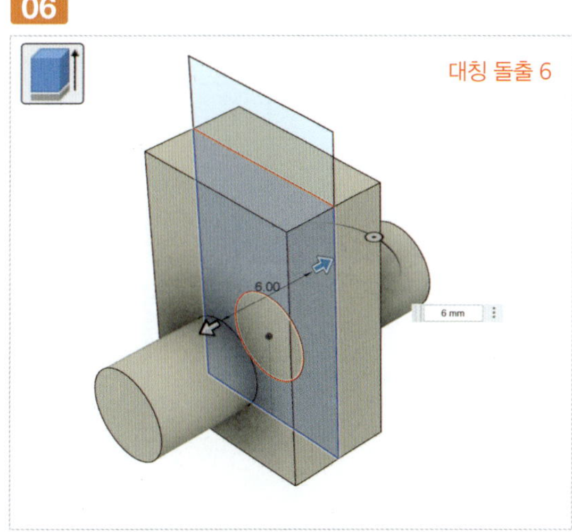

돌출을 다음과 같이 설정한다.

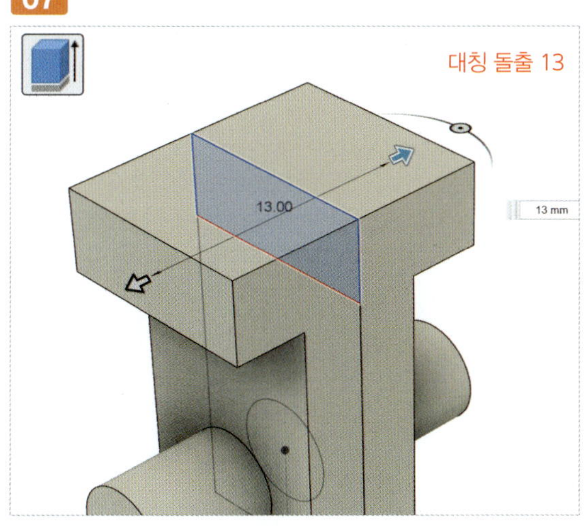

돌출을 다음과 같이 설정한다.

2번 부품의 완성 모습

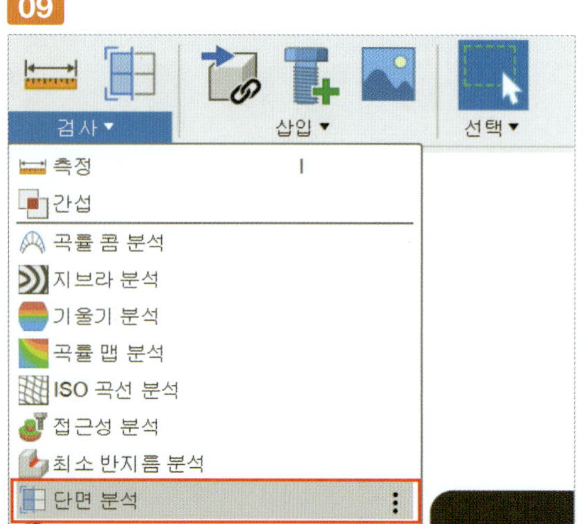

솔리드 〉검사 〉단면 분석을 클릭한다.

YZ면을 클릭한다.

공차가 적용된 것을 확인한다.

모델링을 완료하고 비번호로 저장한다.

공개 도면 19번

주서
1. 도시되고 지시없는 모떼기는 C2

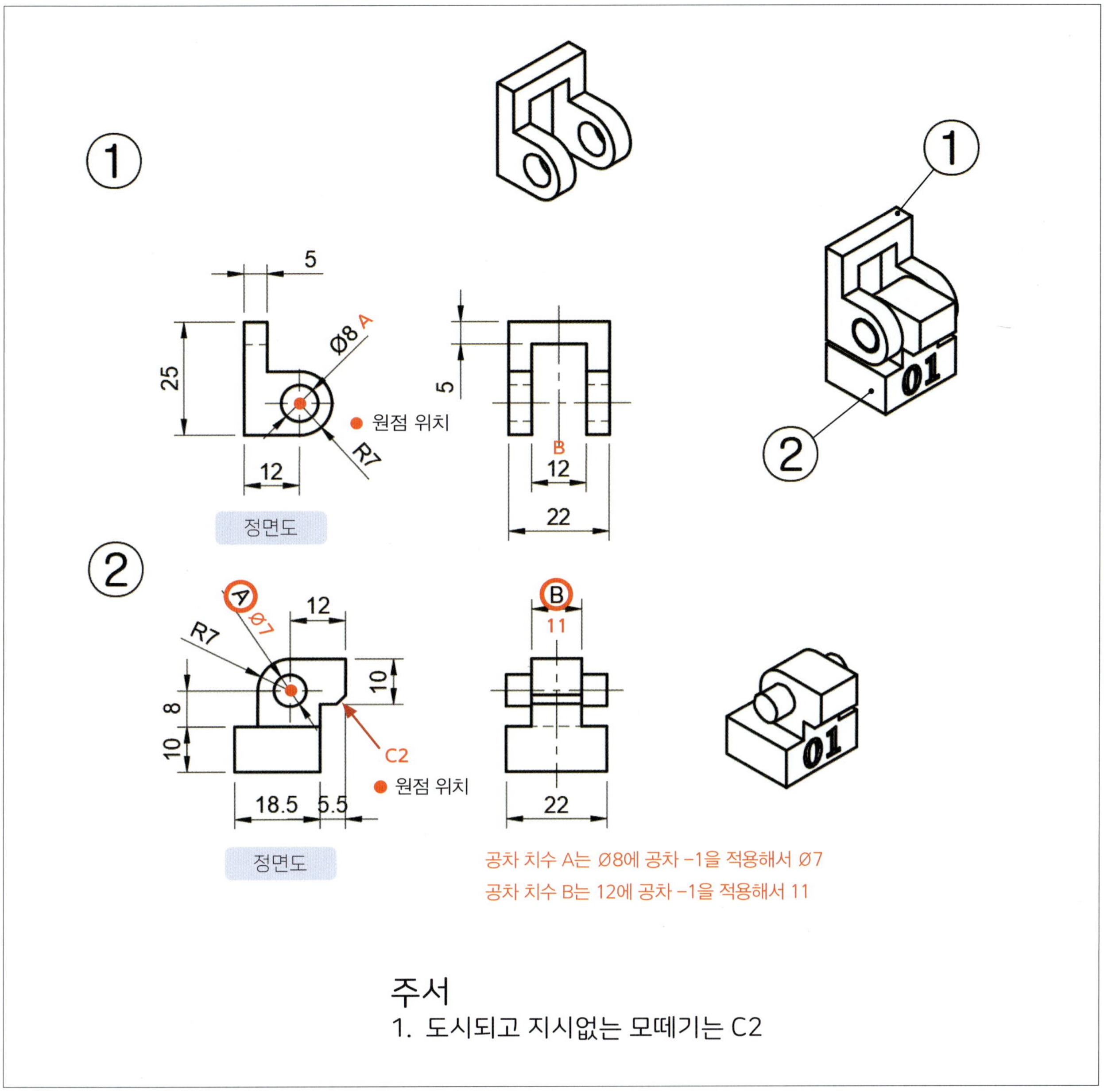

1 A, B에 공차 적용된 치수

① A는 1번 부품의 치수 Ø8에 공차 −1을 적용해서 Ø7로 작성한다.

② B는 1번 부품의 치수 12에 공차 −1을 적용해서 11로 작성한다.

2 도면 분석

① 1번, 2번 부품의 정면도에서 스케치를 시작한다.

② 공차를 미리 적용한 치수로 작성한다.

③ 회전 어셈블리 된 상태로 모델링하므로 별도의 조립은 하지 않는다.

01

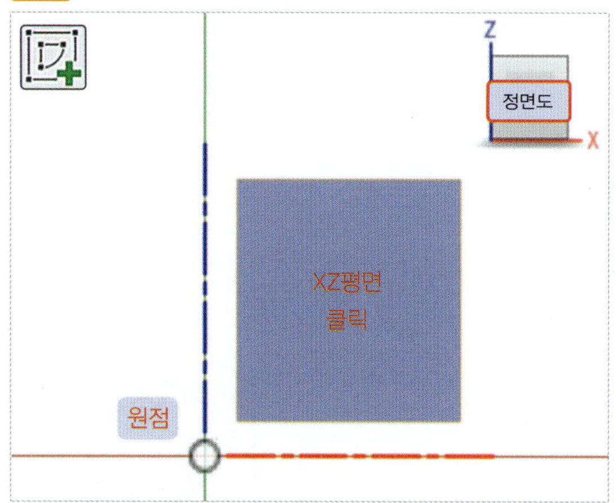

뷰 큐브의 정면도라는 글자를 클릭하여 시점을 맞추고 스케치 작성 명령을 클릭한다.

02

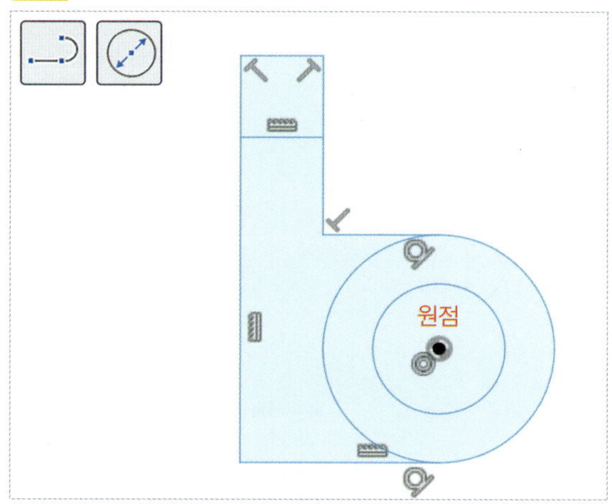

1번 부품의 정면도를 대강 그린다.

03

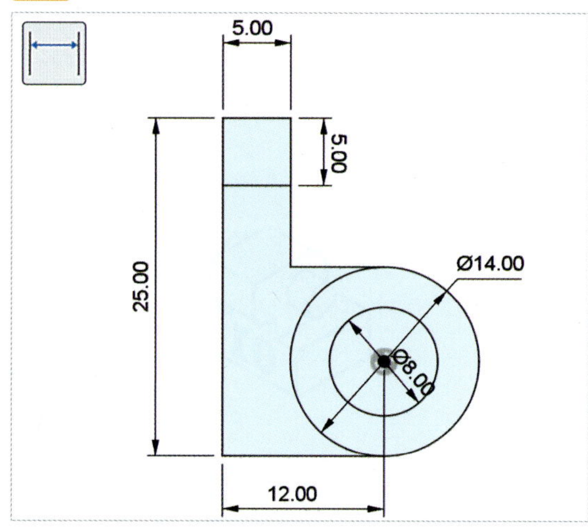

다음과 같이 치수를 적용한다.

04

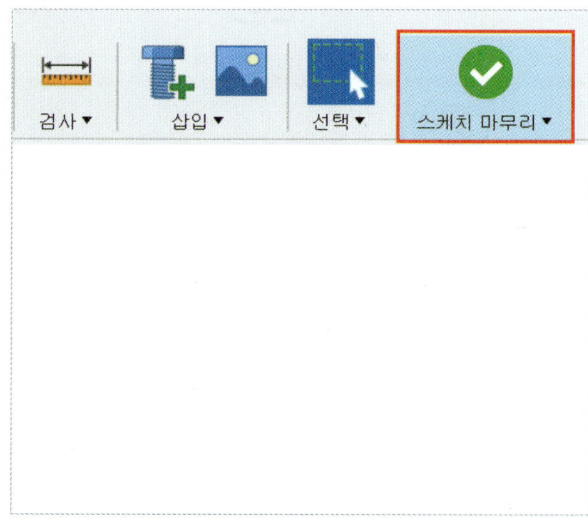

스케치 마무리를 한다.

05

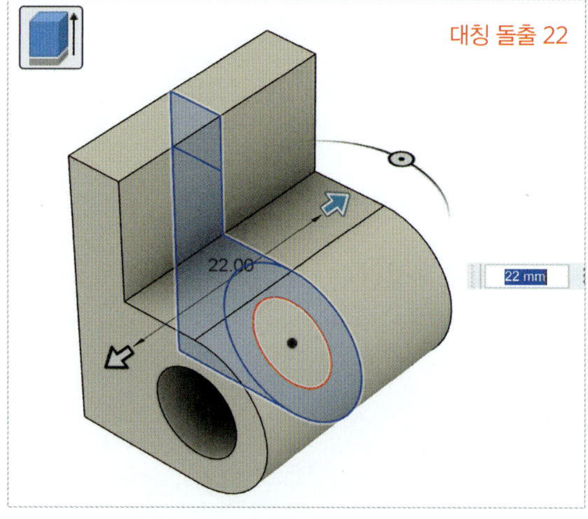

돌출을 다음과 같이 설정한다.

06

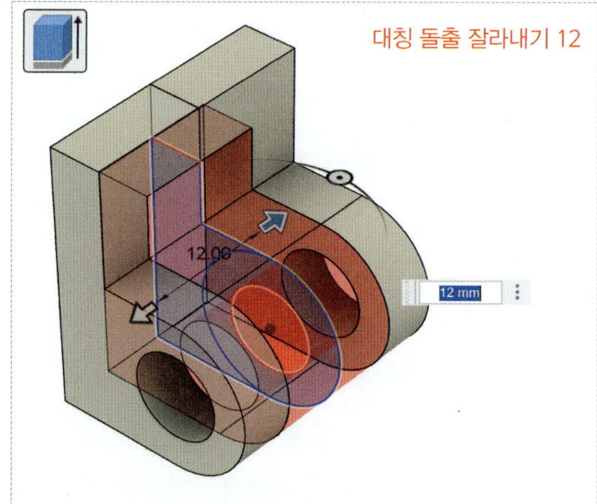

돌출을 다음과 같이 설정한다.

1번 부품의 완성 모습

4 2번 부품 3D모델링

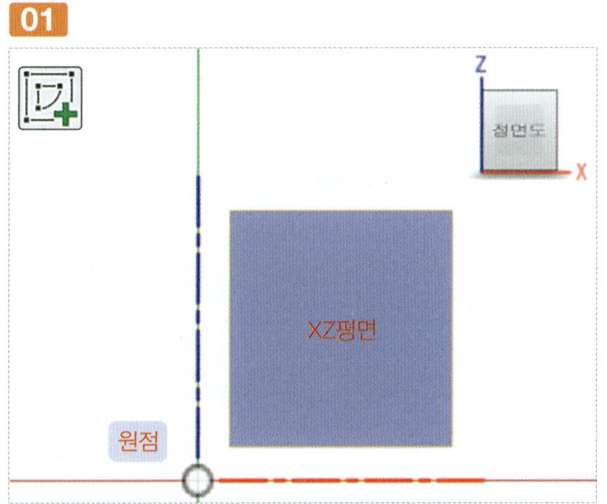

정면도로 시점을 맞추고 스케치를 시작한다.

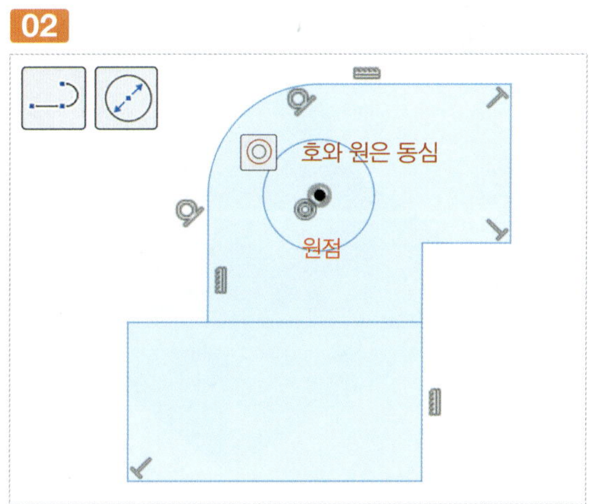

정면도를 그린다.

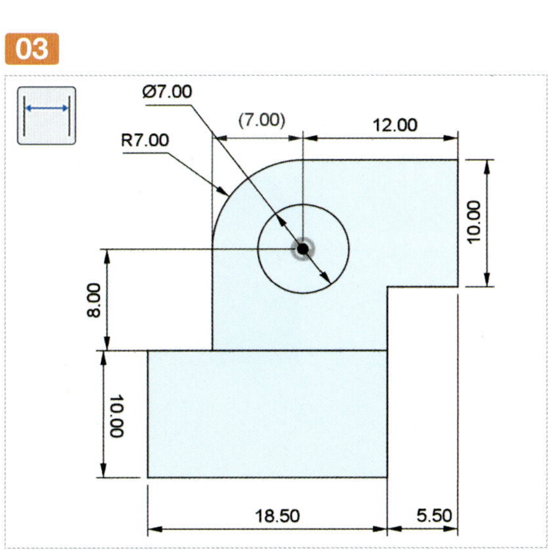

다음과 같이 치수를 입력한다.

스케치 마무리를 한다.

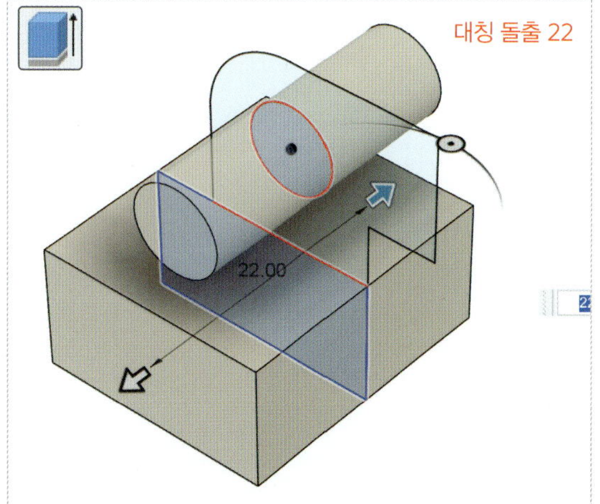

돌출을 다음과 같이 설정한다.

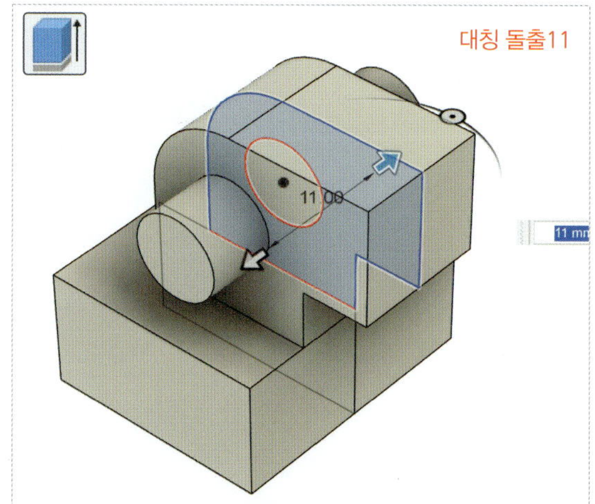

돌출을 다음과 같이 설정한다.

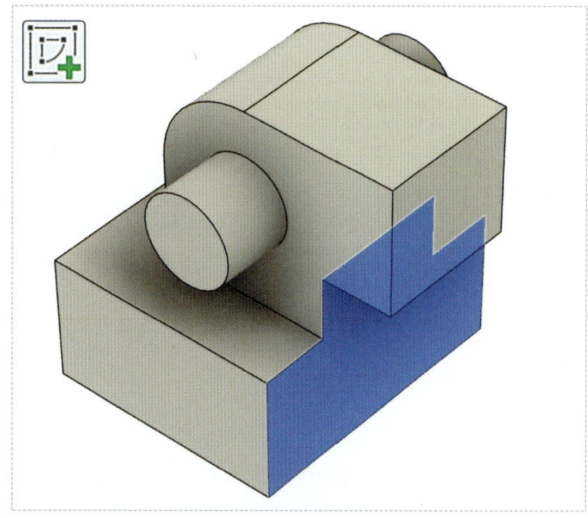

다음의 면을 선택하고 스케치 작성을 클릭한다.

비번호를 입력한다.

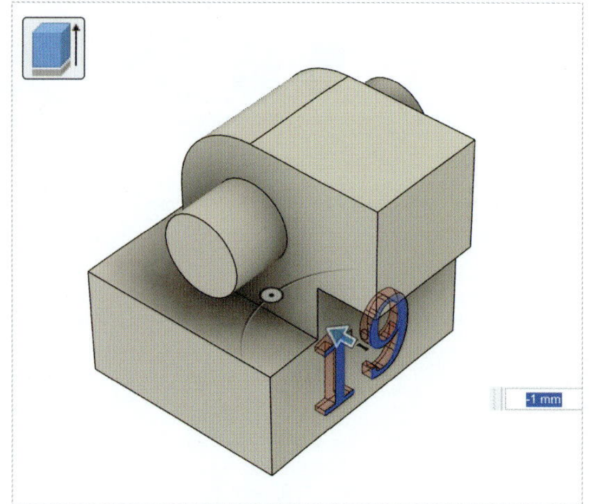

솔리드 〉 작성 〉 돌출 명령을 적용한다.

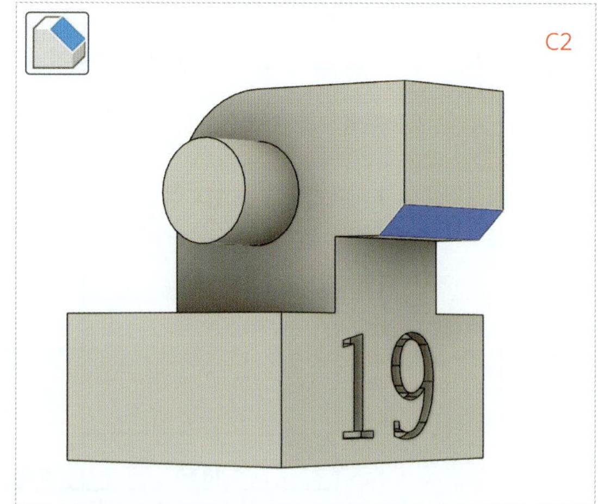

모서리에 챔퍼(모따기)를 적용한다.

2번 부품의 완성 모습

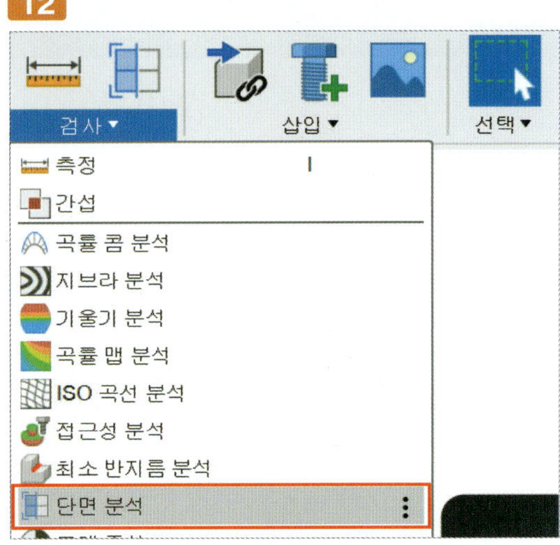

솔리드 〉검사 〉단면 분석을 클릭한다.

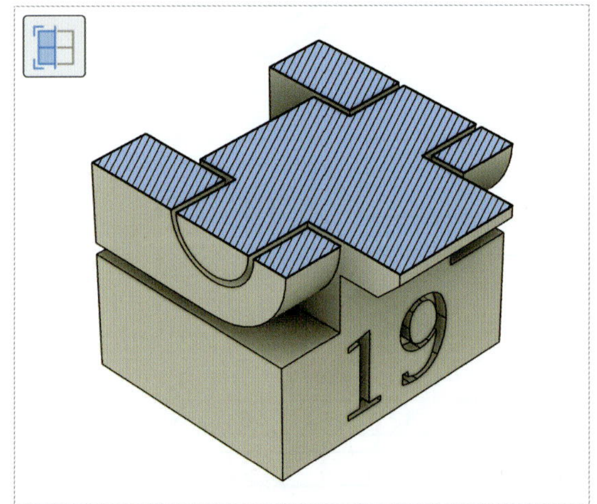

XY면을 클릭하여 공차를 확인한다.

모델링을 완료하고 비번호로 저장한다.

공개 도면 20번

도면 풀이 영상

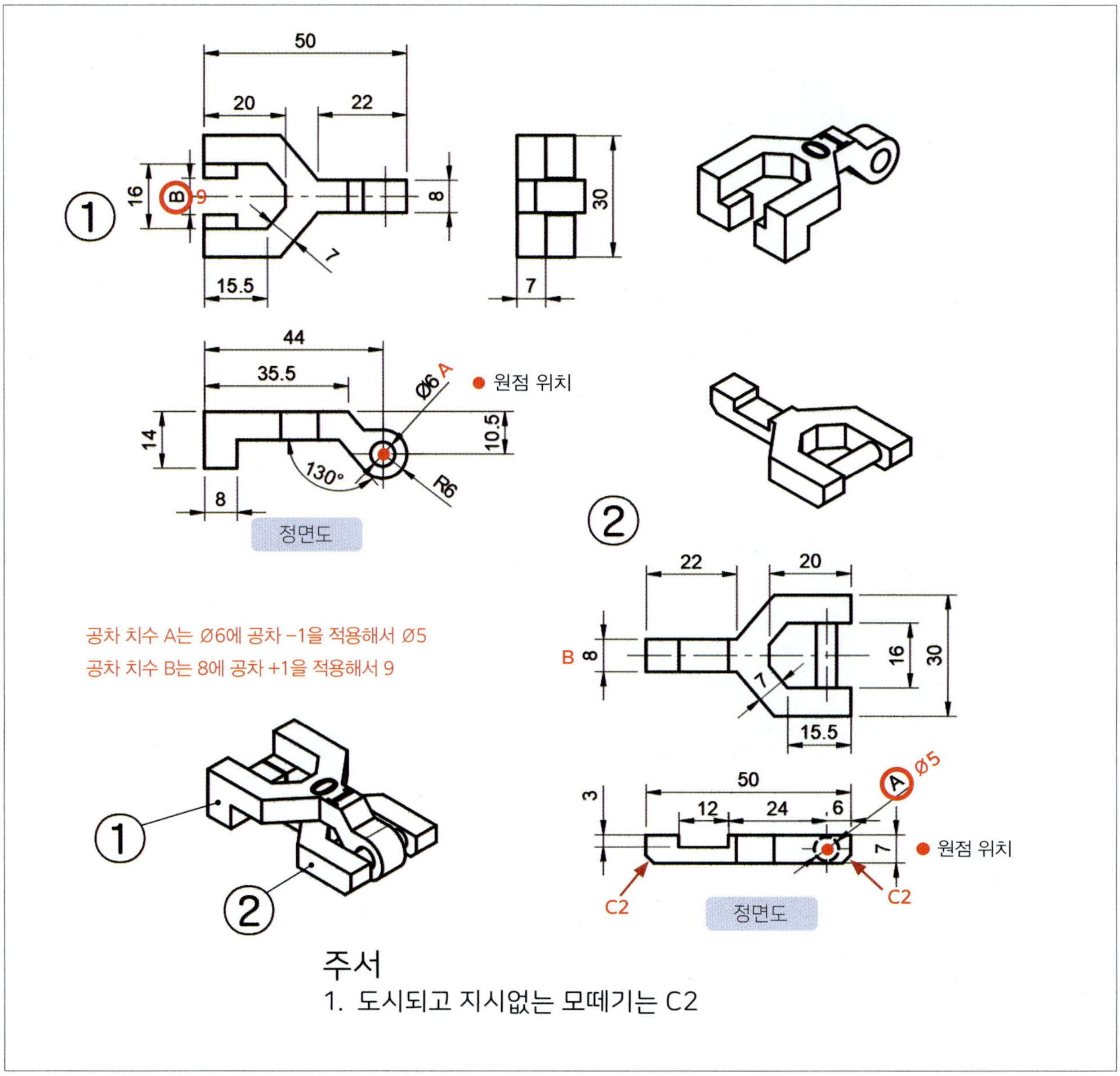

1 A, B에 공차 적용된 치수

① A는 1번 부품의 치수 Ø6에 공차 -1을 적용해서 Ø5로 작성한다.

② B는 1번 부품의 치수 8에 공차 +1을 적용해서 9로 작성한다.

2 도면 분석

① 1번, 2번 부품의 정면도에서 스케치를 시작한다.

② 공차를 미리 적용한 치수로 작성한다.

③ 1번 부품을 180° 회전하여 출력한다.

3 1번 부품 3D모델링

01

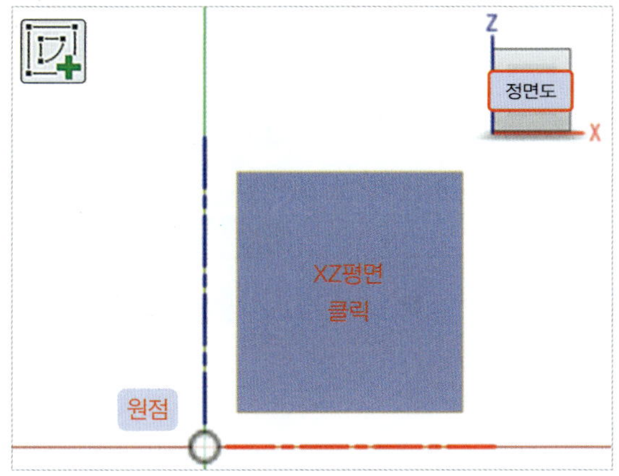

뷰 큐브의 정면도라는 글자를 클릭하여 시점을 맞추고 스케치 작성 명령을 클릭한다.

02

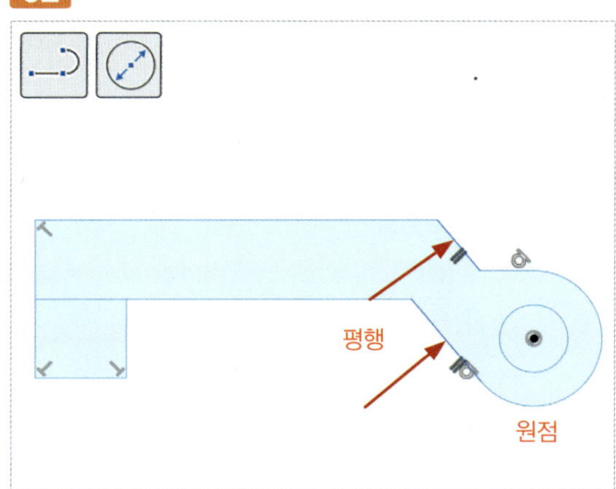

1번 부품의 정면도를 대강 그린다.

03

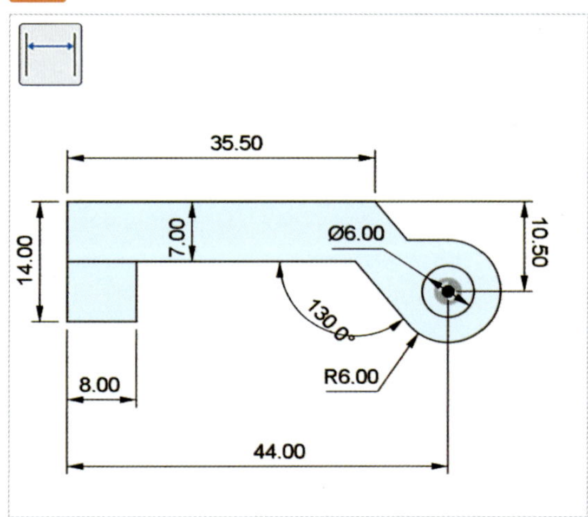

다음과 같이 치수를 적용한다.

04

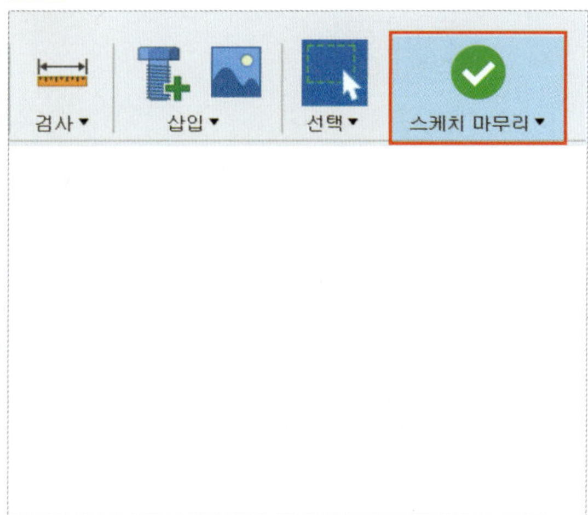

스케치 마무리를 한다.

05

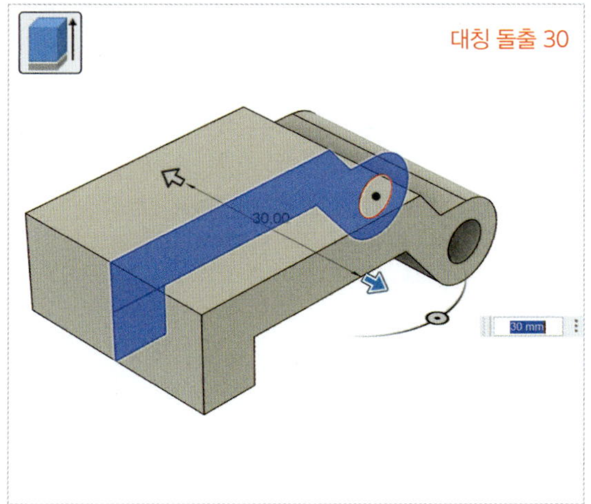

돌출을 다음과 같이 설정한다.

06

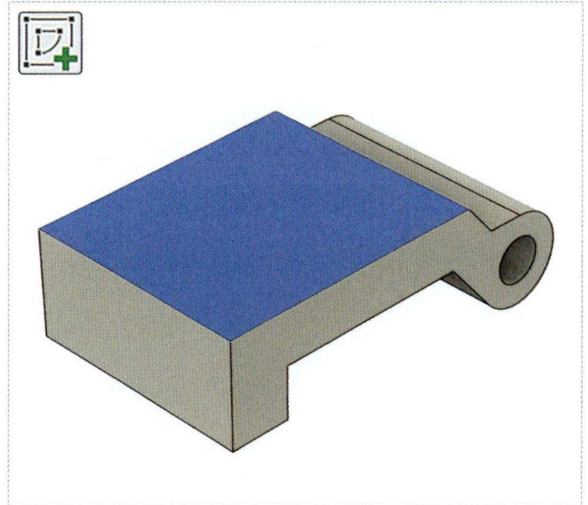

다음의 면을 선택하고 스케치 작성을 클릭한다.

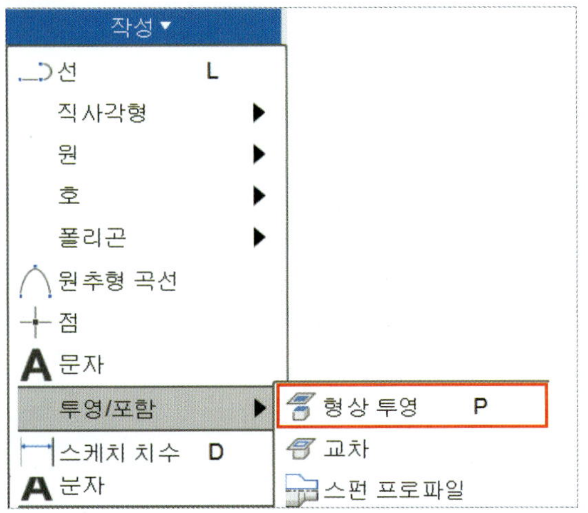

스케치 〉 작성 〉 투영/포함 〉 형상 투영을 클릭한다.

옵션 창을 다음과 같이 설정한다. 선택 필터는 본체
이다.

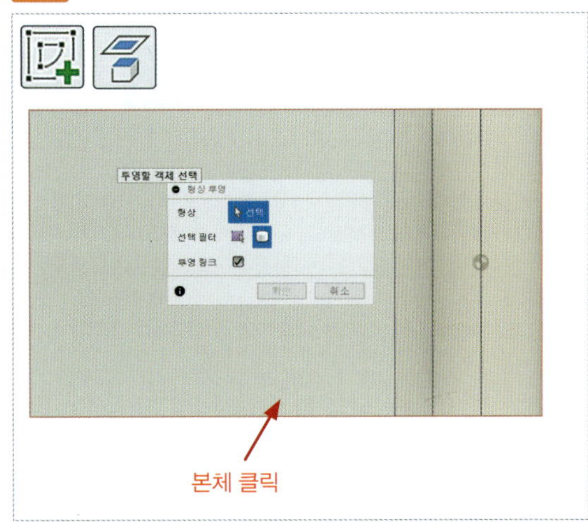

본체를 클릭하여 외곽선을 스케치로 가져온다.

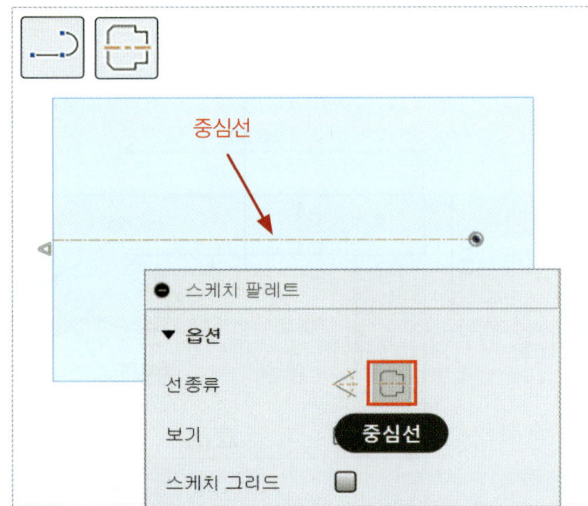

가운데에 선을 그리고 중심선 처리한다.

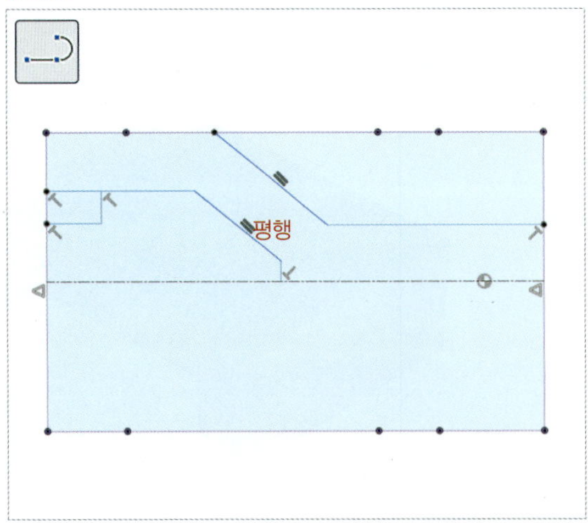

Y자 모양의 반을 그린다.

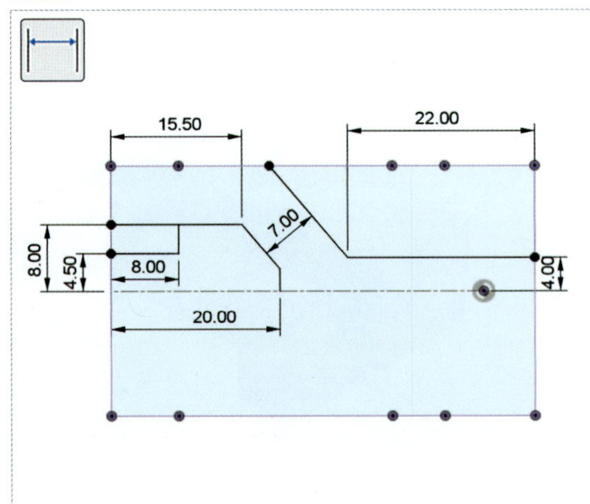

치수를 넣는다.

13

스케치 〉 작성 〉 미러를 클릭한다.

14

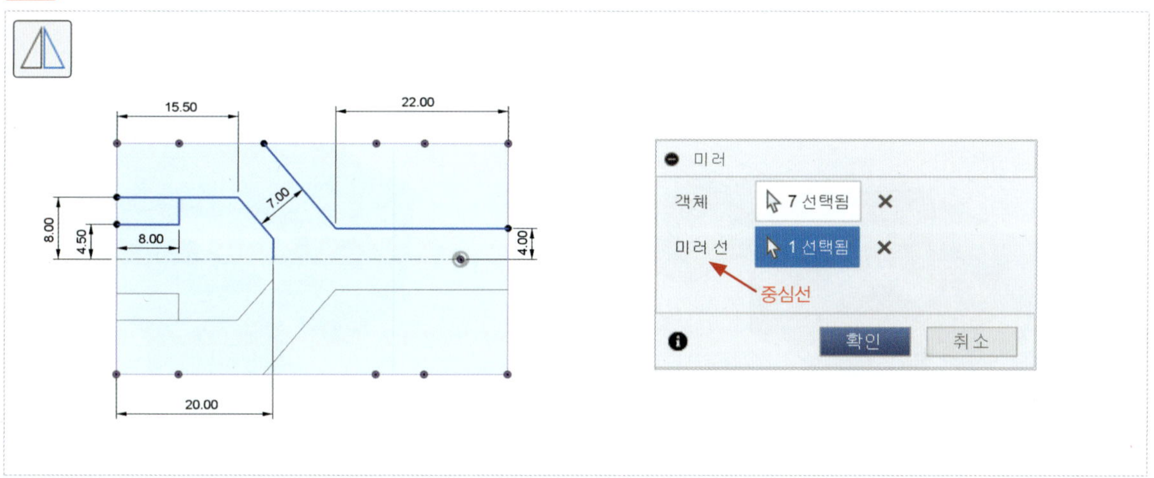

미러할 대상과 미러 선(중심선)을 클릭하고 확인을 누른다.

15

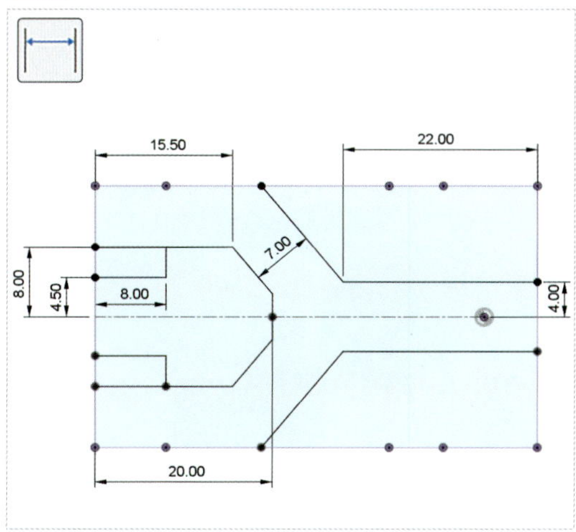

미러가 적용된 스케치 모습

16

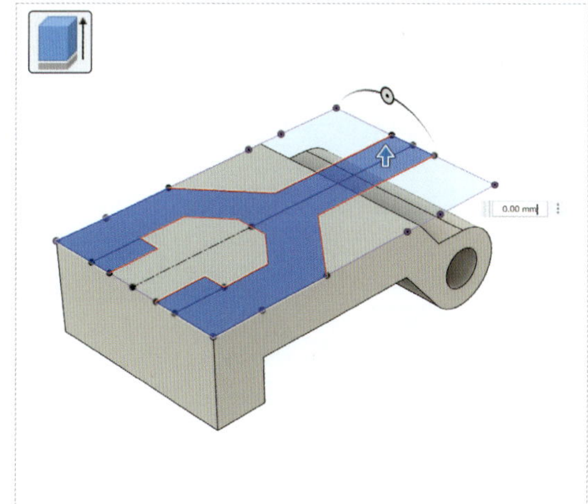

돌출을 위해 다음의 스케치를 선택한다.

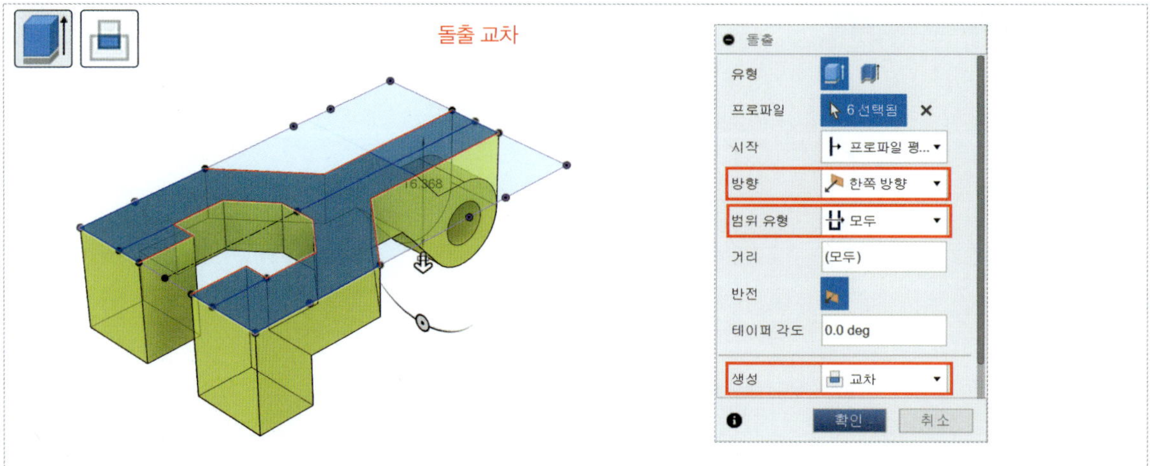

돌출을 다음과 같이 교차로 설정한다.

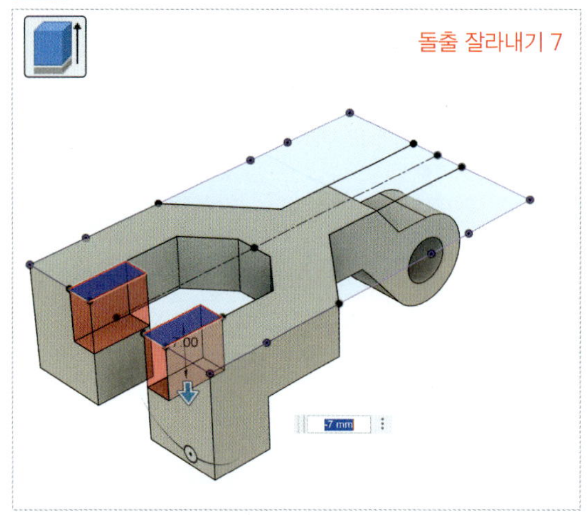

돌출을 다음과 같이 설정한다.

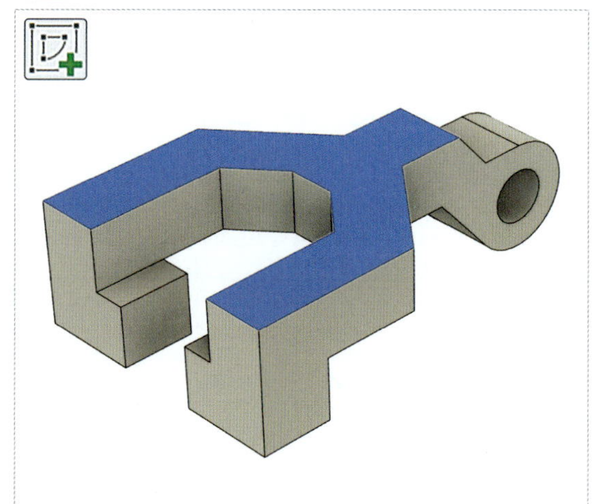

다음의 면을 선택하고 스케치 작성을 클릭한다.

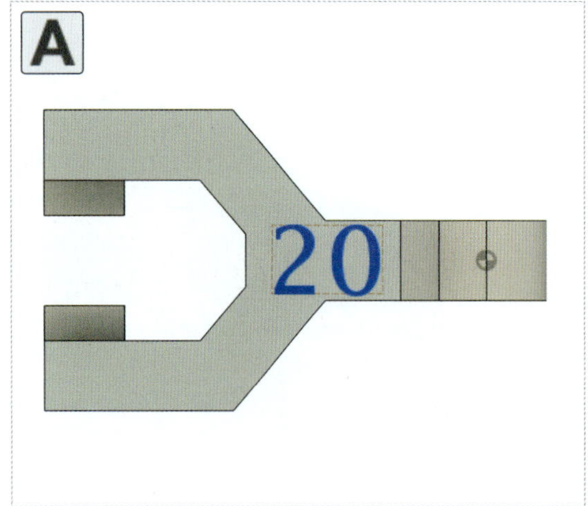

다음과 같이 비번호를 스케치한다.

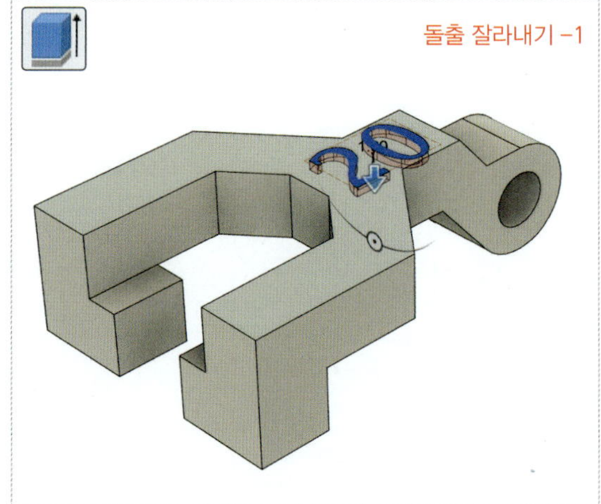

돌출을 적용한다.

1번 부품의 완성 모습

4 2번 부품 3D모델링

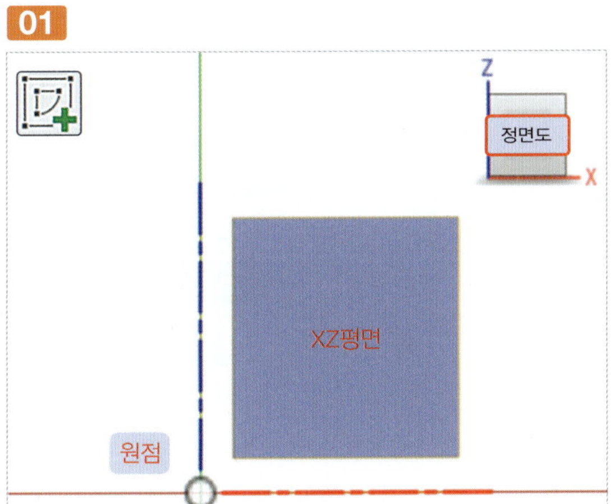

정면도로 시점을 맞추고 스케치를 시작한다.

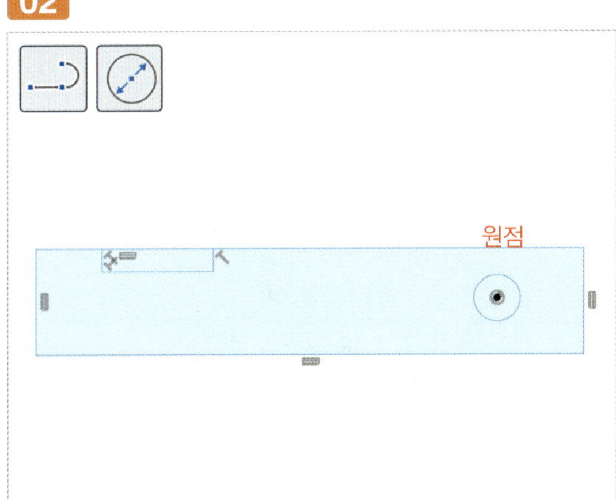

정면도를 그린다.

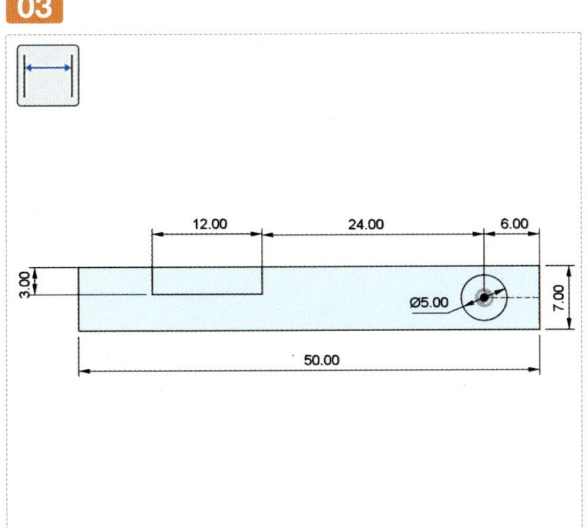

다음과 같이 치수를 적용한다.

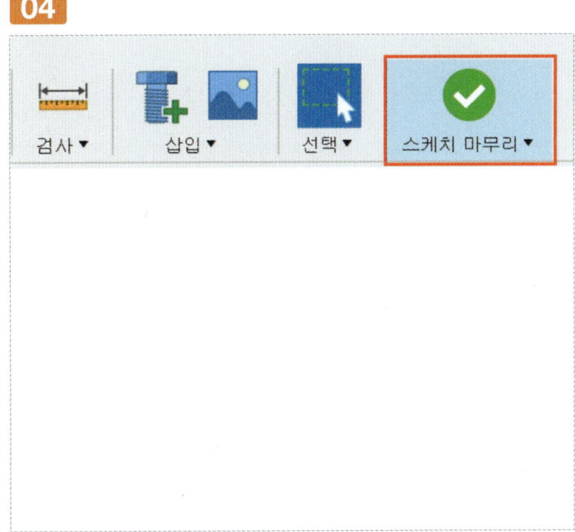

스케치 마무리를 한다.

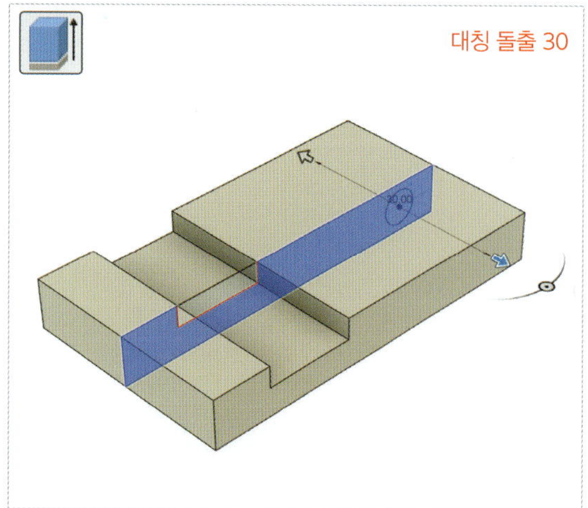

돌출을 다음과 같이 설정한다.

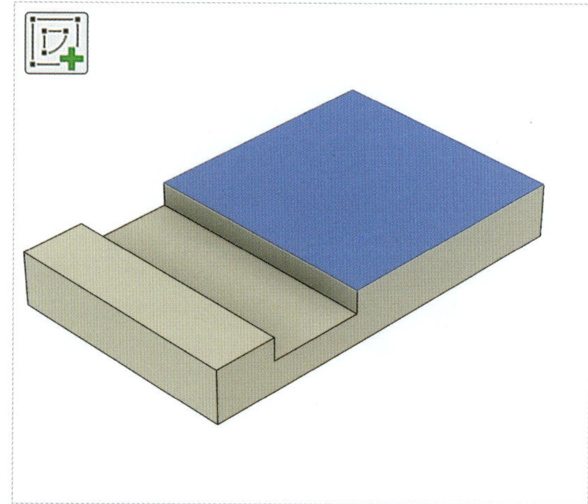

다음의 면을 선택하고 스케치 작성을 클릭한다.

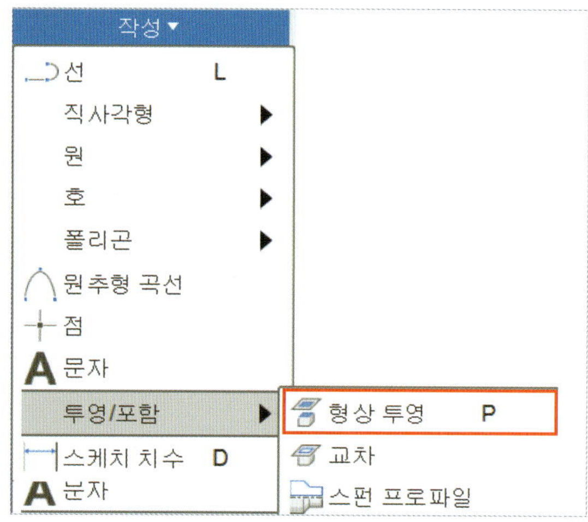

스케치 〉 작성 〉 투영/포함 〉 형상 투영을 클릭한다.

옵션 창을 다음과 같이 설정한다. 선택 필터는 본체이다.

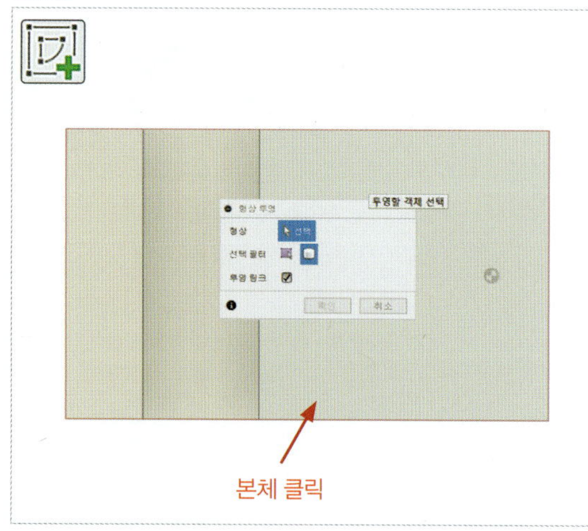

본체를 클릭하여 외곽선을 스케치로 가져온다.

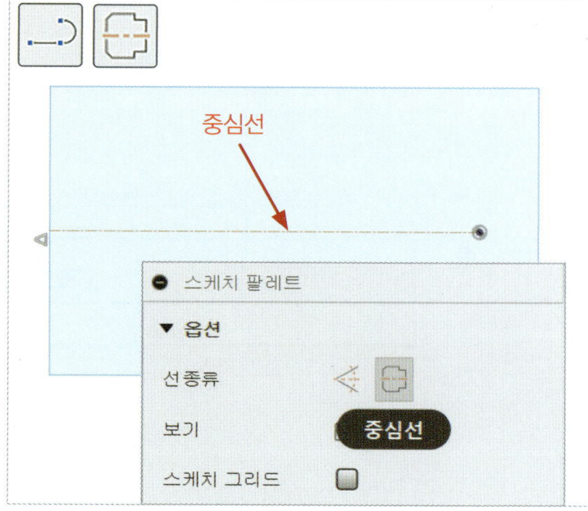

가운데에 선을 그리고 중심선 처리한다.

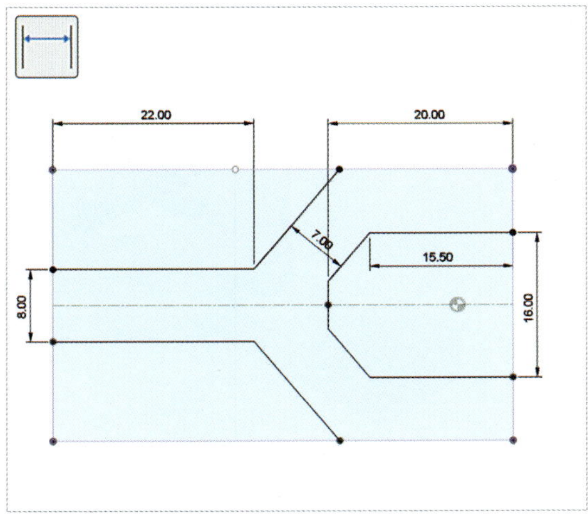

1번 부품과 마찬가지로 미러 기능을 이용하여 스케
치를 한다.

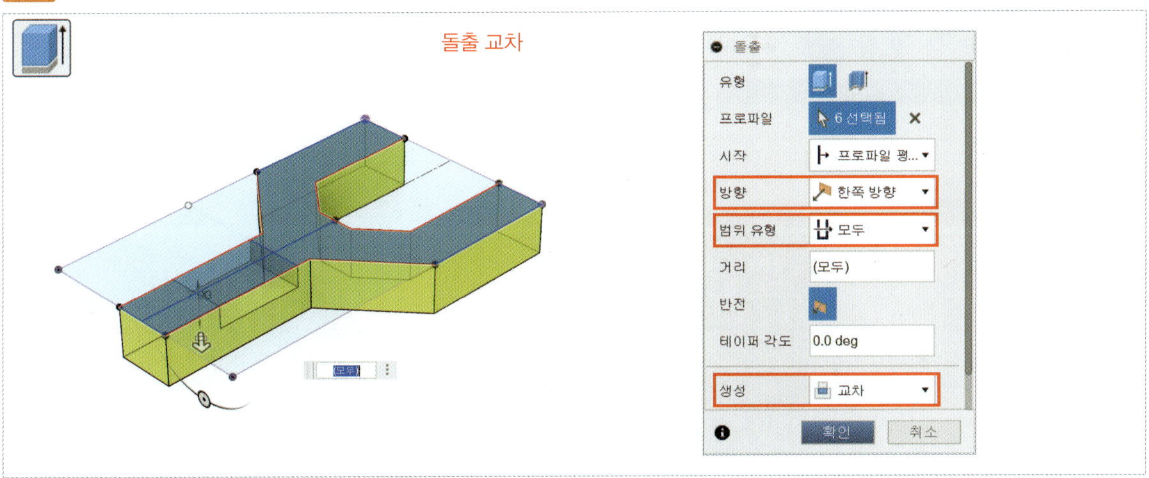

12

다음의 프로파일을 선택하고 교차로 돌출한다.

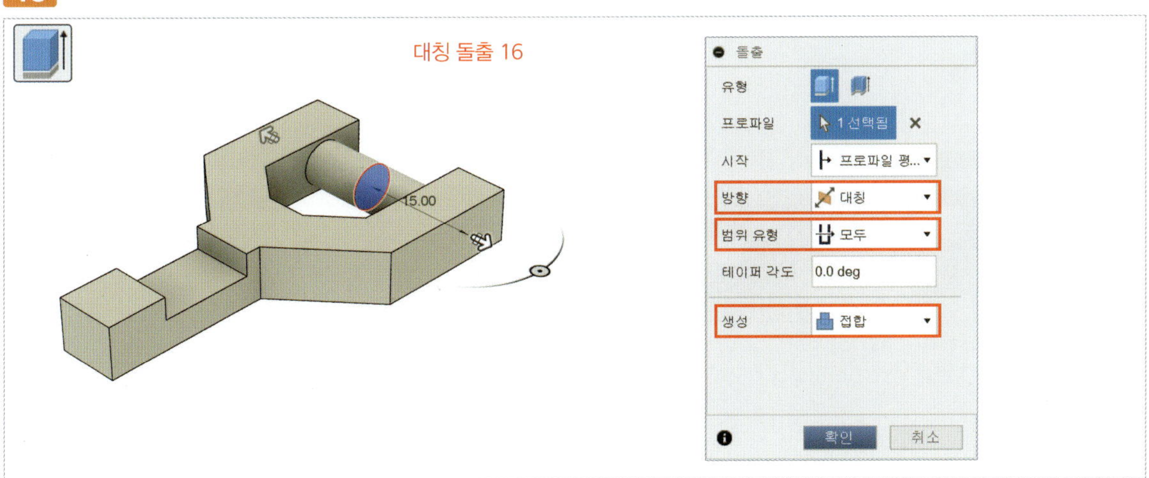

돌출을 다음과 같이 설정한다.

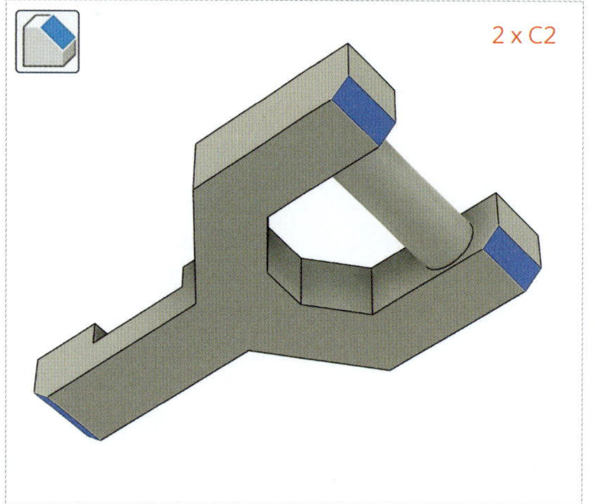

모서리를 모따기 한다.

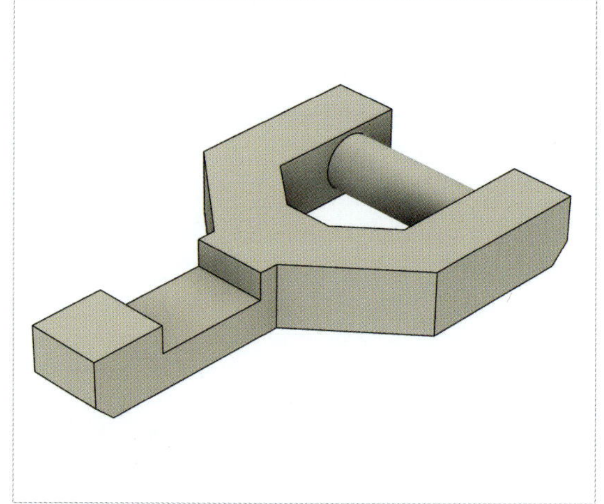

2번 부품의 완성 모습

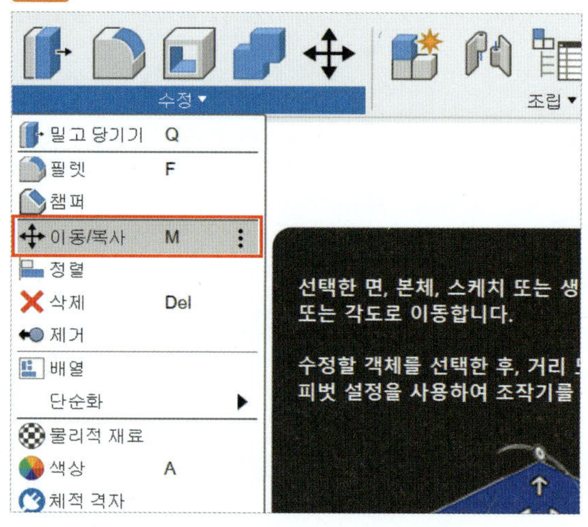

솔리드 〉 수정 〉 이동/복사 명령을 클릭한다.

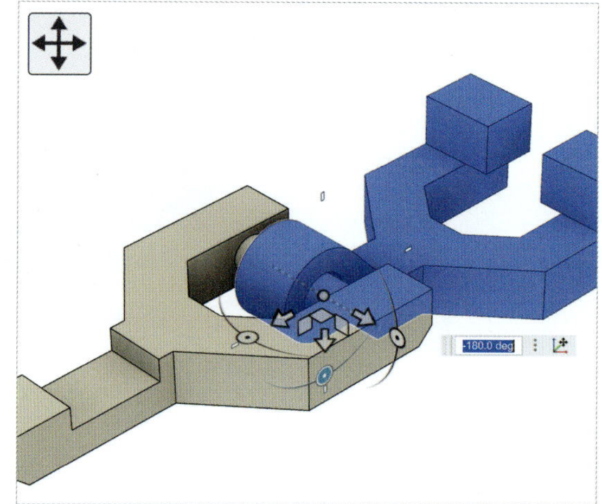

출력을 위해 180˚ 회전한다.

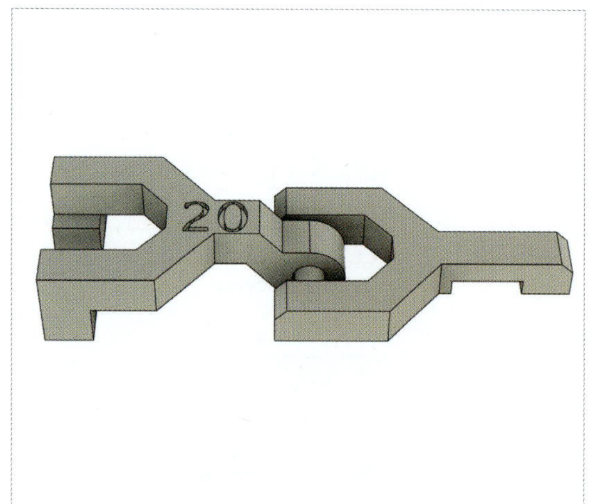

모델링을 완료하고 비번호로 저장한다.

공개 도면 21번

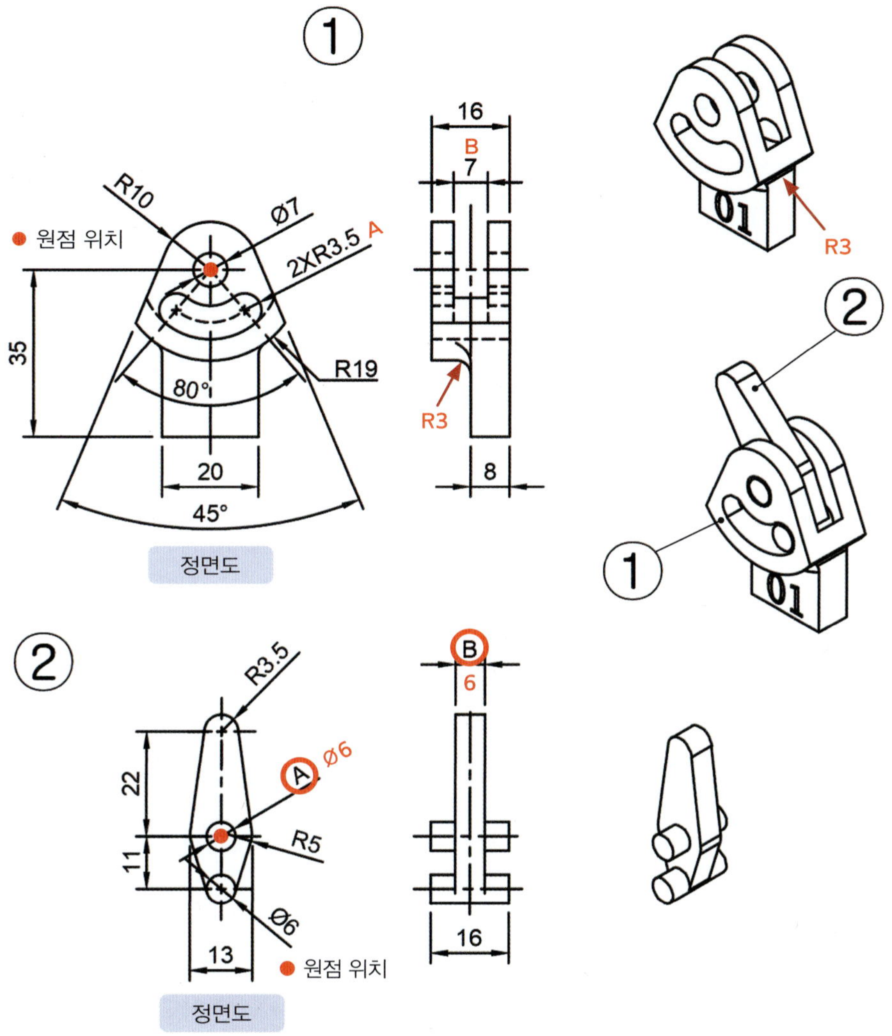

주서
1. 도시되고 지시없는 라운드는 R3

공차 치수 A는 Ø7에 공차 −1을 적용해서 Ø6
공차 치수 B는 7에 공차 −1을 적용해서 6

1 A, B에 공차 적용된 치수

① A는 1번 부품의 치수 Ø7에 공차 −1을 적용해서 Ø6으로 작성한다.

② B는 1번 부품의 치수 7에 공차 −1을 적용해서 6으로 작성한다.

2 도면 분석

① 1번, 2번 부품의 정면도에서 스케치를 시작한다.

② 공차를 미리 적용한 치수로 작성한다.

3 1번 부품 3D모델링

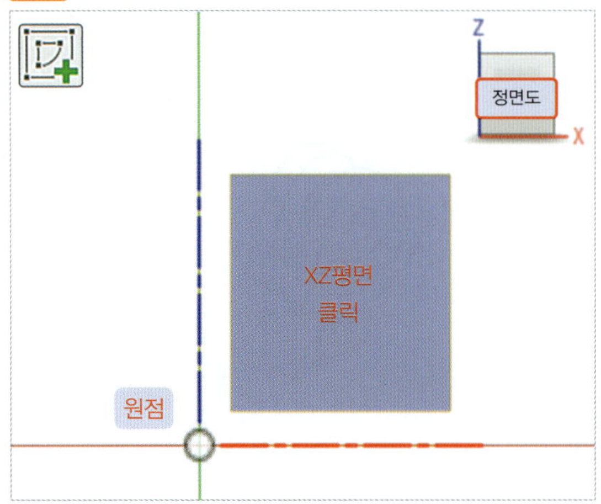

뷰 큐브의 정면도라는 글자를 클릭하여 시점을 맞추고 스케치 작성 명령을 클릭한다.

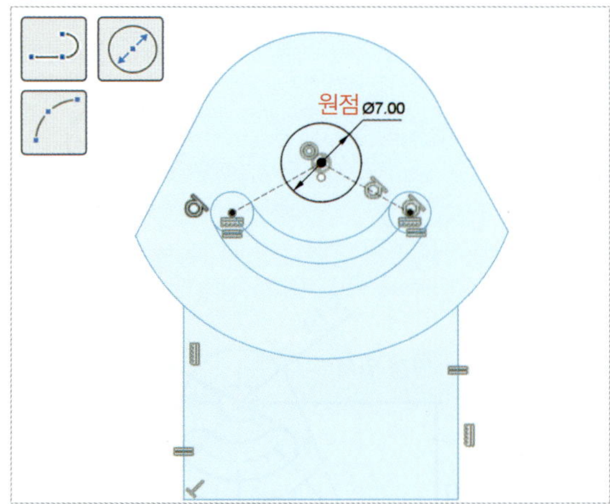

1번 부품의 정면도를 대강 그린다.

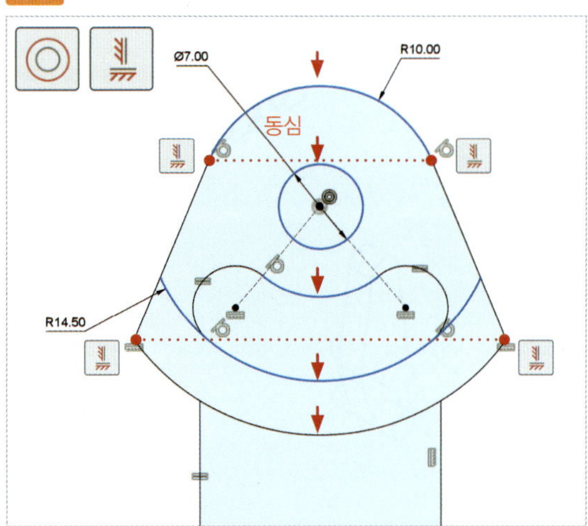

호와 원은 모두 동심 구속이다. 호의 양쪽 끝점을 수평 구속하면 대칭으로 그려진다.

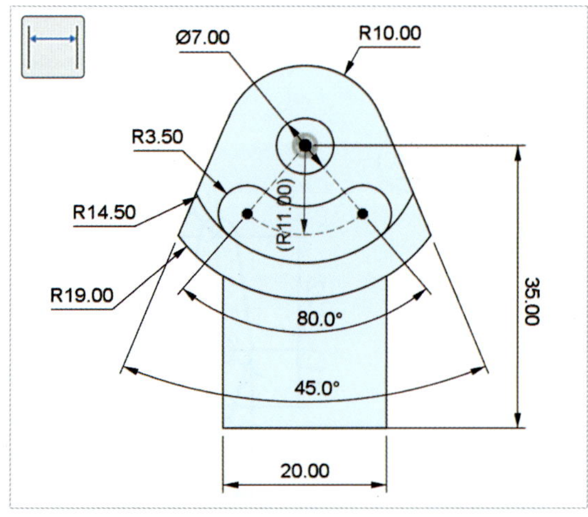

다음과 같이 치수를 적용한다.

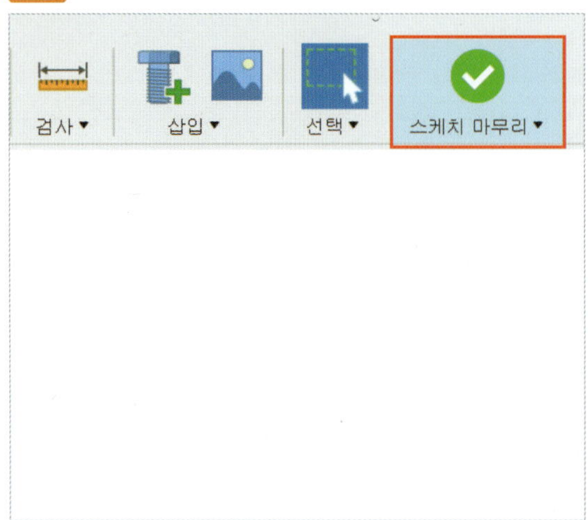

스케치 마무리를 한다.

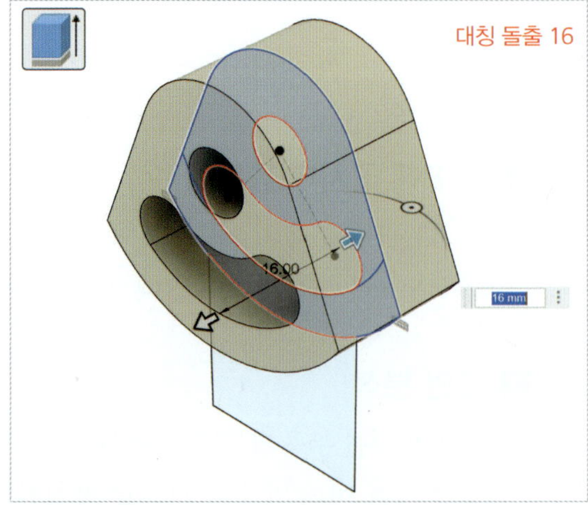

돌출을 다음과 같이 대칭 설정한다.

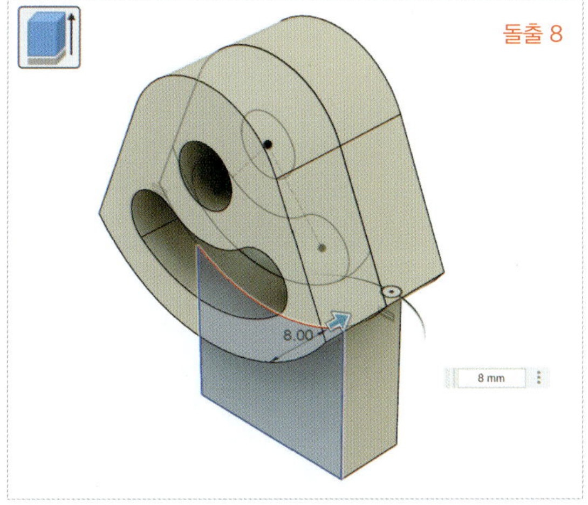

돌출을 한쪽으로 실행한다.

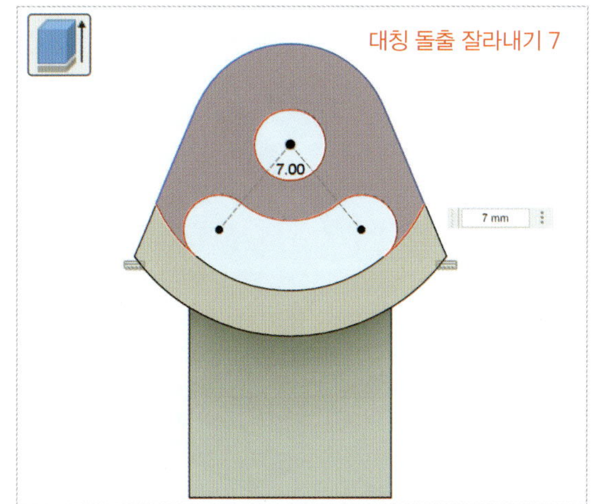

잘라내기 돌출을 위해 다음의 프로파일을 선택한다.

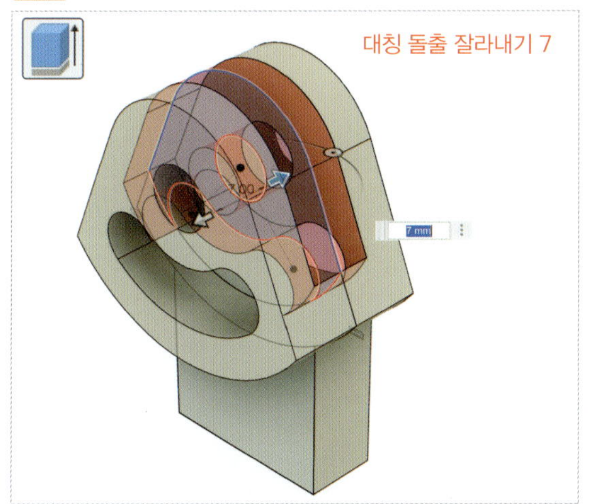

돌출을 대칭으로 실행한다.

주서의 필렛 R3을 세 모서리에 실행한다.

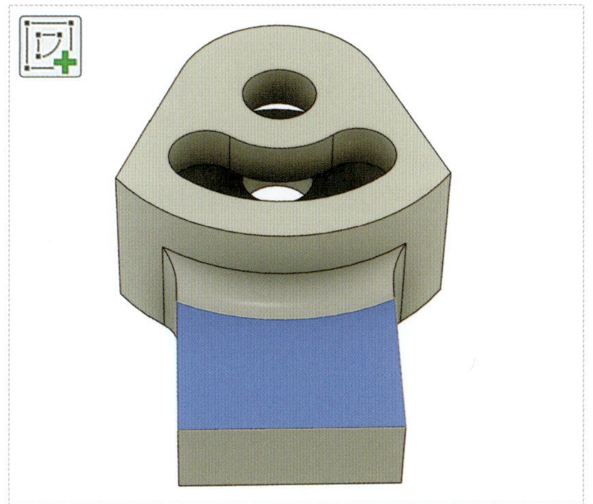

다음의 면을 선택하고 스케치 작성을 클릭한다.

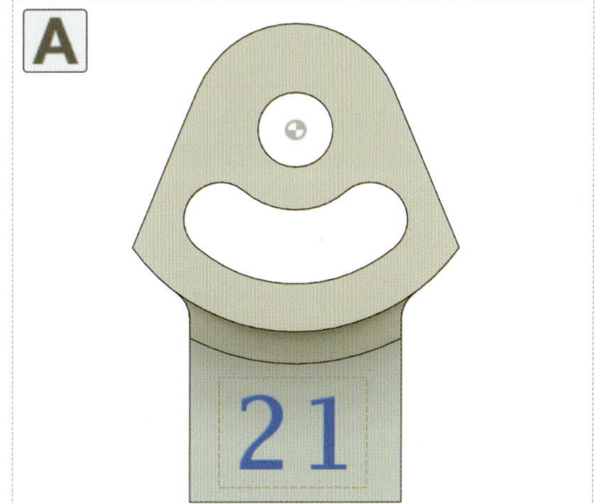

다음과 같이 비번호를 스케치한다.

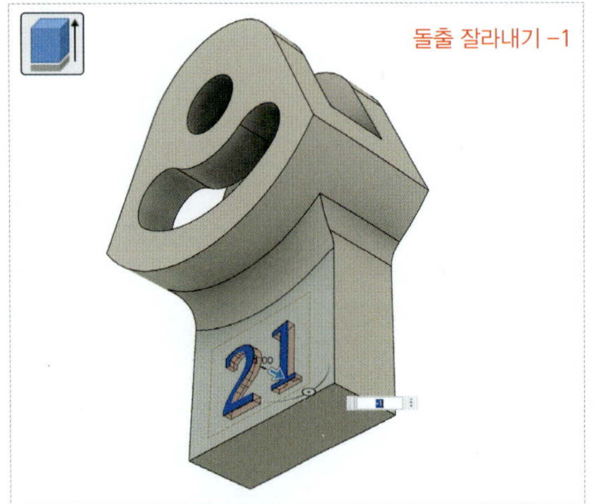

잘라내기 돌출로 음각으로 비번호를 작성한다.

1번 부품의 완성 모습

4 2번 부품 3D모델링

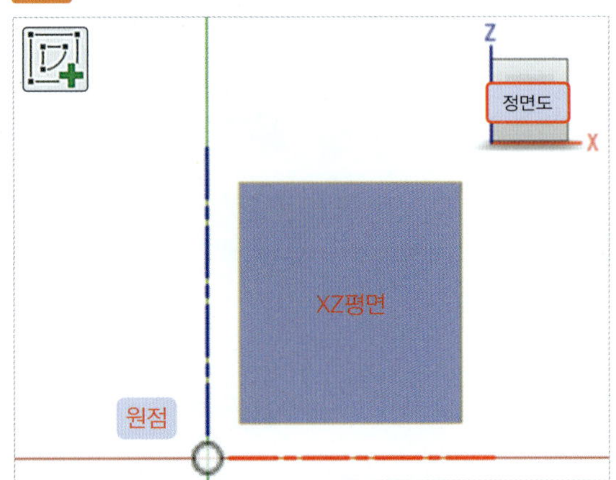

정면도로 시점을 맞추고 스케치를 시작한다.

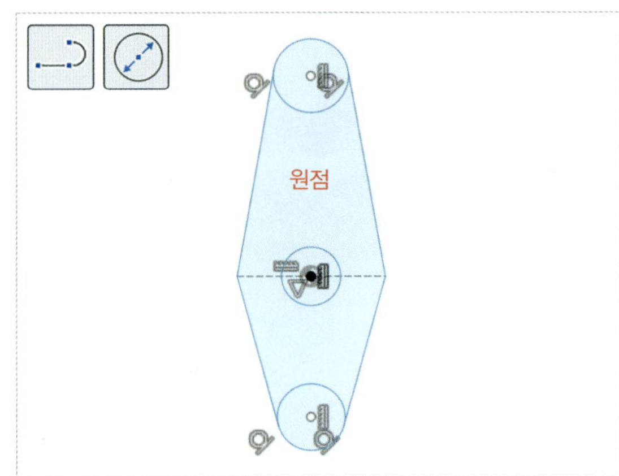

정면도를 그린다.

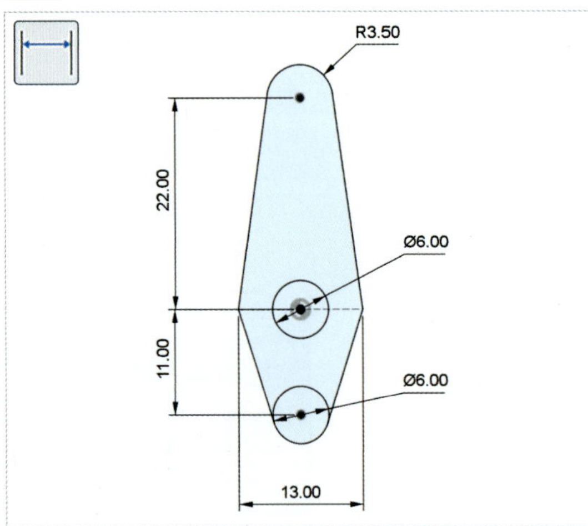

다음과 같이 치수를 입력한다.

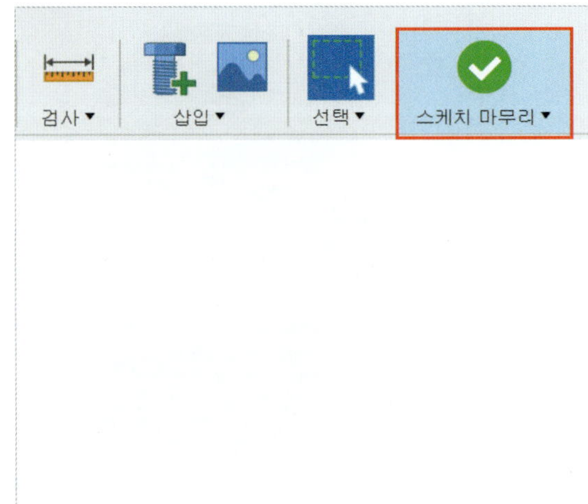

스케치 마무리를 한다.

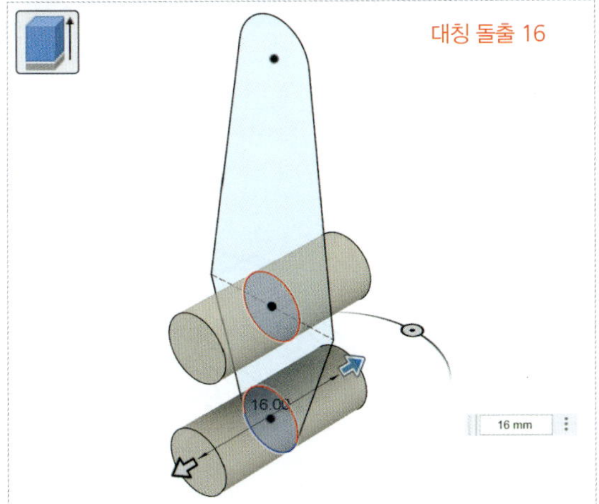

스케치에 16mm 대칭 돌출을 한다.

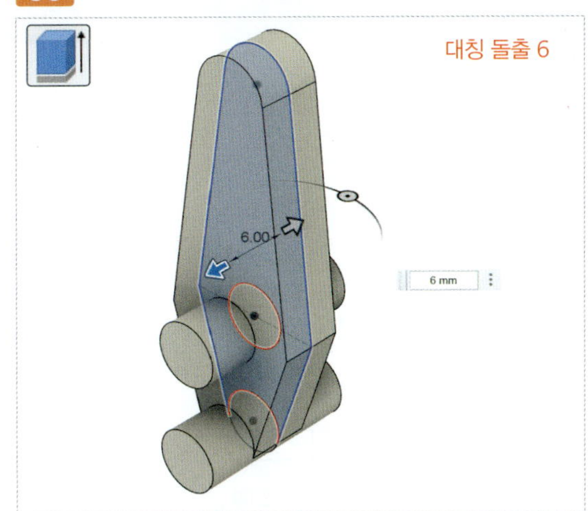

돌출을 다음과 같이 설정한다.

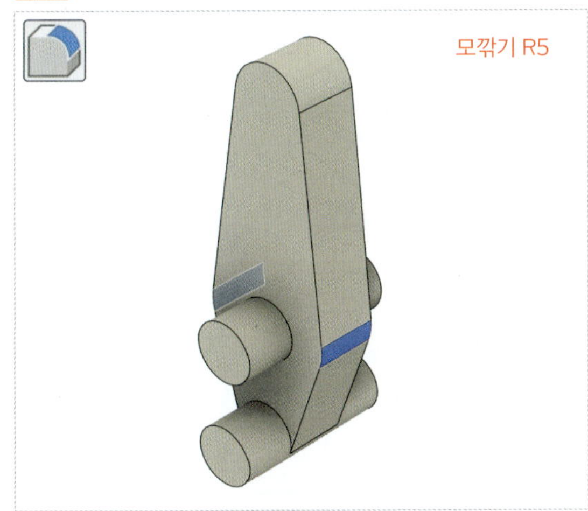

필렛을 다음과 같이 설정한다.

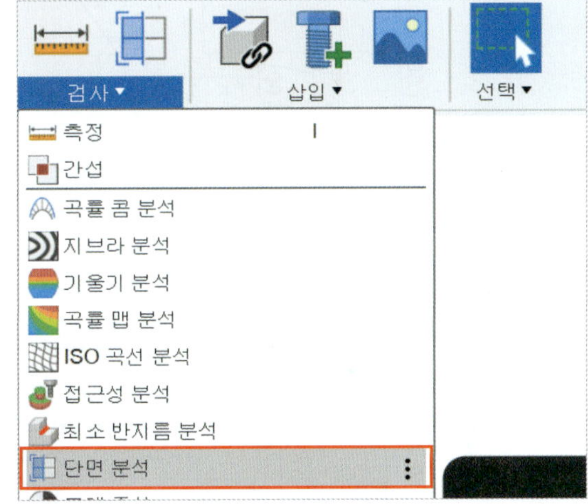

솔리드 〉검사 〉단면 분석을 클릭한다.

YZ면을 클릭하여 공차를 확인한다.

모델링을 완료하고 비번호로 저장한다.

공차 치수 A는 30에 공차 +1을 적용해서 31
공차 치수 B는 Ø5에 공차 −1을 적용해서 Ø4

주서
1. 도시되고 지시없는 모깎기는 1

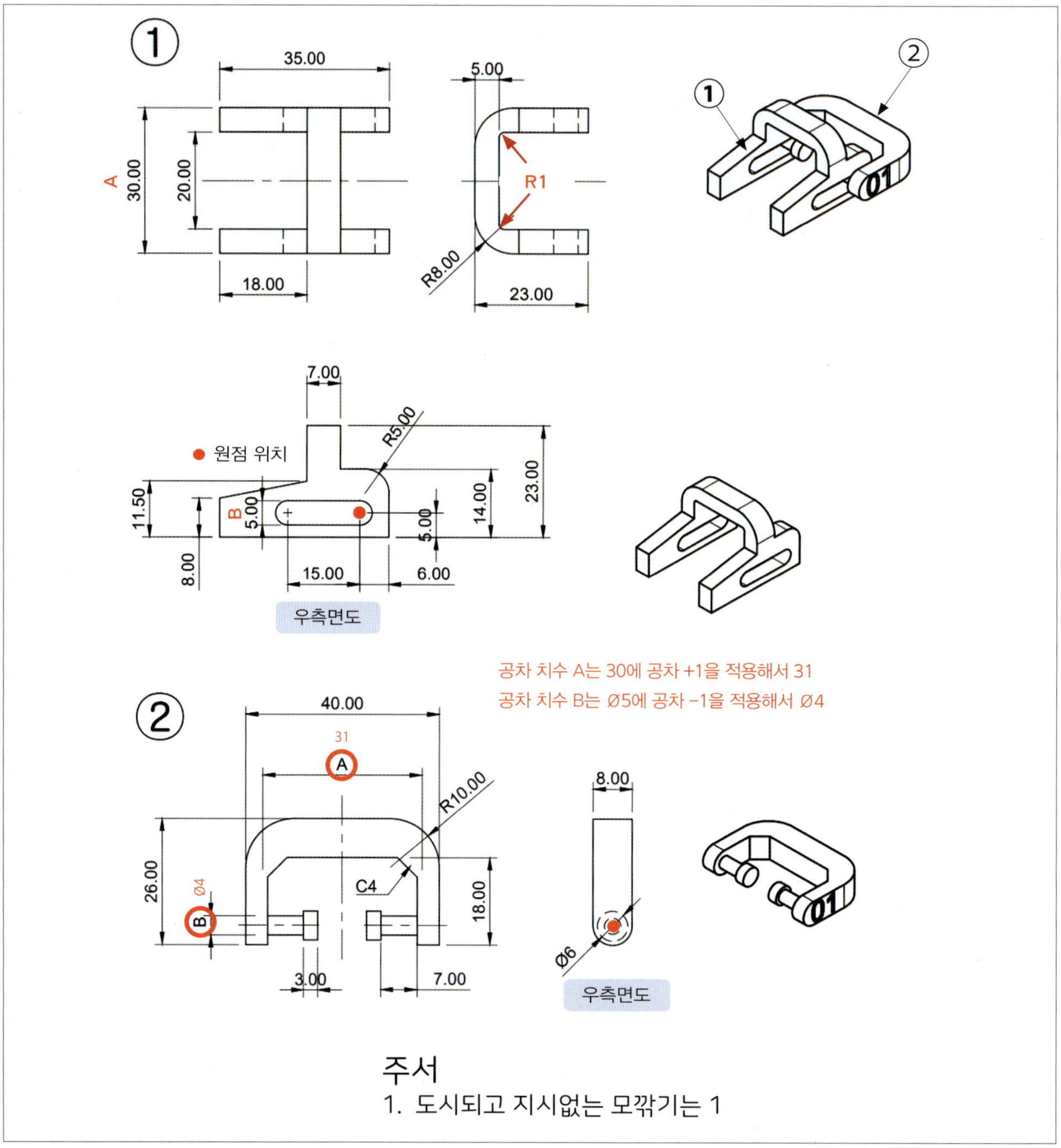

1 A, B에 공차 적용된 치수

① 공차 치수 A는 30에 공차 +1을 적용해서 31로 작성한다.

② 공차 치수 B는 Ø5에 공차 −1을 적용해서 Ø4로 작성한다.

2 도면 분석

① 1번, 2번 부품의 정면도에서 스케치를 시작한다.

② 공차를 미리 적용한 치수로 작성한다.

3 1번 부품 3D모델링

01

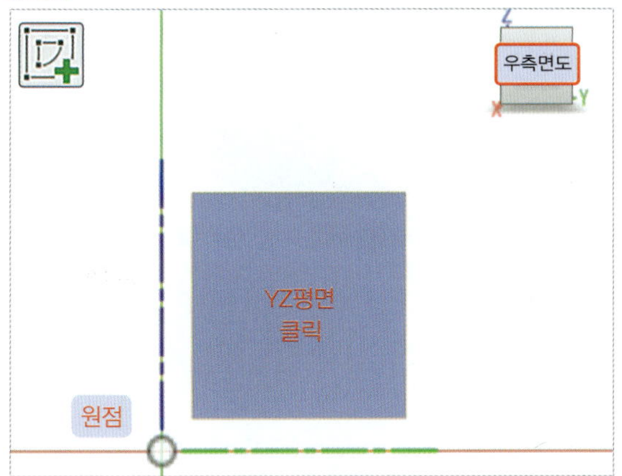

뷰 큐브의 우측면도라는 글자를 클릭하여 시점을 맞추고 스케치 작성 명령을 클릭한다.

02

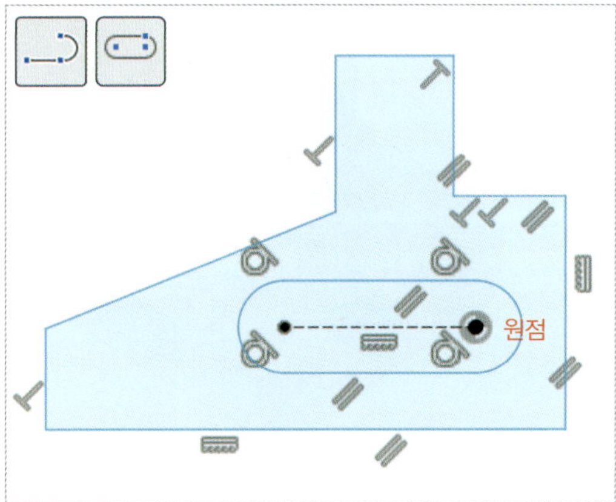

1번 부품의 우측면도를 대강 그린다.

03

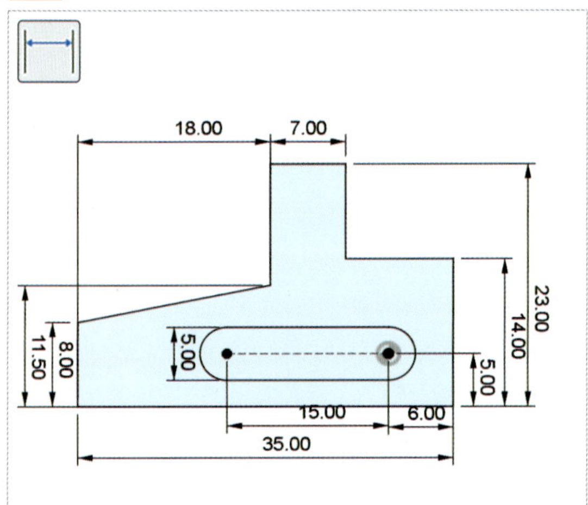

다음과 같이 치수를 적용한다.

04

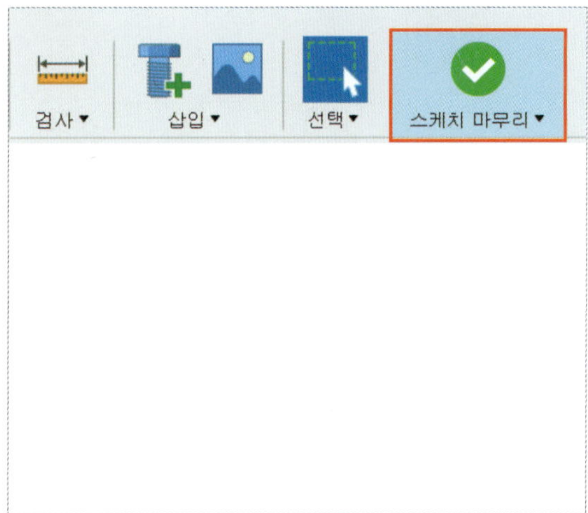

스케치 마무리를 한다.

05

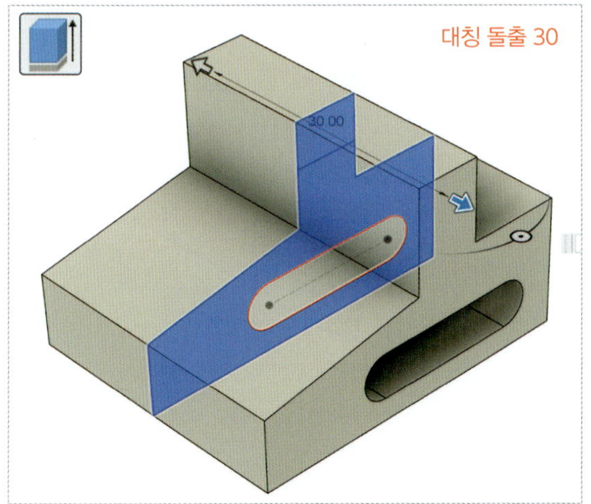

돌출을 다음과 같이 설정한다.

06

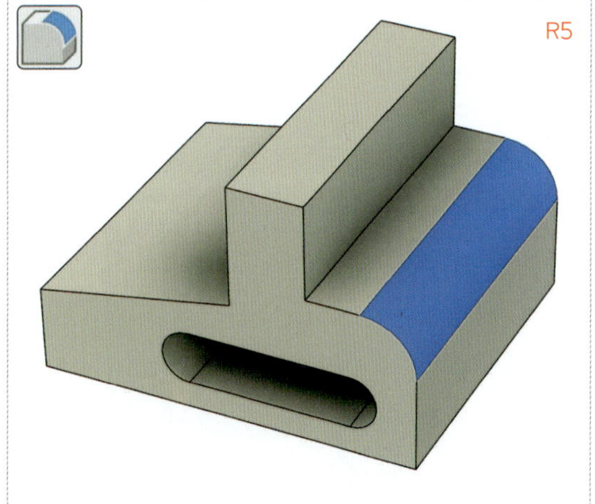

필렛 R5를 입력하고 확인을 누른다.

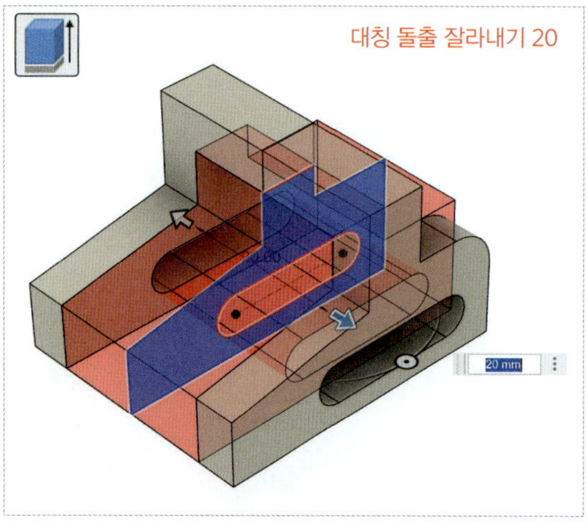

07

돌출을 다음과 같이 설정한다.

08

필렛 R8을 입력하고 확인을 누른다.

09

필렛 R1을 입력하고 확인을 누른다.

4 2번 부품 3D모델링

01

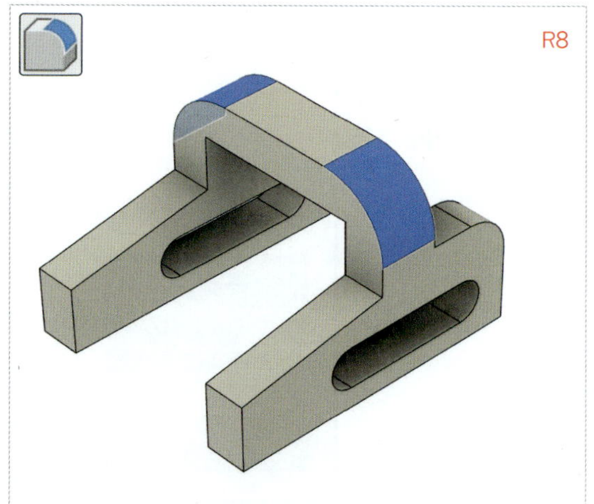

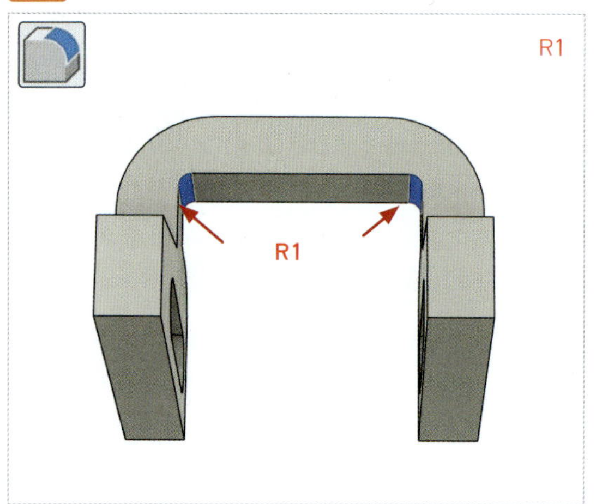

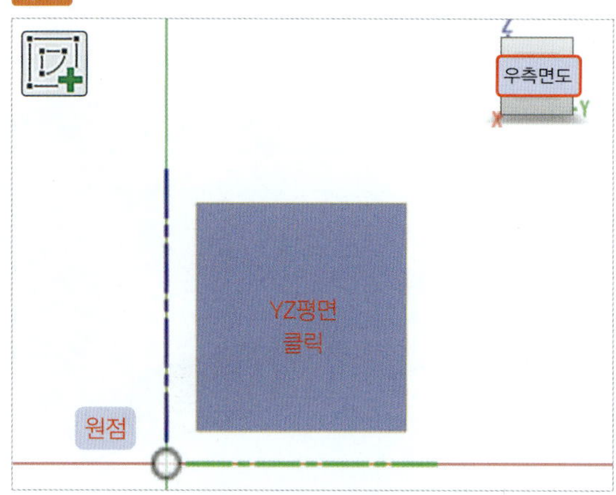

뷰 큐브의 우측면도라는 글자를 클릭하여 시점을 맞추고 스케치 작성 명령을 클릭한다.

02

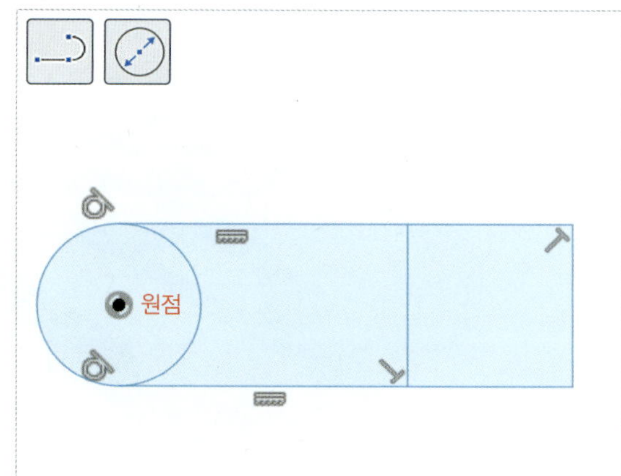

1번 부품의 우측면도를 대강 그린다.

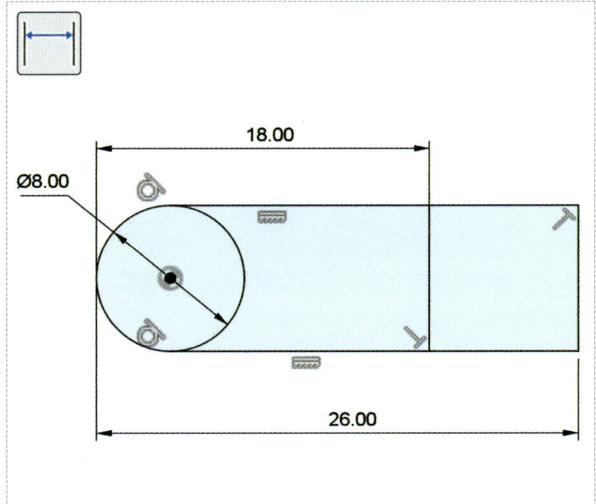

다음과 같이 치수를 적용한다.

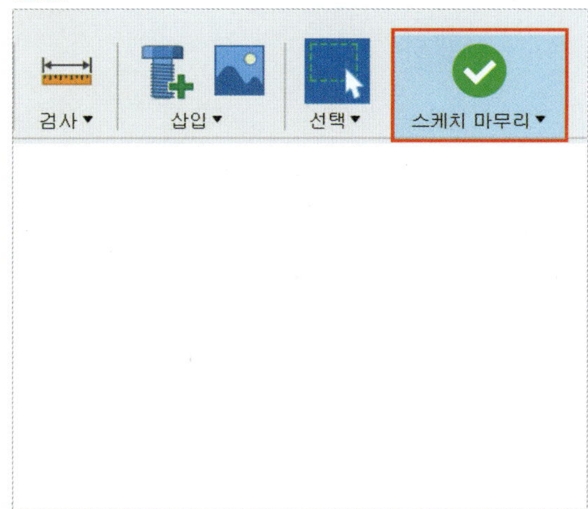

스케치 마무리를 한다.

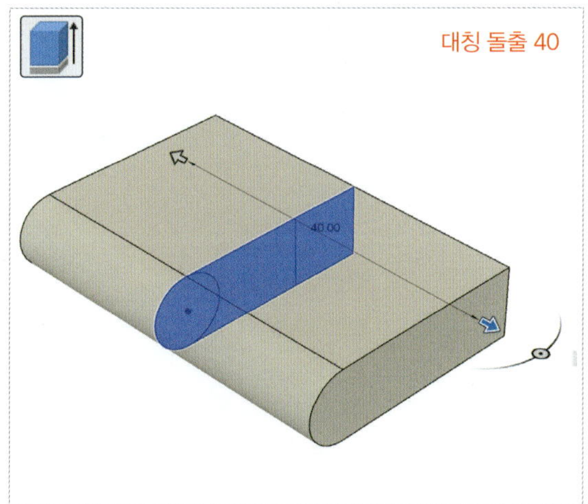

돌출을 다음과 같이 실행한다.

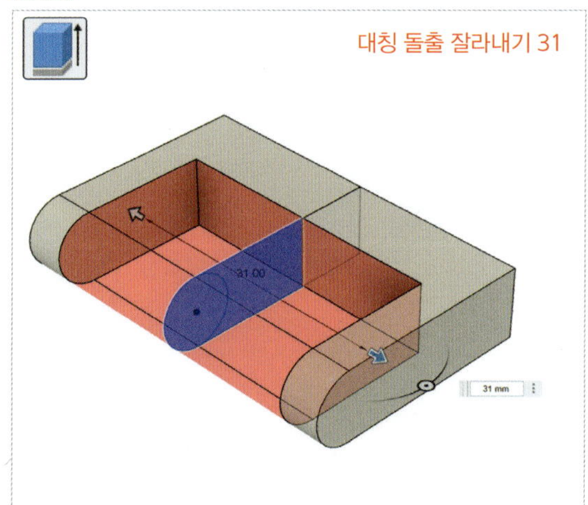

돌출을 다음과 같이 실행한다.

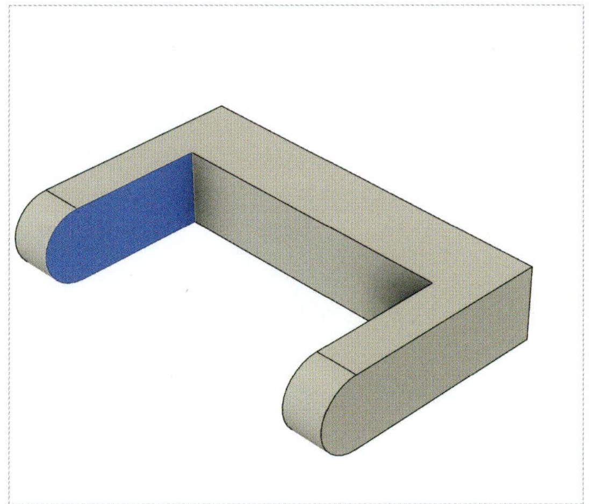

원통을 돌출시킬 면을 선택한다.

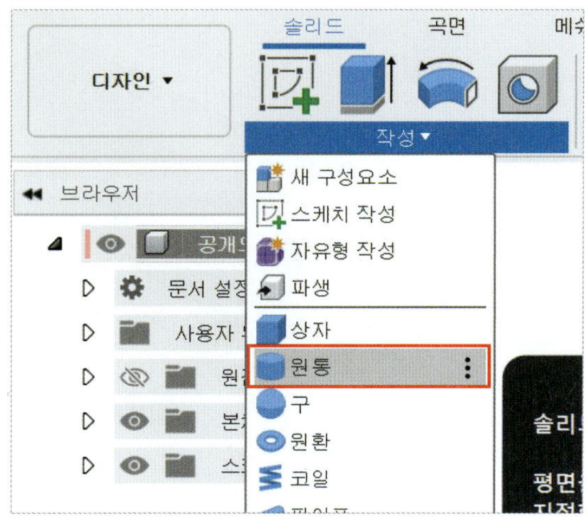

솔리드 〉 작성 〉 원통을 클릭한다.

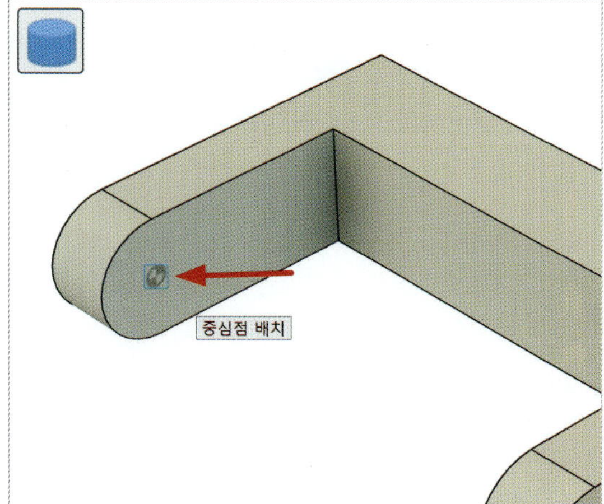

원의 중심점을 스냅 위치에 배치한다.

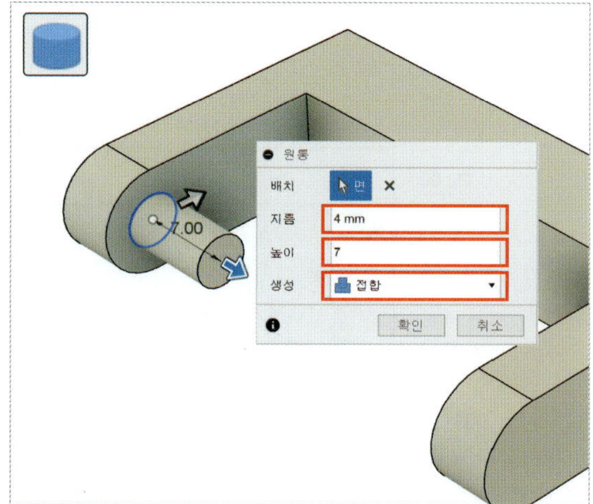

직경 4mm, 높이 7mm인 원통을 돌출 생성한다.

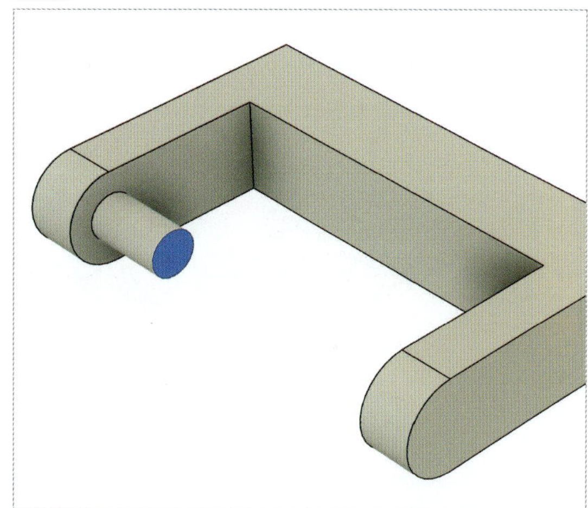

원통을 돌출시킬 면을 선택한다.

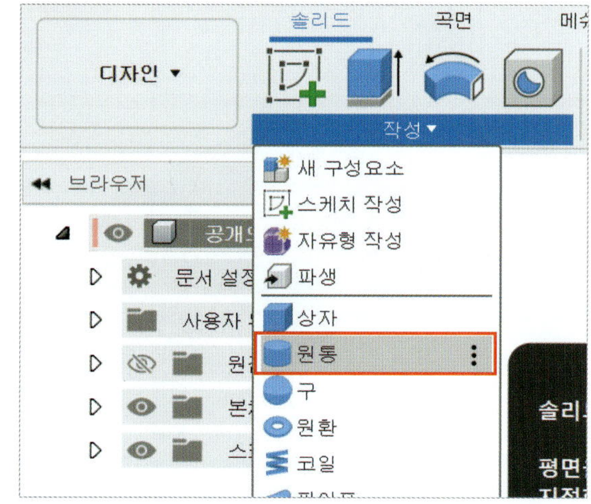

솔리드 〉 작성 〉 원통을 클릭한다.

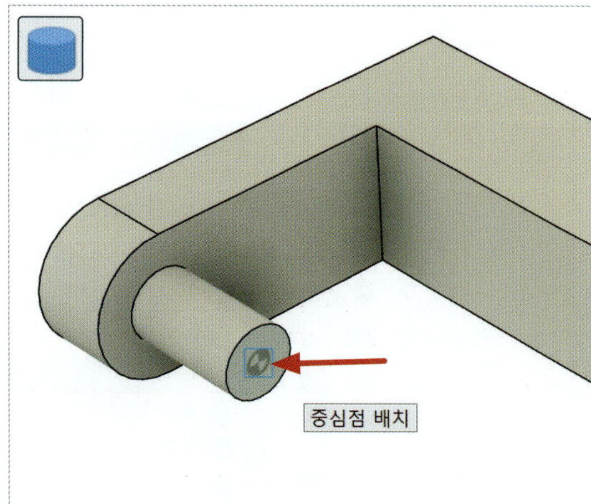

원의 중심점을 스냅 위치에 배치한다.

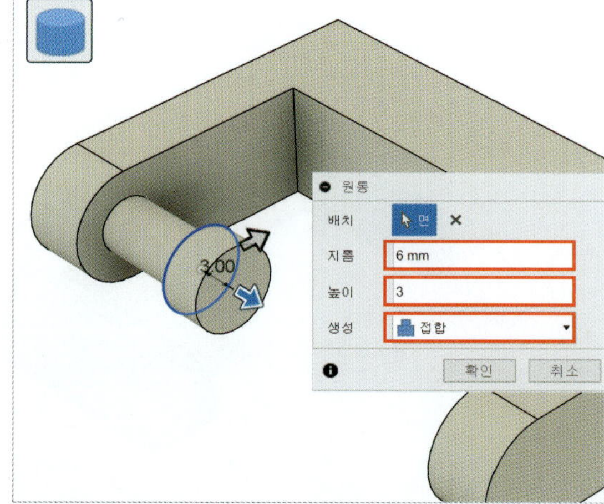

직경 6mm, 높이 3mm인 원통을 돌출 생성한다.

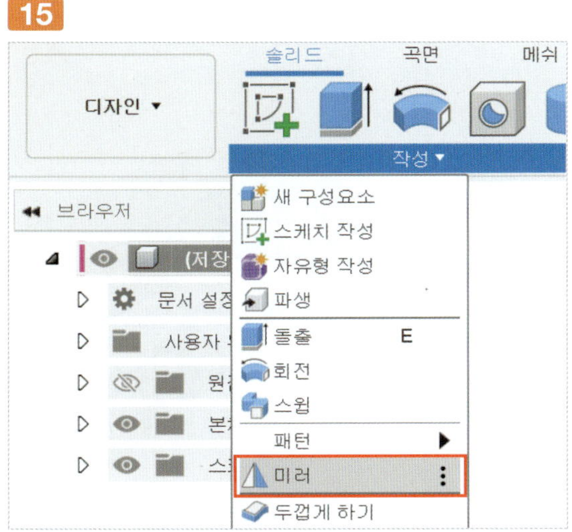

솔리드 〉 작성 〉 미러를 클릭한다.

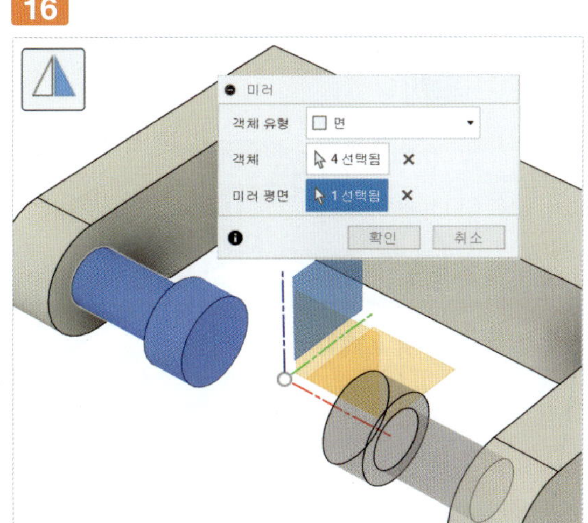

미러를 생성할 면을 선택하고 미러 평면으로 YZ 평면을 선택한다.

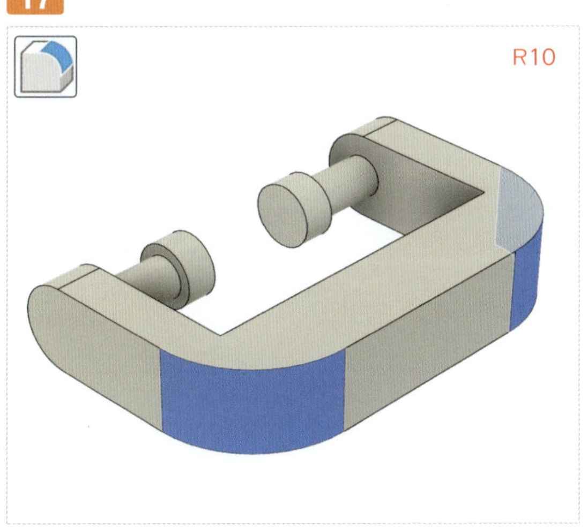

두 모서리에 필렛(모깎기)을 적용한다.

두 모서리에 챔퍼(모따기)를 적용한다.

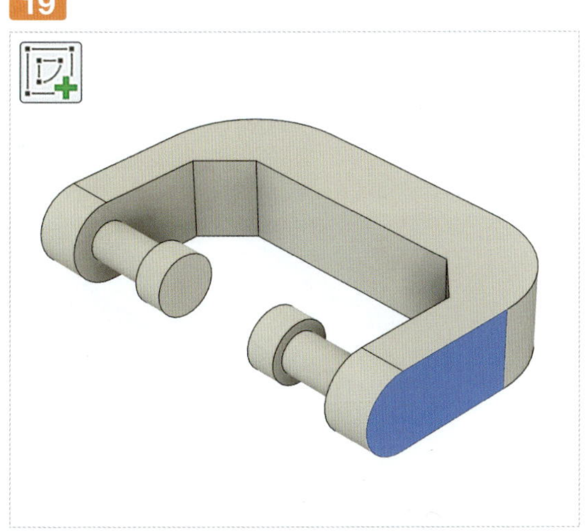

다음의 면을 선택하고 스케치 작성을 클릭한다.

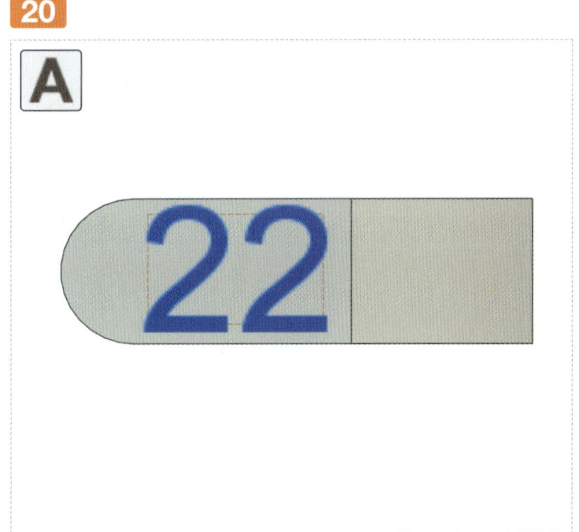

다음과 같이 비번호를 문자 스케치한다.

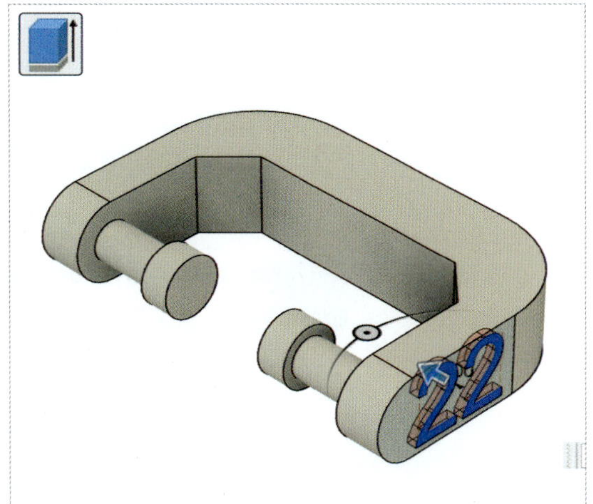

21 비번호를 음각 −1mm 잘라내기 돌출한다.

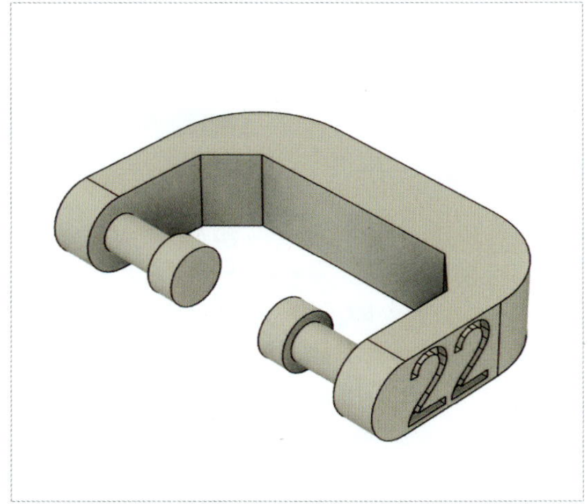

22 2번 부품의 완성 모습

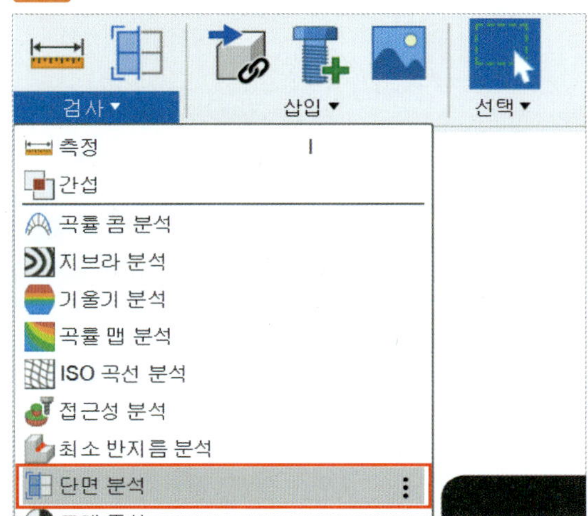

23 솔리드 〉검사 〉단면 분석을 클릭한다.

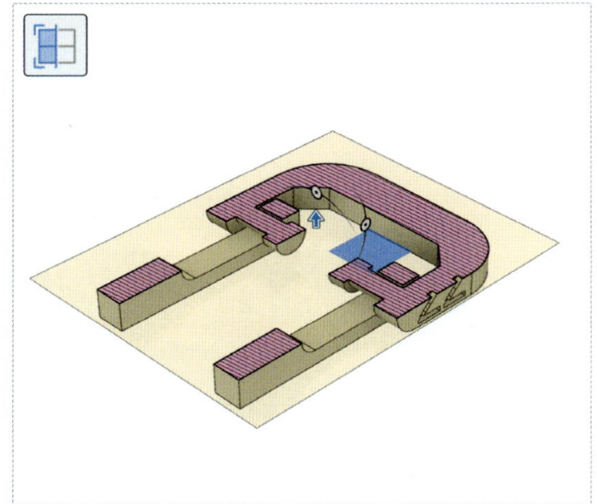

24 XY면을 클릭하여 단면 분석을 한다.

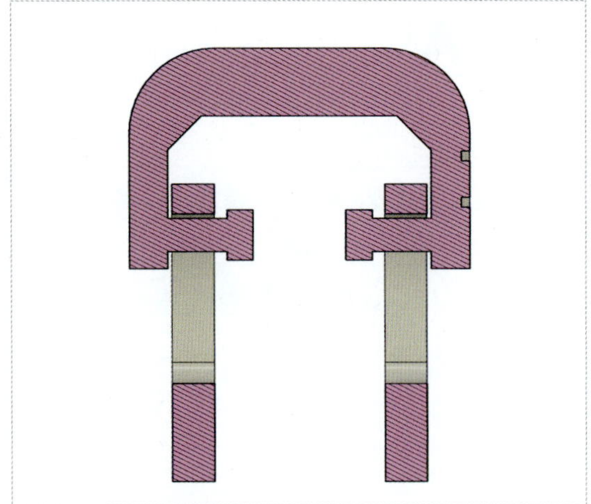

25 단면으로 공차를 확인한다.

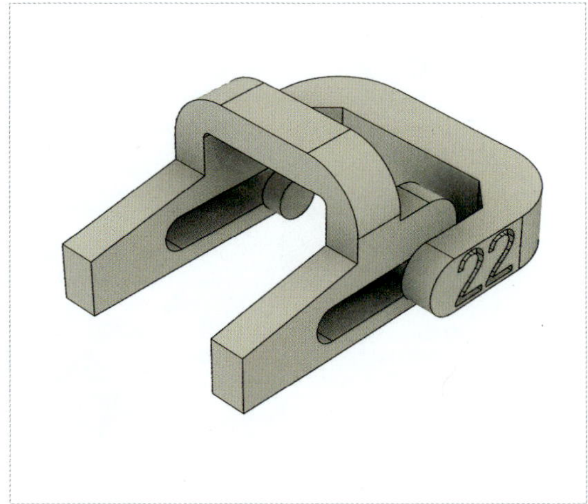

26 모델링을 완료하고 비번호로 저장한다.

▮ A, B에 공차 적용된 치수

① 공차 치수 A는 Ø8에 공차 −1을 적용해서 Ø7로 작성한다.

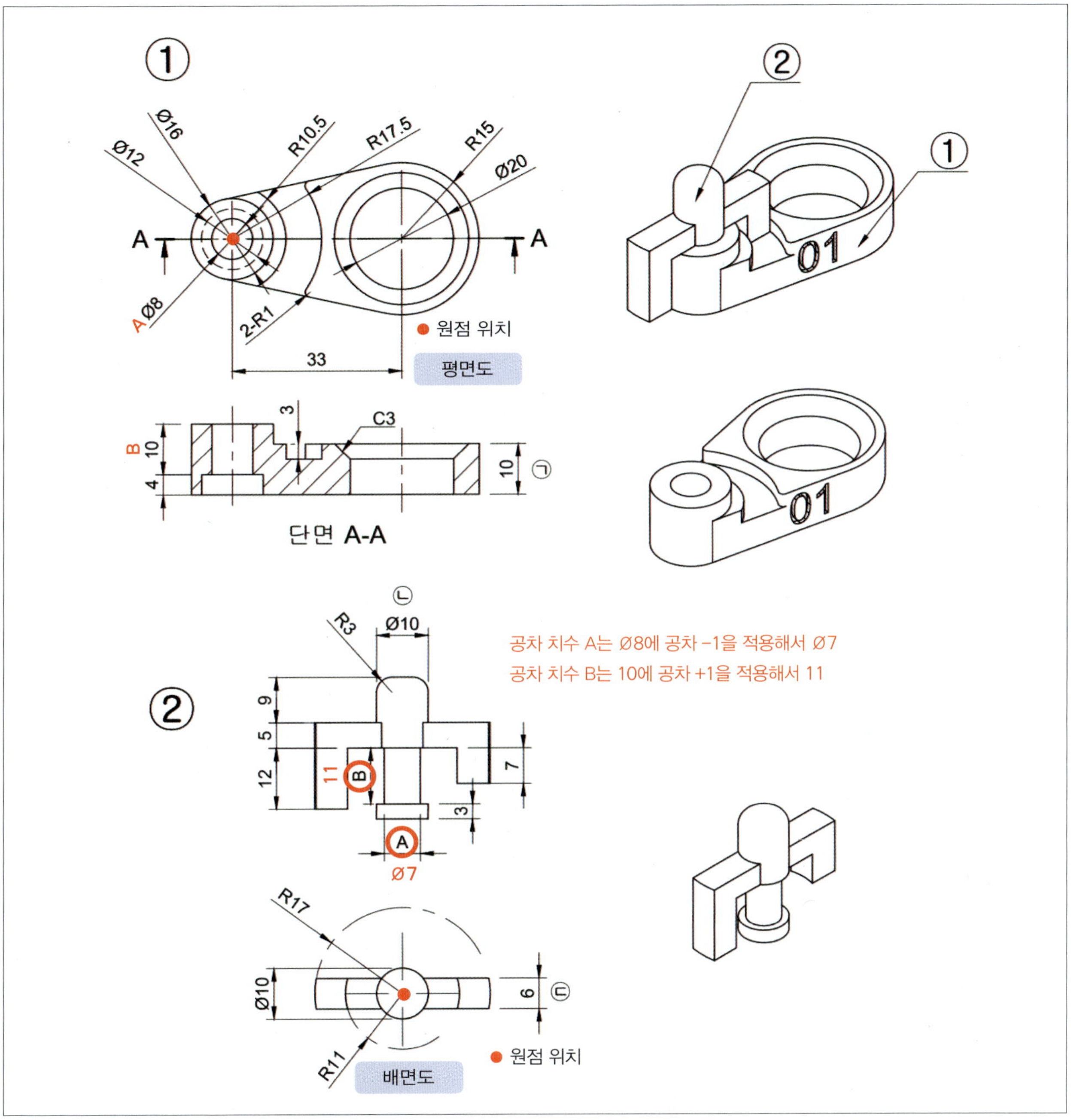

② 공차 치수 B는 10에 공차 +1을 적용해서 11로 작성한다.

▮ 도면 분석

① 1번, 2번 부품의 평면도에서 스케치를 시작한다.

② 공차를 미리 적용한 치수로 작성한다.

③ 작성 후 정렬 기능으로 위치를 맞추고, 2번 부품을 90° 회전하여 출력한다.

01

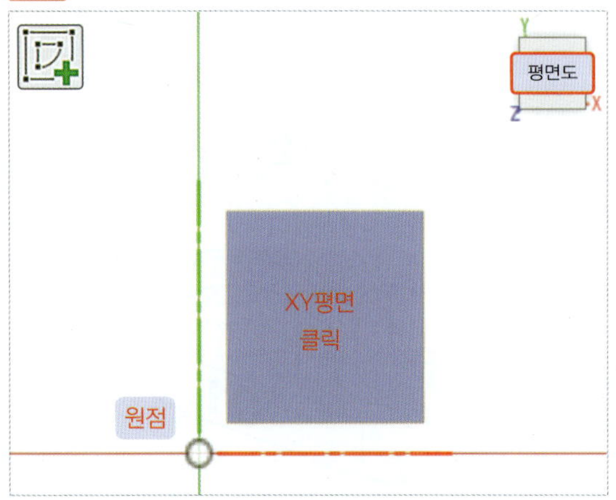

뷰 큐브의 평면도라는 글자를 클릭하여 시점을 맞추고 스케치 작성 명령을 클릭한다.

02

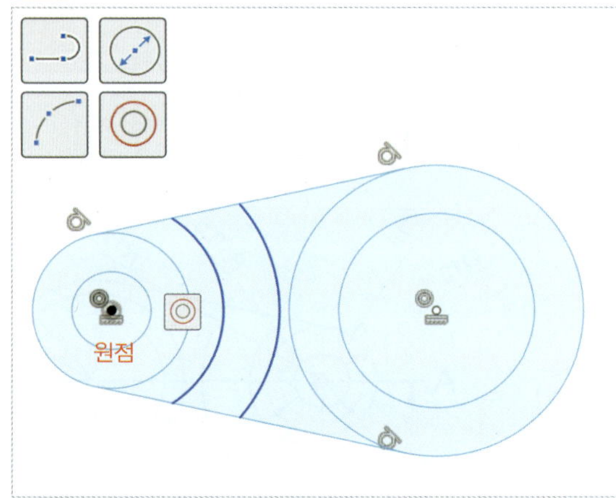

1번 부품의 평면도를 대강 그린다. 호는 원점 중심원과 동심이다.

03

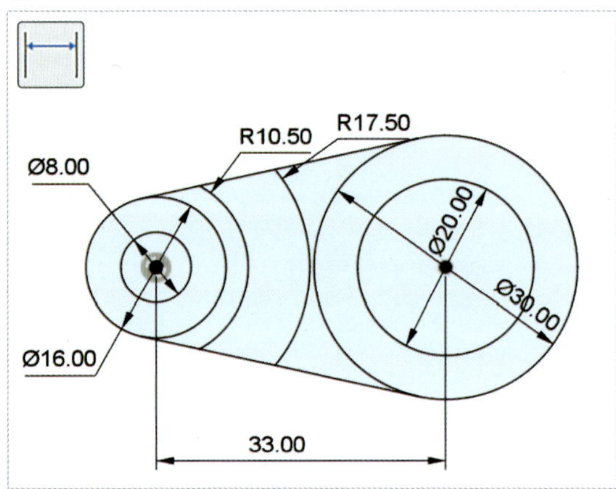

다음과 같이 치수를 적용한다.

04

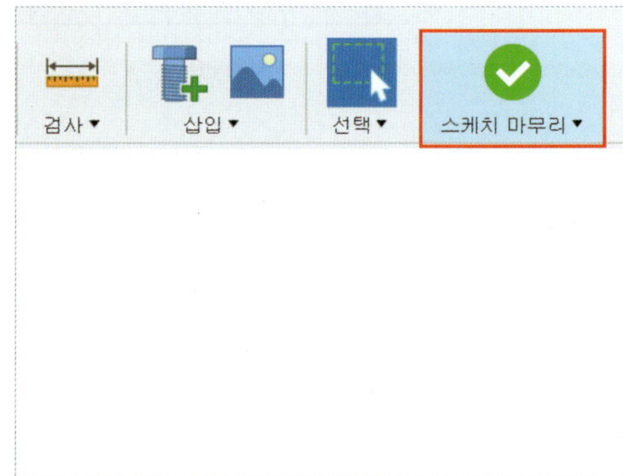

스케치 마무리를 한다.

05

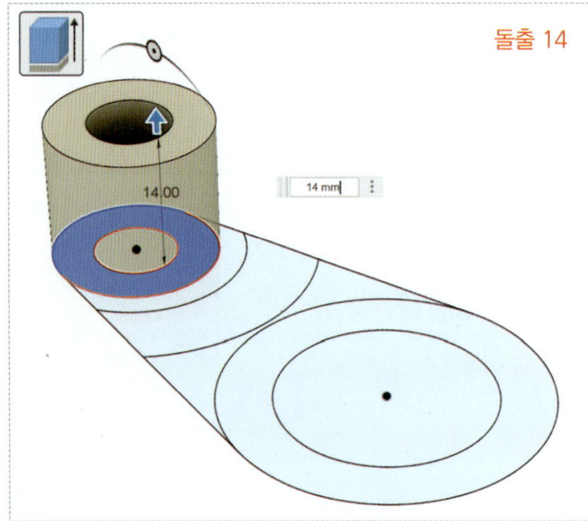

돌출을 다음과 같이 14mm로 설정한다.

06

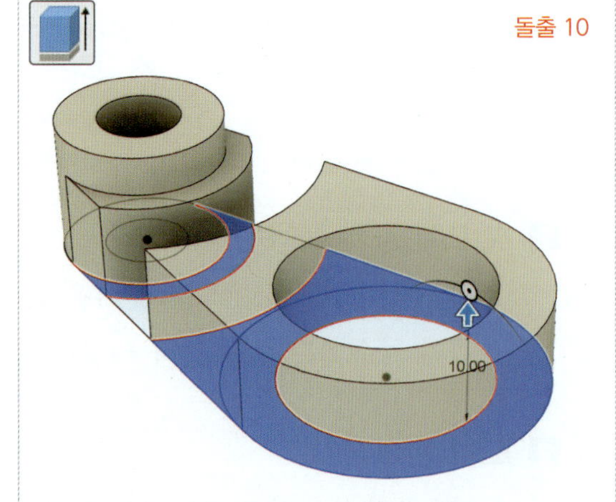

돌출을 다음과 같이 10mm로 설정한다.

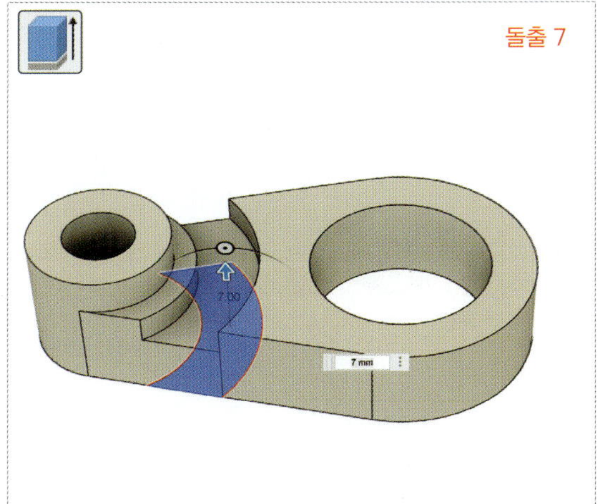

돌출을 다음과 같이 7mm로 설정한다.

원통을 돌출시킬 면을 선택한다. 스케치 없이 원통으로 잘라내기 돌출한다.

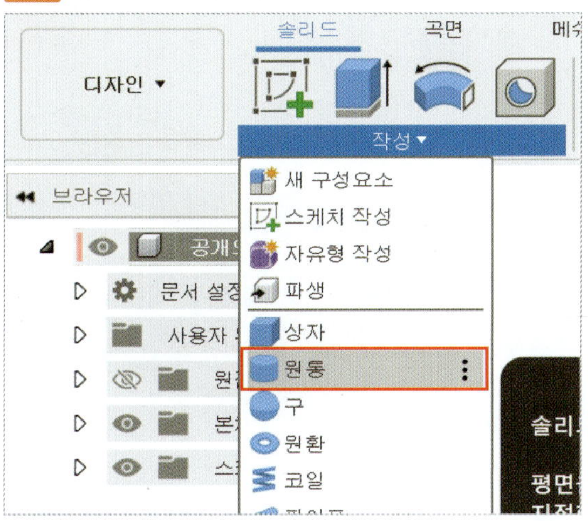

솔리드 〉작성 〉원통을 클릭한다.

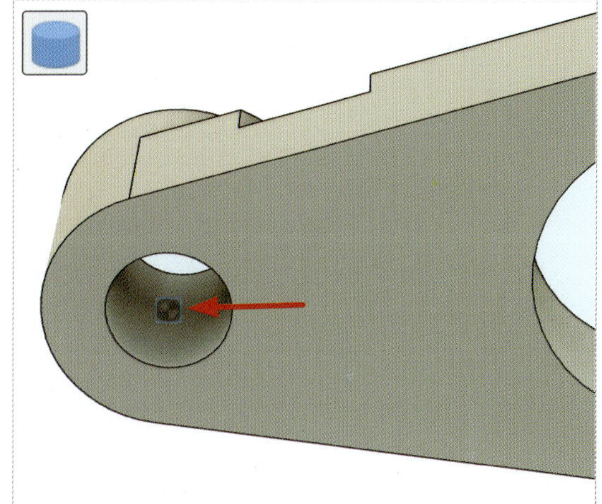

원의 중심점을 스냅 위치에 배치한다.

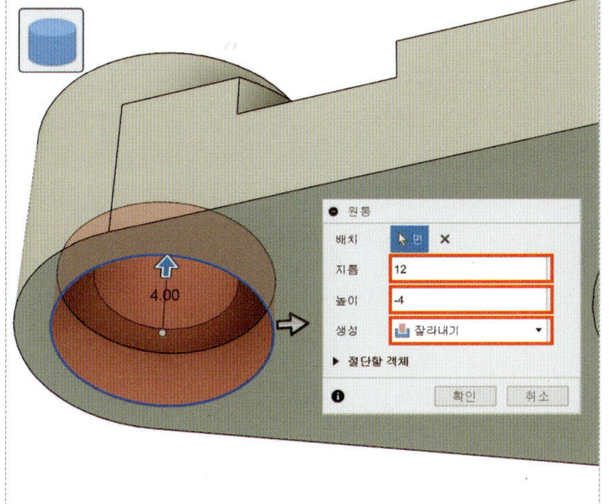

직경 12mm, 높이 4mm인 원통을 잘라내기로 작성한다.

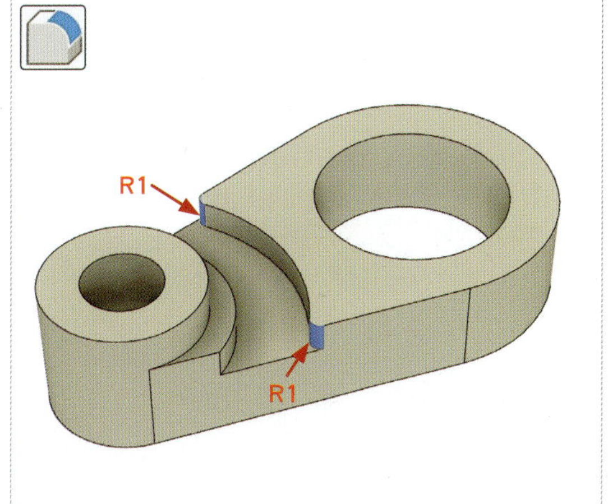

두 모서리에 필렛(모깎기)을 적용한다.

13

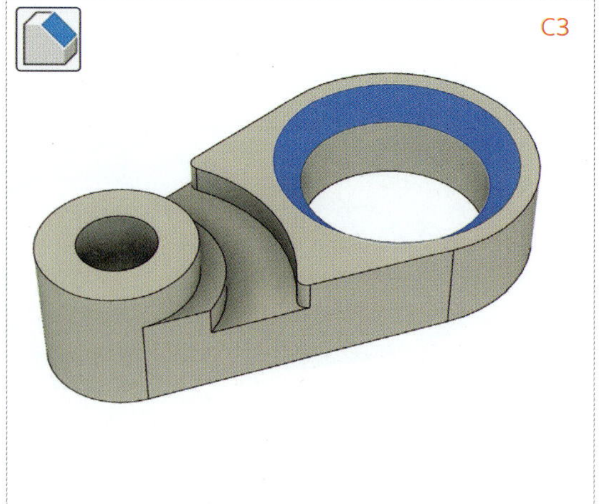

모서리에 챔퍼(모따기)를 적용한다.

14

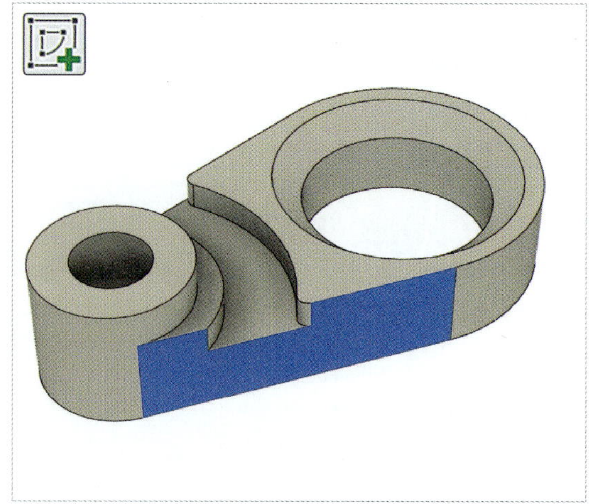

다음의 면을 선택하고 스케치 작성을 클릭한다.

15

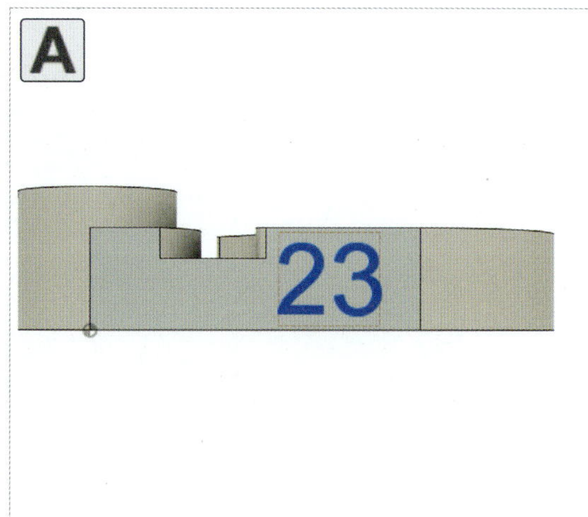

다음과 같이 스케치한다.

16

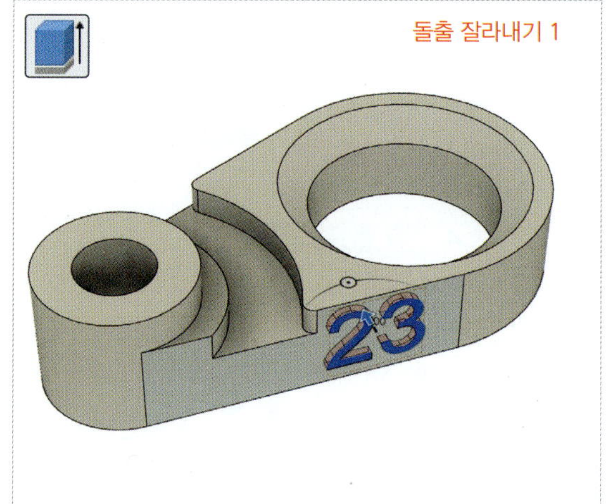

솔리드 〉 작성 〉 돌출 명령을 실행한다.

17

1번 부품의 완성 모습

4 2번 부품 3D모델링

01

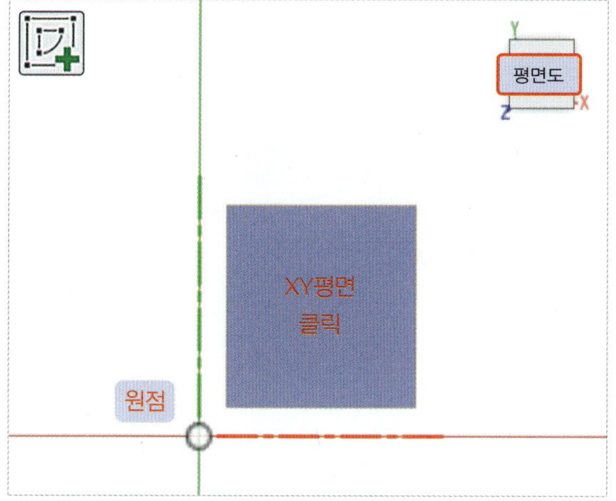

뷰 큐브의 평면도라는 글자를 클릭하여 시점을 맞추고 스케치 작성 명령을 클릭한다.

02

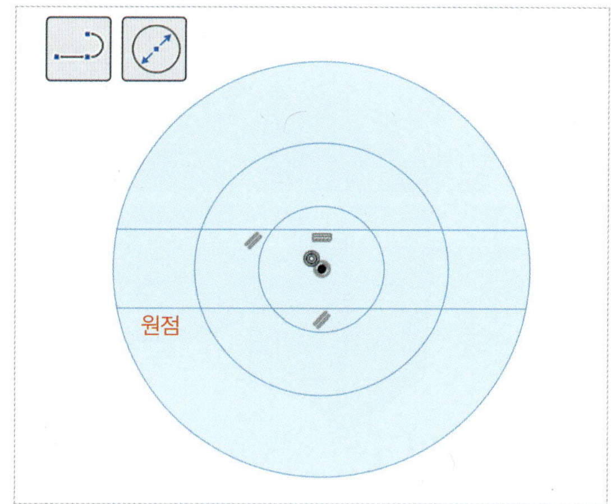

2번 부품의 스케치를 대강 그린다.

03

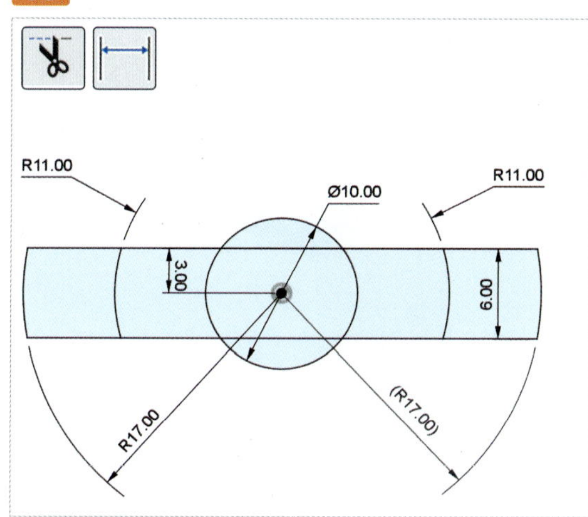

다음과 같이 치수를 적용한다.

04

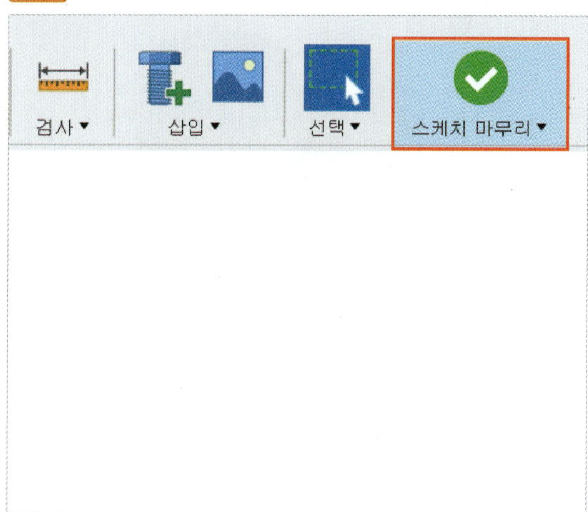

스케치 마무리를 한다.

05

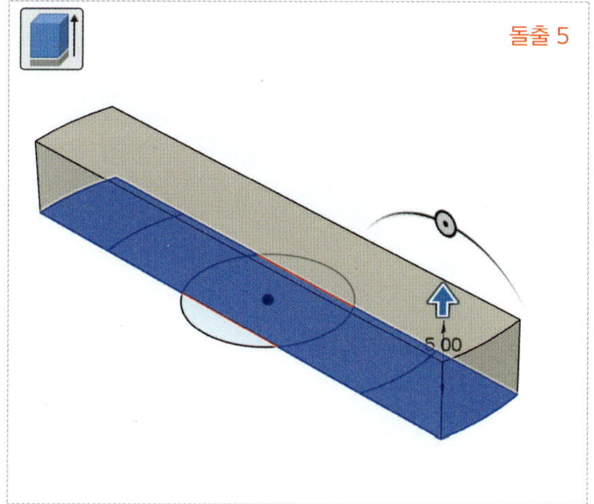

돌출을 다음과 같이 설정한다.

06

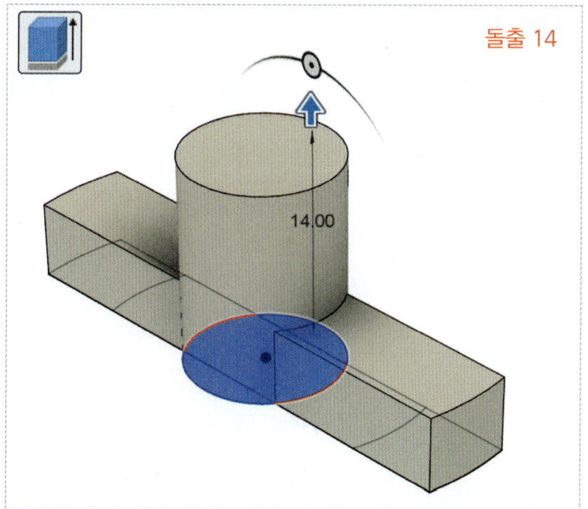

돌출을 다음과 같이 설정하여 머리 부분을 만든다. 접합 옵션으로 생성한다.

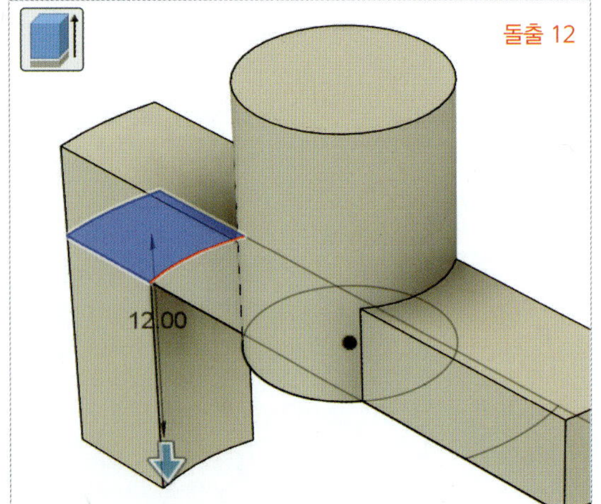

돌출을 다음과 같이 설정한다.

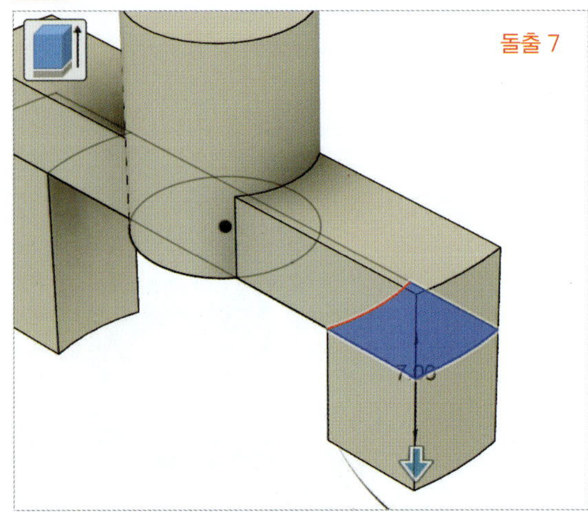

돌출을 다음과 같이 설정한다.

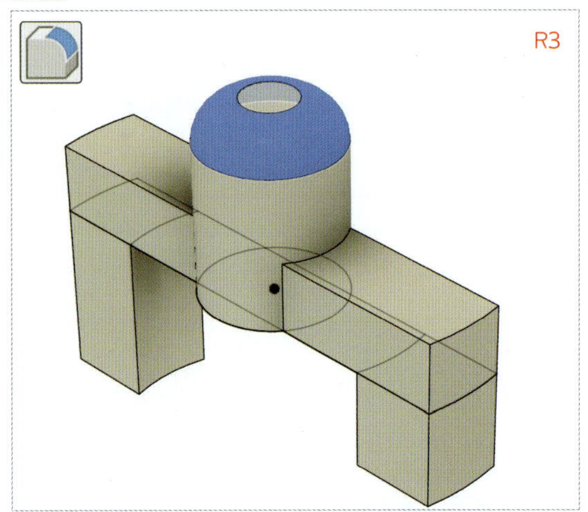

모서리에 필렛(모깎기)을 R3 적용한다.

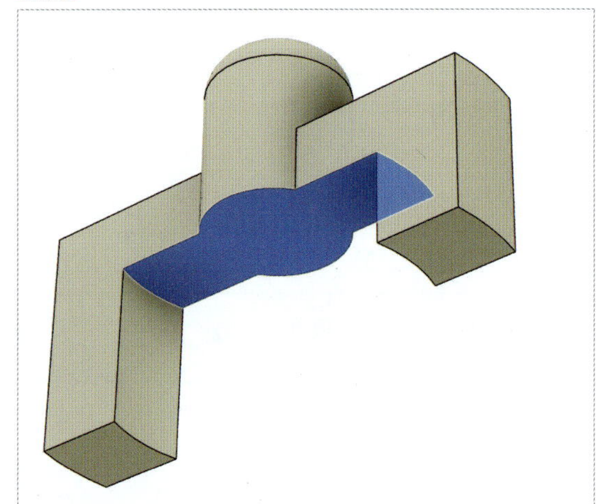

원통을 돌출시킬 면을 선택한다.

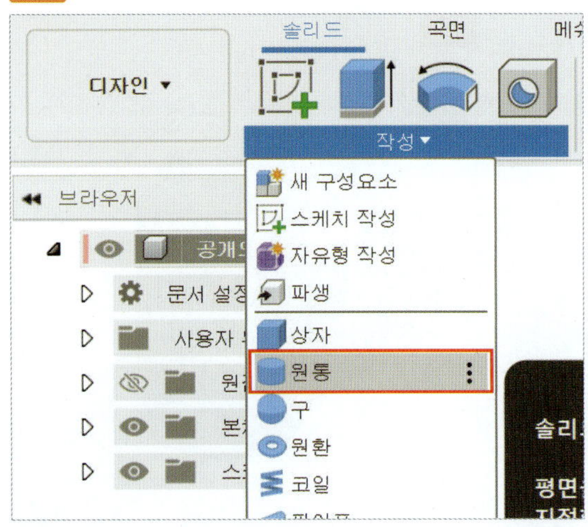

솔리드 〉 작성 〉 원통을 클릭한다.

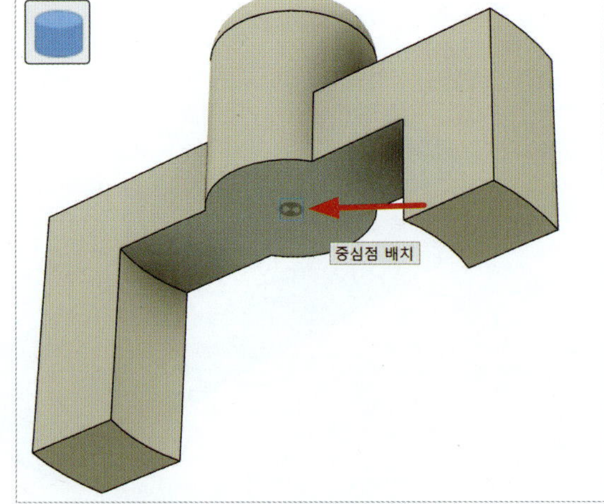

원의 중심점을 스냅 위치에 배치한다.

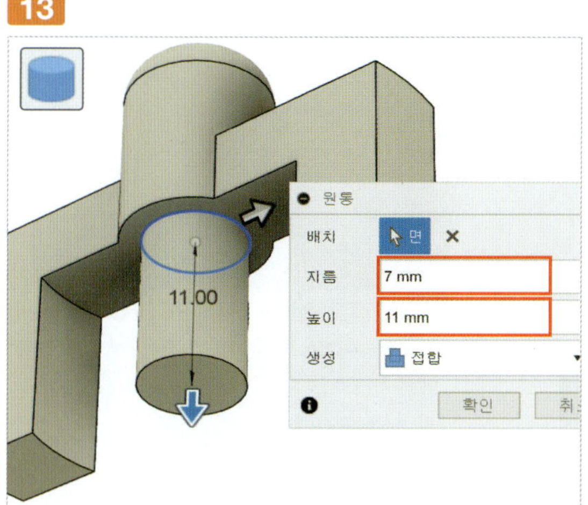

직경 7mm, 높이 11mm인 원통을 작성한다.

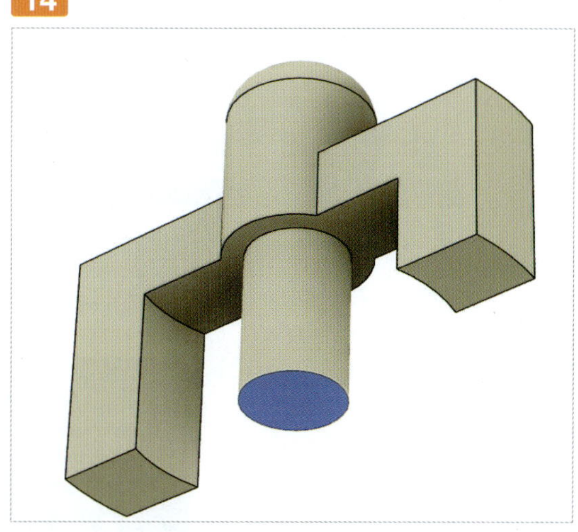

원통을 돌출시킬 면을 선택한다.

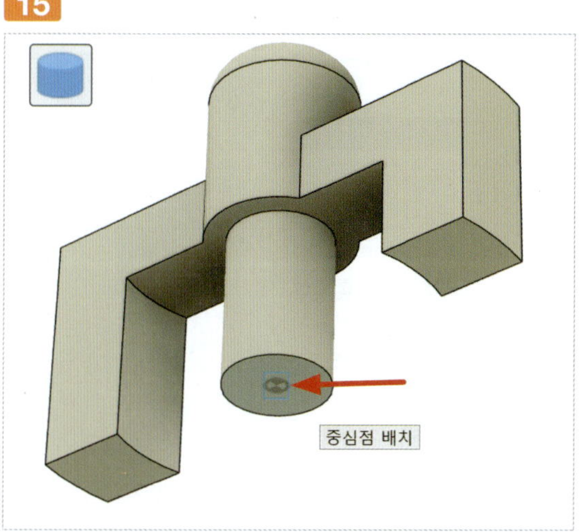

원의 중심점을 스냅 위치에 배치한다.

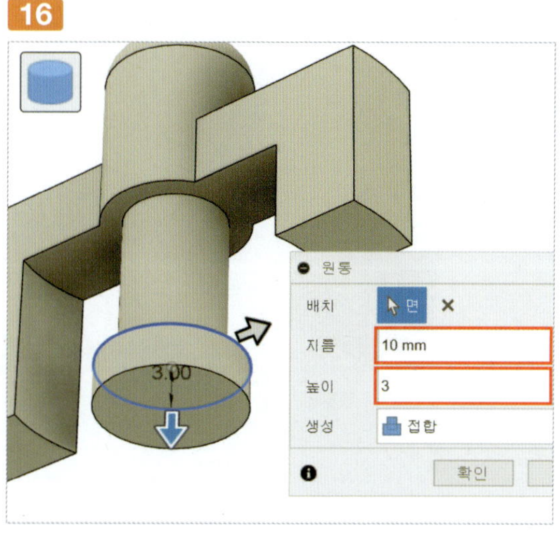

직경 10mm, 높이 3mm인 원통을 작성한다.

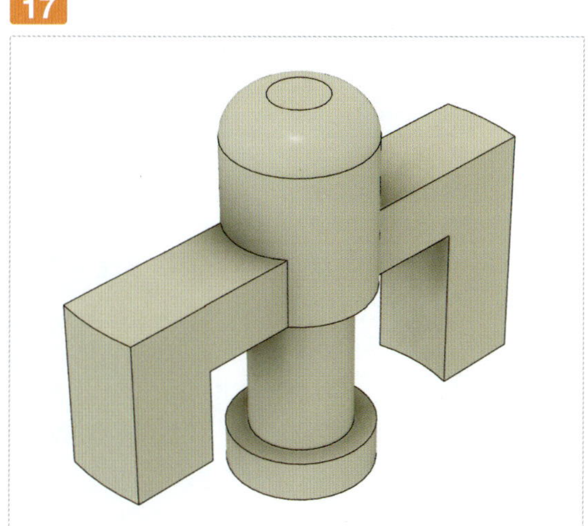

2번 부품의 완성 모습

5 부품 조립

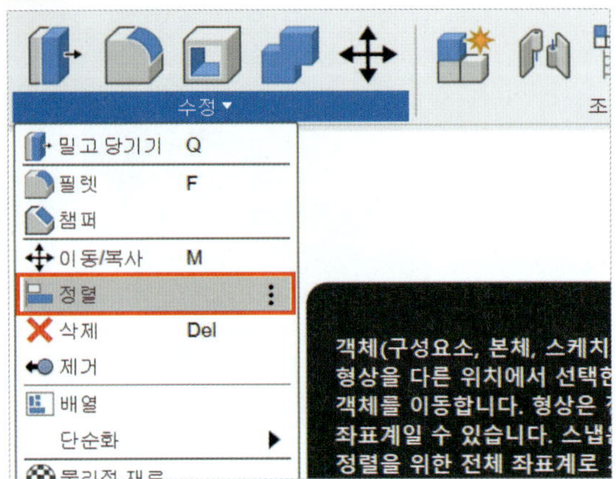

솔리드 〉 수정 〉 정렬 명령을 클릭한다.

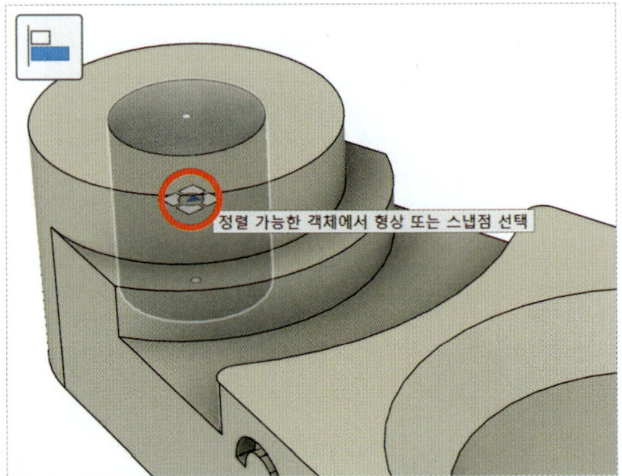

다음과 같이 원통의 내부중심을 스냅한다. Ctrl 키로 가운데 스냅 점을 선택할 수 있다.

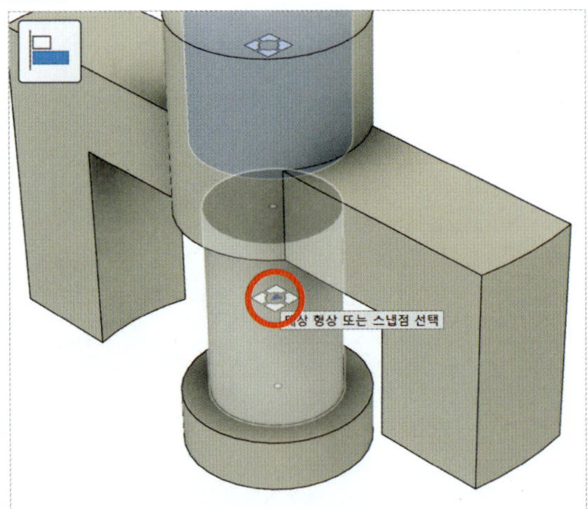

2번 부품의 가는 원통을 클릭하여 중심을 스냅한다.

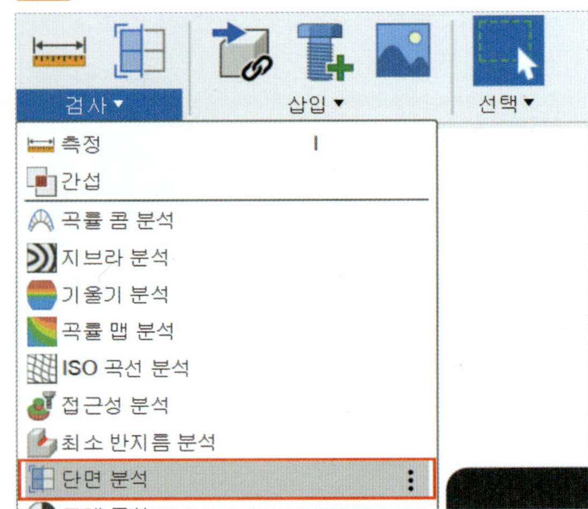

솔리드 〉 검사 〉 단면 분석을 클릭한다.

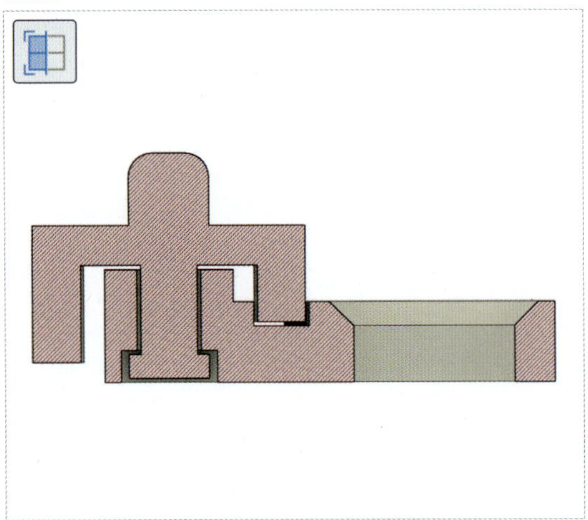

XZ면을 클릭하여 결합 상태를 확인한다.

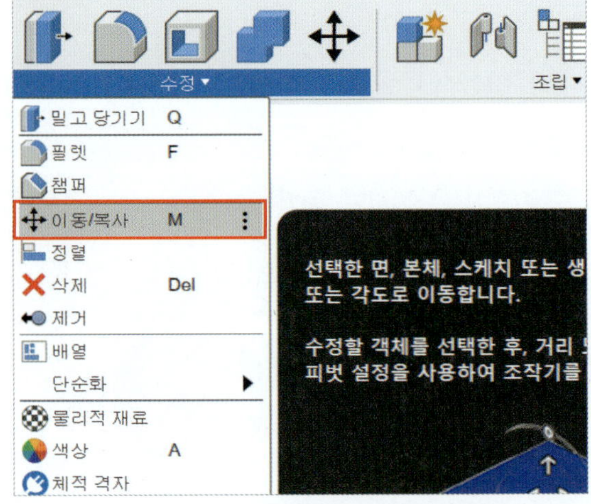

솔리드 〉 수정 〉 이동/복사 명령을 클릭한다.

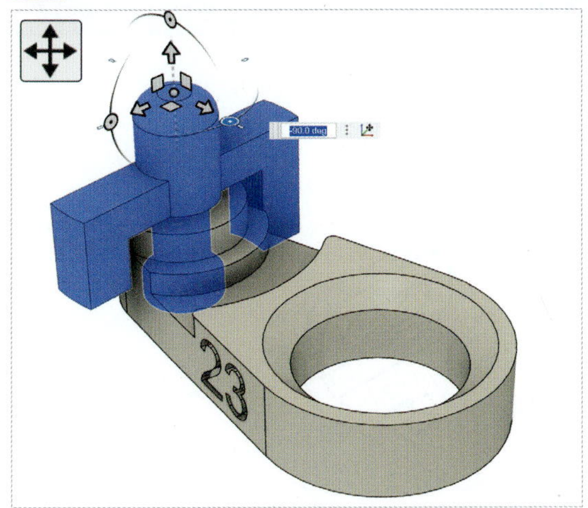

07 2번 부품의 머리 중심으로 90˚ 회전한다.

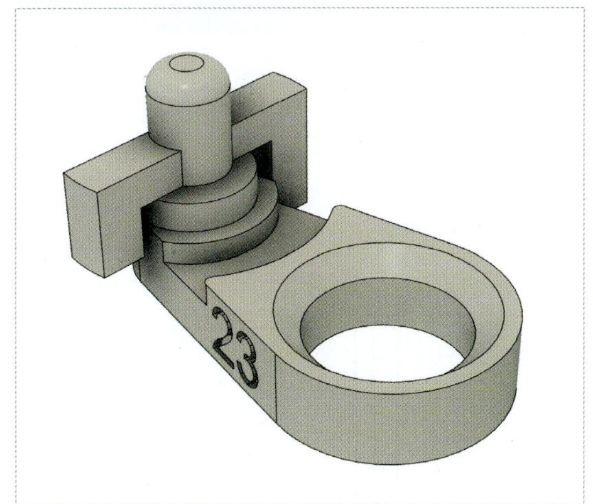

08 모델링을 완료하고 비번호로 저장한다.

공개 도면 24번

주서
1. 도시되고 지시되지 않은 모따기는 C3, 모깎기는 R5

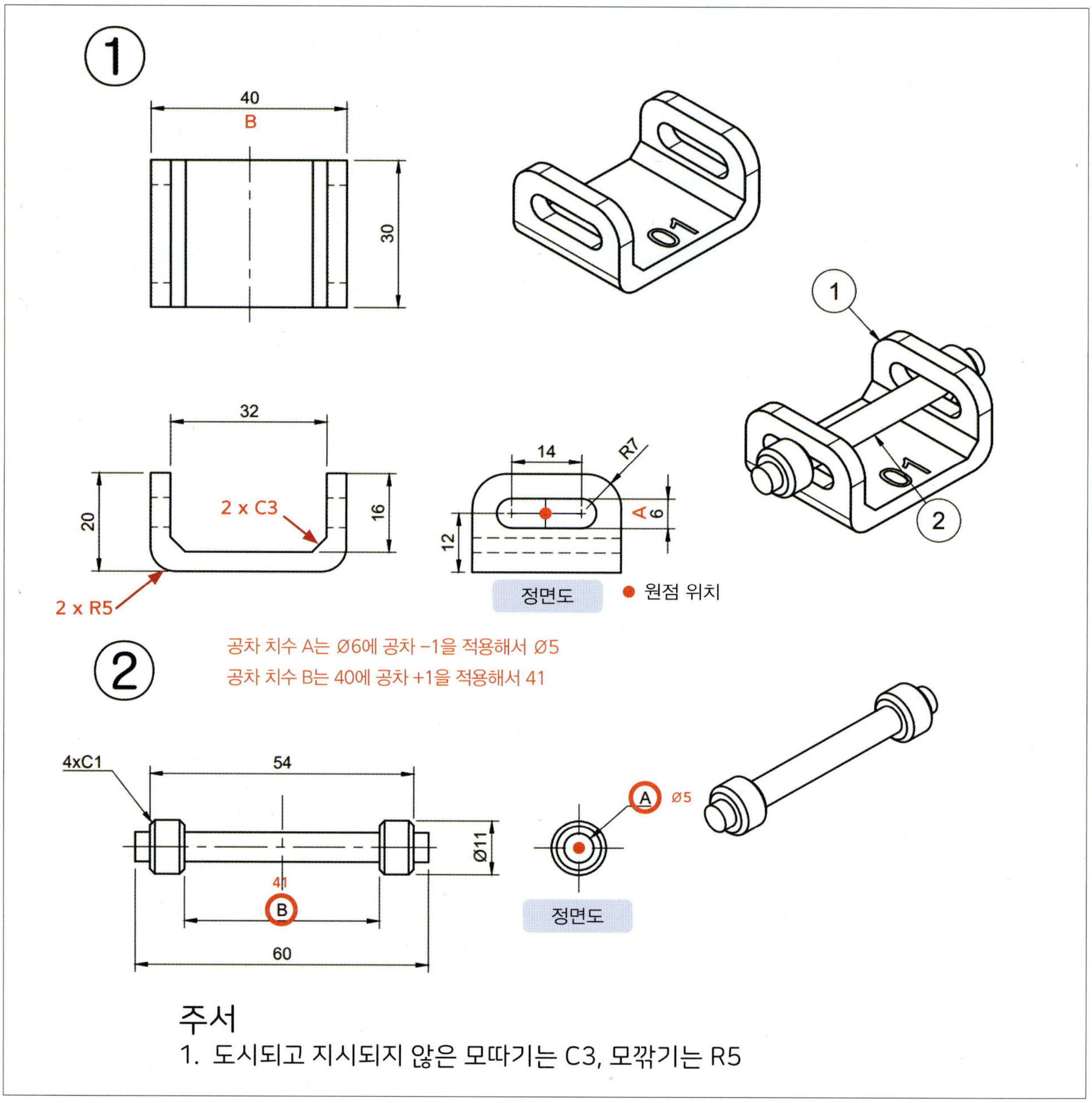

1 A, B에 공차 적용된 치수

① 공차 치수 A는 Ø6에 공차 −1을 적용해서 Ø5로 작성한다.

② 공차 치수 B는 40에 공차 +1을 적용해서 41로 작성한다.

2 도면 분석

① 1번, 2번 부품의 정면도에서 스케치를 시작한다.

② 공차를 미리 적용한 치수로 작성한다.

3 1번 부품 3D모델링

01

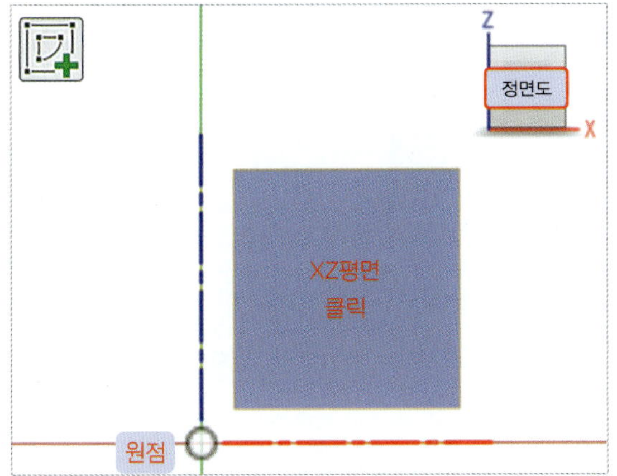

뷰 큐브의 정면도라는 글자를 클릭하여 시점을 맞추고 스케치 작성 명령을 클릭한다.

02

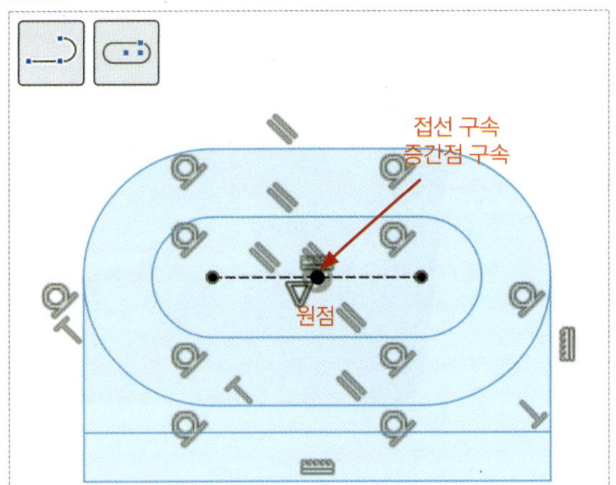

1번 부품의 정면도를 대강 그린다.

03

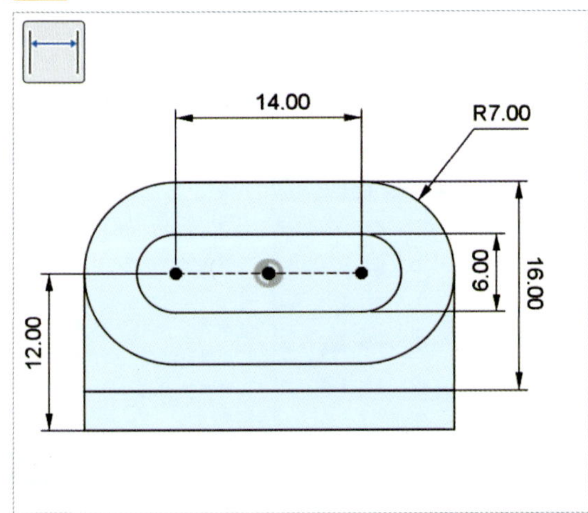

다음과 같이 치수를 적용한다.

04

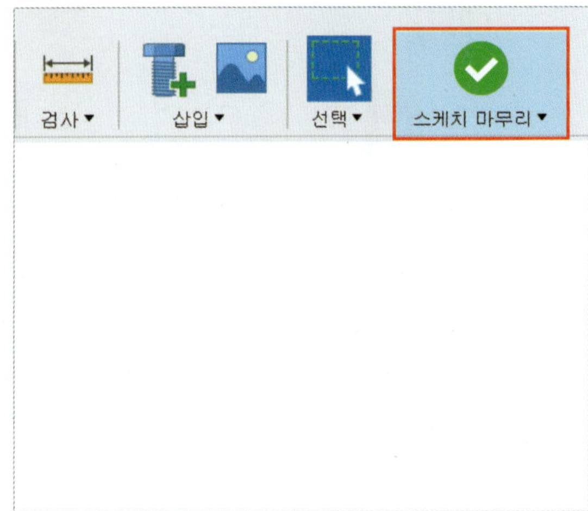

스케치 마무리를 한다.

05

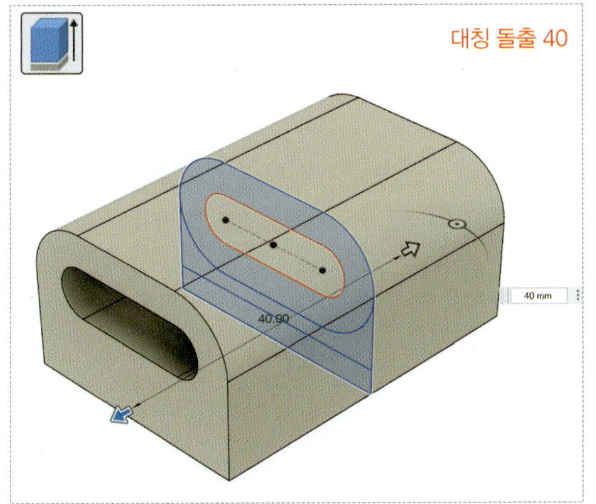

돌출을 다음과 같이 설정한다.

06

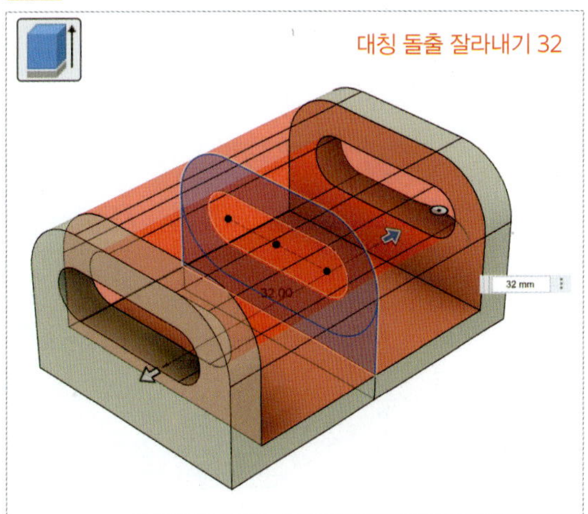

돌출을 다음과 같이 설정한다.

모깎기를 다음과 같이 설정한다.

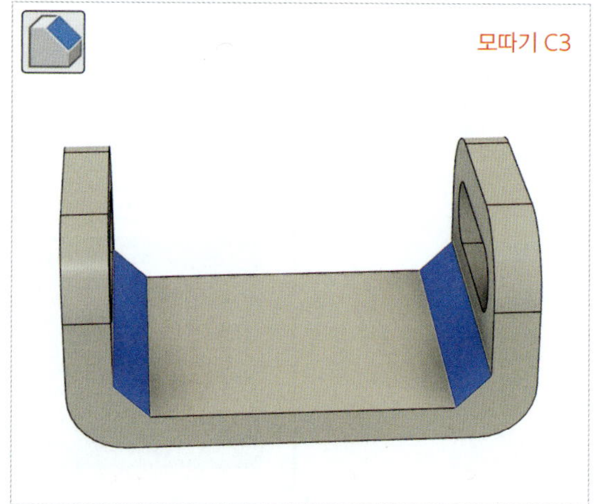

두 모서리에 챔퍼(모따기)를 적용한다.

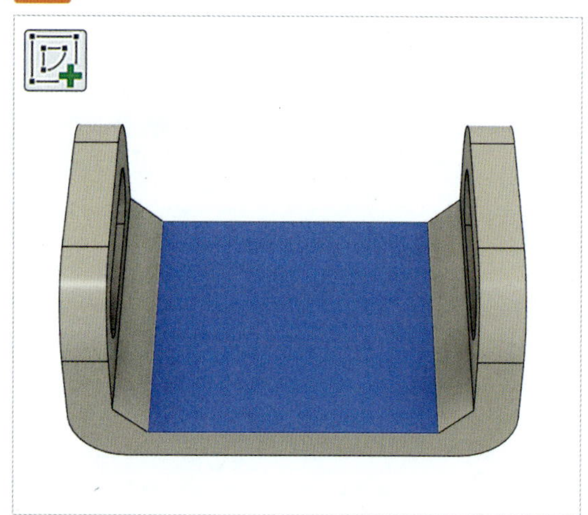

다음의 면을 선택하고 스케치 작성을 클릭한다.

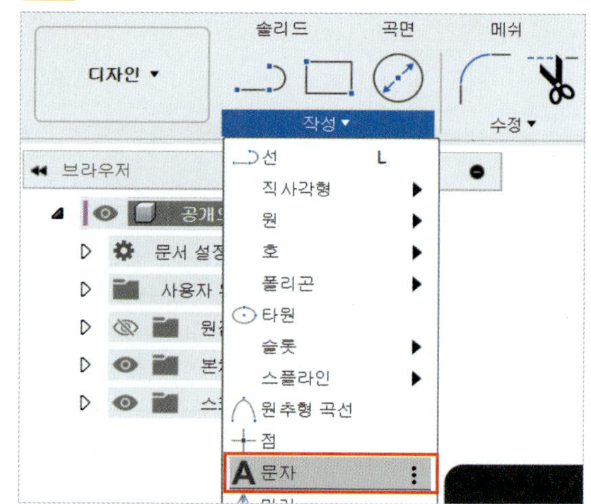

스케치 〉 작성 〉 문자 명령을 클릭한다.

비번호 스케치를 작성한다.

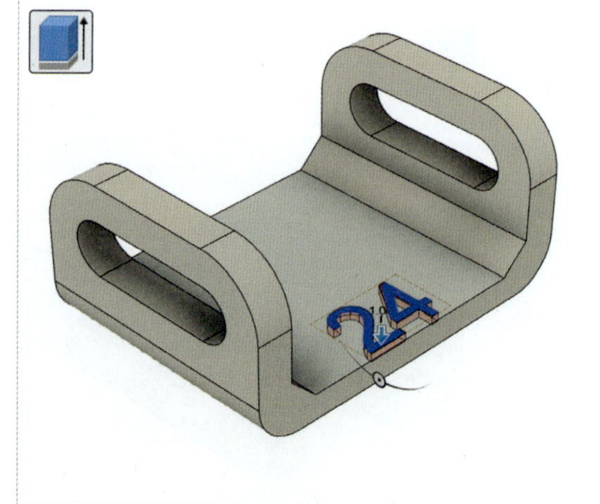

솔리드 〉 작성 〉 돌출 명령을 실행한다.

01

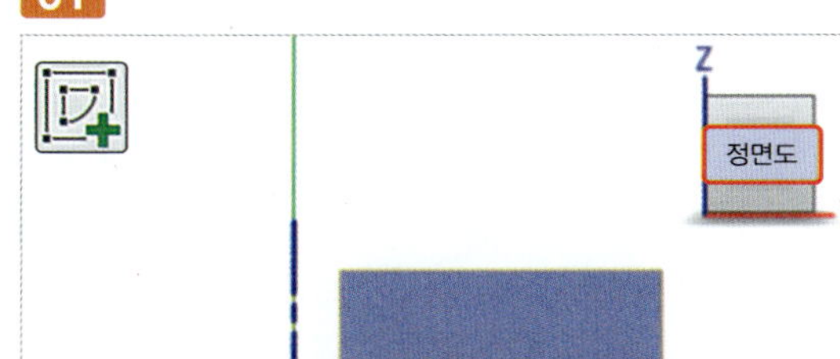

정면도로 시점을 맞추고 스케치를 시작한다.

02

정면도를 그린다.

03

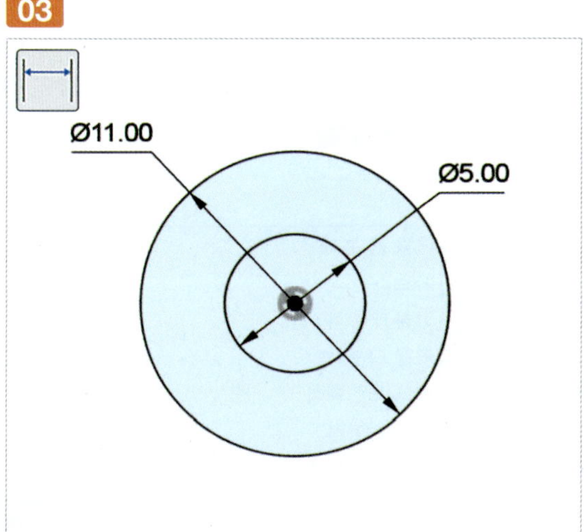

다음과 같이 치수를 입력한다.

04

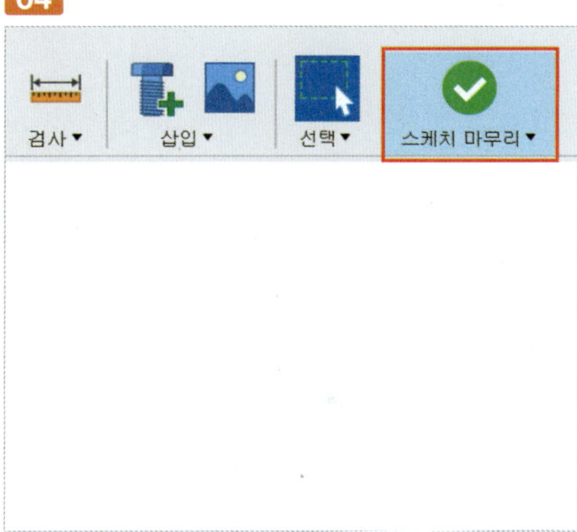

스케치 마무리를 한다.

05

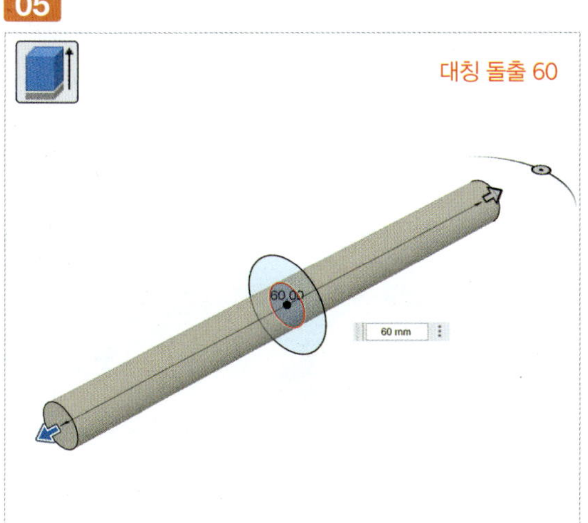

돌출을 다음과 같이 설정한다.

06

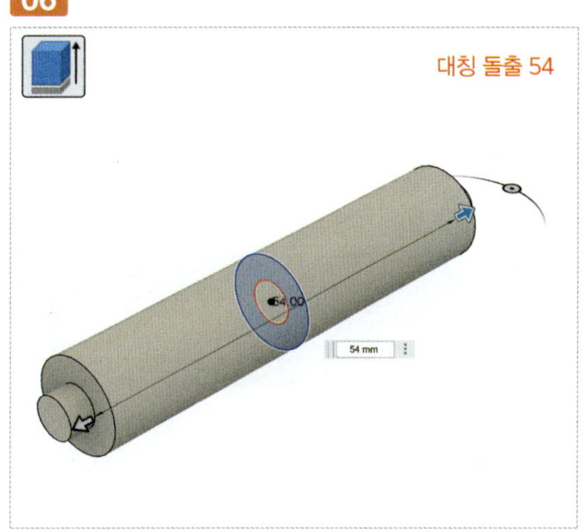

돌출을 다음과 같이 설정한다.

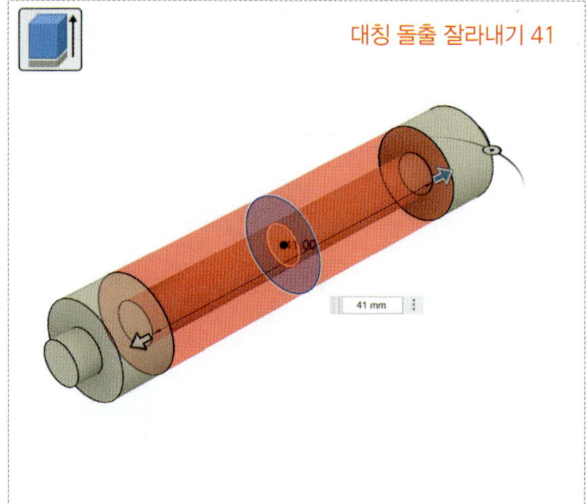

돌출을 다음과 같이 설정한다.

네 모서리에 챔퍼(모따기)를 적용한다.

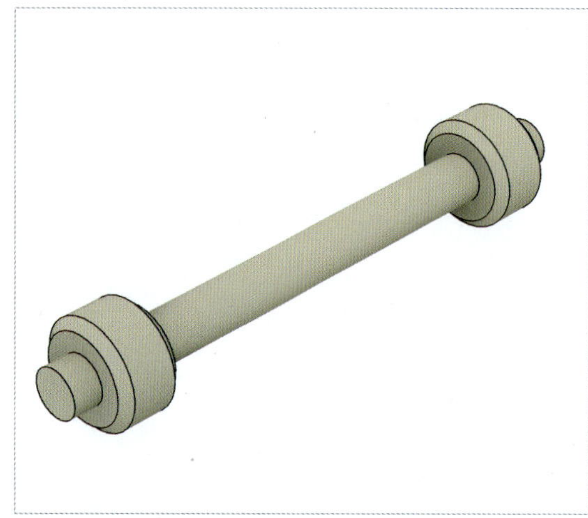

2번 부품의 완성 모습

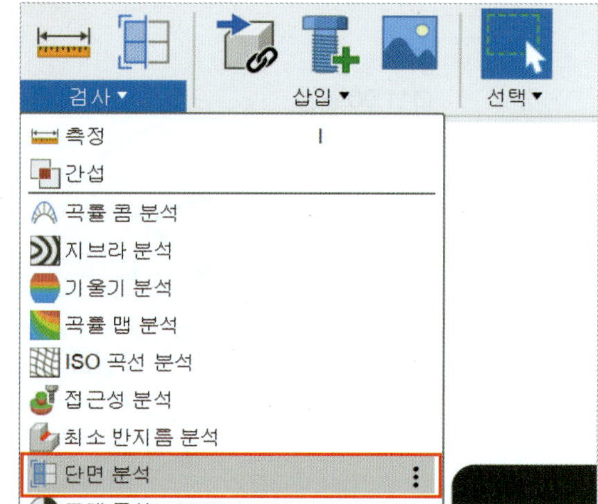

솔리드 〉 검사 〉 단면 분석을 클릭한다.

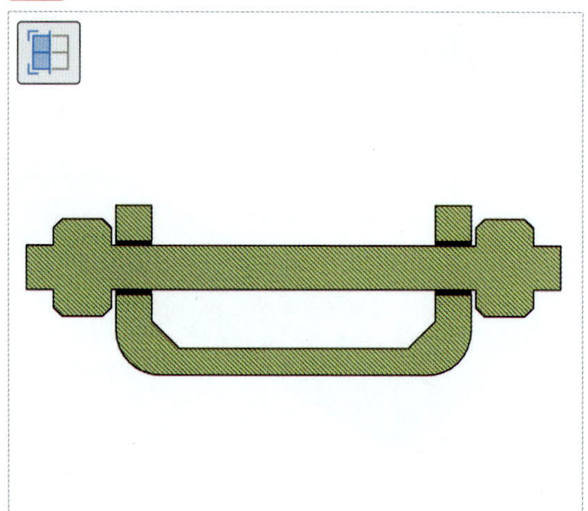

YZ면을 클릭하여 공차를 확인한다.

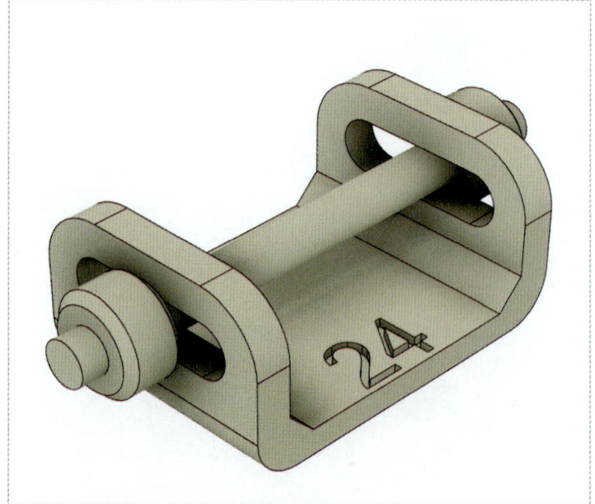

모델링을 완료하고 비번호로 저장한다.

① ㄱ
6
21
● 원점 위치
평면도

Ⓐ Ø26
Ⓑ Ø3
R3
25
4
Ø23
01

①
01
②

② Ø36
Ø27
A
4-R10
ㄴ
40
40
ㄴ
평면도

공차 치수 A는 Ø27에 공차 −1을 적용해서 Ø26
공차 치수 B는 Ø4에 공차 −1을 적용해서 Ø3

4-R2
Ø4 B
ㄷ
22
8
10
14

주서
1. 도시되고 지시없는 라운드는 R3

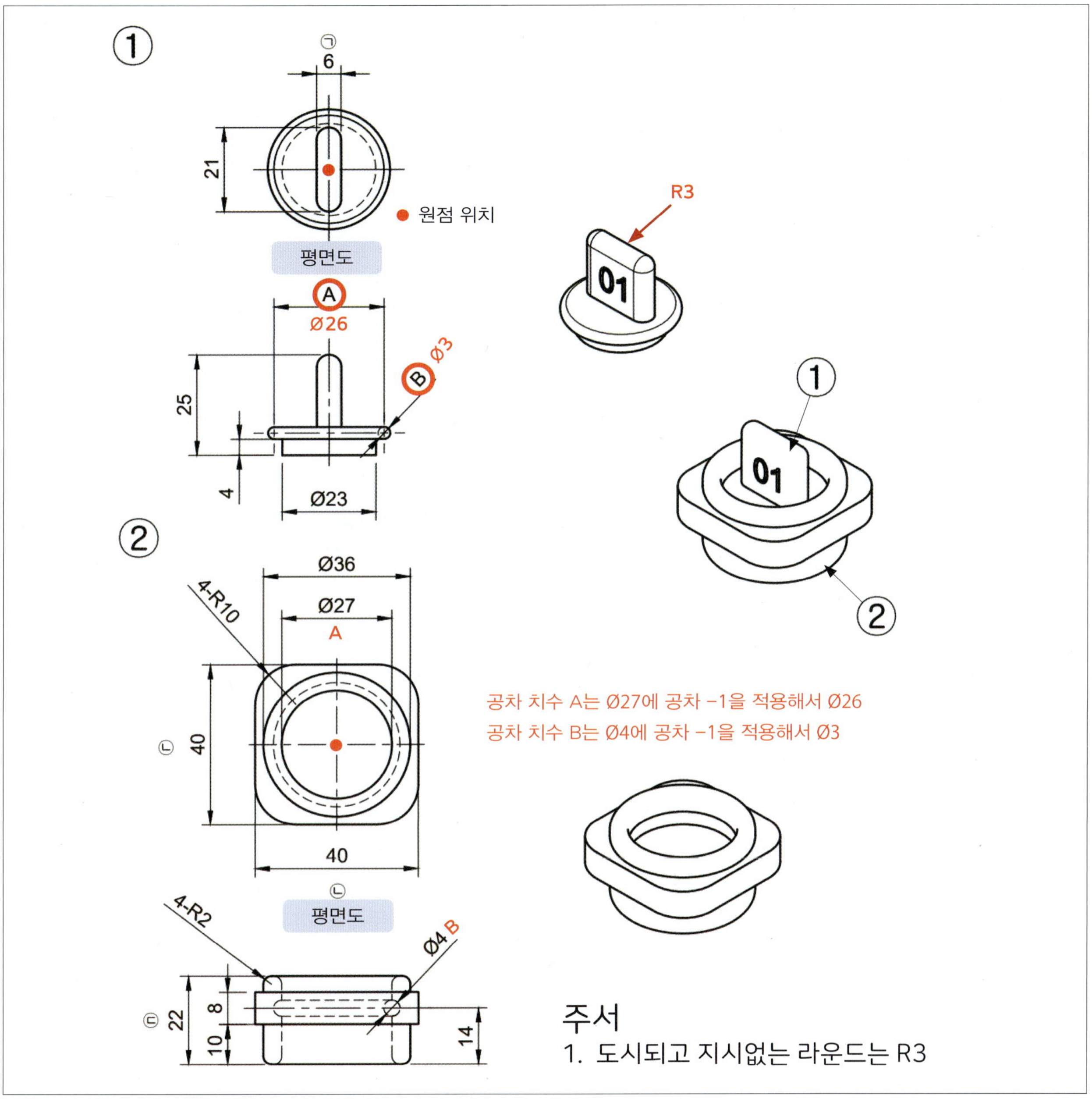

1 A, B에 공차 적용된 치수

① 공차 치수 A는 Ø27에 공차 −1을 적용해서 Ø26으로 작성한다.

② 공차 치수 B는 Ø4에 공차 −1을 적용해서 Ø3으로 작성한다.

2 도면 분석

① 1번, 2번 부품의 평면도에서 스케치를 시작한다.

② 공차를 미리 적용한 치수로 작성한다.

③ 정렬 기능으로 두 부품을 조립한다.

01

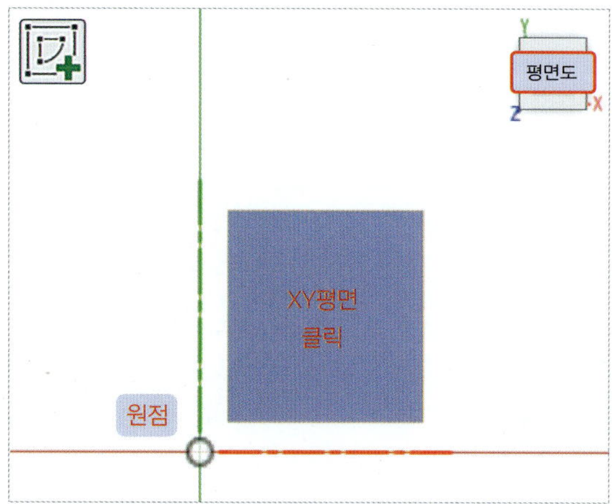

뷰 큐브의 평면도라는 글자를 클릭하여 시점을 맞추고 스케치 작성 명령을 클릭한다.

02

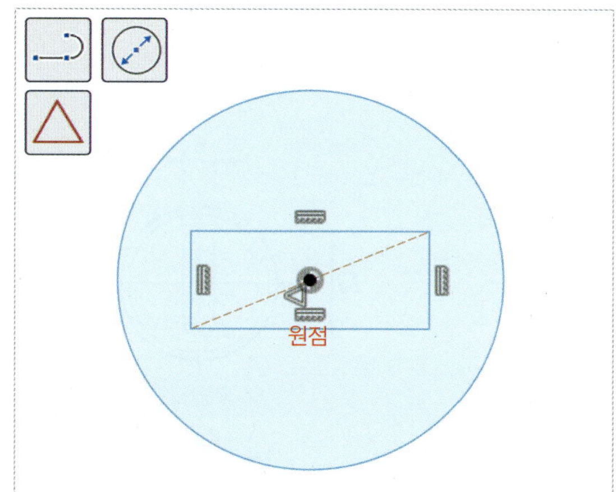

1번 부품의 평면도를 대강 그린다.

03

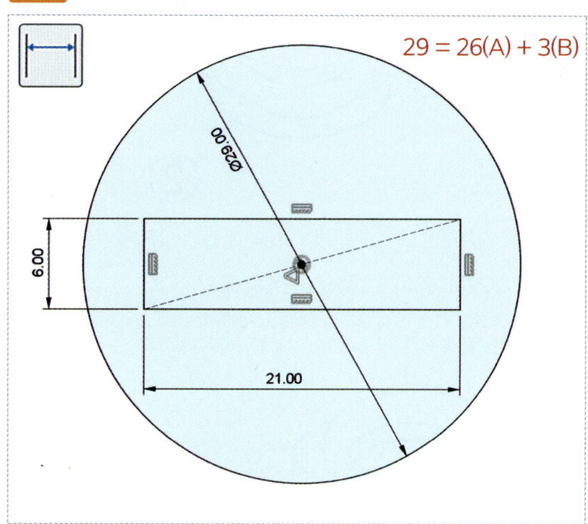

다음과 같이 치수를 적용한다.

04

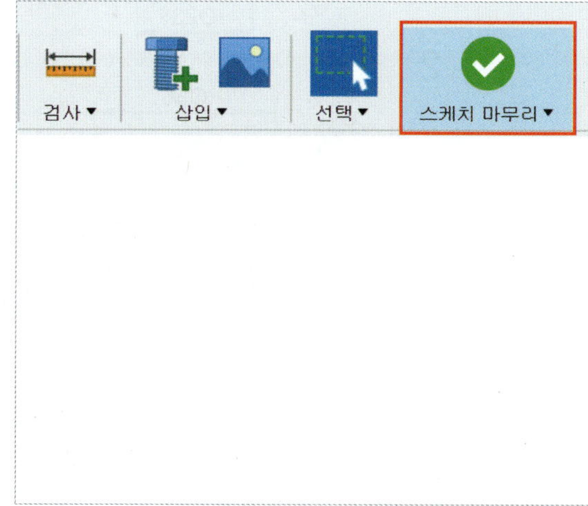

스케치 마무리를 한다.

05

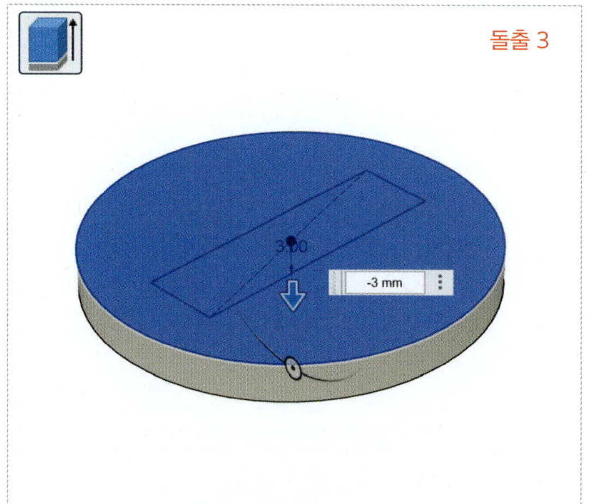

원을 아래쪽으로 3mm 돌출한다.

06

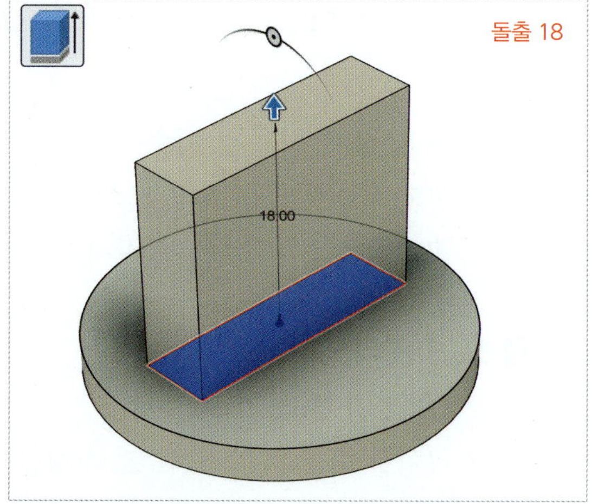

돌출을 다음과 같이 18mm로 설정한다.

원통을 돌출시킬 면을 선택한다.

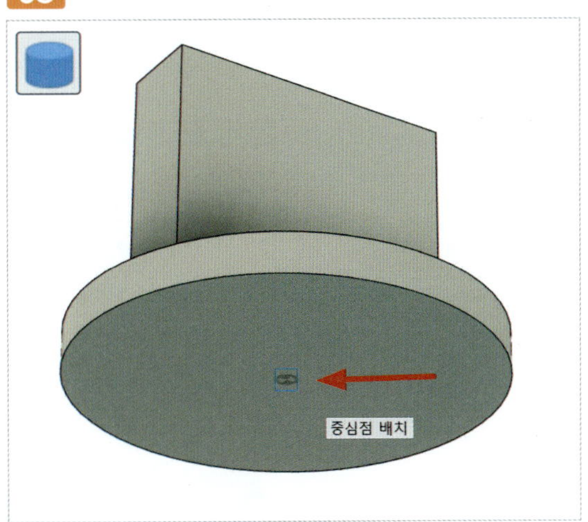

원의 중심점을 스냅 위치에 배치한다.

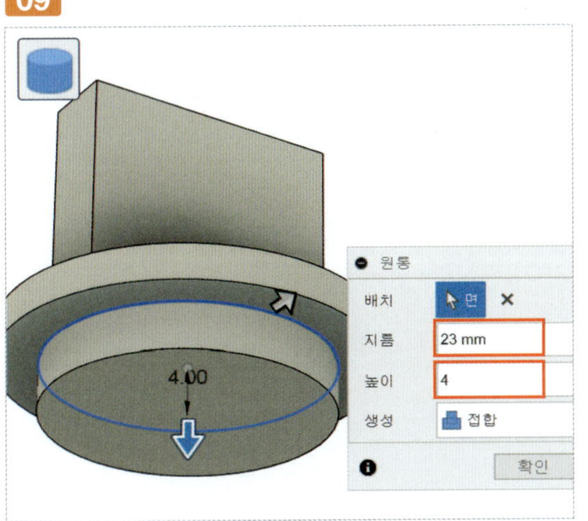

직경 23mm, 높이 4mm인 원통을 작성한다.

필렛을 다음과 같이 설정한다.

필렛 R3을 다음과 같이 설정한다.

다음의 면을 선택하고 스케치 작성을 클릭한다.

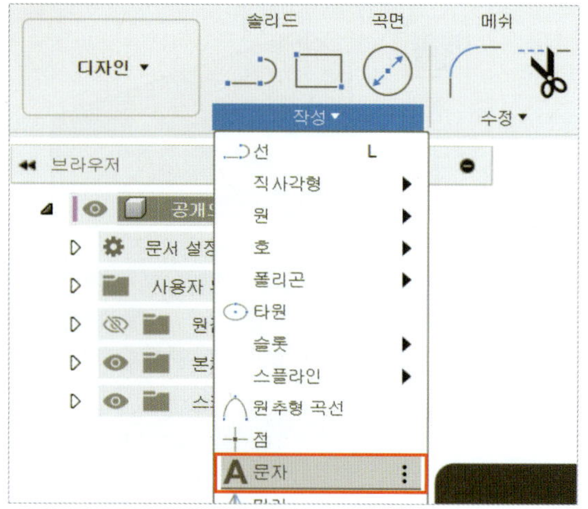

스케치 〉 작성 〉 문자 명령을 클릭한다.

비번호를 입력한다.

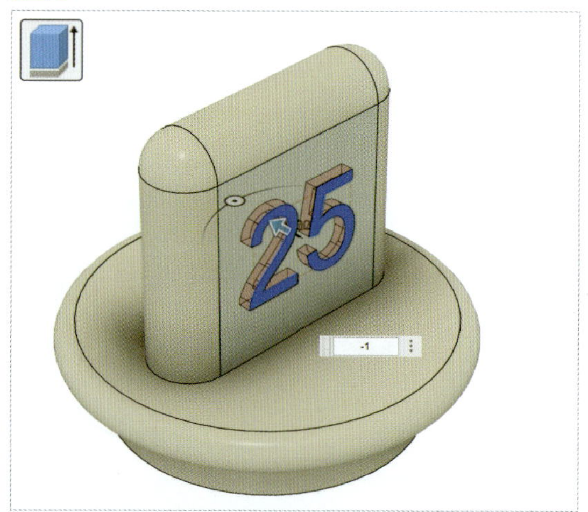

솔리드 〉 작성 〉 돌출 명령을 실행한다.

1번 부품의 완성 모습

4 2번 부품 3D모델링

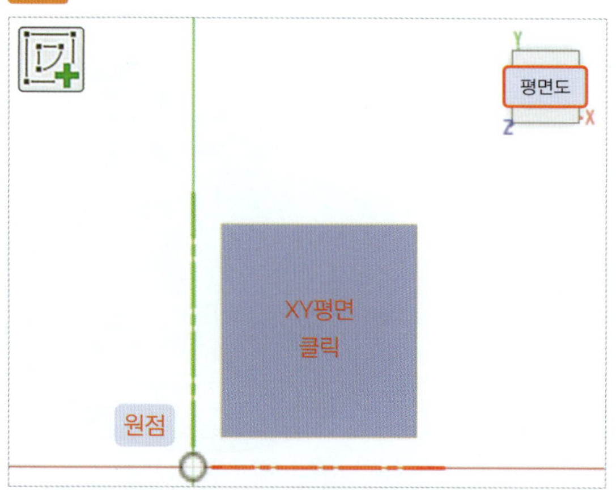

뷰 큐브의 평면도라는 글자를 클릭하여 시점을 맞추고 스케치 작성 명령을 클릭한다.

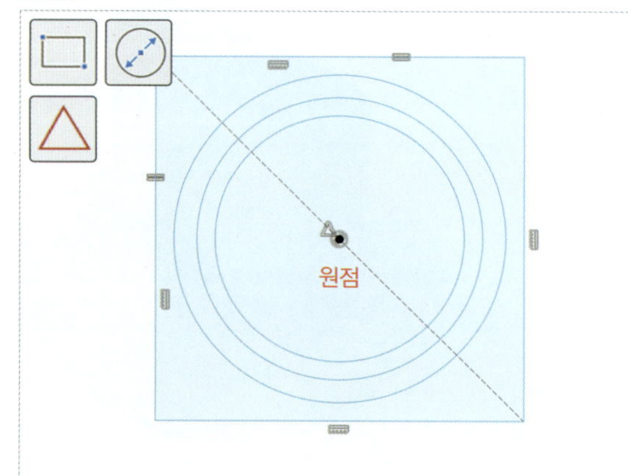

평면도를 그린다.

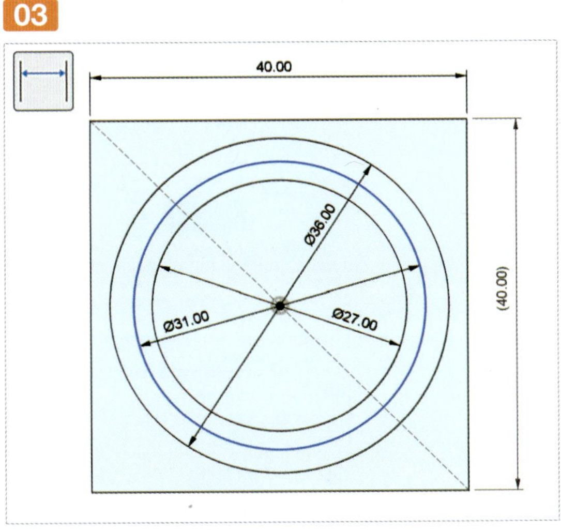

다음과 같이 치수를 적용한다.

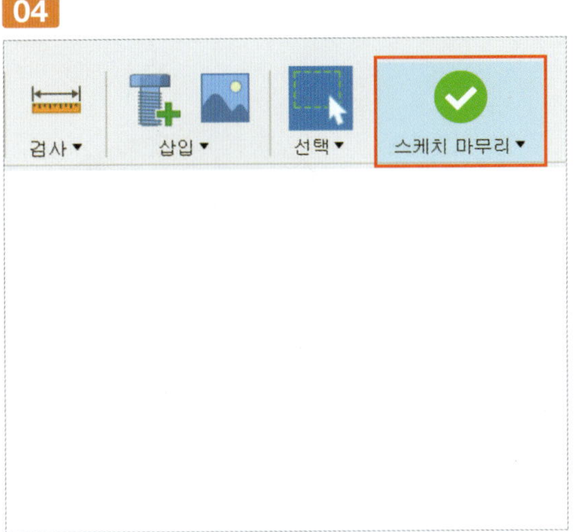

스케치 마무리를 한다.

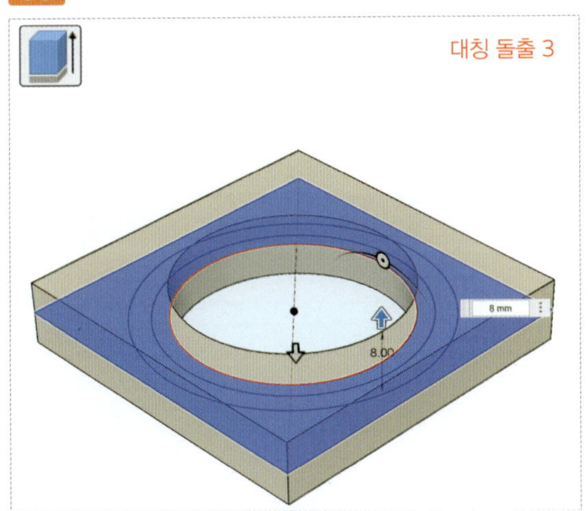

돌출을 다음과 같이 설정한다.

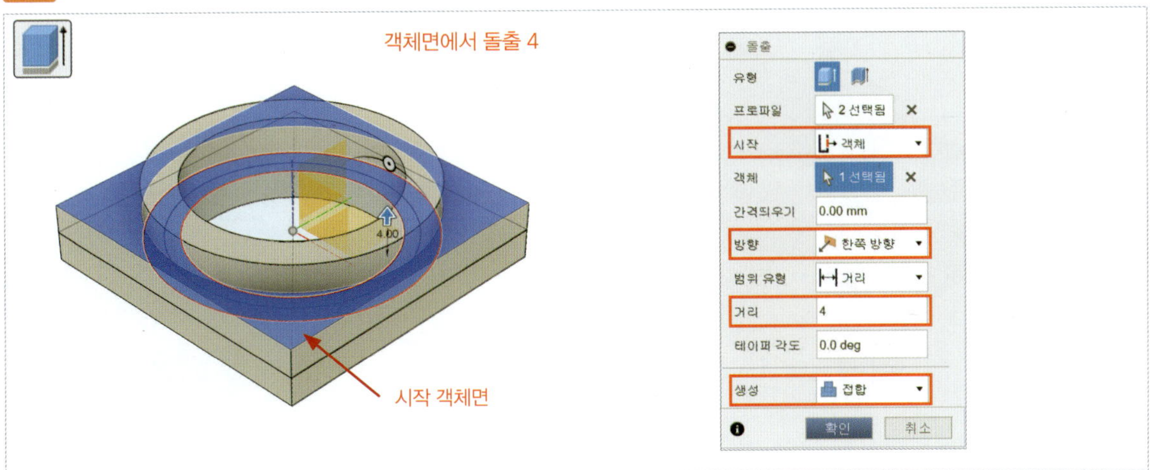

객체면부터 돌출을 다음과 같이 설정한다.

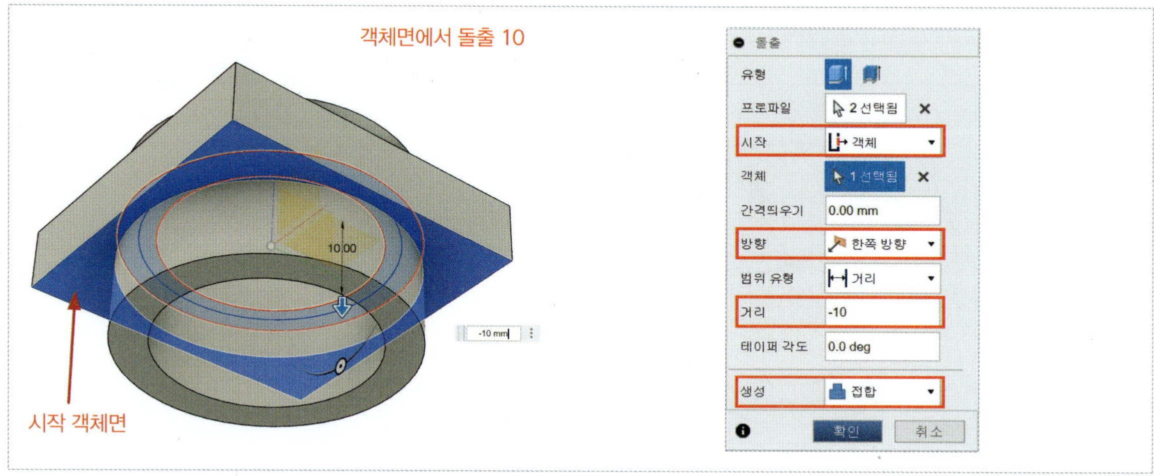

아래쪽 객체면에서 돌출을 다음과 같이 설정한다.

돌출을 완료한 후 모습

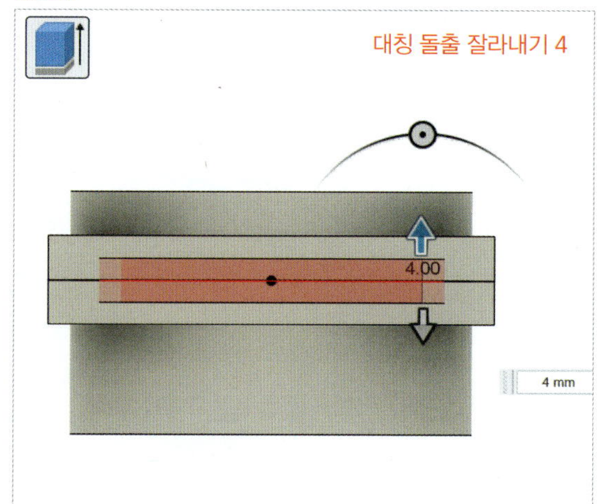

직경이 31mm인 원을 다음과 같이 돌출한다.

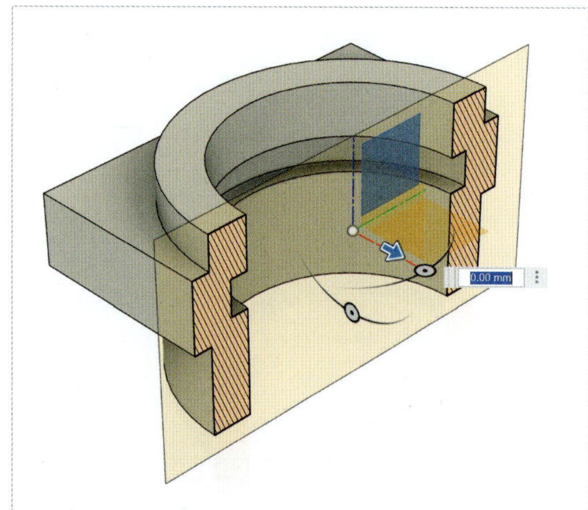

잘라내기 돌출을 한 안쪽의 모습

네 모서리에 필렛 R10을 적용한다.

필렛 R2를 적용한다.

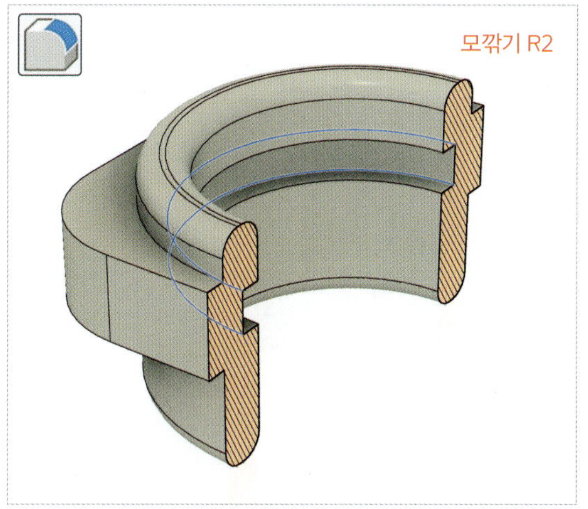

필렛 적용을 돕기 위해 단면 분석을 한다. 안쪽의 두 모서리에 R2를 적용한다.

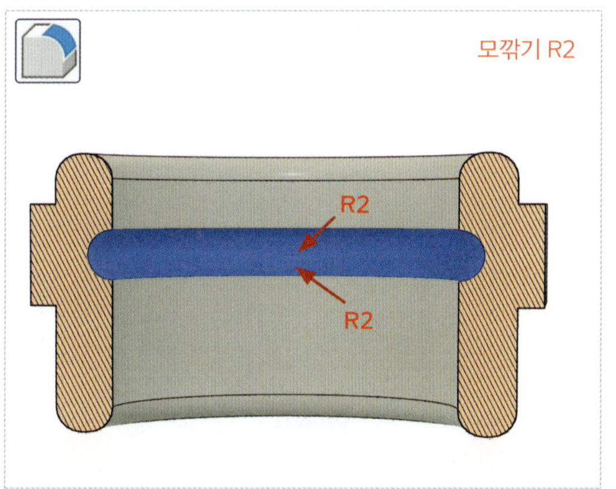

필렛을 적용한 모습

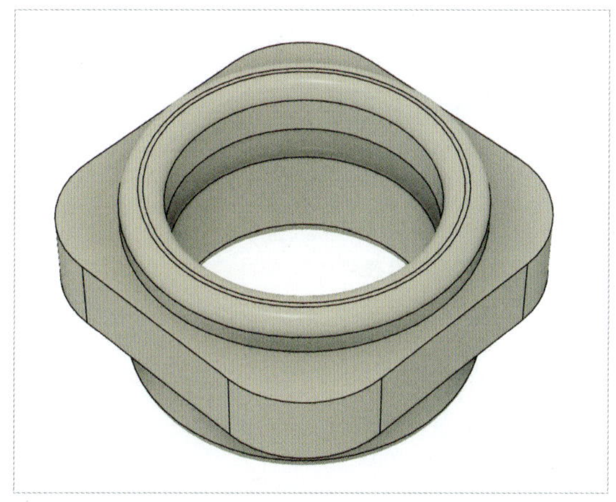

2번 부품의 완성 모습

5 부품 조립

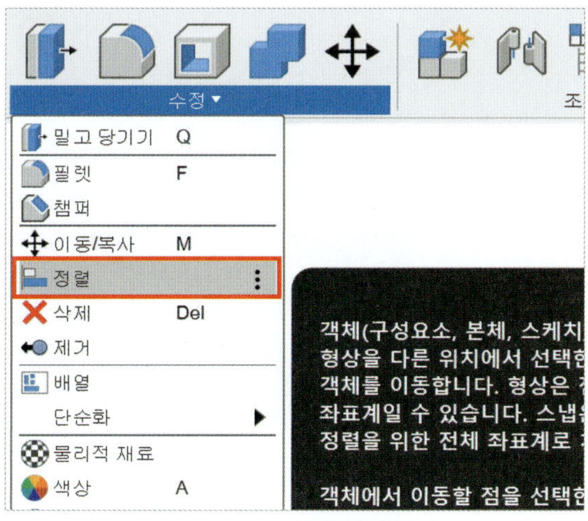

솔리드 〉수정 〉정렬 명령을 클릭한다.

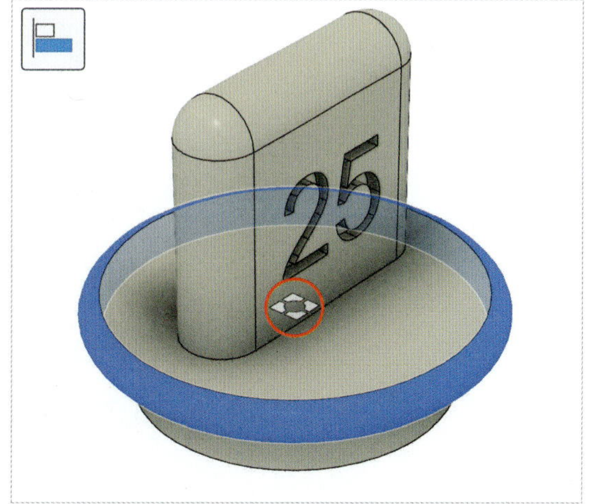

2번 부품의 원반 중심을 첫 번째 스냅 점으로 선택한다.

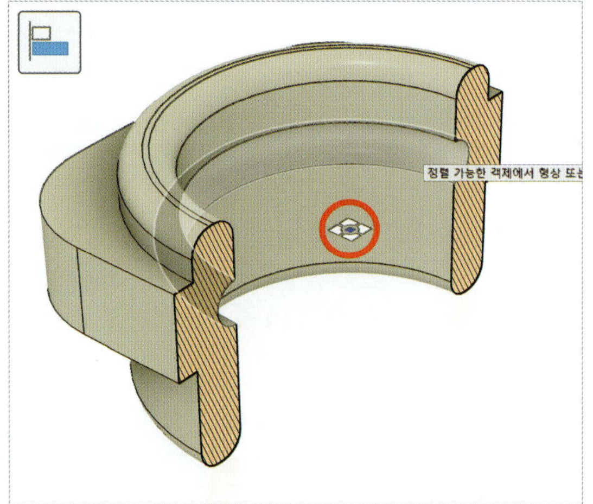

2번 부품의 안쪽 곡면을 선택하고 중심점을 스냅 점으로 선택한다.

두 부품을 스냅 점을 기준으로 정렬한다.

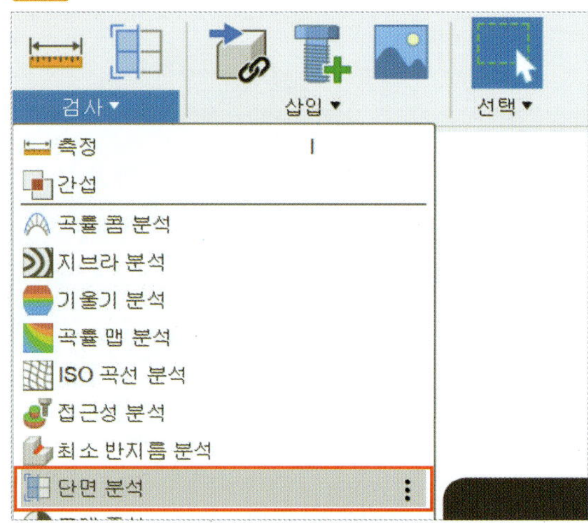

솔리드 〉 검사 〉 단면 분석을 클릭한다.

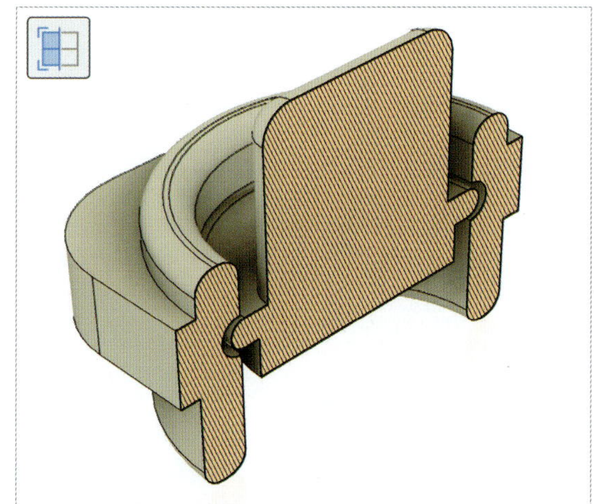

YZ면을 클릭한다.

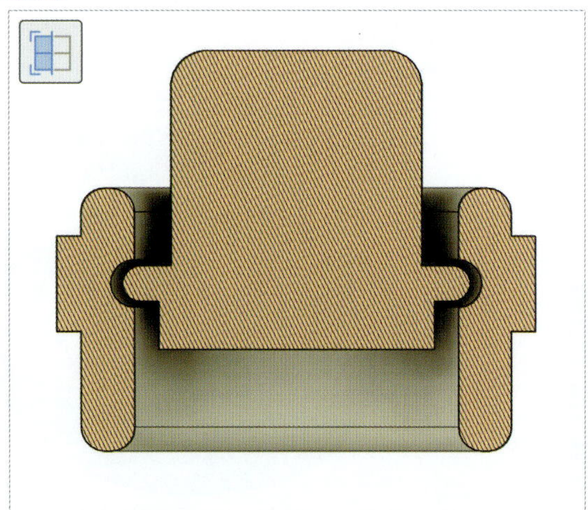

원반 모양 부분에 공차가 적용된 것을 확인한다.

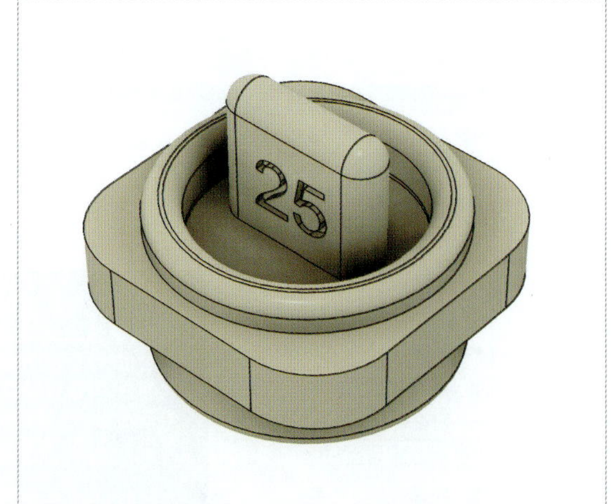

모델링을 완료하고 비번호로 저장한다.

공개 도면 26번

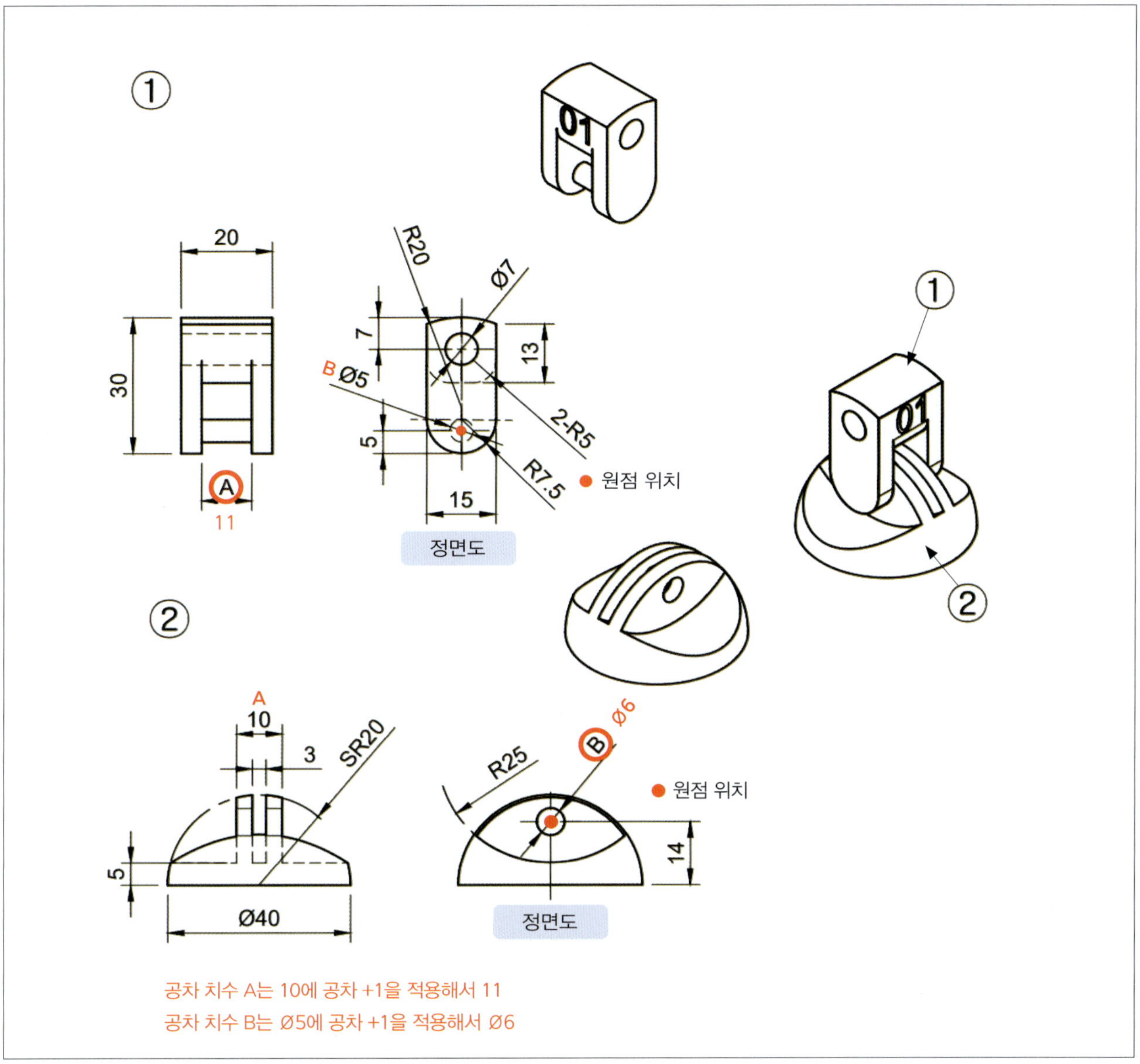

1 A, B에 공차 적용된 치수

① 공차 치수 A는 10에 공차 +1을 적용해서 11로 작성한다.

② 공차 치수 B는 Ø5에 공차 +1을 적용해서 Ø6으로 작성한다.

2 도면 분석

① 1번, 2번 부품의 정면도에서 스케치를 시작한다.

② 공차를 미리 적용한 치수로 작성한다.

01

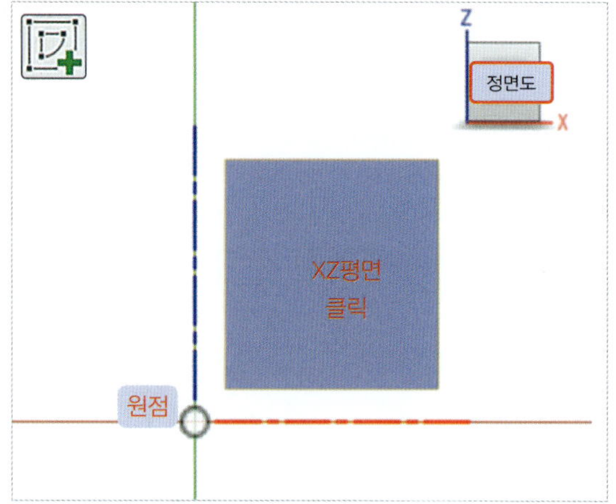

뷰 큐브의 정면도라는 글자를 클릭하여 시점을 맞추고 스케치 작성 명령을 클릭한다.

02

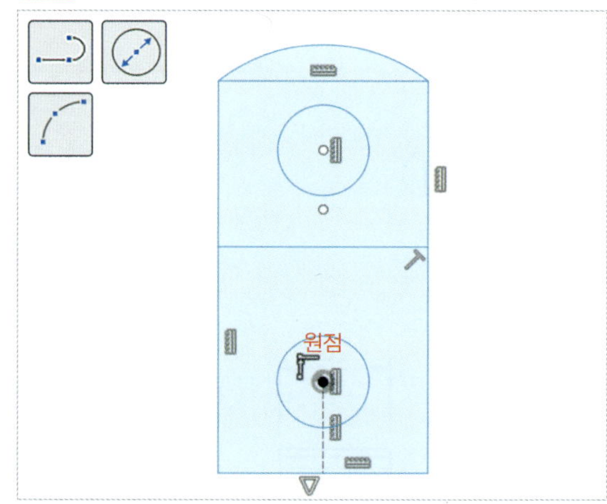

1번 부품의 정면도를 대강 그린다.

03

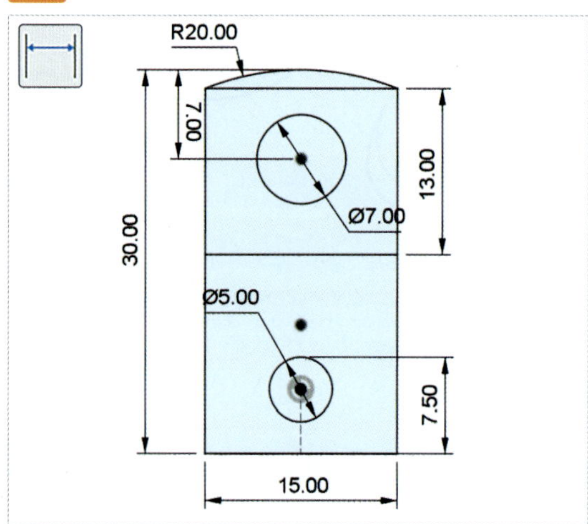

다음과 같이 치수를 적용한다.

04

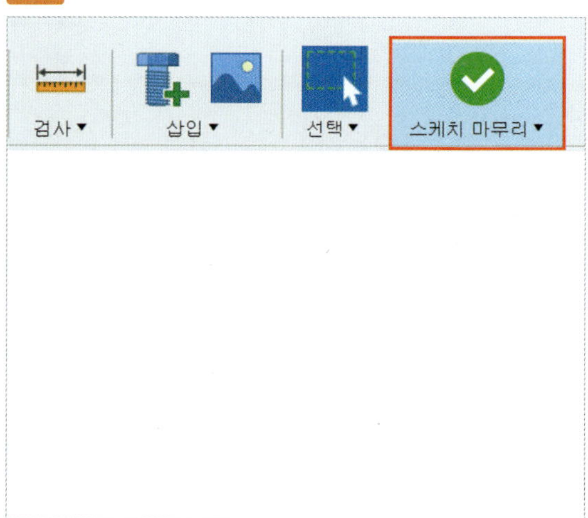

스케치 마무리를 한다.

05

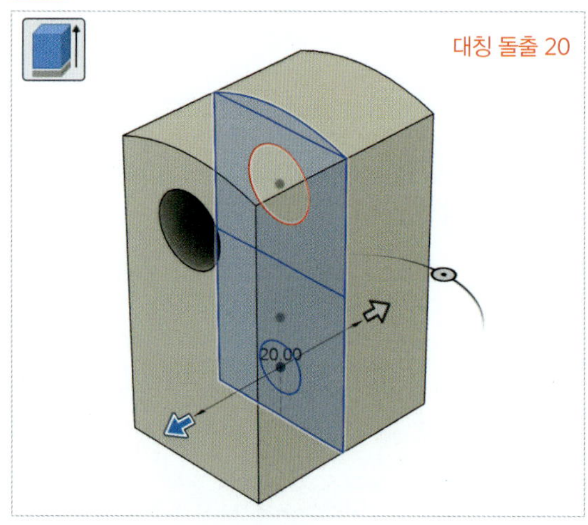

돌출을 다음과 같이 설정한다.

06

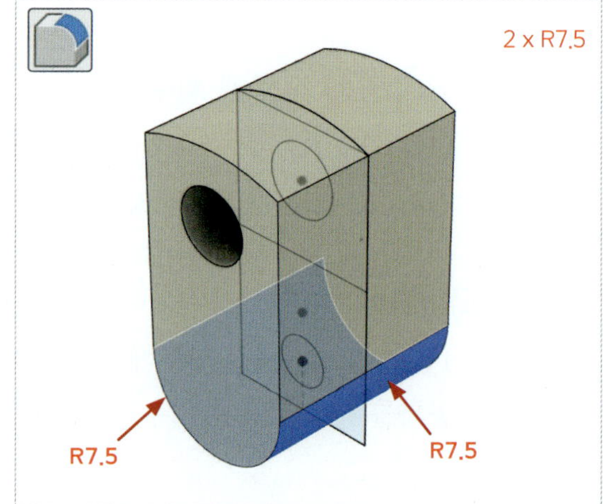

모서리에 필렛(모깎기)을 적용한다.

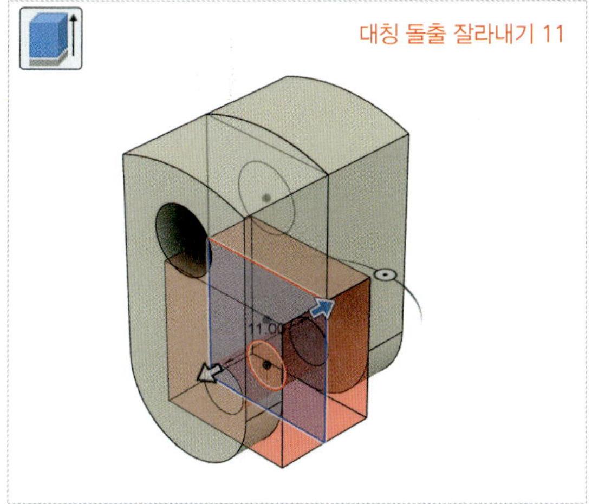

돌출을 다음과 같이 설정한다.

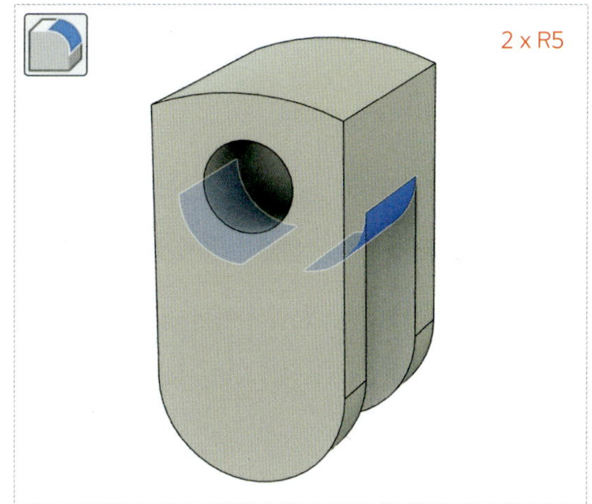

모서리에 필렛(모깎기)을 적용한다.

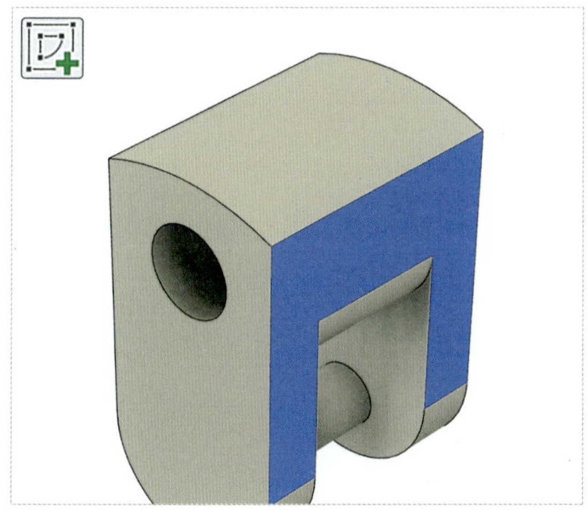

다음의 면을 선택하고 스케치 작성을 클릭한다.

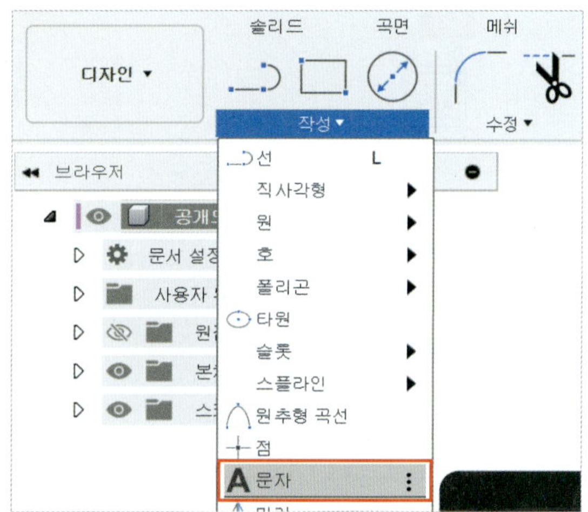

스케치 〉 작성 〉 문자 명령을 클릭한다.

비번호를 입력한다.

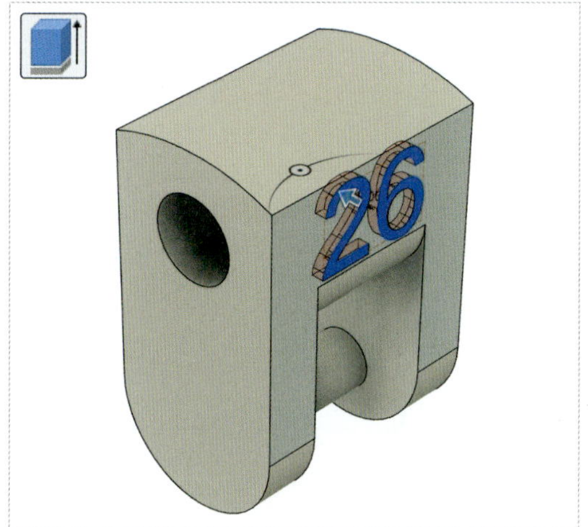

솔리드 〉 작성 〉 돌출 명령을 실행한다.

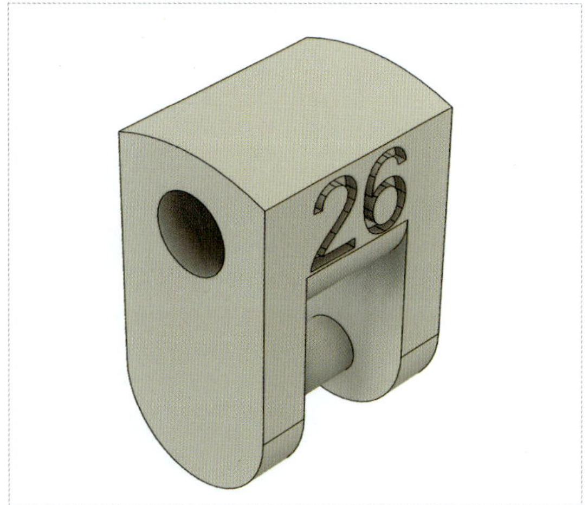

1번 부품의 완성 모습

4 2번 부품 3D모델링

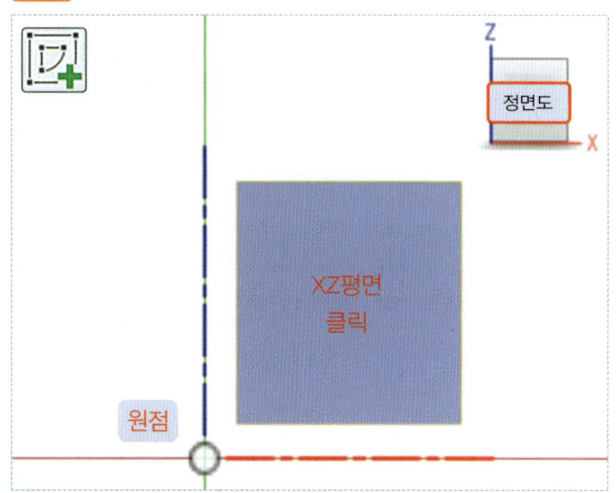

뷰 큐브의 정면도라는 글자를 클릭하여 시점을 맞추고 스케치 작성 명령을 클릭한다.

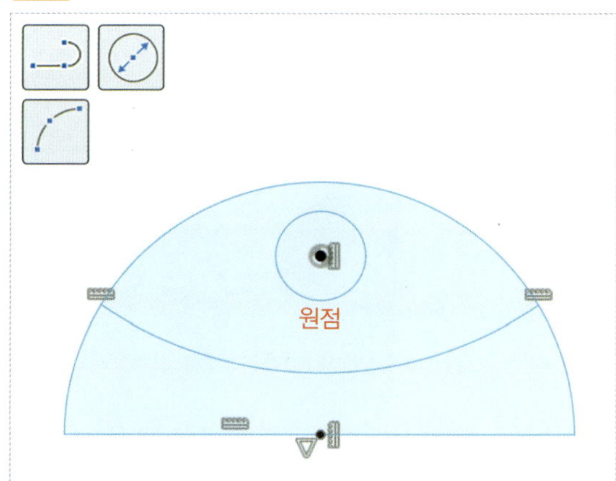

1번 부품의 정면도를 대강 그린다. 호의 양쪽 끝점을 수평 구속하여 높이를 맞춘다.

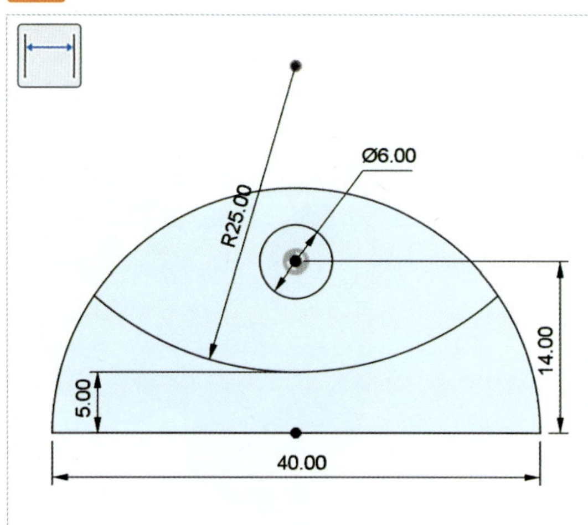

다음과 같이 치수를 적용한다.

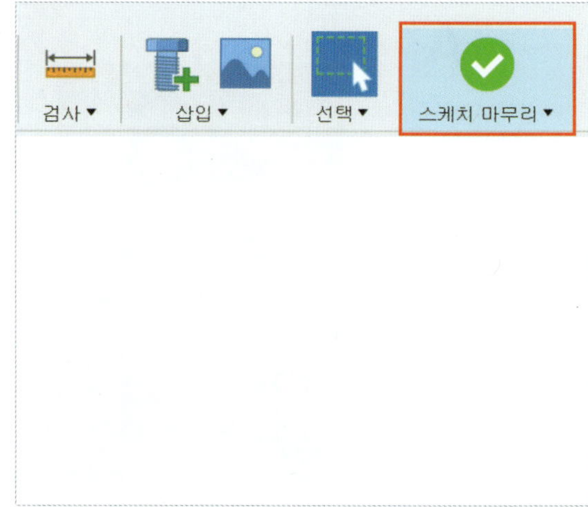

스케치 마무리를 한다.

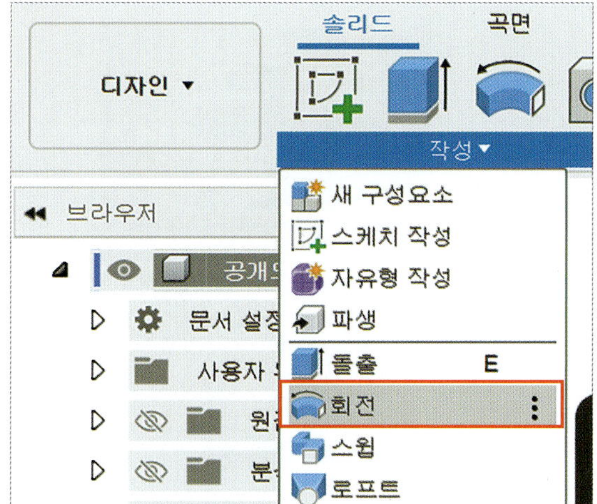

솔리드 > 작성 > 회전 명령을 클릭한다.

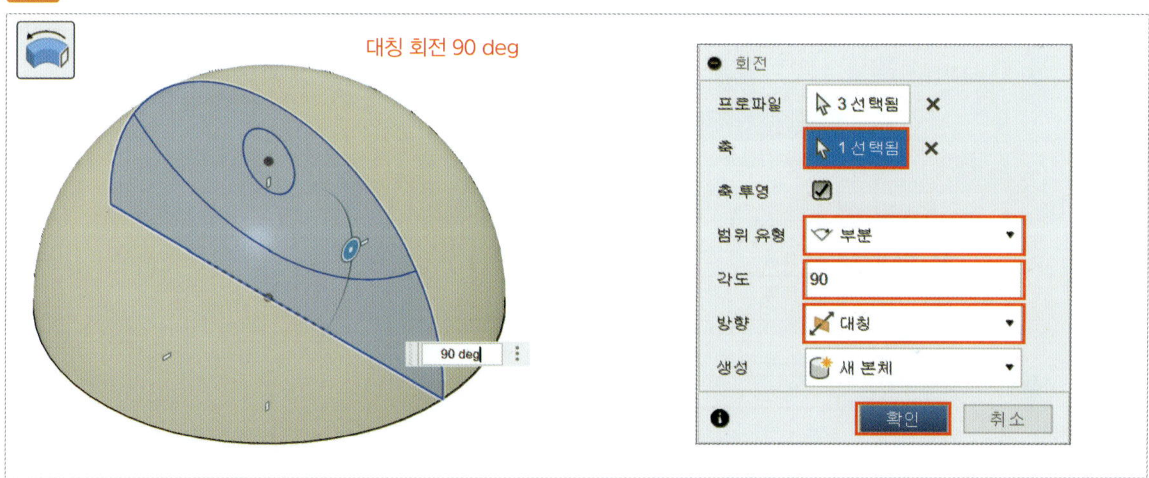

회전으로 반구를 만든다.

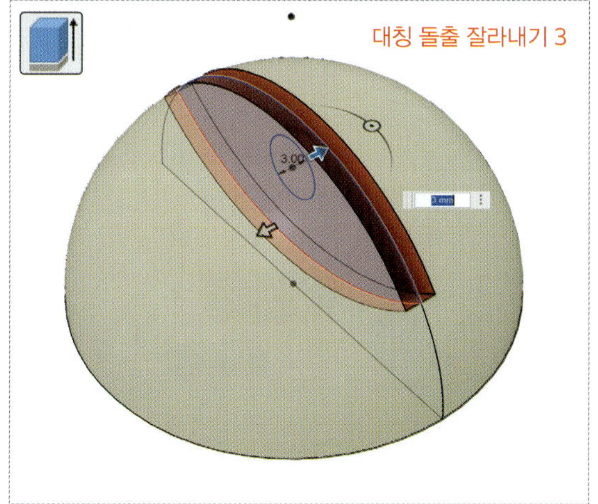

눈모양 부분을 선택하고 대칭 돌출한다.

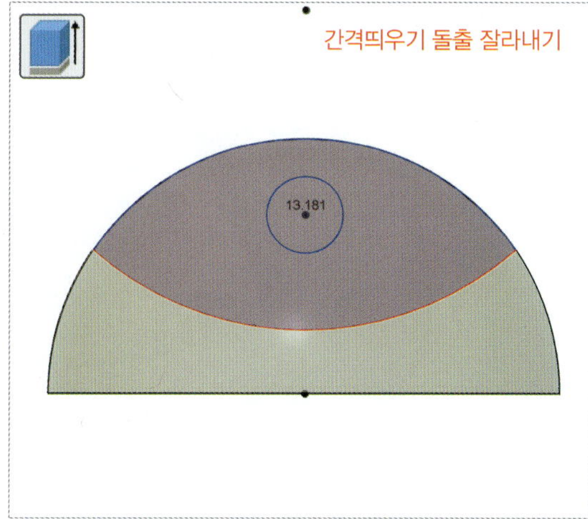

간격띄우기 돌출을 위해 다음의 프로파일을 선택한다.

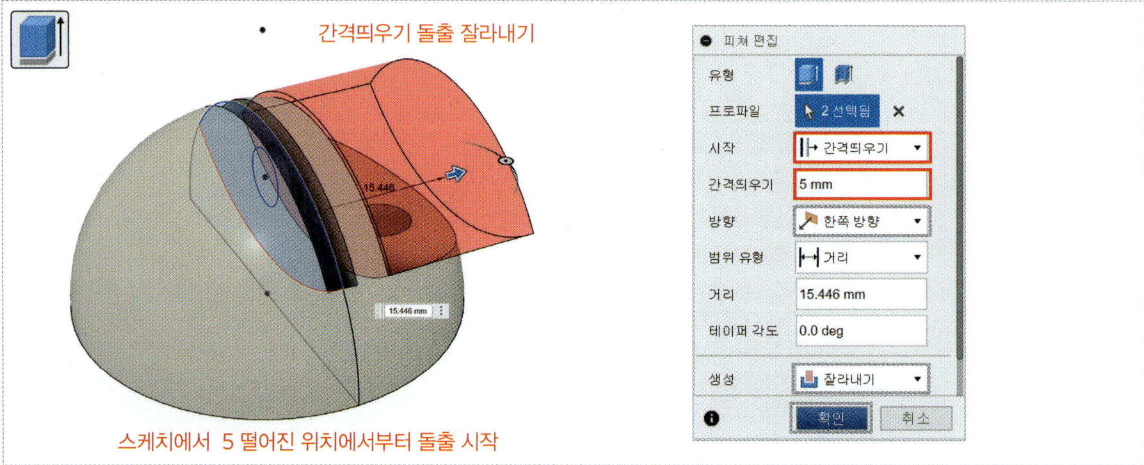

09

돌출을 다음과 같이 설정한다.

10

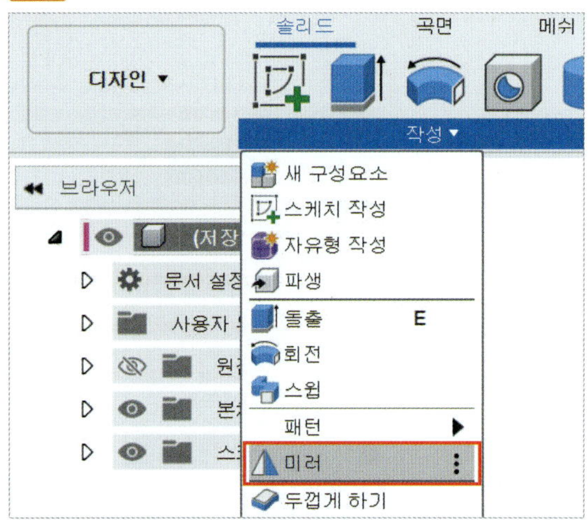

대칭으로 적용하기 위해 솔리드 〉 작성 〉 미러를 선택한다.

11

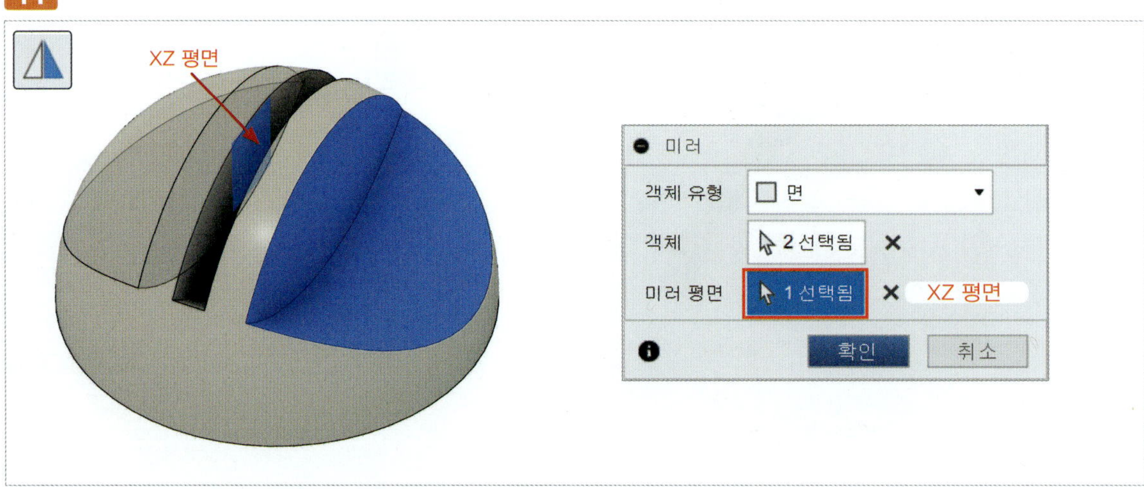

대칭으로 작성할 두 면을 다음과 같이 선택하고 미러 평면으로 XZ 평면을 클릭한다.

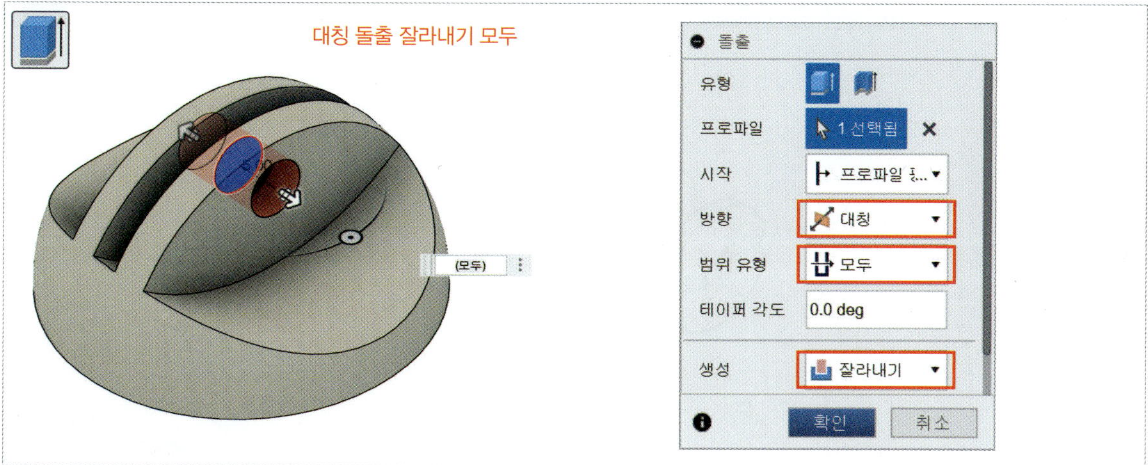

대칭 돌출로 원을 뚫어준다.

1번 부품의 완성 모습

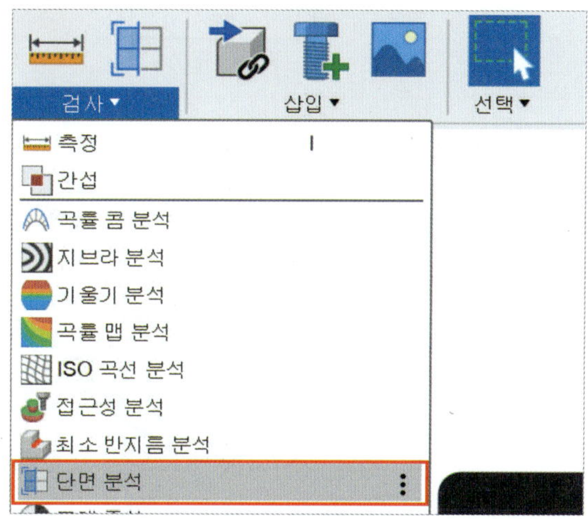

솔리드 〉검사 〉단면 분석을 클릭한다.

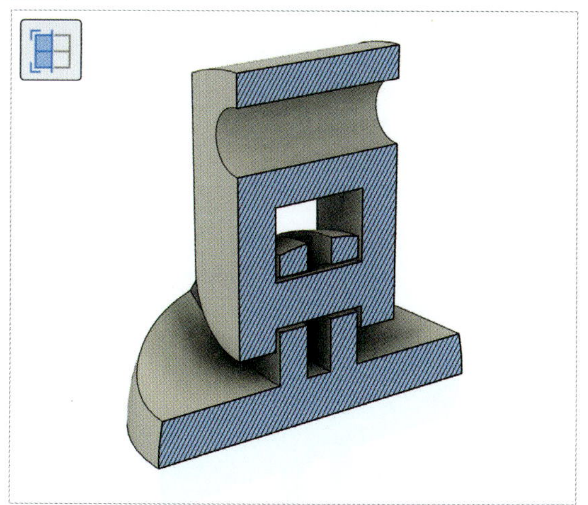

YZ면을 클릭하여 공차 적용을 확인한다.

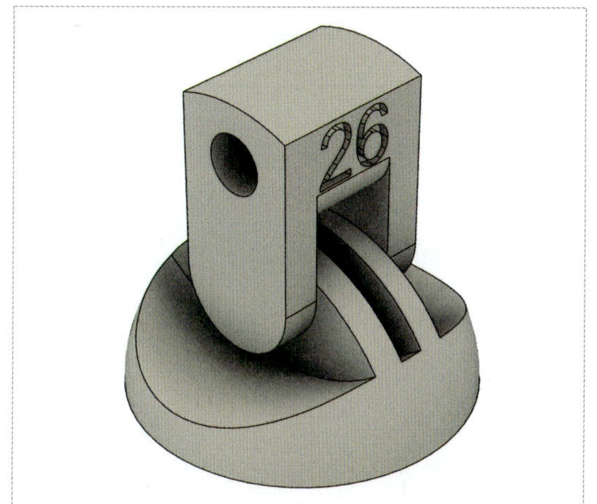

모델링을 완료하고 비번호로 저장한다.

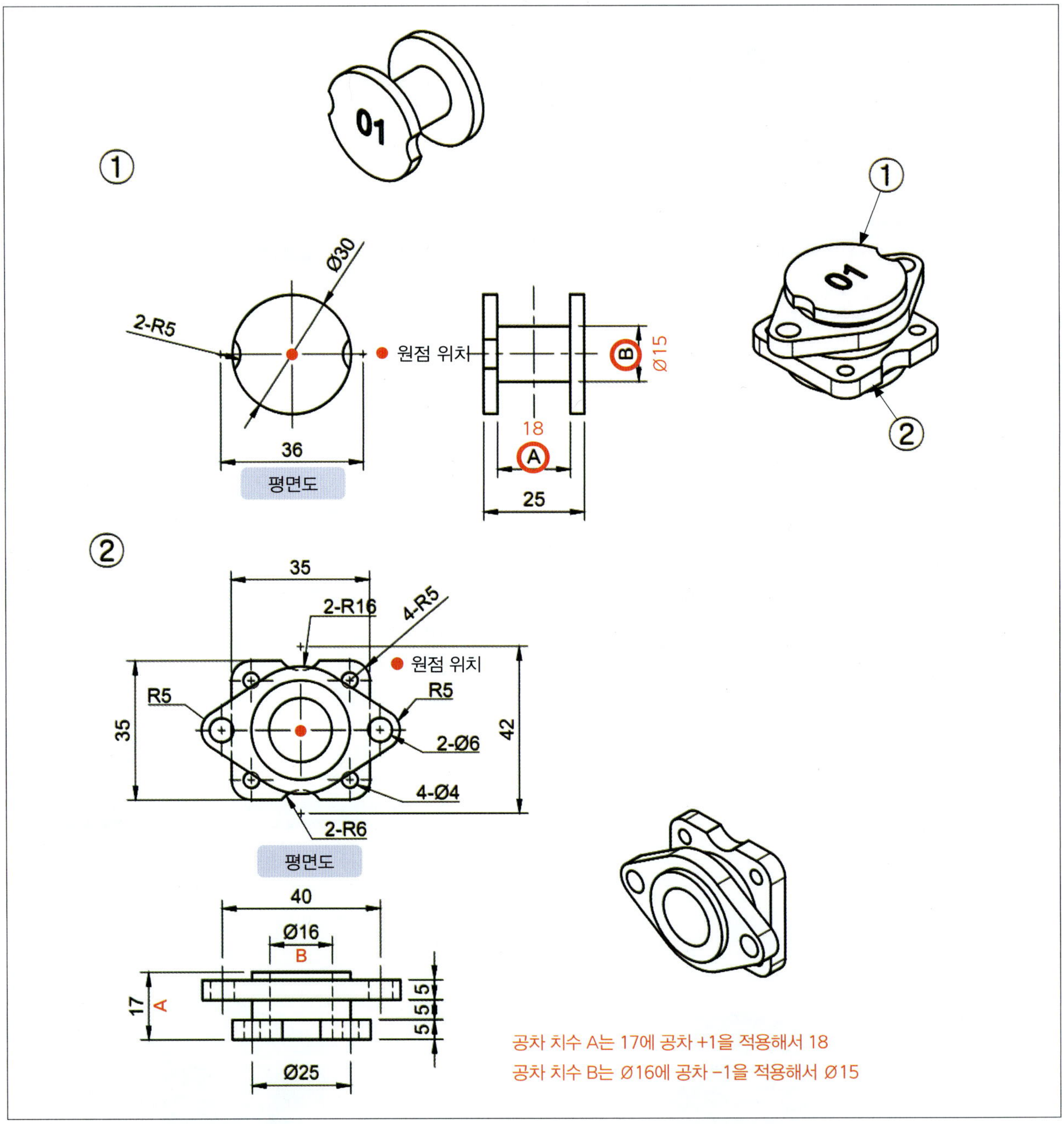

1 A, B에 공차 적용된 치수

① 공차 치수 A는 17에 공차 +1을 적용해서 18로 작성한다.

② 공차 치수 B는 Ø16에 공차 −1을 적용해서 Ø15로 작성한다.

2 도면 분석

① 1번, 2번 부품의 평면도에서 스케치를 시작한다.

② 공차를 미리 적용한 치수로 작성한다.

③ 정렬 기능으로 두 부품을 조립한다.

01

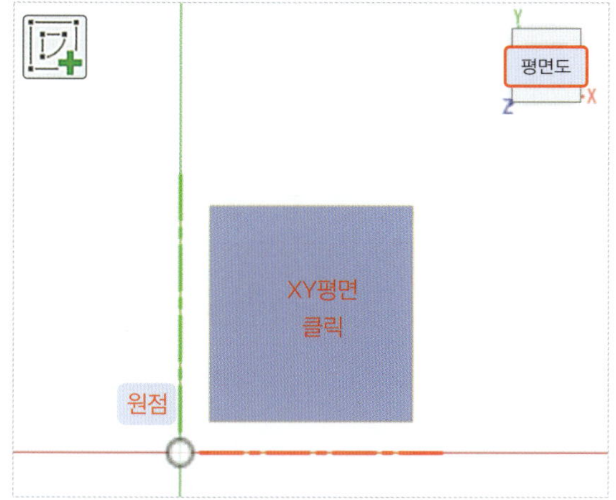

뷰 큐브의 평면도라는 글자를 클릭하여 시점을 맞추고 스케치 작성 명령을 클릭한다.

02

1번 부품의 평면도를 대강 그린다.

03

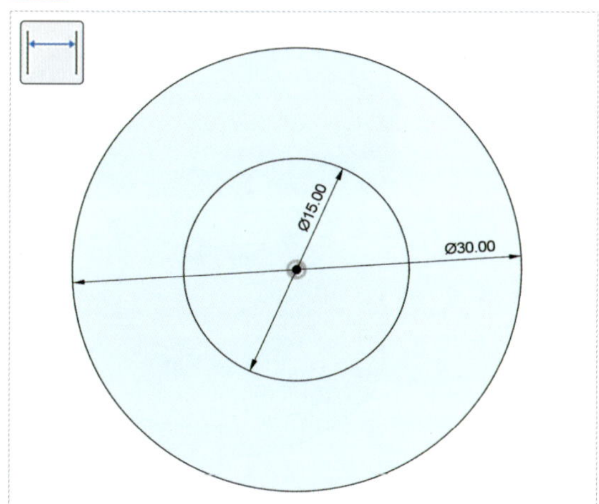

다음과 같이 치수를 적용한다.

04

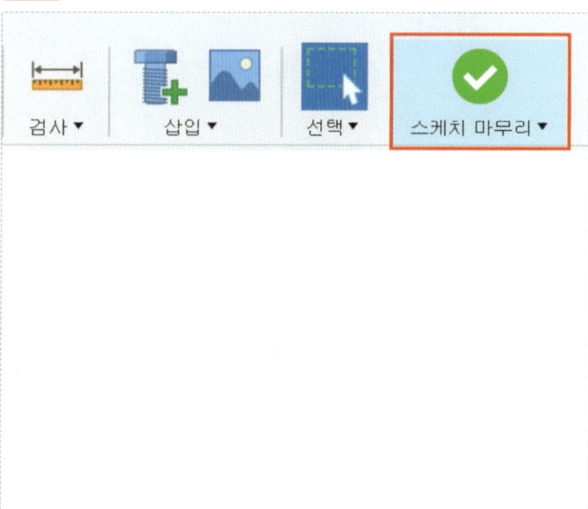

스케치 마무리를 한다.

05

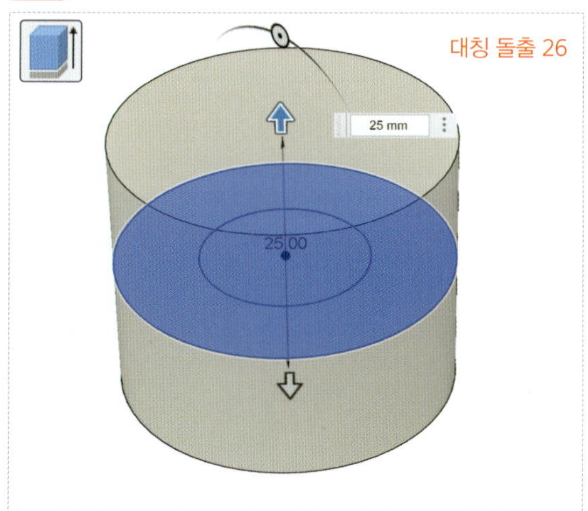

돌출을 다음과 같이 설정한다.

06

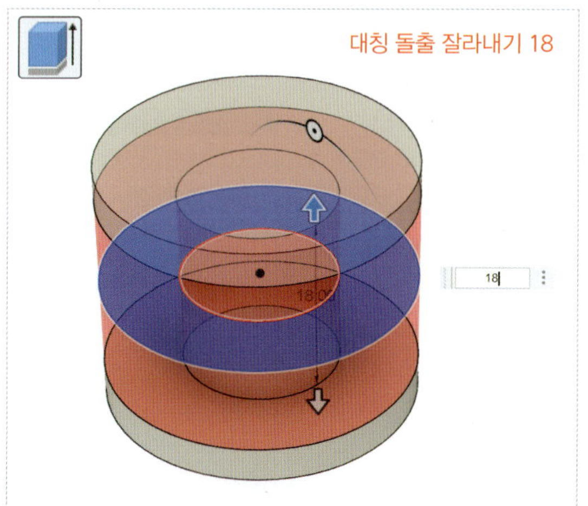

돌출을 다음과 같이 설정한다.

07

다음의 면을 선택하고 스케치 작성을 클릭한다.

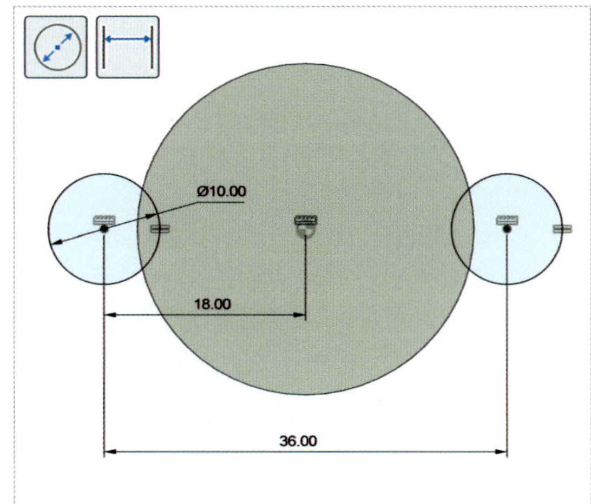

08

다음과 같이 스케치하고 치수를 적용한다.

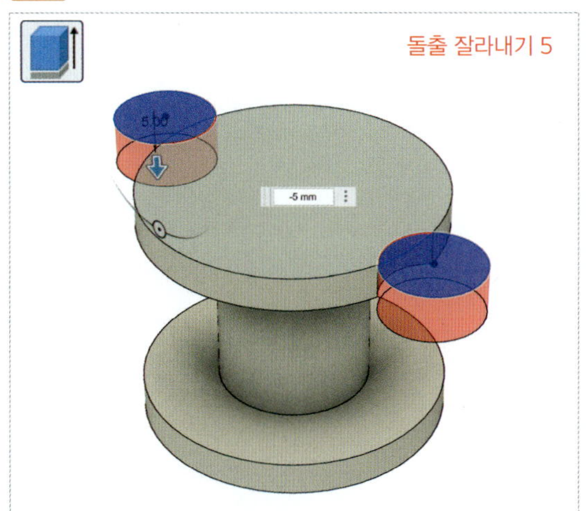

09

돌출을 다음과 같이 설정한다.

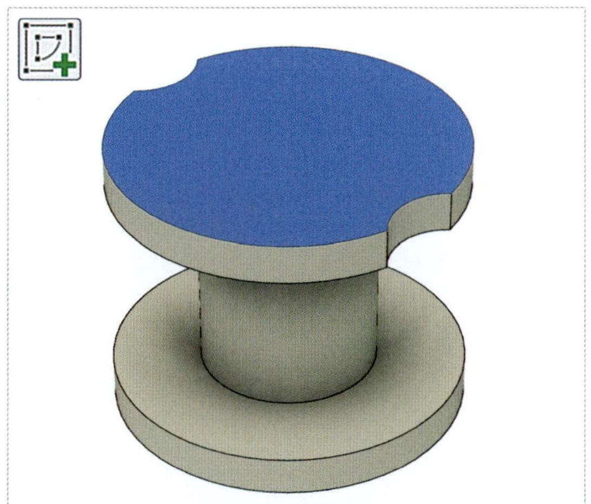

10

다음의 면을 선택하고 스케치 작성을 클릭한다.

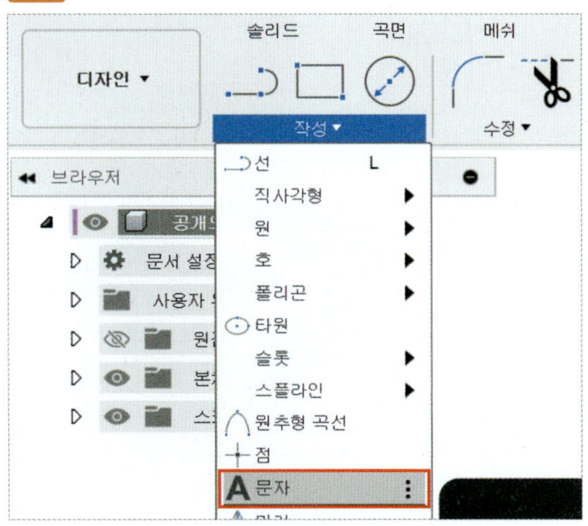

11

스케치 〉 작성 〉 문자 명령을 클릭한다.

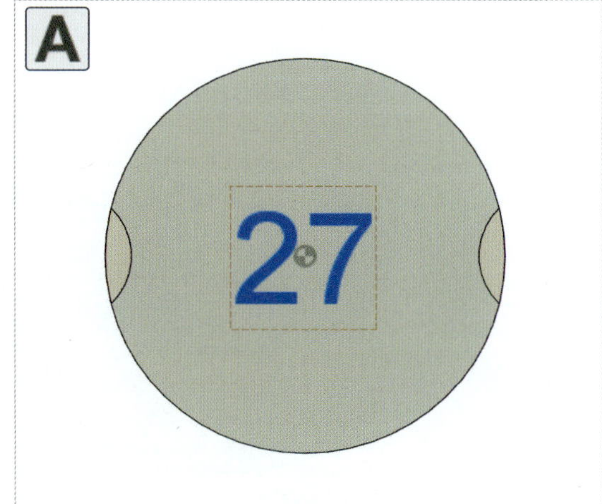

12

가운데에 비번호를 스케치한다.

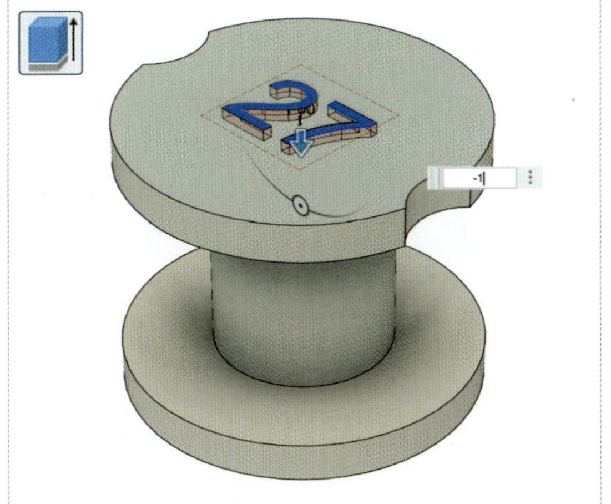

솔리드 〉 작성 〉 돌출 명령을 적용한다.

1번 부품의 완성 모습

4 2번 부품 3D모델링

01

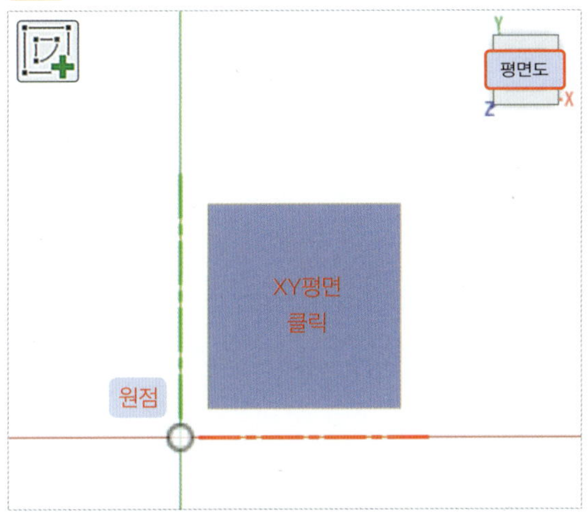

뷰 큐브의 평면도라는 글자를 클릭하여 시점을 맞추
고 스케치 작성 명령을 클릭한다.

02

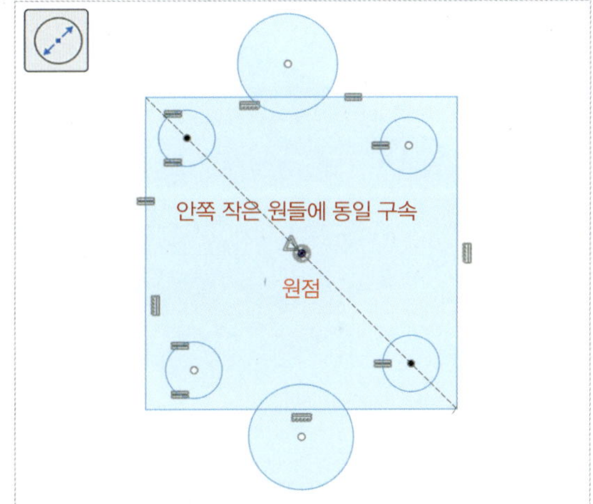

1번 부품의 평면도를 대강 그린다.

03

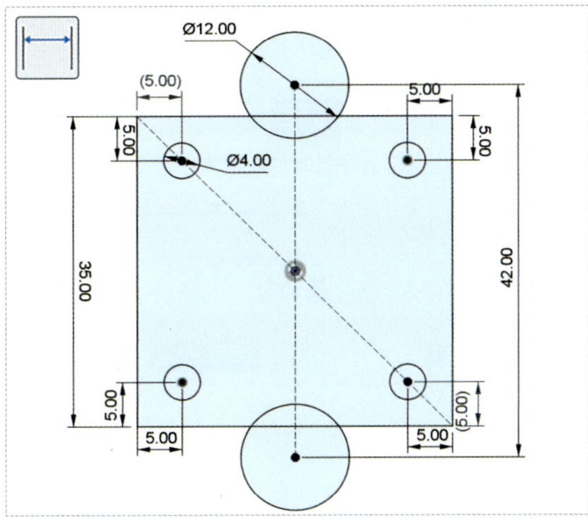

다음과 같이 치수를 적용한다.

04

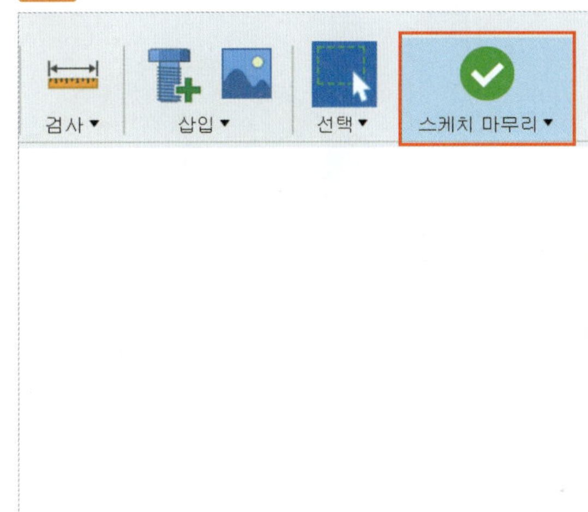

스케치 마무리를 한다.

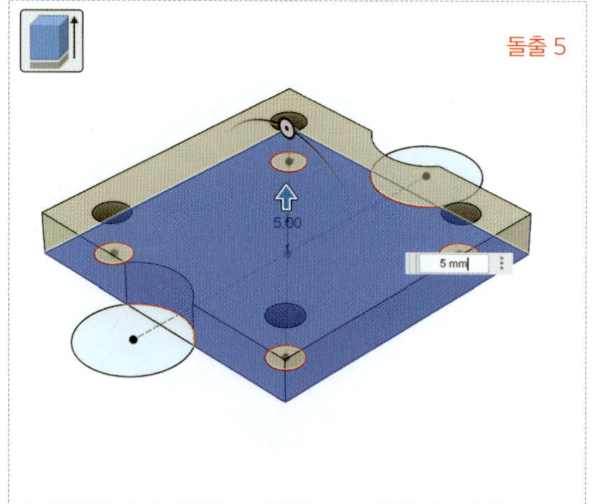

돌출을 다음과 같이 설정한다.

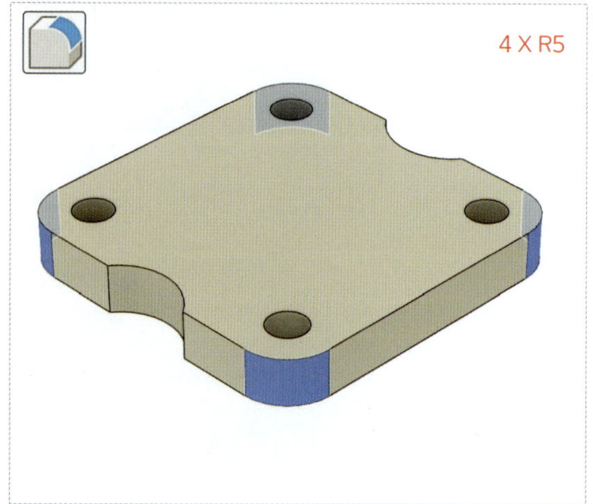

모서리에 필렛(모깎기)을 적용한다.

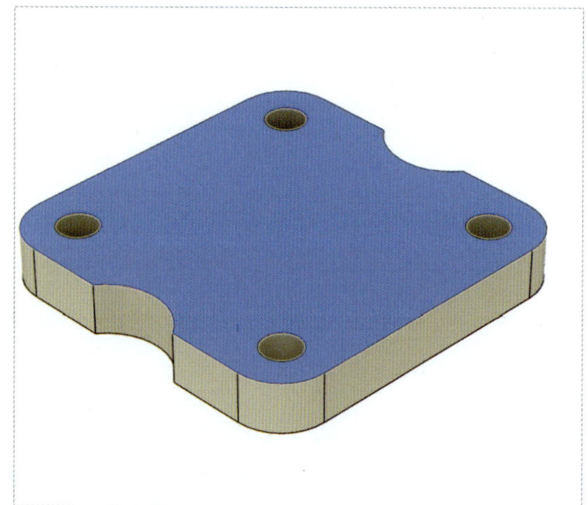

원통을 돌출시킬 면을 선택한다.

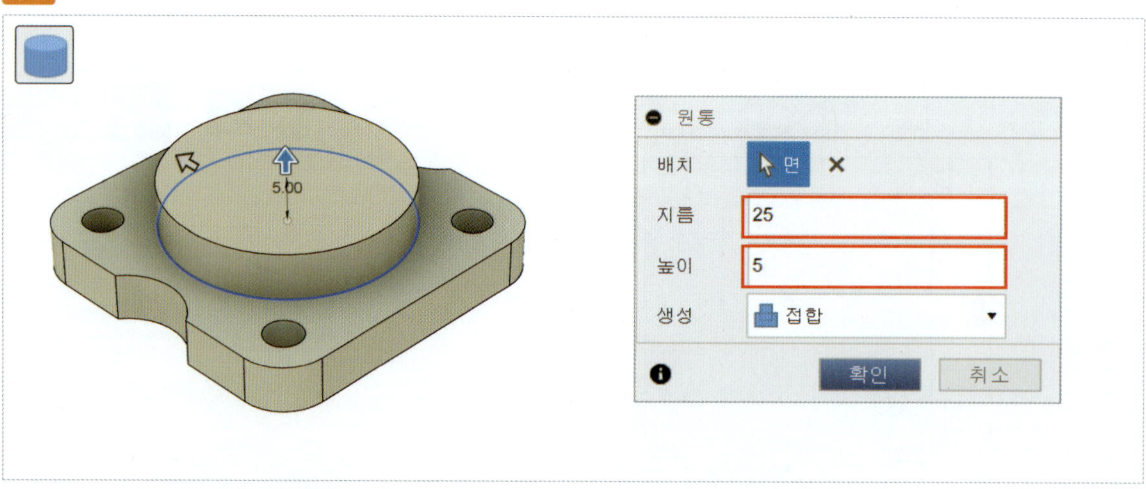

직경 25mm, 높이 5mm인 원통을 작성한다.

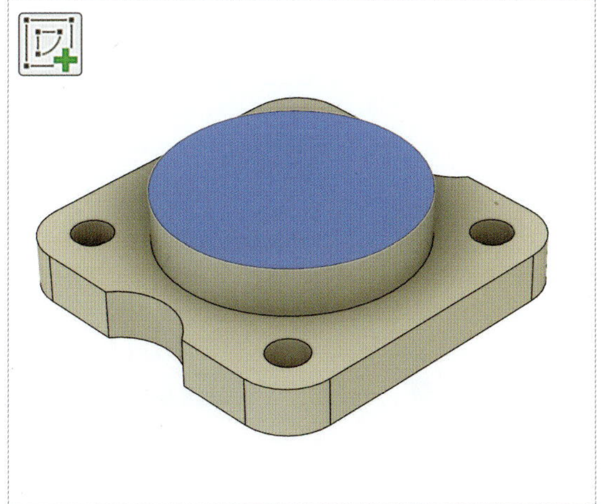

다음의 면을 선택하고 스케치 작성을 클릭한다.

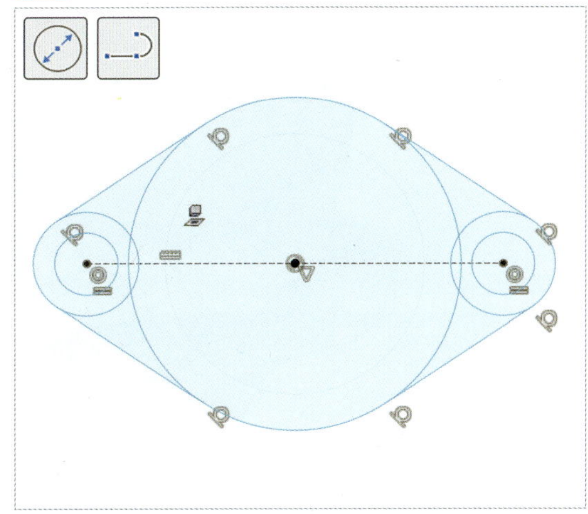

다음과 같이 스케치한다.

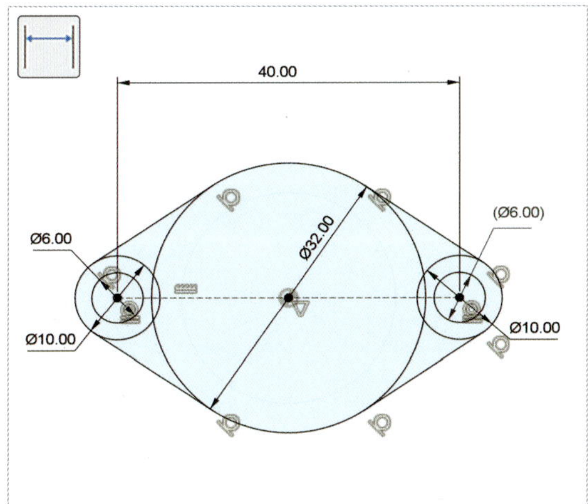

다음과 같이 치수를 적용한다.

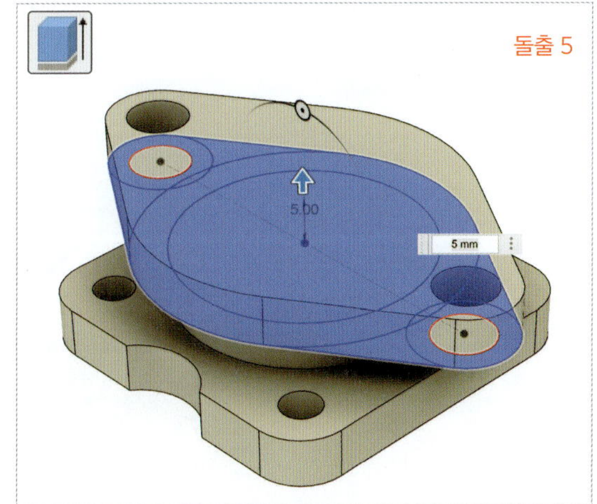

위쪽으로 5mm 돌출을 실행한다.

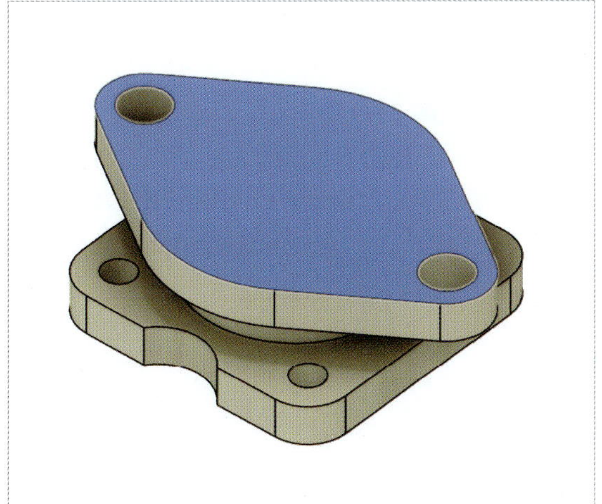

원통을 돌출시킬 면을 선택한다.

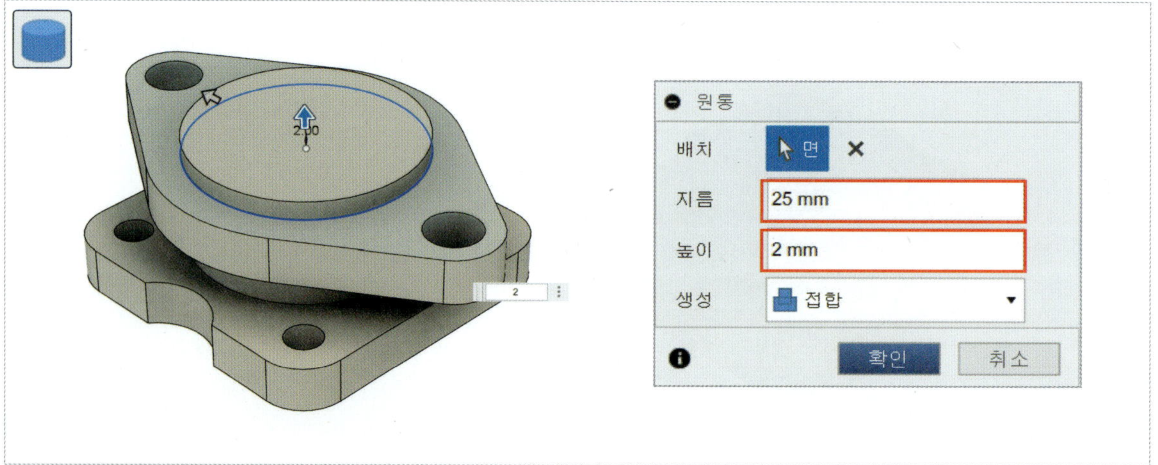

직경 25mm, 높이 2mm인 원통을 작성한다.

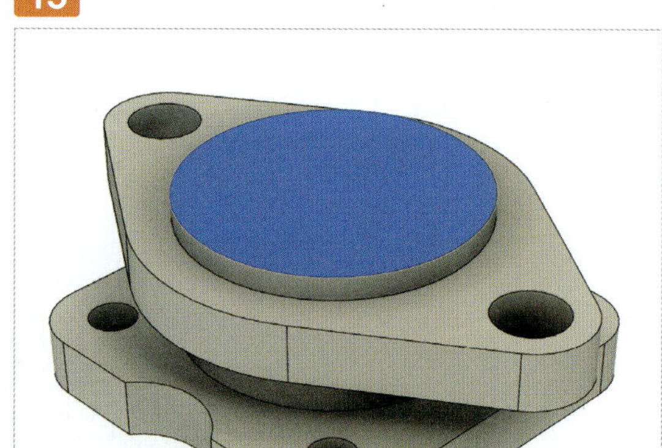

원통을 돌출시킬 면을 선택한다.

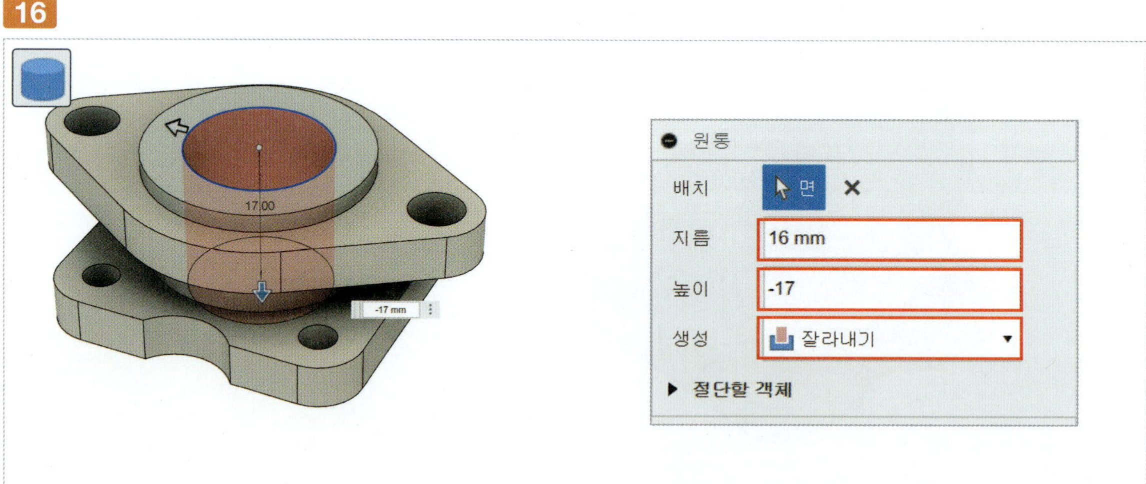

직경 16mm, 높이 −17mm인 원통으로 잘라내기를 한다.

2번 부품의 완성 모습

5 부품 조립

01

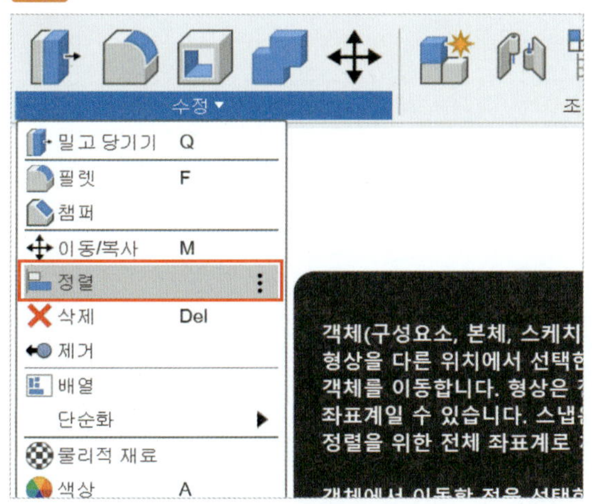

솔리드 〉 수정 〉 정렬 명령을 클릭한다.

02

1번 부품의 가운데 원통의 중심을 스냅한다.

03

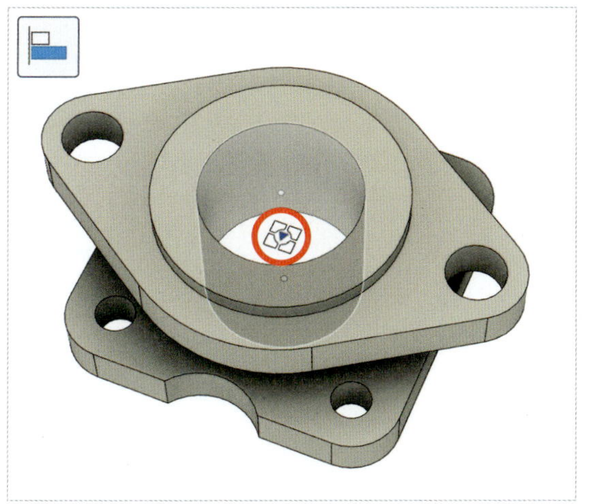

2번 부품의 가운데 원통의 중심을 스냅한다. Ctrl 키로 중심을 스냅할 수 있다.

04

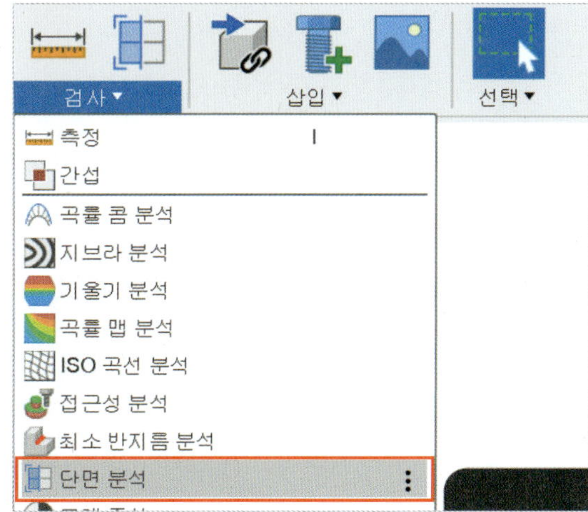

솔리드 〉 검사 〉 단면 분석을 클릭한다.

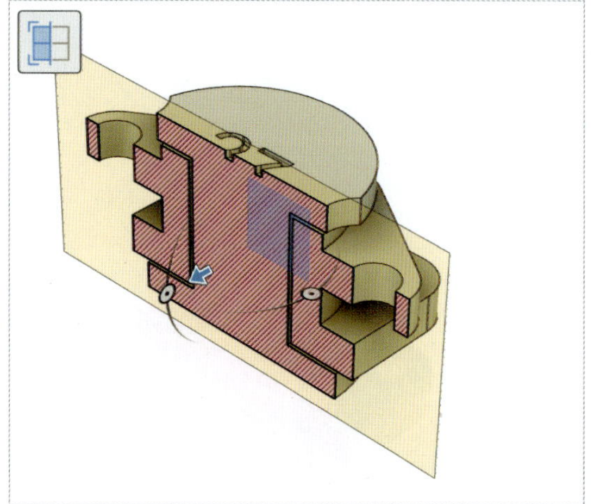

XZ면을 클릭한다.

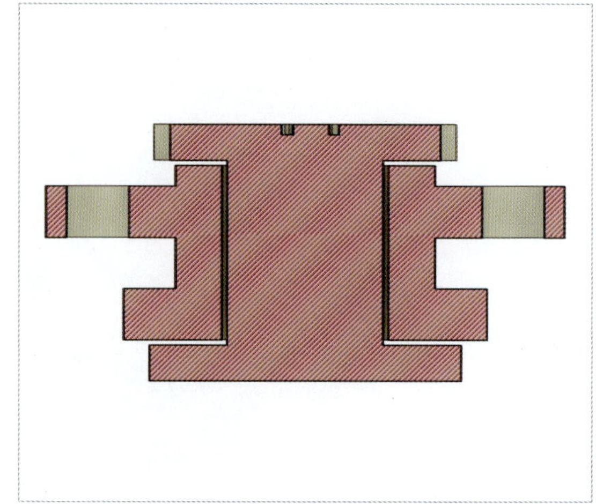

공차가 적용된 것을 확인한다.

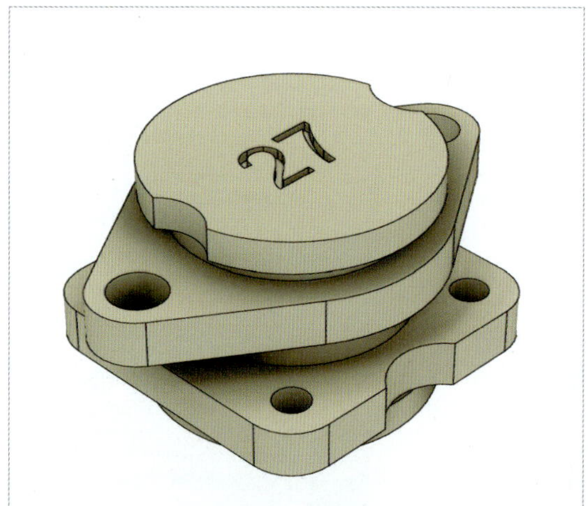

모델링을 완료하고 비번호로 저장한다.

3D프린터 출력 방향

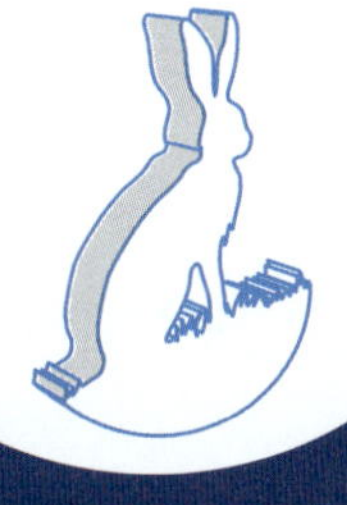

01 개요
02 공개 문제 출력 예시

1 출력 시간 맞추기

출력 시간을 단축하기 위해서는 infill 밀도와 서포트의 밀도를 낮추거나 래프트 크기를 줄이는 방법 또는 출력 속도를 높이는 방법이 있다. 그러나 방법들은 효과가 그리 크지 않고 몇 분을 줄이는 정도이다. 가장 확실한 방법은 레이어 높이 설정(예 0.15~0.25mm)을 변경하는 것이다.

2 외형 유지

서포트는 외형이 무너지는 것을 방지하는 데 유용하지만, 너무 밀도가 높으면 관절 부위가 붙어버리거나 제거가 어려워지는 단점이 있다. 또는 부품 안쪽에 형성된 서포트를 제거하지 못해 관절 범위가 제한되는 경우도 있다. 그러므로 무조건 서포트를 많이 사용하는 대신 출력 방향이나 각도를 조정해 최소한으로 활용하는 것이 좋다.

3 출력 안정성

① 브림(Brim)은 출력물의 접착력을 높이는 데 도움이 되지만, 출력물에서 잘 떨어지지 않는 경우가 있어 주의해서 사용해야 한다.

② 래프트(Raft)는 베드 접착력과 외형 보존에 유리해 시간이 허용된다면 사용하는 것이 좋다. 바닥이 넓은 모델인 경우도 수축이 일어나 떨어질 수 있으므로 래프트를 적절하게 사용하는 것을 추천한다.

4 접합 가동성

① 관절 구조가 포함되어 있으므로 접합 부위가 붙지 않고 잘 가동되도록 출력 방향을 세심하게 고려하여 오작으로 불합격하지 않도록 한다.

② 도면과 실제 출력물 간의 차이가 크지 않도록 정밀도를 유지하는 것이 중요하다.

1 공개 도면 1번 출력 방향

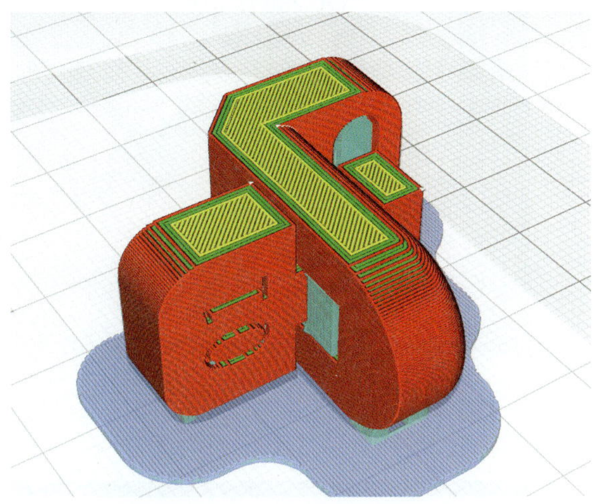

2 공개 도면 2번 출력 방향

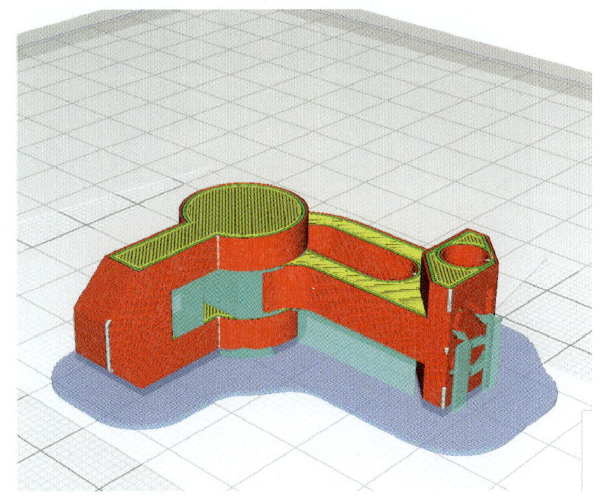

3 공개 도면 3번 출력 방향

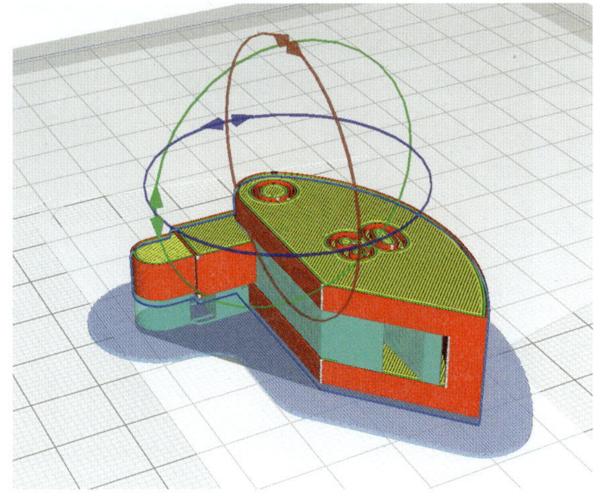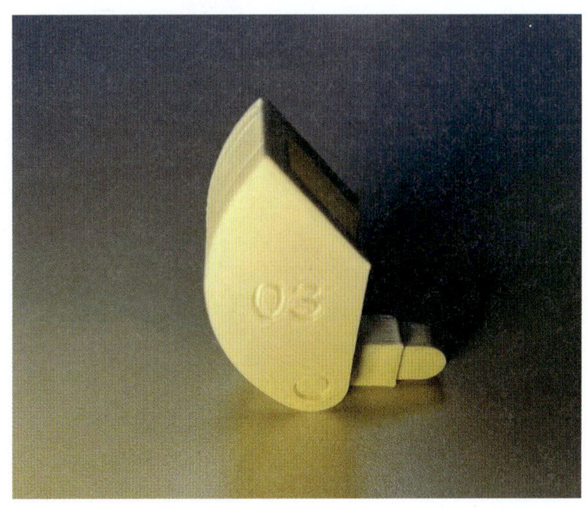

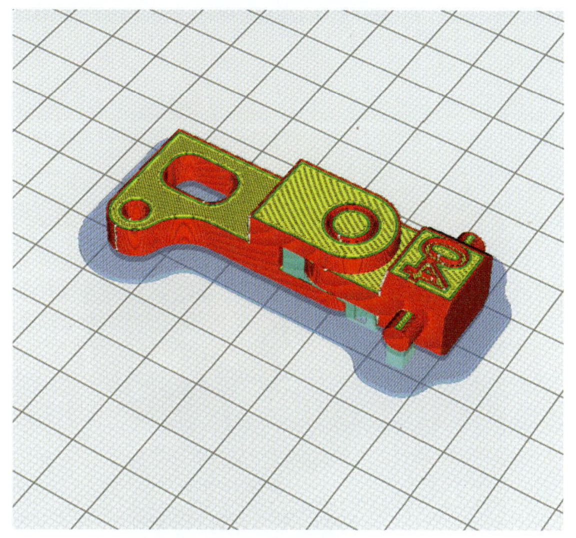 

5 공개 도면 5번 출력 방향

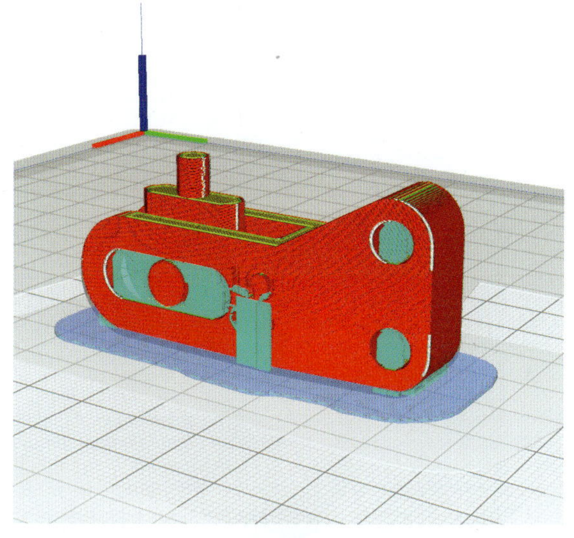 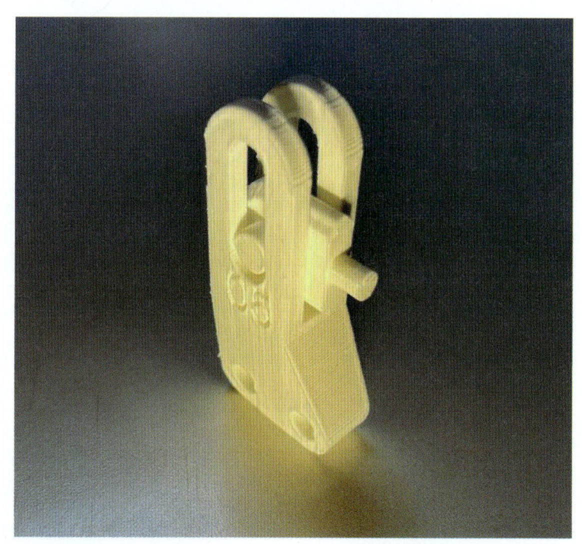

6 공개 도면 6번 출력 방향

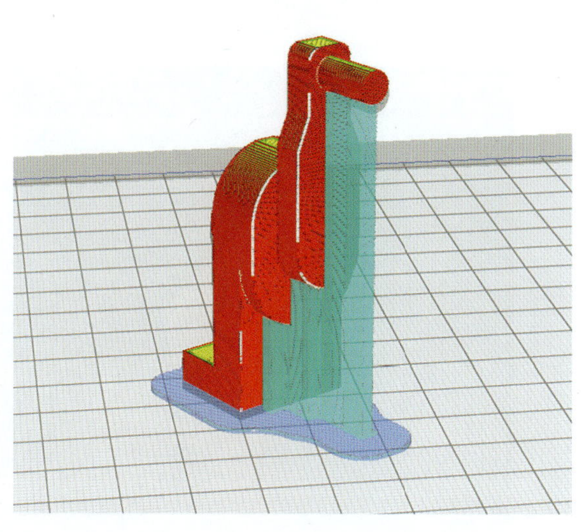 

7 공개 도면 7번 출력 방향

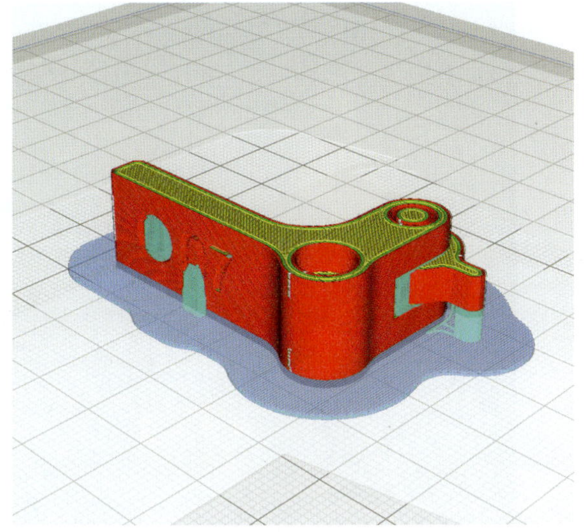

8 공개 도면 8번 출력 방향

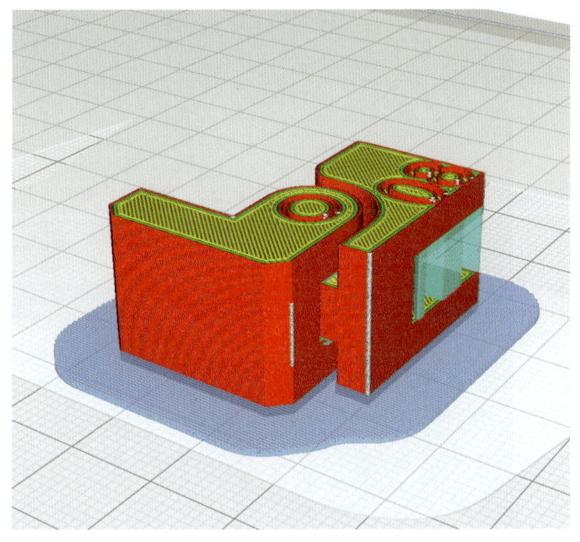

9 공개 도면 9번 출력 방향

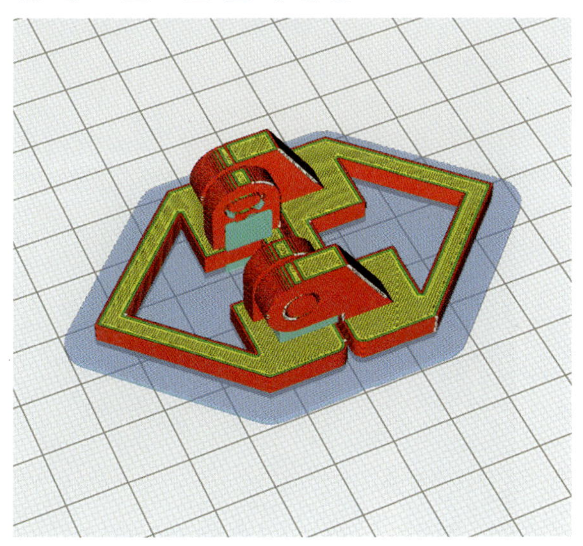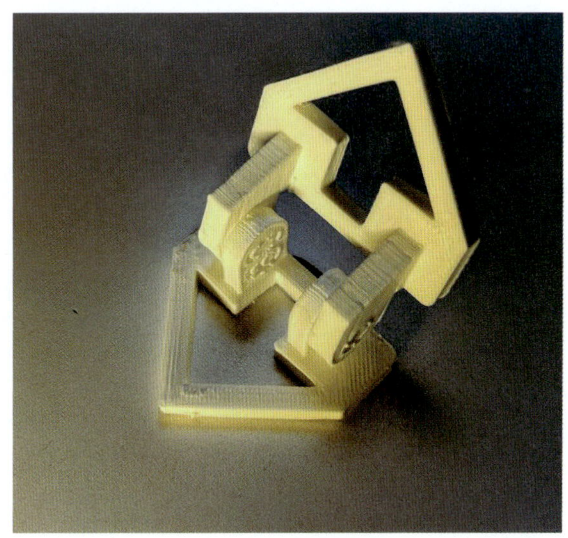

10 공개 도면 10번 출력 방향

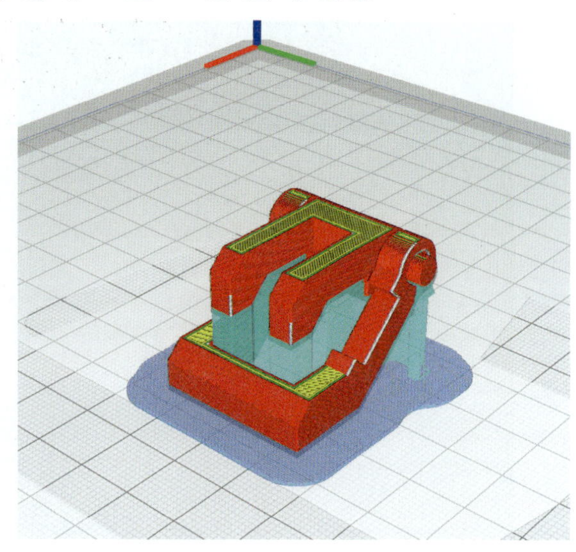

11 공개 도면 11번 출력 방향

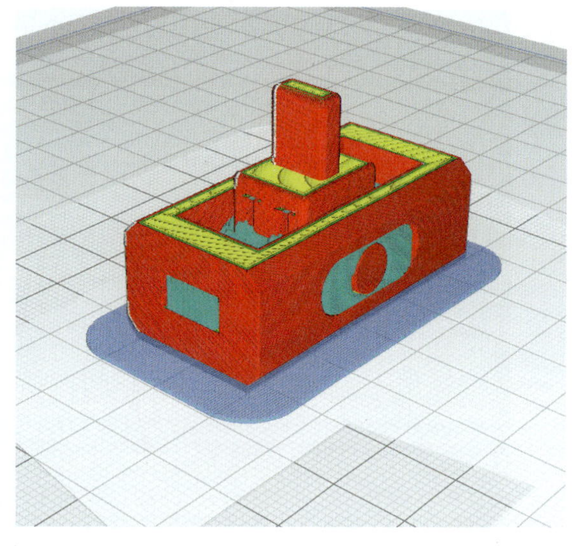

12 공개 도면 12번 출력 방향

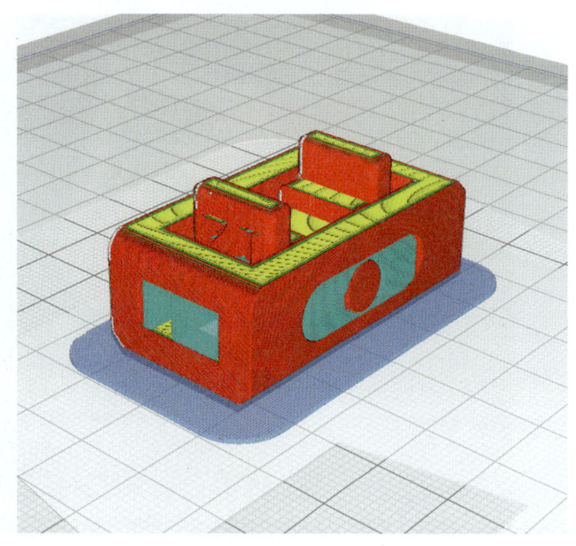

13 공개 도면 13번 출력 방향

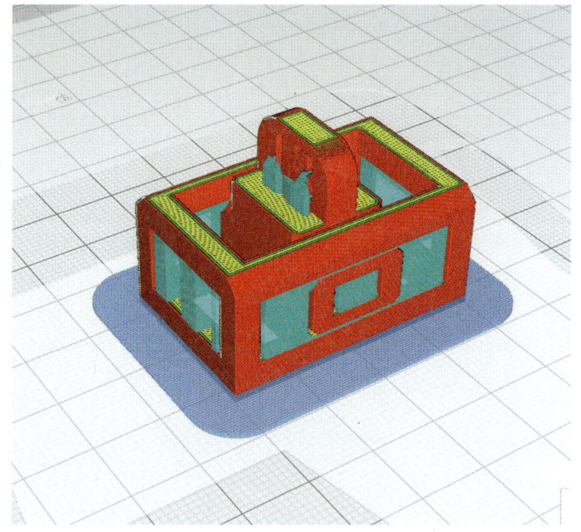 

14 공개 도면 14번 출력 방향

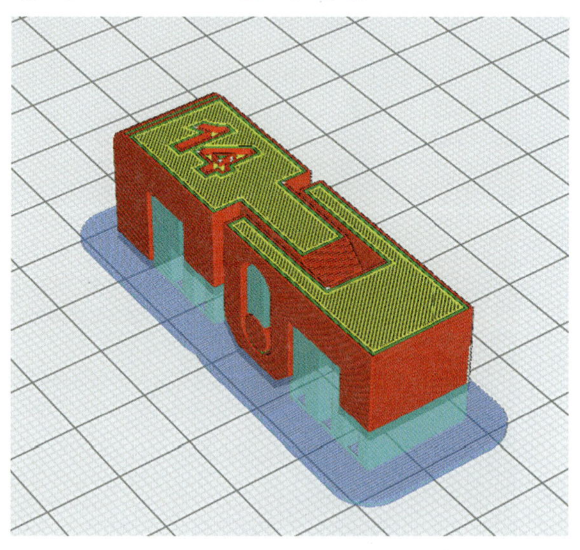 

15 공개 도면 15번 출력 방향

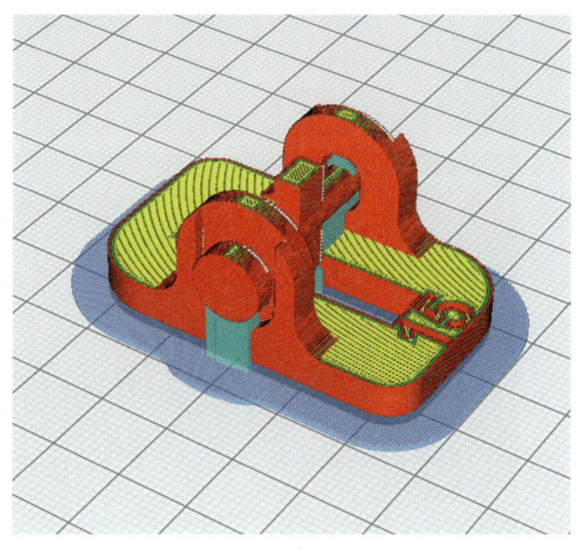 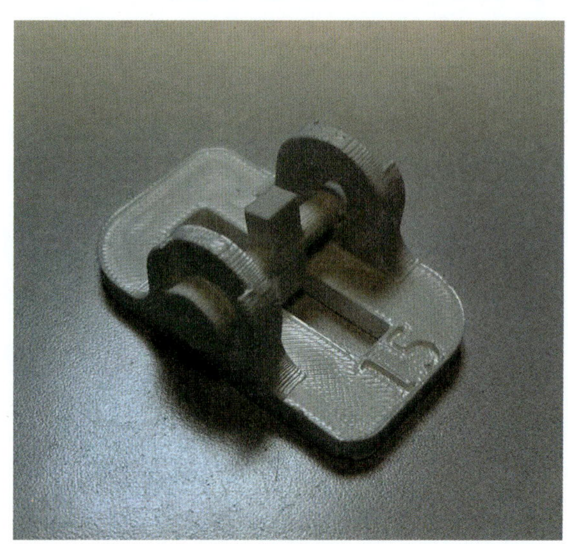

 공개 도면 16번 출력 방향

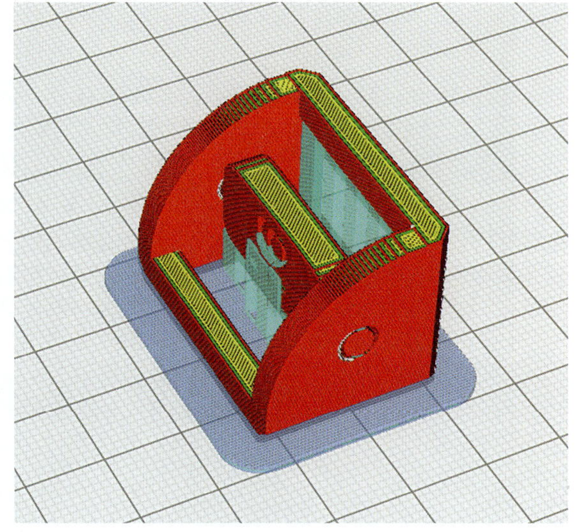 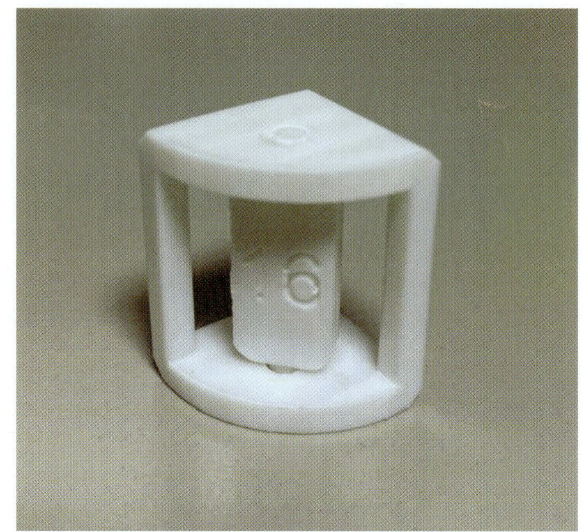

 공개 도면 17번 출력 방향

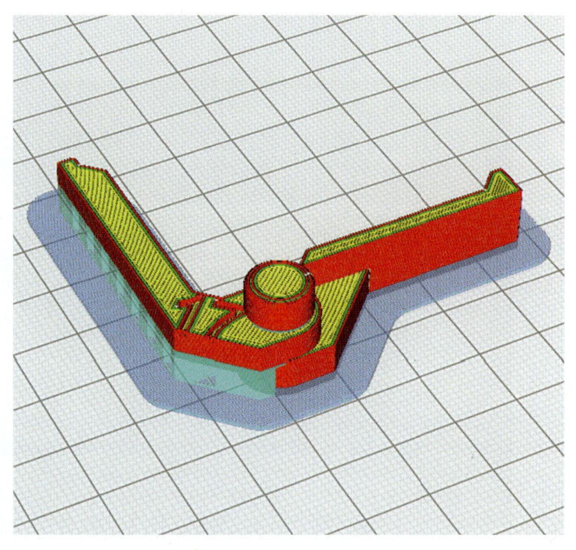 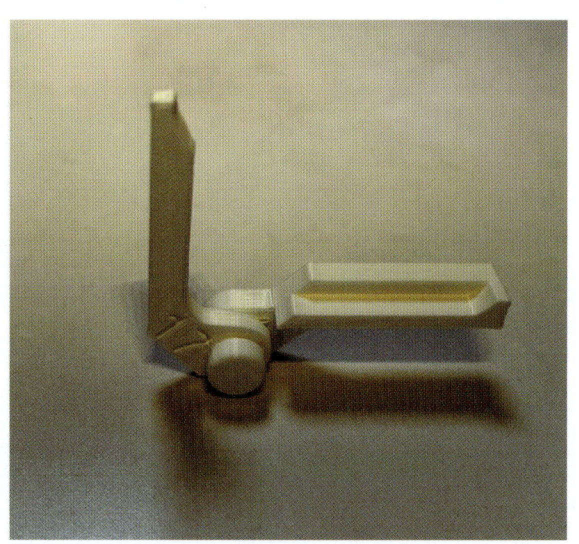

 공개 도면 18번 출력 방향

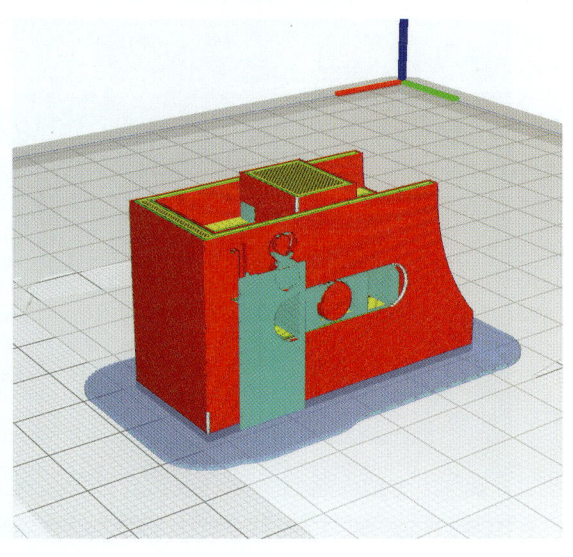 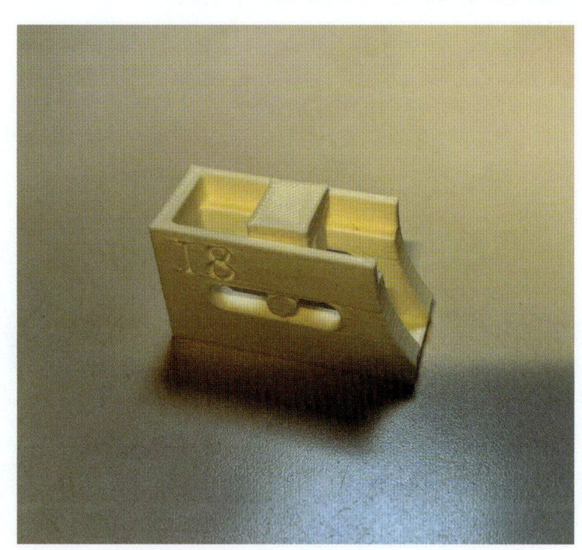

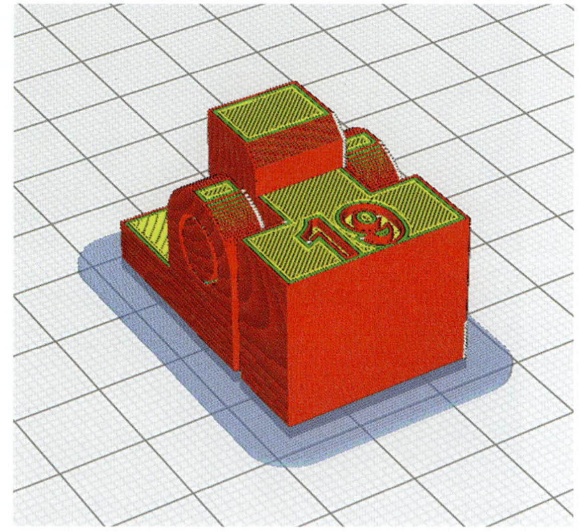

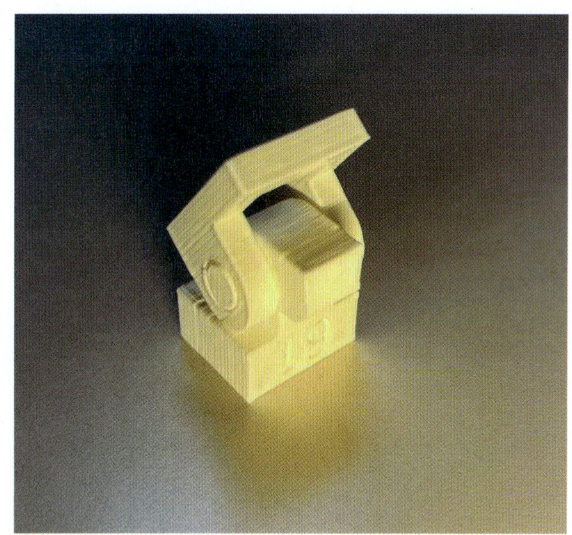

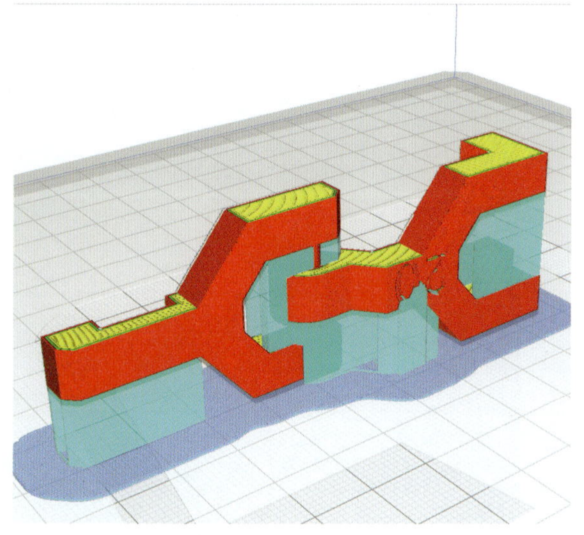

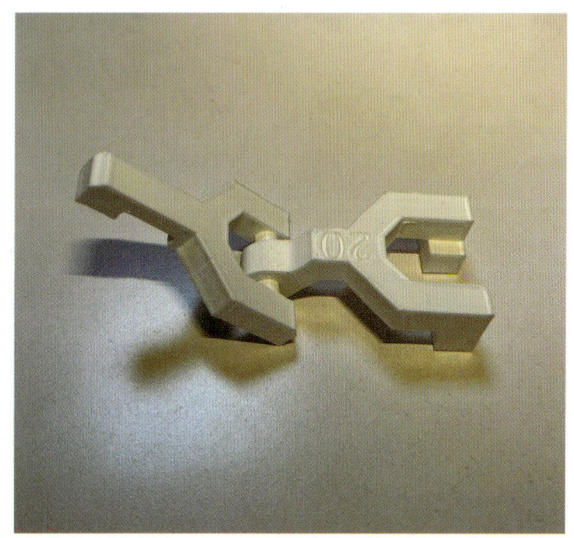

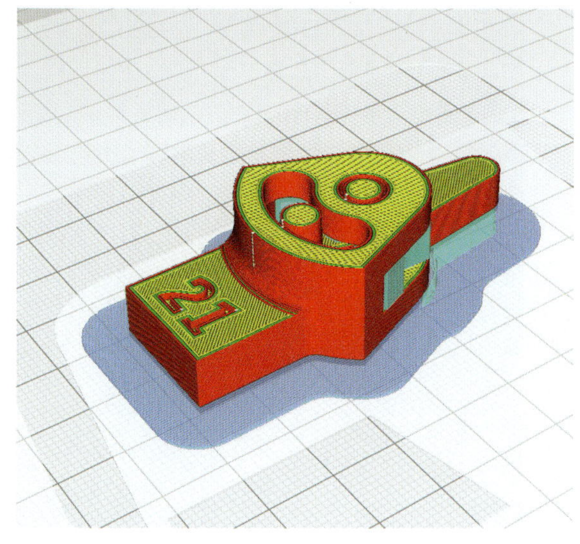

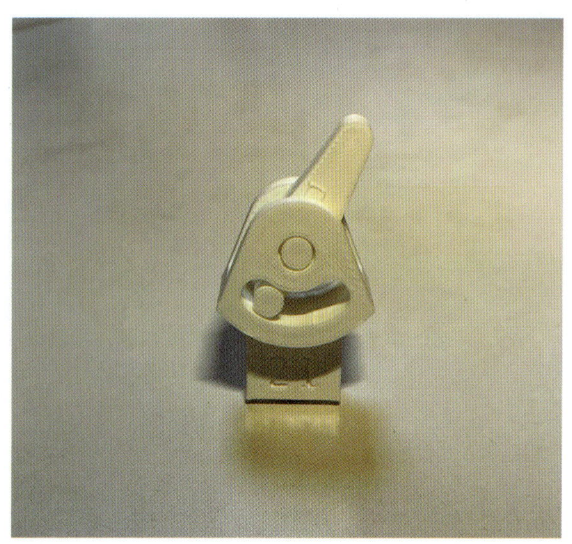

 공개 도면 22번 출력 방향

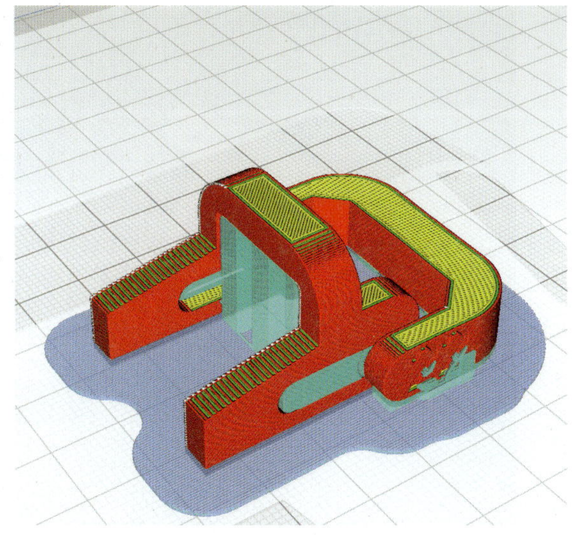 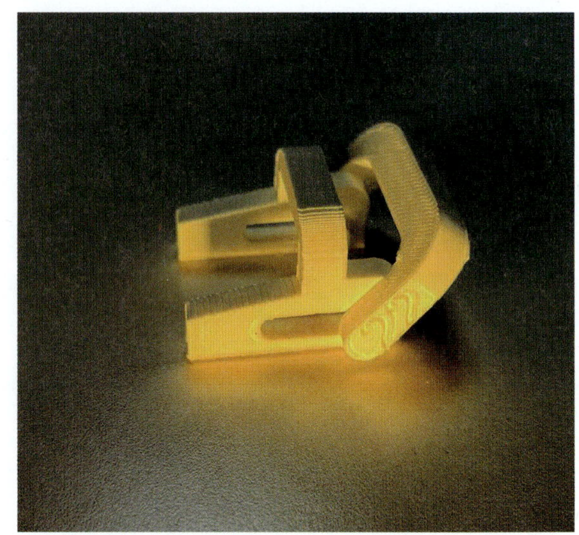

23 공개 도면 23번 출력 방향

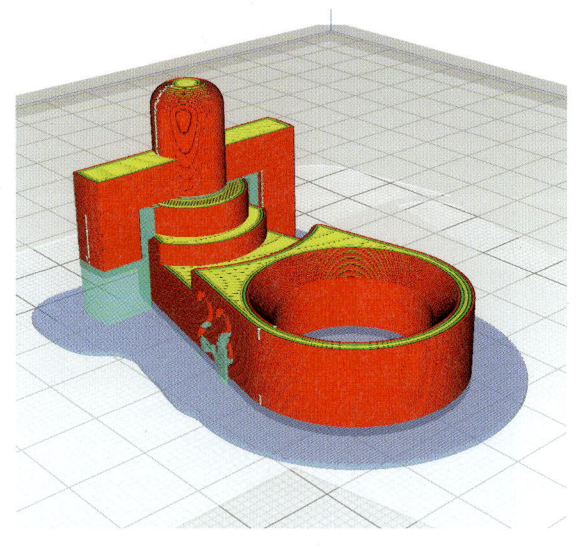 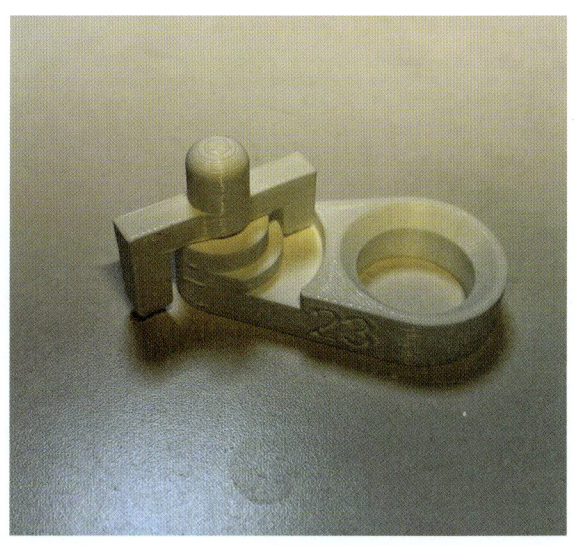

24 공개 도면 24번 출력 방향

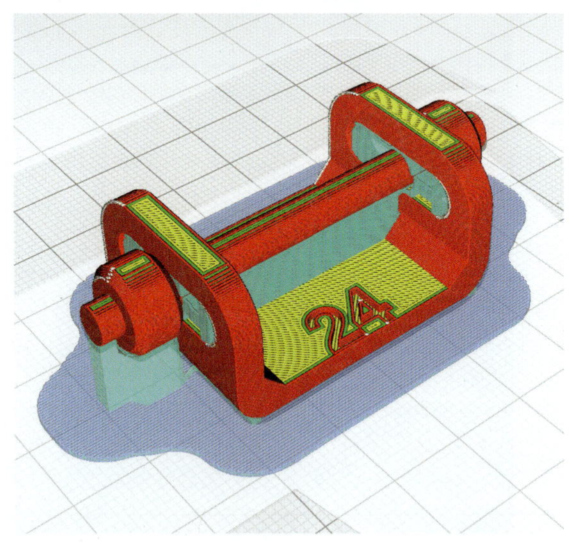 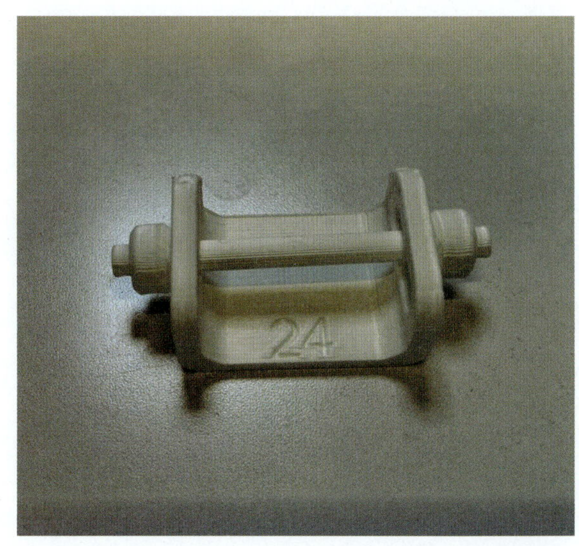

25 공개 도면 25번 출력 방향

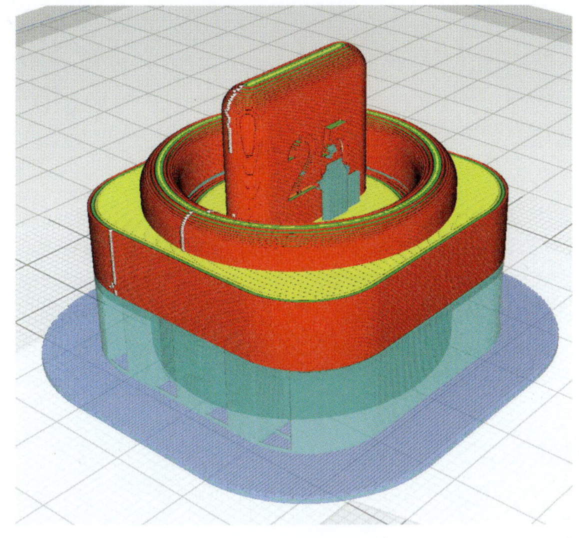
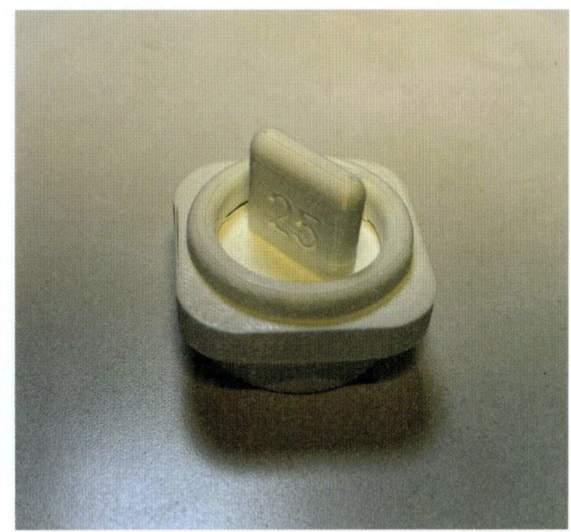

26 공개 도면 26번 출력 방향

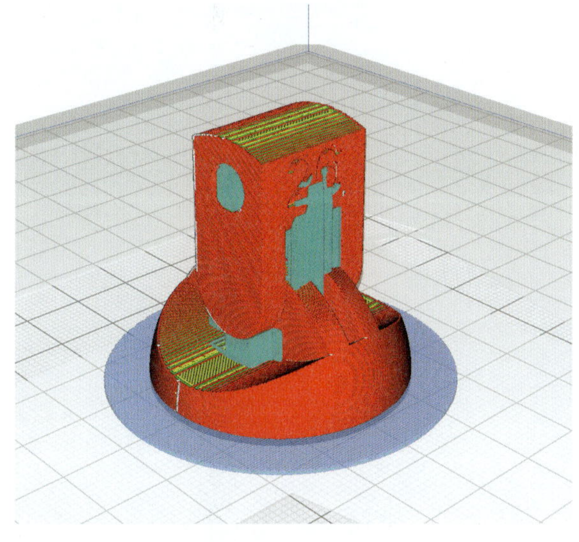
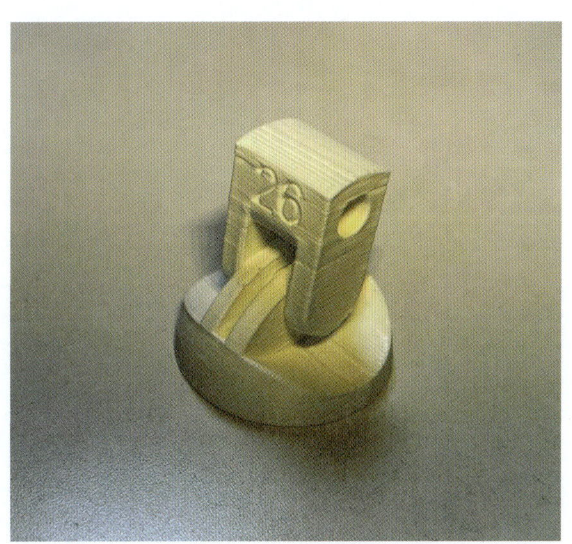

27 공개 도면 27번 출력 방향

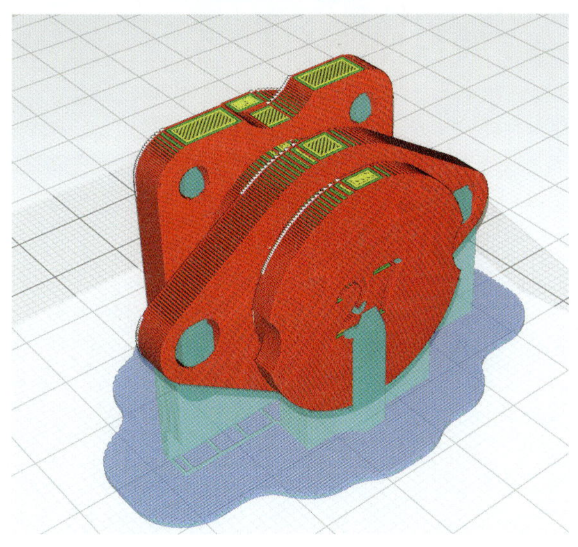
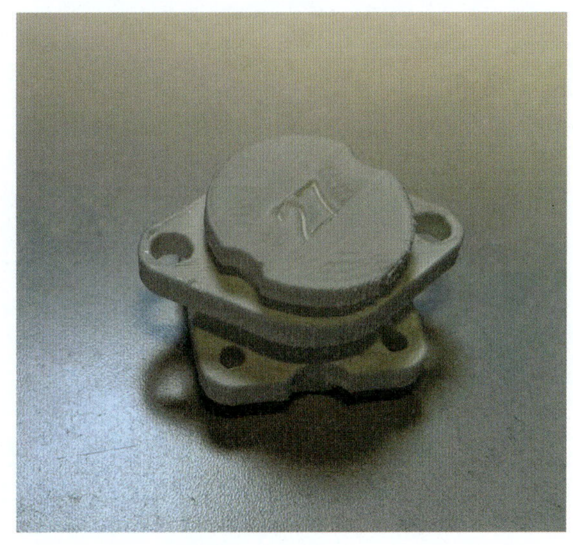

주요 슬라이서

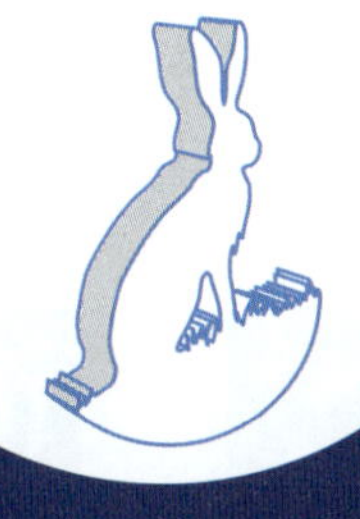

01 슬라이서
02 큐라
03 3DWOX 데스크탑
04 큐비크리에이터
05 메이커봇 프린트

1 개요

1 개념

슬라이서(Slicer)는 3D모델링 파일을 3D프린터가 이해할 수 있는 G코드 파일로 변환하는 프로그램이다. 이 파일에는 모델 자체 데이터 이외에도 레이어 높이, 속도, 서포터 설정 등 3D프린팅 정보를 포함한다. 3D프린팅 기술은 재료를 층층이 쌓아 만드는 방식으로, 슬라이서 소프트웨어는 3D모델을 수많은 수평 2D 레이어로 얇게 슬라이싱하기 때문에 붙은 이름이다.

2 전송 방식 및 체계

명령은 일반적으로 컴퓨터 수치 제어(CNC)라고 하는 줄명령 형태로 전송된다. 이 중 가장 널리 사용되는 언어는 G코드이며, 이 언어는 G로 시작하는 명령어 코드들을 포함한다. 또한 G코드는 3D프린터 이외의 다양한 제조 시스템에서도 사용한다.

2 기능사 시험장에서의 슬라이서 사용

① 기능사 시험장 PC에는 시험장에 구비된 3D프린터의 슬라이서가 설치되어 있다.
② 개인 노트북 사용자도 슬라이서 만큼은 시험장 PC에 설치된 것을 사용할 수 있다.
③ 시험이 시작되기 전 프로그램을 점검할 때 슬라이서도 확인해 볼 수 있다.

1 개요

UltiMaker사에서 개발한 슬라이서 큐라(Cura)는 가장 널리 사용되고 있는 오픈 소스 3D프린팅 소프트웨어이다. 큐라는 STL, OBJ 또는 3MF 형식의 3D 모델을 3D프린터가 인식할 수 있는 형식인 G코드로 변환한다. 파일명에 붙는 확장자는 .gcode이다.

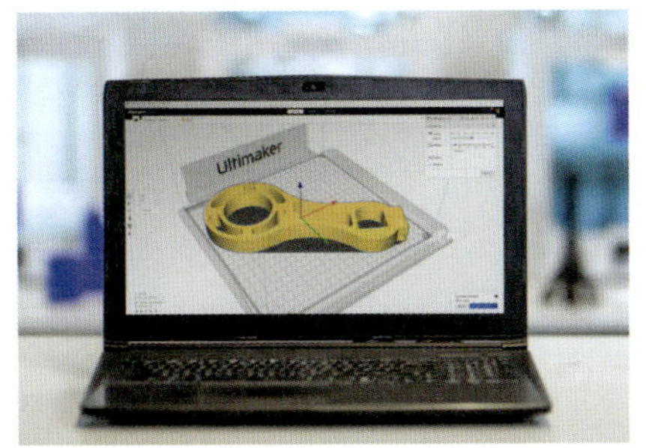

2 다운로드와 설치

1 다운로드 경로

얼티메이커 홈페이지에서 다운받을 수 있다.

https://ultimaker.com/

2 설치

① PC의 운영체제에 맞는 버전을 다운로드 받아서 설치한다.

② 네트워크에 연결되지 않은 프린터 추가(Add a non-network printer)를 선택한다.

③ 사용할 3D프린터를 선택하고 기계 세팅을 확인한다.

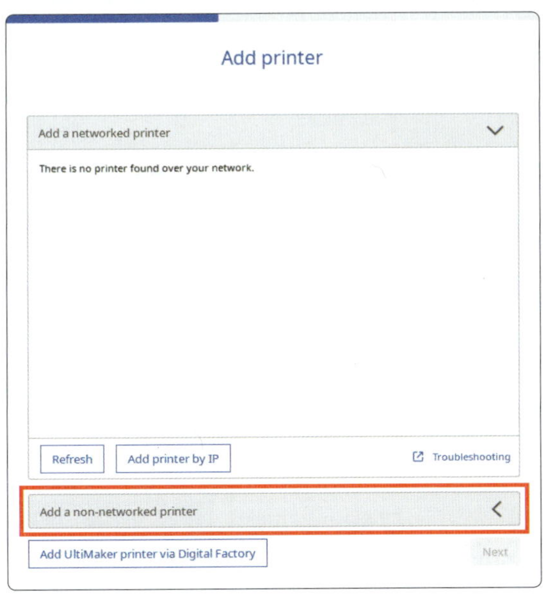
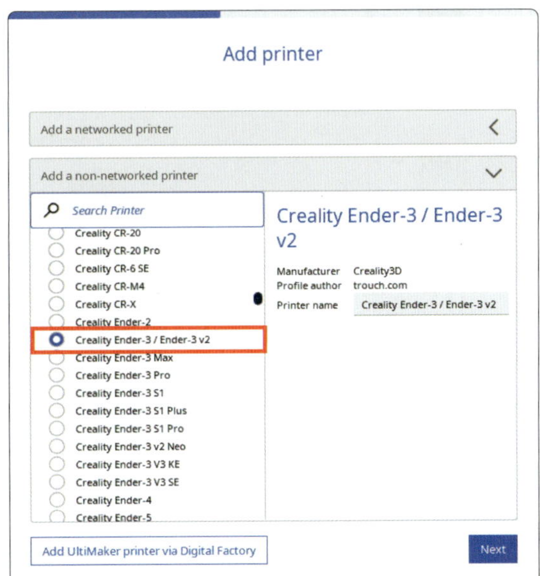

3 한글 전환

Prefernece 〉 Configure Cura… 〉 General 〉 Language에서 한국어를 선택한다.

4 모드 선택

① 기본(Basic) 〉 숙련(Advanced) 〉 전문가(Expert) 순으로 출력 옵션을 세세히 설정할 수 있다.

② 시험장 출력용으로는 추천과 기본으로도 충분하다. 단, 출력 시간을 줄이기 위해서는 숙련 이상의 설정이 필요하다.

5 초기화

① 공용 PC의 경우는 초기화를 실행한 후 설정을 변경하는 것이 좋다.

② Prefernece 〉 Configure Cura… 〉 기본값(Defaults) 버튼으로 초기화한다.

3 사용 방법

1 메뉴 설명

❶ **모델 불러오기** : 파일 〉 파일 열기 또는 폴더 아이콘을 클릭하여 STL 파일을 불러온다.

❷ **모델 조정하기** : 모델 이동, 스케일, 회전, 대칭 등을 이용하여 출력 방향을 결정한다.

❸ **프린팅 설정** : 레이어 높이, 내부 채움, 서포트, 바닥 부착을 설정하여 출력 시간을 관리한다.

❹ **슬라이스 실행** : 슬라이스 버튼을 눌러 G-code 파일을 생성한다.

❺ **미리 보기** : 슬라이싱으로 만들어진 라인 유형을 살펴본다. 레이어별로 서포트 위치와 바닥 부착 상태를 살펴볼 수 있다.

❻ **예상 시간** : 슬라이싱 후 예상 재료 소비량과 출력 예상 시간이 나타난다. 출력 시간이 너무 길면 설정을 변경한다.

❼ **설정 모드 변경** : 필요한 경우 사용자 지정 표시로 변경하여 해상도, 내부 채움, 속도, 바닥 부착을 조정한다.

❽ **저장** : 저장 위치를 선택하고 G-code 파일을 내보낸다.

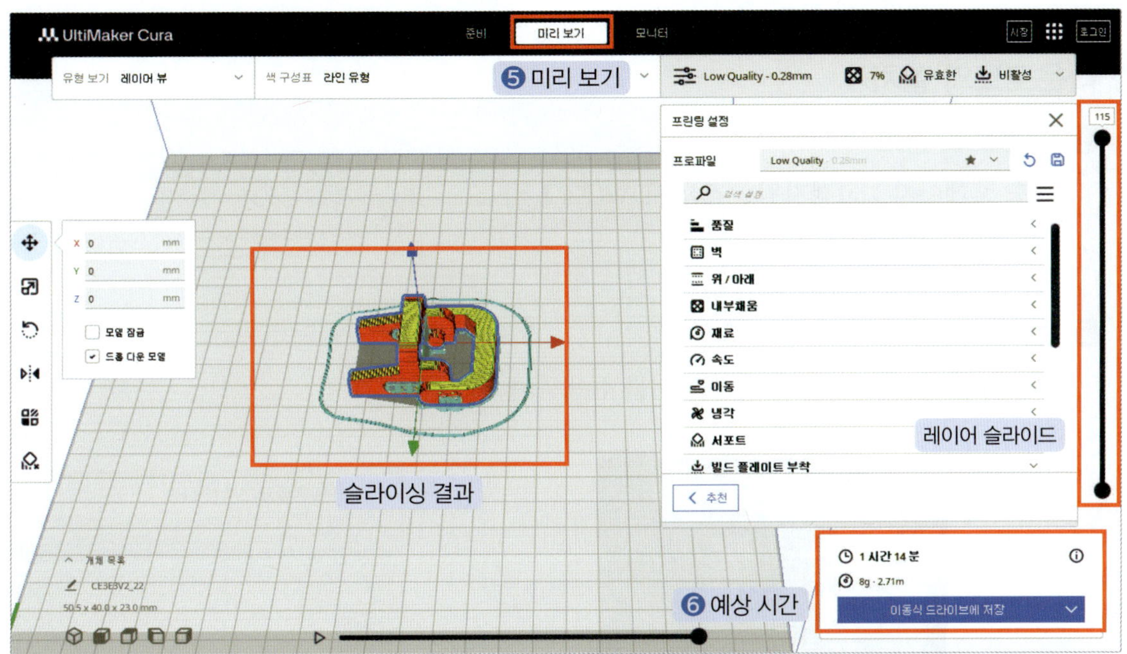

3DWOX 데스크탑

1 개요

국내에서 많이 사용하는 신도 3D프린터의 전용 슬라이싱 프로그램이다. 자체 개발한 프로그램으로, 한글을 지원하며 3차원 모델링을 불러와 G코드를 만들어 준다. 확장자는 .gcode이다.

2 다운로드와 설치

1 다운로드 경로

신도 홈페이지 〉 고객지원 〉 검색 3DWOX 1
https://www.sindoh.com/

2 설치

프로그램 설치 후 사용할 3D프린터를 선택하여 실행한다.

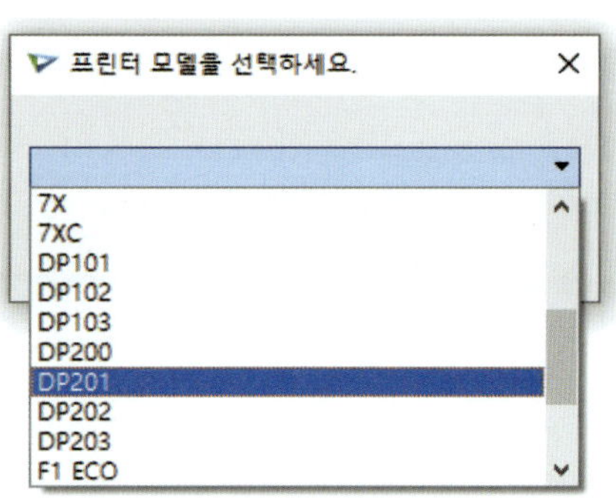

3 사용 방법

1 메뉴 설명

❶ **메인 메뉴** : 파일 〉 G-code 저장하기로 내보낸다. 프린터 종류 바꾸기, 모드 변경 등을 할 수 있다.

❷ **모델 불러오기** : 파일 〉 파일 열기 또는 폴더 아이콘을 클릭한다.

❸ **모델 조정하기** : 모델 이동, 스케일, 회전, 대칭 등을 적용한다.

❹ **프린팅 설정** : 상세 설정창을 불러온다.

❺ **슬라이스 실행** : 원통 모양은 모델 보기, 슬라이스 원통은 슬라이싱 실행 아이콘이다.

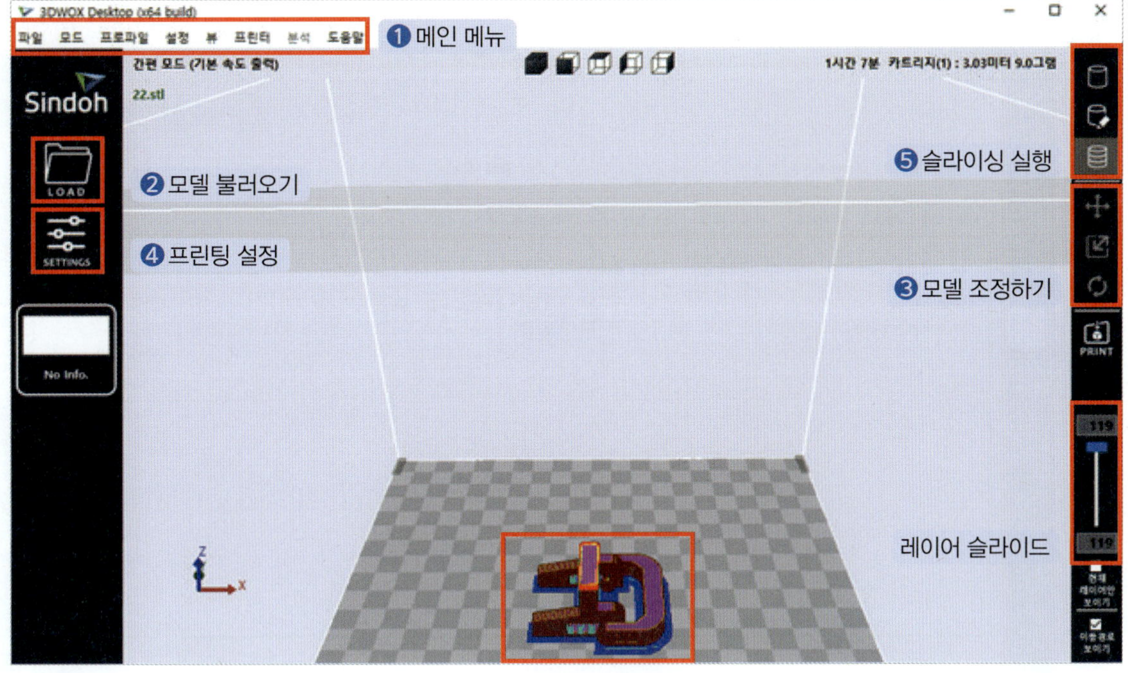

슬라이싱 결과

❻ **간편 모드** : 제한된 출력설정이 가능하다. 서포트 설정을 할 수 있으며 래프트가 기본이다.

❼ **고급 모드** : 상세한 출력설정이 가능하다. 레이어 높이, 벽 두께, 내부 채움, 출력 속도, 베드 고정 종류를 변경할 수 있다. 고급 모드에서 초기화를 한 후 출력 시간을 줄일 수 있도록 설정을 바꾼다.

❽ **예상 시간** : 슬라이싱 후 예상 재료 소비량과 출력 예상 시간이 나타난다.

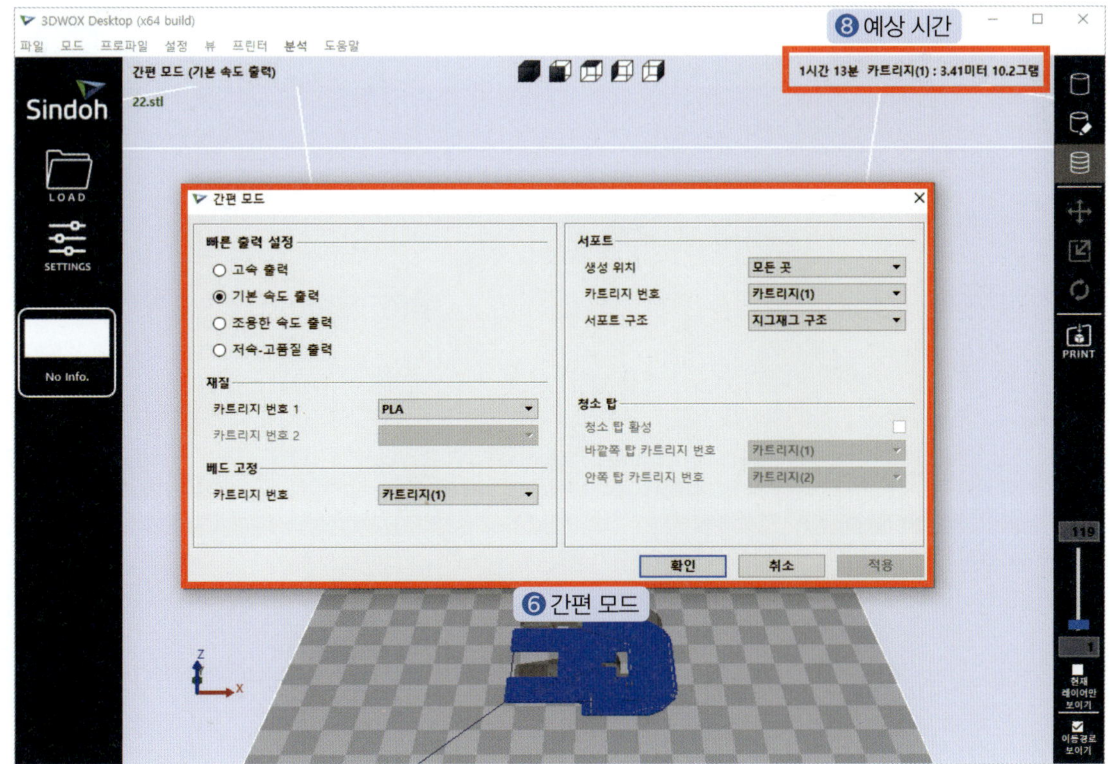

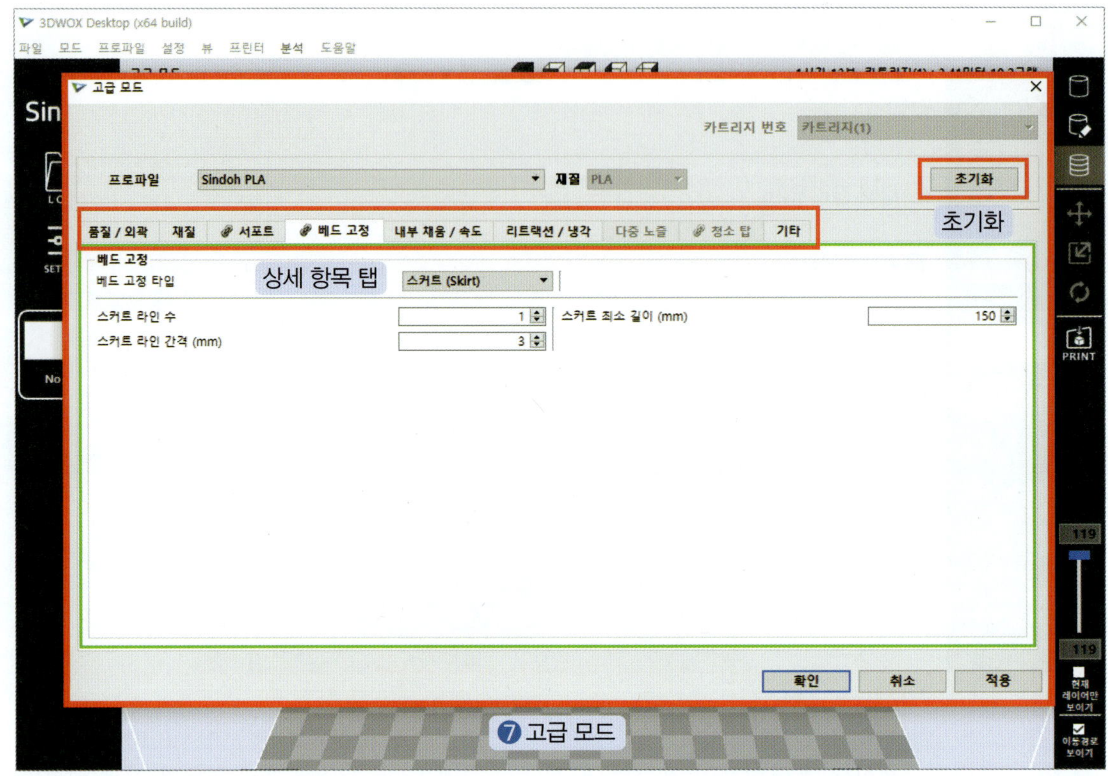
3DWOX Desktop (x64 build)
파일 모드 프로파일 설정 뷰 프린터 분석 도움말
고급 모드
카트리지 번호 카트리지(1)
프로파일 Sindoh PLA 재질 PLA 초기화
초기화
품질 / 외곽 재질 서포트 베드 고정 내부 채움 / 속도 리트랙션 / 냉각 다중 노즐 청소 탑 기타
베드 고정
베드 고정 타입 상세 항목 탭 스커트 (Skirt)
스커트 라인 수 1 스커트 최소 길이 (mm) 150
스커트 라인 간격 (mm) 3
119
119
PRINT
확인 취소 적용
현재
레이어만
보이기
이동경로
보이기
❼ 고급 모드

1 개요

큐비크리에이터(Cubicreator)는 큐비콘(Cubicon)사의 Style NEO, Style Plus, Single Plus 계열의 기기에 사용하는 슬라이서이다.

2 다운로드와 설치

1 다운로드 경로

큐비콘 홈페이지 〉 3D프린터 〉 기술자료실 〉 Cubicreator 검색 〉 Cubicreator 업데이트 게시물에서 설치 파일 다운로드

http://www.3dcubicon.com/

2 설치

큐비크리에이터를 설치하고 출력할 기기를 선택한다.

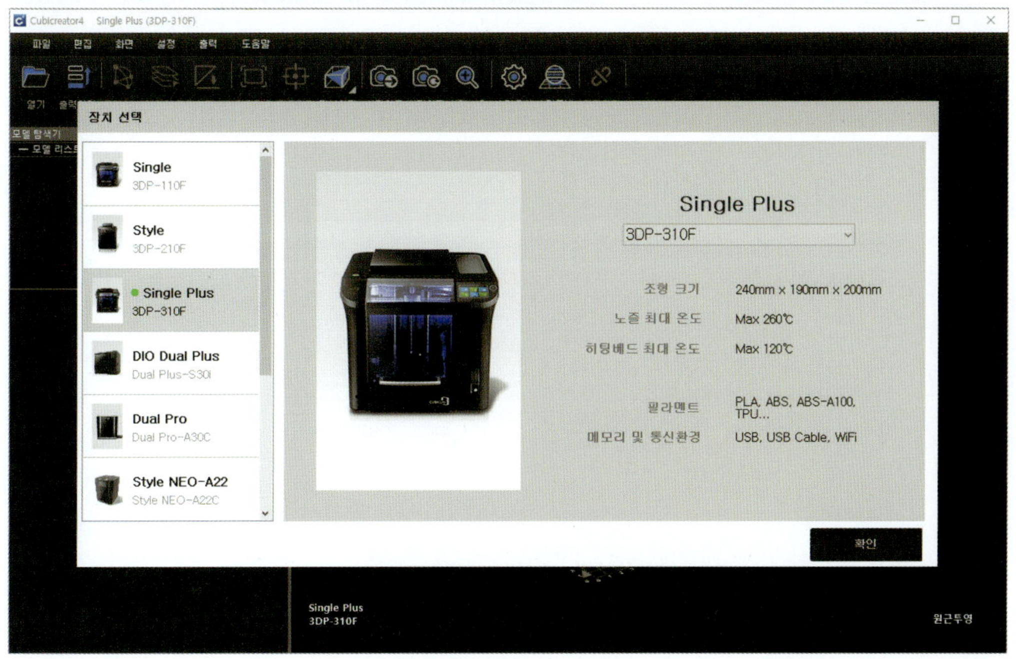

1 툴 바 주요 명령

① 열기 : 열기 폴더 아이콘 〉 stl로 모델을 불러온다.

② 모델 변환기 : 회전, 이동, 스케일을 조정한다.

③ 제면 회전 : 제면 회전 〉 붙일 면 클릭 〉 바닥면 클릭으로 평면에 붙인다.

④ 시점 조정 : 모델을 보는 시점을 조정한다.

⑤ 출력 옵션 : 기본 설정과 상세 설정이 있다.

⑥ 출력 준비 : Slice 한다.

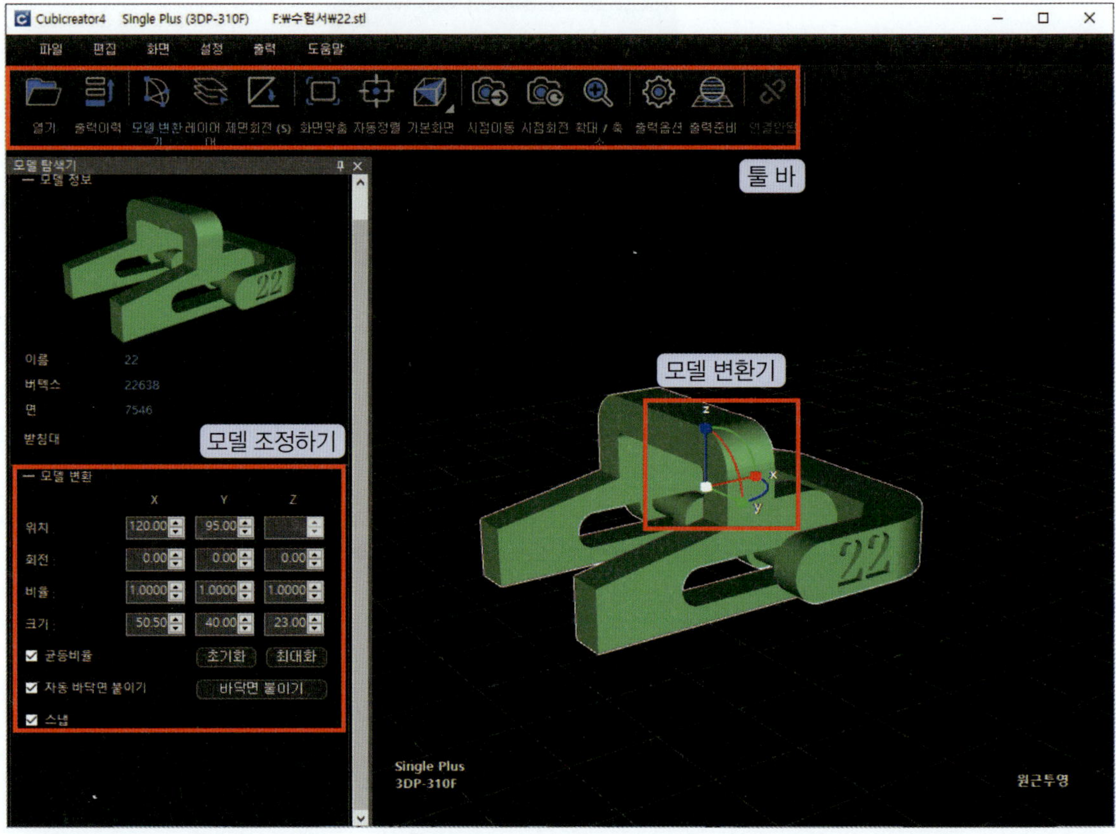

기본 옵션 탭

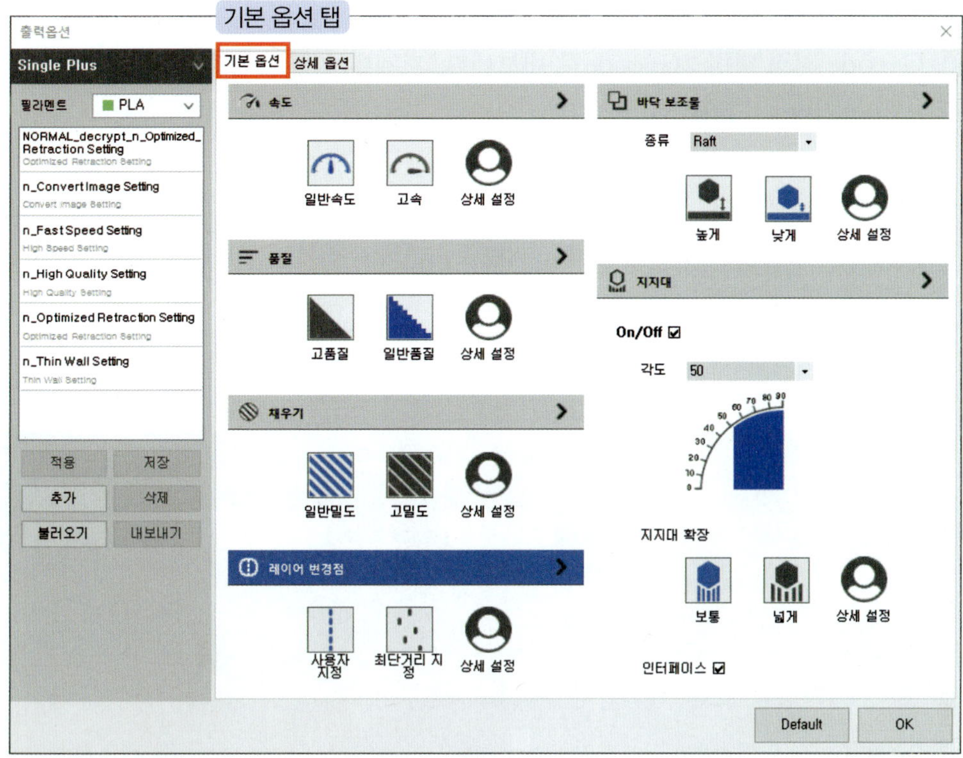
출력옵션
Single Plus
필라멘트 PLA
기본 옵션 상세 옵션
NORMAL_decrypt_n_Optimized_
Retraction Setting
Optimized Retraction Setting
n_Convert Image Setting
Convert Image Setting
n_Fast Speed Setting
High Speed Setting
n_High Quality Setting
High Quality Setting
n_Optimized Retraction Setting
Optimized Retraction Setting
n_Thin Wall Setting
Thin Wall Setting
적용 저장
추가 삭제
불러오기 내보내기
속도
일반속도 고속 상세 설정
품질
고품질 일반품질 상세 설정
채우기
일반밀도 고밀도 상세 설정
레이어 변경점
사용자 지정 최단거리 지정 상세 설정
바닥 보조물
종류 Raft
높게 낮게 상세 설정
지지대
On/Off
각도 50
지지대 확장
보통 넓게 상세 설정
인터페이스
Default OK

상세 옵션 탭

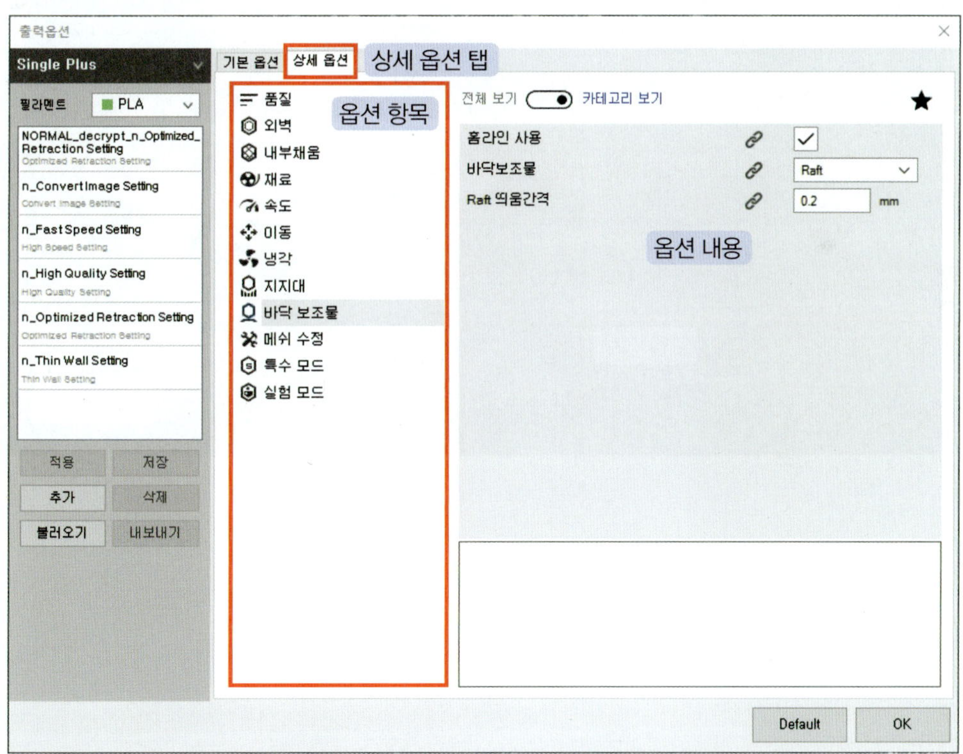
출력옵션
Single Plus
필라멘트 PLA
기본 옵션 상세 옵션
옵션 항목
NORMAL_decrypt_n_Optimized_
Retraction Setting
Optimized Retraction Setting
n_Convert Image Setting
Convert Image Setting
n_Fast Speed Setting
High Speed Setting
n_High Quality Setting
High Quality Setting
n_Optimized Retraction Setting
Optimized Retraction Setting
n_Thin Wall Setting
Thin Wall Setting
적용 저장
추가 삭제
불러오기 내보내기
품질
외벽
내부채움
재료
속도
이동
냉각
지지대
바닥 보조물
메쉬 수정
특수 모드
실험 모드
전체 보기 카테고리 보기
홈라인 사용
바닥보조물 Raft
Raft 띄움간격 0.2 mm
옵션 내용
Default OK

2 슬라이싱 미리 보기

① G-code 저장 명령 : G-code로 내보낸다. 기계별로 확장자가 다르다.

- Single plus : .hfb
- Single, Style : .hvs
- Style Plus : .cfb

② 모델 정보 : 슬라이싱 결과를 보여준다.

③ 나가기 : 모델 보기 화면으로 돌아간다.

④ 레이어 보기 : 슬라이싱 결과를 레이어별로 살펴본다.

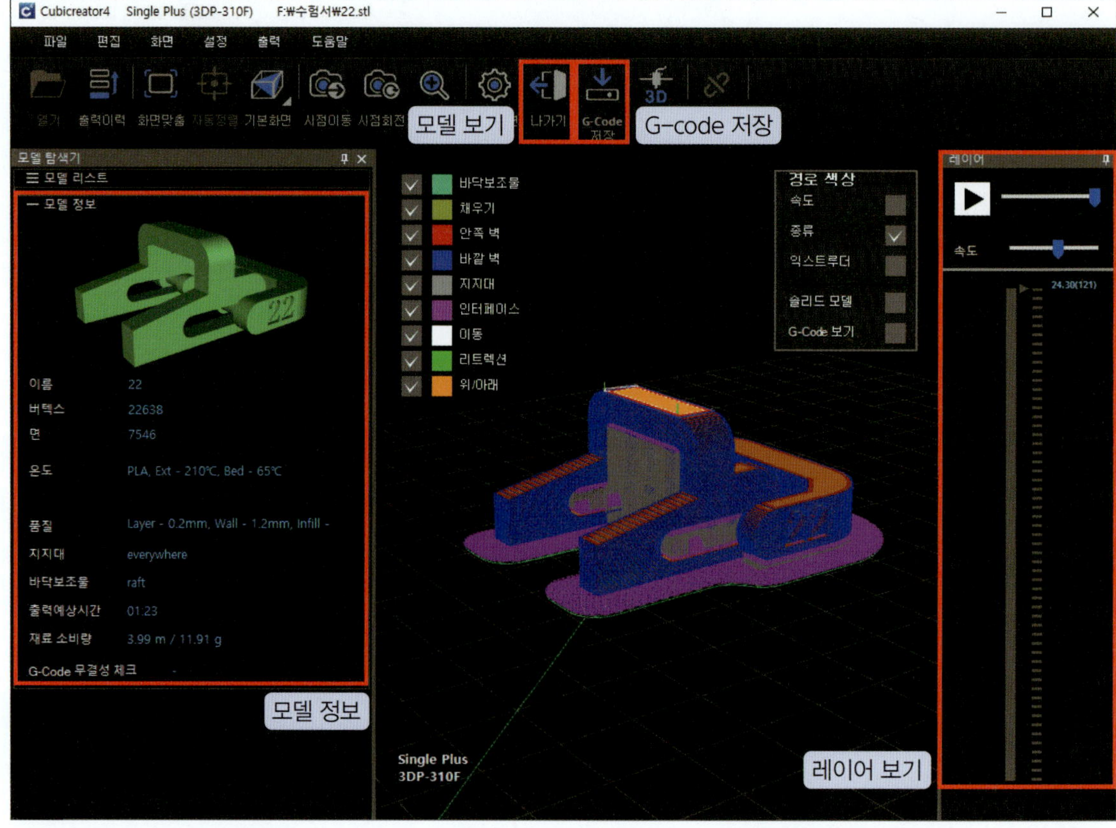

메이커봇 프린트

1 개요

메이커봇의 메쏘드, 레플리케이터, 스케치 계열의 기기로 출력을 하기 위한 슬라이서이다.

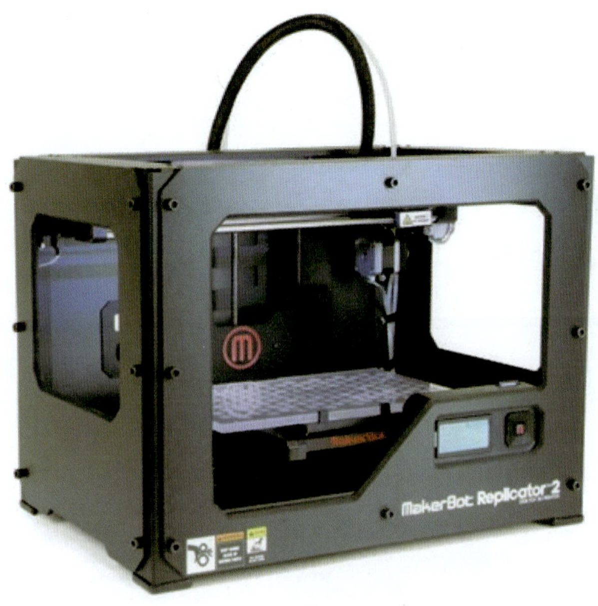

2 다운로드와 설치

1 다운로드 경로

Replicator 시리즈인 경우 다운로드 경로

https://www.makerbot.com/makerbot-print/

2 설치

MakerBot Print를 설치하고 출력할 기기를 선택한다.

한글은 지원하지 않는다. 홈페이지 계정 이메일 주소가 필요하다.

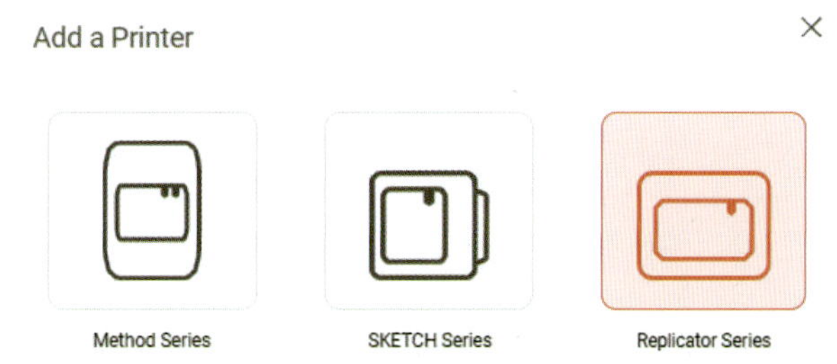

1 주요 메뉴

❶ **모델 추가하기** : stl 파일을 연다.

❷ **미리 보기** : 시계 모양 아이콘으로 슬라이싱을 실행한다. 예상 시간과 미리 보기 기능이다. 3D프린터 기종이 선택되어 있을 때 활성화된다.

❸ **프린트 세팅** : 프린팅 설정을 한다. Custom Settings에서 더 상세한 설정을 할 수 있다.

❹ **모델 조정하기** : 회전, 이동, 스케일을 조정한다.

❺ **내보내기** : G-code로 내보내기 한다.

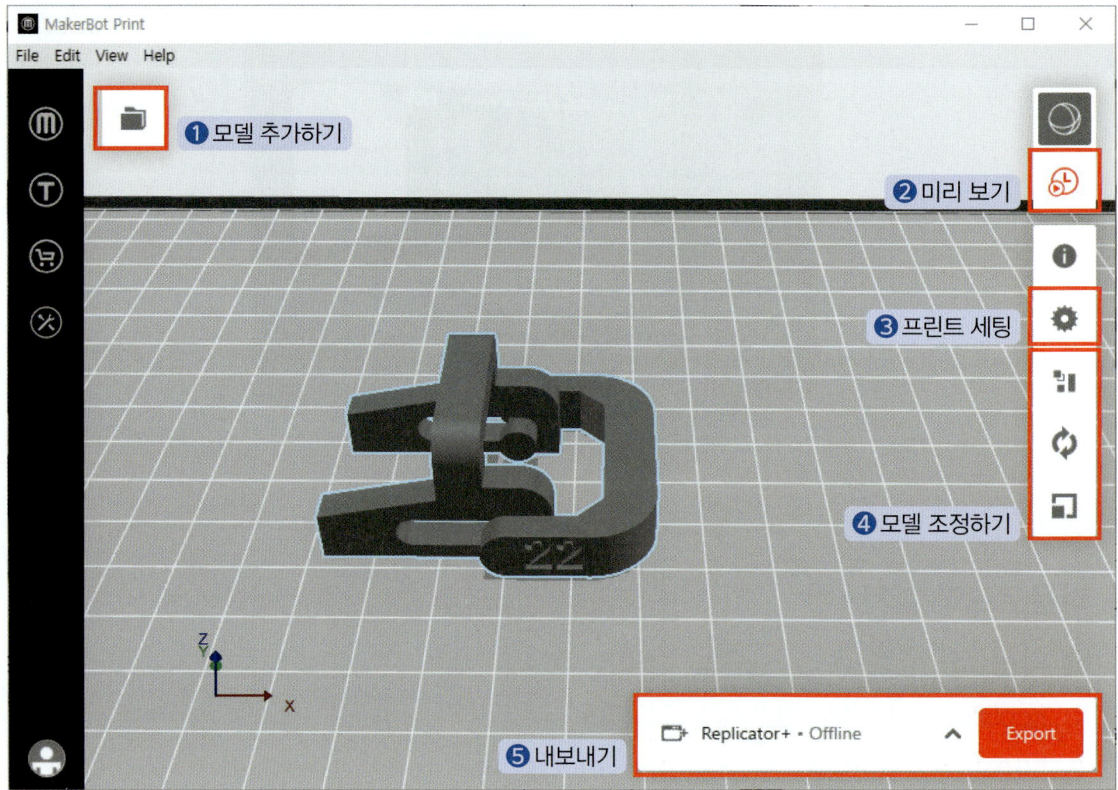

① 기본 프린트 모드 : 세 가지의 기본 모드를 제공한다.

• Balanced : 대부분의 인쇄 작업에 적합한 권장 기본 모드로, 인쇄 속도와 표면 품질이 일반적
이다.

• Draft : 빠른 인쇄를 위해 설계된 모드로, 속도는 빠르지만 표면 품질과 세부 표현은 다소 떨어
진다.

• Min Fill : 내부 채움 밀도를 낮춰 가장 적은 재료를 사용하며, 재료가 절약되고 가장 빨리 출력
할 수 있다.

② 세팅 : 항목별로 상세 설정을 한다. 여기에서 서포트와 바닥 부착 설정을 변경할 수 있다.

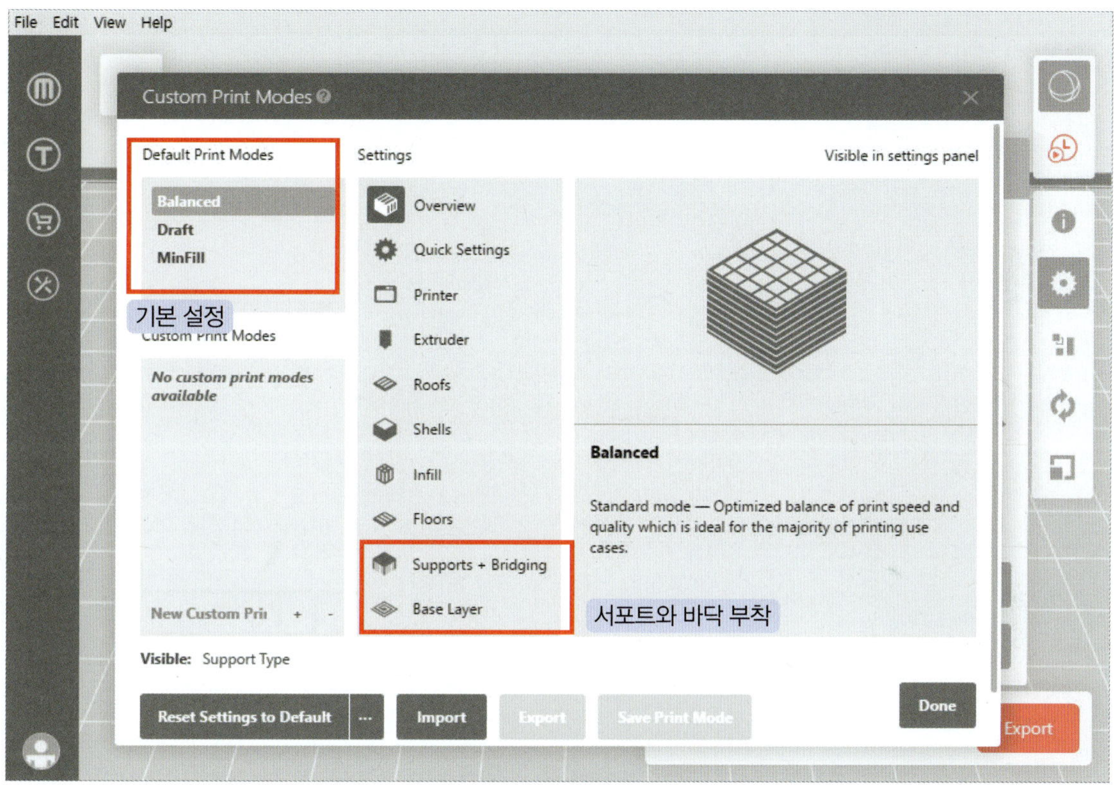

memo

memo

memo